現代物理学の基礎 4

量子力学 II

現代物理学の基礎 4

量子力学 II

並木美喜雄
位田正邦
豊田利幸
江沢 洋
湯川秀樹

岩波書店

［監　　修］湯川秀樹
［編集委員］大沢文夫
片山泰久
久保亮五
高木修二
寺本　英
戸田盛和
豊田利幸
中嶋貞雄
早川幸男
林忠四郎
松原武生
丸森寿夫

目　　次

第 V 部　量子力学における散乱理論

はじめに

量子力学系は量子飛躍をして状態が変化する．これを状態の遷移という．状態の遷移としては，準安定状態の励起，崩壊および衝突散乱などの過程がある．しかし，準安定状態の励起は通常衝突過程などによるエネルギー供給の結果実現するものであるし，また十分長い時間待てばその状態は崩壊してしまう．したがって，準安定状態の励起と崩壊は一般的な衝突過程の1つの特殊な場合または中間過程として考えることができる．この第V部では，衝突散乱過程に重点をおいて量子力学系の状態の遷移を説明しよう．

力学系の状態の遷移にはその系の構造や相互作用の性質が反映する．したがって，状態の遷移をしらべて，ミクロ系の内部情報を得たり，ミクロ系どうしの相互作用の性質を知ることができる．多くの場合，状態の遷移をひき起こしそれを観測するために衝突過程が用いられている．すなわち，1つのミクロ系を標的として，他のミクロ系からできている入射ビームを衝突させて各種の反応をつくり，その生成物を応答として観察する．物質構造に関するほとんどすべての知識や情報はこのようにして得られたものである．

第12章と第13章では衝突散乱過程の基本的な取扱いを研究し，第14章，第15章ではその具体的な性質をくわしくしらべることにする．

第12章　散乱理論 I

この章と次の章において量子力学系の衝突散乱過程を記述する散乱理論を取り扱う．第12章では散乱現象の基本的性質を理解するため，簡単な固定ポテンシャルによる非相対論的粒子の散乱をしらべる．しかし，その理論形式の大部分はわずかな修正をすれば一般の散乱問題に適用することができる．

§12.1　散乱現象の概観

まず，実際の散乱実験がどのようにして行なわれているかを簡単に説明しよう．図12.1を見ていただきたい．射出器から発射された入射粒子ビームを散乱体の集団に衝突させ，散乱体と相互作用した結果出てくる散乱粒子を検出器で捕えるのが散乱実験である．原子構造をしらべようとしたRutherfordの実験では，入射粒子は放射性元素の崩壊によって生まれたα粒子(^{4}Heの原子核)であり，散乱体は金箔内の金の原子核であった．Franck-Hertzの実験では，入射粒子は電子銃から射出された電子，散乱体は水銀蒸気中の水銀原子であった．原子核反応実験においては，入射粒子は中性子，陽子，重陽子，または他の原子核(ときには光子)などであり，散乱体は各種原子核の集団である．最近の素粒子実験では，

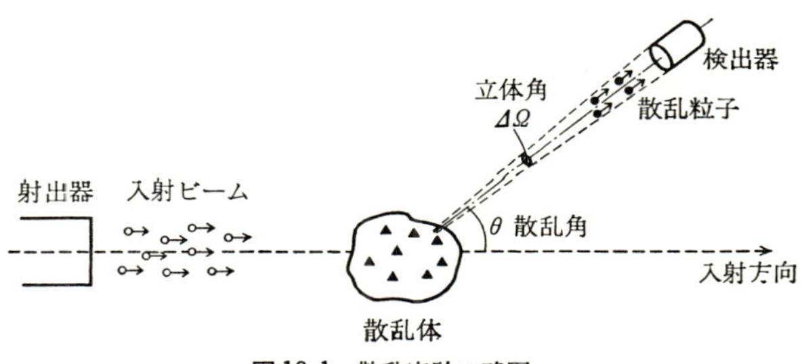

図12.1　散乱実験の略図

陽子，π 中間子，K 中間子，反陽子などを入射粒子とし，液体水素(すなわち陽子)などを散乱体としてえらんでいる．いずれの場合も目的に応じた選択が行なわれる．通常，入射ビーム内の各粒子はほとんど一定の運動量をもつように工夫されている．

さて，マクロ的な感覚からすれば，普通の実験条件下で用いられている入射ビーム内には，極めて多数の粒子が含まれているように見える．また，散乱体集団にも極めて多数の粒子が存在するわけであるから，上記のような衝突散乱過程は非常に複雑な多体問題として取り扱わなければならないものかもしれない．しかし，幸いなことに，その心配はほとんどない．Rutherford の実験を例にとってこの問題を考えてみよう．まず，α 粒子の半径はおおよそ 10^{-15} m ぐらいであり，金の原子核の半径は 10^{-14} m の程度であることを知っておいていただきたい．α 粒子の射出器，すなわち，放射性元素(たとえばラジウム)を収めた容器の開口部のさしわたしを 1 mm$=10^{-3}$ m としよう．すると α 粒子のビームは 1 mm 程度の横のひろがりをもつ定常的な流れになる．このひろがりを α 粒子の大きさと比べれば，$10^{-3}/10^{-15}=10^{12}$ 倍も大きい．α 粒子を仮に直径 1 m の球だとすれば，このひろがりは約 10^{12} m$=10$ 億 km である．ビームのひろがりは，α 粒子にとって無限大のように見えるだろう．

次にこの大きなひろがりをもつビーム内の α 粒子の密度について考えてみよう．ビームの流れの強さを電流換算で表現して I A であったとする．素電荷の大きさを e C とすれば，α 粒子の電気量は $2e$ C であるから，このビームの流れ強度は $N_0=I/2eS_0$ となる．S_0 は流れの方向に垂直なビーム断面の全面積(m^2)である．すなわち，毎秒 1 m^2 の面積を通して N_0 個の α 粒子が流れてゆくというビームを扱うことになる．したがって，S_0 の面積を Δt s 中に通過してゆく α 粒子の総数は $\Delta N=N_0S_0\Delta t$，これらの粒子の占める体積は $\Delta V=S_0v_0\Delta t$ (v_0 は α 粒子の速さ $\mathrm{m\cdot s^{-1}}$)であるから，α 粒子密度は $\Delta N/\Delta V=N_0/v_0$ となる．この密度を d^{-3} に等しいとおけば，平均粒子間隔 d を求めることができる．すなわち，$d=\sqrt[3]{v_0/N_0}$ m である．1 個の α 粒子のエネルギーを E_0 J，質量を m kg とすれば，$v_0=\sqrt{2E_0/m}$ $\mathrm{m\cdot s^{-1}}$ と書くことができる．さて，$S_0\approx10^{-6}$ m^2，$I\approx10^{-3}$ A，$E_0\approx 10^{-13}$ J ($\approx10^6$ eV) とすれば，$N_0\approx10^{22}$ $\mathrm{particles\cdot s^{-1}\cdot m^{-2}}$，$v_0\approx10^7$ $\mathrm{m\cdot s^{-1}}$ であるから，$d\approx10^{-5}$ m となる．(ラジウムの崩壊から生じる α 粒子のエネルギーは大

体この程度である.）α 粒子の大きさはおおよそ 10^{-15} m であるから，平均粒子間隔は自分の大きさの約 10^{10} 倍にもなっている．10^{-3} A の流れ強度はかなり強いものであるが，そのような強いビーム内でも，個々の α 粒子は隣の α 粒子の存在を気にしなくても済むほどの密度しかない．なお，量子力学的にはこの平均間隔を α 粒子の de Broglie 波長に比べる必要がある．1 MeV のエネルギーをもつ α 粒子の de Broglie 波長はだいたい 10^{-14} m であるから，上記の平均間隔はこの波長に比べても十分大きい．このようにして，このビームは個々の α 粒子を表わす独立な波束の集団と見ることができる．

次に標的である金箔内の原子核の密度を考えてみよう．金箔内には電子もあるが，α 粒子は電子質量に比べて約 7200 倍もの大きい質量を持っているので，電子による α 粒子の散乱を問題にする必要はない．α 粒子の散乱体として考えなければならないのは金の原子核である．金箔は結晶体であるから，その内部には結晶格子が 10^{-10} m ぐらいの間隔を保って規則正しく並んでおり，原子核はその結晶格子の中心に坐っている．したがって，大きさ 10^{-14} m 程度の原子核にとって，隣の原子核は自分の大きさの $10^{-10}/10^{-14}=10^4$ 倍も遠いところにいる．原子核の大きさが 1 m の球であったとすれば，原子核間の平均間隔は 10 km の程度になってしまうというわけである．一方，原子核間隔（$\approx 10^{-10}$ m）を α 粒子の de Broglie 波長と比べることも重要である．1 MeV 程度のエネルギーをもつ α 粒子の de Broglie 波長はおおよそ 10^{-14} m であるから，これに比べても原子核間隔は十分大きい．このような波の散乱問題では，多数の散乱体を同時に考える必要はない．

このように，複雑な多体問題のように見えた衝突散乱過程も，実は 1 個の入射粒子と 1 個の散乱体の衝突という単純な問題に帰着させられてしまう．全体としての衝突散乱実験のデータは，この個々の独立な衝突（1 個の入射粒子と 1 個の散乱体との衝突）を多数回行ない，その結果を重ね焼きしたものになっている．ゆえに，図 12.1 の検出器に入ってくる散乱粒子の総数は，入射粒子の数と散乱体の数と，（十分小さな）検出器開口部が散乱体中心に対して張る立体角の相乗積に比例するはずであり，その比例係数は個々の衝突だけによって決まるものである．

いま，入射方向を極軸とした極角 θ（$=90°-$緯度角），方位角 φ（$=$経度角）で散乱方向を表わし，その方向に十分小さな立体角 $\varDelta\Omega$ の開口部をもつ検出器をおいたとしよう．$(t, t+\varDelta t)$ という時間間隔内にこの検出器に入ってくる粒子の数を $\varDelta N(t)\varDelta t$ とすれば，上記の事柄は

$$\int_{-\infty}^{\infty}\varDelta N(t)\,dt \propto \frac{n}{S_0}S_0\int_{-\infty}^{\infty}N_0(t)\,dt\varDelta\Omega$$

である．ただし，n は散乱体の総数である．ここで比例係数を習慣上 $\sigma(\theta,\varphi)$ とおくことが多い．このとき

$$\int_{-\infty}^{\infty}\varDelta N(t)\,dt = \sigma(\theta,\varphi)\,n\int_{-\infty}^{\infty}N_0(t)\,dt\varDelta\Omega \tag{12. 1. 1}$$

または

$$\sigma(\theta,\varphi)\varDelta\Omega = \frac{\displaystyle\int_{-\infty}^{\infty}\varDelta N(t)\,dt}{\displaystyle n\int_{-\infty}^{\infty}N_0(t)\,dt} \tag{12. 1. 2}$$

となる．$\sigma(\theta,\varphi)$ が一般に θ と φ の関数になることはいうまでもなかろう．$\sigma(\theta,\varphi)$ は面積の次元をもっているので，$\sigma(\theta,\varphi)$ または $d\sigma=\sigma(\theta,\varphi)\,d\Omega$ を**微分断面積** (differential cross section) という．入射粒子ビームおよび散乱粒子がほとんど定常的な流れになっているときは，十分よい近似で

$$\int_{-\infty}^{\infty}\varDelta N(t)\,dt = \varDelta NT, \qquad \int_{-\infty}^{\infty}N_0(t)\,dt = N_0T$$

とおくことができる．T は散乱実験の行なわれている全時間を表わしている．この時間内では $\varDelta N(t)$ も $N_0(t)$ もほとんど一定であり，それを $\varDelta N$ および N_0 と書いた．このとき (12. 1. 2) は

$$\sigma(\theta,\varphi)\varDelta\Omega = \frac{\varDelta N}{nN_0} \tag{12. 1. 3}$$

と書き直すことができる．$\sigma(\theta,\varphi)$ を全立体角について積分したもの，すなわち，

$$\begin{aligned}\sigma &= \int\sigma(\theta,\varphi)\,d\Omega\\ &= \int_0^{\pi}\int_0^{2\pi}\sigma(\theta,\varphi)\sin\theta\,d\theta d\varphi\end{aligned} \tag{12. 1. 4}$$

をこの散乱の**全断面積**(total cross section)という†.

このようにして，現実の衝突散乱実験を1個の入射粒子と1個の散乱体の衝突問題におきかえることができたのであるが，そのような簡単な取扱いが許されない場合もある．たとえば，入射粒子の de Broglie 波長が十分長く格子間隔程度になれば，規則的に並んだ多数の格子を同時に考えなければならない．この場合は多数格子の効果が干渉縞となって現われるわけである．一方，金箔の厚さが増加してゆくと，入射粒子は標的物体の中で2回以上の衝突を繰り返すことになる．このような現象は多重散乱として知られている．また，あまり現実的ではないが，入射粒子ビームの密度が極端に大きくなった場合には，ビーム内の粒子どうしの相互作用も考慮に入れなければならないという事態が起こるかもしれない．この場合は2個以上の入射粒子と1個または多数個の散乱体との衝突を同時に研究する必要がある．しかしながら，通常の衝突散乱過程は，上記のように，1個の入射粒子と1個の散乱体の衝突という問題として扱うことができる．

一般的にいえば，入射粒子と散乱体のいずれか一方または双方が構造をもった複合粒子である場合を取り扱う必要がある．しかし当分の間，入射粒子も散乱体も構造をもたない非相対論的粒子であるとしておこう．さらにその間にはたらく力は，粒子間の相対距離だけの関数であるようなポテンシャルによって記述されているものとする．このような散乱問題は，固定ポテンシャルによる1個の粒子の散乱問題に等価であることを示そう．入射粒子を a，散乱体粒子を b という記号で表わすことにしよう．$m_a, \boldsymbol{r}_a$ および $m_b, \boldsymbol{r}_b$ はそれぞれの粒子の質量と位置変数であるとすれば，この2体系の波動関数 $\Psi(\boldsymbol{r}_a, \boldsymbol{r}_b, t)$ は Schrödinger 方程式

$$\left.\begin{aligned} i\hbar\frac{\partial}{\partial t}\Psi(\boldsymbol{r}_a, \boldsymbol{r}_b, t) &= H(\mathrm{a, b})\,\Psi(\boldsymbol{r}_a, \boldsymbol{r}_b, t) \\ H(\mathrm{a, b}) &= -\frac{\hbar^2}{2m_a}\nabla_a{}^2-\frac{\hbar^2}{2m_b}\nabla_b{}^2+V(\boldsymbol{r}_a-\boldsymbol{r}_b) \end{aligned}\right\} \qquad (12.1.5)$$

を満足する．$H(\mathrm{a, b})$ はこの2体系のハミルトニアン，$V(\boldsymbol{r}_a-\boldsymbol{r}_b)$ はポテンシャル関数である．$\nabla_a{}^2$ および $\nabla_b{}^2$ はそれぞれ変数 $\boldsymbol{r}_a, \boldsymbol{r}_b$ についてのラプラシアンである．ここでは V は実関数であるとしておこう．ただし，粒子が互いに十分は

† 散乱の断面積は面積の次元をもつので cm^2 または m^2 などの単位で測ってよいが，原子核反応や素粒子反応などの場合 $1\,\mathrm{barn}=10^{-24}\,\mathrm{cm}^2$ という単位が用いられている．

なれると自由粒子に近づくはずであるから，

$$\lim_{|\boldsymbol{r}_a-\boldsymbol{r}_b|\to\infty} V(\boldsymbol{r}_a-\boldsymbol{r}_b)=0$$

が成立しているものとする．そこで変数 $\boldsymbol{r}_a, \boldsymbol{r}_b$ のかわりに，重心座標 $\boldsymbol{X}=M^{-1}\cdot(m_a\boldsymbol{r}_a+m_b\boldsymbol{r}_b)$ と相対座標 $\boldsymbol{x}=\boldsymbol{r}_a-\boldsymbol{r}_b$ を用いることにしよう．$M=m_a+m_b$ はこの系の全質量である．$\boldsymbol{X}$ と $\boldsymbol{x}$ を用いると，ハミルトニアン $H(\mathrm{a, b})$ は

$$\left.\begin{aligned} &H(\mathrm{a,b})=H(\boldsymbol{X})+H(\boldsymbol{x}) \\ &H(\boldsymbol{X})=-\frac{\hbar^2}{2M}\nabla_{\boldsymbol{X}}{}^2, \qquad H(\boldsymbol{x})=-\frac{\hbar^2}{2\mu}\nabla_{\boldsymbol{x}}{}^2+V(\boldsymbol{x}) \\ &M=m_a+m_b, \qquad \mu=\frac{m_am_b}{M} \end{aligned}\right\} \qquad (12.1.6)$$

と書き直すことができる．$\nabla_{\boldsymbol{X}}{}^2$ と $\nabla_{\boldsymbol{x}}{}^2$ は重心座標 $\boldsymbol{X}$ と相対座標 $\boldsymbol{x}$ についてのラプラシアンである．μ は**換算質量**(reduced mass)とよばれている．(12.1.6)を見ると，ハミルトニアンは変数 $\boldsymbol{X}$ と $\boldsymbol{x}$ について分離型になっていることがわかる．ゆえに，波動関数 $\Psi(\boldsymbol{r}_a, \boldsymbol{r}_b, t)=\Psi(\boldsymbol{X}, \boldsymbol{x}, t)$ は，$\boldsymbol{X}$ と t だけの関数 $\chi(\boldsymbol{X}, t)$ と，$\boldsymbol{x}$ と t だけの関数 $\psi(\boldsymbol{x}, t)$ の積に分解することができる．そこで

$$\Psi(\boldsymbol{X}, \boldsymbol{x}, t)=\chi(\boldsymbol{X}, t)\psi(\boldsymbol{x}, t) \qquad (12.1.7)$$

とおき，(12.1.5)に代入して(12.1.6)を用いると

$$\frac{1}{\chi}\left[i\hbar\frac{\partial\chi}{\partial t}-H(\boldsymbol{X})\chi\right]+\frac{1}{\psi}\left[i\hbar\frac{\partial\psi}{\partial t}-H(\boldsymbol{x})\psi\right]=0$$

となる．第1項は $\boldsymbol{X}$ と t だけの関数，第2項は $\boldsymbol{x}$ と t だけの関数であり，$\boldsymbol{X}$ と $\boldsymbol{x}$ は独立変数であるから，各項はそれぞれ時間だけの関数 $A(t)$ と $B(t)$ に等しくなければならない．ただし，条件

$$A(t)+B(t)=0$$

を必要とする．このとき χ と ψ は

$$i\hbar\frac{\partial\chi}{\partial t}-A\chi=H(\boldsymbol{X})\chi$$

$$i\hbar\frac{\partial\psi}{\partial t}-B\psi=H(\boldsymbol{x})\psi$$

を満足する．ここで

$$\chi(\boldsymbol{X},t)=\exp\left(-\frac{i}{\hbar}\int^{t}A(t')\,dt'\right)\bar{\chi}(\boldsymbol{X},t)$$

$$\psi(\boldsymbol{x},t)=\exp\left(-\frac{i}{\hbar}\int^{t}B(t')\,dt'\right)\bar{\psi}(\boldsymbol{x},t)$$

とおけば，$\bar{\chi}$ と $\bar{\psi}$ は

$$\left.\begin{aligned} i\hbar\frac{\partial\bar{\chi}}{\partial t}&=H(\boldsymbol{X})\bar{\chi} \\ i\hbar\frac{\partial\bar{\psi}}{\partial t}&=H(\boldsymbol{x})\bar{\psi} \end{aligned}\right\} \tag{12.1.8}$$

という方程式を満足する．$A+B=0$ という条件のため全体の波動関数は

$$\Psi(\boldsymbol{X},\boldsymbol{x},t)=\bar{\chi}(\boldsymbol{X},t)\bar{\psi}(\boldsymbol{x},t) \tag{12.1.9}$$

と書くことができる．これは元の分解 $\Psi=\chi\psi$ と同形であるが，その分解において $A=B=0$ とおいた場合になっている．したがって，これからいつも(12.1.8)と(12.1.9)の組合せだけを扱ってもよいわけである．今後(12.1.8)と(12.1.9)の $\bar{\chi}$ と $\bar{\psi}$ の横棒を取り除いた式を用いることにしよう．なお，この2体系の波動関数の一般形は

$$\Psi(\boldsymbol{X},\boldsymbol{x},t)=\sum_{i}\chi_{i}(\boldsymbol{X},t)\psi_{i}(\boldsymbol{x},t) \tag{12.1.10}$$

である．和の中の各項が(12.1.8)を満足している．

$H(\boldsymbol{X})$ の形を見ればわかるように，重心運動は質量 M をもった自由粒子の Schrödinger 方程式によって記述されている．本講座第3巻『量子力学 I』で扱ったように，自由粒子の量子力学的運動はすでによく知られているので，ここで改めて説明する必要はないと思う．散乱現象の情報は，$\chi(\boldsymbol{X},t)$ ではなく，相対座標の波動関数 $\psi(\boldsymbol{x},t)$ に含まれているのである．$\psi(\boldsymbol{x},t)$ は方程式

$$i\hbar\frac{\partial}{\partial t}\psi(\boldsymbol{x},t)=\left[-\frac{\hbar^{2}}{2\mu}\nabla^{2}+V(\boldsymbol{x})\right]\psi(\boldsymbol{x},t) \tag{12.1.11}$$

を満足するが，この方程式は，ちょうど，質量 μ をもつ1個の粒子が原点のまわりの固定ポテンシャル $V(\boldsymbol{x})$ による力をうけて運動する場合の Schrödinger 方程式になっている．こうして，2体衝突問題は1体運動に帰着させられることになった．なお，V が粒子間距離 $|\boldsymbol{r}_{\mathrm{a}}-\boldsymbol{r}_{\mathrm{b}}|=|\boldsymbol{x}|=(x^{2}+y^{2}+z^{2})^{1/2}$ だけの関数であ

る場合，(*12. 1. 11*)は中心力場の運動を表わしていることに注意してほしい.

ここで，散乱問題を取り扱うさいよく用いられる座標系である実験室系と重心系について簡単に説明しておこう．通常，散乱実験を行なう実験室に固定した座標系から見て，散乱体粒子はほとんど静止しているとしてよい．そこで，衝突前に散乱体粒子の運動量が0であるような座標系を**実験室系**(laboratory system)という．これに対して，入射粒子と散乱体粒子の運動量のベクトル和が0になるような座標系を**重心系**(center-of-mass system)という．(なお入射粒子の運動量が0に見える座標系は**鏡系**(mirror system)とよばれている.) 実験室系で見ると重心系は一定速度 $\boldsymbol{u}$ で走っている運動座標系であり，両者の関係はGalilei変換

$$\boldsymbol{r}_a{}^* = \boldsymbol{r}_a - \boldsymbol{u}t, \qquad \boldsymbol{r}_b{}^* = \boldsymbol{r}_b - \boldsymbol{u}t \tag{12. 1. 12}$$

で与えられる．*印は重心系で見た力学量を表わすためにつけた．無印は実験室系の量を示す．今後他の力学量に対しても同様の表示を用いることにしよう．(*12. 1. 12*)に相当する運動量の変換式は

$$\boldsymbol{p}_a{}^* = \boldsymbol{p}_a - m_a\boldsymbol{u}, \qquad \boldsymbol{p}_b{}^* = \boldsymbol{p}_b - m_b\boldsymbol{u} \tag{12. 1. 13}$$

である．いま，粒子aを入射粒子，粒子bを散乱体粒子とし，$\boldsymbol{p}_a, \boldsymbol{p}_b$ および $\boldsymbol{p}_a{}^*$, $\boldsymbol{p}_b{}^*$ が衝突前の運動量を表わすものとすれば，実験室系条件は $\boldsymbol{p}_b=0$，重心系条件は $\boldsymbol{p}_a{}^*+\boldsymbol{p}_b{}^*=0$ であるから，ただちに

$$\boldsymbol{u} = \frac{1}{M}\boldsymbol{p}_a \tag{12. 1. 14}$$

が得られる．これが実験室系で見た重心系の速度である．ゆえに，

$$\boldsymbol{p}_a{}^* = \frac{m_b}{M}\boldsymbol{p}_a, \qquad \boldsymbol{p}_b{}^* = -\frac{m_b}{M}\boldsymbol{p}_a \tag{12. 1. 15}$$

となる．これは重心系で見た衝突前の運動量を実験室系の入射粒子運動量で書いた式になっている．

ところで，重心系で見た重心 $\boldsymbol{X}^*=M^{-1}(m_a\boldsymbol{r}_a{}^*+m_b\boldsymbol{r}_b{}^*)$ の速度は $M^{-1}(\boldsymbol{p}_a{}^*+\boldsymbol{p}_b{}^*)=0$，すなわち，重心系では重心が静止している．これに対して，重心系で見た相対座標は $\boldsymbol{x}^*=\boldsymbol{r}_a{}^*-\boldsymbol{r}_b{}^*=\boldsymbol{r}_a-\boldsymbol{r}_b=\boldsymbol{x}$ であり，実験室系で見た相対座標に等しい．さらに，相対座標に共役な相対運動量は $\boldsymbol{p}=\mu d\boldsymbol{x}/dt=\mu d\boldsymbol{x}^*/dt=M^{-1}\cdot(m_b\boldsymbol{p}_a{}^*-m_a\boldsymbol{p}_b{}^*)=\boldsymbol{p}_a{}^*$ となる．($\boldsymbol{p}_a{}^*+\boldsymbol{p}_b{}^*=0$ を用いた.) すなわち，相対運動量

は重心系で見た入射粒子の運動量に等しい．この事実は衝突前ばかりでなく，衝突後においても正しい．したがって，相対座標波動関数 $\psi(\boldsymbol{x},t)$ によって重心系における入射粒子の運動を見ることもできるわけである．重心系は理論計算に便利なのでよく用いられる．

弾性散乱の場合について，実験室系と重心系の関係をもうすこし議論しておこう．弾性散乱によって各粒子の運動量が，実験室系では $\boldsymbol{p}_\mathrm{a}, \boldsymbol{p}_\mathrm{b}$ が $\boldsymbol{p}_\mathrm{a}', \boldsymbol{p}_\mathrm{b}'$ に，重心系では $\boldsymbol{p}_\mathrm{a}^*, \boldsymbol{p}_\mathrm{b}^*$ が $\boldsymbol{p}_\mathrm{a}'^*, \boldsymbol{p}_\mathrm{b}'^*$ に変わったとしよう．$\boldsymbol{p}_\mathrm{b}=0, \boldsymbol{p}_\mathrm{a}^*+\boldsymbol{p}_\mathrm{b}^*=\boldsymbol{p}_\mathrm{a}'^*+\boldsymbol{p}_\mathrm{b}'^*=0$ であることはいうまでもない．弾性散乱であるから，

$$|\boldsymbol{p}_\mathrm{a}'^*| = |\boldsymbol{p}_\mathrm{b}'^*| = |\boldsymbol{p}_\mathrm{a}^*| = \frac{m_\mathrm{b}}{M}|\boldsymbol{p}_\mathrm{a}|$$

である．$\boldsymbol{p}_\mathrm{a}$ と $\boldsymbol{p}_\mathrm{a}'$ または $\boldsymbol{p}_\mathrm{a}^*$ と $\boldsymbol{p}_\mathrm{a}'^*$ のつくる平面を散乱平面というが，衝突前後の各粒子の運動量はすべてこの平面上にのる．図12.2を見ていただきたい．入射粒子の方向，すなわち，$\boldsymbol{p}_\mathrm{a}$ の方向を極軸として測った $\boldsymbol{p}_\mathrm{a}', \boldsymbol{p}_\mathrm{b}', \boldsymbol{p}_\mathrm{a}'^*, \boldsymbol{p}_\mathrm{b}'^*$ の角度を，それぞれ，$(\theta_\mathrm{a}, \varphi_\mathrm{a}), (\theta_\mathrm{b}, \varphi_\mathrm{b}), (\theta_\mathrm{a}^*, \varphi_\mathrm{a}^*), (\theta_\mathrm{b}^*, \varphi_\mathrm{b}^*)$ と書くことにしよう．$\varphi_\mathrm{a}=\varphi_\mathrm{b}=\varphi_\mathrm{a}^*=\varphi_\mathrm{b}^*$ であることは明らかであろう．また重心系条件から $\theta_\mathrm{a}^*+\theta_\mathrm{b}^*=\pi$ が得られる．ところで，衝突後の運動量に対しても，変換式(*12.1.13*)が成立するから

$$\boldsymbol{p}_\mathrm{a}' = \boldsymbol{p}_\mathrm{a}'^* + \frac{m_\mathrm{a}}{M}\boldsymbol{p}_\mathrm{a}, \qquad \boldsymbol{p}_\mathrm{b}' = -\boldsymbol{p}_\mathrm{a}'^* + \frac{m_\mathrm{b}}{M}\boldsymbol{p}_\mathrm{a} \qquad (12.1.16)$$

が得られる．これから θ_a^* と θ_a，θ_a^* と θ_b の関係を求めることができる．たと

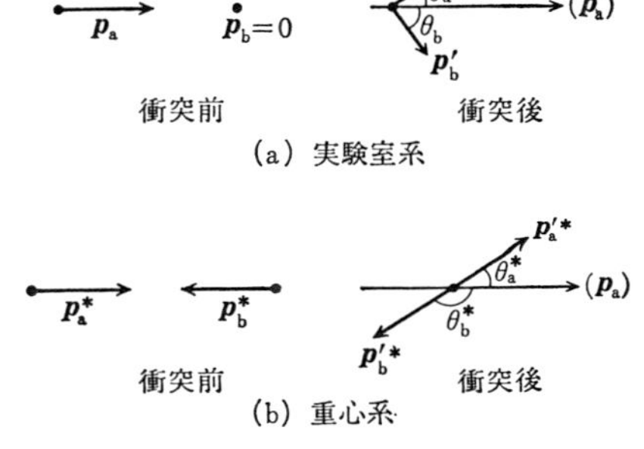

図12.2 実験室系と重心系

えば，第1式から出てくる式

$$|\boldsymbol{p}_a'|\cos\theta_a = |\boldsymbol{p}_a'^*|\cos\theta_a^* + \frac{m_a}{M}|\boldsymbol{p}_a|, \qquad |\boldsymbol{p}_a'|\sin\theta_a = |\boldsymbol{p}_a'^*|\sin\theta_a^*$$

を用いると

$$\tan\theta_a = \frac{\sin\theta_a^*}{\cos\theta_a^* + (m_a/m_b)} \tag{12. 1. 17}$$

となる．ただし，前に求めた関係式 $|\boldsymbol{p}_a|/|\boldsymbol{p}_a'^*| = M/m_b$ を用いたことに注意していただきたい．さて，同じ検出器に入ってくる粒子数は実験室系でも重心系でも等しいはずであるから，

$$\sigma(\theta_a, \varphi_a)\sin\theta_a\, d\theta_a d\varphi_a = \sigma^*(\theta_a^*, \varphi_a^*)\sin\theta_a^* d\theta_a^* d\varphi_a^*$$

が成立する．これから微分断面積の変換式

$$\sigma(\theta_a, \varphi_a) = \frac{[1+2(m_a/m_b)\cos\theta_a^* + (m_a/m_b)^2]^{3/2}}{1+(m_a/m_b)\cos\theta_a^*}\sigma^*(\theta_a^*, \varphi_a^*) \tag{12. 1. 18}$$

が得られる．角度の換算に対しては(*12. 1. 17*)を用いた．ここでは非相対論的粒子だけを扱ったので，実験室系から重心系への変換にさいして Galilei 変換(*12. 1. 12*), (*12. 1. 13*)を用いることができた．相対論的な粒子の場合は Galilei 変換ではなく Lorentz 変換を用いなければならないが，ここではこれ以上深入りすることは止めよう．

なお，最近はほとんど同じ大きさの運動量をもつ2個の粒子ビームを正面衝突させる実験装置が使用されはじめている．この場合，実験室に固定された座標系がそのまま衝突粒子の重心系になっているわけである．

これから当分の間背景となっている2体問題を忘れて，質量μをもった1個の粒子の中心力による散乱問題を考えてゆくことにしよう．基礎方程式は(*12. 1. 11*)である．この場合について散乱現象の状況を想像してみよう．初期時刻においては，入射粒子を表わす波束は散乱中心(原点)から十分遠いところにいる．図12. 3(a)がその有様を描いたものである．時間が経過するにつれて，その入射波束は次第に散乱中心に接近し，力をうけて乱れはじめる．さらに十分時間がたち，入射波束が散乱中心からの力の及んでいる領域を通り過ぎてしまうと，生残り入射波束と散乱によって生じた散乱波束とが，いずれも散乱中心から遠ざかってゆ

くという状況が出現するであろう．この有様は図 12.3(b) のように描けるかもしれない．生残り入射波束は元と同じ方向にまとまって進行してゆくが，散乱波束は散乱中心のまわりに球殻状の波束を形成してひろがってゆくはずである．このような状況を頭において (*12.1.11*) を解いてゆく必要がある．

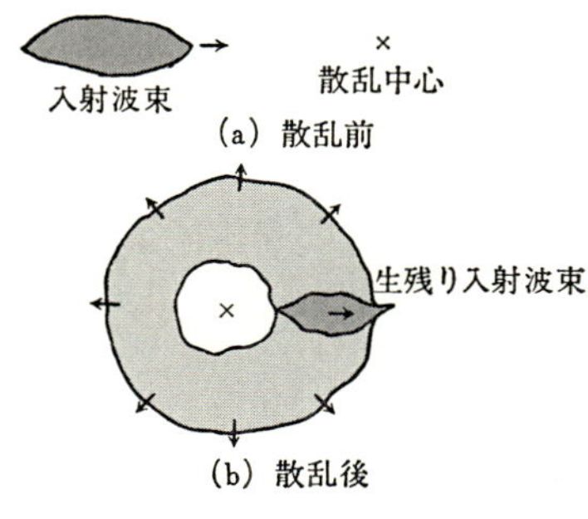

図 12.3 波束の散乱

散乱問題自身は，このような意味で，非定常的な時間過程であるが，時にはこれを定常的な問題におきかえてしまう場合がある．非定常的な問題としての本格的な取扱い (§12.4) をする前に，まず定常的な方法について簡単に説明しよう．ふたたび，図 12.3 を見ていただきたい．これは1個の波束の散乱であるが，いまつぎつぎに多数の入射波束を連続して送り込むことを考える．入射波束が1つの定常的な流れをつくれば，ポテンシャル V が静的な力であるため，散乱波束の流れも定常的になるであろう．1個の波束の経験としては散乱は非定常的であったとしても，流れ全体として見ればこれは1つの定常状態として取り扱ってもよいのではないか．また実際の実験条件下では，入射粒子の運動量および運動のエネルギーはほとんど一定であるから，個々の波束は平面波に極めて近いものと考えることができる．(『量子力学 I』§2.3 を見よ.) したがって，波束のひろがりは散乱中心の力領域に比べて極めて大きいので，波束の中心部分の通過時間中における散乱状況はほとんど定常的と見てよい．入射ビーム全体の流れの散乱状況は，このような個々の波束の散乱の重ね焼きと考えることができる．この流れ全体の散乱を代表する定常波は，十分遠方では，入射ビームを表わす平面波と散乱粒子を表わす球面波の重ね合せになっていなければならない．十分遠方では，ポテンシャル V が急速に0になるものとすれば，入射粒子の運動エネルギーはそのまま全エネルギーの値と考えてよい．ゆえに，流れ全体を表わす定常波は量子力学の意味での定常状態になっている．

このような論理で散乱問題を定常状態として取り扱ってみよう．いま，入射粒子の運動量を $\boldsymbol{p}$，そのエネルギーを $E_{\boldsymbol{p}}=\boldsymbol{p}^2/2\mu$ とし，上記の意味での定常状態波動関数を

$$\psi(\boldsymbol{x}, t) = \exp\left(-\frac{i}{\hbar}E_{\boldsymbol{p}}t\right)u_{\boldsymbol{p}}(\boldsymbol{x}) \qquad (12.1.19)$$

とおく．$u_{\boldsymbol{p}}(\boldsymbol{x})$ は定常的 Schrödinger 方程式

$$\left(-\frac{\hbar^2}{2\mu}\nabla^2+V(\boldsymbol{x})\right)u_{\boldsymbol{p}}(\boldsymbol{x}) = E_{\boldsymbol{p}}u_{\boldsymbol{p}}(\boldsymbol{x}) \qquad (12.1.20)$$

の解である．ただし，上記の推論により

$$u_{\boldsymbol{p}}(\boldsymbol{x}) \xrightarrow[|\boldsymbol{x}|\to\infty]{} C\left[\exp\left(\frac{i}{\hbar}\boldsymbol{p}\cdot\boldsymbol{x}\right)+f(\theta, \varphi)\frac{1}{r}\exp\left(\frac{i}{\hbar}pr\right)\right] \qquad (12.1.21)$$

という**外向き球面波型の境界条件**[†]を満足しなければならない．$r=|\boldsymbol{x}|$, $p=|\boldsymbol{p}|$ である．平面波 $\exp\left(\frac{i}{\hbar}\boldsymbol{p}\cdot\boldsymbol{x}\right)$ および球面波 $\frac{1}{r}\exp\left(\frac{i}{\hbar}pr\right)$ は十分遠方における定常的 Schrödinger 方程式の特解になっていて，それぞれ，入射波と散乱波の特性を代表しているという理由でえらばれたのである．散乱波において $p=|\boldsymbol{p}|$ が現われたのは，この場合の力が静的ポテンシャルであるため，弾性散乱しか起こらないことを意味している．

ところで，(12.1.21) の第1項と第2項に対応して

$$\psi_{\text{in}}(\boldsymbol{x}, t) = C\exp\left[\frac{i}{\hbar}(\boldsymbol{p}\cdot\boldsymbol{x}-E_{\boldsymbol{p}}t)\right]$$

$$\psi_{\text{sc}}(\boldsymbol{x}, t) = Cf(\theta, \varphi)\frac{1}{r}\exp\left[\frac{i}{\hbar}(pr-E_{\boldsymbol{p}}t)\right]$$

をつくり，それから入射および散乱の確率流

$$\boldsymbol{J} = \frac{\hbar}{2i\mu}[\psi^*\nabla\psi-(\nabla\psi^*)\psi]$$

を求めれば

† 簡単のため**外向き波条件**ということがある．この形の境界条件の定式化は A. J. W. Sommerfeld にはじまる．

$$\frac{\boldsymbol{p}}{p}\cdot\boldsymbol{J}_{\rm in}(\boldsymbol{x},t)=|C|^2\frac{p}{\mu},\qquad \frac{\boldsymbol{p}'}{p}\cdot\boldsymbol{J}_{\rm sc}(\boldsymbol{x},t)=|C|^2\frac{p}{\mu}|f(\theta,\varphi)|^2\frac{1}{r^2}$$

となる．ただし，$\boldsymbol{p}'$ は大きさ p をもち (θ,φ) 方向(すなわち，散乱方向)を向くベクトルである．なお，第2式では $r\to\infty$ で $1/r^2$ より速く減少する項を無視してある．両方とも定常確率流であるから，時間 t に依存していない．確率流の性格と散乱を定常状態として取り扱うことにした上記の推論により，この第1式を入射粒子の流れ強度 N_0 に等しいとおくことは許されるであろう．そのようにすれば，第2式に検出器開口部面積 $r^2\varDelta\Omega$ をかけたものは，毎秒検出器に入ってくる散乱粒子流 $\varDelta N$ になるはずである．ゆえに，(*12.1.3*)から

$$\sigma(\theta,\varphi)=|f(\theta,\varphi)|^2 \tag{12.1.22}$$

が得られる．このときは散乱体の数は1個としてあることに注意していただきたい．また，この節の中頃で説明したように，相対運動量は重心系でみた粒子 a の運動量に等しいので，(*12.1.22*)は重心系でみたときの粒子 a の散乱断面積である．(*12.1.22*)は定常的 Schrödinger 方程式の解から散乱の微分断面積を求める式になっている．すなわち，これが散乱現象に対する量子力学の理論的予言である．$f(\theta,\varphi)$ を**散乱振幅**(scattering amplitude)という．

さて，結果的には(*12.1.22*)は正しいのであるが，このような定常的取扱いには理論上少々心配な点がある．定常的取扱いでは，全空間にわたって一定の存在確率をもつ平面波を導入しなければならない．時間的に見れば，入射波も散乱波も含めて定常状態の波は無限の過去から永劫の未来にわたって絶え間なく振動するものである．ビームの幅や長さが粒子にとってどんなに大きなものであっても，私たちが用いる実験装置は空間的にも時間的にも有限であるから，上記のような定常波は厳密にいえば現実の実験条件を表わしたものではない．それは1つの数学的な理想化である．この理想化は極限操作などに関連して，時には，パラドックスめいた混乱を生じることがある．一方，定常的方法が，散乱現象の正しい把握である波束の散乱の重ね焼きという情況を正しく再現するものなのかどうか，必ずしも自明な事柄ではない．このような疑問に答えるためには，やはり本格的に非定常的な取扱いをしなければならない．

§12.2　散乱状態固有関数

前節の最後のところで定常的方法に対する疑問を提出したわけであるが，境界条件(*12. 1. 21*)による(*12. 1. 20*)の解そのものは極めて有用である．§12.4で述べる波束の散乱の本格的な取扱いにおいても，その解を用いることになるので，当分の間定常的 Schrödinger 方程式の解についての数学的ことがらを学習することにしよう．(*12. 1. 20*)はハミルトニアン

$$H = -\frac{\hbar^2}{2\mu}\nabla^2 + V(r)$$

の固有値方程式である．この形の方程式はすでに原子や分子などの束縛状態の問題でお目にかかっている．束縛状態の場合は，十分遠方で波動関数が自由粒子状態に接続してはいけないという境界条件が課せられている．その結果，エネルギー固有値は負となり特定のとびとびの値しか許されなくなる．その特定の固有値に対応する固有関数だけが遠方で急速に0に近づくのである．これに比べると，境界条件(*12. 1. 21*)の下における散乱状態固有値方程式(*12. 1. 20*)の性格はかなり異なる．散乱状態の場合，十分遠方では固有関数が自由粒子を表わす平面波 $C\exp\left(\dfrac{i}{\hbar}\boldsymbol{p}\cdot\boldsymbol{x}\right)$ に接続しており，エネルギー固有値は $E_{\boldsymbol{p}}=\boldsymbol{p}^2/2\mu$ に等しくなければならない．この値は入射粒子のもっている運動エネルギーであるが，それは射出器を工夫することにより，原理的にはどのような正の実数値でもとることができる．数学的にいっても——ポテンシャル V に条件はつくが——境界条件(*12. 1. 21*)の下では(*12. 1. 20*)は任意の正の実数値の $E_{\boldsymbol{p}}$ に対して解をもつ．すなわち，散乱状態固有値方程式は連続固有値をもつ固有値問題なのである．固有値 $E_{\boldsymbol{p}}$ は0から $+\infty$ までの値を連続的にとる．

境界条件(*12. 1. 21*)による(*12. 1. 20*)の解を，外向き波条件の**散乱状態固有関数**とよび，$u_{\boldsymbol{p}}^{+}(\boldsymbol{x})$ と書くことにしよう．これに対して，**内向き球面波型の境界条件**(または簡単に**内向き波条件**)

$$u_{\boldsymbol{p}}(\boldsymbol{x}) \xrightarrow[|\boldsymbol{x}|\to\infty]{} C\left[\exp\left(\frac{i}{\hbar}\boldsymbol{p}\cdot\boldsymbol{x}\right)+f(\theta,\varphi)\frac{1}{r}\exp\left(-\frac{i}{\hbar}pr\right)\right] \qquad (12.\,2.\,1)$$

の下での(*12. 1. 20*)の解を内向き波条件の散乱状態固有関数とよび，$u_{\boldsymbol{p}}^{-}(\boldsymbol{x})$ と書く．内向き波条件は実際の散乱情況を表わしたものではないが，固有値問題の解としては，$u_{\boldsymbol{p}}^{-}(\boldsymbol{x})$ は $u_{\boldsymbol{p}}^{+}(\boldsymbol{x})$ と同格であり，よく利用されている．

a）散乱状態固有関数の規格化

連続的固有値にぞくする散乱状態固有関数の規格化には 2, 3 の注意が必要である．本質的には平面波の規格化と同様であるので，まず平面波を考えよう．平面波

$$\phi_{\boldsymbol{p}}(\boldsymbol{x}) = C_{\boldsymbol{p}} \exp\left(\frac{i}{\hbar}\boldsymbol{p}\cdot\boldsymbol{x}\right) \tag{12.2.2}$$

は運動エネルギー演算子 $-\dfrac{\hbar^2}{2\mu}\nabla^2$ と運動量演算子 $\dfrac{\hbar}{i}\nabla$ の同時固有関数である．すなわち，

$$-\frac{\hbar^2}{2\mu}\nabla^2\phi_{\boldsymbol{p}} = E_{\boldsymbol{p}}\phi_{\boldsymbol{p}}, \qquad \frac{\hbar}{i}\nabla\phi_{\boldsymbol{p}} = \boldsymbol{p}\phi_{\boldsymbol{p}} \tag{12.2.3}$$

状態 $\phi_{\boldsymbol{p}}$ における存在確率密度 $|\phi_{\boldsymbol{p}}(\boldsymbol{x})|^2=|C_{\boldsymbol{p}}|^2$ はいたるところ一定であるから，無限のひろがりをもつ空間における規格化積分 $\int|\phi_{\boldsymbol{p}}(\boldsymbol{x})|^2d^3\boldsymbol{x}$ は発散してしまう．無理に規格化条件 $\int|\phi_{\boldsymbol{p}}(\boldsymbol{x})|^2d^3\boldsymbol{x}=1$ を適用しようとすれば，$|C_{\boldsymbol{p}}|^2$ は全空間の体積の逆数の形で 0 としなければならない．すなわち，$\phi_{\boldsymbol{p}}(\boldsymbol{x})$ は数学的には Hilbert 空間にはいっていない．(本講座『量子力学II』第 16 章を見よ.）しかし，物理的には，これは自明のことであろう．無限大の体積をもつ全空間全体にわたって等しい重みで存在確率が分布しているのであるから，全空間のどこかで見出される確率を 1 に規格化すれば，空間の有限領域で見出されることの確率は全空間の体積分の 1 で 0 になることは当然である．

この無限大や 0 を切り抜ける方法として，系全体を有限の大きさをもつ箱に入れてしまうことを考える．簡単のため，箱は 1 稜の長さが L の立方体であるとしておこう．L の大きさはミクロ系を特徴づけている長さ，たとえば de Broglie 波長や力の到達距離に比べて十分大きい必要がある．そうでないと，音波の場合の共鳴箱やマイクロ波における空洞共振器のように，箱の形状や大きさが本質的に重要な問題になってしまう．L が十分大きければ，箱に入れたことの効果が直接物理的な結果に影響を与えることはない．箱に入れてしまえば，全空間の体積 L^3 は有限であるから，規格化条件 $\int|\phi_{\boldsymbol{p}}(\boldsymbol{x})|^2d^3\boldsymbol{x}=1$ により，定数 $C_{\boldsymbol{p}}$ は

$$C_{\boldsymbol{p}} = \frac{1}{\sqrt{L^3}} \tag{12.2.4}$$

と決まる．ただし，不定の位相因子は省略した．規格化積分が存在するので，こ

の場合 $\phi_{\boldsymbol{p}}(\boldsymbol{x})$ は Hilbert 空間にはいる．しかし，今度は運動量とエネルギーの値が連続的ではなくなり，特定の値しか許されなくなる．それは箱に入れたため，壁の上で固有関数に対して境界条件が与えられるからである．たとえば，この壁が剛体であったとすれば，そこでは波動関数は0とならなければいけない．通常，箱に入れたときの境界条件としては，取扱いに便利な周期性境界条件

$$\left.\begin{aligned} \phi_{\boldsymbol{p}}(x+L, y, z) &= \phi_{\boldsymbol{p}}(x, y, z) \\ \phi_{\boldsymbol{p}}(x, y+L, z) &= \phi_{\boldsymbol{p}}(x, y, z) \\ \phi_{\boldsymbol{p}}(x, y, z+L) &= \phi_{\boldsymbol{p}}(x, y, z) \end{aligned}\right\} \tag{12.2.5}$$

が用いられる．もしも，他の種類の境界条件が必要な場合があったとしても，この境界条件の固有関数からつくることができる．しかし，L が十分大きい場合は境界条件の細かい相違が問題になることはない．

さて，(12.2.5) によって (12.2.3) を解くと，運動量とエネルギー固有値は次のようになる．

$$\left.\begin{aligned} & p_x = \frac{2\pi\hbar}{L}l, \qquad p_y = \frac{2\pi\hbar}{L}m, \qquad p_z = \frac{2\pi\hbar}{L}n \\ & E_{\boldsymbol{p}} = \frac{1}{2\mu}\left(\frac{2\pi\hbar}{L}\right)^2 (l^2+m^2+n^2) \\ & \qquad (l, m, n = 0, \pm 1, \pm 2, \cdots) \end{aligned}\right\} \tag{12.2.6}$$

このように，$\boldsymbol{p}$ も $E_{\boldsymbol{p}}$ も整数の組 (l, m, n) で番号づけられるようなとびとびの値をとることになる．しかし，運動量固有値のとび高は $2\pi\hbar/L$，エネルギー固有値のとび高は $(2\pi\hbar/L)^2/\mu$ の程度の量であるから，L が大きい極限では問題にしなくてもよい．L が十分大きければ，遠目にはほとんど連続的に分布しているように見える．このような方法を**箱式規格化** (box normalization) という．この場合，正規直交条件は内積

$$\langle\phi_{\boldsymbol{p}}|\phi_{\boldsymbol{p}'}\rangle = \int \phi_{\boldsymbol{p}}^*(\boldsymbol{x})\,\phi_{\boldsymbol{p}'}(\boldsymbol{x})\,d^3\boldsymbol{x}$$

に対して，

$$\langle\phi_{\boldsymbol{p}}|\phi_{\boldsymbol{p}'}\rangle = \delta_{\boldsymbol{p},\boldsymbol{p}'} \tag{12.2.7}$$

となる．右辺の Kronecker の δ は，

$$\boldsymbol{p} = \frac{2\pi\hbar}{L}(l, m, n), \qquad \boldsymbol{p}' = \frac{2\pi\hbar}{L}(l', m', n')$$

に対して，$\delta_{ll'}\delta_{mm'}\delta_{nn'}$ を総括して書いたものである．正規直交系 $\{\phi_{\boldsymbol{p}}(\boldsymbol{x})\}$ により箱内のすべての波動関数を展開することができるので，当然，完全性条件

$$\sum_{\boldsymbol{p}} \phi_{\boldsymbol{p}}(\boldsymbol{x})\phi_{\boldsymbol{p}}{}^*(\boldsymbol{x}') = \delta^3(\boldsymbol{x}-\boldsymbol{x}') \tag{12.2.8}$$

が成立する．ただし，左辺の和は3重和 $\sum_{l=-\infty}^{+\infty}\sum_{m=-\infty}^{+\infty}\sum_{n=-\infty}^{+\infty}$ を総括して書いたものである．右辺の $\delta^3(\boldsymbol{x}-\boldsymbol{x}')$ は3次元 δ 関数である．

箱式規格化の他に **$\boldsymbol{\delta}$ 関数式規格化**がある．箱式規格化では有限の大きさの箱をもち込んで無限大をさけたのに対して，δ 関数式規格化では無限大を公認する．運動量固有値の2つの値 $\boldsymbol{p}$ と $\boldsymbol{p}'$ にぞくする固有関数 $\phi_{\boldsymbol{p}}(\boldsymbol{x}), \phi_{\boldsymbol{p}'}(\boldsymbol{x})$ の内積

$$\langle\phi_{\boldsymbol{p}}|\phi_{\boldsymbol{p}'}\rangle = C_{\boldsymbol{p}}{}^*C_{\boldsymbol{p}'}\int \exp\left[-\frac{i}{\hbar}(\boldsymbol{p}-\boldsymbol{p}')\cdot\boldsymbol{x}\right]d^3\boldsymbol{x}$$

をつくり，δ 関数の積分表示

$$\delta^3(\boldsymbol{k}-\boldsymbol{k}') = \frac{1}{(2\pi)^3}\int \exp[-i(\boldsymbol{k}-\boldsymbol{k}')\cdot\boldsymbol{x}]d^3\boldsymbol{x} \tag{12.2.9}$$

と比べてみよう．$\langle\phi_{\boldsymbol{p}}|\phi_{\boldsymbol{p}'}\rangle$ は明らかに $\delta^3(\boldsymbol{p}-\boldsymbol{p}')$ に比例する．δ 関数式規格化はこの比例係数を1にしようとする方式である．すなわち，定数 $C_{\boldsymbol{p}}$ を

$$C_{\boldsymbol{p}} = \frac{1}{\sqrt{(2\pi\hbar)^3}} \tag{12.2.10}$$

とえらぶことにより

$$\langle\phi_{\boldsymbol{p}}|\phi_{\boldsymbol{p}'}\rangle = \delta^3(\boldsymbol{p}-\boldsymbol{p}') \tag{12.2.11}$$

が実現する．(*12.2.10*)では不定の位相因子は省略してある．δ 関数式規格化(*12.2.11*)では，全空間のどこかで粒子が見出される確率を $\langle\phi_{\boldsymbol{p}}|\phi_{\boldsymbol{p}}\rangle=\delta^3(0)$ と規格化してある．$\delta^3(0)$ は全空間の体積と同程度の無限大である．したがって，有限領域に粒子を見出すことの確率は有限になっている．いうまでもなく，この場合は運動量およびエネルギーの固有値は連続的な値をとる．後のために，δ 関数 $\delta^3(\boldsymbol{p}-\boldsymbol{p}')$ の球座標表示を与えておこう．

$$\delta^3(\boldsymbol{p}-\boldsymbol{p}') = \lim_{R\to\infty}\frac{1}{(2\pi\hbar)^3}\int_0^R r^2dr\int_0^\pi \sin\theta\, d\theta\int_0^{2\pi} d\varphi \exp\left[-\frac{i}{\hbar}|\boldsymbol{p}-\boldsymbol{p}'|r\cos\theta\right]$$

$$= \lim_{R\to\infty} \frac{1}{2\pi^2|\boldsymbol{p}-\boldsymbol{p}'|^3}\left[\sin\frac{|\boldsymbol{p}-\boldsymbol{p}'|R}{\hbar} - \frac{|\boldsymbol{p}-\boldsymbol{p}'|R}{\hbar}\cos\frac{|\boldsymbol{p}-\boldsymbol{p}'|R}{\hbar}\right] \qquad (12.2.12)$$

δ 関数式規格化の場合の完全性条件は次のとおりである.

$$\int \phi_{\boldsymbol{p}}(\boldsymbol{x})\,\phi_{\boldsymbol{p}}{}^*(\boldsymbol{x}')\,d^3\boldsymbol{p} = \delta^3(\boldsymbol{x}-\boldsymbol{x}') \qquad (12.2.13)$$

なお，運動量 $\boldsymbol{p}$ のかわりに波数 $\boldsymbol{k}$ を状態指定の量子数として用いるときは，今までの式で $\boldsymbol{p}\to\boldsymbol{k}$, $\hbar\to1$ とおいた式が成立する.

箱式規格化を用いたとき，運動量固有値についての和は $L\to\infty$ で積分に移行する．この移行を実現する公式を説明しよう．(12.2.6)において，整数 l, m, n のとび高 $\Delta l, \Delta m, \Delta n$ は1であるから，それに相当する p_x, p_y, p_z のとび高 Δp_x, $\Delta p_y, \Delta p_z$ は

$$\left(\frac{2\pi\hbar}{L}\right)^{-1}\Delta p_x = \left(\frac{2\pi\hbar}{L}\right)^{-1}\Delta p_y = \left(\frac{2\pi\hbar}{L}\right)^{-1}\Delta p_z = 1$$

という関係式で与えられる．したがって，ある力学量 $F(p_x, p_y, p_z)$ の l, m, n についての級数和は次のような形で p_x, p_y, p_z についての積分に移行する.

$$\begin{aligned}
&\sum_{l=-\infty}^{+\infty}\sum_{m=-\infty}^{+\infty}\sum_{n=-\infty}^{+\infty} F(p_x, p_y, p_z) \\
&= \left(\frac{L}{2\pi\hbar}\right)^3 \sum_{p_x=-\infty}^{+\infty}\sum_{p_y=-\infty}^{+\infty}\sum_{p_z=-\infty}^{+\infty} F(p_x, p_y, p_z)\,\Delta p_x \Delta p_y \Delta p_z \\
&\xrightarrow[L\to\infty]{} \left(\frac{L}{2\pi\hbar}\right)^3 \int_{-\infty}^{+\infty}\int_{-\infty}^{+\infty}\int_{-\infty}^{+\infty} F(p_x, p_y, p_z)\,dp_x dp_y dp_z
\end{aligned}$$

これを簡略化して書き直せば

$$\sum_{\boldsymbol{p}} F(\boldsymbol{p}) \xrightarrow[L\to\infty]{} \left(\frac{L}{2\pi\hbar}\right)^3 \int F(\boldsymbol{p})\,d^3\boldsymbol{p} \qquad (12.2.14)$$

となる．いま，$F(\boldsymbol{p}) = \langle\phi_{\boldsymbol{p}}|\mathcal{F}|\phi_{\boldsymbol{p}'}\rangle$ という場合を考えてみよう．$\mathcal{F}$ はある力学量を表わす演算子である．この $\phi_{\boldsymbol{p}}$ と $\phi_{\boldsymbol{p}'}$ はもちろん箱式規格化をした固有関数であるから，(12.2.14)の右辺の因子 $(L/2\pi\hbar)^3$ を $\sqrt{(L/2\pi\hbar)^3}\sqrt{(L/2\pi\hbar)^3}$ と2つに分けて $\phi_{\boldsymbol{p}}$ と $\phi_{\boldsymbol{p}'}$ に繰り込むと，箱式規格化の定数 $1/\sqrt{L^3}$ が δ 関数式規格化の定数 $1/\sqrt{(2\pi\hbar)^3}$ に移行してしまうことがわかる．このような事柄は単なる計算技術の問題にすぎないが，しばしば利用されるので覚えておいた方がよい.

ここで箱式規格化の場合の状態数密度を求めておこう．(*12. 2. 6*)を見ればわかるように，p_x, p_y, p_z を直交軸とする空間は各方向とも $2\pi\hbar/L$ ごとに1つの格子点がある．ゆえに，この空間内には，$(2\pi\hbar/L)^3$ という体積ごとに1つの運動量状態，すなわち，平面波状態が存在する勘定になる．したがって，任意の微小運動量領域 $d^3\boldsymbol{p}$ 中に含まれる状態数は

$$\left(\frac{L}{2\pi\hbar}\right)^3 d^3\boldsymbol{p}$$

である．そこで $d^3\boldsymbol{p}=p^2dpd\Omega$ を用いて，単位体積ごと，単位立体角ごと，単位エネルギーごとの状態数を求めると

$$\rho(E_{\boldsymbol{p}}) = \frac{p^2}{(2\pi\hbar)^3}\left(\frac{dE_{\boldsymbol{p}}}{dp}\right)^{-1} = \frac{\mu p}{(2\pi\hbar)^3} \qquad (12.\ 2.\ 15)$$

となる．これを単に**状態密度**ということがある．

さて，散乱状態固有関数 $u_{\boldsymbol{p}}{}^{\pm}(\boldsymbol{x})$ の規格化にとりかかろう．まず δ 関数式規格化を適用する．$u_{\boldsymbol{p}'}{}^{\pm}$ の方程式と $u_{\boldsymbol{p}}{}^{\pm*}$ の方程式は次のとおりである．

$$\left(-\frac{\hbar^2}{2\mu}\nabla^2+V\right)u_{\boldsymbol{p}'}{}^{\pm} = E_{\boldsymbol{p}'}u_{\boldsymbol{p}'}{}^{\pm}$$

$$\left(-\frac{\hbar^2}{2\mu}\nabla^2+V\right)u_{\boldsymbol{p}}{}^{\pm*} = E_{\boldsymbol{p}}u_{\boldsymbol{p}}{}^{\pm*}$$

第1式に $u_{\boldsymbol{p}}{}^{\pm*}$ を，第2式に $u_{\boldsymbol{p}'}{}^{\pm}$ をかけて辺々引算すると，ポテンシャルの項が相殺されて

$$(E_{\boldsymbol{p}'}-E_{\boldsymbol{p}})u_{\boldsymbol{p}}{}^{\pm*}u_{\boldsymbol{p}'}{}^{\pm} = -\frac{\hbar^2}{2\mu}\{u_{\boldsymbol{p}}{}^{\pm*}\nabla^2u_{\boldsymbol{p}'}{}^{\pm}-(\nabla^2u_{\boldsymbol{p}}{}^{\pm*})u_{\boldsymbol{p}'}{}^{\pm}\}$$

となる．原点を中心とする半径 R の球面 S 内の領域 U について両辺を体積積分し，Green の定理を適用すると

$$\int_{\mathrm{U}} u_{\boldsymbol{p}}{}^{\pm*}(\boldsymbol{x})u_{\boldsymbol{p}'}{}^{\pm}(\boldsymbol{x})d^3\boldsymbol{x}$$
$$= -\frac{1}{E_{\boldsymbol{p}}'-E_{\boldsymbol{p}}}\frac{\hbar^2}{2\mu}\oint_{\mathrm{S}}\left(u_{\boldsymbol{p}}{}^{\pm*}(\boldsymbol{x})\frac{\partial u_{\boldsymbol{p}'}{}^{\pm}(\boldsymbol{x})}{\partial R}-\frac{\partial u_{\boldsymbol{p}}{}^{\pm*}(\boldsymbol{x})}{\partial R}u_{\boldsymbol{p}'}{}^{\pm}(\boldsymbol{x})\right)R^2d\Omega$$

となる．ここで R を無限に大きくすれば，左辺は望みどおりの内積 $\langle u_{\boldsymbol{p}}{}^{\pm}|u_{\boldsymbol{p}'}{}^{\pm}\rangle$ になる．この極限で右辺を計算しよう．S は無限遠方にあるわけであるから，右

辺の球面上の積分内における $u_p^{\pm *}, u_{p'}^{\pm}$ に対しては，漸近式(12. 1. 21)または(12. 2. 1)を用いることができる．さらに $R\to\infty$ で生き残るもっとも大きい項だけを計算すればよいので，(12. 1. 21)および(12. 2. 1)における平面波項だけを使えばよろしい．こうして

$$\langle u_p{}^{\pm}|u_{p'}{}^{\pm}\rangle = C_p{}^*C_{p'}\lim_{R\to\infty}\frac{\hbar^2}{p^2-p'^2}\oint_S \exp\left[-\frac{i}{\hbar}(\boldsymbol{p}-\boldsymbol{p}')\cdot\boldsymbol{x}\right]$$
$$\cdot\frac{i}{\hbar}(\boldsymbol{p}+\boldsymbol{p}')\cdot\frac{\partial\boldsymbol{x}}{\partial R}R^2d\Omega$$
$$=|C_p|^2(2\pi\hbar)^3\delta^3(\boldsymbol{p}-\boldsymbol{p}')$$

が得られる ($\delta^3(\boldsymbol{p}-\boldsymbol{p}')$ の球座標表示(12. 2. 12)を用いると計算が楽になる)．したがって，散乱状態固有関数は平面波の場合とまったく同じ定数(12. 2. 10)，すなわち $C_p=(2\pi\hbar)^{-3/2}$ によって，δ 関数式規格化ができる．すなわち，

$$\langle u_p{}^{\pm}|u_{p'}{}^{\pm}\rangle = \delta^3(\boldsymbol{p}-\boldsymbol{p}') \qquad (12.\ 2.\ 16)$$

が成立する．$u_p{}^{\pm}$ がぞくするエネルギー固有値も平面波の場合とまったく同じであり——$E_p=\boldsymbol{p}^2/2\mu$——0から $+\infty$ までの実数値を連続的にとる．

箱式規格化の場合も平面波と同じ値(12. 2. 4)をとればよろしい．しかし，この場合エネルギー固有値は平面波の場合の値——(12. 2. 6)——と正確には一致しない．箱に入れたため $\bar{V}(a/L)^3$ の程度ずれてしまう．$\bar{V}$ はポテンシャルの平均的な強さ，a は力の到達距離である．L が十分大きいため，この程度の差は問題にならない．数式的には δ 関数式規格化の方が美しいが，平面波状態 ϕ_p と散乱状態 $u_p{}^{\pm}$ との1対1対応を克明に追跡するような内容的な議論のためには，箱式規格化の方が便利かもしれない．もちろん，箱式規格化でできることは δ 関数式規格化でもできる．これからは δ 関数式規格化を使うことにしよう．

なお，規格化定数を

$$C_p = \sqrt{\frac{\mu}{p}} \qquad (12.\ 2.\ 17)$$

のようにえらぶことを**単位流式規格化**(unit flux normalization)という．このようにえらぶと，$\phi_p=C_p\exp\left(\frac{i}{\hbar}\boldsymbol{p}\cdot\boldsymbol{x}\right)$ に相当する確率流密度の大きさが1になるからである．この規格化のよい点は，遷移確率から散乱断面積を出すさい，流れ強度で割算をしなくてもよいところにある．しかし，直交条件式や完全性の式が

少々面倒な形になるので，ここでは採用しない.

b) 散乱状態固有関数と散乱振幅

H の固有値方程式を外向き(内向き)波条件によって解く方式を考えよう.(*12.1.20*)を書き直して

$$\left[E_{\boldsymbol{p}}-\left(-\frac{\hbar^2}{2\mu}\nabla^2\right)\right]u_{\boldsymbol{p}}{}^{\pm}(\boldsymbol{x}) = V(\boldsymbol{x})u_{\boldsymbol{p}}{}^{\pm}(\boldsymbol{x}) \qquad (12.2.18)$$

としよう.平面波 $\phi_{\boldsymbol{p}}(\boldsymbol{x})$ は方程式

$$\left[E_{\boldsymbol{p}}-\left(-\frac{\hbar^2}{2\mu}\nabla^2\right)\right]\phi_{\boldsymbol{p}}(\boldsymbol{x}) = 0 \qquad (12.2.19)$$

を満足する.この方程式の Green 関数 $K_{\boldsymbol{p}}{}^{\pm}(\boldsymbol{x},\boldsymbol{x}')$ は

$$\left[E_{\boldsymbol{p}}-\left(-\frac{\hbar^2}{2\mu}\nabla^2\right)\right]K_{\boldsymbol{p}}{}^{\pm}(\boldsymbol{x},\boldsymbol{x}') = \delta^3(\boldsymbol{x}-\boldsymbol{x}') \qquad (12.2.20)$$

の解である.$K_{\boldsymbol{p}}{}^{\pm}$ の $+$ は外向き波条件に，$-$ は内向き波条件に従っていることを意味する.$\phi_{\boldsymbol{p}}$ と $K_{\boldsymbol{p}}{}^{\pm}$ を用いると(*12.2.18*)の外向き(内向き)波条件に従う解 $u_{\boldsymbol{p}}{}^{\pm}$ は

$$u_{\boldsymbol{p}}{}^{\pm}(\boldsymbol{x}) = \phi_{\boldsymbol{p}}(\boldsymbol{x})+\int K_{\boldsymbol{p}}{}^{\pm}(\boldsymbol{x},\boldsymbol{x}')V(\boldsymbol{x}')u_{\boldsymbol{p}}{}^{\pm}(\boldsymbol{x}')d^3\boldsymbol{x}' \qquad (12.2.21)$$

という積分方程式を満足することがわかる.(*12.2.21*)を満足する $u_{\boldsymbol{p}}{}^{\pm}$ が微分方程式(*12.2.18*)の解であることは，(*12.2.21*)の両辺に演算子 $\left[E_{\boldsymbol{p}}-\left(-\frac{\hbar^2}{2\mu}\nabla^2\right)\right]$ をかけて(*12.2.19*)と(*12.2.20*)を用いれば，ただちにわかる.積分方程式(*12.2.21*)は，$K_{\boldsymbol{p}}{}^{\pm}$ を通して，自動的に外向き(内向き)波条件を取り入れているのであるが，これは今後の議論で明らかとなってゆくはずである.

ここで Green 関数 $K_{\boldsymbol{p}}{}^{\pm}$ を求めておくことにする.(*12.2.20*)の左辺の演算子が $\frac{\hbar^2}{2\mu}\left(\nabla^2+\frac{p^2}{\hbar^2}\right)$ であること，およびポテンシャル論でよく知られている公式†

$$\nabla^2\frac{1}{|\boldsymbol{x}-\boldsymbol{x}'|} = -4\pi\delta^3(\boldsymbol{x}-\boldsymbol{x}')$$

を用いれば，(*12.2.20*)はただちに解けて

† 点 $\boldsymbol{x}'$ に単位点電荷をおいたとき，そのまわりの点 $\boldsymbol{x}$ におけるポテンシャルは $(4\pi|\boldsymbol{x}-\boldsymbol{x}'|)^{-1}$ であるから，この公式はちょうど静電気学の Poisson の方程式になっている.点電荷の電荷密度は δ 関数で表わされる.

$$K_{\boldsymbol{p}}{}^{\pm}(\boldsymbol{x},\boldsymbol{x}')=-\frac{2\mu}{\hbar^2}\frac{1}{4\pi|\boldsymbol{x}-\boldsymbol{x}'|}\exp\left[\pm\frac{i}{\hbar}p|\boldsymbol{x}-\boldsymbol{x}'|\right] \quad (12.2.22)$$

となる．この指数部分で ＋ をとれば外向き，－ をとれば内向き球面波を表わしていることは明らかであろう．この Green 関数については後でもう1度くわしく議論するつもりである．

さて，(12.2.22)を積分方程式(12.2.21)に代入して，それを解くという手順になるわけであるが，具体的に実行するためにはポテンシャル関数の形を指定しなければならない．ここでは具体的な解法に立ち入ることはやめて，散乱振幅を与える一般式をつくることにしよう．そのためには，外向き波条件に従う固有関数 $u_{\boldsymbol{p}}{}^{+}(\boldsymbol{x})$ の式(12.2.21)の右辺第2項で，$r=|\boldsymbol{x}|\to\infty$ として

$$\frac{1}{\sqrt{(2\pi\hbar)^3}}\frac{1}{r}\exp\left(\frac{i}{\hbar}pr\right)$$

を取り除けば，散乱振幅が得られる．そこで $\lim_{r\to\infty}K_{\boldsymbol{p}}{}^{\pm}(\boldsymbol{x},\boldsymbol{x}')$ を計算しよう．

$$|\boldsymbol{x}-\boldsymbol{x}'|=\sqrt{(\boldsymbol{x}-\boldsymbol{x}')^2}=\sqrt{|\boldsymbol{x}|^2+|\boldsymbol{x}'|^2-2\boldsymbol{x}\cdot\boldsymbol{x}'}$$

$$\xrightarrow[|\boldsymbol{x}|\to\infty]{}|\boldsymbol{x}|-\frac{\boldsymbol{x}\cdot\boldsymbol{x}'}{|\boldsymbol{x}|}$$

を用いると

$$K_{\boldsymbol{p}}{}^{+}(\boldsymbol{x},\boldsymbol{x}')\xrightarrow[|\boldsymbol{x}|\to\infty]{}-\frac{2\mu}{\hbar^2}\frac{1}{4\pi r}\exp\left(\frac{i}{\hbar}pr\right)\exp\left(-\frac{i}{\hbar}\boldsymbol{p}'\cdot\boldsymbol{x}'\right) \quad (12.2.23)$$

となる．ただし，$\boldsymbol{p}'=p(\boldsymbol{x}/|\boldsymbol{x}|)$ とおいたことに注意していただきたい．$\boldsymbol{x}$ は検出器をおく位置にとるつもりであるから，$\boldsymbol{p}'$ は検出器にとびこんでくる散乱粒子の運動量に他ならない．もちろん，$|\boldsymbol{p}'|=|\boldsymbol{p}|$ である．こうして

$$\begin{aligned}f(\theta,\varphi)&=-\frac{1}{4\pi}\frac{2\mu}{\hbar^2}\left[\int\exp\left(-\frac{i}{\hbar}\boldsymbol{p}'\cdot\boldsymbol{x}'\right)V(\boldsymbol{x}')\sqrt{(2\pi\hbar)^3}u_{\boldsymbol{p}}{}^{+}(\boldsymbol{x}')\,d^3\boldsymbol{x}'\right]_{|\boldsymbol{p}'|=|\boldsymbol{p}|}\\&=-4\pi^2\hbar\mu\langle\phi_{\boldsymbol{p}'}|V|u_{\boldsymbol{p}}{}^{+}\rangle_{|\boldsymbol{p}'|=|\boldsymbol{p}|} \quad (12.2.24)\end{aligned}$$

が得られる．これは散乱振幅 $f(\theta,\varphi)$ を散乱状態固有関数で表わした式である．なお，この式の中の固有関数 $\phi_{\boldsymbol{p}'}$ と $u_{\boldsymbol{p}}{}^{+}$ とは δ 関数式規格化をしたものであることを覚えておかなければならない．

散乱の微分断面積は

$$\left.\begin{aligned}\sigma(\theta,\varphi) &= |f(\theta,\varphi)|^2 \\ &= \frac{1}{v}\frac{2\pi}{\hbar}|(2\pi\hbar)^3\langle\phi_{\boldsymbol{p}'}|V|u_{\boldsymbol{p}}{}^{+}\rangle_{|\boldsymbol{p}'|=|\boldsymbol{p}|}|^2\rho(E_{\boldsymbol{p}})\end{aligned}\right\}\qquad(12.2.25)$$

となる．ただし，$v=p/\mu$ は入射粒子の速さ，$\rho=\mu p/(2\pi\hbar)^3$ は状態密度((12.2.15)を見よ)である．(12.2.25)で $1/v$ を除いた残りの式は，初期状態で運動量 $\boldsymbol{p}$ をもっていた粒子が V の影響で運動量 $\boldsymbol{p}'$ をもつ終期状態へ遷移することの単位時間ごとの確率を表わしている．くわしい議論は§12.4で行なう．なお『量子力学 I』第6章でも説明してある．

ここで Born 近似の話をしておこう．ポテンシャルによる散乱の効果が弱いとき，散乱状態固有関数は平面波に近い関数であろうと考えられる．したがって，$H_0=-\frac{\hbar^2}{2\mu}\nabla^2$ と平面波を非摂動系としポテンシャル V を摂動とした摂動論を展開することができる．束縛状態問題ではすでに摂動論を何回か使用してきた．(『量子力学 I』第6章および関係の箇所を見よ.) 束縛状態の摂動論では固有関数とエネルギー固有値が非摂動系の値からずれたわけであるが，散乱状態におけるエネルギー固有値は入射粒子の運動エネルギーであるから，摂動をうけても変わらない．この相違には注意しなければならない．さて，束縛状態の摂動論と形式的に同じような方式で散乱状態の摂動論を展開することもできるが，もっとも簡単な方法は積分方程式(12.2.21)を逐次代入法によって解くことである．(12.2.21)の右辺第2項の積分内の $u_{\boldsymbol{p}}{}^{\pm}$ に(12.2.21)の右辺全体を代入し，その結果なお残っている $u_{\boldsymbol{p}}{}^{\pm}$ にまた(12.2.21)の右辺全体を代入するという手続きを繰り返してゆくと，$u_{\boldsymbol{p}}{}^{\pm}$ に対する摂動級数が得られる．すなわち，

$$\begin{aligned}u_{\boldsymbol{p}}{}^{\pm}(\boldsymbol{x}) &= \phi_{\boldsymbol{p}}(\boldsymbol{x})+\int K_{\boldsymbol{p}}{}^{\pm}(\boldsymbol{x},\boldsymbol{x}')V(\boldsymbol{x}')\phi_{\boldsymbol{p}}(\boldsymbol{x}')d^3\boldsymbol{x}' \\ &\quad+\int\!\!\int K_{\boldsymbol{p}}{}^{\pm}(\boldsymbol{x},\boldsymbol{x}')V(\boldsymbol{x}')K_{\boldsymbol{p}}{}^{\pm}(\boldsymbol{x}',\boldsymbol{x}'')V(\boldsymbol{x}'')\phi_{\boldsymbol{p}}(\boldsymbol{x}'')d^3\boldsymbol{x}'d^3\boldsymbol{x}''+\cdots\end{aligned}\qquad(12.2.26)$$

この右辺の級数を第2項で打ち切ったものを第1 Born 近似または単に Born 近似という．散乱振幅と微分断面積はこの近似では

$$f(\theta,\varphi) \approx -4\pi^2\hbar\mu\langle\phi_{\boldsymbol{p}'}|V|\phi_{\boldsymbol{p}}\rangle_{|\boldsymbol{p}'|=|\boldsymbol{p}|}$$

$$= -\frac{1}{4\pi}\frac{2\mu}{\hbar^2}\int \exp\left[-\frac{i}{\hbar}(\boldsymbol{p}'-\boldsymbol{p})\cdot\boldsymbol{x}\right]V(\boldsymbol{x})\,d^3\boldsymbol{x} \qquad (12.2.27\,a)$$

$$\sigma(\theta,\varphi) \approx \left(\frac{\mu}{2\pi\hbar^2}\right)^2\left|\int \exp\left[-\frac{i}{\hbar}(\boldsymbol{p}'-\boldsymbol{p})\cdot\boldsymbol{x}\right]V(\boldsymbol{x})\,d^3\boldsymbol{x}\right|^2 \qquad (12.2.27\,b)$$

となる．Born 近似は力の中心における波動関数の歪みが極めて小さいという条件 $|u_{\boldsymbol{p}}^+(0)-\phi_{\boldsymbol{p}}(0)|\ll|\phi_{\boldsymbol{p}}(0)|$，すなわち，$(2\mu/4\pi\hbar^2)\left|\int|\boldsymbol{x}'|^{-1}V(\boldsymbol{x}')\exp[i(p|\boldsymbol{x}'|+\boldsymbol{p}\cdot\boldsymbol{x}')/\hbar]d^3\boldsymbol{x}'\right|\ll 1$ の下に成立する．具体的内容は次のとおりである．短距離力だけに話をかぎることとして，$\bar{V}$ をポテンシャルの平均的な強さ，$\boldsymbol{a}$ をその到達距離としよう．低エネルギー散乱 $\hbar^{-1}pa\ll 1$ の場合は $\hbar^{-2}\mu\bar{V}a^2\ll 1$ であれば Born 近似がよい結果を与える．$\hbar^{-2}\mu\bar{V}a^2\gtrsim 1$ という条件はこのポテンシャルが束縛状態をもつための条件であったことを思い出せば，低エネルギー散乱で Born 近似が成立する場合は到底束縛状態を持てそうにもない弱い力のときにかぎるわけである．一方，高エネルギー散乱 $\hbar^{-1}pa\gg 1$ の場合に Born 近似が成立する条件は $\hbar^{-2}\mu\bar{V}a^2\ll\hbar^{-1}pa$ となる．今度はポテンシャルが強く $\hbar^{-2}\mu\bar{V}a^2\gg 1$ であってもそれ以上に $\hbar^{-1}pa$ が大きければよいわけである．この条件は $\hbar^{-1}\bar{V}v^{-1}a\ll 1$ となるが，これは入射粒子が速度 v で長さ $\boldsymbol{a}$ の力領域を走り抜けるときの位相のずれが十分小さくなければならないという条件式になっている．Born 近似はこのような高エネルギー散乱に対して有効な近似法である．§14.2 を見よ．

c) 波動行列

後の便宜のために抽象ベクトル表示を導入しておこう†．粒子の位置演算子 $\hat{\boldsymbol{x}}$ は連続固有値をもち，固有値 $\boldsymbol{x}$ にぞくする固有ベクトル $|\boldsymbol{x}\rangle$ は固有値方程式 $\hat{\boldsymbol{x}}|\boldsymbol{x}\rangle=\boldsymbol{x}|\boldsymbol{x}\rangle$ を満足し，正規直交条件 $\langle\boldsymbol{x}|\boldsymbol{x}'\rangle=\delta^3(\boldsymbol{x}-\boldsymbol{x}')$ と完全性条件

$$\int|\boldsymbol{x}\rangle d^3\boldsymbol{x}\langle\boldsymbol{x}| = 1 \qquad (12.2.28)$$

が成立する．記号 ^ は抽象演算子を表わすのに用いた．1 は恒等演算子である．運動量演算子 $\hat{\boldsymbol{p}}$ も連続固有値 $\boldsymbol{p}$ をもつが，その固有ベクトルは同時に運動エネルギー演算子 $\hat{H}_0=\hat{\boldsymbol{p}}^2/2\mu$ の同時固有ベクトルとなるようにえらべるので，平面波波動関数 $\phi_{\boldsymbol{p}}(\boldsymbol{x})$ の記号を真似して $|\phi_{\boldsymbol{p}}\rangle$ と書くことにしよう．もちろん，

† 抽象ベクトル表示については『量子力学 I』第4章を見よ．

$$\left.\begin{array}{l}\hat{\boldsymbol{p}}|\phi_{\boldsymbol{p}}\rangle=\boldsymbol{p}|\phi_{\boldsymbol{p}}\rangle, \qquad \hat{H}_0|\phi_{\boldsymbol{p}}\rangle=E_{\boldsymbol{p}}|\phi_{\boldsymbol{p}}\rangle \\ \langle\phi_{\boldsymbol{p}}|\phi_{\boldsymbol{p}'}\rangle=\delta^3(\boldsymbol{p}-\boldsymbol{p}') \\ \displaystyle\int|\phi_{\boldsymbol{p}}\rangle d^3\boldsymbol{p}\langle\phi_{\boldsymbol{p}}|=1\end{array}\right\} \qquad (12.2.29)$$

が成立する．平面波波動関数は $\phi_{\boldsymbol{p}}(\boldsymbol{x})=\langle\boldsymbol{x}|\phi_{\boldsymbol{p}}\rangle$ であることはいうまでもなかろう．固有ベクトル $|\phi_{\boldsymbol{p}}\rangle$ の完全性を表わす最後の式を，$|\boldsymbol{x}\rangle$ と $|\boldsymbol{x}'\rangle$ で挟んで行列要素をつくると $\phi_{\boldsymbol{p}}(\boldsymbol{x})$ の完全性条件(*12.2.13*)が得られる．全ハミルトニアン $\hat{H}=\hat{H}_0+\hat{V}$ の固有ベクトルは一般に散乱状態に対するものと束縛状態に対するものと2種類ある．すなわち，

$$\hat{H}|u_{\boldsymbol{p}}{}^{\pm}\rangle=E_{\boldsymbol{p}}|u_{\boldsymbol{p}}{}^{\pm}\rangle \qquad (12.2.30)$$

$$\hat{H}|u_B\rangle=E_B|u_B\rangle \qquad (12.2.31)$$

$|u_{\boldsymbol{p}}{}^{\pm}\rangle$ は散乱状態を表わす固有ベクトルで，$u_{\boldsymbol{p}}{}^{\pm}(\boldsymbol{x})=\langle\boldsymbol{x}|u_{\boldsymbol{p}}{}^{\pm}\rangle$ がこれまで議論してきた散乱状態固有関数である．固有値 $E_{\boldsymbol{p}}=\boldsymbol{p}^2/2\mu$ は $\hat{H}_0$ の固有値とまったく同じで，0から $+\infty$ までの実数値をとることができる．一方 $|u_B\rangle$ は束縛状態を表わす固有ベクトルであり，$u_B(\boldsymbol{x})=\langle\boldsymbol{x}|u_B\rangle$ が束縛状態固有関数である．十分遠方で急速に0になるようなポテンシャルに対しては，束縛状態のエネルギー固有値 E_B は負であり，特定のとびとびの値をとる．直交条件を並べて書くと

$$\left.\begin{array}{l}\langle u_{\boldsymbol{p}}{}^{\pm}|u_{\boldsymbol{p}'}{}^{\pm}\rangle=\delta^3(\boldsymbol{p}-\boldsymbol{p}') \\ \langle u_B|u_{B'}\rangle=\delta_{BB'}, \qquad \langle u_B|u_{\boldsymbol{p}}{}^{\pm}\rangle=0\end{array}\right\} \qquad (12.2.32)$$

完全性条件は

$$\sum_B|u_B\rangle\langle u_B|+\int|u_{\boldsymbol{p}}{}^{\pm}\rangle d^3\boldsymbol{p}\langle u_{\boldsymbol{p}}{}^{\pm}|=1 \qquad (12.2.33)$$

となる．散乱状態固有ベクトルだけでは，全空間を張ることはできない．$\hat{P}_{\text{sc}}=\int|u_{\boldsymbol{p}}{}^{\pm}\rangle d^3\boldsymbol{p}\langle u_{\boldsymbol{p}}{}^{\pm}|$ は散乱状態の部分空間への射影演算子である．

何回も述べたように，全ハミルトニアン $\hat{H}=\hat{H}_0+\hat{V}$ の散乱状態に対応する固有値は，運動エネルギー演算子 $\hat{H}_0=\hat{\boldsymbol{p}}^2/2\mu$ の固有値 $E_{\boldsymbol{p}}=\boldsymbol{p}^2/2\mu$ と完全に一致し，0から $+\infty$ までの値をとる．$\hat{H}$ はこの他に束縛状態に対応する負の離散的固有値をもっている．$\hat{H}$ と $\hat{H}_0$ の固有値スペクトルの有様を描いたのが図12.4である．$H=-(\hbar^2/2\mu)\nabla^2+V$ の散乱状態固有関数 $u_{\boldsymbol{p}}{}^{\pm}(\boldsymbol{x})$ は，運動エネルギー演算子 $H_0=-(\hbar^2/2\mu)\nabla^2$ の固有関数 $\phi_{\boldsymbol{p}}(\boldsymbol{x})$ と同じ固有値 $E_{\boldsymbol{p}}=\boldsymbol{p}^2/2\mu$ に対応するばか

りでなく，同じ運動量 $\boldsymbol{p}$ によって完全に指定される．境界条件(12. 1. 21)，(12. 2. 1)を見ればわかるように，$u_{\boldsymbol{p}}{}^{\pm}(\boldsymbol{x})$ は遠方で $\phi_{\boldsymbol{p}}(\boldsymbol{x})$ に接続している．1つの $\boldsymbol{p}$ の値を指定すると，$\phi_{\boldsymbol{p}}(\boldsymbol{x})$ と $u_{\boldsymbol{p}}{}^{\pm}(\boldsymbol{x})$ が完全に決まってしまう．いい換えれば，$\phi_{\boldsymbol{p}}(\boldsymbol{x})$ と $u_{\boldsymbol{p}}{}^{\pm}(\boldsymbol{x})$ とは1対1に対応している．したがって，$\phi_{\boldsymbol{p}}(\boldsymbol{x})$ から $u_{\boldsymbol{p}}{}^{\pm}(\boldsymbol{x})$ をつくる演算子が存在するはずである．この演算子を $W^{(\pm)}$ と書けば

$$u_{\boldsymbol{p}}{}^{\pm}(\boldsymbol{x}) = W^{(\pm)}\phi_{\boldsymbol{p}}(\boldsymbol{x}) \quad \text{または} \quad |u_{\boldsymbol{p}}{}^{\pm}\rangle = \hat{W}^{(\pm)}|\phi_{\boldsymbol{p}}\rangle \qquad (12.2.34)$$

である．運動量表示の散乱状態波動関数をつくると

$$\begin{aligned} u_{\boldsymbol{p}}{}^{\pm}(\boldsymbol{p}') &= \frac{1}{\sqrt{(2\pi\hbar)^3}}\int \exp\left(-\frac{i}{\hbar}\boldsymbol{p}'\cdot\boldsymbol{x}\right)u_{\boldsymbol{p}}{}^{\pm}(\boldsymbol{x})\,d^3\boldsymbol{x} \\ &= \langle\phi_{\boldsymbol{p}'}|u_{\boldsymbol{p}}{}^{\pm}\rangle = \langle\phi_{\boldsymbol{p}'}|\,\hat{W}^{(\pm)}|\phi_{\boldsymbol{p}}\rangle \end{aligned} \qquad (12.2.35)$$

となるので，演算子 $\hat{W}^{(\pm)}$ (または $W^{(\pm)}$) を**波動行列**(wave matrix)という．重ね合せの原理が成立しなければならないので波動行列 $\hat{W}^{(\pm)}$ または $W^{(\pm)}$ は線形演算子である．

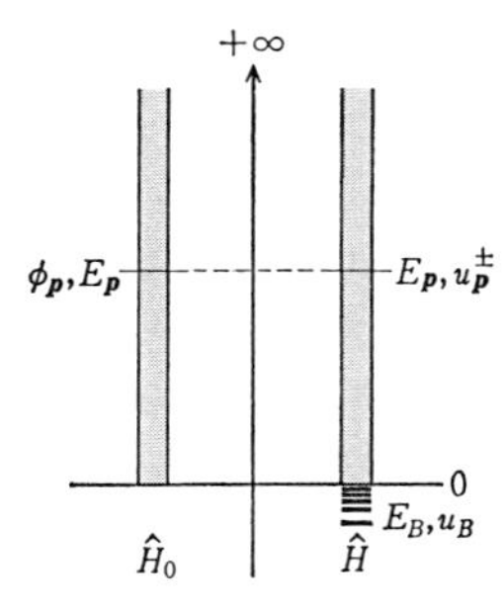

図 12.4　$\hat{H}$ と $\hat{H}_0$ の固有値スペクトル

波動行列の性質を2, 3あげておこう．$|\phi_{\boldsymbol{p}}\rangle$ と $|u_{\boldsymbol{p}}{}^{\pm}\rangle$ は同じ規格化条件 $\langle\phi_{\boldsymbol{p}}|\phi_{\boldsymbol{p}'}\rangle = \langle u_{\boldsymbol{p}}{}^{\pm}|u_{\boldsymbol{p}'}{}^{\pm}\rangle = \delta^3(\boldsymbol{p}-\boldsymbol{p}')$ に従うので，$\hat{W}^{(\pm)\dagger}\hat{W}^{(\pm)} = 1$ が成立する．一方 $|\phi_{\boldsymbol{p}}\rangle$ は完全系をつくり $\int|\phi_{\boldsymbol{p}}\rangle d^3\boldsymbol{p}\langle\phi_{\boldsymbol{p}}| = 1$ となるが，$|u_{\boldsymbol{p}}{}^{\pm}\rangle$ は散乱状態部分空間を張るだけであるから，

$$\hat{P}_{\mathrm{sc}} = \int|u_{\boldsymbol{p}}{}^{\pm}\rangle d^3\boldsymbol{p}\langle u_{\boldsymbol{p}}{}^{\pm}| = \hat{W}^{(\pm)}\int|\phi_{\boldsymbol{p}}\rangle d^3\boldsymbol{p}\langle\phi_{\boldsymbol{p}}|\,\hat{W}^{(\pm)\dagger} = \hat{W}^{(\pm)}\hat{W}^{(\pm)\dagger}$$

という等式が成立する．$\hat{P}_{\mathrm{sc}}$ は散乱状態部分空間への射影演算子である．まとめて書けば

$$\hat{W}^{(\pm)\dagger}\hat{W}^{(\pm)} = 1, \qquad \hat{W}^{(\pm)}\hat{W}^{(\pm)\dagger} = \hat{P}_{\mathrm{sc}} \qquad (12.2.36)$$

である．ゆえに，$\hat{W}^{(\pm)}$ はユニタリー演算子ではない．束縛状態 $|u_B\rangle$ と散乱状態 $|u_p{}^\pm\rangle$ との直交関係 $0=\langle u_p{}^\pm|u_B\rangle=\langle\phi_p|\hat{W}^{(\pm)\dagger}|u_B\rangle$ から

$$\hat{W}^{(\pm)\dagger}|u_B\rangle=0 \quad \text{または} \quad \langle u_B|\hat{W}^{(\pm)}=0 \tag{12.2.37}$$

が得られる．さて，$\hat{H}$ と $\hat{H}_0$ のスペクトルの対応は

$$\begin{aligned}\hat{H}\hat{W}^{(\pm)}|\phi_p\rangle &= \hat{H}|u_p{}^\pm\rangle = E_p|u_p{}^\pm\rangle = E_p\hat{W}^{(\pm)}|\phi_p\rangle \\ &= \hat{W}^{(\pm)}E_p|\phi_p\rangle = \hat{W}^{(\pm)}\hat{H}_0|\phi_p\rangle\end{aligned}$$

であるから，$|\phi_p\rangle$ の完全性を用いると演算子関係式

$$\hat{H}\hat{W}^{(\pm)} = \hat{W}^{(\pm)}\hat{H}_0 \tag{12.2.38}$$

が得られる．

なお，この関係式はポテンシャル V が遠方で十分急速に0になるという性質から出てきたものである．H_0 の固有関数と H の連続固有値にぞくする固有関数とが1対1に対応していても，十分遠方にいったとき $V\neq0$ であるならば(12.2.38)は成立しない．そのときは $\hat{H}\hat{W}^{(\pm)}=\hat{W}^{(\pm)}(\hat{H}_0+\varDelta\hat{H}_0)$ となる．ただし，$\varDelta\hat{H}_0=\int|\phi_p\rangle\varDelta E_p d^3p\langle\phi_p|$ であり，$\varDelta E_p$ はエネルギーのずれである．無限にひろがった媒質中の粒子運動や，場の量子論などの場合にこのようなことがおこる．

次に Green 関数 $K_p{}^\pm(x, x')$ についてくわしく議論しよう．方程式(12.2.20)の左辺が x だけの演算子であること，および右辺の δ 関数に対して ϕ_p の完全性条件式(12.2.13)を利用できることから，$K_p{}^\pm(x, x')$ を平面波 ϕ_p により

$$K_p{}^\pm(x, x') = \int\kappa_p{}^\pm(p'')\phi_{p''}(x)\phi_{p''}{}^*(x')d^3p'' \tag{12.2.39}$$

と展開することができる．(12.2.39)を(12.2.20)に代入して(12.2.13)を用いると，展開係数 $\kappa_p{}^\pm(p'')$ に対する方程式として

$$(E_p-E_{p''})\kappa_p{}^\pm(p'')=1 \tag{12.2.40}$$

が得られる．これは簡単な1次代数方程式であるが，$(E_p-E_{p''})$ が0になることもあるので注意を要する．解は

$$\kappa_p{}^\pm(p'')=\mathrm{P}\frac{1}{E_p-E_{p''}}+\lambda_\pm\delta(E_p-E_{p''}) \tag{12.2.41}$$

である．右辺の $\mathrm{P}(E_p-E_{p''})^{-1}$ は $(E_p-E_{p''})^{-1}$ を含む積分に対して Cauchy の主値をとれという記号であり，$\delta(E_p-E_{p''})$ は δ 関数，$\lambda_\pm$ は任意定数であり後で $K^\pm$ が境界条件を満足するようにえらばれる．(12.2.41)が(12.2.40)の解で

あることは

$$(E_p - E_{p''})\mathrm{P}\frac{1}{E_p - E_{p''}} = 1, \qquad (E_p - E_{p''})\delta(E_p - E_{p''}) = 0$$

によって明らかである．(12. 2. 41)を(12. 2. 39)に代入しよう．

$$K_p^{\pm}(\boldsymbol{x}, \boldsymbol{x}') = \frac{1}{(2\pi\hbar)^3}\int \exp\left[\frac{i}{\hbar}\boldsymbol{p}''\cdot(\boldsymbol{x}-\boldsymbol{x}')\right] \cdot\left[\mathrm{P}\frac{1}{E_p - E_{p''}} + \lambda_{\pm}\delta(E_p - E_{p''})\right]d^3\boldsymbol{p}''$$

ベクトル $(\boldsymbol{x}-\boldsymbol{x}')$ の方向を極軸にえらび変数 $\boldsymbol{p}''$ を極座標で表わせば，被積分関数は方位角を含まず，極角の余弦が指数部分に現われるだけで，他は $p''=|\boldsymbol{p}''|$ だけの関数である．角度についての積分は容易に実行できて，

$$\begin{aligned} K_p^{\pm}(\boldsymbol{x}, \boldsymbol{x}') &= \frac{1}{(2\pi\hbar)^3}\frac{2\pi\hbar}{i|\boldsymbol{x}-\boldsymbol{x}'|} \\ &\quad \cdot\int_0^{\infty}\left[\exp\left(\frac{i}{\hbar}p''|\boldsymbol{x}-\boldsymbol{x}'|\right) - \exp\left(-\frac{i}{\hbar}p''|\boldsymbol{x}-\boldsymbol{x}'|\right)\right] \\ &\quad \cdot\left[\mathrm{P}\frac{1}{E_p - E_{p''}} + \lambda_{\pm}\delta(E_p - E_{p''})\right]p''dp'' \\ &= \frac{1}{i(2\pi\hbar)^2|\boldsymbol{x}-\boldsymbol{x}'|}\int_{-\infty}^{\infty}\exp\left(\frac{i}{\hbar}p''|\boldsymbol{x}-\boldsymbol{x}'|\right) \\ &\quad \cdot\left[\mathrm{P}\frac{1}{E_p - E_{p''}} + \lambda_{\pm}\delta(E_p - E_{p''})\right]p''dp'' \end{aligned}$$

となる．これに

$$\mathrm{P}\frac{1}{E_p - E_{p''}} = \frac{\mu}{p}\left[\mathrm{P}\frac{1}{p''+p} - \mathrm{P}\frac{1}{p''-p}\right]$$

$$\delta(E_p - E_{p''}) = \frac{\mu}{p}[\delta(p''+p) + \delta(p''-p)]$$

を代入し，積分公式

$$\mathrm{P}\int_{-\infty}^{\infty} f(x)\frac{e^{iax}}{x}dx = \pi i f(0) \qquad (a > 0)$$

$$\int_{-\infty}^{\infty} f(x)\delta(x)dx = f(0)$$

を用いると

$$K_{\boldsymbol{p}}{}^{\pm}(\boldsymbol{x},\boldsymbol{x}')=\frac{\mu}{i(2\pi\hbar)^2|\boldsymbol{x}-\boldsymbol{x}'|}$$
$$\cdot\left[\exp\left(\frac{i}{\hbar}p|\boldsymbol{x}-\boldsymbol{x}'|\right)(-\pi i+\lambda_{\pm})+\exp\left(-\frac{i}{\hbar}p|\boldsymbol{x}-\boldsymbol{x}'|\right)(-\pi i-\lambda_{\pm})\right] \tag{12.2.42}$$

が得られる．ゆえに定数 λ を

$$\left.\begin{array}{l}\lambda_{+}=-\pi i \text{ とすれば　外向き波}\\ \lambda_{-}=+\pi i \text{ とすれば　内向き波}\end{array}\right\} \tag{12.2.43}$$

が得られ，そのとき(12.2.42)はたしかに(12.2.22)となる．要するに境界条件に合うように(12.2.20)を解いたのである．

ところで，(12.2.43)を(12.2.41)に入れると

$$\kappa_{\boldsymbol{p}}{}^{\pm}(\boldsymbol{p}'')=\mathrm{P}\frac{1}{E_{p}-E_{p''}}\mp\pi i\delta(E_{p}-E_{p''})$$
$$=\mp2\pi i\delta_{\pm}(E_{p}-E_{p''}) \tag{12.2.44}$$

である．$\delta_{\pm}$ 関数は最後の等式で定義されたものと考えていただきたい．すなわち，$\delta_{\pm}(z)$ は実変数 z に対して

$$\delta_{\pm}(z)=\pm\frac{i}{2\pi}\mathrm{P}\frac{1}{z}+\frac{1}{2}\delta(z) \tag{12.2.45}$$

で定義された関数であり，

$$\left.\begin{array}{ll}\delta_{+}(z)+\delta_{-}(z)=\delta(z), & \delta_{+}(z)-\delta_{-}(z)=\dfrac{i}{\pi}\mathrm{P}\dfrac{1}{z}\\ \delta_{\pm}{}^{*}(z)=\delta_{\mp}(z), & \delta_{\pm}(-z)=\delta_{\mp}(z)\end{array}\right\} \tag{12.2.46}$$

という性質をもっている．一方

$$\delta(z)=\lim_{\varepsilon\to+0}\frac{1}{\pi}\frac{\varepsilon}{z^2+\varepsilon^2},\qquad \mathrm{P}\frac{1}{z}=\lim_{\varepsilon\to+0}\frac{z}{z^2+\varepsilon^2} \tag{12.2.47}$$

という公式を用いると，

$$\delta_{\pm}(z)=\lim_{\varepsilon\to+0}\frac{\pm i}{2\pi}\frac{1}{z\pm i\varepsilon} \tag{12.2.48}$$

と書いてもよい．いずれの極限移行も z についての積分がすべて終了した後で行

なうという約束である．この約束の下に，これからは(*12. 2. 48*)の $\lim_{\varepsilon\to+0}$ を取り除いた式を $\delta_\pm(z)$ として使用しよう．ゆえに(*12. 2. 44*)は

$$\kappa_{\boldsymbol{p}}{}^{\pm}(\boldsymbol{p}'') = \frac{1}{E_p - E_{p''} \pm i\varepsilon} \qquad (12.2.49)$$

と書くこともできる．この表式を次のように考えてもよい．(*12. 2. 40*)の $(E_p - E_{p''})\kappa_{\boldsymbol{p}}{}^{\pm}(\boldsymbol{p}'')=1$ は，$E_p - E_{p''}=0$ がありうるので，単純な割り算によって $\kappa_{\boldsymbol{p}}{}^{\pm}(\boldsymbol{p}'')$ を求めることはできない．そこで $E_p - E_{p''}$ を $E_p - E_{p''} \pm i\varepsilon$ として微小な虚数部をつけておけば，0 になることはないから(*12. 2. 49*)のように $\kappa_{\boldsymbol{p}}{}^{\pm}(\boldsymbol{p}'')$ が求められるというわけである．

実際に(*12. 2. 49*)を(*12. 2. 39*)に代入してみよう．

$$K_p{}^{\pm}(\boldsymbol{x}, \boldsymbol{x}') = \int \frac{\phi_{p''}(\boldsymbol{x})\phi_{p''}{}^*(\boldsymbol{x}')}{E_p - E_{p''} \pm i\varepsilon} d^3\boldsymbol{p}'' \qquad (12.2.50)$$

角度についての積分を実行してしまうと

$$K_p{}^{\pm}(\boldsymbol{x}, \boldsymbol{x}') = \frac{-2\mu}{i(2\pi\hbar)^2|\boldsymbol{x}-\boldsymbol{x}'|} \int_{-\infty}^{\infty} \frac{1}{p''^2 - p^2 \mp i2\mu\varepsilon} \exp\left(\frac{i}{\hbar} p''|\boldsymbol{x}-\boldsymbol{x}'|\right) p'' dp''$$

となるが，被積分関数の極は $K_p{}^+$ に対しては $p+i\mu\varepsilon/p$, $-p-i\mu\varepsilon/p$ にあり，$K_p{}^-$ に対しては $p-i\mu\varepsilon/p$, $-p+i\mu\varepsilon/p$ にある(図 12.5 を見よ)．$\exp\left(\frac{i}{\hbar}p''|\boldsymbol{x}-\boldsymbol{x}'|\right)$ は p'' 平面の上半分の遠方で 0 に近づくので，$K_p{}^+$ には $p+i\mu\varepsilon/p$ の極，$K_p{}^-$ には $-p+i\mu\varepsilon/p$ の極しか寄与しない．簡単な留数計算により(*12. 2. 22*)が得られる．

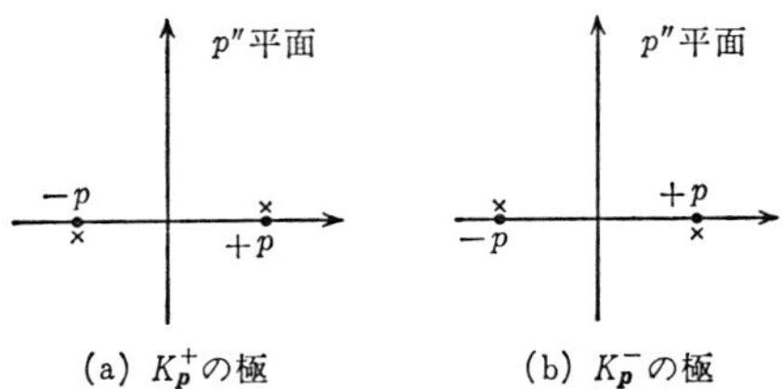

図 12.5　p'' 平面における $K_p{}^{\pm}$ の被積分関数の極

なお，今までの方法では，積分変数 p'' はすべて実数であった．しかし，p'' 平面上の積分路を実軸上に限定しなければ，$E_{p''}$ は一般に複素数値をとり実数の E_p と組み合わされた $E_p - E_{p''}$ は 0 にはならない．ゆえに，$\kappa_{\boldsymbol{p}}{}^{\pm}(\boldsymbol{p}'') = (E_p - E_{p''})^{-1}$ が得られる．ただし，p'' についての積分路は実軸上の極 $p''=\pm p$ をさけ

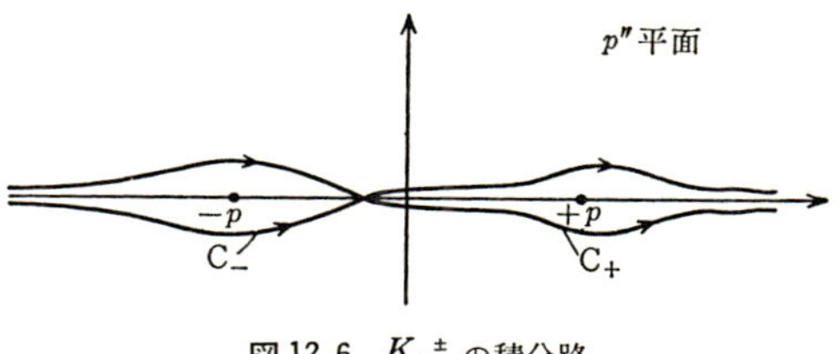

図 12.6　$K_p{}^{\pm}$ の積分路

るように工夫しなければならない．図 12.6 の C_+ と C_- がそれである．C_+ が外向き波条件を，C_- が内向き波条件を満足する積分路である．

ここで抽象表示を導入しよう．

$$\phi_{\boldsymbol{p}}(\boldsymbol{x}) = \langle \boldsymbol{x}|\phi_{\boldsymbol{p}}\rangle, \qquad \phi_{\boldsymbol{p}}{}^*(\boldsymbol{x}) = \langle \phi_{\boldsymbol{p}}|\boldsymbol{x}\rangle,$$
$$u_{\boldsymbol{p}}{}^{\pm}(\boldsymbol{x}) = \langle \boldsymbol{x}|u_{\boldsymbol{p}}{}^{\pm}\rangle, \qquad V(\boldsymbol{x})u_{\boldsymbol{p}}{}^{\pm}(\boldsymbol{x}) = \langle \boldsymbol{x}|\hat{V}|u_{\boldsymbol{p}}{}^{\pm}\rangle$$

とおき，完全性条件

$$\int |\phi_{\boldsymbol{p}}\rangle d^3\boldsymbol{p}\langle\phi_{\boldsymbol{p}}| = \int |\boldsymbol{x}\rangle d^3\boldsymbol{x}\langle\boldsymbol{x}| = 1$$

および固有値方程式 $\hat{H}_0|\phi_{\boldsymbol{p}}\rangle = E_p|\phi_{\boldsymbol{p}}\rangle$ を用いると，座標表示の関係式から抽象表示の関係式が出てくる．(*12. 2. 50*) は

$$\begin{aligned} K_p{}^{\pm}(\boldsymbol{x}, \boldsymbol{x}') &= \int \frac{\langle \boldsymbol{x}|\phi_{\boldsymbol{p}''}\rangle d^3\boldsymbol{p}''\langle\phi_{\boldsymbol{p}''}|\boldsymbol{x}'\rangle}{E_p - E_{p''} \pm i\varepsilon} \\ &= \langle\boldsymbol{x}|\frac{1}{E_p - \hat{H}_0 \pm i\varepsilon}\left\{\int |\phi_{\boldsymbol{p}''}\rangle d^3\boldsymbol{p}''\langle\phi_{\boldsymbol{p}''}|\right\}|\boldsymbol{x}'\rangle \\ &= \langle\boldsymbol{x}|\frac{1}{E_p - \hat{H}_0 \pm i\varepsilon}|\boldsymbol{x}'\rangle \end{aligned} \qquad (12.\ 2.\ 51)$$

となる．すなわち，

$$\hat{K}_p = \frac{1}{E_p - \hat{H}_0 \pm i\varepsilon} = \mp 2\pi i \delta_{\pm}(E_p - \hat{H}_0) \qquad (12.\ 2.\ 52)$$

が抽象表示の Green 関数である．さて，$u_{\boldsymbol{p}}{}^{\pm}(\boldsymbol{x})$ の方程式 (*12. 2. 21*) は

$$\begin{aligned} \langle\boldsymbol{x}|u_{\boldsymbol{p}}{}^{\pm}\rangle &= \langle\boldsymbol{x}|\phi_{\boldsymbol{p}}\rangle + \int \langle\boldsymbol{x}|\frac{1}{E_p - \hat{H}_0 \pm i\varepsilon}|\boldsymbol{x}'\rangle\langle\boldsymbol{x}'|\hat{V}|u_{\boldsymbol{p}}{}^{\pm}\rangle d^3\boldsymbol{x}' \\ &= \langle\boldsymbol{x}|\left\{|\phi_{\boldsymbol{p}}\rangle + \frac{1}{E_p - \hat{H}_0 \pm i\varepsilon}\hat{V}|u_{\boldsymbol{p}}{}^{\pm}\rangle\right\} \end{aligned}$$

という経過で抽象表示の方程式

$$|u_p{}^{\pm}\rangle = |\phi_p\rangle + \frac{1}{E_p - \hat{H}_0 \pm i\varepsilon}\hat{V}|u_p{}^{\pm}\rangle \tag{12.2.53}$$

を与える．これを **Lippmann-Schwinger の方程式**という．

さて，恒等式

$$1 - \frac{1}{E_p - \hat{H}_0 \pm i\varepsilon}\hat{V} = \frac{1}{E_p - \hat{H}_0 \pm i\varepsilon}(E_p - \hat{H} \pm i\varepsilon)$$

を用いると(*12.2.53*)から

$$|u_p{}^{\pm}\rangle = \frac{\pm i\varepsilon}{E_p - \hat{H} \pm i\varepsilon}|\phi_p\rangle \tag{12.2.54 a}$$

が得られる．なお

$$\hat{W}^{(\pm)} = \int |u_p{}^{\pm}\rangle d^3\boldsymbol{p}\langle\phi_p| \tag{12.2.54 b}$$ †

(*12.2.54 a*)は直接 $|\phi_p\rangle$ から $|u_p{}^{\pm}\rangle$ を与える形式解である．しかし，この式を用いて具体的に $|u_p{}^{\pm}\rangle$ または $\hat{W}^{(\pm)}$ を求めるには，$(E_p - \hat{H} \pm i\varepsilon)^{-1}$ という演算子を知らなければならない．それは(*12.2.53*)を直接解くことに匹敵するほどの労力を必要とする．具体的な解を求めるためには，(*12.2.54*)はそれほど役に立たない．しかし，一般的な理論展開の議論のためには有用である．後の議論のために，(*12.2.54*)から2,3の式を導いておこう．

$$\left(\frac{\pm i\varepsilon}{E_p - \hat{H} \pm i\varepsilon} - 1\right)|\phi_p\rangle = \frac{1}{E_p - \hat{H} \pm i\varepsilon}\hat{V}|\phi_p\rangle$$

$$\frac{1}{E_p - \hat{H} - i\varepsilon} - \frac{1}{E_p - \hat{H} + i\varepsilon} = 2\pi i\delta(E_p - \hat{H})$$

を用いると，(*12.2.54*)から次の式が得られる．

$$\left.\begin{aligned} |u_p{}^{\pm}\rangle &= |\phi_p\rangle + \frac{1}{E_p - \hat{H} \pm i\varepsilon}\hat{V}|\phi_p\rangle \\ |u_p{}^{\pm}\rangle &= |u_p{}^{\mp}\rangle \mp 2\pi i\delta(E_p - \hat{H})\,\hat{V}|\phi_p\rangle \end{aligned}\right\} \tag{12.2.55}$$

Lippmann-Schwinger の方程式(*12.2.53*)を束縛状態の方程式と比べてみよ

---

† これから，$\hat{P}_{\mathrm{sc}}\hat{W}^{(\pm)} = \hat{W}^{(\pm)}$，$\hat{W}^{(\pm)\dagger}\hat{P}_{\mathrm{sc}} = \hat{W}^{(\pm)\dagger}$ が得られる．

う．束縛状態のエネルギー固有値 E_B は負であり，$\hat{H}_0$ のスペクトルの外にあるので，固有値方程式 $(E_B-\hat{H}_0)|u_B\rangle=\hat{V}|u_B\rangle$ の演算子 $E_B-\hat{H}_0$ はそのままで逆演算子をもつ．ゆえに束縛状態 $|u_B\rangle$ は積分方程式

$$|u_B\rangle=\frac{1}{E_B-\hat{H}_0}\hat{V}|u_B\rangle \tag{12.2.56}$$

を満足する．Lippmann-Schwinger の方程式と比べると非斉次項がないのが特徴である．座標表示では

$$u_B(\boldsymbol{x})=\int K_B(\boldsymbol{x},\boldsymbol{x}')\,V(\boldsymbol{x}')\,u_B(\boldsymbol{x}')\,d^3\boldsymbol{x}' \tag{12.2.57 a}$$

$$\left.\begin{aligned}K_B(\boldsymbol{x},\boldsymbol{x}')&=\langle\boldsymbol{x}|\frac{1}{E_B-\hat{H}_0}|\boldsymbol{x}'\rangle=-\frac{2\mu}{\hbar^2}\frac{e^{-\alpha|\boldsymbol{x}-\boldsymbol{x}'|}}{4\pi|\boldsymbol{x}-\boldsymbol{x}'|}\\ \alpha&=\sqrt{\frac{2\mu|E_B|}{\hbar^2}}\end{aligned}\right\} \tag{12.2.57 b}$$

となる．具体的な計算は読者に委せよう．

さて，運動量表示の Lippmann-Schwinger の方程式と散乱振幅との関係を議論しよう．(12.2.53) と $|\phi_{\boldsymbol{p}'}\rangle$ との内積が運動量表示の方程式である．すなわち，

$$\langle\phi_{\boldsymbol{p}'}|u_{\boldsymbol{p}}^-\rangle=\delta^3(\boldsymbol{p}'-\boldsymbol{p})-2\pi i\delta_+(E_{\boldsymbol{p}}-E_{\boldsymbol{p}'})\langle\phi_{\boldsymbol{p}'}|\hat{V}|u_{\boldsymbol{p}}^+\rangle \tag{12.2.58}$$

座標表示の波動関数 $u_{\boldsymbol{p}}^+(\boldsymbol{x})$ から散乱振幅(12.2.24)を導いた議論を振り返ってみると，積分方程式(12.2.21)の右辺第2項において $|\boldsymbol{x}|\to\infty$ とし，$K_{\boldsymbol{p}}^+$ から出てくる漸近的外向き球面波の振幅から

$$f(\theta,\varphi)\propto\langle\phi_{\boldsymbol{p}'}|\hat{V}|u_{\boldsymbol{p}}^+\rangle_{E_{\boldsymbol{p}'}=E_{\boldsymbol{p}}}$$

を求めたのであった．(12.2.24) の表式でわかるように散乱振幅の議論のためには，座標表示よりも運動量表示の方が適している．(12.2.21) と (12.2.58) を比較対照してみると，$K_{\boldsymbol{p}}^+$ は δ_+ に相当するが，$|\boldsymbol{x}|\to\infty$ という操作は $E_{\boldsymbol{p}'}=E_{\boldsymbol{p}}$ をとることに対応する．そこで

$$\left.\begin{aligned}\langle\phi_{\boldsymbol{p}'}|\hat{T}|\phi_{\boldsymbol{p}}\rangle&=-\pi\delta(E_{\boldsymbol{p}}-E_{\boldsymbol{p}'})\langle\phi_{\boldsymbol{p}'}|\hat{V}|u_{\boldsymbol{p}}^+\rangle\\&=-\pi\delta(E_{\boldsymbol{p}}-E_{\boldsymbol{p}'})\langle\phi_{\boldsymbol{p}'}|\hat{V}\hat{W}^{(+)}|\phi_{\boldsymbol{p}}\rangle\end{aligned}\right\} \tag{12.2.59}$$

という演算子を導入しよう．これは遷移振幅(transition amplitude)を与えるので，しばしば **T 行列**(T-matrix)と略称されている．散乱振幅に直接関係するのはこの T 行列であるから，T 行列が求められれば散乱問題は解決する．

T 行列を求める方式を考えよう．(12. 2. 59)からエネルギー保存則を表わす δ 関数 $-\pi\delta(E_{\boldsymbol{p}}-E_{\boldsymbol{p}'})$ を取り除いたものを

$$\langle\phi_{\boldsymbol{p}'}|\hat{\mathcal{T}}|\phi_{\boldsymbol{p}}\rangle=\langle\phi_{\boldsymbol{p}'}|\hat{V}|u_{\boldsymbol{p}}{}^{+}\rangle=\langle\phi_{\boldsymbol{p}'}|\hat{V}\hat{W}^{(+)}|\phi_{\boldsymbol{p}}\rangle \tag{12. 2. 60 a}$$ †

または

$$\hat{\mathcal{T}}=\hat{V}\hat{W}^{(+)} \tag{12. 2. 60 b}$$

とおくことにしよう．$\hat{\mathcal{T}}$ は $E_{\boldsymbol{p}'}=E_{\boldsymbol{p}}$ が成立しない場合も含んでいる．$\hat{\mathcal{T}}$ の方程式は Lippmann-Schwinger の方程式からただちに求められる．すなわち，

$$\langle\phi_{\boldsymbol{p}'}|\hat{\mathcal{T}}|\phi_{\boldsymbol{p}}\rangle=\langle\phi_{\boldsymbol{p}'}|\hat{V}|\phi_{\boldsymbol{p}}\rangle+\int\frac{\langle\phi_{\boldsymbol{p}'}|\hat{V}|\phi_{\boldsymbol{p}''}\rangle\langle\phi_{\boldsymbol{p}''}|\hat{\mathcal{T}}|\phi_{\boldsymbol{p}}\rangle}{E_{\boldsymbol{p}}-E_{\boldsymbol{p}''}+i\varepsilon}d^3\boldsymbol{p}'' \tag{12. 2. 61 a}$$

または

$$\hat{\mathcal{T}}=\hat{V}+\hat{V}\frac{1}{E_{\boldsymbol{p}}-\hat{H}_0+i\varepsilon}\hat{\mathcal{T}} \tag{12. 2. 61 b}$$

である．これは $\langle\phi_{\boldsymbol{p}'}|\hat{V}|\phi_{\boldsymbol{p}}\rangle$ または $\hat{V}$ を与えて $\langle\phi_{\boldsymbol{p}'}|\hat{\mathcal{T}}|\phi_{\boldsymbol{p}}\rangle$ または $\hat{\mathcal{T}}$ を求める積分方程式になっている．$\langle\phi_{\boldsymbol{p}'}|\hat{\mathcal{T}}|\phi_{\boldsymbol{p}}\rangle$ を求めて，$E_{\boldsymbol{p}'}=E_{\boldsymbol{p}}$ という条件を入れればそれが散乱振幅である．そこで(12. 2. 61)を解く方式について 2, 3 考えてみよう．(12. 2. 61 b)を逐次代入法によって解けば

$$\hat{\mathcal{T}}=\hat{V}+\hat{V}\frac{1}{E_{\boldsymbol{p}}-\hat{H}_0+i\varepsilon}\hat{V}+\hat{V}\frac{1}{E_{\boldsymbol{p}}-\hat{H}_0+i\varepsilon}\hat{V}\frac{1}{E_{\boldsymbol{p}}-\hat{H}_0+i\varepsilon}\hat{V}+\cdots \tag{12. 2. 62}$$

となるが，これは Born 近似を与える級数に他ならない．また恒等式

$$\left(1-\hat{V}\frac{1}{E_{\boldsymbol{p}}-\hat{H}_0+i\varepsilon}\right)\hat{\mathcal{T}}=(E_{\boldsymbol{p}}-\hat{H}+i\varepsilon)\frac{1}{E_{\boldsymbol{p}}-\hat{H}_0+i\varepsilon}\hat{\mathcal{T}}$$

を用いると(12. 2. 61 b)から

$$\hat{V}\frac{1}{E_{\boldsymbol{p}}-\hat{H}_0+i\varepsilon}\hat{\mathcal{T}}=\hat{V}\frac{1}{E_{\boldsymbol{p}}-\hat{H}+i\varepsilon}\hat{V}$$

が得られるが，左辺は(12. 2. 61 b)自身により $\hat{\mathcal{T}}-\hat{V}$ に等しい．ゆえに $\hat{\mathcal{T}}$ に対する形式的演算子解

---

† ゆえに $\langle\phi_{\boldsymbol{p}'}|\hat{T}|\phi_{\boldsymbol{p}}\rangle=-\pi\delta(E_{\boldsymbol{p}'}-E_{\boldsymbol{p}})\langle\phi_{\boldsymbol{p}'}|\hat{\mathcal{T}}|\phi_{\boldsymbol{p}}\rangle$ となる．

$$\hat{\mathcal{T}} = \hat{V} + \hat{V}\frac{1}{E_p - \hat{H} + i\varepsilon}\hat{V} \tag{12.2.63}$$

が得られる.

これで解けてしまったわけであるが，問題は全ハミルトニアンに対する抽象表示の Green 関数

$$\hat{G}_p{}^{\pm} = \frac{1}{E_p - \hat{H} \pm i\varepsilon} \tag{12.2.64}$$

を求めることに帰着したのである．この演算子は(*12.2.54*)および(*12.2.55*)のところにすでに現われている．$\hat{G}_p{}^{\pm}$ の構造をしらべるには，$\hat{H}$ の固有関数に対する完全性条件(*12.2.33*)と $\hat{G}_p{}^{\pm}$ との積をつくるとよい．固有値方程式

$$\hat{H}|u_B\rangle = E_B|u_B\rangle, \qquad \hat{H}|u_p{}^{\pm}\rangle = E_p|u_p{}^{\pm}\rangle$$

を用いると容易に

$$\hat{G}_p{}^{\pm} = \sum_B \frac{|u_B\rangle\langle u_B|}{E_p - E_B} + \int \frac{|u_{p'}\rangle d^3\boldsymbol{p}'\langle u_{p'}|}{E_p - E_{p'} \pm i\varepsilon} \tag{12.2.65 a}$$

または

$$\begin{aligned} G_p{}^{\pm}(\boldsymbol{x}, \boldsymbol{x}') &= \langle \boldsymbol{x}|\frac{1}{E_p - \hat{H} \pm i\varepsilon}|\boldsymbol{x}'\rangle \\ &= \sum_B \frac{u_B(\boldsymbol{x})u_B{}^*(\boldsymbol{x}')}{E_p - E_B} + \int \frac{u_{p'}(\boldsymbol{x})u_{p'}{}^*(\boldsymbol{x}')}{E_p - E_{p'} \pm i\varepsilon} d^3\boldsymbol{p}' \end{aligned} \tag{12.2.65 b}$$

が得られる．これでわかるように，$\hat{G}_p{}^{\pm}$ を求めるには $\hat{H}$ の全固有値問題を解かなければならない．その労力は直接(*12.2.61*)を解く以上のものであろう．というわけで，形式解(*12.2.63*)は実用上それほど役には立たない．しかし，理論上の議論には極めて有用であり，第15章の議論もこれを基礎にしてはじまる．後の議論のために，$\hat{G}_p{}^{\pm}$ と $\hat{K}_p{}^{\pm}$ の関係を与えておこう．演算子恒等式

$$\frac{1}{A} - \frac{1}{B} = \frac{1}{B}B\frac{1}{A} - \frac{1}{B}A\frac{1}{A} = \frac{1}{B}(B-A)\frac{1}{A}$$

において，$A = E_p - \hat{H} \pm i\varepsilon$, $B = E_p - \hat{H}_0 \pm i\varepsilon$ とおけば

$$\hat{G}_p{}^{\pm} = \hat{K}_p{}^{\pm} + \hat{K}_p{}^{\pm}\hat{V}\hat{G}_p{}^{\pm} \tag{12.2.66}$$

が得られる．これは $\hat{K}_p{}^{\pm}$ と $\hat{V}$ を与えて $\hat{G}_p{}^{\pm}$ を求める積分方程式である．逐次

代入法で解けば，次の Born 近似のための級数が得られる.

$$\hat{G}_{\boldsymbol{p}}{}^{\pm} = \hat{K}_{\boldsymbol{p}}{}^{\pm} + \hat{K}_{\boldsymbol{p}}{}^{\pm}\hat{V}\hat{K}_{\boldsymbol{p}}{}^{\pm} + \hat{K}_{\boldsymbol{p}}{}^{\pm}\hat{V}\hat{K}_{\boldsymbol{p}}{}^{\pm}\hat{V}\hat{K}_{\boldsymbol{p}}{}^{\pm} + \cdots \tag{12.2.67}$$

Green 関数については§12.5でもう1度議論する予定である.

散乱問題は(*12.2.53*)または(*12.2.61*)を解くことに帰着した．これまで，解が存在するためにポテンシャル V が満足しなければならない条件について何もいわなかったが，ここでその問題にふれよう．(*12.2.61 a*)を見ればわかるように，$\langle\phi_{\boldsymbol{p}'}|\hat{V}|\phi_{\boldsymbol{p}''}\rangle$ は特異点をもつ関数 $(E_{\boldsymbol{p}}-E_{\boldsymbol{p}''}\pm i\varepsilon)^{-1}$ にかけられているので，

$$\langle\phi_{\boldsymbol{p}'}|\hat{V}|\phi_{\boldsymbol{p}''}\rangle = \frac{1}{(2\pi\hbar)^3}\int V(\boldsymbol{x})\exp\left[-\frac{i}{\hbar}(\boldsymbol{p}'-\boldsymbol{p}'')\cdot\boldsymbol{x}\right]d^3\boldsymbol{x} \tag{12.2.68}$$

が変数 $\boldsymbol{p}''$ または $\boldsymbol{p}'$ の関数として有限で確定しなければならない．たとえば，$\hat{V}$ の中に $\hat{H}_0$ と交換可能な部分を含んでいてはいけない．その場合，$\{|\phi_{\boldsymbol{p}}\rangle\}$ による表示をとると $\hat{V}$ は対角行列の部分，すなわち，$\delta(\boldsymbol{p}'-\boldsymbol{p}'')$ に比例する部分があり，その特異点は $(E_{\boldsymbol{p}}-E_{\boldsymbol{p}''}\pm i\varepsilon)^{-1}$ の特異点と一致することがあるからである．$\hat{V}$ 中に $\hat{H}_0$ と交換可能な部分があるときは，それをはじめから $\hat{H}_0$ の中に繰り込んでおかなければならない．(繰り込まれた $\hat{H}_0$ のスペクトルは元の $\hat{H}_0$ のスペクトルからずれている.) 通常のポテンシャル散乱では，十分遠方で0となる座標だけの関数のポテンシャルを扱うわけであるが，これはもちろん $\hat{H}_0$ と可換でない. $\langle\phi_{\boldsymbol{p}'}|\hat{V}|\phi_{\boldsymbol{p}''}\rangle$ が有限確定であるためには，$\hat{V}$ 中に $\hat{H}_0$ と可換な部分がないというだけではいけない.

話を簡単にするため中心力場だけを考えよう．(*12.2.68*)は

$$\langle\phi_{\boldsymbol{p}'}|\hat{V}|\phi_{\boldsymbol{p}''}\rangle = \frac{1}{2\pi^2\hbar^2|\boldsymbol{p}'-\boldsymbol{p}''|}\int_0^\infty V(r)\sin\left(\frac{1}{\hbar}|\boldsymbol{p}'-\boldsymbol{p}''|r\right)rdr \tag{12.2.69}$$

となる．この積分が有限確定するためには，$V(r)$ がどのような関数でなければならないかを考えよう．r の変域は $(0, +\infty)$ であるが，とくに $r=0$ と $r\to\infty$ における $V(r)$ の様子が問題となる．(それ以外のところで上記の積分を発散させるような特異点はないものとしておこう.) $r=0$ の付近では明らかに

$$\lim_{r\to 0}|r^2V(r)| < +\infty \tag{12.2.70 a}$$

であればよい．普通用いられるポテンシャルでは

$$\lim_{r\to 0} |r^2 V(r)| = 0 \qquad (12.2.70\,b)$$

となる場合が多い．$r\to\infty$ に対しては，$V(r)$ が r^{-2} よりも速く 0 になればよい．この十分条件をはっきり書けば

$$\lim_{r\to\infty} \int_{r_0}^{r} r'|V(r')|dr' < +\infty \qquad (12.2.71)$$

という条件になる．

しばしば用いられる簡単なポテンシャルをこの条件で検査してみよう．井戸型 $V(r)=V_0\ (r<a)\ ;=0\ (r>a)$，湯川型 $V(r)=(V_0/r)e^{-\alpha r}$，指数型 $V(r)=V_0 e^{-\alpha r}$，Gauss 型 $V(r)=V_0 e^{-\alpha r^2}$ はいずれも (*12.2.70 b*) と (*12.2.71*) を満足している．一般に湯川型の重ね合せである

$$V(r) = \int_{\mu_0{}^2}^{\infty} d\mu^2 \sigma(\mu^2)\frac{1}{r}e^{-\mu r} \qquad (\mu_0 \neq 0)$$

というポテンシャルはいつも (*12.2.70*) と (*12.2.71*) を満足する．しかし Rutherford 散乱以来おなじみの Coulomb 型の力 $V(r)\propto r^{-1}$ は明らかに (*12.2.71*) を満足しない．したがって，Coulomb 力による散乱の場合，ここで述べてきたような散乱理論をそのまま適用することはできない．実際，Coulomb 場の散乱状態固有関数は十分遠方で平面波に接続しない．Coulomb 場の影響は十分遠方でも生き残っていて，単純な平面波 $\exp\left(\frac{i}{\hbar}\boldsymbol{p}\cdot\boldsymbol{x}\right)$ や球面波 $\frac{1}{r}\exp\left(\frac{i}{\hbar}pr\right)$ は漸近波として存在しない．$\ln r$ のような位相をもつ歪んだ平面波や球面波が現われるが，それでも $\boldsymbol{J}_{\text{in}}$ や $\boldsymbol{J}_{\text{sc}}$ などの確率流は確定し，(*12.1.22*) を求めた方法を適用して微分断面積をつくることができる．(§12.3 および『量子力学 I』§5.5 を見よ.)　しかし，この節の散乱理論の枠内でも Coulomb 散乱を扱う方法がないわけでもない．それにはポテンシャル関数を修正することが必要である．たとえば，$V(r)=V_0/r\ (r<a)$；$=0\ (r>a)$ とおくか，$V(r)=(V_0/r)e^{-\alpha r}$ とおいて，断面積を計算した後で $a\to\infty$ または $\alpha\to 0$ とすればよい．

d)　S 行 列

最後に S 行列の話をしよう．散乱振幅 $f(\boldsymbol{p}',\boldsymbol{p})\propto\langle\phi_{\boldsymbol{p}'}|V|u_{\boldsymbol{p}}{}^{+}\rangle_{E_{\boldsymbol{p}'}=E_{\boldsymbol{p}}}$ は波動領域 $|\boldsymbol{x}|\to\infty$ における散乱球面波の振幅であった．散乱振幅におけるエネルギー保

存則 $E_{p'}=E_p$ は $|\boldsymbol{x}|\to\infty$ という操作によって出てきたものである．Lippmann-Schwinger 方程式(*12. 2. 58*)の右辺第2項も $\langle\phi_{p'}|V|\boldsymbol{u}_p{}^+\rangle$ という因子をもつが，これには $E_{p'}=E_p$ という制限はついていない．十分遠方まで現実に粒子をはこぶ能力のある波，すなわち，波動領域まで生き残れる波は散乱状態固有関数が表わしている波全体ではなく，エネルギー保存則を満足するエネルギー殻上の波だけである．そこで(*12. 2. 58*)の右辺において，$\delta_+(E_p-E_{p'})$ をエネルギー保存則を表わす δ 関数 $\delta(E_p-E_{p'})$ で置き換えたものを $\langle\phi_{p'}|\hat{S}|\phi_p\rangle$ とおき，それを行列要素とする演算子 $\hat{S}$ を定義しよう．すなわち，

$$\langle\phi_{p'}|\hat{S}|\phi_p\rangle = \delta^3(\boldsymbol{p}'-\boldsymbol{p})-2\pi i\delta(E_p-E_{p'})\langle\phi_{p'}|\hat{V}|\boldsymbol{u}_p{}^+\rangle \qquad (12.\ 2.\ 72\ a)$$

または(*12. 2. 59*)の T 行列で書けば

$$\hat{S} = 1+2i\hat{T} \qquad (12.\ 2.\ 72\ b)$$

である．これを**散乱行列**(scattering matrix)または***S* 行列**(*S*-matrix)という．いうまでもないことであるが，(*12. 2. 72 a*)は方程式ではなく定義である．Lippmann-Schwinger 方程式を解いて $|\boldsymbol{u}_p{}^+\rangle$ を求め，それを(*12. 2. 72 a*)に入れれば S 行列要素が計算できるのである．

ところで，何の役に立てようとして S 行列を持ち込んだのか．散乱問題は断面積を求めることであるから，散乱振幅だけで十分ではないか．こんな疑問が読者の頭に浮んでくると思う．この疑問に答えるには，S 行列の物理的意味と散乱理論における役割を説明しなければならない．しかし，それは一口で説明しつくせるほど簡単ではなく，これからの理論展開を順を追って見ていただく他はない．ここではあらましの話をするだけにしておこう．

まず，S 行列には，入射平面波を含めた散乱状態固有関数 $|\boldsymbol{u}_p{}^+\rangle$ 全体の漸近波($|\boldsymbol{x}|\to\infty$) における外向き球面波の振幅という意味がつけられる．境界条件(*12. 1. 21*)によれば，波動領域 ($|\boldsymbol{x}|\to\infty$) における $\boldsymbol{u}_p{}^+(\boldsymbol{x})$ は入射平面波と外向きの散乱球面波の和である．§12. 3 で具体的に示す予定であるが，$|\boldsymbol{x}|\to\infty$ では平面波も内向き球面波と外向き球面波の和として表わすことができる．したがって，漸近波は入射平面波からくる内向き球面波と，入射平面波と散乱波からくる外向き球面波の合成である．すなわち，外向き球面波だけが散乱体の影響をうけて歪んでいるはずである．この外向き球面波の振幅として S 行列を定義することができる．この手続は§12. 3 でくわしく説明するが，ここでは少々強引な方法で

実行してみよう．座標表示での $|\boldsymbol{x}|\to\infty$ という操作は，運動量表示では $E_{\boldsymbol{p}'}=E_{\boldsymbol{p}}$ という制限をつけることに相当する．そこで Lippmann-Schwinger 方程式 (12.2.58) の右辺に $\delta(E_{\boldsymbol{p}}-E_{\boldsymbol{p}'})$ をかけてその制限の代用としよう．そして $\delta=\delta_{+}+\delta_{-}$ という公式 (12.2.46) を用いると

$$\delta_{-}(E_{\boldsymbol{p}}-E_{\boldsymbol{p}'})\delta^3(\boldsymbol{p}'-\boldsymbol{p})+\delta_{+}(E_{\boldsymbol{p}}-E_{\boldsymbol{p}'})\cdot[\delta^3(\boldsymbol{p}'-\boldsymbol{p})-2\pi i\delta(E_{\boldsymbol{p}}-E_{\boldsymbol{p}'})\langle\phi_{\boldsymbol{p}'}|V|u_{\boldsymbol{p}}{}^{+}\rangle]$$

となる．δ_{+} および δ_{-} はそれぞれ外向きおよび内向き球面波を与えることがすでにわかっている．ゆえに，第1項の $\delta_{-}(E_{\boldsymbol{p}}-E_{\boldsymbol{p}'})\delta^3(\boldsymbol{p}'-\boldsymbol{p})$ は平面波 $\delta^3(\boldsymbol{p}'-\boldsymbol{p})$ の内向き球面波成分を与えるであろうし，第2項は平面波の外向き球面波成分と外向きの散乱球面波を与える．その第2項の振幅 $[\cdots]$ はちょうど (12.2.72 a) で定義した S 行列要素に他ならない．この方法は特異関数に特異関数をかけるので，数学的にはあまりはっきりした操作ではないが，S 行列の物理的意味を見ることはできると思う．§12.3 では，この考えをもっと具体的にしかもはっきりした方法で展開するつもりである．

このような説明からもわかるように，散乱が起こらないときは外向き球面波としては入射平面波の成分しかない．したがって $\hat{S}=1$ となってしまう†．散乱が起こる場合は，通常 $\boldsymbol{p}'\neq\boldsymbol{p}$ の過程に興味があるわけであるから (12.2.72 a) の右辺第1項は消え，$\langle\phi_{\boldsymbol{p}'}|\hat{S}|\phi_{\boldsymbol{p}}\rangle=2i\langle\phi_{\boldsymbol{p}'}|\hat{T}|\phi_{\boldsymbol{p}}\rangle$ となる．このような意味で，実用上 S 行列は T 行列と同じであり，S 行列要素が直接散乱振幅を与えると考えてよい．

実用上あまり重要でない1をつけてある1つの大きな理由は $\hat{S}$ がユニタリー性をもつということである．ユニタリー性は散乱過程に対する確率保存則の表現であるから，S 行列がこの性質をもつことは理論上たいへん重要な事実である．S 行列のユニタリー性を証明するため，まず S 行列と波動行列の関係を与えよう．(12.2.55) の第2式を用いて，内積 $\langle u_{\boldsymbol{p}'}{}^{-}|u_{\boldsymbol{p}}{}^{+}\rangle$ をつくると

---

† パラドックスを1つ紹介しておこう．(12.2.72 a) の第2項において $\hat{V}=\hat{H}-\hat{H}_0$ とおき，固有値方程式を用いると

$$\langle\phi_{\boldsymbol{p}'}|\hat{V}|u_{\boldsymbol{p}}{}^{+}\rangle=(E_{\boldsymbol{p}}-E_{\boldsymbol{p}'})\langle\phi_{\boldsymbol{p}'}|u_{\boldsymbol{p}}{}^{+}\rangle$$

となる．この $(E_{\boldsymbol{p}}-E_{\boldsymbol{p}'})$ と $\delta(E_{\boldsymbol{p}}-E_{\boldsymbol{p}'})$ の積をつくると δ 関数の性質 $x\delta(x)=0$ によって0になり，第2項が消えてしまう．すなわち，ポテンシャル V の如何にかかわらず $\hat{S}=1$ となって散乱が起こらない!!　こんなバカなことはない．この推論はどこかに重大な過ちを含んでいるはずであるが，それをパズルとして読者に考えていただこう．

$$\langle u_{p'}^- | u_p^+ \rangle = \langle u_{p'}^+ | u_p^+ \rangle - 2\pi i \langle \phi_{p'} | \hat{V} \delta(E_{p'} - \hat{H}) | u_p^+ \rangle$$
$$= \delta^3(\boldsymbol{p}' - \boldsymbol{p}) - 2\pi i \delta(E_p - E_{p'}) \langle \phi_{p'} | \hat{V} | u_p^+ \rangle$$

となる．この右辺は(*12. 2. 72 a*)，すなわち S 行列要素に等しい．したがって，

$$\langle \phi_{p'} | S | \phi_p \rangle = \langle u_{p'}^- | u_p^+ \rangle \qquad (12.\,2.\,73\,a)$$

または

$$\hat{S} = \hat{W}^{(-)\dagger} \hat{W}^{(+)} \qquad (12.\,2.\,73\,b)$$

が得られる．この関係式は§12.4で時間過程として S 行列を定義したときにふたたび証明する予定である．なお(*12. 2. 55*)から

$$\langle \phi_{p'} | S | \phi_p \rangle = \delta^3(\boldsymbol{p}' - \boldsymbol{p}) - 2\pi i \delta(E_p - E_{p'}) \langle u_{p'}^- | V | \phi_p \rangle \qquad (12.\,2.\,74)$$

という表式も得られることを注意しておこう．証明は読者にまかせる．

さて(*12. 2. 73*)を用いると S 行列のユニタリー性は容易に証明される．(*12. 2. 36*)という波動行列の性質を用いると

$$\hat{S}^\dagger \hat{S} = \hat{W}^{(+)\dagger} \hat{W}^{(-)} \hat{W}^{(-)\dagger} \hat{W}^{(+)} = \hat{W}^{(+)\dagger} \hat{P}_{\mathrm{sc}} \hat{W}^{(+)} = \hat{W}^{(+)\dagger} \hat{W}^{(+)} = 1$$
$$\hat{S} \hat{S}^\dagger = \hat{W}^{(-)\dagger} \hat{W}^{(+)} \hat{W}^{(+)\dagger} \hat{W}^{(-)} = \hat{W}^{(-)\dagger} \hat{P}_{\mathrm{sc}} \hat{W}^{(-)} = \hat{W}^{(-)\dagger} \hat{W}^{(-)} = 1$$

となる．ここで $\hat{P}_{\mathrm{sc}} \hat{W}^{(\pm)} = \hat{W}^{(\pm)}$ を用いた．こうしてユニタリー性

$$\hat{S}^\dagger \hat{S} = \hat{S} \hat{S}^\dagger = 1 \qquad (12.\,2.\,75)$$

が証明された．

ユニタリー性は確率保存則の表現であるが，保存則という以上時間的経過が考えられているはずである．後で(§12.4)散乱過程を力学系の時間的変化の問題として定式化するが，そこでは S 行列は $t=-\infty$ の初期状態を $t=+\infty$ の終期状態に変換する演算子であることが示される．このように S 行列は多様な役割をもつ散乱理論の中心的存在である．

S 行列をはじめて導入した人は W. Heisenberg (1943) である．彼は波動関数と Schrödinger 方程式に頼る量子力学の構成に疑問をもち，直接観測と関係すると称する S 行列だけで量子力学を組み立てようと試みた．そのためには，束縛状態の情報も S 行列からひき出さなければならない．彼は E_p の正実数値について定義された S 行列を複素 E_p 平面に解析接続し，E_p の負の実軸上にある S 行列の極が束縛状態に対応するという興味深いことがらを指摘した．そして，すべての実際上必要な知識は S 行列から得られるということを主張した．しかし，初期の頃は Schrödinger 方程式なしで S 行列を構成することができなかったので，

“絵のない額縁”という芳しからぬ評判を獲得したのである．その後この方向の研究は分散理論に受けつがれて，“額縁”の中にある程度“絵”が描かれるようになった．この本でも第15章でその一部を説明する．一方，Schrödinger方程式を用いる通常の量子力学においても，散乱現象はS行列で取り扱われるようになってきている．

S行列形式の散乱理論は原理上の問題や理論形式の展開ばかりでなく，実際的な近似計算の枠組を整理整頓するためによく利用されている．2,3の例についてその説明をしておこう．

まず，S行列のユニタリー性に関連して，リアクタンス行列とCayley変換の話をしよう．いままで，散乱状態固有関数としては外向き波または内向き波条件による解だけを問題にした．その他に**定在波条件**(standing wave condition)による解$|\boldsymbol{u_p}^0\rangle$を考えることができる．それは方程式

$$|\boldsymbol{u_p}^0\rangle=|\phi_{\boldsymbol{p}}\rangle+\mathrm{P}\left(\frac{1}{E_{\boldsymbol{p}}-\hat{H}_0}\right)\hat{V}|\boldsymbol{u_p}^0\rangle \tag{12.2.76}$$

を満足する．Pは Cauchy の主値をとるという記号である．座標表示$\boldsymbol{u_p}^0(\boldsymbol{x})=\langle\boldsymbol{x}|\boldsymbol{u_p}^0\rangle$で書くと

$$\left.\begin{aligned}\boldsymbol{u_p}^0(\boldsymbol{x})&=\phi_{\boldsymbol{p}}(\boldsymbol{x})+\int K_{\boldsymbol{p}}^0(\boldsymbol{x},\boldsymbol{x}')V(\boldsymbol{x}')\boldsymbol{u_p}^0(\boldsymbol{x}')d^3\boldsymbol{x}'\\K_{\boldsymbol{p}}^0(\boldsymbol{x},\boldsymbol{x}')&=\langle\boldsymbol{x}|\mathrm{P}\frac{1}{E_{\boldsymbol{p}}-\hat{H}_0}|\boldsymbol{x}'\rangle\\&=-\frac{2\mu}{\hbar^2}\frac{1}{4\pi|\boldsymbol{x}-\boldsymbol{x}'|}\cos\frac{p}{\hbar}|\boldsymbol{x}-\boldsymbol{x}'|\end{aligned}\right\} \tag{12.2.77}$$

となり定在波条件の意味がはっきりする．この固有関数も平面波関数と1対1に対応し，定在波条件の波動行列$\hat{W}^0$が存在する．

$$|\boldsymbol{u_p}^0\rangle=\hat{W}^0|\phi_{\boldsymbol{p}}\rangle \tag{12.2.78}$$

これから，**リアクタンス行列**

$$\hat{\mathcal{R}}=\hat{V}\hat{W}^0 \tag{12.2.79}$$

を定義すれば，この演算子は方程式

$$\hat{\mathcal{R}}=\hat{V}+\hat{V}\mathrm{P}\left(\frac{1}{E_{\boldsymbol{p}}-\hat{H}_0}\right)\hat{\mathcal{R}} \tag{12.2.80}$$

を満足する．

(12. 2. 80) から (12. 2. 61 b) を辺々引き算し,

$$\frac{1}{E_p-\hat{H}_0+i\varepsilon} = \mathrm{P}\left(\frac{1}{E_p-\hat{H}_0}\right)-\pi i\delta(E_p-\hat{H}_0)$$

を用いると，

$$\hat{\mathcal{R}}-\hat{\mathcal{T}} = \hat{V}\mathrm{P}\left(\frac{1}{E_p-\hat{H}_0}\right)(\hat{\mathcal{R}}-\hat{\mathcal{T}})+\pi i\hat{V}\delta(E_p-\hat{H}_0)\hat{\mathcal{T}}$$

となる．右辺第2項の $\hat{V}$ を (12. 2. 80) により $\hat{\mathcal{R}}$ で表わすと

$$\begin{aligned}&[\hat{\mathcal{R}}-\hat{\mathcal{T}}-\pi i\hat{\mathcal{R}}\delta(E_p-\hat{H}_0)\hat{\mathcal{T}}]\\ &\quad = \hat{V}\mathrm{P}\left(\frac{1}{E_p-\hat{H}_0}\right)[\hat{\mathcal{R}}-\hat{\mathcal{T}}-\pi i\hat{\mathcal{R}}\delta(E_p-\hat{H}_0)\hat{\mathcal{T}}]\end{aligned}$$

が得られる．一方，(12. 2. 80) から (12. 2. 61 b) の引き算において，

$$\mathrm{P}\left(\frac{1}{E_p-\hat{H}_0}\right) = \frac{1}{E_p-\hat{H}_0+i\varepsilon}+\pi i\delta(E_p-\hat{H}_0)$$

を用いると，同様の計算で

$$\begin{aligned}&[\hat{\mathcal{R}}-\hat{\mathcal{T}}-\pi i\hat{\mathcal{T}}\delta(E_p-\hat{H}_0)\hat{\mathcal{R}}]\\ &\quad = \hat{V}\mathrm{P}\left(\frac{1}{E_p-\hat{H}_0}\right)[\hat{\mathcal{R}}-\hat{\mathcal{T}}-\pi i\hat{\mathcal{T}}\delta(E_p-\hat{H}_0)\hat{\mathcal{R}}]\end{aligned}$$

が得られる．この2つの式で演算子 $[1-\hat{V}\mathrm{P}(E_p-\hat{H}_0)^{-1}]$ は0因子ではないから

$$\hat{\mathcal{R}}-\hat{\mathcal{T}}-\pi i\hat{\mathcal{R}}\delta(E_p-\hat{H}_0)\hat{\mathcal{T}} = 0 \qquad (12.\ 2.\ 81\ a)$$

$$\hat{\mathcal{R}}-\hat{\mathcal{T}}-\pi i\hat{\mathcal{T}}\delta(E_p-\hat{H}_0)\hat{\mathcal{R}} = 0 \qquad (12.\ 2.\ 81\ b)$$

が成立する．ここでエネルギー保存則を満足する行列

$$\langle\phi_{p'}|\hat{R}|\phi_p\rangle = -\pi\langle\phi_{p'}|\hat{\mathcal{R}}|\phi_p\rangle\delta(E_{p'}-E_p) \qquad (12.\ 2.\ 82\ a)$$

$$\langle\phi_{p'}|\hat{T}|\phi_p\rangle = -\pi\langle\phi_{p'}|\hat{\mathcal{T}}|\phi_p\rangle\delta(E_{p'}-E_p) \qquad (12.\ 2.\ 82\ b)$$

を導入して，(12. 2. 81) から $\hat{R}$ と $\hat{T}$ に対する演算子関係式を求めてみよう ((12. 2. 82 b) は (12. 2. 59) に他ならない)．(12. 2. 81) を $\langle\phi_{p'}|$ と $|\phi_p\rangle$ ではさんで行列要素をつくり，それに $-\pi\delta(E_{p'}-E_p)$ をかけて (12. 2. 82) を用いると容易に

$$\hat{R}-\hat{T}+i\hat{R}\hat{T} = 0 \qquad (12.\ 2.\ 83\ a)$$

$$\hat{R}-\hat{T}+i\hat{T}\hat{R} = 0 \qquad (12.\ 2.\ 83\ b)$$

が得られる．(12. 2. 72 b) を使って S 行列で書き直せば，この式は

$$\hat{S}=\frac{1+i\hat{R}}{1-i\hat{R}} \quad \text{または} \quad \hat{R}=\frac{1}{i}\frac{\hat{S}-1}{\hat{S}+1} \tag{12.2.84}$$

となる．この $\hat{S}$ と $\hat{R}$ との関係を Cayley 変換という．$\hat{\mathcal{R}}$ は Hermite 演算子ではないが，エネルギー保存則を満足する $\hat{R}$ は Hermite 演算子である．その意味で $\hat{R}$ をリアクタンス行列というわけであるが，ここでは $\hat{\mathcal{R}}$ にも同じ名前をつけておいた．

散乱問題の解き方としては，(12.2.80) を摂動論で解いて $\hat{\mathcal{R}}$ を求め，それを (12.2.84) または (12.2.83) に入れて $\hat{S}$ または $\hat{T}$ を得るという方法がとられる．この第2段目の手続きを行なうさい，摂動論に頼らないように工夫するのが重要な点である．通常 $\hat{T}$ または $\hat{S}$ に対して直接摂動論を適用すると，近似解は必ずしもユニタリー条件を満足しない．しかし，ここで述べたようにやれば，$\hat{\mathcal{R}}$ に対して摂動近似を使っても，$\hat{S}$ や $\hat{T}$ のユニタリー条件を損うことはない．さらにこの方法は部分的には高次項を取り入れていることになっているので，実際の散乱問題を解く場合にしばしば利用されている．

最後に歪形波 Born 近似の話をしよう．これまでは H_0 として運動エネルギー演算子をとり，その固有関数である平面波がポテンシャル V で散乱される問題を考えた．ここでは，$V=V_0+V'$ のように2種類の相互作用がある問題を議論しよう．そして全ハミルトニアンを

$$H=H_0'+V', \qquad H_0'=H_0+V_0 \tag{12.2.85}$$

のように分割したとき，H_0' の全固有値問題 $\hat{H}_0'|\chi_\lambda\rangle=E_\lambda|\chi_\lambda\rangle$ が解けているものとしよう．とくに $\hat{H}_0'$ の Lippmann-Schwinger の方程式

$$|\chi_p{}^{\pm}\rangle=|\phi_p\rangle+\frac{1}{E_p-\hat{H}_0\pm i\varepsilon}\hat{V}_0|\chi_p{}^{\pm}\rangle \tag{12.2.86}$$

を満足する $\hat{H}_0'$ の散乱状態固有ベクトル $|\chi_p{}^{\pm}\rangle$ が知られているものとする．この $|\chi_p{}^{\pm}\rangle$ によって，全ハミルトニアン $\hat{H}$ の散乱状態固有ベクトル $|u_p{}^{\pm}\rangle$ を求めようというのである．まず，$\hat{H}_0'$ 関係の知識をあげておこう．

$$\left.\begin{aligned}|\chi_p{}^{\pm}\rangle&=\frac{\pm i\varepsilon}{E_p-\hat{H}_0'\pm i\varepsilon}|\phi_p\rangle\\&=|\phi_p\rangle+\frac{1}{E_p-\hat{H}_0'\pm i\varepsilon}\hat{V}_0|\phi_p\rangle\end{aligned}\right\} \tag{12.2.87 a}$$

$$\left.\begin{aligned}\langle\phi_{\boldsymbol{p}'}|S_0|\phi_{\boldsymbol{p}}\rangle &= \langle\chi_{\boldsymbol{p}'}{}^-|\chi_{\boldsymbol{p}}{}^+\rangle \\ &= \delta^3(\boldsymbol{p}'-\boldsymbol{p})-2\pi i\delta(E_{\boldsymbol{p}'}-E_{\boldsymbol{p}})\langle\phi_{\boldsymbol{p}'}|\hat{V}_0|\chi_{\boldsymbol{p}}{}^+\rangle \\ &= \delta^3(\boldsymbol{p}'-\boldsymbol{p})-2\pi i\delta(E_{\boldsymbol{p}'}-E_{\boldsymbol{p}})\langle\chi_{\boldsymbol{p}'}{}^-|\hat{V}_0|\phi_{\boldsymbol{p}}\rangle\end{aligned}\right\} \quad (12.2.87\,b)$$

$\hat{S}_0$ は $\hat{H}_0'=\hat{H}_0+\hat{V}_0$ だけによる散乱問題の S 行列である.

全ハミルトニアン $\hat{H}$ の散乱状態固有ベクトル $|\boldsymbol{u}_{\boldsymbol{p}}{}^\pm\rangle$ の式

$$|\boldsymbol{u}_{\boldsymbol{p}}{}^\pm\rangle = \frac{\pm i\varepsilon}{E_{\boldsymbol{p}}-\hat{H}_0'-\hat{V}'\pm i\varepsilon}|\phi_{\boldsymbol{p}}\rangle \qquad (12.2.88)$$

において, 恒等式

$$\frac{1}{E_{\boldsymbol{p}}-\hat{H}_0'-\hat{V}'\pm i\varepsilon}-\frac{1}{E_{\boldsymbol{p}}-\hat{H}_0'\pm i\varepsilon}=\frac{1}{E_{\boldsymbol{p}}-\hat{H}_0'-\hat{V}'\pm i\varepsilon}\hat{V}'\frac{1}{E_{\boldsymbol{p}}-\hat{H}_0'\pm i\varepsilon}$$

と (12.2.87 a) を用いると

$$|\boldsymbol{u}_{\boldsymbol{p}}{}^\pm\rangle = |\chi_{\boldsymbol{p}}{}^\pm\rangle+\frac{1}{E_{\boldsymbol{p}}-\hat{H}\pm i\varepsilon}\hat{V}'|\chi_{\boldsymbol{p}}{}^\pm\rangle \qquad (12.2.89)$$

が得られる. さらに恒等式

$$\frac{1}{E_{\boldsymbol{p}}-\hat{H}\pm i\varepsilon}=\frac{1}{E_{\boldsymbol{p}}-\hat{H}_0'\pm i\varepsilon}+\frac{1}{E_{\boldsymbol{p}}-\hat{H}_0'\pm i\varepsilon}\hat{V}'\frac{1}{E_{\boldsymbol{p}}-\hat{H}\pm i\varepsilon}$$

を (12.2.89) の第2項に代入すれば

$$\frac{1}{E_{\boldsymbol{p}}-\hat{H}\pm i\varepsilon}\hat{V}'|\chi_{\boldsymbol{p}}{}^\pm\rangle = \frac{1}{E_{\boldsymbol{p}}-\hat{H}_0'\pm i\varepsilon}\hat{V}'\left[|\chi_{\boldsymbol{p}}{}^\pm\rangle+\frac{1}{E_{\boldsymbol{p}}-\hat{H}\pm i\varepsilon}\hat{V}'|\chi_{\boldsymbol{p}}{}^\pm\rangle\right]$$

となるが, [...] 内は (12.2.89) 自身により $|\boldsymbol{u}_{\boldsymbol{p}}{}^\pm\rangle$ に等しい. こうして歪形波 Lippmann-Schwinger 方程式

$$|\boldsymbol{u}_{\boldsymbol{p}}{}^\pm\rangle = |\chi_{\boldsymbol{p}}{}^\pm\rangle+\frac{1}{E_{\boldsymbol{p}}-\hat{H}_0'\pm i\varepsilon}\hat{V}'|\boldsymbol{u}_{\boldsymbol{p}}{}^\pm\rangle \qquad (12.2.90)$$

が得られた. この方程式は $|\chi_{\boldsymbol{p}}{}^\pm\rangle$ を非摂動項とし, $\hat{V}'$ を摂動相互作用として解く手続きの出発点を与えてくれる. この積分方程式を逐次代入法によって解けば

$$\begin{aligned}|\boldsymbol{u}_{\boldsymbol{p}}{}^\pm\rangle &= |\chi_{\boldsymbol{p}}{}^\pm\rangle+\frac{1}{E_{\boldsymbol{p}}-\hat{H}_0'\pm i\varepsilon}\hat{V}'|\chi_{\boldsymbol{p}}{}^\pm\rangle \\ &\quad +\frac{1}{E_{\boldsymbol{p}}-\hat{H}_0'\pm i\varepsilon}\hat{V}'\frac{1}{E_{\boldsymbol{p}}-\hat{H}_0'\pm i\varepsilon}\hat{V}'|\chi_{\boldsymbol{p}}{}^\pm\rangle+\cdots\end{aligned} \qquad (12.2.91)$$

という摂動級数が得られる．この第2項は歪形波 Born 近似とよばれているものである．非摂動波 $|\chi_p^{\pm}\rangle$ が平面波ではなく V_0 によって歪んでいるのでこの名前がつけられた．この近似は通称 DWBA (distorted wave Born approximation) といわれて，よく用いられている．

このような取扱いの場合 S 行列要素の表式はどうなるであろうか．いうまでもなく，(12.2.72 a) の式は $\hat{V}=\hat{V}_0+\hat{V}'$ とおけばやはり正しい．すなわち，

$$\langle\phi_{p'}|S|\phi_p\rangle=\delta^3(\boldsymbol{p}'-\boldsymbol{p})-2\pi i\delta(E_p-E_{p'})\langle\phi_{p'}|\hat{V}_0+\hat{V}'|u_p^+\rangle \qquad (12.2.92)$$

ここで $\langle\phi_{p'}|\hat{V}'|u_p^+\rangle$ を変形しよう．$\langle\phi_{p'}|$ に対して (12.2.87 a) を使えば

$$\langle\phi_{p'}|\hat{V}'|u_p^+\rangle=\langle\chi_{p'}^-|\hat{V}'|u_p^+\rangle-\langle\phi_{p'}|\hat{V}_0\frac{1}{E_{p'}-\hat{H}_0'+i\varepsilon}\hat{V}'|u_p^+\rangle$$

となる．右辺第2項の分母の $E_{p'}$ は (12.2.92) の $\delta(E_p-E_{p'})$ のおかげで，E_p とおいてよい．そこで (12.2.90) を用いて

$$\frac{1}{E_p-\hat{H}_0'+i\varepsilon}\hat{V}'|u_p^+\rangle=|u_p^+\rangle-|\chi_p^+\rangle$$

とおけば，(12.2.92) は

$$\begin{aligned}\langle\phi_{p'}|S|\phi_p\rangle&=\delta^3(\boldsymbol{p}'-\boldsymbol{p})-2\pi i\delta(E_p-E_{p'})\\&\quad\cdot[\langle\phi_{p'}|\hat{V}_0|\chi_p^+\rangle+\langle\chi_{p'}^-|\hat{V}'|u_p^+\rangle]\\&=\langle\chi_{p'}^-|\chi_p^+\rangle-2\pi i\delta(E_p-E_{p'})\langle\chi_{p'}^-|\hat{V}'|u_p^+\rangle\end{aligned} \qquad (12.2.93)$$

となる．ここで (12.2.87 b) を用いた．(12.2.93) がこの問題に対する S 行列要素の式である．その第1式において，$\langle\phi_{p'}|\hat{V}_0|\chi_p^+\rangle$ は $\hat{V}'=0$ の場合の散乱振幅であり，$\langle\chi_{p'}^-|\hat{V}'|u_p^+\rangle$ が $\hat{V}'$ の効果を表わしている．左側に内向き波条件の関数が出てくることに注意していただきたい．したがって，歪形波 Born 近似の S 行列要素は

$$\langle\phi_{p'}|S|\phi_p\rangle\approx\langle\chi_{p'}^-|\chi_p^+\rangle-2\pi i\delta(E_p-E_{p'})\langle\chi_{p'}^-|\hat{V}'|\chi_p^+\rangle \qquad (12.2.94)$$

である．

特殊な問題では $\langle\phi_{p'}|\hat{V}_0|\chi_p^+\rangle=0$ となることがある．ポテンシャル散乱だけならばこのようなことはほとんどないが，電子と原子の衝突による光の制動放出の場合にはそうなる．そのとき，$\hat{V}_0$ は Coulomb ポテンシャル，$\hat{V}'$ は電子と電磁場との相互作用ハミルトニアンであり，初期状態 $|\phi_p\rangle$ や $|\chi_p^+\rangle$ は光子数0，終

期状態 $|\phi_{p'}\rangle$ と $|\chi_{p'}{}^-\rangle$ の光子数は1である．ゆえに $\langle\phi_{p'}|\hat{V}_0|\chi_p{}^+\rangle=0$ となり S 行列は $\langle\chi_{p'}{}^-|\hat{V}'|u_p{}^+\rangle$ だけで表わされる．

§12.3 部分波展開

短い到達距離をもつ中心力場による低エネルギー散乱を取り扱うのに便利な部分波展開について説明しておこう．中心力場における運動では角運動量が保存されるので，散乱状態固有関数を角運動量固有関数で展開する方法は役に立つと思われる．この展開は対応論的な意味で衝突パラメーターによる波動関数の分解とみることができるから，短い到達距離をもつ力が影響を与える範囲の予測が可能となる．このような対応論的議論は後で行なう．

簡単のためスピンをもたない非相対論的粒子を取り扱うことにしよう．ゆえに，角運動量としては軌道角運動量 $\boldsymbol{L}=\boldsymbol{x}\times\boldsymbol{p}$ だけを考えればよい．z 軸を極軸とする極座標 (r,θ,φ) を用いる．すでに何回も議論したように，$L_z=(\hbar/i)\partial/\partial\varphi$ と

$$L^2=L_x{}^2+L_y{}^2+L_z{}^2=-\hbar^2\left[\frac{1}{\sin\theta}\frac{\partial}{\partial\theta}\sin\theta\frac{\partial}{\partial\theta}+\frac{1}{\sin^2\theta}\frac{\partial^2}{\partial\varphi^2}\right]$$

の同時固有関数 $Y_{lm}(\theta,\varphi)$ は Legendre の陪多項式 $P_l{}^{|m|}(\cos\theta)$ を用いて次のように与えられる．

$$Y_{lm}(\theta,\varphi)=\sqrt{\frac{(2l+1)(l-|m|)\,!}{4\pi(l+|m|)\,!}}P_l{}^{|m|}(\cos\theta)\,e^{im\varphi} \tag{12.3.1}$$

$$(l=0,1,2,\cdots;m=-l,-l+1,\cdots,-1,0,1,\cdots,l-1,l)$$

Y_{lm} における L_z の固有値は $\hbar m$，L^2 の固有値は $\hbar^2l(l+1)$ であり，Y_{lm} は直交規格化条件

$$\int_0^\pi\sin\theta\,d\theta\int_0^{2\pi}d\varphi\,Y_{lm}{}^*(\theta,\varphi)\,Y_{l'm'}(\theta,\varphi)=\delta_{ll'}\delta_{mm'} \tag{12.3.2}$$

を満足する．もちろん，$Y_{lm}(\theta,\varphi)$ は完全系をつくるから，平面波 $\phi_p(\boldsymbol{x})$ と散乱状態固有関数 $u_p{}^+(\boldsymbol{x})$ を展開することができる．すなわち，

$$\left.\begin{aligned}\phi_p(\boldsymbol{x})&=\sum_{l=0}^{\infty}\sum_{m=-l}^{l}A_{lm}(r)\,Y_{lm}(\theta,\varphi)\\A_{lm}(r)&=\int_0^\pi\sin\theta\,d\theta\int_0^{2\pi}d\varphi\,Y_{lm}{}^*(\theta,\varphi)\,\phi_p(r,\theta,\varphi)\end{aligned}\right\} \tag{12.3.3}$$

および

$$\left.\begin{aligned} u_{\boldsymbol{p}}^{+}(\boldsymbol{x}) &= \sum_{l=0}^{\infty}\sum_{m=-l}^{l} B_{lm}(r)\, Y_{lm}(\theta, \varphi) \\ B_{lm}(r) &= \int_0^{\pi}\sin\theta\, d\theta \int_0^{2\pi} d\varphi\, Y_{lm}^{*}(\theta, \varphi)\, u_{\boldsymbol{p}}^{+}(r, \theta, \varphi) \end{aligned}\right\} \tag{12. 3. 4}$$

まず平面波 $\phi_{\boldsymbol{p}}(r, \theta, \varphi) = (2\pi\hbar)^{-3/2}\exp(ikr\cos\theta)$ の展開について考えよう．ここでは $\boldsymbol{p}$ の方向を極軸にえらび，$p=\hbar k$ とおいた．k は平面波の波数または伝播定数である．$\phi_{\boldsymbol{p}}$ が φ に無関係であることから，ただちに(*12. 3. 3*)の第2式の積分が $m\neq 0$ のとき 0 になることがわかる．すなわち，$\boldsymbol{p}$ 方向を極軸にえらべば，$\phi_{\boldsymbol{p}}$ の展開には Y_{l0} しか出てこない．平面波は進行方向について軸対称になっているから，これは当然であろう．(*12. 3. 3*)の第2式で球 Bessel 関数 j_l に対する積分公式

$$j_l(kr) = \frac{i^{-l}}{2}\int_0^{\pi}\exp(ikr\cos\theta)\, P_l(\cos\theta)\sin\theta\, d\theta \tag{12. 3. 5}$$

を用いると

$$A_{lm} = \delta_{m0}\frac{1}{\sqrt{(2\pi\hbar)^3}}\sqrt{(2l+1)4\pi}\, i^l j_l(kr)$$

が得られる．こうして

$$\begin{aligned} \phi_{\boldsymbol{p}}(\boldsymbol{x}) &= \frac{1}{\sqrt{(2\pi\hbar)^3}}\sum_{l=0}^{\infty}\sqrt{4\pi(2l+1)}\, i^l j_l(kr)\, Y_{l0}(\theta, \varphi) \\ &= \frac{1}{\sqrt{(2\pi\hbar)^3}}\sum_{l=0}^{\infty}(2l+1)\, i^l j_l(kr)\, P_l(\cos\theta) \end{aligned} \tag{12. 3. 6}$$

中心力場の場合 $u_{\boldsymbol{p}}^{+}(\boldsymbol{x})$ も $\boldsymbol{p}$ 方向のまわりに軸対称になっているので，$\boldsymbol{p}$ 方向を軸にえらべば，散乱状態固有関数の展開(*12. 3. 4*)においても，Y_{l0} だけしか現われない．ゆえに

$$\begin{aligned} u_{\boldsymbol{p}}^{+}(\boldsymbol{x}) &= \frac{1}{\sqrt{(2\pi\hbar)^3}}\sum_{l=0}^{\infty}\sqrt{4\pi(2l+1)}\, i^l c_l \chi_l(kr)\, Y_{l0}(\theta, \varphi) \\ &= \frac{1}{\sqrt{(2\pi\hbar)^3}}\sum_{l=0}^{\infty}(2l+1)\, i^l c_l \chi_l(kr)\, P_l(\cos\theta) \end{aligned} \tag{12. 3. 7}$$

である．ただし

$$c_l\chi_l(kr) = \frac{i^{-l}}{2}\int_0^\pi \sqrt{(2\pi\hbar)^3}\,u_{\boldsymbol{p}}^{+}(\boldsymbol{x})P_l(\cos\theta)\sin\theta\,d\theta \tag{12.3.8}$$

定数 c_l は $\chi_l(kr)$ に繰り込んでおいてもよいが，後の便宜のために別にしておいた．

このような級数を部分波展開といい，各項を**部分波**(partial wave)という．習慣上 $l=0, 1, 2, 3, 4, 5, \cdots$ の部分波を，それぞれ，S 波，P 波，D 波，F 波，G 波，H 波，…… という．分光学からきた習慣的な記号である．

さて，$\chi_l(kr)$ の方程式は，(12.3.7)を Schrödinger 方程式(12.1.20)に代入し直交性(12.3.2)を用いれば得られる．

$$-\frac{\hbar^2}{2\mu}\frac{d^2}{dr^2}(r\chi_l)+\left[V(r)+\frac{\hbar^2 l(l+1)}{2\mu r^2}\right](r\chi_l) = E_p(r\chi_l) \tag{12.3.9}$$

ただし，$E_p = \boldsymbol{p}^2/2\mu = \hbar^2k^2/2\mu$. ポテンシャルが r だけの関数であるため，角運動量固有値が混り合うことはなく，1つの部分波に対応する χ_l だけで方程式が閉じる．(12.3.9)で $V=0$ とおけば，解は $\chi_l = j_l$ である．ポテンシャルの影響すなわち散乱の効果は j_l を $c_l\chi_l$ に変えるところにある．したがって，散乱の境界条件(12.1.21)を χ_l に対する条件に翻訳し，その条件の下で(12.3.9)を解くことが私たちの問題である．

変数 r の領域は $(0, +\infty)$ であるから，$r \to +\infty$ に対する境界条件(12.1.21)の他に $r=0$ に対する境界条件も与えなければならない．まず，これから考えよう．波動関数が確率振幅という意味をもっているので，原点を中心とする半径 R の小球内で粒子を見つけることの相対確率 $\int_0^R |\chi_l(kr)|^2 r^2 dr$ は，$R\to 0$ のとき，その小球の体積程度すなわち R^3 の程度以下の速さで 0 になる必要がある．したがって，

$$|\chi_l(0)| < +\infty \tag{12.3.10}$$

であればよろしい．もちろん，

$$\lim_{r\to 0}(r\chi_l(kr)) = 0 \tag{12.3.11}$$

である．ふつう取り扱われるポテンシャルの場合には，(12.2.70 b)すなわち，$\lim_{r\to 0}|r^2V(r)|=0$ が成立しているが，このとき $r\approx 0$ では χ_l の行動は遠心力ポテンシャル $\hbar^2 l(l+1)/2\mu r^2$ だけで決まる．すなわち，(12.3.9)において，$E_p + V(r)$

は遠心力ポテンシャルに比べて無視できるので，近似的に

$$-\frac{d^2}{dr^2}(r\chi_l)+\frac{l(l+1)}{r^2}(r\chi_l)=0$$

が成り立つ．この方程式の解は $\chi_l \propto r^l$ または $\chi_l \propto r^{-l-1}$ であるが，(12. 3. 11)により後者の解は捨てなければならない．(12. 2. 70 b)を満足するポテンシャルに対しては，一般に

$$\chi_l(kr)\propto (kr)^l \qquad (r\approx 0 \quad \text{または} \quad k\approx 0) \qquad (12.\,3.\,12)$$

が成立する．

ここで kr という形でまとめたのは，(12. 3. 8)で定義された χ_l が無次元量であるということと，および方程式(12. 3. 9)が無次元変数 $\xi=kr$ を用いると，無次元量だけで

$$-\frac{d^2}{d\xi^2}(\xi\chi_l)+\left[U(\xi)+\frac{l(l+1)}{\xi^2}\right](\xi\chi_l)=(\xi\chi_l)$$

と書き直せるからである．ただし，$U=\dfrac{2\mu}{\hbar^2}V$ は $\xi\approx 0$ で無視できる．

$r\to+\infty$ における $u_p{}^+(\boldsymbol{x})$ に対する境界条件(外向き波条件(12. 1. 21))を $\chi_l(kr)$ に翻訳することを考えよう．なお，中心力場では $\boldsymbol{p}$ 方向(z 軸の正方向)のまわりに軸対称なので散乱振幅は方位角 φ には依存しない．したがって，これからは散乱振幅を単に $f(\vartheta)$ と書くことにする．さて，球 Bessel 関数の漸近形

$$j_l(kr)\xrightarrow[r\to\infty]{}\frac{1}{kr}\sin\left(kr-\frac{l\pi}{2}\right) \qquad (12.\,3.\,13)$$

を用いると，平面波の部分波展開(12. 3. 6)の漸近形は

$$\phi_p(\boldsymbol{x})\xrightarrow[r\to\infty]{}\frac{1}{\sqrt{(2\pi\hbar)^3}}\frac{1}{2ikr}\sum_{l=0}^{\infty}(2l+1)\,i^l[e^{i(kr-l\pi/2)}-e^{-i(kr-l\pi/2)}]P_l(\cos\theta)$$
$$(12.\,3.\,14)$$

となる．この漸近式は平面波を外向き球面波 $r^{-1}e^{ikr}$ と内向き球面波 $r^{-1}e^{-ikr}$ の重ね合せとして書いた式になっている．(12. 3. 14)と境界条件(12. 1. 21)とを見比べながら，$\phi_p(\boldsymbol{x})$ と $u_p{}^+(\boldsymbol{x})$ との漸近形の相違についてしらべよう．明らかに，(12. 1. 21)と(12. 3. 14)との違いは外向き球面波の係数だけである．これはすでに S 行列の議論と関連して前節でも説明した．(これに対して $u_p{}^-(\boldsymbol{x})$ の漸近形(12. 2. 1)と(12. 3. 14)とのちがいは内向き球面波の係数だけである．) したがって，

$$u_{\boldsymbol{p}}^{+}(\boldsymbol{x}) \xrightarrow[r\to\infty]{} \frac{1}{\sqrt{(2\pi\hbar)^3}}\frac{1}{2ikr}\sum_{l=0}^{\infty}(2l+1)i^l[S_l(k)e^{i(kr-l\pi/2)} - e^{-i(kr-l\pi/2)}]P_l(\cos\theta) \tag{12.3.15}$$

となるはずである．係数 $S_l(k)$ は，前節の言葉でいえば，S 行列演算子を角運動量固有関数表示で表わした行列の対角要素になっている．回転不変性のため，非対角要素は出てこない．さらに，散乱が実数ポテンシャルによる力でひき起こされているとしているから，確率保存の法則が成立していなければならない．ゆえに，(12.3.15)の内向き球面波によって力の中心(原点)に向かって送り込まれる確率流と，外向き球面波によって原点付近から外に向かって運び去られる確率流とは，大きさ等しく符号が反対でなければならない．この保存則を $r\to\infty$ で書けば，係数 $S_l(k)$ に対する条件

$$|S_l(k)|^2 = 1 \tag{12.3.16}$$

が得られる．これはユニタリー条件(12.2.75)に他ならない．

衝突によって弾性散乱ばかりでなく非弾性散乱も起こりうるときは，弾性散乱波だけで確率保存則を満足させるわけにはゆかない．その場合，(12.3.16)は成立しないが，そのかわりに $S_l(k)$ は

$$|S_l(k)|^2 \leqq 1 \tag{12.3.17}$$

という条件に従う．当分の間このような場合は考えない．(12.3.16)から $S_l(k)$ を

$$S_l(k) = e^{2i\delta_l(k)} \tag{12.3.18}$$

とおいてよいことがわかる．ただし，$\delta_l(k)$ は実数である．(非弾性散乱が起こる場合は $\delta_l(k)$ は複素数になるが，(12.3.17)によりその虚数部は正でなければならない.) (12.3.18)を(12.3.15)に代入すると

$$u_{\boldsymbol{p}}^{+}(\boldsymbol{x}) \xrightarrow[r\to\infty]{} \frac{1}{\sqrt{(2\pi\hbar)^3}}\frac{1}{kr}\sum_{l=0}^{\infty}(2l+1)i^l e^{i\delta_l}\sin\left(kr-\frac{l\pi}{2}+\delta_l\right)P_l(\cos\theta) \tag{12.3.19}$$

となる．この式と(12.3.7)とを比べれば

$$\left.\begin{aligned} \chi_l(kr) &\xrightarrow[r\to\infty]{} \frac{1}{kr}\sin\left(kr-\frac{l\pi}{2}+\delta_l\right) \\ c_l &= e^{i\delta_l} \end{aligned}\right\} \tag{12.3.20}$$

が得られる．これが $\chi_l(kr)$ に課せられるべき $r\to+\infty$ における境界条件である．

(12. 3. 11) と (12. 3. 20) を境界条件として方程式 (12. 3. 9) を解き，定数 $\delta_l(k)$ または $S_l(k)$ を求めれば散乱問題はすべて確定する．事実，散乱振幅や微分断面積を δ_l で書き表わすことができるが，その前に δ_l の物理的意味を考えよう．いま，

$$v_l^{(0)}(kr)=(kr)j_l(kr),\qquad v_l(kr)=(kr)\chi_l(kr) \tag{12. 3. 21}$$

とおけば，(12. 3. 11), (12. 3. 13), (12. 3. 20) は

$$\left.\begin{aligned}&v_l^{(0)}(0)=v_l(0)=0\\&v_l^{(0)}(kr)\xrightarrow[r\to\infty]{}\sin\left(kr-\frac{l\pi}{2}\right)\\&v_l(kr)\xrightarrow[r\to\infty]{}\sin\left(kr-\frac{l\pi}{2}+\delta_l\right)\end{aligned}\right\} \tag{12. 3. 22}$$

となる．これを図示すると図 12.7 のようになる．この図は斥力ポテンシャルによる散乱の場合である．a は力の到達距離を示している．この図によれば，力の範囲 $r\leqq a$ で波動関数 $v_l(kr)$ を $v_l^{(0)}(kr)$ と比べてみると，斥力のために $v_l(kr)$ は外へ押し出されているが，力の範囲を十分はなれたところ $r\gg a$ ではポテンシャルが 0 のときの関数 $v_l^{(0)}(kr)$ と同じ形の正弦関数に近づく．しかし，漸近領域でも $v_l(kr)$ は $v_l^{(0)}(kr)$ に完全に一致するわけではなく，**位相のずれ** (phase shift) δ_l が存在する．すなわち，十分遠方ではポテンシャルの効果は位相のずれだけに現われる．この図のように波が押しだされる斥力 ($V>0$) の場合は，位相のずれは負 ($\delta_l<0$) である．逆に引力 ($V<0$) の場合は波は引き込まれるので位相のずれは正 ($\delta_l>0$) となる．(12. 3. 18) で導入した位相のずれという実の定数 $\delta_l(k)$ はこのような性質をもっている量である．$v_l^{(0)}$ と v_l に共通して現われる位相 $-l\pi/2$

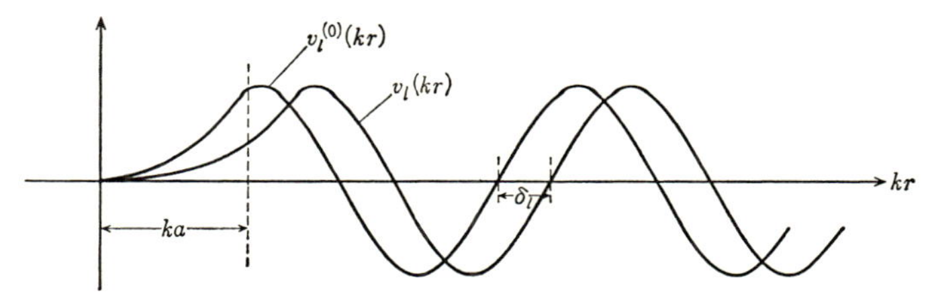

図 12.7 位相のずれ

は遠心力による“位相のずれ”である.

さて, (12. 3. 15) と (12. 3. 14) から

$$u_p^+(\boldsymbol{x})-\phi_p(\boldsymbol{x}) \xrightarrow[r\to\infty]{} \frac{1}{\sqrt{(2\pi\hbar)^3}}\frac{e^{ikr}}{2ikr}\sum_{l=0}^{\infty}(2l+1)[S_l(k)-1]P_l(\cos\theta)$$

をつくり, (12. 1. 21) と見比べよう. いま,

$$S_l(k) = 1+2iT_l(k) \qquad (12.\ 3.\ 23\ a)$$

または

$$T_l(k) = \frac{1}{2i}[S_l(k)-1] = e^{i\delta_l}\sin\delta_l \qquad (12.\ 3.\ 23\ b)$$

とおけば, 散乱振幅に対する部分波展開として

$$f(\theta) = \frac{1}{k}\sum_{l=0}^{\infty}(2l+1)\,T_l(k)P_l(\cos\theta) \qquad (12.\ 3.\ 24\ a)$$

$$= \frac{1}{k}\sum_{l=0}^{\infty}(2l+1)e^{i\delta_l}\sin\delta_l\,P_l(\cos\theta) \qquad (12.\ 3.\ 24\ b)$$

が得られる. 微分断面積が $\sigma(\theta)=|f(\theta)|^2$ で与えられることはいうまでもない. 次に全断面積——微分断面積の全立体角についての積分——を計算しよう.

$$\begin{aligned}\sigma &= \int_0^{\pi}\sin\theta\,d\theta\int_0^{2\pi}d\varphi|f(\theta)|^2\\ &= \frac{2\pi}{k^2}\sum_{l=0}^{\infty}\sum_{l'=0}^{\infty}(2l+1)(2l'+1)\,T_l^*(k)\,T_{l'}(k)\\ &\quad\cdot\int_0^{\pi}P_l(\cos\theta)P_{l'}(\cos\theta)\sin\theta\,d\theta\end{aligned}$$

ここで $m=0$ とおいた直交規格化条件 (12. 3. 2), すなわち

$$\int_0^{\pi}P_l(\cos\theta)P_{l'}(\cos\theta)\sin\theta\,d\theta = \frac{2}{2l+1}\delta_{ll'}$$

を用いれば

$$\left.\begin{aligned}\sigma &= \frac{4\pi}{k^2}\sum_{l=0}^{\infty}(2l+1)\,|\,T_l(k)|^2\\ &= \frac{4\pi}{k^2}\sum_{l=0}^{\infty}(2l+1)\sin^2\delta_l\end{aligned}\right\} \qquad (12.\ 3.\ 25)$$

となる．このように位相のずれ $\delta_l(k)$ が求められれば，散乱についてのすべての知識が得られる．なお，$T_l(k)$ は§12.2の T 行列(*12.2.59*)に相当するものである．中心力場による散乱なので T 行列は対角行列となり，その対角要素に相当するものが $T_l(k)$ である．一方，(*12.2.83 a*)のリアクタンス行列 $\hat{R}$ も対角行列となり，その対角要素 $R_l(k)$ は $\delta_l(k)$ や $T_l(k)$ と

$$\left.\begin{aligned} R_l &= \frac{1}{i}\frac{e^{2i\delta_l}-1}{e^{2i\delta_l}+1} = \tan\delta_l \\ T_l &= \frac{R_l}{1-iR_l} \end{aligned}\right\} \qquad (12.3.26)$$

という関係にある．

さてユニタリー条件(*12.3.16*)に $S_l=1+2iT_l$ を代入すると，T_l に対するユニタリー条件式

$$\mathrm{Im}\, T_l = |T_l|^2 \qquad (12.3.27)$$

が得られる†．この両辺に $(2l+1)/k$ をかけて l について加え，(*12.3.24 a*)と(*12.3.25*)を用いると

$$\mathrm{Im}\, f(0) = \frac{k}{4\pi}\sigma \qquad (12.3.28)$$

となる．ただし $P_l(1)=1$ を用いた．これを**光学定理**(optical theorem)という．この定理は§12.4でも証明する．衝突によって起こる反応が弾性散乱ばかりでなく非弾性散乱もあるときは(*12.3.16*)は成立しない．しかし，σ の中に弾性散乱ばかりでなく，すべての反応の断面積を含めることにすれば，(*12.3.28*)は依然として成立する．§13.2では，非弾性散乱が起こる場合の光学定理について議論する予定である．なお，(*12.3.28*)から

$$\mathrm{Im}\, f(0) \geqq 0 \qquad (12.3.29)$$

であることがわかる．

ふたたび(*12.3.16*)が成立する場合にもどろう．(*12.3.23 b*)から

$$|T_l| = |\sin\delta_l| \leqq 1 \qquad (12.3.30)$$

が成立する．ゆえに各部分波についていえば，l 番目部分波の全断面積 $\sigma_l=k^{-2}4\pi\cdot$

---

† 非弾性散乱が起こるときは，この式は成立しない(§13.2を見よ)．その場合位相のずれ δ_l は正の虚数部をもつことになる．

$(2l+1)|T_l|^2$ には上限値が存在し

$$\sigma_l \leqq \frac{4\pi}{k^2}(2l+1) \tag{12.3.31}$$

となる．最大値 $|T_l|=1$ または $\sigma_l=k^{-2}4\pi(2l+1)$ は $\delta_l=\pi/2$ (またはその奇数倍) になったときに実現する．いま，$\delta_l(k_{0l})=\pi/2$ となる波数を k_{0l}, エネルギーを E_{0l} としよう．$E\approx E_{0l}$ のまわりで $\delta_l(k)$ を展開すると

$$\delta_l(k) = \frac{\pi}{2}+\left(\frac{d\delta_l}{dE}\right)_{E=E_{0l}}(E-E_{0l}) \tag{12.3.32}$$

となる．ここで $(E-E_{0l})^2$ 以上の高次項を無視した．後のために，記号を整理し

$$\frac{2}{\Gamma_l} = \left(\frac{d\delta_l}{dE}\right)_{E=E_{0l}} \tag{12.3.33}$$

と書くことにしよう．すると

$$\left.\begin{aligned} R_l &= \tan\delta_l \approx \frac{\Gamma_l}{2}\frac{1}{E-E_{0l}} \\ T_l &\approx \frac{\Gamma_l}{2}\frac{1}{(E-E_{0l})-i\Gamma_l/2} \end{aligned}\right\} \tag{12.3.34}$$

であるから，l 番目部分波の全断面積は $E=E_{0l}$ のまわりで

$$\sigma_l(E) \approx \frac{\pi}{k^2}(2l+1)\frac{\Gamma_l^2}{(E-E_{0l})^2+\Gamma_l^2/4} \tag{12.3.35}$$

となる．これは有名な共鳴散乱公式である．$E=E_{0l}$ で σ_l は最大値に到達する．

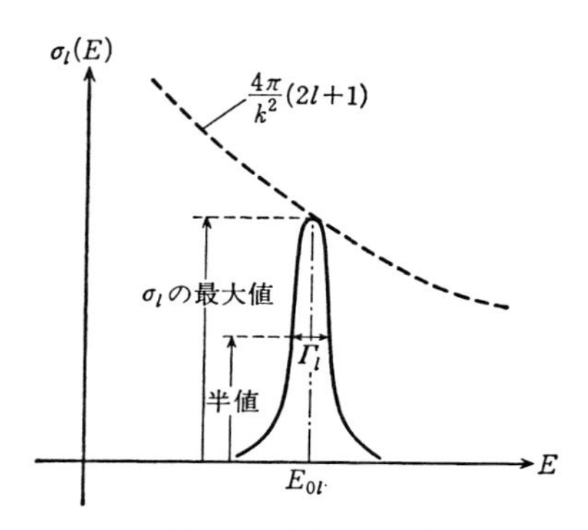

図 12.8　共鳴散乱断面積

E_{0l} を共鳴エネルギー準位，Γ_l をその半値幅という．図 12.8 を見ていただきたい．共鳴散乱についてはすでに第 2 章で扱っておいたが第 13 章，第 14 章，第 15 章でも議論するつもりである．

なお部分波散乱振幅のエネルギー依存性を図示するため，その散乱振幅が自分自身の複素平面上に描く軌跡を用いることがある．これを **Argand 図**† (Argand diagram) という．*(12. 3. 23)* によれば $|T_l|=|\sin\delta_l|$ であるから，この軌跡は $|T_l|\leqq 1$ の範囲に制限されている．とくに *(12. 3. 32)* が成立する共鳴散乱の場合には，*(12. 3. 34)* により $(\mathrm{Re}\ T_l)^2+(\mathrm{Im}\ T_l-1/2)^2=1/4$ となるので，$(0, 1/2)$ を中心とする半径 1/2 の円周上を動く軌跡が得られる．これは共鳴状態検出の手段としてひろく用いられている．しかし，非弾性散乱が起こるときは，軌跡はこの円周上から内部にはいってくるので，判定がむずかしくなる場合もある．

次に散乱振幅を V, j_l, χ_l で表わす式をつくろう．前節の $f(\theta)$ に対する公式 *(12. 2. 24)* に

$$\left.\begin{aligned}\phi_{p'}{}^*(\boldsymbol{x}) &= \frac{1}{\sqrt{(2\pi\hbar)^3}}\sum_{l=0}^{\infty}(2l+1)(-i)^l j_l(kr)P_l(\cos\alpha')\\ u_p{}^+(\boldsymbol{x}) &= \frac{1}{\sqrt{(2\pi\hbar)^3}}\sum_{l=0}^{\infty}(2l+1)i^l e^{i\delta_l}\chi_l(kr)P_l(\cos\alpha)\end{aligned}\right\} \qquad (12.\ 3.\ 36)$$

を代入して積分すればよい．ただし，$\boldsymbol{p}$ を極軸としたときの $\boldsymbol{x}$ の方向を極角 α，方位角 β であらわし，$\boldsymbol{p}'$ を極軸としたときの $\boldsymbol{x}$ の方向を極角 α'，方位角 β' であらわしてある．図 12.9 に $\boldsymbol{p}, \boldsymbol{p}', \boldsymbol{x}$ の方向関係を描いておいた．$\boldsymbol{p}$ を極軸としたときの $\boldsymbol{p}'$ の極角を θ，方位角を φ とすれば，立体 3 角法の知識により $\cos\alpha' = \cos\alpha\cos\theta+\sin\alpha\sin\theta\cos(\beta-\varphi)$ が成立する．このような "3 角関係" に対して，次の加法定理が存在する．

$$\begin{aligned}P_l(\cos\alpha') &= P_l(\cos\alpha)P_l(\cos\theta)\\ &\quad +2\sum_{m=1}^{l}\frac{(l-m)!}{(l+m)!}P_l{}^m(\cos\alpha)P_l{}^m(\cos\theta)\cos m(\beta-\varphi)\end{aligned} \qquad (12.\ 3.\ 37)$$

† Argand 図はフランスの数学者 Jean Robert Argand (1768-1822) の名をとったものである．彼は C. F. Gauss と独立に複素数平面を導入した．なお，電気回路論ではインピーダンスの周波数依存性を図示するために，古くからベクトル図 (vector diagram) と称するものを利用しているが，これは Argand 図に他ならない．

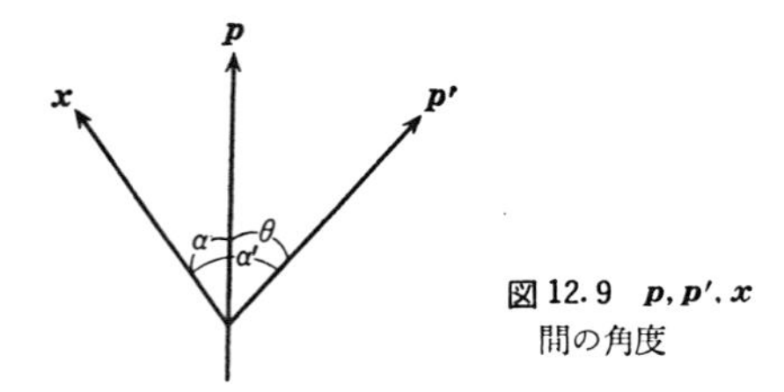

図 12.9　$\boldsymbol{p}, \boldsymbol{p}', \boldsymbol{x}$ 間の角度

(*12. 3. 36*) の $P_l(\cos\alpha')$ にこの式を代入して，(*12. 2. 24*) の積分変数を $\boldsymbol{x}=r(\sin\alpha\cos\beta,\ \sin\alpha\sin\beta,\ \cos\beta)$ のように書いて計算すればよい．β についての積分には $\cos m(\beta-\varphi)$ しか現われないので，$m\neq 0$ の項は 0 になってしまう．一方 α についての計算には P_l の直交性((*12. 3. 2*) で $m=m'=0$ とおいたもの，または(*12. 3. 25*) の前の式)を用いればよい．最終的には

$$f(\theta) = -\frac{2\mu}{\hbar^2}\sum_{l=0}^{\infty}(2l+1)e^{i\delta_l}\left[\int_0^{\infty}V(r)j_l(kr)\chi_l(kr)r^2dr\right]P_l(\cos\theta)$$

が得られる．ゆえに，(*12. 3. 24 b*) と見比べれば

$$\sin\delta_l = -\frac{2\mu k}{\hbar^2}\int_0^{\infty}V(r)j_l(kr)\chi_l(kr)r^2dr \qquad (12.3.38)$$

となる．これが求める式である．これから位相のずれについての一般的性質を議論することもできる．たとえば，$\lim_{r\to 0}|r^2V(r)|=0$ であるようなポテンシャルの場合，$\chi_l(kr)\xrightarrow[k\to 0]{}(kr)^l$ および $j_l(kr)\xrightarrow[kr\to 0]{}(kr)^l$ であることが知られているので((*12. 3. 12*) を見よ)，低エネルギー極限すなわち $k\to 0$ に対して

$$\sin\delta_l \propto k^{2l+1} \qquad (k\approx 0) \qquad (12.3.39)$$

となるはずである．

Born 近似について簡単に説明しておこう．(*12. 3. 38*) において，$\chi_l=j_l$ とおくのが第1 Born 近似である．すなわち，

$$\sin\delta_l \approx -\frac{2\mu k}{\hbar^2}\int_0^{\infty}V(r)[j_l(kr)]^2r^2dr \qquad (12.3.40)$$

が位相のずれに対する Born 近似の式である．Born 近似が成立するときは，散乱による乱れが小さいときであるから，$\sin\delta_l\approx\delta_l$ と考えてよい．これと(*12. 3. 40*) とを組み合わせてみれば，$V>0$ のとき $\delta_l<0$，$V<0$ のとき $\delta_l>0$ という関係がはっきり現われていることがわかる．

ところで，波動関数 $\chi_l(kr)$ に対する Born 近似級数をつくるには，やはり Green 関数の方法が最もよい．$j_l(kr)$ の方程式とその Green 関数 $\mathcal{G}_l^+(r, r'; k)$ の方程式

$$\frac{1}{r}\frac{d^2}{dr^2}(rj_l)+\left(k^2-\frac{l(l+1)}{r^2}\right)j_l = 0 \tag{12. 3. 41}$$

$$\frac{1}{r}\frac{d^2}{dr^2}(r\mathcal{G}_l)+\left(k^2-\frac{l(l+1)}{r^2}\right)\mathcal{G}_l = \frac{1}{r^2}\delta(r-r') \tag{12. 3. 42}$$

により，χ_l の積分方程式

$$\chi_l(kr) = \cos\delta_l\, j_l(kr)+\int_0^\infty \mathcal{G}_l(r, r'; k)\frac{2\mu}{\hbar^2}V(r')\chi_l(kr')r'^2dr' \tag{12. 3. 43}$$

をつくろう．(12. 3. 43) を満足する $\chi_l(kr)$ が微分方程式 (12. 3. 9) の解であることは (12. 3. 41) と (12. 3. 42) によって保証される．一方 $\chi_l(kr)$ が境界条件 (12. 3. 20) を満足するためには，Green 関数 $\mathcal{G}_l(r, r'; k)$ は

$$\mathcal{G}_l(r, r'; k) = -k\begin{cases} j_l(kr)n_l(kr') & (r<r') \\ n_l(kr)j_l(kr') & (r>r') \end{cases} \tag{12. 3. 44}$$

であればよい†．(12. 3. 44) が微分方程式 (12. 3. 42) を満足することの証明は読者にまかせよう．境界条件については (12. 3. 43) で $r\to+\infty$ として (12. 3. 44) を用いると

$$\chi_l(kr) \xrightarrow[r\to\infty]{} \frac{1}{kr}\left\{\cos\delta_l \sin\left(kr-\frac{l\pi}{2}\right)\right.$$
$$\left.-\cos\left(kr-\frac{l\pi}{2}\right)\frac{2\mu k}{\hbar^2}\int_0^\infty V(r')j_l(kr')\chi_l(kr')r'^2dr'\right\}$$

であるから，(12. 3. 38) によって $\sin\delta_l$ を定義すれば，この式は (12. 3. 20) となる．これで (12. 3. 44) が境界条件 (12. 3. 20) を与えること，位相のずれが (12. 3. 38) で与えられることを同時に示したわけである．

---

† $n_l(\xi)$ は球 Neumann 関数であり，

$$n_l(\xi) \xrightarrow[\xi\to\infty]{} \frac{1}{\xi}\cos\left(\xi-\frac{l\pi}{2}\right)$$

という漸近形をもつ．

(12. 3. 43)の両辺を $\cos\delta_l$ で割り $\bar{\chi}_l=\chi_l/\cos\delta_l$ とおけば

$$\bar{\chi}_l(kr)=j_l(kr)+\int_0^\infty \mathcal{G}_l(r,r';k)\frac{2\mu}{\hbar^2}V(r')\bar{\chi}_l(kr')r'^2dr' \qquad (12.3.45)$$

となる．$\bar{\chi}_l$ が満足する境界条件は

$$\left.\begin{aligned}\bar{\chi}_l(kr) &\xrightarrow[r\to\infty]{} \frac{1}{kr\cos\delta_l}\sin\left(kr-\frac{l\pi}{2}+\delta_l\right)\\ &=\frac{1}{kr}\left\{\sin\left(kr-\frac{l\pi}{2}\right)+\tan\delta_l\cos\left(kr-\frac{l\pi}{2}\right)\right\}\end{aligned}\right\} \qquad (12.3.46)$$

である．したがって

$$\tan\delta_l=-\frac{2\mu k}{\hbar^2}\int_0^\infty V(r)j_l(kr)\bar{\chi}_l(kr)r^2dr \qquad (12.3.47)$$

が成立する．(12. 3. 45)の右辺の $\bar{\chi}_l$ に右辺自身を代入する逐次代入法を適用すれば，$\bar{\chi}_l$ に対する Born 近似級数が得られる．それを(12. 3. 47)に入れれば，$\tan\delta_l$ に対する Born 近似をつくることができるわけである．(第1 Born 近似については $\tan\delta_l\approx\sin\delta_l\approx\delta_l$ であり，(12. 3. 40)が得られることはいうまでもなかろう．)

次に Born 近似と異なる近似法を与えよう．いま，$\bar{\chi}_l$ の汎関数

$$I[\bar{\chi}_l]=\frac{J_1[\bar{\chi}_l]}{J_2[\bar{\chi}_l]} \qquad (12.3.48\,a)$$

ただし，

$$\begin{aligned}J_1[\bar{\chi}_l]&=\left(\int_0^\infty\bar{\chi}_l(kr)\frac{2\mu}{\hbar^2}V(r)j_l(kr)r^2dr\right)\\&\quad\cdot\left(\int_0^\infty j_l(kr)\frac{2\mu}{\hbar^2}V(r)\bar{\chi}_l(kr)r^2dr\right) \qquad (12.3.48\,b)\\ J_2[\bar{\chi}_l]&=\int_0^\infty\bar{\chi}_l(kr)\frac{2\mu}{\hbar^2}V(r)\bar{\chi}_l(kr)r^2dr\\&\quad-\int_0^\infty\int_0^\infty\bar{\chi}_l(kr)\frac{2\mu}{\hbar^2}V(r)\mathcal{G}_l(r,r';k)\frac{2\mu}{\hbar^2}V(r')\\&\quad\cdot\bar{\chi}_l(kr')r^2drr'^2dr' \qquad (12.3.48\,c)\end{aligned}$$

を考える．関数 $\bar{\chi}_l$ が積分方程式(12. 3. 45)を満足するときは分母は分子の第1因子に等しくなり，$I=-k^{-1}\tan\delta_l$ が成立する．一方，$\bar{\chi}_l$ の変分に対する汎関数

I の停留条件 $\delta I=0$ が，ちょうど，積分方程式(12. 3. 45)に等価であることは容易に証明される．ゆえに，(12. 3. 48)は $-k^{-1}\tan\delta_l$ を近似計算するための変分法として用いることができる．すなわち，積分方程式(12. 3. 45)を正確に解くことがむずかしい場合，$\bar{\chi}_l(kr)$ のたしからしい形を予想してつくった試験関数を(12. 3. 48)に代入すれば，停留性のためよい近似が得られるという寸法である．変分法の利用方法についてはすでに第5章で——束縛状態の問題に対して——くわしく説明してあるので，ここではこれ以上深入りしない．散乱問題に対する変分法としては，(12. 3. 48)以外にも数多くの汎関数が工夫されている．(12. 3. 48)のように，波動関数には必ず V がかけられている形の汎関数による変分法は近似計算としては好都合である．その理由は V のために力領域内だけで試験関数を工夫すればよいからである．

部分波展開について対応論的な説明を試みよう．まず中心力場による粒子の散乱を古典的に考える．中心力場では，力の中心に関する角運動量がベクトルとして保存されるので，古典的粒子の運動は同一平面内に限定され，角運動量の大きさは初期値 pb に等しい．p は運動量初期値の大きさであり，b は**衝突パラメーター**(impact parameter)とよばれているものである．すなわち，入射方向を表わす直線と力の中心との距離に等しい．図12. 10を見ていただきたい．散乱角 θ は p と b を与えれば確定する．逆に，与えられた p に対して θ 方向に散乱する粒子の衝突パラメーター b は θ と p の関数として書くことができる．実際の散乱実験では，入射粒子ビーム内の各粒子はほとんど一定の運動量をもっているが，衝突パラメーターは一定ではなく0から大きな値までにわたってばらついている．したがって，散乱角が θ と $\theta+\Delta\theta$ の間のせまい傘の中に散乱される確率は，θ と $\theta+\Delta\theta$ に対応する b と $b+\Delta b$ がつくる細いリングを入射粒子が通過する確率

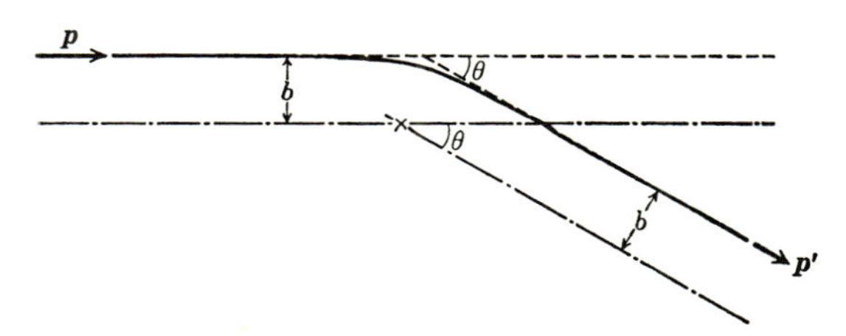

図12. 10 古典的粒子の散乱と衝突パラメーター

に等しい．このリングの面積

$$\varDelta\sigma = 2\pi b\varDelta b = 2\pi b\frac{db}{d(\cos\theta)}\sin\theta\,\varDelta\theta$$

が古典的粒子の衝突断面積である．(Rutherford 散乱に対する古典的断面積はこのようにして得られた.)

量子力学的粒子に対しては，不確定性原理のために，運動量と角運動量の各成分を同時に決めることはできないので，古典的粒子のように衝突パラメーターを与えることはできない．ゆえに，上記の古典的粒子についての散乱の情況の1つ1つを量子力学的粒子の散乱に対応させることはできない．しかし，入射ビームを表わしている平面波の部分波展開を，衝突パラメーターの値による入射ビームの分解であると考えてもそれほど大きな間違いではない．部分波展開は角運動量固有関数による展開であるから，l 番目部分波は角運動量固有値 $\hbar\sqrt{l(l+1)}$ $(\approx\hbar l)$ をもつ状態を表わしている．そして，平面波の展開式(*12. 3. 6*)の係数 $j_l(kr)$ の r 依存性は図 12. 11 のようになっており，第1極大は $r_1\approx l/k=\hbar l/p$ の付近にある．この r_1 は，角運動量 $\hbar l$ と運動量 p をもつ古典的粒子の衝突パラメーターに他ならない．この第1極大付近を古典的粒子の通過場所に対応させるような極めて大ざっぱな見方をすれば，たしかに，平面波の部分波展開は古典的衝突パラメーターによる入射ビームの分割に相当するものと考えられる．

さて，係数をすこし変更して，$b_l=\sqrt{2}\,p^{-1}\,\hbar\sqrt{l(l+1)}$ を l 番目部分波の衝突パラメーターとしよう．l 番目部分波が主に通過する場所は，b_{l+1} と b_{l-1} の間のリングであるとしてよかろう．このリングの幾何学的面積は

$$\pi({b_{l+1}}^2-{b_{l-1}}^2) = \frac{4\pi}{k^2}(2l+1)$$

であり，これに散乱の起こる確率 $|T_l(k)|^2$ をかけると，l 番目部分波の関係する

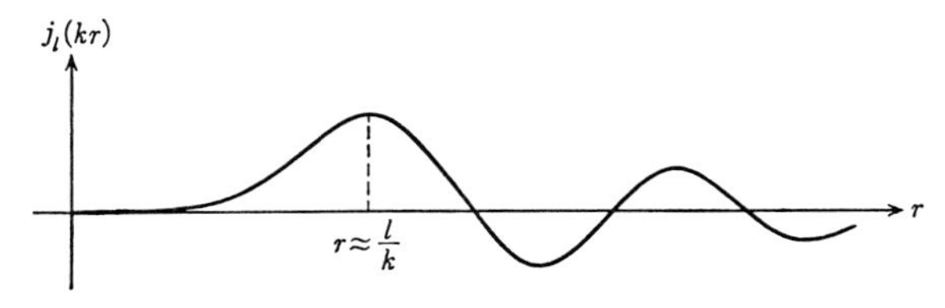

図 12. 11　球 Bessel 関数の第1極大

散乱断面積は

$$\sigma_l = \frac{4\pi}{k^2}(2l+1)|T_l|^2$$

に等しい．これにはちょうど(*12. 3. 26*)の和の中味の対応論的解釈を与えたわけである．この解釈を文字通りに受け取ってはいけないが，$b_l \approx \hbar l/p$ を衝突パラメーターとする対応論的解釈はそれほど的はずれではない．とくに $j_l(kr)$ は $b_l \gtrsim r$ の領域では，ほとんど0と見てよいことは重要である．すなわち，力の到達距離を a としたとき，$b_l > a$ であるような部分波はほとんど力の影響を受けない．ゆえに

$$b_l \lesssim a \quad \text{または} \quad l \lesssim ka \tag{12. 3. 49}$$

という部分波だけが散乱される．もしも，短距離力であり，しかもエネルギーが低ければ $ka \ll 1$ であるから，(*12. 3. 49*)の条件を満足する波は $l=0$，すなわち，S波だけとなる．そのとき $f(\theta)$ および σ は $l=0$ の項，すなわち，S波散乱の項だけで十分よく近似することができる．

最後に2,3の具体的な例をしらべよう．$r>a$ で0になっているようなポテンシャルを考える．$r>a$ での方程式は $V=0$ とおいた(*12. 3. 9*)，すなわち，(*12. 3. 41*)と同形である．ゆえに $r>a$ での解は

$$\chi_l(kr) = \cos\delta_l j_l(kr) - \sin\delta_l n_l(kr) \tag{12. 3. 50}$$

となる．係数は $r \to \infty$ で境界条件(*12. 3. 20*)の形になるようにえらんだ．しかし，$\cos\delta_l$ または $\sin\delta_l$ は $r=a$ における接続境界条件

$$\left(\frac{d\chi_l}{dr}\Big/\chi_l\right)_{r=a+0} = \left(\frac{d\chi_l}{dr}\Big/\chi_l\right)_{r=a-0} \tag{12. 3. 51}$$

によって決まる．これは確率流連続の条件である．さて，$r \leqq a$ における方程式(*12. 3. 9*)が解けて，(*12. 3. 11*)を満足する関数 χ_l が求められたとしよう．すると(*12. 3. 51*)の右辺が計算できるから，それを

$$\varepsilon_l = \left(\frac{d\chi_l}{dr}\Big/\chi_l\right)_{r=a-0} \tag{12. 3. 52}$$

とおくことにしよう．(*12. 3. 50*)と(*12. 3. 52*)を(*12. 3. 51*)に代入すると

$$\tan\delta_l = \frac{kj_l'(ka) - \varepsilon_l j_l(ka)}{kn_l'(ka) - \varepsilon_l n_l(ka)} \tag{12. 3. 53}$$

が得られる．これは R_l に他ならない．これを(12.3.26)第2式に入れれば T_l が求まり，$f(\theta)$ や σ を計算することができる．$r<a$ に対して定数 V_0 となる箱井戸型ポテンシャルの場合は

$$\chi_l(kr) \propto j_l\left(r\sqrt{\frac{2\mu}{\hbar^2}(E-V_0)}\right)$$

であるから，

$$\varepsilon_l = \bar{k}\frac{j_l'(\bar{k}a)}{j_l(\bar{k}a)}, \qquad \bar{k} = \sqrt{\frac{2\mu}{\hbar^2}(E-V_0)} \tag{12.3.54}$$

となる．

特別な場合として剛体球 ($V_0=+\infty$) による散乱を考えよう．球内の波動関数は到るところ0であり，球外の波動関数は $r=a$ で0から出発する．ゆえに $\varepsilon_l=\infty$ となり位相のずれは

$$\tan\delta_l = \frac{j_l(ka)}{n_l(ka)} \tag{12.3.55}$$

によって与えられる．$d\chi_l/dr$ は $r=a$ で連続にはならないが，確率流自身は連続であるから心配しなくてもよい．これは剛体壁の特殊性である．話を低エネルギー散乱，すなわち $ka\ll 1$ の場合にかぎろう．$\xi\to 0$ に対する近似式

$$j_l(\xi) \approx 2^l\xi^l\frac{l!}{(2l+1)!}, \qquad n_l(\xi) \approx -\frac{1}{2^l\xi^{l+1}}\frac{(2l)!}{l!}$$

を用いると

$$\delta_l \approx \sin\delta_l \approx \tan\delta_l \approx -(ka)^{2l+1}\frac{2^{2l}(l!)^2}{(2l)!(2l+1)!} \tag{12.3.56}$$

となる．(12.3.49)による予想通り，S波 ($l=0$) だけ考えればよろしい．S波の位相のずれは

$$\delta_0 \approx -ka \tag{12.3.57}$$

であるから，

$$f(\theta) \approx -ae^{-ika}, \qquad \sigma \approx 4\pi a^2 \tag{12.3.58}$$

が得られる．

剛体球は短距離力の極端な場合であるが，遠距離力の例として，電荷 Ze, ze をもつ2個の粒子の間の Coulomb 力 $V(r)=Zze^2/r$ による Rutherford 散乱を

しらべよう．前節では条件(*12. 2. 71*)に関連して，Coulomb 力には特別な注意が必要であることを述べた．部分波展開の固有関数 $\chi_l(kr)$ に対して，同様の注意を繰り返えそう．方程式(*12. 3. 9*)において，十分遠方 ($r\to+\infty$) では V と遠心力ポテンシャルの影響は小さくなるであろうから

$$c_l\chi_l(kr)=\frac{1}{kr}\Phi_l(r)e^{\pm ikr} \tag{12. 3. 59}$$

とおき，$\Phi_l(r)$ がゆっくり変わる関数であるとしよう．Φ_l についての 2 階微分を無視すれば，(*12. 3. 9*)から Φ_l の近似的方程式として

$$\pm 2ik\frac{d\Phi_l}{dr}\approx\left(\frac{2\mu}{\hbar^2}V+\frac{l(l+1)}{r^2}\right)\Phi_l \tag{12. 3. 60}$$

が得られる．これは容易に積分できて

$$\Phi_l(r)\propto\exp\left[\pm\frac{1}{2ik}\int^r\left(\frac{2\mu}{\hbar^2}V(r')+\frac{l(l+1)}{r'^2}\right)dr'\right] \tag{12. 3. 61}$$

となる．

V が Coulomb 型の力のときは，$c_l\chi_l(kr)$ は $\ln r$ のように変化する位相をもつことになり，単純な球面波 $r^{-1}e^{\pm ikr}$ は存在しない(§5.5 を見よ)．このことに留意しながら，(*12. 3. 9*)を解いてみよう．この方程式は合流型超幾何関数

$$F(\alpha,\beta,\xi)=\sum_{\nu=0}^{\infty}\frac{\Gamma(\alpha+\nu)\Gamma(\beta)}{\Gamma(\alpha)\Gamma(\beta+\nu)}\frac{\xi^\nu}{\nu!} \tag{12. 3. 62}$$

を用いて解くことができ，解は

$$c_l\chi_l(kr)=e^{i\sigma_l}e^{-\pi/2ka}\frac{|\Gamma(l+1+i/ka)|}{(2l+1)!}e^{ikr}(2kr)^l$$
$$\cdot F\left(l+1+\frac{i}{ka},2l+2,-2ikr\right) \tag{12. 3. 63}$$

となる．ただし，

$$\sigma_l=\arg\Gamma\left(l+1+\frac{i}{ka}\right),\qquad a=\frac{\hbar^2}{\mu e^2Zz} \tag{12. 3. 64}$$

である．なお，(*12. 3. 63*)の右辺で $c_l=e^{i\sigma_l}$ をのぞいた係数は χ_l の漸近形が次式の形になるようにえらんだ．このとき χ_l は実数であり

$$\chi_l(kr) \xrightarrow[r\to\infty]{} \frac{1}{kr}\sin\left(kr-\frac{l\pi}{2}-\frac{1}{ka}\ln(2kr)+\sigma_l\right) \qquad (12.3.65)^{\dagger}$$

となる．予想通り $(ka)^{-1}\ln(2kr)$ という余計な位相が現われているわけである．

位相のずれ $\{\sigma_l-(ka)^{-1}\ln(2kr)\}$ を見てもわかるように，すべての部分波が同じように乱されている．これが遠距離力の特徴である．したがって，展開式(12.3.7)の総和をつくることを考えなければならない．それをやってみよう．(12.3.63)は，超幾何関数の性質を用いて，次のように書き直せる．すなわち，

$$\chi_l(kr) = e^{-3\pi/2ka}\Gamma\left(1+\frac{i}{ka}\right)\frac{e^{-i\sigma_l}}{2\pi i}$$
$$\cdot\oint e^{ikrs}j_l(kr(1-s))\,s^{-(i/ka)-1}(1-s)^{i/ka}ds$$

ただし，$\oint ds$ は分岐点 $s=0$ と $s=1$ を正の方向にまわる閉曲線上の積分である．この式を展開式(12.3.7)に代入し，平面波展開式(12.3.6)を用いると

$$u_p{}^+(x) = \frac{1}{\sqrt{(2\pi\hbar)^3}}e^{-3\pi/2ka}\Gamma\left(1+\frac{i}{ka}\right)e^{ikr\cos\theta}\frac{1}{2\pi i}$$
$$\cdot\oint\exp\left[\left(2ikr\sin^2\frac{\theta}{2}\right)s\right]s^{-(i/ka)-1}(1-s)^{i/ka}ds$$

となる．$t=(2ikr\sin^2(\theta/2))s\equiv xs$ および $1-s=e^{-i\pi}x^{-1}(t-x)$ によって t を積分変数にえらび，公式

$$F(\alpha,\beta,\xi) = \frac{\Gamma(\beta)}{2\pi i}\oint e^t t^{\alpha-\beta}(t-\xi)^{-\alpha}dt \qquad (12.3.66)$$

を用いると，Coulomb 場の散乱状態固有関数

$$u_p{}^+(x) = \frac{1}{\sqrt{(2\pi\hbar)^3}}e^{-\pi/2ka}\Gamma\left(1+\frac{i}{ka}\right)e^{ikr\cos\theta}F\left(-\frac{i}{ka},1,2ikr\sin^2\frac{\theta}{2}\right)$$
$$(12.3.67)$$

が得られる．漸近形は

† 合流型超幾何関数の漸近形は次のとおり．

$$F(\alpha,\beta,\xi) \xrightarrow[|\xi|\to\infty]{} \frac{\Gamma(\beta)}{\Gamma(\alpha)}e^{\xi}\xi^{\alpha-\beta}+\frac{\Gamma(\beta)}{\Gamma(\beta-\alpha)}(-\xi)^{-\alpha}$$

$$u_{\boldsymbol{p}}^{+}(\boldsymbol{x}) \xrightarrow[r\to\infty]{} \frac{1}{\sqrt{(2\pi\hbar)^3}}\left\{\exp\left[i\left(kr\cos\theta+\frac{1}{ka}\ln\left(2kr\sin^2\frac{\theta}{2}\right)\right)\right]\right.$$
$$\left.-\frac{\exp[i\{kr-(ka)^{-1}\ln(2kr\sin^2(\theta/2)+2\sigma_0)\}]}{2k^2ar\sin^2(\theta/2)}\right\} \qquad (12.3.68)$$

である．奇妙な位相が存在する“歪んだ”平面波と球面波であるが，$r\to\infty$ において，$\boldsymbol{J}_{\mathrm{in}}$ と $\boldsymbol{J}_{\mathrm{sc}}$ を計算して，入射ビームの流れ密度に対する散乱粒子の流れの比を求めれば，微分断面積をつくることができる．こうして，量子力学の場合にもRutherford の公式

$$\sigma(\theta)=\left(\frac{Zze^2}{2\mu v^2}\right)^2\frac{1}{\sin^4(\theta/2)} \qquad (12.3.69)$$

が得られる．ただし，$v=p/\mu=\hbar k/\mu$ である．この式には Planck 定数 $\hbar$ は含まれていないので，古典力学によって求めた式と完全に一致する．(*12.3.69*)はまた Born 近似の結果にも等しいが，これも Coulomb 力の特性である．(Coulomb 力のくわしい取扱いは§5.5を見ていただきたい.)

§12.4 波束の散乱

いよいよ，波束の散乱の話にはいろう．§12.1で説明したように，構造をもたない非相対論的粒子の散乱現象は，図12.3に描いたように，散乱中心のまわりの固定力による1つの入射波束の散乱問題に帰着させることができる．ここでは波束の散乱を時間的過程として研究しよう．

a) 自由粒子波束

入射波束は運動量 $\boldsymbol{p}$ をもつ平面波に極めて近い自由粒子波束である．この状態を表わす波動関数を $\tilde{\phi}_{\boldsymbol{p}}(\boldsymbol{x})$ としよう．しばらくの間，波束状態を表わすのに，上に ˜ という記号をつけることにする．$\tilde{\phi}_{\boldsymbol{p}}(\boldsymbol{x})$ は $\boldsymbol{k}=\boldsymbol{p}/\hbar$ に近い波数ベクトルをもつ平面波の重ね合せとして表わせる．すなわち，平面波 $\phi_{\boldsymbol{q}}(\boldsymbol{x})$ に適当な複素振幅 $\tilde{A}_{\boldsymbol{p}}(\boldsymbol{q})$ をかけ，$\boldsymbol{q}$ について積分した式として書くことができる．$\phi_{\boldsymbol{q}}(\boldsymbol{x})=(2\pi\hbar)^{-3/2}\exp\left(\frac{i}{\hbar}\boldsymbol{q}\cdot\boldsymbol{x}\right)$ の形を見れば，この積分式は $\tilde{A}_{\boldsymbol{p}}(\boldsymbol{q})$ から $\tilde{\phi}_{\boldsymbol{p}}(\boldsymbol{x})$ へのFourier 変換式であるから，その逆変換を考えることもできる．波束のひろがりは有限の領域に局限されるので，波束関数 $\tilde{\phi}_{\boldsymbol{p}}(\boldsymbol{x})$ の絶対値2乗の積分が存在するとしてよい．ゆえにその規格化積分を1とおくことができる．これらの内容を

まとめて書くと次のようになる．

$$\left.\begin{aligned}\tilde{\phi}_{\boldsymbol{p}}(\boldsymbol{x}) = \int \phi_{\boldsymbol{q}}(\boldsymbol{x})\tilde{A}_{\boldsymbol{p}}(\boldsymbol{q})d^3\boldsymbol{q} = \frac{1}{\sqrt{(2\pi\hbar)^3}}\int \exp\left(\frac{i}{\hbar}\boldsymbol{q}\cdot\boldsymbol{x}\right)\tilde{A}_{\boldsymbol{p}}(\boldsymbol{q})d^3\boldsymbol{q} \\ \tilde{A}_{\boldsymbol{p}}(\boldsymbol{q}) = \frac{1}{\sqrt{(2\pi\hbar)^3}}\int \exp\left(-\frac{i}{\hbar}\boldsymbol{q}\cdot\boldsymbol{x}\right)\tilde{\phi}_{\boldsymbol{p}}(\boldsymbol{x})d^3\boldsymbol{x} \\ \int |\tilde{\phi}_{\boldsymbol{p}}(\boldsymbol{x})|^2 d^3\boldsymbol{x} = \int |\tilde{A}_{\boldsymbol{p}}(\boldsymbol{q})|^2 d^3\boldsymbol{q} = 1\end{aligned}\right\} \tag{12.4.1}$$

いま問題にしている波束は平面波状態 $\phi_{\boldsymbol{p}}(\boldsymbol{x})$ に極めて近いものであるから，運動量確率分布関数 $|\tilde{A}_{\boldsymbol{p}}(\boldsymbol{q})|^2$ は $\boldsymbol{p}$ の近くで鋭いピークをもつ関数であろう．これに対して，位置確率分布関数 $|\tilde{\phi}_{\boldsymbol{p}}(\boldsymbol{x})|^2$ は十分ひろい領域にわたってゆっくり変化する関数になっているはずである．$|\tilde{A}_{\boldsymbol{p}}(\boldsymbol{q})|^2$ のピークの幅を Δp, $|\tilde{\phi}_{\boldsymbol{p}}(\boldsymbol{x})|^2$ が0でない値をもっている領域の長さを Δx とすれば，$\Delta x\Delta p \gtrsim \hbar$ という不確定性関係が成立することはよく知られている．大体の様子は図12.12に描いてある．運動量平均値を $\boldsymbol{p}$, 位置平均値を $\boldsymbol{x}_0$ とすれば，

$$\left.\begin{aligned}\boldsymbol{p} = \langle\boldsymbol{p}\rangle_{\boldsymbol{p}} = \left(\tilde{\phi}_{\boldsymbol{p}}, \frac{\hbar}{i}\frac{\partial}{\partial\boldsymbol{x}}\tilde{\phi}_{\boldsymbol{p}}\right) \\ \boldsymbol{x}_0 = \langle\boldsymbol{x}\rangle_{\boldsymbol{x}} = \left(\tilde{A}_{\boldsymbol{p}}, i\hbar\frac{\partial}{\partial\boldsymbol{q}}\tilde{A}_{\boldsymbol{p}}\right)\end{aligned}\right\} \tag{12.4.2}$$

である．ただし，$\langle\cdots\rangle_{\boldsymbol{p}}$ は $|\tilde{A}_{\boldsymbol{p}}(\boldsymbol{q})|^2$ を重率とする $\boldsymbol{q}$ についての平均，$\langle\cdots\rangle_{\boldsymbol{x}}$ は $|\tilde{\phi}_{\boldsymbol{p}}(\boldsymbol{x})|^2$ を重率とする $\boldsymbol{x}$ についての平均を意味する記号である．また，

$$\frac{\partial}{\partial\boldsymbol{x}} = \left(\frac{\partial}{\partial x}, \frac{\partial}{\partial y}, \frac{\partial}{\partial z}\right), \qquad \frac{\partial}{\partial\boldsymbol{q}} = \left(\frac{\partial}{\partial q_x}, \frac{\partial}{\partial q_y}, \frac{\partial}{\partial q_z}\right)$$

はベクトル微分演算子を表わす記号として用いた．

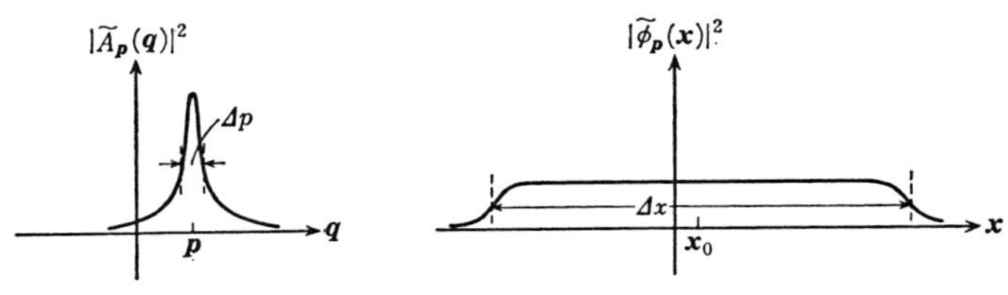

図12.12 $\tilde{A}_{\boldsymbol{p}}(\boldsymbol{q})$ と $\tilde{\phi}_{\boldsymbol{p}}(\boldsymbol{x})$ のひろがり（不確定性関係 $\Delta x\Delta p \gtrsim \hbar$ を満足している）

さて

$$\left.\begin{aligned}\tilde{\phi}_{\boldsymbol{p}}(\boldsymbol{x}) &= |\tilde{\phi}_{\boldsymbol{p}}(\boldsymbol{x})|\exp\left[\frac{i}{\hbar}(\boldsymbol{p}\cdot\boldsymbol{x}+S_{\boldsymbol{p}}(\boldsymbol{x}))\right]\\ \tilde{A}_{\boldsymbol{p}}(\boldsymbol{q}) &= |\tilde{A}_{\boldsymbol{p}}(\boldsymbol{q})|\exp\left[-\frac{i}{\hbar}(\boldsymbol{q}\cdot\boldsymbol{x}_0+\Sigma_{\boldsymbol{p}}(\boldsymbol{q}))\right]\end{aligned}\right\} \quad (12.4.3)$$

とおくことにしよう．$S_{\boldsymbol{p}}$ と $\Sigma_{\boldsymbol{p}}$ は実関数である．(12. 4. 3)のそれぞれの絶対値関数の物理的意味は明らかであるので，ここでは位相関数の意味を考えよう．$\tilde{\phi}_{\boldsymbol{p}}(\boldsymbol{x})$ の位相関数 $\boldsymbol{p}\cdot\boldsymbol{x}+S_{\boldsymbol{p}}(\boldsymbol{x})$ は粒子の位置分布には直接関係せず，運動量分布についての情報を与えるものである．また，$\tilde{A}_{\boldsymbol{p}}(\boldsymbol{q})$ の位相関数 $\boldsymbol{q}\cdot\boldsymbol{x}_0+\Sigma_{\boldsymbol{p}}(\boldsymbol{q})$ は運動量分布ではなく，位置分布についての知識に直接関係している量である†．この事実は平均値と平均2乗偏差を求めればはっきりする．(12. 4. 3)を(12. 4. 2)の右側の式に代入してみよう．簡単な計算により

$$\left\langle\frac{\partial S_{\boldsymbol{p}}}{\partial \boldsymbol{x}}\right\rangle_x = 0, \qquad \left\langle\frac{\partial \Sigma_{\boldsymbol{p}}}{\partial \boldsymbol{q}}\right\rangle_p = 0 \quad (12.4.4)$$

が得られる．また平均2乗偏差は

$$\left.\begin{aligned}(\Delta\boldsymbol{p})^2 &= \langle(\boldsymbol{q}-\boldsymbol{p})^2\rangle_p = \left\langle\left(\frac{\partial S_{\boldsymbol{p}}}{\partial \boldsymbol{x}}\right)^2\right\rangle_x + \left\langle\left(\hbar\frac{\partial \ln|\tilde{\phi}_{\boldsymbol{p}}|}{\partial \boldsymbol{x}}\right)^2\right\rangle_x\\ (\Delta\boldsymbol{x})^2 &= \langle(\boldsymbol{x}-\boldsymbol{x}_0)^2\rangle_x = \left\langle\left(\frac{\partial \Sigma_{\boldsymbol{p}}}{\partial \boldsymbol{q}}\right)^2\right\rangle_p + \left\langle\left(\hbar\frac{\partial \ln|\tilde{A}_{\boldsymbol{p}}|}{\partial \boldsymbol{q}}\right)^2\right\rangle_p\end{aligned}\right\} \quad (12.4.5)$$

となる．とくに $\tilde{A}_{\boldsymbol{p}}(\boldsymbol{q})$ の位相関数について対応論的ないい方をすれば，波束状態 $\tilde{A}_{\boldsymbol{p}}(\boldsymbol{q})$ で表わされる波束の中心位置は

$$\boldsymbol{x}_0+\frac{\partial \Sigma_{\boldsymbol{p}}}{\partial \boldsymbol{q}} = \tilde{A}_{\boldsymbol{p}} \text{ の位相関数を } \boldsymbol{q} \text{ で微分したもの}$$

であり，その $\boldsymbol{x}_0$ が中心位置の平均値であり，$\partial\Sigma_{\boldsymbol{p}}/\partial\boldsymbol{q}$ がそのゆらぎを表わしている．このゆらぎの平均値が0であることを(12. 4. 4)の第2式は示している．すなわち，(12. 4. 1)第1式の被積分関数 $\exp\left(\frac{i}{\hbar}\boldsymbol{q}\cdot\boldsymbol{x}\right)\tilde{A}_{\boldsymbol{p}}(\boldsymbol{q})$ の全位相の $\boldsymbol{q}$ についての停留点が波束の中心位置となる．停留点付近は各要素平面波の位相がもっと

† 一般に正準交換関係 $[a,b]=i\hbar$ を満足する力学変数の組に対しては，一方の変数(たとえば a)を対角化する表示の波動関数の位相は，その変数 (a) の確率分布から決めることはできない．それは他方の変数 (b) の確率分布から定まるものである．

もよく揃っているところであるから，その付近で関数 $\tilde{\phi}_{\boldsymbol{p}}(\boldsymbol{x})$ の値がもっとも大きくなるわけである．中心位置の2乗平均は(12. 4. 5)第2式右辺第1項で与えられる．同式の第2項は，運動量分布から不確定性関係を通して現われる粒子位置のゆらぎの2乗平均に他ならない．同様な説明は $\tilde{\phi}_{\boldsymbol{p}}(\boldsymbol{x})$ の位相関数についても与えることができる．

さて，波束 $\tilde{\phi}_{\boldsymbol{p}}$ が平面波 $\phi_{\boldsymbol{p}}$ に極めて近いのであるから，

$$\Delta p \ll p \tag{12. 4. 6 a}$$

であることはいうまでもなかろう．いま，散乱体を特徴づける長さ，たとえば，散乱体の大きさまたは散乱体からの力の到達距離などの目安を与える長さを a としよう．この場合，散乱体を波束が通過しているとき，波束がほとんど平面波と同じように見えて，形が重要な効果を与えないための条件は

$$\Delta x \gg a \tag{12. 4. 6 b}$$

である．Δx は波束の長さである．

$|\tilde{A}_{\boldsymbol{p}}(\boldsymbol{q})|$ は $\boldsymbol{p}$ のまわりで鋭いピークをもつ関数であるから，位相関数 $\Sigma_{\boldsymbol{p}}(\boldsymbol{q})$ は $\boldsymbol{q}-\boldsymbol{p}$ の低次ベキの関数で近似してよいであろう．$\boldsymbol{q}$ についての1次の項は，すでに(12. 4. 3)のように $\Sigma_{\boldsymbol{p}}(\boldsymbol{q})$ から除いてあるので，定数項を除けば，$\Sigma_{\boldsymbol{p}}(\boldsymbol{q})$ は $(\boldsymbol{q}-\boldsymbol{p})^2$ からはじまる関数である．いま，$\boldsymbol{q}$ についての積分の被積分関数の位相において，$(\boldsymbol{q}-\boldsymbol{p})^2$ およびそれ以上のベキを無視する近似を**無変形近似**ということにすれば，無変形近似では $\Sigma_{\boldsymbol{p}}$ は $\boldsymbol{q}$ に無関係な定数となる．さらに，波束の形が問題にならないような場合には，$|\tilde{A}_{\boldsymbol{p}}(\boldsymbol{q})|$ が $\boldsymbol{q}-\boldsymbol{p}$ の偶関数になっていると仮定しても，それほど一般性を損わない．これを**偶関数仮定**ということにする．偶関数仮定と無変形近似を用いると，(12. 4. 1)の第1式は

$$\begin{aligned}|\tilde{\phi}_{\boldsymbol{p}}(\boldsymbol{x})|\exp\left[\frac{i}{\hbar}(\boldsymbol{p}\cdot\boldsymbol{x}_0+S_{\boldsymbol{p}}+\Sigma_{\boldsymbol{p}})\right] \\ \approx \frac{1}{\sqrt{(2\pi\hbar)^3}}\int\exp\left[\frac{i}{\hbar}(\boldsymbol{q}-\boldsymbol{p})\cdot(\boldsymbol{x}-\boldsymbol{x}_0)\right]|\tilde{A}_{\boldsymbol{p}}(\boldsymbol{q})|d^3\boldsymbol{q}\end{aligned}$$

となる．この右辺は実数であり，$\boldsymbol{x}\approx\boldsymbol{x}_0$ で正の値をとる．ゆえに，左辺において $\boldsymbol{p}\cdot\boldsymbol{x}_0+S_{\boldsymbol{p}}+\Sigma_{\boldsymbol{p}}=2\pi n$ (n=整数)でなければならない．したがって，$S_{\boldsymbol{p}}$ も定数となる．このとき，

$$\left.\begin{aligned}|\tilde{\phi}_{\boldsymbol{p}}(\boldsymbol{x})| &\approx \frac{1}{\sqrt{(2\pi\hbar)^3}}\int \exp\left[\frac{i}{\hbar}(\boldsymbol{q}-\boldsymbol{p})\cdot(\boldsymbol{x}-\boldsymbol{x}_0)\right]|\tilde{A}_{\boldsymbol{p}}(\boldsymbol{q})|\,d^3\boldsymbol{q} \\ |\tilde{A}_{\boldsymbol{p}}(\boldsymbol{q})| &\approx \frac{1}{\sqrt{(2\pi\hbar)^3}}\int \exp\left[-\frac{i}{\hbar}(\boldsymbol{q}-\boldsymbol{p})\cdot(\boldsymbol{x}-\boldsymbol{x}_0)\right]|\tilde{\phi}_{\boldsymbol{p}}(\boldsymbol{q})|\,d^3\boldsymbol{x}\end{aligned}\right\} \tag{12.4.7}$$

が成立する．これからわかるように $|\tilde{\phi}_{\boldsymbol{p}}(\boldsymbol{x})|$ も $\boldsymbol{x}-\boldsymbol{x}_0$ の偶関数でなければならない．この近似では

$$\tilde{\phi}_{\boldsymbol{p}}(\boldsymbol{x}) \approx \phi_{\boldsymbol{p}}(\boldsymbol{x}-\boldsymbol{x}_0)\,|\tilde{\phi}_{\boldsymbol{p}}(\boldsymbol{x})| \tag{12.4.8}$$

となることに注意していただきたい(ただし定数位相 $\exp\left(-\dfrac{i}{\hbar}\Sigma_{\boldsymbol{p}}\right)$ を無視した)．この式は，波束状態 $\tilde{\phi}_{\boldsymbol{p}}(\boldsymbol{x})$ が平面波 $\phi_{\boldsymbol{p}}$ の振幅を，$\boldsymbol{x}_0$ を中心とするゆっくり変わる包絡線関数 $|\tilde{\phi}_{\boldsymbol{p}}(\boldsymbol{x})|$ でしぼったものであることを示している．図 12.13 を見ていただきたい．無変形近似と偶関数仮定は事情をはっきりさせる目的で，これからもしばしば用いる．

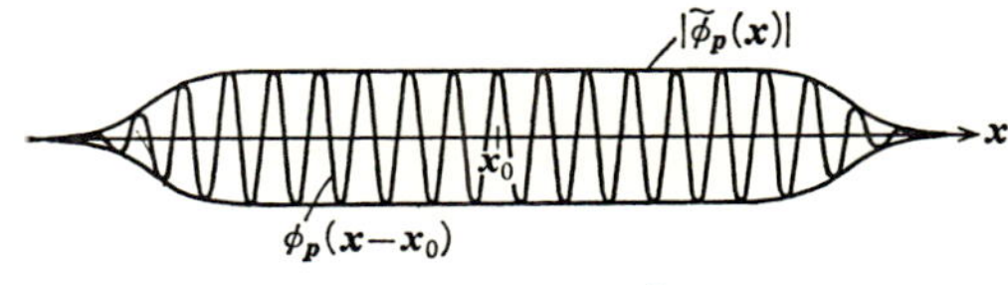

図 12.13 波束関数 $\tilde{\phi}_{\boldsymbol{p}}(\boldsymbol{x})$

次に自由粒子波束の運動をしらべよう．その波動関数 $\tilde{\phi}_{\boldsymbol{p}}(\boldsymbol{x},t)$ は Schrödinger 方程式

$$i\hbar\frac{\partial}{\partial t}\tilde{\phi}_{\boldsymbol{p}}(\boldsymbol{x},t) = H_0\tilde{\phi}_{\boldsymbol{p}}(\boldsymbol{x},t), \qquad H_0 = -\frac{\hbar^2}{2\mu}\nabla^2$$

にしたがう．$t=0$ での初期条件として上記の波束 $\tilde{\phi}_{\boldsymbol{p}}(\boldsymbol{x})$ を与えることにすれば，$\tilde{\phi}_{\boldsymbol{p}}(\boldsymbol{x},t)$ は次のように書くことができる．

$$\left.\begin{aligned}\tilde{\phi}_{\boldsymbol{p}}(\boldsymbol{x},t) &= \exp\left(-\frac{i}{\hbar}H_0 t\right)\tilde{\phi}_{\boldsymbol{p}}(\boldsymbol{x}) = \int \phi_{\boldsymbol{q}}(\boldsymbol{x},t)\,\tilde{A}_{\boldsymbol{p}}(\boldsymbol{q})\,d^3\boldsymbol{q} \\ \phi_{\boldsymbol{q}}(\boldsymbol{x},t) &= \exp\left(-\frac{i}{\hbar}E_{\boldsymbol{q}}t\right)\phi_{\boldsymbol{q}}(\boldsymbol{x}), \qquad E_{\boldsymbol{q}} = \frac{\boldsymbol{q}^2}{2\mu}\end{aligned}\right\} \tag{12.4.9}$$

これから

$$\tilde{\phi}_{\boldsymbol{p}}(\boldsymbol{x}, t) = \phi_{\boldsymbol{p}}(\boldsymbol{x}, t) \int \exp\left[\frac{i}{\hbar}(\boldsymbol{q}-\boldsymbol{p})\cdot\boldsymbol{x} - \frac{i}{\hbar}(E_{\boldsymbol{q}}-E_{\boldsymbol{p}})t\right]\tilde{A}_{\boldsymbol{p}}(\boldsymbol{q})\,d^3\boldsymbol{q}$$

という式が得られる．

$$E_{\boldsymbol{q}}-E_{\boldsymbol{p}} = \frac{\boldsymbol{p}}{\mu}\cdot(\boldsymbol{q}-\boldsymbol{p}) + \frac{1}{2\mu}(\boldsymbol{q}-\boldsymbol{p})^2$$

であるから，(12. 4. 3)を代入して無変形近似と偶関数仮定を用いると

$$\tilde{\phi}_{\boldsymbol{p}}(\boldsymbol{x}, t) \approx \frac{1}{\sqrt{(2\pi\hbar)^3}}\exp\left[\frac{i}{\hbar}\boldsymbol{p}\cdot(\boldsymbol{x}-\boldsymbol{x}_0) - \frac{i}{\hbar}E_{\boldsymbol{p}}t\right]\left|\tilde{\phi}_{\boldsymbol{p}}\left(\boldsymbol{x}-\frac{\boldsymbol{p}}{\mu}t\right)\right| \qquad (12.4.10)$$

となる．ただし，定数位相 $\exp\left(-\frac{i}{\hbar}\Sigma_{\boldsymbol{p}}\right)$ を無視し，(12. 4. 7)を用いた．(12. 4. 10)を図示すれば図 12. 13 のように描くことができよう．ただし，この波動関数の振幅の包絡線関数 $|\tilde{\phi}_{\boldsymbol{p}}(\boldsymbol{x}-\mu^{-1}\boldsymbol{p}t)|$ は $|\tilde{\phi}_{\boldsymbol{p}}(\boldsymbol{x})|$ とまったく同形であるが，中心は $\boldsymbol{x}_0$ ではなく $\boldsymbol{x}_0+\mu^{-1}\boldsymbol{p}t$ となり，$\mu^{-1}\boldsymbol{p}t$ だけずれている．したがって，初期波束が形を変えずに群速度

$$\boldsymbol{v}_g = \left(\frac{\partial E_{\boldsymbol{q}}}{\partial \boldsymbol{q}}\right)_{\boldsymbol{q}=\boldsymbol{p}} = \frac{\boldsymbol{p}}{\mu}$$

で進行してゆくことになる.（この事柄だけならば，無変形近似をするだけでよく，偶関数仮定は必要ない.）$(\boldsymbol{q}-\boldsymbol{p})^2$ 以上の項を入れれば，波形はくずれてゆく．これはよく知られている波束の拡散であり，すでに『量子力学 I』§2. 3 でも説明されている．

以上の理論的考察をもとにして，無変形近似が成立するための条件を考えてみよう．現実の実験は有限の大きさをもつ装置の中で行なわれるので，当然

$$\Delta x \ll L \qquad (12.4.11)$$

でなければならない．L は装置の大きさを特徴づける長さである．すると，波束は $\mu L/p$ 程度の時間でこの装置を通り抜ける．一方，波束の変形速度は $\Delta p/\mu$ と考えられるから，変形が無視できる条件は

$$\left(\frac{\Delta p}{\mu}\right)\left(\frac{\mu L}{p}\right) = \frac{\Delta p}{p}L \ll \Delta \boldsymbol{x} \qquad (12.4.12\,a)$$

または

$$\lambda = \frac{h}{p} \ll \left(\frac{\Delta x}{L}\right)\left(\frac{h}{\Delta p}\right) \approx \left(\frac{\Delta x}{L}\right)\Delta x \qquad (12.4.12\,b)$$

である．したがって，(12. 4. 6)，(12. 4. 11)，(12. 4. 12)が，現実の実験条件の下で満足されるかどうかをしらべる必要がある．(12. 4. 11)と(12. 4. 12)から(12. 4. 6 a)が出てくるので，独立な条件としては(12. 4. 6 b)，(12. 4. 11)，(12. 4. 12)をとればよい．具体例を与えてみよう．$L\approx 1$ m, $\Delta x\approx 10^{-(3\sim 4)}$ m, $a\approx 10^{-10}$ m（原子の大きさ，または結晶格子間隔程度の長さ）とすれば，(12. 4. 6 b)と(12. 4. 11)はたしかに満足される．このとき，(12. 4. 12 b)は $\lambda\ll 10^{-(6\sim 8)}$ m ならば成立する．電子が原子系で散乱される場合をとれば，数 keV 程度のエネルギーの電子で $\lambda\approx 10^{-10}$ m 程度となるから，この条件は十分満足されるわけである．また，$\Delta E/E\approx\Delta p/p$ であるから(12. 4. 12)の与えるエネルギー分解能の条件は $\Delta E/E\ll 10^{-(3\sim 4)}$ となり，これも実現可能である．§12. 1 で述べた Rutherford 散乱の場合はどうであろうか．そこでは入射粒子は α 粒子であり，平均粒子間隔 $d\approx 10^{-5}$ m ぐらいの入射ビームを考えた．Δx は高々この程度にとるべきかもしれない．このとき(12. 4. 12 b)は $\lambda\ll 10^{-10}$ m となるが，1 MeV 程度のエネルギーをもつ α 粒子の波長は 10^{-14} m 程度であるから，これも十分満足されている．したがって，無変形近似は現実の実験条件下では，特別の低エネルギー散乱を除けば，一応成立するものと見てよろしい．

b) 波束の散乱の時間的経過

さて，$\tilde{\phi}_{\boldsymbol{p}}(\boldsymbol{x})$ を散乱問題の入射波束にするためには，波束の中心 $\boldsymbol{x}_0$ を具体的に指定しなければならない．簡単のため，$\boldsymbol{x}_0$ を座標原点におこう．すなわち，$\boldsymbol{x}_0=(0,0,0)$．一方，散乱中心も原点におきたい．ところが，初期時刻の入射波束は散乱体から十分遠いところにあるはずだから，原点を中心とする波束 $\tilde{\phi}_{\boldsymbol{p}}(\boldsymbol{x})$ そのものを初期状態とすることはできない．そのため，$\tilde{\phi}_{\boldsymbol{p}}(\boldsymbol{x})$ を $\boldsymbol{p}$ と反対方向に走らせて十分遠ざけたものを初期波束とすればよい．すなわち，(12. 4. 9)において t を t' とおき，t' を負の量として絶対値を $|t'|\approx\mu L/p$ の程度にすればよい．L は装置の大きさを表わす長さであり，波束の長さ Δx は(12. 4. 11)を満足しているので，このようにしておけば時刻 t' ではこの波束は十分遠くはなれていることになる．したがって，初期時刻 t' における波束

$$\tilde{\phi}_{\boldsymbol{p}}(\boldsymbol{x},t')=\exp\left(-\frac{i}{\hbar}H_0t'\right)\tilde{\phi}_{\boldsymbol{p}}(\boldsymbol{x}) \qquad (12.4.13)$$

を初期状態とする波動関数 $\tilde{\psi}_{\boldsymbol{p}}(\boldsymbol{x},t)$ を考えねばならない．$\tilde{\psi}_{\boldsymbol{p}}(\boldsymbol{x},t)$ は Schrödinger 方程式

$$i\hbar\frac{\partial\tilde{\psi}_p}{\partial t}=H\tilde{\psi}_p,\qquad H=H_0+V \tag{12.4.14}$$

を満足する．この形式解は

$$\tilde{\psi}_p(\boldsymbol{x},t)=\exp\left[-\frac{i}{\hbar}H(t-t')\right]\tilde{\phi}_p(\boldsymbol{x},t') \tag{12.4.15}$$

である．このようにすれば，波束中心は $t\approx0$ で原点付近に到達し，そこに存在する散乱体によって散乱されるわけである．さて，t' が十分大きな負の値をとるものとして，(12.4.15)を次のように書き直すことにしよう．

$$\tilde{\psi}_p(\boldsymbol{x},t)=\exp\left(-\frac{i}{\hbar}Ht\right)\tilde{\psi}_p(\boldsymbol{x},0) \tag{12.4.16}$$

ただし，

$$\begin{aligned}\tilde{\psi}_p(\boldsymbol{x},0)&=\lim_{t'\to-\infty}\exp\left(\frac{i}{\hbar}Ht'\right)\tilde{\phi}_p(\boldsymbol{x},t')\\&=\lim_{t'\to-\infty}\exp\left(\frac{i}{\hbar}Ht'\right)\exp\left(-\frac{i}{\hbar}H_0t'\right)\tilde{\phi}_p(\boldsymbol{x})\end{aligned} \tag{12.4.17}$$

$-\infty$ とは書いたが，$-\mu L/p$ 程度としておいてよい．

まず $\tilde{\psi}_p(\boldsymbol{x},0)$ がどのような関数になるかを調べよう．(12.4.17)の $\tilde{\phi}_p(\boldsymbol{x},t')$ に(12.4.9)の右辺を代入し，その中の $\phi_q(\boldsymbol{x})$ を H の固有関数 $u_B, u_{q'}{}^+$ で展開しよう．その展開式は H の固有関数の完全性条件(12.2.33)を $\langle\boldsymbol{x}|$ と $|\phi_q\rangle$ とではさんだ行列要素

$$\phi_q(\boldsymbol{x})=\sum_B u_B(\boldsymbol{x})\langle u_B|\phi_q\rangle+\int d^3\boldsymbol{q}'u_{q'}{}^+(\boldsymbol{x})\langle u_{q'}{}^+|\phi_q\rangle$$

である．ゆえに(12.4.17)は

$$\begin{aligned}\tilde{\psi}_p(\boldsymbol{x},0)=&\lim_{t'\to-\infty}\sum_B u_B(\boldsymbol{x})\int d^3\boldsymbol{q}\exp\left[-\frac{i}{\hbar}(E_q-E_B)t'\right]\langle u_B|\phi_q\rangle\tilde{A}_p(\boldsymbol{q})\\&+\lim_{t'\to-\infty}\int d^3\boldsymbol{q}'u_{q'}{}^+(\boldsymbol{x})\int d^3\boldsymbol{q}\exp\left[-\frac{i}{\hbar}(E_q-E_{q'})t'\right]\langle u_{q'}{}^+|\phi_q\rangle\tilde{A}_p(\boldsymbol{q})\end{aligned} \tag{12.4.18}$$

となる．右辺第1項が0になることを示そう．$\langle u_B|\phi_q\rangle$ は束縛状態固有関数の運

動量表示(の複素共役)であるから，$\boldsymbol{q}$ または $E_{\boldsymbol{q}}$ の関数として特異性のない絶対値2乗が可積分のよい関数である．これに $\tilde{A}_{\boldsymbol{p}}(\boldsymbol{q})$ をかけたものもそうである．さらに $\exp\left[-\frac{i}{\hbar}(E_{\boldsymbol{q}}-E_B)t'\right]$ における $E_{\boldsymbol{q}}-E_B$ は決して0にならない．ゆえに右辺第1項の積分は $t'\to-\infty$ で0となる(Riemann-Lebesgue の定理)．この事実の物理的意味は

$$\lim_{t'\to-\infty}\int d^3\boldsymbol{q}\exp\left[-\frac{i}{\hbar}(E_{\boldsymbol{q}}-E_B)t'\right]\langle u_B|\phi_{\boldsymbol{q}}\rangle\tilde{A}_{\boldsymbol{p}}(\boldsymbol{q})$$

$$=\lim_{t'\to-\infty}\int u_B{}^*(\boldsymbol{x},t')\tilde{\phi}_{\boldsymbol{p}}(\boldsymbol{x},t')d^3\boldsymbol{x}=0 \qquad (12.4.19)$$

と書いてみればよくわかるかもしれない．それは最後の式が $u_B(\boldsymbol{x},t)$ と $\tilde{\phi}_{\boldsymbol{p}}(\boldsymbol{x},t)$ の内積になっているからである．$u_B(\boldsymbol{x},t')$ は束縛状態関数だから，$t'\to-\infty$ でも波は原点のまわりにあり，遠方では指数関数的に0になっている．一方 $\tilde{\phi}_{\boldsymbol{p}}(\boldsymbol{x},t')$ は自由粒子波束であるから，$t'\to-\infty$ では $-\boldsymbol{p}$ の方向に無限に遠ざかってしまい，$u_B(\boldsymbol{x},t')$ と $\tilde{\phi}_{\boldsymbol{p}}(\boldsymbol{x},t')$ との重なり合いはなくなる．これが(*12.4.19*)の物理的内容である．

次に(*12.4.18*)の右辺第2項を考えよう．Lippmann-Schwinger 方程式(*12.2.53*)または(*12.2.58*)を見ればわかるように，$\langle u_{\boldsymbol{q}'}{}^+|\phi_{\boldsymbol{q}}\rangle$ は $\boldsymbol{q}$ または $E_{\boldsymbol{q}}$ の関数として特異性をもっている．また $\exp\left[-\frac{i}{\hbar}(E_{\boldsymbol{q}}-E_{\boldsymbol{q}'})t'\right]$ において $E_{\boldsymbol{q}'}=E_{\boldsymbol{q}}$ となる場合もあるので，決して0にはならない．さて(*12.2.58*)により $\langle u_{\boldsymbol{q}'}{}^+|\phi_{\boldsymbol{q}}\rangle$ は

$$\langle u_{\boldsymbol{q}'}{}^+|\phi_{\boldsymbol{q}}\rangle=\delta^3(\boldsymbol{q}'-\boldsymbol{q})+2\pi i\delta_+(E_{\boldsymbol{q}}-E_{\boldsymbol{q}'})\langle u_{\boldsymbol{q}'}{}^+|V|\phi_{\boldsymbol{q}}\rangle \qquad (12.4.20)$$

と書くことができる($\delta_+{}^*(z)=\delta_-(z)$, $\delta_+(z)=\delta_-(-z)$ に注意)．いうまでもなく，$\delta_\pm$ は(*12.2.45*)または(*12.2.48*)で定義した関数である．まず，(*12.4.20*)の右辺第2項から(*12.4.18*)への寄与

$$\lim_{t'\to-\infty}2\pi i\int d^3\boldsymbol{q}\exp\left[-\frac{i}{\hbar}(E_{\boldsymbol{q}}-E_{\boldsymbol{q}'})t'\right]\delta_+(E_{\boldsymbol{q}}-E_{\boldsymbol{q}'})\langle u_{\boldsymbol{q}'}{}^+|V|\phi_{\boldsymbol{q}}\rangle\tilde{A}_{\boldsymbol{p}}(\boldsymbol{q})$$

を計算しよう．§12.2で注意したように，$\langle u_{\boldsymbol{q}'}{}^+|V|\phi_{\boldsymbol{q}}\rangle$ が $E_{\boldsymbol{q}}=E_{\boldsymbol{q}'}$ で特異性をもたないことが V に対する条件であった．もちろん，$\tilde{A}_{\boldsymbol{p}}(\boldsymbol{q})$ も $E_{\boldsymbol{q}}=E_{\boldsymbol{q}'}$ で特異性をもたない．全体として $\langle u_{\boldsymbol{q}'}{}^+|V|\phi_{\boldsymbol{q}}\rangle\tilde{A}_{\boldsymbol{p}}(\boldsymbol{q})$ は $\boldsymbol{q}$ について特異性をもたない可積分なよい関数である．このことを考えに入れて上の極限計算を実行する．その

ためには公式

$$\lim_{t\to-\infty}\int_{-\infty}^{\infty}e^{-i\xi t}\delta_+(\xi)f(\xi)\,d\xi=0 \qquad (12.4.21\,a)$$

を用いればよい．ただし，$f(\xi)$ は $\xi=0$ のまわりで特異性のない可積分のよい関数である．この公式を証明しなければならないが，この他に

$$\lim_{t\to+\infty}\int_{-\infty}^{\infty}e^{-i\xi t}\delta_+(\xi)f(\xi)\,d\xi=f(0) \qquad (12.4.21\,b)$$

も成立するので，一括して証明しておこう．

(12.4.21 a, b) は超関数公式

$$e^{-i\xi t}\delta_+(\xi)\begin{cases}\xrightarrow[t\to-\infty]{} 0\\ \xrightarrow[t\to+\infty]{} \delta(\xi)\end{cases} \qquad (12.4.22)$$

でおきかえてもよい†．(12.2.45) を用いると

$$\int_{-\infty}^{\infty}e^{-i\xi t}\delta_+(\xi)f(\xi)\,d\xi=\frac{i}{2\pi}\,\mathrm{P}\int_{-\infty}^{\infty}\frac{1}{\xi}e^{-i\xi t}f(\xi)\,d\xi+\frac{1}{2}f(0)$$

となるが，$\eta=\xi t$ という積分変数を用いると右辺第1項は

$$\frac{t}{|t|}\frac{i}{2\pi}\mathrm{P}\int_{-\infty}^{\infty}\frac{1}{\eta}e^{-i\eta}f\left(\frac{\eta}{|t|}\right)d\eta$$

$$\xrightarrow[t\to\pm\infty]{}\pm\frac{if(0)}{2\pi}\mathrm{P}\int_{-\infty}^{\infty}\frac{1}{\eta}e^{-i\eta}d\eta=\pm\frac{1}{2}f(0)$$

となる．ゆえに (12.4.21 a, b)，したがって (12.4.22) が成立する．こうして (12.4.20) の右辺第2項から (12.4.18) への寄与は0となり，第1項の $\delta^3(\boldsymbol{q}'-\boldsymbol{q})$ のみが残る．ゆえに

$$\tilde{\psi}_{\boldsymbol{p}}(\boldsymbol{x},0)=\int u_{\boldsymbol{q}}{}^+(\boldsymbol{x})\,\tilde{A}_{\boldsymbol{p}}(\boldsymbol{q})\,d^3\boldsymbol{q}\equiv\tilde{u}_{\boldsymbol{p}}{}^+(\boldsymbol{x}) \qquad (12.4.23)$$

が得られる．これは

$$\lim_{t'\to-\infty}\exp\left(\frac{i}{\hbar}Ht'\right)\exp\left(-\frac{i}{\hbar}H_0t'\right)\tilde{\phi}_{\boldsymbol{p}}(\boldsymbol{x})=\tilde{u}_{\boldsymbol{p}}{}^+(\boldsymbol{x}) \qquad (12.4.24)$$

---

† 超関数として成立するということは，特異性のないよい関数 $f(\xi)$ をかけて ξ について積分したとき，成立することを意味する．

でもある．(12. 4. 23)または(12. 4. 24)の証明にさいして，無変形近似を使っていないことを覚えておく必要がある．

さて，$\tilde{A}_{\boldsymbol{p}}(\boldsymbol{q})$ は $\boldsymbol{p}$ のところでピークをもった関数であるから，$\tilde{\psi}_{\boldsymbol{p}}(\boldsymbol{x},0) \approx u_{\boldsymbol{p}}^{+}(\boldsymbol{x})$ ということができる．ただし，それは散乱領域すなわち原点を中心とした半径 Δx ぐらいの領域だけについて成立するにすぎない．その外では $\tilde{\psi}_{\boldsymbol{p}}(\boldsymbol{x},0)$ は $u_{\boldsymbol{p}}^{+}(\boldsymbol{x})$ と異なって急速に0となり，

$$\int |\tilde{\psi}_{\boldsymbol{p}}(\boldsymbol{x},0)|^2 d^3\boldsymbol{x} = 1$$

を保つようになっているわけである．このような制限つきではあるが，ともかく，$\tilde{\psi}_{\boldsymbol{p}}(\boldsymbol{x},0)$ が散乱領域で $u_{\boldsymbol{p}}^{+}(\boldsymbol{x})$ に極めて近いということは，物理的に考えても納得のゆく事実である．いま波束が十分長いとすれば，波束の通過時間のちょうど中央である時刻 $t\approx 0$ における散乱体周囲には，ほとんど定常平面波と見ることのできる入射波が到来し，散乱中心によって散乱され，ほとんど定常球面波と見てもよい散乱波が出てゆき，全体として定常的な流れができているかのようである．これは正に§12.1および§12.2で散乱問題を定常的に取り扱う場合に想定した状況に他ならない．この“定常的な流れ”はやがては波束の通過後には消えてしまうわけであるが，$t\approx 0$ を中心とする $(-\mu\Delta x/p, +\mu\Delta x/p)$ という時間幅の中では近似的に正しいものとして考えて差支えない．このような推論によって，はじめて散乱問題の定常的取扱いが正当化されるのである．

なお，(12. 4. 22)と同様の公式

$$e^{-i\xi t}\delta_{-}(\xi)\begin{cases} \xrightarrow[t\to+\infty]{} 0 \\ \xrightarrow[t\to-\infty]{} \delta(\xi) \end{cases} \qquad (12.4.25)$$

により，次の式が成立することが証明される．

$$\lim_{t'\to+\infty} \exp\left(\frac{i}{\hbar}Ht'\right)\exp\left(-\frac{i}{\hbar}H_0 t'\right)\tilde{\phi}_{\boldsymbol{p}}(\boldsymbol{x}) = \tilde{u}_{\boldsymbol{p}}^{-}(\boldsymbol{x}) \qquad (12.4.26)$$

さて，$t=0$ 以後の波束の行動をしらべよう．これは(12. 4. 16)にもとづいて解明することができる．(12. 4. 23)を(12. 4. 16)に入れると次のようになる．

$$\tilde{\psi}_{\boldsymbol{p}}(\boldsymbol{x},t) = \exp\left(-\frac{i}{\hbar}Ht\right)\tilde{u}_{\boldsymbol{p}}^{+}(\boldsymbol{x})$$

$$= \int \exp\left(-\frac{i}{\hbar}E_q t\right) u_q^+(\boldsymbol{x})\, \tilde{A}_p(\boldsymbol{q})\, d^3\boldsymbol{q} \qquad (12.4.27)$$

散乱現象の時間的発展を明確な形で示すため，無変形近似と偶関数仮定を用いて，十分遠方の進行波領域における $\tilde{\psi}_p(\boldsymbol{x}, t)$ の行動をしらべよう．力の中心，すなわち，原点から遠くはなれたところ $r(=\sqrt{\boldsymbol{x}^2})\to\infty$ では

$$u_q^+(\boldsymbol{x}) \xrightarrow[r\to\infty]{} \frac{1}{\sqrt{(2\pi\hbar)^3}}\left[\exp\left(\frac{i}{\hbar}\boldsymbol{q}\cdot\boldsymbol{x}\right) + f(\boldsymbol{q}', \boldsymbol{q})\frac{1}{r}\exp\left(\frac{i}{\hbar}qr\right)\right]$$

である．ただし，$\boldsymbol{q}' = q\boldsymbol{x}r^{-1}$．$f$ は q および $\boldsymbol{q}$ と $\boldsymbol{q}'$ のつくる角度の関数であるから，$f(\boldsymbol{q}', \boldsymbol{q})$ と書いておいた．ゆえに

$$\left.\begin{aligned} &\tilde{\psi}_p(\boldsymbol{x}, t) \xrightarrow[r\to\infty]{} \tilde{\phi}_p(\boldsymbol{x}, t) + \tilde{\psi}_{p\mathrm{sc}}(\boldsymbol{x}, t) \\ &\tilde{\psi}_{p\mathrm{sc}}(\boldsymbol{x}, t) = \frac{1}{\sqrt{(2\pi\hbar)^3}\, r}\int \exp\left[\frac{i}{\hbar}(qr - E_q t)\right] f(\boldsymbol{q}', \boldsymbol{q})\, \tilde{A}_p(\boldsymbol{q})\, d^3\boldsymbol{q} \end{aligned}\right\} \qquad (12.4.28)$$

となる．ここで無変形近似と偶関数仮定をしよう．入射波束 $\tilde{\phi}_p(\boldsymbol{x}, t)$ の行動については，すでに(12.4.10)で与えられている．散乱波束 $\tilde{\psi}_{p\mathrm{sc}}$ に対しては，

$$q = \sqrt{\boldsymbol{p}^2 + 2\boldsymbol{p}\cdot(\boldsymbol{q}-\boldsymbol{p}) + (\boldsymbol{q}-\boldsymbol{p})^2} \approx p + \frac{\boldsymbol{p}}{p}\cdot(\boldsymbol{q}-\boldsymbol{p})$$

$$E_q \approx E_p + \frac{\boldsymbol{p}}{\mu}\cdot(\boldsymbol{q}-\boldsymbol{p})$$

$$f(\boldsymbol{q}', \boldsymbol{q}) \approx f(\boldsymbol{p}', \boldsymbol{p})$$

とおけばよい†．簡単な計算をして(12.4.7)の第1式を用いると

$$\tilde{\psi}_{p\mathrm{sc}}(\boldsymbol{x}, t) \approx \frac{1}{r}\exp\left[\frac{i}{\hbar}(pr - E_p t)\right] f(\boldsymbol{p}', \boldsymbol{p}) \left|\tilde{\phi}_p\left(\frac{\boldsymbol{p}}{p}r - \frac{\boldsymbol{p}}{\mu}t\right)\right| \qquad (12.4.29)$$

が得られる．$\boldsymbol{p}$ の方向を z 軸に選び，入射波束の包絡線関数 $|\tilde{\phi}_p(0, 0, z-\mu^{-1}pt)|$ と散乱波束の包絡線関数 $|\tilde{\phi}_p(0, 0, r-\mu^{-1}pt)|$ の時間的変化を見よう††．

入射波束については変数 $z-\mu^{-1}pt$ が正負の値をとるが，散乱波束は $r \gtrsim \mu^{-1}pt$

---

† $f(\boldsymbol{q}', \boldsymbol{q}) \propto \langle\phi_{q'}|V|u_q^+\rangle_{|q'|=|q|}$ は $\tilde{A}_p(\boldsymbol{q})$ よりもゆっくり変化する関数であるので，このようにおいても差支えない．§13.2(c)では $f(\boldsymbol{q}', \boldsymbol{q})$ の $\boldsymbol{q}$ についての変化を取り入れて議論する．

†† このように座標軸をえらべば，入射波束は z 軸を中心とした軸対称分布をもつとみてよい．x と y についてはビーム断面にわたってゆっくり変化する関数になっているから，$x=y=0$ とおいてよいであろう．

$+\Delta x/2 \gtrsim 0$ の場合しか現われないことに注意しなければならない．図 12.14 を見ていただきたい．波束の長さが Δx であるから $t \ll -(\mu/p)\Delta x/2$ の時間には入射波束は散乱体付近に到達しない．したがって，散乱波束は現われない．入射波束の先頭が散乱体付近に到着する時刻はおおよそ $t \approx -(\mu/p)\Delta x/2$ であるが，この頃から散乱波束が出現する．散乱体からの散乱波束の放出は $t \approx (\mu/p)\Delta x/2$ ぐらいまでつづく．$t \gg (\mu/p)\Delta x/2$，すなわち，入射波束が散乱体周辺をまったく通り過ぎてしまった後はもはや散乱波束の放出は起こらない．このとき，すでに放出された散乱波束は，内部に空洞をもつ十分大きな厚味をもつ球殻状の波としてひろがってゆくのである．このような状況は§12.1で予想しておいたが，ここではっきりと確認されたわけである．

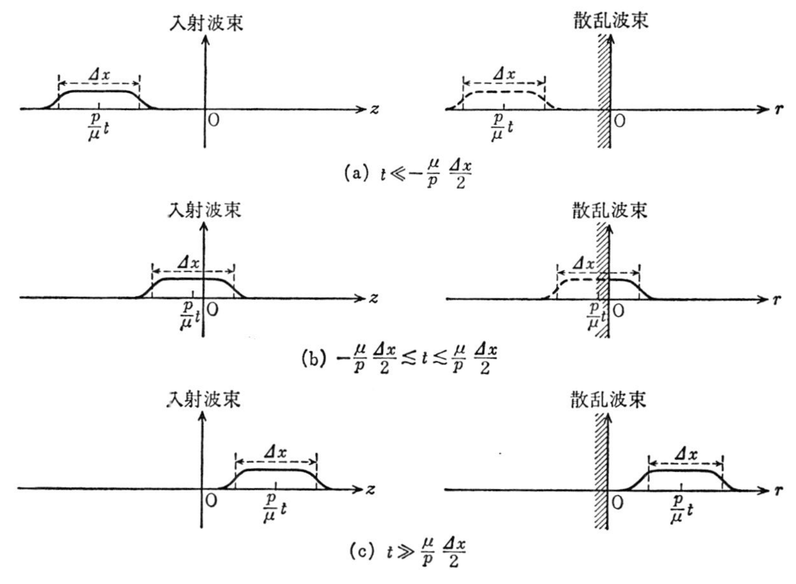

図 12.14 入射波束と散乱波束の時間的発展

この場合に(*12.1.2*)に従って散乱の微分断面積を求めてみよう．入射ビーム強度 $N_0(t)$ は，$\tilde{\phi}_{\boldsymbol{p}}(\boldsymbol{x}, t)$ からつくられる確率流密度 $\boldsymbol{j}_{\text{in}}$ の z 成分（$\boldsymbol{p}$ 方向成分）に比例するとおくことができる．一方，立体角 $\Delta\Omega$ の開口部をもつ検出器に単位時間ごとにとび込んでくる散乱粒子の数 $\Delta N(t)$ は，散乱体の数 $\boldsymbol{n}$ と $\tilde{\psi}_{\boldsymbol{p}\text{sc}}(\boldsymbol{x}, t)$ か

らつくった確率流密度$\boldsymbol{j}_{\rm sc}$の$\boldsymbol{r}$成分に$r^2\Delta\Omega$をかけたものの相乗積に比例するはずである．両者の比例定数は等しくなければならないので，(12.1.2)の分母分子で相殺されてしまう．簡単のためこの比例定数を1とおいてもよかろう．さて，

$$\boldsymbol{j}_{\rm in}=\frac{1}{\mu}\left(\boldsymbol{p}+\frac{\partial S_{\boldsymbol{p}}}{\partial \boldsymbol{x}}\right)|\tilde{\phi}_{\boldsymbol{p}}|^2$$

となるが，第2項は(12.4.4)の立場からみてもわかるように寄与を与えない．(とくに無変形近似と偶関数仮定をした場合，$S_{\boldsymbol{p}}$は定数となることに注意していただきたい．) さらに，$\boldsymbol{p}$方向をz軸にとれば，$\boldsymbol{j}_{\rm in}$はxとyについてゆっくり変化する関数であるから，z軸付近 ($x=y=0$) の値だけで計算することが許される．このようにして

$$\int_{-\infty}^{\infty}N_0(t)\,dt=\frac{p}{\mu}\int_{-\infty}^{\infty}\left|\tilde{\phi}_{\boldsymbol{p}}\left(0,0,z-\frac{p}{\mu}t\right)\right|^2dt=\int_{-\infty}^{\infty}|\tilde{\phi}_{\boldsymbol{p}}(0,0,z)|^2dz$$

$$\begin{aligned}\int_{-\infty}^{\infty}\Delta N(t)\,dt&=n\int_{-\infty}^{\infty}j_{{\rm sc},\boldsymbol{r}}(t)\,r^2\Delta\Omega dt=n|f(\boldsymbol{p}',\boldsymbol{p})|^2\Delta\Omega\frac{p}{\mu}\\&\quad\cdot\int_{-\infty}^{\infty}\left|\tilde{\phi}_{\boldsymbol{p}}\left(0,0,r-\frac{p}{\mu}t\right)\right|^2dt\\&=n|f(\boldsymbol{p}',\boldsymbol{p})|^2\Delta\Omega\int_{-\infty}^{\infty}|\tilde{\phi}_{\boldsymbol{p}}(0,0,z)|^2dz\end{aligned}$$

が得られる．ゆえに(12.1.2)から

$$\sigma(\theta)=|f(\boldsymbol{p}',\boldsymbol{p})|^2 \tag{12.4.30}$$

が出てくる．ただし，$\theta=\angle(\boldsymbol{p}',\boldsymbol{p})$．これは正に定常的方法で求めた(12.1.22)に他ならない．

さて，状況を簡明にするために用いた近似をやめて，もう1度厳密な取扱いにもどろう．(12.4.27)に帰る．(12.4.27)の$u_{\boldsymbol{q}}{}^+(\boldsymbol{x})$を平面波で展開すると

$$\begin{aligned}\tilde{\psi}_{\boldsymbol{p}}(\boldsymbol{x},t)&=\int d^3\boldsymbol{q}'\phi_{\boldsymbol{q}'}(\boldsymbol{x})\int d^3\boldsymbol{q}\exp\left(-\frac{i}{\hbar}E_{\boldsymbol{q}}t\right)\langle\phi_{\boldsymbol{q}'}|u_{\boldsymbol{q}}{}^+\rangle\tilde{A}_{\boldsymbol{p}}(\boldsymbol{q})\\&=\int d^3\boldsymbol{q}'\phi_{\boldsymbol{q}'}(\boldsymbol{x},t)\langle\phi_{\boldsymbol{q}'}|U_{\rm I}(t,0)|\tilde{u}_{\boldsymbol{p}}{}^+\rangle\end{aligned} \tag{12.4.31}$$

となる．ただし，ここで

$$U_{\rm I}(t,0)=\exp\left(\frac{i}{\hbar}H_0t\right)\exp\left(-\frac{i}{\hbar}Ht\right) \tag{12.4.32}$$

とおいた．また，

$$|\tilde{u}_{\boldsymbol{p}}{}^{+}\rangle = \int d^3\boldsymbol{q}|u_{\boldsymbol{q}}{}^{+}\rangle \tilde{A}_{\boldsymbol{p}}(\boldsymbol{q})$$

と書いたが，これの $\boldsymbol{x}$ 表示

$$\langle \boldsymbol{x}|\tilde{u}_{\boldsymbol{p}}{}^{+}\rangle = \tilde{u}_{\boldsymbol{p}}{}^{+}(\boldsymbol{x}) = \int d^3\boldsymbol{q} u_{\boldsymbol{q}}{}^{+}(\boldsymbol{x})\tilde{A}_{\boldsymbol{p}}(\boldsymbol{q})$$

は(*12. 4. 23*)により $\tilde{\psi}_{\boldsymbol{p}}(\boldsymbol{x}, 0)$ に等しい．$U_{\mathrm{I}}(t, 0)$ は相互作用表示における状態関数の $t=0$ から $t=t$ までの時間発展を与える演算子である．

(*12. 4. 31*)の第2式の $\langle \phi_{\boldsymbol{q}'}|U_{\mathrm{I}}(t, 0)|\tilde{u}_{\boldsymbol{p}}{}^{+}\rangle$ は次のように書き直せる．

$$\begin{aligned}\langle \phi_{\boldsymbol{q}'}|U_{\mathrm{I}}(t, 0)|\tilde{u}_{\boldsymbol{p}}{}^{+}\rangle &= \int d^3\boldsymbol{q} \exp\left[-\frac{i}{\hbar}(E_{\boldsymbol{q}}-E_{\boldsymbol{q}'})t\right]\langle \phi_{\boldsymbol{q}'}|u_{\boldsymbol{q}}{}^{+}\rangle \tilde{A}_{\boldsymbol{p}}(\boldsymbol{q}) \\ &= \int d^3\boldsymbol{q} \exp\left[-\frac{i}{\hbar}(E_{\boldsymbol{q}}-E_{\boldsymbol{q}'})t\right] \\ &\quad \cdot \{\delta^3(\boldsymbol{q}-\boldsymbol{q}')-2\pi i\delta_{+}(E_{\boldsymbol{q}}-E_{\boldsymbol{q}'})\langle \phi_{\boldsymbol{q}'}|V|u_{\boldsymbol{q}}{}^{+}\rangle\}\tilde{A}_{\boldsymbol{p}}(\boldsymbol{q})\end{aligned}$$

ここで $\langle \phi_{\boldsymbol{q}'}|u_{\boldsymbol{q}}{}^{+}\rangle$ に対して(*12. 2. 58*)を代入した．この式の右辺第2項において，$\langle \phi_{\boldsymbol{q}'}|V|u_{\boldsymbol{q}}{}^{+}\rangle \tilde{A}_{\boldsymbol{p}}(\boldsymbol{q})$ が $\boldsymbol{q}'$ について特異性のないよい関数であるから，(*12. 4. 21*)を適用することができる．ゆえに

$$\langle \phi_{\boldsymbol{q}'}|U_{\mathrm{I}}(t, 0)|\tilde{u}_{\boldsymbol{p}}{}^{+}\rangle \begin{cases} \xrightarrow[t\to-\infty]{} \tilde{A}_{\boldsymbol{p}}(\boldsymbol{q}') \\ \xrightarrow[t\to+\infty]{} \displaystyle\int d^3\boldsymbol{q}\langle \phi_{\boldsymbol{q}'}|S|\phi_{\boldsymbol{q}}\rangle \tilde{A}_{\boldsymbol{p}}(\boldsymbol{q}') \end{cases} \qquad (12.\ 4.\ 33)$$

となる．ただし，S は次の行列要素で定義された演算子である．

$$\langle \phi_{\boldsymbol{q}'}|S|\phi_{\boldsymbol{q}}\rangle = \delta^3(\boldsymbol{q}-\boldsymbol{q}')-2\pi i\delta(E_{\boldsymbol{q}}-E_{\boldsymbol{q}'})\langle \phi_{\boldsymbol{q}'}|V|u_{\boldsymbol{q}}{}^{+}\rangle \qquad (12.\ 4.\ 34)$$

これはすでに§12. 2の定常的な方法で定義した S 行列に他ならない．この S 行列による式(*12. 4. 33*)を(*12. 4. 31*)に代入すれば

$$\tilde{\psi}_{\boldsymbol{p}}(\boldsymbol{x}, t) \begin{cases} \xrightarrow[t\to-\infty]{} \tilde{\phi}_{\boldsymbol{p}}(\boldsymbol{x}, t) = \exp\left(-\dfrac{i}{\hbar}H_0 t\right)\langle \boldsymbol{x}|\tilde{\phi}_{\boldsymbol{p}}\rangle \\ \xrightarrow[t\to+\infty]{} \displaystyle\int d^3\boldsymbol{q}'\phi_{\boldsymbol{q}'}(\boldsymbol{x}, t)\langle \phi_{\boldsymbol{q}'}|S|\tilde{\phi}_{\boldsymbol{p}}\rangle = \exp\left(-\dfrac{i}{\hbar}H_0 t\right)\langle \boldsymbol{x}|S|\tilde{\phi}_{\boldsymbol{p}}\rangle \end{cases}$$

$$(12.\ 4.\ 35)$$

が得られる．この第1式は正に初期時刻における初期波束を再現している．第2

式が散乱終了後の状態を与えるものである．両方とも $\exp\left(-\frac{i}{\hbar}H_0 t\right)$ という演算子が共通にかかっているので，相互作用表示

$$\tilde{\psi}_{p\mathrm{I}}(\boldsymbol{x}, t) = \exp\left(\frac{i}{\hbar}H_0 t\right)\tilde{\psi}_{\boldsymbol{p}}(\boldsymbol{x}, t) \tag{12. 4. 36}$$

を用いた方が便利かもしれない．さらに $\tilde{\psi}_{\boldsymbol{p}}(\boldsymbol{x}, t) = \langle \boldsymbol{x}|\tilde{\psi}_{\boldsymbol{p}}\rangle_t$, $\tilde{\psi}_{p\mathrm{I}}(\boldsymbol{x}, t) = \langle \boldsymbol{x}|\tilde{\psi}_{p\mathrm{I}}\rangle_t$ とおいて抽象ベクトル記法を用いよう．$|\ \rangle_t$ は時間変動する状態ベクトルの時刻 t における値を示すものである．この記法では(12. 4. 35)は

$$\left.\begin{aligned}\lim_{t\to-\infty}|\tilde{\psi}_{p\mathrm{I}}\rangle_t &= |\tilde{\phi}_{\boldsymbol{p}}\rangle \\ \lim_{t\to+\infty}|\tilde{\psi}_{p\mathrm{I}}\rangle_t &= \hat{S}|\tilde{\phi}_{\boldsymbol{p}}\rangle\end{aligned}\right\} \tag{12. 4. 37}$$

となる．すなわち，初期時刻 $t=-\infty$ で投入された入射波束 $|\tilde{\phi}_{\boldsymbol{p}}\rangle$ は散乱過程が終了した終期時刻 $t=+\infty$ で $\hat{S}|\tilde{\phi}_{\boldsymbol{p}}\rangle$ になることがわかった．このようにして，演算子 $\hat{S}$ は時間的過程として見た散乱の結果を記述するものであり，正に**散乱行列**とよばれるにふさわしい．

時間的過程としての散乱現象を時間発展演算子で総括しておこう．時刻 t から時刻 t' までの時間発展演算子は Schrödinger 表示では

$$\left.\begin{aligned}\hat{U}(t, t') &= \exp\left[-\frac{i}{\hbar}\hat{H}(t-t')\right] \\ &= \sum_B \exp\left[-\frac{i}{\hbar}E_B(t-t')\right]|u_B\rangle\langle u_B| \\ &\quad + \int d^3\boldsymbol{q}\,\exp\left[-\frac{i}{\hbar}E_{\boldsymbol{q}}(t-t')\right]|u_{\boldsymbol{q}}{}^{\pm}\rangle\langle u_{\boldsymbol{q}}{}^{\pm}|\end{aligned}\right\} \tag{12. 4. 38}$$

であり，相互作用表示では

$$\begin{aligned}\hat{U}_{\mathrm{I}}(t, t') &= \exp\left(\frac{i}{\hbar}\hat{H}_0 t\right)\exp\left[-\frac{i}{\hbar}\hat{H}(t-t')\right]\exp\left(-\frac{i}{\hbar}\hat{H}_0 t'\right) \\ &= \hat{U}_{\mathrm{I}}(t, 0)\,\hat{U}_{\mathrm{I}}(0, t')\end{aligned} \tag{12. 4. 39}$$

である．この $\hat{U}_{\mathrm{I}}(0, t')$ を用いて(12. 4. 24)を書き直すと

$$|\tilde{u}_{\boldsymbol{p}}{}^{+}\rangle = \lim_{t'\to-\infty}\hat{U}_{\mathrm{I}}(0, t')\,|\tilde{\phi}_{\boldsymbol{p}}\rangle \tag{12. 4. 40 a}$$

となる．

一方(*12. 4. 26*)は $\hat{U}_{\mathrm{I}}(t, 0)$ を用いて

$$\langle \tilde{u}_{\boldsymbol{p}}^{-}| = \lim_{t\to+\infty} \langle \tilde{\phi}_{\boldsymbol{p}}| \hat{U}_{\mathrm{I}}(t, 0) \qquad (12.\ 4.\ 40\ b)$$

と書き直すことができる. $|\tilde{\phi}_{\boldsymbol{p}}\rangle$ は平面波状態 $|\phi_{\boldsymbol{p}}\rangle$ に極めて近い波束状態であることと§12.2の波動行列(*12. 2. 34*)とを思い出せば

$$\left.\begin{aligned} \hat{W}^{(+)} &= \hat{U}_{\mathrm{I}}(0, -\infty) \\ \hat{W}^{(-)} &= \hat{U}_{\mathrm{I}}^{\dagger}(+\infty, 0) \end{aligned}\right\} \qquad (12.\ 4.\ 41)$$

とおくことができよう. 定常的方法によって導入された波動行列は, このようにして, 時間的過程を表わす演算子によっておきかえることができたのである. 一方(*12. 4. 27*), (*12, 4. 36*), (*12. 4. 40 a*)から

$$\begin{aligned} |\tilde{\varphi}_{\boldsymbol{p}\mathrm{I}}\rangle_t &= \hat{U}_{\mathrm{I}}(t, 0)|\tilde{u}_{\boldsymbol{p}}^{+}\rangle = \hat{U}_{\mathrm{I}}(t, 0)\,\hat{U}_{\mathrm{I}}(0, -\infty)|\tilde{\phi}_{\boldsymbol{p}}\rangle \\ &= \hat{U}_{\mathrm{I}}(t, -\infty)|\tilde{\phi}_{\boldsymbol{p}}\rangle \end{aligned} \qquad (12.\ 4.\ 42)$$

となる. ゆえに(*12. 4. 37*)の第2式から

$$\left.\begin{aligned} \hat{S} &= \hat{U}_{\mathrm{I}}(+\infty, -\infty) \\ &= \hat{U}_{\mathrm{I}}(+\infty, 0)\,\hat{U}_{\mathrm{I}}(0, -\infty) \end{aligned}\right\} \qquad (12.\ 4.\ 43)$$

が得られる. これが時間的過程によって表わされた S 行列である. (*12. 4. 43*)に(*12. 4. 41*)を入れると, §12.2で定常的な方法で求めた関係式(*12. 2. 73 b*) $\hat{S}=\hat{W}^{(-)\dagger}\hat{W}^{(+)}$ が得られる. こうして, 時間的過程として取り扱った散乱理論が定常的方法で求めた結果を正しく再現することがわかったのである.

ここで一言注意することがある. t と t' が共に有限時刻であれば, $U(t, t')$ も $U_{\mathrm{I}}(t, t')$ もユニタリー演算子であるが, 時刻 t, t' の一方を $+\infty$ または $-\infty$ とした演算子はユニタリーでなくなる. (*12. 4. 41*)でわかるように, $\hat{U}_{\mathrm{I}}(0, -\infty)$ と $\hat{U}_{\mathrm{I}}(+\infty, 0)$ は波動行列になり, 明らかにユニタリーではない. (*12. 2. 36*)によれば $\hat{W}^{(\pm)\dagger}\hat{W}^{(\pm)}=1$ であるが, $\hat{W}^{(\pm)}\hat{W}^{(\pm)\dagger}=1-\hat{P}_B$ でなければならないからである($\hat{P}_B$ は束縛状態固有ベクトルのつくる空間への射影演算子である). この事情は(*12. 4. 19*)を成立させている物理的内容から理解することができよう. しかし, $\hat{S}$ はふたたびユニタリーにもどる. その証明はすでに§12.2(*12. 2. 75*)のところで与えておいた.

時間的過程として S 行列を求める1つの方法として, 摂動論を考えることができる. そのためには $U_{\mathrm{I}}(t, t')$ の摂動級数を求めて, $t\to+\infty$, $t'\to-\infty$ とおけ

ばよろしい．$U_{\rm I}(t,t')$ の摂動級数はすでに本講座『量子力学 I』§4.5 で求めておいた．それによると，

$$\hat{S}=\sum_{n=0}^{\infty}\left(\frac{1}{i\hbar}\right)^n\int_{-\infty}^{\infty}dt_1\int_{-\infty}^{t_1}dt_2\cdots\int_{-\infty}^{t_{n-1}}dt_n\,\hat{V}_{\rm I}(t_1)\,\hat{V}_{\rm I}(t_2)\cdots\hat{V}_{\rm I}(t_n) \tag{12.4.44}$$

となる．ただし，$\hat{V}_{\rm I}(t)=\exp\left(\frac{i}{\hbar}\hat{H}_0t\right)\hat{V}\exp\left(-\frac{i}{\hbar}\hat{H}_0t\right)$ である．

c)　遷移確率と微分断面積

さて，波束の散乱の時間的過程は，運動量 $\boldsymbol{p}$ をもつ状態から $\boldsymbol{p}'$ という状態への量子力学的遷移現象としてとらえることができる．初期状態 $|\tilde{\phi}_{\boldsymbol{p}}\rangle$ から出発した波束が散乱された後，時刻 t において平面波状態 $|\phi_{\boldsymbol{p}'}\rangle$ で見出されることの確率は $|\langle\phi_{\boldsymbol{p}'}|\exp(-i\hat{H}t/\hbar)|\tilde{u}_{\boldsymbol{p}}{}^+\rangle|^2$ である．しかし，現実の測定では連続的固有値の1つを無限によい精度で決定することはできない．私たちが実際の測定とつき合わせるべきものは，終期状態運動量が $\boldsymbol{p}'$ を中心とする十分狭い領域 $\varDelta\boldsymbol{p}'$ で見出されることの確率である．これは明らかに

$$P(\varDelta\boldsymbol{p}',t)=\int_{\varDelta\boldsymbol{p}'}d^3\boldsymbol{q}\left|\langle\phi_{\boldsymbol{q}}|\exp\left(-\frac{i}{\hbar}\hat{H}t\right)|\tilde{u}_{\boldsymbol{p}}{}^+\rangle\right|^2 \tag{12.4.45 a}$$

$$=\int_{\varDelta\boldsymbol{p}'}d^3\boldsymbol{q}|\langle\phi_{\boldsymbol{q}}|U_{\rm I}(t,-\infty)|\tilde{\phi}_{\boldsymbol{p}}\rangle|^2 \tag{12.4.45 b}$$

で与えられる．ここで領域 $\varDelta\boldsymbol{p}'$ の内では1となり外では0となる関数 $I(\boldsymbol{q};\varDelta\boldsymbol{p}')$ を用いると

$$P(\varDelta\boldsymbol{p}',t)=\int d^3\boldsymbol{q}I(\boldsymbol{q};\varDelta\boldsymbol{p}')\left|\langle\phi_{\boldsymbol{q}}|\exp\left(-\frac{i}{\hbar}\hat{H}t\right)|\tilde{u}_{\boldsymbol{p}}{}^+\rangle\right|^2$$

となる．いま

$$\hat{I}(\hat{\boldsymbol{p}};\varDelta\boldsymbol{p}')=\int d^3\boldsymbol{q}|\phi_{\boldsymbol{q}}\rangle I(\boldsymbol{q};\varDelta\boldsymbol{p}')\langle\phi_{\boldsymbol{q}}| \tag{12.4.46}$$

という演算子を用いると，遷移確率 $P(\varDelta\boldsymbol{p}',t)$ は

$$P(\varDelta\boldsymbol{p}',t)=\int d^3\boldsymbol{q}\langle\tilde{u}_{\boldsymbol{p}}{}^+|\exp\left(\frac{i}{\hbar}\hat{H}t\right)|\phi_{\boldsymbol{q}}\rangle I(\boldsymbol{q};\varDelta\boldsymbol{p}')\langle\phi_{\boldsymbol{q}}|\exp\left(-\frac{i}{\hbar}\hat{H}t\right)|\tilde{u}_{\boldsymbol{p}}{}^+\rangle$$

$$=\langle\tilde{u}_{\boldsymbol{p}}{}^+|\exp\left(\frac{i}{\hbar}\hat{H}t\right)\hat{I}(\hat{\boldsymbol{p}};\varDelta\boldsymbol{p}')\exp\left(-\frac{i}{\hbar}\hat{H}t\right)|\tilde{u}_{\boldsymbol{p}}{}^+\rangle$$

$$= \langle \tilde{u}_{\boldsymbol{p}}{}^{+} | \hat{I}_t(\hat{\boldsymbol{p}}\,;\varDelta\boldsymbol{p}') | \tilde{u}_{\boldsymbol{p}}{}^{+} \rangle \tag{12.4.47}$$

と書き直すことができる．ただし，$\hat{I}_t(\hat{\boldsymbol{p}}\,;\varDelta\boldsymbol{p}')$ は

$$\hat{I}_t(\hat{\boldsymbol{p}}\,;\varDelta\boldsymbol{p}') = \exp\left(\frac{i}{\hbar}\hat{H}t\right)\hat{I}(\hat{\boldsymbol{p}}\,;\varDelta\boldsymbol{p}')\exp\left(-\frac{i}{\hbar}\hat{H}t\right) \tag{12.4.48}$$

で定義される Heisenberg 表示の演算子である．遷移確率が一般にこの形に書けることは，すでに本講座『量子力学 I』§3.4 で説明しておいた．測定しようとしている力学量を表わす演算子がハミルトニアン $\hat{H}$ と可換であれば，遷移確率は初期状態の値のままで変化しないが，可換でなければ時間とともに変わる．今の場合，$\hat{V}\neq 0$ ならば $[\hat{\boldsymbol{p}}, \hat{H}]=[\hat{\boldsymbol{p}}, \hat{V}]\neq 0$ であるから，当然，遷移確率 $P(\varDelta\boldsymbol{p}', t)$ は t とともに変化する．その変化の様子をしらべよう．

さて，(12.4.47) で与えられた遷移確率は，十分遠い過去 $(t'\ll -(\mu/p)\varDelta x/2)$ における運動量 $\boldsymbol{p}$ をもつ状態から出発した後，時刻 t で運動量 $\boldsymbol{p}'$ をもつ状態に粒子が見出されることの確率を与えるものである．そこで時刻 t をやはり初期時刻付近の $t\approx -(\mu/p)L \ll -(\mu/p)\varDelta x/2$ のところにえらんでみよう．すなわち，まだ波束は散乱体周辺に到着していない時刻であるから，$\boldsymbol{p}\to\boldsymbol{p}'\neq\boldsymbol{p}$ という遷移は起こるはずがない．これを確かめてみよう．

(12.4.35) の第 1 式を用いると

$$\exp\left(-\frac{i}{\hbar}\hat{H}t\right)|\tilde{u}_{\boldsymbol{p}}{}^{+}\rangle \xrightarrow[t\to-\infty]{} \exp\left(-\frac{i}{\hbar}\hat{H}_0 t\right)|\tilde{\phi}_{\boldsymbol{p}}\rangle$$

であるから，

$$\begin{aligned} P(\varDelta\boldsymbol{p}', t) &\xrightarrow[t\to-\infty]{} \langle\tilde{\phi}_{\boldsymbol{p}}|\exp\left(\frac{i}{\hbar}\hat{H}_0 t\right)\hat{I}(\hat{\boldsymbol{p}}\,;\varDelta\boldsymbol{p}')\exp\left(-\frac{i}{\hbar}\hat{H}_0 t\right)|\tilde{\phi}_{\boldsymbol{p}}\rangle \\ &= \langle\tilde{\phi}_{\boldsymbol{p}}|\hat{I}(\hat{\boldsymbol{p}}\,;\varDelta\boldsymbol{p}')|\tilde{\phi}_{\boldsymbol{p}}\rangle \\ &= \int_{\varDelta\boldsymbol{p}'} d^3\boldsymbol{q}\,|\langle\phi_{\boldsymbol{q}}|\tilde{\phi}_{\boldsymbol{p}}\rangle|^2 \end{aligned} \tag{12.4.49}$$

となる．ただし，$[\hat{\boldsymbol{p}}, \hat{H}_0]=0$ を用いた．ゆえに，$\varDelta\boldsymbol{p}'$ が $\boldsymbol{p}$ を含んでいなければ，$P(\varDelta\boldsymbol{p}', t)=0$ となり遷移は起こらない．これは予想どおりであった．波束が散乱体を通過している最中の時間 $-(\mu/p)\varDelta x/2 \lesssim t \lesssim (\mu/p)\varDelta x/2$ に対しては，(12.4.35) の第 1 式は成立しないから，$\boldsymbol{p}\to\boldsymbol{p}'\neq\boldsymbol{p}$ という遷移が起こり $P(\varDelta\boldsymbol{p}', t)$ は時間とともに増加していく．最後に波束が観測装置を通り抜けた頃の時間 $t\approx(\mu/p)L$

$\gg (\mu/p)\Delta x/2$ を考えよう．このときは(12. 4. 35)の第2式を用いることができる．すなわち

$$\exp\left(-\frac{i}{\hbar}\hat{H}t\right)|\tilde{u}_{\boldsymbol{p}}{}^{+}\rangle \xrightarrow[t\to+\infty]{} \exp\left(-\frac{i}{\hbar}\hat{H}_0 t\right)\hat{S}|\tilde{\phi}_{\boldsymbol{p}}\rangle$$

であるから

$$\begin{aligned} P(\varDelta\boldsymbol{p}', t) &\xrightarrow[t\to+\infty]{} \langle\tilde{\phi}_{\boldsymbol{p}}|\hat{S}^{+}\exp\left(\frac{i}{\hbar}\hat{H}_0 t\right)\hat{I}(\hat{\boldsymbol{p}}\,;\varDelta\boldsymbol{p}')\exp\left(-\frac{i}{\hbar}\hat{H}_0 t\right)\hat{S}|\tilde{\phi}_{\boldsymbol{p}}\rangle \\ &= \langle\tilde{\phi}_{\boldsymbol{p}}|\hat{S}^{+}\hat{I}(\hat{\boldsymbol{p}}\,;\varDelta\boldsymbol{p}')\hat{S}|\tilde{\phi}_{\boldsymbol{p}}\rangle \\ &= \int_{\varDelta\boldsymbol{p}'} d^3\boldsymbol{q}|\langle\phi_{\boldsymbol{q}}|\hat{S}|\tilde{\phi}_{\boldsymbol{p}}\rangle|^2 \end{aligned} \tag{12. 4. 50}$$

となり，ふたたび時間的に一定となるが，$\boldsymbol{p}\to\boldsymbol{p}'\neq\boldsymbol{p}$ という遷移確率は0ではない．遷移確率が最後に到達したこの値は全過程で起こった遷移現象の総計に対応するものである．

ところで，私たちが散乱粒子の検出器で直接追跡するものは遷移確率 $P(\varDelta\boldsymbol{p}', t)$ そのものの時間的変化ではない．ある時間間隔 $(t, t+T)$ の間に起こる遷移現象を観測するのが普通の方法であろう．この間に観測される散乱粒子の数は

$$P(\varDelta\boldsymbol{p}', t+T) - P(\varDelta\boldsymbol{p}', t) = \int_t^{t+T}\frac{d}{dt'}P(\varDelta\boldsymbol{p}', t')\,dt' \tag{12. 4. 51}$$

に比例するはずである．そこで右辺の被積分関数を計算しよう．

$$\begin{aligned} \frac{d}{dt'}P(\varDelta\boldsymbol{p}', t') &= -\frac{i}{\hbar}\langle\tilde{u}_{\boldsymbol{p}}{}^{+}|\exp\left(\frac{i}{\hbar}\hat{H}t'\right)[\hat{I}, \hat{H}]\exp\left(-\frac{i}{\hbar}\hat{H}t'\right)|\tilde{u}_{\boldsymbol{p}}{}^{+}\rangle \\ &= -\frac{i}{\hbar}\langle\tilde{u}_{\boldsymbol{p}}{}^{+}|\exp\left(\frac{i}{\hbar}\hat{H}t'\right)[\hat{I}, \hat{V}]\exp\left(-\frac{i}{\hbar}\hat{H}t'\right)|\tilde{u}_{\boldsymbol{p}}{}^{+}\rangle \\ &= \mathrm{Im}\,\frac{2}{\hbar}\langle\tilde{u}_{\boldsymbol{p}}{}^{+}|\exp\left(\frac{i}{\hbar}\hat{H}t'\right)\hat{I}\hat{V}\exp\left(-\frac{i}{\hbar}\hat{H}t'\right)|\tilde{u}_{\boldsymbol{p}}{}^{+}\rangle \end{aligned}$$

この最後の式に $|\tilde{u}_{\boldsymbol{p}}{}^{+}\rangle = \int d^3\boldsymbol{q}|u_{\boldsymbol{q}}{}^{+}\rangle\tilde{A}_{\boldsymbol{p}}(\boldsymbol{q})$，$\exp\left(-\frac{i}{\hbar}\hat{H}t\right)|u_{\boldsymbol{q}}{}^{+}\rangle = \exp\left(-\frac{i}{\hbar}E_{\boldsymbol{q}}t\right)\cdot|u_{\boldsymbol{q}}{}^{+}\rangle$ を代入すると

$$\begin{aligned} \frac{d}{dt'}P(\varDelta\boldsymbol{p}', t') = \mathrm{Im}\,\frac{2}{\hbar}\int\int d^3\boldsymbol{q}d^3\boldsymbol{q}'\exp\left[-\frac{i}{\hbar}(E_{\boldsymbol{q}}-E_{\boldsymbol{q}'})t'\right]\tilde{A}_{\boldsymbol{p}}{}^{*}(\boldsymbol{q}') \\ \cdot\langle u_{\boldsymbol{q}'}{}^{+}|\hat{I}\hat{V}|u_{\boldsymbol{q}}{}^{+}\rangle\tilde{A}_{\boldsymbol{p}}(\boldsymbol{q}) \end{aligned}$$

となる．さて，観測中の時刻 t' がどの程度のものであるかを考えよう．$|t'|\gtrsim(\mu/p)L\gg(\mu/p)\Delta x/2$ とえらぶと，波束が散乱体から遠い場合に相当するから，遷移現象はまったく起こらず，(12.4.51)は0となってしまう．ゆえに，たかだか $|t'|\lesssim(\mu/p)\Delta x/2$ でなければならない．しかし，$t'\approx-(\mu/p)\Delta x/2$ は波束の先頭が散乱体周辺に到着しはじめた頃であるし，$t'\approx(\mu/p)\Delta x/2$ は波束の後尾が散乱体後尾をはなれかけている頃に相当する．このような過渡的な場合に起こる遷移は，波束の中心部がひき起こす遷移に比べれば問題にならないほど少ないので無視して差支えない．したがって，(12.4.51)の時間変数 t' に対して $|t'|\ll(\mu/p)\cdot\Delta x/2$ が成立するものと考えて差支えない．一方 $\boldsymbol{q}$ と $\boldsymbol{q}'$ はともに $\boldsymbol{p}$ のまわりの極めて狭い幅 Δp の中に制限されているのであるから，$E_{\boldsymbol{q}}-E_{\boldsymbol{q}'}\approx(p/\mu)\Delta p$ であり

$$\left|\frac{1}{\hbar}(E_{\boldsymbol{q}}-E_{\boldsymbol{q}'})t'\right|\ll\frac{p\Delta p}{\hbar\mu}\frac{\mu\Delta x}{2p}\approx1$$

が成立する．ゆえに $\boldsymbol{q}$ と $\boldsymbol{q}'$ の積分内で

$$\exp\left[-\frac{i}{\hbar}(E_{\boldsymbol{q}}-E_{\boldsymbol{q}'})t'\right]=1$$

とおける．こうして $\dfrac{d}{dt'}P(\Delta\boldsymbol{p}',t')$ は時間 t' に無関係な定数 $\left(\dfrac{d}{dt'}P(\Delta\boldsymbol{p}',t')\right)_{t'=0}$ に等しいことになった．すなわち，$|t'|\ll(\mu/p)\Delta x/2$ に対しては(12.4.51)は時間幅 T に比例して増大することがわかったのである．したがって平均の遷移確率の時間的割合は

$$\begin{aligned}\tilde{w}_{\boldsymbol{p}}(\Delta\boldsymbol{p}')&=\frac{1}{T}(P(\Delta\boldsymbol{p}',t+T)-P(\Delta\boldsymbol{p}',t))\\&=\mathrm{Im}\,\frac{2}{\hbar}\langle\tilde{u}_{\boldsymbol{p}}{}^{+}|\hat{I}(\hat{\boldsymbol{p}}\,;\Delta\boldsymbol{p}')\,\hat{V}|\tilde{u}_{\boldsymbol{p}}{}^{+}\rangle\qquad(12.4.52)\end{aligned}$$

になる．

繰り返して注意するが，このような w が時間によらない事情は $|t'|\ll(\mu/p)\Delta x/2$ としてよいという事実から来ている．この時間に対しては

$$\exp\left(-\frac{i}{\hbar}\hat{H}t'\right)|\tilde{u}_{\boldsymbol{p}}{}^{+}\rangle\propto\exp\left(-\frac{i}{\hbar}E_{\boldsymbol{p}}t'\right)|u_{\boldsymbol{p}}{}^{+}\rangle$$

とおいてよかったわけであるから，当然理解できる事柄である．そこで(12.4.

52) において波束状態 $|\tilde{u}_{\boldsymbol{p}}{}^+\rangle$ を散乱状態固有関数 $|u_{\boldsymbol{p}}{}^+\rangle$ でおきかえてしまおう．(12. 4. 52) はポテンシャル $\hat{V}$ をはさんだ行列要素であるから，そのようにおいても，特異性などの混乱は起きない†．すなわち，

$$w_{\boldsymbol{p}}(\varDelta\boldsymbol{p}') = \mathrm{Im}\,\frac{2}{\hbar}\langle u_{\boldsymbol{p}}{}^+|\hat{I}(\hat{\boldsymbol{p}}\,;\varDelta\boldsymbol{p})\,\hat{V}|u_{\boldsymbol{p}}{}^+\rangle \qquad (12.\,4.\,53)$$

この式の右辺の $\langle u_{\boldsymbol{p}}{}^+|$ を

$$\langle u_{\boldsymbol{p}}{}^+| = \langle\phi_{\boldsymbol{p}}| + 2\pi i\langle u_{\boldsymbol{p}}{}^+|\,\hat{V}\delta_-(E_{\boldsymbol{p}}-\hat{H}_0)$$

でおきかえると，

$$w_{\boldsymbol{p}}(\varDelta\boldsymbol{p}') = \mathrm{Im}\,\frac{2}{\hbar}\langle\phi_{\boldsymbol{p}}|\hat{I}(\hat{\boldsymbol{p}}\,;\varDelta\boldsymbol{p})\,\hat{V}|u_{\boldsymbol{p}}{}^+\rangle$$

$$+\mathrm{Im}\,\frac{4\pi i}{\hbar}\langle u_{\boldsymbol{p}}{}^+|\,\hat{V}\delta_-(E_{\boldsymbol{p}}-\hat{H}_0)\,\hat{I}(\hat{\boldsymbol{p}}\,;\varDelta\boldsymbol{p}')\,\hat{V}|u_{\boldsymbol{p}}{}^+\rangle$$

となる．右辺第2項で公式

$$\delta_-(\xi) = -\frac{i}{2\pi}\,\mathrm{P}\frac{1}{\xi} + \frac{1}{2}\delta(\xi)$$

を用いると，

$$\frac{2}{\hbar}\langle u_{\boldsymbol{p}}{}^+|\,\hat{V}\,\mathrm{P}\frac{1}{E_{\boldsymbol{p}}-\hat{H}_0}\hat{I}(\hat{\boldsymbol{p}}\,;\varDelta\boldsymbol{p}')\,\hat{V}|u_{\boldsymbol{p}}{}^+\rangle$$

$$\frac{2\pi i}{\hbar}\langle u_{\boldsymbol{p}}{}^+|\,\hat{V}\delta(E_{\boldsymbol{p}}-\hat{H}_0)\,\hat{I}(\hat{\boldsymbol{p}}\,;\varDelta\boldsymbol{p}')\,\hat{V}|u_{\boldsymbol{p}}{}^+\rangle$$

という2つの項が出てくるが，$\hat{\boldsymbol{p}}$ と $\hat{H}_0$ とは交換可能なので主値の項は実数，δ 関数の項は虚数となる．したがって，主値を含む項は虚数部をとるとき現われない．こうして

$$w_{\boldsymbol{p}}(\varDelta\boldsymbol{p}') = \mathrm{Im}\,\frac{2}{\hbar}\langle\tilde{\phi}_{\boldsymbol{p}}|\hat{I}(\hat{\boldsymbol{p}}\,;\varDelta\boldsymbol{p})\,\hat{V}|u_{\boldsymbol{p}}{}^+\rangle$$

$$+\frac{2\pi}{\hbar}\langle u_{\boldsymbol{p}}{}^+|\,\hat{V}\delta(E_{\boldsymbol{p}}-\hat{H}_0)\,\hat{I}(\hat{\boldsymbol{p}}\,;\varDelta\boldsymbol{p}')\,\hat{V}|u_{\boldsymbol{p}}{}^+\rangle$$

---

† ただし，$|\tilde{u}_{\boldsymbol{p}}{}^+\rangle$ と $|u_{\boldsymbol{p}}{}^+\rangle$ の規格化条件が違うので，定数係数の狂いは生じる．それは後で断面積をつくるときに調整する．

$$= \mathrm{Im}\frac{2}{\hbar}\int_{\Delta\boldsymbol{p}'} d^3\boldsymbol{q}\delta^3(\boldsymbol{q}-\boldsymbol{p})\langle\phi_{\boldsymbol{q}}|\hat{V}|u_{\boldsymbol{p}}{}^+\rangle$$
$$+\frac{2\pi}{\hbar}\int_{\Delta\boldsymbol{p}'} d^3\boldsymbol{q}\delta(E_{\boldsymbol{p}}-E_{\boldsymbol{q}})|\langle\phi_{\boldsymbol{q}}|\hat{V}|u_{\boldsymbol{p}}{}^+\rangle|^2 \qquad (12.4.54)$$

が得られた．第1項は $\boldsymbol{p}\approx\boldsymbol{p}'$ 以外0となる．$\boldsymbol{p}\to\boldsymbol{p}'\neq\boldsymbol{p}$ という遷移に対しては

$$w_{\boldsymbol{p}}(\Delta\boldsymbol{p}') = \frac{2\pi}{\hbar}\int_{\Delta\boldsymbol{p}'} d^3\boldsymbol{q}\delta(E_{\boldsymbol{p}}-E_{\boldsymbol{q}})|\langle\phi_{\boldsymbol{q}}|\hat{V}|u_{\boldsymbol{p}}{}^+\rangle|^2$$
$$= \frac{2\pi}{\hbar}|\langle\phi_{\boldsymbol{p}'}|\hat{V}|u_{\boldsymbol{p}}{}^+\rangle|^2{}_{|\boldsymbol{p}'|=|\boldsymbol{p}|}p^2\left(\frac{dE_p}{dp}\right)^{-1}\Delta\Omega \qquad (12.4.55)$$

となる．ただし，$\Delta\Omega$ は $\boldsymbol{p}'$ のまわりに $\Delta\boldsymbol{p}'$ がつくる立体角である．

ところで，ここで用いた固有関数 $\phi_{\boldsymbol{p}'}$ および $u_{\boldsymbol{p}}{}^+$ は δ 関数式の規格化をしたものであるから，この $w_{\boldsymbol{p}}(\Delta\boldsymbol{p}')$ から衝突断面積を求めるためには，単位流式の規格化に変更する必要がある．それは(12.4.55)に $(2\pi\hbar)^3/v$ をかければよい($v=p/\mu$ である)．すなわち，

$$\sigma(\theta)\Delta\Omega = \frac{(2\pi\hbar)^3}{v}w_{\boldsymbol{p}}(\Delta\boldsymbol{p}')$$

から微分断面積

$$\sigma(\theta) = \frac{1}{v}\frac{2\pi}{\hbar}|(2\pi\hbar)^3\langle\phi_{\boldsymbol{p}'}|\hat{V}|u_{\boldsymbol{p}}{}^+\rangle|^2{}_{|\boldsymbol{p}'|=|\boldsymbol{p}|}\rho(E_p) \qquad (12.4.56)$$

が得られる．ただし，

$$\rho(E_p) = \frac{p^2}{(2\pi\hbar)^3}\left(\frac{dE_p}{dp}\right)^{-1} = \frac{\mu p}{(2\pi\hbar)^3}$$

は(12.2.15)で定義した状態密度である．また θ は $\boldsymbol{p}$ と $\boldsymbol{p}'$ のつくる角度，すなわち，散乱角である．(12.4.56)は定常的方法で求めた微分断面積(12.2.25)に等しい．ここでも定常的方法で求めたものが時間的過程を追跡することによって基礎づけられたのである．

さて，$\boldsymbol{p}\to\boldsymbol{p}'$ という遷移において，終期状態運動量を特定の値に指定しない場合を考えよう．これは $\Delta\boldsymbol{p}'$ という領域を運動量空間全体にひろげることに相当する．このとき $I(\boldsymbol{q};\infty)=1$ であるから，(12.4.47)からただちにわかるように，$P(\infty,t)=\langle\tilde{u}_{\boldsymbol{p}}{}^+|\tilde{u}_{\boldsymbol{p}}{}^+\rangle=1$ となってしまう．これは当然であろう．したがって，

$w_{\boldsymbol{p}}(\infty)=0$ でなければならない．ゆえに(*12. 4. 54*)において $\boldsymbol{\Delta p'}$ を全空間とすれば

$$\frac{2}{\hbar}\,\mathrm{Im}\,\langle\phi_{\boldsymbol{p}}|\hat{V}|u_{\boldsymbol{p}}{}^{+}\rangle+\frac{2\pi}{\hbar}\int d^3\boldsymbol{q}\,\delta(E_{\boldsymbol{p}}-E_{\boldsymbol{q}})\,|\langle\phi_{\boldsymbol{q}}|\hat{V}|u_{\boldsymbol{p}}{}^{+}\rangle|^2=0 \tag{12.4.57}$$

が成立する．散乱振幅の定義(*12. 2. 24*)と(*12. 4. 56*)をこの式に入れると

$$\sigma_{\mathrm{tot}}=\frac{4\pi\hbar}{p}\,\mathrm{Im}\,f(0) \tag{12.4.58}$$

が得られる．ただし，$\sigma_{\mathrm{tot}}=\int\sigma(\theta)\,d\Omega$．(*12. 4. 58*)を光学定理という．これは確率保存則 $P(\infty,t)=1$（または $w_{\boldsymbol{p}}(\infty)=0$）の直接の帰結である．光学定理はすでに§12. 3(*12. 3. 28*)で導いてあるが，そこでは部分波展開をした S 行列のユニタリー性を用いた．ユニタリー性は確率保存則を意味するので，同じ内容の事柄を別の方法で示したにすぎない．部分波展開に頼らず，S 行列のユニタリー性から直接光学定理を求める話は§13. 2で行なう．そこでは固定ポテンシャルによる散乱ばかりではなく，各種の非弾性衝突が起こるような場合を含めて一般的に議論するつもりである．

d) 波束列の散乱

いままでは1個の波束の散乱を時間的に追跡し，それにもとづいて散乱問題を考えた．§12. 1で議論したようにそれで一応よいわけであるが，実際の散乱では入射ビームは次々に送り込まれてくる多数の波束からできている．私たちは検出器で捕えた1個の散乱粒子がどの入射波束からきたものであったかを知らない．このような事情を量子力学的に取り扱ってみよう．

いま，次々に送り込まれてくる波束に番号1, 2, … をつけることにする．$\boldsymbol{i}$ 番目波束の波動関数を $\tilde{\phi}_{\boldsymbol{i}}(\boldsymbol{x})=\langle\boldsymbol{x}|\tilde{\phi}_i\rangle$ とし，本節の自由粒子波束の項目で議論した性質をすべて持っているとしよう．ただし，中心位置は原点ではなく各波束によって異なる．粒子密度が十分薄ければ $\tilde{\phi}_{\boldsymbol{i}}(\boldsymbol{x})\tilde{\phi}_{\boldsymbol{j}}(\boldsymbol{x})=0$ $(\boldsymbol{i}\neq\boldsymbol{j})$ となっているであろう．また，各波束の運動量平均値 $\boldsymbol{p}_{\boldsymbol{i}}$ はある値 $\boldsymbol{p}$ に極めて近いものとしておく．さて，このような波束列状態は

$$\Phi_{\boldsymbol{p}}(\boldsymbol{x})=\sum_{\boldsymbol{i}}c_i\tilde{\phi}_{\boldsymbol{i}}(\boldsymbol{x}) \tag{12.4.59}$$

で表わされる．各波束関数は $\int|\tilde{\phi}_i|^2d^3\boldsymbol{x}=1$ のように規格化されているので，波束列状態関数 $\boldsymbol{\Phi}_{\boldsymbol{p}}(\boldsymbol{x})$ の規格化積分は

$$\int|\boldsymbol{\Phi}_{\boldsymbol{p}}|^2d^3\boldsymbol{x} = \sum_i |c_i|^2 \equiv A \tag{12. 4. 60}$$

となる．規格化定数 A は入射ビームの流れ強度にえらんでおくのがもっとも自然であろう．これは後で具体的に行なう．ところで，各波束は互いにまったく独立であるから，展開係数 c_i の位相はまったくランダムであるとしてよい．このような場合は(*12. 4. 59*)自身よりも，次の密度行列を用いた方が便利である．

$$\begin{aligned}\rho_{\boldsymbol{p}}(\boldsymbol{x}, \boldsymbol{x}') &= \overline{\boldsymbol{\Phi}_{\boldsymbol{p}}(\boldsymbol{x})\boldsymbol{\Phi}_{\boldsymbol{p}}{}^*(\boldsymbol{x}')} \\ &= \sum_i |c_i|^2\tilde{\phi}_i(\boldsymbol{x})\tilde{\phi}_i{}^*(\boldsymbol{x}')\end{aligned} \tag{12. 4. 61}$$

ただし，上につけた直線は c_i の位相についての平均を意味する記号であり，$\overline{c_ic_j{}^*}=|c_i|^2\delta_{ij}$ となることを用いた．抽象表示では

$$\hat{\rho}_{\boldsymbol{p}} = \sum_i |c_i|^2|\tilde{\phi}_i\rangle\langle\tilde{\phi}_i| \tag{12. 4. 62}$$

である．

(*12. 4. 62*)を初期条件として時間発展を考えよう．相互作用表示の密度行列は

$$\hat{\rho}_{\boldsymbol{p}\mathrm{I}}(t) = \hat{U}_{\mathrm{I}}(t, -\infty)\hat{\rho}_{\boldsymbol{p}}\hat{U}_{\mathrm{I}}{}^{\dagger}(t, -\infty) \tag{12. 4. 63}$$

である．ゆえに遷移確率は

$$\begin{aligned}P(\varDelta\boldsymbol{p}', t) &= \mathrm{tr}\,(\hat{I}(\hat{\boldsymbol{p}}\,;\varDelta\boldsymbol{p}')\hat{\rho}_{\boldsymbol{p}\mathrm{I}}(t)) \\ &= \int_{\varDelta\boldsymbol{p}'} d^3\boldsymbol{q}\langle\phi_{\boldsymbol{q}}|\hat{\rho}_{\boldsymbol{p}\mathrm{I}}(t)|\phi_{\boldsymbol{q}}\rangle \\ &= \sum_i |c_i|^2\int_{\varDelta\boldsymbol{p}} d^3\boldsymbol{q}|\langle\phi_{\boldsymbol{q}}|U_{\mathrm{I}}(t, -\infty)|\tilde{\phi}_i\rangle|^2\end{aligned} \tag{12. 4. 64}$$

となる．(*12. 4. 45 b*)と見比べていただきたい．これから1個の波束の場合と同じようにして，遷移確率の時間的割合 $W_{\boldsymbol{p}}(\varDelta\boldsymbol{p}')$ を出すことができる．そこでふたたび，$\tilde{\phi}_i$ を平面波状態 $\phi_{\boldsymbol{p}}$ でおきかえれば，

$$W_{\boldsymbol{p}}(\varDelta\boldsymbol{p}') = (\sum_i |c_i|^2)w_{\boldsymbol{p}}(\varDelta\boldsymbol{p}') = Aw_{\boldsymbol{p}}(\varDelta\boldsymbol{p}') \tag{12. 4. 65}$$

が得られる．$w_{\boldsymbol{p}}(\varDelta\boldsymbol{p}')$ は1個の波束に対して求めたものである．平面波関数 $\phi_{\boldsymbol{p}}$

の δ 関数式規格化に応じて，単位流式規格化に直すには $A=(2\pi\hbar)^3/v$ とえらべばよい．このとき $W_{\boldsymbol{p}}(\Delta\boldsymbol{p}')$ は微分断面積そのものになる．

§12.5 Green 関数

散乱問題の数学的取扱いにおいて各種の Green 関数が重要な役割を果たしている．§12.2 で散乱問題の定常的取扱いを説明したが，そこでの議論は Green 関数の研究を中心に展開されたといっても過言ではない．この節では，散乱現象の時間的発展を記述する Green 関数の性質をしらべ，S 行列との関係を明らかにする．

a) Green 関数と S 行列

まず量子力学系の時間的発展を記述する演算子として

$$\hat{U}^{(+)}(t,t') = \theta(t-t')\exp\left[-\frac{i}{\hbar}\hat{H}(t-t')\right] \qquad (12.5.1\,a)$$

$$\hat{U}^{(-)}(t,t') = -\theta(t'-t)\exp\left[-\frac{i}{\hbar}\hat{H}(t-t')\right] \qquad (12.5.1\,b)$$

を導入しよう．$\hat{H}$ はこの系のハミルトニアンである．$\theta(x)$ は $x>0$ のとき 1 となり，$x<0$ のとき 0 となる Heaviside の階段関数である．したがって，$U^{(+)}(t,t')$ は $t<t'$ のとき 0 となり，$t>t'$ のとき $\exp\left[-\frac{i}{\hbar}\hat{H}(t-t')\right]$ となる演算子であり，時間に順行して現象を見るとき便利である．他方，$U^{(-)}(t,t')$ は $t>t'$ で 0 となり，$t<t'$ で $-\exp\left[-\frac{i}{\hbar}\hat{H}(t-t')\right]$ になるので，時間に逆行して現象をしらべるとき用いられる．両者とも

$$\left(i\hbar\frac{d}{dt}-\hat{H}\right)\hat{U}^{(\pm)}(t,t') = i\hbar\delta(t-t') \qquad (12.5.2)$$

という方程式を満足する．これは $t\neq t'$ に対しては普通の Schrödinger 方程式となる．$\hat{U}^{(\pm)}(t,t')$ の初期条件は $\hat{U}^{(\pm)}(t'\pm0,t')=\pm1$ である．

さて (*12.5.1*) は

$$\hat{U}^{(\pm)}(t,t') = \frac{i}{2\pi}\int_{-\infty}^{\infty}\frac{1}{\lambda-\hat{H}\pm i\varepsilon}\exp\left[-\frac{i}{\hbar}\lambda(t-t')\right]d\lambda \qquad (12.5.3)$$

と書くことができることを示そう．ε は十分小さな正の実数である．ところで演算子 $(\lambda-\hat{H}\pm i\varepsilon)^{-1}$ は (*12.2.64*) または (*12.2.65 a*) で定義した定常問題の Green

関数に他ならない．すなわち，

$$\hat{G}_\lambda{}^{\pm}=\frac{1}{\lambda-\hat{H}\pm i\varepsilon}$$

$$=\sum_B|u_B\rangle\frac{1}{\lambda-E_B\pm i\varepsilon}\langle u_B|+\int d^3\boldsymbol{q}|u_{\boldsymbol{q}}{}^{\pm}\rangle\frac{1}{\lambda-E_{\boldsymbol{q}}\pm i\varepsilon}\langle u_{\boldsymbol{q}}{}^{\pm}|$$

であるから，(*12.5.3*)の右辺の積分は

$$\frac{i}{2\pi}\int_{-\infty}^{\infty}\frac{1}{\lambda-E\pm i\varepsilon}\exp\left[-\frac{i}{\hbar}\lambda(t-t')\right]d\lambda$$

の形になる．E は $\hat{H}$ の固有値だから実数である．被積分関数の複素 λ 平面における特異点は図 12.15 のように分布している．ゆえに

$$\frac{i}{2\pi}\int_{-\infty}^{\infty}\frac{\exp[(-i/\hbar)\lambda(t-t')]}{\lambda-E+i\varepsilon}d\lambda=\begin{cases}\exp\left[-\dfrac{i}{\hbar}E(t-t')\right] & (t>t')\\ 0 & (t<t')\end{cases}$$

$$\frac{i}{2\pi}\int_{-\infty}^{\infty}\frac{\exp[(-i/\hbar)\lambda(t-t')]}{\lambda-E-i\varepsilon}d\lambda=\begin{cases}0 & (t>t')\\ -\exp\left[-\dfrac{i}{\hbar}E(t-t')\right] & (t<t')\end{cases}$$

となる．これを(*12.5.3*)すなわち

$$\hat{U}^{(\pm)}(t,t')=\frac{i}{2\pi}\int_{-\infty}^{\infty}\hat{G}_\lambda{}^{\pm}\exp\left[-\frac{i}{\hbar}\lambda(t-t')\right]d\lambda \qquad (12.5.4)$$

に代入すれば，(*12.5.1*)になることは容易にわかる．なお，(*12.5.4*)の形から時間発展演算子 $\hat{U}^{(\pm)}(t,t')$ は定常問題の Green 関数(抽象表示)の Fourier 変換であるということができる．この式は一般の $\hat{H}$ に対して成立するが，$\hat{V}=0$ の場合，すなわち，自由粒子に対する式も書いておこう．

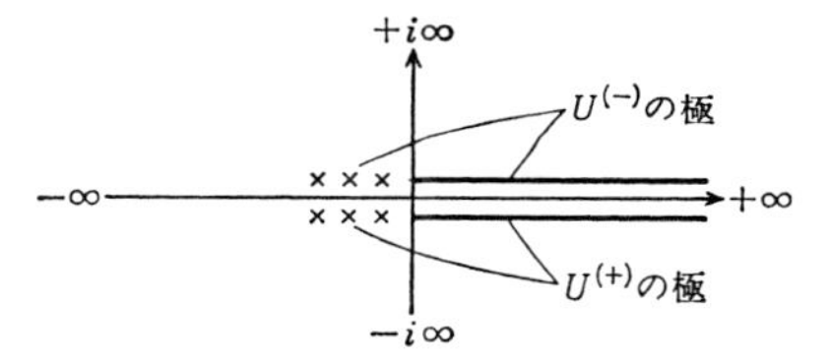

図 12.15　複素 λ 平面上の $U^{(\pm)}$ の特異点分布

$$\left.\begin{aligned}\hat{U}_0{}^{(\pm)}(t,t') &= \frac{i}{2\pi}\int_{-\infty}^{\infty}\hat{K}_\lambda{}^{\pm}\exp\left[-\frac{i}{\hbar}\lambda(t-t')\right]d\lambda \\ \hat{K}_\lambda{}^{\pm} &= \frac{1}{\lambda-\hat{H}_0\pm i\varepsilon}\end{aligned}\right\} \qquad (12.5.5)$$

時間発展演算子 $\hat{U}^{(\pm)}(t,t')$ をもとにして時空表示の Green 関数を次のように定義しよう.

$$\begin{aligned}G^{\pm}(\boldsymbol{x},t\,;\boldsymbol{x}',t') &= \frac{1}{i\hbar}\langle\boldsymbol{x}|\hat{U}^{(\pm)}(t,t')|\boldsymbol{x}'\rangle \\ &= \pm\frac{1}{i\hbar}\theta(\pm(t-t'))\langle\boldsymbol{x}|\exp\left[-\frac{i}{\hbar}\hat{H}(t-t')\right]|\boldsymbol{x}'\rangle\end{aligned} \qquad (12.5.6\,a)$$

または

$$G^{\pm}(\boldsymbol{x},t\,;\boldsymbol{x}',t') = \frac{1}{2\pi\hbar}\int_{-\infty}^{\infty}G_\lambda{}^{\pm}(\boldsymbol{x},\boldsymbol{x}')\exp\left[-\frac{i}{\hbar}\lambda(t-t')\right]d\lambda \qquad (12.5.6\,b)$$

ただし, $G_\lambda{}^{\pm}(\boldsymbol{x},\boldsymbol{x}')=\langle\boldsymbol{x}|\hat{G}_\lambda{}^{\pm}|\boldsymbol{x}'\rangle$ は(*12.2.65 b*)で定義した定常問題の Green 関数である. $\hat{U}^{(\pm)}(t,t')$ の性質により $G^{\pm}(\boldsymbol{x},t\,;\boldsymbol{x}',t')$ も $t=t'$ で不連続である. いうまでもなく, G^{+} は $t>t'$ のときだけ0でなく, G^{-} は $t<t'$ のときだけ値をもつ. そのため G^{+} を遅延 Green 関数(retarded Green's function), G^{-} を先行 Green 関数(advanced Green's function)ということがある. 定常問題の外向き波条件にしたがう Green 関数が時間に順行して記述する遅延関数に対応し, 内向き波条件にしたがう Green 関数が時間逆行型の先行関数に対応していることは興味深い. この事実は§12.1で予想し§12.4で確かめた波束の散乱の時間的経過を見れば理解できる. なお, 定義(*12.5.6*)から

$$\{G^{+}(\boldsymbol{x},t\,;\boldsymbol{x}',t')\}^{*} = G^{-}(\boldsymbol{x}',t'\,;\boldsymbol{x},t) \qquad (12.5.7)$$

という性質を証明することができる.

さて, この Green 関数が満足すべき方程式をつくるため, (*12.5.6 a*)の両辺を時間変数 t について微分しよう. そのさい公式

$$\pm\frac{\partial}{\partial t}\theta(\pm(t-t')) = \delta(t-t')$$

を用い $\langle\boldsymbol{x}|\boldsymbol{x}'\rangle=\delta^3(\boldsymbol{x}-\boldsymbol{x}')$ および $\langle\boldsymbol{x}|\hat{H}|\boldsymbol{x}''\rangle=H\delta(\boldsymbol{x}-\boldsymbol{x}'')$ を使えば, ただちに

方程式

$$i\hbar\frac{\partial}{\partial t}G^{\pm}(\boldsymbol{x},t\,;\boldsymbol{x}',t') = HG^{\pm}(\boldsymbol{x},t\,;\boldsymbol{x}',t')+\delta^3(\boldsymbol{x}-\boldsymbol{x}')\delta(t-t') \tag{12.5.8}$$

が得られる．

自由粒子の運動に対する Green 関数は

$$K^{\pm}(\boldsymbol{x},t\,;\boldsymbol{x}',t') = \frac{1}{i\hbar}\langle\boldsymbol{x}|\hat{U}_0{}^{(\pm)}(t,t')|\boldsymbol{x}'\rangle \tag{12.5.9}$$

で定義され，方程式

$$i\hbar\frac{\partial}{\partial t}K^{\pm}(\boldsymbol{x},t\,;\boldsymbol{x}',t') = H_0K^{\pm}(\boldsymbol{x},t\,;\boldsymbol{x}',t')+\delta^3(\boldsymbol{x}-\boldsymbol{x}')\delta(t-t') \tag{12.5.10}$$

を満足する．$K^{\pm}(\boldsymbol{x},t\,;\boldsymbol{x}',t')$ の具体的な形を求めておこう．$\hat{U}_0{}^{(\pm)}(t,t')$ に対して (12.5.5) を利用すれば，容易に

$$\begin{aligned}
&K^{\pm}(\boldsymbol{x},t\,;\boldsymbol{x}',t')\\
&\quad=\frac{\pm\theta(\pm(t-t'))}{i\hbar(2\pi\hbar)^3}\int d^3\boldsymbol{q}\exp\left[\frac{i}{\hbar}\boldsymbol{q}\cdot(\boldsymbol{x}-\boldsymbol{x}')-\frac{i}{\hbar}\frac{1}{2\mu}\boldsymbol{q}^2(t-t')\right]\\
&\quad=\pm\theta(\pm(t-t'))\frac{1}{i\hbar}\sqrt{\left(\frac{-i\mu}{2\pi\hbar(t-t')}\right)^3}\exp\left[\frac{i}{\hbar}\frac{\mu(\boldsymbol{x}-\boldsymbol{x}')^2}{2(t-t')}\right]
\end{aligned} \tag{12.5.11}$$

を出すことができる．

さて定義から

$$G^{\pm}(\boldsymbol{x},t\,;\boldsymbol{x}',t')\xrightarrow[t\to t'\pm 0]{}\pm\frac{1}{i\hbar}\delta^3(\boldsymbol{x}-\boldsymbol{x}') \tag{12.5.12}$$

である．また (12.5.8) から，$t\gneqq t'$ に対する G^+，$t\lneqq t'$ に対する G^- はふつうの Schrödinger 方程式を満足する．したがって同じ Schrödinger 方程式を満足する波動関数 $\psi(\boldsymbol{x},t)$ の初期条件（または終期条件）

$$\psi(\boldsymbol{x},t_0) = \phi_0(\boldsymbol{x}) \tag{12.5.13}$$

に対する解は

$$\psi(\boldsymbol{x}, t) = i\hbar \int G^+(\boldsymbol{x}, t ; \boldsymbol{x}', t_0)\phi_0(\boldsymbol{x}')d^3\boldsymbol{x}' \\ -i\hbar \int G^-(\boldsymbol{x}, t ; \boldsymbol{x}', t_0)\phi_0(\boldsymbol{x}')d^3\boldsymbol{x}'$$

である．$t>t_0$ に対しては第1項だけが生き残り，$t<t_0$ に対しては第2項だけが残る．そこで

$$\Delta(\boldsymbol{x}, t ; \boldsymbol{x}', t') = i\hbar[G^+(\boldsymbol{x}, t ; \boldsymbol{x}', t') - G^-(\boldsymbol{x}, t ; \boldsymbol{x}', t')] \qquad (12.5.14\,a)$$

または

$$G^\pm(\boldsymbol{x}, t ; \boldsymbol{x}', t') = \pm\theta(\pm(t-t'))\frac{1}{i\hbar}\Delta(\boldsymbol{x}, t ; \boldsymbol{x}', t') \qquad (12.5.14\,b)$$

という関数を定義すれば，$t \gtrless t_0$ に対して

$$\psi(\boldsymbol{x}, t) = \int \Delta(\boldsymbol{x}, t ; \boldsymbol{x}', t_0)\phi_0(\boldsymbol{x}')d^3\boldsymbol{x}' \qquad (12.5.15)$$

と書くことができる．なお，$\Delta(\boldsymbol{x}, t ; \boldsymbol{x}', t')$ に対しては

$$\left.\begin{aligned} &i\hbar\frac{\partial}{\partial t}\Delta(\boldsymbol{x}, t ; \boldsymbol{x}', t') = H\Delta(\boldsymbol{x}, t ; \boldsymbol{x}', t') \\ &\Delta(\boldsymbol{x}, t'\pm 0 ; \boldsymbol{x}', t') = \delta^3(\boldsymbol{x}-\boldsymbol{x}') \end{aligned}\right\} \qquad (12.5.16)$$

が成立する．$V=0$ の場合には

$$\begin{aligned} \Delta_0(\boldsymbol{x}, t ; \boldsymbol{x}', t') &= i\hbar[K^+(\boldsymbol{x}, t ; \boldsymbol{x}', t') - K^-(\boldsymbol{x}, t ; \boldsymbol{x}', t')] \\ &= \sqrt{\left(\frac{-i\mu}{2\pi\hbar(t-t')}\right)^3}\exp\left[\frac{i}{\hbar}\frac{\mu(\boldsymbol{x}-\boldsymbol{x}')^2}{2(t-t')}\right] \end{aligned} \qquad (12.5.17\,a)$$

または

$$K^\pm(\boldsymbol{x}, t ; \boldsymbol{x}', t') = \pm\theta(\pm(t-t'))\frac{1}{i\hbar}\Delta_0(\boldsymbol{x}, t ; \boldsymbol{x}', t') \qquad (12.5.17\,b)$$

となる．

一般の場合に $\int |\boldsymbol{x}_1\rangle d^3\boldsymbol{x}_1 \langle \boldsymbol{x}_1| = 1$ を用いると

$$\begin{aligned} \langle \boldsymbol{x}| \exp\left[\frac{-i}{\hbar}\hat{H}(t-t')\right]|\boldsymbol{x}'\rangle &= \langle \boldsymbol{x}| \exp\left[\frac{-i}{\hbar}\hat{H}(t-t_1)\right]\exp\left[\frac{-i}{\hbar}\hat{H}(t_1-t')\right]|\boldsymbol{x}'\rangle \\ &= \int \langle \boldsymbol{x}| \exp\left[-\frac{i}{\hbar}\hat{H}(t-t_1)\right]|\boldsymbol{x}_1\rangle\langle \boldsymbol{x}_1| \exp\left[-\frac{i}{\hbar}\hat{H}(t_1-t')\right]|\boldsymbol{x}'\rangle d^3\boldsymbol{x}_1 \end{aligned}$$

となるが，これから分割公式

$$G^+(\boldsymbol{x}, t ; \boldsymbol{x}', t')$$
$$= i\hbar \int G^+(\boldsymbol{x}, t ; \boldsymbol{x}_1, t_1) G^+(\boldsymbol{x}_1, t_1 ; \boldsymbol{x}', t') d^3\boldsymbol{x}_1 \qquad (t > t_1 > t') \tag{12.5.18}$$

が得られる．時刻のえらび方は任意であるから，t と t_1 の間の別の時刻をえらんで $G^+(\boldsymbol{x}, t ; \boldsymbol{x}_1, t_1)$ を(12.5.18)により分割することができる．$G^+(\boldsymbol{x}_1, t_1 ; \boldsymbol{x}', t')$ に対しても同様である．このようにこの分割公式を繰り返して用いれば，Green 関数は何段階にもわけることができる．G^- に対しても同様の性質を出すことができる．この公式は $\int |\boldsymbol{x}\rangle d^3\boldsymbol{x} \langle \boldsymbol{x}| = 1$ から出ているのであるから，粒子の発生や消滅がない場合に対してのみ正しい．

次に Green 関数から S 行列要素を求める方法を考えよう．波束状態 $\tilde{\phi}_{\boldsymbol{p}}$ から $\tilde{\phi}_{\boldsymbol{p}'}$ への遷移に対応する S 行列要素を求める．（波束関数については§12.4を見よ．）この S 行列要素は(12.4.43)により

$$\langle \tilde{\phi}_{\boldsymbol{p}'} | S | \tilde{\phi}_{\boldsymbol{p}} \rangle = \lim_{t \to +\infty} \lim_{t' \to -\infty} \int\int d^3\boldsymbol{x} d^3\boldsymbol{x}' \tilde{\phi}_{\boldsymbol{p}'}{}^*(\boldsymbol{x}) \langle \boldsymbol{x} | \hat{U}_{\mathrm{I}}(t, t') | \boldsymbol{x}' \rangle \tilde{\phi}_{\boldsymbol{p}}(\boldsymbol{x}') \tag{12.5.19}$$

と書くことができる．この $U_{\mathrm{I}}(t, t')$ は(12.4.39)で定義されたものであるから，

$$\langle \boldsymbol{x} | \hat{U}_{\mathrm{I}}(t, t') | \boldsymbol{x}' \rangle = \int\int d^3\boldsymbol{x}'' d^3\boldsymbol{x}''' \langle \boldsymbol{x} | \exp\left(\frac{i}{\hbar}\hat{H}_0 t\right) | \boldsymbol{x}'' \rangle$$
$$\cdot \langle \boldsymbol{x}'' | \exp\left[-\frac{i}{\hbar}\hat{H}(t-t')\right] | \boldsymbol{x}''' \rangle \langle \boldsymbol{x}''' | \exp\left(-\frac{i}{\hbar}\hat{H}_0 t'\right) | \boldsymbol{x}' \rangle$$

となる．$t > 0 > t'$ を考慮すれば，右辺の積分内の3つの因子は，それぞれ，この節で定義した Green 関数を使って，$-i\hbar K^{+*}(\boldsymbol{x}'', t ; \boldsymbol{x}, 0)$，$i\hbar G^+(\boldsymbol{x}'', t ; \boldsymbol{x}''', t')$，$-i\hbar K^-(\boldsymbol{x}''', t' ; \boldsymbol{x}', 0)$ と書くことができる．そして

$$\tilde{\phi}_{\boldsymbol{p}'}{}^*(\boldsymbol{x}'', t) = -i\hbar \int d^3\boldsymbol{x} \tilde{\phi}_{\boldsymbol{p}'}{}^*(\boldsymbol{x}) K^{+*}(\boldsymbol{x}'', t ; \boldsymbol{x}, 0) \tag{12.5.20 a}$$

$$\tilde{\phi}_{\boldsymbol{p}}(\boldsymbol{x}''', t') = -i\hbar \int d^3\boldsymbol{x}' K^-(\boldsymbol{x}''', t' ; \boldsymbol{x}', 0) \tilde{\phi}_{\boldsymbol{p}}(\boldsymbol{x}') \tag{12.5.20 b}$$

とおけば，S 行列要素は

$$\langle\tilde{\phi}_{p'}|S|\tilde{\phi}_p\rangle = \lim_{t\to+\infty}\lim_{t'\to-\infty} i\hbar \int\int \tilde{\phi}_{p'}{}^*(\boldsymbol{x}, t)\, G^+(\boldsymbol{x}, t\, ; \boldsymbol{x}', t')\, \tilde{\phi}_p(\boldsymbol{x}', t')\, d^3\boldsymbol{x} d^3\boldsymbol{x}' \tag{12. 5. 21}$$

となる．これが求める式である．(12. 5. 20 a, b)は自由粒子波束の運動を表わしているが，具体的な様子はすでに§12. 4(a)でくわしく説明しておいた．とくに(12. 5. 20 b)は，$t=0$ で原点付近にあった波束を逆向きに走らせて十分遠方にもってゆき初期状態を用意した操作に対応している．

Green 関数と S 行列要素の関係を表わす別の方法もあるので，紹介しておこう．いま

$$\begin{aligned}|f_+\rangle &= \int_{-\infty}^{\infty} U_{\mathrm{I}}(0, t')\, |\phi_p\rangle f_+(t')\, dt' \\ &= \int_{-\infty}^{\infty} \exp\left(\frac{i}{\hbar}\hat{H}t'\right)|\phi_p\rangle \exp\left(-\frac{i}{\hbar}E_p t'\right) f_+(t')\, dt' \end{aligned} \tag{12. 5. 22 a}$$

$$\begin{aligned}|f_-\rangle &= \int_{-\infty}^{\infty} U_{\mathrm{I}}{}^\dagger(t, 0)\, |\phi_{p'}\rangle f_-(t)\, dt \\ &= \int_{-\infty}^{\infty} \exp\left(\frac{i}{\hbar}\hat{H}t\right)|\phi_{p'}\rangle \exp\left(-\frac{i}{\hbar}E_{p'} t\right) f_-(t)\, dt \end{aligned} \tag{12. 5. 22 b}$$

という状態ベクトルを考えよう．U_{I} は(12. 4. 39)で定義した時間発展演算子である．($U_{\mathrm{I}}{}^\dagger(t, 0) = U_{\mathrm{I}}(0, t)$ であることに注意していただきたい.) ここでは簡単のため波束状態は使用しなかった．平面波にしたことによるトラブルは表面には出てこないが，本来はやはり波束状態を採用すべきであろう．しかしそうしても以下の議論の筋道は変わらない．さて，(12. 5. 22 a, b)の説明を考えよう．初期時刻 t' のとき $|\phi_p\rangle$ であった量子力学系の状態ベクトル(相互作用表示)は時刻 $t=0$ で $U_{\mathrm{I}}(0, t')\, |\phi_p\rangle$ となる．そこで初期時刻 t' をずらせて出発した状態ベクトルを重ね合わせることを考えれば，その結果は(12. 5. 22 a)のようになるであろう．$f_+(t')$ は初期時刻の異なるベクトルの重率であり，便宜上 $\int_{-\infty}^{\infty} f_+(t')\, dt' = 1$ であるとしておく．ところで，$|f_+\rangle$ には時間に順行するものだけを収めることにすれば，$f_+(t')$ は $t'>0$ に対して 0 としなければならない．(12. 5. 22 b)についても同様の事柄が考えられるが，そこでは時刻 t を終期時刻，$|\phi_{p'}\rangle$ を終期状態と見なし，時間に逆行する波だけを集めることにすれば $f_-(t)$ は $t<0$ で 0 と仮定すべきであろう．簡単のため，

$$f_+(t') = \theta(-t')\varepsilon e^{\varepsilon t'}, \qquad f_-(t) = \theta(t)\varepsilon e^{-\varepsilon t} \tag{12. 5. 23}$$

とおくことにしよう．θ は階段関数，ε は十分小さな正の実数である．このとき(12. 5. 22 a, b)は

$$|f_+\rangle = \varepsilon\int_{-\infty}^{0} \exp\left(\frac{i}{\hbar}\hat{H}t'\right)|\phi_p\rangle \exp\left(-\frac{i}{\hbar}E_p t' + \varepsilon t'\right)dt' \tag{12. 5. 24 a}$$

$$|f_-\rangle = \varepsilon\int_{0}^{\infty} \exp\left(\frac{i}{\hbar}\hat{H}t\right)|\phi_{p'}\rangle \exp\left(-\frac{i}{\hbar}E_{p'} t - \varepsilon t\right)dt \tag{12. 5. 24 b}$$

となる．

t および t' についての積分はただちに実行できるが，その前に，ε が十分小さければ，$|f_\pm\rangle$ は全ハミルトニアン $\hat{H}$ の固有ベクトルに極めて近いことを示そう．そのためには直接 $\hat{H}|f_\pm\rangle$ を計算すればよい．まず，

$$\hat{H}\exp\left(\frac{i}{\hbar}\hat{H}t'\right) = -i\hbar\frac{d}{dt'}\exp\left(\frac{i}{\hbar}\hat{H}t'\right)$$

と変形し，t' について部分積分して右側の数値関数を微分し，ふたたび(12. 5. 24 a, b)を用いれば，容易に

$$\hat{H}|f_\pm\rangle = E_p|f_\pm\rangle + O(\varepsilon) \tag{12. 5. 25}$$

が証明される．さて，(12. 5. 24 a, b)の積分を実行すれば

$$\left.\begin{aligned} |f_+\rangle &= \frac{i\varepsilon'}{E_p - \hat{H} + i\varepsilon'}|\phi_p\rangle \\ |f_-\rangle &= \frac{-i\varepsilon'}{E_p - \hat{H} - i\varepsilon'}|\phi_{p'}\rangle \end{aligned}\right\} \tag{12. 5. 26}$$

が得られる．ただし，$\varepsilon' = \varepsilon\hbar$ とおいた．この右辺は(12. 2. 54)によれば正に散乱状態固有関数になっている．こうして $|u^\pm\rangle$ に対して

$$\left.\begin{aligned} |u_p{}^+\rangle &= \int \exp\left(\frac{i}{\hbar}Ht'\right)|\phi_p\rangle \exp\left(-\frac{i}{\hbar}E_p t'\right) f_+(t')\,dt' \\ |u_{p'}{}^-\rangle &= \int \exp\left(\frac{i}{\hbar}Ht\right)|\phi_{p'}\rangle \exp\left(-\frac{i}{\hbar}E_{p'} t\right) f_-(t)\,dt \end{aligned}\right\} \tag{12. 5. 27}$$

という式が得られたわけである．

$f_\pm(t)$ という関数は(12. 5. 23)のように過去または未来だけで値をもつ関数である．(12. 5. 27)を用いれば，S 行列要素は

$$\langle\phi_{p'}|S|\phi_p\rangle = \langle u_{p'}^-|u_p^+\rangle$$
$$= \int\int f_-^*(t)\exp\left(\frac{i}{\hbar}E_{p'}t\right)\langle\phi_{p'}|\exp\left[-\frac{i}{\hbar}\hat{H}(t-t')\right]|\phi_p\rangle$$
$$\cdot f_+(t')\exp\left(-\frac{i}{\hbar}E_pt'\right)dtdt'$$

と書くことができる．この式における f_- と f_+ の時間領域はそれぞれ過去と未来に分かれていなければならないが，$\exp\left[-\frac{i}{\hbar}\hat{H}(t-t')\right]$ のかわりに(*12. 5. 1*)で定義した $U^{(+)}(t,t')$ を用いれば，ある程度その制限を取り除くことができ，

$$\langle\phi_{p'}|S|\phi_p\rangle = \int\int f_-^*(t)\exp\left(\frac{i}{\hbar}E_{p'}t\right)$$
$$\cdot\langle\phi_{p'}|U^{(+)}(t,t')|\phi_p\rangle f_+(t')\exp\left(-\frac{i}{\hbar}E_pt'\right)dtdt' \qquad (12.5.28)$$

となる．この式では $f_\pm(t)$ に要求される性質は，遠い過去における値0から出発してゆっくり大きくなり，ふたたび遠い未来の値0に向かってゆっくり減少するという変化である．f_+ は過去側に，f_- は未来側に分布していればよい．厳密な $t>t'$ という選択は $f_\pm$ ではなく，$U^{(+)}(t,t')$ が引き受けてくれる．いま

$$\left.\begin{aligned}\chi_p(\boldsymbol{x}',t') &= \phi_p(\boldsymbol{x}',t')f_+(t')\\ \chi_{p'}(\boldsymbol{x},t) &= \phi_{p'}(\boldsymbol{x},t)f_-(t)\end{aligned}\right\} \qquad (12.5.29)$$

を用いれば，S 行列要素(*12. 5. 28*)は

$$\langle\phi_{p'}|S|\phi_p\rangle = i\hbar\int\int\chi_{p'}^*(\boldsymbol{x},t)G^+(\boldsymbol{x},t;\boldsymbol{x}',t')\chi_p(\boldsymbol{x}',t')d^4xd^4x' \qquad (12.5.30)$$

となる．ただし，$d^4x=d^3\boldsymbol{x}dt$, $d^4x'=d^3\boldsymbol{x}'dt'$ と書いた．積分は時空領域全体にわたって行なわれる．ところで，(*12. 5. 29*)における $f_\pm$ の存在は時間領域における波束関数を意味している．空間についても波束関数を用いて，時空領域における波束関数 $\tilde{\chi}_p(x)$, $\tilde{\chi}_{p'}(x')$ を使うことにすれば，波束状態間の遷移に対する S 行列要素は

$$\langle\tilde{\phi}_{p'}|S|\tilde{\phi}_p\rangle = i\hbar\int\int\tilde{\chi}_{p'}^*(x)G^+(x;x')\tilde{\chi}_p(x')d^4xd^4x' \qquad (12.5.31)$$

と書くことができる．ただし，$x=(\boldsymbol{x},t)$, $x'=(\boldsymbol{x}',t')$ であり，時空座標を一括

して書いておいた．(12. 5. 30)または(12. 5. 31)も Green 関数と S 行列の関係を与える．

次に全ハミルトニアン H の Green 関数 $G^{\pm}$ を自由粒子の Green 関数 $K^{\pm}$ で展開する摂動級数を求めておこう．まず，$G^{\pm}$ の方程式(12. 5. 8)において $H=H_0+V$ とおき，$K^{\pm}$ の方程式(12. 5. 10)と見比べると，$G^{\pm}$ が次の積分方程式を満足することを示すことができる．

$$G^{\pm}(x\,;x') = K^{\pm}(x\,;x') + \int K^{\pm}(x\,;x'')\,V(x'')\,G^{\pm}(x''\,;x')\,d^4x'' \tag{12. 5. 32}$$

簡単のため，$x=(\boldsymbol{x},t)$ のように時空座標を一括して書いた．(なお $V(x'')=V(\boldsymbol{x}'')$.) 積分は $\boldsymbol{x}''$ については全空間にわたって，t'' については $-\infty$ から $+\infty$ まで行なう．しかし，$K^{\pm}(x\,;x'')$ には $\theta(\pm(t-t''))$，$G^{\pm}(x''\,;x')$ には $\theta(\pm(t''-t'))$ という制限因子がついているから，G^{+} の方程式では $t>t''>t'$，G^{-} の方程式では $t<t''<t'$ の領域だけについて積分するわけである．(12. 5. 32)を満足する関数 $G^{\pm}$ が微分方程式(12. 5. 8)の解であることは容易にわかる．なぜならば，両辺に演算子 $\left(i\hbar\dfrac{\partial}{\partial t}-H_0\right)$ をかけ，(12. 5. 10)を用いればただちに(12. 5. 8)が出てくるからである．一方(12. 5. 32)の $\pm$ の記号を同順にとれば，$K^{\pm}$ の因子 θ のおかげで，$G^{\pm}$ に要求されている境界条件が満足されていることがわかる．

Green 関数 $G^{\pm}$ に対する摂動級数は積分方程式(12. 5. 32)を逐次代入法を用いて解くことにより得られる．

$$\begin{aligned}G^{\pm}(x\,;x') = K^{\pm}(x\,;x') &+ \int K^{\pm}(x\,;x_1)\,V(x_1)\,K^{\pm}(x_2\,;x')\,d^4x_1\\&+\int\!\!\int K^{\pm}(x\,;x_1)\,V(x_1)\,K^{\pm}(x_1\,;x_2)\,V(x_2)\,K^{\pm}(x_2\,;x')\,d^4x_1d^4x_2\\&+\cdots\end{aligned} \tag{12. 5. 33}$$

この展開式は定常問題の Green 関数に対する摂動級数(12. 2. 26)または(12. 2. 67)に相当するものである．また(12. 5. 33)を(12. 5. 21)または(12. 5. 31)に代入すれば，それは(12. 4. 44)の摂動級数から S 行列要素を計算したものに等しい．ところで，(12. 5. 33)という摂動級数を直観的に理解するため，図 12. 16 に描いたような図を利用してもよい．図の描き方は，自由粒子 Green 関数 $K^{\pm}(x_1\,;x_2)$

を時空点 x_2 から x_1 への線分で表わし，ポテンシャル $V(x_1)$ による散乱を黒点 x_1 で表わすのである．ちょうど古典的粒子の軌跡のように見えて理解しやすいというわけであり，黒点の数が摂動近似の次数を示すことになる．このような時空表示のかわりに，Green 関数を Fourier 変換して運動量表示で表わすことにすれば，自由粒子 Green 関数を表わす線分は運動量一定の伝播に対応し，黒点のポテンシャルによって運動量が変化するという事情を示すことになる．このような図を **Feynman 図**(Feynman diagram または Feynman graph)という．素粒子論，物性理論など Green 関数が登場するところで，ひろく利用されている．運動量表示に対して Feynman 図を描くことの方が多いようである．

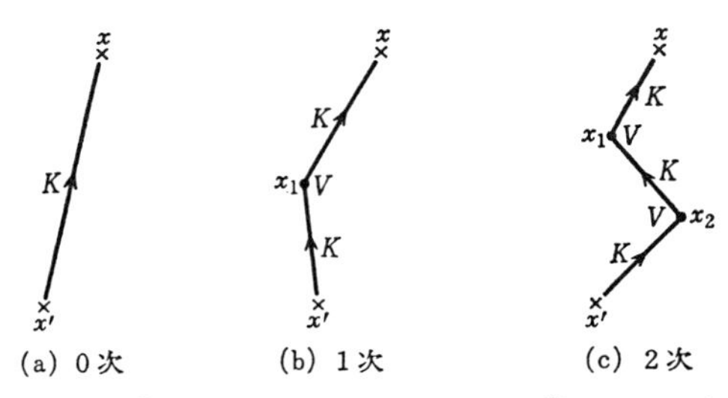

図 12.16 Green 関数摂動展開の図式表現 (Feynman 図)

Green 関数に関する演算を簡単にするため，時空変数を行列添字とする行列記法が使われることがある．簡単に紹介しておこう．Green 関数 $G^{\pm}(x\,;x')$, $K^{\pm}(x\,;x')$ および H, H_0, V などの演算子や関数を

$$\left.\begin{aligned}\langle x|\mathcal{G}^{\pm}|x'\rangle &= G^{\pm}(x\,;x'), & \langle x|\mathcal{K}^{\pm}|x'\rangle &= K^{\pm}(x\,;x')\\ \langle x|\mathcal{H}|x'\rangle &= H_x\delta^4(x-x'), & \langle x|\mathcal{H}_0|x'\rangle &= H_{0x}\delta^4(x-x')\\ \langle x|\mathcal{V}|x'\rangle &= V(x)\delta^4(x-x'), & \langle x|1|x'\rangle &= \delta^4(x-x')\end{aligned}\right\}\qquad(12.5.34)$$

でおきかえるのである．ただし，$\delta^4(x-x')=\delta^3(\boldsymbol{x}-\boldsymbol{x}')\delta(t-t')$ は4次元 δ 関数である．行列積をつくるときの添字についての和は時空変数についての積分となる．たとえば，

$$\begin{aligned}\langle x|\mathcal{V}\mathcal{G}^{\pm}|x'\rangle &= \int\langle x|\mathcal{V}|x_1\rangle\langle x_1|\mathcal{G}^{\pm}|x'\rangle d^4x_1\\ &= V(x)G^{\pm}(x\,;x')\end{aligned}$$

というわけである．このように書くことにすれば，$\mathcal{G}^{\pm}$ や $\mathcal{K}^{\pm}$ の逆行列は

$$\left.\begin{aligned}\langle x|(\mathcal{G}^{\pm})^{-1}|x'\rangle &= \left[i\hbar\frac{\partial}{\partial t}-H_{0x}-V(x)\right]\delta^4(x-x')\\ \langle x|(\mathcal{K}^{\pm})^{-1}|x'\rangle &= \left[i\hbar\frac{\partial}{\partial t}-H_{0x}\right]\delta^4(x-x')\end{aligned}\right\}\qquad(12.5.35)$$

であろう．なぜならば，Green 関数の方程式(*12.5.8*)と(*12.5.10*)はこの行列記法により

$$(\mathcal{G}^{\pm})^{-1}\mathcal{G}^{\pm}=1,\qquad (\mathcal{K}^{\pm})^{-1}\mathcal{K}^{\pm}=1\qquad(12.5.36)$$

と書けるからである．また，積分方程式(*12.5.32*)は

$$\mathcal{G}^{\pm}=\mathcal{K}^{\pm}+\mathcal{K}^{\pm}\mathcal{V}\mathcal{G}^{\pm}\qquad(12.5.37)$$

となり，摂動級数(*12.5.33*)は

$$\mathcal{G}^{\pm}=\mathcal{K}^{\pm}+\mathcal{K}^{\pm}\mathcal{V}\mathcal{K}^{\pm}+\mathcal{K}^{\pm}\mathcal{V}\mathcal{K}^{\pm}\mathcal{V}\mathcal{K}^{\pm}+\cdots\qquad(12.5.38)$$

のように簡単になってしまう．(*12.5.36*)から(*12.5.37*)を導くにも，まず$(\mathcal{G}^{\pm})^{-1}=(\mathcal{K}^{\pm})^{-1}-\mathcal{V}$ と書き，右から $\mathcal{G}^{\pm}$ をかけ左から $\mathcal{K}^{\pm}$ をかければただちに求められる．ただし，$(\mathcal{K}^{\pm})^{-1}$ や $(\mathcal{G}^{\pm})^{-1}$ は左逆行列であるばかりでなく，右逆行列——$\mathcal{K}^{\pm}(\mathcal{K}^{\pm})^{-1}=\mathcal{G}^{\pm}(\mathcal{G}^{\pm})^{-1}=1$——でもあることを用いなければならないが，その証明は容易である†.

なお，$V=V_1+V_2$ と分けたとき，$H_1=H_0+V_1$ の解が求められるならば，V_2 についての摂動を考えることができる．H_1 に対応する Green 関数を $G_1{}^{\pm}$ (または $\mathcal{G}_1{}^{\pm}$)とすれば，$(\mathcal{G}^{\pm})^{-1}=(\mathcal{G}_1{}^{\pm})^{-1}-\mathcal{V}_2$ であるから，左から $\mathcal{G}_1{}^{\pm}$ をかけ右から $\mathcal{G}^{\pm}$ をかければ，ただちに積分方程式と V_2 についての展開

$$\left.\begin{aligned}\mathcal{G}^{\pm} &= \mathcal{G}_1{}^{\pm}+\mathcal{G}_1{}^{\pm}\mathcal{V}_2\mathcal{G}^{\pm}\\ &= \mathcal{G}_1{}^{\pm}+\mathcal{G}_1{}^{\pm}\mathcal{V}_2\mathcal{G}_1{}^{\pm}+\mathcal{G}_1{}^{\pm}\mathcal{V}_2\mathcal{G}_1{}^{\pm}\mathcal{V}_2\mathcal{G}_1{}^{\pm}+\cdots\end{aligned}\right\}\qquad(12.5.39)$$

が求められる．この展開による近似は§12.2の最後のところで説明した歪形波 Born 近似(DWBA)に相当するものである．

b) 第2量子化法と Green 関数

第2量子化の方法を用いて Green 関数を表わし，S 行列を議論しよう．第2量子化の方法は本講座でもすでに『量子力学 I』第9章および第10章で概略の説明がされている．第2量子化は素粒子論や物性理論などでひろく使用されてい

† 時間変数についての境界条件に関連して，時に面倒なことが起こるが，ここではその議論に深入りすることはやめる．

る便利な数学的道具であり，本講座でもいろいろな分野に登場する．固定ポテンシャルによる散乱問題だけにかぎれば，この方法を持ち込む必要はないが，もっと一般の場合に備えるための用意をしておこうというのである．

いま，$\{u_i(\boldsymbol{x})\}$ という完全正規直交系を考えよう．番号 i はこの関数系の各メンバーを完全に指定するようにつけられているものとすれば，次の式が成立する．

$$(u_i, u_j) = \delta_{ij}, \qquad \sum_i u_i(\boldsymbol{x})u_i^*(\boldsymbol{x}') = \delta^3(\boldsymbol{x}-\boldsymbol{x}') \tag{12.5.40}$$

$(u, v) \equiv \int u^*(\boldsymbol{x})v(\boldsymbol{x})d^3\boldsymbol{x}$ は関数内積を表わす記号である．さて，関数 $u_i(\boldsymbol{x})$ で表わされる状態に粒子をつくる生成演算子を $\hat{a}_i^\dagger$，その状態にある粒子を消す消滅演算子を $\hat{a}_i$ とすれば，この演算子は次の交換関係を満足する．

$$[\hat{a}_i, \hat{a}_j^\dagger]_\pm = \delta_{ij}, \qquad [\hat{a}_i, \hat{a}_j]_\pm = [\hat{a}_i^\dagger, \hat{a}_j^\dagger]_\pm = 0 \tag{12.5.41}$$

ただし，$[\hat{a}, \hat{b}]_\pm \equiv \hat{a}\hat{b} \pm \hat{b}\hat{a}$ であるが，半整数スピンをもつ Fermi 粒子に対しては $+$ をとり，整数スピンをもつ Bose 粒子に対しては $-$ をとる．いうまでもなく，生成演算子 $\hat{a}_i^\dagger$ と消滅演算子 $\hat{a}_i$ は互いに Hermite 共役の関係にあるので，このように Hermite 共役記号 † をつけたのである．

$\hat{a}_i$ と u_i でつくられる演算子

$$\left.\begin{aligned} \hat{\psi}(\boldsymbol{x}) &= \sum_i \hat{a}_i u_i(\boldsymbol{x}) \\ \hat{\psi}^\dagger(\boldsymbol{x}) &= \sum_i \hat{a}_i^\dagger u_i^*(\boldsymbol{x}) \end{aligned}\right\} \tag{12.5.42}$$

を第2量子化された場の演算子という．(12.5.40) の第1式を用いると

$$\hat{a}_i = (u_i, \hat{\psi}), \qquad \hat{a}_i^\dagger = (\hat{\psi}, u_i) \tag{12.5.43}$$

と書くことができる．場の演算子 $\hat{\psi}(\boldsymbol{x})$ と $\hat{\psi}^\dagger(\boldsymbol{x}')$ の交換関係は (12.5.41), (12.5.42), (12.5.40) により計算することができ

$$\left.\begin{aligned} &[\hat{\psi}(\boldsymbol{x}), \hat{\psi}^\dagger(\boldsymbol{x}')]_\pm = \delta^3(\boldsymbol{x}-\boldsymbol{x}') \\ &[\hat{\psi}(\boldsymbol{x}), \hat{\psi}(\boldsymbol{x}')]_\pm = [\hat{\psi}^\dagger(\boldsymbol{x}), \hat{\psi}^\dagger(\boldsymbol{x}')]_\pm = 0 \end{aligned}\right\} \tag{12.5.44}$$

となる．今後抽象演算子記号 $\hat{}$ は第2量子化された演算子を表わすために用いることにしよう．別に混乱は起こらないと思うが，

$$\hat{H}_0 = \int \hat{\psi}^\dagger(\boldsymbol{x}) H_0 \hat{\psi}(\boldsymbol{x}) d^3\boldsymbol{x}, \qquad H_0 = -\frac{\hbar^2}{2\mu}\nabla^2$$

$$\left.\begin{aligned}\hat{V} &= \int \hat{\psi}^\dagger(\boldsymbol{x})\, V(\boldsymbol{x})\, \hat{\psi}(\boldsymbol{x})\, d^3\boldsymbol{x} \\ \hat{H} &= \hat{H}_0 + \hat{V} = \int \hat{\psi}^\dagger(\boldsymbol{x})\, H \hat{\psi}(\boldsymbol{x})\, d^3\boldsymbol{x}, \qquad H = H_0 + V\end{aligned}\right\} \tag{12.5.45}$$

であることに注意していただきたい．固定ポテンシャルによる散乱の場合はこの程度の範囲の演算子しかでてこないが，ポテンシャル $V(\boldsymbol{x}, \boldsymbol{x}')$ をもつ2体力によって相互作用し合っている多体系を考える場合は $\hat{V}$ として

$$\frac{1}{2}\int\int \hat{\psi}^\dagger(\boldsymbol{x})\, \hat{\psi}^\dagger(\boldsymbol{x}')\, V(\boldsymbol{x}, \boldsymbol{x}')\, \hat{\psi}(\boldsymbol{x})\, \hat{\psi}(\boldsymbol{x}')\, d^3\boldsymbol{x} d^3\boldsymbol{x}' \tag{12.5.46}$$

のような演算子を必要とする．相互作用が量子化された場で媒介されるような場合，とくに相対論的粒子の相互作用エネルギーを表わす演算子はさらに面倒な形をとるが，それは本講座の別のところで議論しよう．この節では固定ポテンシャルの場合に話をかぎる．

さて，一般に関数 $\varphi(\boldsymbol{x})$ で表わされる状態に粒子が1個存在する状態ベクトルは $(\hat{\psi}, \varphi)|0\rangle$ である．ただし，状態ベクトル $|0\rangle$ はハミルトニアンの最低固有状態，すなわち真空状態を表わすものであり，今の場合

$$\left.\begin{aligned}\hat{a}_i|0\rangle &= \hat{\psi}(\boldsymbol{x})\,|0\rangle = 0 \\ \langle 0|\hat{a}_i^\dagger &= \langle 0|\hat{\psi}^\dagger(\boldsymbol{x}) = 0\end{aligned}\right\} \tag{12.5.47}$$

という性質をもっている†．したがって，1個の粒子が $\boldsymbol{x}$ に存在するという状態ベクトル $|\boldsymbol{x}\rangle$ は

$$|\boldsymbol{x}\rangle = \hat{\psi}^\dagger(\boldsymbol{x})\,|0\rangle \tag{12.5.48}$$

であり，2個の粒子が $\boldsymbol{x}_1$ と $\boldsymbol{x}_2$ に存在する状態は

$$|\boldsymbol{x}_1, \boldsymbol{x}_2\rangle = \frac{1}{\sqrt{2}}\hat{\psi}^\dagger(\boldsymbol{x}_1)\,\hat{\psi}^\dagger(\boldsymbol{x}_2)\,|0\rangle \tag{12.5.49}$$

で表わされることになる．運動量についても同様であり

---

† 問題としている粒子が反粒子状態をもつものならば，$\hat{\psi}|0\rangle=0$ は成立しない．この場合，$\hat{\psi}$ は反粒子の生成演算子を含むからである．しかし，今の場合(12.5.42)には消滅演算子しか含まれていないので，このようにおいてよい．ゆえに(12.5.45)からわかるように

$$\hat{H}|0\rangle = \hat{H}_0|0\rangle = 0$$

である．

$$\left.\begin{aligned}|\phi_{\boldsymbol{p}}\rangle &= (\hat{\psi}, \phi_{\boldsymbol{p}})\,|0\rangle \\ |\phi_{\boldsymbol{p}_1}\phi_{\boldsymbol{p}_2}\rangle &= \frac{1}{\sqrt{2}}(\hat{\psi}, \phi_{\boldsymbol{p}_1})(\hat{\psi}, \phi_{\boldsymbol{p}_2})\,|0\rangle\end{aligned}\right\} \tag{12.5.50}$$

と書くことができる．ただし，$\phi_{\boldsymbol{p}}(\boldsymbol{x})$ は平面波関数であり，δ 関数式の規格化が行なわれているものとしよう．この節では，もちろん，2粒子状態はいらない．真空ベクトルが $\langle 0|0\rangle=1$ のように規格化されているとすれば，*(12.5.48)* と *(12.5.50)* および *(12.5.44)* と *(12.5.47)* から

$$\langle \boldsymbol{x}|\boldsymbol{x}'\rangle = \delta^3(\boldsymbol{x}-\boldsymbol{x}'), \qquad \langle \phi_{\boldsymbol{p}}|\phi_{\boldsymbol{p}'}\rangle = \delta^3(\boldsymbol{p}-\boldsymbol{p}')$$

を証明することができる．したがって，いままで $|\boldsymbol{x}\rangle$ とか $|\phi_{\boldsymbol{p}}\rangle$ とか書いてきた状態はすべて $\hat{\psi}^\dagger(\boldsymbol{x})\,|0\rangle$ と $(\hat{\psi}, \phi_{\boldsymbol{p}})\,|0\rangle$ でおきかえてよい．このようなおきかえをすれば，§12.2 および §12.4 で展開した散乱理論は第2量子化の演算子や状態ベクトルを用いてもそのままの形で成立する．

次に Heisenberg 表示の場の演算子を

$$\left.\begin{aligned}\hat{\psi}(\boldsymbol{x}, t) &= \exp\left(\frac{i}{\hbar}\hat{H}t\right)\hat{\psi}(\boldsymbol{x})\exp\left(-\frac{i}{\hbar}\hat{H}t\right) \\ \hat{\psi}^\dagger(\boldsymbol{x}, t) &= \exp\left(\frac{i}{\hbar}\hat{H}t\right)\hat{\psi}^\dagger(\boldsymbol{x})\exp\left(-\frac{i}{\hbar}\hat{H}t\right)\end{aligned}\right\} \tag{12.5.51}$$

のように定義しよう．この定義と *(12.5.45)* から

$$\left.\begin{aligned}&[\hat{\psi}(\boldsymbol{x}, t), \hat{\psi}^\dagger(\boldsymbol{x}', t)]_\pm = \delta^3(\boldsymbol{x}-\boldsymbol{x}') \\ &[\hat{\psi}(\boldsymbol{x}, t), \hat{\psi}(\boldsymbol{x}', t)]_\pm = [\hat{\psi}^\dagger(\boldsymbol{x}, t), \hat{\psi}^\dagger(\boldsymbol{x}', t)]_\pm = 0\end{aligned}\right\} \tag{12.5.52}$$

が出てくる．すなわち，同時刻交換関係は時間が経過しても不変のまま保たれる．一方全ハミルトニアンは不変であるから，t の如何にかかわらず

$$\hat{H} = \int \hat{\psi}^\dagger(\boldsymbol{x}, t)\,H\hat{\psi}(\boldsymbol{x}, t)\,d^3\boldsymbol{x} \tag{12.5.53}$$

と書いてよい．*(12.5.51)* を時間 t で微分すると Heisenberg の運動方程式

$$i\hbar\frac{\partial}{\partial t}\hat{\psi}(\boldsymbol{x}, t) = [\hat{\psi}(\boldsymbol{x}, t), \hat{H}]_- \tag{12.5.54}$$

が得られるが，*(12.5.52)* と *(12.5.53)* を用いて右辺の交換関係を計算すると

$$i\hbar\frac{\partial}{\partial t}\hat{\psi}(\boldsymbol{x}, t) = H\hat{\psi}(\boldsymbol{x}, t) \tag{12.5.55}$$

が得られる．すなわち，第2量子化した場の演算子 $\hat{\psi}(\boldsymbol{x},t)$ は，1粒子の確率振幅である Schrödinger の波動関数とまったく同じ形の方程式を満足することがわかった．

これだけ準備をすれば，Green 関数を場の演算子 $\hat{\psi}, \hat{\psi}^{\dagger}$ で書くことができる．(12.5.6 a)の第2式の右辺を(12.5.48)，(12.5.51)を用いて書き直せば

$$
\begin{aligned}
G^{\pm}(\boldsymbol{x},t\,;\boldsymbol{x}',t') &= \pm\frac{1}{i\hbar}\theta(\pm(t-t'))\langle 0|\hat{\psi}(\boldsymbol{x}) \\
&\qquad\cdot\exp\left(-\frac{i}{\hbar}\hat{H}t\right)\exp\left(\frac{i}{\hbar}\hat{H}t'\right)\hat{\psi}^{\dagger}(\boldsymbol{x}')|0\rangle \\
&= \pm\frac{1}{i\hbar}\theta(\pm(t-t'))\langle 0|\hat{\psi}(\boldsymbol{x},t)\hat{\psi}^{\dagger}(\boldsymbol{x}',t')|0\rangle
\end{aligned}
$$

となる．ただし，

$$
\exp\left(-\frac{i}{\hbar}\hat{H}t'\right)|0\rangle = |0\rangle, \qquad \langle 0|\exp\left(\frac{i}{\hbar}\hat{H}t\right) = \langle 0|
$$

を用いた．((12.5.47)または p.285 の脚注を見ていただきたい.) そこで

$$
(\hat{\psi}(\boldsymbol{x},t)\hat{\psi}^{\dagger}(\boldsymbol{x}',t'))_{\pm} = \pm\theta(\pm(t-t'))\hat{\psi}(\boldsymbol{x},t)\hat{\psi}^{\dagger}(\boldsymbol{x}',t') \tag{12.5.56}
$$

という記号を使えば，Green 関数は

$$
G^{\pm}(\boldsymbol{x},t\,;\boldsymbol{x}',t') = \frac{1}{i\hbar}\langle 0|(\hat{\psi}(\boldsymbol{x},t)\hat{\psi}^{\dagger}(\boldsymbol{x}',t'))_{\pm}|0\rangle \tag{12.5.57}
$$

と書くことができる．これが Green 関数と第2量子化された場の演算子との関係である．

ここで**因果律**(causality)について話をしよう．過去に何かの事象が原因として与えられればそれによって未来の事象が決まるというのが因果律の漠然とした表現である．ところで c 数の Schrödinger 波動関数の時間的発展は(12.5.15)の関数 $\varDelta$ で与えられている．$\varDelta$ の中の G^{+} は過去の原因として初期波動 $\psi_0(\boldsymbol{x})$ を与えれば，それ以後の時刻に対して波動関数が決定されるという形で因果律を表わしている．その意味で，遅延 Green 関数 G^{+} は古典的 Schrödinger 波に対する因果律を表現するものである．(G^{-} は逆因果律の表現である.) 一方(12.5.57)の形から，因果律の別の表現を読み取ろう．G^{+} は $t>t'$ のときだけ値をもち $(i\hbar)^{-1}\langle 0|\hat{\psi}(\boldsymbol{x},t)\hat{\psi}^{\dagger}(\boldsymbol{x}',t')|0\rangle$ に等しい．これを，ある時刻 t' のとき点 $\boldsymbol{x}'$ のとこ

ろで生まれた粒子が，その後の時刻 t のとき点 $\boldsymbol{x}$ のところで消えたと読むことができる．この意味でも G^+ は因果律を表わしている．(ふたたび，G^- は逆因果律を表わす.) ゆえに，今の場合 G^+ は古典的波動の意味でも場の量子論的粒子の意味でも，因果律を与えてくれる．しかし，両方の意味での因果律が一致するのは，反粒子が存在しない場合だけである．という意味は，反粒子が存在すれば $\hat{\psi}$ は生成演算子の部分をふくむし，$\hat{\psi}^\dagger$ は消滅演算子の部分をふくむので，上に述べたような簡単な説明は許されなくなるからである．この場合，$t>t'$ に対する $\langle 0|\hat{\psi}^\dagger(\boldsymbol{x},t)\hat{\psi}(\boldsymbol{x}',t')|0\rangle$ は時刻 t' 点 $\boldsymbol{x}'$ で生まれた反粒子が後の時刻 t 点 $\boldsymbol{x}$ で消えると読むことができ，これも場の量子論的粒子としての因果律を満足している．そのため(12.5.57)の $(\cdots)_\pm$ を

$$\begin{aligned}\mathrm{T}_\pm(\hat{\psi}(\boldsymbol{x},t)\hat{\psi}^\dagger(\boldsymbol{x}',t')) = &\pm\theta(\pm(t-t'))\hat{\psi}(\boldsymbol{x},t)\hat{\psi}^\dagger(\boldsymbol{x}',t')\\ &\pm\eta\theta(\pm(t'-t))\hat{\psi}^\dagger(\boldsymbol{x}',t')\hat{\psi}(\boldsymbol{x},t)\end{aligned} \tag{12.5.58}$$

でおきかえる．ただし η は Fermi 粒子に対して -1, Bose 粒子に対しては $+1$ をとる．

このようにして

$$G_c{}^\pm(\boldsymbol{x},t\,;\boldsymbol{x}',t') = \frac{1}{i\hbar}\langle 0|\mathrm{T}_\pm(\hat{\psi}(\boldsymbol{x},t)\hat{\psi}^\dagger(\boldsymbol{x}',t'))|0\rangle \tag{12.5.59}$$

という新しい Green 関数を定義すれば，$G_c{}^+$ は場の量子論的粒子の意味での因果律を，$G_c{}^-$ は逆因果律を表現する役割を果たすことがわかる．このような場合でも Schrödinger 波の因果性はむしろもとの $G^\pm$ の形の境界条件で表現されることに注意しなければならない．したがって，後に出てくる(12.5.73)の Green 関数は $K^\pm$ でなければならない．$G_c{}^\pm$ は $G^\pm$ と同じ微分方程式を満足するが，境界条件が違うので互いに等しくはならない．しかし，反粒子が存在しないような場合は $\hat{\psi}|0\rangle=0$ および $\langle 0|\hat{\psi}^\dagger=0$ であるから，$G_c{}^\pm=G^\pm$ となってしまう．この節で議論しているのはこのような場合である．

次に場の演算子 $\hat{\psi}(\boldsymbol{x},t)$ の時間的発展をしらべよう．時刻 t' のときの演算子 $\hat{\psi}(\boldsymbol{x}',t')$ を与えて，時刻 t のときの演算子 $\hat{\psi}(\boldsymbol{x},t)$ を求める問題を考える．解かなければならない方程式は(12.5.55)であるが，これはまったく c 数の Schrödinger 波の方程式と同じであるから，(12.5.15)をそのまま使うことができる．すなわち，

$$\hat{\psi}(\boldsymbol{x}, t) = \int \Delta(\boldsymbol{x}, t\,; \boldsymbol{x}'', t')\,\hat{\psi}(\boldsymbol{x}'', t')\,d^3\boldsymbol{x}'' \tag{12.5.60}$$

である．$t>t'$ のときは Δ の中の G^+ だけが残り，$t<t'$ では G^- が生き残ることはいうまでもない．すなわち，Green 関数 $G^{\pm}(\boldsymbol{x}, t\,; \boldsymbol{x}', t')$ が求まれば，場の演算子 $\hat{\psi}(\boldsymbol{x}, t)$ の時間的発展もわかってしまうというわけである．(12.5.60)を用いると，異なった時刻どうしの場の演算子の交換関係をつくることができる．

$$[\hat{\psi}(\boldsymbol{x}, t), \hat{\psi}^{\dagger}(\boldsymbol{x}', t')]_{\pm} = \Delta(\boldsymbol{x}, t\,; \boldsymbol{x}', t') \tag{12.5.61}$$

関数 Δ は(12.5.14)で定義されたものである．

自由場の演算子 $\hat{\psi}_0(\boldsymbol{x}, t)$ は演算子方程式

$$i\hbar\frac{\partial}{\partial t}\hat{\psi}_0(\boldsymbol{x}, t) = H_0\hat{\psi}_0(\boldsymbol{x}, t) \tag{12.5.62}$$

と交換関係

$$[\hat{\psi}_0(\boldsymbol{x}, t), \hat{\psi}_0^{\dagger}(\boldsymbol{x}', t')]_{\pm} = \Delta_0(\boldsymbol{x}, t\,; \boldsymbol{x}', t') \tag{12.5.63}$$

を満足する．Δ_0 は(12.5.17)で与えられたものである．いうまでもなく，$\hat{\psi}_0(\boldsymbol{x}, t)$ は

$$\hat{\psi}_0(\boldsymbol{x}, t) = \int \Delta_0(\boldsymbol{x}, t\,; \boldsymbol{x}', t')\,\hat{\psi}_0(\boldsymbol{x}', t')\,d^3\boldsymbol{x}' \tag{12.5.64}$$

のような時間的発展をする．通常全ハミルトニアン $\hat{H}$ により(12.5.51)にしたがって行動する演算子 $\hat{\psi}(\boldsymbol{x}, t)$ を Heisenberg 演算子という．これに対して(12.5.51)の $t=0$ の値，すなわち，消滅または生成演算子により(12.5.42)のようにつくった演算子を Schrödinger 演算子という．$\hat{H}_0$ により

$$\left.\begin{aligned}\hat{\psi}_0(\boldsymbol{x}, t) &= \exp\left(\frac{i}{\hbar}\hat{H}_0 t\right)\hat{\psi}(\boldsymbol{x})\exp\left(-\frac{i}{\hbar}\hat{H}_0 t\right)\\ \hat{\psi}_0^{\dagger}(\boldsymbol{x}, t) &= \exp\left(\frac{i}{\hbar}\hat{H}_0 t\right)\hat{\psi}^{\dagger}(\boldsymbol{x})\exp\left(-\frac{i}{\hbar}\hat{H}_0 t\right)\end{aligned}\right\} \tag{12.5.65}$$

のように行動する演算子は自由場の演算子であり，(12.5.62)，(12.5.63)，(12.5.64)を満足することは明らかであろう．(12.5.51)と(12.5.65)は，$t=0$ で，Heisenberg 演算子，Schrödinger 演算子，自由場演算子が一致するように初期条件をえらんだことに相当している．初期時刻 ($t=0$) のえらび方はまったく勝手である．

さて，次式で定義される場の演算子を考えよう．

$$\hat{\chi}(\boldsymbol{x}, t\,;t_0) = \hat{U}_{\mathrm{I}}(0, t_0)\,\hat{\psi}_0(\boldsymbol{x}, t)\,\hat{U}_{\mathrm{I}}{}^{\dagger}(0, t_0) \qquad (12.5.66)$$

ただし，

$$\hat{U}_{\mathrm{I}}(0, t_0) = \exp\left(\frac{i}{\hbar}\hat{H}t_0\right)\exp\left(-\frac{i}{\hbar}\hat{H}_0 t_0\right)$$

は相互作用表示における $t=t_0$ から $t=0$ までの時間発展演算子であり，t_0 が有限であるかぎりユニタリーである．(12.5.66)によれば，$\hat{\chi}(\boldsymbol{x}, t\,;t_0)$ は $t\neq t_0$ の場合自由場の方程式を満足し，$t=t_0$ とおくと Heisenberg 演算子 $\hat{\psi}(\boldsymbol{x}, t)$ に一致する．そして

$$\begin{aligned}
&\exp\left(-\frac{i}{\hbar}\hat{H}_0 t_0\right)\hat{\psi}_0(\boldsymbol{x}, t)\exp\left(\frac{i}{\hbar}\hat{H}_0 t_0\right) \\
&= \exp\left[\frac{i}{\hbar}\hat{H}_0(t-t_0)\right]\hat{\psi}(\boldsymbol{x})\exp\left[-\frac{i}{\hbar}\hat{H}_0(t-t_0)\right] \\
&= \int \varDelta_0(\boldsymbol{x}, t\,;\boldsymbol{x}', t_0)\,\hat{\psi}(\boldsymbol{x}')\,d^3\boldsymbol{x}'
\end{aligned}$$

を用いると($\hat{\psi}(\boldsymbol{x}')$ は Schrödinger 演算子)，$\hat{\chi}$ は

$$\hat{\chi}(\boldsymbol{x}, t\,;t_0) = \int \varDelta_0(\boldsymbol{x}, t\,;\boldsymbol{x}', t_0)\,\hat{\psi}(\boldsymbol{x}', t_0)\,d^3\boldsymbol{x}' \qquad (12.5.67)$$

と書き直すこともできる．これからも

$$\left.\begin{aligned}
&i\hbar\frac{\partial}{\partial t}\hat{\chi}(\boldsymbol{x}, t\,;t_0) = H_0\hat{\chi}(\boldsymbol{x}, t\,;t_0) \qquad (t\neq t_0) \\
&\hat{\chi}(\boldsymbol{x}, t\,;t) = \hat{\psi}(\boldsymbol{x}, t) \\
&[\hat{\chi}(\boldsymbol{x}, t\,;t_0), \hat{\chi}^{\dagger}(\boldsymbol{x}', t'\,;t_0)]_{\pm} = \varDelta_0(\boldsymbol{x}, t\,;\boldsymbol{x}', t') \qquad (t\neq t_0)
\end{aligned}\right\} \qquad (12.5.68)$$

が成立することがわかる．さて，(12.5.60)と(12.5.67)の引算をつくると

$$\hat{\psi}(\boldsymbol{x}, t)-\hat{\chi}(\boldsymbol{x}, t\,;t_0) = \int[\varDelta(\boldsymbol{x}, t\,;\boldsymbol{x}', t_0)-\varDelta_0(\boldsymbol{x}, t\,;\boldsymbol{x}', t_0)]\,\hat{\psi}(\boldsymbol{x}', t_0)\,d^3\boldsymbol{x}'$$

となるが，

$$\varDelta-\varDelta_0 = i\hbar[(G^+-K^+)-(G^--K^-)]$$

とおき，右辺において $G^{\pm}$ の積分方程式(12.5.32)を用いると，

$$\hat{\psi}(\boldsymbol{x}, t) = \hat{\chi}(\boldsymbol{x}, t\,;t_0)$$

$$+\int\int K^{+}(\boldsymbol{x},t\,;\boldsymbol{x}_1,t_1)\,V(\boldsymbol{x}_1)\theta(t_1-t_0)$$
$$\cdot\varDelta(\boldsymbol{x}_1,t_1\,;\boldsymbol{x}',t_0)\hat{\psi}(\boldsymbol{x}',t_0)\,d^4x_1d^3\boldsymbol{x}'$$
$$+\int\int K^{-}(\boldsymbol{x},t\,;\boldsymbol{x}_1,t_1)\,V(\boldsymbol{x}_1)\theta(t_0-t_1)$$
$$\cdot\varDelta(\boldsymbol{x}_1,t_1\,;\boldsymbol{x}',t_0)\hat{\psi}(\boldsymbol{x}',t_0)\,d^4x_1d^3\boldsymbol{x}' \qquad (12.5.69)$$

が得られる．これは $\hat{\chi}$ を非斉次項とする $\hat{\psi}$ に対する積分方程式であるが，右辺第2項は $t>t_1>t_0$ に対してだけ0でなく，右辺第3項は $t<t_1<t_0$ のときだけ0でない．

ところで，(12.5.66)で $t_0\to-\infty$, $t_0\to+\infty$ とおいて，

$$\hat{\psi}'_{\rm in}(\boldsymbol{x},t)\equiv\lim_{t_0\to-\infty}\hat{\chi}(\boldsymbol{x},t\,;t_0)=\hat{W}^{(+)}\hat{\psi}_0(\boldsymbol{x},t)\,\hat{W}^{(+)\dagger} \qquad (12.5.70\,a)$$

$$\hat{\psi}'_{\rm out}(\boldsymbol{x},t)\equiv\lim_{t_0\to+\infty}\hat{\chi}(\boldsymbol{x},t\,;t_0)=\hat{W}^{(-)}\hat{\psi}_0(\boldsymbol{x},t)\,\hat{W}^{(-)\dagger} \qquad (12.5.70\,b)$$

という演算子を定義しよう．ただし，(12.4.41)

$$\hat{W}^{(\pm)}=\lim_{t_0\to\mp\infty}\hat{U}_{\rm I}(0,t_0)$$

を用いた．$\hat{\psi}'_{\rm in}$ も $\hat{\psi}'_{\rm out}$ も自由場の方程式

$$i\hbar\frac{\partial}{\partial t}\hat{\psi}'_{\substack{\rm in\\ \rm out}}(\boldsymbol{x},t)=H_0\hat{\psi}'_{\substack{\rm in\\ \rm out}}(\boldsymbol{x},t) \qquad (12.5.71)$$

を満足するが，交換関係は

$$[\hat{\psi}'_{\substack{\rm in\\ \rm out}}(\boldsymbol{x},t),\hat{\psi}'^{\dagger}_{\substack{\rm in\\ \rm out}}(\boldsymbol{x}',t')]_{\pm}=\varDelta_0(\boldsymbol{x},t\,;\boldsymbol{x}',t')\hat{P}_{\rm sc} \qquad (12.5.72)$$

となる．$\hat{P}_{\rm sc}=\hat{W}^{(\pm)}\hat{W}^{(\pm)\dagger}$ は散乱状態空間への射影演算子である．積分方程式(12.5.69)で $t_0\to\mp\infty$ とおけば

$$\hat{\psi}(\boldsymbol{x},t)=\hat{\psi}'_{\rm in}(\boldsymbol{x},t)+\int_{-\infty}^{t}\int K^{+}(\boldsymbol{x},t\,;\boldsymbol{x}',t')\,V(\boldsymbol{x}')\hat{\psi}(\boldsymbol{x}',t')\,dt'd^3\boldsymbol{x}' \qquad (12.5.73\,a)$$

$$=\hat{\psi}'_{\rm out}(\boldsymbol{x},t)+\int_{t}^{\infty}\int K^{-}(\boldsymbol{x},t\,;\boldsymbol{x}',t')\,V(\boldsymbol{x}')\hat{\psi}(\boldsymbol{x}',t')\,dt'd^3\boldsymbol{x}' \qquad (12.5.73\,b)$$

という積分方程式が得られる．すなわち，Heisenberg 演算子 $\hat{\psi}(\boldsymbol{x},t)$ は

$$\hat{\psi}(\boldsymbol{x},t)\begin{cases}\xrightarrow[t\to-\infty]{}\hat{\psi}'_{\mathrm{in}}(\boldsymbol{x},t)\\ \xrightarrow[t\to+\infty]{}\hat{\psi}'_{\mathrm{out}}(\boldsymbol{x},t)\end{cases}\tag{12.5.74}$$

となり，(*12.5.73*)の意味で，無限の過去で自由場 $\hat{\psi}'_{\mathrm{in}}$ に，無限の未来で自由場 $\hat{\psi}'_{\mathrm{out}}$ に一致することがわかる．$\hat{\psi}'_{\mathrm{in}}$ と $\hat{\psi}'_{\mathrm{out}}$ を $\hat{\psi}$ の**漸近場**(asymptotic field)という．

$\hat{\psi}'_{\mathrm{in}}$ と $\hat{\psi}'_{\mathrm{out}}$ の性質をしらべるため，まず

$$\exp\left(\frac{i}{\hbar}\hat{H}t\right)\hat{W}^{(\pm)}\exp\left(-\frac{i}{\hbar}\hat{H}_0t\right)=\hat{W}^{(\pm)}\tag{12.5.75}$$

が時間 t に無関係に成立することを証明しよう．左辺を $\hat{w}(t)$ とおいて，t について微分して，(*12.2.38*)すなわち $\hat{H}\hat{W}^{(\pm)}=\hat{W}^{(\pm)}\hat{H}_0$ を用いれば，ただちに

$$i\hbar\frac{d}{dt}\hat{w}(t)=\exp\left(\frac{i}{\hbar}\hat{H}t\right)\{-\hat{H}\hat{W}^{(\pm)}+\hat{W}^{(\pm)}\hat{H}_0\}\exp\left(-\frac{i}{\hbar}\hat{H}_0t\right)=0$$

であることがわかる．したがって，(*12.5.75*)の成立は明らかであろう．(*12.5.75*)を用いて $\hat{\psi}'_{\mathrm{in}}$ と $\hat{\psi}'_{\mathrm{out}}$ の全ハミルトニアン $\hat{H}$ による時間的発展をつくると

$$\begin{aligned}&\exp\left(\frac{i}{\hbar}\hat{H}\tau\right)\hat{\psi}'_{\substack{\mathrm{in}\\ \mathrm{out}}}(\boldsymbol{x},t)\exp\left(-\frac{i}{\hbar}\hat{H}\tau\right)\\&=\exp\left(\frac{i}{\hbar}\hat{H}\tau\right)\hat{W}^{(\pm)}\exp\left(-\frac{i}{\hbar}\hat{H}_0\tau\right)\exp\left(\frac{i}{\hbar}\hat{H}_0\tau\right)\hat{\psi}_0(\boldsymbol{x},t)\exp\left(-\frac{i}{\hbar}\hat{H}_0\tau\right)\\&\quad\cdot\exp\left(\frac{i}{\hbar}\hat{H}_0\tau\right)\hat{W}^{(\pm)\dagger}\exp\left(-\frac{i}{\hbar}\hat{H}\tau\right)\\&=\hat{W}^{(\pm)}\hat{\psi}_0(\boldsymbol{x},t+\tau)\hat{W}^{(\pm)\dagger}=\hat{\psi}'_{\substack{\mathrm{in}\\ \mathrm{out}}}(\boldsymbol{x},t+\tau)\\&=\exp\left(\frac{i}{\hbar}\hat{H}_0(\hat{\psi}'_{\substack{\mathrm{in}\\ \mathrm{out}}})\tau\right)\hat{\psi}'_{\substack{\mathrm{in}\\ \mathrm{out}}}(\boldsymbol{x},t)\exp\left(-\frac{i}{\hbar}\hat{H}_0(\hat{\psi}'_{\substack{\mathrm{in}\\ \mathrm{out}}})\tau\right)\end{aligned}\tag{12.5.76}$$

となることがわかる．ただし，最後の式を出すためには，$\hat{\psi}'_{\substack{\mathrm{in}\\ \mathrm{out}}}$ が自由場の方程式に従うことを用いた．すなわち，$\hat{\psi}'_{\mathrm{in}}$ または $\hat{\psi}'_{\mathrm{out}}$ にとっては全ハミルトニアン $\hat{H}$ による時間的発展は，$\hat{\psi}'_{\mathrm{in}}$ または $\hat{\psi}'_{\mathrm{out}}$ で書いた自由ハミルトニアン $\hat{H}_0(\hat{\psi}'_{\substack{\mathrm{in}\\ \mathrm{out}}})$ による時間的発展とまったく同等であることがわかった．このことは(*12.2.38*)，すなわち $\hat{H}(\hat{\psi}_{\mathrm{S}})\hat{W}^{(\pm)}=\hat{W}^{(\pm)}\hat{H}_0(\hat{\psi}_{\mathrm{S}})$ から出すこともできる．($\hat{\psi}_{\mathrm{S}}$ は Schrödinger 演算子である．) この式の右から $\hat{W}^{(\pm)\dagger}$ をかけると

$$\hat{H}(\hat{\psi}_S)\hat{P}_{sc} = \hat{W}^{(\pm)}\hat{H}_0(\hat{\psi}_S)\hat{W}^{(\pm)\dagger} = \hat{H}_0(\hat{W}^{(\pm)}\hat{\psi}_S\hat{W}^{(\pm)\dagger})$$

が得られる．ただし，$\hat{W}^{(\pm)\dagger}\hat{W}^{(\pm)}=1$ を用いた．この式に左から $\exp\left(\frac{i}{\hbar}\hat{H}t\right)$，右から $\exp\left(-\frac{i}{\hbar}\hat{H}t\right)$ をかけると

$$\hat{H}\hat{P}_{sc} = \hat{H}_0\left(\exp\left(\frac{i}{\hbar}\hat{H}t\right)\hat{W}^{(\pm)}\hat{\psi}_S\hat{W}^{(\pm)\dagger}\exp\left(-\frac{i}{\hbar}\hat{H}t\right)\right)$$

となる．左辺において $[\hat{H},\hat{P}_{sc}]=0$ を用いた．ここで(*12.5.75*)を用いると

$$\hat{H}\hat{P}_{sc} = \hat{H}_0(\hat{\psi}'_{\substack{\mathrm{in}\\ \mathrm{out}}}) \qquad (12.5.77)$$

が得られる．左辺は $\hat{P}_{sc}{}^2=\hat{P}_{sc}$ と $[\hat{H},\hat{P}_{sc}]=0$ により，$\hat{P}_{sc}\hat{H}\hat{P}_{sc}$ と書き直してもよい．すなわち，散乱問題に関するかぎり，全ハミルトニアン $\hat{H}$ は $\hat{\psi}'_{\substack{\mathrm{in}\\ \mathrm{out}}}$ で書いた自由ハミルトニアン $\hat{H}_0$ でおきかえることができるのである．

次に $\hat{\psi}'_{\mathrm{in}}$ と $\hat{\psi}'_{\mathrm{out}}$ の関係を求めよう．定義式(*12.5.70 a, b*)の右辺に

$$\hat{\psi}_0(\boldsymbol{x},t) = \hat{U}_{\mathrm{I}}(t,0)\hat{\psi}(\boldsymbol{x},t)\hat{U}_{\mathrm{I}}{}^\dagger(t,0) \qquad (12.5.78)$$

を代入して，逆に $\hat{\psi}(\boldsymbol{x},t)$ を求めれば

$$\hat{\psi}(\boldsymbol{x},t) = \hat{U}_{\mathrm{I}}{}^\dagger(t,0)\hat{W}^{(+)\dagger}\hat{\psi}'_{\mathrm{in}}(\boldsymbol{x},t)\hat{W}^{(+)}\hat{U}_{\mathrm{I}}(t,0) \qquad (12.5.79\,a)$$

$$= \hat{U}_{\mathrm{I}}{}^\dagger(t,0)\hat{W}^{(-)\dagger}\hat{\psi}'_{\mathrm{out}}(\boldsymbol{x},t)\hat{W}^{(-)}\hat{U}_{\mathrm{I}}(t,0) \qquad (12.5.79\,b)$$

が得られる．ここで $t\to\pm\infty$ という極限をとるのであるが，$\hat{U}_{\mathrm{I}}{}^\dagger(t,0)=\hat{U}_{\mathrm{I}}(0,t)$，$\hat{U}_{\mathrm{I}}(t,0)=\hat{U}_{\mathrm{I}}{}^\dagger(0,t)$ および $\hat{W}^{(+)}=\hat{U}_{\mathrm{I}}(0,-\infty)$，$\hat{W}^{(-)}=\hat{U}_{\mathrm{I}}{}^\dagger(\infty,0)$ を用いればよい．たとえば，(*12.5.79 a*)で $t\to-\infty$ とおけば

$$\hat{\psi}(\boldsymbol{x},t)\xrightarrow[t\to-\infty]{}\hat{W}^{(+)}\hat{W}^{(+)\dagger}\hat{\psi}'_{\mathrm{in}}(\boldsymbol{x},t)\hat{W}^{(+)}\hat{W}^{(+)\dagger}$$

$$= \hat{P}_{sc}\hat{\psi}'_{\mathrm{in}}(\boldsymbol{x},t)\hat{P}_{sc} = \hat{\psi}'_{\mathrm{in}}(\boldsymbol{x},t) \qquad (12.5.80\,a)$$

となるが，これはすでに(*12.5.74*)の第1式でわかっている．一方(*12.5.79 b*)で $t\to-\infty$ とおけば

$$\hat{\psi}(\boldsymbol{x},t)\xrightarrow[t\to-\infty]{}\hat{W}^{(+)}\hat{W}^{(-)\dagger}\hat{\psi}'_{\mathrm{out}}(\boldsymbol{x},t)\hat{W}^{(-)}\hat{W}^{(+)\dagger}$$

$$= \hat{S}'\hat{\psi}'_{\mathrm{out}}(\boldsymbol{x},t)\hat{S}'^\dagger \qquad (12.5.80\,b)$$

となる．ただし，

$$\hat{S}' = \hat{W}^{(+)}\hat{W}^{(-)\dagger} = \hat{W}^{(+)}\hat{S}\hat{W}^{(+)\dagger} \qquad (12.5.81)$$

とおいた．$\hat{S}=\hat{W}^{(-)\dagger}\hat{W}^{(+)}$ は S 行列である．したがって，

$$\hat{\psi}'_{\mathrm{in}}(\boldsymbol{x},t) = \hat{S}'\hat{\psi}'_{\mathrm{out}}(\boldsymbol{x},t)\hat{S}'^\dagger \qquad (12.5.82)$$

が得られる．さらに，(*12.5.79 b*)で $t\to+\infty$ とすれば

$$\hat{\psi}(\boldsymbol{x},t) \xrightarrow[t\to+\infty]{} \hat{W}^{(-)}\hat{W}^{(-)\dagger}\hat{\psi}'_{\text{out}}(\boldsymbol{x},t)\hat{W}^{(-)}\hat{W}^{(-)\dagger}$$
$$= \hat{P}_{\text{sc}}\hat{\psi}'_{\text{out}}(\boldsymbol{x},t)\hat{P}_{\text{sc}} = \hat{\psi}'_{\text{out}}(\boldsymbol{x},t) \qquad (12.5.83\,a)$$

であり，一方，$(12.5.79\,a)$で $t\to+\infty$ とおけば

$$\hat{\psi}(\boldsymbol{x},t) \xrightarrow[t\to+\infty]{} \hat{W}^{(-)}\hat{W}^{(+)\dagger}\hat{\psi}'_{\text{in}}(\boldsymbol{x},t)\hat{W}^{(+)}\hat{W}^{(-)\dagger}$$
$$= \hat{S}'^{\dagger}\hat{\psi}'_{\text{in}}(\boldsymbol{x},t)\hat{S}' \qquad (12.5.83\,b)$$

となるから

$$\hat{\psi}'_{\text{out}}(\boldsymbol{x},t) = \hat{S}'^{\dagger}\hat{\psi}'_{\text{in}}(\boldsymbol{x},t)\hat{S}' \qquad (12.5.84)$$

が得られる．これはもちろん$(12.5.82)$と同じものである．

さて，$(12.5.81)$から $\hat{S}'^{\dagger}\hat{S}'=\hat{S}'\hat{S}'^{\dagger}=\hat{P}_{\text{sc}}$ が得られるので，$\hat{S}'$ はユニタリーではない．しかし，散乱状態空間内にかぎるならば $\hat{P}_{\text{sc}}=1$ であり，$\hat{S}'$ はユニタリーとして取扱うことができる．また，$\{|\boldsymbol{u}_{\boldsymbol{p}}{}^{+}\rangle\}$ を基準ベクトルとして $\hat{S}'$ の行列要素をつくれば，$\langle \boldsymbol{u}_{\boldsymbol{p}}{}^{+}|\hat{S}'|\boldsymbol{u}_{\boldsymbol{p}'}{}^{+}\rangle=\langle\phi_{\boldsymbol{p}}|\hat{W}^{(+)\dagger}\hat{S}'\hat{W}^{(+)}|\phi_{\boldsymbol{p}'}\rangle=\langle\phi_{\boldsymbol{p}}|\hat{S}|\phi_{\boldsymbol{p}'}\rangle$ となり，通常の S 行列要素を与えてくれることがわかる．ゆえに，$\hat{S}'$ は $\{|\boldsymbol{u}_{\boldsymbol{p}}{}^{+}\rangle\}$ 上の S 行列である．$\hat{\psi}'_{\text{in}}$, $\hat{\psi}'_{\text{out}}$, $\hat{S}'$ と通常の $\hat{S}$ との関係を追求するために，波束散乱状態 $|\tilde{\boldsymbol{u}}_{\boldsymbol{p}}{}^{+}\rangle=\hat{W}^{(+)}|\tilde{\phi}_{\boldsymbol{p}}\rangle$ と $\hat{H}$ の真空状態† $|0'\rangle$ によって波束関数 $\tilde{\boldsymbol{u}}_{\boldsymbol{p}}{}^{+}(\boldsymbol{x},t)=\langle 0'|\hat{\psi}(\boldsymbol{x},t)|\tilde{\boldsymbol{u}}_{\boldsymbol{p}}{}^{+}\rangle$ をつくれば，この関数は$(12.5.73\,a)$により

$$\tilde{\boldsymbol{u}}_{\boldsymbol{p}}{}^{+}(\boldsymbol{x},t) = \tilde{\phi}_{\boldsymbol{p}\,\text{in}}(\boldsymbol{x},t) + \int_{-\infty}^{t}\!\!\int K^{+}(\boldsymbol{x},t\,;\boldsymbol{x}',t')\,V(\boldsymbol{x}')\,\tilde{\boldsymbol{u}}_{\boldsymbol{p}}{}^{+}(\boldsymbol{x}',t')\,d^3\boldsymbol{x}'dt' \qquad (12.5.85\,a)$$

を満足する．ただし，$\tilde{\phi}_{\boldsymbol{p}\,\text{in}}(\boldsymbol{x},t)=\langle 0'|\hat{\psi}'_{\text{in}}(\boldsymbol{x},t)|\tilde{\boldsymbol{u}}_{\boldsymbol{p}}{}^{+}\rangle=\langle 0|\hat{\psi}_0(\boldsymbol{x},t)|\tilde{\phi}_{\boldsymbol{p}}\rangle$ である(真空については脚注を見よ)．$(12.5.73\,b)$からは

$$\tilde{\boldsymbol{u}}_{\boldsymbol{p}}{}^{+}(\boldsymbol{x},t) = \tilde{\phi}_{\boldsymbol{p}\,\text{out}}(\boldsymbol{x},t) + \int_{t}^{\infty}\!\!\int K^{-}(\boldsymbol{x},t\,;\boldsymbol{x}',t')\,V(\boldsymbol{x}')\,\tilde{\boldsymbol{u}}_{\boldsymbol{p}}{}^{+}(\boldsymbol{x}',t')\,d^3\boldsymbol{x}'dt' \qquad (12.5.85\,b)$$

が得られる．ただし，$\tilde{\phi}_{\boldsymbol{p}\,\text{out}}(\boldsymbol{x},t)=\langle 0'|\hat{\psi}'_{\text{out}}(\boldsymbol{x},t)|\tilde{\boldsymbol{u}}_{\boldsymbol{p}}{}^{+}\rangle=\langle 0|\hat{\psi}_{\text{out}}(\boldsymbol{x},t)|\tilde{\phi}_{\boldsymbol{p}}\rangle$ であるが，$\hat{\psi}_{\text{out}}=\hat{W}^{(+)\dagger}\hat{\psi}'_{\text{out}}\hat{W}^{(+)}$ とおいた．したがって，

$$\tilde{\boldsymbol{u}}_{\boldsymbol{p}}{}^{+}(\boldsymbol{x},t) \xrightarrow[t\to-\infty]{} \tilde{\phi}_{\boldsymbol{p}\,\text{in}}(\boldsymbol{x},t)$$
$$\xrightarrow[t\to+\infty]{} \tilde{\phi}_{\boldsymbol{p}\,\text{out}}(\boldsymbol{x},t) \qquad (12.5.86)$$

† 一般の場合，$\hat{H}$ の真空状態 $|0'\rangle$ と $\hat{H}_0$ の真空状態 $|0\rangle$ は相異なり，$|0'\rangle=\hat{W}^{(\pm)}|0\rangle$ であるが，いまの場合は一致する：$|0'\rangle=|0\rangle$.

となるが，演算子関係式(*12. 5. 74*)は内容的には(*12. 5. 86*)として理解されなければいけない．ゆえに，$\hat{\psi}'_{\rm in}$ と $\hat{\psi}'_{\rm out}$ の組よりも

$$\left.\begin{aligned}\hat{\psi}_{\rm in}(\boldsymbol{x},t) &= \hat{W}^{(+)\dagger}\hat{\psi}'_{\rm in}(\boldsymbol{x},t)\,\hat{W}^{(+)} = \hat{\psi}_0(\boldsymbol{x},t)\\ \hat{\psi}_{\rm out}(\boldsymbol{x},t) &= \hat{W}^{(+)\dagger}\hat{\psi}'_{\rm out}(\boldsymbol{x},t)\,\hat{W}^{(+)} = \hat{S}^\dagger\hat{\psi}_{\rm in}(\boldsymbol{x},t)\hat{S}\end{aligned}\right\} \qquad (12.5.87)$$

によって与えられる $\hat{\psi}_{\rm in}$ と $\hat{\psi}_{\rm out}$ の組を用いる方が便利であろう．$\hat{\psi}_{\rm in}(\boldsymbol{x},t)$ と $\hat{\psi}_{\rm out}(\boldsymbol{x},t)$ はともに自由場の方程式と交換関係を満足し，互いに $\hat{S}$ または $\hat{S}^\dagger$ によるユニタリー変換で結びつけられている．なお，次式が成立する：

$$|\tilde{u}_{\boldsymbol{p}}{}^{\pm}\rangle = \hat{W}^{(\pm)}|\tilde{\phi}_{\boldsymbol{p}}\rangle = (\hat{\psi}'_{\substack{\rm in,\\ \rm out}}, \tilde{\phi}_{\boldsymbol{p}})\,|0'\rangle \qquad (12.5.88)$$

漸近場の組$(\hat{\psi}_{\rm in}, \hat{\psi}_{\rm out})$または$(\hat{\psi}'_{\rm in}, \hat{\psi}'_{\rm out})$がわかれば散乱問題は解けたことになる．

$\hat{\psi}_{\rm in}, \hat{\psi}_{\rm out}, \hat{S}$ の間にこのような関係があるので，S 行列および S 行列要素を $\hat{\psi}_{\rm in}$ と $\hat{\psi}_{\rm out}$ で表わすことができるはずである．それを実行してみよう．$t\to-\infty$ で用意した入射粒子状態は

$$|\boldsymbol{p}\,;{\rm in}\rangle = (\phi_{\boldsymbol{p}}, \hat{\psi}_{\rm in})^\dagger|0\rangle = |\phi_{\boldsymbol{p}}\rangle \qquad (12.5.89)$$

で表わされる．$\boldsymbol{p}\to\boldsymbol{p}'$ という遷移に対応する S 行列要素は

$$\langle\phi_{\boldsymbol{p}'}|S|\phi_{\boldsymbol{p}}\rangle = \langle 0|\,(\phi_{\boldsymbol{p}'}, \hat{\psi}_{\rm in})\hat{S}(\phi_{\boldsymbol{p}}, \hat{\psi}_{\rm in})^\dagger|0\rangle$$

であるが，$\hat{S}\hat{S}^\dagger=1$，$\hat{\psi}_{\rm out}=\hat{S}^\dagger\hat{\psi}_{\rm in}\hat{S}$，および $\hat{S}^\dagger|0\rangle=|0\rangle$ を用いると†，右辺は

$$\begin{aligned}&\langle 0|\hat{S}\hat{S}^\dagger(\phi_{\boldsymbol{p}'}, \hat{\psi}_{\rm in})\hat{S}(\phi_{\boldsymbol{p}}, \hat{\psi}_{\rm in})^\dagger|0\rangle\\ &= \langle 0|\,(\phi_{\boldsymbol{p}'}, \hat{\psi}_{\rm out})(\phi_{\boldsymbol{p}}, \hat{\psi}_{\rm in})^\dagger|0\rangle\end{aligned}$$

となるから，

$$\langle\phi_{\boldsymbol{p}'}|S|\phi_{\boldsymbol{p}}\rangle = \langle\boldsymbol{p}'\,;{\rm out}|\boldsymbol{p}\,;{\rm in}\rangle \qquad (12.5.90)$$

という式が得られる．ただし，

$$|\boldsymbol{p}'\,;{\rm out}\rangle = (\phi_{\boldsymbol{p}'}, \hat{\psi}_{\rm out})^\dagger|0\rangle \qquad (12.5.91)$$

である．(*12. 5. 90*)が $\hat{\psi}_{\rm in}, \hat{\psi}_{\rm out}$ による S 行列要素の表現である††．したがって

$$\hat{S} = \int|\boldsymbol{p}\,;{\rm in}\rangle d^3\boldsymbol{p}\langle\boldsymbol{p}\,;{\rm out}| \qquad (12.5.92)$$

---

† 位相定数を上手にえらべば，$\hat{S}|0\rangle=|0\rangle$，$\hat{S}^\dagger|0\rangle=|0\rangle$ となる．

†† $$(\phi_{\boldsymbol{p}}, \psi_{\rm in}) = \int\phi_{\boldsymbol{p}}{}^*(\boldsymbol{x},t)\,\psi_{\rm in}(\boldsymbol{x},t)\,d^3\boldsymbol{x}$$

は時刻 t に無関係な演算子である．$(\phi_{\boldsymbol{p}'}, \psi_{\rm out})$ も同様．また，$\phi_{\boldsymbol{p}}, \phi_{\boldsymbol{p}'}$ を自由粒子波束で置き換えても同じことがいえる．

と書いてもよい．

最後に T 行列要素を Heisenberg 演算子で表わす方法を考えよう．波束状態に対する S 行列要素は(*12. 5. 90*)から

$$\langle\tilde{\phi}_{\boldsymbol{p}'}|S|\tilde{\phi}_{\boldsymbol{p}}\rangle = \lim_{t\to+\infty}\int d^3\boldsymbol{x}\tilde{\phi}_{\boldsymbol{p}'}{}^*(\boldsymbol{x},t)\langle 0|\hat{\psi}_{\text{out}}(\boldsymbol{x},t)|\tilde{\phi}_{\boldsymbol{p}}\rangle \qquad (12.5.93)$$

となる．上につけた記号 ~ は波束状態を表わすためのものである．(*12. 5. 74*)により積分内の $\hat{\psi}_{\text{out}}$ は $\hat{W}^{(+)\dagger}\hat{\psi}(\boldsymbol{x},t)\hat{W}^{(+)}$ で置き換えることができる．さらに $\lim_{t\to+\infty}$ を $\lim_{t\to-\infty}$ で表わせば，(*12. 5. 93*)の右辺は次式に等しい．

$$\lim_{t\to-\infty}\int d^3\boldsymbol{x}\tilde{\phi}_{\boldsymbol{p}'}{}^*(\boldsymbol{x},t)\langle 0'|\hat{\psi}(\boldsymbol{x},t)|\tilde{u}_{\boldsymbol{p}}{}^+\rangle$$
$$+\int_{-\infty}^{\infty}dt\int d^3\boldsymbol{x}\frac{\partial}{\partial t}\{\tilde{\phi}_{\boldsymbol{p}}{}^*(\boldsymbol{x},t)\langle 0'|\hat{\psi}(\boldsymbol{x},t)|\tilde{u}_{\boldsymbol{p}}{}^+\rangle\}$$

第1項は，ふたたび(*12. 5. 74*)により Heisenberg 演算子 $\hat{\psi}$ を $\hat{\psi}'_{\text{in}}$ で置き換えてよいから，$\langle\tilde{u}_{\boldsymbol{p}'}{}^+|\tilde{u}_{\boldsymbol{p}}{}^+\rangle=\langle\tilde{\phi}_{\boldsymbol{p}'}|\tilde{\phi}_{\boldsymbol{p}}\rangle$ となってしまう．第2項に対しては，$\tilde{\phi}_{\boldsymbol{p}}{}^*(\boldsymbol{x},t)$ の満足する方程式

$$i\hbar\frac{\partial\tilde{\phi}_{\boldsymbol{p}'}{}^*}{\partial t} = -H_0(\boldsymbol{x})\tilde{\phi}_{\boldsymbol{p}'}{}^*$$

を用い，部分積分をして整理することができる．結局，(*12. 5. 93*)は

$$\langle\tilde{\phi}_{\boldsymbol{p}'}|S|\tilde{\phi}_{\boldsymbol{p}}\rangle = \langle\tilde{\phi}_{\boldsymbol{p}'}|\tilde{\phi}_{\boldsymbol{p}}\rangle$$
$$+\frac{1}{i\hbar}\int d^4x\tilde{\phi}_{\boldsymbol{p}'}{}^*(\boldsymbol{x},t)\left[i\hbar\frac{\partial}{\partial t}-H_0(\boldsymbol{x})\right]\langle 0'|\hat{\psi}(\boldsymbol{x},t)|\tilde{u}_{\boldsymbol{p}}{}^+\rangle \qquad (12.5.94)$$

となる．この式で $\tilde{\phi}_{\boldsymbol{p}'}$ と $\tilde{\phi}_{\boldsymbol{p}}$ に対して平面波極限をとれば，第1項が $\delta^3(\boldsymbol{p}'-\boldsymbol{p})$ になるので，第2項が T 行列要素を与える．同じ極限で，

$$\left[i\hbar\frac{\partial}{\partial t}-H_0(\boldsymbol{x})\right]\hat{\psi}(\boldsymbol{x},t) = V(\boldsymbol{x})\hat{\psi}(\boldsymbol{x},t)$$
$$\hat{\psi}(\boldsymbol{x},t) = \exp\left(\frac{i}{\hbar}\hat{H}t\right)\hat{\psi}(\boldsymbol{x})\exp\left(-\frac{i}{\hbar}\hat{H}t\right)$$

を用いると，t についての積分は

$$\int_{-\infty}^{\infty}dt\exp\left[\frac{i}{\hbar}(E_{\boldsymbol{p}'}-E_{\boldsymbol{p}})t\right] = 2\pi\hbar\delta(E_{\boldsymbol{p}'}-E_{\boldsymbol{p}})$$

となるから，T 行列要素((12. 2. 59)を見よ)として

$$\langle\phi_{\boldsymbol{p}'}|T|\phi_{\boldsymbol{p}}\rangle = -\pi\delta(E_{\boldsymbol{p}'}-E_{\boldsymbol{p}})\int d^3\boldsymbol{x}\tilde{\phi}_{\boldsymbol{p}'}{}^*(\boldsymbol{x})\,V(\boldsymbol{x})\langle 0'|\hat{\psi}(\boldsymbol{x})|u_{\boldsymbol{p}}{}^+\rangle \tag{12.5.95}$$

が得られる．(12. 2. 59)と見比べれば当然のことながら

$$u_{\boldsymbol{p}}{}^+(\boldsymbol{x}) = \langle 0'|\hat{\psi}(\boldsymbol{x})|u_{\boldsymbol{p}}{}^+\rangle \tag{12.5.96}$$

でなければならない．同様にして

$$u_{\boldsymbol{p}}{}^-(\boldsymbol{x}) = \langle 0'|\hat{\psi}(\boldsymbol{x})|u_{\boldsymbol{p}}{}^-\rangle \tag{12.5.97}$$

が得られる．これからも

$$|u_{\boldsymbol{p}}{}^{\pm}\rangle = W^{(\pm)}|\phi_{\boldsymbol{p}}\rangle \tag{12.5.98}$$

であることが予想されるが，これは(12. 5. 70)と(12. 5. 88)から直接求めることもできる($W^{(\pm)}|0\rangle=|0'\rangle$ を用いる)．なお，(12. 5. 96)の右辺から出発して，$u_{\boldsymbol{p}}{}^+(\boldsymbol{x})$ が Lippmann-Schwinger の方程式(12. 2. 53)を満足することを示せるが，ここではその議論には深入りしない．

(12. 5. 93)から(12. 5. 94)に到る方法を(12. 5. 94)の $|\tilde{u}_{\boldsymbol{p}}{}^+\rangle=(\hat{\psi}'_{\rm in},\tilde{\phi}_{\boldsymbol{p}})|0'\rangle$ についても適用すれば，平面波極限における S 行列要素は

$$\langle\phi_{\boldsymbol{p}'}|S|\phi_{\boldsymbol{p}}\rangle = \delta^3(\boldsymbol{p}'-\boldsymbol{p})-\frac{1}{i\hbar}\int\int d^4x d^4x'\phi_{\boldsymbol{p}'}{}^*(x)$$
$$\cdot\left\{\left[i\hbar\frac{\partial}{\partial t}-H_0(\boldsymbol{x})\right]\left[i\hbar\frac{\partial}{\partial t'}+H_0(\boldsymbol{x}')\right]G^+(x\,;x')\right\}\phi_{\boldsymbol{p}}(x') \tag{12.5.99}$$

となる．G^+ は(12. 5. 6 a)または(12. 5. 57)で定義した Green 関数であるが，(12. 5. 59)の $G_c{}^+$ で置き換えてもよい．

第13章　散乱理論 II

これまでは，主として，固定ポテンシャルで表わされた力による構造をもたない非相対論的粒子の散乱を扱ってきた．これは散乱問題としてはもっとも簡単な場合であるが，現実にはもっと複雑な各種の衝突散乱現象がある．ここでは一般の衝突散乱問題を研究しよう．幸いなことに，前章で定式化した散乱理論の形式は，問題の複雑化にもかかわらず，ほとんどそのまま一般の場合に適用することができる．しかし，状況に応じた変更が必要になることはいうまでもない．

§13.1　一般の散乱

まず，どのような衝突現象があるかを述べよう．§12.1のはじめに説明したように，この種の現象の多くは2個の粒子の衝突問題に帰着される．この2個の粒子が構造をもたない非相対論的粒子であり，その間の相互作用が粒子間距離だけに依存するポテンシャルをもつ力で記述される場合については，前章でくわしく議論したわけである．この場合には弾性散乱しか起こらない．しかし，衝突粒子の片方または両方が内部構造をもつ粒子であるときは，衝突によって内部状態の遷移や構成要素の交換組替えなどが起こる可能性があるので，弾性散乱ばかりでなく一般に非弾性散乱が起こることもある．原子，分子，原子核などは構造をもつ粒子であるから，これらが関係する現象では，このような非弾性衝突も考えに入れて散乱理論をつくらなければならない．原子衝突，化学反応，核反応などには，このような現象の具体例が数多くある．くわしくは本講座の各箇所を見ていただきたい．最近は素粒子にも内部構造があると考えられはじめているが，素粒子反応を構造をもつ粒子の衝突問題として取り扱う試みもある．一方，衝突によって新しい粒子が発生することもあり，これも一種の非弾性散乱である．たとえば，電子と原子の衝突における光子の発生や核子どうしの衝突によるπ中間子の発生などがある．さらに，関係する粒子の速度が光速度に近い場合には，非相対論的取扱いは許されず，相対論的な理論を用いなければならない．このような多様な衝突散乱問題に対処してゆく方法を研究するのがこの節の課題である．

a) 2体問題としての散乱

本論にはいる前に2,3の準備作業をしておこう．§12.1で説明したように，構造をもたない2個の非相対論的粒子どうしが粒子間距離だけの関数であるポテンシャル力によって散乱される場合は，相対座標波動関数だけを用いた等価的な1体問題によって置き換えることができた．一般の場合には必ずしもこのような簡単化はできないが，一般的な散乱理論をつくる準備として，この簡単な問題を始めから終りまで2体問題として扱ってみよう．

等価的な1体問題は相対座標ハミルトニアン $H=-\frac{\hbar^2}{2\mu}\nabla^2+V(|\boldsymbol{x}|)$ によって記述されるものであり，入射平面波 $\phi_{\boldsymbol{p}}(\boldsymbol{x})=(\sqrt{2\pi\hbar})^{-3}\exp[(i/\hbar)\boldsymbol{p}\cdot\boldsymbol{x}]$ の固定力 $V(|\boldsymbol{x}|)$ による散乱であった．元の2体問題にもどせば，(*12. 1. 5*)すなわち，

$$H=-\frac{\hbar^2}{2m_{\mathrm{a}}}\nabla_{\mathrm{a}}{}^2-\frac{\hbar^2}{2m_{\mathrm{b}}}\nabla_{\mathrm{b}}{}^2+V(|\boldsymbol{r}_{\mathrm{a}}-\boldsymbol{r}_{\mathrm{b}}|)$$

というハミルトニアンによって記述される2個の粒子 a, b からなる力学系において，入射波

$$\left.\begin{aligned}\phi_{\boldsymbol{p}_{\mathrm{a}}\boldsymbol{p}_{\mathrm{b}}}(\boldsymbol{r}_{\mathrm{a}},\boldsymbol{r}_{\mathrm{b}})&=(\sqrt{2\pi\hbar})^{-6}\exp\left[\frac{i}{\hbar}(\boldsymbol{p}_{\mathrm{a}}\cdot\boldsymbol{r}_{\mathrm{a}}+\boldsymbol{p}_{\mathrm{b}}\cdot\boldsymbol{r}_{\mathrm{b}})\right]\\&=(\sqrt{2\pi\hbar})^{-6}\exp\left[\frac{i}{\hbar}(\boldsymbol{P}\cdot\boldsymbol{X}+\boldsymbol{p}\cdot\boldsymbol{x})\right]\end{aligned}\right\}\qquad(13.\ 1.\ 1)$$

が粒子間力 $V(|\boldsymbol{r}_{\mathrm{a}}-\boldsymbol{r}_{\mathrm{b}}|)$ によって散乱される問題を扱わなければならない．ここで $\boldsymbol{p}_{\mathrm{a}},\boldsymbol{p}_{\mathrm{b}}$ は各粒子の初期運動量，$\boldsymbol{P}\equiv\boldsymbol{p}_{\mathrm{a}}+\boldsymbol{p}_{\mathrm{b}}$ は全運動量，$\boldsymbol{p}\equiv(m_{\mathrm{a}}+m_{\mathrm{b}})^{-1}(m_{\mathrm{b}}\boldsymbol{p}_{\mathrm{a}}-m_{\mathrm{a}}\boldsymbol{p}_{\mathrm{b}})$ は相対運動量を示す．なお，$\boldsymbol{X}\equiv(m_{\mathrm{a}}+m_{\mathrm{b}})^{-1}(m_{\mathrm{a}}\boldsymbol{r}_{\mathrm{a}}+m_{\mathrm{b}}\boldsymbol{r}_{\mathrm{b}})$ は重心座標，$\boldsymbol{x}\equiv\boldsymbol{r}_{\mathrm{a}}-\boldsymbol{r}_{\mathrm{b}}$ は相対座標である．したがって，形式的対応を考えれば，§12.2から§12.5までの理論において，

$$H_0=-\frac{\hbar^2}{2m_{\mathrm{a}}}\nabla_{\mathrm{a}}{}^2-\frac{\hbar^2}{2m_{\mathrm{b}}}\nabla_{\mathrm{b}}{}^2,\qquad V=V(|\boldsymbol{r}_{\mathrm{a}}-\boldsymbol{r}_{\mathrm{b}}|)$$

とおき，入射波として $\phi_{\boldsymbol{p}}$ のかわりに $\phi_{\boldsymbol{p}_{\mathrm{a}}\boldsymbol{p}_{\mathrm{b}}}$ をとって全ハミルトニアン $H=H_0+V$ の散乱状態固有関数 $u_{\boldsymbol{p}_{\mathrm{a}}\boldsymbol{p}_{\mathrm{b}}}{}^{\pm}$ を求めればよいわけである．だいたいの筋道はそ

のとおりでよいが，等価的1体問題では表面化しなかった2体問題特有の性質があるので注意しなければならない．

その議論をする前に記法の整理をしておこう．等価的1体問題と同じように，入射波および散乱状態固有関数の状態指定に初期運動量 $(\boldsymbol{p}_\mathrm{a}, \boldsymbol{p}_\mathrm{b})$ を用いることにする．$(\boldsymbol{p}_\mathrm{a}, \boldsymbol{p}_\mathrm{b})$ のかわりに $(\boldsymbol{P}, \boldsymbol{p})$ を用いてもよい．その方が便利なこともあるので，これからは両方を混用してゆくつもりである．さて，抽象表示では，入射平面波を $|\phi_{\boldsymbol{p}_\mathrm{a}\boldsymbol{p}_\mathrm{b}}\rangle$ または $|\phi_{\boldsymbol{P}\boldsymbol{p}}\rangle$ と書くわけであるが，ϕ を書くのがわずらわしいので今後単に $|\boldsymbol{p}_\mathrm{a}, \boldsymbol{p}_\mathrm{b}\rangle$ または $|\boldsymbol{P}, \boldsymbol{p}\rangle$ と書くことにしよう．これらのベクトルは δ 関数型の規格化が行なわれているものとしておく．(13.1.1)の右辺の係数はこの規格化条件によってえらばれたものである．すなわち，

$$\langle \boldsymbol{p}_\mathrm{a}', \boldsymbol{p}_\mathrm{b}' | \boldsymbol{p}_\mathrm{a}, \boldsymbol{p}_\mathrm{b}\rangle = \delta^3(\boldsymbol{p}_\mathrm{a}' - \boldsymbol{p}_\mathrm{a})\delta^3(\boldsymbol{p}_\mathrm{b}' - \boldsymbol{p}_\mathrm{b}) \qquad (13.1.2\,a)$$

または

$$\langle \boldsymbol{P}', \boldsymbol{p}' | \boldsymbol{P}, \boldsymbol{p}\rangle = \delta^3(\boldsymbol{P}' - \boldsymbol{P})\delta^3(\boldsymbol{p}' - \boldsymbol{p}) \qquad (13.1.2\,b)$$

が成立する．なお，粒子 a, b が同種粒子であるときは，(13.1.1)の右辺は Bose 粒子ならば対称化，Fermi 粒子ならば反対称化をしなければならない．それに応じて規格化条件(13.1.2)の右辺も対称化または反対称化する必要がある．この対称・反対称性は散乱状態固有関数にも要求されるものであり，散乱振幅にも反映する．しかし，当分の間この問題に深入りすることはやめる．

さて散乱問題の中心的課題は固有値方程式

$$\hat{H}|u_{\boldsymbol{p}_\mathrm{a}\boldsymbol{p}_\mathrm{b}}{}^{\pm}\rangle = E_{\boldsymbol{p}_\mathrm{a}\boldsymbol{p}_\mathrm{b}}|u_{\boldsymbol{p}_\mathrm{a}\boldsymbol{p}_\mathrm{b}}{}^{\pm}\rangle \qquad (13.1.3)$$

を散乱状態の境界条件のもとで解くことである．物理的に考えれば，この境界条件は，粒子間距離 $|\boldsymbol{x}| = |\boldsymbol{r}_\mathrm{a} - \boldsymbol{r}_\mathrm{b}|$ を十分に大きくしたとき，$u_{\boldsymbol{p}_\mathrm{a}\boldsymbol{p}_\mathrm{b}}{}^{\pm}(\boldsymbol{r}_\mathrm{a}, \boldsymbol{r}_\mathrm{b})$ が平面波 $\phi_{\boldsymbol{p}_\mathrm{a}\boldsymbol{p}_\mathrm{b}}(\boldsymbol{r}_\mathrm{a}, \boldsymbol{r}_\mathrm{b})$ と $|\boldsymbol{x}| = |\boldsymbol{r}_\mathrm{a} - \boldsymbol{r}_\mathrm{b}|$ についての外向き(または内向き)球面波の和になるというものである．これと同等の境界条件はすでに等価的1体問題でも考えていた．しかし，等価的1体問題では裏面にかくされてしまっていたのが全運動量の保存則である．2体問題としての散乱問題ではまずそれを明らかにしなければならない．

ここで取り上げた系のハミルトニアン(12.1.5)は $\boldsymbol{r}_\mathrm{a} \to \boldsymbol{r}_\mathrm{a} + \boldsymbol{a}$, $\boldsymbol{r}_\mathrm{b} \to \boldsymbol{r}_\mathrm{b} + \boldsymbol{a}$ という座標の平行移動に対して不変である．この平行移動はユニタリー演算子

$$\exp\left[\frac{i}{\hbar}(\hat{\boldsymbol{p}}_{\rm a}\cdot\boldsymbol{a}+\hat{\boldsymbol{p}}_{\rm b}\cdot\boldsymbol{a})\right]=\exp\left(\frac{i}{\hbar}\hat{\boldsymbol{P}}\cdot\boldsymbol{a}\right)$$

でつくることができる．(記号 ^ は抽象演算子を表わすものである．すなわち，$\hat{\boldsymbol{P}}$ は全運動量演算子を表わす.) したがって，この不変性は交換関係

$$[\hat{\boldsymbol{P}},\hat{H}]=0 \tag{13. 1. 4}$$

で表わされる．この交換関係は，同時に，$\hat{\boldsymbol{P}}$ が運動の恒量であること，すなわち，全運動量が保存されることを示している．この全運動量保存則が $|u_{\boldsymbol{p}_{\rm a}\boldsymbol{p}_{\rm b}}{}^{\pm}\rangle$ にどのように反映されているかをしらべなければならない．(13. 1. 4) の数学的帰結として，演算子 $\hat{\boldsymbol{P}}$ と $\hat{H}$ が同時固有ベクトルをもつことがわかる．$\hat{\boldsymbol{P}}|u_{\boldsymbol{p}_{\rm a}\boldsymbol{p}_{\rm b}}{}^{\pm}\rangle=(\boldsymbol{p}_{\rm a}+\boldsymbol{p}_{\rm b})|u_{\boldsymbol{p}_{\rm a}\boldsymbol{p}_{\rm b}}{}^{\pm}\rangle$ であるから，散乱状態固有ベクトルは (13. 1. 3) と同時に

$$\hat{\boldsymbol{P}}|u_{\boldsymbol{p}_{\rm a}\boldsymbol{p}_{\rm b}}{}^{\pm}\rangle=\boldsymbol{P}|u_{\boldsymbol{p}_{\rm a}\boldsymbol{p}_{\rm b}}{}^{\pm}\rangle \tag{13. 1. 5}$$

を満足する．ただし，$\boldsymbol{P}=\boldsymbol{p}_{\rm a}+\boldsymbol{p}_{\rm b}$. ゆえに，状態指定としてやはり $(\boldsymbol{P},\boldsymbol{p})$ を用いることができ，$|u_{\boldsymbol{p}_{\rm a}\boldsymbol{p}_{\rm b}}{}^{\pm}\rangle=|u_{\boldsymbol{P}\boldsymbol{p}}{}^{\pm}\rangle$ と書いてよろしい．§12. 2 と同様の推論によって

$$\begin{aligned}\langle u_{\boldsymbol{p}_{\rm a}'\boldsymbol{p}_{\rm b}'}{}^{\pm}|u_{\boldsymbol{p}_{\rm a}\boldsymbol{p}_{\rm b}}{}^{\pm}\rangle&=\langle\boldsymbol{p}_{\rm a'},\boldsymbol{p}_{\rm b'}|\boldsymbol{p}_{\rm a},\boldsymbol{p}_{\rm b}\rangle\\&=\langle\boldsymbol{P}',\boldsymbol{p}'|\boldsymbol{P},\boldsymbol{p}\rangle=\langle u_{\boldsymbol{P}'\boldsymbol{p}'}{}^{\pm}|u_{\boldsymbol{P}\boldsymbol{p}}{}^{\pm}\rangle\end{aligned} \tag{13. 1. 6}$$

を示すことができる．さらに (12. 1. 5) が (12. 1. 6) と書き直せること，すなわち，

$$H=-\frac{\hbar^2}{2M}\nabla_{\boldsymbol{X}}{}^2-\frac{\hbar^2}{2\mu}\nabla_{\boldsymbol{x}}{}^2-V(|\boldsymbol{x}|)\qquad\left(M=m_{\rm a}+m_{\rm b},\ \mu=\frac{m_{\rm a}m_{\rm b}}{m_{\rm a}+m_{\rm b}}\right)$$

というハミルトニアンの構造から関係式

$$\left.\begin{aligned}&|u_{\boldsymbol{P}\boldsymbol{p}}{}^{\pm}\rangle=|\phi_{\boldsymbol{P}}\rangle|u_{\boldsymbol{p}}{}^{\pm}\rangle,\qquad E_{\boldsymbol{P}\boldsymbol{p}}=E_{\boldsymbol{P}}+E_{\boldsymbol{p}}\\&E_{\boldsymbol{P}}=\frac{1}{2M}\boldsymbol{P}^2,\qquad E_{\boldsymbol{p}}=\frac{1}{2\mu}\boldsymbol{p}^2\end{aligned}\right\} \tag{13. 1. 7}$$

を出すことができる．$|\phi_{\boldsymbol{P}}\rangle$ は 1 体平面波状態，$|u_{\boldsymbol{p}}{}^{\pm}\rangle$ は等価的 1 体散乱状態を表わすベクトルである．もちろん，$E_{\boldsymbol{P}\boldsymbol{p}}=E_{\boldsymbol{p}_{\rm a}}+E_{\boldsymbol{p}_{\rm b}}$ も成立する．ただし，$E_{\boldsymbol{p}_{\rm a}}=(2m_{\rm a})^{-1}\boldsymbol{p}_{\rm a}{}^2$, $E_{\boldsymbol{p}_{\rm b}}=(2m_{\rm b})^{-1}\boldsymbol{p}_{\rm b}{}^2$ である．

ついでに束縛状態について述べておこう．この場合でも (13. 1. 4) が成立するわけであるから，束縛状態ベクトルも $\hat{\boldsymbol{P}}$ の固有ベクトルになる．そこで $|u_{\boldsymbol{P}B}\rangle$ と書くことにすれば，

$$\left.\begin{aligned}&\hat{\boldsymbol{P}}|u_{\boldsymbol{P}B}\rangle=\boldsymbol{P}|u_{\boldsymbol{P}B}\rangle,\qquad\hat{H}|u_{\boldsymbol{P}B}\rangle=E_{\boldsymbol{P}B}|u_{\boldsymbol{P}B}\rangle\\&\langle u_{\boldsymbol{P}'B'}|u_{\boldsymbol{P}B}\rangle=\delta^3(\boldsymbol{P}'-\boldsymbol{P})\delta_{B'B}\end{aligned}\right\} \tag{13. 1. 8}$$

が成立する．この場合ハミルトニアン H の具体形を用いると

$$|u_{PB}\rangle = |\phi_P\rangle|u_B\rangle, \qquad E_{PB} = E_P + E_B \tag{13. 1. 9}$$

が得られる．$|u_B\rangle$ は相対座標ハミルトニアンの1体束縛状態固有ベクトルであり，固有値 E_B にぞくする．

$|u_{p_a p_b}{}^{\pm}\rangle$ および $|u_{PB}\rangle$ が $\hat{\boldsymbol{P}}$ の固有ベクトルになっているという事実は，$\hat{H}$ の具体形(*12. 1. 5*)の詳細にかかわるものではなく，平行移動不変性すなわち(*13. 1. 4*)だけから出てくるものである．したがって，後で議論する一般の散乱でも，多くの場合この性質が現われることに注意していただきたい．しかし，(*13. 1. 7*)と(*13. 1. 9*)はここで取り扱っている力学系のハミルトニアン(*12. 1. 5*)の構造に依存した結果である．この場合，$\hat{H}_0$ と $\hat{H}$ のスペクトルは図12.4と同じような形をもつ．くわしくいえば，$\hat{H}$ のスペクトルは図12.4に重心運動のエネルギー E_P を加えたものである．

さて，固有値方程式(*13. 1. 3*)から Lippmann-Schwinger の方程式

$$|u_{p_a p_b}{}^{\pm}\rangle = |\boldsymbol{p}_a, \boldsymbol{p}_b\rangle + \frac{1}{E_{p_a p_b} - \hat{H}_0 \pm i\varepsilon}\hat{V}|u_{p_a p_b}{}^{\pm}\rangle \tag{13. 1. 10}$$

をつくろう．これは等価的1体問題との形式的類推で書いたのであるが，Green 関数 $(E_{p_a p_b} - \hat{H}_0 \pm i\varepsilon)^{-1}$ が正に望んでいた境界条件を与えることを示さなければならない．そのため(*13. 1. 10*)の運動量表示

$$\langle \boldsymbol{p}_a', \boldsymbol{p}_b'|u_{p_a p_b}{}^{\pm}\rangle = \langle \boldsymbol{p}_a', \boldsymbol{p}_b'|\boldsymbol{p}_a, \boldsymbol{p}_b\rangle + \frac{1}{E_{p_a p_b} - E_{p_a' p_b'} \pm i\varepsilon}\langle \boldsymbol{p}_a', \boldsymbol{p}_b'|\hat{V}|u_{p_a p_b}{}^{\pm}\rangle \tag{13. 1. 11}$$

から議論をはじめる．

はじめに，(*13. 1. 7*)を用いよう．これはハミルトニアンの具体形

$$H = -\frac{\hbar^2}{2M}\nabla_X{}^2 - \frac{\hbar^2}{2\mu}\nabla_x{}^2 + V(|\boldsymbol{x}|)$$

によるものであることを注意してほしい．このとき $[\hat{\boldsymbol{P}}, \hat{V}]=0$ であること，すなわち，V が重心座標に無関係であることを用いれば

$$\langle \boldsymbol{p}_a', \boldsymbol{p}_b'|\hat{V}|u_{p_a p_b}{}^{\pm}\rangle = \delta^3(\boldsymbol{P}' - \boldsymbol{P})\langle \phi_{p'}|\hat{V}|u_p{}^{\pm}\rangle \tag{13. 1. 12}$$

が得られる．$\langle \phi_{p'}|\hat{V}|u_p{}^{\pm}\rangle$ は等価的1体問題に出てきたものである．$\delta^3(\boldsymbol{P}'-\boldsymbol{P})$ の

ために，係数の Green 関数において $\boldsymbol{P}'=\boldsymbol{P}$ とおくことができるので

$$\frac{1}{E_{\boldsymbol{p}_a'\boldsymbol{p}_b'}-E_{\boldsymbol{p}_a\boldsymbol{p}_b}\pm i\varepsilon}=\frac{1}{E_{\boldsymbol{p}'}-E_{\boldsymbol{p}}\pm i\varepsilon}$$

となり，(13. 1. 11) は

$$\langle\boldsymbol{p}_a', \boldsymbol{p}_b'|u_{\boldsymbol{p}_a\boldsymbol{p}_b}{}^{\pm}\rangle\doteq\delta^3(\boldsymbol{P}'-\boldsymbol{P})\left[\delta^3(\boldsymbol{p}'-\boldsymbol{p})+\frac{1}{E_{\boldsymbol{p}}-E_{\boldsymbol{p}'}\pm i\varepsilon}\langle\phi_{\boldsymbol{p}'}|\hat{V}|u_{\boldsymbol{p}}{}^{\pm}\rangle\right] \tag{13. 1. 13}$$

となる．(13. 1. 7) の第1式によれば

$$\langle\boldsymbol{p}_a', \boldsymbol{p}_b'|u_{\boldsymbol{p}_a\boldsymbol{p}_b}{}^{\pm}\rangle=\delta^3(\boldsymbol{P}'-\boldsymbol{P})\langle\phi_{\boldsymbol{p}'}|u_{\boldsymbol{p}}{}^{\pm}\rangle \tag{13. 1. 14}$$

であるから，§12. 2 の結果といっしょにすれば (13. 1. 13) は自明の結果であるということができる．したがって，(13. 1. 13) を座標表示に変換し，$|\boldsymbol{x}|\to\infty$ とすれば，$u_{\boldsymbol{p}_a\boldsymbol{p}_b}{}^{\pm}(\boldsymbol{r}_a, \boldsymbol{r}_b)$ はたしかに正しい境界条件を満足しているわけである．(13. 1. 7) が成立しない一般の場合でも，$(E_{\boldsymbol{p}_a\boldsymbol{p}_b}-\hat{H}_0\pm i\varepsilon)^{-1}$ は正しい境界条件を満足することを示すことができるが，それは後で行なう．

次に2体問題としての波動行列，$\mathcal{T}$ 行列，T 行列，S 行列の定義を与えよう．§12. 2 の諸定義を拡張すれば，それらは

$$\langle\boldsymbol{p}_a', \boldsymbol{p}_b'|W^{(\pm)}|\boldsymbol{p}_a, \boldsymbol{p}_b\rangle\equiv\langle\boldsymbol{p}_a', \boldsymbol{p}_b'|u_{\boldsymbol{p}_a\boldsymbol{p}_b}{}^{\pm}\rangle \tag{13. 1. 15 a}$$

$$\langle\boldsymbol{p}_a', \boldsymbol{p}_b'|\mathcal{T}|\boldsymbol{p}_a, \boldsymbol{p}_b\rangle\equiv\langle\boldsymbol{p}_a', \boldsymbol{p}_b'|\hat{V}|u_{\boldsymbol{p}_a\boldsymbol{p}_b}{}^{+}\rangle \tag{13. 1. 15 b}$$

すなわち，

$$\hat{\mathcal{T}}=\hat{V}\hat{W}^{(+)}$$

一方 T と S は

$$\langle\boldsymbol{p}_a', \boldsymbol{p}_b'|T|\boldsymbol{p}_a, \boldsymbol{p}_b\rangle\equiv-\pi\delta(E_{\boldsymbol{p}_a\boldsymbol{p}_b}-E_{\boldsymbol{p}_a'\boldsymbol{p}_b'})\langle\boldsymbol{p}_a', \boldsymbol{p}_b'|\mathcal{T}|\boldsymbol{p}_a, \boldsymbol{p}_b\rangle \tag{13. 1. 15 c}$$

$$\begin{aligned}\langle\boldsymbol{p}_a', \boldsymbol{p}_b'|S|\boldsymbol{p}_a, \boldsymbol{p}_b\rangle\equiv&\,\delta^3(\boldsymbol{p}_a'-\boldsymbol{p}_a)\delta^3(\boldsymbol{p}_b'-\boldsymbol{p}_b)\\&-2\pi i\delta(E_{\boldsymbol{p}_a\boldsymbol{p}_b}-E_{\boldsymbol{p}_a'\boldsymbol{p}_b'})\langle\boldsymbol{p}_a', \boldsymbol{p}_b'|\mathcal{T}|\boldsymbol{p}_a, \boldsymbol{p}_b\rangle\end{aligned} \tag{13. 1. 15 d}$$

で与えられる．すなわち，

$$\hat{S}=1+2i\hat{T}$$

で定義すべきものである．この $\hat{W}^{(\pm)}, \hat{\mathcal{T}}, \hat{T}, \hat{S}$ は §12. 2 と §12. 4 で求めた同じ記号の量が満足する関係をすべて満足する．

(13.1.7)が成立するときは

$$\langle \boldsymbol{p}_a', \boldsymbol{p}_b'|W^{(\pm)}|\boldsymbol{p}_a, \boldsymbol{p}_b\rangle = \delta^3(\boldsymbol{P}'-\boldsymbol{P})\langle\phi_{\boldsymbol{p}'}|W^{(\pm)}|\phi_{\boldsymbol{p}}\rangle \qquad (13.1.16\,a)$$

$$\langle \boldsymbol{p}_a', \boldsymbol{p}_b'|\mathcal{T}|\boldsymbol{p}_a, \boldsymbol{p}_b\rangle = \delta^3(\boldsymbol{P}'-\boldsymbol{P})\langle\phi_{\boldsymbol{p}'}|\mathcal{T}|\phi_{\boldsymbol{p}}\rangle \qquad (13.1.16\,b)$$

$$\langle \boldsymbol{p}_a', \boldsymbol{p}_b'|T|\boldsymbol{p}_a, \boldsymbol{p}_b\rangle = \delta^3(\boldsymbol{P}'-\boldsymbol{P})\langle\phi_{\boldsymbol{p}'}|T|\phi_{\boldsymbol{p}}\rangle \qquad (13.1.16\,c)$$

$$\langle \boldsymbol{p}_a', \boldsymbol{p}_b'|S|\boldsymbol{p}_a, \boldsymbol{p}_b\rangle = \delta^3(\boldsymbol{P}'-\boldsymbol{P})\langle\phi_{\boldsymbol{p}'}|S|\phi_{\boldsymbol{p}}\rangle \qquad (13.1.16\,d)$$

となってしまう．右辺の $\delta^3(\boldsymbol{P}'-\boldsymbol{P})$ をのぞいたものは，いずれも，等価的1体問題に出てきた量である．

一般の場合にも各行列要素が $\delta^3(\boldsymbol{P}'-\boldsymbol{P})$ という因子をもつことを証明しよう．(13.1.4)が成立する場合，すなわち，平行移動不変性をもつ力学系では，$\hat{S}, \hat{T}, \hat{\mathcal{T}}, \hat{W}^{(\pm)}$ などはやはり $\hat{\boldsymbol{P}}$ と可換である．たとえば，

$$[\hat{\boldsymbol{P}}, \hat{S}] = 0 \qquad (13.1.17)$$

平面波状態ベクトルでこの両辺の行列要素をつくると

$$(\boldsymbol{P}'-\boldsymbol{P})\langle \boldsymbol{p}_a', \boldsymbol{p}_b'|S|\boldsymbol{p}_a, \boldsymbol{p}_b\rangle = 0$$

となる．ゆえに $\langle \boldsymbol{p}_a', \boldsymbol{p}_b'|S|\boldsymbol{p}_a, \boldsymbol{p}_b\rangle$ は $\delta^3(\boldsymbol{P}'-\boldsymbol{P})$ という因子をもたなければならない．他も同様であるから，

$$\langle \boldsymbol{p}_a', \boldsymbol{p}_b'|W^{(\pm)}|\boldsymbol{p}_a, \boldsymbol{p}_b\rangle = \delta^3(\boldsymbol{P}'-\boldsymbol{P})\langle\!\langle \boldsymbol{p}_a', \boldsymbol{p}_b'|W^{(\pm)}|\boldsymbol{p}_a, \boldsymbol{p}_b\rangle\!\rangle \qquad (13.1.18\,a)$$

$$\langle \boldsymbol{p}_a', \boldsymbol{p}_b'|\mathcal{T}|\boldsymbol{p}_a, \boldsymbol{p}_b\rangle = \delta^3(\boldsymbol{P}'-\boldsymbol{P})\langle\!\langle \boldsymbol{p}_a', \boldsymbol{p}_b'|\mathcal{T}|\boldsymbol{p}_a, \boldsymbol{p}_b\rangle\!\rangle \qquad (13.1.18\,b)$$

$$\langle \boldsymbol{p}_a', \boldsymbol{p}_b'|T|\boldsymbol{p}_a, \boldsymbol{p}_b\rangle = \delta^3(\boldsymbol{P}'-\boldsymbol{P})\langle\!\langle \boldsymbol{p}_a', \boldsymbol{p}_b'|T|\boldsymbol{p}_a, \boldsymbol{p}_b\rangle\!\rangle \qquad (13.1.18\,c)$$

$$\langle \boldsymbol{p}_a', \boldsymbol{p}_b'|S|\boldsymbol{p}_a, \boldsymbol{p}_b\rangle = \delta^3(\boldsymbol{P}'-\boldsymbol{P})\langle\!\langle \boldsymbol{p}_a', \boldsymbol{p}_b'|S|\boldsymbol{p}_a, \boldsymbol{p}_b\rangle\!\rangle \qquad (13.1.18\,d)$$

とおくことができる．《 | | 》という記号は $\boldsymbol{P}=\boldsymbol{p}_a+\boldsymbol{p}_b=\boldsymbol{p}_a'+\boldsymbol{p}_b'$ という制限つきの行列要素を表わすために用いた．この《 | | 》は $\boldsymbol{P}'\ (=\boldsymbol{P})$ についての特異性をもたない．ゆえに Lippmann-Schwinger の方程式は

$$\langle \boldsymbol{p}_a', \boldsymbol{p}_b'|u_{\boldsymbol{p}_a\boldsymbol{p}_b}{}^{\pm}\rangle = \delta^3(\boldsymbol{p}_a'-\boldsymbol{p}_a)\delta^3(\boldsymbol{p}_b'-\boldsymbol{p}_b)$$
$$+\frac{1}{E_{\boldsymbol{p}_a\boldsymbol{p}_b}-E_{\boldsymbol{p}_a'\boldsymbol{p}_b'}\pm i\varepsilon}\delta^3(\boldsymbol{P}'-\boldsymbol{P})\langle\!\langle \boldsymbol{p}_a', \boldsymbol{p}_b'|\mathcal{T}|\boldsymbol{p}_a, \boldsymbol{p}_b\rangle\!\rangle \qquad (13.1.19)$$

であり，S 行列要素は

$$\langle \boldsymbol{p}_a', \boldsymbol{p}_b'|S|\boldsymbol{p}_a, \boldsymbol{p}_b\rangle = \delta^3(\boldsymbol{p}_a'-\boldsymbol{p}_a)\delta^3(\boldsymbol{p}_b'-\boldsymbol{p}_b)$$
$$-2\pi i\delta(E_{\boldsymbol{p}_a'\boldsymbol{p}_b'}-E_{\boldsymbol{p}_a\boldsymbol{p}_b})\delta^3(\boldsymbol{P}'-\boldsymbol{P})\langle\!\langle \boldsymbol{p}_a', \boldsymbol{p}_b'|\mathcal{T}|\boldsymbol{p}_a, \boldsymbol{p}_b\rangle\!\rangle \qquad (13.1.20)$$

となる．(13. 1. 20)でみるように，平行移動不変性をもつ力学系の散乱現象においては，いつも全エネルギー運動量が保存される．

次に(13. 1. 19)の座標表示をつくり，Green 関数 $(E_{\boldsymbol{p}_a\boldsymbol{p}_b}-\hat{H}_0\pm i\varepsilon)^{-1}$ が正しい境界条件を与えることを示そう．$E_{\boldsymbol{p}_a\boldsymbol{p}_b}$ の具体的な形は問題にしない．しかし，これは $\hat{H}_0$ の固有値でもあること，および２粒子が十分遠くはなれたときは各粒子のエネルギーの和でなければならないことを考えれば，一般に

$$E_{\boldsymbol{p}_a\boldsymbol{p}_b}=E_{\boldsymbol{p}_a}+E_{\boldsymbol{p}_b} \tag{13. 1. 21}$$

が成立するので，これだけは利用しよう．なお $\boldsymbol{v}=\partial E_{\boldsymbol{p}}/\partial\boldsymbol{p}$ は各粒子の速度を与える．さて，(13. 1. 19)の座標表示は

$$\begin{aligned}u_{\boldsymbol{p}_a\boldsymbol{p}_b}{}^{+}(\boldsymbol{r}_a,\boldsymbol{r}_b)=\frac{1}{(2\pi\hbar)^3}\Bigg\{&\exp\left[\frac{i}{\hbar}(\boldsymbol{p}_a\cdot\boldsymbol{r}_a+\boldsymbol{p}_b\cdot\boldsymbol{r}_b)\right]\\&+\iint d^3\boldsymbol{p}_a{}'d^3\boldsymbol{p}_b{}'\exp\left[\frac{i}{\hbar}(\boldsymbol{p}_a{}'\cdot\boldsymbol{r}_a+\boldsymbol{p}_b{}'\cdot\boldsymbol{r}_b)\right]\\&\cdot\frac{1}{E_{\boldsymbol{p}_a\boldsymbol{p}_b}-E_{\boldsymbol{p}_a'\boldsymbol{p}_b'}+i\varepsilon}\delta^3(\boldsymbol{P}'-\boldsymbol{P})\langle\!\langle\boldsymbol{p}_a{}',\boldsymbol{p}_b{}'|\mathcal{T}|\boldsymbol{p}_a,\boldsymbol{p}_b\rangle\!\rangle\Bigg\}\end{aligned} \tag{13. 1. 22}$$

である．$\boldsymbol{P}'=\boldsymbol{p}_a{}'+\boldsymbol{p}_b{}'$ であるから $\boldsymbol{p}_b{}'$ についての積分を実行すると右辺括弧内の第２項は

$$\begin{aligned}-2\pi i\exp\left(\frac{i}{\hbar}\boldsymbol{P}\cdot\boldsymbol{r}_b\right)\int d^3\boldsymbol{p}_a{}'\exp\left[\frac{i}{\hbar}\boldsymbol{p}_a{}'\cdot(\boldsymbol{r}_a-\boldsymbol{r}_b)\right]\delta_+(E_{\boldsymbol{p}_a\boldsymbol{p}_b}-E_{\boldsymbol{p}_a',\boldsymbol{P}-\boldsymbol{p}_a'})\\\cdot\langle\!\langle\boldsymbol{p}_a{}',\boldsymbol{P}-\boldsymbol{p}_a{}'|\mathcal{T}|\boldsymbol{p}_a,\boldsymbol{p}_b\rangle\!\rangle\end{aligned}$$

となる．$\boldsymbol{p}_a{}'$ の積分は，$\boldsymbol{e}_a{}'=(\boldsymbol{r}_a-\boldsymbol{r}_b)/|\boldsymbol{r}_a-\boldsymbol{r}_b|$ を極軸とする球座標 $\boldsymbol{p}_a{}'=p_a{}'(\sin\alpha\cdot\cos\beta,\sin\alpha\sin\beta,\cos\alpha)$ を用いると便利である．α は $\boldsymbol{p}_a{}'$ と $\boldsymbol{e}_a{}'$ のつくる極角，β は方位角である．積分内の指数関数をのぞいたものを $F(p_a{}',\alpha,\beta)$ と書けば，上記の積分は

$$\begin{aligned}-2\pi i\exp\left(\frac{i}{\hbar}\boldsymbol{P}\cdot\boldsymbol{r}_b\right)\int_0^\infty p_a{}'^2dp_a{}'\int_0^{2\pi}d\beta\int_{-1}^1d(\cos\alpha)\\\cdot\exp\left(\frac{i}{\hbar}p_a{}'|\boldsymbol{r}_a-\boldsymbol{r}_b|\cos\alpha\right)F(p_a{}',\alpha,\beta)\end{aligned}$$

となる．$\cos\alpha$ についての積分に対して部分積分を行なうと

$$\int_{-1}^{1} d(\cos\alpha)\ \exp\left(\frac{i}{\hbar}p_{\rm a}'|\boldsymbol{r}_{\rm a}-\boldsymbol{r}_{\rm b}|\cos\alpha\right)F(p_{\rm a}',\alpha,\beta)$$

$$=\frac{\hbar}{ip_{\rm a}'|\boldsymbol{r}_{\rm a}-\boldsymbol{r}_{\rm b}|}\left\{\exp\left(\frac{i}{\hbar}p_{\rm a}'|\boldsymbol{r}_{\rm a}-\boldsymbol{r}_{\rm b}|\right)F(p_{\rm a}',0,\beta)\right.$$

$$\left.-\exp\left(-\frac{i}{\hbar}p_{\rm a}'|\boldsymbol{r}_{\rm a}-\boldsymbol{r}_{\rm b}|\right)F(p_{\rm a}',\pi,\beta)\right\}$$

$$-\frac{\hbar}{ip_{\rm a}'|\boldsymbol{r}_{\rm a}-\boldsymbol{r}_{\rm b}|}\int_{-1}^{1} d(\cos\alpha)\ \exp\left(\frac{i}{\hbar}p_{\rm a}'|\boldsymbol{r}_{\rm a}-\boldsymbol{r}_{\rm b}|\cos\alpha\right)$$

$$\cdot\frac{\partial}{\partial\cos\alpha}F(p_{\rm a}',\alpha,\beta)$$

となるが，さらに部分積分をつづけてゆけば，この第2項は $|\boldsymbol{r}_{\rm a}-\boldsymbol{r}_{\rm b}|^{-2}$ 以上の項であることがわかる．したがって，$|\boldsymbol{r}_{\rm a}-\boldsymbol{r}_{\rm b}|\to\infty$ の漸近式では第1項だけで近似してよい．

さらに，$\alpha=0,\pi$ に対しては $\boldsymbol{p}_{\rm a}'$ は $\boldsymbol{e}_{\rm a}'$ 方向または $-\boldsymbol{e}_{\rm a}'$ 方向を向いてしまうわけであるから，$F(p_{\rm a}',0,\beta)$ と $F(p_{\rm a}',\pi,\beta)$ は β には関係しなくなってしまう．ゆえに全積分は

$$-2\pi i\exp\left(\frac{i}{\hbar}\boldsymbol{P}\cdot\boldsymbol{r}_{\rm b}\right)\frac{2\pi\hbar}{i|\boldsymbol{r}_{\rm a}-\boldsymbol{r}_{\rm b}|}$$

$$\cdot\left\{\int_0^\infty\exp\left(\frac{i}{\hbar}p_{\rm a}'|\boldsymbol{r}_{\rm a}-\boldsymbol{r}_{\rm b}|\right)\delta_+(E_{\boldsymbol{p}_{\rm a}\boldsymbol{p}_{\rm b}}-E_{p_{\rm a}'\boldsymbol{e}_{\rm a}',\boldsymbol{P}-p_{\rm a}'\boldsymbol{e}_{\rm a}'})\right.$$

$$\cdot\langle\!\langle p_{\rm a}'\boldsymbol{e}_{\rm a}',\boldsymbol{P}-p_{\rm a}'\boldsymbol{e}_{\rm a}'|\mathcal{T}|\boldsymbol{p}_{\rm a},\boldsymbol{p}_{\rm b}\rangle\!\rangle p_{\rm a}'dp_{\rm a}'$$

$$-\int_0^\infty\exp\left(-\frac{i}{\hbar}p_{\rm a}'|\boldsymbol{r}_{\rm a}-\boldsymbol{r}_{\rm b}|\right)\delta_+(E_{\boldsymbol{p}_{\rm a}\boldsymbol{p}_{\rm b}}-E_{-p_{\rm a}'\boldsymbol{e}_{\rm a}',\boldsymbol{P}+p_{\rm a}'\boldsymbol{e}_{\rm a}'})$$

$$\left.\cdot\langle\!\langle -p_{\rm a}'\boldsymbol{e}_{\rm a}',\boldsymbol{P}+p_{\rm a}'\boldsymbol{e}_{\rm a}'|\mathcal{T}|\boldsymbol{p}_{\rm a},\boldsymbol{p}_{\rm b}\rangle\!\rangle p_{\rm a}'dp_{\rm a}'\right\}$$

となる．ここで(*12. 4. 22*)，すなわち

$$\left.\begin{aligned}e^{-i\xi t}\delta_+(\xi)&\xrightarrow[t\to\infty]{}\delta(\xi)\\ e^{+i\xi t}\delta_+(\xi)&\xrightarrow[t\to\infty]{}0\end{aligned}\right\}\tag{13. 1. 23}$$

を用いると，$|\boldsymbol{r}_{\rm a}-\boldsymbol{r}_{\rm b}|\to\infty$ に対する漸近式を求めることができる．結局，(*13. 1. 22*) の漸近式として

$$u_{\boldsymbol{p}_{\rm a}\boldsymbol{p}_{\rm b}}{}^{+}(\boldsymbol{r}_{\rm a},\boldsymbol{r}_{\rm b}) \xrightarrow[|\boldsymbol{r}_{\rm a}-\boldsymbol{r}_{\rm b}|\to\infty]{} \phi_{\boldsymbol{p}_{\rm a}\boldsymbol{p}_{\rm b}}(\boldsymbol{r}_{\rm a},\boldsymbol{r}_{\rm b})+u_{\boldsymbol{p}_{\rm a}\boldsymbol{p}_{\rm b}}{}^{\rm sc}(\boldsymbol{r}_{\rm a},\boldsymbol{r}_{\rm b}) \qquad (13.1.24\,a)$$

$$u_{\boldsymbol{p}_{\rm a}\boldsymbol{p}_{\rm b}}{}^{\rm sc}(\boldsymbol{r}_{\rm a},\boldsymbol{r}_{\rm b}) = -\frac{1}{(2\pi\hbar)^3}\frac{4\pi^2\hbar}{|\boldsymbol{r}_{\rm a}-\boldsymbol{r}_{\rm b}|}\exp\left(\frac{i}{\hbar}\boldsymbol{P}\cdot\boldsymbol{r}_{\rm b}\right)\exp\left(\frac{i}{\hbar}\bar{p}_{\rm a}{}'|\boldsymbol{r}_{\rm a}-\boldsymbol{r}_{\rm b}|\right)$$

$$\cdot\left(\frac{\partial}{\partial p_{\rm a}{}'}E_{p_{\rm a}{}'\boldsymbol{e}_{\rm a}{}',\boldsymbol{P}-p_{\rm a}{}'\boldsymbol{e}_{\rm a}{}'}\right)^{-1}_{p_{\rm a}{}'=\bar{p}_{\rm a}{}'}\langle\!\langle\bar{\boldsymbol{p}}_{\rm a}{}',\bar{\boldsymbol{p}}_{\rm b}{}'|\mathcal{T}|\boldsymbol{p}_{\rm a},\boldsymbol{p}_{\rm b}\rangle\!\rangle\bar{p}_{\rm a}{}' \qquad (13.1.24\,b)$$

が得られる．ただし，$\bar{\boldsymbol{p}}_{\rm a}{}', \bar{\boldsymbol{p}}_{\rm b}{}'$ はエネルギー運動量保存則を満足する終状態運動量である．すなわち，$\bar{\boldsymbol{p}}_{\rm a}{}'+\bar{\boldsymbol{p}}_{\rm b}{}'=\boldsymbol{p}_{\rm a}+\boldsymbol{p}_{\rm b}$, $E_{\bar{\boldsymbol{p}}_{\rm a}{}'\bar{\boldsymbol{p}}_{\rm b}{}'}=E_{\boldsymbol{p}_{\rm a}\boldsymbol{p}_{\rm b}}$ を満足する．(*13. 1. 24*) はたしかに相対座標 $\boldsymbol{r}_{\rm a}-\boldsymbol{r}_{\rm b}$ について正しい境界条件を満足している．(*13. 1. 24*) を導くにあたって，(*13. 1. 4*) 以外の性質は利用しなかったことに注意していただきたい．たとえば，(*13. 1. 7*) のようなハミルトニアン (*12. 1. 5*) の具体形から出た性質はいっさい使っていない．したがって，形式的類推で書いた Lippmann-Schwinger 方程式の Green 関数 $(E_{\boldsymbol{p}_{\rm a}\boldsymbol{p}_{\rm b}}-\hat{H}_0+i\varepsilon)^{-1}$ は，一般の2体散乱の場合にも，正しい境界条件を与えることがわかった．この事柄は衝突によって新しい粒子が発生する場合でも成立する．たとえば，新しい粒子 c が生まれる過程の行列要素 $\langle\boldsymbol{r}_{\rm a},\boldsymbol{r}_{\rm b},\boldsymbol{r}_{\rm c}|\mathcal{T}|\boldsymbol{p}_{\rm a},\boldsymbol{p}_{\rm b}\rangle$ が $|\boldsymbol{r}_{\rm a}-\boldsymbol{r}_{\rm b}|\to\infty$, $|\boldsymbol{r}_{\rm c}-\boldsymbol{r}_{\rm b}|\to\infty$ に対して外向き球面波しか含まないようにする役割を演じるのがこの Green 関数である．しかし，ここではその場合のくわしい議論に立ち入らないことにしよう．

さて，(*13. 1. 21*) によれば

$$\frac{\partial}{\partial p_{\rm a}{}'}E_{p_{\rm a}{}'\boldsymbol{e}_{\rm a}{}',\boldsymbol{P}-p_{\rm a}{}'\boldsymbol{e}_{\rm a}{}'} = \boldsymbol{e}_{\rm a}{}'\cdot(\boldsymbol{v}_{\rm a}{}'-\boldsymbol{v}_{\rm b}{}') \qquad (13.1.25)$$

であるが，これは終状態相対速度に他ならない．これを用いて，(*13. 1. 24*) から入射波と散波乱がはこぶ相対確率流密度を求めると

$$J_{\rm in} = |\phi_{\boldsymbol{p}_{\rm a}\boldsymbol{p}_{\rm b}}|^2|\boldsymbol{v}_{\rm a}-\boldsymbol{v}_{\rm b}| = \frac{1}{(2\pi\hbar)^6}|\boldsymbol{v}_{\rm a}-\boldsymbol{v}_{\rm b}| \qquad (13.1.26\,a)$$

$$\begin{aligned} J_{\rm sc} &= |u_{\boldsymbol{p}_{\rm a}\boldsymbol{p}_{\rm b}}{}^{\rm sc}|^2|\boldsymbol{e}_{\rm a}{}'\cdot(\boldsymbol{v}_{\rm a}{}'-\boldsymbol{v}_{\rm b}{}')| \\ &= \frac{1}{(2\pi\hbar)^6}\frac{16\pi^4\hbar^2\bar{p}_{\rm a}{}'^2}{|\boldsymbol{r}_{\rm a}-\boldsymbol{r}_{\rm b}|^2|\boldsymbol{e}_{\rm a}{}'\cdot(\boldsymbol{v}_{\rm a}{}'-\boldsymbol{v}_{\rm b}{}')|}|\langle\!\langle\bar{\boldsymbol{p}}_{\rm a}{}',\bar{\boldsymbol{p}}_{\rm b}{}'|\mathcal{T}|\boldsymbol{p}_{\rm a},\boldsymbol{p}_{\rm b}\rangle\!\rangle|^2 \end{aligned} \qquad (13.1.26\,b)$$

となる．ゆえに散乱の微分断面積として

$$d\sigma = \frac{J_{\rm sc}|\boldsymbol{r}_{\rm a}-\boldsymbol{r}_{\rm b}|^2 d\Omega_{\rm a}}{J_{\rm in}}$$

$$= \frac{16\pi^4\hbar^2}{|\boldsymbol{v}_{\rm a}-\boldsymbol{v}_{\rm b}|}\frac{|\langle\!\langle \bar{\boldsymbol{p}}_{\rm a}', \bar{\boldsymbol{p}}_{\rm b}'|\mathcal{T}|\boldsymbol{p}_{\rm a}, \boldsymbol{p}_{\rm b}\rangle\!\rangle|^2}{|\boldsymbol{e}_{\rm a}'\cdot(\boldsymbol{v}_{\rm a}'-\boldsymbol{v}_{\rm b}')|}\bar{p}_{\rm a}'^2 d\Omega_{\rm a} \qquad (13.\ 1.\ 27)$$

が得られる．$d\Omega_{\rm a}$ は $\boldsymbol{e}_{\rm a}'$ 方向の微小立体角である．(13. 1. 7)が成立する場合には，$\langle\!\langle \bar{\boldsymbol{p}}_{\rm a}', \bar{\boldsymbol{p}}_{\rm b}'|\mathcal{T}|\boldsymbol{p}_{\rm a}, \boldsymbol{p}_{\rm b}\rangle\!\rangle = \langle \phi_{\boldsymbol{p}'}|V|u_{\boldsymbol{p}}^+\rangle_{|\boldsymbol{p}'|=|\boldsymbol{p}|}$, $|\boldsymbol{v}_{\rm a}-\boldsymbol{v}_{\rm b}| = p/\mu$, $\boldsymbol{e}_{\rm a}'\cdot(\boldsymbol{v}_{\rm a}'-\boldsymbol{v}_{\rm b}') = p/\mu$ であり，重心系では $\bar{p}_{\rm a}' = p$ となるので，(13. 1. 27)はたしかに(12. 2. 25)に一致する．

なお，(13. 1. 7)が成立しない一般の場合でも，重心系で見た散乱振幅と断面積はもう少し簡単に書くことができる．重心系では $\boldsymbol{p}_{\rm a} = -\boldsymbol{p}_{\rm b} = \boldsymbol{p}$, $\boldsymbol{p}_{\rm a}' = -\boldsymbol{p}_{\rm b}' = \boldsymbol{p}'$ とおくことができる．もちろん，$\boldsymbol{P}' = \boldsymbol{P} = 0$ である．またエネルギー保存則によって $|\boldsymbol{p}'| = |\boldsymbol{p}|$ となる．そして，$\boldsymbol{v}_{\rm a} \propto -\boldsymbol{v}_{\rm b}$, $\boldsymbol{v}_{\rm a}' \propto -\boldsymbol{v}_{\rm b}'$, $\boldsymbol{e}_{\rm a}' /\!/ (\boldsymbol{v}_{\rm a}'-\boldsymbol{v}_{\rm b}')$ であるから，$|\boldsymbol{v}_{\rm a}-\boldsymbol{v}_{\rm b}| = |\boldsymbol{e}_{\rm a}'\cdot(\boldsymbol{v}_{\rm a}'-\boldsymbol{v}_{\rm b}')| = \dfrac{\partial}{\partial p}(E_{\rm a}+E_{\rm b})$ が成立する．ただし，$E_{\rm a}$, $E_{\rm b}$ は粒子 a, b のエネルギー関数において $|\boldsymbol{p}_{\rm a}| = |\boldsymbol{p}_{\rm b}| = p$ とおいたものである．ゆえに

$$d\sigma = |f(\theta)|^2 d\Omega_{\rm a} \qquad (13.\ 1.\ 28\ a)$$

$$f(\boldsymbol{p}', \boldsymbol{p}) = -4\pi^2\hbar p\frac{1}{v_0}\langle\!\langle \boldsymbol{p}', -\boldsymbol{p}'|\mathcal{T}|\boldsymbol{p}, -\boldsymbol{p}\rangle\!\rangle \qquad (13.\ 1.\ 28\ b)$$

$$v_0 = \frac{\partial}{\partial p}(E_{\rm a}+E_{\rm b}) \qquad (13.\ 1.\ 28\ c)$$

となる．これは(12. 2. 24)と(12. 2. 25)の拡張である．

さて，(13. 1. 27)を次のように書き直してみよう．

$$d\sigma = \frac{16\pi^4\hbar^2}{|\boldsymbol{v}_{\rm a}-\boldsymbol{v}_{\rm b}|}\int_{\Delta\boldsymbol{p}_{\rm a}'}\int \delta(E_{\boldsymbol{p}_{\rm a}'\boldsymbol{p}_{\rm b}'}-E_{\boldsymbol{p}_{\rm a}\boldsymbol{p}_{\rm b}})\,\delta^3(\boldsymbol{p}_{\rm a}'+\boldsymbol{p}_{\rm b}'-\boldsymbol{P})$$
$$\cdot|\langle\!\langle \boldsymbol{p}_{\rm a}', \boldsymbol{p}_{\rm b}'|\mathcal{T}|\boldsymbol{p}_{\rm a}, \boldsymbol{p}_{\rm b}\rangle\!\rangle|^2 d^3\boldsymbol{p}_{\rm a}' d^3\boldsymbol{p}_{\rm b}'$$

ここで(13. 1. 25)をふたたび使った．$\boldsymbol{p}_{\rm b}'$ についての積分は全領域，$\boldsymbol{p}_{\rm a}'$ についての積分は $\boldsymbol{e}_{\rm a}'$ のまわりの微小立体角について行なうものとする．この式は一般の散乱について成立するものであるから，これを相対論的粒子の散乱に適用することもできる．そのとき，$E_{\boldsymbol{p}_{\rm a}\boldsymbol{p}_{\rm b}} = E_{\boldsymbol{p}_{\rm a}} + E_{\boldsymbol{p}_{\rm b}}$ において各粒子のエネルギーは，$E_{\boldsymbol{p}} = \sqrt{(c\boldsymbol{p})^2+(mc^2)^2}$ としなければならない．4元エネルギー運動量ベクトル $p_\mu = (\boldsymbol{p}, c^{-1}E_{\boldsymbol{p}})$ を用いると積分内の δ 関数は

$$\frac{1}{c}\delta^4\Big(\sum_{i=\mathrm{a,b}} p_{i\mu}{}' - \sum_{i=\mathrm{a,b}} p_{i\mu}\Big)$$

と書くことができる．$\delta^4(\cdots)$ は4次元 δ 関数であり，エネルギー運動量保存則を表わす．ここで $|\boldsymbol{v}_\mathrm{a}-\boldsymbol{v}_\mathrm{b}|$ を $(|\boldsymbol{v}_\mathrm{a}-\boldsymbol{v}_\mathrm{b}|^2-c^{-2}|\boldsymbol{v}_\mathrm{a}\times\boldsymbol{v}_\mathrm{b}|^2)^{1/2}$ で置き換えよう（c は光速度）．付加項 $c^{-2}|\boldsymbol{v}_\mathrm{a}\times\boldsymbol{v}_\mathrm{b}|^2$ は重心系 $(\boldsymbol{v}_\mathrm{a}\propto-\boldsymbol{v}_\mathrm{b})$ や実験室系 $(\boldsymbol{v}_\mathrm{b}=0)$ で0になるから実質的な効果はない．そして

$$\begin{aligned}
B &= E_{\boldsymbol{p}_\mathrm{a}}E_{\boldsymbol{p}_\mathrm{b}}\left(|\boldsymbol{v}_\mathrm{a}-\boldsymbol{v}_\mathrm{b}|^2-\frac{1}{c^2}|\boldsymbol{v}_\mathrm{a}\times\boldsymbol{v}_\mathrm{b}|^2\right)^{1/2} \\
&= c^3\left(\frac{1}{c^2}|E_\mathrm{b}\boldsymbol{p}_\mathrm{a}-E_\mathrm{a}\boldsymbol{p}_\mathrm{b}|^2-|\boldsymbol{p}_\mathrm{a}\times\boldsymbol{p}_\mathrm{b}|^2\right)^{1/2} \\
&= c^3\left(-\frac{1}{2}(p_{\mathrm{a}\mu}p_{\mathrm{b}\nu}-p_{\mathrm{a}\nu}p_{\mathrm{b}\mu})^2\right)^{1/2}
\end{aligned} \qquad (13.\,1.\,29)$$

という不変量を用いると，微分断面積は

$$d\sigma = \frac{16\pi^4\hbar^2}{cB}\int_{\Delta \boldsymbol{p}_\mathrm{a}'}\frac{d^3\boldsymbol{p}_\mathrm{a}'}{E_{\boldsymbol{p}_\mathrm{a}'}}\int\frac{d^3\boldsymbol{p}_\mathrm{b}'}{E_{\boldsymbol{p}_\mathrm{b}'}}\delta^4(P_\mu'-P_\mu)\,|\mathcal{M}(\boldsymbol{p}_\mathrm{a}',\boldsymbol{p}_\mathrm{b}';\boldsymbol{p}_\mathrm{a},\boldsymbol{p}_\mathrm{b})|^2 \qquad (13.\,1.\,30\,a)$$

と書き直すことができる．ただし，$P_\mu'=\sum_{i=\mathrm{a,b}}p_{i\mu}'$，$P_\mu=\sum_{i=\mathrm{a,b}}p_{i\mu}$，および

$$\mathcal{M}(\boldsymbol{p}_\mathrm{a}',\boldsymbol{p}_\mathrm{b}';\boldsymbol{p}_\mathrm{a},\boldsymbol{p}_\mathrm{b}) = \sqrt{E_{\boldsymbol{p}_\mathrm{a}'}E_{\boldsymbol{p}_\mathrm{b}'}}\langle\!\langle\boldsymbol{p}_\mathrm{a}',\boldsymbol{p}_\mathrm{b}'|\mathcal{T}|\boldsymbol{p}_\mathrm{a},\boldsymbol{p}_\mathrm{b}\rangle\!\rangle\sqrt{E_{\boldsymbol{p}_\mathrm{a}}E_{\boldsymbol{p}_\mathrm{b}}} \qquad (13.\,1.\,30\,b)$$

(13. 1. 30) において，B, $\delta^4(P_\mu'-P_\mu)$, $\mathcal{M}$, $d^3\boldsymbol{p}_\mathrm{a}'/E_{\boldsymbol{p}_\mathrm{a}'}$, $d^3\boldsymbol{p}_\mathrm{b}'/E_{\boldsymbol{p}_\mathrm{b}'}$ はすべて不変量であることに注意していただきたい†．この形の式は C. Møller によって与えら

---

† S 行列および T 行列演算子の不変性を証明している余裕はないが，2, 3の事実を述べておこう．4元体素 d^4p は明らかに Lorentz 変換に対して不変であるから，

$$\int d^4p\,\delta^4(p) = 1$$

から $\delta^4(p)$ の不変性が得られる．また

$$\int d^4p\,\delta(p^2-m^2c^2)\cdots$$

は … が不変ならば不変であるが，

$$p^2-m^2c^2 = \boldsymbol{p}^2-\frac{E_{\boldsymbol{p}}{}^2}{c^2}$$

を考慮すれば，

れたものであり，相対論的不変形式を喜ぶ素粒子論において広く利用されている．なお，$\boldsymbol{p}_a'$ の全領域について積分した全断面積は不変量である．

2体散乱振幅は2個の独立変数の関数である．この独立変数としては，たとえば，入射粒子の運動量の大きさ p と散乱角 $\theta=\angle(\boldsymbol{p}', \boldsymbol{p})$ がよく用いられている．最近の素粒子論では

$$s = (p_{a\mu}+p_{b\mu})^2, \qquad t = (p_{a\mu}'-p_{a\mu})^2 \tag{13. 1. 31 a}$$

という不変量が使われている．重心系では $s=(E_a+E_b)^2/c^2$, $-t=(\boldsymbol{p}'-\boldsymbol{p})^2=2|\boldsymbol{p}|^2(1-\cos\theta)$ となり，前者は全エネルギー，後者は運動受渡し量の2乗を表わす量である．(実験室系では，$s=(m_a+m_b)^2c^2+2m_bE_{\boldsymbol{p}_a}$ となる.) なお，重心系における運動量の大きさ $p=|\boldsymbol{p}|$ は

$$c\sqrt{s} = \sqrt{(m_ac^2)^2+(cp)^2}+\sqrt{(m_bc^2)^2+(cp)^2}$$

であるから，これを逆に解いて

$$p(s) = \frac{\sqrt{s}}{2}\left(1-2\frac{(m_a{}^2+m_b{}^2)c^2}{s}+\frac{(m_a{}^2-m_b{}^2)^2c^4}{s^2}\right)^{1/2} \tag{13. 1. 31 b}$$

と書けば，p が不変量であることがわかる．この事実を用いれば，(13. 1. 28 b) で与えた散乱振幅 $f(\boldsymbol{p}', \boldsymbol{p})$ の不変式による定義をつくることができる．すなわち，

$$f(\boldsymbol{p}', \boldsymbol{p}) = -4\pi^2\hbar\frac{p(s)}{B}\sqrt{E_{\boldsymbol{p}_a'}E_{\boldsymbol{p}_b'}}\langle\!\langle \boldsymbol{p}_a', \boldsymbol{p}_b'|\mathcal{T}|\boldsymbol{p}_a, \boldsymbol{p}_b\rangle\!\rangle\sqrt{E_{\boldsymbol{p}_a}E_{\boldsymbol{p}_b}} \tag{13. 1. 32}$$

ここで B は(13. 1. 29)で定義したものである．重心系では

$$E_{\boldsymbol{p}_a'} = E_{\boldsymbol{p}_a} \equiv E_a, \qquad E_{\boldsymbol{p}_b'} = E_{\boldsymbol{p}_b} \equiv E_b$$

$$B = v_0E_aE_b, \qquad v_0 = c^2p\frac{E_a+E_b}{E_aE_b}$$

となること†を使えば，(13. 1. 32) は直ちに (13. 1. 28 b) に一致することがわかる．

$$\int\frac{d^3\boldsymbol{p}}{2E_{\boldsymbol{p}}}\cdots$$

に等しい．ゆえに $d^3\boldsymbol{p}/E_{\boldsymbol{p}}$ は不変である．そして

$$\int\frac{d^3\boldsymbol{p}'}{E_{\boldsymbol{p}'}}E_{\boldsymbol{p}'}\delta^3(\boldsymbol{p}'-\boldsymbol{p}) = 1$$

であるから $E_{\boldsymbol{p}'}\delta^3(\boldsymbol{p}'-\boldsymbol{p})$ は不変として扱える．いま $|\overline{\boldsymbol{p}}\rangle=|\boldsymbol{p}\rangle\sqrt{E_{\boldsymbol{p}}}$ とおけば，$\langle\overline{\boldsymbol{p}}'|\overline{\boldsymbol{p}}\rangle=E_{\boldsymbol{p}}\delta^3(\boldsymbol{p}'-\boldsymbol{p})$ であるから $|\boldsymbol{p}\rangle\sqrt{E_{\boldsymbol{p}}}$ は不変規格化条件を満足する．したがって，$\mathcal{M}$ は不変量である．

† 重心系で光子・光子衝突を見たとき，その相対速度は c ではなく $v_0=2c$ である．v_0 に対する上の式で $E_a=E_b=cp$ とおけば明らかであろう．

波束を用いて2体問題としての散乱理論を定式化することも可能である．それには

$$\tilde{\phi}_{\boldsymbol{p}_a\boldsymbol{p}_b}(\boldsymbol{r}_a, \boldsymbol{r}_b) = \int\int \phi_{\boldsymbol{q}_a\boldsymbol{q}_b}(\boldsymbol{r}_a, \boldsymbol{r}_b) A_{\boldsymbol{p}_a\boldsymbol{p}_b}(\boldsymbol{q}_a, \boldsymbol{q}_b) d^3\boldsymbol{q}_a d^3\boldsymbol{q}_b$$

$$\tilde{u}_{\boldsymbol{p}_a\boldsymbol{p}_b}{}^+(\boldsymbol{r}_a, \boldsymbol{r}_b) = \int\int u_{\boldsymbol{q}_a\boldsymbol{q}_b}{}^+(\boldsymbol{r}_a, \boldsymbol{r}_b) A_{\boldsymbol{p}_a\boldsymbol{p}_b}(\boldsymbol{q}_a, \boldsymbol{q}_b) d^3\boldsymbol{q}_a d^3\boldsymbol{q}_b$$

という波束関数を用いる必要があるが，その他は等価的1体問題の場合と同様の形で話を進めることができる．もちろん，$A_{\boldsymbol{p}_a\boldsymbol{p}_b}(\boldsymbol{q}_a, \boldsymbol{q}_b)$ は $\boldsymbol{q}_a \approx \boldsymbol{p}_a$，$\boldsymbol{q}_b \approx \boldsymbol{p}_b$ のまわりで鋭いピークをもつ関数である．くわしい理論展開は読者にまかせよう．

ここでは一般の粒子の2体散乱を取り扱ったが，粒子の態状は運動量だけで指定することはできない．運動量の他にスピン(またはヘリシティ)，荷電スピンなど各種の量子数を使う必要がある．そのため，(*13. 1. 27*)および(*13. 1. 30*)の行列要素には運動量といっしょにこれらの量子数の指定を書き込まなければならない．しかし，初期および終期状態でそれらの量子数の測定を実行しない場合もあるので注意を要する．たとえば，スピンについていえば，偏極していない入射ビームによる散乱で終期状態のスピン測定をしないという場合がよくある．このときは微分断面積を初期スピン状態について平均し，終期スピン状態について加えなければならない．くわしくは核反応(本講座第9巻『原子核論』)や素粒子反応(本講座第10巻『素粒子論』)の項目をみていただきたい．

最後にスピンと統計の取扱いについて簡単にふれておこう．前にも述べたように，同種 Bose 粒子どうし(Fermi 粒子どうし)の散乱に対しては，波動関数を対称化(反対称化)しなければならない．この対称・反対称性は運動量や座標変数だけの依存性がもつものではなく，スピンなどをふくむすべての変数の同時交換に対して成立するものである．スピン 1/2 をもつ同種の非相対論的粒子どうしの散乱に例をとって説明しよう．2個のスピン 1/2 粒子 a, b のつくる系は，スピン1または0をもつ．前者はスピン3重項状態 $\chi_m{}^{(t)}$ ($\chi_1{}^{(t)} = \alpha_\uparrow(\mathrm{a})\alpha_\uparrow(\mathrm{b})$，$\chi_0{}^{(t)} = 2^{-1/2} \cdot (\alpha_\uparrow(\mathrm{a})\alpha_\downarrow(\mathrm{b}) + \alpha_\uparrow(\mathrm{b})\alpha_\downarrow(\mathrm{a}))$，$\chi_{-1}{}^{(t)} = \alpha_\downarrow(\mathrm{a})\alpha_\downarrow(\mathrm{b})$)，後者はスピン1重項状態 $\chi_0{}^{(s)}$ $(= 2^{-1/2}(\alpha_\uparrow(\mathrm{a})\alpha_\downarrow(\mathrm{b}) - \alpha_\uparrow(\mathrm{b})\alpha_\downarrow(\mathrm{a})))$ である．ただし，$\alpha_\uparrow(\mathrm{a})$ は粒子 a がスピン角運動量 z 成分として $+\hbar/2$ をもつ状態，$\alpha_\downarrow(\mathrm{a})$ は $-\hbar/2$ をもつ状態の関数である．他も同様である．(たとえば，『量子力学 I』第5章および第8章をみ

ていただきたい.) したがって, 散乱状態固有関数は

$$u_{\boldsymbol{p}_\mathrm{a}\boldsymbol{p}_\mathrm{b}}{}^{+} = u_{\boldsymbol{p}_\mathrm{a}\boldsymbol{p}_\mathrm{b}}{}^{(t)+}\chi^{(t)} + u_{\boldsymbol{p}_\mathrm{a}\boldsymbol{p}_\mathrm{b}}{}^{(s)+}\chi^{(s)} \tag{13. 1. 33}$$

のように分解することができる. $u_{\boldsymbol{p}_\mathrm{a}\boldsymbol{p}_\mathrm{b}}{}^{(t)+}$ は3重項状態, $u_{\boldsymbol{p}_\mathrm{a}\boldsymbol{p}_\mathrm{b}}{}^{(s)+}$ は1重項状態の散乱を記述する関数であるが, 通常の座標に関する対称性についていえば前者は反対称, 後者は対称でなければならない. これで通常の座標とスピンをいっしょにした反対称性が保証され, 2個のスピン 1/2 粒子の力学系を記述する波動関数となる. $u_{\boldsymbol{p}_\mathrm{a}\boldsymbol{p}_\mathrm{b}}{}^{(t)+}$ と $u_{\boldsymbol{p}_\mathrm{a}\boldsymbol{p}_\mathrm{b}}{}^{(s)+}$ は同じ形の定常的 Schrödinger 方程式を満足するが, ポテンシャルが双方とも同じ場合もあるし, スピン状態で異なる場合もありうる. いずれの場合にも

$$\begin{aligned}\langle\!\langle \bar{\boldsymbol{p}}_\mathrm{a}', \bar{\boldsymbol{p}}_\mathrm{b}' | \mathcal{T}^{(t\text{ or }s)} | \boldsymbol{p}_\mathrm{a}, \boldsymbol{p}_\mathrm{b} \rangle\!\rangle &= \langle \phi_{\boldsymbol{p}'} | V^{(t\text{ or }s)} | u_{\boldsymbol{p}}{}^{(t\text{ or }s)+} \rangle_{|\boldsymbol{p}'|=|\boldsymbol{p}|} \\ &= -\frac{1}{4\pi^2\hbar\mu} f^{(s\text{ or }t)}(\theta)\end{aligned}$$

が求まればよい. 粒子 a, b の交換は重心系では $\boldsymbol{p}\to-\boldsymbol{p}$ となり, それは $\theta\to\pi-\theta$ で表わせるから, $u_{\boldsymbol{p}_\mathrm{a}\boldsymbol{p}_\mathrm{b}}{}^{(s)+}$ の対称性は $f^{(s)}(\theta)$ が $\theta=\pi/2$ について対称であることを与え, $u_{\boldsymbol{p}_\mathrm{a}\boldsymbol{p}_\mathrm{b}}{}^{(t)+}$ の反対称性は $f^{(t)}(\theta)$ が $\theta=\pi/2$ について反対称であることを意味する. ゆえに $|f^{(s)}(\theta)|^2$ も $|f^{(t)}(\theta)|^2$ も $\theta=\pi/2$ について対称な角分布を与える. したがって, 1重項散乱も3重項散乱も重心系では前後方対称な微分断面積をもつ. これは同種粒子散乱の特徴である. この性質を部分波展開で見よう. l 番目角運動量固有関数は $\theta\to\pi-\theta$ に対して $(-1)^l$ のように符号を変えるので, $f^{(s)}$ は l=偶数 だけ, $f^{(t)}$ は l=奇数 だけの部分波で構成されているはずである. 短距離力による低エネルギー散乱, たとえば Coulomb 力を無視したときの低エネルギー陽子・陽子散乱では, §12.3 で説明したように S 波だけで近似することができる. ゆえにこの場合は1重項散乱しか起こらない.

同種粒子でないときは対称・反対称化の要求はなくなるが, スピン合成の問題は残る. たとえば, 陽子と中性子の散乱に対しても (13. 1. 33) の形の波動関数の分解は有効である. ただし, $u_{\boldsymbol{p}_\mathrm{a}\boldsymbol{p}_\mathrm{b}}{}^{(t\text{ or }s)+}$ を対称化する必要はない. したがって, 低エネルギー S 波散乱に対しても両方のスピン状態が共存する.

b) 構造をもつ粒子の散乱

まず, もっとも簡単な場合として, 構造をもたない非相対論的粒子が入射し, 固定構造をもつ複合粒子によって散乱される問題を考えよう. 簡単のため, 散乱

体は空間の特定の場所に固定されており，散乱によって移動したり内部状態を変えたりしないものとしておこう．さらに，散乱体の構成要素は非相対論的粒子であり，入射粒子との散乱は Born 近似で取り扱えるものとする．したがって，入射粒子が構成要素粒子によって散乱されるときの散乱振幅は

$$
\begin{aligned}
&-4\pi^2\hbar m\frac{1}{(2\pi\hbar)^3}\int \exp\left[\frac{i}{\hbar}(\boldsymbol{p}-\boldsymbol{p}')\cdot\boldsymbol{r}\right]V(\boldsymbol{r}-\boldsymbol{r}')\,d^3\boldsymbol{r} \\
&= -4\pi^2\hbar m\frac{1}{(2\pi\hbar)^3}\exp\left[\frac{i}{\hbar}(\boldsymbol{p}-\boldsymbol{p}')\cdot\boldsymbol{r}'\right]\int \exp\left[\frac{i}{\hbar}(\boldsymbol{p}-\boldsymbol{p}')\cdot\boldsymbol{x}\right]V(\boldsymbol{x})\,d^3\boldsymbol{x}
\end{aligned}
\tag{13.1.34}
$$

で与えられる．$\boldsymbol{m}$ は入射粒子の質量，$\boldsymbol{p}$ と $\boldsymbol{p}'$ はそれぞれ入射粒子の散乱前後の運動量である．また，$\boldsymbol{r}'$ は構成要素粒子の位置であるが，散乱体が固定されている場合を考えているので，固定力の中心の役割しか果たさない．しかし，この構成要素が密度関数 $\rho(\boldsymbol{r}')$ をもって空間に分布しているとすれば，この散乱体による散乱振幅は(*13. 1. 34*)を ρ によって平均したものとなる．すなわち，

$$
\left.
\begin{aligned}
T(\boldsymbol{p},\boldsymbol{p}') &= -4\pi^2\hbar m F(\boldsymbol{q})\langle\phi_{\boldsymbol{p}'}|V|\phi_{\boldsymbol{p}}\rangle_{|\boldsymbol{p}'|=|\boldsymbol{p}|} \\
F(\boldsymbol{q}) &= \int \exp\left(\frac{i}{\hbar}\boldsymbol{q}\cdot\boldsymbol{r}'\right)\rho(\boldsymbol{r}')\,d^3\boldsymbol{r}'
\end{aligned}
\right\}
\tag{13.1.35}
$$

ただし，$\boldsymbol{q}=\boldsymbol{p}-\boldsymbol{p}'$ は運動量受渡し量である．この形でみれば，構造をもつ散乱体による散乱は，構造をもたない点粒子どうしの散乱振幅に $F(\boldsymbol{q})$ をかけたものに等しい．この $F(\boldsymbol{q})$ は散乱体の構造を表わす関数 $\rho(\boldsymbol{r})$ の Fourier 変換に等しく，**形状因子**(form factor)とよばれている．形状因子ははじめ原子衝突の問題で導入されたものであるが，最近は拡張されて素粒子反応現象においてひろく用いられており，素粒子構造解明の1つの手掛りと考えられている．

散乱体が衝突によって内部構造は変えないけれど，反跳をうけて動き出す場合もある．このような場合への拡張は簡単である．読者自ら考えていただきたい．内部構造に変化がない場合は，いずれにしても，弾性散乱しか起こらない．

なお，散乱体が N 個の量子力学的粒子からできているとし，その状態関数を $\Psi(\boldsymbol{r}_1,\boldsymbol{r}_2,\cdots,\boldsymbol{r}_N)$ とすれば，

$$
\rho(\boldsymbol{r}) = \int\cdots\int\sum_{i=1}^{N}|\Psi(\boldsymbol{r}_1,\boldsymbol{r}_2,\cdots,\boldsymbol{r}_{i-1},\boldsymbol{r},\boldsymbol{r}_{i+1},\cdots,\boldsymbol{r}_N)|^2
$$

$$\cdot d^3\boldsymbol{r}_1 d^3\boldsymbol{r}_2\cdots d^3\boldsymbol{r}_{i-1}d^3\boldsymbol{r}_{i+1}\cdots d^3\boldsymbol{r}_N$$

$$=\sum_{i=1}^{N}(\Psi,\delta(\boldsymbol{r}-\boldsymbol{r}_i)\Psi) \tag{13.1.36}$$

である.

次に複雑な問題は，構造をもたない粒子が構造をもつ複合粒子に衝突してその内部状態を変化させる現象であろう．例として，光子と原子，電子と原子の衝突を考えることができる．原子は内部構造をもち，数多くの励起準位が存在する．したがって，基底状態にある原子が光子や電子との衝突によって励起される現象が現実に起こる．原子が光子や電子を吸収して励起し，ふたたび光子や電子を放出して元の基底状態にもどる場合は弾性散乱であるが，励起の効果は共鳴散乱として現われる．励起後光子や電子を放出しても元の基底状態にもどらず，他の励起準位に遷移するときは非弾性散乱である．Raman 散乱はその一例である．光子や電子が直接原子に吸収されずに散乱されても，エネルギーを渡して原子を励起する場合もある．これも同じような効果を与える非弾性散乱である．これらの場合，励起状態で残された原子が後で遷移して元の基底状態にもどるさい，光子や電子または他の粒子を放出することもある．これは狭い意味での散乱現象ではなく粒子発生過程となる．いずれにしても，励起状態のエネルギー準位その他が衝突断面積に反映し，原子構造の研究に役立つ．Franck-Hertz の実験はそのよい例であろう．核反応や素粒子反応では各種の粒子との衝突における励起現象の研究を通して，原子核や素粒子の構造の研究が行なわれているのである．

ここでは共鳴散乱を取り扱ってみよう．運動量 $\boldsymbol{p}$ をもつ粒子 a が構造をもつ複合粒子 B によって散乱され，運動量 $\boldsymbol{p}'$ になる現象を考える．粒子 B ははじめ基底状態にあり，おわりも基底状態にあるとする．したがって，弾性散乱が起こるはずである．簡単のため粒子 B は十分重く反跳が無視できると仮定しておこう．この系のハミルトニアンは

$$H=H_0+V_{\mathrm{aB}},\qquad H_0=-\frac{\hbar^2}{2m_{\mathrm{a}}}\nabla_{\mathrm{a}}{}^2+H_{\mathrm{B}}$$

であるとする．H_{B} は複合粒子 B の内部構造を記述するハミルトニアンである．H_0 は $H_0|\boldsymbol{p},n\rangle=(E_{\boldsymbol{p}}+E_{\boldsymbol{n}}{}^{(0)})|\boldsymbol{p},n\rangle$ という固有値方程式をもつが，固有ベクトル $|\boldsymbol{p},n\rangle$ は粒子 a が運動量 $\boldsymbol{p}$ をもつ平面波状態にあり粒子 B が n 番目状態にある

という状態を表わしている．粒子 a と粒子 B の間の相互作用ハミルトニアンを V_{aB} としたが，これは十分小さいものと仮定し摂動の最低近似を用いることにしよう．また，V_{aB} は粒子 a を吸収または放出するだけの効果しかないものとする．荷電粒子と光子の相互作用ハミルトニアンの中で $-e$ (電子の電荷)に比例する項はまさに光子を吸収または放出するだけの効果しかない．この場合を想定して考えていただけばよいと思う．

さて散乱の微分断面積はこの場合も(*13. 1. 27*)でよい．この $\mathcal{T}$ に公式(*12. 2. 63*)を代入し，分母の H を H_0 で置き換えれば摂動公式が得られる．基底状態を 0 と書けば

$$\langle \boldsymbol{p}', 0|\mathcal{T}|\boldsymbol{p}, 0\rangle \approx \sum_{n\neq 0} \frac{\langle \boldsymbol{p}', 0|V_{aB}|\boldsymbol{n}\rangle\langle \boldsymbol{n}|V_{aB}|\boldsymbol{p}, 0\rangle}{E_{\boldsymbol{p}}+E_0{}^{(0)}-E_{\boldsymbol{n}}{}^{(0)}} \tag{13. 1. 37}$$

である．ここで，V_{aB} には粒子 a を吸収放出する以外の効果しかないので，$\langle \boldsymbol{p}', 0|V_{aB}|\boldsymbol{p}, 0\rangle=0$ であり，また中間状態には粒子 a は存在しないという事実を用いた．もし直接の散乱を与えるポテンシャル $\mathcal{V}$ があるとすれば，$\langle \boldsymbol{p}', 0|\mathcal{V}|\boldsymbol{p}, 0\rangle$ を(*13. 1. 37*)に加えなければならない．したがって，断面積は

$$d\sigma = 16\pi^4\hbar^2 m_a{}^2 \left| \langle \boldsymbol{p}', 0|\mathcal{V}|\boldsymbol{p}, 0\rangle + \sum_{n\neq 0} \frac{\langle \boldsymbol{p}', 0|V_{aB}|\boldsymbol{n}\rangle\langle \boldsymbol{n}|V_{aB}|\boldsymbol{p}, 0\rangle}{E_{\boldsymbol{p}}-(E_{\boldsymbol{n}}{}^{(0)}-E_0{}^{(0)})} \right|^2_{|\boldsymbol{p}'|=|\boldsymbol{p}|} d\Omega' \tag{13. 1. 38}$$

となる．入射粒子の運動エネルギー $E_{\boldsymbol{p}}$ が励起エネルギー $(E_{\boldsymbol{n}}{}^{(0)}-E_0{}^{(0)})$ に近づくと断面積は急激に大きくなる．しかし，(*13. 1. 38*)は $E_{\boldsymbol{p}}=E_{\boldsymbol{n}}{}^{(0)}-E_0{}^{(0)}$ のごく近くまで用いてはいけない．その場合は(*12. 2. 63*)の第2項の分母で $H=H_0$ と置いてはいけない．$E_{\boldsymbol{p}}+E_0{}^{(0)}-H_0$ がほとんど 0 となるため，V_{aB} は小さくとも無視することができない．このような場合を考えてみよう．

特定の励起準位 $E_n{}^{(0)}$ に近いときだけの問題であるから，他の準位を無視することができる．簡単のため $E_n{}^{(0)}$ は縮退していないとしよう．いま

$$K_n = \frac{1}{E_{\boldsymbol{p}}-E_{\boldsymbol{n}}{}^{(0)}+E_0{}^{(0)}+i\varepsilon}, \qquad K_{nn'}(\boldsymbol{q}) = \frac{1}{E_{\boldsymbol{n}}{}^{(0)}-E_{\boldsymbol{n}'}{}^{(0)}-E_{\boldsymbol{q}}+i\varepsilon}$$

とおくと，$E_{\boldsymbol{p}}\approx E_{\boldsymbol{n}}{}^{(0)}-E_0{}^{(0)}$ を用いれば

$$\langle n|\frac{1}{E_{\boldsymbol{p}}+E_0{}^{(0)}-H+i\varepsilon}|n\rangle = K_n+K_n\langle n|V_{aB}|n\rangle K_n$$

$$+K_n\sum_{n'}\int d^3\boldsymbol{q}\langle n|V_{aB}|\boldsymbol{q},n'\rangle K_{nn'}(\boldsymbol{q})\langle\boldsymbol{q},n'|V_{aB}|n\rangle K_n+\cdots$$

となるが，V_{aB} が粒子 a を1回だけ吸収放出するものであることを考え，$\langle n|V_{aB}|\boldsymbol{q},n'\rangle$ および $\langle\boldsymbol{q},n'|V_{aB}|n\rangle$ 以外の行列要素をすべて0とおく．(なお，$\langle\boldsymbol{q},n'|V_{aB}|\boldsymbol{q}_1,\boldsymbol{q}_2,n''\rangle$ のように粒子 a を1個ずつ増減しながら多数個の状態にもってゆく項もあるが，これは V_{aB} について高次の効果しか与えないので省略する.) したがって，

$$\Delta H_n=\sum_{n'}\int d^3\boldsymbol{q}|\langle n|V_{aB}|\boldsymbol{q},n'\rangle|^2K_{nn'}(\boldsymbol{q})$$

$$=\Delta E_n-i\frac{\Gamma_n}{2} \tag{13.1.39}$$

ただし

$$\Delta E_n=\sum_{n'}\mathrm{P}\int d^3\boldsymbol{q}\frac{|\langle n|V_{aB}|\boldsymbol{q},n'\rangle|^2}{E_n{}^{(0)}-E_{n'}{}^{(0)}-E_q} \tag{13.1.40 a}$$

$$\Gamma_n=2\pi\sum_{n'}\int d^3\boldsymbol{q}|\langle n|V_{aB}|\boldsymbol{q},n'\rangle|^2\delta(E_n{}^{(0)}-E_{n'}{}^{(0)}-E_q) \tag{13.1.40 b}$$

とおくと，

$$\langle n|\frac{1}{E_p+E_0{}^{(0)}-H+i\varepsilon}|n\rangle=K_n+K_n{}^2\Delta H_n+K_n{}^3(\Delta H_n)^2+\cdots$$

$$=K_n\frac{1}{1-K_n\Delta H_n}=\frac{1}{K_n{}^{-1}-\Delta H_n}$$

$$=\frac{1}{E_p-(E_n{}^{(0)}+\Delta E_n-E_0{}^{(0)})-i\Gamma_n/2} \tag{13.1.41}$$

となる．ゆえに $E_p\approx E_n{}^{(0)}-E_0{}^{(0)}$ では共鳴散乱公式

$$d\sigma=16\pi^4\hbar^2m_a{}^2\frac{|\langle\boldsymbol{p}',0|V_{aB}|n\rangle|^2{}_{|\boldsymbol{p}'|=|\boldsymbol{p}^0|}\langle n|V_{aB}|\boldsymbol{p}^0,0\rangle|^2}{\{E_p-(E_n{}^{(0)}+\Delta E_n-E_0{}^{(0)})\}^2+\Gamma_n{}^2/4}d\Omega' \tag{13.1.42}$$

が得られる．ただし，$\boldsymbol{p}^0$ は $E_p=E_n{}^{(0)}-E_0{}^{(0)}$ を満足する値である．ΔE_n はエネルギー準位のずれを与える．Γ_n はこの共鳴準位の半値幅(§12.3を見よ)である

が，(*13. 1. 40 b*) からわかるように，$w_n=\hbar^{-1}\Gamma_n$ は励起状態 n の崩壊確率の時間的割合を与える．すなわち，V_{aB} という相互作用のために n 番目励起状態は完全に安定でありえなくなり，$\tau_n=\hbar\Gamma_n^{-1}$ の寿命をもつ準安定状態となってしまうのである．ところで，(*13. 1. 42*) は $E_p\approx E_n^{(0)}-E_0^{(0)}$ でも分母は0にならず，エネルギー依存性は§12. 3で説明したような共鳴散乱の形をとることになった．

(*13. 1. 42*) は $(\boldsymbol{p},0)\to(\boldsymbol{p}',0)$ という弾性散乱の微分断面積であるが，その分子において

$$|\langle\boldsymbol{p}',0|V_{\mathrm{aB}}|n\rangle|^2{}_{|\boldsymbol{p}'|=|\boldsymbol{p}^0|}\longrightarrow|\langle\bar{\boldsymbol{p}}',n'|V_{\mathrm{aB}}|n\rangle|^2\frac{\bar{p}'}{p}\qquad(13.\ 1.\ 43)$$

とおけば，n 番目準位の共鳴による $(\boldsymbol{p},0)\to(\boldsymbol{p}',n')$ という非弾性散乱の微分断面積になる．ただし，$\bar{\boldsymbol{p}}'$ は $E_n^{(0)}=E_{n'}^{(0)}+E_{\bar{\boldsymbol{p}}'}$ を満足する運動量である．この置き換えをした後全角度について積分し，許されるすべての状態 n' について和をつくると，$(\boldsymbol{p},0)$ という衝突によって n 番目励起状態が実現するときの全断面積が得られる．その場合，(*13. 1. 40 b*) を

$$\Gamma_n=2\pi m_{\mathrm{a}}'\sum_{n'}\bar{p}\int d\Omega'|\langle n|V_{\mathrm{aB}}|\boldsymbol{p}',n'\rangle|^2{}_{\boldsymbol{p}'=\bar{\boldsymbol{p}}'}\qquad(13.\ 1.\ 44)$$

と変形して用いればよい．すなわち，

$$\sigma_n(E_p)=\pi\lambda^2\frac{\Gamma_n\Gamma_{n0}}{\{E_p-(E_n^{(0)}+\varDelta E_n-E_0^{(0)})\}^2+\Gamma_n^2/4}\qquad(13.\ 1.\ 45)$$

となる．ただし，$\lambda=\hbar/p$ および

$$\Gamma_{n0}=8\pi^2|\langle n|V_{\mathrm{aB}}|\boldsymbol{p}^0,0\rangle|^2p_0^2\left(\frac{dE_p}{dp}\right)^{-1}_{p=p_0}\qquad(13.\ 1.\ 46)$$

$\hbar^{-1}\Gamma_{n0}$ はこの衝突によって n 番目励起状態をつくる確率の時間的割合である．

(*13. 1. 42*) または (*13. 1. 45*) は特定の n 番目準位に共鳴する場合であるが，準安定である励起束縛状態に対応するとびとびのエネルギー準位は数多くあり，さらにその上に複合粒子Bの分解状態に相当する連続エネルギー準位が分布している．したがって，この散乱の断面積のエネルギー依存性を図示すれば図13. 1のようになる．共鳴散乱の実験は複合粒子の構造を知るのに重要な役割を果たしていることを読者はよく覚えておいていただきたい．

最後に**組替え散乱** (rearrangement scattering) の話をしよう．今度は入射粒

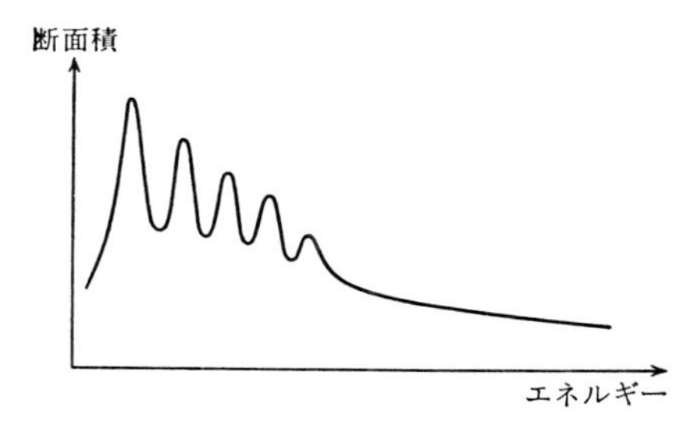

図 13.1 構造をもつ粒子による共鳴散乱

子 A にも構造をもたせよう．粒子 A とこれまた構造をもつ粒子 B との衝突を考えるのである．この場合，弾性散乱も起こるし，各粒子を励起してしまう非弾性散乱も起こるが，さらに構成要素の交換組替えが起こる可能性がある．すなわち，A+B→C+D という反応である．C, D は A, B とは別の構成要素と構造をもつ複合粒子である．このような場合の散乱理論をつくってみよう．この力学系の全ハミルトニアンは 2 通りに分解して考える必要がある．すなわち，

$$\left.\begin{aligned} H &= H_{0\mathrm{I}}+V_{\mathrm{I}} = H_{0\mathrm{F}}+V_{\mathrm{F}} \\ H_{0\mathrm{I}} &= H_{\mathrm{A}}+H_{\mathrm{B}}, \qquad H_{0\mathrm{F}} = H_{\mathrm{C}}+H_{\mathrm{D}} \end{aligned}\right\} \tag{13.1.47}$$

ここで $H_{\mathrm{A}}, H_{\mathrm{B}}, H_{\mathrm{C}}, H_{\mathrm{D}}$ はそれぞれ粒子 A, B, C, D のハミルトニアンであり，V_{I} は A, B 間の相互作用を，V_{F} は C, D 間の相互作用を表わす．粒子 A の状態を表わす H_{A} の固有ベクトルを $|\boldsymbol{p}_{\mathrm{a}}, \boldsymbol{n}_{\mathrm{a}}\rangle$ としよう．$\boldsymbol{p}_{\mathrm{a}}$ は粒子 A の運動量，$\boldsymbol{n}_{\mathrm{a}}$ はその内部状態量子数であるとする．すなわち，

$$H_{\mathrm{A}}|\boldsymbol{p}_{\mathrm{a}}, \boldsymbol{n}_{\mathrm{a}}\rangle = (E_{\boldsymbol{p}_{\mathrm{a}}}+E_{\boldsymbol{n}_{\mathrm{a}}})|\boldsymbol{p}_{\mathrm{a}}, \boldsymbol{n}_{\mathrm{a}}\rangle$$

$E_{\boldsymbol{p}_{\mathrm{a}}}$ は粒子 A の重心運動エネルギー，$E_{\boldsymbol{n}_{\mathrm{a}}}$ はその内部運動のエネルギーである．他も同様．したがって，入射状態と終期状態は，それぞれ $H_{0\mathrm{I}}$ と $H_{0\mathrm{F}}$ の固有ベクトル $|\boldsymbol{p}_{\mathrm{a}}, \boldsymbol{n}_{\mathrm{a}}; \boldsymbol{p}_{\mathrm{b}}, \boldsymbol{n}_{\mathrm{b}}\rangle$ および $|\boldsymbol{p}_{\mathrm{c}}, \boldsymbol{n}_{\mathrm{c}}; \boldsymbol{p}_{\mathrm{d}}, \boldsymbol{n}_{\mathrm{d}}\rangle$ によって表わされる．しかし，このままでは記号が面倒であるから，これを $|\phi_{\mathrm{I}}\rangle$ および $|\phi_{\mathrm{F}}\rangle$ と略記しよう．すなわち，

$$\left.\begin{aligned} H_{0\mathrm{I}}|\phi_{\mathrm{I}}\rangle &= E_{\mathrm{I}}|\phi_{\mathrm{I}}\rangle, \qquad H_{0\mathrm{F}}|\phi_{\mathrm{F}}\rangle = E_{\mathrm{F}}|\phi_{\mathrm{F}}\rangle \\ E_{\mathrm{I}} &= E_{\boldsymbol{p}_{\mathrm{a}}}+E_{\boldsymbol{p}_{\mathrm{b}}}+E_{\boldsymbol{n}_{\mathrm{a}}}+E_{\boldsymbol{n}_{\mathrm{b}}} \\ E_{\mathrm{F}} &= E_{\boldsymbol{p}_{\mathrm{c}}}+E_{\boldsymbol{p}_{\mathrm{d}}}+E_{\boldsymbol{n}_{\mathrm{c}}}+E_{\boldsymbol{n}_{\mathrm{d}}} \end{aligned}\right\} \tag{13.1.48}$$

いうまでもなく

$$\hat{\boldsymbol{P}}|\phi_{\mathrm{I}}\rangle = (\boldsymbol{p}_{\mathrm{a}}+\boldsymbol{p}_{\mathrm{b}})|\phi_{\mathrm{I}}\rangle, \qquad \hat{\boldsymbol{P}}|\phi_{\mathrm{F}}\rangle = (\boldsymbol{p}_{\mathrm{c}}+\boldsymbol{p}_{\mathrm{d}})|\phi_{\mathrm{F}}\rangle \tag{13.1.49}$$

が成立する．

さて全ハミルトニアン H の散乱状態固有ベクトルとして $|u_I{}^{\pm}\rangle$ と $|u_F{}^{\pm}\rangle$ を考えよう．$|u_I{}^{\pm}\rangle$ は入射波として $|\phi_I\rangle$ をもつものであり，$|u_F{}^{\pm}\rangle$ は $|\phi_F\rangle$ を入射波としてもつとする．$|u_I{}^{\pm}\rangle$ と $|u_F{}^{\pm}\rangle$ も全運動量演算子の固有ベクトルである．§12.2 と同様の議論から

$$H|u_I{}^{\pm}\rangle = E_I|u_I{}^{\pm}\rangle, \qquad |u_I{}^{\pm}\rangle = \frac{\pm i\varepsilon}{E_I - H \pm i\varepsilon}|\phi_I\rangle \tag{13.1.50 a}$$

$$H|u_F{}^{\pm}\rangle = E_F|u_F{}^{\pm}\rangle, \qquad |u_F{}^{\pm}\rangle = \frac{\pm i\varepsilon}{E_F - H \pm i\varepsilon}|\phi_F\rangle \tag{13.1.50 b}$$

$$\hat{\boldsymbol{P}}|u_I{}^{\pm}\rangle = (\boldsymbol{p}_a + \boldsymbol{p}_b)|u_I{}^{\pm}\rangle, \qquad \hat{\boldsymbol{P}}|u_F{}^{\pm}\rangle = (\boldsymbol{p}_c + \boldsymbol{p}_d)|u_F{}^{\pm}\rangle \tag{13.1.50 c}$$

なお，内積に対して

$$\langle u_F{}^{\pm}|u_I{}^{\pm}\rangle = \delta^3(\boldsymbol{p}_c + \boldsymbol{p}_d - \boldsymbol{p}_a - \boldsymbol{p}_b)\delta(\boldsymbol{n}_a, \boldsymbol{n}_c)\delta(\boldsymbol{n}_b, \boldsymbol{n}_d) \tag{13.1.51}$$

が成立する．$\delta(\boldsymbol{n}_a, \boldsymbol{n}_c)$ は A=C で $\boldsymbol{n}_a = \boldsymbol{n}_c$ であるときのみ 1 で他は 0 である．$\delta(\boldsymbol{n}_b, \boldsymbol{n}_d)$ も同様である．§12.2 と同様の処法で (13.1.50 a, b) から

$$\left.\begin{aligned} |u_I{}^{\pm}\rangle &= |\phi_I\rangle + \frac{1}{E_I - H \pm i\varepsilon} V_I|\phi_I\rangle \\ |u_F{}^{\pm}\rangle &= |\phi_I\rangle + \frac{1}{E_F - H \pm i\varepsilon} V_F|\phi_I\rangle \end{aligned}\right\} \tag{13.1.52}$$

を求め，さらに関係式

$$|u_F{}^{-}\rangle = |u_F{}^{+}\rangle + 2\pi i\delta(E_F - H)V_F|\phi_F\rangle \tag{13.1.53 a}$$

$$|u_I{}^{+}\rangle = |u_I{}^{-}\rangle - 2\pi i\delta(E_I - H)V_I|\phi_I\rangle \tag{13.1.53 b}$$

を出すことができる．

ところで，A+B→C+D という過程の S 行列要素は $\langle F|S|I\rangle = \langle u_F{}^{-}|u_I{}^{+}\rangle$ で与えられる．ゆえに，(13.1.53 a) と $|u_I{}^{+}\rangle$ との内積，および $|u_F{}^{-}\rangle$ と (13.1.53 b) との内積をつくれば

$$\langle F|S|I\rangle = \langle u_F{}^{+}|u_I{}^{+}\rangle - 2\pi i\delta(E_F - E_I)\langle\phi_F|V_F|u_I{}^{+}\rangle \tag{13.1.54 a}$$

$$= \langle u_F{}^{-}|u_I{}^{-}\rangle - 2\pi i\delta(E_F - E_I)\langle u_F{}^{-}|V_I|\phi_I\rangle \tag{13.1.54 b}$$

が得られる．これが組替え散乱を含む一般の散乱に対する S 行列要素である．この右辺第 1 項は (13.1.51) に他ならないから，第 2 項が T 行列要素を与えてくれる．$|\phi\rangle$ も $|u^{\pm}\rangle$ も全運動量の固有ベクトルであるから，$\delta^3(\boldsymbol{p}_c + \boldsymbol{p}_d - \boldsymbol{p}_a - \boldsymbol{p}_b)$

という因子をもっているはずである．そこで

$$\begin{aligned}\langle\phi_{\mathrm{F}}|V_{\mathrm{F}}|u_{\mathrm{I}}^{+}\rangle &= \langle u_{\mathrm{F}}^{-}|V_{\mathrm{I}}|\phi_{\mathrm{I}}\rangle \\ &= \delta^3(\boldsymbol{p}_{\mathrm{c}}+\boldsymbol{p}_{\mathrm{d}}-\boldsymbol{p}_{\mathrm{a}}-\boldsymbol{p}_{\mathrm{b}})\langle\!\langle \boldsymbol{p}_{\mathrm{c}}, \boldsymbol{n}_{\mathrm{c}}\,;\boldsymbol{p}_{\mathrm{d}}, \boldsymbol{n}_{\mathrm{d}}|\mathcal{T}|\boldsymbol{p}_{\mathrm{a}}, \boldsymbol{n}_{\mathrm{a}}\,;\boldsymbol{p}_{\mathrm{b}}, \boldsymbol{n}_{\mathrm{b}}\rangle\!\rangle\end{aligned} \tag{13.1.55}$$

とおき，この $\langle\!\langle\cdots|\mathcal{T}|\cdots\rangle\!\rangle$ を (*13. 1. 27*) に代入すれば，散乱の微分断面積を求めることができる．

組替え散乱の例は，原子分子などの衝突や核反応において数多く見られる．本講座でも核反応(第9巻『原子核論』)のところでくわしく説明してある．

なお，高エネルギー散乱における粒子構造の反映として Glauber 効果があるが，それについては§14. 2 を見ていただきたい．

c) 粒子の発生を伴う散乱

すでに前の(b)項でもふれたが，粒子の衝突によって新しい粒子が生まれる場合がある．すなわち，a+b→a+b+c という反応である．これは粒子 a, b が衝突して粒子 c が生まれる過程を意味する．組替え散乱が起こる可能性もあるので，終期状態の粒子 a, b は初期状態の粒子 a, b と異なる可能性もあるが，簡単のためそれは考えないことにしておこう．相互作用ハミルトニアン V は，もちろん，単純な c 数関数ではなく粒子 c を作ったり消したりする演算子を含まなければならない．すなわち，行列要素 $\langle \boldsymbol{p}_{\mathrm{a}}', \boldsymbol{p}_{\mathrm{b}}', \boldsymbol{p}_{\mathrm{c}}'|V|\boldsymbol{p}_{\mathrm{a}}, \boldsymbol{p}_{\mathrm{b}}\rangle$ は 0 ではない．(各粒子がスピンその他の量子数をもつときは，運動量変数といっしょにそれらの量子数の値も書いておかなければならないが，ここでは簡単のため省略する.) したがって，全ハミルトニアンの散乱状態固有ベクトル $|\boldsymbol{u}_{\boldsymbol{p}_{\mathrm{a}}\boldsymbol{p}_{\mathrm{b}}}{}^{\pm}\rangle$ の成分は $\langle \boldsymbol{p}_{\mathrm{a}}', \boldsymbol{p}_{\mathrm{b}}'|\boldsymbol{u}_{\boldsymbol{p}_{\mathrm{a}}\boldsymbol{p}_{\mathrm{b}}}{}^{\pm}\rangle$ ばかりでなく，$\langle \boldsymbol{p}_{\mathrm{a}}', \boldsymbol{p}_{\mathrm{b}}', \boldsymbol{p}_{\mathrm{c}}'|\boldsymbol{u}_{\boldsymbol{p}_{\mathrm{a}}\boldsymbol{p}_{\mathrm{b}}}{}^{\pm}\rangle$ も 0 でない値をもって含まれる．V の性質によってはもっと多数の粒子が生まれる可能性もあり，一般に，$\langle \boldsymbol{p}_1', \boldsymbol{p}_2', \cdots, \boldsymbol{p}_N'|\boldsymbol{u}_{\boldsymbol{p}_{\mathrm{a}}\boldsymbol{p}_{\mathrm{b}}}{}^{\pm}\rangle$ は 0 ではない．新しく生まれた粒子は，漸近式においては，外向き球面波で表わされるはずであるから，固有値方程式

$$\hat{H}|\boldsymbol{u}_{\boldsymbol{p}_{\mathrm{a}}\boldsymbol{p}_{\mathrm{b}}}{}^{+}\rangle = E_{\boldsymbol{p}_{\mathrm{a}}\boldsymbol{p}_{\mathrm{b}}}|\boldsymbol{u}_{\boldsymbol{p}_{\mathrm{a}}\boldsymbol{p}_{\mathrm{b}}}{}^{+}\rangle$$

は拡張された Lippmann-Schwinger の方程式

$$|\boldsymbol{u}_{\boldsymbol{p}_{\mathrm{a}}\boldsymbol{p}_{\mathrm{b}}}{}^{+}\rangle = |\boldsymbol{p}_{\mathrm{a}}, \boldsymbol{p}_{\mathrm{b}}\rangle + \frac{1}{E_{\boldsymbol{p}_{\mathrm{a}}\boldsymbol{p}_{\mathrm{b}}} - \hat{H}_0 + i\varepsilon} V|\boldsymbol{u}_{\boldsymbol{p}_{\mathrm{a}}\boldsymbol{p}_{\mathrm{b}}}{}^{+}\rangle \tag{13.1.56}$$

で置き換えなければならない．運動量表示で書けば

$$\langle \boldsymbol{p}_a', \boldsymbol{p}_b' | u_{\boldsymbol{p}_a\boldsymbol{p}_b}{}^+ \rangle = \delta^3(\boldsymbol{p}_a' - \boldsymbol{p}_a)\delta^3(\boldsymbol{p}_b' - \boldsymbol{p}_b) + \frac{1}{E_{\boldsymbol{p}_a\boldsymbol{p}_b} - E_{\boldsymbol{p}_a'\boldsymbol{p}_b'} + i\varepsilon}\delta^3(\boldsymbol{p}_a' + \boldsymbol{p}_b' - \boldsymbol{p}_a - \boldsymbol{p}_b) \cdot \langle\!\langle \boldsymbol{p}_a', \boldsymbol{p}_b' | \mathcal{T} | \boldsymbol{p}_a, \boldsymbol{p}_b \rangle\!\rangle \tag{13. 1. 57 a}$$

$$\langle \boldsymbol{p}_a', \boldsymbol{p}_b', \boldsymbol{p}_c' | u_{\boldsymbol{p}_a\boldsymbol{p}_b}{}^+ \rangle = \frac{1}{E_{\boldsymbol{p}_a\boldsymbol{p}_b} - E_{\boldsymbol{p}_a'\boldsymbol{p}_b'\boldsymbol{p}_c'} + i\varepsilon}\delta^3(\boldsymbol{p}_a' + \boldsymbol{p}_b' + \boldsymbol{p}_c' - \boldsymbol{p}_a - \boldsymbol{p}_b) \cdot \langle\!\langle \boldsymbol{p}_a', \boldsymbol{p}_b', \boldsymbol{p}_c' | \mathcal{T} | \boldsymbol{p}_a, \boldsymbol{p}_b \rangle\!\rangle \tag{13. 1. 57 b}$$

....

となる．第2式以下には入射波を表わすδ関数の項がないが，その理由は明らかであろう．(*13. 1. 57*)から座標表示$\langle \boldsymbol{r}_a, \boldsymbol{r}_b, \boldsymbol{r}_c | u_{\boldsymbol{p}_a\boldsymbol{p}_b}{}^+ \rangle$をつくり，$|\boldsymbol{r}_a - \boldsymbol{r}_b| \to \infty$, $|\boldsymbol{r}_c - \boldsymbol{r}_b| \to \infty$に対する漸近式を求めれば，やはり，$\boldsymbol{r}_a - \boldsymbol{r}_b$と$\boldsymbol{r}_c - \boldsymbol{r}_b$についての外向き球面波が得られる．したがって，$(E - \hat{H}_0 + i\varepsilon)^{-1}$というGreen関数はこの場合でも正しい境界条件を与えるわけである．

この漸近式からaとb，cとbの相対確率流をつくれば，粒子発生に対する微分断面積を求めることができる．一般の発生過程a+b→1+2+…+Nに対する微分断面積は

$$d\sigma = \frac{16\pi^4\hbar^2}{cB}\int_{\Delta \boldsymbol{p}_1'}\int_{\Delta \boldsymbol{p}_2'}\cdots\int_{\Delta \boldsymbol{p}_N'}\delta^4(P_\mu' - P_\mu) \cdot |\mathcal{M}(\boldsymbol{p}_1', \boldsymbol{p}_2', \cdots, \boldsymbol{p}_N'; \boldsymbol{p}_a, \boldsymbol{p}_b)|^2 \prod_{i=1}^{N}\frac{d^3\boldsymbol{p}_i'}{E_{\boldsymbol{p}_i'}} \tag{13. 1. 58}$$

によって与えられる．ただし，$P_\mu' = \sum_{i=1}^{N} p_{i\mu}'$，$P_\mu = \sum_{i=a,b} p_{i\mu}$および

$$\mathcal{M}(\boldsymbol{p}_1', \boldsymbol{p}_2', \cdots, \boldsymbol{p}_N'; \boldsymbol{p}_a, \boldsymbol{p}_b) = \sqrt{\prod_{i=1}^{N} E_{\boldsymbol{p}_i'}} \cdot \langle\!\langle \boldsymbol{p}_1', \boldsymbol{p}_2', \cdots, \boldsymbol{p}_N' | \mathcal{T} | \boldsymbol{p}_a, \boldsymbol{p}_b \rangle\!\rangle \sqrt{E_{\boldsymbol{p}_a}E_{\boldsymbol{p}_b}} \tag{13. 1. 59}$$

ここではすべての粒子が相対論的であるとし$E_{\boldsymbol{p}} = \sqrt{(c\boldsymbol{p})^2 + (mc^2)^2}$を用いてある．

粒子発生の例としては，電子と原子の衝突における光子の発生や核子衝突におけるπ中間子の発生などがある．具体例についてのくわしい取扱いは該当箇所を見ていただきたい．

d)　素粒子の衝突・散乱

素粒子現象については別のところ(第10巻『素粒子論』)でくわしく説明するの

で，ここでは深入りしないが，散乱理論における素粒子の特殊性について簡単にふれておこう．

各種の素粒子現象における素粒子の速度は，多くの場合，光速度に近いので相対論的取扱いが要求される．また，素粒子は衝突によって新しく生まれたり，吸収されて消滅したり，他の粒子に転換したりする．さらに自然に崩壊して他の粒子にかわることもある．われわれの散乱理論はすでにこのような場合も取り扱えるように十分広く拡張してある．

ここで問題にするのは，Hamilton 形式の場の量子論による素粒子散乱理論である．全系のハミルトニアンはいままでと同じように $H=H_0+V$ と書くことができる．H_0 は自由状態の素粒子群を統括的に記述する自由場のハミルトニアンである．局所的場の理論における相互作用ハミルトニアン V は，粒子力学のように直接粒子間相互作用を表わさず，素粒子がおかれている点における場との相互作用を与えるものである．粒子間力はこの場に媒介された 2 次的な効果として現われる．したがって，衝突し合う粒子 a, b の相対距離を十分大きくした場合，2 次的効果としての粒子間力は小さくなるが，V 自身は依然として各粒子の自己場との相互作用を与えるので決して 0 にはならない．私たちが現実に観測する自由状態の“物理的”粒子は，この自己場との相互作用を含んだ 1 つの複雑な構造物である．これがいわゆる“くりこみ”操作を要求する根拠であった．したがって，入射波状態は単純な H_0 の固有状態ではない．H_0 と V の自己場効果をとり入れて入射波状態をつくらなければならない．散乱理論における V は粒子間力だけであったから，場の理論の V を粒子間力を与える部分と自己場との相互作用をつくる部分とに分けたいが，これはそれほど簡単にできる作業ではない．一方自己場も量子化されていて粒子が付属しているので，適当なエネルギーと運動量が与えられれば，現実に観測される粒子として飛び出してくる．すなわち，V には粒子放出の役割もある．また，その逆過程として粒子吸収の役割も持っている．これらの事柄すべてに注意して，散乱理論を適用しなければならない．

なお，通常 H_0 を対角化する表示において，V は対角要素をもっている．すでに §12.2 でも注意したように，この対角部分は H_0 にくりこんでおき，V が非対角要素だけでつくられているようにしておかないと，散乱理論を適用することはできない．これはいわゆる“くりこみ”操作の一部である．今後 V には対角要素は含まれていないものとしておこう．

上記の事柄をすべて同時に議論することはむずかしいので，わけて説明しよう．例として，電子と陽子と光子のつくる系を場の量子論——量子電磁力学——によって考えてみる．自由場ハミルトニアン H_0 は自由電子場の部分 H_{0e}，自由陽子場の部分 H_{0p}，自由光子場(電磁場)の部分 H_{0ph} の和である．すなわち，$H_0=H_{0e}+H_{0p}+H_{0ph}$．$V$ は電子と電磁場，陽子と電磁場との相互作用の和となる．電子と陽子は電磁場を媒介して相互作用し合い，ある場合は水素原子をつくり，ある場合は Rutherford 型の散乱をする．

まず，H_0 と H のスペクトルを比較しよう．H_0 のスペクトルは図 13.2(a)に描いたような連続スペクトルである．多粒子系のエネルギーも同時に考えなければならないので，図のような形になる．いちばん上は電磁場すなわち光子場のスペクトルである．光子の質量は0であるから，個数の如何にかかわらず，0から無限大にわたって分布している．2番目は電子場のスペクトルである．この場合，エネルギー0のところは電子個数0，すなわち，真空に相当する点である．電子個数の増加に対応して，mc^2 から ∞，$2mc^2$ から ∞，… というように連続スペクトルが重なり合って分布する(m は電子質量，c は光速度)．3番目は陽子場のスペクトルであるが，電子場と同じように見ればよろしい(M は陽子質量)．したがって，H_0 のスペクトルはこれら3個の場のスペクトルを重ね合わせたものとなり，0から無限大にわたって分布する連続スペクトルとなるわけである．

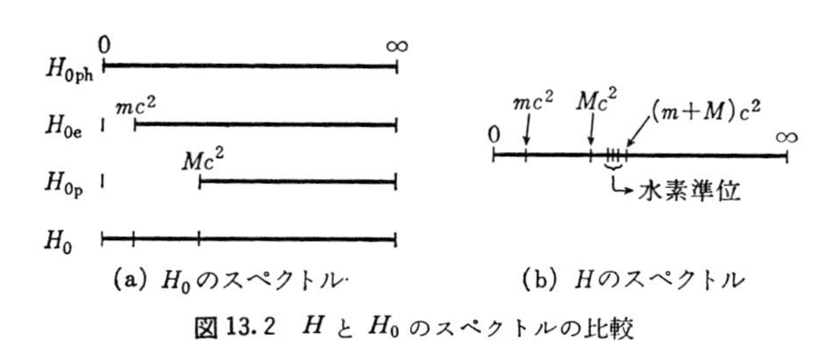

図 13.2　H と H_0 のスペクトルの比較

次に相互作用 V を入れて全ハミルトニアン $H=H_0+V$ のスペクトルを考えてみよう．各粒子は自己場と相互作用して質量が増加する．摂動論によってその質量のずれを正直に計算すると無限大になってしまうことはよく知られている．この無限大を上手に分離して元の質量に加え，その和を改めて観測されている粒子の質量でおきかえる操作が朝永による“くりこみ”理論であった[†]．“くりこみ”によって真空を与える0，静止1粒子を与える mc^2 や Mc^2 の点が確定する．真空状態と1粒子状態は，物理的に考えれば定常状態のはずであるから，全ハミルトニアンの固有状態でなければならない．これだけでも，H のスペクトルは $(0, \infty)$，(mc^2, ∞)，(Mc^2, ∞) という連続スペクトルの重ね合せになる．

次に1電子と1陽子の系を考えよう．2個のくりこまれた“物理的”粒子が互いに十分遠くはなれれば，エネルギーは $E_{p_a}{}^{(e)}+E_{p_b}{}^{(p)}$ であるはずである(第1項は電子，第2項は陽子のエネルギー)．ゆえに，くりこまれた2個の自由な“物理的”粒子状態を入射波状態として全ハミルトニアンの Lippmann-Schwinger の方程式を一応つくることができる．その場合，H_0 はくりこまれた“物理的”自由粒子を表わすハミルトニアンでなければならない．この方程式の解は固有値 $E=E_{p_a}{}^{(e)}+E_{p_b}{}^{(p)}$ にぞくする H の散乱状態固有ベクトルである．したがって，H は (mc^2+Mc^2, ∞) という連続スペクトルをもつことになる．

この Lippmann-Schwinger の方程式において，エネルギー E の値を mc^2+Mc^2 より小さいものとし，入射波状態を表わす項をとってしまえば，これは電子と陽子の束縛状態を表わす方程式となるであろうことが§12.2の議論の類推から想像できる．これが正しければ，この束縛状態は水素原子でなければならない．したがって，H のスペクトルとして0と mc^2+Mc^2 の間に水素原子の束縛エネルギー準位に相当するとびとびのスペクトルが存在しなければならない．(厳密にいえば，正確な意味での定常状態は水素原子の基底状態しかない．励起状態は真空電磁場との相互作用で安定ではなくなり，準安定状態として存在するだけである.) これを全ハミルトニアンのスペクトルに植え込んでみると，$(0, \infty)$ にわたって分布する連続スペクトルの中に束縛状態を表わすとびとびのスペクトルが混在していることになる(図13.2(b))．この事実は，§12.2や§12.4で散乱理論を展開するための重要な仮定であった H と H_0 のスペクトル図(図12.4)とはまったく違うように思える．スペクトルだけで見ればたしかに違うが，これだけで場の量子論において散乱理論を使っていけないと断定してはいけない．すでに上記の

---

† “くりこみ”操作は電荷に対しても行なわれる．量子電磁力学では質量と電荷のくりこみによって有限な結果が得られること，それが実験とよい精度で一致することが知られている．本講座第10巻『素粒子論』を見ていただきたい．

説明で明らかにしたように，この問題を解く手段は境界条件にある．すなわち，入射波状態としてくりこまれた“物理的”自由粒子状態をもってくればよい．上記の例では“物理的”電子と陽子の自由状態である．入射波をこのようにえらべば全ハミルトニアン H の固有値スペクトルのうち，ちょうど (mc^2+Mc^2, ∞) の部分だけを取り出したことになり，束縛状態スペクトルはこの範囲より低いところに現われ，図 12.4 と同様の議論が許される．正確にいえば，“許される”ように理論をつくってゆかなければならない．ここで主張した事柄は，$H=H_0+V$ を現実に与えて，数学的に証明したものではなく，物理的な状況から結果を想定したものである．場の量子論は物理的にも数学的にもまだ多くの混迷を残している．散乱現象の取扱いも例外ではない．

なお，場の量子論による束縛状態問題の定式化はたいへんむずかしい．上記の説明では，入射波項を取り除いた Lippmann-Schwinger の方程式をもって束縛状態の方程式としたが，これが電子と陽子の束縛状態を表わすという説明は形式的類推以外にはあまりはっきりした根拠がない．なぜならば，場の量子論では“物理的”粒子として比較的明確に定義を与えうるものは漸近的自由粒子状態しかないからである．何年も前から場の量子論による束縛状態がくり返し議論されてきているのはこの理由による．場の量子論を用いて素粒子の散乱理論を定式化してゆくには，もっと多くの予備知識が必要となるのでここではこれ以上深入りすることはやめよう．

最近，Hamilton 形式の場の量子論を表立って使うことをさけ，くりこまれた量だけの関数としての散乱振幅を直接取り扱う分散理論が発展した．しかし，その議論の基礎となる散乱振幅の式は§12.5の最後で議論したような場の量子論的表式である．表立って使っていないにしても，場の量子論の特質がかなり分散理論にとり入れられていることはたしかである．現在の場の量子論のどの部分が，将来の正しい素粒子力学の中に生かされてゆくのかという問題はたいへん興味深い．なお，ポテンシャル散乱の場合の分散理論については第15章でくわしく説明する予定である．

以上で各種の散乱とその取扱いについての説明を一応終るが，いずれも1個の入射粒子と1個の散乱体との衝突という“素過程”であった．散乱現象としては，この他に1個の入射粒子と多粒子系との衝突という現象がある．この場合は多数の素過程がくり返され，その結果としてある散乱が実現される．このような現象を**多重散乱**(multiple scattering)という．ある条件の下では，多粒子系中の多重散乱を，1つの固定平均場または連続媒質による散乱として近似することができる．これを散乱の**光学模型**(optical model)といって，光の物質系による散乱および核子の原子核による散乱などの場合にひろく用いられている．該当の箇所で見ていただきたい．ここでは扱わない．

§13.2　S 行列要素の一般的性質

前節で説明したいろいろな散乱を含めた各種現象の遷移確率振幅である S 行列要素の一般的性質を議論しよう．

a)　力学系の対称性と S 行列要素

力学系が何らかの形で対称性をもてば，ハミルトニアンや S 行列などはそれに応じて定まる変換に対して不変でなければならない．すでに第8章において，力学系の対称性がその系の構造や状態に強い制約を与えることを説明しておいた．このような性質は S 行列要素にも反映し，かなり見通しのよい一般的な議論を可能にしてくれる．通常の力学系のもつ対称性としては，平行移動，空間回転，空間反転，時間反転，荷電共役反転などの変換に対するものが考えられる．最後の変換については本講座第10巻『素粒子論』を参照していただきたい．ここでは前の4者について考える．

平行移動不変性についてはすでに§13.1(a)でくわしく説明しておいた．この性質は代数的には(*13.1.4*)または(*13.1.17*)のように表わされ，その結果として散乱状態固有ベクトルが同時に全運動量演算子の固有ベクトルになること，および S 行列要素などが(*13.1.18*)のように $\delta^3(\boldsymbol{P}'-\boldsymbol{P})$ という因子をもつことなどがわかったのである．§13.1(c)でも議論したように，この結果は2体・2体散乱ばかりでなく，粒子が発生する過程を含む場合に対しても正しい．すなわち，

$$\begin{aligned}&\langle \boldsymbol{p}_1', \boldsymbol{p}_2', \cdots, \boldsymbol{p}_N'|S|\boldsymbol{p}_{\mathrm{a}}, \boldsymbol{p}_{\mathrm{b}}\rangle \\ &\quad = \delta^3(\boldsymbol{p}_1'+\boldsymbol{p}_2'+\cdots+\boldsymbol{p}_N'-\boldsymbol{p}_{\mathrm{a}}-\boldsymbol{p}_{\mathrm{b}})\delta(E_1'+E_2'+\cdots+E_N'-E_{\mathrm{a}}-E_{\mathrm{b}}) \\ &\quad\quad \cdot\langle\!\langle \boldsymbol{p}_1', \boldsymbol{p}_2', \cdots, \boldsymbol{p}_N'|S|\boldsymbol{p}_{\mathrm{a}}, \boldsymbol{p}_{\mathrm{b}}\rangle\!\rangle \end{aligned} \qquad (13.2.1)$$

となるわけである．運動量の δ 関数が全運動量保存則を表わしている．なお，エネルギー保存則を表わす δ 関数は平行移動不変性から出てくるものではないが，

S 行列はエネルギー保存が成立するところ(すなわちエネルギー殻上)で定義されているものであるからつけておいたのである．$\langle\!\langle \boldsymbol{p}_1', \boldsymbol{p}_2', \cdots, \boldsymbol{p}_N'|S|\boldsymbol{p}_{\mathrm{a}}, \boldsymbol{p}_{\mathrm{b}}\rangle\!\rangle$ にはもはやこのような特異性はないが，状態指定のために記されている各粒子のエネルギー運動量は，エネルギー運動量保存則を満足するという条件で制限されている．

空間回転不変性から似た形の結論がでてくる．単位ベクトル $\boldsymbol{n}$ で表わされる軸のまわりの角度 θ の空間回転を表わすユニタリー演算子は $\exp\left(\dfrac{i}{\hbar}\boldsymbol{n}\cdot\hat{\boldsymbol{J}}\theta\right)$ で与えられる．$\hat{\boldsymbol{J}}$ はこの力学系の全角運動量演算子である．ゆえに S 行列の不変性は

$$[\hat{\boldsymbol{J}}, \hat{S}] = 0 \qquad (13.\ 2.\ 2)$$

によって表わされる．角運動量状態の指定は，通常，互いに可換な $\hat{J}^2=\hat{J}_x{}^2+\hat{J}_y{}^2+\hat{J}_z{}^2$ と $\hat{J}_z$ の固有値 $\hbar^2 j(j+1)$, $\hbar m$ を表わすパラメーター j と m によって行なわれる．(13. 2. 2) が成立すれば

$$[\hat{J}^2, \hat{S}] = 0, \qquad [\hat{J}_z, \hat{S}] = 0 \qquad (13.\ 2.\ 3)$$

も成立する．したがって $\hat{J}^2$ と $\hat{J}_z$ の同時固有ベクトルによる S 行列要素は対角要素しかない．反応 $\mathrm{a}+\mathrm{b}\to 1+2+\cdots+N$ の初期および終期状態を角運動量状態によって指定する方法はいろいろあるが，ここでは全角運動量の固有値 (j, m) と (j', m') の他に各粒子の角運動量固有値 $(j_{\mathrm{a}}, m_{\mathrm{a}}, j_{\mathrm{b}}, m_{\mathrm{b}})$ および $(j_1', m_1', \cdots, j_N', m_N')$ を用いよう†．このとき回転不変性から

$$\begin{aligned}&\langle j', m'; j_1', m_1', \cdots, j_N', m_N'|S|j, m; j_{\mathrm{a}}, m_{\mathrm{a}}, j_{\mathrm{b}}, m_{\mathrm{b}}\rangle\\&\quad= \delta(E'(1, 2, \cdots, N) - E(\mathrm{a}, \mathrm{b}))\,\delta_{jj'}\delta_{mm'}\\&\qquad\cdot\langle\!\langle j, m; j_1', m_1', \cdots, j_N', m_N'|S|j, m; j_{\mathrm{a}}, m_{\mathrm{a}}, j_{\mathrm{b}}, m_{\mathrm{b}}\rangle\!\rangle\end{aligned} \qquad (13.\ 2.\ 4)††$$

となる．$\langle\!\langle\cdots|S|\cdots\rangle\!\rangle_{j,m}$ における各粒子の角運動量パラメーターは角運動量合成則によって全角運動量パラメーター (j, m) を与えるようになっていなければならない．この行列要素は角運動量状態の合成分解の規則にしたがって，各粒子の角運動量状態の直積による行列要素によって表わすこともできる．くわしい話は第8章または核反応の理論(第9巻『原子核論』)を見ていただきたい．

---

† 初期状態ベクトルを各粒子の角運動量固有ベクトルで書けば

$$|j, m; j_{\mathrm{a}}, m_{\mathrm{a}}, j_{\mathrm{b}}, m_{\mathrm{b}}\rangle = \sum_{\substack{m_{\mathrm{a}}, m_{\mathrm{b}}\\ m=m_{\mathrm{a}}+m_{\mathrm{b}}}} C(j_{\mathrm{a}}m_{\mathrm{a}}j_{\mathrm{b}}m_{\mathrm{b}}|jm)\,|j_{\mathrm{a}}, m_{\mathrm{a}}\rangle|j_{\mathrm{b}}, m_{\mathrm{b}}\rangle$$

となる．C は Clebsch-Gordan 係数である．第5章および第8章を見よ．

†† エネルギー保存則を表わす δ 関数は回転不変性からくるものではないが，S 行列の性質上つけておいたのである．

次に，空間反転不変性について考えよう．空間反転変換の意味とその基本的性格については，すでに第5章および第8章で説明してある．要するに極ベクトルの各成分の符号を反転する変換である．軸ベクトルの符号は変えない．この変換のユニタリー演算子を $\hat{U}_P$ とすると

$$\left.\begin{aligned}\hat{U}_P\hat{\boldsymbol{r}}_i\hat{U}_P^{-1} &= -\hat{\boldsymbol{r}}_i, \qquad \hat{U}_P\hat{\boldsymbol{p}}_i\hat{U}_P^{-1} = -\hat{\boldsymbol{p}}_i \\ \hat{U}_P\hat{\boldsymbol{J}}_i\hat{U}_P^{-1} &= \hat{\boldsymbol{J}}_i, \qquad \hat{U}_P\hat{\boldsymbol{\sigma}}_i\hat{U}_P^{-1} = \hat{\boldsymbol{\sigma}}_i\end{aligned}\right\} \tag{13.2.5}$$

である．ただし，$\hat{\boldsymbol{r}}_i, \hat{\boldsymbol{p}}_i, \hat{\boldsymbol{J}}_i, \hat{\boldsymbol{\sigma}}_i$ はそれぞれ i 番目粒子の位置，運動量，角運動量，スピンの演算子である．状態ベクトル $|I\rangle, |F\rangle$ の空間反転状態は

$$\hat{U}_P|I\rangle = |P(I)\rangle, \qquad \hat{U}_P|F\rangle = |P(F)\rangle \tag{13.2.6}$$

である．ただし，$|P(I)\rangle$ と $|P(F)\rangle$ は，$|I\rangle$ と $|F\rangle$ において状態指定に使われている力学量の固有値を(13.2.5)にしたがって符号をとり換えて得られた状態である．たとえば

$$\hat{U}_P|\boldsymbol{p}_\mathrm{a}, \boldsymbol{p}_\mathrm{b}, \cdots\rangle = |-\boldsymbol{p}_\mathrm{a}, -\boldsymbol{p}_\mathrm{b}, \cdots\rangle$$

である．スピンなどの角運動量状態の指定にその z 成分の固有値を用いると，その符号は変わらない．しかし

$$\hat{\lambda} = \frac{1}{|\hat{\boldsymbol{p}}|}\hat{\boldsymbol{\sigma}}\cdot\hat{\boldsymbol{p}} \tag{13.2.7}$$

で定義されるヘリシティの固有値を用いると，空間反転にさいして符号が変わる．

さて，S 行列の空間反転不変性は

$$\hat{S} = \hat{U}_P^{-1}\hat{S}\hat{U}_P \tag{13.2.8}$$

で与えられる．この両辺を $|I\rangle$ と $|F\rangle$ ではさんで行列要素をつくると

$$\langle F|S|I\rangle = \langle P(F)|S|P(I)\rangle \tag{13.2.9}$$

が成立する．

空間反転不変性が $\hat{H}_0$ に対しても成立するときは $[\hat{U}_P, \hat{H}_0]=0$ であるから，$\hat{H}_0$ と $\hat{U}_P$ の同時固有ベクトルをつくることができる．$|I\rangle$ と $|F\rangle$ が $\hat{U}_P$ の固有ベクトルであったとしよう．すなわち，

$$|P(I)\rangle = \hat{U}_P|I\rangle = \mathcal{P}_I|I\rangle, \qquad |P(F)\rangle = \hat{U}_P|F\rangle = \mathcal{P}_F|F\rangle \tag{13.2.10}$$

$\mathcal{P}_I$ は状態 $|I\rangle$，$\mathcal{P}_F$ は状態 $|F\rangle$ のパリティであり，$+1$ または -1 の値をとる．たとえば，軌道角運動量 $\boldsymbol{L}^2$ と L_z の固有関数である $Y_{lm}(\theta, \varphi)$ はこのような状態である．なぜならば

$$U_P Y_{lm}(\theta,\varphi) = Y_{lm}(\pi-\theta,\pi+\varphi) = (-1)^l Y_{lm}(\theta,\varphi) \qquad (13.2.11)$$

だからである．この状態のパリティは $(-1)^l$ である．さて(13.2.10)を(13.2.9)に代入すれば

$$\mathcal{P}_F\mathcal{P}_I = -1 \text{ のとき} \qquad \langle F|S|I\rangle = 0 \qquad (13.2.12)$$

が得られる．したがって，空間反転不変性が成り立つときは，パリティが保存しない反応は禁止される．すなわち，空間反転不変性からパリティ保存則が得られたわけである．素粒子の弱い相互作用では必ずしも空間反転不変性は成立しない．したがって，パリティは保存されない．しかし，強い相互作用ではパリティは保存される．

最後に，時間反転不変性を取り扱う．時間反転変換についてもすでに第5章および第8章で説明しておいた．この変換を与えるものは反ユニタリー演算子 $\hat{U}_T$ $(=\Omega K)$であり，次の性質をもっている(Ω は適当なユニタリー演算子，K は複素共役をとる演算子)．

$$\left.\begin{aligned} \hat{U}_T\hat{\boldsymbol{r}}_i\hat{U}_T^{-1} &= \hat{\boldsymbol{r}}_i, & \hat{U}_T\hat{\boldsymbol{p}}_i\hat{U}_T^{-1} &= -\hat{\boldsymbol{p}}_i \\ \hat{U}_T\hat{\boldsymbol{J}}_i\hat{U}_T^{-1} &= -\hat{\boldsymbol{J}}_i, & \hat{U}_T\hat{\boldsymbol{\sigma}}_i\hat{U}_T^{-1} &= -\hat{\boldsymbol{\sigma}}_i \end{aligned}\right\} \qquad (13.2.13)$$

そして状態ベクトル $|I\rangle$ と $|F\rangle$ は

$$|T(I)\rangle = \hat{U}_T|I\rangle = \Omega|I\rangle^*, \qquad |T(F)\rangle = \hat{U}_T|F\rangle = \Omega|F\rangle^* \qquad (13.2.14)$$

のように変換される．* は複素共役ベクトルをとるという記号であり，この性格が反ユニタリー演算子 $\hat{U}_T$ の特徴である．Ω については第5章を見よ．なお，$|T(I)\rangle$ と $|T(F)\rangle$ は，$|I\rangle$ と $|F\rangle$ において状態指定に使われた力学量の固有値を(13.2.13)にしたがって符号のつけ換えをして得られたものであり，$|I\rangle$ と $|F\rangle$ の時間反転状態とよばれている．たとえば，運動量や角運動量の z 成分は符号を変える．複素共役ベクトルをとるという操作のため

$$\langle T(I)|T(F)\rangle = \langle I|F\rangle^* = \langle F|I\rangle \qquad (13.2.15)$$

となることに注意しなければならない．

さて時間反転不変性は

$$\hat{S}^\dagger = \hat{U}_T^{-1}\hat{S}\hat{U}_T \quad \text{または} \qquad \hat{S} = \hat{U}_T\hat{S}^\dagger\hat{U}_T^{-1} \qquad (13.2.16)$$

と書けるから，その行列要素は

$$\langle F|S|I\rangle = \langle T(I)|S|T(F)\rangle \qquad (13.2.17)$$

となる．これは $I\to F$ という遷移と $T(F)\to T(I)$ という遷移の確率振幅が等し

いことを意味している．この一般化された**相反定理**(reciprocity theorem)が時間反転不変性の結果である．なお，(*13.2.14*)の右辺には状態ベクトルの位相のえらび方に応じて絶対値が1の位相因子がつくことがある．そのとき(*13.2.17*)にも位相因子をつけなければならない．

特定の状態間の行列要素については，もっと狭い意味での相反定理をつくることができる．スピンをもたない粒子の反応 $\mathrm{a}+\mathrm{b}\to 1+2+\cdots+N$ において，状態指定に運動量を用いると，(*13.2.17*)は

$$\langle \boldsymbol{p}_1', \boldsymbol{p}_2', \cdots, \boldsymbol{p}_N'|S|\boldsymbol{p}_\mathrm{a}, \boldsymbol{p}_\mathrm{b}\rangle$$
$$= \langle -\boldsymbol{p}_\mathrm{a}, -\boldsymbol{p}_\mathrm{b}|S|-\boldsymbol{p}_1', -\boldsymbol{p}_2', \cdots, -\boldsymbol{p}_N'\rangle$$

であるが，この右辺において S 行列の空間反転不変性を用いると各運動量の符号は反転し

$$\langle \boldsymbol{p}_1', \boldsymbol{p}_2', \cdots, \boldsymbol{p}_N'|S|\boldsymbol{p}_\mathrm{a}, \boldsymbol{p}_\mathrm{b}\rangle$$
$$= \langle \boldsymbol{p}_\mathrm{a}, \boldsymbol{p}_\mathrm{b}|S|\boldsymbol{p}_1', \boldsymbol{p}_2', \cdots, \boldsymbol{p}_N'\rangle \qquad (13.2.18)$$

が得られる．これはちょうど $\langle F|S|I\rangle=\langle I|S|F\rangle$ であるから狭い意味の相反定理を与える．

次に2体・2体散乱 $\mathrm{a}+\mathrm{b}\to\mathrm{c}+\mathrm{d}$ を重心系で考えよう．今度はスピンをもっていてもよい．ただし，通常のスピンを成分のかわりに(*13.2.7*)で定義したヘリシティを用いよう．ヘリシティは時間反転に対して符号を変えない．ゆえに(*13.2.17*)は

$$\langle +\boldsymbol{p}', \lambda_\mathrm{c}', -\boldsymbol{p}', \lambda_\mathrm{d}'|S|+\boldsymbol{p}, \lambda_\mathrm{a}, -\boldsymbol{p}, \lambda_\mathrm{b}\rangle$$
$$= \langle -\boldsymbol{p}, \lambda_\mathrm{a}, +\boldsymbol{p}, \lambda_\mathrm{b}|S|-\boldsymbol{p}', \lambda_\mathrm{c}', +\boldsymbol{p}', \lambda_\mathrm{d}'\rangle$$

となる．この右辺において空間回転不変性を用いよう．すなわち，$\boldsymbol{p}$ と $\boldsymbol{p}'$ でつくられる散乱平面に垂直な方向($\boldsymbol{p}\times\boldsymbol{p}'$ の方向)を回転軸として180°回転すれば，$\boldsymbol{p}\to-\boldsymbol{p}$ および $\boldsymbol{p}'\to-\boldsymbol{p}'$ となるがヘリシティは変わらない．したがって，

$$\langle +\boldsymbol{p}', \lambda_\mathrm{c}', -\boldsymbol{p}', \lambda_\mathrm{d}|S|+\boldsymbol{p}, \lambda_\mathrm{a}, -\boldsymbol{p}, \lambda_\mathrm{b}\rangle$$
$$= \langle +\boldsymbol{p}, \lambda_\mathrm{a}, -\boldsymbol{p}, \lambda_\mathrm{b}|S|+\boldsymbol{p}', \lambda_\mathrm{c}, -\boldsymbol{p}', \lambda_\mathrm{d}\rangle \qquad (13.2.19)$$

が得られる．これも狭い意味の相反性である．いうまでもなく(*13.2.17*)，(*13.2.18*)，(*13.2.19*)はエネルギーや運動量の保存則を表わす δ 関数または角運動量保存則を表わす Kronecker の δ を除いた行列要素 $\langle\!\langle\cdots|S|\cdots\rangle\!\rangle$ に対しても成立する．

角運動量固有値を用いた状態指定の場合は(*13. 2. 18*)や(*13. 2. 19*)のようにきれいな相反性は成立せず，(*13. 2. 17*)以上の事はいえない．ただ位相因子のえらび方について注意しておきたい．簡単のため2体散乱 (a+b→c+d) の場合について考えよう．各粒子の角運動量状態から全運動量 j, m の状態をつくる方法はすでに第5章で与えておいた．(または p. 150 脚注を見よ.) 各粒子の角運動量状態ベクトル $|j_a, m_a\rangle, |j_b, m_b\rangle$ の位相を時間反転に際して $(-1)^{m_a}$ および $(-1)^{m_b}$ がつくようにえらび，さらに Clebsch-Gordan 係数として第5章で定義したもののかわりに

$$\bar{C}(j_a m_a j_b m_b|jm) = i^{j_a+j_b-j}C(j_a m_a j_b m_b|jm)$$

を用いて $|j, m\,; j_a, m_a, j_b, m_b\rangle$ をつくっておけば，

$$\hat{U}_T|j, m\,; j_a, m_a, j_b, m_b\rangle = (-1)^m|j, -m\,; j_a, -m_a, j_b, -m_b\rangle^{\dagger} \qquad (13.\ 2.\ 20)$$

が成立するようになる．この場合，時間反転不変性から相反性

$$\begin{aligned}&\langle\!\langle j, m\,; j_c, m_c, j_d, m_d|S|j, m\,; j_a, m_a, j_b, m_b\rangle\!\rangle\\&\quad= \langle\!\langle j, -m\,; j_a, -m_a, j_b, -m_b|S|j, -m\,; j_c, -m_c, j_d, -m_d\rangle\!\rangle\end{aligned} \qquad (13.\ 2.\ 21)$$

が得られる†.

b)　ユニタリー性と光学定理

§12. 3 および §12. 4 において，S 行列のユニタリー性から光学定理を導いた．ユニタリー性は確率保存則からでてくるものであるから，光学定理も確率保存則の1つの帰結であるということができる．しかし，§12. 3 と §12. 4 の議論はポテンシャル散乱の場合にかぎられていたので，ここではもっと一般の場合に光学定理を拡張しておこう．ポテンシャル散乱では弾性散乱しか起こらないので，確率保存則は弾性散乱の範囲内で成立していたが，前節で考えたような各種の衝突散乱が起こるときはあらゆる過程を記述できる全 Hilbert 空間をとってはじめて確率保存則が成立するのである．弾性散乱だけの部分空間内でいえば，確率保存則は成立しない．前節の議論によって，私たちはすでにハミルトニアン，波動行列，S 行列などの量をすべての過程を記述する全 Hilbert 空間内の演算子として拡張してある．確率保存則を表わす S 行列のユニタリー性はこの全 Hilbert 空

† $\{(-1)^m\}^* = (-1)^{-m}$ に注意.

間で成立するのである.

さてユニタリー性は

$$\hat{S}^\dagger\hat{S} = \hat{S}\hat{S}^\dagger = 1 \tag{13.2.22}$$

である. これに

$$\hat{S} = 1+2i\hat{T} \tag{13.2.23}$$

を代入して書き直すと

$$\frac{1}{2i}(\hat{T}-\hat{T}^\dagger) = \hat{T}^\dagger\hat{T} \tag{13.2.24}$$

となる. これは T 行列で書いたユニタリー条件である. 状態 $|I\rangle$ と $|F\rangle$ で(13.2.24)の行列要素をつくると

$$\frac{1}{2i}[\langle F|T|I\rangle-\langle F|T^\dagger|I\rangle] = \sum_{(n)}\int\langle F|T^\dagger|n\rangle\langle n|T|I\rangle$$

となる. $|n\rangle$ は全 Hilbert 空間における完全正規直交系であり $\sum_{(n)}\int|n\rangle\langle n|=1$ を満足する. なお, $\sum_{(n)}\int$ は, 状態指定変数のうち連続的なものについては積分を, 離散的なものについては和をとるという記号である. この式の左辺第2項は, 前項(a)で議論した時間反転不変性のために $\langle T(F)|T|T(I)\rangle^*$ に等しい. さらに(13.2.18)や(13.2.19)のような相反性が成立している行列要素の場合には

$$\langle F|T^\dagger|I\rangle = \langle F|T|I\rangle^* \tag{13.2.25}$$

となる. さらに(13.1.15 c)と(13.1.18 b)を用いることにしよう. すなわち,

$$\left.\begin{aligned}\langle F|T|I\rangle &= -\pi\delta(E_F-E_I)\delta^3(\boldsymbol{P}_F-\boldsymbol{P}_I)\langle\!\langle F|\mathcal{T}|I\rangle\!\rangle\\ \langle F|T^\dagger|n\rangle &= -\pi\delta(E_F-E_n)\delta^3(\boldsymbol{P}_F-\boldsymbol{P}_n)\langle\!\langle n|\mathcal{T}|F\rangle\!\rangle^*\\ \langle n|T|I\rangle &= -\pi\delta(E_n-E_I)\delta^3(\boldsymbol{P}_n-\boldsymbol{P}_I)\langle\!\langle n|\mathcal{T}|I\rangle\!\rangle\end{aligned}\right\} \tag{13.2.26}$$

この行列要素によりユニタリー条件式は

$$-\mathrm{Im}\langle\!\langle F|\mathcal{T}|I\rangle\!\rangle = \pi\sum_{(n)}\int\langle\!\langle n|\mathcal{T}|F\rangle\!\rangle^*\langle\!\langle n|\mathcal{T}|I\rangle\!\rangle\delta(E_n-E_I)\delta^3(\boldsymbol{P}_n-\boldsymbol{P}_I) \tag{13.2.27}$$

となる. この形から, $-(2/\hbar)\,\mathrm{Im}\langle\!\langle I|\mathcal{T}|I\rangle\!\rangle$ は状態 I からの全遷移確率の時間的割合に等しいことがわかる. これを前方散乱振幅と断面積で表わしたのが光学定理である.

光学定理をみちびくため, 重心系における弾性散乱過程 $(\boldsymbol{p}, -\boldsymbol{p})\rightarrow(\boldsymbol{p}', -\boldsymbol{p}')$

の散乱振幅$\langle\!\langle \boldsymbol{p}', -\boldsymbol{p}'|\mathcal{T}|\boldsymbol{p}, -\boldsymbol{p}\rangle\!\rangle$を考えよう．簡単のためスピン変数は省略するが，(*13. 2. 19*)の場合のようにヘリシティを使えば以上の議論はほとんどそのまま成立する．さて，(*13. 2. 27*)において，Iは$(\boldsymbol{p}, -\boldsymbol{p})$，$F$は$(\boldsymbol{p}', -\boldsymbol{p}')$とおくわけであるが，この式の右辺の和は弾性散乱状態についてのものと非弾性散乱状態についてのものにわけることができる．前者は

$$\pi\int\!\!\int d^3\boldsymbol{q}_1 d^3\boldsymbol{q}_2 \langle\!\langle \boldsymbol{q}_1, \boldsymbol{q}_2|\mathcal{T}|\boldsymbol{p}', -\boldsymbol{p}'\rangle\!\rangle^* \langle\!\langle \boldsymbol{q}_1, \boldsymbol{q}_2|\mathcal{T}|\boldsymbol{p}, -\boldsymbol{p}\rangle\!\rangle$$
$$\cdot\delta(E_{\boldsymbol{q}_1}+E_{\boldsymbol{q}_2}-E_{\rm a}-E_{\rm b})\,\delta^3(\boldsymbol{q}_1+\boldsymbol{q}_2)$$

となる．ここで重心系条件$\boldsymbol{p}_{\rm a}+\boldsymbol{p}_{\rm b}=0$を用いた．$\delta^3(\boldsymbol{q}_1+\boldsymbol{q}_2)$のために$\boldsymbol{q}_2$の積分はなくなり，$\boldsymbol{q}_1=-\boldsymbol{q}_2\equiv\boldsymbol{q}$となる．そして$d^3\boldsymbol{q}=\left\{q^2\left[\dfrac{\partial}{\partial q}(E_{\rm a}+E_{\rm b})\right]^{-1}\right\}_{q=p} dE_{\boldsymbol{q}}d\Omega_{\boldsymbol{q}}$とおくことができるから，上の積分は

$$\pi p^2\frac{1}{v_0}\int d\Omega_{\boldsymbol{q}}\langle\!\langle \boldsymbol{q}, -\boldsymbol{q}|\mathcal{T}|\boldsymbol{p}', -\boldsymbol{p}'\rangle\!\rangle^*{}_{|\boldsymbol{q}|=p}\langle\!\langle \boldsymbol{q}, -\boldsymbol{q}|\mathcal{T}|\boldsymbol{p}, -\boldsymbol{p}\rangle\!\rangle_{|\boldsymbol{q}|=p}$$

となる．ただし，v_0は(*13. 1. 28 c*)で定義された相対速度である．ゆえに，(*13. 1. 28 b*)または(*13. 1. 32*)で定義した散乱振幅$f(\boldsymbol{p}', \boldsymbol{p})$を用いると，(*13. 2. 27*)は

$$\begin{aligned}{\rm Im}\,f(\boldsymbol{p}', \boldsymbol{p}) = \frac{p}{4\pi\hbar}\Bigg[&\int d\Omega_{\boldsymbol{q}} f^*(\boldsymbol{q}, \boldsymbol{p}')f(\boldsymbol{q}, \boldsymbol{p})\\ &+16\pi^4\hbar^2\frac{1}{v_0}\sum_{\substack{N\\ ({\rm inel})}}\int\cdots\int\langle\!\langle \boldsymbol{q}_1, \cdots, \boldsymbol{q}_N|\mathcal{T}|\boldsymbol{p}', -\boldsymbol{p}'\rangle\!\rangle^*\\ &\cdot\langle\!\langle \boldsymbol{q}_1, \cdots, \boldsymbol{q}_N|\mathcal{T}|\boldsymbol{p}, -\boldsymbol{p}\rangle\!\rangle\\ &\cdot\delta(E_{\boldsymbol{q}_1}+\cdots+E_{\boldsymbol{q}_N}-E_{\rm a}-E_{\rm b})\,\delta^3(\boldsymbol{q}_1+\cdots+\boldsymbol{q}_N)\\ &\cdot d^3\boldsymbol{q}_1\cdots d^3\boldsymbol{q}_N\Bigg]\end{aligned} \qquad (13.\ 2.\ 28)$$

となる．したがって，前方散乱$\boldsymbol{p}'=\boldsymbol{p}$に対しては

$$\left.\begin{aligned}{\rm Im}\,f(\boldsymbol{p}, \boldsymbol{p}) &= \frac{p}{4\pi\hbar}(\sigma_{\rm el}+\sigma_{\rm inel})\\ &= \frac{p}{4\pi\hbar}\sigma_{\rm tot}\end{aligned}\right\} \qquad (13.\ 2.\ 29)$$

が得られる．ただし

$$\sigma_{\text{el}} = \int |f(\boldsymbol{q}, \boldsymbol{p})|^2 d\Omega_{\boldsymbol{q}} \tag{13.2.30 a}$$

$$\sigma_{\text{inel}} = 16\pi^4\hbar^2 \frac{1}{v_0} \sum_{\substack{N \\ (\text{inel})}} \int \cdots \int |\langle\!\langle \boldsymbol{q}_1, \cdots, \boldsymbol{q}_N | \mathcal{T} | \boldsymbol{p}, -\boldsymbol{p} \rangle\!\rangle|^2$$
$$\cdot \delta(E_{\boldsymbol{q}_1} + \cdots + E_{\boldsymbol{q}_N} - E_{\text{a}} - E_{\text{b}}) \delta^3(\boldsymbol{q}_1 + \cdots + \boldsymbol{q}_N) d^3\boldsymbol{q}_1 \cdots d^3\boldsymbol{q}_N \tag{13.2.30 b}$$

である．(*13. 2. 29*) が**一般化された光学定理**である．なお，ここでは粒子 a, b に内部状態を考えなかったので，非弾性衝突はすべて粒子発生過程であるかのように書いてしまった．粒子 a, b が内部構造をもつ場合は，σ_{inel} には内部状態の変化を伴うすべての非弾性散乱過程についての和を入れておかなければならない．そうしておけば (*13. 2. 29*) はそのままの形で成り立つ．

前方散乱以外の場合，すなわち，$\boldsymbol{p}' \neq \boldsymbol{p}$ に対する (*13. 2. 28*) は弾性散乱振幅 $f(\boldsymbol{p}', \boldsymbol{p})$ と非弾性過程振幅 $\mathcal{M}(\boldsymbol{q}_1, \cdots, \boldsymbol{q}_N; \boldsymbol{p}_{\text{a}}, \boldsymbol{p}_{\text{b}}) = \sqrt{E_{\boldsymbol{q}_1} \cdots E_{\boldsymbol{q}_N}} \langle\!\langle \boldsymbol{q}_1, \cdots, \boldsymbol{q}_N | \mathcal{T} | \boldsymbol{p}_{\text{a}}, \boldsymbol{p}_{\text{b}} \rangle\!\rangle$ $\sqrt{E_{\boldsymbol{p}_{\text{a}}} E_{\boldsymbol{p}_{\text{b}}}}$ との関係を与える式と読むことができる．事実，高エネルギー素粒子の衝突をこのような関係式 (ユニタリー条件式) によって分析する試みが数多く行なわれている．なお，(*13. 2. 28*) を演算子形式で整理すると

$$\operatorname{Im} f(\boldsymbol{p}', \boldsymbol{p}) = \frac{p}{2\pi\hbar} \int [f^*(\boldsymbol{q}, \boldsymbol{p}') f(\boldsymbol{q}, \boldsymbol{p})]_{|\boldsymbol{q}|=|\boldsymbol{p}|=|\boldsymbol{p}'|} d\Omega_{\boldsymbol{q}} + F(\boldsymbol{p}', \boldsymbol{p}) \tag{13.2.31 a}$$

$$F(\boldsymbol{p}', \boldsymbol{p}) = \frac{4\pi^3\hbar p}{cB} \sqrt{E_{\boldsymbol{p}_{\text{a}}'} E_{\boldsymbol{p}_{\text{b}}'}} \langle\!\langle \boldsymbol{p}', -\boldsymbol{p}' | \hat{\mathcal{T}}_{\text{inel}}{}^{\dagger} \delta^4(\hat{P}_\mu - P_\mu) \hat{\mathcal{T}}_{\text{inel}} | \boldsymbol{p}, -\boldsymbol{p} \rangle\!\rangle_{|\boldsymbol{p}'|=|\boldsymbol{p}|}$$
$$\cdot \sqrt{E_{\boldsymbol{p}_{\text{a}}} E_{\boldsymbol{p}_{\text{b}}}} \tag{13.2.31 b}$$

と書くことができる．B は (*13. 1. 29*) で定義されたものであり，重心系では $v_0 E_{\text{a}} E_{\text{b}}$ となる．$\hat{\mathcal{T}}_{\text{inel}}$ は非弾性過程だけをつくる遷移行列演算子である．$\hat{P}_\mu$ は全エネルギー運動量 4 元ベクトルを表わす演算子，$P_\mu = p_{\text{a}\mu} + p_{\text{b}\mu}$ は初期状態の全エネルギー運動量 4 元ベクトルの値である．§13.1 (a), (c) で述べた注意によれば，$f, F, \mathcal{M}$ はいずれも不変量であることを記憶しておいてほしい．$\hat{\mathcal{T}}_{\text{inel}} | \boldsymbol{p}, -\boldsymbol{p} \rangle$ は $(\boldsymbol{p}, -\boldsymbol{p})$ という衝突による非弾性過程で生まれた状態であり，$\hat{\mathcal{T}}_{\text{inel}} | \boldsymbol{p}', -\boldsymbol{p}' \rangle$ は衝突 $(\boldsymbol{p}', -\boldsymbol{p}')$ による非弾性状態であるから，$F(\boldsymbol{p}', \boldsymbol{p})$ はその重なり合い積分ということになる．(*13. 2. 31 a*) の第 1 項は弾性過程の重なり合い積分というこ

とができよう．$F(\boldsymbol{p}', \boldsymbol{p})$ と弾性過程重なり合い積分はともに実数であり，$\boldsymbol{p}'=\boldsymbol{p}$ に対しては正数となって(13. 2. 30)の右辺に一致する．σ_{inel} をこの形式で書くと

$$\sigma_{\text{inel}} = \frac{16\pi^4\hbar^2}{cB}\sqrt{E_{\boldsymbol{p}_\text{a}}E_{\boldsymbol{p}_\text{b}}}\langle\!\langle \boldsymbol{p}, -\boldsymbol{p}|\mathcal{T}_{\text{inel}}{}^{\dagger}\delta^4(\hat{P}_\mu-P_\mu)\mathcal{T}_{\text{inel}}|\boldsymbol{p}, -\boldsymbol{p}\rangle\!\rangle\sqrt{E_{\boldsymbol{p}_\text{a}}E_{\boldsymbol{p}_\text{b}}} \tag{13. 2. 32}$$

である．

$f(\boldsymbol{p}', \boldsymbol{p})$ と $F(\boldsymbol{p}', \boldsymbol{p})$ が $p=|\boldsymbol{p}|$ と $\theta=\angle(\boldsymbol{p}', \boldsymbol{p})$ だけの関数であることは容易に証明される．したがって，

$$\left.\begin{aligned} f(\boldsymbol{p}', \boldsymbol{p}) &= \frac{\hbar}{p}\sum_{l=0}^{\infty}(2l+1)\,T_l P_l(\cos\theta) \\ F(\boldsymbol{p}', \boldsymbol{p}) &= \frac{\hbar}{p}\sum_{l=0}^{\infty}(2l+1)\,F_l P_l(\cos\theta) \end{aligned}\right\} \tag{13. 2. 33}$$

という部分波展開が可能である．(13. 2. 33)を(13. 2. 31 a)に代入し，§12. 3で説明したような角度の積分を実行すれば

$$\operatorname{Im} T_l = |T_l|^2 + F_l \tag{13. 2. 34}$$

が得られる．これは部分波振幅に対するユニタリー条件式であり，(12. 3. 27)の一般化になっている．部分波表示での S 行列は(12. 3. 23 a)，すなわち $S_l=1+2iT_l$ であるが，非弾性過程が存在するときは(12. 3. 18)ではなく

$$S_l = \eta_l \exp(2i\delta_l) \tag{13. 2. 35}$$

と置かねばならない．η_l と δ_l は実数である．特に η_l は正実数である．$1-\eta_l{}^2$ は吸収係数といわれているもので $\eta_l \leqq 1$ である．(または(12. 3. 18)の位相のずれ δ_l が正の虚数部をもつと考えてもよい．そのとき(13. 2. 35)の η_l は $\exp(-2\operatorname{Im}\delta_l)$，$\delta_l$ は $\operatorname{Re}\delta_l$ である．) (13. 2. 35)を $T_l=-i(S_l-1)/2$ に入れ，さらにユニタリー条件式(13. 2. 34)に代入すると

$$4F_l = 1-\eta_l{}^2 \tag{13. 2. 36}$$

が得られる．l 番目部分波が吸収される確率が $1-\eta_l{}^2$ であるから，$1-\eta_l{}^2=4F_l$ はそれによって非弾性過程が起こる確率である．当然のことながら，(13. 2. 36)から

$$0 \leqq 4F_l \leqq 1 \tag{13. 2. 37}$$

が成立することがわかる．なお，完全吸収 $\eta_l=0$ に対しても $T_l=i/2$ となり弾性

散乱が起こる．これは**影散乱**(shadow scattering)とよばれている現象である．影散乱はユニタリー条件の反映として生じる．くわしくは第14章を見ていただきたい．

c)　S 行列要素のエネルギー依存性

S 行列要素のエネルギー依存性には，その力学系のいろいろな性質が反映している．これを詳細に分析してゆくのが分散理論の仕事であるが，それは第15章にまかせよう．ここではエネルギー依存性の一般的性格を別の観点から眺めて，その物理的意味をしらべよう．

(i)　波束の時間的空間的なずれ　話を簡単にするため，ポテンシャル散乱の場合にもどろう．§12.4の(*12. 4. 28*)では漸近領域における散乱波束を求めた．この式の $\boldsymbol{q}$ についての被積分関数の中で，$f(\boldsymbol{q}', \boldsymbol{q})$ が十分ゆっくり変化する関数であるという近似を用いて積分の外へ取り出した結果が(*12. 4. 29*)であった．これは散乱波束の時間空間的行動のあらましを見るためのものである．ここでは，$f(\boldsymbol{q}', \boldsymbol{q})$ の $\boldsymbol{q}$ についての変化を考慮したもうすこし細かい話をしよう．§12.4(a)で述べたように，波束関数の平均中心位置は要素平面波の位相関数の停留点として与えられるから，$\arg f$ の変化だけを取り入れればよい．すなわち，

$$f(\boldsymbol{q}', \boldsymbol{q}) = |f(\boldsymbol{q}', \boldsymbol{q})| \exp(i \arg f) \tag{13. 2. 38}$$

の絶対値 $|f(\boldsymbol{q}', \boldsymbol{q})|$ は $\boldsymbol{q}'=\boldsymbol{p}'$, $\boldsymbol{q}=\boldsymbol{p}$ の値で近似して積分の外へ出してもよいであろう．その他は(*12. 4. 29*)の場合と同じ近似を用いる．$\arg f$ については

$$\arg f \approx (\arg f)_{\boldsymbol{q}=\boldsymbol{p}} + \left(\frac{\partial \arg f}{\partial \boldsymbol{q}}\right)_{\boldsymbol{q}=\boldsymbol{p}} \cdot (\boldsymbol{q}-\boldsymbol{p})$$

と近似する．第2項の $(\boldsymbol{q}-\boldsymbol{p})$ の係数を

$$\boldsymbol{a} = \hbar \left(\frac{\partial \arg f}{\partial \boldsymbol{q}}\right)_{\boldsymbol{q}=\boldsymbol{p}} \tag{13. 2. 39}$$

とおくと，(*12. 4. 28*)の散乱波束は

$$\tilde{\psi}_{\boldsymbol{p}\mathrm{sc}}(\boldsymbol{x}, t) \approx \frac{1}{r} \exp\left[\frac{i}{\hbar}(pr - E_{\boldsymbol{p}}t)\right] |f(\boldsymbol{p}', \boldsymbol{p})| |\tilde{\phi}_{\boldsymbol{p}}(\boldsymbol{e}r - \boldsymbol{v}t + \boldsymbol{a})| \tag{13. 2. 40}$$

となる．ただし，$\boldsymbol{e}=\boldsymbol{p}/p$ は入射方向の単位ベクトル，$\boldsymbol{v}=\boldsymbol{p}/\mu=\partial E_{\boldsymbol{p}}/\partial \boldsymbol{p}$ は入射粒子の速度である．(*12. 4. 29*)の包絡線関数との相違点は $\boldsymbol{a}$ の存在であるから，

その内容をしらべよう．散乱振幅 $f(\boldsymbol{p}', \boldsymbol{p})$ は $E_{\boldsymbol{p}}$（または $p=|\boldsymbol{p}|=|\boldsymbol{p}'|$）と $\Delta=\sqrt{(\boldsymbol{p}-\boldsymbol{p}')^2}$ または $\cos\theta=(\boldsymbol{p}\cdot\boldsymbol{p}')p^{-2}$ の関数である．ゆえに

$$\boldsymbol{a}=\hbar\left(\frac{\partial \arg f(\boldsymbol{p}', \boldsymbol{p})}{\partial E_{\boldsymbol{p}}}\right)_{\Delta}\frac{\partial E_{\boldsymbol{p}}}{\partial \boldsymbol{p}}+\hbar\left(\frac{\partial \arg f(\boldsymbol{p}', \boldsymbol{p})}{\partial \Delta}\right)_{E_{\boldsymbol{p}}}\frac{\partial \Delta}{\partial \boldsymbol{p}} \tag{13. 2. 41 a}$$

または

$$\boldsymbol{a}=\hbar\left(\frac{\partial \arg f(\boldsymbol{p}', \boldsymbol{p})}{\partial E_{\boldsymbol{p}}}\right)_{\cos\theta}\frac{\partial E_{\boldsymbol{p}}}{\partial \boldsymbol{p}}+\hbar\left(\frac{\partial \arg f(\boldsymbol{p}', \boldsymbol{p})}{\partial \cos\theta}\right)_{E_{\boldsymbol{p}}}\frac{\partial \cos\theta}{\partial \boldsymbol{p}} \tag{13. 2. 41 b}$$

とわけることができる．そこで，$\boldsymbol{p}, \boldsymbol{p}', \boldsymbol{\Delta}=\boldsymbol{p}-\boldsymbol{p}'$ の方向の単位ベクトルをそれぞれ $\boldsymbol{e}, \boldsymbol{e}', \boldsymbol{e}_{\Delta}$ と書けば

$$\frac{\partial E_{\boldsymbol{p}}}{\partial \boldsymbol{p}}=\boldsymbol{v}\left(=\frac{p}{\mu}\boldsymbol{e}\right), \qquad \frac{\partial \Delta}{\partial \boldsymbol{p}}=\boldsymbol{e}_{\Delta}$$
$$\frac{\partial \cos\theta}{\partial \boldsymbol{p}}=\frac{1}{p}(\boldsymbol{e}'-\boldsymbol{e}(\boldsymbol{e}'\cdot\boldsymbol{e}))=\frac{1}{p}\boldsymbol{e}\times(\boldsymbol{e}'\times\boldsymbol{e})$$

であるから，$\boldsymbol{a}$ は

$$\left.\begin{aligned}&\boldsymbol{a}=\tau\boldsymbol{v}+\boldsymbol{b}\\&\tau=\hbar\left(\frac{\partial \arg f(\boldsymbol{p}', \boldsymbol{p})}{\partial E_{\boldsymbol{p}}}\right)_{\Delta}, \qquad \boldsymbol{b}=\hbar\left(\frac{\partial \arg f(\boldsymbol{p}', \boldsymbol{p})}{\partial \Delta}\right)_{E_{\boldsymbol{p}}}\boldsymbol{e}_{\Delta}\end{aligned}\right\} \tag{13. 2. 42 a}$$

または

$$\left.\begin{aligned}&\boldsymbol{a}=\tau'\boldsymbol{v}+\boldsymbol{b}'\\&\tau'=\hbar\left(\frac{\partial \arg f(\boldsymbol{p}', \boldsymbol{p})}{\partial E_{\boldsymbol{p}}}\right)_{\cos\theta}\\&\boldsymbol{b}'=\frac{\hbar}{p}\left(\frac{\partial \arg f(\boldsymbol{p}', \boldsymbol{p})}{\partial \cos\theta}\right)_{E_{\boldsymbol{p}}}\boldsymbol{e}\times(\boldsymbol{e}'\times\boldsymbol{e})\end{aligned}\right\} \tag{13. 2. 42 b}$$

となる．したがって包絡線関数の変数は

$$|\tilde{\phi}_{\boldsymbol{p}}(\boldsymbol{e}r+\boldsymbol{b}-\boldsymbol{v}(t-\tau))| \tag{13. 2. 43 a}$$

または

$$|\tilde{\phi}_{\boldsymbol{p}}(\boldsymbol{e}r+\boldsymbol{b}'-\boldsymbol{v}(t-\tau'))| \tag{13. 2. 43 b}$$

のようになる．これは散乱波束が時間おくれ τ または τ' をもち，中心点が $\boldsymbol{b}$ ま

たは $\boldsymbol{b}'$ だけずれたと読むことができる．時間おくれは散乱振幅——したがって S 行列要素——のエネルギー依存性から出てくるものであり，中心点のずれはその運動量受け渡し量依存性から与えられる．これが S 行列要素のエネルギーおよび運動量受け渡し量依存性のもつ１つの物理的意味である．

(*13. 2. 42 a, b*)の τ と τ' および $\boldsymbol{b}$ と $\boldsymbol{b}'$ は一般に異なるものであるから，時間おくれや中心点のずれが２通りあるように見えて，ちょっとおかしい．しかし，十分ひろがった波束の中心位置は，古典的粒子の位置のようにはっきりしているものではない．そして通常の場合両者の差は問題になるほど大きくはならない．なお，τ または τ' が $-\Delta x/v$ (Δx は波束の長さ) またそれ以上負の大きな値をとれば，波束が散乱中心に到達する前に散乱波が放出されることになり，(巨視的)因果律に矛盾する．

$\boldsymbol{b}$ (または $\boldsymbol{b}'$) は運動量受け渡し量，すなわち，反跳効果による中心点のずれを表わすものであり，この散乱の衝突パラメーターの量子力学的定義として用いることができる．衝突パラメーターが f の絶対値ではなく，位相から決まることに注意してほしい．§12.4 の波束関数の話のところで，波束の中心位置と位相関数との関係を説明しておいたが，それからもこの事実を理解することができよう．

このような時間おくれと中心点のずれを使って，S 行列要素だけから散乱の時空的記述——たとえば，散乱粒子の軌道または波動方程式をつくり上げようとする試みもある．しかし，まだ十分研究されているわけではない．

時間おくれ τ についてもうすこし議論しておこう．簡単のため特定の部分波——たとえば，l 番目の波の散乱しか起こらないものとしよう．δ_l を l 番目部分波の位相のずれとすれば，この場合は $\arg f=\delta_l+(\mathrm{const})$ となる．この場合，時間おくれとしては τ' を用いる方が自然であろう．ゆえに

$$\tau' = \hbar\frac{\partial\delta_l}{\partial E_p} = -\frac{i\hbar}{2}\frac{\partial S_l}{\partial E_p}S_l{}^* \qquad (13.\ 2.\ 44)$$

となる．ここで $S_l=\exp(2i\delta_l)$ を用いた．共鳴散乱の場合，共鳴エネルギー近くでは(*12. 3. 33*)が成立するから

$$\tau' = \frac{2\hbar}{\Gamma} \qquad (13.\ 2.\ 45)$$

となる．これは共鳴準位の寿命に等しい．ちょうどその時間だけ散乱波束の放出

が遅れることになるわけであるが，それは当然の結果であるといえよう．

なお，$\boldsymbol{a}$ というずれがあっても，f の絶対値だけで決まる微分断面積は変わらない．

(ii) 複素エネルギー変数　第15章で説明する事柄であるが，分散理論では散乱振幅(または S 行列要素)をエネルギー変数の複素数領域に解析接続してその性質をしらべる．ここでは複素エネルギー変数や散乱振幅の解析接続の物理的意味を，波束の散乱に結びつけて考えよう．簡単のために §12.4 で扱ったポテンシャル散乱を例にとるが，話の筋道と結論は §13.1 以降で説明した一般の散乱でも成立する．

散乱体から十分遠くはなれた固定点に居坐って，そこを通過する散乱波束の時間的変化に着目しよう．(12.4.28) がその散乱波束であるが，波束関数 $\tilde{A}_{\boldsymbol{p}}(\boldsymbol{q})$ が $\boldsymbol{p}$ のまわりで鋭いピークをもつという性質を利用して，$f(\boldsymbol{q}',\boldsymbol{q})\approx f(q\boldsymbol{e}',q\boldsymbol{e})$ および $(q-p)\approx(E_q-E_p)v_p^{-1}$ と近似することができる．ただし，$\boldsymbol{e}$ と $\boldsymbol{e}'$ は前のとおり $\boldsymbol{p}$ と $\boldsymbol{p}'=p\boldsymbol{x}/r$ 方向の単位ベクトル，$v_p=\partial E_p/\partial p$ である．この近似により，(12.4.28) は

$$\left.\begin{aligned}\tilde{\psi}_{p\mathrm{sc}}(\boldsymbol{x},t)&=\frac{1}{\sqrt{(2\pi\hbar)^3}\,r}\exp\left[\frac{i}{\hbar}(pr-E_pt)\right]\Phi(t)\\ \Phi(t)&=\int_{E_{\min}}^{\infty}dE_q\mathcal{T}(E_q)\,a(E_q-E_p)\\ &\quad\cdot\exp\left[-\frac{i}{\hbar}(E_q-E_p)(t-t_0)\right]\end{aligned}\right\}\qquad(13.2.46)$$

と書くことができる．ここで $t_0=rv_p^{-1}$ および

$$\mathcal{T}(E_q)=q^2\left(\frac{dE_q}{dq}\right)^{-1}f(q\boldsymbol{e}',q\boldsymbol{e})\qquad(13.2.47\,a)^{\dagger}$$

$$a(E_q-E_p)=\int\tilde{A}_{\boldsymbol{p}}(\boldsymbol{q})\,d\Omega_q\qquad(13.2.47\,b)$$

とおいた．$a(E_q-E_p)$ は $E_q\approx E_p$ のまわりで幅 ΔE のピークをもつ関数である．たとえば，

---

† §12.2 では同じ記号の演算子 $\hat{\mathcal{T}}$ を用いたが，同じものではない．

$$a(E_q-E_p)=\frac{C}{\pi}\frac{\Delta E/2}{(E_q-E_p)^2+(\Delta E/2)^2} \tag{13.2.48}$$

のような関数を想像すればよい．ピークの幅 ΔE は波束の長さ Δx および運動量の幅 Δp と $\Delta E\approx v_p\Delta p\approx\hbar v_p(\Delta x)^{-1}$ という関係にある．（ただし，$\Delta x\Delta p\approx\hbar$ であるような波束を考えている．）

§12.4 でくわしく議論したように，$\Phi(t)$ は散乱波束の通過中にかぎって 0 でない値をもち，散乱波束が観測点に到達する前とそこを通過した後では $\Phi(t)=0$ である．散乱波束の先頭と後尾を除いた部分，すなわち胴体部分の通過中は $\Phi(t)$ がほとんど定数になることは(13.2.46)の形を見れば明らかであろう．まず，この事実を証明し，その定数の値を求める．胴体部分が観測点を通過中であるという条件は

$$|v_p(t-t_0)|\ll\Delta x \tag{13.2.49}$$

である．一方，$a(E_q-E_p)$ のおかげで，(13.2.46)第 2 式の積分内指数関数におけるエネルギー変数 E_q は $|E_q-E_p|\lesssim\Delta E$ の範囲内でしか変化しない．したがって，(13.2.49)と一緒にして

$$\left|\frac{1}{\hbar}(E_q-E_p)(t-t_0)\right|\lesssim\frac{\Delta E}{\hbar}|t-t_0|=\frac{(\Delta p)v_p|t-t_0|}{\hbar}$$
$$\ll\frac{(\Delta x)(\Delta p)}{\hbar}\approx 1 \tag{13.2.50}$$

が成立する．すなわち，波束胴体部分の通過中は $\exp\left[\frac{i}{\hbar}(E_q-E_p)(t-t_0)\right]\approx 1$ と近似することができ，

$$\Phi(t)\approx\int_{E_{\min}}^{\infty}dE_q\mathcal{T}(E_q)a(E_q-E_p) \tag{13.2.51}$$

となる．この右辺は，エネルギー E_p の単色入射波による散乱振幅 $\mathcal{T}(E_p)$ を中心 E_p，幅 ΔE の区間について平均した値を与えている．波束による散乱であるから，これは当然であろう．この場合，(13.2.46)は

$$\left.\begin{aligned}\tilde{\psi}_{p\mathrm{sc}}(\boldsymbol{x},t)&\approx\frac{1}{\sqrt{(2\pi\hbar)^3}r}\exp\left[\frac{i}{\hbar}(pr-E_pt)\right]C\bar{\mathcal{T}}_{\Delta E}(E_p)\\ \bar{\mathcal{T}}_{\Delta E}(E_p)&=\frac{1}{C}\int_{E_{\min}}^{\infty}dE_q\mathcal{T}(E_q)a(E_q-E_p)\end{aligned}\right\} \tag{13.2.52}$$

と書くことができる．ただし，$C=\int_{-\infty}^{\infty} a(E_q-E_p)\,dE_q$.

同じ事柄を別の形で書いてみよう．いま，$a(E')$ をFourier成分としてもつ時間変動関数 $\mathfrak{A}(t')$ を導入すれば

$$a(E') = \frac{1}{\sqrt{2\pi\hbar}}\int_{-\infty}^{\infty}\mathfrak{A}(t')\exp\left(\frac{i}{\hbar}E't'\right)dt' \qquad (13.2.53)$$

であるが，これを(13.2.46)第2式に代入し

$$\Theta(\tau) = \frac{1}{\sqrt{2\pi\hbar}}\int_{E_{\min}}^{\infty}\mathcal{T}(E)\exp\left(-\frac{i}{\hbar}E\tau\right)dE \qquad (13.2.54)$$

で定義した関数 Θ を用いると

$$\begin{aligned}\Phi(t) &= \int_{-\infty}^{\infty}\Theta(t-t_0-t')\mathfrak{A}(t')\exp\left[\frac{i}{\hbar}E_p(t-t_0-t')\right]dt' \\ &= \int_{-\infty}^{\infty}\Theta(\tau)\mathfrak{A}(t-t_0-\tau)\exp\left(\frac{i}{\hbar}E_p\tau\right)d\tau \qquad (13.2.55)\end{aligned}$$

となる．ここで**因果律**を導入しよう．散乱問題における因果律は入射波が到着しないうちに散乱波が出ることはないということであるから，**応答関数**(response function) Θ は $t-t_0<t'$ に対して0とならなければならない．すなわち，

$$\Theta(\tau) = 0 \qquad (\tau < 0) \qquad (13.2.56)$$

こうして次式が得られる．

$$\Phi(t) = \int_0^{\infty}\Theta(\tau)\mathfrak{A}(t-t_0-\tau)\exp\left(\frac{i}{\hbar}E_p\tau\right)d\tau \qquad (13.2.57)$$

波束胴体部分が通過中という条件，(13.2.49)または(13.2.50)によれば $(2\hbar)^{-1}\Delta E|t-t_0|\ll 1$ となり，$\mathfrak{A}(t-t_0-\tau)\approx\mathfrak{A}(\tau)$ とおくことができる．これは $a(E_q-E_p)$ に具体形(13.2.48)を用いたときの $\mathfrak{A}(t')$ の関数形

$$\mathfrak{A}(t') = \frac{C}{\sqrt{2\pi\hbar}}\exp\left(-\frac{\Delta E}{2\hbar}|t'|\right) \qquad (13.2.58)$$

により容易に理解できよう．ゆえに(13.2.57)は

$$\Phi(t) \approx \int_0^{\infty}\Theta(\tau)\mathfrak{A}(\tau)\exp\left(\frac{i}{\hbar}E_p\tau\right)d\tau \qquad (13.2.59)$$

となる．具体形(13.2.58)を代入すれば，右辺の積分は $\Theta(\tau)$ のFourier成分 $\mathcal{T}(E)$ の複素上半面への解析接続

$$\mathcal{T}\left(E_p+i\frac{\Delta E}{2}\right)=\frac{1}{\sqrt{2\pi\hbar}}\int_0^{\infty}\Theta(\tau)\exp\left[\frac{i}{\hbar}\left(E_p+i\frac{\Delta E}{2}\right)\tau\right]d\tau \qquad (13.2.60)$$

に他ならない．こうして波束通過中は

$$\Phi(t)\approx C\mathcal{T}\left(E_p+i\frac{\Delta E}{2}\right) \qquad (13.2.61\,a)$$

または

$$\tilde{\psi}_{psc}(\boldsymbol{x},t)\approx\frac{1}{\sqrt{(2\pi\hbar)^3}r}\exp\left[\frac{i}{\hbar}(pr-E_pt)\right]C\mathcal{T}\left(E_p+i\frac{\Delta E}{2}\right) \qquad (13.2.61\,b)$$

という表式が得られる．ゆえに，中心エネルギー E_p，幅 ΔE の波束による散乱振幅は，エネルギー E_p の単色入射波による散乱振幅から $E_p\to E_p+i\frac{\Delta E}{2}$ という解析接続によって得られた複素上平面上の値に等しいことが示されたのである．複素エネルギー変数の実数部と虚数部の意味および S 行列要素の解析接続の物理的内容はこのようなものとして理解することができる．なお，複素下半面への解析接続は時間反転過程によって与えられる．

さて，(13.2.61) と (13.2.52) を比べれば

$$\bar{\mathcal{T}}_{\Delta E}(E_p)\approx\mathcal{T}\left(E_p+i\frac{\Delta E}{2}\right) \qquad (13.2.62)$$

となるが，これは (13.2.60) を書き直した式

$$\mathcal{T}\left(E_p+i\frac{\Delta E}{2}\right)\approx\frac{1}{C}\int_{-\infty}^{\infty}\Theta(\tau)\mathfrak{A}(\tau)\exp\left(\frac{i}{\hbar}E_p\tau\right)d\tau$$

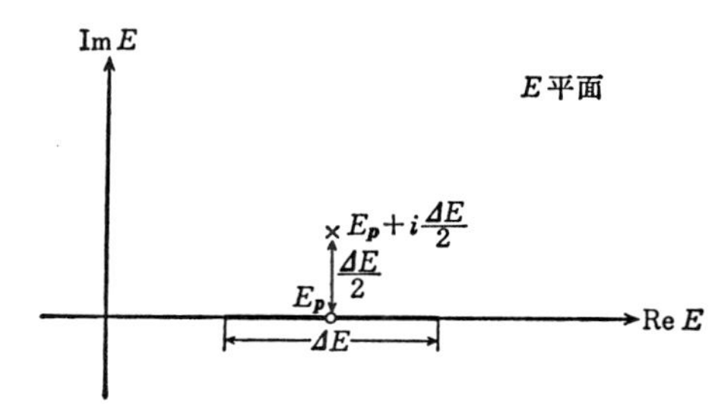

図 13.3　$\bar{\mathcal{T}}_{\Delta E}(E_p)\approx\mathcal{T}\left(E_p+i\frac{\Delta E}{2}\right)$ の幾何学的関係

に(*13. 2. 54*)を代入し，さらに(*13. 2. 53*)を用いて得られる関係式

$$\mathcal{T}\left(E_p+i\frac{\Delta E}{2}\right) \approx \frac{1}{C}\int_{E_{\min}}^{\infty} \mathcal{T}(E)\, a(E-E_p)\, dE = \bar{\mathcal{T}}_{\Delta E}(E_p)$$

からも直接出すことができる．(*13. 2. 62*)は散乱振幅の実軸上の平均値が，平均をとる区間の幅だけ実軸からはなれた複素平面上の値に等しいことを意味している．これは図 13. 3 に示された幾何学的関係からも納得できると思う．

第14章　衝　突　過　程

前章での一般論を受けて，この章では散乱を入射粒子のエネルギーの高低によって分けて考え，その特徴と，それぞれの場合に適した近似法を議論する．

§14.1　低エネルギー散乱

a)　S 波に対する有効レインジ公式

§12.3 で示されたように，入射エネルギーが十分低ければ，S 波以外の位相のずれは無視できる．逆にいうと，十分低いエネルギーでの散乱実験からは，S 波についての知識しか得られない．それでは，低エネルギーでの S 波を調べることによって，働いている力についてどれだけのことがわかるだろうか．この問に対する答を，これからとりあげる有効レインジ公式が与えてくれる．

2粒子系の中心力による散乱問題において，その換算質量を m，相対エネルギーを E とする．すでによく知っているように，S 波の波動関数 $\phi(r)$ は

$$-\frac{\hbar^2}{2m}\frac{d^2\phi}{dr^2}+V(r)\phi=E\phi, \qquad E=\frac{\hbar^2k^2}{2m} \tag{14.1.1}$$

をみたし，その境界条件は

$$\left.\begin{array}{lll} r=0 & \text{で} & \phi(r)=0 \\ r\to\infty & \text{のとき} & \phi(r)\longrightarrow u(r)=C\sin(kr+\delta) \end{array}\right\} \tag{14.1.2}$$

で与えられる．ただし，δ は S 波の位相のずれである．$u(r)$ は波動関数の無限遠方での漸近形で，自由方程式

$$-\frac{d^2u}{dr^2}=k^2u \tag{14.1.3}$$

を満足している．C は波動関数の規格をきめる定数で，束縛問題と違ってユニークな決め方はないが，ここでは $u(r)$ が $r=0$ で 1 になるようにとることにする．

すなわち

$$u(r, k) = \frac{\sin(kr+\delta)}{\sin\delta} \tag{14.1.4}$$

である．

ここで $k\to 0$ の極限を考えると，$d^2u/dr^2=0$ から $u(r, 0)$ は r の1次関数であることがわかる．また規格化の条件により $u(0, 0)=1$ だから，$u(r, 0)$ は

$$u(r, 0) = 1-\frac{r}{a} \tag{14.1.5}$$

という形に書ける．一方 $u(r, k)$ は(14.1.4)から

$$\begin{aligned} u(r, k) &= \cos kr+\cot\delta\sin kr \\ &\xrightarrow[k\to 0]{} 1+kr\cot\delta \end{aligned}$$

となるから，(14.1.5)と比較して

$$\frac{1}{k}\tan\delta \xrightarrow[k\to 0]{} -a \tag{14.1.6}$$

を得る．この a を**散乱の長さ** (scattering length) という．(14.1.6)は $\delta(k)$ の $k=0$ 近くでの振舞として

$$\delta(k) \propto k \tag{14.1.7}$$

を意味している((12.3.39)参照)．

S波による散乱断面積は

$$\begin{aligned} \sigma_{\mathrm{S}}(k) &= \frac{4\pi}{k^2}\sin^2\delta \\ &\xrightarrow[k\to 0]{} 4\pi a^2 \end{aligned} \tag{14.1.8}$$

となるが，$k\to 0$ の極限ではS波以外からの寄与はすべて消えるから，$4\pi a^2$ は全散乱断面積の $k\to 0$ での値にほかならない．

つぎに，k が小さいけれど0ではない領域ではどうなるだろうか．それをみるために，ϕ $(=\phi(r, k))$ と ϕ_0 $(=\phi(r, 0))$ とをいっしょに考えていこう．ϕ と ϕ_0 とはそれぞれ

$$-\frac{d^2\phi}{dr^2}+\frac{2m}{\hbar^2}V\phi = k^2\phi$$

$$-\frac{d^2\phi_0}{dr^2}+\frac{2m}{\hbar^2}V\phi_0=0$$

をみたすから，第1式に ϕ_0，第2式に ϕ をかけて両者の差をとると，

$$\frac{d}{dr}(\phi\phi_0'-\phi_0\phi')=k^2\phi\phi_0 \qquad (14.1.9)$$

を得る．ここで ϕ, ϕ_0 の肩の $'$ は，r についての微分を表わす．u $(=u(r,k))$ および u_0 $(=u(r,0))$ についても，(14.1.9) と同じ形の式が成り立つ．

$$\frac{d}{dr}(uu_0'-u_0u')=k^2uu_0 \qquad (14.1.10)$$

(14.1.9) と (14.1.10) との差をとり，r について0から r まで積分すると

$$[(uu_0'-u_0u')-(\phi\phi_0'-\phi_0\phi')]_0^r=k^2\int_0^r(uu_0-\phi\phi_0)\,dr'$$

となるが，$r\to\infty$ のとき ϕ は u に近づくから，

$$-[(uu_0'-u_0u')-(\phi\phi_0'-\phi_0\phi')]_{r=0}=k^2\int_0^\infty(uu_0-\phi\phi_0)\,dr$$

を得る．ここで，$r=0$ のときには

$$\phi=\phi_0=0, \qquad u=u_0=1$$

$$u'=k\cot\delta, \qquad u_0'=-\frac{1}{a}$$

に注意すると，

$$k\cot\delta=-\frac{1}{a}+k^2\int_0^\infty(uu_0-\phi\phi_0)\,dr \qquad (14.1.11)$$

を得る．

ここまではいっさい近似なしにきたが，ここで k は小さいとして，(14.1.11) 右辺で k^2 の1次までをとることにしよう．それには被積分関数中の u, ϕ を u_0, ϕ_0 でおきかえればよい．そこで

$$r_0\equiv 2\int_0^\infty({u_0}^2-{\phi_0}^2)\,dr \qquad (14.1.12)$$

とおくと，r_0 は k によらない定数で，結局

$$k\cot\delta = -\frac{1}{a}+\frac{1}{2}r_0k^2 \qquad (14.1.13)$$

という近似式が得られた.

図14.1に示したように, ϕ_0 が u_0 からずれるのは力のレインジの範囲内だから, r_0 を**有効レインジ**(effective range)と呼び, (*14.1.13*)を有効レインジ公式という. ポテンシャル散乱では, r_0 は正の量になるのが普通である.

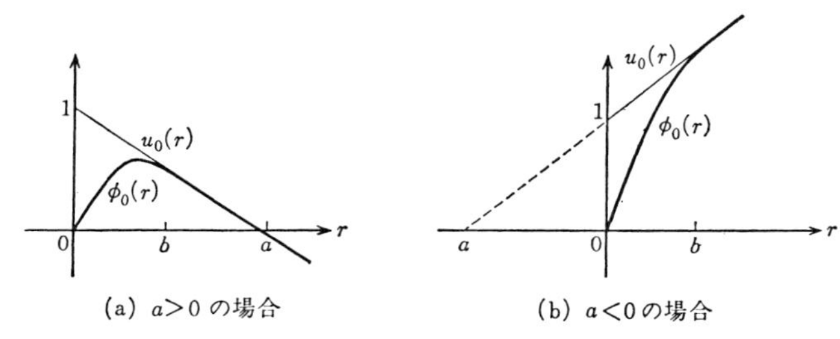

図14.1 $\phi_0(r)$ と $u_0(r)$ の振舞, b は力のレインジを表わす

散乱実験データの部分波分析によって, $\delta(k)$ を求め, $k\cot\delta(k)$ を k^2 の関数としてプロットすると, 有効レインジ公式が正しければ, プロットした点はある直線の近くに集まるはずである. 陽子・中性子散乱では, $E\lesssim 10$ MeV の範囲で有効レインジ公式がよく成り立っている. それ以上のエネルギーになると, しだいに k^4 の項が重要になり, もっとエネルギーが上がると, k^2 のベキで展開すること自体が無意味になる.

有効レインジ近似がいいなら, 実験からは a と r_0 という2つのパラメーターしか得られない. 一方, 同じ a と r_0 とを与えるようなポテンシャルは無数に存在する. このことは, 低エネルギーでのS波の位相のずれを知っても, ポテンシャルのくわしい形はわからず, そのレインジと深さ(または高さ)に関する知識しか得られないことを意味する. そのため, 有効レインジ近似のことを形状独立(shape independent)な近似ともいう.

b) 陽子・中性子S波散乱

本項では, 陽子・中性子散乱を例にとって, 有効レインジ公式を前項とは少し異なる立場から考えてみよう.

はじめに, a および r_0 の実験値をあげておこう.

$$a_s = (-23.71 \pm 0.07) \times 10^{-15} \quad (\mathrm{m})$$
$$a_t = (5.38 \pm 0.03) \times 10^{-15} \quad (\mathrm{m})$$
$$r_{0s} = (2.4 \pm 0.3) \times 10^{-15} \quad (\mathrm{m})$$
$$r_{0t} = (1.71 \pm 0.03) \times 10^{-15} \quad (\mathrm{m})$$

添字の s はスピン 1 重状態を，t は 3 重状態を示す．2 つの状態はしばしば $^1\mathrm{S}_0$ および $^3\mathrm{S}_1$ という記号で表わされる．S は S 波を，左上の数字はスピン多重度を，右下の数字は全角運動量 J を表わしている．

陽子・中性子の $^3\mathrm{S}_1$ 状態には，重陽子(deuteron)という束縛状態が存在し，その束縛エネルギー B は 2.226 MeV である．陽子と中性子との質量差は核子の質量に比べてずっと小さいから無視することにして，核子の質量を M とすると，2 核子系の換算質量 m は $M/2$ となる．そこで

$$\gamma^2 = \frac{MB}{\hbar^2} \tag{14. 1. 14}$$

とおくと，γ は長さの逆数の次元をもち，

$$R \equiv \frac{1}{\gamma} = \frac{\hbar}{(MB)^{1/2}} = 4.31 \times 10^{-15} \quad (\mathrm{m}) \tag{14. 1. 15}$$

は重陽子の半径と呼ばれる．R が核子間の力のレインジ($\approx 1 \times 10^{-15}$ m)にくらべてかなり大きいのは，重陽子がゆるい束縛状態であることを意味する．

$^3\mathrm{S}_1$ 波の散乱振幅

$$f_0(k^2) \equiv \frac{S_0(k)-1}{2ik} = \frac{1}{k} e^{i\delta(k)} \sin\delta(k) \tag{14. 1. 16}$$

を考えよう．f_0 の変数を k でなく k^2 としたが，f_0 が k の偶関数というわけではない．$k^2=0$ から $+\infty$ まで切断のはいった複素 k^2 平面で考える方が，物理的にわかりやすいことが多いからである．容易に確かめられるように

$$k \cot\delta = f_0^{-1}(k) + ik \tag{14. 1. 17}$$

である．重陽子という束縛状態に対応して，$f_0(k^2)$ は図 14.2 に示したように $k^2 = -\gamma^2$ の点で極をもつから，k^2 が $-\gamma^2$ に近づくと，(14. 1. 17)右辺第 1 項は 0 になり，第 2 項は $i(i\gamma) = -\gamma$ となる．そこでいま

$$\varphi(k^2) \equiv \frac{\gamma + k\cot\delta(k)}{k^2/\gamma - k\cot\delta(k)} \tag{14. 1. 18}$$

とおくと，

$$k\cot\delta(k) = -\frac{1}{1+\varphi(k^2)}\gamma + \frac{\varphi(k^2)}{1+\varphi(k^2)}\frac{k^2}{\gamma} \tag{14. 1. 19}$$

と書ける．

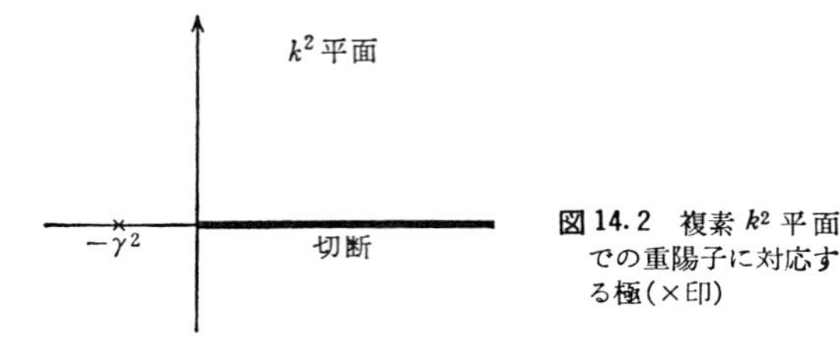

図 14.2 複素 k^2 平面での重陽子に対応する極（×印）

(*14. 1. 19*) を k^2 についてベキ展開すると，

$$\left.\begin{aligned} a_t &= \{1+\varphi(0)\}R \\ r_{0t} &= \frac{2\varphi(0)}{1+\varphi(0)}R + \frac{2\varphi'(0)}{1+\varphi(0)}\frac{1}{R} \end{aligned}\right\} \tag{14. 1. 20}$$

を得，これからただちに

$$\frac{1}{a_t} + \frac{r_{0t}}{2R^2} = \left\{1+\frac{\varphi'(0)}{{a_t}^2}\right\}\frac{1}{R} \tag{14. 1. 21}$$

が出る．ここまでは全然近似なしの議論である．

一方もし有効レインジ公式 (*14. 1. 13*) が $k^2 = -\gamma^2$ でもいい近似なら，

$$\frac{1}{a_t} + \frac{r_{0t}}{2R^2} = \frac{1}{R} \tag{14. 1. 22}$$

が成り立っているはずである．これを (*14. 1. 21*) と比べると，(*14. 1. 22*) が成り立つには

$$\frac{|\varphi'(0)|}{{a_t}^2} \ll 1 \tag{14. 1. 23}$$

が必要かつ十分であることがわかる．$^3S_1$ 状態では，(*14. 1. 22*) は実際よくみたされている．したがって $\varphi(k^2)$ という関数は，$|k^2| \lesssim 1/{a_t}^2$ の範囲内でほぼ定数とみなせる．そこで (*14. 1. 19*) 右辺で $\varphi(k^2)$ を $\varphi(0)$ で置きかえると，有効レインジ公式が得られる．$\varphi(0)$ の値は

$$\varphi(0) = \frac{a_t}{R} - 1 \fallingdotseq 0.25 \qquad (14.1.24)$$

となる．(*14. 1. 22*)から，$r_{0t} \to 0$ の極限で $\varphi(0) \to 0$ となる．つまり $\varphi(0)$ は有効レインジ補正を表わす量である．

束縛エネルギーのほかに，束縛状態に関する重要な物理量として，その構成粒子系との結合の強さを表わす量(結合定数)があり，それは束縛状態に対応する極の留数の大きさで表わされる．$k^2 = -\gamma^2$ の近くでの $f_0(k^2)$ の振舞を

$$f_0(k^2) \approx \frac{G^2}{-\gamma^2 - k^2} + (\mathrm{const}) \qquad (14.1.25)$$

とすると，留数を計算して

$$G^2 = 2\gamma \frac{1+\varphi(-\gamma^2)}{1-\varphi(-\gamma^2)} \qquad (14.1.26)$$

を得る．次の章(§15.2の(a)項)で，G^2 は正の量であることが示される．したがって(*14. 1. 26*)から

$$|\varphi(-\gamma^2)| < 1 \qquad (14.1.27)$$

でなければならない．$\varphi(k^2)$ は $|k^2| \lesssim 1/a_t{}^2$ でほぼ定数であることを知っているから，$\varphi(-\gamma^2)$ を $\varphi(0)$ で置きかえて，

$$G^2 \approx 2\gamma \frac{1+\varphi(0)}{1-\varphi(0)} \fallingdotseq 3.3\gamma \qquad (14.1.28)$$

が得られる．$r_{0t} \to 0$ の極限では，$G^2 \to 2\gamma$ となる．

上にのべた方法は，束縛状態のない $^1S_0$ 状態には使えないように思えるかも知れない．しかし，$|a_s|$ が異常に大きいことからわかるように，$^1S_0$ 状態は，働いている力がもう少し強かったら束縛状態ができるというぎりぎりのところにある．くわしくはのべないが，引力がほんの少し弱いために，部分波 S 行列の極が，k 平面の正の虚軸上ではなく，負の虚軸上までおりてきている．その位置を $k = -i\gamma'$ とすると，今までの議論で，γ を $-\gamma'$ に置きかえればよいのである．ただ γ' が直接観測にかからない量である点が前と違う．$E \lesssim 10\,\mathrm{MeV}$ の散乱領域で有効レインジ公式がいいこと，$|a_s|$ が非常に大きいため γ' は十分小さいはずであることから，(*14. 1. 22*)に対応する

$$\frac{1}{a_s}+\frac{1}{2}{r_{0s}}^2\gamma'^2=-\gamma' \qquad (14.1.29)$$

という関係式がよく成り立っていると考えられる．これから γ' が計算でき，エネルギーに換算して

$$E'=\frac{\hbar^2\gamma'^2}{M}\doteqdot 67 \quad (\mathrm{keV}) \qquad (14.1.30)$$

となる．予想どおり，非常に小さな値である．

$^1S_0$ 状態のように，部分波振幅が k 平面の負の虚軸上に極をもっているとき，仮想準位(virtual level)が存在するというふうに表現する．

§14.2　高エネルギー散乱

a)　吸収を伴う弾性散乱

ポテンシャル理論では，衝突粒子が複合系でないかぎり弾性散乱しか起こらないが，現実の散乱では，入射粒子のエネルギーが高くなるとともに非弾性散乱が重要になってくる．そのはね返りとして弾性散乱も影響を受け，あとで説明するように，その微分断面積には前方に鋭い回折ピークが現われる．

原子核理論で，ポテンシャルに虚数部分をつけ加えることによって，非弾性散乱を伴う弾性散乱の現象論的説明にかなりの成功をおさめている．実験データをできるだけよく再現するような複素ポテンシャル(これを光学ポテンシャルといい，一般にエネルギーとともに変化する)を求めれば，それが核構造を理解するための1つの手がかりとなるわけである．

本節では，複素ポテンシャルが与えられたとき，それから高エネルギーでの弾性散乱振幅を求めるのに有効な方法を考えてゆきたい．非弾性散乱そのものを議論するには，核子と原子核の衝突なら，原子核を核子の複合系として扱わなければならない．しかし本節の話は弾性散乱に限られているので，(c)項以外では複合系の問題には立ち入らない．

位置座標を $\boldsymbol{r}=(x,y,z)$ で表わすと，Schrödinger 方程式は

$$(\nabla^2+k^2)\,\psi_{\boldsymbol{k}}(\boldsymbol{r})=\frac{2m}{\hbar^2}V(\boldsymbol{r})\,\psi_{\boldsymbol{k}}(\boldsymbol{r}) \qquad (14.2.1)$$

と書けるが，その外向き波の解は

$$\psi_{\boldsymbol{k}}(\boldsymbol{r}) = e^{i\boldsymbol{k}\cdot\boldsymbol{r}} - \frac{2m}{4\pi\hbar^2}\int \frac{e^{ik|\boldsymbol{r}-\boldsymbol{r}'|}}{|\boldsymbol{r}-\boldsymbol{r}'|} V(\boldsymbol{r}')\psi_{\boldsymbol{k}}(\boldsymbol{r}')\,d\boldsymbol{r}' \qquad (14.2.2)$$

をみたす．$r\to\infty$ でのその漸近形を

$$\psi_{\boldsymbol{k}}(\boldsymbol{r}) \approx e^{i\boldsymbol{k}\cdot\boldsymbol{r}} + f(\boldsymbol{k}, \boldsymbol{k}_r)\frac{e^{ikr}}{r}, \qquad \boldsymbol{k}_r \equiv k\frac{\boldsymbol{r}}{r} \qquad (14.2.3)$$

と書くと，散乱振幅は

$$f(\boldsymbol{k}, \boldsymbol{k}') = -\frac{2m}{4\pi\hbar^2}\int e^{-i\boldsymbol{k}'\cdot\boldsymbol{r}} V(\boldsymbol{r})\psi_{\boldsymbol{k}}(\boldsymbol{r})\,d\boldsymbol{r} \qquad (14.2.4)$$

で与えられる(§12.2の(b)項参照)．

これらのことは，V が複素ポテンシャルであってもなんら変わらない．しかし粒子の流れ密度

$$\boldsymbol{j}(\boldsymbol{r}) = \frac{\hbar}{2im}\{\psi_{\boldsymbol{k}}^* \operatorname{grad}\psi_{\boldsymbol{k}} - \psi_{\boldsymbol{k}}\operatorname{grad}\psi_{\boldsymbol{k}}^*\} \qquad (14.2.5)$$

について $\operatorname{div}\boldsymbol{j}$ をつくると，それは0ではなく

$$\begin{aligned}\operatorname{div}\boldsymbol{j} &= \frac{\hbar}{2im}\{\psi_{\boldsymbol{k}}^*\nabla^2\psi_{\boldsymbol{k}} - \psi_{\boldsymbol{k}}\nabla^2\psi_{\boldsymbol{k}}^*\} \\ &= \frac{2}{\hbar}(\mathrm{Im}\,V)|\psi_{\boldsymbol{k}}|^2 \end{aligned} \qquad (14.2.6)$$

となる．非弾性散乱によって入射波は減衰するから，吸収に対応して

$$\mathrm{Im}\,V < 0 \qquad (14.2.7)$$

でなければならない．吸収の全断面積を σ_{abs} とすると，

$$v\sigma_{\mathrm{abs}} = -\int \operatorname{div}\boldsymbol{j}\,d\boldsymbol{r} \qquad (14.2.8)$$

と(14.2.6)から

$$\sigma_{\mathrm{abs}} = -\frac{2}{\hbar v}\int (\mathrm{Im}\,V)|\psi_{\boldsymbol{k}}|^2 d\boldsymbol{r} \qquad (14.2.9)$$

を得る．これは非弾性散乱すなわち反応の全断面積にほかならない．

つぎに，§13.2の(b)項で一般的に成り立つことが示された光学定理を，今の場合に直接確かめよう．Schrödinger 方程式から導かれる等式

$$\psi_{\boldsymbol{k}'}{}^*\nabla^2\psi_{\boldsymbol{k}}-\psi_{\boldsymbol{k}}\nabla^2\psi_{\boldsymbol{k}'}{}^* = \frac{4im}{\hbar^2}(\mathrm{Im}\ V)\psi_{\boldsymbol{k}'}{}^*\ \psi_{\boldsymbol{k}}, \qquad |\boldsymbol{k}| = |\boldsymbol{k}'|$$

の両辺を半径 R の大きな球内で積分し，左辺の積分に対して Green の定理を使うと，

$$\int_{|\boldsymbol{r}|=R}\left\{\psi_{\boldsymbol{k}'}{}^*\frac{\partial}{\partial r}\psi_{\boldsymbol{k}}-\psi_{\boldsymbol{k}}\frac{\partial}{\partial r}\psi_{\boldsymbol{k}'}{}^*\right\}dS = \frac{4im}{\hbar^2}\int_{|\boldsymbol{r}|<R}(\mathrm{Im}\ V)\psi_{\boldsymbol{k}'}{}^*\psi_{\boldsymbol{k}}d\boldsymbol{r}$$

が得られる．左辺で $\boldsymbol{r}$ が大きいことから，$\psi_{\boldsymbol{k}}$ および $\psi_{\boldsymbol{k}'}$ に対してそれぞれの漸近形を取ることができる．それ以後の計算は読者にまかせるとして，結局 $R\to\infty$ のとき

$$\frac{1}{2i}\{f(\boldsymbol{k},\boldsymbol{k}')-f^*(\boldsymbol{k}',\boldsymbol{k})\}-\frac{k}{4\pi}\int f^*(\boldsymbol{k}',\boldsymbol{k}_r)f(\boldsymbol{k},\boldsymbol{k}_r)\,d\Omega_r$$
$$= -\frac{k}{4\pi}\frac{2}{\hbar v}\int(\mathrm{Im}\ V)\psi_{\boldsymbol{k}'}{}^*\psi_{\boldsymbol{k}}d\boldsymbol{r} \qquad (14.2.10)$$

を得る．ここで $\boldsymbol{k}'=\boldsymbol{k}$ とおくと，

$$\mathrm{Im}\,f(\boldsymbol{k},\boldsymbol{k}) = \frac{k}{4\pi}\int|f(\boldsymbol{k},\boldsymbol{k}_r)|^2d\Omega_r-\frac{k}{4\pi}\frac{2}{\hbar v}\int(\mathrm{Im}\ V)|\psi_{\boldsymbol{k}}|^2d\boldsymbol{r}$$

となるが，右辺第1項の積分は弾性散乱の全断面積 $\sigma_{\mathrm{el}}(k)$ にほかならない．そこで(*14. 2. 9*)を用いると，上式は

$$\mathrm{Im}\,f(\boldsymbol{k},\boldsymbol{k}) = \frac{k}{4\pi}\{\sigma_{\mathrm{el}}(k)+\sigma_{\mathrm{abs}}(k)\} = \frac{k}{4\pi}\sigma_{\mathrm{tot}}(k) \qquad (14.2.11)$$

と書ける．これで光学定理が確かめられた．

散乱振幅を近似的に求める方法として一番よく知られているのは，(*14. 2. 4*)右辺で $\psi_{\boldsymbol{k}}(\boldsymbol{r})$ を平面波 $\exp(i\boldsymbol{k}\cdot\boldsymbol{r})$ でおきかえる Born 近似であろう．

$$f(\boldsymbol{k},\boldsymbol{k}') \approx f_{\mathrm{B}}(\boldsymbol{k},\boldsymbol{k}') = -\frac{2m}{4\pi\hbar^2}\int e^{i(\boldsymbol{k}-\boldsymbol{k}')\cdot\boldsymbol{r}}\ V(\boldsymbol{r})\,d\boldsymbol{r} \qquad (14.2.12)$$

さらに近似をあげるには，(*14. 2. 2*)によってつぎつぎと高次の項を計算していけばよいように思える．しかし，計算のわずらわしさはいま考えないとしても，このようにして得られた Born 級数は必ずしも収束しない(§12. 2参照)．高エネルギー散乱に対して Born 級数が収束するためには，入射粒子がポテンシャルを通り抜けるのに要する時間 a/v が，ポテンシャルが粒子に大きな影響を及ぼすの

に必要な時間 $\hbar/V_0$ にくらべてずっと短くなければならない．ただし a はポテンシャルのレインジを，V_0 はその強さを表わす代表的な量である．つまり，Born 展開が有効であるためには，

$$\frac{aV_0}{\hbar v} \ll 1 \tag{14.2.13}$$

でなければならないが，上の条件は核衝突のように相互作用の強い場合にはみたされないことが多い．そこで次項では，高エネルギー小角散乱に対して Born 近似よりも適用範囲の広い近似法をとり上げる．

b) アイコナル近似

入射粒子の波長がポテンシャルのレインジ a にくらべて十分短く，

$$ka \gg 1 \tag{14.2.14}$$

かつ入射エネルギー E がポテンシャルの強さ V_0 よりずっと大きい

$$\frac{V_0}{E} \ll 1 \tag{14.2.15}$$

という場合を考えていく．ここで，ka と V_0/E との積

$$ka \cdot \frac{V_0}{E} = 2\frac{aV_0}{\hbar v}$$

については特に制限がないことに注意してほしい．

(14.2.1)で

$$\psi_{\boldsymbol{k}}(\boldsymbol{r}) = e^{i\boldsymbol{k}\cdot\boldsymbol{r}}\varphi_{\boldsymbol{k}}(\boldsymbol{r}) \tag{14.2.16}$$

とおくと，(14.2.1)は

$$2i\boldsymbol{k}\cdot\mathrm{grad}\,\varphi_{\boldsymbol{k}} + \nabla^2\varphi_{\boldsymbol{k}} = \frac{2m}{\hbar^2}V\varphi_{\boldsymbol{k}} \tag{14.2.17}$$

と書ける．これから考えようとする近似は，結局のところ，$\boldsymbol{r}$ がポテンシャルのレインジ内にあるとき，$\varphi_{\boldsymbol{k}}(\boldsymbol{r})$ は入射波長程度の距離で非常にゆっくりとしか変化しないため，(14.2.17)左辺で $\nabla^2\varphi$ が無視できるということにある．入射方向を z 軸の正の方向に選ぶと，この近似のもとでは(14.2.17)は

$$\frac{\partial\varphi_{\boldsymbol{k}}}{\partial z} = -\frac{i}{\hbar v}V\varphi_{\boldsymbol{k}} \tag{14.2.18}$$

となるから，境界条件として

$$\varphi_{\boldsymbol{k}}(x, y, z) \longrightarrow 1, \qquad z \longrightarrow -\infty \tag{14. 2. 19}$$

を要求することにより，$|\boldsymbol{r}| \lesssim a$ のとき

$$\varphi_{\boldsymbol{k}}(x, y, z) = \exp\left[-\frac{i}{\hbar v}\int_{-\infty}^{z} V(x, y, z')\,dz'\right] \tag{14. 2. 20}$$

が得られる．

上にのべたことをもう少しくわしく検討しよう．(*14. 2. 16*)を(*14. 2. 2*)に代入すると，

$$\varphi_{\boldsymbol{k}}(\boldsymbol{r}) = 1 - \frac{2m}{4\pi\hbar^2}\int \frac{\exp[ik|\boldsymbol{r}-\boldsymbol{r}'| - i\boldsymbol{k}\cdot(\boldsymbol{r}-\boldsymbol{r}')]}{|\boldsymbol{r}-\boldsymbol{r}'|} V(\boldsymbol{r}')\varphi_{\boldsymbol{k}}(\boldsymbol{r}')\,d\boldsymbol{r}' \tag{14. 2. 21}$$

となる．(*14. 2. 4*)からわかるように，散乱振幅を得るには，ポテンシャルのレインジ内での $\varphi_{\boldsymbol{k}}(\boldsymbol{r})$ をよい近似で求めれば十分である．そこで，これから $\boldsymbol{r}$ はポテンシャルのレインジ内にあるとして，(*14. 2. 21*)の近似解を求める．

いま $V\varphi_{\boldsymbol{k}}$ が大きく変化するために最小限必要な距離を d とすると，d はオーダーとして a と $\hbar v/V_0$ との小さい方で与えられる．つまり

$$\frac{V_0 a}{\hbar v} < 1 \quad なら \qquad d \approx a$$

$$\frac{V_0 a}{\hbar v} > 1 \quad なら \qquad d \approx \frac{\hbar v}{V_0}$$

であるが，どちらの場合でも

$$kd \gg 1 \tag{14. 2. 22}$$

がみたされていることは，(*14. 2. 14*)と(*14. 2. 15*)の2条件が保証してくれる．したがって，ポテンシャルのレインジ内での $V\varphi_{\boldsymbol{k}}$ は，入射波長の距離 $1/k$ $(\ll d)$ ではわずかしか変化しない．この結果を用いて，(*14. 2. 21*)右辺の積分を簡単化しよう．

(*14. 2. 21*)で積分変数を $\boldsymbol{r}'$ から $\boldsymbol{r}''$ $(\equiv \boldsymbol{r}-\boldsymbol{r}')$ に変え，

$$d\boldsymbol{r}'' = r''^2 dr'' d\beta d\phi, \qquad \beta = \frac{\boldsymbol{k}\cdot\boldsymbol{r}''}{kr''}$$

という極座標を用いて β について部分積分すると，

$$\varphi_{\boldsymbol{k}}(\boldsymbol{r}) \approx 1+\frac{2m}{4\pi\hbar^2}\int r''^2 dr'' d\phi \left[\frac{\exp[ikr''(1-\beta)]}{ikr''^2} V(\boldsymbol{r}-\boldsymbol{r}'')\varphi_{\boldsymbol{k}}(\boldsymbol{r}-\boldsymbol{r}'')\right]_{\beta=-1}^{\beta=+1}$$

となる．上式右辺で落とした項は，さきに確かめた $V\varphi_{\boldsymbol{k}}$ の性質から，第2項にくらべて $1/kd$ のオーダーである．第2項においても，$\beta=-1$ からの寄与は，指数因子のために上式で落とした項と同じオーダーである．結局，$\beta=+1$ からの寄与だけを取ればよくて，

$$\varphi_{\boldsymbol{k}}(\boldsymbol{r}) \approx 1-\frac{im}{\hbar^2 k}\int_0^\infty V(\boldsymbol{r}-\boldsymbol{r}'')\varphi_{\boldsymbol{k}}(\boldsymbol{r}-\boldsymbol{r}'')|_{\boldsymbol{r}''\parallel\boldsymbol{k}} dr'' \qquad (14.2.23)$$

が得られる．ただし，$\boldsymbol{r}''\parallel\boldsymbol{k}$ は $\boldsymbol{r}''$ が向きをも含めて $\boldsymbol{k}$ 方向にあることを意味している(図14.3)．上式導出の過程から，高エネルギー散乱では前方近くの散乱だけが大きい寄与を与えることと，われわれの近似はそのような小角散乱に対してのみよい近似になっていることがわかるだろう．

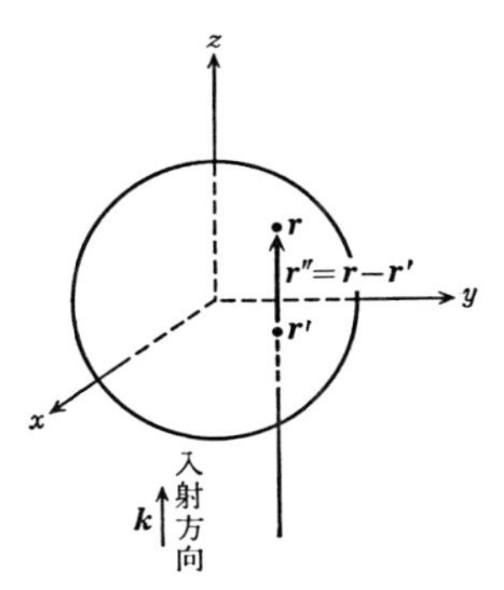

図14.3　$\varphi_{\boldsymbol{k}}(\boldsymbol{r})$ に寄与する点 $\boldsymbol{r}'$

(14.2.23)を直角座標系で表わすと，

$$\varphi_{\boldsymbol{k}}(x,y,z) = 1-\frac{i}{\hbar v}\int_{-\infty}^{z} V(x,y,z')\varphi_{\boldsymbol{k}}(x,y,z')dz' \qquad (14.2.24)$$

と書けるが，この積分方程式の解 $\varphi_{\boldsymbol{k}}$ が微分方程式(14.2.18)と境界条件(14.2.19)をみたしていることは明らかである．したがって $\varphi_{\boldsymbol{k}}(\boldsymbol{r})$ は(14.2.20)で与えられ，結局高エネルギー小角散乱に対する近似的な波動関数として，$|\boldsymbol{r}|\lesssim a$ のとき

$$\psi_{\boldsymbol{k}}(x,y,z) = \exp\left[ikz-\frac{i}{\hbar v}\int_{-\infty}^{z} V(x,y,z')dz'\right] \qquad (14.2.25)$$

が得られた．

いま $\boldsymbol{r}$ を入射方向とそれに垂直な方向とに分けて

$$\boldsymbol{r} = \boldsymbol{b} + z\boldsymbol{e}_z$$

で表わし，(14. 2. 25)を(14. 2. 4)に代入すれば，

$$f(\boldsymbol{k}, \boldsymbol{k}') = -\frac{2m}{4\pi\hbar^2}\int e^{i(\boldsymbol{k}-\boldsymbol{k}')\cdot\boldsymbol{r}}V(\boldsymbol{r})\exp\left[-\frac{i}{\hbar v}\int_{-\infty}^{z} V(\boldsymbol{b}+z'\boldsymbol{e}_z)\,dz'\right]d^{(2)}\boldsymbol{b}dz \tag{14. 2. 26}$$

を得る．ここで $d^{(2)}\boldsymbol{b}$ は2次元積分を意味する．ところで

$$(\boldsymbol{k}-\boldsymbol{k}')\cdot\boldsymbol{r} = (\boldsymbol{k}-\boldsymbol{k}')\cdot\boldsymbol{b} + \{(\boldsymbol{k}-\boldsymbol{k}')\cdot\boldsymbol{e}_z\}z$$

において，右辺第2項は

$$(1-\cos\theta)kd \approx \theta^2 kd$$

のオーダーである．(14. 2. 26)はもともと小角散乱に対する近似式だから，

$$\theta^2 \ll \frac{1}{kd} \quad (\ll 1) \tag{14. 2. 27}$$

として $(\boldsymbol{k}-\boldsymbol{k}')\cdot\boldsymbol{r}$ を $(\boldsymbol{k}-\boldsymbol{k}')\cdot\boldsymbol{b}$ でおきかえると，(14. 2. 26)で z についての積分ができ，

$$f(\boldsymbol{k}, \boldsymbol{k}') = \frac{1}{2\pi i}\int e^{i(\boldsymbol{k}-\boldsymbol{k}')\cdot\boldsymbol{b}}\{e^{i\chi(b)}-1\}\,d^{(2)}\boldsymbol{b} \tag{14. 2. 28}$$

を得る．ただし

$$\chi(\boldsymbol{b}) = -\frac{1}{\hbar v}\int_{-\infty}^{\infty} V(\boldsymbol{b}+z\boldsymbol{e}_z)\,dz \tag{14. 2. 29}$$

である．この結果は**アイコナル近似**(eikonal approximation)と呼ばれ，高エネルギー小角散乱に対して有効な近似である．もともとアイコナル近似というのは，幾何光学を物理光学の短波長極限として導く近似であるが，ここにのべた方法が本質的にそれと同じものであることから，この名で呼ばれている．

ポテンシャルが z 軸のまわりに対称な場合には，$\boldsymbol{b}$ を極座標 (b, ϕ) で表わすと，$\chi(\boldsymbol{b})$ は ϕ に依存しない．運動量遷移 $\boldsymbol{k}-\boldsymbol{k}'$ と xy 平面とのなす角を γ とすると，

$$(\boldsymbol{k}-\boldsymbol{k}')\cdot\boldsymbol{b} = b\Delta\cos\gamma\cos\phi, \qquad \Delta \equiv |\boldsymbol{k}-\boldsymbol{k}'| = 2k\sin\frac{\theta}{2}$$

であるが，小角散乱では運動量遷移は z 軸にほぼ垂直だから $\cos\gamma\approx 1$ としてよ

い．そこで公式

$$\frac{1}{2\pi}\int_0^{2\pi} e^{ix\cos\phi}\,d\phi = J_0(x) \tag{14.2.30}$$

を用いると，軸対称ポテンシャルのときには

$$f(\boldsymbol{k},\boldsymbol{k}') = \frac{k}{i}\int_0^{\infty} J_0(b\Delta)\{e^{i\chi(b)}-1\}bdb \tag{14.2.31}$$

を得る．古典論とのアナロジーから，b を衝突パラメーターと呼ぶ(§12.3参照)．

アイコナル近似を導く上での散乱角に対する制限(*14.2.27*)は，きつすぎるようにみえるかも知れない．しかし高エネルギー散乱では，散乱のほとんどがこの範囲内で起こり，そのため(*14.2.28*)または(*14.2.31*)によって全散乱断面積が十分よい近似で得られるのである．このことは大角散乱が物理的に重要でないということを意味しているわけでは決してない．断面積の絶対値は小さくても，大角散乱は近距離力についての貴重な情報を与えてくれる．しかし，大角散乱に対して有効な近似法はまだ見出されていない．

つぎにアイコナル近似がユニタリティと矛盾しないことを確かめよう．弾性散乱の全断面積は

$$\begin{aligned}\sigma_{\text{el}} &= \int |f(\boldsymbol{k},\boldsymbol{k}')|^2 d\Omega_{\boldsymbol{k}'}\\ &= \left(\frac{k}{2\pi}\right)^2\int d\Omega_{\boldsymbol{k}'}\int d^{(2)}\boldsymbol{b}\int d^{(2)}\boldsymbol{b}'\cdot e^{i(\boldsymbol{k}-\boldsymbol{k}')\cdot(\boldsymbol{b}-\boldsymbol{b}')}\{e^{i\chi(\boldsymbol{b})}-1\}\{e^{i\chi(\boldsymbol{b}')}-1\}^*\end{aligned}$$

で与えられるが，高エネルギーでの散乱はほとんど前方の近くに限られるから，$d\Omega_{\boldsymbol{k}'}$ を $d^{(2)}\boldsymbol{k}_\perp/k^2$ でおきかえることができる．ただし，$\boldsymbol{k}_\perp$ は $\boldsymbol{k}$ に垂直な平面上のベクトルである．したがって，

$$\int e^{i(\boldsymbol{k}-\boldsymbol{k}')\cdot(\boldsymbol{b}-\boldsymbol{b}')}d\Omega_{\boldsymbol{k}'} \longrightarrow \left(\frac{2\pi}{k}\right)^2\delta^{(2)}(\boldsymbol{b}-\boldsymbol{b}') \tag{14.2.32}$$

となり，これから

$$\sigma_{\text{el}} = \int |e^{i\chi(\boldsymbol{b})}-1|^2 d^{(2)}\boldsymbol{b} \tag{14.2.33}$$

を得る．ポテンシャルが実数のときには $\chi(\boldsymbol{b})$ も実で，かつ σ_{tot} は σ_{el} に等しいから，

$$\sigma_{\mathrm{tot}} = 2\int (1-\mathrm{Re}\, e^{i\chi(\boldsymbol{b})})\, d^{(2)}\boldsymbol{b} \tag{14.2.34}$$

と書けるが，上式右辺は(*14. 2. 28*)から得られる $\mathrm{Im}\, f(\boldsymbol{k}, \boldsymbol{k})$ に $4\pi/k$ をかけたものに等しい．これは光学定理にほかならない．

吸収が起こる場合には $\chi(\boldsymbol{b})$ は複素数となり，$\mathrm{Im}\, V<0$ より $\mathrm{Im}\,\chi>0$ である．したがって吸収の全断面積

$$\sigma_{\mathrm{abs}} = \sigma_{\mathrm{tot}} - \sigma_{\mathrm{el}} = \int (1-|e^{i\chi(\boldsymbol{b})}|^2)\, d^{(2)}\boldsymbol{b} \tag{14.2.35}$$

は，ユニタリティの要求するとおり正の量である．

ポテンシャルが球対称のときには，散乱振幅が

$$f(\boldsymbol{k}, \boldsymbol{k}') = \frac{1}{2ik}\sum_{l=0}^{\infty} (2l+1)\{\exp[2i\delta_l(k)]-1\}P_l(\cos\theta) \tag{14.2.36}$$

のように部分波展開できることはすでによく知っている．この部分波展開と(*14. 2. 31*)との関係について，ここで簡単にふれておこう．$\boldsymbol{k}$ が大きいときには，(*14. 2. 36*)での l についての和において，l が小さい所はあまりきかず，また散乱角 θ も小さい所しか重要でない．そこで，l が大きくかつ θ が小さいときに成り立つ漸近式

$$P_l(\cos\theta) \approx J_0\left((2l+1)\sin\frac{\theta}{2}\right) \tag{14.2.37}$$

を用いると，(*14. 2. 36*)は

$$f(\boldsymbol{k}, \boldsymbol{k}') \approx \frac{1}{2ik}\sum_{l=0}^{\infty} (2l+1)\{\exp[2i\delta_l(k)]-1\}J_0\left((2l+1)\sin\frac{\theta}{2}\right)$$

と書ける．いま

$$l+\frac{1}{2} \longrightarrow kb \tag{14.2.38}$$

によって衝突パラメーター b を導入し，$\delta_l(k)$ は l に関してなめらかに変化するものとして，

$$2\delta_l(k) \longrightarrow \chi(b, k) \tag{14.2.39}$$

とおく．そして l についての和を b に関する積分でおきかえると，

$$f(\boldsymbol{k}, \boldsymbol{k}') \approx \frac{k}{i}\int_0^\infty bdb\{e^{i\chi(b)}-1\}J_0\left(2kb\sin\frac{\theta}{2}\right)$$

を得るが，この結果は(*14. 2. 31*)に一致する．

アイコナルの方法で散乱振幅を求める簡単な例として回折散乱をとりあげる．この現象を，標的が半径 a の“黒い”原子核である場合について考えてみよう．衝突パラメーターが a より小さい粒子は核に当たってすべて吸収され，a より大きい粒子は素通りするという理想的な場合で，現実にこのようなことが起こることはありえないが，それでも回折散乱の大事な点は十分つかめるのである．

上にのべた黒い球(black sphere)のモデルでは

$$e^{i\chi(b)} = \begin{cases} 0 & (b < a) \\ 1 & (b > a) \end{cases} \tag{14. 2. 40}$$

であるから，散乱振幅は(*14. 2. 31*)から

$$\begin{aligned} f(k, \theta) &= -\frac{k}{i}\int_0^a J_0\left(2kb\sin\frac{\theta}{2}\right)bdb \\ &= ia\frac{J_1(2ka\sin\theta/2)}{2\sin\theta/2} \end{aligned} \tag{14. 2. 41}$$

となる．このモデルでは散乱振幅は純虚数である．微分断面積は図 14. 4 にみるような回折パターンを示す．また，大部分の散乱は

$$\theta \lesssim \frac{1}{ka}$$

の範囲内で起こり，k が大きくなるにしたがい，前方のピーク(**回折ピーク**という)が鋭くなってゆく．

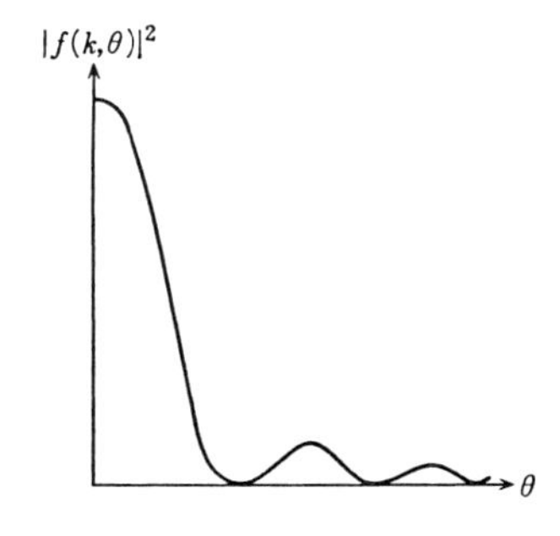

図 14. 4　黒い球モデルにおける弾性散乱の微分断面積が示す回折パターン

高エネルギー小角散乱振幅は，$\boldsymbol{k}$ と θ の代りに $\boldsymbol{k}$ と $\varDelta^2$ の関数として考えた方が便利なことが多い．実際(14. 2. 41)は

$$f(k, \varDelta^2) = ika^2\frac{J_1(a\varDelta)}{a\varDelta} \tag{14. 2. 42}$$

と簡単になる．微分断面積も $d\sigma/d\Omega$ の代りに

$$\frac{d\sigma}{d\varDelta^2} \equiv \frac{2\pi}{2k^2}\frac{d\sigma}{d\Omega} = \frac{\pi}{k^2}|f(k, \varDelta^2)|^2$$

を用いるのが普通である．いまの場合には

$$\frac{d\sigma}{d\varDelta^2} = \pi a^4\left\{\frac{J_1(a\varDelta)}{a\varDelta}\right\}^2 \tag{14. 2. 43}$$

となり，右辺は $\boldsymbol{k}$ に依存しない．

吸収の全断面積は

$$\sigma_{\rm abs} = \int(1-|e^{i\chi(b)}|^2)\,d^{(2)}\boldsymbol{b} = \pi a^2 \tag{14. 2. 44}$$

であるが，これは古典的に考えても当然の結果である．一方全断面積 $\sigma_{\rm tot}$ は，光学定理から

$$\sigma_{\rm tot} = \frac{4\pi}{k}\,{\rm Im}\,f(k, \varDelta^2=0) = 2\pi a^2 \tag{14. 2. 45}$$

となり，古典的な値のちょうど2倍になっている．この違いは弾性散乱の全断面積

$$\sigma_{\rm el} = \int|e^{i\chi(b)}-1|^2 d^{(2)}\boldsymbol{b} = \pi a^2 \tag{14. 2. 46}$$

から生じたものである．実際，古典的に考えると，衝突パラメーターが $\boldsymbol{a}$ より大きい粒子は素通りし，$\boldsymbol{a}$ より小さいものは核に当たって必ず吸収されるのだから，弾性散乱は起こらないはずである．しかし，(14. 2. 46)で与えられる $\sigma_{\rm el}$ は次にのべるように純量子論的な効果であって，古典的な描像は成り立たない．

核の半径 $\boldsymbol{a}$ にくらべてずっと短い波長 $1/\boldsymbol{k}$ をもった入射波が核に当たると，図14.5のように，核のうしろに影ができる．しかしそれは完全に幾何光学的な影ではなくて，回折のために次第にぼやけてくる．これは物理光学における Fraunhofer 回折と同じ現象で，核から $\boldsymbol{ka^2}$ ほど離れた所では影は完全にぼやけ

てしまう．つまり，波が回折によって影の領域にはいりこんでくるわけで，それをわれわれは角度の小さい ($\theta \lesssim 1/ka$) 散乱として観測しているのである．このため高エネルギー前方弾性散乱を回折散乱または影散乱と呼ぶ．

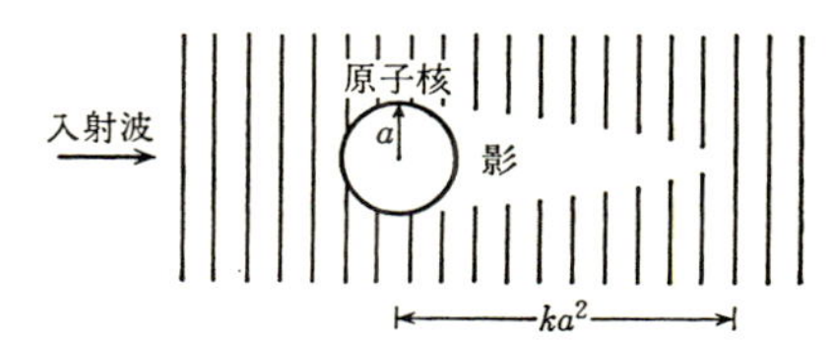

図 14.5 入射波の吸収によってできる原子核の影

回折散乱の断面積が πa^2 になることをみるには，核を取り除いて，そこに波の強さは同じで，位相が 180° ずれた波を前方へ送り出す仮想的な波源をおいたと考えれば理解しやすいだろう．影がぼやけるのは，仮想的な波源から出た波が拡散するためである．

c) Glauber 効果

十分に高いエネルギーをもった粒子が原子核のような複合粒子によって散乱される場合を考えよう．標的として重陽子をとることにする．いま入射波長が重陽子半径にくらべてずっと短いとすると，干渉の効果は無視できて，重陽子を構成している陽子と中性子とによる独立な散乱とみなせるように思える．すなわち，高エネルギーではよい近似で

$$\sigma_{\mathrm{d}} \approx \sigma_{\mathrm{p}} + \sigma_{\mathrm{n}} \tag{14.2.47}$$

が成り立つものと予想される．ところが高エネルギー実験の結果は，この予想に反して，σ_{d} の方が $\sigma_{\mathrm{p}}+\sigma_{\mathrm{n}}$ よりもつねに数 mb ほど小さくなっている．R. Glauber (1955) はこの事実を食 (eclipse) の現象として説明した．

図 14.6 は，中性子が陽子の影にある場合を示している．高エネルギーになると，この図のように，影は重陽子半径程度の距離ではほとんどぼやけない．入射波のうち前にある陽子によって吸収された分は，影にある中性子にはとどかないわけである．この効果を推定してみよう．

入射粒子の陽子，中性子，重陽子による吸収断面積をそれぞれ $\sigma_{\mathrm{p,abs}}$, $\sigma_{\mathrm{n,abs}}$, $\sigma_{\mathrm{d,abs}}$ と書くことにする．いまかりに重陽子中の陽子と中性子との距離が r に固定されているとする．前項で考えた黒い球モデルを用いると，図 14.6 のように

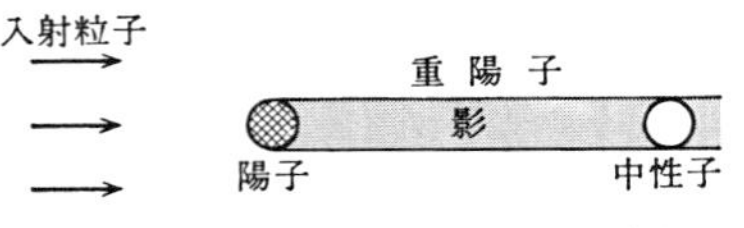

図 14.6 中性子が陽子の影にある場合

中性子が陽子の影にある確率は $\sigma_{\mathrm{p,abs}}/4\pi r^2$ である．実際には r はいろいろな値を取りうるから，$1/r^2$ を重陽子状態で平均した $\langle 1/r^2\rangle_{\mathrm{d}}$ でおきかえなければならない．したがって，重陽子の中にある中性子による吸収断面積は

$$\sigma_{\mathrm{n,abs}}\left\{1-\frac{\sigma_{\mathrm{p,abs}}}{4\pi}\left\langle\frac{1}{r^2}\right\rangle_{\mathrm{d}}\right\}$$

となり，陽子と中性子とを入れかえた場合にも同じことがいえるから，結局

$$\sigma_{\mathrm{d,abs}}=\sigma_{\mathrm{p,abs}}+\sigma_{\mathrm{n,abs}}-2\frac{\sigma_{\mathrm{p,abs}}\sigma_{\mathrm{n,abs}}}{4\pi}\left\langle\frac{1}{r^2}\right\rangle_{\mathrm{d}} \tag{14.2.48}$$

となる．黒い球モデルでは，全断面積は吸収断面積のちょうど2倍になっているから，(*14.2.48*)の両辺を2倍して

$$\sigma_{\mathrm{d}}=\sigma_{\mathrm{p}}+\sigma_{\mathrm{n}}-\frac{\sigma_{\mathrm{p}}\sigma_{\mathrm{n}}}{4\pi}\left\langle\frac{1}{r^2}\right\rangle_{\mathrm{d}} \tag{14.2.49}$$

を得る．上式右辺最後の補正項は，オーダーとしてはよい値にでる．しかし，核子はまっ黒ではなくて半透明な吸収体とみるべきで，黒い球モデルはあまりよくないことがわかっている．そこで，アイコナル近似を用いて，黒い球モデルのような強い制限なしに補正項を求めてみたい．

重陽子中の核子の速度は，入射粒子の速度にくらべてずっと小さいから，入射粒子が重陽子を通り抜ける間，核子はほとんど動かずにじっとしていると考えてよい．陽子，中性子の位置を $\boldsymbol{r}/2, -\boldsymbol{r}/2$ として，入射方向に垂直な平面への $\boldsymbol{r}$ の射影を $\boldsymbol{s}$ とすると，重陽子に対して $\boldsymbol{b}$ という2次元的な衝突パラメーターで入射してくる粒子は，図14.7に示すように，陽子に対して $\boldsymbol{b}-\boldsymbol{s}/2$，中性子に対して $\boldsymbol{b}+\boldsymbol{s}/2$ という2次元的衝突パラメーターをもつことになる．そこで散乱振幅に対するアイコナル近似は

$$f(\boldsymbol{k},\boldsymbol{k}')=\frac{k}{2\pi i}\int d^{(2)}\boldsymbol{b}e^{i(\boldsymbol{k}-\boldsymbol{k}')\cdot\boldsymbol{b}}\int d\boldsymbol{r}|\varphi_{\mathrm{d}}(\boldsymbol{r})|^2\{e^{i\chi(\boldsymbol{b},\boldsymbol{s})}-1\} \tag{14.2.50}$$

と書け，$\chi(\boldsymbol{b},\boldsymbol{s})$ は

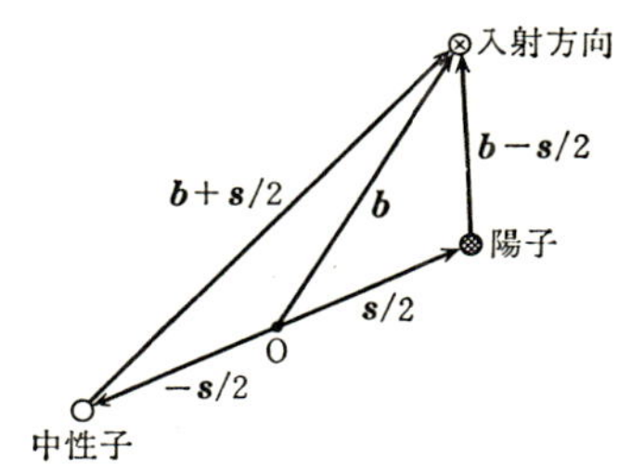

図 14.7 入射粒子の陽子，中性子に対する衝突パラメーター

$$\chi(\boldsymbol{b}, \boldsymbol{s}) = \chi_{\mathrm{p}}\left(\boldsymbol{b}-\frac{\boldsymbol{s}}{2}\right)+\chi_{\mathrm{n}}\left(\boldsymbol{b}+\frac{\boldsymbol{s}}{2}\right) \tag{14.2.51}$$

で与えられる．ただし，$\varphi_{\mathrm{d}}(\boldsymbol{r})$ は重陽子の規格化された波動関数である．

ここで

$$\Gamma_{\mathrm{p,n}}(\boldsymbol{b}) \equiv 1-\exp[i\chi_{\mathrm{p,n}}(\boldsymbol{b})], \qquad \Gamma(\boldsymbol{b}, \boldsymbol{s}) \equiv 1-\exp[i\chi(\boldsymbol{b}, \boldsymbol{s})]$$

とおくと，

$$\Gamma(\boldsymbol{b}, \boldsymbol{s}) = \Gamma_{\mathrm{p}}\left(\boldsymbol{b}-\frac{\boldsymbol{s}}{2}\right)+\Gamma_{\mathrm{n}}\left(\boldsymbol{b}+\frac{\boldsymbol{s}}{2}\right)-\Gamma_{\mathrm{p}}\left(\boldsymbol{b}-\frac{\boldsymbol{s}}{2}\right)\Gamma_{\mathrm{n}}\left(\boldsymbol{b}+\frac{\boldsymbol{s}}{2}\right) \tag{14.2.52}$$

であるから，散乱振幅(14.2.50)は

$$\begin{aligned} f(\boldsymbol{k}, \boldsymbol{k}') = & f_{\mathrm{p}}(\boldsymbol{k}, \boldsymbol{k}') \int d\boldsymbol{r} e^{i(\boldsymbol{k}-\boldsymbol{k}')\cdot \boldsymbol{s}/2} |\varphi_{\mathrm{d}}(\boldsymbol{r})|^2 \\ & + f_{\mathrm{n}}(\boldsymbol{k}, \boldsymbol{k}') \int d\boldsymbol{r} e^{-i(\boldsymbol{k}-\boldsymbol{k}')\cdot \boldsymbol{s}/2} |\varphi_{\mathrm{d}}(\boldsymbol{r})|^2 \\ & + \frac{k}{2\pi i}\int d^{(2)}\boldsymbol{b} e^{i(\boldsymbol{k}-\boldsymbol{k}')\cdot \boldsymbol{b}} \int d\boldsymbol{r} |\varphi_{\mathrm{d}}(\boldsymbol{r})|^2 \Gamma_{\mathrm{p}}\left(\boldsymbol{b}-\frac{\boldsymbol{s}}{2}\right)\Gamma_{\mathrm{n}}\left(\boldsymbol{b}+\frac{\boldsymbol{s}}{2}\right) \end{aligned} \tag{14.2.53}$$

と表わすことができる．

(14.2.53)において $\boldsymbol{k}=\boldsymbol{k}'$ とおくと

$$\begin{aligned} f(\boldsymbol{k}, \boldsymbol{k}) = & f_{\mathrm{p}}(\boldsymbol{k}, \boldsymbol{k}) + f_{\mathrm{n}}(\boldsymbol{k}, \boldsymbol{k}) \\ & + \frac{k}{2\pi i}\int d^{(2)}\boldsymbol{b} \int d\boldsymbol{r} |\varphi_{\mathrm{d}}(\boldsymbol{r})|^2 \Gamma_{\mathrm{p}}\left(\boldsymbol{b}-\frac{\boldsymbol{s}}{2}\right)\Gamma_{\mathrm{n}}\left(\boldsymbol{b}+\frac{\boldsymbol{s}}{2}\right) \end{aligned} \tag{14.2.54}$$

となるから，上式両辺の虚数部分をとって光学定理を使えば，

$$\sigma_{\mathrm{d}} = \sigma_{\mathrm{p}}+\sigma_{\mathrm{n}}-2\,\mathrm{Re}\int d^{(2)}\boldsymbol{b}\int d\boldsymbol{r}|\varphi_{\mathrm{d}}(\boldsymbol{r})|^2\Gamma_{\mathrm{p}}\left(\boldsymbol{b}-\frac{\boldsymbol{s}}{2}\right)\Gamma_{\mathrm{n}}\left(\boldsymbol{b}+\frac{\boldsymbol{s}}{2}\right) \tag{14.2.55}$$

を得る．上式右辺の最終項が，食現象による補正(**Glauber 効果**という)を表わす項である．$\Gamma_{\mathrm{p}}(\boldsymbol{b})$，$\Gamma_{\mathrm{n}}(\boldsymbol{b})$ は，$\boldsymbol{b}$ が相互作用レインジの外に出れば十分小さくなるから，補正項は核子の一方が他方の影にあるとき以外はきかないことが(*14.2.55*)からわかる．

(*14.2.55*)の補正項を近似的にもう少し簡単化してみよう．まず重陽子中の2核子がつねに一定の距離 ρ を保っているとして補正項を求める．そこで

$$|\varphi_{\mathrm{d}}(\boldsymbol{r})|^2 = \frac{1}{4\pi\rho^2}\delta(|\boldsymbol{r}|-\rho)$$

とおくと，距離 ρ のときの補正項(の符号を逆にしたもの)は

$$2\,\mathrm{Re}\int d^{(2)}\boldsymbol{b}\int d^{(2)}\boldsymbol{s}\,\Gamma_{\mathrm{p}}\left(\boldsymbol{b}-\frac{\boldsymbol{s}}{2}\right)\Gamma_{\mathrm{n}}\left(\boldsymbol{b}+\frac{\boldsymbol{s}}{2}\right)\int_{-\infty}^{+\infty} dz\,\delta\{(s^2+z^2)^{1/2}-\rho\}$$
$$= \frac{1}{\pi\rho}\int_{|\boldsymbol{s}|<\rho}\frac{d^{(2)}\boldsymbol{s}}{(\rho^2-s^2)^{1/2}}\,\mathrm{Re}\int d^{(2)}\boldsymbol{b}\,\Gamma_{\mathrm{p}}\left(\boldsymbol{b}-\frac{\boldsymbol{s}}{2}\right)\Gamma_{\mathrm{n}}\left(\boldsymbol{b}+\frac{\boldsymbol{s}}{2}\right)$$

となる．これを重陽子状態で ρ について平均することによって，求める補正項が得られる．ρ が核子の相互作用レインジよりもずっと大きいときには，上の式は

$$\frac{1}{\pi\rho^2}\,\mathrm{Re}\int d^{(2)}\boldsymbol{s}\int d^{(2)}\boldsymbol{b}\,\Gamma_{\mathrm{p}}\left(\boldsymbol{b}-\frac{\boldsymbol{s}}{2}\right)\Gamma_{\mathrm{n}}\left(\boldsymbol{b}+\frac{\boldsymbol{s}}{2}\right)$$
$$= \frac{1}{\pi\rho^2}\,\mathrm{Re}\int d^{(2)}\boldsymbol{b}_{\mathrm{p}}\Gamma_{\mathrm{p}}(\boldsymbol{b}_{\mathrm{p}})\int d^{(2)}\boldsymbol{b}_{\mathrm{n}}\Gamma_{\mathrm{n}}(\boldsymbol{b}_{\mathrm{n}})$$
$$= -\frac{4\pi}{k^2\rho^2}\,\mathrm{Re}\{f_{\mathrm{p}}(\boldsymbol{k},\boldsymbol{k})f_{\mathrm{n}}(\boldsymbol{k},\boldsymbol{k})\} \tag{14.2.56}$$

と書ける．ここで，非常によい近似とはいえないが，重陽子半径は核子の相互作用レインジにくらべて十分大きいとして，ρ についての平均の際に(*14.2.56*)をすべての ρ に対して使ってやると，

$$\left.\begin{aligned} \sigma_{\mathrm{d}} &= \sigma_{\mathrm{p}}+\sigma_{\mathrm{n}}-\delta\sigma \\ \delta\sigma &= -\frac{4\pi}{k^2}\mathrm{Re}\{f_{\mathrm{p}}(\boldsymbol{k},\boldsymbol{k})f_{\mathrm{n}}(\boldsymbol{k},\boldsymbol{k})\}\left\langle\frac{1}{r^2}\right\rangle_{\mathrm{d}} \end{aligned}\right\} \tag{14.2.57}$$

を得る．

もしも $\chi_{\mathrm{p}}(\boldsymbol{b}), \chi_{\mathrm{n}}(\boldsymbol{b})$ が純虚数なら，(*14.2.57*) はさらに簡単になる．この仮定は入射波が減衰するだけで位相のずれが起こらないことを意味し，散乱振幅 f_{p}, f_{n} も純虚数になる．したがって光学定理から

$$\delta\sigma = \frac{\sigma_{\mathrm{p}}\sigma_{\mathrm{n}}}{4\pi}\left\langle\frac{1}{r^2}\right\rangle_{\mathrm{d}} \tag{14.2.58}$$

が得られ，この結果はさきに黒い球モデルで求めた (*14.2.49*) と一致する．しかし，散乱振幅が純虚数ということは，黒い球モデルだけに特徴的なことではない．だから，(*14.2.49*) が黒い球モデルよりも広い適用範囲をもっていることを示したことになる．一方，吸収断面積が全断面積のちょうど半分ということは一般には成り立たないから，(*14.2.48*) は黒い球モデル以外では正しくない．核子が半透明なため，影にある核子にも入射波がとどくことを考えれば，これは当然のことであろう．

第15章　散乱振幅の解析的性質

この章では散乱振幅の解析的な性質と，それから導かれる分散式について考える．ポテンシャルに対する制限が弱い場合から議論を始めて，制限が強くなるにしたがい，散乱振幅の解析性に関する知識がどのように増してゆくかをみたい．また最後の節で複素角運動量についての Regge の理論を取りあげる．

§15.1　因果律と分散式

最初に古典論での因果律と分散式との関係を見ておきたい．ある物理系にインプットとして $A(t)$ という時間的に変化する物理量を与えると，$B(t)$ というアウトプットが得られるとしよう．この物理系は重ね合せの原理をみたすという仮定がこれからの議論に本質的である．つまり，$B(t)$ は $A(t)$ から

$$B(t) = \frac{1}{(2\pi)^{1/2}}\int_{-\infty}^{\infty} F(t-t')\,A(t')\,dt' \qquad (15.1.1)$$

により与えられるとする．F を $F(t, t')$ と書かずに $F(t-t')$ としたのは，時間の原点をどこに選んでも同じで，$A(t+a)$ に対しては $B(t+a)$ となるだけだからである．結果はかならず原因よりも後に起こるから，この系での因果性の条件は

$$F(t) = 0, \qquad (t < 0) \qquad (15.1.2)$$

で表現される．だから $F(t)$ は時間的おくれの分布を表わしていることになる．

$A(t), B(t), F(t)$ の Fourier 変換をそれぞれ $a(\omega), b(\omega), f(\omega)$ とすると，(15.1.1) は簡単になって

$$b(\omega) = f(\omega)\,a(\omega) \qquad (15.1.3)$$

と書ける．因果律の要請 (15.1.2) を使うと，$f(\omega)$ は

$$f(\omega) = \frac{1}{(2\pi)^{1/2}}\int_{0}^{\infty} e^{i\omega t} F(t)\,dt \qquad (15.1.4)$$

であるが，上式で ω はもちろん実数である．しかし積分変数 t の範囲が正の数に限られているため，複素数の ω に対しても，ω が上半面 $(\mathrm{Im}\,\omega>0)$ にあるかぎり，$f(\omega)$ を *(15. 1. 4)* 右辺で定義してやることができ，このようにして得られた $f(\omega)$ は ω の上半面で正則である．

いま ω の上半面の1点を z とすると，Cauchy の公式により

$$f(z)=\frac{1}{2\pi i}\int_{\mathrm{C}}\frac{f(z')}{z'-z}dz' \qquad (15.\,1.\,5)$$

である．ここで閉曲線Cに沿っての積分は，図15.1に示したように，実軸上と半径 R の上半円の周上を矢印の向きにとるものとする．もしも $f(z)$ が上半面で $|z|\to\infty$ のとき十分小さくなるなら，$R\to\infty$ のとき上半円の周上の積分は0となり，

$$f(z)=\frac{1}{2\pi i}\int_{-\infty}^{\infty}\frac{f(\omega')}{\omega'-z}d\omega'$$

を得る．上式で $z\to\omega+i\varepsilon$ (ただし ω は実数で，ε は無限小の正の数)とすると

$$\begin{aligned}f(\omega)&=\frac{1}{2\pi i}\int_{-\infty}^{\infty}\frac{f(\omega')}{\omega'-\omega-i\varepsilon}d\omega'\\&=\frac{\mathcal{P}}{2\pi i}\int_{-\infty}^{\infty}\frac{f(\omega')}{\omega'-\omega}d\omega'+\frac{1}{2}f(\omega)\end{aligned}$$

となるから，結局

$$f(\omega)=\frac{\mathcal{P}}{\pi i}\int_{-\infty}^{\infty}\frac{f(\omega')}{\omega'-\omega}d\omega'$$

を得る．上式両辺の実数部分および虚数部分をとれば，

$$\mathrm{Re}\,f(\omega)=\frac{\mathcal{P}}{\pi}\int_{-\infty}^{\infty}\frac{\mathrm{Im}\,f(\omega')}{\omega'-\omega}d\omega' \qquad (15.\,1.\,6\,a)$$

$$\mathrm{Im}\,f(\omega)=-\frac{\mathcal{P}}{\pi}\int_{-\infty}^{\infty}\frac{\mathrm{Re}\,f(\omega')}{\omega'-\omega}d\omega' \qquad (15.\,1.\,6\,b)$$

という関係式が得られる．*(15. 1. 6 a)* は両辺に $i\,\mathrm{Im}\,f(\omega)$ を加えた

$$f(\omega)=\frac{1}{\pi}\int_{-\infty}^{\infty}\frac{\mathrm{Im}\,f(\omega')}{\omega'-\omega-i\varepsilon}d\omega' \qquad (15.\,1.\,7)$$

という形でもよく出てくる．

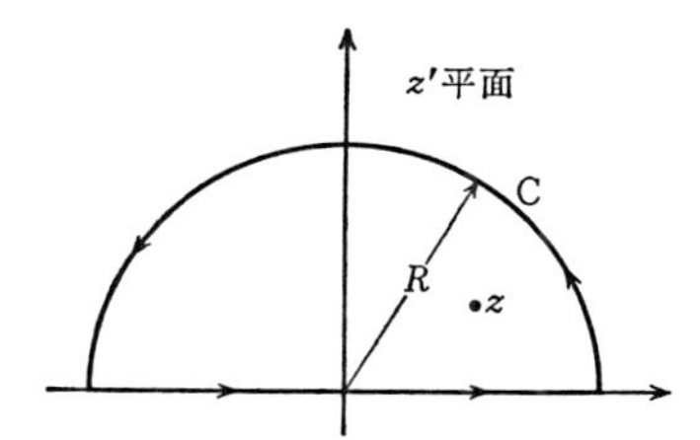

図 15.1　(15.1.5)の積分路 C

(15.1.6 a)のような関係式は，光の分散理論で屈折率に対して古くから知られており，H. A. Kramers と R. L. Kronig はそれが"光は媒質中を真空中の光速以上の速度では決して伝わらない"という相対論的な因果律から導けることを示した．こういう歴史的理由から，(15.1.6 a)または(15.1.7)を**分散式**(dispersion relation)といい，$\mathrm{Re}\,f(\omega)$ を $f(\omega)$ の分散部分，$\mathrm{Im}\,f(\omega)$ を吸収部分と呼ぶ．

物理で現われる $f(\omega)$ の多くは，上半面では正則だが，$R\to\infty$ のとき上半円周上の積分が 0 になるとは限らない．しかし $|f(\omega)|$ は上半面で $|\omega|\to\infty$ のとき ω の多項式でおさえられるのが普通である．そのような場合，(15.1.7)はそのままでは成り立たないが，実はちょっと変形してやるだけでよい．たとえば $f(\omega)$ のかわりに

$$\frac{f(\omega)-f(\omega_0)}{\omega-\omega_0}$$

をとれば $R\to\infty$ のとき上半円からの寄与が 0 になるなら，(15.1.7)のかわりに

$$\frac{f(\omega)-f(\omega_0)}{\omega-\omega_0}=\frac{1}{\pi}\int_{-\infty}^{\infty}\mathrm{Im}\left[\frac{f(\omega')-f(\omega_0)}{\omega'-\omega_0}\right]\frac{d\omega'}{\omega'-\omega-i\varepsilon} \qquad (15.1.8)$$

を得る．ω_0 は勝手に選べるが，もし $\mathrm{Im}\,f(\omega)$ が 0 になる区間が実軸上にあれば，その 1 点をとると便利である．この章で出てくる分散式では，$\mathrm{Im}\,f(\omega)$ が 0 になる実区間がかならずあるので，以後 ω_0 はその区間の 1 点をとることにする．そうすると (15.1.8)は

$$f(\omega)=f(\omega_0)+\frac{\omega-\omega_0}{\pi}\int_{-\infty}^{\infty}\frac{\mathrm{Im}\,f(\omega')}{(\omega'-\omega_0)(\omega'-\omega-i\varepsilon)}d\omega' \qquad (15.1.9)$$

と書けるが，上式は形式的には(15.1.7)で $\omega=\omega_0$ とおいたものを(15.1.7)から引算して得られるので，1 回引算の分散式という．それに対して(15.1.7)を引算なしの分散式という．$|f(\omega)|$ が ω の多項式でおさえられているときには，(15..

1.8)の方法を有限回繰り返せば，上半円からの寄与は $R\to\infty$ で必ず0となり，

$$f(\omega)=\sum_{i=0}^{n-1}\frac{c_i}{i!}(\omega-\omega_0)^i+\frac{(\omega-\omega_0)^n}{\pi}\int_{-\infty}^{\infty}\frac{\mathrm{Im}\,f(\omega')}{(\omega'-\omega_0)^n(\omega'-\omega-i\varepsilon)}d\omega' \tag{15.1.10}$$

と書くことができる．このような分散式を n 回引算の分散式と呼ぶ．引算なしの分散式では $\mathrm{Im}\,f(\omega)$ だけから $\mathrm{Re}\,f(\omega)$ がきまるが，n 回引算の分散式ではそれ以外に引算定数と呼ばれる n 個のパラメーター c_i $(i=0, 1, \cdots, n-1)$ が必要である．

$\mathrm{Im}\,f(\omega)$ が実軸上 $\omega_2<\omega<\omega_1$ で0なら，(*15.1.10*)で与えられる $f(\omega)$ は，その定義域を，上半面だけでなく ω_2 と ω_1 との間を通って下半面まで広げることができる．こうして得られた $f(\omega)$ は，実軸上 ω_1 から $+\infty$ までと $-\infty$ から ω_2 までとに切断のはいった全 ω 平面で正則で，

$$\{f(\omega^*)\}^*=f(\omega) \tag{15.1.11}$$

を満足する．このとき $f(\omega)$ は実解析的であるという．しかし逆に $f(\omega)$ の解析性がわかっても，それだけでは分散式は書けない．解析性だけからは，(*15.1.10*)の右辺にさらに ω の整関数を付け加えてもよいからである．だから役に立つ分散式を得るためには，$f(\omega)$ の解析性と同時に，$|\omega|\to\infty$ での $f(\omega)$ の漸近的振舞をおさえることがどうしても必要である．

次節から非相対論的な量子論での散乱振幅に対する分散式を考えてゆくが，その際因果律の要請はおもてに出てこない．それでは因果律は使っていないのかというと，そうではない．われわれは Schrödinger 方程式から分散式を導くのであるが，この方程式は，ある時刻での状態が与えられると，それ以後の時間的発展を一意的にきめるものである．Schrödinger 方程式を用いるということは，このような Laplace の因果律を当然のこととして要請しているのである．これに反して，相対論的な量子論での散乱振幅に対する分散式では，因果律の要請が直接表面に出てくる．物理的信号が光速よりはやく伝わることはないという Einstein の因果律(の量子論版)を基本的要請としておき，それから分散式を導く．このような出発点の違いにもかかわらず，非相対論で分散式を考えることは，相対論での分散式を物理的に理解するために，また分散理論に固有のいろいろな方法になれるためにも，役立つであろう．

§15.2 散乱振幅に対する分散式

分散式の議論にはいる前に，記号の約束をするためにも散乱の一般論の復習を少ししておこう．質量 m の質点の球対称ポテンシャル $V(r)$ による散乱は，

$$k^2 = \frac{2m}{\hbar^2}E, \qquad U = \frac{2m}{\hbar^2}V$$

とおくと，

$$(k^2+\nabla^2)\psi = U\psi \tag{15.2.1}$$

という形の Schrödinger 方程式できまる．この章を通じて，ポテンシャル $U(r)$ は

$$r^2|U(r)| < M < \infty \tag{15.2.2a}$$

$$\int_{r_1}^{\infty} r^2|U(r)|dr < \infty \tag{15.2.2b}$$

$$\int_0^{r_2} r|U(r)|dr < \infty \tag{15.2.2c}$$

を満足するものとする．また必要に応じて，次のような条件をつけ加える．

$U(r)$ は有限のレインジ† μ_0^{-1} をもつ，すなわち

$$\int_0^{\infty} re^{\mu r}|U(r)|dr < \infty \qquad (\mu < \mu_0) \tag{15.2.3}$$

$U(r)$ は湯川ポテンシャルの重ね合せである．すなわち

$$U(r) = \int_{\mu_0^2}^{\infty} d\mu^2\sigma(\mu^2)\frac{e^{-\mu r}}{r} \tag{15.2.4}$$

(15.2.2b) により，Coulomb ポテンシャルは議論の対象から除かれていることを注意しておく．分散式が有効なのは，核力のようないわゆる強い相互作用の世界である．(15.2.4) の条件は核力の中間子論に基づいており，その場合のレインジ μ_0^{-1} は核力を媒介する π 中間子の Compton 波長で与えられる．

T 行列に対する積分方程式††

$$\hat{T}(E) = \hat{U} + \hat{U}\frac{\hbar^2/2m}{E-\hat{H}_0+i\varepsilon}\hat{T}(E)$$

---

† ここでいうレインジは，現象論的ポテンシャルに対して用いる平均的レインジとは意味が異なる．

†† ここの T は第12章の $(2m/\hbar^2)\hat{\mathcal{T}}$ にあたる．

の解は,

$$\hat{T}(E) = \hat{U} + \hat{U}\frac{\hbar^2/2m}{E-\hat{H}+i\varepsilon}\hat{U}$$

で与えられることを§12.2でまなんだ. $\boldsymbol{x}=(x_1, x_2, x_3)$ を位置座標, $|\boldsymbol{k}\rangle$ を運動量 $\hbar\boldsymbol{k}$ の平面波状態

$$\langle\boldsymbol{x}|\boldsymbol{k}\rangle = (2\pi)^{-3/2}e^{i\boldsymbol{k}\cdot\boldsymbol{x}}$$

とし, $E_{\boldsymbol{k}}=E_{\boldsymbol{k}'}=E$ のとき

$$T(\boldsymbol{k}', \boldsymbol{k}) \equiv (2\pi)^3\langle\boldsymbol{k}'|\hat{T}(E)|\boldsymbol{k}\rangle$$

とおくと, これからの議論の基礎となる

$$T(\boldsymbol{k}', \boldsymbol{k}) = \int d^3x e^{-i(\boldsymbol{k}'-\boldsymbol{k})\cdot\boldsymbol{x}}U(r) + \int d^3x'\int d^3x e^{-i\boldsymbol{k}'\cdot\boldsymbol{x}'}U(r')G(\boldsymbol{x}', \boldsymbol{x}; k^2)U(r)e^{i\boldsymbol{k}\cdot\boldsymbol{x}} \tag{15.2.5}$$

という式が得られる. ここで

$$G(\boldsymbol{x}', \boldsymbol{x}; k^2) \equiv \langle\boldsymbol{x}'|\frac{\hbar^2/2m}{E-\hat{H}+i\varepsilon}|\boldsymbol{x}\rangle$$

は相互作用がある場合の Green 関数で, 完全性の条件

$$1 = \sum_B |\psi_B\rangle\langle\psi_B| + \int d^3p|\psi_{\boldsymbol{p}}{}^+\rangle\langle\psi_{\boldsymbol{p}}{}^+|$$

を用いると,

$$G(\boldsymbol{x}', \boldsymbol{x}; k^2) = \sum_B \frac{\psi_B(\boldsymbol{x}')\psi_B{}^*(\boldsymbol{x})}{k^2-s_B} + \int d^3p\frac{\psi_{\boldsymbol{p}}{}^+(\boldsymbol{x}')\psi_{\boldsymbol{p}}{}^{+*}(\boldsymbol{x})}{k^2-p^2+i\varepsilon} \tag{15.2.6}$$

と表わせる. ただし $\psi_{\boldsymbol{p}}{}^+(\boldsymbol{x})$ は外向き波の波動関数を, また $\psi_B(\boldsymbol{x})$ は束縛状態の波動関数を表わし, $s_B\equiv(2m/\hbar^2)E_B$ (<0) である. 中心力であるために G は回転不変で, $\boldsymbol{x}'^2, \boldsymbol{x}^2, \boldsymbol{x}'\cdot\boldsymbol{x}$ および k^2 だけの関数である. したがって G は空間反転に対しても不変で(球対称ポテンシャルでは必然的にパリティが保存するからこれは当然のこと), 次項でこのことを使う. 散乱振幅 $f(k, \cos\theta)$ が(15.2.5)の $T(\boldsymbol{k}', \boldsymbol{k})$ から

$$f(k, \cos\theta) = -\frac{1}{4\pi} T(\boldsymbol{k}', \boldsymbol{k}) \tag{15.2.7}$$

で与えられることもすでによく知っている．

a）前方散乱での分散式

一番簡単な前方散乱 ($\boldsymbol{k}'=\boldsymbol{k}$) から考えていこう．$T(\boldsymbol{k}, \boldsymbol{k})$ は k^2 だけの関数なので，$T(k^2)$ と書くことにする．(15.2.5)は

$$T(k^2) = \int d^3x U(r) + \int d^3x' \int d^3x e^{-i\boldsymbol{k}\cdot(\boldsymbol{x}'-\boldsymbol{x})} U(r') G(\boldsymbol{x}', \boldsymbol{x}; k^2) U(r) \tag{15.2.8}$$

となるが，Born 項である右辺第1項は定数である（この積分が収束することは，(15.2.2)で保証される）．第2項を調べてゆくために，複素数 z に対して

$$M^L(z) \equiv \int_{r'\leq L} d^3x' \int_{r\leq L} d^3x e^{-ik(z)\boldsymbol{e}\cdot(\boldsymbol{x}'-\boldsymbol{x})} U(r') G(\boldsymbol{x}', \boldsymbol{x}; z) U(r) \tag{15.2.9}$$

で定義される量を考えよう．ここで L は任意の正の数，$\boldsymbol{e}$ は入射粒子の運動量方向の単位ベクトル，また $k(z)=z^{1/2}$ で，平方根の符号は $0<\arg z<2\pi$ のとき $k(z)$ が上半面にあるようにとるものとする．パリティ保存から，(15.2.9)右辺の積分は $\boldsymbol{e}\to-\boldsymbol{e}$ で不変で，$M^L(z)$ は $k(z)$ による分岐点をもたない．$\boldsymbol{x}$ および $\boldsymbol{x}'$ に関する積分領域が有限だから，$M^L(z)$ の特異点は G だけから生じ，(15.2.6)からわかるように，$M^L(z)$ は $z=0$ から $+\infty$ までに切断のはいった複素 z 平面で解析的で，$z=s_B$ (<0) に極をもつ以外は正則である．

そこで図 15.2 のような Cauchy 積分を考えると，

$$\begin{aligned} M^L(z) &= \frac{1}{2\pi i}\oint \frac{M^L(z')}{z'-z} dz' \\ &= -\sum_B \frac{\Gamma_B{}^L}{s_B - z} + \frac{1}{2\pi i}\int_0^R \frac{M^L(z'+i\varepsilon) - M^L(z'-i\varepsilon)}{z'-z} dz' \\ &\quad + \frac{1}{2\pi i}\int_C \frac{M^L(z')}{z'-z} dz' \end{aligned} \tag{15.2.10}$$

と書ける．C は図 15.2 に示した半径 R の円周上の積分路を表わし，$\Gamma_B{}^L$ は $M^L(z)$ の $z=s_B$ での留数である．

$$g_B{}^L(k) = \int_{r\leq L} d^3x e^{-ik\boldsymbol{e}\cdot\boldsymbol{x}} U(r)\psi_B(\boldsymbol{x}) \tag{15.2.11}$$

とおくと，束縛状態 B の角運動量が l なら，

$$g_B{}^L(-k) = (-1)^l g_B{}^L(k)$$

で，$\Gamma_B{}^L$ は

$$\Gamma_B{}^L = g_B{}^L(k_B)\{g_B{}^L(k_B{}^*)\}^* = (-1)^l|g_B{}^L(k_B)|^2 \tag{15.2.12}$$

で与えられる．ただし $k_B = s_B{}^{1/2} = i|k_B|$ である．

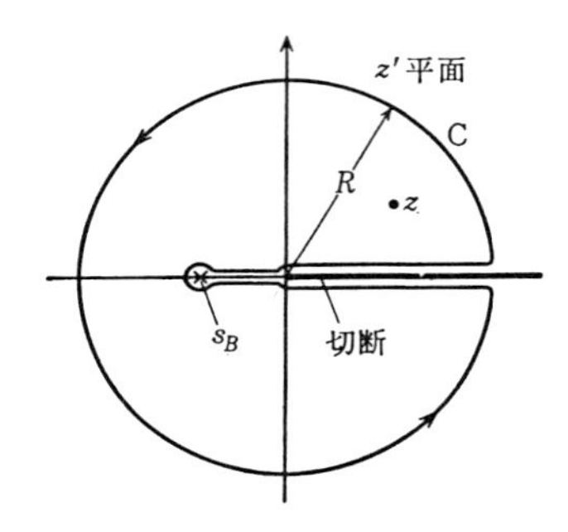

図 15.2　(15.2.10)の積分路 C

(15.2.10)で L を無限大にもってゆきたい．$L\to\infty$ の極限をとったとき，肩につけた添字 L を落とすことにする．まず，(15.2.10)の右辺第1項で，$\Gamma_B{}^L$ の極限 Γ_B が存在することを確かめよう．束縛状態の波動関数は遠方で

$$\psi_B(\boldsymbol{x}) \approx N^{1/2}\frac{\exp(-|k_B|r)}{r}Y_{l0} \tag{15.2.13}$$

という振舞をするから，

$$g_B(k_B) = \int d^3x \exp(|k_B|\boldsymbol{e}\cdot\boldsymbol{x})\,U(r)\,\psi_B(\boldsymbol{x})$$

において，右辺の積分が収束することは明らかだろう．次に(15.2.10)右辺第2項で極限 $M(z'+i\varepsilon)$ の存在は，z' が正の数だから問題ない．

$$M(z'-i\varepsilon) = \{M(z'+i\varepsilon)\}^*$$

を用いると，切断の上下での不連続部分は

$$M(z'+i\varepsilon) - M(z'-i\varepsilon) = 2i\,\mathrm{Im}\,M(z'+i\varepsilon) \tag{15.2.14}$$

で与えられる．

残るのは(15.2.10)右辺第3項であるが，この項に対して $L\to\infty$ の極限が存在

することを示すために，$|z'|=R'$ が十分大きいとき $G(\boldsymbol{x}', \boldsymbol{x}; z')$ は自由な Green 関数に近づく，すなわち

$$G(\boldsymbol{x}', \boldsymbol{x}; z') \approx G_0(\boldsymbol{x}', \boldsymbol{x}; z') \equiv -\frac{1}{4\pi}\frac{e^{ik(z')|\boldsymbol{x}'-\boldsymbol{x}|}}{|\boldsymbol{x}'-\boldsymbol{x}|} \tag{15.2.15}$$

ということを用いる．この証明はかなり面倒なので省略するが，上式の意味を一口でいうと，高エネルギーでは Born 近似がよいということである．(*15.2.15*) から，$|z'|=R'$ が十分大きいとき

$$M(z') \approx -\frac{1}{4\pi}\int d^3x'\int d^3x \frac{e^{-ik(z')\boldsymbol{e}\cdot(\boldsymbol{x}'-\boldsymbol{x})}e^{ik(z')|\boldsymbol{x}'-\boldsymbol{x}|}}{|\boldsymbol{x}'-\boldsymbol{x}|}U(r')U(r) \tag{15.2.16}$$

となり，$\mathrm{Im}\,k(z')>0$ と，$\boldsymbol{x}'-\boldsymbol{x}$ が $\boldsymbol{e}$ の向きにあるとき以外は $|\boldsymbol{x}'-\boldsymbol{x}|>\boldsymbol{e}\cdot(\boldsymbol{x}'-\boldsymbol{x})$ であることに注意すると，上式右辺の積分の収束が確かめられる．そうすると (*15.2.10*) から，切断 z 平面上で $|z|<R'$ なる任意の z (ただし極は除く) に対して，$M^L(z)$ の $L\to\infty$ での極限 $M(z)$ が存在することがわかる．R' はいくらでも大きくとれるから，$|z|<R'$ という制限は除いてよい．結局 (*15.2.10*) で肩の添字 L を全部落とした式

$$M(z) = -\sum_B \frac{\Gamma_B}{s_B-z}+\frac{1}{\pi}\int_0^R \frac{\mathrm{Im}\,M(z'+i\varepsilon)}{z'-z}dz'+\frac{1}{2\pi i}\int_C \frac{M(z')}{z'-z}dz' \tag{15.2.17}$$

が任意の R に対して成り立つ．ただし右辺第 2 項で (*15.2.14*) を使った．

ところで (*15.2.16*) の右辺において，被積分関数の 2 つの指数因子の積は，$\boldsymbol{x}'-\boldsymbol{x}$ が $\boldsymbol{e}$ の向きにあるとき以外は，$|z'|=R'\to\infty$ で $R'^{1/2}$ とともに指数的に 0 に近づくから，

$$\lim_{|z'|\to\infty} M(z') = 0 \tag{15.2.18}$$

である．したがって，(*15.2.17*) の右辺第 2 項の積分は $R\to\infty$ で収束し，かつ第 3 項の積分は $R\to\infty$ で 0 になる．以上の議論によって

$$M(z) = -\sum_B \frac{\Gamma_B}{s_B-z}+\frac{1}{\pi}\int_0^\infty \frac{\mathrm{Im}\,M(z'+i\varepsilon)}{z'-z}dz' \tag{15.2.19}$$

という結果に到達した．ここで

$$T(k^2) = \int d^3xU(r) + M(k^2+i\varepsilon)$$

を思い出すと，(15. 2. 7)から前方散乱振幅に対する分散式

$$f(k,1) = -\frac{1}{4\pi}\int d^3xU(r) + \sum_B \frac{\Gamma_B/4\pi}{s_B-k^2} + \frac{1}{\pi}\int_0^\infty \frac{\mathrm{Im}\, f(k',1)}{k'^2-k^2-i\varepsilon}dk'^2 \tag{15. 2. 20}$$

を得る．

(15. 2. 20)で，$\mathrm{Im}\, f(k',1)$ が光学定理によって $k'\sigma(k')/4\pi$ という測定可能な量に結びつくのに対し，Γ_B を直接測定することはできない．さきに§14. 1で，陽子・中性子系と重陽子との結合定数を有効レインジ理論から取り上げたが，本節の立場から Γ_B の意味を考えてみたい．(15. 2. 11)で $L\to\infty$ とすると，

$$\begin{aligned} g_B(k) &= \int d^3xe^{-ik\boldsymbol{e}\cdot\boldsymbol{x}}U(r)\psi_B(\boldsymbol{x}) \\ &= \int d^3xe^{-ik\boldsymbol{e}\cdot\boldsymbol{x}}(s_B+\nabla^2)\psi_B(\boldsymbol{x}) \\ &= (s_B-k^2)\int d^3xe^{-ik\boldsymbol{e}\cdot\boldsymbol{x}}\psi_B(\boldsymbol{x}) \end{aligned}$$

となるが，$k\to k_B$ で生き残るのは $\psi_B(\boldsymbol{x})$ の漸近形(15. 2. 13)だけだから，

$$g_B(k_B) = \lim_{k\to k_B}(s_B-k^2)\int d^3xe^{-ik\boldsymbol{e}\cdot\boldsymbol{x}}N^{1/2}\frac{\exp(-|k_B|r)}{r}Y_{l0} \tag{15. 2. 21}$$

である．さきの重陽子の場合と対応させるために，S波の束縛状態について(15. 2. 21)を計算すると，

$$g_B(k_B) = -(4\pi N)^{1/2}$$

となり，これから

$$\frac{\Gamma_B}{4\pi} = N \tag{15. 2. 22}$$

を得る．上式左辺は(14. 1. 25)の G^2 にほかならない．これで G^2 が正の量であることが確かめられた．

b) 非前方散乱での分散式

前方以外の散乱では，散乱振幅は k^2 のほかに散乱角 θ にもよる．それで，θ

をとめておけば，k^2 についての分散式が書けるのではないかという気がする．後になってわかることだが，この変数の選び方は問題を非常に複雑にしてしまう．以下では2つの独立変数として，エネルギーと運動量遷移の2乗に対応する k^2 と $\varDelta^2$ をとり，$\varDelta^2$ をとめて k^2 についての分散式を導こう．前方散乱に対する分散式を導くには，ポテンシャルが有限のレインジをもつ必要がなかった．しかし，上の意味での非前方散乱に対する分散式が成り立つためには，ポテンシャルが有限のレインジ μ_0^{-1} を持つことが本質的に重要で，$\varDelta^2$ が $0\leqq\varDelta^2<4\mu_0^2$ という範囲にあるとき分散式が証明できる．

$\boldsymbol{k}, \boldsymbol{k}'$ のかわりに，

$$\boldsymbol{\varDelta}=\boldsymbol{k}'-\boldsymbol{k}, \qquad \boldsymbol{q}=\frac{1}{2}(\boldsymbol{k}'+\boldsymbol{k}) \tag{15.2.23}$$

を使うと便利である(図15.3参照)．$k^2=k'^2$ に注意すると

$$\left.\begin{aligned}\varDelta^2&=2k^2(1-\cos\theta)=\left(2k\sin\frac{\theta}{2}\right)^2\\ q^2&=k^2-\frac{\varDelta^2}{4}\\ \boldsymbol{q}\cdot\boldsymbol{\varDelta}&=0\end{aligned}\right\} \tag{15.2.24}$$

はすぐわかる．また $\varDelta^2$ のとり得る範囲は0から $4k^2$ までで，$k^2\geqq\varDelta^2/4$ である．$T(\boldsymbol{k}', \boldsymbol{k})$ を $T(k^2, \varDelta^2)$ で表わすと，

$$T(k^2, \varDelta^2)=\int d^3x e^{i\boldsymbol{\varDelta}\cdot\boldsymbol{x}}U(r)+\int d^3x'\int d^3x e^{i\boldsymbol{\varDelta}\cdot(\boldsymbol{x}'+\boldsymbol{x})/2} \cdot e^{-i\boldsymbol{q}\cdot(\boldsymbol{x}'-\boldsymbol{x})}U(r')G(\boldsymbol{x}', \boldsymbol{x}; k^2)U(r) \tag{15.2.25}$$

と書ける．上式右辺第1項の Born 項は $\varDelta^2$ だけの関数だから，$\varDelta^2$ を固定すると実の定数である．だから第2項だけを考えればよいが，ここで非前方散乱に特有の困難が生じる．上に述べたように，物理的な散乱(実際に起こる散乱)ではいつも $k^2\geqq\varDelta^2/4$ がみたされているが，分散式を書くためにはどうしても $0\leqq k^2<\infty$ と

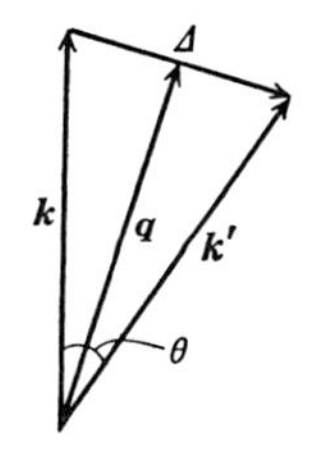

図15.3　$\boldsymbol{\varDelta}$ と $\boldsymbol{q}$ の幾何学的表示

いう範囲のすべての k^2 に対する振幅を考えなければならない．いいかえると，$0 \leqq k^2 < \Delta^2/4$ という非物理的な領域をさけるわけにはいかないのである．しかしこの領域では q^2 は負になってしまい，前方散乱の場合の方法はそのままでは使えない．

この困難をさけるために，ζ というパラメーターを導入して，$q(k^2, \Delta^2)$ を

$$q(k^2, \Delta^2, \zeta) = \left[k^2 - \frac{\Delta^2}{4} - \zeta\right]^{1/2} \tag{15.2.26}$$

でおきかえ，$\zeta < -\Delta^2/4$ ととっておく．(15.2.25) 右辺第2項を $M(k^2, \Delta^2)$ と置くと，それは上のおきかえで

$$M(k^2, \Delta^2, \zeta) = \int d^3x' \int d^3x e^{i\boldsymbol{\Delta}\cdot(\boldsymbol{x}'+\boldsymbol{x})/2} e^{-iq(k^2, \Delta^2, \zeta)\boldsymbol{e}\cdot(\boldsymbol{x}'-\boldsymbol{x})} \cdot U(r') G(\boldsymbol{x}', \boldsymbol{x}; k^2) U(r) \tag{15.2.27}$$

と書かなければならない．ただし $\boldsymbol{e}$ は $\boldsymbol{\Delta}$ に直交する単位ベクトルである．この直交性のために，上式右辺の積分は，$\boldsymbol{\Delta} \to -\boldsymbol{\Delta}$, $\boldsymbol{e} \to -\boldsymbol{e}$ のそれぞれに対して不変である．ζ を導入したため，$\zeta < -\Delta^2/4$ であるかぎり前方散乱の場合と全く同じやり方で，$M(k^2, \Delta^2, \zeta)$ に対する分散式

$$M(z, \Delta^2, \zeta) = -\sum_B \frac{\Gamma_B(\Delta^2, \zeta)}{s_B - z} + \frac{1}{\pi}\int_0^\infty \frac{\mathrm{Im}\, M(s'+i\varepsilon, \Delta^2, \zeta)}{s'-z} ds' \tag{15.2.28}$$

を導くことができる．ただし $\Gamma_B(\Delta^2, \zeta)$ は $M(z, \Delta^2, \zeta)$ の $z = s_B$ での留数で，

$$\Gamma_B(\Delta^2, \zeta) = \lim_{k^2 \to s_B} \left[\int d^3x' e^{-i(q\boldsymbol{e}-\boldsymbol{\Delta}/2)\cdot\boldsymbol{x}'} U(r') \psi_B(\boldsymbol{x}') \cdot \int d^3x e^{i(q\boldsymbol{e}+\boldsymbol{\Delta}/2)\cdot\boldsymbol{x}} U(r) \psi_B{}^*(\boldsymbol{x})\right] \tag{15.2.29}$$

で与えられ，また $k^2 = s' > 0$ のとき

$$\mathrm{Im}\, M(s'+i\varepsilon, \Delta^2, \zeta) = -\pi \int d^3p \delta(s'-p^2) \left[\int d^3x' e^{-i(q\boldsymbol{e}-\boldsymbol{\Delta}/2)\cdot\boldsymbol{x}'} U(r') \psi_{\boldsymbol{p}}{}^+(\boldsymbol{x}') \cdot \int d^3x e^{i(q\boldsymbol{e}+\boldsymbol{\Delta}/2)\cdot\boldsymbol{x}} U(r) \psi_{\boldsymbol{p}}{}^{+*}(\boldsymbol{x})\right] \tag{15.2.30}$$

である．

(15.2.28)から非前方散乱の分散式を得るためには，ζ を $\zeta<-\Delta^2/4$ から $\zeta=0$ まで解析接続してこなければならないが，そのためにはポテンシャルが有限のレインジ μ_0^{-1} がもっていることが必要である．まず $\mathrm{Im}\,M(s'+i\varepsilon, \Delta^2, \zeta)$ については，(15.2.30)から

$$\left|\mathrm{Im}\left[k^2-\frac{\Delta^2}{4}-\zeta\right]^{1/2}\right| < \mu_0 \qquad (15.2.31)$$

であるかぎり ζ について解析接続してゆける．これは $\exp(\pm i\boldsymbol{q}\boldsymbol{e}\cdot\boldsymbol{x})$ の増大をポテンシャルがおさえてくれる範囲である．複素 ζ 平面での解析接続は，実軸にそって任意にせまい帯領域の中で行なえばよいから，

$$\zeta < \mu_0^2+k^2-\frac{\Delta^2}{4}$$

なら接続は可能である．だから $0\leqq k^2<\infty$ の任意の k^2 に対して $\mathrm{Im}\,M(s'+i\varepsilon, \Delta^2, \zeta)$ が $\zeta=0$ まで接続できるためには，

$$\Delta^2 < 4\mu_0^2 \qquad (15.2.32)$$

であればよい．$\Gamma_B(\Delta^2, \zeta)$ については，(15.2.31)のかわりに

$$\left|\mathrm{Im}\left[-|k_B|^2-\frac{\Delta^2}{4}-\zeta\right]^{1/2}\right| < \mu_0+|k_B| \qquad (15.2.33)$$

が条件で，これから

$$\zeta < \mu_0^2+2\mu_0|k_B|-\frac{\Delta^2}{4}$$

を得るが，(15.2.32)が成り立っていると，$\Gamma_B(\Delta^2, \zeta)$ はやはり $\zeta=0$ まで接続できる．こうして $0\leqq\Delta^2<4\mu_0^2$ のとき

$$M(z, \Delta^2) = -\sum_B \frac{\Gamma_B(\Delta^2)}{s_B-z}+\frac{1}{\pi}\int_0^\infty \frac{\mathrm{Im}\,M(s'+i\varepsilon, \Delta^2)}{s'-z}ds' \qquad (15.2.34)$$

が得られた．束縛状態 B の角運動量を l とすると，$\cos\theta=1-\Delta^2/2k^2$ だから，

$$M(z, \Delta^2) = -\frac{\Gamma_B(0)}{s_B-z}P_l\left(1-\frac{\Delta^2}{2z}\right)+(z=s_B \text{ で正則な項})$$

と書けるが，これから

$$\Gamma_B(\Delta^2) = \Gamma_B(0)\,P_l\left(1-\frac{\Delta^2}{2s_B}\right) \qquad (15.2.35)$$

を得る．したがって $\Gamma_B(\varDelta^2)$ は $\varDelta^2$ の l 次の多項式である．

散乱振幅を $f(k, \cos\theta)$ のかわりに $f(k^2, \varDelta^2)$ と書くと，(15. 2. 34) から $0\leqq\varDelta^2<4\mu_0{}^2$ のとき

$$f(k^2, \varDelta^2) = f^{(1)}(\varDelta^2) + \frac{1}{4\pi}\sum_B \frac{\Gamma_B(\varDelta^2)}{s_B-k^2} + \frac{1}{\pi}\int_0^\infty \frac{\mathrm{Im}\, f(s', \varDelta^2)}{s'-k^2-i\varepsilon}ds' \tag{15. 2. 36}$$

を得る．ただし $f^{(1)}(\varDelta^2)$ は Born 近似での散乱振幅で，

$$f^{(1)}(\varDelta^2) = -\frac{1}{4\pi}\int d^3x e^{i\varDelta\cdot x}U(r) \tag{15. 2. 37}$$

でみるように，$\varDelta^2$ の実関数である．(15. 2. 36) から

$$\lim_{k^2\to\infty} f(k^2, \varDelta^2) = f^{(1)}(\varDelta^2) \tag{15. 2. 38}$$

がわかるが，これはもともと (15. 2. 15) という Green 関数の性質に基づくものである．

(15. 2. 36) の右辺第３項が引算なしに収束するという結果はポテンシャル散乱に特有のもので，高エネルギーで非弾性散乱が重要になる現実の散乱には適用できない．このことは (15. 2. 20) にもどるとはっきりする．(15. 2. 20) の右辺第３項の積分が収束するためには

$$\lim_{k\to\infty} k\sigma(k) = 0 \tag{15. 2. 39}$$

でなければならないが，上式は現実の散乱では一般に成り立たない．ポテンシャル散乱を現実化することによって変わるのは，$f(k^2, \varDelta^2)$ の k^2 に関する解析性ではなくて，その $k^2\to\infty$ での漸近的振舞なのである．

c) 部分波展開の収束領域

k^2 が非物理的領域 $0\leqq k^2<\varDelta^2/4$ にあるときの $\mathrm{Im}\, f(k^2, \varDelta^2)$ を，部分波展開を用いてきめられないだろうか．$0\leqq\varDelta^2\leqq 4k^2$ という物理的領域では，

$$\mathrm{Im}\, f(k^2, \varDelta^2) = \sum_{l=0}^{\infty} (2l+1)\ \mathrm{Im}\, a_l(k^2) P_l\left(1-\frac{\varDelta^2}{2k^2}\right) \tag{15. 2. 40}$$

という部分波展開が可能だが，$\mathrm{Im}\, f(k^2, \varDelta^2)$ は上式右辺の Legendre 級数が収束するかぎり，$\varDelta^2>4k^2$ の $\varDelta^2$ に対しても (15. 2. 40) で与えられるはずである．こ

のように考えると，問題は $0<k^2<\infty$ のとき(15. 2. 40)の部分波展開が収束する $\varDelta^2$ の範囲を調べることに帰着する．非前方散乱の分散式では，$\varDelta^2$ をとめて k^2 の解析関数としての $f(k^2, \varDelta^2)$ を調べてきたが，今度は逆に k^2 (>0) をとめて $\varDelta^2$ の解析関数としての $\mathrm{Im}\, f(k^2, \varDelta^2)$ を考えようというわけである．

ちょっと注意すると，部分波展開の収束領域内で $\varDelta^2$ が実のとき，$\mathrm{Im}\, f(k^2, \varDelta^2)$ は今までどおり $f(k^2, \varDelta^2)$ の虚数部分という意味をもっているが，$\mathrm{Im}\, f(k^2, \varDelta^2)$ は一般の $\varDelta^2$ に対しては複素数である．だから $\mathrm{Im}\, f$ は g とか h とかいう新しい関数を表わす記号と考えてほしい．誤解をさけるために，$\mathrm{Im}\, f$ を f の s ($=k^2$) に関する吸収部分と呼び，$\mathrm{Abs}\, f$ または f_s と書くことも多い．

$k^2>0$ を固定すると，$\varDelta^2$ のかわりにそれと1次の関係にある $\cos\theta$ をとっても同じことだから，(15. 2. 40)を

$$\mathrm{Im}\, f(k, z) = \sum_{l=0}^{\infty} (2l+1)\, \mathrm{Im}\, a_l(k^2) P_l(z), \qquad z = \cos\theta \qquad (15.\ 2.\ 41)$$

と書こう．ところでユニタリティから，$k^2 \geqq 0$ のとき

$$\mathrm{Im}\, a_l(k^2) \geqq 0 \qquad (15.\ 2.\ 42)$$

であるが，この性質から複素 z 平面での(15. 2. 41)の収束領域を求める．

いま $z=\pm 1$ を焦点とし，a (>1) を長半径とする長円を E_a で表わすと，z が E_a の内部および周上にあるとき

$$P_l(a) \geqq |P_l(z)| \qquad (15.\ 2.\ 43)$$

である．$l=0$ については明らかだから，$l\neq 0$ の場合を証明しよう．Legendre 多項式に対する Laplace の積分表示

$$P_l(z) = \frac{1}{\pi}\int_0^{\pi} [z+(z^2-1)^{1/2}\cos\varphi]^l d\varphi \qquad (15.\ 2.\ 44)$$

において，z から

$$w(z) = z+(z^2-1)^{1/2}$$

にうつると，z 平面での E_a の内部は，w 平面で半径が1および $w(a)$ の2つの同心円(中心は原点)にはさまれた輪環領域にうつり，(15. 2. 44)は

$$P_l[z(w)] = \frac{1}{(2w)^l}\frac{1}{\pi}\int_0^{\pi} [w^2+1+(w^2-1)\cos\varphi]^l d\varphi$$

となる．上式から $|w|=w(a)$ という円周上で

$$P_l(a) \geqq |P_l[z(w)]|$$

が得られ，$P_l(a)$ は z 平面の閉曲線 E_a 上の $|P_l(z)|$ の最大値になっている．このことから，最大値の定理により，z が E_a の内部にあるとき

$$P_l(a) > |P_l(z)| \qquad (l \neq 0) \tag{15. 2. 45}$$

となる．これで(15. 2. 43)が証明できた．

(15. 2. 42)と(15. 2. 43)とから，もし(15. 2. 41)の部分波展開が z 平面の実軸上のある a (>1) で収束すれば，それは必ず E_a の内部および周上で一様収束し，$\mathrm{Im}\, f(k, z)$ は E_a の内部で正則である．両式からはまた，$\mathrm{Im}\, f(k, z)$ が z 平面の実軸上 $1<z<a$ で単調増加であることもいえる．したがってこのような a の上限を $z_{\mathrm{M}}(k^2)$ で表わすと，$\mathrm{Im}\, f(k, z)$ は $E_{z_{\mathrm{M}}}$ の内部で収束し，そこで正則で，かつ $z=z_{\mathrm{M}}$ はその特異点である．いいかえると，(15. 2. 41)の最大収束領域 $E_{z_{\mathrm{M}}}$ は，z 平面での $\mathrm{Im}\, f(k, z)$ の特異点のうち，正の実軸上で $z=1$ にいちばん近い点 z_{M} できまる．

$\varDelta^2$ にもどって考えると，$\varDelta^2$ 平面での(15. 2. 40)の最大収束領域は，負の実軸上 $\varDelta^2=0$ にいちばん近い特異点できまる．そこで，(15. 2. 30)で $\zeta=0$ として得られる式

$$\mathrm{Im}\, f(k^2, \varDelta^2) = \frac{1}{4}\int d^3p\delta(k^2-p^2)\left[\int d^3x' e^{-i(q\boldsymbol{e}-\varDelta/2)\cdot \boldsymbol{x}'} U(\boldsymbol{r}')\psi_{\boldsymbol{p}}^{+}(\boldsymbol{x}')\right.$$
$$\left.\cdot\int d^3x e^{i(q\boldsymbol{e}+\varDelta/2)\cdot\boldsymbol{x}} U(r)\psi_{\boldsymbol{p}}^{+*}(\boldsymbol{x})\right] \tag{15. 2. 46}$$

において，$k^2>0$ は固定して $\varDelta^2$ を0から負にもってゆく．$q\ (=(k^2-\varDelta^2/4)^{1/2})$ については問題ないから，$\varDelta^2$ 平面の負の実軸上で $0>\varDelta^2>-4\mu_0{}^2$ の範囲なら，$\mathrm{Im}\, f(k^2, \varDelta^2)$ が $\varDelta^2=0$ から解析接続できることは容易にわかる．これで $\mathrm{Im}\, f(k^2, \varDelta^2)$ に対する部分波展開が，$\varDelta^2=0, 4k^2$ を焦点とし，$\varDelta^2=-4\mu_0{}^2$，$4k^2+4\mu_0{}^2$ を長軸の両端とする長円内で収束することがわかった．これを($\varDelta^2$ 平面での) **Lehmann-Martin の大長円**といい，$\cos\theta$ 平面では ±1 を焦点とし，y_0 を長半径，$(y_0{}^2-1)^{1/2}$ を短半径とする長円 E_{y_0} である．ただし y_0 は

$$y_0(k^2) = 1+\frac{2\mu_0{}^2}{k^2} \quad (\leqq z_{\mathrm{M}}(k^2)) \tag{15. 2. 47}$$

で与えられる(図 15. 4)．$\mathrm{Im}\, f(k^2, \varDelta^2)$ が部分波展開を用いて物理的領域から解析

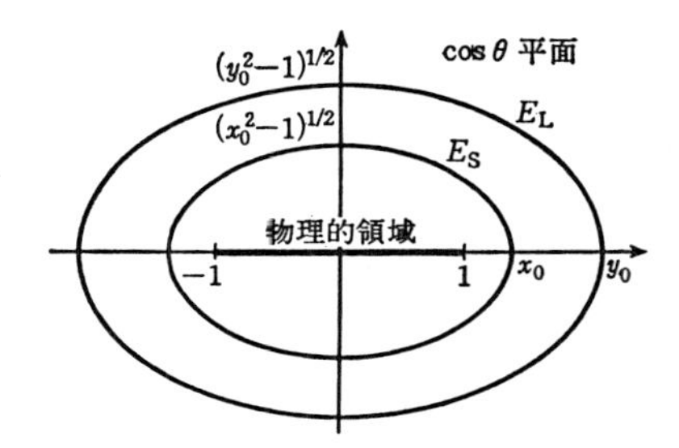

図 15.4　Lehmann-Martin の大長円 E_L と小長円 E_S

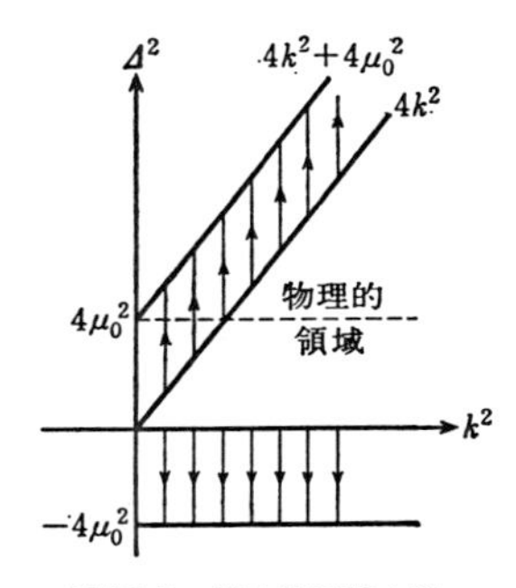

図 15.5　部分波展開を用いて $\mathrm{Im}\,f(k^2, \Delta^2)$ が解析接続できる範囲

接続によって求められる範囲を，実の Δ^2 に対して図 15.5 に示しておく．

上の結果から $f(k^2, \Delta^2)$ に対する部分波展開の収束領域が得られる．証明ははぶくが，$\mathrm{Im}\,f(k, \cos\theta)$ の部分波展開の最大収束領域が E_{z_M} の内部領域であることから

$$\varlimsup_{l\to\infty} \{\mathrm{Im}\, a_l(k^2)\}^{1/l} = \frac{1}{z_M+(z_M{}^2-1)^{1/2}} \leqq \frac{1}{y_0+(y_0{}^2-1)^{1/2}} \qquad (15.2.48)$$

を示すことができる．一方ユニタリティにより

$$\mathrm{Im}\, a_l(k^2) = k|a_l(k^2)|^2$$

であるから，

$$\varlimsup_{l\to\infty} |a_l(k^2)|^{1/l} = \frac{1}{\{z_M+(z_M{}^2-1)^{1/2}\}^{1/2}} \leqq \frac{1}{\{y_0+(y_0{}^2-1)^{1/2}\}^{1/2}}$$

$$= \frac{1}{x_0+(x_0{}^2-1)^{1/2}} \qquad (15.2.49)$$

を得る．上式右辺最後の等式は，

$$y_0 = 2x_0{}^2-1 \qquad (15.2.50)$$

とおいたものである(ここの議論の本筋は，非弾性散乱が起こる場合でも変わらないことに注意してほしい)．(15.2.49) から，$f(k, \cos\theta)$ の部分波展開が，$\cos\theta$ 平面上の長円 E_{x_0}

$$x_0(k^2) = \left\{\frac{1+y_0(k^2)}{2}\right\}^{1/2} = \left(1+\frac{\mu_0{}^2}{k^2}\right)^{1/2} \qquad (15.2.51)$$

の内部で収束することがわかる．E_{x_0} は $\varDelta^2$ 平面でいうと，$\varDelta^2=0, 4k^2$ を焦点とし，$\varDelta^2=-2k^2\{x_0(k^2)-1\}, 2k^2\{x_0(k^2)+1\}$ を長軸の両端とする長円である．これを **Lehmann-Martin の小長円**という(図 15.4)．あとの便宜上，$\varDelta^2$ 平面での大長円と小長円の内部領域をそれぞれ $\mathscr{D}_{\mathrm{L}}(k^2)$ と $\mathscr{D}_{\mathrm{S}}(k^2)$ で表わそう．$|\mathrm{Re}\, a_l(k^2)|\leqq|a_l(k^2)|$ から，$\mathrm{Re}\, f(k^2, \varDelta^2)$ の部分波展開も $\mathscr{D}_{\mathrm{S}}(k^2)$ で収束することは明らかである．こうして，$\mathrm{Im}\, f(k^2, \varDelta^2)$ および $\mathrm{Re}\, f(k^2, \varDelta^2)$ の部分波展開の収束領域として，それぞれ $\mathscr{D}_{\mathrm{L}}(k^2)$ および $\mathscr{D}_{\mathrm{S}}(k^2)$ を得た．しかし導き方からわかるように，これらは必ずしも最大収束領域ではない．

ここで(*15. 2. 49*)の意味にふれておこう．(*15. 2. 49*)から，

$$\gamma < \ln\{x_0+(x_0{}^2-1)^{1/2}\} = \cosh^{-1}x_0 \qquad (15.\ 2.\ 52)$$

のとき，

$$\lim_{l\to\infty} e^{\gamma l}a_l(k^2) = 0 \qquad (15.\ 2.\ 53)$$

を得る．l が大きくなると，部分波振幅は l とともに指数的に小さくなっていくことがわかる．

$\mathrm{Im}\, f(k^2, \varDelta^2)$ は $\varDelta^2$ が $\mathscr{D}_{\mathrm{L}}(k^2)$ にあるとき正則だから，$f(k^2, \varDelta^2)-f^{(1)}(\varDelta^2)$ に対する分散式は，すべての $0\leqq k^2<\infty$ での $\mathscr{D}_{\mathrm{L}}(k^2)$ の共通部分，つまり

$$|\varDelta^2| < 4\mu_0{}^2 \qquad (15.\ 2.\ 54)$$

(これを Martin 領域という)で成り立ち，$f(k^2, \varDelta^2)-f^{(1)}(\varDelta^2)$ は，切断 k^2 平面上の任意の複素 k^2 に対し，Martin 領域で正則である．当然のことであるが，$\varDelta^2$ が Martin 領域にあれば，$\mathrm{Im}\, f(k^2, \varDelta^2)$ はすべての $0\leqq k^2<\infty$ に対して，部分波展開を用いた物理的領域からの解析接続によって与えられる．図 15.5 で，実の $\varDelta^2$ についてこのことをみてほしい．ところで $f^{(1)}(\varDelta^2)$ の解析性がいえるのは，$|\mathrm{Im}\, \varDelta|<\mu_0$ の領域で，その境界は $\varDelta^2=0$ を焦点とし，$\varDelta^2=-\mu_0{}^2$ を通る放物線で与えられる．Martin 領域とこの放物線の内部(焦点のある側)との共通部分(図 15.6)を $\mathscr{D}$ とすると，$f(k^2, \varDelta^2)$ は任意の複素 k^2 に対し $\mathscr{D}$ で正則で，$\varDelta^2$ が $\mathscr{D}$ にあるとき $f(k^2, \varDelta^2)$ に対する分散式(*15. 2. 40*)が成り立つ．実軸上では

$$-\mu_0{}^2 < \varDelta^2 < 4\mu_0{}^2 \qquad (15.\ 2.\ 55)$$

の範囲である．ユニタリティと分散式とを用いて，この結果をもう少し改良することができるが，立ち入った議論になるので省略する．

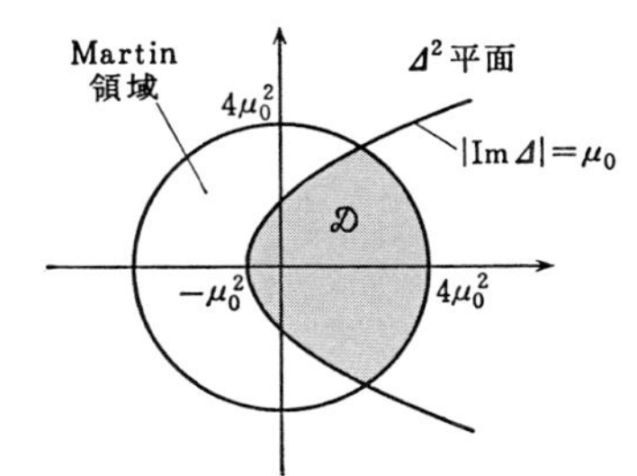

図 15.6　任意の複素 k^2 に対して $f(k^2, \Delta^2)$ が正則な領域 $\mathscr{D}$

本節のはじめでも述べたように，力のレインジが有限であるということは，素粒子物理学の立場からすると，力を媒介する粒子の(静止)質量が0でないということである．強い相互作用をする粒子が，すべて0でない質量をもっているということは，強い相互作用に対する解析的なアプローチにとって非常に重要な事実である．

§15.3　2重分散式

a)　湯川ポテンシャルの重ね合せ

ポテンシャルが有限のレインジ μ_0^{-1} をもつことからは，任意の複素 k^2 に対して $f(k^2, \Delta^2)$ は Δ^2 平面の図 15.6 に示した領域 $\mathscr{D}$ で正則であるということしかいえなかった．もっとも，Gauss ポテンシャルや井戸型ポテンシャルのように $\mu_0=\infty$ のときには，$\mathscr{D}$ は全 Δ^2 平面と一致し，$f(k^2, \Delta^2)$ は Δ^2 の整関数である．しかしこのような場合は，素粒子物理学の立場からすると，力が無限大質量の粒子の交換によってのみ生じる場合で，現象論的なポテンシャルとしてはともかく，解析性という見地からはあまり興味がない．本節では，素粒子物理学へのつながりを意識して，有限のレインジをもつポテンシャルが湯川ポテンシャルの重ね合せ

$$U(r)=\int_{\mu_0^2}^{\infty}d\mu^2\sigma(\mu^2)\frac{e^{-\mu r}}{r}$$

で与えられる場合を考える．この条件によって，上にあげたような $\mu_0=\infty$ のポテンシャルは除かれることになる．上式から

$$\tilde{U}(\Delta)\equiv\int d^3x e^{i\Delta\cdot x}U(r)=4\pi\int_{\mu_0^2}^{\infty}d\mu^2\frac{\sigma(\mu^2)}{\mu^2+\Delta^2} \qquad (15.3.1)$$

を得るが，$\tilde{U}$ は Δ^2 の関数として，$-\mu_0{}^2$ から $-\infty$ まで切断のはいった Δ^2 平面で正則である．この性質から，$T(k^2, \Delta^2)$ の Δ^2 平面での解析性を調べていこう．

$\boldsymbol{p}$ 表示での Green 関数

$$G(\boldsymbol{p}_1, \boldsymbol{p}_2\,; k^2) \equiv \langle \boldsymbol{p}_1 | \frac{\hbar^2/2m}{E-\hat{H}+i\varepsilon} | \boldsymbol{p}_2 \rangle$$
$$= \frac{1}{(2\pi)^3} \int d^3x' \int d^3x e^{-i\boldsymbol{p}_1\cdot\boldsymbol{x}'} G(\boldsymbol{x}', \boldsymbol{x}\,; k^2)\, e^{i\boldsymbol{p}_2\cdot\boldsymbol{x}}$$

を用いると，(15. 2. 5) は

$$T(\boldsymbol{k}', \boldsymbol{k}) = \tilde{U}(\boldsymbol{k}'-\boldsymbol{k})$$
$$+\frac{1}{(2\pi)^3} \int d^3p_1 \int d^3p_2 \tilde{U}(\boldsymbol{k}'-\boldsymbol{p}_1)\, G(\boldsymbol{p}_1, \boldsymbol{p}_2\,; k^2)\, \tilde{U}(\boldsymbol{p}_2-\boldsymbol{k}) \tag{15. 3. 2}$$

と書ける．$T(\boldsymbol{k}', \boldsymbol{k})$ の n 次の Born 項を $T^{(n)}(\boldsymbol{k}', \boldsymbol{k})$ で表わすと，

$$T^{(1)}(\boldsymbol{k}', \boldsymbol{k}) = \tilde{U}(\boldsymbol{k}'-\boldsymbol{k})$$
$$T^{(n+1)}(\boldsymbol{k}', \boldsymbol{k}) = \frac{1}{(2\pi)^3} \int d^3p_1 \int d^3p_2 \tilde{U}(\boldsymbol{k}'-\boldsymbol{p}_1)\, G_0(\boldsymbol{p}_1, \boldsymbol{p}_2\,; k^2)\, T^{(n)}(\boldsymbol{p}_2, \boldsymbol{k}) \qquad (n \geqq 1)$$

で与えられるが，

$$G_0(\boldsymbol{p}_1, \boldsymbol{p}_2\,; k^2) \equiv \langle \boldsymbol{p}_1 | \frac{\hbar^2/2m}{E-\hat{H}_0+i\varepsilon} | \boldsymbol{p}_2 \rangle = \delta(\boldsymbol{p}_1-\boldsymbol{p}_2) \frac{1}{k^2-p^2+i\varepsilon}$$

および $p_1{}^2 = p_2{}^2 = p^2$ に注意すると，

$$T^{(n+1)}(\boldsymbol{k}', \boldsymbol{k}) = \frac{1}{(2\pi)^3} \int d^3p \frac{\tilde{U}(\boldsymbol{k}'-\boldsymbol{p})\, T^{(n)}(\boldsymbol{p}, \boldsymbol{k})}{k^2-p^2+i\varepsilon} \qquad (n \geqq 1) \tag{15. 3. 3}$$

である．まず $T^{(n)}(\boldsymbol{k}', \boldsymbol{k})$ が任意の $k^2 \geqq 0$ に対し，$-(n\mu_0)^2$ から $-\infty$ まで切断のはいった Δ^2 平面で正則であることを示そう．$n=1$ のときは正しいことをすでに知っているから，数学的帰納法を用いる．

ある n で $T^{(n)}(\boldsymbol{k}', \boldsymbol{k})$ に対し上のことが証明できたとして，

$$T^{(n)}(\boldsymbol{k}', \boldsymbol{k}) = 4\pi \int_{(n\mu_0)^2}^{\infty} d\mu^2 \frac{\sigma^{(n)}(\mu^2, k^2)}{\mu^2+\Delta^2} \tag{15. 3. 4}$$

と書く．上式で引算のことは考えなかったが，引算の可能性はいま問題にしている解析性には全く影響しないから考えなくてよいのである．(15.3.4) の積分の下限についてちょっと注意しておく．(15.3.4) は $T^{(n)}(\boldsymbol{k}',\boldsymbol{k})$ が $\Delta^2=-(n\mu_0)^2$ に分岐点(または極)をもつことを意味するわけではない．分岐点の位置を $\Delta^2=-\{\mu^{(n)}(k^2)\}^2$ とすると，$\mu^{(n)}(k^2)\geqq n\mu_0$ だということに過ぎない．これからたびたびこういう書き方をするが，誤解しないように．

証明に戻って，(15.3.3) に (15.3.1) と (15.3.4) を代入すると，

$$T^{(n+1)}(\boldsymbol{k}',\boldsymbol{k})=\frac{(4\pi)^2}{(2\pi)^3}\int\frac{d^3p}{k^2-p^2+i\varepsilon}\int_{\mu_0^2}^{\infty}d\mu_1^2\sigma(\mu_1^2)$$
$$\cdot\int_{(n\mu_0)^2}^{\infty}d\mu_2^2\sigma^{(n)}(\mu_2^2,k^2)\frac{1}{\{\mu_1^2+(\boldsymbol{k}'-\boldsymbol{p})^2\}\{\mu_2^2+(\boldsymbol{p}-\boldsymbol{k})^2\}}$$

を得る．そこで，

$$\lambda_i=\frac{\mu_i^2+k^2+p^2}{2pk}\qquad(i=1,2)$$

とおいて，$\boldsymbol{p}$ についての積分のうち角部分だけを先に行なうと，

$$T^{(n+1)}(\boldsymbol{k}',\boldsymbol{k})=\frac{1}{2\pi k^2}\int\frac{dp}{k^2-p^2+i\varepsilon}\int_{\mu_0^2}^{\infty}d\mu_1^2\sigma(\mu_1^2)$$
$$\cdot\int_{(n\mu_0)^2}^{\infty}d\mu_2^2\sigma^{(n)}(\mu_2^2,k^2)I(\lambda_1,\lambda_2,\cos\theta)$$

を得る．ここで

$$I(\lambda_1,\lambda_2,\cos\theta)\equiv\int d\Omega_p\frac{1}{(\lambda_1-\boldsymbol{k}'\cdot\boldsymbol{p}/kp)(\lambda_2-\boldsymbol{k}\cdot\boldsymbol{p}/kp)}\tag{15.3.5}$$

は初等的だが少し面倒な計算の結果

$$I(\lambda_1,\lambda_2,\cos\theta)=4\pi\int_{\eta_0}^{\infty}d\eta\frac{1}{\eta-\cos\theta}\frac{1}{\kappa(\lambda_1,\lambda_2,\eta)}\tag{15.3.6}$$

となる．ただし

$$\kappa(\lambda_1,\lambda_2,\eta)=[(\eta-\lambda_1\lambda_2)^2-(\lambda_1^2-1)(\lambda_2^2-1)]^{1/2}\tag{15.3.7}$$

$$\eta_0(\lambda_1,\lambda_2)=\lambda_1\lambda_2+(\lambda_1^2-1)^{1/2}(\lambda_2^2-1)^{1/2}\tag{15.3.8}$$

である．以上のことから，$T^{(n+1)}(\boldsymbol{k}',\boldsymbol{k})$ は $k^2>0$ のとき，$y^{(n+1)}$ から $+\infty$ まで切断のはいった $\cos\theta$ 平面で正則で，$y^{(n+1)}$ は λ_1,λ_2 が許される範囲を動いたとき

$\eta_0(\lambda_1, \lambda_2)$ のとる最小値である．われわれの目的にとっては，最小値そのものを求める必要はなく，簡単にわかるその下界

$$y^{(n+1)} \geqq \left(1+\frac{n^2\mu_0{}^2}{k^2}\right)^{1/2}\left(1+\frac{\mu_0{}^2}{k^2}\right)^{1/2}+\frac{n\mu_0{}^2}{k^2} \geqq 1+\frac{(n+1)^2\mu_0{}^2}{2k^2}$$

で十分である．$\varDelta^2$ 平面にうつると，$T^{(n+1)}(\boldsymbol{k}', \boldsymbol{k})$ が任意の $k^2 \geqq 0$ に対し，$-(n+1)^2\mu_0{}^2$ から $-\infty$ まで切断のはいった $\varDelta^2$ 平面で正則であることがいえた．

これで，$k^2 \geqq 0$ のときすべての次数の Born 項が切断 $\varDelta^2$ 平面で解析的であることがわかったが，だからといって $T(k^2, \varDelta^2)$ も切断 $\varDelta^2$ 平面で解析的だとすぐにいうことはできない．Born 展開の級数は $k^2 \geqq 0$ で必ずしも収束しないからである．Born 展開の収束性というむつかしい問題をさけるために，(15. 3. 2) を

$$T(k^2, \varDelta^2) = \sum_{m=1}^{n} T^{(m)}(\boldsymbol{k}', \boldsymbol{k}) + \frac{1}{(2\pi)^3}\int d^3p_1 \int d^3p_2\, \tilde{U}(\boldsymbol{k}'-\boldsymbol{p}_1)\, G(\boldsymbol{p}_1, \boldsymbol{p}_2\,; k^2)\, T^{(n)}(\boldsymbol{p}_2, \boldsymbol{k}) \tag{15. 3. 9}$$

という形に書く．上式右辺第2項を $R^{(n+1)}(k^2, \varDelta^2)$ とおくと，

$$R^{(n+1)}(k^2, \varDelta^2) = \frac{(4\pi)^2}{(2\pi)^3}\int d^3p_1 \int d^3p_2 \int_{\mu_0{}^2}^{\infty} d\mu_1{}^2 \sigma(\mu_1{}^2) \cdot \int_{(n\mu_0)^2}^{\infty} d\mu_2{}^2 \sigma^{(n)}(\mu_2{}^2, k^2) \frac{G(\boldsymbol{p}_1, \boldsymbol{p}_2\,; k^2)}{\{\mu_1{}^2+(\boldsymbol{k}'-\boldsymbol{p}_1)^2\}\{\mu_2{}^2+(\boldsymbol{p}_2-\boldsymbol{k})^2\}} \tag{15. 3. 10}$$

であるが，$k^2 \geqq 0$ のとき $R^{(n+1)}(k^2, \varDelta^2)$ が $\varDelta^2$ 平面上のある長円内で正則であることを示そう．

それには Lehmann の座標系

$$\left.\begin{aligned} \boldsymbol{k} &= k(0, 0, 1) \\ \boldsymbol{k}' &= k(0, \sin\theta, \cos\theta) \\ \boldsymbol{p}_i &= p_i(\cos\beta_i, \sin\beta_i \sin\alpha_i, \sin\beta_i \cos\alpha_i) \qquad (i = 1, 2) \end{aligned}\right\} \tag{15. 3. 11}$$

をとると便利である．積分変数として，α_i, β_i のかわりに，α_1 と

$$\chi = \alpha_2 - \alpha_1$$

$$\lambda_i = \frac{\mu_i{}^2 + k^2 + p_i{}^2}{2kp_i \sin \beta_i} \qquad (i = 1, 2)$$

を選ぶと，

$$R^{(n+1)}(k^2, \varDelta^2) = \int_{\lambda_0}^{\infty} d\lambda_1 \int_{\lambda_0{}^{(n)}}^{\infty} d\lambda_2 \int_0^{2\pi} d\chi \cdot \int_0^{2\pi} d\alpha_1 \frac{v(\lambda_1, \lambda_2, \chi; k^2)}{\{\lambda_1 - \cos(\theta - \alpha_1)\}\{\lambda_2 - \cos(\chi - \alpha_1)\}}$$

と書ける．ただし

$$\lambda_0 = \left(1 + \frac{\mu_0{}^2}{k^2}\right)^{1/2}$$

$$\lambda_0{}^{(n)} = \left(1 + \frac{n^2 \mu_0{}^2}{k^2}\right)^{1/2}$$

である．重みの関数 v は α_1 によらないから，

$$\int_0^{2\pi} d\alpha_1 \frac{1}{\{\lambda_1 - \cos(\theta - \alpha_1)\}\{\lambda_2 - \cos(\chi - \alpha_1)\}} = 2\pi \frac{\lambda_1 (\lambda_1{}^2 - 1)^{-1/2} + \lambda_2 (\lambda_2{}^2 - 1)^{-1/2}}{\eta_0(\lambda_1, \lambda_2) - \cos(\theta - \chi)} \tag{15.3.12}$$

を用いて，$R^{(n+1)}$ を

$$R^{(n+1)}(k^2, \varDelta^2) = \int_{y_0{}^{(n+1)}}^{\infty} dy \int_0^{2\pi} d\chi \frac{w(y, \chi; k^2)}{y - \cos(\theta - \chi)} \tag{15.3.13}$$

という形の積分表示で表わすことができる．ただし

$$y_0{}^{(n+1)} = \mathrm{Min}\, \eta_0(\lambda_1, \lambda_2) = \left(1 + \frac{n^2 \mu_0{}^2}{k^2}\right)^{1/2} \left(1 + \frac{\mu_0{}^2}{k^2}\right)^{1/2} + \frac{n \mu_0{}^2}{k^2} \geqq 1 + \frac{(n+1)^2 \mu_0{}^2}{2k^2}$$

である．

$\cos\theta$ 平面で $R^{(n+1)}$ が正則な領域を求めるために，$z = \cos\theta$ とおいて

$$y - \cos(\theta - \chi) = 0$$

を解くと，

$$z = y \cos\chi \pm i (y^2 - 1)^{1/2} \sin\chi$$

を得る．上式で与えられる z の軌跡が，$\cos\theta$ 平面上の長円 E_y であることは明

らかだろう．したがって，$R^{(n+1)}$ は $\cos\theta$ 平面で長円 E_a $(a=1+(n+1)^2\mu_0{}^2/2k^2)$ 内で正則であることがわかった．この長円は Δ^2 平面では，$\Delta^2=0, 4k^2$ を焦点とし，$\Delta^2=-(n+1)^2\mu_0{}^2$, $4k^2+(n+1)^2\mu_0{}^2$ を長軸の両端とする長円で，n を十分大きくとれば，Δ^2 平面上の任意の点は必ずその内部にはいる．(15. 3. 9) で n はいくらでも大きくとってよいから，結局 $k^2\geqq 0$ のとき $T(k^2, \Delta^2)$ はすべての次数の Born 項からくる切断以外の特異点をもたないことがわかった．同じことはもちろん $\mathrm{Im}\, T(k^2, \Delta^2)$ に対してもいえる．したがって，$f(k^2, \Delta^2)$ に対する分散式が切断 Δ^2 平面上の任意の Δ^2 に対して成り立ち，$f(k^2, \Delta^2)$ は任意の複素 k^2 に対して切断 Δ^2 平面で正則である．

b) Mandelstam 表示

これからあとの議論では，k^2 と Δ^2 のかわりに

$$\left.\begin{aligned} s &= k^2 \\ t &= -\Delta^2 = -2k^2(1-\cos\theta) \end{aligned}\right\} \tag{15. 3. 14}$$

を用いることにする．それに対応して，散乱振幅をあらためて $f(s, t)$ と書く．t が $\mu_0{}^2$ から $+\infty$ まで切断のはいった t 平面上にあるとき，s に関する分散式

$$f(s, t) = f^{(1)}(t) + \frac{1}{4\pi}\sum_B \frac{\Gamma_B(t)}{s_B - s} + \frac{1}{\pi}\int_0^\infty ds' \frac{f_s(s', t)}{s'-s-i\varepsilon} \tag{15. 3. 15}$$

が成り立つことを知った．散乱振幅の s についての吸収部分 $f_s(s', t)$ $(s'\geqq 0)$ は切断 t 平面で解析的だから，もし $|t|\to\infty$ のとき $f_s(s', t)\to 0$ なら，

$$f_s(s', t) = \frac{1}{\pi}\int_{4\mu_0{}^2}^\infty dt' \frac{\rho(s', t')}{t'-t} \tag{15. 3. 16}$$

という t に関する引算なしの分散式が書けることになるが，一般には引算が必要で，とくに束縛状態があるときには (15. 3. 16) はかならず引算がいることがわかっている．引算の必要性という点で，t に関する分散式は s に関する分散式と違うように見えるが，後者が引算の点で簡単だったのはポテンシャル散乱という特殊性によるもので，一般には s についても t についても引算がいるのである．それはともかくとして，(15. 3. 16) で何回引算したらよいかという問題に対する答は，今までの議論の枠内で与えることはできない．それに答えるためには Regge 理論という全く新しい考え方が必要になる．それは次節の主題であるので，ここでは (15. 2. 4) で与えられるポテンシャルに対しては有限 $(=n)$ 回の引算でよく，

束縛状態が1つもないなら $n \geqq 0$, 1つでもある場合には，その角運動量の最大値を $l_{\max}$ とすると，

$$n \geqq l_{\max}+1 \tag{15.3.17}$$

でなければならないことをのべておく．

話を簡単にするため，以下では束縛状態はなく，かつ引算なしで(15.3.16)が成り立つとしよう．(15.3.16)を(15.3.15)に代入し，(15.3.1)を使うと，

$$f(s,t) = -\int_{\mu_0^2}^{\infty} dt' \frac{\sigma(t')}{t'-t} + \int_0^{\infty} \frac{ds'}{\pi} \int_{4\mu_0^2}^{\infty} \frac{dt'}{\pi} \frac{\rho(s',t')}{(s'-s-i\varepsilon)(t'-t)} \tag{15.3.18}$$

を得る．これを散乱振幅に対する**2重分散式**または**Mandelstam 表示**という．n 回引算の場合への(15.3.18)の拡張は容易だから，読者にまかせよう．(15.3.18)から散乱振幅に対する t についての分散式

$$f(s,t) = \frac{1}{\pi} \int_{\mu_0^2}^{\infty} dt' \frac{f_t(s,t')}{t'-t} \tag{15.3.19}$$

が得られ，t に関する吸収部分は

$$f_t(s,t') = -\pi\sigma(t') + \frac{1}{\pi} \int_0^{\infty} ds' \frac{\rho(s',t')}{s'-s-i\varepsilon} \tag{15.3.20}$$

で与えられる．

ポテンシャルから2重スペクトル関数 $\rho(s,t)$ をきめる際には，ユニタリティが重要な役割をする．ユニタリティの条件

$$\mathrm{Im}\, f(\boldsymbol{k}',\boldsymbol{k}) = \frac{k}{4\pi} \int d\Omega'' f^*(\boldsymbol{k}'',\boldsymbol{k}') f(\boldsymbol{k}'',\boldsymbol{k}), \qquad k^2 = k'^2 = k''^2 \tag{15.3.21}$$

をここでの記号で書き直すと，

$$f_s(s,t) = \frac{s^{1/2}}{4\pi} \int d\Omega'' f^*(s, -(\boldsymbol{k}''-\boldsymbol{k}')^2) f(s, -(\boldsymbol{k}''-\boldsymbol{k})^2)$$

であるが，これに(15.3.19)を代入すると，

$$f_s(s,t) = \frac{s^{1/2}}{4\pi} \frac{1}{4s^2} \int_{\mu_0^2}^{\infty} \frac{dt_1}{\pi} f_t^*(s,t_1) \int_{\mu_0^2}^{\infty} \frac{dt_2}{\pi} f_t(s,t_2) I\left(\lambda_1, \lambda_2, 1+\frac{t}{2s}\right) \tag{15.3.22}$$

となる．ただし $\lambda_i = 1+t_i/2s \ (i=1,2)$ で，また I は(15.3.6)を書き直して

$$I\left(\lambda_1, \lambda_2, 1+\frac{t}{2s}\right) = 4\pi\int_{4\mu_0^2}^{\infty} dt' \frac{1}{t'-t} \cdot \frac{\theta[t^{1/2}-t_1^{1/2}(1+t_2/4s)^{1/2}-t_2^{1/2}(1+t_1/4s)^{1/2}]}{\kappa(\lambda_1, \lambda_2, 1+t'/2s)}$$

で与えられる．そこで(15. 3. 22)の両辺の t に関する吸収部分をとると，

$$\rho(s,t) = \int_{\mu_0^2}^{\infty}\frac{dt_1}{\pi}f_t^*(s,t_1)\int_{\mu_0^2}^{\infty}\frac{dt_2}{\pi}f_t(s,t_2)K(s,t;t_1,t_2) \tag{15. 3. 23}$$

を得る．ただし

$$K(s,t;t_1,t_2) = \frac{\pi}{2}\frac{\theta[t^{1/2}-t_1^{1/2}(1+t_2/4s)^{1/2}-t_2^{1/2}(1+t_1/4s)^{1/2}]}{[s\{t^2+t_1^2+t_2^2-2(tt_1+tt_2+t_1t_2)\}-tt_1t_2]^{1/2}} \tag{15. 3. 24}$$

である．(15. 3. 23)に(15. 3. 20)を代入すれば

$$\begin{aligned}\rho(s,t) &= \int_{\mu_0^2}^{\infty}dt_1\sigma(t_1)\int_{\mu_0^2}^{\infty}dt_2\sigma(t_2)K(s,t;t_1,t_2)\\ &\quad -2\int_{\mu_0^2}^{\infty}dt_1\sigma(t_1)\int_{4\mu_0^2}^{\infty}\frac{dt_2}{\pi}\left\{\frac{\mathcal{P}}{\pi}\int_0^{\infty}ds'\frac{\rho(s',t_2)}{s'-s}\right\}K(s,t;t_1,t_2)\\ &\quad +\int_{4\mu_0^2}^{\infty}\frac{dt_1}{\pi}\int_0^{\infty}\frac{ds_1}{\pi}\frac{\rho(s_1,t_1)}{s_1-s+i\varepsilon}\\ &\quad \cdot\int_{4\mu_0^2}^{\infty}\frac{dt_2}{\pi}\int_0^{\infty}\frac{ds_2}{\pi}\frac{\rho(s_2,t_2)}{s_2-s-i\varepsilon}K(s,t;t_1,t_2)\end{aligned} \tag{15. 3. 25}$$

となる．

上式右辺第1項は $\rho(s,t)$ に対する2次の Born 項で，これを $\rho^{(2)}$ で表わすと

$$K(s,t;t_1,t_2) = 0, \qquad t^{1/2} < t_1^{1/2}\left(1+\frac{t_2}{4s}\right)^{1/2} + t_2^{1/2}\left(1+\frac{t_1}{4s}\right) \tag{15. 3. 26}$$

という K の性質から容易に

$$\rho^{(2)}(s,t) = 0, \qquad t < 4\mu_0^2\left(1+\frac{\mu_0^2}{4s}\right) \tag{15. 3. 27}$$

がわかる．(15. 3. 25)の右辺第2項で，ρ のかわりに $\rho^{(2)}$ とおくと $\rho^{(3)}$ が得られ，(15. 3. 26)と(15. 3. 27)とから

$$\rho^{(3)}(s,t) = 0, \qquad t < 9\mu_0^2\left(1+\frac{\mu_0^2}{3s}\right)^2 \tag{15. 3. 28}$$

である．一般に $\rho^{(n)}(s,t)$ が 0 でない領域の下限を $t^{(n)}(s)$ とすると，すべての $s>0$ で $t^{(n)}(s)$ は n とともに単調に増大してゆき，とくに

$$\lim_{s\to\infty} t^{(n)}(s) = (n\mu_0)^2 \qquad (n \geqq 2) \tag{15.3.29}$$

である．したがって，$t^{(n)}(s)$ と $t^{(n+1)}(s)$ とにはさまれた領域では

$$\rho(s,t) = \sum_{m=2}^{n} \rho^{(m)}(s,t) \tag{15.3.30}$$

となり，これで2重スペクトル関数がつぎつぎにきまってゆく(図 15.7)．(*15.3.27*) が $\rho(s,t)$ に対しても成り立つことはいうまでもない．

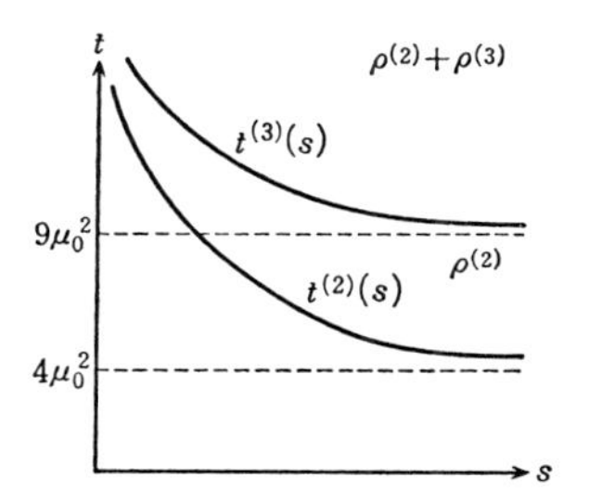

図 15.7　2次および3次の2重スペクトル関数が0でない領域の境界

上のようにして $\rho(s,t)$ がきまると，原理的には(*15.3.18*)から $f(s,t)$ が求まる．Schrödinger 方程式を直接解かずに，解析性とユニタリティとを第1原理として答を得ようとすると，こういうことになる．もちろんポテンシャル散乱をこのようなまわりくどい方法で実際に解く人はいないだろう．Schrödinger 方程式の簡明さ，強力さを今さらのように思い知る．同時に，Schrödinger 方程式のような"解ける基礎方程式"がない素粒子の世界での困難が想像できよう．

c) 部分波振幅の解析性

前項では束縛状態がなくかつ(*15.3.16*)は引算なしで成り立つといういちばん簡単な場合に話を限ったが，引算がいる場合にはどういうところが変わってくるだろうか．前項での議論に次いで簡単な場合として，S 波の束縛状態が1つあり，かつ(*15.3.16*)は1回引算の分散式

$$f_s(s',t) = g(s') + \frac{t}{\pi}\int_{\mu_0^2}^{\infty} dt' \frac{\rho(s',t')}{t'(t'-t)} \tag{15.3.31}$$

で置きかえられる場合について考えてみよう．ここで $f_s(s',0)$ を $g(s')$ とおいた．

散乱振幅に対する2重分散式

$$f(s,t) = -\int_{\mu_0^2}^{\infty} dt' \frac{\sigma(t')}{t'-t} + \frac{\Gamma_B/4\pi}{s_B-s} + \frac{1}{\pi}\int_0^{\infty} ds' \frac{g(s')}{s'-s-i\varepsilon}$$
$$+\frac{t}{\pi^2}\int_0^{\infty} ds' \int_{4\mu_0^2}^{\infty} \frac{dt'}{t'} \frac{\rho(s',t')}{(s'-s-i\varepsilon)(t'-t)} \tag{15.3.32}$$

から，$f_t(s,t')$ はやはり(15.3.20)で与えられるが，(15.3.19)は

$$f(s,t) = \frac{\Gamma_B/4\pi}{s_B-s} + \frac{1}{\pi}\int_0^{\infty} ds' \frac{g(s')}{s'-s-i\varepsilon} - \int_{\mu_0^2}^{\infty} dt' \frac{\sigma(t')}{t'}$$
$$+\frac{t}{\pi}\int_{\mu_0^2}^{\infty} \frac{dt'}{t'} \frac{f_t(s,t')}{t'-t} \tag{15.3.33}$$

と書き直す必要がある．公式

$$\frac{1}{2}\int_{-1}^{1} dz \frac{P_l(z)}{z'-z} = Q_l(z') \tag{15.3.34}$$

を用いると，部分波振幅 $a_l(s)$ は $l \geqq 1$ のとき

$$a_l(s) = \frac{1}{2s}\int_{\mu_0^2}^{\infty} \frac{dt'}{\pi} f_t(s,t') Q_l\left(1+\frac{t'}{2s}\right) \tag{15.3.35}$$

で与えられるが，$l=0$ の場合は特別で，

$$a_0(s) = \frac{\Gamma_B/4\pi}{s_B-s} + \frac{1}{\pi}\int_0^{\infty} ds' \frac{g(s')}{s'-s-i\varepsilon} - \int_{\mu_0^2}^{\infty} dt' \frac{\sigma(t')}{t'}$$
$$+\frac{1}{2s}\int_{\mu_0^2}^{\infty} \frac{dt'}{\pi} f_t(s,t') \left\{Q_0\left(1+\frac{t'}{2s}\right) - \frac{2s}{t'}\right\} \tag{15.3.36}$$

となる．

前項で $\rho(s,t)$ が t の小さいところから順次きまってゆくことを知ったが，このことは(15.3.16)が引算を必要としても少しも変わらない．だから(15.3.20)で与えられる $f_t(s,t')$ は既知の量と考えてよく，$l \geqq 1$ のとき(15.3.35)から $a_l(s)$ をきめるのに原理的な困難はない．しかし $a_0(s)$ では事情が違い，束縛状態の物理量である s_B と Γ_B のほかに，$g(s)$ という未知の関数をきめてやらなければならない．

ここで $a_l(s)$ の解析性を調べておこう．すべての $l \geqq 0$ に対して，$a_l(s)$ は s 平面の正の実軸上に切断をもっており，$s \geqq 0$ で

$$\operatorname{Im} a_l(s) = \delta_{l0} g(s) + \frac{1}{2s}\int_{\mu_0^2}^{\infty} \frac{dt'}{\pi} \rho(s, t') \left\{ Q_l\left(1+\frac{t'}{2s}\right) - \delta_{l0}\frac{2s}{t'} \right\} \tag{15.3.37}$$

であることは明らかだろう．これを物理的切断または右切断という．ところで，(15.3.34)からわかるように，$Q_l(z')$ は実軸上 -1 から $+1$ まで切断のはいった z 平面で正則で，$-1 \leqq x \leqq 1$ のとき

$$\frac{1}{2i}\{Q_l(x+i\varepsilon) - Q_l(x-i\varepsilon)\} = -\frac{\pi}{2} P_l(x) \tag{15.3.38}$$

である．これから

$$\frac{1}{2i}\left\{ Q_l\left(1+\frac{t'}{2(s+i\varepsilon)}\right) - Q_l\left(1+\frac{t'}{2(s-i\varepsilon)}\right) \right\} = \frac{\pi}{2} P_l\left(1+\frac{t'}{2s}\right) \theta\left(-s-\frac{t'}{4}\right)$$

を得，$a_l(s)$ は負の実軸上 $-\mu_0{}^2/4$ から $-\infty$ までにも切断をもっていることがわかる．これを非物理的切断または左切断という．(15.3.35)と(15.3.36)から，すべての $l \geqq 0$ に対して $s \leqq -\mu_0{}^2/4$ のとき

$$\operatorname{Im} a_l(s) = \frac{1}{4s}\int_{\mu_0^2}^{\infty} dt' f_t(s, t') P_l\left(1+\frac{t'}{2s}\right) \theta(-4s-t') \tag{15.3.39}$$

を得る．以上2つの切断のはいった s 平面で，$a_l(s)$ は束縛状態に対応する極を除いて正則である(図15.8参照)．

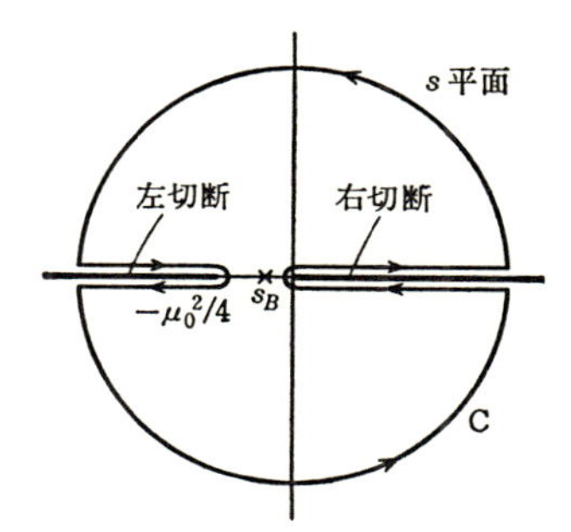

図15.8 $a_l(s)$ の右切断と左切断．C は分散式(15.3.40)を導く際の積分路

ユニタリティから得られる不等式

$$|a_l(s)| \leqq s^{-1/2} \qquad (s > 0)$$

によって，$s \to +\infty$ のとき $a_l(s) \to 0$ だが，s 平面上任意の方向に $|s| \to \infty$ となったときでも，$|a_l(s)|$ が s の多項式でおさえられるかぎり，やはり $a_l(s) \to 0$ とな

る．$s \approx 0$ のとき $a_l(s) \approx s^l$ であることを思い出して，$a_l(s)/s^l$ に対して図15.8に示した積分路に沿って Cauchy 積分をとると無限遠の円周からの寄与は0となって，部分波振幅に対する分散式

$$a_l(s) = \delta_{l0}\frac{\Gamma_B/4\pi}{s_B - s} + \frac{s^l}{\pi}\int_0^\infty ds'\frac{\operatorname{Im} a_l(s')}{s'^l(s'-s-i\varepsilon)} + \frac{s^l}{\pi}\int_{-\infty}^{-\mu_0^2/4} ds'\frac{\operatorname{Im} a_l(s')}{s'^l(s'-s)} \tag{15.3.40}$$

を得る．上式からわかるように，$a_l(s)$ は s の解析関数として

$$\{a_l(s^*)\}^* = a_l(s) \tag{15.3.41}$$

をみたしている．つまり部分波振幅は実解析的である．

分散式(15.3.40)において，左切断の不連続部分は(15.3.39)により既知と考えてよいことに注意しよう．$l \geqq 1$ のときには，$a_l(s)$ は(15.3.35)できまるわけだが，もし束縛状態があれば $l=0$ の場合と同様の議論が必要になるから，任意の $l \geqq 0$ に対して左切断の不連続部分が(15.3.39)で与えられたとき，分散式とユニタリティから $a_l(s)$ がきまるかどうかという問題を考えよう．実はこの問題の答は，Castillejo-Dalitz-Dyson の任意性と呼ばれるもののために，ユニークにはきまらない．もちろん Schrödinger 方程式では解はユニークだから，それから得られるある結果を条件として付け加えてやる必要があることがわかる．

その条件を見つけるために，

$$D_l(s) = P(s)\exp\left[-\frac{s-s_0}{\pi}\int_0^\infty ds'\frac{\delta_l(s')}{(s'-s_0)(s'-s-i\varepsilon)}\right] \tag{15.3.42}$$

で与えられる関数を考えよう．ただし s_0 は勝手な負の数で，$P(s)$ は s の実多項式である．また位相のずれは π の整数倍だけの任意性があるが，ここでは $\delta_l(0)=0$ ととった．$D_l(s)$ は右切断のみをもつ実解析関数で，

$$N_l(s) \equiv D_l(s)\frac{a_l(s)}{s^l} \tag{15.3.43}$$

もやはり実解析的である．しかも $D_l(s)$ のつくり方から明らかなように，$N_l(s)$ は $s \geqq 0$ で実だから右切断をもたない．したがって，角運動量 l の束縛状態が n_l あるとして，$P(s)$ を

$$P(s) = \prod_B^{n_l}(s - s_B) \tag{15.3.44}$$

ととれば，$N_l(s)$ は左切断以外で正則な実解析関数となる．結局

$$\frac{a_l(s)}{s^l} = \frac{N_l(s)}{D_l(s)} \tag{15.3.45}$$

と書け，$D_l(s)$ は右切断以外で正則，$N_l(s)$ は左切断以外で正則な実解析関数で，$D_l(s)$ の零点は束縛状態と1対1に対応していることがわかった．(15.3.42)右辺の指数因子は，$|s|\to\infty$ のとき $C\exp[\{\delta_l(\infty)/\pi\}\ln s]$ という振舞をするから，$D_l(s)$ の $|s|\to\infty$ での漸近的振舞は

$$D_l(s) \approx Cs^{n_l+\delta_l(\infty)/\pi} \tag{15.3.46}$$

となる．

ここまでの議論は，$a_l(s)$ が Schrödinger 方程式の解でなくても，ユニタリティと解析性をみたしているかぎり必ず成り立つ．証明ははぶくが，もし $a_l(s)$ が Schrödinger 方程式の解であるなら，上のような $D_l(s)$ は $|s|\to\infty$ で

$$D_l(s) \longrightarrow C \qquad (C\neq 0) \tag{15.3.47}$$

でなければならないことがいえる．したがって(15.3.46)から

$$\delta_l(0)-\delta_l(\infty) = n_l\pi \tag{15.3.48}$$

という **Levinson の定理**を得る(ここで上式左辺を位相のずれの任意性によらない形に書いておいた)．この定理はユニタリティと解析性だけからは出てこない結果で，これを条件として付け加えることによって初めて $a_l(s)$ がユニークにきまる．さきほど述べた任意性による他の解はすべて $D_l(s)\approx Cs^r$ (r は正の整数)となり，Levinson の定理を破っている．

以上の議論から，Levinson の定理を要求すると，(15.3.47)において一般性を失うことなく $C=1$ ととれるから，

$$D_l(s) = 1+\frac{1}{\pi}\int_0^\infty ds'\frac{\operatorname{Im} D_l(s')}{s'-s-i\varepsilon} \tag{15.3.49 a}$$

$$N_l(s) = \frac{1}{\pi}\int_{-\infty}^{-\mu_0^2/4} ds'\frac{N_l(s')}{s'-s} \tag{15.3.49 b}$$

が得られる．$s\geqq 0$ ではユニタリティから

$$\operatorname{Im} D_l(s) = N_l(s)\operatorname{Im}\frac{s^l}{a_l(s)} = -s^{l+1/2}N_l(s) \tag{15.3.50 a}$$

となり，また $s\leqq -\mu_0^2/4$ では

$$\operatorname{Im} N_l(s) = D_l(s) \operatorname{Im} \frac{a_l(s)}{s^l} \qquad (15.3.50\,b)$$

であるから，(15. 3. 49)は

$$D_l(s) = 1 - \frac{1}{\pi}\int_0^{\infty} ds' \frac{s'^{l+1/2} N_l(s')}{s'-s-i\varepsilon} \qquad (15.3.51\,a)$$

$$N_l(s) = \frac{1}{\pi}\int_{-\infty}^{-\mu_0^2/4} ds' \frac{\operatorname{Im} a_l(s') D_l(s')}{s'^l (s'-s)} \qquad (15.3.51\,b)$$

となる．この連立積分方程式の解を求めることができたら，束縛状態のエネルギーは $D_l(s)$ の零点

$$D_l(s_B) = 0 \qquad (15.3.52)$$

から，また Γ_B は $s=s_B$ での $a_l(s)$ の留数からきまる．

(15. 3. 51 a)からすぐわかるように，$s\to\infty$ で $s^{l+1/2}N_l(s)\to 0$ でなければならない．したがって $N_l(s)$ は(15. 3. 51 b)のかわりに

$$s^l N_l(s) = \frac{1}{\pi}\int_{-\infty}^{-\mu_0^2/4} ds' \frac{\operatorname{Im} a_l(s') D_l(s')}{s'-s} \qquad (15.3.51\,c)$$

でも与えられるはずであるが，$s\approx 0$ での上式両辺の振舞を比べると，$l\geqq 1$ のとき

$$\int_{-\infty}^{-\mu_0^2/4} ds' \frac{\operatorname{Im} a_l(s') D_l(s')}{s'^n} = 0 \qquad (n=1, 2, \cdots, l) \qquad (15.3.53)$$

という l 個の条件がみたされていなければならないことがわかる．

(15. 3. 51 c)を(15. 3. 51 a)に代入すると

$$D_l(s) = 1 + \frac{1}{\pi}\int_{-\infty}^{-\mu_0^2/4} ds' \frac{\operatorname{Im} a_l(s') D_l(s')}{(-s')^{1/2} + (-s)^{1/2}} \qquad (15.3.54)$$

という $D_l(s)$ に対する積分方程式が得られるから，これを解いて $D_l(s)$ を求め，それから(15. 3. 51 c)で $N_l(s)$ をきめることによって，われわれの問題は原理的には解決したことになる．$N_l(s)$ を消去するかわりに $D_l(s)$ を消去することもできる．(15. 3. 51 a)を(15. 3. 51 b)に代入すると

$$N_l(s) = B_l(s) + \frac{1}{\pi}\int_0^{\infty} ds' s'^{l+1/2} \frac{B_l(s') - B_l(s)}{s'-s} N_l(s') \qquad (15.3.55)$$

という $N_l(s)$ に対する積分方程式を得ることは容易に確かめられるであろう．

ただし

$$B_l(s) \equiv \frac{1}{\pi}\int_{-\infty}^{-\mu_0^2/4} ds' \frac{\mathrm{Im}\, a_l(s')}{s'^l(s'-s)} \tag{15.3.56}$$

である.

ここで，今まで述べてきた N/D の方法の実際的有用性について注意しておきたい．左切断上の不連続部分が厳密にわかっていれば，(15.3.53)について問題はないわけだが，実際問題としては，それは近似的に与えられるか，あるいはポテンシャルがよくわからないために現象論的にしか与えられないのが普通である．そのような場合には，(15.3.54)を解いて得た $D_l(s)$ は一般に(15.3.53)を満足しない．いいかえると，(15.3.51c)で $s^l N_l(s)$ をきめても，$l=0$ の場合を除いて，$s\approx 0$ で正しい振舞 ($\approx s^l$) をしてくれない．こういうわけで，N/D の方法は $l=0$ の場合以外はあまり有効な方法とはいえない．

本節を終える前に，次節への準備として部分波振幅の解析性をもう少し調べておこう．とくに今までの議論に出てこなかった共鳴状態にふれたい．そのために k の関数としての部分波 S 行列

$$S_l(k) = 1+2ika_l(k^2) \tag{15.3.57}$$

を考える．$S_l(k)$ は上式によって k の上半面で与えられ，正の虚軸上 $i\mu_0/2$ から $i\infty$ までの切断と，$k=k_B=i|k_B|$ での極を除いて上半面で正則である．そこで k の下半面で

$$\tilde{S}_l(k) = \frac{1}{\{S_l(k^*)\}^*}$$

で与えられる関数を考えると，ユニタリティから実軸上では $\tilde{S}_l(k)=S_l(k)$ となる．したがって，一致の定理により $\tilde{S}_l(k)$ は $S_l(k)$ を下半面へ解析接続したものにほかならないから，$\tilde{S}$ を S と書くと

$$S_l(k) = \frac{1}{\{S_l(k^*)\}^*} \tag{15.3.58}$$

である．また $a_l(k^2)$ が実解析的であることから，$S_l(k)$ は虚軸上 $-i\mu_0/2$ と $i\mu_0/2$ との間で実で，鏡映の定理により

$$S_l(k) = \{S_l(-k^*)\}^* \tag{15.3.59}$$

である．(15.3.58)と(15.3.59)とによって，k 平面での第I象限での $S_l(k)$ が

わかれば，第II，第III，第IV象限での値もきまってしまう．この2つの式から

$$S_l(-k) = \{S_l(k)\}^{-1} \qquad (15.3.60)$$

という関係も容易に導ける．

(*15.3.59*)から，$S_l(k)$ は下半面では負の虚軸上 $-i\mu_0/2$ から $-i\infty$ までに切断をもち，$k=-k_B=-i|k_B|$ に零点をもつ．$S_l(k)$ は上半面では束縛状態に対応する極以外に極をもたないが，もちろん零点は許される．そうすると $S_l(k)$ は下半面の複素共役点に極をもたねばならない(図15.9)．負の虚軸上の極が，§14.1(b)で述べた仮想準位である．いま，$S_l(k)$ が k 平面の第I象限で実軸上の少し上の点 $k=k_R+ik_I$ に零点をもつとしよう．$S_l(k)$ は第IV象限の $k=k_R-ik_I$ に極をもつが，このことを $a_l(s)$ で考えると，$a_l(s)$ は s 平面の右切断を第2面へもぐりこんだところに極をもつ．あるいは図15.10のように，右切断を下の方へ少し押し曲げて考えてもよい(点線は第2面上であることを表わす)．極の位置を $s=s_R-is_I$ とすると，s_I が小さいときには，この極のために実軸上での $|a_l(s)|^2$ は $s=s_R$ の近くで非常に大きくなる．

$$|a_l(s)|^2 \approx \frac{C}{(s-s_R)^2+s_I^2} \qquad (15.3.61)$$

また $k\approx k_R$ での $S_l(k)$ を近似的に

$$S_l(k) \approx \frac{k-(k_R+ik_I)}{k-(k_R-ik_I)}$$

と考えると，位相のずれ $\delta_l(k^2)$ は増加しながら $k^2={k_R}^2$ で $\pi/2$ を通ることがわかる．それで，第2面 $s=s_R-is_I$ にある $a_l(s)$ の極を共鳴極と呼ぶ．(*15.3.61*)をBreit-Wignerの式((*12.3.35*)の前後を参照)

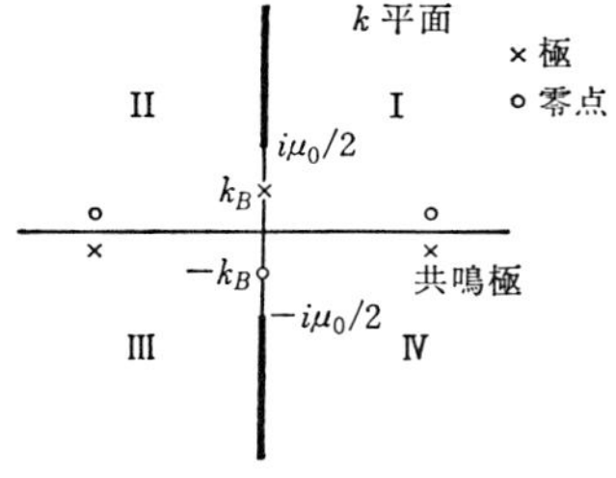

図15.9　k 平面での $S_l(k)$ の解析性

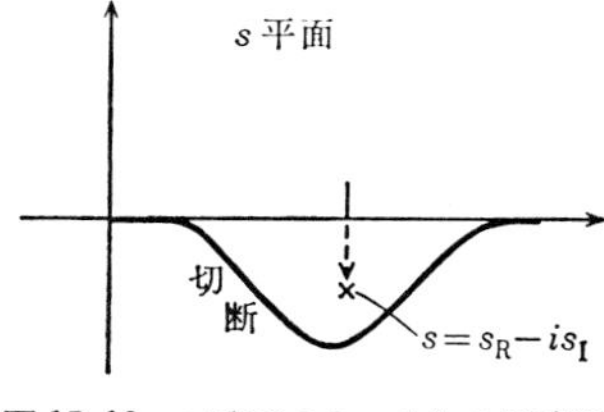

図15.10　s 平面での $a_l(s)$ の共鳴極

$$\sigma_l(E) \approx \frac{4\pi}{k^2}(2l+1)\frac{(\Gamma/2)^2}{(E-E_{\mathrm{R}})^2+(\Gamma/2)^2} \qquad (15.3.62)$$

と比べて，共鳴エネルギーは $E_{\mathrm{R}}=(\hbar^2/2m)s_{\mathrm{R}}$ で，共鳴の幅は $\Gamma=(\hbar^2/2m)2s_{\mathrm{I}}$ で与えられる．共鳴極が実軸から離れていくほど共鳴の幅は広くなり，ある程度以上離れると共鳴とは認めにくくなる．普通共鳴と呼んでいるのは，$s_{\mathrm{R}} \gg s_{\mathrm{I}}$ という条件がみたされている場合である．

§15.4 複素角運動量

本章最後の節でとり上げる複素角運動量の理論は，T. Regge (1959) によってポテンシャル散乱から生まれたものであるが，交差対称性によって高エネルギー素粒子反応に適用されてから，その物理的重要性が広く認められるようになった(本講座第10巻『素粒子論』を参照せよ)．この節ではポテンシャル散乱という枠内で複素角運動量の問題を考えていくが，高エネルギー物理学における Regge の理論を理解するための準備ともしたい．原子核理論や物性論への応用の可能性が明らかでない現状を考えて，非相対論的な場合に固有の問題の議論は，上に述べた目的に役立つと思われるもの以外はなるべく簡単にするつもりである．

スピン0の粒子の中心力ポテンシャルによる束縛・散乱問題をいままでとは違った角度から考えよう．角運動量 l の部分波波動関数 $\phi_l(r)$ のみたす方程式は

$$-\frac{d^2\phi_l}{dr^2}+\left[\frac{l(l+1)}{r^2}+U(r)-k^2\right]\phi_l = 0 \qquad (15.4.1)$$

である．この方程式の l 依存性は遠心ポテンシャル項をとおしてだけ現われている点に注意したい．上式で l はもちろん $0, 1, 2, \cdots$ という離散的な値しか考えなかったが，上の方程式は l が物理的な値 $(0, 1, 2, \cdots)$ でなくても，任意の複素 l に対して解をもつ．適当な境界条件をみたすときには，その解は l とともに連続的に変化し，物理的な値ではちょうどもとの解 $\phi_l(r)$ に一致するであろう．このことは角運動量の異なる状態間に，ある密接な関係が存在することを意味している．そのような関係は，いままでのように各部分波ごとに方程式を解いていたのではわからない．

このように見てくると，当然部分波散乱振幅 $a_l(s)$ も s と同時に複素変数 l の関数 $a(l,s)$ として考える必要がでてくる．もちろん物理的な l に対しては

$$a(l, s) = a_l(s) \tag{15.4.2}$$

である．上の等式をみたすような $a(l, s)$ は無数にあるけれど，その中で Schrödinger 方程式からきまる $a(l, s)$ は物理的に望ましいいくつかの性質をもっている．また $U(r)$ が湯川ポテンシャルの重ね合せで与えられる時には，散乱振幅が Regge 的振舞をするという重要な結果が得られるが，そのような振舞を導く $a(l, s)$ は Schrödinger 方程式からきまる $a(l, s)$ 以外にないことがいえる．

本論にはいる前に粒子に働く力が通常力(ordinary force)と交換力(exchange force)とから成り立っている場合を考えておこう．通常ポテンシャルを U^{o}，交換ポテンシャルを U^{e} で表わすと，$U = U^{\mathrm{o}} + (-1)^l U^{\mathrm{e}}$ であるが，ここで

$$U^{\pm} = U^{\mathrm{o}} \pm U^{\mathrm{e}} \tag{15.4.3}$$

とおくと，(15.4.1) 中の U は角運動量 l が偶数か奇数かによって U^+ または U^- となる．つまり偶状態に働く力と奇状態に働く力とは等しくないわけで，先に述べた異なる角運動量状態間の関係は，偶状態どうしおよび奇状態どうしにだけ存在することになる．$a_l(s)$ に対しても $a^{\pm}(l, s)$ という2つの振幅を考える必要があり，物理的な l では

$$\left.\begin{aligned} a^+(l, s) &= a_l(s) \qquad (l = 0, 2, 4, \cdots) \\ a^-(l, s) &= a_l(s) \qquad (l = 1, 3, 5, \cdots) \end{aligned}\right\} \tag{15.4.4}$$

となる．交換力を含めて考えることは物理的には非常に重要なことであるが，通常力の場合を考えておけば，交換力のある場合への拡張は比較的簡単なことなので，当分の間通常力だけとして話を進める．

a) 複素角運動量の部分波振幅

(15.4.1) を複素 k，複素 l について考えていこう．ポテンシャルに対する制限 (15.2.2c) によって，

$$r \longrightarrow 0 \text{ のとき} \qquad r^2 U(r) \longrightarrow 0 \tag{15.4.5}$$

であるから，(15.4.1) の2つの1次独立な解として，$r=0$ の近傍で r^{l+1} のように振舞うものと，r^{-l} のように振舞うものとを取ることができる．l が物理的な値の時は，前者が正則解と呼ばれているものである．この呼び方を拡張して，$\mathrm{Re}\, l > -1/2$ のとき (15.4.1) の解で，$r=0$ の近くで r^{l+1} のように振舞うものを正則解と呼び，$\phi(l, k; r)$ で表わすことにする(ただし ϕ/r が $r=0$ で文字通り正則になるのは，l が物理的な値のときだけである)．この境界条件

$$\phi(l,k;r) \longrightarrow r^{l+1}, \qquad r \longrightarrow 0 \tag{15.4.6}$$

によって解が一意的にきまるためには，$\mathrm{Re}\,l>-1/2$ という条件が必要なことはすぐわかるだろう．境界条件が k を含まず，かつ(15.4.1)は $k\to-k$ の置き換えに対して不変だから，

$$\phi(l,-k;r)=\phi(l,k;r) \tag{15.4.7}$$

を得る．また

$$\phi^*(l^*,k^*;r)=\phi(l,k;r) \tag{15.4.8}$$

も明らかであろう．$U=0$ のときの解が

$$\phi^0(l,k;r)=\Gamma\left(l+\frac{3}{2}\right)\left(\frac{2}{k}\right)^{l+1/2} r^{1/2}J_{l+1/2}(kr) \tag{15.4.9}$$

で与えられることを確かめるのも難しくはない．

微分方程式(15.4.1)および境界条件(15.4.6)を積分方程式

$$\phi(l,k;r)=\phi^0(l,k;r)+\int_0^r G(l,k;r,r')U(r')\phi(l,k;r')dr' \tag{15.4.10}$$

で表わして，この方程式の解である正則解の l および k に関する解析性を調べることができる．ここで $G(l,k;r,r')$ は

$$G(l,k;r,r')=\frac{\pi}{2}(rr')^{1/2}\frac{J_{l+1/2}(kr)J_{-(l+1/2)}(kr')-J_{-(l+1/2)}(kr)J_{l+1/2}(kr')}{\sin\pi(l+1/2)} \tag{15.4.11}$$

で与えられる Green 関数である．ポテンシャルが条件(15.2.2)をみたせば，$\mathrm{Re}\,l>-1/2$ のとき(15.4.10)を逐次近似で解いて得られる級数は一様収束し，このことから $\phi(l,k;r)$ は，$r\ (\neq 0)$ を固定したとき l と k との関数として $\mathrm{Re}\,l>-1/2$ かつ任意の k で正則であることがいえる．

(15.4.6)の代りに無限遠での境界条件を考えてみよう．(15.2.2b)という制限によって $U(r)$ は $r\to\infty$ で $1/r$ より早く 0 に近づくから，無限遠での境界条件

$$\chi(l,k;r) \longrightarrow e^{ikr}, \qquad r \longrightarrow \infty \tag{15.4.12}$$

によって定義される(15.4.1)の解が存在する．ただしこの境界条件によって解が一意的にきまるのは，$\mathrm{Im}\,k>0$ のときである．境界条件が l を含まず，また(15.4.1)は $l\to-(l+1)$ の置換えに対して不変だから，

$$\chi(-l-1, k; r) = \chi(l, k; r) \tag{15. 4. 13}$$

である.

方程式(15. 4. 1)と境界条件(15. 4. 12)とは積分方程式

$$\chi(l, k; r) = \chi^0(l, k; r) - \int_r^\infty G(l, k; r, r') U(r') \chi(l, k; r') dr' \tag{15. 4. 14}$$

で表わせる. ただし $\chi^0(l, k; r)$ は $U=0$ のときの解

$$\chi^0(l, k; r) = e^{i(l+1)\pi/2}\left(\frac{\pi}{2}kr\right)^{1/2} H_{l+1/2}{}^{(1)}(kr) \tag{15. 4. 15}$$

である. また $G(l, k; r, r')$ は(15. 4. 11)で与えられているが,

$$G(l, k; r, r') = -i\frac{\pi}{4}(rr')^{1/2}$$
$$\cdot[H_{l+1/2}{}^{(1)}(kr) H_{l+1/2}{}^{(2)}(kr') - H_{l+1/2}{}^{(2)}(kr) H_{l+1/2}{}^{(1)}(kr')] \tag{15. 4. 10'}$$

とも書ける. ポテンシャルに対する制限(15. 2. 2)のもとで, $\mathrm{Im}\, k>0$ のとき(15. 4. 14)は逐次近似によって解くことができ, r $(\neq 0)$ を固定したとき $\chi(l, k; r)$ は $\mathrm{Im}\, k>0$ かつ任意の l で正則な関数であることがいえる.

(15. 4. 12)の代りに

$$\chi_-(l, k; r) \longrightarrow e^{-ikr}, \qquad r \longrightarrow \infty \tag{15. 4. 16}$$

という境界条件を考えると, 今度は $\mathrm{Im}\, k<0$ のときに解が一意的にきまる. χ の場合と全く同じやり方で, r $(\neq 0)$ を固定したとき, $\chi_-(l, k; r)$ は $\mathrm{Im}\, k<0$ かつ任意の l で正則であることがわかる. また, (15. 4. 12)と(15. 4. 16)とを比べてみて

$$\chi_-(l, k; r) = \chi^*(l^*, k^*; r) \tag{15. 4. 17}$$

も明らかだろう. いま $k>0$ かつ $0 \leqq \varphi < \pi$ での $\chi(l, ke^{i\varphi}; r)$ から, $\varphi \to \pi$ の極限をとって $\chi(l, ke^{i\pi}; r)$ をつくると, この関数は(15. 4. 1)と(15. 4. 16)をみたすから, 任意の $k>0$ で

$$\chi_-(l, k; r) = \chi(l, ke^{i\pi}; r) \tag{15. 4. 18}$$

を得る. したがって上の等式は $k>0$ から解析接続可能な領域内のすべての点で成り立つ. (15. 4. 17)と(15. 4. 18)において l が実で k が負の虚数という場合を

考えると，$\chi(l,k;r)$ は l が実で k が正の虚数のとき実数でなければならない．

$$\{\chi(l,|k|e^{i\pi/2};r)\}^* = \chi(l,|k|e^{i\pi/2};r) \qquad (15.4.19)$$

$\chi(l,k;r)$ と $\chi(l,ke^{i\pi};r)$ とは $k=0$ でないかぎり (15.4.1) の1次独立な解だから，(15.4.1) の任意の解は両者の1次結合で表わせる．したがって，k の偶関数である正則解 $\phi(l,k;r)$ は，

$$\phi(l,k;r) = \frac{1}{-2ik}[f(l,k)\chi(l,ke^{i\pi};r) - f(l,ke^{i\pi})\chi(l,k;r)] \qquad (15.4.20)$$

という形に書ける．(15.4.1) という2次の微分方程式の任意の2つの解 χ_1 と χ_2 に対する Wronski 行列式は

$$W[\chi_1,\chi_2] \equiv \frac{d\chi_1}{dr}\chi_2 - \frac{d\chi_2}{dr}\chi_1 \qquad (15.4.21)$$

で与えられるが，$\dfrac{d}{dr}W[\chi_1,\chi_2]=0$ から Wronski 行列式は r によらないという性質をもっている．だから $\chi(l,ke^{i\pi};r)$ と $\chi(l,k;r)$ との Wronski 行列式は，それぞれをその $r\to\infty$ での漸近形で置き換えることによって容易に計算できて，

$$W[\chi(l,ke^{i\pi};r),\chi(l,k;r)] = -2ik$$

を得る．これから

$$\begin{aligned} f(l,k) &= W[\phi(l,k;r),\chi(l,k;r)] \\ &= (2l+1)\lim_{r\to 0} r^l \chi(l,k;r) \end{aligned} \qquad (15.4.22)$$

が得られる．$f(l,k)$ を **Jost 関数**という．ϕ および χ を r で微分しても l,k に関する解析性は変わらないから，$f(l,k)$ は $\mathrm{Re}\,l>-1/2$, $\mathrm{Im}\,k>0$ で正則である．(15.4.19) と (15.4.22) とから，l が実のとき $f(l,|k|e^{i\pi/2})$ は実である．

(15.4.12) から正則解 $\phi(l,k;r)$ の $r\to\infty$ での漸近形は

$$\phi(l,k;r) \longrightarrow \frac{1}{-2ik}[f(l,k)e^{-ikr} - f(l,ke^{i\pi})e^{ikr}] \qquad (15.4.23)$$

となる．そこで $U\to 0$ のとき

$$\frac{f(l,ke^{i\pi})}{f(l,k)} \longrightarrow e^{-i\pi l}$$

となることに注意すると，部分波 S 行列として

$$S(l,k)=\frac{f(l,ke^{i\pi})}{f(l,k)}e^{i\pi l} \tag{15.4.24}$$

を得る．上式から部分波散乱振幅は

$$a(l,s)=\frac{1}{2ik}\{S(l,k)-1\} \tag{15.4.25}$$

で与えられる．

(15.4.24)の右辺において，$\mathrm{Re}\,l>-1/2$ のとき $f(l,k)$ は $\mathrm{Im}\,k>0$ で正則，$f(l,ke^{i\pi})$ は $\mathrm{Im}\,k<0$ で正則だが，もちろんこれからは k 平面での $S(l,k)$ の解析性はわからない．$\mathrm{Im}\,k<0$ での $f(l,k)$ は上半面からの解析接続によって得られるが，下半面でどのような特異性をもつかはポテンシャルの性質によってきまることであって，(15.2.2)だけでは何もいえない．

そこでポテンシャルに対する条件を強めて，(15.2.3)の意味で U が有限のレインジ μ_0^{-1} を持つとすると，$\chi(l,k;r)$ に対する積分方程式(15.4.14)の逐次近似級数が一様収束する領域は，$\mathrm{Im}\,k>0$ から $\mathrm{Im}\,k>-\mu_0/2$ まで広がる．その結果 $\chi(l,k;r)$ は，χ^0 にもとづく $k=0$ での分岐点(すぐ後で説明する)を除いて $\mathrm{Im}\,k>-\mu_0/2$ で正則となり，同じことが $f(l,k)$ に対してもいえる．ポテンシャルに対する制限をさらに強めて，U が湯川ポテンシャルの重ね合せ(15.2.4)で与えられる場合には，$f(l,k)$ は χ^0 からくる $k=0$ での分岐点を別にすると，負の虚軸上 $-i\mu_0/2$ から $-i\infty$ まで切断のはいった複素 k 平面で正則であることがいえる．こういった点は l が物理的な値をとる場合と本質的に同じ事情で，ただ l が物理的な値でないために $k=0$ に分岐点が現われるというだけの違いである．

次に $k=0$ での分岐点を検討しよう．Hankel 関数の性質(circuit relation という)

$$H_{l+1/2}{}^{(1)}(ze^{2i\pi})=-H_{l+1/2}{}^{(1)}(z)-2\sin\pi l\,H_{l+1/2}{}^{(1)}(ze^{i\pi}) \tag{15.4.26}$$

を用いると，(15.4.15)から

$$\chi^0(l,ke^{2i\pi};r)=\chi^0(l,k;r)-2i\sin\pi l\,\chi^0(l,ke^{i\pi};r)$$

が得られる．$\chi(l,ke^{2i\pi};r)$ は，(15.4.14)で $\chi^0(l,k;r)$ を $\chi^0(l,ke^{2i\pi};r)$ で置き換えた積分方程式をみたすから，切断が関係してこない $|k|<\mu_0/2$ の範囲では，χ についても χ^0 と同じ

$$\chi(l,ke^{2i\pi};r)=\chi(l,k;r)-2i\sin\pi l\,\chi(l,ke^{i\pi};r) \tag{15.4.27}$$

が成り立つ. 上式と(15. 4. 22)から, $|k|<\mu_0/2$ のとき

$$f(l, ke^{2i\pi}) = f(l, k) - 2i\sin\pi l\, f(l, ke^{i\pi}) \tag{15. 4. 28}$$

が得られるが, 両辺を $f(l, ke^{i\pi})$ で割って(15. 4. 24)を用いると,

$$\frac{1}{S(l, ke^{i\pi})} = e^{-2il\pi}S(l, k) - 2i\sin\pi l e^{-il\pi} \tag{15. 4. 29}$$

となる. l が物理的な値のときには上式は(15. 3. 60)に帰着する.

部分波振幅の重要な性質として, $a_l(k)$ は正の虚軸上 $0<-ik<\mu_0/2$ で実で, s の関数として実解析的であるということを前節(c)項でのべた. 一般の l に対する $a(l, k)$ についてはこのことは成り立たないが, s に関して実解析的な部分波振幅は簡単につくることができる. それには

$$b(l, k) \equiv \frac{1}{k^{2l}}a(l, k) = \frac{1}{2ik^{2l+1}}\{S(l, k)-1\} \tag{15. 4. 30}$$

をとればよいのである. そのことを示すために, (15. 4. 24)を用いて $b(l, k)$ を

$$b(l, k) = \frac{\{f(l, ke^{i\pi})\,e^{il\pi} - f(l, k)\}/2(ik)^{l+1}}{(-ik)^{l}f(l, k)} \tag{15. 4. 31}$$

という形に書いてみよう. 上式右辺の分母を $D(l, k)$ と置くと, それは $\mathrm{Im}\,k>0$ で正則で, l が実のとき k 平面の正の虚軸上で実数値をとる. したがって D を s の関数とみると, それは実軸上 $s=0$ から $+\infty$ まで切断のはいった s 平面で実解析的である.

そこで今度は(15. 4. 31)の分子を $N(l, k)$ と置くと, (15. 4. 28)から $N(l, ke^{i\pi})=N(l, k)$ が確かめられる. したがって s の関数とみたとき N は $s=0$ に分岐点をもたない. つまり N には $s=-\mu_0^2/4$ にはじまる左切断(湯川切断)しかない. l が実でかつ $0<-ik<\mu_0/2$ のとき $N(l, k)$ が実数になることは, (15. 4. 28)で $f(l, |k|e^{i\pi/2})$ が実であること, したがってまた

$$\{f(l, |k|e^{-i\pi/2})\}^* = f(l, |k|e^{i(3/2)\pi})$$

となることを用いて確かめることができる. これで N が左切断のはいった s 平面で実解析的であることがわかった.

l と s とを変数にとると(15. 4. 31)は

$$b(l, s) = \frac{N(l, s)}{D(l, s)} \tag{15. 4. 32}$$

と書け，$b(l, s)$ は D による右切断と N による左切断とがはいった s 平面で正則である．2つの切断の間には，$-\mu_0{}^2/4<s<0$ という有限のすき間がある(図 15.8 参照)ことに注意しよう．l が実のとき $b(l, s)$ は s について実解析的だから，一般の l を考えると $b(l, s)$ は l と s という複素2変数の実解析関数である．すぐ気が付くように，(15.4.32)は(15.3.45)の複素 l への拡張になっている．

b) Regge 軌跡(束縛状態と共鳴状態)

$S(l, k)$ または $a(l, k)$ が複素 l 平面で $l=\alpha$ に極をもつとしよう．このような極を **Regge 極**と呼ぶ．α は k の関数であるが，いま $\alpha(k^2)$ で表わすと(15.4.24)から $\alpha(k^2)$ は

$$f(\alpha(k^2), k)=0 \qquad (15.4.33)$$

をみたす．

$\alpha(k^2)$ の性質を調べるために，まず

$$\frac{d}{dr}\left[\frac{d\phi}{dr}\phi^*-\frac{d\phi^*}{dr}\phi\right]=\frac{d^2\phi}{dr^2}\phi^*-\frac{d^2\phi^*}{dr^2}\phi$$

を考えてみる．上式の右辺を(15.4.1)とその複素共役な式とから計算すると

$$\frac{d}{dr}\left[\frac{d\phi}{dr}\phi^*-\frac{d\phi^*}{dr}\phi\right]=(k^{*2}-k^2)|\phi|^2-[l^*(l^*+1)-l(l+1)]\frac{|\phi|^2}{r^2} \qquad (15.4.34)$$

を得る．両辺で $l=\alpha(k^2)$ とおいて，r について0から ∞ まで積分しよう．(15.4.23)と(15.4.33)から

$$\phi(\alpha(k^2), k; r) \longrightarrow \frac{1}{2ik}f(\alpha(k^2), ke^{i\pi})e^{ikr}, \qquad r\longrightarrow\infty$$

となるが，$\mathrm{Im}\,k>0$ なら $\phi(\alpha(k^2), k; r)$ は $r\to\infty$ で指数的に減少することに注意すると，$\mathrm{Im}\,k>0$ でかつ $\mathrm{Re}\,\alpha(k^2)>-1/2$ のとき積分は収束して

$$\mathrm{Im}\,\alpha\,\mathrm{Re}\left(\alpha+\frac{1}{2}\right)\int_0^\infty r^{-2}|\phi|^2dr=\mathrm{Im}\,k\,\mathrm{Re}\,k\int_0^\infty|\phi|^2dr \qquad (15.4.35)$$

を得る．

この結果から $\mathrm{Re}\,\alpha>-1/2$ にある Regge 極は，k が複素 k 平面の第I象限にある場合は $\mathrm{Im}\,\alpha>0$，第II象限にあれば $\mathrm{Im}\,\alpha<0$，k が正の虚数なら $\mathrm{Im}\,\alpha=0$ でなければならないことがわかる．いいかえると $\mathrm{Re}\,\alpha>-1/2$ にある Regge 極は

$$\left.\begin{array}{lll} \mathrm{Im}\, s \gtrless 0 & \text{のとき} & \mathrm{Im}\,\alpha(s) \gtrless 0 \\ s < 0 & \text{のとき} & \mathrm{Im}\,\alpha(s) = 0 \end{array}\right\} \tag{15. 4. 36}$$

をみたす.

今度は $\phi(\alpha(s), k; r)$ に対して

$$\frac{d}{dr}\left[\phi\left(\frac{\partial}{\partial s}\frac{d\phi}{dr}\right)-\left(\frac{\partial}{\partial s}\phi\right)\frac{d\phi}{dr}\right]=\phi\left(\frac{\partial}{\partial s}\frac{d^2\phi}{dr^2}\right)-\left(\frac{\partial}{\partial s}\phi\right)\frac{d^2\phi}{dr^2}$$

を考えてみよう. (15. 4. 1) を $s\ (=k^2)$ で微分して得られる式

$$\frac{\partial}{\partial s}\frac{d^2\phi}{dr^2}+\left\{1-\frac{2\alpha+1}{r^2}\frac{d\alpha}{ds}\right\}\phi+\left\{s-\frac{\alpha(\alpha+1)}{r^2}-U\right\}\frac{\partial\phi}{\partial s}=0$$

から

$$\frac{d}{dr}\left[\phi\left(\frac{\partial}{\partial s}\frac{d\phi}{dr}\right)-\left(\frac{\partial}{\partial s}\phi\right)\frac{d\phi}{dr}\right]=\left(\frac{2\alpha+1}{r^2}\frac{d\alpha}{ds}-1\right)\phi^2 \tag{15. 4. 37}$$

を得るが, $\mathrm{Im}\, k>0$, $\mathrm{Re}\,\alpha(s)>-1/2$ のとき上式両辺を r について 0 から ∞ まで積分すると

$$\frac{d\alpha}{ds}=\frac{1}{2\alpha+1}\frac{\displaystyle\int_0^\infty \phi^2 dr}{\displaystyle\int_0^\infty r^{-2}\phi^2 dr}$$

が得られる.

いま $s<0$ とすると, $\mathrm{Re}\,\alpha(s)>-1/2$ であるかぎり $\alpha(s)$ は実で, Schrödinger 方程式および境界条件 (15. 4. 6) が実だから, $\phi(\alpha(s), k; r)$ も実である. したがって上式から

$$\frac{d\alpha}{ds}=\frac{1}{2\alpha+1}\frac{1}{\langle r^{-2}\rangle}>0 \tag{15. 4. 38}$$

となり, $s<0$, $\alpha(s)>-1/2$ で $\alpha(s)$ は単調増加な関数である. ただし

$$\left\langle\frac{1}{r^2}\right\rangle\equiv\frac{\displaystyle\int_0^\infty r^{-2}\phi^2 dr}{\displaystyle\int_0^\infty \phi^2 dr} \tag{15. 4. 39}$$

である. これは§14.2 の Glauber 効果にでてきたものと同じ形をしているが,

いまの場合は s とともに変化する量である．

図 15.11 に，s が $-\infty$ から実軸上を右へ動いて 0 にいたり，そこから正の実軸上にある切断のすぐ上を $+\infty$ まで動いていった時，ある Regge 極が複素 l 平面でどのような軌跡を描くかの例をあげておいた．このような軌跡を **Regge 軌跡**という．図 15.12 は図 15.11 の Regge 軌跡の $\mathrm{Re}\,\alpha(s)$ を示したものである．

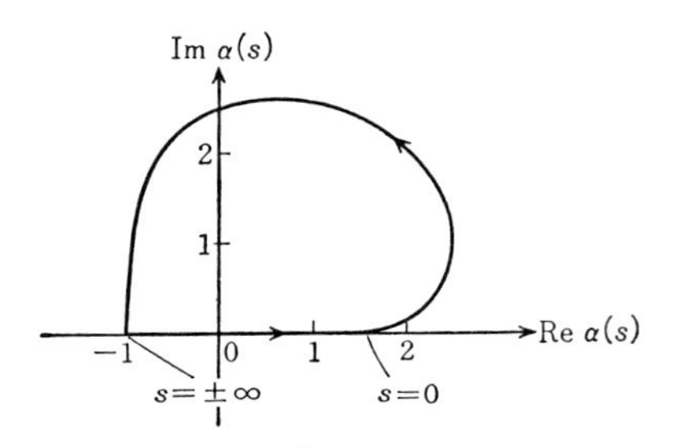

図 15.11　Regge 軌跡の例

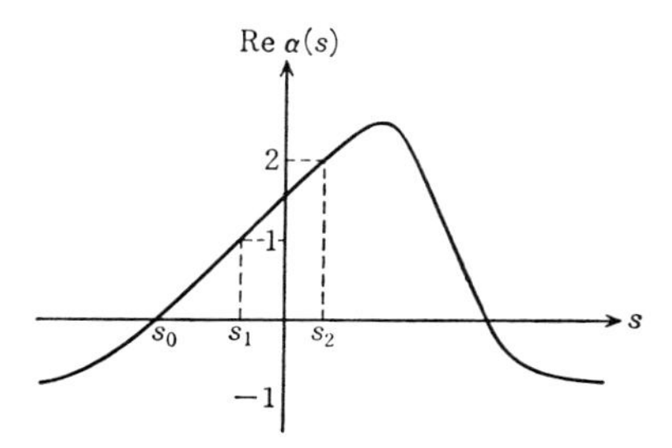

図 15.12　左の図に示した軌跡の $\mathrm{Re}\,\alpha(s)$

ある $s_B<0$ で $\alpha(s_B)$ が物理的な値 l_B を取るとしよう．図 15.12 では s_0 と s_1 がこれにあたる．そうすると $a(l, s_B)$ は $l=l_B$ に Regge 極をもつが，(15.4.38) により $\alpha'(s_B)\neq 0$ だから，それは $a(l_B, s)$ が $s=s_B$ に極をもつことを意味する．l_B は物理的な値だから，(15.4.2) により $a_{l_B}(s)$ が $s=s_B$ で極をもつ．つまり角運動量 l_B の束縛状態が $s=s_B$ に存在することになる．

つぎにある $s_R>0$ で $\mathrm{Re}\,\alpha(s_R)$ が物理的な値 l_R をとり，かつ $s=s_R$ での $d\alpha/ds$ はよい近似で正の実数とみなせる場合を考えよう．図 15.12 では s_2 がこれにあたる．前と同じような議論によって，$a_{l_R}(s)$ は

$$l_R \approx \alpha(s_R)+(s-s_R)\left(\frac{d\alpha}{ds}\right)_{s=s_R}$$

を近似的にみたす s，つまり

$$s \approx s_R - i\frac{\mathrm{Im}\,\alpha(s_R)}{(d\alpha/ds)_{s=s_R}} \qquad (15.4.40)$$

に極をもつ．$\mathrm{Im}\,\alpha(s_R)>0$ で，$(d\alpha/ds)_{s=s_R}$ は正の実数とみてよいのだから，この極は s 平面で実軸の下にあることになる．$a_l(s)$ は負の実軸上を除けば s 平面の第 1 面に極をもちえないから，この極は第 2 面にあるはずで，前節の図 15.10 に示した共鳴極にほかならない．

このようにして，異なる角運動量をもったいくつかの束縛状態や共鳴状態がRegge 軌跡によって互いに結び付くのである．一般に Regge 軌跡は無数にあって，大部分の軌跡上には束縛状態も共鳴状態も全然乗っていないのであるが，$\mathrm{Re}\,\alpha$ が大きくなりえて束縛状態や共鳴状態を生み出すような例外的な軌跡が，物理的には最も重要である．

Regge 極 $\alpha(s)$ は $f(l,k)$，したがって前項で考えた $D(l,s)$ の零点であるが，$D(l,s)$ は右切断のはいった s 平面で実解析的である．そこで陰関数の定理から，$\alpha(s)$ も右切断のはいった s 平面で実解析的になる．ただ $\alpha(s)$ には負の実軸上に分岐点が現われることがある．それは，ある $s<0$ で2つの軌跡がぶつかり，その点で $\alpha<-1/2$ であれば，互いに複素共役な軌跡に移りうるからであるが，これ以上はふれないでおく．図 15.11 に示した軌跡のように，$s\to\pm\infty$ である有限な値に近づく軌跡 $\alpha(s)$ に対しては，

$$\alpha(s)=\alpha(\infty)+\frac{1}{\pi}\int_0^\infty\frac{\mathrm{Im}\,\alpha(s')}{s'-s}ds' \qquad (15.4.41)$$

という形の分散式が書ける．$\mathrm{Im}\,\alpha(s')$ の符号については，$\mathrm{Re}\,\alpha(s')>-1/2$ であるかぎり正という以上のことは一般にはいえない．実際 $\mathrm{Re}\,\alpha(s')<-1/2$ となる s' の領域で $\mathrm{Im}\,\alpha(s')$ が正負両方の符号をとる軌跡は，湯川ポテンシャルでたくさん存在する．

Regge 極のもっとくわしい性質について議論を続けることはやめるが，後で必要になるので，ここでは次のことだけをあげておく．U が湯川ポテンシャルの重ね合せで与えられるとき，$\mathrm{Re}\,l>-1/2$ で $a(l,s)$ はたかだか有限個の Regge 極をもち，極を除いて正則である．ある領域で極以外の特異性をもたない解析関数はそこで有理形である(meromorphic)といわれるが，素粒子に対する Regge 理論ではこの性質が失われて Regge 極以外に分岐点も現われ，話が複雑になる原因の1つになっている．

c) 散乱振幅の Regge 的振舞

Regge の理論は束縛状態と共鳴状態とをつなぐ Regge 軌跡という新しい考え方を生みだした．この理論のもう1つの重要な結論は，湯川ポテンシャルの重ね合せで与えられるポテンシャルに対して，散乱振幅が Regge 的振舞をするということである．散乱振幅を s と z $(=\cos\theta)$ との関数として $f(s,z)$ で表わせば，

s を固定しておいて $|z|\to\infty$ とした時

$$f(s, z) \approx g(s)\, z^{\alpha(s)} \tag{15.4.42}$$

となるのが **Regge 的振舞**である．ここで $\alpha(s)$ は，いま考えているエネルギーで $\mathrm{Re}\,\alpha$ のいちばん大きい軌跡(leading trajectory)を意味する．(Regge 的振舞の真の物理的重要性は素粒子物理学へいって明らかになるであろう.)

$s>0$ での散乱振幅の部分波展開

$$f(s, z) = \sum_{l=0}^{\infty} (2l+1)\, a_l(s)\, P_l(z) \tag{15.4.43}$$

において，右辺の級数の各項を l のある解析関数の $l=0, 1, 2, \cdots$ での値と考えてみよう．Legendre の多項式については，微分方程式を用いて l が整数でない値へ解析接続した Legendre 関数(これも $P_l(z)$ で表わす)を取るのが自然であろう．$a_l(s)$ から $a(l, s)$ への接続として今まで考えてきたものも，これと全く同じ方法であった．つまり動径部分に対する Schrödinger 方程式を用いて非物理的な l へ接続したわけである．基礎方程式による接続という意味でこれをダイナミカルな接続と呼ぶことができる．しかしこれからの話は，$a(l, s)$ をかならずしもダイナミカルな接続と考える必要はない．以下で述べる3条件をみたしていればそれで十分である．

s と z は物理的領域 $(s>0,\ -1\leqq z\leqq 1)$ にあるとして(15.4.43)を

$$f(s, z) = -\frac{1}{2i}\int_{\mathrm{C}} (2l+1)\, a(l, s)\, \frac{P_l(-z)}{\sin \pi l}\, dl \tag{15.4.44}$$

と書き直す．ここで積分路 C は図 15.13 に示したものをとり，$-1/2<L'<0$ とする．上式を導く時に，物理的な l で成り立つ関係

$$P_l(-z) = (-1)^l P_l(z)$$

を使ったため，P_l の変数の符号が変わっていることに注意したい．いま $a(l, s)$ が $\mathrm{Re}\, l>L'$ で有限個の極を除いて正則だとすると，積分路 C を $\mathrm{Re}\, l=L'$ という直線と，図 15.13 に点線で示した半円 C′ とに変えることができ，その際に現われる Regge 極からの寄与は，$l=\alpha_n(s)$ での $a(l, s)$ の留数 $\beta_n(s)$ で簡単に表わせる．このような変換が役に立つのは，半円の半径を無限に大きくしたとき積分路 C′ からの寄与が 0 になる場合であるが，それには $\mathrm{Re}\, l\geqq L'$ で $|l|\to\infty$ のときの $a(l, s)$ の漸近形がある上界を持つ必要がある．

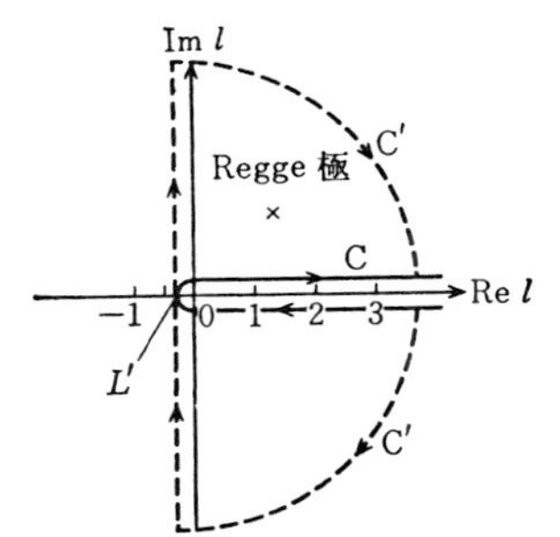

図 15.13 (15.4.44) での積分路 C とその変形

その点を調べるために，$\mathrm{Re}\, l \to \infty$ のときの $P_l(z)$ に対する上界†

$$|P_l(z)| < |l|^{-1/2} \exp[|\mathrm{Im}\,\theta\, \mathrm{Re}\, l + \mathrm{Re}\,\theta\, \mathrm{Im}\, l|] f(z)$$

を用いる．ただし，$z = \cos\theta$ で，$0 < \mathrm{Re}\,\theta < \pi$ とする．また $f(z)$ は l によらない因子を表わしている．これを用いて $\arg l \neq 0, \pi$ で $0 < \mathrm{Re}\,\theta < \pi$ のとき

$$\left|\frac{P_l(-z)}{\sin \pi l}\right| < |l|^{-1/2} \frac{\exp[|\mathrm{Im}\,\theta\, \mathrm{Re}\, l + (\pi - \mathrm{Re}\,\theta)\, \mathrm{Im}\, l|]}{\exp[\pi |\mathrm{Im}\, l|]} f(z) \tag{15.4.45}$$

となる．したがって，$\mathrm{Re}\, l \geqq L'$ で $|l| \to \infty$ のとき $a(l, s)$ が l の多項式でおさえられたら，積分路 C′ からの寄与は 0 になる．

以上をまとめると，次の 3 条件

(i) $a(l, s)$ は l が物理的な値をとるとき $a_l(s)$ に一致する

(ii) $a(l, s)$ は $\mathrm{Re}\, l \geqq L'$, $-1/2 < L' < 0$, で有限個の極を除いて正則である

(iii) $\mathrm{Re}\, l \geqq L'$ で $|l| \to \infty$ のとき，$a(l, s)$ は l の多項式でおさえられる

をみたす接続 $a(l, s)$ が存在するなら，散乱振幅は $-1 < z < 1$ で

$$f(s, z) = -\pi \sum_{\mathrm{Re}\,\alpha_n > L'} \{2\alpha_n(s) + 1\} \beta_n(s) \frac{P_{\alpha_n(s)}(-z)}{\sin \pi \alpha_n(s)} - \frac{1}{2i} \int_{L'-i\infty}^{L'+i\infty} (2l+1)\, a(l, s) \frac{P_l(-z)}{\sin \pi l} dl \tag{15.4.46}$$

という形に表わせることがわかった．これを **Regge 表示**という．また散乱振幅の部分波展開を Regge 表示に移すことを **Sommerfeld-Watson 変換**という．これは決して単なる書き直しではなく，上にのべた強い条件をみたす接続 $a(l, s)$

† Squires, E. J.: *Complex Angular Momenta and Particle Physics*, Benjamin (1963), p. 5.

が存在してはじめて許されることを忘れないでほしい.

散乱振幅に対する Regge 表示を $-1<z<1$ で導いたが, (*15. 4. 46*)の右辺第2項の積分は $\mathrm{Re}\, l$ が有限のところで行なわれるから, (*15. 4. 45*)からこの積分の収束性は $\mathrm{Im}\,\theta$ によらないことがわかる. 積分が収束しなくなるのは $\mathrm{Re}\,\theta=0$, つまり z が実で $z\geqq 1$ の時だけである. したがって(*15. 4. 46*)が成り立つなら, $f(s, z)$ は $z\geqq 1$ に切断のはいった z 平面で正則でなければならない. このことは Regge 表示が可能であるためにはポテンシャルに強い制限を必要とすることを意味する. たとえば U が(*15. 2. 3*)の意味で有限なレインジを持つだけでは, 切断 z 平面での正則性はいえなかった. しかし U が湯川ポテンシャルの重ね合せで与えられているなら, $f(s, z)$ は z_0 (>1) から $+\infty$ まで切断のはいった z 平面で正則で, この場合には Regge 表示が成り立つことが予想される. 実際ダイナミカルな接続で得られる $a(l, s)$ が Sommerfeld-Watson 変換のための3条件をみたすことがいえ, したがって Regge 表示が成立する. なお(*15. 4. 46*)では分岐点が z_0 でなくて1に現われるように見えるが, これは見かけだけのことである. $1<z<z_0$ のとき切断の上下での不連続部分は, (*15. 4. 46*)において Regge 極の寄与を表わす部分と第2項の積分とでちょうど打ち消しあっている.

Regge 表示を用いて $|z|\to\infty$ での散乱振幅の漸近形を求めよう. $\mathrm{Re}\, l>-1/2$ のとき

$$P_l(z) \approx \frac{1}{\pi^{1/2}}\frac{\Gamma(l+1/2)}{\Gamma(l+1)}(2z)^l, \qquad |z| \longrightarrow \infty \qquad (15.\,4.\,47)$$

となる(*Bateman* I, p. 164)† ことから, 各 Regge 極からの寄与は $O(z^{\alpha_n(s)})$ であるが, 第2項の積分は $O(z^{L'})$ である. Regge 極を $\mathrm{Re}\,\alpha$ の大きさの順に $\mathrm{Re}\,\alpha_1>\mathrm{Re}\,\alpha_2>\cdots>L'$ と番号をつけると, $|z|\to\infty$ のとき $f(s, z)$ の漸近形は $\alpha_1(s)$ からの寄与できまり,

$$f(s, z) \approx -\pi^{1/2}\frac{2\alpha_1(s)+1}{\sin \pi\alpha_1(s)}\frac{\Gamma(\alpha_1(s)+1/2)}{\Gamma(\alpha_1(s)+1)}\beta_1(s)(-2z)^{\alpha_1(s)} \qquad (15.\,4.\,48)$$

となる. これで, Sommerfeld-Watson 変換ができれば, 散乱振幅は(*15. 4. 42*)で述べた Regge 的振舞をすることがわかった. したがって湯川ポテンシャルの

† 以下で用いる $P_l(z)$ および $Q_l(z)$ の性質については, Erdelyi, A. (ed.): *Bateman Manuscript Project, Higher Transcendental Functions*, McGraw-Hill (1953), vol. I, chap. III を参照されたい.

重ね合せによる散乱振幅は Regge 的に振舞う.

湯川ポテンシャルの重ね合せは，量子力学という枠からみるとありふれたポテンシャルに過ぎないが，解析性という立場から眺めると非常に特異な地位をしめるものであることに気付くであろう．あまり厳密ないい方ではないが，こういう湯川ポテンシャルの特殊性がハドロンによる強い相互作用の世界では一般性に転化するのである.

次の問題は Sommerfeld-Watson 変換を許す接続が存在するとして，それはただ1つかそれともいくつもあるかということである．その答は前にのべた3条件よりも弱い条件のもとで前者である．すなわちある実の L に対して3条件

(i′) $a(l,s)$ は l が L より小さくない物理的な値をとるとき $a_l(s)$ に一致する

(ii′) $a(l,s)$ は $\mathrm{Re}\,l \geqq L$ で正則である

(iii′) $\mathrm{Re}\,l \geqq L$ で $|l| \to \infty$ のとき $a(l,s) = O(e^{\lambda|l|})$ $(\lambda < \pi)$ である

をみたす $a(l,s)$ が存在すれば，それはただ1つである．この結論は Carlson の定理†，すなわち“$f(z)$ が $z=0,1,2,\cdots$ で0となり，$\mathrm{Re}\,z \geqq 0$ で正則で，$\mathrm{Re}\,z \geqq 0$ で $|z| \to \infty$ のとき $f(z) = O(e^{\lambda|z|})$ $(\lambda < \pi)$ であるならば，$\mathrm{Re}\,z \geqq 0$ で $f(z) \equiv 0$ である”からただちに得られる．上の3条件(i′), (ii′), (iii′)をみたすものが2つあったとして両者の差をとり，それに Carlson の定理で $\mathrm{Re}\,z=0$ を $\mathrm{Re}\,z=L$ までずらしたものを適用すれば，差が恒等的に0でなければならないことがわかる.

前の3条件(i), (ii), (iii)をみたす $a(l,s)$ が存在すれば，それが後の3条件(i′), (ii′), (iii′)もみたすことは明らかだろう．$\mathrm{Re}\,l \geqq L'$ には有限個の Regge 極しかないのだから，L として最も大きい $\mathrm{Re}\,\alpha$ よりも大きい任意の実数をとればよい．したがって Sommerfeld-Watson 変換を許す接続 $a(l,s)$ は，存在すればただ1つである．また s が右切断のすぐ上にある時，$a(l,s)$ が解析接続可能なすべての l に対して

$$\frac{1}{2ik}\{a(l,s) - a^*(l^*,s)\} = a(l,s)\,a^*(l^*,s) \qquad (15.4.49)$$

が成り立つことも，物理的な l に対するユニタリティと Carlson の定理からすぐにいえる(ただし，条件(iii′)で $\lambda < \pi/2$ とする).

---

† Titchmarsh, E. C.: *The Theory of Functions*, Oxford Univ. Press (1950), sec. 5. 8.

d) Froissart-Gribov の接続

本項ではポテンシャルが湯川の重ね合せで与えられる場合だけを考える．その時にはダイナミカルな接続 $a(l, s)$ は Sommerfeld-Watson 変換を許し，前項でみたように，そういうものとしてユニークである．したがって別な接続の方法を考えても，それが Sommerfeld-Watson 変換を許すものであれば，結局はダイナミカルな接続と同じものになる．だからといってダイナミカルな接続以外の方法を考えることは無意味だとはいえない(素粒子物理学のように基礎方程式を用いて接続することができない場合には，どうしても別の接続方法を考えざるをえない)．そこでこれから Schrödinger 方程式を表面からひっこめて，可能なかぎり S 行列的なやり方で話を進めてみよう．正直にいうと，いくつかの点でどうしても Schrödinger 方程式からの結論を借りることになるのだが．

出発点は前節で考えた t に関する分散式(*15. 3. 19*)である．ただしそこでも注意したように，この式は一般に引算が必要である．ところで $s\ (>0)$ を固定したとき $t\to\infty$ での $f(s,t)$ は，$t=-2s(1-z)$ からすぐわかるように Regge 的に振舞い，複素 l 平面で最も右にある Regge 極を $\alpha(s)$ とすると $f(s,t)=O(t^{\alpha(s)})$ となる．このことは t に関する吸収部分 $f_t(s,t)$ についても同じである．そこで $\mathrm{Re}\,\alpha(s)$ より大きい最小の整数を N とすると，ある与えられた s での t に関する分散式は N 回引算によって収束する．

ポテンシャルが湯川の重ね合せで与えられている本項の場合には，実はすべての $s\ (0<s<\infty)$ を通じて $\mathrm{Re}\,\alpha(s)$ に上限が存在することが Schrödinger 方程式からいえて，N として s によらない整数をとることができる†．このことは $f(s,t)$ に対する Mandelstam 表示を導く上で不可欠の点であるが，S 行列的に出すことはできない．素粒子の世界では $s\to\infty$ で $\mathrm{Re}\,\alpha(s)$ は無限大になる可能性が強く，もしそうだとすると散乱振幅は Regge 的振舞をするが Mandelstam 表示は成り立たない(有限回の引算では収束しない)ことになる．Schrödinger 方程式を使ってしかいえないことは，素粒子の散乱では話が大きく変わることが多いので注意を要する．

前項では t の代りに z で考えてきたので，(*15. 3. 19*)で積分変数を t' から z'

---

† ついでながら，(*15. 3. 17*)の前後で述べたことを，$\mathrm{Re}\,\alpha(s)$ の上限が $l_{\max}$ より大きいことから確かめてほしい．

に変え，N 回引算すると

$$f(s,z)=\frac{1}{\pi}\int_{z_0}^{\infty}\frac{f_t(s,2s(z'-1))}{z'-z}\prod_{i=1}^{N}\frac{z-z_i}{z'-z_i}dz'+\sum_{j=0}^{N-1}c_j(s)z^j \tag{15.4.50}$$

となる．ここで $z_0=1+t_0/2s$ で，z_i は z_0 より小さい任意の実数である．上式を

$$a_l(s)=\frac{1}{2}\int_{-1}^{1}f(s,z)P_l(z)dz \tag{15.4.51}$$

の右辺に代入して $l=0,1,2,\cdots$ の部分波がとり出せる．ここで 2 つの積分の順序が交換できることと，$l\geqq N$ のとき $P_l(z)$ はたかだか $N-1$ 次の多項式と直交するため

$$\frac{1}{2}\int_{-1}^{1}dz\frac{P_l(z)}{z'-z}\prod_{i=1}^{N}\frac{z-z_i}{z'-z_i}=\frac{1}{2}\int_{-1}^{1}dz\frac{P_l(z)}{z'-z}=Q_l(z')\qquad (l\geqq N)$$

となることに注意すると，$l\geqq N$ で

$$a_l(s)=\frac{1}{\pi}\int_{z_0}^{\infty}dz'f_t(s,2s(z'-1))Q_l(z') \tag{15.4.52}$$

が得られる．

$Q_l(z)$ の $|z|\to\infty$ での漸近形(*Bateman* I, p. 134)

$$Q_l(z)\approx\pi^{1/2}\frac{\Gamma(l+1)}{\Gamma(l+3/2)}(2z)^{-(l+1)} \tag{15.4.53}$$

から，(15.4.52) は l が $l\geqq N$ という物理的値でなくても，$\mathrm{Re}\,\alpha(s)$ より大きい実数 L をとった時，$\mathrm{Re}\,l\geqq L$ という領域で収束し，そこで l について正則な関数 $a(l,s)$ を定義することがわかる．このようにして得られた $a(l,s)$ を **Froissart-Gribov の接続**という．

今度は $|l|\to\infty$ のときの $Q_l(z)$ の漸近形(*Bateman* I, p. 162 参照)

$$Q_l(z)\approx(\mathrm{const})\cdot l^{-1/2}\exp\left[-\left(l+\frac{1}{2}\right)\ln\{z+(z^2-1)^{1/2}\}\right] \tag{15.4.54}$$

から，l のベキを別にすると

$$a(l,s)=O(e^{-\Gamma l}) \tag{15.4.55}$$

が得られる．ただし

$$\Gamma=\ln\{z_0+(z_0{}^2-1)^{1/2}\}=\cosh^{-1}z_0 \tag{15.4.56}$$

である((15.2.52) を参照)．

こうして Froissart-Gribov の接続 $a(l,s)$ は，まえに述べた3条件(i′), (ii′), (iii′)をすべてみたすから，そういうものとしてただ1つである．Sommerfeld-Watson 変換を許すための3条件(i), (ii), (iii)については，(ii)だけは S 行列的にはいえないが，いまわかったことだけからでも散乱振幅を

$$f(s,z)=\sum_{l=0}^{N-1}(2l+1)a_l(s)P_l(z)-\frac{1}{2i}\int_{L-i\infty}^{L+i\infty}(2l+1)a(l,s)\frac{P_l(-z)}{\sin\pi l}dl \tag{15.4.57}$$

と書くことができる．ここで N は L より大きい最小の整数である．あとは Schrödinger 方程式からの結論である条件(ii)を借りてきて，$\mathrm{Re}\,l=L$ の積分路を $\mathrm{Re}\,l=L'$ $(-1/2<L'<0)$ まで移すと，Regge 極からの寄与が現われて(15.4.46)の Regge 表示が得られる．

Froissart-Gribov の接続を求めるのに，(15.4.52)を用いたのは回り道ではないかと思われる読者があるかも知れない．(15.4.52)でなく直接(15.4.51)から接続した方が簡単ではないだろうか．実は後者の接続は Froissart-Gribov の接続とは全然別のものである．$P_l(z)$ が l の整関数で，(15.4.51)の積分が有限区間で行なわれるため，そうして得られる $a(l,s)$ は l の整関数となり，Regge 極は存在しえない．どこでこのような違いが生まれるのだろうか．それは(15.3.34)が物理的な値の l に対してのみ成り立つところに理由がある．実際，一般の l に対する式は(15.3.34)でなくて

$$Q_l(z')=\frac{1}{2}\int_{-1}^{1}\frac{P_l(z)}{z'-z}dz-\frac{\sin\pi l}{\pi}\int_{-\infty}^{-1}\frac{Q_l(-z)}{z'-z}dz \tag{15.4.58}$$

で与えられる．したがって Froissart-Gribov 接続は

$$a(l,s)=\frac{1}{2}\int_{-1}^{1}f(s,z)P_l(z)dz-\frac{\sin\pi l}{\pi}\int_{-\infty}^{-1}f(s,z)Q_l(-z)dz \tag{15.4.59}$$

となり，上式右辺第2項が上に述べたくい違いを表わす項である．物理的な値の l に対して上式が(15.4.51)に帰着することは明らかだろう．

最後に，交換力がある場合について簡単にふれておこう．$s=k^2$, $t=-2k^2(1-z)$ のほかに

$$u=-2k^2(1+z) \tag{15.4.60}$$

という変数を定義すると，s, t, u は1次独立ではなく，3者の間には

$$4s+t+u=0 \tag{15.4.61}$$

という関係がある．交換力がある場合には，上式のもとでこれら3つの **Mandelstam 変数**を使う方が便利である．t に関する分散式(15.3.19)を，簡単のため引算なしの形でいまの場合に書くと

$$f(s,t)=\frac{1}{\pi}\int_{t_0}^{\infty}\frac{f_t(s,t')}{t'-t}dt'+\frac{1}{\pi}\int_{u_0}^{\infty}\frac{f_u(s,u')}{u'-u}du' \tag{15.4.62}$$

となる．ここで t および u に関する $f(s,t)$ の吸収部分は

$$f_t(s,t')=-\pi\sigma^{\mathrm{o}}(t')+\frac{1}{\pi}\int_0^{\infty}\frac{\rho_{st}(s',t')}{s'-s}ds' \tag{15.4.63}$$

$$f_u(s,u')=-\pi\sigma^{\mathrm{e}}(u')+\frac{1}{\pi}\int_0^{\infty}\frac{\rho_{su}(s',u')}{s'-s}ds' \tag{15.4.64}$$

で与えられる．$\sigma^{\mathrm{o}}(t')$ および $\sigma^{\mathrm{e}}(u')$ はそれぞれ通常力と交換力からくるものである．新しくつけ加わった項が交換力に対応することは，$f(s,t)$ を部分波に分けてみるとわかりやすい．(15.4.62)を(15.4.51)に代入すると

$$a_l(s)=\frac{1}{\pi}\int_{z_1}^{\infty}f_t(s,2s(z'-1))Q_l(z')dz'-\frac{1}{\pi}\int_{z_2}^{\infty}f_u(s,2s(z'-1))Q_l(-z')dz' \tag{15.4.65}$$

となるが，物理的な l に対しては

$$Q_l(-z)=(-1)^{l+1}Q_l(z)$$

であるから，

$$a_l(s)=\frac{1}{\pi}\int_{z_0}^{\infty}dz'[f_t(s,2s(z'-1))+(-1)^l f_u(s,2s(z'-1))]Q_l(z') \tag{15.4.66}$$

が得られる．ただし z_0 は z_1 と z_2 の小さい方を表わす．そこで

$$g^{\pm}(s,t)\equiv f_t(s,t)\pm f_u(s,t) \tag{15.4.67}$$

とおいて，適当な実数 L に対し $\mathrm{Re}\, l\geqq L$ で Froissart-Gribov の接続

$$a^{\pm}(l,s)=\frac{1}{\pi}\int_{z_0}^{\infty}dz' g^{\pm}(s,t')Q_l(z') \tag{15.4.68}$$

を行なえば，$a^-(l,s)$ および $a^-(l,s)$ のそれぞれについては，交換力のない場合と

全く同じに考えてよい．$a^{\pm}(l,s)$ を符号付け振幅†という．

散乱振幅 $f(s,z)$ を

$$f(s,z)=\frac{1}{2}\{f(s,z)+f(s,-z)\}+\frac{1}{2}\{f(s,z)-f(s,-z)\}$$

と書くと，右辺の第1項(第2項)には a^+ (a^-) からくる Regge 極 α^+ (α^-) が寄与する．$\alpha^+(s)$ および $\alpha^-(s)$ をそれぞれ偶および奇符号付け軌跡と呼ぶ．$a^{\pm}(l,s)$ の $l=\alpha_n{}^{\pm}$ での留数を $\beta_n{}^{\pm}$ とすると，(15.4.46) の Regge 表示が

$$\begin{aligned}f(s,z)=&-\pi\sum_{\mathrm{Re}\,\alpha_n{}^+>L'}\frac{2\alpha_n{}^++1}{\sin\pi\alpha_n{}^+}\frac{\beta_n{}^+}{2}\{P_{\alpha_n{}^+}(-z)+P_{\alpha_n{}^+}(z)\}\\&-\pi\sum_{\mathrm{Re}\,\alpha_n{}^->L'}\frac{2\alpha_n{}^-+1}{\sin\pi\alpha_n{}^-}\frac{\beta_n{}^-}{2}\{P_{\alpha_n{}^-}(-z)-P_{\alpha_n{}^-}(z)\}\\&-\frac{1}{2i}\int_{L'-i\infty}^{L'+i\infty}dl\frac{2l+1}{\sin\pi l}\\&\cdot\left[\frac{a^+(l,s)}{2}\{P_l(-z)+P_l(z)\}+\frac{a^-(l,s)}{2}\{P_l(-z)-P_l(z)\}\right]\end{aligned}\qquad(15.4.69)$$

となることは容易に確かめられるであろう．図15.14に交換力が比較的弱い場合の偶符号付け軌跡と奇符号付け軌跡との例を示した．交換力が0の極限では2つの軌跡は完全に重なってしまい($\alpha^+\equiv\alpha^-$)，留数も等しくなる($\beta^+\equiv\beta^-$)．このことを**交換縮退**(exchange degeneracy)という．

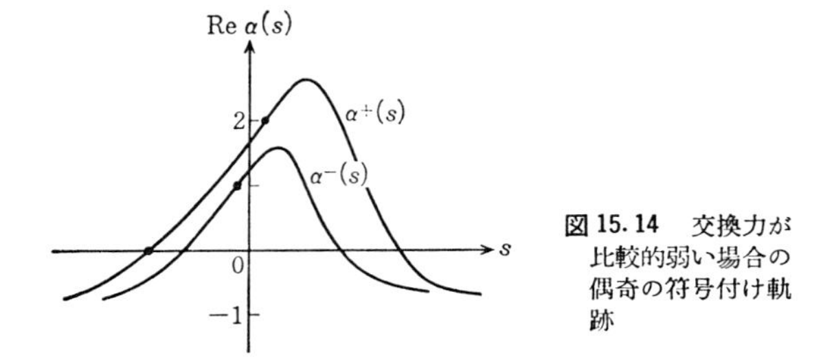

図15.14　交換力が比較的弱い場合の偶奇の符号付け軌跡

本節の後半ではできるだけ S 行列的なアプローチを行なったが，重要な点で Schrödinger 方程式の結論を借りなければならないところがあった．このような

† signatured amplitude に対する訳語がまだないので，ここではかりに上のように呼んでおく．

ところは素粒子物理学にも共通した S 行列理論の難点である．いいかえると，現在の S 行列理論は対象とする物理系のダイナミカルな特徴を十分つかんではいないのである．まだ書き残したことも多いが，Regge 理論に興味を持たれた読者には，ポテンシャル散乱に深入りしないで，素粒子物理学での Regge 理論にはやく進まれることをおすすめして本節を終わる．

第 VI 部　量子力学の構造

は じ め に

量子力学の体系を，それが内包する基礎概念の形成および相互連関に重点をおいて説明した本講座第3巻『量子力学 I』をうけて，本書の第VI部，すなわち第16章から第18章にかけては，量子力学の基礎的構造の吟味にあてられる．いいかえれば，量子力学の基礎概念の定式化というすでにわれわれが一通り学んだことがらに，あらためて新しい光をあてようとするものである．

量子力学の基礎概念が，その創始者である Heisenberg, Schrödinger, そして Dirac 等によって定式化され，一応実用に堪える理論体系が建設されてから，時すでに久しい．その間，一方ではわれわれの実験対象は原子核，素粒子の世界へ拡大し，量子力学の適用限界も論ぜられる趨勢となり，他方では Bohr-Einstein 論争で口火を切られた量子力学の根本をなす測定論が，再び人びとの注目を集めるようになってきた．

もちろん，量子力学の基礎概念を整理し，できるだけ数少ない本質的な“公理”を抽き出し，これらから厳密な推論によって1つの理論体系を構成しようとする試みは古くから行なわれてきた．とくに古典物理学とは異なる論理体系をもつ点が数学者を刺激し，von Neumann を始め多くの人びとによって早くから“量子力学の数学的基礎づけ”が行なわれてきている．しかし，それらは，最近まで不幸にして現実の物理的世界との関連を具体的な実験としてとらえることが比較的少なく，一方では認識論的側面が強調され過ぎたことと，他方ではそこで用いられる数学に対する食わず嫌いも手伝い，多くの物理学者の注意を惹くにいたらなかった．

しかし，状況は大きく変わろうとしている．統計力学や場の理論の基盤に触れる“無限自由度の物理系の問題”をいかに処理するかは，将来の発展のために避けて通れない問題の1つである．有限自由度の物理系の取扱いであれほど威力を発揮した量子力学は，その改良によってこの問題に解を与えることができないものか？ 残念ながら，われわれは現在それに対する十分な答をもっていない．

われわれは現在の量子力学体系に固執するものではない．恐らく近い将来，それを超える新しい理論体系が誰かの手によって創られるであろう．しかし，そのためには，いや，そのためにこそ，現在の理論体系は徹底的に吟味されなくてはなるまい．それにまた，量子力学の基礎概念の定式化が唯1つに限られるという保証はない．むしろ異なる定式化が積極的に探求されるべきであろう．

このような観点から，われわれは，量子力学の基礎に横たわるいくつかの重要な概念をその定式化と関連させつつ，最近の研究をふまえ，紙幅の許す限り，できるだけ深く，かつ丁寧に論ずることを試みた．物理学の定式化に数学の言葉や記号，さらに数学的推論が駆使されるのは，情報の正確な伝達のためばかりでなく，理論構築の手段として有効であることはいうまでもない．これからわれわれが用いるのは，主として“位相解析”あるいは“関数解析”の入門部分と“位相群論”のごく初歩に過ぎないが，われわれはこれらに関する予備知識を前提とせず，また，われわれに必要な数学を要約して初めに掲げるという方法もとらなかった．それは，われわれの目的はあくまで量子力学の物理的な理解であって，数学的方法によって単なる形式的整備を行なうことではないからである．われわれは物理的概念の定式化を進めてゆく各段階で必要を生ずる数学的方法を，その都度説明してゆくことにした．そして読者にとって新しいと思われる数学的術語はもちろん，そうでない術語の定義についても実例を用いて詳しく説明した．

このため記述が一見冗長と思われるようになることもあえて避けなかった．数学的推論は“定理”とその“証明”の連鎖によって，強い説得性を持ちうるものであるが，残念ながら紙幅の制約から，本書で用いたいくつかの定理についてはそれらの証明を割愛せざるをえなかった．それらが容易であるからとか，重要でないからとかいう理由によるものではない．むしろその逆のものが多いといった方がよい．幸いそれらの証明は，多くの教科書，参考書の中に容易に見出されるから，代表的な参考書をそれらが記載されているページ数をも示して引用することにした．一例をあげれば，量子力学体系の Hilbert 空間における表現の中で最重要な役割を果たしている Stone の定理などは，本書のいたるところで使われているが，その証明は大抵の参考書にあるという理由で省いた．ただ，成書に見られない証明，あるいは原論文にしか見出されない証明は，読者の便を考えて本書に収録することにした．

さて本書の第VI部の構成は次のようになっている．

第16章“状態と力学変数”では，現在の量子力学体系の可分な複素 Hilbert 空間を用いる定式化がのべられる．さらに詳しくいえば，§16.1で力学系の情報を期待値汎関数で表現すること，情報の精密化，複素 Hilbert 空間における射線による(純粋)状態の表現，といった状態表現の問題提起が行なわれ，それをうけて，§16.2, §16.3で Hilbert 空間の公理系，さらにその中で作用する線形演算子が物理的な観測量となるための条件が詳しく論ぜられる．演算子を考えるさい，それが作用する対象の集合をたえず念頭におく必要があるのはあまりにも当然のことであるが，この“定義域”と“値域”を演算そのものとあわせて考えると，いままで見過ごしてきたいろいろな問題があることに気付くであろう．読者はすでに十分理解したつもりの演算子の自己共役性に深い含意があることをあらためて覚り，さらに量子力学の基本的な量のうちでも最重要なものの1つである運動量演算子ですら，それほど簡単には定式化できない様子を知るであろう．無限区間の運動量演算子が上の枠組の中では固有ベクトルを持たないこと，しかしこの場合でも，物理的な問題はスペクトル分解の処方によって支障なく一般的な形で解けることが，くどすぎるくらい丁寧にのべられる．§16.4では力学系のいくつかの観測量を基本的観測量から構成する方法が古典的な表式と“対応”させつつ論ぜられ，運動エネルギーの演算子，さらにそれにポテンシャル・エネルギーの演算子を加えたハミルトニアンの自己共役性が，“加藤-Rellich の定理”を援用しつつ詳しく調べられる．これは水素原子の問題のより深い理解のために量子力学の立場からの理論的手がかりを与えるものということができよう．

§16.5では有限自由度の力学系における正準変数の表現と一意性がのべられる．ここでは定義域の問題につきまとわれるのを避けるため Weyl の表現が採用され，これを用い，群の誘導表現の処方に従って von Neumann の一意性定理の証明が説明される．これは，現行の量子力学体系では時間が“観測量”すなわち“エネルギーに正準共役な演算子”ではないことを明示するだけでなく，第18章の無限自由度の力学系を論ずる前置きにもなっている．

§16.6は『量子力学 I』ですでにのべられた極大観測量の基礎づけにあてられ

ている．状態をできるだけ精密にきめるために，いくつかの観測量の観測を行なわねばならないこと，そしてそれらが同時確定可能であるためには，それらをあらわす自己共役な演算子が交換可能でなければならないこと，この一見わかりきったことが逆に十分であることを証明するのは，実はそれほど簡単ではない．ここでは von Neumann 代数の助けをかりて，交換可能な観測量が実は1つの観測量の関数であることが示される．§16.A では特に付録として von Neumann の稠密性定理の証明を与えた．成書あるいは論文に見当らないように思われるからである．

§16.7では，Dirac により導入され，実際の計算で盛んに使われているケット・ベクトルやブラ・ベクトルがそれぞれつくるケット空間やブラ空間がわれわれの立場で再検討される．ただし一般論を展開する紙幅はないので簡単な例を用い，Gelfand の3つ組の方法によって，ブラやケットの空間が一応支障なく機能することを示す．

以上，第16章についてはその内容をやや詳しくのべたが，それはこの章が量子力学の基礎概念定式化の根幹をなす部分だからである．

第17章は，状態や演算子の時間的変化，すなわち運動の法則の解説にあてられている．状態や演算子の時間的変化は，物理的には期待値の時間的変化として捉えられるが，定式化の面からいえば，時間という実数パラメーターをもつ時間推進の演算子が状態や観測量に作用することであるといってもよい．そこで，この1パラメーター群のユニタリー表現の性質が詳しく調べられることになる．そして運動方程式の確率論的解釈や，経路積分と呼ばれる運動方程式の解法の物理的含意が説明される．経路積分の説明には，そこで必要となる Kolmogorov の拡張定理の証明が付録として加えられている．

第18章では，実用的な問題に入る第一歩として，Hilbert 空間のテンソル積の導入が行なわれる．現実には，どのように簡単な量子力学的観測の記述にも Hilbert 空間のテンソル積が必要である．ただし観測に関するいくつかの思考実験，およびその分析については第VII部に譲る．そこでは微視的世界の情報とその論理という観点から量子力学の定式化があらためて論ぜられるであろう．

この第18章では，無限自由度の力学系を扱うさい，これまでの量子力学体系で果して処理しきれるかどうかを論ずる．問題の本質は相対論的な場の理論あるいは量子統計力学であらわれるものと共通である．ここでは，第16章で有限自由度の系について証明した正準交換関係の表現のユニタリー一意性が破れてしまう．しかし第18章の終りにのべる意味で，表現がユニタリー非同値でも物理的には同値であると見直すことができ，ここから量子力学の新しい代数的定式化への道が開かれるように思われる．この部分を詳しく説明する十分な紙幅がないのは残念であるが，量子力学体系の定式化がまだ開かれた問題として残っていることを読者が汲みとっていただければ幸いである．

なお読者の便宜を考え，この第VI部で用いられる数学的記号の主なものの定義とその説明箇所を次ページに掲げておく．これを参考にし，読者は各自の好みに応じ，ゆっくりした気持で読み進まれることを希望する．

H	: Hilbert 空間	§16. 2
$\mathsf{H}_1{}^{\perp}$	: $\mathsf{H}_1 \subset \mathsf{H}$ の直交補空間	§16. 2
$\bigotimes_{\alpha} \mathsf{H}_{\alpha}$	: Hilbert 空間のテンソル積	§18. 1
$\bigoplus_{j} \mathsf{H}^{(j)}$	: Hilbert 空間の直和	§16. 5
R^s	: s 次元の Euclid 空間	§16. 2
C	: 複 素 数 体	§16. 2
$\hat{A}$	: 線形演算子	§16. 3
$\hat{A}^*$	: 共役演算子	§16. 3
$\mathsf{D}(\hat{A})$	: 定　義　域	§16. 3
$\mathsf{R}(\hat{A})$	: 値　　　域	§16. 3
$\mathfrak{M}$	: 有界な演算子の組 $\{\hat{A}, \hat{B}, \cdots\}$	§16. 6
$\mathfrak{R}(\mathfrak{M})$	: $\mathfrak{M}$ により生成される von Neumann 代数	§16. 6
$\mathfrak{B}$	: 有界演算子の組	§16. 6
$\mathfrak{B}'$	: $\mathfrak{B}$ の可換子代数	§16. 6
$\mathfrak{B}''$	: $\mathfrak{B}$ の 2 重可換子代数	§16. 6
$\mathscr{S}(\mathsf{R}^s)$	: $\{g(x)$: R^s 上で無限回微分可能, 急減少$\}$	§16. 3, §16. 4
$\mathring{A}$	: 定義域を($\mathscr{S}$ 上に)制限した演算子	§16. 3, §16. 7
$\check{A}$	: $(\mathring{A})^*$	§16. 7
Φ	: ブ ラ 空 間	§16. 7
Φ'	: ケット空間	§16. 7
CCR	: 正準交換関係	§16. 5, §18. 3
$\hat{\mathscr{H}}$	: ハミルトニアン	§16. 3
$\hat{E}, \hat{P}$	: 射影演算子	§16. 3
$\hat{P}(I)$	: $\int_I d\hat{P}(\lambda)$	§16. 3
$\hat{\mathscr{F}}$	: Fourier 変換	§16. 3
$\hat{\mathscr{U}}(\alpha)$	: $\exp[i\alpha \cdot \hat{x}]$	§16. 5
$\hat{\mathscr{V}}(\beta)$	: $\exp[i\beta \cdot \hat{p}]$	§16. 5

第16章　状態と力学変数

§16.1　状態の表現

一般にいって，力学系の状態とは時刻 t ごとの系に関する情報の全体であると考えられる．情報には集め方により精粗いろいろの場合を生じ，その表現のしかたにもまた種々ありうるだろう．これは量子力学的な状態についてもいえることである．ただ，情報の精細を求めてゆくと，古典力学の場合†とは異なった量子力学に特有の限界があらわれる．

N 個の粒子からなる質点系について見よう．古典力学でならば，最も精細な情報は，問題にする時刻 t に各粒子がもつ座標 $\boldsymbol{r}_i(t)$ と運動量 $\boldsymbol{p}_i(t)$ の組 $\{\boldsymbol{r}_1(t), \boldsymbol{p}_1(t), \cdots, \boldsymbol{r}_N(t), \boldsymbol{p}_N(t)\}$ である．これを全エネルギー，重心の座標と運動量，重心まわりの角運動量，……といったふうに表現することもまた可能かもしれない．いっそ，この情報を $6N$ 次元の相空間の1点(代表点)として表わしておけば，そうした表現のちがいは，その点 $\{\boldsymbol{r}_1(t), \boldsymbol{p}_1(t), \cdots\}$ を Descartes 座標でとらえるか，それとも等エネルギー面，等角運動量面，……の交点としてとらえるかの，いわば座標系のとりかたの差に解消してしまう．

最も精細な情報によって規定された状態は**原子的**(atomic)であるということにすれば，古典力学における原子的な状態は相空間における1つの代表点によって表現されるのである．

統計力学におけるように粗略な情報しかない場合には，状態は相空間に濃淡に分布する代表点の集合によって表現される．その背後には情報が粗略で選択がなされきっていないために残った統計母集団があり，その集団の個々の系は，原子的な状態にあるはずだという意味において，いわば，代表点の1つ1つに対応し

† 古典力学における限界については，本講座第1巻『古典物理学 I』を参照．

ているわけである.

量子力学においては，粒子の座標と運動量とが同時刻にともに確定値をとるということがあり得ない．これは不確定性関係の示すところであって，座標と運動量の組に限らず，むしろ一般に起こることである．それゆえ，量子力学の世界にもなにか原子的といえる類の状態があるとしても，それは相空間内の代表点で表現されるようなものではあり得ない．力学量の測定をすれば測定結果は確率的にばらつくけれども，その際の確率法則は相空間における代表点の分布の濃淡で表わせるようなものではないのである．このことは，電子線の回折の実験において回折像の示す電子の存在確率の分布が，なにか波動の振幅の絶対値2乗という形をとるという事実が端的に示す．点の分布の濃淡で表わされた確率は干渉しえないからである.

では，量子力学的な状態は，どのような表現をもち得るのか？

力学量の測定結果は確率的にばらつくのが一般だから，ここでも力学系の集団を用意して統計的な手法にうったえるほかない．そうだとしたら，測定値の分布に関する情報を期待値という形に表現することが実験に最も近い自然なやりかたであろう.

そこで，量子力学的な状態は，**期待値汎関数**による表現をゆるすとしてみよう.期待値汎関数を $\omega(\cdot)$ と記す．つまりは時刻 t において力学量 $A, B, \cdots$ の測定をするときの期待値の目録 $\omega(A), \omega(B), \cdots$ にほかならない．Schrödinger の言葉[†]をかりれば“状態とは予測目録(Erwartungskatalog)である”．なお，A について $\omega(A)$ は平均値，そのまわりの2次のモーメント $\omega([A-\omega(A)]^2)$ は分散をあたえる．より高次のモーメントまで求めていけば A の確率分布も推測できるはずであろうが，この新しい世界で古典的な Laplace の確率算が通用するか否かは，まだ定かではないことに注意しておかなければならない.

それでも，測定値そのものは計器の読みのように巨視的世界に属するので，期待値汎関数は，一般に

$$\omega(1) = 1 \qquad (16.1.1)$$

$$\omega(A^2) \geqq 0 \quad (\text{任意の力学量 } A \text{ に対して}) \qquad (16.1.2)$$

---

† [湯川], pp. 377–378 を見よ．文献は巻末のリストから著者名または編者名によって引用する.

なる性質を当然もつべきだし，事実としてもそうなっている．ここで，便宜のために1を力学量の仲間に入れた．数字の1と同じ記号を用いたが，その文字どおり，これは $1^2=1$, $1\cdot A=A\cdot 1=A$ のような性質をもつ力学量とする．

さらに，実験によると，

$$\omega(\alpha A+\beta B) = \alpha\omega(A)+\beta\omega(B) \qquad (\alpha, \beta: \text{実数}) \qquad (16.1.3)$$

も所要の量 $\alpha A+\beta B, A, B$ が測定可能なかぎり常になりたつことがわかっている．ただし，この式の右辺は，用意した統計集団の一部に対して A の測定を行ない，残りに対し B の測定を行なって，それぞれの平均値 $\omega(A), \omega(B)$ を加え合わせるという意味とする．このことを特に注意しておかなければならないのは，A, B それぞれ単独に行なった測定と $\alpha A+\beta B$ の測定とは本質的に異なることが後に明らかになるからである．力学量の乗法が古典力学の世界とちがっていることは本講座第3巻『量子力学 I』で既に知った．

場合によっては，期待値汎関数が

$$\omega(A) = \sum_r g_r\omega^{(r)}(A) \qquad (16.1.4)$$

のように分解できることがある．ただし，

$$g_r \geqq 0, \qquad \sum_r g_r = 1$$

で，$\omega^{(r)}$ は自身 (16.1.1)～(16.1.3) をみたすものとする．それらの性質により $\omega^{(r)}(\cdot)$ も期待値汎関数とみられるので，分解 (16.1.4) は，左辺の ω の記述する統計集団が右辺の各 $\omega^{(r)}$ に対応する統計集団の混合であるという物理的解釈を許す．このような分解のできる状態を**混合状態** (mixture, Gemisch) とよび，分解できないものを**純粋状態** (pure state) とよぶ．

混合状態の統計集団は異なる期待値汎関数をもつ部分集団に分割できる．それに対して，純粋状態では分解ができないのだから，これを量子力学における原子的な状態とよんでもよいであろう．

後に第18章で説明するように，十分に多くの物理量を含む集合 $\mathfrak{R}$ の上で (16.1.1)～(16.1.3) をみたす汎関数が1つあたえられると，それを Hilbert 空間とその上の演算子の言葉で表示することができる．すなわち，仮に ω が純粋状態だとすると，ある Hilbert 空間 H が構成できて，1つの規格化されたベクトル

$\psi \in \mathrm{H}$ と $\mathfrak{R}$ の元からその上の演算子への写像 $A \longmapsto \hat{A}$ とがユニタリー変換を除いて一意的に定まり，汎関数 ω が，

$$\omega(A)=\langle\psi, \hat{A}\psi\rangle \qquad (\|\psi\|=1) \tag{16.1.5}$$

のように表示できるというのである†．$\langle\ ,\ \rangle$ は内積を示す．もし ω が混合状態であったら，この右辺の形の項を重み g_r によって平均するという表示になる．

表示(*16. 1. 5*)は，量子力学的な“純粋”状態が **Hilbert 空間のベクトルによる表現**もゆるすことを示している．この表現は，量子力学の世界の物理量を演算子という具体を用いて研究する道をひらくばかりでなく，状態の合成法として，上の混合に加えて，**重ね合せ**(superposition)を自ら示唆するという点で意義が大きい．

実際，(*16. 1. 5*)の右辺によって逆に $\omega(A)$ を定義することを考えると，勝手な $\psi \in \mathrm{H}$ を用いて(*16. 1. 1*)～(*16. 1. 3*)がみたされるので，一応，Hilbert 空間の(規格化された)どのベクトルも状態を表わし得るとしなければなるまい．$\psi \in \mathrm{H}$ と，これに定数位相をつけた $e^{i\alpha}\psi \in \mathrm{H}$ とは同じ $\omega(\cdot)$ をあたえるので，物理的には同一の状態を表わす．Hilbert 空間のベクトルで相互に定数の位相しか異ならない仲間を一括して**射線**(ray)とよぶ．正確には，だから，“状態を表わすのは射線である”．しかし，本章では仲間の代表としてのベクトルを用いて議論をすすめる．射線としての扱いとの関係は第8章で説明されている．

さて，勝手な $\varphi, \psi \in \mathrm{H}$ $(\|\varphi\|=\|\psi\|=1)$ とともに，複素係数 α, β による線形結合

$$\alpha\psi+\beta\varphi$$

も状態を表わすという提言を，**重ね合せの原理**という．

Dirac は，彼の有名な教科書([Dirac])において，むしろ，この原理から出発して量子力学に Hilbert 空間を導入している．

ただ，重ね合せの原理が常になりたつわけではないことに注意しておきたい．たとえば，本講座第9巻の『原子核論』において説明されるように，陽子と中性子は同一の粒子の異なる状態と考えられるが，陽子1個だけの状態 ψ と中性子1個だけの状態 φ との重ね合せは自然界には存在しない．状態ベクトルの Hilbert 空間 H が部分空間 $\mathrm{H}_1, \mathrm{H}_2, \cdots$ に直和分解して，ベクトル $\psi \in \mathrm{H}_k$ と $\varphi \in \mathrm{H}_l$

---

† この問題には本書第19章において，別の角度からより強い照明があてられるはずである．

$(k\neq l)$ の重ね合せが自然界にないというようになるとき，分解の規則を**超選択則**(superselection rule)とよぶ．そのような部分空間の一方に属するベクトルを他方にうつす演算子は，“観測できる”物理量のなかには存在しない([Bogoliubov]，第2章§1.3を参照)．

次の節から第VI部の終りまで，主として純粋状態を考察しながら量子力学の構造を調べてゆく．

それには，Hilbert 空間の定義を明確にし，その幾何学の特徴をつかむことから始めなければならない．

§16.2 Hilbert 空間

ここでは Hilbert 空間の定義と例をあたえ，その解説と以後の応用への準備をかねて簡単な性質を考察する．抽象的な定義を掲げるのは，追々に明らかとなるように，その具体化(表現)のあれこれによらない不変な性質こそが量子力学的世界の本質だからである．

a) 定義と例

Hilbert 空間とは以下の公理をみたす集合 H のことである——

(L) 複素線形空間である．すなわち，H の元は複素数体 C を係数域として周知のベクトル算法に従う：

L1. 任意の $\psi,\varphi\in\mathsf{H}$ に対し $\psi+\varphi=\varphi+\psi\in\mathsf{H}$.

特にゼロ・ベクトルとよばれる $0\in\mathsf{H}$ も仲間にあって，任意の $\psi\in\mathsf{H}$ に対し $\psi+0=\psi$，さらに $\psi+\varphi=0$ なる $\varphi\equiv-\psi\in\mathsf{H}$ も存在する．

$(\psi+\varphi)+\chi=\psi+(\varphi+\chi)$ が任意の $\psi,\varphi,\chi\in\mathsf{H}$ に対して成立．

L2. 各 $\psi\in\mathsf{H}$ と係数 $\alpha\in\mathsf{C}$ に対し $\alpha\psi$ も H に属している．そして，線形性が係数について $(\alpha+\beta)\psi=\alpha\psi+\beta\psi$，またベクトルの側について $\alpha(\psi+\varphi)=\alpha\psi+\alpha\varphi$ のようになりたつ．もちろん $1\cdot\psi=\psi$ とする．ここで文字 ψ，φ は H の元を，α,β は C の元なる複素数を表わしている．以下，この種の断りは省略することがある．

複素数をときにスカラーとよび，$\alpha\psi$ を ψ のスカラー倍という．

(P) 内積によってノルムが定まっている．その意味を詳しくいうと，H の任意の要素の対 ψ,φ に複素数値を対応させる汎関数，すなわち内積 $\langle\psi,\varphi\rangle$

が定められていて，次の性質をもつ．$\langle\psi,\varphi\rangle$ を ψ と φ の内積とよぶのである：

P1. Hermite 性

$$\langle\psi,\varphi\rangle=\langle\varphi,\psi\rangle^* \tag{16.2.1}$$

ここに * は複素共役を意味する．

P2. 半双線形性(sesquilinearity†)　$\langle\ ,\ \rangle$ 内の右側の“変ベクトル”につき線形

$$\langle\psi,\beta_1\varphi_1+\beta_2\varphi_2\rangle=\beta_1\langle\psi,\varphi_1\rangle+\beta_2\langle\psi,\varphi_2\rangle \tag{16.2.2}$$

そうすると，P1 により，左側については反線形(antilinear)となる．という意味は，

$$\langle\alpha_1\psi_1+\alpha_2\psi_2,\varphi\rangle=\alpha_1{}^*\langle\psi_1,\varphi\rangle+\alpha_2{}^*\langle\psi_2,\varphi\rangle \tag{16.2.3}$$

のように，係数が $\langle\ ,\ \rangle$ の前の部分から出るとき複素共役に変わること．

P3. 正値性　P1 により実数なることを保証されている $\langle\psi,\psi\rangle$ が，その上

$$\left.\begin{array}{c}\langle\psi,\psi\rangle\geqq 0\\ \langle\psi,\psi\rangle=0\iff\psi=0\end{array}\right\} \tag{16.2.4}$$

$\sqrt{\langle\psi,\psi\rangle}$ を $\|\psi\|$ と記し，ψ の**ノルム**とよぶ．$\|\psi-\varphi\|$ は(16.2.4)により $\psi=\varphi$ のとき以外 0 にならないので，H の“点” ψ と φ の隔たりの尺度になる(本節(b)項を参照)††．

(C)　上のノルムに関して**完備**(complete)である．すなわち H の点列 $\{\psi_1,\psi_2,\cdots\}$ が Cauchy の収束条件――任意の正数 ε に対して整数 $N(\varepsilon)$ が存在して

$$\|\psi_n-\psi_m\|<\varepsilon\qquad(\forall m,n>N(\varepsilon)\text{ に対して}) \tag{16.2.5}$$

がなりたつ――を満たすときには，必ず，その点列の収束する先が H に備わっている．いいかえると，ノルムという距離でみたとき ψ_n が近迫し遂に落ち着くところの

$$\lim_{n\to\infty}\|\psi_n-\psi\|=0$$

なる点 ψ が H の中に必ず存在する．

---

† sesqui- は $1\frac{1}{2}$ を意味するラテン起源の接頭語．もし左右の変ベクトルにつき共に線形だったら双線形性(bilinearity, bi-=2)というところである．

†† 点とは，つまり原点から発したベクトル ψ の“先端”のことだと思えば絵になるでしょう．

なお，上の意味の収束を $\psi_n \xrightarrow{s} \psi$ と記し，**強収束**(strong convergence) とよぶ．以下，単に収束といい，→ と記せば強収束の意味とする．

例 1 N 個の複素数 c_k を並べた目録† $\{c_1, c_2, \cdots, c_N\} \equiv \{c_j\}$ の全体は，

加　法：　$\{c_j\}+\{c_j'\}=\{c_j+c_j'\}$

スカラー乗法：　$\lambda\{c_j\}=\{\lambda c_j\}$

なる算法によって複素線形空間となり，

$$\text{内　積：}\quad \langle\{c_j\}, \{c_j'\}\rangle = \sum_{k=1}^{N} c_j{}^* c_j'$$

によりノルムを入れると Hilbert 空間になる．この空間を数列空間 $l_N{}^2$ とよぶ．これが上掲の公理をすべて満たすことの検証はたやすい．特に，この空間の完備性は複素数の完備性に帰する．

係数体を実数に限った Hilbert 空間を実 Hilbert 空間という．おなじみの 3 次元実 Euclid 空間は，実 Hilbert 空間の例である．

例 2 実数 x 軸上の有限または無限区間 (a, b) で“定義”された複素数値関数 $\psi(x), \varphi(x), \cdots$ の全体は

加　法：　$(\psi+\varphi)(x)=\psi(x)+\varphi(x)$

スカラー乗法：　$(\alpha\psi)(x)=\alpha\psi(x), \quad \alpha \in \mathsf{C}$

なる算法により複素線形空間となるが，

$$\text{内　積：}\quad \langle\psi, \varphi\rangle = \int_a^b \psi^*(x)\varphi(x)\,dx \tag{16.2.6}$$

を定義するにはメンバーの制限がいる．いま，

$$\mathsf{L}^2(a, b) = \{\psi(x) : \|\psi\|^2 \equiv \int_a^b |\psi(x)|^2 dx < \infty\} \tag{16.2.7}$$

を考えよう．この関数空間 $\mathsf{L}^2(a, b)$ は積分を Lebesgue の意味††としたとき完備となり Hilbert 空間になることが知られている．実際に，そうした“2 乗可積分な関数”の仲間同士に (16.2.6) の内積が常に定義されることは，関数の積分に関

---

† 数学の用語では，列 (sequence)．

†† Lebesgue 積分については，本講座『古典物理学 II』および［伊藤］を参照．(16.2.7) のような条件を書く場合，数学の書物では“$|\psi(x)|^2$ は可測”とつけ加えるが，この但書は本書では省く．物理で出会う関数は可測と考えてまずまちがいない (Schwartz L.：『物理数学の方法』，吉田・渡辺訳，岩波書店 (1966)，p. 27)．

してよく知られている Schwarz の不等式からわかる.

公理 P3 により，この空間では

$$\|\psi-\varphi\|^2=\int_a^b|\psi(x)-\varphi(x)|^2dx=0$$

なる2元 ψ, φ は相等しいとしなければならない．ところが Lebesgue 積分の値は，積分区間上のたとえば可付番個の点で関数の値を変えても変わらないのである．したがって，そのくらい多くの点で値を異にする関数でも空間 $\mathsf{L}^2(a, b)$ の点として同一視されてしまう．“ほとんど到るところ(almost everywhere, a. e. と略記)”で値0をとる関数の全体を $\mathsf{0}$ としよう．2つの関数 ψ, φ は $\psi-\varphi\in\mathsf{0}$ となるとき同値であると定め，2乗可積分な関数のなかで ψ に同値な関数の全体を一括して $[\psi]$ とし，それに入らない χ に同値な関数の全体を $[\chi]$ として一括し，……，というようにして関数をすっかり分類することができる．一括された各組 $[\psi]$, $[\chi]$, … を“$\mathsf{0}$ を法として定まる**同値類**(equivalence class)”とよび，それぞれから任意に取りだした関数を**代表元**(representative)とよぶ.

つまり，空間 $\mathsf{L}^2(a, b)$ の点は，関数そのものではなくて，関数の同値類なのである．だから $\mathsf{L}^2(a, b)$ の点は本来 $[\psi]$ などと書き表わすべきであるが，その繁を避け，しかも $\mathsf{L}^2(a, b)$ の点があたかも1つの関数であるかのような言葉づかいをすることが多い．そういう場合にも，その関数は1つの同値類の代表元なのだと解釈し，背後に無数の関数を見ておく必要がある．内積やノルムは類によって定まり，どの代表元をとって積分の計算を行なうかにはよらない.

なお，$\mathsf{L}^2(a, b)$ で $a=-\infty$, $b=\infty$ のとき，$\mathsf{L}^2(\mathsf{R})$ と書く．R は実数直線の意味である.

例3　後に，次元を上げた $s>1$ 次元(Euclid)空間 R^s の上での2乗可積分関数 $\psi(x_1, \cdots, x_s)$ の(同値類の)全体なる空間 $\mathsf{L}^2(\mathsf{R}^s)$ を考える必要も起こってくるが，これも加法，スカラー乗法は，例2と同様とし，

$$\text{内　積:}\qquad \langle\psi, \varphi\rangle=\int_{\mathsf{R}^s}\psi^*(x_1, \cdots, x_s)\varphi(x_1, \cdots, x_s)\,dx_1\cdots dx_s$$

とすれば Hilbert 空間になる．R^s 全域をとる代りに，その部分領域 $\Omega\subset\mathsf{R}^s$ をとって $\mathsf{L}^2(\Omega)$ を考えても同様である．以下 $(x_1, \cdots, x_s)$ を単に x と記し，$dx_1\cdots dx_s$ を d^sx と記す.

b)　Hilbert 空間の幾何学

この空間は，点(ベクトルの先端)の間に距離を定義したり2本のベクトルの直交性をいったりできる意味で，おなじみの Euclid 空間によく似ている．

距離　$\psi, \varphi \in \mathrm{H}$ の間の距離を差のノルムによって測ることは前に述べた．ここでその妥当性を確かめておこう．すなわち，距離であることの強調のため $\|\psi-\varphi\| = \mathrm{dist}(\psi, \varphi)$ とおくとき，$\mathrm{dist}(\psi, \varphi) \geqq 0$ だが，さらに

同　定　性:　　$\mathrm{dist}(\psi, \varphi) = 0 \Longleftrightarrow \psi = \varphi$

相　反　性:　　$\mathrm{dist}(\psi, \varphi) = \mathrm{dist}(\varphi, \psi)$

3角不等式:　　$\mathrm{dist}(\psi, \varphi) \leqq \mathrm{dist}(\psi, \chi) + \mathrm{dist}(\chi, \varphi)$

のなりたつことを検証する．なお3角不等式で等号がなりたつのは，ベクトル χ の先端がベクトル ψ, φ の先端を結ぶ直線上にあるとき，$\chi = a\psi + (1-a)\varphi$ $(0 \leqq a \leqq 1)$ である．

上記の3式のうち，同定性は公理 P3 から，相反性は $\psi-\varphi = -(\varphi-\psi)$ と公理 P2 から明らか．3角不等式は

Schwarz の不等式:

$$|\langle\varphi, \psi\rangle| \leqq \|\varphi\| \cdot \|\psi\| \qquad (\text{等号は } \varphi = \lambda\psi,\ \lambda \in \mathrm{C} \text{ のとき}) \qquad (16.2.8)$$

がいえれば，これを

$$\|\psi-\varphi\|^2 = \|(\psi-\chi)+(\chi-\varphi)\|^2 = \|\psi-\chi\|^2 + \|\chi-\varphi\|^2 + 2\,\mathrm{Re}\,\langle\psi-\chi, \chi-\varphi\rangle$$

に適用して直ちに得られる．(*16.2.8*)を証明するには，$\varphi, \psi = 0$ のときは自明だから $\psi \neq 0$ とし，公理 P3 によって任意の複素数 α に対してなりたつ不等式

$$\|\varphi-\alpha\psi\|^2 = \|\varphi\|^2 - 2\,\mathrm{Re}\,\alpha\langle\varphi, \psi\rangle + |\alpha|^2\|\psi\|^2 \geqq 0$$

において

$$\alpha = \frac{\langle\psi, \varphi\rangle}{\|\psi\|^2}$$

とおけばよい．

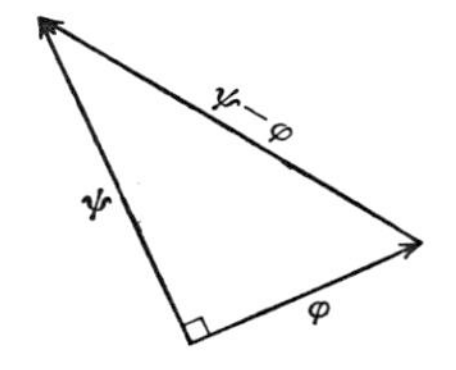

図16.1　直交するベクトル．ψ と φ が垂直なら $\|\psi-\varphi\|^2 = \|\psi\|^2 + \|\varphi\|^2$ (Pythagoras の定理)

$\varphi=\alpha\psi,\ \alpha\in\mathrm{C}$ のとき φ と ψ は**平行**であるという．$\langle\varphi,\psi\rangle=0$ なら**垂直**という．

Schwarz の不等式の直接の応用として，**内積の有界性**を証明しよう．内積 $\langle\varphi,\psi\rangle$ が有界とは，φ を固定して，これを ψ の関数とみたとき

$$|\langle\varphi,\psi\rangle|\leqq C_\varphi\|\psi\| \qquad (C_\varphi=\text{const}) \qquad (16.2.9)$$

となることで，Schwarz の不等式の $\|\varphi\|$ を C_φ にとれば得られる．これから直ちに内積の**連続性**がでる．すなわち，$\langle\varphi,\psi\rangle$ を ψ の関数とみたとき，任意の $\varepsilon>0$ に対し適当な $\delta(\varphi,\varepsilon)$ が存在して，

$$\|\psi-\psi_1\|<\delta(\varphi,\varepsilon) \Longrightarrow |\langle\varphi,\psi\rangle-\langle\varphi,\psi_1\rangle|<\varepsilon \qquad (16.2.10)$$

実際，$\delta(\varphi,\varepsilon)=\varepsilon/C_\varphi$ にとればよい．これは ψ によらないから連続性は一様である．

部分空間　たとえば3次元 Euclid 空間で1平面内に横たわるベクトル同士にベクトル算法 (L) を施しても結果は同じ平面内のベクトルになる．一般に，線形空間 H のベクトルの部分集合 H_1 がまた線形空間であるとき，これを H の部分空間とよび $\mathrm{H}_1\subset\mathrm{H}$ と記す．

部分空間 H_1 が**閉じている**とは，H_1 の点列 $\psi_1,\psi_2,\cdots$ が "$\psi\in\mathrm{H}$ に収束するなら" 必ず $\psi\in\mathrm{H}_1$ となっていることをいう†．1本のベクトル u のスカラー倍の全体は閉部分空間の最も簡単な例である．

閉じていない部分空間 H_2 に，その中の点列の極限をすべて付け加えて閉じさせた結果を H_2 の**閉包** (closure) とよび，$\bar{\mathrm{H}}_2$ と記す．

完備な線形空間の閉部分空間は明らかに完備であるから，Hilbert 空間の閉部分空間はまた Hilbert 空間になっている．

直交補空間　H のベクトルのある部分集合 S (部分空間とは限らない) のすべての元に直交するベクトル $\psi\in\mathrm{H}$ の全体を $\mathrm{S}^\perp$ と記す．$\mathrm{S}^\perp$ は明らかに部分空間であるが，さらに閉部分空間である．実際，$\langle s,\psi_n\rangle=0,\ \forall s\in\mathrm{S}\ (n=1,2,\cdots)$ なる ψ_n が $\psi\in\mathrm{H}$ に収束するとは $\|\psi_n-\psi\|\to0$ のことだから，内積の連続性 (16.2.10) により $\langle s,\psi_n\rangle\to\langle s,\psi\rangle$ であるが，0 の極限は 0 にきまっているから，$\langle s,\psi\rangle=0,\ \forall s\in\mathrm{S}$．これは $\psi\in\mathrm{S}^\perp$ を意味する．この事実は後に演算子の自己共役性を議論するとき役に立つ．

特に H_1 が閉部分空間のとき $\mathrm{H}_1{}^\perp$ を H_1 の**直交補空間** (orthogonal complement)

---

† 完備性の定義と対比せよ．ノルム空間の完備な部分空間は自身すでに閉じているが，閉部分空間 H_1 は，親 $\mathrm{H}\supset\mathrm{H}_1$ が完備な場合は別として，完備とは限らない ([加藤], p. 13 を参照)．

という．Hilbert 空間 H のなかに閉部分空間 H_1 をとると，H の勝手なベクトル ψ が

$$\psi = \psi_1 + \psi_2, \qquad \psi_1 \in H_1, \quad \psi_2 \in H_1^{\perp} \qquad (16.2.11)$$

の形に分解でき，この分解は一意的である(**射影定理**)．この事実を $H = H_1 + H_1^{\perp}$ と書いてもよいであろう．ただし，この和が集合論の意味の和ではないことに注意する．これは p. 12 で超選択則に関連して触れた直和にあたる(その定義は p. 318 に与える)．(16.2.11)の ψ_1 を ψ の H_1 への**射影**(projection)という．

この定理の証明は幾何学的にできて面白い——

まず ψ を H_1 のベクトルで近似することを考えよう(図 16.2)．H_1 のベクトル φ をとると距離 $\mathrm{dist}(\varphi, \psi) = \|\varphi - \psi\| \geqq 0$ だが，勝手な $\varphi^{(1)} \in H_1$ から出発しても，よりよい近似を求めて $\varphi^{(2)}, \varphi^{(3)}, \cdots$ といけば $\|\varphi^{(n)} - \psi\|$ は小さくなってゆく．しかし，それにも限りがあるだろう．距離の下限を d として

$$\lim_{n\to\infty} \|\varphi^{(n)} - \psi\| = d$$

ことによると $d=0$ かもしれない．簡単な計算により

$$\|\varphi^{(n)} - \psi\|^2 + \|\varphi^{(m)} - \psi\|^2 = 2\left\|\frac{\varphi^{(n)} + \varphi^{(m)}}{2} - \psi\right\|^2 + 2\left\|\frac{\varphi^{(n)} - \varphi^{(m)}}{2}\right\|^2$$

となるが，ここで $n, m \to \infty$ にすると，左辺は $2d^2$ となるのに右辺の第1項は $\geqq 2d^2$ である．なぜなら H_1 が部分空間なので $(\varphi^{(n)} + \varphi^{(m)})/2 \in H_1$ となるから．したがって，

$$\|\varphi^{(n)} - \varphi^{(m)}\|^2 \longrightarrow 0 \qquad (m, n \longrightarrow \infty)$$

つまり近似列 $\{\varphi^{(n)}\}$ は Cauchy 列をなす．ところで H は完備だから，$\varphi^{(n)} \xrightarrow{s} \psi_1$ なる $\psi_1 \in H$ が必ずある．H_1 の点列 $\varphi^{(n)}$ が H の元に収束するのだ．ところが H_1 は閉としてあるから，その極限は H_1 の中にある：$\psi_1 \in H_1$．その上，内積の連続性から

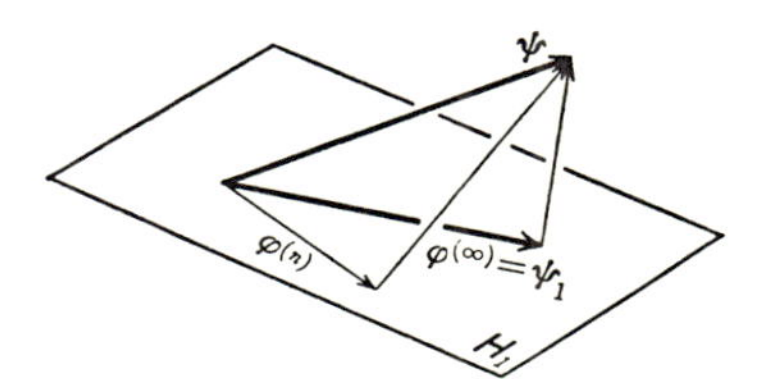

図 16.2　射影定理の幾何学的な証明．H_1 を 2 次元の実ベクトル空間として模式的に示す

$$\|\psi_1-\psi\| = d \tag{16.2.12}$$

も知れる．この ψ_1 が H_1 のベクトルの中で ψ に最も近いわけである．もし $d=0$ なら $\psi_1=\psi$ で話は終わる．

いま $d>0$ として $\psi_2=\psi-\psi_1$ とおき，これが $\mathsf{H}_1{}^\perp$ の元になることを示そう．つまり勝手な $u\in\mathsf{H}_1$ に対して $\langle u, \psi_2\rangle=0$ を示すのだが，$\|u\|=1$ として証明しても一般性を失わない．まず ψ_2 を u 方向とそれに垂直な方向とに分解しよう．それは必ずできる：

$$\psi_2 = \langle u, \psi_2\rangle u+(\psi_2-\langle u, \psi_2\rangle u)$$

そして Pythagoras の定理(図 16.1)にうったえれば，

$$\|\psi_2\|^2 = |\langle u, \psi_2\rangle|^2+\|\psi_2-\langle u, \psi_2\rangle u\|^2$$

ところが，$\psi_2=\psi-\psi_1$, $\psi_1\in\mathsf{H}_1$ であって，まず(*16.2.12*)により左辺が d^2 に等しいのに，右辺の第2項は $\psi_1+\langle u, \psi_2\rangle u\in\mathsf{H}_1$ を考慮すると $\geqq d^2$ である．よって $\langle u, \psi_2\rangle=0$, $\forall u\in\mathsf{H}_1$ がいえた．

分解 $\psi=\psi_1+\psi_2$ が別にもう1通りあったとして，それを $\psi=\psi_1'+\psi_2'$ とすれば，$\psi_1-\psi_1'=\psi_2'-\psi_2$ となるが，左辺は $\in\mathsf{H}_1$ であるのに右辺は $\in\mathsf{H}_1{}^\perp$ なので，共に0であるほかない．これで分解の一意性もいえた．

直交基底　H のベクトルの集合 $\mathsf{K}=\{e_1, e_2, \cdots\}$ で，そのどの2つの元も互いに直交し，各元は1に規格化されているもの，すなわち

$$\langle e_i, e_j\rangle = \delta_{ij} \qquad (i, j = 1, 2, \cdots) \tag{16.2.13}$$

となっているものを**正規直交系**(orthonormal system)という．特に，その元が十分にたくさんあって，H の任意のベクトル ψ が数係数 $\gamma_i\in\mathsf{C}$ を用いて

$$\psi = \sum_{i=1}^{\infty}\gamma_i e_i \tag{16.2.14}$$

のように展開できる†とき，K は**完全**(complete, 空間の“完備”と区別するため最近では total)であるといい，K の元 e_i を H の基底とよぶ．$M<\infty$ 個の直交基底がすでに完全であるような空間 H は M 次元といわれ，有限個の基底ですまないとき**無限次元**といわれる．(*16.2.14*)の基底は，それでも可付番個である．可付番††で完全な基底系をもたない Hilbert 空間もあるので，特にそのような基底

† 無限級数をどんな意味に解すべきかは，すぐ後に定義する．

†† 有限次元の場合も含めておく．

系をもつものは**可分**(separable)であるという．例1，例2の Hilbert 空間は可分である．可分でない Hilbert 空間の例は第19章に現われる．

上に射影定理にあたえた証明は H が可分でも可分でなくても通用する．射影定理により H を次々に直交補空間に分けてゆくとして，可付番回で1次元空間に分解されてしまうのが可分な空間である．

(*16. 2. 14*)の係数 γ_i を ψ の K に関する Fourier 係数というが，これは(*16. 2. 13*)によれば

$$\gamma_i = \langle e_i, \psi \rangle \tag{16.2.15}$$

と表わせそうである．(*16. 2. 14*)が有限和なら事実これでよいが，無限和のときには展開の意味から明らかにしてかからねばならない．無限は有限からの極限としてとらえるほかないのである．まず，基底の有限個からなる $\{e_1, \cdots, e_N\} = \mathsf{K}_N$ を固定して

$$\varphi_N = \sum_{i=1}^{N} \gamma_i' e_i \tag{16.2.16}$$

を考え，これが ψ を Hilbert 空間における距離

$$d_N = \|\varphi_N - \psi\| \tag{16.2.17}$$

の意味で最もよく近似するように係数 γ_i' を定めよう．簡単な計算から

$$d_N{}^2 = \|\psi\|^2 - \sum_{i=1}^{N} |\langle e_i, \psi \rangle|^2 + \sum_{i=1}^{N} |\gamma_i' - \langle e_i, \psi \rangle|^2 \tag{16.2.18}$$

が知られ，最良近似は γ_i' が(*16. 2. 15*)の γ_i に等しいとき，そしてそのときに限って得られることがわかる†．そこで，次のように約束しよう．

級数 $\varphi_N = \sum_{i=1}^{N} \gamma_i e_i$ が $N \to \infty$ と共に Hilbert 空間の点列として ψ に収束するとき，つまり

$$\lim_{N\to\infty} \|\psi - \sum_{i=1}^{N} \gamma_i e_i\| = 0$$

のとき，この事実を(*16. 2. 14*)のように略記する．これは級数 φ_N の収束を強収束の意味と定めたことにあたる．H が関数空間 L^2 のときには

† K_N の基底が張る線形空間を H_1 とすれば，これは H の閉部分空間であって，距離 d_N は p. 265 で考えたのと同じ意味になる．そのとき H_1 が有限次元であったら，その中に基底をとって，今と同じ計算を行なうことによっても射影定理が証明できるわけである．

$$\psi = \underset{N\to\infty}{\text{l.i.m.}} \sum_{i=1}^{N} \gamma_i e_i$$

と記すこともある(l.i.m. は limit in the mean(平均収束)の略).

この収束の必要十分条件は,

$$\sum_{i=1}^{\infty} |\gamma_i|^2 < \infty$$

である.

直交基底 K が完全とは,(*16. 2. 17*)の d_N が $N\to\infty$ で 0 になることであって,そのとき(*16. 2. 18*)により

Parseval の等式:　$$\|\psi\|^2 = \lim_{N\to\infty} \sum_{i=1}^{N} |\langle e_i, \psi\rangle|^2 \qquad (16.\ 2.\ 19)$$

がなりたつ.逆に,これをなりたたせる正規直交基底は完全である.

稠密性　可分な Hilbert 空間における直交基底 K の完全性は,K の元の有限個(しかし,いくら多くてもよい)の1次結合の全体なる部分空間 [K] を考えて,H の任意の点のどんな近くにも必ず [K] の点があるという事実によって定義してもよい.あるいは,[K] の閉包を $[\mathrm{K}]^-$ と記して $[\mathrm{K}]^- = \mathrm{H}$ と表わしてもよい.

一般に,H のベクトルの部分集合 S_1, S_2 について,S_1 の任意の元にいくらでも近い元を S_2 がもつなら,S_1 の中で S_2 は**稠密**(dense)に分布している,あるいは単に稠密であるという.

可分な Hilbert 空間の場合,完全な基底の有限個の1次結合の全体 [K] は H で稠密である.H の部分空間 M が H で稠密ならば,M のどのベクトルにも直交する H のベクトルはゼロ・ベクトル以外にない.仮に M のどのベクトル ψ にも直交する $h\in\mathrm{H}$ があったとする.M は稠密だから,その中に h に収束する点列 $\psi_n\to h$ がとれる.ところが $\langle h, \psi_n\rangle=0$ から内積の連続性により $\langle h, h\rangle=0$ がでて,$h=0$ を教える.

この証明は,つまり H で稠密な M の閉包 $\bar{\mathrm{M}}$ が H 全体に等しいことを用いているのである.

実は上の命題の逆もいえる.M が稠密でないなら $\bar{\mathrm{M}}\neq\mathrm{H}$ だから $\bar{\mathrm{M}}$ に属さぬベクトル k がある.k の $\bar{\mathrm{M}}$ への射影を $k_{\bar{\mathrm{M}}}$ とすれば $h\equiv k-k_{\bar{\mathrm{M}}}\neq 0$ だが,これは M のどのベクトルにも直交する.

以上の説明では H の可分性が前提になっている．可分でない場合も含めて一般の Hilbert 空間 $\mathfrak{H}$ においては，ベクトルの列 $\{e_r\}$ は，そのどれとも直交する $\mathfrak{H}$ のベクトルがゼロ・ベクトル以外にないという性質をもつとき**完全**であるという．ただし，添字 r は整数値をとる（もしそうなら $\mathfrak{H}$ は可分！）とは限らず，連続的に変わるのでもよいとするのである．$\mathfrak{H}$ の部分空間 $\mathfrak{M}$ が $\mathfrak{H}$ で**稠密**であるとは，任意の $\psi \in \mathfrak{H}$ に対し適当な列 $\{\psi_s \in \mathfrak{M}\}$ $(s=1, 2, \cdots)$ が常に存在して $\psi_s \to \psi$ となることをいう．

§16.3 演算子と観測量

量子力学においては物理量は演算子で表わされる．その両者を同一視して**観測量**（observable）とよぼう．その演算子は自己共役な線形演算子である．このことは本講座第3巻『量子力学 I』のなかでもたびたび説明されている．しかし，演算子に線形性を要求する物理的な根拠はなにか，自己共役性についてはどうか？こう思い返してみると，答はそれほど簡明でない．以下，自己共役性の理解を目標に考えを進めてみよう．

a) 線形演算子

Hilbert 空間 H における演算子 $\hat{A}$ とは，**定義域**（domain of definition，あるいは単に domain）とよばれる H の部分空間 $\mathrm{D}(\hat{A})$ の各ベクトル ψ に，何かあるベクトル $\varphi \in \mathrm{H}$ を一義的に対応させる作用である．このことを

$$\varphi = \hat{A}\psi, \qquad \psi \in \mathrm{D}(\hat{A}) \tag{16.3.1}$$

と記す．ψ が $\mathrm{D}(\hat{A})$ を動いてつくる $\hat{A}\psi$ の全体を演算子 $\hat{A}$ の**値域**（range）とよんで $\mathrm{R}(\hat{A})$ と記す．

演算子 $\hat{A}$ が特に**線形**（linear）であるというのは，任意の $\psi, \varphi \in \mathrm{D}(\hat{A})$，$\alpha, \beta \in \mathrm{C}$ について

$$\hat{A}(\alpha\psi + \beta\varphi) = \alpha\hat{A}\psi + \beta\hat{A}\varphi \tag{16.3.2}$$

がなりたつことである．今後，演算子は線形なものに限ることとし，いちいち断わらない．

演算子のもっとも簡明な例として**射影演算子**（projection operator）をあげよう．これは，H の1つの閉部分空間 M があたえられると定まるもので，H 全体で定義され，ベクトル $\psi \in \mathrm{H}$ にその M への射影（前節(b)項の射影定理を参照）を対

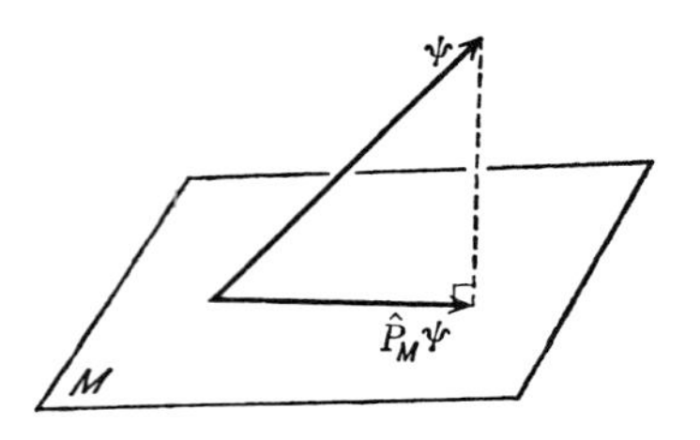

図16.3　射影演算子

応させる．記号は，たとえば $\hat{P}_{\mathrm{M}}$．その線形性は明らかであり，定義域は $\mathrm{D}(\hat{P}_{\mathrm{M}})=\mathrm{H}$，値域は $\mathrm{R}(\hat{P}_{\mathrm{M}})=\mathrm{M}$ である．

もちろん，すべての演算子が H 全体で定義されるというわけではない．たとえば，以前に 1 次元の調和振動子に対して行なったように，Hilbert 空間 H として前節(a)項例 2 の $\mathrm{L}^2(\mathrm{R})$ をとり，その元 $\psi(x)$ に対して Hamilton 演算子 $\hat{\mathcal{H}}$ を

$$(\hat{\mathcal{H}}\psi)(x)=\left[-\frac{\hbar^2}{2\mu}\frac{d^2}{dx^2}+\frac{\mu\omega^2}{2}x^2\right]\psi(x) \qquad (16.3.3)$$

なる作用として定義しようとすると，定義域は H 全体にはできない．$\mathrm{L}^2(\mathrm{R})$ の元を勝手にもってきたのでは，それが微分できるとは限らないし，仮にできたとしても $\hat{\mathcal{H}}\psi\in\mathrm{L}^2(\mathrm{R})$ になってくれるとは限らないからである．

では，定義域は十分にせまくとっておけばよいのか？　そうはいかない．観測量というものは“任意の状態 ψ における観測の結果が議論できる”ように構成しておく必要がある．そして，採用した Hilbert 空間のどんなベクトルも物理的に状態として実現可能であると考えるのが自然だろう(超選択則はないとしている)．まもなく明らかにするように，演算子の定義域を“十分に広く”とることが，それを観測量ならしめるための 1 つの要件なのである．

b)　演算子の Hermite 性，対称性

演算子 $\hat{A}$ が物理量を表現する，つまり観測量であるというためには，なによりもまず期待値(*16. 1. 5*)が

$$\langle\psi,\hat{A}\psi\rangle=(\text{実数}),\qquad \forall\psi\in\mathrm{D}(\hat{A}) \qquad (16.3.4)$$

となるのでなければならない．演算子 $\hat{A}$ が **Hermite 的**† であるというのは

† 後に述べる対称演算子を Hermite 的とよぶこともあるので注意．

$$\langle \varphi, \hat{A}\psi \rangle = \langle \hat{A}\varphi, \psi \rangle, \qquad \forall \varphi, \psi \in \mathrm{D}(\hat{A}) \tag{16.3.5}$$

のなりたつことだが，この条件は(16.3.4)と等価である．

実際，定義域 $\mathrm{D}(\hat{A})$ は部分空間であるとしたから，φ, ψ と共に $\Psi_{\pm}=\psi\pm\varphi$, $\Phi_{\pm}=\psi\pm i\varphi$ を含むが，これらを用いると

$$\langle \varphi, \hat{A}\psi \rangle = \frac{1}{4}[\langle \Psi_+, \hat{A}\Psi_+ \rangle - \langle \Psi_-, \hat{A}\Psi_- \rangle + i\langle \Phi_+, \hat{A}\Phi_+ \rangle - i\langle \Phi_-, \hat{A}\Phi_- \rangle]$$

と書けて，その等価性がみてとれる．(16.3.4)は $\langle \psi, \hat{A}\psi \rangle = \langle \psi, \hat{A}\psi \rangle^* = \langle \hat{A}\psi, \psi \rangle$ を意味するからである．

こうして，演算子 $\hat{A}$ が観測量になるために Hermite 性の必要なことがわかった．

これは，しかし十分条件ではないだろう．Hermite 性だけなら定義域はどんなにせまくても満たせるが(たとえ1次元の部分空間であってもよい)，それでは十分な観測論がつくれるはずもない．

そうはいっても，任意の $\psi \in \mathrm{H}$ に対して平均値 $\langle \psi, \hat{A}\psi \rangle$ が存在すべしという要求をしたら，これは過酷であって一般には満足させられない．このことは $\hat{A}$ として調和振動子のハミルトニアン(16.3.3)を考えてみれば明らかである．ただ，その場合には，固有値問題

$$\hat{\mathcal{H}} u_\nu = E_\nu u_\nu, \qquad E_\nu = \left(\nu + \frac{1}{2}\right)\hbar\omega \qquad (\nu = 0, 1, 2, \cdots)$$

の解の全体 $\{u_\nu\}$ が H の完全系をなすことを以前に学んでいる．これを用いると，任意の $\psi \in \mathrm{H}$ が

$$\psi = \sum_{\nu=0}^{\infty} \gamma_\nu u_\nu \tag{16.3.6}$$

のように展開できて，この状態においてエネルギーの観測をしたとき，値 E_ν を得る確率が $|\gamma_\nu|^2$ によって与えられるのだった．ただし ψ も u_ν も規格化されているものとする．

エネルギーの期待値は，この確率を使って表わすと

$$\langle \psi, \hat{\mathcal{H}}\psi \rangle = \sum_{\nu=0}^{\infty} E_\nu |\gamma_\nu|^2 = \hbar\omega \sum_{\nu=0}^{\infty} \left(\nu + \frac{1}{2}\right)|\gamma_\nu|^2 \tag{16.3.7}$$

の形になり，この無限級数は——(16.3.6)の級数とちがって——任意の ψ に対

しては必ずしも収束しない†. ψ に対して $\hat{\mathscr{H}}\psi$ が確定していれば $\langle\psi, \hat{\mathscr{H}}\psi\rangle$ も確定のはずだから, (16.3.7)の発散は $\psi \notin \mathrm{D}(\hat{\mathscr{H}})$ を示す.

この例から見て, 一般に"任意の状態 $\psi \in \mathrm{H}$ における観測を論じ得るように観測論をつくるには, 観測結果を記述するのに測定値の平均値ではなく確率を用いるべきである"と考えられる.

測定値の確率が H の任意のベクトルに対して定まるためには, 観測量の定義域を——H 全体にするのが無理なことは上でわかったが, 少なくとも——H で稠密にしておかねばなるまい. もし演算子 $\hat{A}$ の定義域 $\mathrm{D}(\hat{A})$ が稠密でなかったら, あるベクトル $\psi_1 \in \mathrm{H}$ で, 自身が $\mathrm{D}(\hat{A})$ に属さないばかりか $\mathrm{D}(\hat{A})$ 内のベクトルのどんな列をもってしても近似できないようなものが必ず存在する. $\hat{A}$ は $\mathrm{D}(\hat{A})$ のベクトルに対してしか定義されていないのだから, これでは状態 ψ_1 における観測結果を云々できるはずがない.

定義域の稠密な Hermite 演算子は**対称** (symmetric) であるという. 観測量は対称な演算子でなければならない.

しかし, 対称性もまだ観測量の十分条件ではない. それを見るために $\mathrm{H}=\mathrm{L}^2(\mathrm{R})$ における次の演算子 $\hat{Z}$ を考えよう.

$$\left.\begin{aligned} &\text{作　用:}\quad \hat{Z}\psi(x) = -i\left(x^3\frac{d}{dx}+\frac{d}{dx}x^3\right)\psi(x) \\ &\text{定義域:}\quad \mathrm{D}(\hat{Z}) = \left\{\left(\sum_{l=0}^{L} b_l x^l\right)\exp\left[-\frac{1}{2}x^2\right] : b_l \in \mathrm{C},\quad L=0, 1, 2, \cdots\right\} \end{aligned}\right\} \tag{16.3.8}$$

この定義域は, ある調和振動子のエネルギー固有関数の有限個の線形結合の全体がつくる部分空間とみられ, 明らかに稠密である. この定義域の上で $\hat{Z}$ が Hermite 的なことは, $\varphi, \psi \in \mathrm{D}(\hat{Z})$ に対し, 部分積分によって

$$\int_{-\infty}^{\infty}\varphi^*(x)\left[-ix^3\frac{d}{dx}\psi(x)\right]dx = \int_{-\infty}^{\infty}\left[-i\frac{d}{dx}x^3\varphi(x)\right]^*\psi(x)\,dx$$

が得られることからわかる. よって, 演算子 $\hat{Z}$ は対称である. ところが, いま

† 平均値をもたない確率分布というのは珍しいものではない.

$$\psi_1(x) = \begin{cases} \dfrac{1}{x^{3/2}} \exp\left[-\dfrac{1}{4x^2}\right] & (x > 0) \\ 0 & (x \leqq 0) \end{cases} \tag{16.3.9}$$

を考えると，これは $\|\psi_1(x)\|=1$ で確かに H に属し，状態ベクトルとみないわけにはいかない．いま $\psi_1 \notin \mathrm{D}(\hat{Z})$ ではあるが，1 点 $x=0$ を別とすれば，微分演算子としての $\hat{Z}$ の作用はそのまま ψ_1 にも及ぼすことが可能で，

$$\hat{Z}\psi_1 = -i\psi_1$$

となる．期待値 $\langle\psi_1, \hat{Z}\psi_1\rangle = -i$ は虚数になる！　これは ψ_1 が上に定めた定義域 $\mathrm{D}(\hat{Z})$ に属さないことを示す以上のものではなく，その限りでは何の不都合もない．しかし，先刻まで考えてきたような確率解釈を全 Hilbert 空間に及ぼしたいという目標からすれば，虚数固有値は具合がわるい．

この例では演算子の拡大ということが問題になっている．演算子 $\hat{A}, \hat{A}'$ があって，(i) $\mathrm{D}(\hat{A}') \supset \mathrm{D}(\hat{A})$，(ii) せまいほうの定義域 $\mathrm{D}(\hat{A})$ の上では $\hat{A}, \hat{A}'$ の作用は一致する(すなわち $\psi \in \mathrm{D}(\hat{A}) \Longrightarrow \hat{A}\psi = \hat{A}'\psi$)，の 2 条件をみたすとき，$\hat{A}'$ は $\hat{A}$ の**拡大**(extension)であるといって $\hat{A}' \supset \hat{A}$ と書き表わす．

上の例 $\hat{Z}$ では，そもそも(16.3.8)の $\mathrm{D}(\hat{Z})$ の上で定義されていたのを，微分演算子としての作用は保存しながら(16.3.9)の ψ_1 を含むより広い定義域に拡大したのである．それにともなって虚数固有値がでてきた．

演算子の拡大の仕方は，しかし，作用を文字どおりに保存して行なう上例のようなものに限らない．このことを特に注意しておく．その状況は以下の説明から明らかになるであろう．

拡大ということに関連して閉演算子の概念を導入しておこう．演算子 $\hat{A}$ の定義域を $\mathrm{D}(\hat{A})$ として，そのなかのベクトルの列 $\{\psi_n\}_{n=1,2,\cdots} \subset \mathrm{D}(\hat{A})$ を考える．そのうち，

$$\lim_{n\to\infty} \psi_n = \varphi, \qquad \lim_{n\to\infty} \hat{A}\psi_n = \chi \tag{16.3.10}$$

なる極限が共に存在するような列 $\{\psi_n\}$ に対しては常に $\varphi \in \mathrm{D}(\hat{A})$ になっていて，かつ $\hat{A}\varphi = \chi$ がなりたつとき，その演算子 $\hat{A}$ は**閉じている**という．閉じている演算子は**閉演算子**(closed operator)とよばれる．仮に ψ と $\hat{A}\psi$ の組 $(\psi, \hat{A}\psi)$ の集合 $\{(\psi, \hat{A}\psi) : \psi \in \mathrm{D}(\hat{A})\}$ を $\hat{A}$ のグラフ $\mathrm{G}(\hat{A})$ とよぶなら，$\hat{A}$ が閉じている

ことは，グラフ $\mathrm{G}(\hat{A})$ が閉集合であることと同値である．

いま，演算子 $\hat{A}$ が閉じていないとすると，(16.3.10) をみたす列 $\{\psi_n\}\subset\mathrm{D}(\hat{A})$ であって，その極限が，(i) $\varphi\notin\mathrm{D}(\hat{A})$ であるか，(ii) $\varphi\in\mathrm{D}(\hat{A})$ だが $\hat{A}\varphi\neq\chi$，となるものが存在するはずである．

しかし，演算子 $\hat{A}$ が対称なら (ii) の場合は起こり得ない．それは次のようにしてわかる．$n\to\infty$ で $\hat{A}\psi_n\to\chi$ としたから，内積の連続性によって，勝手な $\omega\in\mathrm{D}(\hat{A})$ に対し $\langle\omega,\hat{A}\psi_n\rangle\to\langle\omega,\chi\rangle$．他方，$\hat{A}$ が対称なことを用いて $\langle\omega,\hat{A}\psi_n\rangle$ を $\langle\hat{A}\omega,\psi_n\rangle$ と書きかえてから極限をとると，$\psi_n\to\varphi$ により $\langle\hat{A}\omega,\psi_n\rangle\to\langle\hat{A}\omega,\varphi\rangle$ がでる．ところが $\omega,\varphi\in\mathrm{D}(\hat{A})$ なので，再び $\hat{A}$ の対称性を用いて $\langle\omega,\hat{A}\psi_n\rangle\to\langle\omega,\hat{A}\varphi\rangle$．したがって $\langle\omega,(\hat{A}\varphi-\chi)\rangle=0$．$\omega$ は $\mathrm{D}(\hat{A})$ の勝手な元としたので，$\mathrm{D}(\hat{A})$ の稠密なことから $\hat{A}\varphi=\chi$ が知れるのである．

演算子 $\hat{A}$ が対称だと，(i) の場合には (16.3.10) にもとづき

$$\hat{A}\varphi=\chi \quad \text{すなわち} \quad \hat{A}(\lim_{n\to\infty}\psi_n)=\lim_{n\to\infty}(\hat{A}\psi_n) \qquad (16.3.11)$$

とおいて $\hat{A}$ の定義域を $\lim_{n\to\infty}\psi_n$ を含むように拡大することが可能である．実際，(a) 2つの列 $\{\psi_n\},\{\psi_m'\}$ が共に φ に収束するなら $\{\hat{A}\psi_n\}$ と $\{\hat{A}\psi_m'\}$ も共通の極限 χ をもつし，(b) この拡大で $\hat{A}$ の対称性は保存される．

(a) を示すのには，任意の $\eta\in\mathrm{D}(\hat{A})$ に対し $\hat{A}$ の Hermite 性から得られる等式

$$\langle(\hat{A}\psi_n-\hat{A}\psi_m'),\eta\rangle=\langle(\psi_n-\psi_m'),\hat{A}\eta\rangle$$

の右辺に Schwarz の不等式を用い，$\psi_n,\psi_m'\to\varphi$ に注意して，

$$|\langle(\psi_n-\psi_m'),\hat{A}\eta\rangle|\leqq\|\psi_n-\psi_m'\|\cdot\|\hat{A}\eta\|\xrightarrow[n,m\to\infty]{}0$$

よって，内積の連続性から

$$0=\lim_{n,m\to\infty}\langle(\hat{A}\psi_n-\hat{A}\psi_m'),\eta\rangle=\langle(\lim_{n\to\infty}\hat{A}\psi_n-\lim_{m\to\infty}\hat{A}\psi_m'),\eta\rangle$$

稠密な $\mathrm{D}(\hat{A})$ 上のすべての η に直交するのはゼロ・ベクトル以外にはないので，

$$\lim_{n\to\infty}\hat{A}\psi_n=\lim_{m\to\infty}\hat{A}\psi_m'$$

(b) の検証は簡単だから読者におまかせしよう．

一般に，拡大により閉じさせることができる演算子は**可閉** (closable) であると

いう．(*16. 3. 11*)のようにして閉じさせた演算子を $\bar{\hat{A}}$, $(\hat{A})^{-}$ などと記し，もとの演算子の**閉包**(clcsure)とよぶ．上の結果は“対称演算子は可閉であって，閉包も対称である”と要約される．

観測の確率解釈を Hilbert 空間のすべてのベクトルに及ぼしたいという目標からすれば，対称演算子を観測量にするためには(*16. 3. 11*)に従って閉演算子に拡大しておく必要があろう．この拡大は極限操作によって行なわれるもので，拡大前の $\hat{A}$ の作用が(たとえば微分演算子 d/dx の場合)文字どおり閉包に遺伝するとは限らない．

対称な演算子がそれ以上には対称性をたもって拡大できないとき，**極大対称**(maximal symmetric)であるという．上の説明から極大対称演算子は閉じていることがわかる．

観測量は極大対称にまで拡大されている必要があるだろう．しかし，それが十分でないことは，さきの例 $\hat{Z}$ が示す．対称であっても，さらに自然な拡大ができて，その際に虚数固有値が現われるなどして対称性が崩れるというのでは困る．

c)　自己共役な演算子

観測量の条件を究めるため，対称演算子の拡大の別の仕方を考えてみよう．それは“稠密な定義域をもつ”演算子に対する共役演算子という概念に依拠するものである．

$\hat{A}$ の定義域 $\mathrm{D}(\hat{A})$ を稠密とする．ベクトル φ によっては，適当な $\chi\in\mathrm{H}$ が存在して，命題

$$\forall\psi\in\mathrm{D}(\hat{A}) \quad \text{に対し恒等的に} \quad \langle\varphi, \hat{A}\psi\rangle=\langle\chi, \psi\rangle \qquad (16.3.12)$$

のなりたつことがある．そのような φ の全体を $\mathrm{D}(\hat{A}^{*})$ と記そう．これがある線形演算子の定義域になっていることは間もなくわかる．

$\varphi\in\mathrm{D}(\hat{A}^{*})$ に対しては，それに応じて(*16. 3. 12*)をみたす χ が一意的に定まることに注意しよう．仮に2つの $\chi=\chi_1, \chi_2$ がみたしたとしたら，辺々引算して，$\langle\chi_1-\chi_2, \psi\rangle=0$．しかるに ψ は稠密な $\mathrm{D}(\hat{A})$ を動くので，$\chi_1-\chi_2=0$ となる．(*16. 3. 12*)は，だから，$\varphi\in\mathrm{D}(\hat{A}^{*})$ に対し $\varphi\longmapsto\chi$ なる写像を定めていると読むことができる．この写像を $\hat{A}^{*}\varphi=\chi$ と記そう．その線形性は内積の線形性からわかる．

$\mathrm{D}(\hat{A}^{*})$ を定義域とし(*16. 3. 12*)で定まる $\hat{A}^{*}\varphi=\chi$ なる作用をもつ線形演算子を $\hat{A}^{*}$ と記し，もとの $\hat{A}$ の**共役**(adjoint)という．$\hat{A}^{*}$ の定義域が $\hat{A}$ のそれから

自動的に定まってしまったことに注意しておこう.

以下, $\hat{A}$ は対称演算子であるとする.

$\hat{A}$ が対称であると, $\varphi\in \mathrm{D}(\hat{A})$ に対しては $\chi=\hat{A}\varphi$ として必ず(16.3.12)がなりたつ. 一般には, (16.3.12)をなりたたせる φ は $\mathrm{D}(\hat{A})$ の外にもあり得るだろう : $\mathrm{D}(\hat{A}^*)\supset \mathrm{D}(\hat{A})$. これは, 対称演算子は共役にゆくと一般には拡大されることを示している:

$$\hat{A}^* \supset \hat{A} \tag{16.3.13}$$

逆に, これを対称演算子の定義としてもよいことは明らかであろう($\hat{A}^*$ が定義される以上 $\hat{A}$ の定義域は稠密だという推理をはたらかせる約束のもとで).

$\hat{A}^*$ は閉じていることが証明される(内積の連続性から). $\mathrm{D}(\hat{A}^*)$ は $\mathrm{D}(\hat{A})$ を含むので稠密, したがって $\hat{A}^*$ の共役 $(\hat{A}^*)^*$ も考えられるが, これを簡略に $\hat{A}^{**}$ と記す. $\hat{A}^*$ は対称とは限らないから一般には $\hat{A}^{**}\supset\hat{A}^*$ とはいかず, むしろ $\hat{A}\supset\hat{B}$ なる2つの演算子の共役は明らかに $\hat{A}^*\subset\hat{B}^*$ をみたすので, (16.3.13)から

$$\hat{A}^{**} \subset \hat{A}^* \tag{16.3.14}$$

一方, $\hat{A}\subset\hat{A}^{**}$ は共役演算子の定義から明らかなので, $\hat{A}^{**}$ の定義域は稠密, したがって $\hat{A}^{***}$ も考えられて(16.3.14)から $\hat{A}^{***}\supset\hat{A}^{**}$. これは $\hat{A}^{**}$ が対称なことを示す. $\hat{A}^{**}=(\hat{A}^*)^*$ は閉でもある. また, 特に $\hat{A}$ が極大対称なら $\hat{A}^{**}=\hat{A}$ だが, 一般には

$$\hat{A} \subset \hat{A}^{**} \subset \hat{A}^*$$

がなりたつ. 対称演算子 $\hat{A}$ が閉・対称な拡大 $\hat{A}^{**}$ をもつことに注意しよう. 特に

$$\hat{A} = \hat{A}^* \tag{16.3.15}$$

のなりたつ演算子は**自己共役**(self-adjoint)であるという. この $\hat{A}$ は極大対称だ.

観測の確率解釈を Hilbert 空間のすべてのベクトルに及ぼしたいとの目標からすれば, 演算子 $\hat{A}$ が $\hat{A}^*$ に拡大されるなら, 観測量として $\hat{A}^*$ のほうをとるのが自然だろう†. ところが, 演算子 $\hat{A}$ によっては,

$$\hat{A}^*u_+ = iu_+, \qquad \hat{A}^*u_- = -iu_-$$

なる $u_+, u_-\in \mathrm{D}(\hat{A}^*)$ の存在することがある. 前項に記した $\hat{Z}$ がその一例.

一般に, 閉じた対称演算子 $\hat{A}$ (閉じていなければ閉じておく)について, その共

† 実は演算子の拡大は一般には一意的でないから, 話はこれほど簡単でない.

役 $\hat{A}^*$ がもつ固有値 $\pm i$ の固有空間 $\mathsf{F}_\pm$ の次元 $m_\pm$ (複号同順)を並べた $m=(m_+, m_-)$ を，$\hat{A}$ の不足指数という．前項の $\hat{Z}$ の閉包は $m=(0,1)$ をもつ．

閉じた対称演算子が(拡大により)観測量となるためには，虚数固有値がでては困るから $m=(0,0)$ でないといけない．実は不足指数 $(0,0)$ の演算子は自身(拡大なしに)自己共役である．実際，一般に閉じた対称演算子につき，分解

$$\mathsf{D}(\hat{A}^*) = \mathsf{D}(\hat{A}) + \mathsf{F}_+ + \mathsf{F}_- \tag{16.3.16}$$

がなりたつ．その意味は $\forall\varphi \in \mathsf{D}(\hat{A}^*)$ が $v \in \mathsf{D}(\hat{A})$, $u_\pm \in \mathsf{F}_\pm$ により $\varphi=v+u_++u_-$ と書けること．$m=(0,0)$ だと $\mathsf{D}(\hat{A}^*)=\mathsf{D}(\hat{A})$ となり，$\hat{A}$ は自己共役である．この分解を証明するためには，まず $\|(\hat{A}\pm i)v\|^2=\|\hat{A}v\|^2+\|v\|^2$, $v \in \mathsf{D}(\hat{A})$ を用いて

$$\mathsf{E}_\pm = \{(\hat{A}\pm i)v : v \in \mathsf{D}(\hat{A})\} \tag{16.3.17}$$

が閉部分空間をなすことを示す．$\mathsf{F}_\pm$ は，ちょうどその直交補空間になっている：$\mathsf{F}_\pm=\mathsf{E}_\pm{}^\perp$．よって勝手な $\varphi \in \mathsf{D}(\hat{A}^*)$ に対し $(\hat{A}^*+i)\varphi=(\hat{A}+i)v+2iu_+$, $v \in \mathsf{D}(\hat{A})$, $u_+ \in \mathsf{F}_+$ なる分解が可能．$\hat{A}\subset\hat{A}^*$ と $2iu_+=(\hat{A}^*+i)u_+$ に注意すると

$$(\hat{A}^*+i)(\varphi-v-u_+) = 0, \qquad \text{故に} \quad \varphi-v-u_+ \in \mathsf{F}_-$$

これは適当な $u_- \in \mathsf{F}_-$ により $\varphi=v+u_++u_-$ と書けることを示している．

なお，不足指数が $(m_+,0)$ または $(0,m_-)$ の形をしていることが極大対称性の必要十分条件であることも証明できる([吉田, a], pp. 123-124)．

自己共役な演算子は極大対称だから閉じており，虚数固有値をもつこともないから，少なくともこれまでに考えてきた観測量の条件は全部みたしている．

さらに，後でスペクトル分解という手法によって明らかになるように，自己共役な演算子に対しては，測定値の確率が望みどおり任意の状態 $\psi \in \mathsf{H}$ について定まる．また“(厳密にというのは無理としても)いくらでも精度よく測定値が定まっているような状態が存在する”という収穫もある．これらのことを，いくつかの例のなかで説明してゆくことにしたい．

以後，観測量といえば自己共役な演算子を意味するものとしよう．

d) 運動量演算子(有限区間)

Hilbert 空間 $\mathsf{H}=\mathsf{L}^2(0,a)$ をとり，次の演算子 $\hat{p}_1$ を考えてみよう．これは x 軸上の $x=0, a(>0)$ にそそりたつ剛体壁のあいだを動く粒子の運動量といえそうだ．

作　用：
$$(\hat{p}_1\psi)(x) = -i\hbar\frac{d\psi(x)}{dx}$$

定義域:

$$\mathsf{D}_1 = \{\psi(x) : \psi(0) = \psi(a) = 0,\ [0, a] \text{ で絶対連続},\ \frac{d\psi}{dx} \in \mathsf{L}^2(0, a)\}$$

ここに，境界条件 $\psi(0)=\psi(a)=0$ は剛体壁の存在に応ずるものであり，関数 $\psi(x)$ が絶対連続とは，なにか Lebesgue 積分可能な関数 $f(x)$ があって，

$$\psi(x) = \psi(0) + \int_0^x f(x)\,dx$$

と表わせることをいう(いまは $\psi(0)=0$)．これは連続性よりは強い条件だけれども，$f(x)$ が各点で定義されているとは限らないから，$\psi(x)$ が各点で微係数をもつといえるほどではない．それでも，この D_1 は H で稠密である†.

この演算子 $\hat{p}_1$ は対称でもあり閉じてもいる([吉田], p. 264)．しかし自己共役ではない．それは $\hat{p}_1$ に対して(*16. 3. 12*)が，たとえば，

$$\varphi(x) = e^{ikx}, \qquad \chi(x) = \hbar k^* e^{ikx} \qquad (k \text{ は実数でなくてよい})$$

により任意の $\psi \in \mathsf{D}(\hat{p}_1)$ でなりたち，この $\varphi(x)$ が D_1 に属さないことからもわかる．

この演算子を観測量とよべない物理の側からの理由として，前項までに考えてきた要件とはまたちがって，不確定性関係

$$\Delta p_1 \geqq \frac{\hbar}{2a} \tag{16. 3. 18}$$

からくる $\hat{p}_1$ の測定精度の限界があげられる．その量が任意によい精度で定まった状態が存在しないというのでは，観測量として具合がわるかろう．ただし，(*16. 3. 18*)の Δp_1 は，$\psi \in \mathsf{D}(\hat{p}_1)$ に対し

$$(\Delta p_1)^2 = \langle(\hat{p}_1 - \langle\hat{p}_1\rangle)\psi, (\hat{p}_1 - \langle\hat{p}_1\rangle)\psi\rangle, \qquad \langle\hat{p}_1\rangle = \langle\psi, \hat{p}_1\psi\rangle$$

によって定義した．(*16. 3. 18*)を検証するためには，(i) $\psi(x) \in \mathsf{D}_1 \Longrightarrow x\psi(x) \in \mathsf{D}_1$，(ii) $\hat{p}_1 - \langle\hat{p}_1\rangle \equiv \hat{p}_1'$ とおくとき任意の実数 β に対し $\|(\hat{p}_1' - i\beta x)\psi\|^2 \geqq 0$ がなりたつこと，の 2 つを使えばよい．

---

† 関数 $\psi(x)$ を Hilbert 空間 $\mathsf{H}=\mathsf{L}^2(0, a)$ の点と見るときに，$[0, a]$ 上で Lebesgue 測度 0 の集合の上でのみ値を異にする仲間は同一視し，そうして得られる同値類を H の 1 点とみなすと約束しておきながら連続性とか境界条件を云々するのは，無意味と思われるかもしれない．その心は，連続性をもち境界条件をみたす関数を含んでいる同値類を考えるということである．

物理的にみても，剛体壁のため粒子は往復運動を続けるほかないから，運動量は確定し得ない．$\hat{p}_1$ が観測量にならないのは，そのような状況が量子力学の数学形式に正しく反映されていることだといえる．

いま $\hat{p}_1$ を拡大して，

定義域：

$$\mathsf{D}_0{}^{(\alpha)} = \{\psi(x) : \psi(a) = e^{i\alpha}\psi(0),\ [0, a] \text{ で絶対連続},\ \frac{d\psi}{dx} \in \mathsf{L}^2(0, a)\}$$

とし(α は $0 \leqq \alpha < 2\pi$ の定数)，作用は前と同じく $-i\hbar d/dx$ だとすれば，自己共役な演算子 $\hat{p}_0{}^{(\alpha)}$ が得られる．これを証明しよう．

それには，条件(16.3.12)を書き下し，

$$\int_0^a \varphi^* \left(-i\hbar\frac{d\psi}{dx}\right) dx = \int_0^a \chi^* \psi dx \qquad (\forall\psi \in \mathsf{D}_0{}^{(\alpha)} \text{ に対し}) \qquad (16.3.19)$$

第1に，これを満たす $\chi \in \mathsf{H}$ の存在を許すような φ の範囲 $\mathsf{D}(\hat{p}_0{}^{(\alpha)*}) \equiv \mathsf{D}_0{}^{(\alpha)*}$ が正しく $\mathsf{D}_0{}^{(\alpha)}$ に一致することを確かめ，第2に，その φ に対して $-i\hbar d\varphi/dx = \chi$ となっていることを確かめなければならない．

はじめに $\mathsf{D}_0{}^{(\alpha)*} \subset \mathsf{D}_0{}^{(\alpha)}$ を示そう．証明すべきことは(16.3.19)の φ について，(i) 絶対連続，(ii) $d\varphi/dx \in \mathsf{L}^2(0, a)$，(iii) $\varphi(a) = e^{i\alpha}\varphi(0)$，の3つである．

この問題は(16.3.19)という積分型の条件から φ の性質をひきだすことだから，まず図16.4の連続関数 $g_n(x)$ が $\mathsf{D}_0{}^{(\alpha)}$ に属することに注意しよう．これを(16.3.19)の ψ にとると，両辺を $-i\hbar$ で割った上で，

$$(\text{左辺}) = n\int_{b-\frac{1}{n}}^{b} \varphi^* dx - n\int_{y}^{y+\frac{1}{n}} \varphi^* dx$$

を得るが，$n\to\infty$ の極限にいって，

$$\lim_{n\to\infty} (\text{左辺}) = \varphi^*(b) - \varphi^*(y) \qquad \text{(a. e.)}$$

積分を Lebesgue の意味としているので，それから得られたこの結論も，さしあたり，y について“ほとんど到るところ”で正しいとしか期待できない．これが a. e. と注記した理由である．(16.3.19)の右辺の $n\to\infty$ の極限に等置すれば，

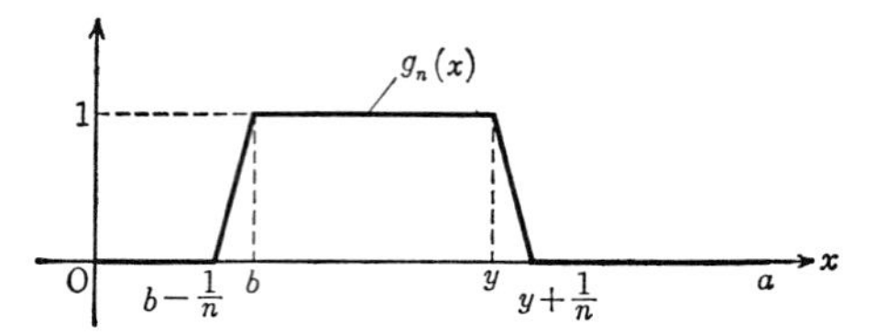

図 16.4　関数 $g_n(x)\in D_0(\alpha)$．積分型の条件 (*16.3.19*) から φ の局所的な性質をひきだすために用いる．n は十分に大きな整数

$$\varphi(y)=\varphi(b)-\frac{1}{i\hbar}\int_b^y\chi(x)\,dx \qquad \text{(a. e.)}$$

という φ の表式が得られる．χ の可積分なことは，$\chi(x)=\chi(x)\cdot 1$ と考えて Schwarz の不等式を使えば $\chi\in L^2(0,a)$ からいえるので，この表式の右辺は絶対連続な関数である．しかし等号は a. e. でしかいえていないのだった．$[0,a]$ 上 Lebesgue 測度 0 の点集合では，$\varphi(y)$ のこの表式はなりたっていないかもしれない．ここで思いだそう —— L^2 空間を Hilbert 空間 H とみる際には，Lebesgue 測度 0 の点集合の上でだけ値を異にする関数を同一視する約束をしたことを．そこで，必要なら $\varphi(y)$ の値を修正して(いいかえれば別の代表をとって)，むしろ $\varphi(y)$ は上の表式で定義されると考えてもよい．この $\varphi(y)$ は絶対連続である(H の元としての φ は絶対連続なこの $\varphi(y)$ を含む同値類)．これで望みの (i) が示された．

同じ表式から

$$-i\hbar\frac{d\varphi}{dy}=\chi(y) \qquad \text{(a. e.)} \qquad (16.3.20)$$

も知れるが，$\chi\in L^2(0,a)$ なのだから (ii) もいえた．

最後の (iii) を示すには，(*16.3.19*) に帰り，左辺を部分積分の定理([加藤], p. 107)：“φ^* が絶対連続で $d\psi/dx$ が可積分ならば $\varphi^*(d\psi/dx)$ も可積分であり，同時に $(d\varphi^*/dx)\psi$ も可積分で，

$$\int_0^a\varphi^*\left(-i\hbar\frac{d\psi}{dx}\right)dx=-i\hbar[\varphi^*\psi]_0^a+\int_0^a\left(-i\hbar\frac{d\varphi}{dx}\right)^*\psi\,dx$$

がなりたつ”を用いて変形し，(*16.3.20*) を代入した上で右辺と比較する．そうすると

$$0=[\varphi^*\psi]_0^a=\varphi^*(a)\psi(a)-\varphi^*(0)\psi(0)$$

が知れる．ところが $\psi\in \mathsf{D}_0{}^{(\alpha)}$ は境界条件 $\psi(a)=e^{i\alpha}\psi(0)$ を満たすので，$\varphi(x)$ も同じ条件を満たすことになり，(iii)が示された．α が実数でなかったらこうはいかなかったことに注意しておこう．以上で $\mathsf{D}_0{}^{(\alpha)*}\subset\mathsf{D}_0{}^{(\alpha)}$ がいえたことになる．

次に $\mathsf{D}_0{}^{(\alpha)*}\supset\mathsf{D}_0{}^{(\alpha)}$ をいうには，φ を $\mathsf{D}_0{}^{(\alpha)}$ からとったとき，常に条件(*16.3.19*)の満たされることを示せばよい．これは χ を(*16.3.20*)のようにきめて積分の計算をしてみればすむ．これは実はすぐ上で行なったことである．

こうして $\mathsf{D}_0{}^{(\alpha)*}=\mathsf{D}_0{}^{(\alpha)}$ が証明された！

$\varphi\in\mathsf{D}_0{}^{(\alpha)*}$ に対して $\hat{p}_0{}^{(\alpha)*}$ の作用が $\hat{p}_0{}^{(\alpha)}$ の作用と一致していることの証明は，(*16.3.20*)で既にすんでいる．これで $\hat{p}_0{}^{(\alpha)}$ の自己共役性の証明はおしまい．

この演算子 $\hat{p}_0{}^{(\alpha)}$ は固有関数の完全系をもっている．すなわち，固有値方程式

$$-i\hbar\frac{d}{dx}u_p(x)=pu_p(x),\qquad u_p(x)\in\mathsf{D}_0{}^{(\alpha)}$$

の解は

$$u_p(x)=\frac{1}{\sqrt{a}}\exp\left[i\frac{p}{\hbar}x\right],\qquad p=(\alpha+2\nu\pi)\frac{\hbar}{a}\quad(\nu=0,\pm1,\pm2,\cdots) \tag{16.3.21}$$

なる離散系列をなし，任意の $\psi(x)\in\mathsf{H}=\mathsf{L}^2(0,a)$ が

$$\psi(x)=\sum_p u_p(x)\langle u_p,\psi\rangle \tag{16.3.22}$$

のように展開できる．和は(*16.3.21*)の固有値 p の全体にわたる．この意味は，詳しくは

$$\|\psi-\sum_{|p|\leqq P}u_p\langle u_p,\psi\rangle\|^2\xrightarrow[P\to\infty]{}0$$

である．つまり(*16.3.22*)の右辺なる無限級数で表わされたベクトルが Hilbert 空間の距離の意味で $\psi(x)$ に収束する([加藤], §10 および §11)．固有関数によるこの種の展開を**固有関数展開**(eigenfunction expansion)という．

これによって，任意の状態 $\psi\in\mathsf{H}$ における $\hat{p}_0{}^{(\alpha)}$ の観測の確率解釈を，以前に(*16.3.7*)のところに述べた仕方で行なうことができる．

この項のはじめに演算子 $\hat{p}_1$ が観測量とはみなせないことを述べたが，その背

後には物理的な理由を見出すことができたのだった．では，その理由は拡大によって自己共役にした $\hat{p}_0^{(\alpha)}$ については消滅しているだろうか？

新しい定義域 $D_0^{(\alpha)}$ を特徴づける境界条件 $\psi(0)=e^{-i\alpha}\psi(a)$ は，物理的にみると，x 軸をたとえば正の向きに走っていた粒子なら，境界 $x=a$ に達した途端こちらの境界 $x=0$ のほうに($e^{-i\alpha}$ が示す位相のずれを受けた程度で)顔をだし，再び正の向きに走り続けることを表わしているものとみられる．その意味は，後の(*16.5.11*)のように，$\exp\left[-\frac{i}{\hbar}\hat{p}_0^{(\alpha)}a\right]$ なる演算子を空間並進に結びつけて考えるとき一層はっきりするであろう．

新しい境界条件が運動量演算子 $\hat{p}_0^{(\alpha)}$ を観測量ならしめた† という数学的な事実は，だから，こんども物理に照応しているといわなければならない．

しかし，境界条件に現われている α とは何だろう？ 数学の上では，それは対称な演算子 $\hat{p}_1$ の自己共役な拡大の仕方が無数にあることを意味している．そして，(*16.3.21*)に見るとおり，どの α の拡大をとるかにより $\hat{p}_0^{(\alpha)}$ の固有値も異なってくるのだった††．

物理の問題で粒子の位置座標 x の変域が限られる場合としては2つが考えられる．第1に針金の輪のなかを電子が走るような場合．a は針金の長さとなる．この場合には $\alpha=0$ の拡大 $\hat{p}_0^{(0)}$ が電子の運動量に選ばれる†††．この際の

$$\psi(a) = \psi(0) \tag{16.3.23}$$

を**周期的境界条件**(periodic boundary condition)とよぶ．第2は大きい結晶のなかでの電子の運動を調べるような場合．この場合には，電子の波動関数が結晶の境界でどう振舞うかは，電子を結晶にとじこめる力のポテンシャルによって自ずと定まるはずであって，境界条件は無限遠でこそ必要であろうが，結晶の境界での条件として強制すべきものではない．しかし，結晶の大きさ a が問題にする電子の波長に比べて格段に大きいなら，すなわち

$$a \gg \frac{\hbar}{p} \quad \text{あるいは} \quad p \gg \frac{\hbar}{a}$$

---

† $\hat{p}_0^{(\alpha)}$ に対して(*16.3.18*)が破れるのは，その検証に用いた事実の(i)に相当する $\psi(x)\in D_0^{(\alpha)} \Longrightarrow x\psi(x)\in D_0^{(\alpha)}$ がなりたたないためである．

†† $\hat{p}_1$ の自己共役拡大がこれ以外にないことも証明できる([吉田], p. 273)．

††† 輪の上での絶対連続性の要求．

なら，結晶の大部分の体積における電子の運動は，境界での状況にほとんど左右されないだろう†．事実，このとき(16.3.21)に示した固有値 p は $\approx 2\pi\nu\hbar/a$ となり，α にほとんどよらない．こうした場合には，計算に便利な境界条件を用いようとの考えから周期的境界条件が選ばれることも多いのである．そういう場合には，計算結果のうち $a \gg \hbar/p$ の変化に敏感でないものだけに意味があると見るべきであって，ふつう，計算のあとで $a\to\infty$ としてなお残る結果だけをとる．

こう考えてくると，$\hat{p}_1$ の自己共役拡大 $\hat{p}_0{}^{(\alpha)}$ の多義性も物理を言い表わす上には問題にならないといえそうである．

今後は，特に断わらないかぎり $\alpha=0$ とし，$\hat{p}_0{}^{(0)}$ を単に $\hat{p}_0$ と記すことにしたい．

e) 座標演算子，スペクトル分解

ここでは初めから粒子の運動範囲を全空間として議論する．有限区間とした場合にも本質的のちがいはない．

粒子が実 x 軸の全体 $\mathsf{R}=(-\infty,\infty)$ を動き得るとき，Hilbert 空間として $\mathsf{H}=\mathsf{L}^2(\mathsf{R})$ をとり，粒子の座標を表現する演算子を

作　用:　　$\hat{x}\psi(x) = x\psi(x)$　　(縮めて $\hat{x} = x\cdot$ と記す)

定義域:　　$\mathsf{D}(\hat{x}) = \{\psi(x) :\ \psi,\ x\psi \in \mathsf{L}^2(\mathsf{R})\}$

と定めるのが普通である．一般に x の関数 $\psi(x)$ の空間に定義域をもち，x の定まった関数 $\xi(x)$ をかけるという作用をする演算子を**掛算演算子**(multiplication operator)とよぶ．座標演算子は，その最も簡単な例である．

座標演算子 $\hat{x}$ の自己共役性の証明を3段に分けて行なう．

1°　まず対称性を示す．$\hat{x}$ の $\mathsf{D}(\hat{x})$ 上での Hermite 性は自明だから，$\mathsf{D}(\hat{x})$ が $\mathsf{H}=\mathsf{L}^2(\mathsf{R})$ で稠密なことさえ示せばよい．いま $\mathsf{L}^2(\mathsf{R})$ から勝手な $\psi(x)$ をとって，尻尾を切る$(n=1,2,\cdots)$:

$$\psi_n(x) \equiv \begin{cases} \psi(x) & (|x| \leqq n) \\ 0 & (|x| > n) \end{cases} \tag{16.3.24}$$

これは任意の n で明らかに $\mathsf{D}(\hat{x})$ に属する．そして，$\psi\in\mathsf{L}^2(\mathsf{R})$ により

† もっとも，剛体壁のあいだを往復する自由粒子は，エネルギーの固有状態では一般には節のある波動関数をもつ．周期的境界条件にすると節はまったく消えてしまう．しかし，粒子がきっちり1つのエネルギー固有状態をとっていることは稀である．

$$\|\psi_n-\psi\|^2=\int_n^\infty|\psi(x)|^2dx+\int_{-\infty}^{-n}|\psi(x)|^2dx\xrightarrow[n\to\infty]{}0$$

となり，つまり勝手な $\psi\in\mathrm{H}$ が $\mathrm{D}(\hat{x})$ の元なる $\{\psi_n\}$ により任意に近似できる．ということが，とりもなおさず $\mathrm{D}(\hat{x})$ の H における稠密性であった．

2°　$\mathrm{D}(\hat{x}^*)=\mathrm{D}(\hat{x})$ を証明するため，まず $\mathrm{D}(\hat{x}^*)\subset\mathrm{D}(\hat{x})$ をいおう．$\mathrm{D}(\hat{x}^*)$ の定義により，その勝手な元 φ に対して $\chi\in\mathrm{L}^2(\mathrm{R})$ が存在して，(*16. 3. 12*) に相当する

$$\int_{-\infty}^\infty\varphi^*(x)x\psi(x)dx=\int_{-\infty}^\infty\chi^*(x)\psi(x)dx\qquad(\forall\psi\in\mathrm{D}(\hat{x})\text{ に対し})\tag{16. 3. 25}$$

がなりたたなければならない．いま，特に図 16. 5 に示す $g(x)\in\mathrm{D}(\hat{x})$ を $\psi(x)$ に代入すれば，

$$\int_b^y\varphi^*(x)xdx=\int_b^y\chi^*(x)dx$$

両辺を y で微分すると，

$$x\varphi(x)=\chi(x)\qquad\text{(a. e.)}\tag{16. 3. 26}$$

しかるに $\chi\in\mathrm{L}^2(\mathrm{R})$ だから $x\varphi(x)$ もそうであり，したがって $\varphi\in\mathrm{D}(\hat{x})$ がいえた．φ は $\mathrm{D}(\hat{x}^*)$ の勝手な元であったから $\mathrm{D}(\hat{x}^*)\subset\mathrm{D}(\hat{x})$．

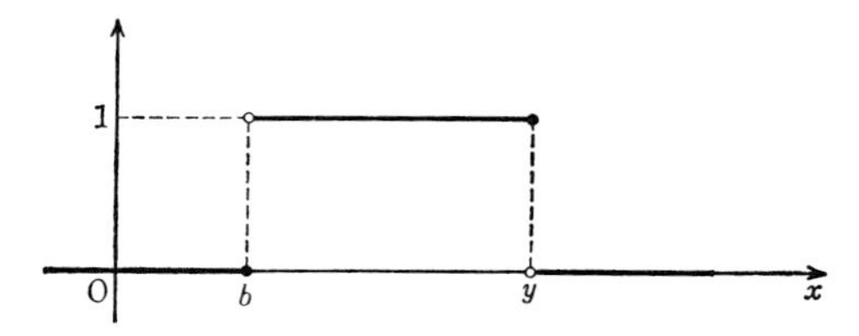

図 16. 5　関数 $g(x)\in\mathrm{D}(\hat{x})$．条件 (*16. 3. 25*) から $\varphi(x)$ の局所的な性質をひきだすため $\psi(x)$ に代入して用いる．ただし，b は任意の位置に固定，y は x 軸上を動く

次に逆の包含関係 $\mathrm{D}(\hat{x}^*)\supset\mathrm{D}(\hat{x})$ は (*16. 3. 13*) から明らかであるが，また $\mathrm{D}(\hat{x})$ がすでにあたえられているので，単に，その勝手な元について (*16. 3. 25*) の成立を検証してもよい．それは読者におまかせしよう．

3°　最後に $\hat{x}^*$ の作用については，すでに (*16. 3. 26*) の形が必要とわかってい

る．その形が $g(x)$ 以外の $\psi\in\mathrm{D}(\hat{x})$ に対しても (*16. 3. 25*) をなりたたせることも，実は上の $\mathrm{D}(\hat{x}^*)\subset\mathrm{D}(\hat{x})$ の検証の途中で見てあるわけである．

こうして座標演算子 $\hat{x}$ の自己共役性が証明された．上記の $\mathrm{D}(\hat{x})$ 以外に掛算演算子 $x\cdot$ を自己共役にする定義域がないことも明らかであろう．

ところが，この演算子には $\mathrm{H}=\mathrm{L}^2(\mathrm{R})$ に属する固有関数がない！ 仮にあったとして，その固有値を ξ と記すと，固有関数 $u_\xi(x)$ は

$$(x-\xi)u_\xi(x)=0 \qquad (16.3.27)$$

を満たさねばならないから $x=\xi$ を除いて 0 となるほかないが，1 点でしか 0 と異なる値をとらない関数は，$\mathrm{H}=\mathrm{L}^2(\mathrm{R})$ では恒等的に 0 の関数と同一視されるのであった．

この例から，自己共役な演算子でも H の固有ベクトルをもつとは限らないことがわかる．それはよいとしても，問題はいまの演算子が座標のそれであることだ．固有ベクトルをもたないからといって，これを観測量から除くわけにはいかない．

次のことはいえる．図 16.6 のような関数 $u_{\xi\delta}(x)$ は，$\delta>0$ さえ小さくとれば粒子が $x=\xi$ の任意に小さい近傍に局在しているような状態をあたえる．この意味で，$\hat{x}$ の近似的な固有関数といってよいであろう．その上，この種の関数の全体 $\{u_{\xi\delta}:\ -\infty<\xi<+\infty,\ 0<\delta<\infty\}$ は $\mathrm{L}^2(\mathrm{R})$ で稠密である．ただ，この形では"直交性"がないから (*16. 3. 22*) のような固有関数展開は書けない．そこで，演算子 $\hat{x}$ の**スペクトル分解** (spectral resolution) といわれる表式

$$\hat{x}\psi=\int_{-\infty}^{\infty}\xi d\hat{E}(\xi)\psi, \qquad \psi\in\mathrm{D}(\hat{x}) \qquad (16.3.28)$$

を"固有値問題の解"とすることが行なわれる．この右辺の意味および等号のなりたつ理由はこうである――

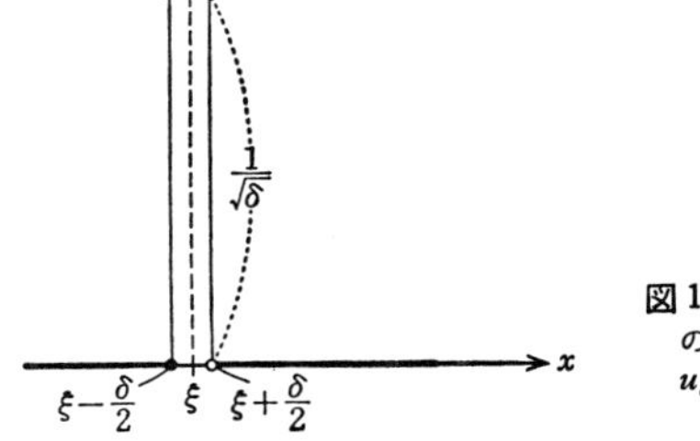

図 16.6　座標演算子の近似的固有関数 $u_{\xi\delta}(x)$

まず，$\hat{E}(\xi)$ というのは，任意の $\psi \in \mathrm{L}^2(\mathrm{R})$ に対して

$$[\hat{E}(\xi)\psi](x) = \begin{cases} \psi(x) & (x \leqq \xi) \\ 0 & (x > \xi) \end{cases} \qquad (16.3.29)$$

なるベクトル $\hat{E}(\xi)\psi \in \mathrm{L}^2(\mathrm{R})$ を対応させる演算子のことであって，容易に確かめられるように，これは射影演算子になっている．

積分 (*16. 3. 28*) を，まず第1段階として，$\psi \in \mathrm{D}(\hat{x})$ に (*16. 3. 24*) の切落しをして得る ψ_n に対して定義しよう．関数 $\psi_n(x)$ は区間 $I=[-n, n]$ の外では 0 である．Riemann 積分の定義でいつもするように，区間 I に

分割 D: $\qquad -n = \xi_1 < \xi_2 < \cdots < \xi_J = n$

をほどこして，いま半開区間 $\Delta_j = (\xi_j, \xi_{j+1}]$ ごとに

$$\hat{E}(\Delta_j) = \hat{E}(\xi_{j+1}) - \hat{E}(\xi_j) \qquad (j = 1, 2, \cdots, J-1)$$

を定義する．これも射影演算子になっているが，ここで

$$\varphi_n{}^{(\mathrm{D})} = \sum_{j=1}^{J-1} \xi_j' \hat{E}(\Delta_j)\psi_n \qquad (16.3.30)$$

を考えて，分割 D を $\max_j(\xi_{j+1}-\xi_j) = \delta \to 0$ のように一様に細分化した極限をとったのが $\psi = \psi_n$ に対する積分 (*16. 3. 28*) の定義である．ただし，ξ_j' は部分区間 Δ_j 内の勝手な点としておいてよい．(*16. 3. 30*) の形の和を Riemann-Stieltjes 和とよぶ．

いまの場合，(*16. 3. 30*) は Hilbert 空間のベクトルであり，その強収束† の意味で分割 D の細分の極限を考えるところが，通常の数値関数の積分とちがう．

しかし，そのような極限は存在するのか？ 存在するとしても，それが分割 D を細かくしてゆく仕方や $\xi_j' \in \Delta_j$ の選び方によって異なるということはないだろうか？

いや，どちらも大丈夫である．実際，簡単な計算から得られる不等式

$$\|\varphi_n{}^{(\mathrm{D})} - \hat{x}\psi_n\|^2 \leqq \delta^2 \|\psi\|^2 \qquad (16.3.31)$$

により $\delta \to 0$ で $\varphi_n{}^{(\mathrm{D})} \to \hat{x}\psi_n$ となることが知れる．この極限が (*16. 3. 28*) の右辺の定義なのだから，その等号も尻尾の切れた ψ_n に関する限り確かめられたことになる．

---

† §16.2 (a) を参照．

そこで，積分の定義の第2段として $n\to\infty$ とすることを考えよう．直ちに $\varphi_n\to\hat{x}\psi$ がいえる．なぜなら φ_n の極限は $\hat{x}\psi_n$ の極限でもあって，それは $\psi\in \mathsf{D}(\hat{x})$ により $\hat{x}\psi$ のはずだからである．

こうして(16.3.28)の意味が明らかになった．

同じ意味で，積分

$$\psi=\int_{-\infty}^{\infty}d\hat{E}(\xi)\psi \tag{16.3.32}$$

も理解される．これが以前の固有関数展開に対比したい公式である．その心は(16.3.22)の場合との次の比較から明らかであろう：

$$\psi=\sum_p u_p\langle u_p,\psi\rangle \qquad \Bigg| \qquad \psi=\int_{-\infty}^{\infty}d\hat{E}(\xi)\psi$$

$$\hat{p}_0\psi=\sum_p pu_p\langle u_p,\psi\rangle \qquad \Bigg| \qquad \hat{x}\psi=\int_{-\infty}^{\infty}\xi d\hat{E}(\xi)\psi$$

つまり，$d\hat{E}(\xi)\psi$ が $u_p\langle u_p,\psi\rangle$ に相当するといいたいのである．しかし，それには無理がある．$\hat{E}(\xi)\psi$ なら意味をもつが，$d\hat{E}(\xi)\psi$ には差分近似 $\hat{E}(\varDelta_j)\psi$ に意味がつけられるにすぎない．$\hat{E}(\varDelta_j)\psi$ は区間 $\varDelta_j$ に集中した波束だが(図16.7)，その幅を0にして $\hat{x}$ の固有関数にするというわけにはいかないのである．

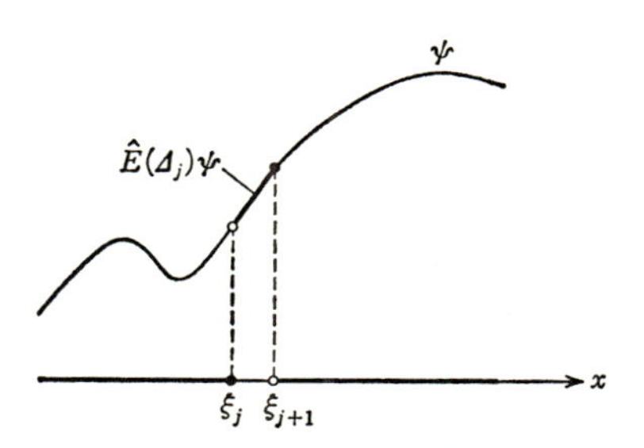

図16.7　スペクトル射影 $\hat{E}(\varDelta_j)\psi$

では，対比を逆向きに見たらどうか．固有関数展開 $\psi=\sum_p u_p\langle u_p,\psi\rangle$ を(16.3.32)の形に書くためには，

$$\hat{F}_0(\eta)\psi=\sum_{-\infty<p\leq\eta}u_p\langle u_p,\psi\rangle \tag{16.3.33}$$

なる射影演算子 $\hat{F}_0(\eta)$ を定義すればよい($-\infty<\eta<\infty$)．和は指示した範囲の固

有値 p にわたるので，これはベクトル ψ から運動量が η より小さい成分をとりだす．いま，η を増加させてゆくとき，それが固有値 p の1つに“達する”たびに和に入る項が1つ増えることに注意しよう．(16.3.28)について説明した分割による積分の定義をこんども繰り返せば，$\psi \in \mathrm{D}(\hat{p}_0)$ に対し

$$\psi = \int_{-\infty}^{\infty} d\hat{F}_0(\eta)\psi, \qquad \hat{p}_0\psi = \int_{-\infty}^{\infty} \eta d\hat{F}_0(\eta)\psi$$

が得られ，上にいった対比が完全になる．固有関数展開の考えを固有値が離散的と限らない場合にも拡げて統一的に表現しようとすれば，この形を選ぶほかない．

一般に，実軸 λ の上で定義された射影演算子の組 $\{\hat{P}(\lambda) : -\infty<\lambda<\infty\}$ は，

$$\left.\begin{array}{ll} \text{非減少性:} & \lambda \geqq \mu \quad \text{なら} \quad \hat{P}(\lambda)\hat{P}(\mu) = \hat{P}(\mu)\hat{P}(\lambda) = \hat{P}(\mu) \\ \text{右連続性:} & \hat{P}(\lambda) = \hat{P}(\lambda+0) \\ \text{境界条件:} & \hat{P}(-\infty) = 0, \qquad \hat{P}(+\infty) = 1 \end{array}\right\} \tag{16.3.34}$$

をみたすとき**スペクトル射影**(spectral projection)または**単位の分解**(resolution of identity)とよばれる．上に扱った $\hat{E}(\lambda), \hat{F}_0(\lambda)$ がこれらの条件を満足していることは容易に検証されるだろう．スペクトル射影 $\hat{P}(\lambda)$ を用いて，(16.3.28)と同じ意味で，積分

$$\varphi_n = \int_{-n}^{n} \lambda d\hat{P}(\lambda)\psi \qquad (\text{任意の } \psi \in \mathrm{H} \text{ に対し}) \tag{16.3.35}$$

も定義できるのである．その検証をしておこう．区間 $[-n, n)$ を部分区間 $\varDelta_l$ の和に分割したとき，(16.3.34)にいうスペクトル射影の非減少性によると，$\hat{P}(\varDelta_l) = \hat{P}(\lambda_{l+1}) - \hat{P}(\lambda_l)$ は

$$\hat{P}(\varDelta_l)\hat{P}(\varDelta_{l'}) = \delta_{ll'}\hat{P}(\varDelta_l) \tag{16.3.36}$$

をみたし，つまり異なる部分区間に属する $\hat{P}(\varDelta_l)$ は互いに直交する射影演算子である．このことを用いて，2つの分割

$$\mathrm{D}: \qquad -n = \lambda_1 < \lambda_2 < \cdots < \lambda_J = n, \qquad \max(\lambda_{j+1} - \lambda_j) < \frac{\delta}{2}$$

$$\mathrm{D}': \qquad -n = \mu_1 < \mu_2 < \cdots < \mu_K = n, \qquad \max(\mu_{k+1} - \mu_k) < \frac{\delta}{2}$$

に対する(16.3.30)型の Riemann-Stieltjes 和 $\varphi^{(\mathrm{D})}, \varphi^{(\mathrm{D}')}$ を比べてみよう．そ

の差

$$\varphi^{(\mathrm{D})}-\varphi^{(\mathrm{D}')}=\sum_{l=1}^{L-1}\varepsilon_l\hat{P}(\varDelta_l)\psi$$

のノルムを計算してみるのだ．ここに，D と D′ を合わせた分割

$$\mathrm{D}'': \qquad -n=\nu_1<\nu_2<\cdots<\nu_L=n \qquad (L\leqq J+K)$$

を考えて区間 $(\nu_l, \nu_{l+1}]$ を $\varDelta_l$ とおいた．この $\varDelta_l$ と交わる D の区間を $(\lambda_m, \lambda_{m+1}]$ とし，D′ のそれを $(\mu_n, \mu_{n+1}]$ とするとき

$$\varepsilon_l\equiv\lambda_m{}'-\mu_n{}', \qquad ただし \quad \lambda_m{}'\in(\lambda_m, \lambda_{m+1}], \ \mu_n{}'\in(\mu_n, \mu_{n+1}]$$

であって，明らかに $|\varepsilon_l|<\delta$ がなりたつ．そこで(*16. 3. 36*)を用いると，

$$\|\varphi^{(\mathrm{D})}-\varphi^{(\mathrm{D}')}\|^2<\delta^2\sum_{l=1}^{L-1}\langle\psi, \hat{P}(\varDelta_l)\psi\rangle=\delta^2\|\psi\|^2$$

したがって分割の幅 $\delta\to0$ のとき $\varphi^{(\mathrm{D})}$ は収束する．その極限を(*16. 3. 35*)のように書くわけである．

もし(*16. 3. 35*)なるベクトル φ_n が $n\to\infty$ で収束すれば，それで無限区間の積分が定義される．積分区間が有限な(*16. 3. 35*)では ψ は任意であったが，無限区間の積分ではそうはいかないだろう．

さて今度は，なにかある**演算子** $\hat{A}$ があたえられたとする．もしも，

$$\hat{A}\psi=\int_{-\infty}^{\infty}\lambda d\hat{P}(\lambda)\psi \qquad (\forall\psi\in\mathrm{D}(\hat{A})\ に対し) \qquad (16.3.37)$$

をなりたたせるスペクトル射影があれば，右辺の $\int_{-\infty}^{\infty}\lambda d\hat{P}(\lambda)$ を $\hat{A}$ の**スペクトル分解**(spectral resolution)という．演算子 $\hat{A}$ が自己共役ならば，常にスペクトル分解はできて一意的である．ユニタリー演算子も同様の分解ができる．これは量子力学にとって基本的な定理であるが，証明は割愛する([吉田], pp. 275-286)．(h)項において，逆に，(*16. 3. 37*)の形に書かれた演算子に対しては定義域が自然に定まり，自己共役性が導かれることを示す．(*16. 3. 37*)なるスペクトル分解と自己共役性は同値であるとしてよい†.

演算子 $\hat{A}$ のスペクトル射影 $\hat{P}(\lambda)$ が，(i) 不連続($\hat{P}(\lambda-0)\neq\hat{P}(\lambda)$)となる λ は $\hat{A}$ の**点スペクトル**(離散固有値)をあたえ，(ii) 連続的($\hat{P}(\lambda-0)=\hat{P}(\lambda)$)に増加，

† 物理においてスペクトル分解の果たす基本的な役割((g)項を参照)から見れば，(*16. 3. 37*)を自己共役性の定義とする［宮武], p. 125 の筋立がいっそ明快であろう．

つまり $\hat{P}(\lambda)\hat{P}(\lambda')=\hat{P}(\lambda)\neq\hat{P}(\lambda')$ $(\lambda_1<\lambda<\lambda'<\lambda_2)$ となる区間 (λ_1, λ_2) の λ は**連続スペクトル**に属するという．これまでの例では，$\hat{p}_0$ は点スペクトルのみをもち，一方，$\hat{x}$ は実軸全体にわたる連続スペクトルをもって点スペクトルをもたない．

f)　運動量演算子(全空間)

粒子の動きまわる範囲が x 軸の全体 $\mathsf{R}=(-\infty, \infty)$ でありうる場合，**運動量演算子** $\hat{p}$ は，

$$\left.\begin{array}{ll}\text{作　用:} & -i\hbar\dfrac{d}{dx} \\ \text{定義域:} & \mathsf{D}(\hat{p}) = \{\psi(x) : \text{絶対連続,}\ \psi, \dfrac{d\psi}{dx}\in \mathsf{L}^2(-\infty, \infty)\}\end{array}\right\} \tag{16. 3. 38}$$

によって定義する．運動範囲を有限とした以前の定義における境界条件を無限遠に押し除けてしまったわけで，そのときと同様にして今度の $\hat{p}$ の自己共役性も証明される．

この演算子が固有値 p の固有関数 $u_p(x)$ をもつとしたら

$$-i\hbar\frac{d}{dx}u_p(x) = pu_p(x) \tag{16. 3. 39}$$

でなければならないが，そうすると

$$u_p(x) = C\exp[ikx] \qquad (p=\hbar k\in\mathsf{R},\ \ C=\text{const}) \tag{16. 3. 40}$$

これは，しかし，$\mathsf{L}^2(\mathsf{R})$ に属さない．つまり，この運動量演算子は H のなかに固有関数をもたないのである．

この演算子のスペクトル分解を求めるために Fourier 変換の復習をしよう．関数 $f(x)$ の Fourier 変換†

$$(\mathcal{F}f)(k) = \frac{1}{\sqrt{2\pi}}\int_{-\infty}^{\infty}dx e^{-ikx}f(x) \tag{16. 3. 41}$$

は，f が可積分関数の空間

$$\mathsf{L}^1(\mathsf{R}) = \{f(x) : \int_{-\infty}^{\infty}|f(x)|dx<\infty\}$$

---

† $(\mathcal{F}f)(k)$ は，f を変換して得た $\mathcal{F}f$ という関数の k における値の意味．

に属していれば Lebesgue 積分の意味で定義されて，連続かつ遠方 $k\to\pm\infty$ で 0 にゆく関数になる．

この変換は，次の手続により，われわれの Hilbert 空間 $\mathsf{H}=\mathsf{L}^2(\mathsf{R})$ の全体に拡大される——

まず，$\mathcal{F}$ を Schwartz の $\mathcal{S}$ とよばれる関数空間

$$\mathcal{S}=\{g(x):\ \mathsf{R}\ \text{上で無限回連続的微分可能，急減少}\}$$

の上に制限した演算子 $\mathring{\mathcal{F}}$ を考える．ここに急減少とは，任意の自然数 κ,ν に対して

$$|x|^{\kappa}\left|\frac{d^{\nu}g}{dx^{\nu}}\right| \xrightarrow[|x|\to\infty]{} 0$$

となるほど速く遠方で減少してしまうことをいう．この空間 $\mathcal{S}$ に属する関数の例としては，調和振動子のハミルトニアンの固有関数 $h_n(x)$——以下 Hermite 関数系という†——や，また，その有限個の1次結合があげられる．この固有関数系の完全性を既知とすれば，$\mathcal{S}$ の元が空間 $\mathsf{L}^2(\mathsf{R})$ に稠密に分布していることは明らかである．空間 $\mathcal{S}$ の特徴は，そのなかで Fourier 変換のいろいろな演算が自由に行なえるところにある．$\mathcal{S}\subset\mathsf{L}^1(\mathsf{R})$ だから (*16. 3. 41*) が $f\in\mathcal{S}$ に対して意味をもつことはいうまでもないが，第1に，$f\in\mathcal{S}\Longrightarrow\mathring{\mathcal{F}}f\in\mathcal{S}$ ということがある．特に $(\mathring{\mathcal{F}}h_n)(k)=(-i)^n h_n(k)$ となる．さらに，(*16. 3. 41*) の右辺で k の符号を変えた

$$(\mathring{\mathcal{F}}^*f)(x)=\frac{1}{\sqrt{2\pi}}\int_{-\infty}^{\infty}dk e^{ikx}f(k)$$

を定義すると，任意の $f,g\in\mathcal{S}$ について，

$$\mathring{\mathcal{F}}^*(\mathring{\mathcal{F}}f)=\mathring{\mathcal{F}}(\mathring{\mathcal{F}}^*f)=f,\qquad \langle g,\mathring{\mathcal{F}}f\rangle=\langle\mathring{\mathcal{F}}^*g,f\rangle$$

がなりたつ．前者からは $\mathcal{S}$ 上で $\mathring{\mathcal{F}}$ と $\mathring{\mathcal{F}}^*$ とが互いに逆変換の関係にあることがわかり，後者で特に $g=\mathring{\mathcal{F}}f$ とおけば，変換 $\mathring{\mathcal{F}}$ が $\mathcal{S}$ の関数のノルムを変えないこと，すなわち

等距離性：　$$\|\mathring{\mathcal{F}}f\|=\|f\|$$

をもつことがわかる．

† $h_n(x)=(2^n n!\sqrt{\pi})^{-1/2}H_n(x)\exp\left[-\frac{1}{2}x^2\right]$; $H_n(x)$ は Hermite 多項式．

ここに1つ注釈をはさむ．われわれの x は粒子の座標だから［長さ］の次元をもつが，Fourier 変換(*16. 3. 41*)をして得る $\mathring{\mathscr{F}}f$ の変数 k は［長さ］$^{-1}$ の次元をもつ．そこで，x の変域 R を**座標空間**とよび，k の変域 K を**運動量空間**とよんで区別するのが普通である．すると，$\mathring{\mathscr{F}}$ は座標空間の関数を運動量空間の関数に写すことになり，関数空間も2種類あるとしなければならない．運動量空間 K 上の関数空間 L^1 を $\mathrm{L}^1(\mathrm{K})$ と記し，$\mathscr{S}$ については添字 K をつけて $\mathscr{S}_{\mathrm{K}}$ とするなど——内積も，たとえば上の $\langle g, \mathring{\mathscr{F}}f\rangle=\langle\mathring{\mathscr{F}}^*g, f\rangle$ の左辺では $\mathrm{L}^2(\mathrm{K})=\mathrm{H}_{\mathrm{K}}$ のそれであり，右辺では $\mathrm{L}^2(\mathrm{R})=\mathrm{H}$ のものになる．両者が数値として等しいのである．

このような区別は以下の議論に本質的な利益とはならず，むしろ繁雑さを増すだけなので，われわれは行なわないことにする．次元が気になる読者は，区別を試みるのもよし，x とは座標を長さの単位で割った商の数値，k は波数と長さの単位の積を表わす数値と解釈するのもよい．

さて，変換 $\mathring{\mathscr{F}}$ の定義域を $\mathscr{S}(\mathrm{R})$ から $\mathrm{L}^2(\mathrm{R})$ 全体に拡大†する手掛りは，その等距離性と定義域 $\mathscr{S}$ がすでに $\mathrm{L}^2(\mathrm{R})$ で稠密なこととにある．$\mathscr{S}$ の稠密性により任意の $\psi\in\mathrm{L}^2(\mathrm{R})$ に対して $g_n\in\mathscr{S}$ $(n=1, 2, \cdots)$ なる近似列をとり，

$$\|g_n-\psi\|\longrightarrow 0 \qquad (n\longrightarrow\infty)$$

にできる．この g_n は，もちろん Cauchy 列をなすので $\|g_n-g_m\|\to 0$ $(n, m\to\infty)$ だが，$\mathring{\mathscr{F}}$ の等距離性により

$$\|\mathring{\mathscr{F}}g_n-\mathring{\mathscr{F}}g_m\|\longrightarrow 0 \qquad (n, m\longrightarrow\infty)$$

つまり，$\mathring{\mathscr{F}}g_n$ も Cauchy 列になる．その極限は，$\mathrm{L}^2(\mathrm{R})$ の完備性により，やはり $\mathrm{L}^2(\mathrm{R})$ に属するので，

$$\hat{\mathscr{F}}\psi=\lim_{n\to\infty}\mathring{\mathscr{F}}g_n$$

として g_n の極限なる $\psi\in\mathrm{L}^2(\mathrm{R})$ に対する $\hat{\mathscr{F}}$ の作用を定義することにしよう．ψ の別の近似列 $g_n{}'$ をとっても極限 $\lim_{n\to\infty}\mathring{\mathscr{F}}g_n{}'$ の異ならないことは容易に知られる．こうして得られた定義域 $\mathrm{L}^2(\mathrm{R})$ の Fourier 変換 $\hat{\mathscr{F}}$ は，実は，あからさまに

† $\mathscr{S}(\mathrm{R})$ を $\mathrm{L}^2(\mathrm{R})$ の部分空間とみるには，但書がいる．$\mathscr{S}(\mathrm{R})$ の元が個々の関数であるのに対して，$\mathrm{L}^2(\mathrm{R})$ の元は§16.2の例2に述べたとおり関数の同値類だからである．そこで，$f\in\mathscr{S}(\mathrm{R})$ とこれを含む同値類 $[f]\in\mathrm{L}^2(\mathrm{R})$ を同一視しよう．この約束により $\mathscr{S}(\mathrm{R})$ は $\mathrm{L}^2(\mathrm{R})$ の部分空間になり，演算子の $\mathscr{S}(\mathrm{R})$ から $\mathrm{L}^2(\mathrm{R})$ への拡大ということが意味をもつ．以後，その種の同値類は当の $f\in\mathscr{S}(\mathrm{R})$ によって代表させることにきめよう．

$$(\hat{\mathscr{F}}\psi)(k) = \underset{n\to\infty}{\mathrm{l.i.m.}}\int_{-n}^{n} dx e^{-ikx}\psi(x) \tag{16. 3. 42}$$

と計算してもよいことがわかっている．l.i.m. という記号は Fourier 変換論の慣用に従ったまでで，空間 $\mathsf{L}^2(\mathsf{R})$ の距離でみた極限の意味だから，上に単に lim と記したものと異ならない．この式の右辺で k を $-k$ に変えると $\hat{\mathscr{F}}^*$ の表式が得られる．

こうして $\mathsf{H}=\mathsf{L}^2(\mathsf{R})$ 全体で定義された演算子 $\hat{\mathscr{F}}$ は，$\mathscr{S}$ 上でもっていた性質の遺伝により，線形性と

$$\hat{\mathscr{F}}^*\hat{\mathscr{F}} = \hat{\mathscr{F}}\hat{\mathscr{F}}^* = 1 \tag{16. 3. 43}$$

をもつ．なお，定義に照らして容易に確かめられるように $\hat{\mathscr{F}}^*$ は $\hat{\mathscr{F}}$ の共役演算子になっており，これで肩に * をつけた記法が正当化された．

一般に，Hilbert 空間 H を H に写す†演算子 $\hat{U}$ は，

$$\left.\begin{array}{lll} \text{全 射 性:} & \mathsf{R}(\hat{U}) = \mathsf{H} & \\ \text{等距離性:} & \|\hat{U}\psi\| = \|\psi\| & (\forall\psi\in\mathsf{H}\text{ に対し}) \end{array}\right\} \tag{16. 3. 44}$$

をもつとき**ユニタリー変換**とよばれる††．この 2 条件が(*16. 3. 43*)型の条件

$$\hat{U}^*\hat{U} = \hat{U}\hat{U}^* = 1 \tag{16. 3. 45}$$

と同値なことを示そう．(等距離性) $\Longleftrightarrow$ $\hat{U}^*\hat{U}=1$ は明らか．そのとき (全射性) $\Longrightarrow$ $\hat{U}\hat{U}^*=1$ となること：$\hat{U}^*\hat{U}=1$ に左から $\hat{U}$ をかけて $(\hat{U}\hat{U}^*)\hat{U}\psi=\hat{U}\psi$ をつくり ψ を H 上に走らせると，$\mathsf{R}(\hat{U})=\mathsf{H}$ により $\hat{U}\psi$ は H 全体を掃過するから，$\hat{U}\hat{U}^*=1$ がいえた．逆に $\hat{U}\hat{U}^*=1 \Longrightarrow$ (全射性) となること：$\hat{U}\hat{U}^*=1$ は勝手な $\psi\in\mathsf{H}$ が $\hat{U}^*\psi\in\mathsf{H}$ の像 $\hat{U}(\hat{U}^*\psi)=\psi$ になっていることを示すから，$\mathsf{R}(\hat{U})=\mathsf{H}$.

こうして，$\mathsf{H}=\mathsf{L}^2(\mathsf{R})$ 上の Fourier 変換 $\hat{\mathscr{F}}$ もユニタリー変換である．

さて，運動量の演算子(*16. 3. 38*)に帰ろう．それが上の Fourier 変換を用いて

$$\hat{p} = \hat{\mathscr{F}}^*\hat{p}_{\mathrm{d}}\hat{\mathscr{F}} \tag{16. 3. 46}$$

と書けることを示してスペクトル分解を導きたい．ここに，新しい演算子 $\hat{p}_{\mathrm{d}}$ を

$$\left.\begin{array}{ll} \text{作　用:} & \hat{p}_{\mathrm{d}}\Psi(k) = \hbar k\Psi(k) \\ \text{定義域:} & \mathsf{D}(\hat{p}_{\mathrm{d}}) = \{\Psi(k) : \Psi, k\Psi\in\mathsf{L}^2(\mathsf{R})\} \end{array}\right\} \tag{16. 3. 47}$$

---

† 定義域の Hilbert 空間と値域のそれとが異なっていてもよい．座標空間の $\mathsf{L}^2(\mathsf{R})$ と運動量空間の $\mathsf{L}^2(\mathsf{K})$ を区別すれば $\mathsf{D}(\hat{\mathscr{F}})=\mathsf{L}^2(\mathsf{R})$，$\mathsf{R}(\hat{\mathscr{F}})=\mathsf{L}^2(\mathsf{K})$ であり，他方 $\mathsf{D}(\hat{\mathscr{F}}^*)=\mathsf{L}^2(\mathsf{K})$，$\mathsf{R}(\hat{\mathscr{F}}^*)=\mathsf{L}^2(\mathsf{R})$ となる．

†† 等距離的であるがユニタリーでない演算子の例が [加藤], pp. 266–267 にあたえられている．

によって定義した．つまり，$\hat{p}_{\mathrm{d}}/\hbar$ は $\Psi=\hat{\mathscr{F}}\psi$ の世界では† 前項に定義した座標演算子と異ならない．そのスペクトル分解(*16. 3. 28*)に今の問題を帰着させようというのが目論見である．

(*16. 3. 46*)を証明するためには，両辺の演算子の

1°　作用の一致のために：　　$\hat{\mathscr{F}}\hat{p}\psi=\hat{p}_{\mathrm{d}}\hat{\mathscr{F}}\psi, \quad \forall\psi\in \mathsf{D}(\hat{p})$

2°　定義域の一致のために：　$\hat{\mathscr{F}}\mathsf{D}(\hat{p})=\mathsf{D}(\hat{p}_{\mathrm{d}})$

を示せばよい．以下，この2命題を目標に議論をする．

まず，1° はやさしい．任意の $\psi\in\mathsf{D}(\hat{p})$ をとると，その絶対連続性により可積分な $\chi(y)$ があって $d\psi(x)/dx=\chi(x)$ がなりたつ．加えて e^{-ikx} は絶対連続だから，部分積分法を用いることができて，

$$\hat{\mathscr{F}}\hat{p}\psi=-i\hbar\int_{-\infty}^{\infty}\chi(x)e^{-ikx}dx=-i\hbar[\psi(x)e^{-ikx}]_{-\infty}^{\infty}+\hbar k\int_{-\infty}^{\infty}\psi(x)e^{-ikx}dx$$
$$=\hat{p}_{\mathrm{d}}\hat{\mathscr{F}}\psi$$

無限遠で $\psi(x)$ が消えるからである．こうして上の 1° が得られた．両辺のノルムをとって

$$\|\hat{\mathscr{F}}\hat{p}\psi\|=\|\hbar k\Psi(k)\| \qquad (\Psi=\hat{\mathscr{F}}\psi)$$

を得るが，$\hat{\mathscr{F}}$ の等距離性から左辺は $\|\hat{p}\psi\|<\infty$ に等しいので $\|k\Psi(k)\|<\infty$ が知れる．$\|\Psi\|=\|\psi\|<\infty$ はもちろんだから，合せて $\psi\in\mathsf{D}(\hat{p})\Longrightarrow\hat{\mathscr{F}}\psi\in\mathsf{D}(\hat{p}_{\mathrm{d}})$，つまり

$$\hat{\mathscr{F}}\mathsf{D}(\hat{p})\subset\mathsf{D}(\hat{p}_{\mathrm{d}})$$

がいえた！ 反対の包含関係を示して目標 2° を達成するために任意の $\Psi\in\mathsf{D}(\hat{p}_{\mathrm{d}})$ をとって，まず $\Psi\in\mathsf{L}^1(\mathsf{R})$ をいおう(L^1 で Fourier 変換が文字どおりの積分の意味で定義されることは前に述べた)．この目的は，Schwarz の不等式を

$$\int_{-\infty}^{\infty}|\Psi(k)|dk=\int_{-\infty}^{\infty}|\Psi(k)|\sqrt{1+k^2}\frac{1}{\sqrt{1+k^2}}dk$$
$$\leqq\left[\int_{-\infty}^{\infty}(1+k^2)|\Psi(k)|^2dk\right]^{1/2}\left[\int_{-\infty}^{\infty}\frac{1}{1+k^2}dk\right]^{1/2}$$

のように使って $\Psi\in\mathsf{D}(\hat{p}_{\mathrm{d}})$ に注意すれば達せられる．こうして，Fourier 逆変換は単純に

† 運動量表示の状態関数の空間で——§16.7 を参照．

$$\psi(x) = \frac{1}{\sqrt{2\pi}} \int_{-\infty}^{\infty} dk e^{ikx} \Psi(k) \tag{16. 3. 48}$$

と書けることがわかった．これを足場にして $\psi(x)$ の絶対連続なことを示そう．そのために(16. 3. 48)の e^{ikx} を，恒等式

$$e^{ikx} = ik \int_{-a}^{x} dy e^{iky} + e^{-ika}$$

の右辺でおきかえる：

$$\psi(x) = \frac{1}{\sqrt{2\pi}} \int_{-\infty}^{\infty} dk \cdot ik \Psi(k) \int_{-a}^{x} dy e^{iky} + \frac{1}{\sqrt{2\pi}} \int_{-\infty}^{\infty} dk e^{-ika} \Psi(k)$$

ここで積分順序の変更ができたら話はお終いなのだが，$k\Psi \in \mathrm{L}^1(\mathrm{R})$ がないと難しいだろう．そこで，ひとまず $\Psi(k)$ の尻尾を切り捨てた

$$\Psi_n(k) = \begin{cases} \Psi(k) & (|k| \leqq n) \\ 0 & (|k| > n) \end{cases}$$

と，その Fourier 逆変換 $(\hat{\mathcal{F}}^* \Psi_n)(x) \equiv \psi_n(x)$ まで後退して出発し直すとしよう．これらに対して上と同じ形の式が書けることはいうまでもない．$n \to \infty$ の極限にうまく意味がついたら御喝采というところだ．さて，$k\Psi_n \in \mathrm{L}^1(\mathrm{R})$ だから，今度は積分順序の変更ができて†，

$$\psi_n(x) = \int_{-a}^{x} dy \left[\frac{1}{\sqrt{2\pi}} \int_{-\infty}^{\infty} ik \Psi_n(k) e^{iky} dk \right] + \frac{1}{\sqrt{2\pi}} \int_{-\infty}^{\infty} \Psi_n(k) e^{-ika} dk \tag{16. 3. 49}$$

右辺で，第1項にある $[\cdots]$ を $\chi_n(y)$ と記すが，これは $ik\Psi \in \mathrm{L}^2(\mathrm{R})$ の Fourier 逆変換だから $n \to \infty$ のとき $\mathrm{L}^2(\mathrm{R})$ の点列として

$$\chi(y) = \operatorname*{l.i.m.}_{n \to \infty} \frac{1}{\sqrt{2\pi}} \int_{-n}^{n} ik \Psi(k) e^{iky} dk \tag{16. 3. 50}$$

に収束し，一方，第2項は $\Psi \in \mathrm{L}^1(\mathrm{R})$ により数列として $\psi(-a)$ に収束する．しかも，$\chi(y)$ は Schwarz の不等式

$$\left(\int_{-a}^{x} |\chi(y)| dy \right)^2 \leqq \int_{-a}^{x} |\chi(y)|^2 dy \cdot \int_{-a}^{x} dy \leqq (x+a) \|\chi\|^2$$

† Fubini の定理による．たとえば［加藤］, pp. 102–104 を参照．

から知れるように，有限区間 $[-a, x]$ では可積分である．そこで，すぐ上に述べた意味の(16. 3. 49)の右辺についての収束が，とりも直さず右辺全体の $n\to\infty$ における $\int_{-a}^{x}\chi(y)\,dy+\psi(-a)$ への各点収束を含意していることに注意しよう．実際，再び Schwarz の不等式から得られる

$$\left|\int_{-a}^{x}\chi_n(y)\,dy-\int_{-a}^{x}\chi(y)\,dy\right|^2 \leqq (x+a)\|\chi_n-\chi\|^2$$

の右辺は $\chi_n\xrightarrow{s}\chi$ により $n\to\infty$ で0になる．ところが(16. 3. 49)の左辺についても $\psi_n\to\psi$ を各点収束の意味としてよいことは明らかだから，結局

$$\psi(x) = \int_{-a}^{x}\chi(y)\,dy+\psi(-a) \tag{16. 3. 51}$$

が得られた．念のために確認するが，われわれは任意の $\Psi\in \mathrm{D}(\hat{p}_{\mathrm{d}})$ をとって話を始めたのだった．その Ψ の Fourier 逆変換(16. 3. 48)が(16. 3. 50)の χ を用いて今の形(16. 3. 51)に書けることがわかったのである．この結果から $\psi(x)$ の絶対連続なことが読みとれ，$\chi\in \mathrm{L}^2(\mathrm{R})$ を思いだせば同時に $d\psi/dx\in \mathrm{L}^2(\mathrm{R})$ も知れる．$\psi\in \mathrm{L}^2(\mathrm{R})$ はいうまでもないから，つまり $\mathcal{F}^*\mathrm{D}(\hat{p}_{\mathrm{d}})\subset \mathrm{D}(\hat{p})$，したがってまた $\mathrm{D}(\hat{p}_{\mathrm{d}})\subset\mathcal{F}\mathrm{D}(\hat{p})$ がいえたわけで，さきに示した逆の包含関係と合わせて目標2°が遂に達成された．途中の(16. 3. 50)は(16. 3. 51)と組んで任意の $\Psi\in \mathrm{D}(\hat{p}_{\mathrm{d}})$ につき $\hat{p}\mathcal{F}^*\Psi=\mathcal{F}^*\hat{p}_{\mathrm{d}}\Psi$ となることを示しているが，これは最初に示した1°の再確認にすぎない．これで(16. 3. 46)の証明が終わった．

一般に，演算子 $\hat{A}$ からユニタリー演算子 $\hat{U}$ により $\hat{U}\mathrm{D}(\hat{A})$ を定義域とする $\hat{U}\hat{A}\hat{U}^*\equiv\hat{B}$ をつくることを**演算子のユニタリー変換**という．$\hat{A}$ を $\hat{U}$ でユニタリー変換するというわけである．この言葉をつかえば，上の結果は，掛算型の演算子 $\hat{p}_{\mathrm{d}}$ を Fourier 逆変換 $\mathcal{F}^*$ でユニタリー変換した結果が運動量演算子 $\hat{p}$ であると言い表わせる(図16. 8)．逆に，Fourier 変換 $\mathcal{F}$ により運動量の微分演算子 $\hat{p}$ が掛算演算子 $\hat{p}_{\mathrm{d}}$ に変換されたのだといってもよい：$\hat{p}_{\mathrm{d}}=\mathcal{F}\hat{p}\mathcal{F}^*$．掛算演算子に変換することを**対角化**という．

掛算演算子 $\hat{p}_{\mathrm{d}}$ のスペクトル分解には前項の結果が流用できる．それを $\mathcal{F}^*$ でユニタリー変換して，運動量演算子 $\hat{p}$ のスペクトル分解

$$\hat{p}\psi = \int_{-\infty}^{\infty}\eta\, d\hat{F}(\eta)\,\psi$$

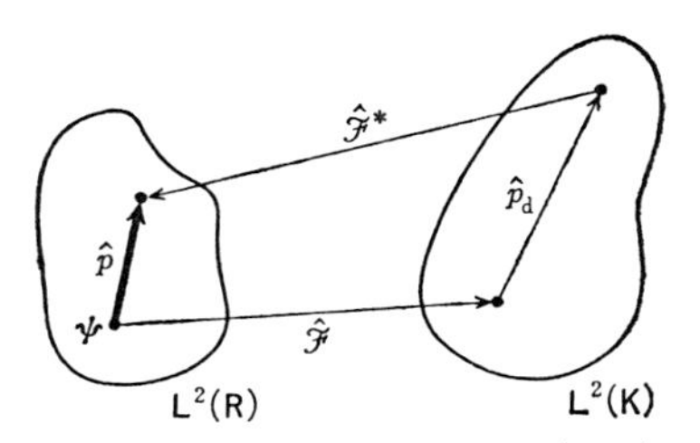

図 16.8　演算子 $\hat{p}_d$ のユニタリー変換 $\hat{\mathscr{F}}^*\hat{p}_d\hat{\mathscr{F}}=\hat{p}$. これは L²(R) の元 ψ を $\hat{\mathscr{F}}$ で L²(K) にうつしてから $\hat{p}_d$ を作用させ，その後 $\hat{\mathscr{F}}^*=\hat{\mathscr{F}}^{-1}$ で L²(R) に連れもどすという演算であって，結局，L²(R) 内での写像になる．なお，ユニタリー変換は同一の Hilbert 空間内の写像であってもよい

に用いるべきスペクトル射影が

$$\hat{F}(\eta)=\hat{\mathscr{F}}^*\hat{E}(\eta/\hbar)\hat{\mathscr{F}}$$

と得られる．$\hat{E}(\eta/\hbar)$ は前項の (*16. 3. 29*) に定義されている．

g)　測定値の確率

対象が状態 ψ にあるとき観測量 $\hat{A}$ の測定をしたら，どんな結果が得られるか？　これは量子力学の数学的構築に物理的解釈をあたえる上の根本問題である．

以前に (*16. 3. 6*) のところであたえた答は，$\hat{A}$ が固有ベクトルの完全系をもつことを前提にしていた．しかし，Hilbert 空間に固有ベクトルを 1 本も持たない演算子さえも観測量の仲間に入れておかねばならないことは前項までに見たとおりである．そうした場合も含めて統一的な答をあたえるためにスペクトル分解が用いられる——

観測量 $\hat{A}$ のスペクトル分解を

$$\hat{A}=\int_{-\infty}^{\infty}\lambda d\hat{P}(\lambda) \qquad (16.\ 3.\ 52)$$

としよう．対象が定まったベクトル状態 ψ にあることが知れているとしても，量 $\hat{A}$ の観測をして得る測定値を一意・確定的に予言することは一般にはできない．予言できるのは測定値が実軸上の領域 $I=\bigcup_j \Delta_j$, $\Delta_j\equiv(\lambda_j,\lambda_j']$ 内におちる確率だけであって，それは

$$\Pr(\hat{A},\psi:I)=\left\|\int_I d\hat{P}(\lambda)\psi\right\|^2=\|\hat{P}(I)\psi\|^2 \qquad (16.\ 3.\ 53)$$

と計算される——これが量子力学に物理的解釈をあたえるための公理である．なお，$\hat{P}(I)$ は $\int_I d\hat{P}(\lambda)$ の略記．

公理とはいっても，(*16. 3. 53*)が確率の諸性質をもつことは確かめておかなければならない．

まず，これが常に非負であること，そして ψ が規格化されていれば全確率は1になること，$\Pr(\hat{A}, \psi : (-\infty, \infty)) = 1$ に注意しよう．ここで単位の分解の規格化条件(*16. 3. 34*)を用いた．

特に $I = (\lambda, \lambda']$ のとき(*16. 3. 53*)は

$$\|\{\hat{P}(\lambda') - \hat{P}(\lambda)\}\psi\|^2 = \|\hat{P}(\lambda')\psi\|^2 - \|\hat{P}(\lambda)\psi\|^2 \qquad (16.3.54)$$

をあたえるので，一般に互いに交わらない I_k $(k=1, 2, \cdots)$ に対して

$$\Pr(\hat{A}, \psi : \bigcup_k I_k) = \sum_k \Pr(\hat{A}, \psi : I_k)$$

がなりたつ．これは排反事象の確率の加法性にほかならない．この限りでは，量子力学における測定値の確率の計算規則もLaplace以来の古典確率論の常識に従っている．もっとも測定結果の確率は計器の指針がどこを指すかの確率というように巨視世界のことになるから，これは当然そうでなくてはいけないはずだろう．

$I = (-\infty, \lambda]$ にとった場合の

$$\Pr(\hat{A}, \psi : (-\infty, \lambda]) = \|\hat{P}(\lambda)\psi\|^2$$

は測定値が λ 以下にでる確率を表わすもので，$\mu(\lambda)$ と記し，**累積分布関数**(integrated distribution function)とよぶ．この $\mu(\lambda)$ は λ の非減少関数で，$\mu(-\infty) = 0$, $\mu(\infty) = 1$ により有界変動でもあるから，λ 軸上にStieltjes測度を定める．

座標演算子 $\hat{x}$ の例では，(*16. 3. 29*)のスペクトル射影で $\mu(\lambda) = \int_{-\infty}^{\lambda} |\psi(x)|^2 dx$ となり，これは絶対連続だから，座標の測定値の**確率密度**(probability density)として $|\psi(x)|^2$ をあたえる．"$\mu(\lambda)$ が絶対連続なら，Stieltjes測度 $d\mu(\lambda)$ は，Lebesgue測度 $[d\mu(\lambda)/d\lambda]d\lambda$ に同値である"という定理([加藤], p. 182)によることである．

さきに測定結果の一意・確定的な予言は一般にはできないといったが，しかし任意のあたえられた精度での予言を許す状態は常に存在する．いま $\Delta = (\lambda - \delta\lambda, \lambda]$ とすると $\hat{P}(\Delta)\psi \neq 0$ となる ψ は必ず存在するから，これを規格化して

$$\chi_\Delta = \frac{\hat{P}(\Delta)\psi}{\|\hat{P}(\Delta)\psi\|}$$

とおこう．以下 $\hat{P}(\Delta)$ を $\hat{P}(\lambda-\delta\lambda, \lambda]$ とも記す．

この状態 χ_Δ で $\hat{A}$ の観測をすると，測定値の確率は

$$\Pr(\hat{A}, \chi_\Delta : I) = \frac{\|\hat{P}(I)\hat{P}(\Delta)\psi\|^2}{\|\hat{P}(\Delta)\psi\|^2} = \begin{cases} 1 & (I \supset \Delta \text{ のとき}) \\ 0 & (I \cap \Delta = \phi \text{ のとき}) \end{cases}$$

となり，測定値は確率 1 で Δ におちる．$\delta\lambda$ はいくら小さくてもよいのだから，これは $\hat{A}$ の測定値が任意に高い（しかし有限の）精度で定まっている状態の存在を示す．このことには有限区間を動く粒子の運動量の場合に前に触れた．

特に a が $\hat{A}$ の離散固有値なら，対応する固有ベクトルを u_a とすると

$$\lim_{\delta\lambda\to 0} \hat{P}(a-\delta\lambda, a]\psi = u_a\langle u_a, \psi\rangle$$

となるので，状態 ψ での観測に対して測定値の精度は無限に高められ，

$$\lim_{\delta\lambda\to 0} \Pr(\hat{A}, \psi : (a-\delta\lambda, a]) = |\langle u_a, \psi\rangle|^2$$

が値 a を得る確率である．$\hat{A}$ が離散スペクトル $\{a_\nu\}$ しかもたないなら，

$$\Pr(\hat{A}, \psi : I) = \sum_{a_\nu \in I} |\langle u_\nu, \psi\rangle|^2$$

となる．ただし u_ν は固有値 a_ν に属する固有関数．これが以前に(16.3.6)のところで述べたことにほかならない．

h) 観測量の関数

観測量 $\hat{A}$ のスペクトル分解を

$$\hat{A} = \int_{-\infty}^{\infty} \lambda d\hat{P}(\lambda)$$

として次のことを証明しよう．$f(\lambda)$ が実変数 λ の複素数値“連続”関数なら，$\hat{A}$ の関数 $f(\hat{A})$ を次のように定義することができる——

$$\left.\begin{aligned} &\text{作　用}: f(\hat{A})\psi = \int_{-\infty}^{\infty} f(\lambda)d\hat{P}(\lambda)\psi \\ &\text{定義域}: \mathsf{D}[f(\hat{A})] = \{\psi : \psi \in \mathsf{H}, \int_{-\infty}^{\infty} |f(\lambda)|^2 d\|\hat{P}(\lambda)\psi\|^2 < \infty\} \end{aligned}\right\} \quad (16.3.55)$$

特に $f(\lambda)$ が実数値関数の場合 $f(\hat{A})$ は自己共役になる．$f(\lambda)=e^{ia\lambda}$ (a=実数) なら $f(\hat{A})$ はユニタリーになる．

なお，定義域の指定にでてくる積分は $\rho(\lambda)\equiv\|\hat{P}(\lambda)\psi\|^2$ が有界変動であることにもとづく Stieltjes 積分である．

上の命題のうち，演算子が定義できるという部分の要点は，$f(\hat{A})$ の作用を定める積分の存在である．それも $f(\lambda)$ の連続性により有限区間の積分

$$\int_{-n}^{n} f(\lambda)\,d\hat{P}(\lambda)\,\psi \equiv f_n(\hat{A})\,\psi$$

の定義は(*16. 3. 35*)の場合と同様にできるから，ただ列 $\{f_n(\hat{A})\psi\}_{n=1,2,\cdots}$ の収束さえ検証すればよい．それも，$n>m$ について容易に†

$$\|f_n(\hat{A})\psi-f_m(\hat{A})\psi\|^2=\left(\int_m^n+\int_{-n}^{-m}\right)|f(\lambda)|^2 d\|\hat{P}(\lambda)\psi\|^2$$

が得られ，これが定義域 $\mathsf{D}[f(\hat{A})]$ のきめかたから $n, m\to\infty$ で 0 にゆくことによって明らかである．$f_n(\hat{A})$ は線形演算子なので，それが極限にも遺伝して $f(\hat{A})$ も線形になる．

$f(\lambda)$ が実数値関数のとき $f(\hat{A})$ が自己共役になることを証明するには，まず，1° $f(\hat{A})$ の Hermite 性，2° $\mathsf{D}[f(\hat{A})]$ の稠密性，を確かめて $f(\hat{A})$ が対称演算子であることを示し，次に，3° $\mathsf{D}[f^*(\hat{A})]=\mathsf{D}[f(\hat{A})]$ をいう．

このうち 1° は明らか，2° は H の勝手なベクトル ψ が $\hat{P}(-n, n]\psi\in\mathsf{D}[f(\hat{A})]$ により任意に近似できることから知れる．

3° をいうには，対称演算子については(*16. 3. 13*)から $\mathsf{D}[f^*(\hat{A})]\supset\mathsf{D}[f(\hat{A})]$ がなりたつので，逆の包含関係を示せばよい．以下 $\mathsf{D}[f(\hat{A})]=\mathsf{D}$, $\mathsf{D}[f^*(\hat{A})]=\mathsf{D}^*$ と略記すれば，証明すべきことは $\mathsf{D}^*\subset\mathsf{D}$ である．いま††，

$$\psi_n=\int_{-n}^{n} f^*(\lambda)\,d\hat{P}(\lambda)\,\varphi$$

---

† $$\|f(\hat{A})\psi\|^2=\int_a^b f(\lambda)\,d_\lambda\langle f(\hat{A})\psi, \hat{P}(\lambda)\psi\rangle=\int_a^b f(\lambda)\,d_\lambda\langle\psi, f^*(\hat{A})\hat{P}(\lambda)\psi\rangle$$
$$=\int_a^b f(\lambda)\,d_\lambda\left\{\int_a^\lambda f^*(\mu)\,d_\mu\langle\psi, \hat{P}(\mu)\hat{P}(\lambda)\psi\rangle\right\}=\int_a^b |f(\lambda)|^2 d\|\hat{P}(\lambda)\psi\|^2$$
のように計算する．途中でスペクトル射影の非減少性(*16. 3. 34*)を用いた．

†† $f(\lambda)$ に * をつけたのは，後で問題になる $f(\lambda)=e^{ia\lambda}$ の場合への流用を考えてのことである．

を考えると，D の定義により $\lim_{n\to\infty}\|\psi_n\|^2<\infty \Leftrightarrow \varphi\in\mathrm{D}$. したがって，$\mathrm{D}^*\subset\mathrm{D}$ の証明には，

$$\varphi\in\mathrm{D}^* \Longrightarrow \lim_{n\to\infty}\|\psi_n\|^2<\infty \Longrightarrow \varphi\in\mathrm{D} \qquad (16.3.56)$$

という筋道が考えられる．証明しなければならないのは最初の ⟹ である．ところが $\varphi\in\mathrm{D}^*$ は，勝手な $\psi\in\mathrm{D}$ に対して恒等的に

$$\langle\varphi, f(\hat{A})\psi\rangle=\langle\chi,\psi\rangle \qquad (16.3.57)$$

をなりたたせる $\chi\in\mathrm{H}$ の存在を意味する．この式の ψ に $\psi_n\in\mathrm{D}$ を代入すると，左辺は

$$\langle\varphi, f(\hat{A})\psi_n\rangle=\left\langle\varphi,\int_{-n}^{n}f^*(\lambda)\,d\hat{P}(\lambda)\,\psi_n\right\rangle=\left\langle\int_{-n}^{n}f(\lambda)\,d\hat{P}(\lambda)\,\varphi,\psi_n\right\rangle=\|\psi_n\|^2$$

よって，(16.3.57) の右辺に Schwarz の不等式を用い

$$\|\psi_n\|^2=|\langle\chi,\psi_n\rangle|\leqq\|\psi_n\|\cdot\|\chi\|$$

故に $\|\psi_n\|$ は n に無関係な $\|\chi\|$ によって抑えられる．

これで (16.3.56) なる推論がなりたち，$f(\hat{A})$ の自己共役性の証明が終わる．

$f(\lambda)=e^{ia\lambda}$ (a=実数) のとき $f(\hat{A})$ がユニタリーになることの証明も同様の計算によってできる．これは読者におまかせしよう．

§16.4 観測量の構成

運動量と座標との自己共役演算子 $\hat{p}, \hat{x}$ の定義を前節で行なったが，エネルギーとか角運動量とかというように力学で使う物理量は他にもたくさんある．そのおのおのに対して自己共役な演算子を作ってやらねばならない．

古典力学の物理量は，どれも粒子の運動量と座標との関数 $f(p, x)$ である．それを量子力学の観測量に翻訳するのには，運動量と座標とを，それぞれの演算子で置きかえて $f(\hat{p}, \hat{x})$ とする——というだけで話が済まないのは，さまざまの問題が置きかえに際して起こってくるからである．問題のいくつかを，この節で議論しよう．

量子力学には，運動量と座標の関数として書くことのできないスピンという力学量も登場するが，ここでは触れない．演算子の理論としては特に問題になることもないからである．

a) 演算子の代数

運動量 p と座標 x で書かれた古典力学の物理量 $f(p,x)$ を量子力学の観測量に翻訳する際に問題が起こるのは，観測量の積が観測量になるとは限らず，観測量の和も一般には観測量でないということ，つまり観測量の代数が不自由きわまりないものであることによっている．

観測量は自己共役な演算子でなければならない．物理的の解釈をつけるために自己共役性が欠かせないことは，前節に力説したとおりである．

第1に，観測量の積の非可換性がある．仮に古典力学に px という量があったとして，これは xp としても同じことであるが，演算子に直すと $\hat{p}\hat{x}$ と $\hat{x}\hat{p}$ はちがう．問題は非可換な $\hat{p}, \hat{x}$ の積が $\hat{p}\hat{x}$ も $\hat{x}\hat{p}$ も自己共役でないという事実につながってゆくが，いわゆる積の対称化という処方も必ずしも解決に導かないことは(*16. 3. 8*)の例が示している．

ところで演算子の積とは何だろう？ ベクトル ψ に演算子 $\hat{A}$ をかけて $\hat{A}\psi$ をつくり，これに次に $\hat{B}$ をかけて $\hat{B}(\hat{A}\psi)$ をつくることを1つの演算とみなすのが積 $\hat{B}\hat{A}$ であるが，第2段で $\hat{B}$ をかけるといっても $\hat{A}\psi$ が $\hat{B}$ の定義域に入っていなければ意味をなさない．だから，積 $\hat{B}\hat{A}$ という演算子は，いくら広くとっても

$$\text{定義域:} \qquad \mathsf{D}(\hat{B}\hat{A}) = \mathsf{D}(\hat{A}) \cap \{\psi : \hat{A}\psi \in \mathsf{D}(\hat{B})\} \qquad (16.4.1)$$

以上をもつと約束することはできまい．

本書でもこの約束をとるが，こうすると $0\cdot\hat{A}$ が $\hat{A}\cdot 0$ に等しくないという奇妙なことになる．2つの演算子が等しいとは定義域と作用がともに同一なことであると定めたのを思い起こそう．$0\cdot\hat{A}$ の定義域は上の約束に従うと $\mathsf{D}(\hat{A})$ になるが，一方，$0\cdot\psi$ には ψ が何であっても $\hat{A}$ がかけられるから，$\hat{A}\cdot 0$ の定義域は H 全体となり，このほうが一般には広い†:

$$\hat{A}\cdot 0 \supset 0\cdot\hat{A}$$

演算子 $\hat{A}, \hat{B}$ の和 $\hat{A}+\hat{B}$ は作用を $(\hat{A}+\hat{B})\psi = \hat{A}\psi + \hat{B}\psi$ としたいから，

$$\text{定義域:} \qquad \mathsf{D}(\hat{A}+\hat{B}) = \mathsf{D}(\hat{A}) \cap \mathsf{D}(\hat{B}) \qquad (16.4.2)$$

と約束することになる．$\hat{A}+(-\hat{A}) \neq 0$ といった奇妙さは，やはり避けられない．

---

† 記号 ⊃ で表わされる“演算子の拡大”については§16.3(b)を見よ．

積の場合とはちがって可換性の問題はなく，

$$\hat{A}+\hat{B}=\hat{B}+\hat{A}$$

がなりたち，また，結合の法則もなりたつ．

定義域について上のような問題が関心をひくのは，1つには代数演算が自由に行なえないことを意味しているからであるが，観測量の構成という目的からすれば，自己共役な演算子の和や積が一般には自己共役にならないという点がより重大である．積のほうは説明するまでもない．和については上の $\hat{A}+(-\hat{A})$ が手近な例になる．$\hat{A}$ が自己共役なら $\mathrm{D}(\hat{A})$ は稠密だから，そこを定義域とする $\hat{A}+(-\hat{A})$ には共役演算子が定まるが，それは明らかに全空間 H を定義域とする演算子 0 である．だから，もし $\mathrm{D}(\hat{A})\neq\mathrm{H}$ であると $\hat{A}+(-\hat{A})$ は自身の共役と定義域が一致しない．$\hat{A}$ が自己共役であっても $\hat{A}+(-\hat{A})$ は自己共役とは限らないということである．

b) 有界な演算子

もし一群の演算子がどれも H 全体を定義域としているなら，それらの間で代数演算を自由に行なうことができる．

そうした仲間を特徴づけるために，いま，演算子 $\hat{A}$ の***ノルム***を

$$\|\hat{A}\|=\sup_{\psi\in\mathrm{D}(\hat{A})}\frac{\|\hat{A}\psi\|}{\|\psi\|} \tag{16.4.3}$$

によって定義しよう．sup は上限(supremum)を表わす．実数 X の集合につき $\sup X$ とは，X より大きい数(上界)の全体の最小値をいうのだから，演算子 $\hat{A}$ のノルムとはベクトルの長さの $\hat{A}$ による拡大率のぎりぎりの限界である．ノルムが有限な演算子は**有界**(bounded)であるといわれる．以前に述べた射影演算子やユニタリー演算子はその例であって，実際どちらもノルムが1である．なお，

$$\|\hat{A}\|=\sup_{\substack{\psi\in\mathrm{D}(\hat{A})\\ \varphi\in\mathrm{H}}}\frac{|\langle\varphi,\hat{A}\psi\rangle|}{\|\varphi\|\cdot\|\psi\|} \tag{16.4.4}$$

としてもよい．いろいろな φ の方向への $\hat{A}\psi$ の射影の長さを比べて拡大率を見るのだといえば，(16.4.3)との同等は明らかであろう．あるいは，(16.4.4)の(右辺)≦(左辺) を(16.4.3)と Schwarz の不等式から出しておき，次いで $\varphi=\hat{A}\psi$ にとって実際に等号が達成されるのを見てもわかる．

特に $\hat{A}$ が対称演算子ならば，次の式を用いることもできる：

$$\|\hat{A}\| = \sup_{\psi \in \mathrm{D}(\hat{A})} \frac{|\langle \psi, \hat{A}\psi \rangle|}{\|\psi\|^2} \tag{16.4.5}$$

もし $\hat{A}$ が自己共役なら，そのスペクトルの絶対値の上限が $\|\hat{A}\|$ に等しい．

Hilbert 空間 H の全域で定義された有界演算子の全体を $\mathrm{B(H)}$ で表わす．この仲間のあいだでは代数演算†が自由にでき，演算の結果がまた同じ仲間に入る．実際，$\hat{A}, \hat{B} \in \mathrm{B(H)}$ とするとき

$$\|\hat{A}+\hat{B}\| \leqq \|\hat{A}\|+\|\hat{B}\|, \qquad \|\hat{A}\hat{B}\| \leqq \|\hat{A}\|\cdot\|\hat{B}\| \tag{16.4.6}$$

がなりたつ．また $\hat{A} \in \mathrm{B(H)}$ ならば $\hat{A}^* \in \mathrm{B(H)}$ でもあって

$$\|\hat{A}^*\| = \|\hat{A}\|$$

のなりたつことも容易に証明される．$\mathrm{B(H)}$ は代数演算のみならず共役をとるという演算に関しても閉じているわけである．

c）運動エネルギー

質量 μ の粒子の運動エネルギー演算子 $\hat{T}$ は，古典力学からの類推によれば，運動量演算子 $\hat{p}$ から

$$\hat{T} = \frac{1}{2\mu}\hat{p}^2 \tag{16.4.7}$$

のように作るべきものと考えられる．ここでは，粒子の運動の舞台は多粒子系の場合も含めて s 次元(Euclid)空間 R^s $(s=1, 2, \cdots)$ としよう．前に§16.3(f)で定義した運動量演算子は1次元の運動に対するものであったが，それを，ここでは s 次元直交座標系に関する1成分とみなすのである．すなわち，

$$\hat{p}^2 = \hat{p}_1{}^2+\hat{p}_2{}^2+\cdots+\hat{p}_s{}^2 \tag{16.4.8}$$

ただし，Hilbert 空間 H としては R^s 上の2乗可積分関数の全体 $\mathrm{L}^2(\mathrm{R}^s)$ をとり，各 $\hat{p}_j$ は，(16.3.38)の自然な拡張として，

$$\left.\begin{array}{ll} \text{作　用：} & -i\hbar\dfrac{\partial}{\partial x_j} \\ \text{定義域：} & \mathrm{D}(\hat{p}_j) = \{\psi(x_1, \cdots, x_s) : x_j \text{ に関し絶対連続，} \psi, \dfrac{\partial\psi}{\partial x_j} \in \mathrm{L}^2(\mathrm{R}^s)\} \end{array}\right\} \tag{16.4.9}$$

---

† 逆演算子をつくるという演算は入れない．

により定義する．個々の $\hat{p}_j$ の自己共役性の証明は，以前にあたえたものとほとんど違わない．

これでは，しかし，運動エネルギー演算子の構成はすんだことにならないのである．(16.4.8)は各 $\hat{p}_j$ の積なる $\hat{p}_j^2$ を含んでいるし，さらに異なる $\hat{p}_j^2$ の和も問題になる．量子力学は，新しい観測量を導入するごとに，その構成を新規まき直しに考えてやるという論理構造になっている．この点で古典力学とは大いにちがう．

新規まき直しとはいっても，観測量の構成には"対応原理"ともいうべき指針がある．それを，この項で説明したい．

"対応原理"が指示する手続の第1は，十分に性質のよい関数 $\psi(x_1, x_2, \cdots, x_s)$ に対してなら(16.4.8)がそのままで意味をもつという事実に注目することである．たとえば§16.3(f)で用いた Schwartz の $\mathcal{S}(\mathsf{R}^1)$ を R^s に拡げた

$$\mathcal{S}(\mathsf{R}^s) = \{g(x_1, \cdots, x_s) : \text{無限回微分可能，急減少}\} \qquad (16.4.10)$$

という関数空間をとってみよう．ここに，無限回微分可能というのは，任意の自然数の組 $\alpha_1, \alpha_2, \cdots, \alpha_s$ に対して常に導関数

$$\frac{\partial^{\alpha_1+\cdots+\alpha_s}}{\partial x_1^{\alpha_1}\cdots\partial x_s^{\alpha_s}} g(x_1, \cdots, x_s)$$

が存在することであり，急減少というのは，さらに任意の自然数 κ をいれて，$r=(x_1^2+\cdots+x_s^2)^{1/2}\to\infty$ のとき

$$r^\kappa\left|\frac{\partial^{\alpha_1+\cdots+\alpha_s}}{\partial x_1^{\alpha_1}\cdots\partial x_s^{\alpha_s}} g(x_1, \cdots, x_s)\right| \longrightarrow 0$$

となることをいう．これが，われわれの Hilbert 空間 $\mathsf{L}^2(\mathsf{R}^s)$ の部分空間になっていることはいうまでもない†．

上の $\hat{p}_j$ $(j=1, 2, \cdots, s)$ なる演算子を $\mathcal{S}(\mathsf{R}^s)$ の上に制限したものを $\mathring{p}_j$ で表わすと，これなら(16.4.8)のままで演算子 $\mathring{T}$ を定義することができる．つまり，$\mathring{T}$ とは，

作　用：
$$-\frac{\hbar^2}{2\mu}\left(\frac{\partial^2}{\partial x_1^2}+\cdots+\frac{\partial^2}{\partial x_s^2}\right) \qquad (16.4.11)$$

---

† p. 292 の脚注を参照．

定義域:　　$\mathrm{D}(\mathring{T}) = \mathscr{S}(\mathrm{R}^s)$

によって定められた演算子である. $\mathscr{S}(\mathrm{R}^s)$ の関数は自由に微分できるから $\mathring{T}$ を作用させることができるし, その結果が $\mathrm{L}^2(\mathrm{R}^s)$ に入ることは $\mathscr{S}(\mathrm{R}^s)$ の関数の急減少性が保証している.

しかし, これだけでは観測量を構成したことにならない. 実際, 定義域があまり狭く制限されているため, $\mathring{T}$ は自己共役ではない. その検証は読者にまかせる.

そこで, 観測量を構成する手続の第2は, 対応原理によって作った演算子 $\mathring{T}$ を拡大して自己共役にすることである. これは, そんなに易しくない. 関数解析のいろいろな定理を動員する必要のおこるのが一般である.

いまの場合には, さいわいに運動量演算子を対角形にする変換(*16. 3. 46*)がわかっている. Fourier 変換を $\mathrm{L}^2(\mathrm{R}^s)$ に合わせて

$$(\mathscr{F}\psi)(k_1, \cdots, k_s) = \underset{n\to\infty}{\mathrm{l.i.m.}} \frac{1}{(2\pi)^{s/2}} \int_{-n}^{n} dx_1 \cdots \int_{-n}^{n} dx_s e^{-ik\cdot x} \psi(x_1, \cdots, x_s) \tag{16. 4. 12}$$

と直す必要はある. これは, $\mathrm{L}^2(\mathrm{R}^s)$ から $\mathrm{L}^2(\mathrm{R}^s)$ へのユニタリー変換になる. ここに

$$k\cdot x = k_1x_1 + \cdots + k_sx_s \tag{16. 4. 13}$$

そして, この $\Psi = \mathscr{F}\psi$ の世界†における演算子(*16. 3. 47*)を $(\hat{p}_j)_\mathrm{d}$ としよう. つまり

$$[(\hat{p}_j)_\mathrm{d}\Psi](k_1, \cdots, k_s) = \hbar k_j \Psi(k_1, \cdots, k_s)$$

定義域はあらためて書き下すまでもあるまい. そうすると

$$\hat{p}_j = \mathscr{F}^*(\hat{p}_j)_\mathrm{d}\mathscr{F} \tag{16. 4. 14}$$

が以前と同様にして証明される.

さて, 問題は(*16. 4. 7*)の定義であるが, $\mathscr{F}\mathscr{F}^* = 1$ に注目すれば, 少なくとも $\mathscr{S}(\mathrm{R}^s)$ の上では正しい関係

$$\mathring{p}^2 = \mathscr{F}^*\hat{p}_\mathrm{d}{}^2\mathscr{F} \tag{16. 4. 15}$$

を手掛りにすることが考えられる. ここで $\mathring{p}_1, \cdots, \mathring{p}_s$ をまとめて $\mathring{p}$ とし, $\mathring{p}\cdot\mathring{p}$ を $\mathring{p}^2$ と記すなどの記法を用いた. $\hat{p}_\mathrm{d}{}^2$ は $\Psi(k)$ に $\hbar^2k^2$ を掛ける演算子であるが, こ

---

† 運動量表示の状態関数の空間で——§16.7 を参照.

の(16. 4. 15)の左辺の自己共役な拡大を探すのに右辺の形が便利なのである. 実際, (16. 4. 15)は

$$\text{定義域:}\quad \mathrm{D}(\hat{T}) = \{\psi(x) : (\hat{\mathscr{F}}\psi)(k),\, k^2(\hat{\mathscr{F}}\psi)(k) \in \mathrm{L}^2(\mathrm{R}^s)\} \tag{16. 4. 16}$$

をもつ演算子 $\hat{T}$ までは右辺の形で拡大され(これが精一杯!), そして, ここで自己共役になる.

そこまで拡大できることは $\mathrm{D}(\hat{T})$ の定義を見れば明らかであろう. そこで自己共役になることは, 次の2つの事実からわかる:

1° $\Psi(k)$ に k^2 を掛けるという演算子は, 定義域を $\{\Psi(k) : \Psi(k), k^2\Psi(k) \in \mathrm{L}^2(\mathrm{R}^s)\}$ とするとき, 自己共役である. これは§16. 3(e)の座標演算子の場合と同様にして証明される.

2° 自己共役演算子のユニタリー変換は, また自己共役である. これは自己共役性の定義にもどって考えれば明らかになる.

こうして得られた $\hat{p}^2$ を $1/(2\mu)$ 倍しても自己共役性に変りがないので, 結局, 運動エネルギー演算子は(16. 4. 16)を定義域とし,

$$\text{作　用:}\quad \hat{T} = \frac{1}{2\mu}\hat{\mathscr{F}}^*\hat{p}_{\mathrm{d}}{}^2\hat{\mathscr{F}} \tag{16. 4. 17}$$

をもつ演算子として定義することになる†.

もはや, これは(16. 4. 11)のような微分演算子ではない. 簡単のために, 1次元つまり $s=1$ の場合について見よう. たとえば,

$$\psi(x) = xe^{-|x|} \tag{16. 4. 18}$$

は $x=0$ で2回目の微分を許さないが, Fourier 変換が

$$(\hat{\mathscr{F}}\psi)(k) = -i\sqrt{\frac{8}{\pi}}\frac{k}{(k^2+1)^2}$$

となるので, $\mathrm{D}(\hat{T})$ には入っている. k^2 を掛けてから Fourier 逆変換すると,

$$\hat{\mathscr{F}}^*k^2\hat{\mathscr{F}}\psi = \begin{cases} (x-2)e^{-x} & (x>0) \\ 0 & (x=0) \\ (x+2)e^{x} & (x<0) \end{cases}$$

となる. われわれはすべて $\mathrm{L}^2(\mathrm{R})$ で考えるから, 1点 $x=0$ での値は問題にしな

† これは, 実は§16. 3(g)の処方による定義と一致する. 検証は読者にまかせよう.

い．$x\neq 0$ でなら，これは $\psi(x)$ の2階微分に一致している[†]．

もちろん，$\mathsf{D}(\hat{T})$ の関数 $\psi(x)$ の x 空間での性質は，その空間の次元 s による．$s\leqq 3$ ならば，α を任意の実数として

$$|\psi(x)|\leqq \frac{1}{(2\pi)^{s/2}}\int|\Psi(k)|d^sk=\frac{1}{(2\pi)^{s/2}}\int\frac{1}{k^2+\alpha^2}|(k^2+\alpha^2)\Psi(k)|d^sk$$

の最右辺を Schwarz の不等式を用いて抑えることができ，

$$|\psi(x)|^2\leqq c_s(\alpha)\|(2\mu\hbar^{-2}\hat{T}+\alpha^2)\psi\|^2 \tag{16. 4. 19}$$

のように $\psi(x)$ の一様有界なことがわかる．ここに

$$c_s(\alpha)=\int\frac{d^sk}{(k^2+\alpha^2)^2}$$

は $s\leqq 3$ のとき確かに有限なのである．同様な計算により **Hölder 連続性**といわれる $|\psi(x)-\psi(x')|\leqq\text{const}\cdot|x-x'|^{\gamma},\ \gamma<\dfrac{1}{2}(4-s)$ が示される．但し $|x|=\sqrt{x\cdot x}$.

$s=3$ 次元の問題で極座標 (r,θ,φ) を用いるときには波動関数の $r=0$ での境界条件が入用になる．上の結果によれば，$\psi(x)\in\mathsf{D}(\hat{T})$ のためには $\psi(x)$ は $r=0$ で有界なことが必要である．これは規格化積分 $\int|\psi(x)|^2d^3x$ が原点のまわりで発散しないという条件 $r^2|\psi(x)|^2=o(r^{-1}),\ r\to 0$ より強いことに注意しておかなければならない．

ところで，運動エネルギー演算子 $\hat{T}$ の上述の構成法は，“対応原理”を指針とすると称しながら，なお，その原理で演算子の作用が定められる出発点の定義域 $\mathcal{S}(\mathsf{R}^s)$ と結果の $\mathsf{D}(\hat{T})$ との結びつきが偶然的に見える点で不満に思われるだろう．

実は，そこに密接な関連が見出されるのである．すなわち，$\mathcal{S}(\mathsf{R}^s)$ 上の微分演算子 $\mathring{T}$ は閉包をつくると $\hat{T}$ に一致する：

$$(\mathring{T})^-=\hat{T} \tag{16. 4. 20}$$

その証明には $(1+\mathring{T})\mathcal{S}(\mathsf{R}^s)$ が $\mathsf{H}=\mathsf{L}^2(\mathsf{R}^s)$ で稠密なことと $\hat{T}$ の正値性を用いる．稠密性のほうは，たとえば Hermite 型の関数 $K(x)\exp\left[-\dfrac{1}{2}x^2\right]$——$K(x)$ は多項式——の全体が $\mathsf{L}^2(\mathsf{R}^s)$ で稠密なことに注意して Fourier 変換の世界に移ってみればわかる．演算子 $\hat{T}$ が正値性をもつというのは，

$$\langle\psi,\hat{T}\psi\rangle\geqq 0,\qquad \forall\psi\in\mathsf{D}(\hat{T}) \tag{16. 4. 21}$$

---

† x の全域で $\psi(x)$ の一般関数としての導関数に一致している．この意味の導関数については，たとえば [Gelfand, 1] を見よ．

となることで，運動エネルギーが決して負の値をとらない事実に照応している．これは $\hat{T}$ の定義にもどって

$$\langle\psi, \hat{T}\psi\rangle = (2\mu)^{-1}\langle\psi, \mathscr{F}^*\hat{p}_{\mathrm{d}}{}^2\mathscr{F}\psi\rangle = (2\mu)^{-1}\sum_j \|(\hat{p}_j)_{\mathrm{d}}\mathscr{F}\psi\|^2$$

という計算をすれば確かめられる．

さて，(*16. 4. 20*)の証明をしよう．それには，1° 任意の $\psi\in\mathrm{D}(\hat{T})$ と $\chi=\hat{T}\psi$ の対に応じて $\lim\psi_n=\psi$, $\lim\mathring{T}\psi_n=\chi$ をみたす近似列 $\psi_n\in\mathrm{D}(\mathring{T})$ $(n=1, 2, \cdots)$ がみつけ出せることを示し，そして，2° $\lim\psi_n=\psi$ で $\lim\psi_n$ が存在する限り χ が列 $\{\psi_n\}$ の選び方によらないこと，すなわち $\psi_n'\in\mathrm{D}(\mathring{T})$ なる列について

$$\psi_n' \longrightarrow 0 \quad \text{かつ} \quad \mathring{T}\psi_n' \longrightarrow \chi' \quad \text{なら} \qquad \chi'=0 \tag{16. 4. 22}$$

が常になりたつことを示せばよい．1° を見るために，任意の $\psi\in\mathrm{D}(\hat{T})$ をとると，もちろん $(1+\hat{T})\psi\in\mathrm{H}$ であり，一方，$(1+\mathring{T})\mathscr{S}(\mathrm{R}^s)$ は H で稠密なのだから，

$$\|(1+\mathring{T})\psi_n-(1+\hat{T})\psi\| < \frac{1}{n} \qquad (n=1, 2, \cdots)$$

なる $\psi_n\in\mathscr{S}(\mathrm{R}^s)$ がみつけられる．左辺の 2 乗を展開すると，$\mathring{T}\psi_n$ は $\hat{T}\psi_n$ とみてもよいのだから，

$$\|\psi_n-\psi\|^2+\|\hat{T}\psi_n-\chi\|^2+2\,\mathrm{Re}\,\langle(\psi_n-\psi), \hat{T}(\psi_n-\psi)\rangle < \frac{1}{n^2}$$

ただし，$\hat{T}\psi=\chi$ を用いた．ここで $\hat{T}$ の正値性(*16. 4. 21*)を用いれば，左辺の第 3 項を除いても不等式はそのままで，結局

$$\|\psi_n-\psi\| < \frac{1}{n}, \qquad \|\hat{T}\psi_n-\chi\| < \frac{1}{n}$$

つまり，この列 $\{\psi_n\}$ は上記の 1° をみたす．次に 2° にいう ψ_n' に対しては

$$\|(1+\mathring{T})\psi_n'-\chi'\| < \varepsilon_n \qquad (\varepsilon_n \xrightarrow[n\to\infty]{} 0)$$

となるが，$1+\mathring{T}$ なる演算子には逆演算子

$$(1+\mathring{T})^{-1} = \mathscr{F}^*(1+\hat{p}_{\mathrm{d}}{}^2)^{-1}\mathscr{F} \tag{16. 4. 23}$$

があって有界 $\|(1+\mathring{T})^{-1}\|\leqq 1$ だから，

$$\|\psi_n'-(1+\mathring{T})^{-1}\chi'\| < \varepsilon_n$$

しかるに，いま $\psi_n'\to 0$ なので $(1+\mathring{T})^{-1}\chi'=0$．故に $\chi'=0$．

こうして演算子 $\mathring{T}$ の閉包が自己共役な $\hat{T}$ であることがわかった.

一般に，定義域 $\mathrm{D}(\mathring{A})$ をもつ対称演算子 $\mathring{A}$ が閉包 $(\mathring{A})^{-}\equiv\hat{A}$ にゆくと自己共役になるとき，もとの $\mathring{A}$ は**本質的に自己共役**(essentially self-adjoint)であるといい，その定義域 $\mathrm{D}(\mathring{A})$ を $\hat{A}$ の**芯**(core)という．つまり，無限に滑らかな急減少関数の全体 $\mathscr{S}(\mathrm{R}^s)$ は運動エネルギー演算子の芯なのであった．これで $\mathscr{S}(\mathrm{R}^s)$ と $\mathrm{D}(\hat{T})$ との関係がはっきりした.

しかし，これでもまだ，運動エネルギー演算子の構成に偶然的の要素がなくなったとはいえない．そもそもの芯 $\mathscr{S}(\mathrm{R}^s)$ の選び方が恣意的ではなかったかの疑問は残っているからである.

この意味の恣意性は観測量の構成の際に避けられないもので，むしろ最後まで消えないのが一般のようである.

ただ，恣意性の少なくとも一部は対象の物理的状況を考慮することによって除かれることに注意しなければならない．空間にたとえば剛体の球があって粒子が中に入りこめないという状況では，波動関数は球の表面および内部で0になるものに限るべきだから，上のように芯 $\mathscr{S}(\mathrm{R}^s)$ から出発することはできない.

上の議論では，はじめから，そういう状況はないとしていたのである．その限りでは，“対応原理”からいって微分演算子につながるはずの運動エネルギー演算子を初めに無限に滑らかな急減少関数の空間 $\mathscr{S}(\mathrm{R}^s)$ で考えたことは，出発点の定義域として十分に控えめな，そして，どんな道をとったとしても最終の定義域 $\mathrm{D}(\hat{T})$ がそれを含むであろうような自然な選択であったと考えられる．むしろ，その $\mathscr{S}(\mathrm{R}^s)$ から出発して運動エネルギー演算子の自己共役な拡大が一意に定まってしまったこと(つまり，そんなに小さい $\mathscr{S}(\mathrm{R}^s)$ がすでに芯であったこと！)を意外とすべきであるかもしれない．ここに量子力学の構造の一種の完結性を見るべきではあるまいか.

d)　水素原子の問題など

s 次元(Euclid)空間において粒子がポテンシャル $V(x)$ の場を運動するという力学系は，ハミルトニアン

$$\hat{\mathscr{H}}=\frac{1}{2\mu}\hat{p}^2+V(\hat{x}) \tag{16.4.24}$$

をもつ．しかし，こう書いただけでは演算子としての意味が明らかでない.

運動エネルギーの項を自己共役な演算子とするような定義域は前項で定めた．一方，位置エネルギーの項だけなら，処理は難しくない．$\hat{x}=(\hat{x}_1, \cdots, \hat{x}_s)$ の各成分は $\mathsf{L}^2(\mathsf{R}^s)$ で§16.3(e)と同様な構成を行なえば掛算の演算子になり，$\hat{V}=V(\hat{x})$ も

$$\text{作　用:} \qquad (\hat{V}\psi)(x) = V(x)\psi(x)$$

$$\text{定義域:} \qquad \mathsf{D}(\hat{V}) = \{\psi(x) : V(x)\psi(x) \in \mathsf{L}^2(\mathsf{R}^s)\}$$

とすれば自己共役な演算子になる．ただし，関数 $V(x)$ は実数値とし，定義域 $\mathsf{D}(\hat{V})$ が $\mathsf{L}^2(\mathsf{R}^s)$ で稠密となる程度には穏やかな関数だとしている．

問題は，これまで何度かくり返して述べたように，(*16.4.24*)における和の定義である．

いま，$s \leqq 3$ として，ポテンシャルが次のように2つの部分に分けられる場合を考えよう:

$$\left.\begin{aligned} V(x) &= V_1(x)+V_2(x) \\ \text{ただし}\quad V_1(x) &\in \mathsf{L}^\infty(\mathsf{R}^s), \quad V_2(x) \in \mathsf{L}^2(\mathsf{R}^s) \end{aligned}\right\} \qquad (16.4.25)$$

で，$\mathsf{L}^\infty(\mathsf{R}^s)$ は全空間 R^s で“ほとんど到るところ”有界な関数の全体を意味する．

水素原子の問題では，原子核は止まっているとして電子の運動だけを見れば，$s=3$ で Coulomb ポテンシャルは $V(x)=-e^2/r$, $r=\sqrt{x_1^2+x_2^2+x_3^2}$ だから，図16.9に示すように(*16.4.25*)型の分解ができる．$\rho>0$ は任意でよい．しかし，調和振動子のポテンシャル $V(x)=\dfrac{1}{2}kx^2$ は，どのように分解しても(*16.4.25*)

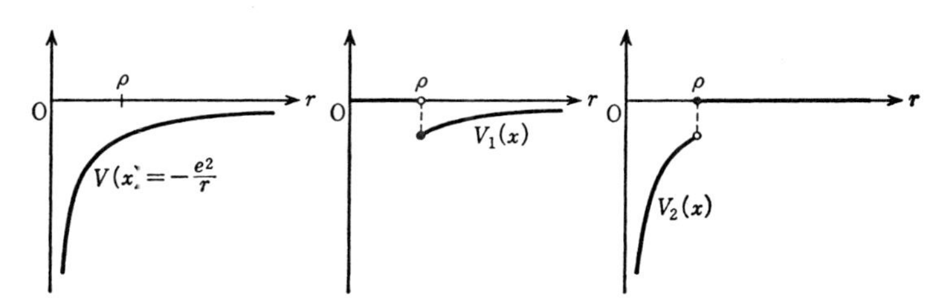

図16.9 Coulomb ポテンシャルの分解．
この図のようにすると(*16.4.25*)に適う
$V_1(x) \in \mathsf{L}^\infty(\mathsf{R}^3)$, $V_2(x) \in \mathsf{L}^2(\mathsf{R}^3)$
への分解
$V(x) = V_1(x)+V_2(x)$
ができる．ここに
$r = \sqrt{x_1^2+x_2^2+x_3^2}$

のようにはできない.

空間の次元が $s\leqq 3$ でポテンシャルが(16. 4. 25)型である場合には，ハミルトニアン(16. 4. 24)が"運動エネルギーの定義域(16. 4. 16)の上で"自己共役であることが証明される．もちろん運動エネルギー演算子の作用は以前の(16. 4. 17)とし，位置エネルギーは掛算演算子とする.

そう主張するためには，なによりもまず演算子 $\hat{V}$ が $\mathrm{D}(\hat{T})$ の上で定義されることを確かめておく必要がある．それは，やさしい．第1に，$\mathrm{D}(\hat{T})$ の関数は，いま $s\leqq 3$ としているので(16. 4. 19)の示すとおり有界だから,

$$\|\hat{V}_2\psi\| \leqq c\|(2\mu\hbar^{-2}\hat{T}+\alpha^2)\psi\| < \infty$$

ここに，$c>0$ は

$$c^2 = c_s(\alpha)\int_{|x|\leqq\rho}|V_2(x)|^2 d^s x \qquad (16.\ 4.\ 26)$$

から定める．第2に，$\hat{V}_1$ は，実は x の有界な関数なのだから $\mathrm{L}^2(\mathrm{R}^s)$ のどんな関数にも掛けられる:

$$\|\hat{V}_1\psi\| \leqq M\|\psi\|, \qquad M = \sup_{x\in\mathrm{R}^s}|V_1(x)|$$

こうして $\hat{V}=\hat{V}_1+\hat{V}_2$ が $\mathrm{D}(\hat{T})$ のすべてのベクトルに演算できることがわかった.

それだけではない．上の結果を整理して,

$$a = c\alpha^2+M, \qquad b = 2\mu\hbar^{-2}c$$

とおけば,

$$\|\hat{V}\psi\| \leqq a\|\psi\|+b\|\hat{T}\psi\|, \qquad \psi\in\mathrm{D}(\hat{T}) \qquad (16.\ 4.\ 27)$$

が得られる．この結果は——定義域の包含関係 $\mathrm{D}(\hat{V})\supset\mathrm{D}(\hat{T})$ をこめて——"演算子 $\hat{V}$ は演算子 $\hat{T}$ に**相対的に有界**(簡略に $\hat{T}$ 有界)"であると言い表わされる．$\hat{V}$ が $\hat{T}$ に比べて"小さい"といっても大きな見当ちがいにはなるまい．(16. 4. 27)をなりたたせる b の下限を $\hat{V}$ の $\hat{T}$ 倍率($\hat{T}$-bound)とよぶ.

ハミルトニアン $\hat{\mathscr{H}}=\hat{T}+\hat{V}$ が $\hat{T}$ の定義域の上で自己共役になるというのは，つまり，$\hat{T}$ の自己共役性が $\hat{V}$ を加えても損われないということであって，$\hat{V}$ の $\hat{T}$ 有界性の反映である．詳しくいえば次の定理がなりたつ:

"演算子 $\hat{T}$ を自己共役とする．演算子 $\hat{V}$ が対称で $\hat{T}$ 倍率が1より小さいならば，$\hat{T}+\hat{V}$ は $\mathrm{D}(\hat{T})$ において自己共役である(加藤-Rellich の定理)."

証明を行なうには，“対称な演算子 $\hat{A}$ について $\hat{A}\mp ic$ の値域を H 全体とするような実数 $c\neq 0$ があれば $\hat{A}$ は自己共役である”という補題を利用する．この補題を証明するには，$\hat{A}$ が閉演算子になり不足指数 (0, 0) をもつことを確かめればよい(別証：[Stone], p. 144)．なお，補題の逆が以下の議論のなかで証明される．

定理の証明の要点は，$\hat{\mathcal{H}}=\hat{T}+\hat{V}$ が対称なことはいうまでもないから，$c\neq 0$ をある実数として $\hat{T}+\hat{V}\mp ic$ の値域を調べることにある．

まず，不等式(16. 4. 27)が，適当な正の定数 b', c を用いて

$$\|\hat{V}\psi\| \leqq b'\|(\hat{T}\mp ic)\psi\|, \qquad \psi\in \mathrm{D}(\hat{T}) \tag{16. 4. 28}$$

とも書けることに注意しよう．$b<1$ だったから $b'<1$ にとれる．実際，$\hat{T}$ の自己共役性により

$$\|(\hat{T}\mp ic)\psi\|^2 = \|\hat{T}\psi\|^2+c^2\|\psi\|^2 \tag{16. 4. 29}$$

となるから，任意の $\varepsilon>0$ をとって

$$b'^2 = (1+\varepsilon)b^2, \qquad (b'c)^2 = (1+\varepsilon^{-1})a^2$$

とおけば，(16. 4. 27)から(16. 4. 28)がでる．逆はやさしい．

ところで，$\hat{T}$ は自己共役としたから，任意の実数 $c\neq 0$ につき $\hat{T}\mp ic$ は値域が H 全体になり(上記の補題の逆！)，逆 $(\hat{T}\mp ic)^{-1}$ をもつことが証明される．まず，$\hat{T}\mp ic$ の値域が H で稠密なことを示そう．仮にそうでなかったとすると，なにか $\varphi_1\neq 0$ があって

$$\langle\varphi_1, (\hat{T}\mp ic)\psi_1\rangle = 0, \qquad \forall\psi_1\in \mathrm{D}(\hat{T})$$

となるはずだが，右辺を $\langle 0, \psi_1\rangle$ と読めば，これは

$$\varphi_1\in \mathrm{D}(\hat{T}^*\pm ic), \qquad (\hat{T}^*\pm ic)\varphi_1 = 0$$

を示す．$\hat{T}^*=\hat{T}$ だから，恒等式(16. 4. 29)から $\varphi_1=0$ がでる．

次に $\hat{T}\mp ic$ の値域が H 全体であることを示す．上の結果から値域は H で稠密なのだから，任意の $\chi\in\mathrm{H}$ に対して $(\hat{T}\mp ic)\psi_n\to\chi$ となる列 $\{\psi_n\}\subset \mathrm{D}(\hat{T})$ が存在する．これに対して

$$\begin{aligned}&\|(\hat{T}\mp ic)\psi_n-(\hat{T}\mp ic)\psi_m\|^2\\&\quad=\|\hat{T}(\psi_n-\psi_m)\|^2+c^2\|\psi_n-\psi_m\|^2 \xrightarrow[n,m\to\infty]{} 0\end{aligned}$$

となるから $\{\hat{T}\psi_n\}, \{\psi_n\}$ ともに収束する．$\hat{T}$ は自己共役なので閉じているから，これは $\lim_{n\to\infty}\psi_n\in \mathrm{D}(\hat{T})$ を意味し，$(\hat{T}\mp ic)(\lim_{n\to\infty}\psi_n)=\chi$ が $\hat{T}\mp ic$ の値域に入ってい

ることを示す．同じ推論は以前に(*16. 3. 17*)が閉じていることの証明に用いた．

最後に$(\hat{T}\mp ic)^{-1}$の存在は，上の結果から任意の$\chi\in \mathsf{H}$が$\chi=(\hat{T}\mp ic)\psi_1$, $\psi_1\in \mathsf{D}(\hat{T})$と書け，(*16. 4. 29*)によりこの$\psi_1$が一意的なことからわかる．

さて，最初の問題にかえって$\hat{T}+\hat{V}\mp ic$の値域を調べよう．勝手な$\varphi\in\mathsf{H}$をとって$\psi=(\hat{T}\mp ic)^{-1}\varphi$とおけば，これは$\mathsf{D}(\hat{T}\mp ic)$に含まれ，したがって$\mathsf{D}(\hat{T})$に含まれる．だから(*16. 4. 28*)に代入することができて，

$$\|\hat{V}(\hat{T}\mp ic)^{-1}\varphi\|\leqq b'\|\varphi\|,\qquad \varphi\in\mathsf{H}$$

これは，すなわち

$$\hat{B}_{\pm}=-\hat{V}(\hat{T}\mp ic)^{-1}$$

がH全体で定義され，ノルム$\|\hat{B}_{\pm}\|\leqq b'<1$をもつ有界演算子であることを示す．

そうすると，

$$(1-\hat{B}_{\pm})^{-1}=\sum_{\nu=0}^{\infty}\hat{B}_{\pm}{}^{\nu}$$

は収束級数になるから†，H全体で定義されて有界――ということは，とりも直さず，すでにH全体で定義されている$1-\hat{B}_{\pm}$が値域Hをもつことを意味している．

ここで簡単な計算をすると，問題の$\hat{T}+\hat{V}$について

$$(\hat{T}+\hat{V})\mp ic=(1-\hat{B}_{\pm})(\hat{T}\mp ic)$$

は明らかであるが，右辺において$\hat{T}\mp ic$の値域はH全体であったし，$(1-\hat{B}_{\pm})$がHをH全体に写すことは上に見たとおりであるから，結局，左辺も値域Hをもつことがわかる．

こうして，最初に掲げた補題が$\hat{T}+\hat{V}$に適用できることになったから，加藤-Rellich の定理の証明は終り．

さて，ポテンシャルが(*16. 4. 25*)型の実数値関数である場合，その対称なことは明らかであり，$\hat{T}$倍率は実は無限小である．実際，たとえば(*16. 4. 26*)でαを大きくとれば，$c_s(\alpha)$をいくらでも小さくすることができる($s\leqq 3$としている)．こうして上の定理が適用され，ハミルトニアン$\hat{\mathscr{H}}=\hat{T}+\hat{V}$の自己共役性が証明できたわけである．

力学系のエネルギー準位は，ハミルトニアンのスペクトルによってあたえられ

---

† $\|(\sum\hat{B}_{\pm}{}^{\nu})\varphi\|\leqq\sum\|\hat{B}_{\pm}{}^{\nu}\varphi\|\leqq\sum\|\hat{B}_{\pm}\|^{\nu}<\infty$.

る．もし，そのスペクトルに下限がなかったら，その系は現実には安定に存在し得ないわけであろう．いまの場合，ポテンシャルが運動エネルギーに比べて“小さい”結果として，ハミルトニアンのスペクトルに下限の存在することが示される．証明は割愛するけれども([Kato], chap. V, §4.4 を見るとよい)，実際に $\hat{\mathscr{H}}$ のスペクトルの下限 $\gamma_{\hat{\mathscr{H}}}$ が(*16.4.27*)の定数 a, b を用いて

$$\gamma_{\hat{\mathscr{H}}} \geqq -\frac{a}{1-b} \qquad (16.4.30)$$

のように下から抑えられるのである．

物理の問題は，なお，いろいろ考えられる．$s=3$ 次元空間で，

$$V(x) = -gr^{-\sigma} \qquad (g, \sigma>0 \text{ は定数}) \qquad (16.4.31)$$

の形をしたポテンシャルについて，古典力学で粒子の運動を求めると，$\sigma=2$ で g がある値より大きい場合には，粒子が力の中心 $r=0$ に吸いこまれてしまうのだった．$\sigma>2$ ならなおさらである．では，量子力学でも，それに対応して何か異変が起こるであろうか？

ポテンシャル(*16.4.31*)が $\hat{T}$ 有界性(*16.4.27*)をもつためには，なによりも $\|\hat{V}\psi\|<\infty$ の必要があって $\sigma<3/2$ でないといけない．

しかし，たとえば次の定理がある：

“$\hat{T}$ を自己共役かつ正値とし，$\hat{V}$ は $\mathsf{D}(\hat{V})\subset\mathsf{D}(\hat{T})$ をもつ対称演算子で，

$$|\langle\psi, \hat{V}\psi\rangle| \leqq a\|\psi\|^2+b\langle\psi, \hat{T}\psi\rangle, \qquad \psi\in\mathsf{D}(\hat{V}) \qquad (16.4.32)$$

が $0\leqq b<1$ でなりたつとする．もし $\mathsf{D}(\hat{V})$ が $\hat{T}^{1/2}$ の芯ならば，$\hat{\mathscr{H}}=\hat{T}+\hat{V}$ は $\mathsf{D}(\hat{\mathscr{H}})\subset\mathsf{D}(\hat{T}^{1/2})$ に拡大されて自己共役になる．”

定理の詳しい説明は省略する([Kato], chap VI, §3.4 を見よ)．$\hat{T}$ が運動エネルギーのときには $\hat{T}^{1/2}=\mathscr{F}^*\sqrt{k^2}\,\mathscr{F}$ としてよい．この定理によれば，上の問題は $\sigma<2$ まで解決されることになる．

ポテンシャル(*16.4.31*)の問題に限っていえば，$\sigma=2$ のときも

$$g < \frac{1}{4}\frac{2\mu}{\hbar^2}$$

の条件をつければ自己共役になることが証明される(この問題は，もっと一般的な形で [Kato], chap VI, §4.3 に扱われている．また [Simon] も見よ)．

§16.5　正準変数の表現と一意性

これまでに行なってきた観測量の構成は，粒子の運動量と座標——すなわち正準変数を素材とするものであった．そして運動量と座標とは，それぞれ Hilbert 空間 $L^2(R^s)$ における微分演算子と掛算演算子であった．

しかし，量子力学の観測量の形式はこれに限らない．場の量子力学の定式化に関連して近頃このことがしきりに問題にされているが，そうした無限自由度の場合は後に述べる．歴史的にも，『量子力学 I』第 I 部で説明されているように，量子力学には 2 つの出発があった．観測量の上のような構成を用いるのは Schrödinger 流の量子力学である．これに対して観測量は行列であるとする Heisenberg 流があった．この 2 つの量子力学は，見かけがまったく異なるにもかかわらず，水素原子のスペクトルをはじめ種々の問題に適用されるとき，奇妙にいつも一致した答をあたえ，お互いの密接な関連を暗示していたのだった．

両者をつなぐ糸は Schrödinger が見出したが，von Neumann は，問題をより広い視野にひきだし，量子力学の異なる形式の底に共通して横たわる統一原理として，いわゆる正準交換関係を定立したのである．その結果，量子力学は Schrödinger 流，Heisenberg 流といった特殊な枠から解放されて，無数の異なる形式をもち得ることになった．

a）問　　題

運動量と座標とは，Schrödinger 流でも Heisenberg 流でもそれぞれの Hilbert 空間のある領域の上で**正準交換関係**(canonical commutation relations，略して CCR)

$$\left.\begin{aligned} [\hat{p}_k, \hat{x}_l] &= -i\hbar\delta_{kl} \\ [\hat{p}_k, \hat{p}_l] &= [\hat{x}_k, \hat{x}_l] = 0 \end{aligned}\right\} \qquad (16.5.1)$$

をみたす演算子である†．ここに，$k, l=1, 2, \cdots, s$ で，この s は対象とする力学系の自由度．いま，それは有限としておくのである．(16.5.1) を正準交換関係の Heisenberg 型とよぶことがある．以下この節では，運動量，座標に適当な定数をかけて無次元化し，特に $\hbar=1$ にしてあるものとする．

Schrödinger 流の $L^2(R^s)$ における $\hat{p}_k{}^S=-i\partial/\partial x_k$，$\hat{x}_k{}^S=x_k\cdot$ が (16.5.1) をみ

† この節では $\hat{p}_k, \hat{x}_k$ は前節までと異なり Schrödinger 流の演算子とは限らないとする．Schrödinger 流のものには肩に S をつけよう．

たすことは，定義域の問題を別にすれば，見やすい．Heisenberg 流の行列が交換関係をみたす様子は『量子力学 I』第II部で見たとおりであるが，これらの行列も，もし $s=1$ の場合なら，§16.2(a)の例1にあげた数列空間の $N\to\infty$ の場合，l_∞^2 を Hilbert 空間 H にとれば H の演算子とみることができる．$s>1$ の場合には，s 個の l_∞^2 の直積を H にとればよい．

では，逆に，正準交換関係によって運動量・座標の演算子は——見かけはともかく——実質上は一意に定まってしまうというような議論はできないものか？

できる．たとえば次の定理が証明できる．ただし，簡単のために $s=1$ として述べよう．証明はしない([Putnam] を見よ)．

“勝手な可分 Hilbert 空間 H の上に演算子 $\hat{p}, \hat{x}$ があって，

1°　$\hat{p}, \hat{x}$ は閉演算子で，かつ対称，そして $\mathrm{D}(\hat{p})\cap\mathrm{D}(\hat{x})$ は H で稠密である．

2°　$\hat{p}, \hat{x}$ で不変な部分空間 Ω があって($\Omega\subset\mathrm{D}(\hat{p})\cap\mathrm{D}(\hat{x})$，かつ $\hat{p}\Omega\subset\Omega$, $\hat{x}\Omega\subset\Omega$ となること)，かつ H で稠密であり，その上で

$$\hat{p}\hat{x}-\hat{x}\hat{p} = -i$$

3°　その Ω の上で

$$\hat{p}^2+\hat{x}^2$$

が本質的に自己共役である

の3条件をみたすとせよ．このような特質を備えた演算子 $\hat{p}, \hat{x}$ は，(i) 自己共役であり，(ii) 適当なユニタリー変換 $\hat{G}$ によって Schrödinger 流の $\hat{p}^{\mathrm{S}}=-id/dx$, $\hat{x}^{\mathrm{S}}=x\cdot$ と結ばれた

$$\hat{p} = \hat{G}^*\hat{p}^{\mathrm{S}}\hat{G}, \qquad \hat{x} = \hat{G}^*\hat{x}^{\mathrm{S}}\hat{G} \tag{16.5.2}$$

の形か，あるいは一般に，この形の演算子の直和

$$\hat{p} = \bigoplus_j \hat{G}_j{}^*\hat{p}^{\mathrm{S}}\hat{G}_j, \qquad \hat{x} = \bigoplus_j \hat{G}_j{}^*\hat{x}^{\mathrm{S}}\hat{G}_j \tag{16.5.3}$$

である(Rellich-Dixmier の定理)．”

(*16.5.2*)の形をした演算子が条件1°, 2°, 3° をみたすことは容易に検証されるだろう．Ω としては $\mathrm{L}^2(\mathrm{R})$ の Hermite 関数の有限個の1次結合の全体を $\hat{G}^*$ で H に写したものをとればよい．その上で交換関係がみたされていることは，

$$[\hat{p}, \hat{x}] = \hat{G}^*[\hat{p}^{\mathrm{S}}, \hat{x}^{\mathrm{S}}]\hat{G} = -i \qquad (\Omega\text{ 上で})$$

からわかる．von Neumann の問題に対する答にユニタリー変換の任意性が残っ

たのは当然であった.

(*16. 5. 3*)にいう直和とは次のことである. Hilbert 空間 H のベクトルが $\psi=(\psi^{(1)}, \cdots, \psi^{(N)})$ のように成分 Hilbert 空間 $\mathsf{H}^{(j)}$ のベクトル $\psi^{(j)}$ を並べた形をしており(ということを $\mathsf{H}=\bigoplus_j \mathsf{H}^{(j)}$ と記す), それに対する演算子 $\hat{A}=\bigoplus_j \hat{A}^{(j)}$ の作用は,

$$(\bigoplus_j \hat{A}^{(j)})(\psi^{(1)}, \cdots, \psi^{(j)}, \cdots, \psi^{(N)}) = \sum_j (0, \cdots, \hat{A}^{(j)}\psi^{(j)}, \cdots, 0)$$

ただし, 右辺の和は H におけるベクトル和

$$(\psi^{(1)}, \cdots, \psi^{(N)})+(\varphi^{(1)}, \cdots, \varphi^{(N)}) = (\psi^{(1)}+\varphi^{(1)}, \cdots, \psi^{(N)}+\varphi^{(N)})$$

の意味とする. ついでながら, α を複素数とするとき

$$\alpha(\psi^{(1)}, \cdots, \psi^{(N)}) = (\alpha\psi^{(1)}, \cdots, \alpha\psi^{(N)})$$

そして, 内積は

$$\langle(\varphi^{(1)}, \cdots, \varphi^{(N)}), (\psi^{(1)}, \cdots, \psi^{(N)})\rangle = \sum_{j=1}^{N} \langle\varphi^{(j)}, \psi^{(j)}\rangle$$

とする. 実は, $\mathsf{H}=\bigoplus_j \mathsf{H}^{(j)}$ が Hilbert 空間になるというのは, こうした和, スカラー倍, 内積の算法を前提としてのことであった.

$\hat{p}^{(j)}, \hat{x}^{(j)}$ が正準交換関係をみたすとき, それぞれの直和である $\hat{p}=\bigoplus_j \hat{p}^{(j)}, \hat{x}=\bigoplus_j \hat{x}^{(j)}$ が同じく正準交換関係をみたすことは見やすい. だから, von Neumann の問題に対する答が(*16. 5. 2*)の形に限られず, (*16. 5. 3*)のように広い可能性を含むことになったのも, また当然といわなければならない.

問題は, 定理の条件のうち 1°, 2° はともかく, 3° が恣意的な制限にみえるという点にあるだろう. 制限が必要になったのは, 定義域の問題につきまとわれるせいである. 有界な演算子には定義域の問題がないのだった. ところが Schrödinger 流の演算子がすでに座標も運動量も非有界な演算子であったし, そればかりでなく, 有界な演算子だけでは正準交換関係のみたされえないことが一般に証明される. 再び $s=1$ の場合をとって説明しよう.

仮に, 運動量も座標も有界な演算子で表わしえたとする. そうすると, 代数演算が自由にできて, 交換関係(*16. 5. 1*)から, 任意の整数 $n\geqq 0$ に対して,

$$\hat{p}\hat{x}^n - \hat{x}^n\hat{p} = -in\hat{x}^{n-1} \qquad (16.5.4)$$

が得られる. 有界演算子のノルムに関する公式(*16. 4. 6*)を用いると,

$$n\|\hat{x}^{n-1}\| \leqq \|\hat{p}\hat{x}^n\| + \|\hat{x}^n\hat{p}\| \leqq 2\|\hat{x}^n\|\cdot\|\hat{p}\|$$

これに $\|\hat{x}^n\| \leqq \|\hat{x}\|\cdot\|\hat{x}^{n-1}\|$ を考え合わせれば，$\|\hat{p}\| \neq 0$ は明らかだから，

$$\|\hat{x}\| \geqq \frac{n}{2\|\hat{p}\|} \tag{16.5.5}$$

ところが n は任意に大きくとれるのだから，これは $\|\hat{x}\|$ が有界という仮定に矛盾する．

b）正準交換関係の Weyl 型

定義域に気を配る面倒をさけるために，Weyl は演算子

$$\hat{\mathcal{U}}(\alpha) = \exp[i\alpha\cdot\hat{x}], \qquad \hat{\mathcal{V}}(\beta) = \exp[i\beta\cdot\hat{p}] \tag{16.5.6}$$

を考えた．ここに $\hat{x} = (\hat{x}_1, \cdots, \hat{x}_s)$ で，運動量についても同様，そして α, β は s 次元の実数ベクトル，・は $\alpha\cdot\hat{x} = \sum_{k=1}^{s} \alpha_k\hat{x}_k$ の意味とする．(*16.5.6*)のような演算子の指数関数は，スペクトル分解を用いて§16.3(h)の仕方で定義することもできるが，その定義は以下にのべる計算には便利でない．さしあたりは，形式的な級数展開で考えておくことにしよう．Weyl は，その意味で，Heisenberg の正準交換関係(*16.5.1*)を

$$\hat{\mathcal{U}}(\alpha)\hat{\mathcal{V}}(\beta) = \hat{\mathcal{V}}(\beta)\hat{\mathcal{U}}(\alpha)\exp[-i\alpha\cdot\beta] \tag{16.5.7}$$

$$\hat{\mathcal{U}}(\alpha)\hat{\mathcal{U}}(\beta) = \hat{\mathcal{U}}(\alpha+\beta), \qquad \hat{\mathcal{V}}(\alpha)\hat{\mathcal{V}}(\beta) = \hat{\mathcal{V}}(\alpha+\beta) \tag{16.5.8}$$

の形に書き直した．これを正準交換関係の **Weyl 型**という．$\{\hat{\mathcal{W}}(\alpha,\beta,\gamma) \equiv \hat{\mathcal{U}}(\alpha)\hat{\mathcal{V}}(\beta)e^{i\gamma} : \alpha, \beta \in \mathrm{R}^s, \gamma \in \mathrm{R}\}$ が群をなすことに注意しておこう．

形式的な計算としてなら，Weyl 型を(*16.5.1*)から導くのはやさしい．(*16.5.4*)を $\hat{p}_k, \hat{x}_k$ の式とみて両辺に $(i\alpha_k)^n$ をかけ，$n=0$ から ∞ まで辺々加えると

$$\hat{p}_k \exp[i\alpha_k\hat{x}_k] - \exp[i\alpha_k\hat{x}_k]\hat{p}_k = \alpha_k \exp[i\alpha_k\hat{x}_k]$$

これは，α の第 k 成分のみが 0 でないというとき $\hat{\mathcal{U}}(\alpha)$ を略式に $\hat{\mathcal{U}}(\alpha_k)$ と記せば

$$\hat{\mathcal{U}}(\alpha_k)\hat{p}_k\hat{\mathcal{U}}^*(\alpha_k) = \hat{p}_k - \alpha_k$$

となる．さらに，両辺に $i\beta_k$ をかけて辺々 n 乗し，n について再び和をとると，$i\beta_k\hat{p}_k$ も指数関数の肩にあがって，上と同様の略式記法で $\hat{\mathcal{V}}(\beta_k)$ とすべきものになる．こうして

$$\hat{\mathcal{U}}(\alpha_k)\hat{\mathcal{V}}(\beta_k) = \hat{\mathcal{V}}(\beta_k)\hat{\mathcal{U}}(\alpha_k)\exp[-i\alpha_k\beta_k] \tag{16.5.9}$$

が得られる．

番号の異なる対 $\hat{p}_k, \hat{x}_k$ は互いに可換なので，たとえば

$$\hat{\mathcal{U}}(\alpha_1)\hat{\mathcal{V}}(\beta_1)\cdots\hat{\mathcal{U}}(\alpha_s)\hat{\mathcal{V}}(\beta_s)=\hat{\mathcal{U}}(\alpha)\hat{\mathcal{V}}(\beta)$$

としてよい．よって，(*16. 5. 9*)を $k=1$ から s まで掛け合わせて(*16. 5. 7*)を得る．(*16. 5. 8*)の2式は，いま注意した可換性の直接の結果である．

Schrödinger 流の演算子 $\{\hat{p}_k{}^{\mathrm{S}}, \hat{x}_k{}^{\mathrm{S}}\}$ が Weyl 型の交換関係をみたすことは，形式的でなく厳密に証明できる．その一端を示すために $s=1$ の場合をとり，$\mathsf{H}=\mathsf{L}^2(\mathsf{R})$ 上で $\exp[i\beta\hat{p}^{\mathrm{S}}]$ を構成しよう．まず，整数 l をとって，

$$\Omega_l=\left\{K_l(x)\exp\left[-\frac{1}{2}x^2\right]: K_l \text{ は } l \text{ 次以下の多項式}\right\}$$

なる H の部分空間を考えよう．いま，$H_l(x)$ を l 次の Hermite 多項式とすると，$H_l(x)\exp\left[-\frac{1}{2}x^2\right]$ を規格化した $h_l(x)$ は調和振動子のエネルギー固有関数であるが(p. 291 の脚注を見よ)，これに対して

$$\hat{p}^{\mathrm{S}}h_l(x)=i\left[\sqrt{\frac{l+1}{2}}h_{l+1}(x)-\sqrt{\frac{l}{2}}h_{l-1}(x)\right]$$

がなりたつ．実は $\{h_{l'}\}_{l'\leqq l}$ が Ω_l の基底になるので，一般に

$$\psi\in\Omega_l \quad \text{のとき} \qquad \hat{p}^{\mathrm{S}}\psi\in\Omega_{l+1},\ \|\hat{p}^{\mathrm{S}}\psi\|\leqq 2^{1/2}\left(l+\frac{1}{2}\right)^{1/2}\|\psi\|$$

が知れる．よって，任意の $\psi\in\Omega_l$ に対して

$$\|(\hat{p}^{\mathrm{S}})^n\psi\|\leqq 2^{n/2}\left(l+\frac{1}{2}\right)^{1/2}\left(l+\frac{3}{2}\right)^{1/2}\cdots\left(l+n-\frac{1}{2}\right)^{1/2}\|\psi\|<\sqrt{\frac{(l+n)!}{l!}}\|\psi\|$$

という評価が得られ，任意の実数 β で $\left\{\sum_{n=0}^{N}\left[\frac{(i\beta\hat{p})^n}{n!}\psi\right]\right\}_{N=0,1,2,\cdots}$ が Cauchy 列をなすことがわかるから，

$$\exp[i\beta\hat{p}^{\mathrm{S}}]\psi\equiv\lim_{N\to\infty}\sum_{n=0}^{N}\left[\frac{(i\beta\hat{p}^{\mathrm{S}})^n}{n!}\psi\right] \qquad (16.5.10)$$

が定義できる．ところが，

(i)　この定義は $\Omega=\bigcup_{l=0}^{\infty}\Omega_l$ でそのままなりたつ．Ω は H で稠密である．

(ii)　級数を用いた丹念な計算により，

$$\|\exp[i\beta\hat{p}^{\mathrm{S}}]\psi\|=\|\psi\|, \qquad \forall\psi\in\Omega$$

が知れる．つまり，この指数関数は Ω 上で等距離的である．

この2つの事実から，$\exp[i\beta\hat{p}^{\mathrm{S}}]$ は等距離性を保ちながら H 全体に拡大され，ユニタリー演算子となる！ それを $\hat{\mathcal{V}}^{\mathrm{S}}(\beta)$ と記すことにしよう．$\psi\in\Omega$ のとき

(*16. 5. 10*)は実は Taylor 級数にほかならず[†]，$(\hat{\mathcal{V}}^{\mathrm{S}}(\beta)\psi)(x)=\psi(x+\beta)$ がなりたつ．そして，この形のまま $\mathsf{L}^2(\mathsf{R})$ 全体に拡大される．

$\hat{\mathcal{U}}^{\mathrm{S}}(\alpha)=\exp[i\alpha\hat{x}^{\mathrm{S}}]$ についても，ほぼ同様にして，結局 Schrödinger 流の表現に対しては，$\mathsf{H}=\mathsf{L}^2(\mathsf{R}^s)$ 上で

$$\left.\begin{aligned}\hat{\mathcal{U}}^{\mathrm{S}}(\alpha)\psi(x) &= e^{i\alpha\cdot x}\psi(x)\\ \hat{\mathcal{V}}^{\mathrm{S}}(\beta)\psi(x) &= \psi(x+\beta)\end{aligned}\right\}\qquad(16.5.11)$$

がなりたつ．ここまでくれば(*16. 5. 7*)，(*16. 5. 8*)の検証はやさしい．

われわれは，かつて『量子力学 I』§3.5 において，正準変数 $\hat{p},\hat{x}$ の具体的表現を用いることなく，これらが正準交換関係(*16. 5. 1*)に従う自己共役演算子であることのみにもとづいて調和振動子の固有値問題を解いた．その手法を流用すれば，上記の計算も Schrödinger 流の演算子という特殊な枠から解放することができるはずであろう．

c)　von Neumann の一意性定理

一般に，Hilbert 空間 H におけるユニタリー演算子 $\hat{\mathcal{U}}(\alpha),\hat{\mathcal{V}}(\beta)$ が，

1°　Weyl 型の正準交換関係(*16. 5. 7*)，(*16. 5. 8*)をみたし，

2°　各 α_k,β_k について強連続である(弱連続でもよい．ユニタリー群において両者は一致するが，事実 $\hat{\mathcal{U}}(\alpha),\hat{\mathcal{V}}(\beta)$ はユニタリー群をなす)

なら，$\{\hat{\mathcal{U}}(\alpha),\hat{\mathcal{V}}(\beta),\mathsf{H}\}$ という組を**正準交換関係(CCR)の表現**という．

前項では $\mathsf{L}^2(\mathsf{R}^s)$ の演算子 $\hat{p}^{\mathrm{S}},\hat{x}^{\mathrm{S}}$ から Schrödinger 流の表現(*16. 5. 11*)を構成した．他方，行列力学における運動量・座標の行列 $\hat{p}^{\mathrm{H}},\hat{x}^{\mathrm{H}}$ からは Heisenberg 流の表現がつくられる．

逆に，表現があたえられると，α,β の第 k 成分 α_k,β_k 以外を 0 としたとき $\hat{\mathcal{U}}(\alpha),\hat{\mathcal{V}}(\beta)$ がそれぞれ 1 パラメーター群をなしている事実(*16. 5. 8*)と，その強連続性により，Stone の定理[††]が適用できて，Hilbert 空間の稠密な部分集合 D_1，D_2 の上で微係数

$$-i\frac{\partial\hat{\mathcal{U}}(\alpha)}{\partial\alpha_k}\psi\bigg|_{\alpha=0}\equiv\hat{x}_k\psi,\qquad -i\frac{\partial\hat{\mathcal{V}}(\beta)}{\partial\beta_k}\varphi\bigg|_{\beta=0}\equiv\hat{p}_k\varphi$$

---

† その理論を用いれば，上の議論はもっと簡単にすむのだった．いまの計算は，後に述べる解析ベクトルの理論への伏線というつもりもある．

†† §17.1(a)，および［吉田］，第8章を見よ．

が存在して($\psi\in\mathsf{D}_1, \varphi\in\mathsf{D}_2$), 演算子 $\{\hat{x}_k, \hat{p}_k\}_{k=1,\cdots,s}$ を定める. これらが Heisenberg 型の正準交換関係をみたすことを見るには,

$$\frac{1}{i}\frac{d}{d\beta_k}\cdot\frac{1}{i}\frac{d}{d\alpha_l}\hat{\mathcal{V}}(\beta)\hat{\mathcal{U}}(\alpha)\psi\Big|_{\alpha=\beta=0}=\frac{1}{i}\frac{d}{d\beta_k}\hat{\mathcal{V}}(\beta)\hat{x}_l\psi\Big|_{\beta=0}=\hat{p}_k\hat{x}_l\psi$$

といった計算が(*16. 5. 7*), (*16. 5. 8*)について行なえればよい. $\psi\in\mathsf{D}_1$ とすれば最初の $d/d\alpha_l$ はできるが, しかし $\hat{x}_l\psi\in\mathsf{D}_2$ とは限らないから次の微分 $d/d\beta_k$ に進めない. そこで, $a, b\in\mathsf{R}^s$ を変数として無限に滑らか, かつ急減少な $\{f(a, b)\}=\mathcal{S}(\mathsf{R}^s\times\mathsf{R}^s)$ をとって

$$\chi=\int d^s a\int d^s b f(a, b)\hat{\mathcal{U}}(a)\hat{\mathcal{V}}(b)\psi, \qquad f\in\mathcal{S}(\mathsf{R}^s\times\mathsf{R}^s),\ \ \psi\in\mathsf{H} \qquad (16.\ 5.\ 12)$$

なるベクトルを考えてみよう. 積分は, それぞれ R^s 全体にわたる. これに対しては, たとえば

$$\begin{aligned}\hat{\mathcal{U}}(\alpha)\chi&=\int d^s a\int d^s b f(a, b)\hat{\mathcal{U}}(a+\alpha)\hat{\mathcal{V}}(b)\psi\\&=\int d^s a\int d^s b f(a-\alpha, b)\hat{\mathcal{U}}(a)\hat{\mathcal{V}}(b)\psi\end{aligned}$$

となるから

$$\frac{d}{d\alpha_l}\hat{\mathcal{U}}(\alpha)\chi\Big|_{\alpha=0}=\int d^s a\int d^s b\left[-\frac{df(a, b)}{da_l}\right]\hat{\mathcal{U}}(a)\hat{\mathcal{V}}(b)\psi$$

が得られ, $df/da_l\in\mathcal{S}(\mathsf{R}^s\times\mathsf{R}^s)$ なので, これは再び(*16. 5. 12*)の形をしている. それゆえ, ひきつづいて $(d/d\beta_k)\hat{\mathcal{V}}(\beta)$ を演算することが可能である.

(*16. 5. 12*)の形をしたベクトルの全体を $\{\hat{\mathcal{U}}(\alpha), \hat{\mathcal{V}}(\beta), \mathsf{H}\}$ の **Gårding 領域** D_G とよぶ. 上の結果は D_G が $\{\hat{x}_k, \hat{p}_k\}$ を演算しても不変なことを示している:

$$\hat{x}_k\mathsf{D}_G\subset\mathsf{D}_G, \qquad \hat{p}_k\mathsf{D}_G\subset\mathsf{D}_G \qquad (k=1, 2, \cdots, s)$$

この D_G は, また, Hilbert 空間 H において到るところ稠密である. それは(*16. 5. 12*)の f として,

$$f_n(a, b)=0,\ \ |a|, |b|>\frac{1}{n}\ \ \text{かつ}\ \ \int d^s a\int d^s b f_n(a, b)=1$$

のように原点に集中してゆく関数の列をとると, $\hat{\mathcal{U}}(a), \hat{\mathcal{V}}(b)$ の連続性により, 任意の $\psi\in\mathsf{H}$ がいくらでもよく近似できることから知られる.

こうして，この項の最初に記した条件1°, 2°をみたすユニタリー演算子 $\hat{\mathcal{U}}(\alpha)$, $\hat{\mathcal{V}}(\beta)$ があたえられると，H で稠密な D_G の上で Heisenberg 型の正準交換関係をみたす演算子の組 $\{\hat{x}_k, \hat{p}_k\}$ の得られることがわかった.

その $\hat{\mathcal{U}}(\alpha), \hat{\mathcal{V}}(\beta)$ に関して次の定理がなりたつ：

“可分な Hilbert 空間 H における正準交換関係の表現 $\{\hat{\mathcal{U}}(\alpha), \hat{\mathcal{V}}(\beta), \mathsf{H}\}$ で既約なものは(ユニタリー変換の任意性を除いて一意的であって)，適当なユニタリー変換により Schrödinger 流の表現に一致させることができる(von Neumann).”

ここに表現が**既約**(irreducible)というのは，H の部分空間 Ω で

$$\hat{\mathcal{U}}(\alpha)\hat{\mathcal{V}}(\beta)\Omega \subset \Omega, \qquad \alpha, \beta \in \mathsf{R}^s \tag{16. 5. 13}$$

をみたすもの――いいかえれば，α, β が R^s 全体を走るとき $\hat{\mathcal{U}}(\alpha)\hat{\mathcal{V}}(\beta)$ がなお不変に残す部分空間――が0ベクトルだけからなる空間 $\{0\}$ と H 自身との2つしかないことを意味している．これはまた有界演算子 $\hat{A}$ で $\{\hat{x}_k, \hat{p}_k\}$ のどれとも可換($\hat{x}_k\hat{A} \supset \hat{A}\hat{x}_k$, $\hat{p}_k\hat{A} \supset \hat{A}\hat{p}_k$)なものは恒等演算子の c 数倍しかないことといってもよいが，それにはいま立ち入らない.

以前に出会った直和の形の演算子 $\hat{p} = \bigoplus_j \hat{p}^{(j)}$, $\hat{x} = \bigoplus_j \hat{x}^{(j)}$ から $\hat{\mathcal{U}}(\alpha), \hat{\mathcal{V}}(\beta)$ をつくると，この表現は既約でない．$\mathsf{H} = \bigoplus_j \mathsf{H}^{(j)}$ のベクトル $(\psi^{(1)}, \cdots, \psi^{(N)})$ のうち，たとえば第1成分のほか全部0というベクトル $(\psi^{(1)}, 0, \cdots, 0)$ の全体を Ω にとれば，これは明らかに(16. 5. 9)をみたす不変部分空間であり，そして H より真に小さいからである.

こういうわけで，von Neumann の定理は，結論の部分に関する限り，以前の Rellich-Dixmier の定理と本質的には一致しているといってよい．2つの定理の前提も，もちろん互いに密接に関連しているのであるが，こうした比較には，これ以上，立ち入らないことにしよう.

von Neumann の定理の証明は，大略，次のとおりである．ただし，後の議論へのつながりを考慮して，von Neumann 自身の証明とは別の仕方をとることにした．この証明は，筋道としては群の誘導表現の構成法によっている.

はじめ表現を $\hat{\mathcal{U}}(\alpha)$ に関して巡回的なものに限って考えよう．巡回表現を定義するために，ある1つのベクトル $\Phi_0 \in \mathsf{H}$ を固定し α を R^s 上に動かしてできるベクトル全体の集合 $\{\hat{\mathcal{U}}(\alpha)\Phi_0\}$ を考え，その元の有限個の1次結合の全体がつくる部分空間を $[\hat{\mathcal{U}}(\alpha)\Phi_0]$ と記そう．CCR の表現 $\{\hat{\mathcal{U}}(\alpha), \hat{\mathcal{V}}(\beta), \mathsf{H}\}$ が $\hat{\mathcal{U}}(\alpha)$ に関し

て**巡回的**であるとは，$[\hat{\mathcal{U}}(\alpha)\Phi_0]$ を H で稠密にするような $\Phi_0\in\mathsf{H}$ が少なくとも1本は存在することをいう．そのような Φ_0 を**巡回ベクトル**(cyclic vector)とよぶ．

さて，$\hat{\mathcal{U}}(\alpha)$ はユニタリー演算子とするから，スペクトル分解

$$\hat{\mathcal{U}}(\alpha)=\int e^{i\alpha\cdot x}d\hat{E}(x) \qquad (16.5.14)$$

ができるはずである†．積分は R^s 上で行なう．そこで，巡回ベクトル Φ_0 をとって

$$\mu(x)=\langle\Phi_0,\hat{E}(x)\Phi_0\rangle \qquad (16.5.15)$$

とおけば，射影演算子のベキ等性 $\hat{E}(x)=\hat{E}(x)^2$ と自己共役性から

$$\mu(x)=\langle\Phi_0,\hat{E}(x)\hat{E}(x)\Phi_0\rangle=\|\hat{E}(x)\Phi_0\|^2\geqq 0$$

がでるので，§16.3(g)の場合の多次元への拡張として類推されるように，$\mu(x)$, $x\in\mathsf{R}^s$ を領域 $\Delta_x=\{y:\ y_k<x_k,\ k=1,2,\cdots,s\}\subset\mathsf{R}^s$ の測度とみなすことができる．Φ_0 は規格化しておくので，全空間の測度は1である．

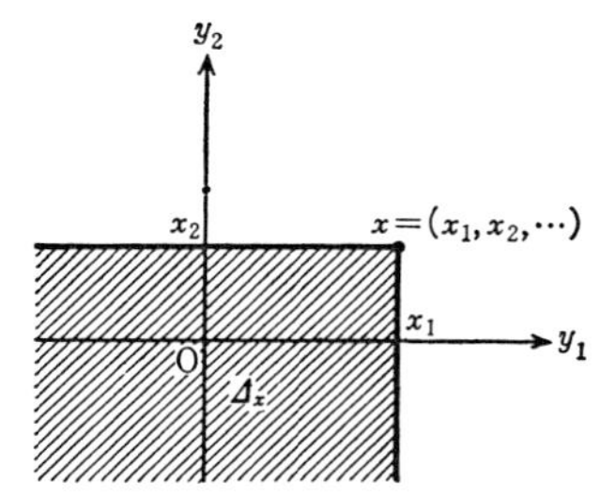

図16.10　領域 Δ_x

これだけ準備をすると，これまで具体を現わさなかったHilbert空間 H は，測度 μ に関して2乗可積分な関数の全体がつくるHilbert空間，つまり

$$\mathsf{L}_\mu{}^2(\mathsf{R}^s)=\{f(x):\int|f(x)|^2d\mu(x)<\infty\}$$

と同型であることがわかる．同型(isomorphic)とは，H のベクトルと $\mathsf{L}_\mu{}^2(\mathsf{R}^s)$ のベクトルとの間に1対1でベクトル算法と内積を保存する対応がつくことで，とりも直さず，その対応がユニタリー変換で表わされることを意味している．

---

† §16.3(h)，および[吉田]，第12章を参照．互いに可換な演算子の同時スペクトル分解が可能なことについては§16.6で詳しく説明する．さしあたり，以下の議論は $s=1$ の場合であると思って読んでもよい．

そのユニタリー変換 $\hat{S}$: $\mathrm{H} \to \mathrm{L}_\mu^2(\mathrm{R}^s)$ を実際に構成しよう．まず，$\hat{E}(x)\Phi_0 \in \mathrm{H}$ に対して，

$$\hat{S}\hat{E}(x)\Phi_0 = h_x \tag{16.5.16}$$

と定める．ここに $\mathrm{L}_\mu^2(\mathrm{R}^s)$ 側のベクトル h_x は

$$h_x(y) = \begin{cases} 1 & (y \in \Delta_x) \\ 0 & (y \notin \Delta_x) \end{cases}$$

という R^s 上の関数(領域 Δ_x の特性関数)とする．実は，これで望みの対応がすっかり定まってしまっている．第1に，H の側にも $\mathrm{L}_\mu^2(\mathrm{R}^s)$ の側にも対応もれがない．実際，対応の線形性から

$$\hat{S}\hat{\mathcal{U}}(\alpha)\Phi_0 = \int e^{i\alpha\cdot x}\hat{S}d\hat{E}(x)\Phi_0$$

$$= \int e^{i\alpha\cdot x}dh_x(y) = e^{i\alpha\cdot y} \tag{16.5.17}$$

のはずだが，巡回性の仮定により $\hat{\mathcal{U}}(\alpha)\Phi_0$ の有限個の1次結合 $\Psi' = \sum_\nu c_\nu \hat{\mathcal{U}}(\alpha_\nu)\Phi_0$ が H に稠密にあり，一方，これに対応するところの

$$\hat{S}\sum_\nu c_\nu \hat{\mathcal{U}}(\alpha_\nu)\Phi_0 = \sum_\nu c_\nu e^{i\alpha_\nu\cdot y} \tag{16.5.18}$$

が $\mathrm{L}_\mu^2(\mathrm{R}^s)$ において稠密に分布している．第2に，この対応(*16.5.17*)は内積を保存している．H の側での内積

$$\langle\hat{\mathcal{U}}(\beta)\Phi_0, \hat{\mathcal{U}}(\alpha)\Phi_0\rangle = \langle\Phi_0, \hat{\mathcal{U}}(\alpha-\beta)\Phi_0\rangle = \int e^{i(\alpha-\beta)\cdot x}d\mu(x)$$

が $\mathrm{L}^2(\mathrm{R}^s : \mu)$ での対応する関数の内積に等しいことは目に見えて明らかである．(*16.5.18*)についても同じことがいえ，この事実は内積の連続性によって全 Hilbert 空間に拡大される．こうして，ユニタリー変換

$$\hat{S}\Psi = f, \qquad \Psi \in \mathrm{H}, \ f \in \mathrm{L}_\mu^2(\mathrm{R}^s)$$

が定まった．この変換が等距離性をもつこと

$$\|\Psi\|_{\mathrm{H}} = \|\hat{S}\Psi\|_{\mathrm{L}_\mu^2} = \|f\|_{\mathrm{L}_\mu^2}$$

はいうまでもない．ここでノルムにも添字をつけて，どちらの空間におけるものかを明示した．

ベクトルの対応が定まったので，こんどは H における $\hat{\mathcal{U}}(\alpha)$ の作用が $\mathrm{L}_\mu^2(\mathrm{R}^s)$

にどのように反映されるかを見よう．$\Psi'=\sum_\nu c_\nu\hat{\mathcal{U}}(\alpha_\nu)\Phi_0$ をとって(16.5.8)を用い

$$\hat{\mathcal{U}}(\alpha)\Psi'=\sum_\nu c_\nu\hat{\mathcal{U}}(\alpha+\alpha_\nu)\Phi_0$$

$\hat{S}$ によって $\mathsf{L}_\mu{}^2(\mathsf{R}^s)$ に移ると，$\hat{S}$ のユニタリー性より

$$\hat{S}\hat{\mathcal{U}}(\alpha)\hat{S}^*f(x)=\sum_\nu c_\nu e^{i(\alpha+\alpha_\nu)\cdot x}=e^{i\alpha\cdot x}f(x) \tag{16.5.19}$$

を得る．この $f(x)$ は $\mathsf{L}_\mu{}^2(\mathsf{R}^s)$ に稠密にあるから，$\hat{S}\hat{\mathcal{U}}(\alpha)\hat{S}^*$ の等距離性によって(16.5.19)は $\mathsf{L}_\mu{}^2(\mathsf{R}^s)$ 全体に拡大される．$\hat{S}\hat{\mathcal{U}}(\alpha)\hat{S}^*$ は $e^{i\alpha\cdot x}$ をかける**掛算演算子**になるわけである．

ではは $\hat{\mathcal{V}}(\beta)$ についてはどうか．(16.5.7)によると

$$\hat{\mathcal{V}}(\beta)\Psi'=\sum_\nu c_\nu\hat{\mathcal{V}}(\beta)\hat{\mathcal{U}}(\alpha_\nu)\Phi_0=[\sum_\nu c_\nu e^{i\alpha_\nu\cdot\beta}\hat{\mathcal{U}}(\alpha_\nu)]\hat{\mathcal{V}}(\beta)\Phi_0$$

となるので，

$$(\hat{S}\hat{\mathcal{V}}(\beta)\Phi_0)(x)=w_\beta(x)$$

とおけば，$w_\beta(x)\in\mathsf{L}_\mu{}^2(\mathsf{R}^s)$ だから(16.5.19)が使えて

$$\begin{aligned}\hat{S}\hat{\mathcal{V}}(\beta)\hat{S}^*f(x)&=\sum_\nu c_\nu e^{i\alpha_\nu\cdot\beta}\hat{S}\hat{\mathcal{U}}(\alpha_\nu)\hat{S}^*w_\beta(x)\\&=\sum_\nu c_\nu e^{i\alpha_\nu\cdot(x+\beta)}w_\beta(x)=w_\beta(x)f(x+\beta)\end{aligned} \tag{16.5.20}$$

という計算ができる．この結果も $\hat{S}\hat{\mathcal{V}}(\beta)\hat{S}^*$ のユニタリー性により $\mathsf{L}_\mu{}^2(\mathsf{R}^s)$ 全体に拡大される．そして，(16.5.20)とともに

$$\int|f(x)|^2d\mu(x)=\int|f(x+\beta)|^2|w_\beta(x)|^2d\mu(x)$$

が任意の $f\in\mathsf{L}_\mu{}^2(\mathsf{R}^s)$ に対してなりたつ．これは

$$|w_\beta(x)|^2d\mu(x)=d\mu(x+\beta) \tag{16.5.21}$$

を意味し，測度 $\mu(x)$ の準不変性を示す．ただし，測度 $\mu(x)$ が平行移動に関して**準不変**(quasi-invariant)であるとは

$$d\mu(x)=0\Longrightarrow d\mu(x+\beta)=0 \qquad (\forall\beta\in\mathsf{R}^s,\ x\text{ に関し a.e.})^\dagger$$

† R^s の領域 $\varDelta$ を β だけ平行移動して得る領域を $\varDelta_\beta$ と記すことにすれば

$$\mu(\varDelta)=0\Longrightarrow\mu(\varDelta_\beta)=0,\qquad\forall\beta\in\mathsf{R}^s$$

がなりたつことをいう．(*16. 5. 21*)を用いると，(*16. 5. 20*)は

$$\hat{S}\hat{V}(\beta)\hat{S}^*f(x) = e^{i\sigma(x:\beta)}\sqrt{\frac{d\mu(x+\beta)}{d\mu(x)}}f(x+\beta) \qquad (16.5.22)$$

と書ける．右辺の第1因子は未定の位相であるが，(*16. 5. 8*)を思いだすと(*16. 5. 20*)から $w_\beta(x)w_{\beta'}(x+\beta)=w_{\beta+\beta'}(x)$ がでるので

$$\sigma(x:\beta)+\sigma(x+\beta:\beta') = \sigma(x:\beta+\beta') \qquad (16.5.23)$$

という条件に従う．

(*16. 5. 19*), (*16. 5. 22*), (*16. 5. 23*)が議論の第1段階での結果であって，これはCCRの表現が測度 μ と位相 σ によって決定されることを示している．

さて，第2段である．上に得た表現がSchrödinger流の表現とユニタリー同値なことを証明しよう．その鍵になるのは“有限次元Euclid空間においては平行移動に関し準不変な測度はLebesgue測度に同値”という事実([Gelfand, 4], p. 352)にある．その意味は，可積分な密度関数 $\rho(x)>0$ の存在である：

$$d\mu(x) = \rho(x)d^s x$$

全空間 R^s の μ 測度は1だから，

$$\int_{\mathsf{R}^s}\rho(x)d^s x = 1 \qquad (16.5.24)$$

がなりたつ．(*16. 5. 21*)より

$$\rho(x) = \rho(0)|w_x(0)|^2 \qquad \text{(a. e.)}$$

係数 $\rho(0)$ は規格化条件(*16. 5. 24*)から決定される．空間 $\mathsf{L}_\mu{}^2(\mathsf{R}^s)$ のノルムは

$$\|f\|^2{}_{\mathsf{L}_\mu{}^2} = \int|f(x)|^2\rho(x)d^s x \qquad (16.5.25)$$

と表わされる．

新しく空間 $\mathsf{L}^2(\mathsf{R}^s)$ をとって，変換 $\hat{R}^*:\mathsf{L}^2(\mathsf{R}^s)\to\mathsf{L}_\mu{}^2(\mathsf{R}^s)$ を

$$(\hat{R}^*\psi)(x) = e^{-i\sigma(0:x)}\frac{1}{\sqrt{\rho(x)}}\cdot\psi(x) \qquad (\psi(x)\in\mathsf{L}^2(\mathsf{R}^s)) \qquad (16.5.26)$$

によって定義しよう．これはユニタリー変換である．特に

$$\|\hat{R}^*\psi\|_{\mathsf{L}_\mu{}^2} = \|\psi\|_{\mathsf{L}^2}$$

がなりたつ．では，$\mathsf{L}_\mu{}^2(\mathsf{R}^s)$ でのCCRの表現を新しい $\mathsf{L}^2(\mathsf{R}^s)$ にうつすと，どうなるだろう？ $\hat{R}^*\psi(x)\in\mathsf{L}_\mu{}^2(\mathsf{R}^s)$ だから，(*16. 5. 22*)によれば

$$\hat{S}\hat{\mathscr{V}}(\beta)\hat{S}^*\hat{R}^*\psi(x) = e^{i[\sigma(x:\beta)-\sigma(0:x+\beta)]}\frac{1}{\sqrt{\rho(x)}}\psi(x+\beta)$$

となるが，(*16. 5. 23*)に注意すると位相が整理できて，右辺がちょうど(*16. 5. 26*)の形になる：

$$\hat{S}\hat{\mathscr{V}}(\beta)\hat{S}^*\hat{R}^*\psi(x) = e^{-i\sigma(0:x)}\frac{1}{\sqrt{\rho(x)}}\psi(x+\beta) = (\hat{R}^*\psi_\beta)(x)$$

ここに，ψ_β は $\psi_\beta(x) \equiv \psi(x+\beta)$ という x の関数を示す．$\hat{R}\hat{S}=\hat{G}$ とおけば，この結果は

$$\hat{G}\hat{\mathscr{V}}(\beta)\hat{G}^*\psi(x) = \psi(x+\beta) \tag{16. 5. 27}$$

と書くことができる．

(*16. 5. 19*)のほうは，

$$\hat{G}\hat{\mathscr{U}}(\alpha)\hat{G}^*\psi(x) = e^{i\alpha\cdot x}\psi(x) \tag{16. 5. 28}$$

となる．(*16. 5. 27*), (*16. 5. 28*)は CCR の Schrödinger 流の表現(*16. 5. 11*)にほかならない：$\mathrm{L}^2(\mathrm{R}^s)$ 上の演算子として，

$$\hat{G}\hat{\mathscr{U}}(\alpha)\hat{G}^* = \hat{\mathscr{U}}^{\mathrm{S}}(\alpha), \qquad \hat{G}\hat{\mathscr{V}}(\beta)\hat{G}^* = \hat{\mathscr{V}}^{\mathrm{S}}(\beta) \tag{16. 5. 29}$$

そして，ユニタリー変換の積だったから $\hat{G}: \mathrm{H} \to \mathrm{L}^2(\mathrm{R}^s)$ はユニタリーである．これで議論の第2段も終り．第1段とあわせて，CCR の任意の巡回表現は Schrödinger 流の表現とユニタリー同値なことが証明できた．

一般論としては，あと巡回的でない表現の場合を考えねばならない．結論をいえば，この場合，さきに述べた Rellich-Dixmier の定理におけると同様，表現は Schrödinger 流の表現のたかだか可算個の直和にユニタリー同値となる．証明は省略しよう．

上の結果からの1つの副産物として，**時間の演算子**は存在しないことがいえる．まず，“スペクトルが下に有界な自己共役な演算子 $\hat{\mathscr{H}}$ と正準共役の関係

$$[\hat{\mathscr{H}}, \hat{\mathfrak{T}}] = -i\hbar$$

をなすような自己共役演算子 $\hat{\mathfrak{T}}$ は存在しない”ことに注意しよう．もちろん，この正準交換関係を上に調べてきたような意味に解釈してのことであるが，そのような $\hat{\mathscr{H}}, \hat{\mathfrak{T}}$ は必然的に $\hat{p}=-i\hbar d/dx$, $\hat{x}=x\cdot$ (または，その直和) とユニタリー同値になり，$\hat{\mathscr{H}}$ のスペクトルは $\hat{\mathfrak{T}}$ のそれと共に実軸全体にわたる外ないのである．

これは時間の演算子が作れないことを意味している．時間の演算子 $\hat{\mathfrak{T}}$ という

ものが仮にあったとすれば，それは $\hbar$ が（エネルギー）×(時間）の次元をもつことから考えてハミルトニアン $\hat{\mathscr{H}}$ と正準共役になるべきであろう．ところが，一般にハミルトニアンは力学系の安定性のために下に有界なスペクトルをもつのでなければならない．よって $\hat{\mathfrak{T}}$ は存在しえないことになる．

同様に，極座標 (r, θ, φ) の動径 r に共役な運動量の演算子 $\hat{p}_r$ も存在しない．

§16.6　状態をきめる観測

観測を媒介にして量子力学に物理的の解釈をあたえることについては，まだ部分的な定式化しかしていない．§16.3において測定値の確率分布なる解釈を導入したけれども，そのときには，第1に，対象たる力学系の状態が Hilbert 空間の1つのベクトル(正確には射線)としてあたえられていることを前提にしていたし，第2に，ただ1つの観測量の測定しか扱わなかった．

観測には対象を所要の状態に用意するための選別を可能にするという機能も期待されるわけで，そのためにも2つ以上の観測量の同時測定が必要になるはずであろう．同時測定には，『量子力学 I』第II部に述べられた不確定性関係をはじめとして，量子力学の世界では吟味しておくべき問題が少なくない．それをこれから議論しよう．

量子力学的な状態が Hilbert 空間のベクトルで表わされる純粋状態に限らないという問題の考察は，第22章にゆずる．

この節では観測量を表わす演算子 $\hat{A}, \hat{B}, \cdots$ はすべて有界とする．もし，たとえば $\hat{A}$ が有界でなかったら，そのスペクトル分解を

$$\hat{A} = \int_{-\infty}^{\infty} \mu d\hat{P}(\mu)$$

として，代りに有界な

$$\hat{A}' = \int_{-\infty}^{\infty} \tan^{-1}\mu d\hat{P}(\mu) = \int_{-\pi/2}^{\pi/2} s d\hat{P}'(s)$$

でも考えればよい．$\tan^{-1}\mu$ は μ の連続関数だから，この積分は§16.3に定義されている．これらの演算子の定義域は H 全体に拡大してあるものとする．

以下では，まず最初に観測量の集合 $\mathfrak{M} = \{\hat{A}, \hat{B}, \cdots\}$ が同時確定可能ということの意味を明確にし，そのための必要条件として，$\mathfrak{M}$ が Abel 集合であること

$$\hat{A}, \hat{B} \in \mathfrak{M} \implies [\hat{A}, \hat{B}] = 0$$

を導く.

これはまた十分条件でもあるのだが，それを証明するには，本節(b)項で紹介する von Neumann 代数の理論を用いて何段かの議論を積み重ねることになる.(c)項では，多数の観測量の集合 $\mathfrak{M}$ の生成する Abel 的 von Neumann 代数 $\mathfrak{R}(\mathfrak{M})$ が，実はただ1つの有界・自己共役な演算子により生成されることを示そう．その演算子を $\hat{\Lambda}$ とすると，それが生成する von Neumann 代数の元はどれも $\hat{\Lambda}$ の関数であることを(d),(e)項で証明する．$\mathfrak{R}(\mathfrak{M}) = \mathfrak{R}(\hat{\Lambda})$ の任意の元が $\hat{\Lambda}$ の関数として表わせることになり，多数の観測量の測定がただ1つの $\hat{\Lambda}$ の測定に帰着するから，同時確定可能性が確立される．議論が2つの項にわたるのは，演算子 $\hat{\Lambda}$ の関数 $f(\hat{\Lambda})$ として $f(\lambda)$ が連続関数の場合に§16.3であたえた定義ではいまの目的にはせますぎることが判明するためであって，(e)項が関数概念の拡張にあてられる.

最後に(f)項において，観測により状態の原子的な決定を行なうためには，どれだけの観測量の同時測定が必要かを考える.

a)　同時確定可能の必要条件

観測量をすべて有界にし，定義域を全空間に拡げておくことは最初に述べた．それらの1組 $\mathfrak{M} = \{\hat{A}, \hat{B}, \cdots\}$ がどれも点スペクトルしかもたない場合には，**同時確定可能**(simultaneous measurability)† の定義もやさしい．それは，

$$\hat{A}u_{ab\cdots} = au_{ab\cdots}, \qquad \hat{B}u_{ab\cdots} = bu_{ab\cdots}, \qquad \cdots\cdots \tag{16.6.1}$$

という，いわゆる $\mathfrak{M}$ の同時固有ベクトル $u_{ab\cdots}$ の全体が H の完全系をはることである．このときには，その観測量の集合のどの2つについても $[\hat{A}, \hat{B}]u_{ab\cdots} = 0$ だから，その有限個の線形結合に対し常に

$$[\hat{A}, \hat{B}] \sum_{\text{有限和}} \gamma(a, b, \cdots) u_{ab\cdots} = 0 \qquad (\gamma：\text{複素係数})$$

がなりたち，有限和と書いたベクトルは H で稠密なので，$\hat{A}, \hat{B}$ の有界性により，

$$[\hat{A}, \hat{B}] = 0 \tag{16.6.2}$$

つまり，点スペクトルしかもたない観測量の集合 $\mathfrak{M}$ が同時確定可能なためには，

---

† 共立性(compatibility)ということもある.

そのどの2つの元も互いに可換なことが必要である．演算子の集合は，どの2つの元も互いに可換なとき **Abel 的**という．

なお，ここで同時確定可能というのは，$\mathfrak{M}$ の元 $\hat{A}, \hat{B}, \cdots$ を測定したとき共に確定値をあたえるような状態が“存在する”というのよりずっと強い条件であることを注意しておこう．同時確定可能とは，いわば $\hat{A}, \hat{B}, \cdots$ が確定した状態のすべてについて実験をすれば対象のあらゆる状態を見落しなく調べたことになるといった条件なのである．

測定値が連続スペクトルの1点に確定する確率は0だから，$\mathfrak{M}$ が連続スペクトルをもつ観測量を含むとき，上の同時確定可能の定義は通用しない．いま，$\hat{A}$, $\hat{B}, \cdots$ のスペクトル分解を

$$\hat{A} = \int_{-\alpha}^{\alpha} s d\hat{P}(s), \qquad \hat{B} = \int_{-\beta}^{\beta} t d\hat{Q}(t), \qquad \cdots\cdots \tag{16.6.3}$$

としよう．$\alpha \equiv \|\hat{A}\|, \cdots$ である．$\hat{P}(s), \hat{Q}(t), \cdots$ は射影演算子であって，自己共役である．そこで，これらを観測量の仲間に入れよう．$\hat{P}(s)$ ならば，その観測とは，

設問：　　　$\hat{A}$ の測定値は $\leqq s$ か？

に対する答を求めることだと考えられる．実際，状態 φ においてその答が“然り”か“否”かに従って，

$$\hat{P}(s)\varphi = \sigma_s\varphi, \qquad \sigma_s = \begin{cases} 1 & (\text{“然り”のとき}) \\ 0 & (\text{“否”のとき}) \end{cases} \tag{16.6.4}$$

となり，φ は $\hat{P}(s)$ の固有値 $\sigma_s=1, 0$ の固有ベクトルである．以下，設問と射影演算子とを同一視して，設問 $\hat{P}(s)$ といった言い方をすることがある．

観測量の集合 $\mathfrak{M}=\{\hat{A}, \hat{B}, \cdots\}$ が同時確定可能とは，一般に，任意の $s, t, \cdots$ につき，対応する設問 $\{\hat{P}(s), \hat{Q}(t), \cdots\}$ が(上に定めた意味で)同時確定可能なことである，と定義する．これは，物理的にみても，もっともらしい定義といえよう．(16.6.2)を導いたのと同様にして，$\mathfrak{M}$ の同時確定可能の必要条件として，スペクトル射影の任意の対の可換性

$$[\hat{P}(s), \hat{Q}(t)] = 0 \qquad (\text{すべての } t, s \text{ につき}^{\dagger}) \tag{16.6.5}$$

が得られる．(16.6.3)にもどればわかるとおり，この場合にも(16.6.2)が必要

† それぞれ $\hat{A}, \hat{B}$ のスペクトルに属する t, s のすべて．

条件であることには変りがない.

実は，あとでこの命題の逆："可換な観測量の集合は同時確定可能"が証明されるので，

$$\{\hat{P}(s), 1-\hat{P}(s'), \hat{Q}(t), 1-\hat{Q}(t'), \cdots\}$$

が同時確定可能となり，また区間 $I_A=(s', s]$ に対して

$$\hat{P}(I_A) = \hat{P}(s)[1-\hat{P}(s')] = \hat{P}(s)-\hat{P}(s')$$

と書くなどすれば，$\{\hat{P}(I_A), \hat{Q}(I_B), \cdots\}$ も同時確定可能とわかる．この集合の同時固有ベクトルは，$\hat{A}, \hat{B}$ の測定値として区間 $I_A, I_B, \cdots$ 内の値をあたえる．

ここまでくると，**測定値の確率**を一般的に定式化することができる．すなわち，"対象の状態が ψ であるなら，同時確定可能な観測量 $\{\hat{A}, \cdots, \hat{B}\}$ を同時測定したとき $\hat{A}, \cdots, \hat{B}$ の測定値がそれぞれ区間 $I_A, \cdots, I_B$ に落ちる確率は，

$$\|\hat{P}(I_A)\cdots\hat{Q}(I_B)\psi\|^2 \tag{16.6.6}$$

であたえられる"．これは量子力学の基本要請の1つである．

同時測定なのだから，この確率が $\hat{P}(I_A), \cdots, \hat{Q}(I_B)$ の積の順序によってはおかしい．観測量を同時確定可能な集合に限定したのは，上に得た可換性によって問題を避けたわけである．同時確定可能ではない観測量の組の同時測定に意味をあたえようとする試みも最近いくつか見られるけれども，ここでは立ち入らない．

なお，(16.6.6)について確率の加法性，規格化および観測量の平均値の計算など，前の(16.3.53)の場合と同様に論ずることができる．

b）von Neumann 代数

同時確定可能な観測量の集合は可換性をもつという前項の定理の逆が証明したい．鍵になるのは，大雑把にいって次の命題である：

"可分な Hilbert 空間 H の上の有界な演算子の集合 $\mathfrak{M}$ が Abel 的ならば，$\mathfrak{M}$ のすべての演算子は1つの有界・自己共役な演算子 $\hat{\Lambda}$ の関数として表わされる."

この命題によって $\mathfrak{M}$ の元なる多数の観測量の測定が $\hat{\Lambda}$ という1個の測定に帰着してしまい，これによって同時確定可能になるのである．

その証明をするために，舞台を思いきって拡げよう．

Hilbert 空間 H の全体で定義された有界な†演算子のある集合 $\mathfrak{R}$ が次の条件を

† これからは"H 全体で定義された"を省き，手短に"有界"とだけいうことにする．

みたすとき，これを **von Neumann 代数**とよぶ：

1° ＊代数をなす．すなわち，

$$\left.\begin{array}{l} \hat{A}\in\mathfrak{R} \implies \hat{A}^*\in\mathfrak{R} \\ 1\in\mathfrak{R} \\ \hat{A},\hat{B}\in\mathfrak{R} \implies \hat{A}\hat{B},\ \alpha\hat{A}+\beta\hat{B}\in\mathfrak{R} \qquad (\alpha,\beta\ \text{は任意の複素数}) \end{array}\right\} \tag{16.6.7}$$

2° 弱収束に関して閉じている．すなわち，$\mathfrak{R}$ のなかの任意の列 $\{\hat{A}_\nu\}_{\nu=1,2,\cdots}$ につき，

$$\hat{A}_\nu \xrightarrow{\text{w}} \hat{A} \implies \hat{A}\in\mathfrak{R} \tag{16.6.8}$$

つまり，弱収束する列が $\mathfrak{R}$ にあれば，その極限がまた $\mathfrak{R}$ に含まれている．

われわれは互いに可換な演算子の集合に興味があるので，特に，

3° $\mathfrak{R}$ のどの 2 つの元も互いに可換である

としよう．このとき $\mathfrak{R}$ を可換 von Neumann 代数とよぶ．可換性により $\mathfrak{R}$ の元のうち自己共役なものの全体が，1° の係数 α,β を実数に限ったとき，部分代数をなす．これを実 von Neumann 代数 $\mathfrak{R}_0$ とよぶ．

弱収束の定義　Hilbert 空間 H のベクトル列 $\{\chi_\nu\}_{\nu=1,2,\cdots}$ がベクトル χ に弱収束するとは，各 $\varphi\in\mathrm{H}$ において $\{\langle\varphi,\chi_\nu\rangle\}_{\nu=1,2,\cdots}$ が複素数の列として $\langle\varphi,\chi\rangle$ に収束することをいう．このとき $\chi_\nu \xrightarrow{\text{w}} \chi$ と記し，χ を $\{\chi_\nu\}$ の**弱極限**(weak limit)とよぶ．有界な演算子の列 $\{\hat{A}_\nu\}_{\nu=1,2,\cdots}$ が演算子 $\hat{A}$ に弱収束するというのは，各 $\psi\in\mathrm{H}$ において $\hat{A}_\nu\psi \xrightarrow{\text{w}} \hat{A}\psi$ となることである．これを $\hat{A}_\nu \xrightarrow{\text{w}} \hat{A}$ と記す†．$\hat{A}$ を $\{\hat{A}_\nu\}$ の弱極限とよぶが，これがまた有界演算子であることを次ページで証明する．この事実があるから，そもそも von Neumann 代数 $\mathfrak{R}$ は有界演算子の集合だとしながら，なお上記の条件 2° を課して矛盾を生じないのである．

ところで，“各 $\varphi\in\mathrm{H}$ において複素数の列 $\{\langle\varphi,\chi_\nu\rangle\}_{\nu=1,2,\cdots}$ が Cauchy 列になっていれば，$\chi_\nu \xrightarrow{\text{w}} \chi$ なる弱極限 $\chi\in\mathrm{H}$ が必ず存在する(Hilbert 空間の弱完備性)”．その証明の足場は次の**一様有界性の原理**にある：

(i) 有界線形演算子の列 $\{\hat{A}_\nu\}_{\nu=1,2,\cdots}$ の全体について

---

† いままで用いてきた演算子の収束は，各 $\psi\in\mathrm{H}$ に対しベクトルの強収束として $\hat{A}_\nu\psi\to\varphi$ となるとき $\hat{A}\psi=\varphi$ とおき $\hat{A}_\nu\xrightarrow{\text{s}}\hat{A}$ というもので，$\hat{A}$ を $\{\hat{A}_\nu\}$ の**強極限**(strong limit)とよぶ．$\xrightarrow{\text{s}}$ の s は本書では省略することが多い．

各 $\psi \in \mathsf{H}$ で $\|\hat{A}_\nu \psi\| \leqq C_\psi$ なら，H 全体で一様に $\|\hat{A}_\nu\| \leqq C$.

(ii)　有界線形汎関数の列 $\{F_\nu\}_{\nu=1,2,\cdots}$ の全体について

各 $\psi \in \mathsf{H}$ で $|F_\nu[\psi]| \leqq C_\psi$ なら，H 全体で一様に $\|F_\nu\| \leqq C$.

ここに C_ψ, C は適当な正数で，前者は ψ に依存してよい．また $\|F_\nu\| \equiv \sup_{\|\psi\|=1} |F_\nu[\psi]|$.

まず(i)の証明．それには，"適当な中心 $\eta_0 \in \mathsf{H}$ と半径 a^{-1} をもつ閉球 $\mathsf{K}_0 = \{\varphi : \|\varphi - \eta_0\| \leqq a^{-1}\}$ と適当な正数 C_0 が存在して $\|\hat{A}_\nu \varphi\| \leqq C_0$, $\forall \varphi \in \mathsf{K}_0$ となる" がいえれば十分だ．任意の $\psi \in \mathsf{H}$ に対し $\varphi = b^{-1}\psi + \eta_0$ が η_0 と共に K_0 に属し $(b \equiv a\|\psi\|)$, $\psi = b(\varphi - \eta_0)$ なので $\|\hat{A}_\nu \psi\| \leqq b(\|\hat{A}_\nu \varphi\| + \|\hat{A}_\nu \eta_0\|) \leqq 2aC_0\|\psi\|$ となるからである．

そこで上記の "……" の否定から矛盾をだそう．その否定から，閉球 K と正整数 j をどうとっても $\|\hat{A}_{\nu_j}\varphi\| \geqq j$ にする $\varphi \in \mathsf{K}$ と ν_j が存在することがいえる．実は $\hat{A}_\nu$ の連続性により，1点 φ だけでなく，そのある近傍内の閉球 K_j で $\|\hat{A}_{\nu_j}\varphi\| > j$, $\forall \varphi \in \mathsf{K}_j$ となるのである．j を増してゆくとき明らかに $\mathsf{K}_1 \supset \mathsf{K}_2 \supset \cdots$ にとれるので，H の完備性からすべての K_j に含まれる $\varphi_\infty \in \mathsf{H}$ が存在することになり，$\|\hat{A}_{\nu_j}\varphi_\infty\| > j$ $(j=1, 2, \cdots)$．これは(i)の前提に矛盾する．

上の議論の $\|\hat{A}_\nu \varphi\|$ を $|F_\nu[\varphi]|$ に読みかえると(ii)の証明になる．

さて(ii)から，弱収束するベクトル列 $\{\chi_\nu\}_{\nu=1,2,\cdots}$ の有界なことがいえる．実際，線形汎関数 $F_\nu[\psi] \equiv \langle \chi_\nu, \psi \rangle$ を定義すると，$\{\chi_\nu\}$ の弱収束は各 ψ に対する数列 $\{F_\nu[\psi]\}$ の収束であり．収束する数列は有界だから $|F_\nu[\psi]| \leqq C_\psi$. よって(ii)から $\|F_\nu\| \leqq C$. ゆえに $\|F_\nu\| = \sup_{\|\psi\|=1} |\langle \chi_\nu, \psi \rangle| = \|\chi_\nu\|$ より $\|\chi_\nu\| \leqq C$.

これは，つまり $|F_\nu[\psi]| \leqq C\|\psi\|$ だから，極限の線形汎関数 $F[\psi] = \lim_{\nu\to\infty} F_\nu[\psi]$ も有界．ところが Hilbert 空間上の有界線形汎関数は内積の形に表わせるので (Riesz の定理．［加藤］, p. 167)，この場合にも適当な $\chi \in \mathsf{H}$ が存在して $F[\psi] = \langle \chi, \psi \rangle$ と書ける．すなわち $\lim_{\nu\to\infty} \langle \chi_\nu, \psi \rangle = \langle \chi, \psi \rangle$. この χ が定義により $\{\chi_\nu\}$ の弱極限にほかならない．こうして H の弱完備性が証明された．

最後に，前に予告した "有界演算子の列 $\{\hat{A}_\nu\}$ の弱極限は有界" の証明をしよう．任意の $\psi \in \mathsf{H}$ を固定して $\hat{A}_\nu \psi$ を考えると，$\{\hat{A}_\nu\}$ の弱収束は $\{\hat{A}_\nu \psi\}$ の弱収束だから，すぐ上の命題から $\|\hat{A}_\nu \psi\| \leqq C_\psi$. よって(i)より $\|\hat{A}_\nu\| \leqq C$.

上のように弱極限もすべて $\mathfrak{R}$ にとりこんで舞台を広く設定するのは，もちろん理由があってのことである．いくつもの可換な観測量を1つの演算子の関数として書き上げるためには，代数演算だけではたりず，おそらく極限操作が欠かせ

ないだろう．そうした演算が自由に行なえるように，初めから準備をしておくのである．しかし，(a)項で問題にした観測量の集合 $\mathfrak{M}=\{\hat{A}, \hat{B}, \cdots\}$ は，一般には von Neumann 代数になっていないだろう．そこで $\mathfrak{M}$ の元に上記の条件 1° にいう代数演算をくりかえし施して得る複素係数・多項式の全体を考え，そのなかに弱収束する列があれば極限を条件 2° に従ってつけ加えるということをしよう．こうして得られる演算子の全体は von Neumann 代数 $\mathfrak{R}$ をなす．これを $\mathfrak{R}(\mathfrak{M})$ と記し，$\mathfrak{M}$ から“生成された” von Neumann 代数という．もちろん $\mathfrak{R}(\hat{A}, \hat{B}, \cdots)$ と書くこともある．さて“極限として演算子をつくる”手始めに，次の命題を考えてみよう：“$\hat{A}$ を有界かつ自己共役な演算子とし，そのスペクトル射影を $\hat{P}(s)$ と記す．$\mathfrak{R}_0$ を実 von Neumann 代数とするとき，

$$\hat{A}\in\mathfrak{R}_0 \iff \{\hat{P}(s), 1-\hat{P}(t) : s\leqq 0,\ t>0\}\subset\mathfrak{R}_0 \qquad (16.6.9)$$

$\Longleftarrow$ の証明はスペクトル分解(*16. 6. 3*)の定義(§16.3(e))を思いだせば直ちにできる．いま s 軸上の区間 $[-\alpha, \alpha]$ に図のように分点 $s_j\,(j=1, 2, \cdots, \nu)$ をいれて，

$$\hat{A}_\nu=\sum_{j=1}^{\nu-1}s_j[\hat{P}(s_{j+1})-\hat{P}(s_j)] \qquad (16.6.10)$$

を考えよう．(*16. 6. 3*)に記したとおり $\alpha=\|\hat{A}\|$ である．

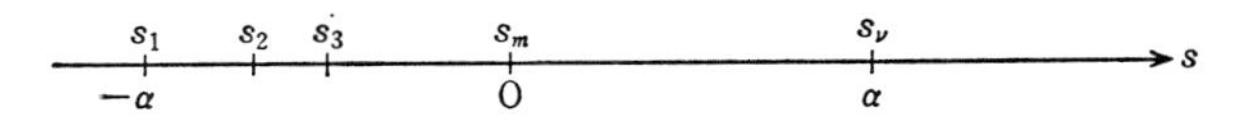

図 16.11 Stieltjes 和(*16. 6. 10*)のための分点．1つの分点 s_m を $s=0$ におく

$\hat{A}$ は自己共役としているからスペクトル分解できるはずで，その定義によれば，$\max_j(s_{j+1}-s_j)\to 0$ をめざして分割数 $\nu\to\infty$ としたとき $\hat{A}_\nu\xrightarrow{s}\hat{A}$ となる．$\xrightarrow{s}$ は強収束の意味であるが，強収束すれば弱収束 $\hat{A}_\nu\xrightarrow{w}\hat{A}$ もすることは Schwarz の不等式を用いて一般に証明されるから，もし $\hat{A}_\nu\in\mathfrak{R}_0$ がいえれば von Neumann 代数の条件 2° より $\hat{A}\in\mathfrak{R}_0$ がでることになる．

ところが，(*16. 6. 10*)は

$$\hat{A}_\nu=\sum_{j=1}^{m-1}s_j[\hat{P}(s_{j+1})-\hat{P}(s_j)]+\sum_{j=m+1}^{\nu-1}s_j[\{1-\hat{P}(s_j)\}-\{1-\hat{P}(s_{j+1})\}]$$

とも書けるので，(*16. 6. 9*)の右側なる条件に $\mathfrak{R}_0$ の性質 1° を用いて，確かに $\hat{A}_\nu\in\mathfrak{R}_0$ がいえる．ここであらかじめ1つの分点 s_m が $s=0$ にとってあったことに

注意してほしい(図16.11). こうして(*16.6.9*)の $\Longleftarrow$ の証明ができた.

$\Longrightarrow$ の証明をするには, こんどは(*16.6.9*)の左側にある $\hat{A}$ から, 代数演算と弱収束の手続により右側の射影演算子がつくれることを示せばよい. それには Weierstraß の近似定理([加藤], p. 25)が役にたつ. この定理は閉区間の連続関数なら多項式で一様近似できるというものだが, 目標の1つ $\hat{P}(\sigma)$ $(\sigma \leqq 0)$ でいうと, これは不連続なスペクトル関数 $\eta(s:\sigma)$ をもつ(図16.12):

$$\hat{P}(\sigma)=\int_{-\alpha}^{\alpha}\eta(s:\sigma)\,d\hat{P}(s)$$

そこで, $\eta(s:\sigma)$ を図16.12の $\eta_{\varepsilon}(s:\sigma)$, $-\alpha \leqq s \leqq \alpha$ で近似し, この連続関数を実係数の多項式 $K_{\varepsilon}(s:\sigma)$ で近似するという2段構えで進もう. いうまでもなく, §16.3の意味での

$$K_{\varepsilon}(\hat{A}:\sigma)=\int_{-\alpha}^{\alpha}K_{\varepsilon}(s:\sigma)\,d\hat{P}(s)$$

は $\hat{A}$ の実係数の多項式で性質1°により $\mathfrak{R}_0$ に属するから, 上の近似が2°の意味で進められれば結局 $\hat{P}(\sigma)$ も $\mathfrak{R}_0$ に属することになって, 望みの証明が終わる.

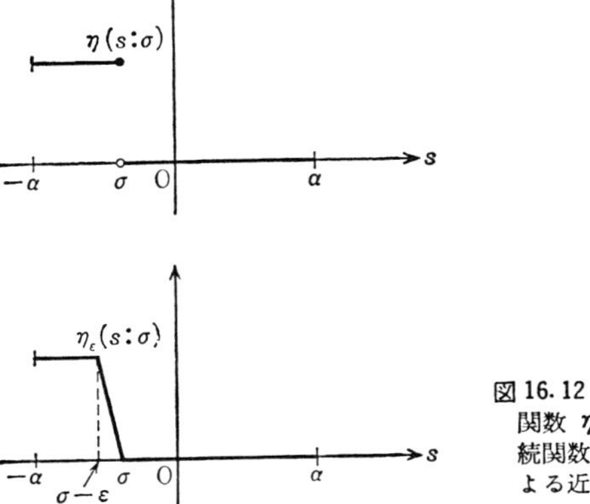

図16.12　スペクトル関数 $\eta(s:\sigma)$ の連続関数 $\eta_{\varepsilon}(s:\sigma)$ による近似

近似の吟味をしよう. Weierstraß の近似定理により, あたえられた $\eta_{\varepsilon}(s:\sigma)$ を

$$|\eta_{\varepsilon}(s:\sigma)-K_{\varepsilon}(s:\sigma)|<\varepsilon \qquad (-\alpha \leqq s \leqq \alpha) \qquad (16.6.11)$$

のように一様近似する多項式 K_{ε} が存在する. これで演算子の近似が弱収束の意

味で果たされるかといえば，勝手な $\chi, \psi \in \mathsf{H}$ に対して

$$
\begin{aligned}
&\langle\chi, [K_\varepsilon(\hat{A}:\sigma)-\hat{P}(\sigma)]\psi\rangle \\
&=\int_{-\alpha}^{\alpha} K_\varepsilon(s:\sigma)\,d\langle\chi, \hat{P}(s)\psi\rangle-\int_{-\alpha}^{\alpha}\eta(s:\sigma)\,d\langle\chi, \hat{P}(s)\psi\rangle \\
&=I_1+I_2
\end{aligned}
$$

ここに，

$$
I_1 \equiv \int_{-\alpha}^{\alpha}\{K_\varepsilon(s:\sigma)-\eta_\varepsilon(s:\sigma)\}\,d\langle\chi, \hat{P}(s)\psi\rangle
$$

$$
I_2 \equiv \int_{\sigma-\varepsilon}^{\sigma}\frac{\sigma-s-\varepsilon}{\varepsilon}\,d\langle\chi, \hat{P}(s)\psi\rangle
$$

このうち，I_1 は積分の定義にもどって(*16. 6. 11*)を用いれば容易に評価できて，

$$
|I_1| \leqq \varepsilon\|\chi\|\cdot\|\psi\|
$$

I_2 については，部分積分により

$$
\begin{aligned}
I_2 &= -\langle\chi, \hat{P}(\sigma)\psi\rangle+\frac{1}{\varepsilon}\int_{\sigma-\varepsilon}^{\sigma}\langle\chi, \hat{P}(s)\psi\rangle ds \\
&=\frac{1}{\varepsilon}\int_{\sigma-\varepsilon}^{\sigma}\langle\chi, \{\hat{P}(s)-\hat{P}(\sigma)\}\psi\rangle ds
\end{aligned}
$$

と変形すれば，スペクトル射影の単調性を考慮して，

$$
|\text{被積分関数}| \leqq \|\chi\|\cdot\|\{\hat{P}(s)-\hat{P}(\sigma)\}\psi\| \leqq \|\chi\|\cdot\|\{\hat{P}(\sigma-\varepsilon)-\hat{P}(\sigma)\}\psi\|
$$

したがって，

$$
|I_2| \leqq \|\chi\|\cdot\|\{\hat{P}(\sigma)-\hat{P}(\sigma-\varepsilon)\}\psi\|
$$

以上の 2 つの評価式を合わせて

$$
\lim_{\varepsilon\to 0}|\langle\chi, [K_\varepsilon(A:\sigma)-\hat{P}(\sigma)]\psi\rangle| = 0, \qquad \forall\chi, \psi \in \mathsf{H}
$$

を得る．これは

$$
K_\varepsilon(\hat{A}:\sigma) \xrightarrow[\varepsilon\to 0]{\mathrm{w}} \hat{P}(\sigma)
$$

を示すものにほかならず，(*16. 6. 9*)の $\Longrightarrow$ の証明ができた．

この例によって，von Neumann 代数 $\mathfrak{R}(A, B, \cdots)$ が $\hat{A}, \hat{B}$ の種々の関数を含む様子もおよそ想像されるだろう．

準備はこの辺で切り上げて，本来の観測の問題に帰ることにしよう．

c) 可換な観測量の組の同時確定

観測量の Abel 集合 $\mathfrak{M}=\{\hat{A}, \hat{B}, \cdots\}$ があって，どの元も有界で，どの2つの元も可換であるとしよう．

これから $\mathfrak{M}$ の元すべてが同時確定可能なことを証明したいのだが，この議論では $\mathfrak{M}$ の元は連続無限個あってもよい．事実，(a)項でしたようにスペクトル射影を観測量とみなせば，それは連続無限個ある．また，場の量子力学では時空座標という連続パラメーターに依存した観測量をあつかう．

さて，$\mathfrak{M}$ によって生成される von Neumann 代数 $\mathfrak{R}(\mathfrak{M})$ を考えるのだが，前項の命題によれば，これは $\mathfrak{M}$ の元 $\hat{A}, \hat{B}, \cdots$ のそれぞれのスペクトル射影の系によって生成されるとみてもよい：

$$\mathfrak{R}(\mathfrak{M}) = \mathfrak{R}(\hat{P}(s), 1-\hat{P}(t), \cdots) \tag{16. 6. 12}$$

ただし，前項と同様に s, t は $-\alpha \leqq s \leqq 0,\ 0 < t \leqq \alpha$ を動く，等々．ここに登場する射影演算子の全体を $\mathfrak{N}$ と記せば，これは Abel 的な連続無限集合である．

ところが，一般に，Hilbert 空間 H が可分なときには，その全体で定義された一様有界な演算子の無限集合のなかでは適当な可付番個が(強収束の意味で)すでに稠密なことが証明される(von Neumann の稠密性定理．証明は§16. A)．

いま Hilbert 空間は可分であるとしており，また射影演算子はどれもノルム1で有界だから，この定理により(16. 6. 12)は $\mathfrak{N}$ から選んだ可付番個 $\hat{\mathcal{P}}_1, \hat{\mathcal{P}}_2, \cdots$ で生成されるとしてよい：

$$\mathfrak{R}(\mathfrak{M}) = \mathfrak{R}(\hat{\mathcal{P}}_1, \hat{\mathcal{P}}_2, \cdots) \tag{16. 6. 13}$$

この $\hat{\mathcal{P}}_1, \hat{\mathcal{P}}_2, \cdots$ は $\mathfrak{N}$ の元なのだから，どれも射影演算子であって相互に可換である．一般に，可分な Hilbert 空間の上の Abel 的 von Neumann 代数は，常に(16. 6. 13)という簡単な組成をもつといってよい．

しかし，われわれが証明したいのは，さらに一歩を進めて $\mathfrak{R}(\mathfrak{M})$ がただ1つの有界・自己共役な演算子 $\hat{\Lambda}$ から生成されることである：

$$\mathfrak{R}(\mathfrak{M}) = \mathfrak{R}(\hat{\Lambda}) \tag{16. 6. 14}$$

これができれば $\mathfrak{M}$ の元はどれも $\hat{\Lambda}$ の多項式の弱極限ということになるので，つまりは $\hat{\Lambda}$ の関数といってよいだろう．その厳密な意味づけは(d), (e)項で行なう．このようにして1つの観測量 $\hat{\Lambda}$ の確定が $\mathfrak{M}$ のすべての観測量 $\hat{A}, \hat{B}, \cdots$ の確定を意味することになり，さらに，$\hat{A}$ の確定した状態の全体は，自己共役演算子について常にそうであるように，H の完全系をなすから，これで $\mathfrak{M}$ の元の同時確定可能性の証明になる！

von Neumann の例はおもしろい．1平面上 S: $0 \leqq x_1 \leqq a,\ 0 \leqq x_2 \leqq b$ なる矩形のなかを運動する質点を考えてみよというのである．質点の位置を表わす演算子 $\hat{x}_1, \hat{x}_2$ は有界・自己共役でいまの定式化に適っているが，その固有値 x_1, x_2 全体の集合は点 (x_1, x_2) が矩形 S を埋めつくすほどの濃度をもつ．2つの演算子 $\hat{x}_1$, $\hat{x}_2$ がただ1つの演算子 $\hat{A}$ の関数として表わしきれるとしたら，$\hat{A}$ の固有値はせいぜい1次元の λ 軸の有限区間を動くにすぎないので，どうしても矩形 S のすべての点が1次元的に並べきれるのでなければならない！ そんなことがあり得るだろうか？ あり得るのだ．実際，Peano 曲線([高木]，改訂第3版，pp. 468-469)が1つの実例をあたえる．

さて，(*16. 6. 13*)から(*16. 6. 14*)に考え及ぶところには，実は，なんの奇異もない．(*16. 6. 13*)の $\{\hat{\mathcal{P}}_1, \hat{\mathcal{P}}_2, \cdots\}$ なる射影演算子系を適当に組み直して射影演算子の単調列†

$$\cdots < \hat{E}_4 < \hat{E}_2 < \hat{E}_5 < \hat{E}_1 < \hat{E}_6 < \hat{E}_3 < \hat{E}_7 < \cdots \qquad (16.6.15)$$

をつくり，これをスペクトル射影にもつ演算子を $\hat{A}$ とよぶまでの話である．その $\hat{A}$ から $\{\hat{E}_l\}$ が復元できるのは前項に示した命題による．そして $\{\hat{E}_l\}$ から $\{\hat{\mathcal{P}}_k\}$ に戻れることは，以下に説明する $\{\hat{E}_l\}$ の構成法から知れる．

この列(*16. 6. 15*)の番号順は奇異である．急いで，その射影演算子の単調列の構成を見ていただこう．まず，

$$\hat{E}_1 = \hat{\mathcal{P}}_1$$

とおく．次に $\hat{\mathcal{P}}_2$ をとって

$$\hat{E}_2 = \hat{\mathcal{P}}_2\hat{\mathcal{P}}_1, \qquad \hat{E}_3 = \hat{\mathcal{P}}_1 + \hat{\mathcal{P}}_2 - \hat{\mathcal{P}}_2\hat{\mathcal{P}}_1$$

をつくろう．その心は，一般に射影演算子の Abel 集合 $\{\hat{\mathcal{P}}_1, \hat{\mathcal{P}}_2, \cdots\}$ に対し，(i) $\hat{\mathcal{P}}_k{}^c \equiv 1 - \hat{\mathcal{P}}_k$, (ii) $\hat{\mathcal{P}}_k \cap \hat{\mathcal{P}}_l = \hat{\mathcal{P}}_k\hat{\mathcal{P}}_l$, (iii) $\hat{\mathcal{P}}_k \cup \hat{\mathcal{P}}_l = \hat{\mathcal{P}}_k + \hat{\mathcal{P}}_l - \hat{\mathcal{P}}_k\hat{\mathcal{P}}_l$, を定義してみるとわかる．これらが(もとの $\{\hat{\mathcal{P}}_k\}$ も含めて互いに可換な)射影演算子であって，平面上の点集合に対する，(i) 補集合，(ii) 共通部分，(iii) 合併，の算法

† $\hat{E}_k < \hat{E}_l$ とは，(*16. 3. 34*)にいう非減少性と同様に，$\hat{E}_k, \hat{E}_l$ による射影である部分空間 $\mathsf{N}_k, \mathsf{N}_l$ の包含関係 $\mathsf{N}_k \subset \mathsf{N}_l$ を意味する．N_k のベクトルはすべて N_l に含まれているということである．

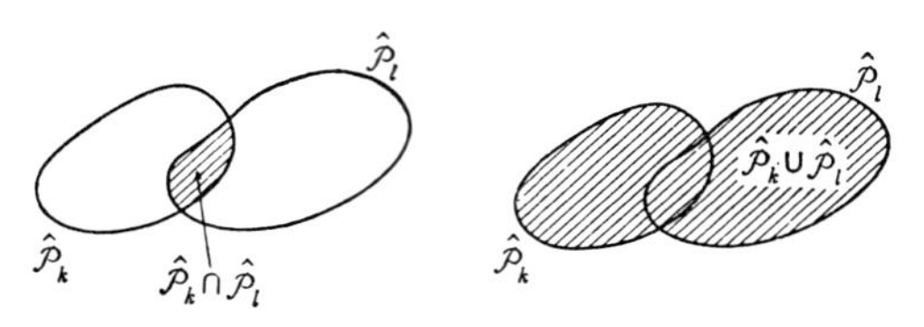

図 16.13　可換な射影演算子の算法 ∩, ∪ と集合算. $\hat{\mathcal{P}}_k \cap \hat{\mathcal{P}}_l$ は $\hat{\mathcal{P}}_k, \hat{\mathcal{P}}_l$ が射影する部分空間の共通部分への射影となる. $\hat{\mathcal{P}}_k \cup \hat{\mathcal{P}}_l$ は, それらの部分空間の合併への射影である

になぞらえて Venn 図でもって考えられるからである(図 16.13).

事実, (i)の $\hat{\mathcal{P}}_k{}^c$ は $\hat{\mathcal{P}}_k$ の射影なる部分空間 M_k の直交補空間 $\mathsf{M}_k{}^{\perp}$ への射影演算子であり, (ii)の $\hat{\mathcal{P}}_k \cap \hat{\mathcal{P}}_l$ は同様の記号で $\mathsf{M}_k \cap \mathsf{M}_l$ (どちらの部分空間にも属するベクトルの全体)への射影演算子になっている. (iii)は $\mathsf{M}_k \cup \mathsf{M}_l$ (少なくとも一方に属するベクトルの全体)にあたる.

Venn 図が示す包含関係は対応する部分空間の包含関係であり, したがって対応する射影演算子の大小関係になるので, 確かに所期の(*16.6.15*)のとおり

$$\hat{E}_2 < \hat{E}_1 < \hat{E}_3$$

になっていることがわかる.

なお, 集合 $\{\hat{\mathcal{P}}_k\}$ を算法(i), (ii), (iii)による結果もとりいれて $\{\hat{\mathcal{P}}_k, \hat{\mathcal{P}}_k{}^c, \hat{\mathcal{P}}_k \cap \hat{\mathcal{P}}_l, \hat{\mathcal{P}}_k \cup \hat{\mathcal{P}}_l\}$ に拡大すると, これがまた射影演算子の Abel 集合になるから, 上記の算法もこの上に拡大できる. そうしてみると, 点集合論でいう de Morgan の法則に相当して,

$$\hat{\mathcal{P}}_k \cup \hat{\mathcal{P}}_l = [\hat{\mathcal{P}}_k{}^c \cap \hat{\mathcal{P}}_l{}^c]^c$$

のなりたっていることがわかる:

$$[\hat{\mathcal{P}}_k{}^c \cap \hat{\mathcal{P}}_l{}^c]^c = [(1-\hat{\mathcal{P}}_k)(1-\hat{\mathcal{P}}_l)]^c = [1-(\hat{\mathcal{P}}_k+\hat{\mathcal{P}}_l-\hat{\mathcal{P}}_k\hat{\mathcal{P}}_l)]^c$$

算法(iii)は(i), (ii)に比べて複雑な形をしているが, こうした計算から定めたとみてもよい. しかし, それよりも Venn 図で考えたほうがてっとりばやいだろう. 図式的にいって, $\hat{\mathcal{P}}_k \cup \hat{\mathcal{P}}_l$ をつくるのに $\hat{\mathcal{P}}_k+\hat{\mathcal{P}}_l$ とすると $\hat{\mathcal{P}}_k$ と $\hat{\mathcal{P}}_l$ の重なりだけ 2 重にとりこむので $\hat{\mathcal{P}}_k\hat{\mathcal{P}}_l$ を 1 つ引いておくと考えるのである.

これだけ準備をすれば, 次に $\hat{\mathcal{P}}_3$ をとって $\hat{E}_4, \hat{E}_5, \hat{E}_6, \hat{E}_7$ をつくる仕方は, 図 16.14 を見ていただくだけで明瞭であろう. ここには $\hat{\mathcal{P}}_1=\hat{E}_1$ から始めて $\hat{E}_2, \hat{E}_3$

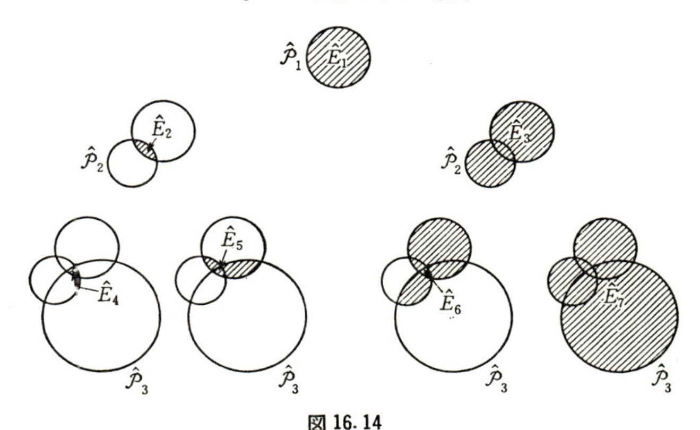

図 16.14

をつくる段階もあわせて描いてある．$\hat{E}_1$ から $\{\hat{E}_2, \hat{E}_3\}$ なる双子が生まれ，$\hat{E}_2$ から $\{\hat{E}_4, \hat{E}_5\}$ が生まれ，……，という増殖ぶりに注意してほしい．式で書けば，

$$\hat{E}_4 = \hat{\mathcal{P}}_3\hat{E}_2, \qquad \hat{E}_5 = \hat{E}_2+\hat{\mathcal{P}}_3(\hat{E}_1-\hat{E}_2)$$
$$\hat{E}_6 = \hat{E}_1+\hat{\mathcal{P}}_3(\hat{E}_3-\hat{E}_1), \qquad \hat{E}_7 = \hat{E}_3+\hat{\mathcal{P}}_3(1-\hat{E}_3)$$

となる．これらが(*16.6.15*)の順序に従っていることは，もはや，いうまでもない．

この増殖過程がいくらでも続けられることも明らかである．

$\{\hat{\mathcal{P}}_k\}$ を $\{\hat{E}_l\}$ で書くという前にいった問題も Venn 図を頼りに解くことができて，

$$\hat{\mathcal{P}}_1 = \hat{E}_1, \qquad \hat{\mathcal{P}}_2 = \hat{E}_2+\hat{E}_3-\hat{E}_1$$
$$\hat{\mathcal{P}}_3 = \hat{E}_4+\hat{E}_5+\hat{E}_6+\hat{E}_7-\hat{E}_1-\hat{E}_2-\hat{E}_3$$

これも以下同様に進む．

こうして，$\{\hat{\mathcal{P}}_1, \hat{\mathcal{P}}_2, \cdots\}$ から射影演算子の単調列(*16.6.15*)をつくる問題は解決した．次に，これを実 λ 軸上の区間列に割り振ってスペクトル射影 $\hat{E}(\lambda)$ に仕立て上げれば，そもそもの目的であった**演算子 $\hat{A}$ の組上げ**ができることになる．それには Cantor の 3 進集合の手法を用いるとよい．いま $\hat{A}$ のスペクトルを λ 軸上の $I=[-1, 0)$ にのせるとしよう．Cantor の手法というのは，まず I を 3 等分して中央の半開区間 $[-2/3, -1/3)$ を I_1 とし，左右に残った区間を次にまた 3 等分して，それぞれの中央の半開区間に左から右に番号をつけ $[-8/9, -7/9)=I_2$, $[-2/9, -1/9)=I_3$ とする．これを続けてゆくと，取残し $I-\bigcup_l I_l$ が遂には

Lebesgue 測度 0 になるのである．$\{I_l\}$ の増殖ぶりが前に見た $\{\hat{E}_l\}$ のそれと軌を一にしていること，また λ 軸上に $\{I_l\}$ の並ぶ順序が左から右に $\{\hat{E}_l\}$ の増大の順序 (*16. 6. 15*) に一致することとの 2 つに注意してほしい．そこで，

$$\lambda \in I_l \quad \text{に対し} \qquad \hat{E}(\lambda) \equiv \hat{E}_l \qquad (l = 1, 2, \cdots)$$

とおくと (図 16. 15)，λ 軸上 $\bigcup_{l=1}^{\infty} I_l$ の各点に射影演算子 $\hat{E}(\lambda)$ が定まり，しかも

$$\left.\begin{array}{lll} \text{非減少性:} & \hat{E}(\lambda') \leqq \hat{E}(\lambda) & (\lambda' \leqq \lambda) \\ \text{右連続性:} & \hat{E}(\lambda) = \hat{E}(\lambda+0) & \end{array}\right\} \qquad (16.\ 6.\ 16)$$

がなりたつことになる．どの I_l にも属さない点 λ_1 については，右連続性がなりたつように $\hat{E}(\lambda_1)$ を定めよう．すなわち，その λ_1 に単調減少しつつ収束してゆく $\bigcup_{l=1}^{\infty} I_l$ の点列 $\{\mu_j\}$ があるから，対応する $\{\hat{E}(\mu_j)\}$ を考える．これは射影演算子の単調減少かつ下に有界な列なので，強極限 $\lim_{j\to\infty} \hat{E}(\mu_j)$ をもつから，それを $\equiv \hat{E}(\lambda_1)$ とおけば，右連続性のみならず非減少性も同時にみたされる．こうして，$I = [-1, 0)$ 上の各点 λ に (*16. 6. 16*) を満足する射影演算子が定まった．

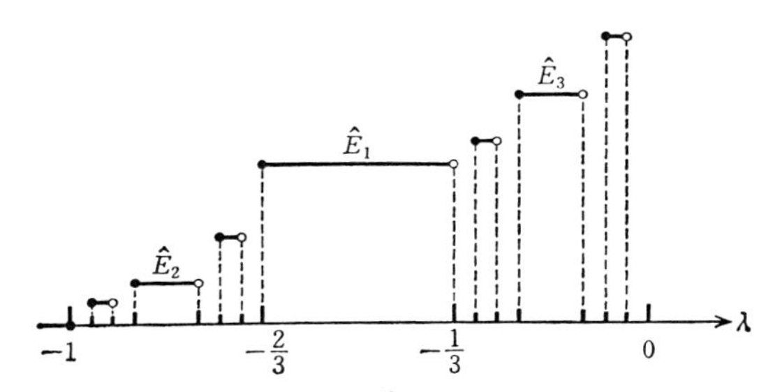

図 16. 15　射影演算子 $\{\hat{E}_l\}$ の λ 軸上への割りふり．射影の大小を模式的に高さで表わしてある

最後に，

$$\left.\begin{array}{lll} \lambda < -1 & \text{に対し} & \hat{E}(\lambda) = 0 \\ \lambda \geqq 0 & \text{に対し} & \hat{E}(\lambda) = 1 \end{array}\right\} \qquad (16.\ 6.\ 17)$$

と定義をする．これで $\{\hat{E}(\lambda)\}_{-\infty<\lambda<\infty}$ は境界条件を含めてスペクトル射影の条件をすべてみたす！　これを用いて

$$\hat{\Lambda} = \int_{-1}^{0} \lambda d\hat{E}(\lambda) \qquad (16.\ 6.\ 18)$$

をつくると，これが求めていた自己共役演算子 $\hat{\Lambda}$ である．積分限界は (*16. 6. 17*)

によるもので，

$$\|\hat{\Lambda}\| = 1 \tag{16. 6. 19}$$

となる．

これで，(16. 6. 14)にいう $\mathfrak{R}(\mathfrak{M})=\mathfrak{R}(\hat{\Lambda})$ の証明もできたことになる．$\hat{\Lambda}$ から(16. 6. 13)の $\hat{\mathcal{P}}_1, \hat{\mathcal{P}}_2, \cdots$ に戻れることは，(16. 6. 15)の下に説明したとおりだからである．実に，その際，(b)項で証明した命題を援用する必要があり，それが可能なように上の構成では $\hat{\Lambda}$ のスペクトルを $\lambda\leqq 0$ に限っておいたわけであった．

われわれの本当の目標は，この項のはじめにも述べたとおり，可換かつ有界な観測量の集合 $\mathfrak{M}$ につき，そのどの元も $\hat{\Lambda}$ ひとつの関数で表わせるという定理を証明することにある．

その証明も，いまや九分どおりできたといってよい．前にも注意したように，いまの成果 $\mathfrak{R}(\mathfrak{M})=\mathfrak{R}(\hat{\Lambda})$ は $\mathfrak{M}$ のどの元も $\hat{\Lambda}$ の多項式の弱極限として表わせることにほかならないからである．次の2項をつかって証明を完結させよう．

d)　2重可換子代数の定理

はじめに1つの概念を定義する．(Hilbert 空間 H 全体で定義された)有界演算子の集合 $\mathfrak{B}=\{\hat{B}, \hat{C}, \cdots\}$ の**可換子代数**(commutant) $\mathfrak{B}'$ とは，$\mathfrak{B}$ のどの元とも可換な有界演算子の全体のことである：

$$\mathfrak{B}' = \{\hat{X}\text{: 有界演算子，}\ [\hat{X}, \hat{B}]=0,\ \ \forall\hat{B}\in\mathfrak{B}\} \tag{16. 6. 20}$$

これが複素数を係数体とする代数をなすことは明らかであろう．

$\mathfrak{B}'$ がまた有界演算子の集合だから，$(\mathfrak{B}')'$ が考えられる．これを $\mathfrak{B}''$ と記して $\mathfrak{B}$ の**2重可換子代数**(double commutant)とよぶ．

さて，多数の観測量の同時測定可能性に関して前項でやりかけた証明を完成させるには，次の2つの事実によればよい：

第1
$$\mathfrak{R}(\hat{\Lambda}) = \{\hat{\Lambda}\}'' \tag{16. 6. 21}$$

第2　有界な演算子 $\hat{T}$ が有界かつ自己共役な演算子 $\hat{\Lambda}$ の関数であるための必要十分条件は，

$$\hat{T}\in\{\hat{\Lambda}\}'' \tag{16. 6. 22}$$

である．Hilbert 空間 H は可分としている(**2重可換子代数の定理**)．

実際，この第1の事実に前項で証明した(16. 6. 14)を合わせると

$$\mathfrak{R}(\mathfrak{M}) = \mathfrak{R}(\hat{\Lambda}) = \{\hat{\Lambda}\}'' \tag{16. 6. 23}$$

が知れるから，$\mathfrak{R}(\mathfrak{M})$ の任意の元 $\hat{A}, \hat{B}, \cdots$ は $\{\hat{\Lambda}\}''$ に属することがわかり，第2の事実によって，そのどれもが $\hat{\Lambda}$ の関数といえる！

こうして問題は上の2つの事実の証明に帰着した．その証明に入る前に，しかし，可換子代数の簡単な性質を導いておこう．$\mathfrak{B}$ の元は $\mathfrak{B}'$ のどの元とも可換(象徴的に $[\mathfrak{B}, \mathfrak{B}']=0$ と書き表わす)だから，集合の関係として常に

$$\mathfrak{B}'' \supset \mathfrak{B} \qquad (16.6.24)$$

がなりたつ．次に $\mathfrak{B}'''=(\mathfrak{B}'')'$ を考えてみよう．(16.6.24)から $[\mathfrak{B}'', \hat{X}]=0 \Longrightarrow [\mathfrak{B}, \hat{X}]=0$ だから $\mathfrak{B}''' \subset \mathfrak{B}'$．他方，再び(16.6.24)から $\mathfrak{B}'''=(\mathfrak{B}')'' \supset \mathfrak{B}'$ でもあるので，

$$\mathfrak{B}''' = \mathfrak{B}' \qquad (16.6.25)$$

もなりたつ．ついでながら，またも(16.6.24)により

$$\mathfrak{B}'' = \mathfrak{B}' \Longrightarrow \mathfrak{B} \subset \mathfrak{B}' \quad \text{すなわち} \quad \mathfrak{B} \text{ は Abel 集合} \qquad (16.6.26)$$

がいえる．このことは後に(f)項で用いる．(16.6.21)に(16.6.25)を使えば

$$\mathfrak{R}'' = \mathfrak{R}$$

となるが，これは実はどんな von Neumann 代数に対しても——つまり非可換の場合にも——常になりたつ特質であって，これをその定義とすることもある．

1つの有界・自己共役演算子 $\hat{\Lambda}$ から生成された **von Neumann 代数と2重可換子代数の関係**を示す上記の第1の事実を検証するために，まず $\mathfrak{R}(\hat{\Lambda}) \subset \{\hat{\Lambda}\}''$ を示そう．$\{\hat{\Lambda}\}''$ が $\hat{\Lambda}$ の多項式をすべて含んで＊代数をなすことは明らかだから，これが弱収束に関して閉じていることを確かめれば十分である．いま，$\{\hat{\Lambda}\}''$ の元で弱収束する列 $\{\hat{A}_\nu\}_{\nu=1,2,\cdots}$ があるとしよう：

$$\lim_{\nu\to\infty} \langle \chi, \hat{A}_\nu \psi \rangle = \langle \chi, \hat{A}\psi \rangle, \qquad \forall \chi, \psi \in \mathsf{H}$$

その極限の $\hat{A}$ が $\{\hat{\Lambda}\}''$ に属することをいえばよいのだから，任意に $\hat{B} \in \{\hat{\Lambda}\}'$ をとり，上式の ψ を $\hat{B}\psi$ にかえた式と，χ を $\hat{B}^*\chi$ にかえて得る式

$$\lim_{\nu\to\infty} \langle \chi, \hat{A}_\nu \hat{B}\psi \rangle = \langle \chi, \hat{A}\hat{B}\psi \rangle, \qquad \lim_{\nu\to\infty} \langle \chi, \hat{B}\hat{A}_\nu \psi \rangle = \langle \chi, \hat{B}\hat{A}\psi \rangle$$

を比較する．$\hat{B} \in \{\hat{\Lambda}\}'$, $\hat{A}_\nu \in \{\hat{\Lambda}\}''$ により左辺同士は等しいことになるから，

$$\langle \chi, [\hat{A}, \hat{B}]\psi \rangle = 0, \qquad \forall \hat{B} \in \{\hat{\Lambda}\}'$$

が任意の $\chi, \psi \in \mathsf{H}$ でなりたつ．特に $\chi=[\hat{A}^*, \hat{B}^*]\psi$ を代入すると

$$\|[\hat{A}, \hat{B}]\psi\|^2 = 0$$

が任意の $\psi \in \mathsf{H}$ でなりたつことがわかり，

$$[\hat{A}, \hat{B}] = 0, \quad \forall \hat{B} \in \{\hat{\Lambda}\}' \quad すなわち \quad \hat{A} \in \{\hat{\Lambda}\}''$$

この $\hat{A}$ は $\{\hat{\Lambda}\}''$ の任意の列の弱極限だったから，$\{\hat{\Lambda}\}'' \supset \mathfrak{R}(\hat{\Lambda})$ が証明された.

次に反対むきの包含関係 $\{\hat{\Lambda}\}'' \subset \mathfrak{R}(\hat{\Lambda})$ を示すため，任意の $\hat{T} \in \{\hat{\Lambda}\}''$ につき，個々の $\psi \in \mathsf{H}$ においてなら $\hat{\Lambda}$ の適当な多項式の列 $\{K_\nu^{(\psi)}(\hat{\Lambda})\}_{\nu=1,2,\cdots}$ を選んで

$$\lim_{\nu\to\infty} K_\nu^{(\psi)}(\hat{\Lambda})\psi = \hat{T}\psi$$

にできることを，まず証明しよう．いま，ベクトル $\psi, \hat{\Lambda}\psi, \hat{\Lambda}^2\psi, \cdots$ が張る閉部分空間を $\mathsf{M}(\hat{\Lambda}, \psi) \equiv \mathsf{M}$ とし，M 上への射影演算子を $\hat{P}_\mathsf{M}$ と記す．もちろん，

$$[\hat{P}_\mathsf{M}, \hat{\Lambda}] = 0 \quad すなわち \quad \hat{P}_\mathsf{M} \in \{\hat{\Lambda}\}'$$

したがって仮定 $\hat{T} \in \{\hat{\Lambda}\}''$ から $[\hat{P}_\mathsf{M}, \hat{T}]=0$ となり，

$$\hat{T}\psi = \hat{T}\hat{P}_\mathsf{M}\psi = \hat{P}_\mathsf{M}(\hat{T}\psi) \in \mathsf{M}$$

が知れる．M は閉部分空間だから，$\hat{T}\psi \in \mathsf{M}$ とは $\hat{T}\psi$ が $\psi, \hat{\Lambda}\psi, \hat{\Lambda}^2\psi, \cdots$ の線形結合の強極限になっていることにほかならず，つまり所要の多項式 $K_\nu^{(\psi)}(\hat{\Lambda})$ の存在を示す.

その多項式の列は ψ に無関係にとれる.

その証明をするために，ベクトル列 $\{\psi_1, \psi_2, \cdots\} \equiv \{\psi_k\}$ の集合を考えよう．それらに対して

ベクトル算:　$\alpha\{\psi_k\} + \beta\{\varphi_k\} = \{\alpha\psi_k + \beta\varphi_k\}$

内　　積:　$\langle\{\psi_k\}, \{\varphi_k\}\rangle = \sum_{k=1}^{\infty} g_k \langle\psi_k, \varphi_k\rangle$

を定義すると

$$\|\{\psi_k\}\|^2 = \langle\{\psi_k\}, \{\psi_k\}\rangle < \infty$$

なる $\{\psi_k\}$ の全体が §16.2 に掲げた公理をみたし，新しい Hilbert 空間をなす．ただし，$\{g_k\}$ は

$$g_k > 0, \qquad \sum_{k=1}^{\infty} g_k < \infty$$

なる定数の列とする．この Hilbert 空間を，重み $\{g_k\}$ による H の直和という.

いま，問題の $\hat{T}$ を用いて，この直和空間における演算子

$$\tilde{T}\{\psi_1, \psi_2, \cdots\} = \{\hat{T}\psi_1, \hat{T}\psi_2, \cdots\}$$

を考えよう．Hでの $\hat{T}$ の有界性から $\tilde{T}$ は直和空間全体で定義され，もちろん線形である．$\hat{\Lambda}$ についても同様にすると $\tilde{T}\in\{\tilde{\Lambda}\}''$ となるので，上の結果が輸入できて

$$\lim_{\nu\to\infty} K_\nu^{\{\psi_k\}}(\tilde{\Lambda})\{\psi_k\} = \tilde{T}\{\psi_k\}$$

なる多項式 $K_\nu^{\{\psi_k\}}$ の列が $\{\psi_k\}$ ごとに存在することがわかる．ところが，$\{\psi_k\}$ の成分ごとに見ると，これは

$$\left.\begin{aligned} &\lim_{\nu\to\infty} K_\nu^{\{\psi_k\}}(\hat{\Lambda})\psi_1 = \hat{T}\psi_1 \\ &\lim_{\nu\to\infty} K_\nu^{\{\psi_k\}}(\hat{\Lambda})\psi_2 = \hat{T}\psi_2 \\ &\cdots\cdots\cdots\cdots\cdots\cdots \end{aligned}\right\} \qquad (16.6.27)$$

にほかならず，異なる $\psi_1, \psi_2, \cdots\in$ H においても同一の多項式列が所要の働きをすることを示す．

いまHは可分としているから，可算個の正規直交基底 $\{u_l\}_{l=1,2,\cdots}$ がとれ，その有限個の線形結合が稠密である．これは上記の可算個のベクトル $\psi_1, \psi_2, \cdots\in$ H がHで稠密にとれるということであって，(16.6.27)は $\hat{T}$ の有界性によりH全体におしひろめられることになる．よって，K_ν につけた肩符 $\{\psi_k\}$ は省略して

$$\text{s-}\lim_{\nu\to\infty} K_\nu(\hat{\Lambda}) = \hat{T} \qquad (16.6.28)$$

強極限はまた弱極限でもあるから $\hat{T}\in\mathfrak{R}(\hat{\Lambda})$．これで $\{\hat{\Lambda}\}''\subset\mathfrak{R}(\hat{\Lambda})$ が示され，最初にいった第1の事実(16.6.21)の証明も終わったことになる．

第2の事実，つまり2重可換子代数の定理を証明するためには，$\hat{T}$ が $\hat{\Lambda}$ の関数であるという意味に関して注釈がいる．その意味は，$f(\lambda)$ が実変数 λ の連続関数の場合について§16.3(h)で定めたが，いま，それでは足りない．

拡張した関数の定義は次項であたえる．定理の“必要”の部分の証明は，その後のこととしなければならない．ここでは上の議論をうけて“十分”の部分の証明を目標にして考察を進め，拡張の必要にぶつかるところまでいってみよう．

まず，上の多項式列 $\{K_\nu(\lambda)\}$ が(次に述べる意味で)1つの関数に収束することを示そう．事実，(16.6.28)はベクトル列 $\{K_\nu(\hat{\Lambda})\chi\}$，$\chi\in$ H の強収束であるから，

$\hat{\varLambda}$ のスペクトル分解(*16. 6. 18*)を用いて書き下せば，次のようになる：

$$\int_I |K_\nu(\lambda)-K_{\nu'}(\lambda)|^2 d\|\hat{E}(\lambda)\chi\|^2 \underset{\nu,\nu'\to\infty}{\longrightarrow} 0 \qquad (16.6.29)$$

ただし $\hat{\varLambda}$ のスペクトルを含む区間 $[-1,0)$ を I と記した．この(*16. 6. 29*)を関数列 $\{K_\nu(\lambda)\}$ の収束の定義としたい．しかし，その定義は χ ごとに異なる内容となるのではないか？ その心配は消すことができる．可分な Hilbert 空間においては，すぐ下に証明するとおり，特別な χ をとれば λ 軸上の点集合 $\varDelta$ につき

$$\int_\varDelta d\|\hat{E}(\lambda)\chi\|^2 = 0 \text{ なる } \varDelta \text{ では常に } \quad \int_\varDelta d\|\hat{E}(\lambda)\psi\|^2 = 0, \quad \forall\psi \in \mathsf{H} \qquad (16.6.30)$$

がなりたつようにできて，これは，λ 軸上において，測度

$$d\mu_\chi(\lambda) = d\|\hat{E}(\lambda)\chi\|^2$$

で見て測度 0 の集合が，任意の $\psi \in \mathsf{H}$ に対し同様に定めた $d\mu_\psi(\lambda)$ で見ても測度 0 となることにほかならず，Radon-Nykodym の定理([伊藤], p. 130) により μ_χ 可積分な $\rho(\lambda)$ を用いて $d\mu_\psi(\lambda)=\rho(\lambda)d\mu_\chi(\lambda)$ と書けることになる．多項式の列 $\{K_\nu(\lambda)\}$ は(*16. 6. 29*)により $d\mu_\chi$ に関して L^2 収束するが，その極限を $f(\lambda)$ と書けば，$d\mu_\chi$ に関しほとんど到るところ($d\mu_\chi$-a. e.)で $f(\lambda)$ に収束する部分列 $\{K_{\nu_i}(\lambda)\}$ をもつ([加藤], p. 115)．上の結果から，その部分列は任意の ψ につき $d\mu_\psi$-a. e. で同じ $f(\lambda)$ に収束することがわかる．

どの $\psi \in \mathsf{H}$ による $d\mu_\psi(\lambda)$ に関しても共通になりたつ命題は**演算子測度** $d\hat{E}(\lambda)$ に関してなりたつという．(*16. 6. 30*)をみたす χ をとれば，(*16. 6. 29*)は $d\hat{E}$-a. e. での収束で $f(\lambda)$ を定める．(*16. 6. 28*)により，$f(\lambda)$ は任意の ψ による $d\|\hat{E}(\lambda)\psi\|^2$ に関し 2 乗可積分である．すなわち，自明の記法で $f(\lambda) \in \mathsf{L}^2(I : d\hat{E})$．ただし $d\hat{E}(\lambda)=0$ のところでは $f(\lambda)$ の値が定まらない．それで不都合もないが，その値を 0 と約束するのがよい．この不定性を別にすれば，$f(\lambda)$ が $\hat{T}$ のみにより，列 $\{K_\nu(\lambda)\}$ の選び方によらないことは，$K_\nu(\hat{\varLambda}) \xrightarrow{s} \hat{T}$ から知れるとおりである．

(*16. 6. 30*)の証明をしよう．H は可分としているから，上にも述べたとおり可算個のベクトルの集合 $\{\phi_i\}_{i=1,2,\cdots}$ で H において稠密なものがとれる．もし $\phi^{(1)} \equiv \phi_1$ につき閉部分空間 $\mathsf{M}_1 \equiv \mathsf{M}(\hat{\varLambda}, \phi^{(1)})$ が H に一致したら $\chi=\phi^{(1)}$ とするが，そうならなければ，M_1 への射影演算子を $\hat{P}_1$ として $\phi^{(2)} \equiv (1-\hat{P}_1)\phi_2$ に対し $\mathsf{M}_2 \equiv$

$\mathsf{M}(\hat{\Lambda}, \phi^{(2)})$ をつくり，以下同様にして $\phi^{(l)} \equiv (1-\hat{P}_1-\cdots-\hat{P}_{l-1})\phi_l$ と M_l ($l=1, 2, \cdots$) に進んで

$$\chi = \sum_l \gamma_l \phi^{(l)}, \qquad \text{ただし} \quad \gamma_l \neq 0, \ \sum_l |\gamma_l|^2 \|\phi^{(l)}\|^2 < \infty \tag{16.6.31}$$

とおくことにする．ここで

$$\langle \phi^{(1)}, \phi^{(2)} \rangle = \langle \hat{P}_1 \phi^{(1)}, (1-\hat{P}_1)\phi^{(2)} \rangle = \langle \phi^{(1)}, \hat{P}_1(1-\hat{P}_1)\phi^{(2)} \rangle = 0$$

と $\hat{P}_1 \in \{\hat{\Lambda}\}'$ とに注意すれば $\mathsf{M}_1 \perp \mathsf{M}_2$ が知れる．一般に $\mathsf{M}_l \perp \mathsf{M}_k$ ($l \neq k$) となっており，このことが上の $\|\chi\|^2 = \sum |\gamma_l|^2 \|\phi^{(l)}\|^2$ という計算に用いられている．さらに，任意の $\psi \in \mathsf{H}$ が，有限和 $\psi_n = Q_n(\hat{\Lambda})\chi$, $Q_n(\hat{\Lambda}) \equiv \sum_{k=0}^{n} \sum_{l=1}^{n} c_k \hat{\Lambda}^k \hat{P}_l$ ($c_k \in \mathsf{C}$) によりいくらでも良く近似できる．実際，$\phi_n \in \left(\sum_{l=1}^{n} \hat{P}_l\right)\mathsf{H}$ なので，(16.2.12) の事実から

$$\|\psi - \sum_{l=1}^{n} \hat{P}_l \psi\| \leqq \|\psi - \phi_n\|$$

ところが $\{\phi_i\}$ は稠密なので ψ に収束する部分列を含み，したがって右辺は n を大きくとれば任意に小さくできる．そして，その $\hat{P}_l \psi \in \mathsf{M}_l$ は，$\phi^{(l)} = \gamma_l^{-1} \hat{P}_l \chi$ を用いた有限和 $\sum_k c_k \hat{\Lambda}^k \phi^{(l)}$ でいくらでも良く近似できるのである．

さて，$\hat{P}_l \in \{\hat{\Lambda}\}'$ により $[\hat{E}(\lambda), \hat{P}_l] = 0$ だから，任意の $\lambda < \lambda'$ に対して

$$\begin{aligned} \mu_{\psi_n}(\lambda') - \mu_{\psi_n}(\lambda) &= \|Q_n(\hat{\Lambda})\{\hat{E}(\lambda') - \hat{E}(\lambda)\}\chi\|^2 \\ &\leqq \|Q_n(\hat{\Lambda})\|^2 \{\mu_\chi(\lambda') - \mu_\chi(\lambda)\} \end{aligned}$$

となるので，もし $\psi = \psi_n$ だったら (16.6.30) は明らかである．そこで，いま Δ を十分に小さい区間の系 D で覆えば，どんな $\psi \in \mathsf{H}$ においても

$$\begin{aligned} \int_D d\mu_\psi(\lambda) = &\int_D d\|\hat{E}(\lambda)(\psi - \psi_n)\|^2 + 2\,\mathrm{Re} \int_D d\langle \psi_n, \hat{E}(\lambda)(\psi - \psi_n) \rangle \\ &+ \int_D d\|\hat{E}(\lambda)\psi_n\|^2 \end{aligned}$$

の右辺第3項は任意の $\varepsilon > 0$ より小にできる．第1，第2項は，上述により n を大きくとれば ε より小さくできる．これで (16.6.30) は証明された．

以上の極限操作で構成した関数 $f(\lambda)$ に対して演算子 $f(\hat{\Lambda})$ が

$$f(\hat{\Lambda}) = \int_I f(\lambda)\, d\hat{E}(\lambda) \tag{16.6.32}$$

のようにして作れるなら，$f(\hat{\Lambda}) = \hat{T}$ となって2重可換子代数の定理の“十分”の

部分がいえるだろう．しかし，§16.3(h)で行なった積分の定義では，$f(\lambda)$ は連続関数に限られていた．今度の $f(\lambda)$ は L^2 収束で定めたものなので，連続という保証がない．観測量の関数という概念を拡張する必要にであうだろうと最初に予告したのは，このことであった．

われわれは，項をあらためて(16.6.32)の積分に意味づけすることを考えよう．

e) 1つの観測量の関数

2重可換子代数の定理にいう観測量の関数なるものの定義を明確にしよう．それは，積分(16.6.32)の意味を定めることである．$f(\lambda)$ に対しては，演算子測度 $d\hat{E}(\lambda)$ に関して2乗可積分という前節で見た事実を前提する．すなわち，

$$\int_I |f(\lambda)|^2 d\|\hat{E}(\lambda)\psi\|^2 < \infty, \qquad \forall\psi\in \mathrm{H} \tag{16.6.33}$$

いうまでもなく，$\hat{E}(\lambda)$ は演算子 $\hat{A}$ のスペクトル射影，I は $\hat{A}$ のスペクトルを覆う有界区間である．

積分(16.6.32)の意味を定めるための第1段として，$n>0$ をとり，

$$f_n(\lambda) = \begin{cases} f(\lambda) & (|f(\lambda)|\leqq n \text{ のとき}) \\ 0 & (|f(\lambda)|>n \text{ のとき}) \end{cases}$$

なる関数を考えよう．その心は間もなく明らかになる．全測度 $\int d\|\hat{E}(\lambda)\chi\|^2=\|\chi\|^2$ は有限だから，Schwarz の不等式により $f(\lambda)$ は演算子測度 $d\hat{E}(\lambda)$ に関して L^1 でもあり，したがって $f_n(\lambda)$ も同様で，

$$\int_I f_n(\lambda)\, d\langle\chi, \hat{E}(\lambda)\chi\rangle$$

は $\forall\chi\in\mathrm{H}$ で意味をもつ．ところが，任意の $\chi, \psi\in\mathrm{H}$ に対して

$$\langle\chi, \hat{E}(\lambda)\psi\rangle = \frac{1}{4}[\langle\chi+\psi, \hat{E}(\lambda)(\chi+\psi)\rangle-\langle\chi-\psi, \hat{E}(\lambda)(\chi-\psi)\rangle$$
$$+i\langle i\chi+\psi, \hat{E}(\lambda)(i\chi+\psi)\rangle-i\langle i\chi-\psi, \hat{E}(\lambda)(i\chi-\psi)\rangle] \tag{16.6.34}$$

が書けるので，上の積分の線形結合として

$$\Phi_\psi{}^*[\chi] \equiv \int_I f_n(\lambda)\, d\langle\chi, \hat{E}(\lambda)\psi\rangle, \qquad \forall\chi, \psi\in\mathrm{H} \tag{16.6.35}$$

が計算され，$\Phi_\psi[\chi]$ は χ を変数とする線形汎関数を定める．

しかも，$f(\lambda)$ に対して行なった切捨てのおかげで，

$$|\Phi_\psi[\psi]| \leqq \int_I |f_n(\lambda)|\,d\langle\psi, \hat{E}(\lambda)\psi\rangle \leqq n\|\psi\|^2 \qquad (16.6.36)$$

また，$u \in \mathsf{H}$, $\|u\|=1$ に対して，(16.6.34) の右辺の各項からの寄与の総和として

$$|\Phi_\psi[u]| \leqq \frac{1}{4}\{|\Phi_{\psi+u}[\psi+u]|+\cdots+|\Phi_{i\psi-u}[i\psi-u]|\}$$

も得られるから，(16.6.36) を用いれば

$$|\Phi_\psi[u]| \leqq n\{\|\psi\|^2+1\} \qquad (\equiv C_\psi \text{ とおく})$$

が知れる．もし $f(\lambda)$ の切捨てを行なっていなかったら，ここで u に無関係な評価を得ることは難しかっただろう．この評価式に $u=\chi/\|\chi\|$ を代入すれば，

$$|\Phi_\psi[\chi]| \leqq C_\psi\|\chi\|$$

を得る．これは線形汎関数 Φ_ψ が有界なことを示す！

Hilbert 空間において有界な線形汎関数が内積の形に一意的に表わされることは，前にも用いた (Riesz の定理)．すなわち，Φ_ψ に対して $\varphi \in \mathsf{H}$ が一意に定まり，

$$\Phi_\psi[\chi] = \langle\varphi, \chi\rangle$$

となるのである．この対応 $\Phi_\psi \longmapsto \varphi$ は，とりも直さず勝手な $\psi \in \mathsf{H}$ にたいして対応 $\psi \longmapsto \varphi$ を定める．これを，$f(\lambda)$ の切捨てを思い出して $\varphi=\hat{T}_n\psi$ と書こう．(16.6.35) にもどれば，

$$\langle\chi, \hat{T}_n\psi\rangle = \int_I f_n(\lambda)\,d\langle\chi, \hat{E}(\lambda)\psi\rangle \qquad (16.6.37)$$

演算子 $\hat{T}_n$ は全空間 H で定義されている．これが線形なことは，(16.6.37) で ψ を $\alpha_1\psi_1+\alpha_2\psi_2$ でおきかえたものが，一方において $\Phi_{\alpha_1\psi_1+\alpha_2\psi_2}{}^*$ なる線形汎関数になって $\hat{T}_n(\alpha_1\psi_1+\alpha_2\psi_2)$ に対応し，他方，右辺の線形性から $\alpha_1\Phi_{\psi_1}{}^*[\chi]+\alpha_2\Phi_{\psi_2}{}^*[\chi]=\langle\chi, \alpha_1\hat{T}_n\psi_1+\alpha_2\hat{T}_n\psi_2\rangle$ とも書けることからわかる．汎関数からベクトルへの対応は一意的だからである．

この演算子は有界でもある．実際，(16.6.37) に $\chi=\hat{E}(\mu)\psi$ を代入すると，$\lambda \geqq \mu$ では $\hat{E}(\mu)\hat{E}(\lambda)=\hat{E}(\mu)$ だから，

$$\langle\hat{E}(\mu)\psi, \hat{T}_n\psi\rangle = \int_{-1}^{\mu} f_n(\lambda)\,d\langle\psi, \hat{E}(\lambda)\psi\rangle$$

となり，これを用いて

$$\langle \hat{T}_n\psi, \hat{T}_n\psi\rangle = \int_I f_n{}^*(\mu)\, d\langle \hat{E}(\mu)\psi, \hat{T}_n\psi\rangle$$
$$= \int_I |f_n(\mu)|^2 d\langle \psi, \hat{E}(\mu)\psi\rangle \qquad (16.6.38)$$

のように計算ができるから $\|\hat{T}_n\| \leqq n$ が知れる.

こうして, (16.6.37)により $\mathrm{D}(\hat{T}_n)=\mathrm{H}$ なる有界・線形演算子 $\hat{T}_n$ の定まることがわかった. この事情を象徴的に

$$\hat{T}_n = \int_I f_n(\lambda)\, d\hat{E}(\lambda) \qquad (16.6.39)$$

と書くことにしよう. (16.6.32)の $f(\lambda)$ が有界であったら, これで積分の意味づけができたことになる.

そこで $n\to\infty$ とすることを考えよう. (16.6.33)のもとでは, 勝手な $\psi\in\mathrm{H}$ に対し $\{\hat{T}_n\psi\}_{n=1,2,\cdots}$ が Cauchy 列をなすから, $n\to\infty$ の極限を積分(16.6.32)の定義とするのである. $\{\hat{T}_n\psi\}$ が Cauchy 列をなすことは, 作り方からいって $\hat{T}_n-\hat{T}_m$ には $f_n(\lambda)-f_m(\lambda)$ が対応することに注意し, (16.6.38)を用いればわかる.

$$\|(\hat{T}_n-\hat{T}_m)\psi\|^2 = \int_I |f_n(\lambda)-f_m(\lambda)|^2 d\langle \psi, \hat{E}(\lambda)\psi\rangle$$

の右辺が, (16.6.33)により $n, m\to\infty$ で 0 にゆくからである.

$f(\lambda)$ として前項の関数を用いるなら, 再び(16.6.38)と同様な計算により

$$\|(\hat{T}_n-\hat{T})\psi\| \leqq \|\{\hat{T}_n-K_\nu(\hat{A})\}\psi\|+\|\{K_\nu(\hat{A})-\hat{T}\}\psi\|$$

の右辺が $n, \nu\to\infty$ で 0 にゆくことがわかり, 上記の極限が実際に前項における出発点の演算子 $\hat{T}$ に等しいことが確かめられる:

$$\hat{T} = \int_I f(\lambda)\, d\hat{E}(\lambda) \qquad (16.6.40)$$

なお, (16.6.37)の左辺は $\langle \chi, \hat{T}\psi\rangle$ に収束するから, 右辺も収束して,

$$\langle \chi, \hat{T}\psi\rangle = \int_I f(\lambda)\, d\langle \chi, \hat{E}(\lambda)\psi\rangle, \qquad \forall\chi, \psi\in\mathrm{H} \qquad (16.6.41)$$

がなりたつ. これが(16.6.40)の実質的な内容である. 演算子としての積分が定義されていない以上, (16.6.40)は象徴の意味しかもたない. $\hat{E}(\lambda)$ が演算子 $\hat{A}$ のスペクトル射影だから, (16.6.40)の積分を $f(\hat{A})$ と書く.

こうして観測量の関数の定義が定まり，同時に2重可換子代数の定理の“十分”の部分の証明が完結した．“必要”の部分も，もはや明らかであろう．

実は，$\hat{T}$ の有界性を使うと，前項の関数 $f(\lambda)$ が演算子測度 $d\hat{E}(\lambda)$ に関してほとんど到るところ有界なことをあらかじめ証明することもできる．それをしておけば，積分(*16. 6. 40*)の構成は簡単化されるわけである．

一般に(*16. 6. 33*)をみたす $f(\lambda)$ に対し有界・自己共役演算子 $\hat{\Lambda}$ の関数 $f(\hat{\Lambda})$ を，上述の積分(*16. 6. 40*)ないし(*16. 6. 41*)によって定義する．この演算子 $f(\hat{\Lambda})$ が全空間 H を定義域にもつことはいうまでもない．

$f(\lambda)$ を複素共役 $f^*(\lambda)$ でおきかえて上記の構成を行なうと，共役演算子 $\hat{T}^*$ が得られる．その証明は読者にまかせよう．$f(\lambda)$ が実数値関数の場合には $\hat{T}=\hat{T}^*$，すなわち $\hat{T}$ は自己共役になる．自己共役な演算子は閉じているが，“全空間で定義された閉演算子は有界”という定理([吉田, a], p. 61)があるので，$\hat{T}$ は有界でもある．もし $f(\lambda)$ が実数値でなかったら

$$f_+(\lambda)=\frac{1}{2}[f(\lambda)+f^*(\lambda)], \qquad f_-(\lambda)=\frac{1}{2i}[f(\lambda)-f^*(\lambda)]$$

を考えて，結局 $f(\hat{\Lambda})$ の有界性を得ることができる．

なお，一般に有界・自己共役演算子 $\hat{\Lambda}$ の関数 $f(\hat{\Lambda})$ というときには，(*16. 6. 33*)の積分がすべての $\psi\in$ H に対して存在することまでは要求しない．H で稠密な線形空間 D の上で積分が存在すると仮定すれば，上の構成法がほとんどそのまま流用できて $f(\hat{\Lambda})$ が (*16. 6. 40*)のように定まる．ただし，その定義域は D となるから，この式の ψ は D 上に制限しておかなければならない．

f) 極大観測量

相互に可換な観測量の適当な集合 $\mathfrak{M}=\{\hat{A}^{(\alpha)}, \hat{B}^{(\beta)}, \cdots\}$ について測定を行ない，そのすべての元の値を同時“確定”することによって，対象たる力学系の状態を“一意的”に決定したい．そのために $\mathfrak{M}$ のみたすべき条件はなにか――これが本節の問題であった．しかし，“　”をつけた言葉の意味には連続スペクトルが介入してくるとき一定の制約がつく．

前項で見たように，$\mathfrak{M}$ のすべての元は1つの有界・自己共役な演算子 $\hat{\Lambda}$ の関数として表わしきれてしまうので，$\mathfrak{M}$ の代りに $\hat{\Lambda}$ ひとつの測定にひきなおして考えるほうが簡単である．その $\hat{\Lambda}$ の測定によって対象の状態がどこまで定まる

かは，上にも触れたように，$\hat{A}$ のスペクトルの構造に関わっている．

仮に，$\hat{A}$ が離散スペクトルのみをもつとすれば，観測の結果，$\hat{A}$ の測定値として固有値の1つ λ_n が得られ，それに対応する固有空間 $\hat{E}_n\mathsf{H}$ のどこかに系の状態ベクトルはある†ということが知れる．$\hat{E}_n$ は，$\hat{A}$ の単位の分解 $\hat{E}(\lambda)$ を用いて $\hat{E}_n=\hat{E}(\lambda_n)-\hat{E}(\lambda_{n-1})$ と書かれるもので，

$$\hat{A}\hat{E}_n = \lambda_n\hat{E}_n \qquad (\cdots < \lambda_{-1} < \lambda_0 < \lambda_1 < \cdots)$$

をみたす．だから，もし $\hat{A}$ の固有空間がどれも1次元ならば，$\hat{A}$ の測定により対象の状態は(Hilbert 空間の射線として)本当に一意に確定するが，もし1次元でない固有空間が1つでもあると，そうはいかない．

ある固有値 λ に属する固有空間が d 次元のとき，その固有値は d 重に**縮退**している(d-fold degenerate)といい，特に $d=1$ のときは縮退していないという．

$\hat{A}$ が連続スペクトルを含むと話が厄介になる．

まず $\hat{A}$ の測定をしても値が確定することはなく，たかだかある範囲 $J=(\lambda,\lambda']$ にあることがわかるにすぎない．これに対応して，状態のほうも部分空間 $\hat{E}(J)\mathsf{H}$，$\hat{E}(J)=\hat{E}(\lambda')-\hat{E}(\lambda)$ に含まれていることがわかるだけである．もちろん測定を精密にすれば区間 J の幅はいくらでもせばめられるが，それでも $\hat{E}(J)\mathsf{H}$ を1次元にすることはできない．これが最初に状態の決定に対する制約とよんだもので，$\hat{A}$ が連続スペクトルをもつかぎり避けられないことである．

x 軸にそって自由に運動する質点 m の場合がよい例になるだろう．その状態を決定するための観測量として座標 $\hat{x}$ をとってみる．$\mathfrak{M}=\{\hat{x}\}$ だから $\hat{A}$ は一般に $\hat{x}$ の関数というわけだが，これは連続スペクトルをもつ．だからといって，$\mathfrak{M}$ に観測量を追加して $\hat{A}$ のスペクトルを離散的にするということもできそうにない．この場合には，粒子の十分な局所化をもって状態の決定は満足とするほかないのである．

しかし，この質点がスピン $\hat{\boldsymbol{s}}$ をもっていたら，$\mathfrak{M}$ にはどうしてもスピンのたとえば z 成分を加え $\mathfrak{M}=\{\hat{x},\hat{s}_z\}$ とでもしなければならない．こういうわけで，対象とする力学系があたえられたとき，一般にどれだけの観測量まで $\mathfrak{M}$ に含めれば可能な状態規定のギリギリまで行ったことになるのかという問題が生ずる．

---

† 正確には密度行列を用いて言い表わさねばならない．第20章を見よ．

力学系があたえられると，それを量子力学的に記述するための Hilbert 空間も同時にあたえられているはずである．そこで，有界・自己共役な演算子 $\hat{A}$ が**極大観測量**(maximal observable)であるとは，少なくとも1つのベクトル $\phi_0 \in \mathsf{H}$ が存在して，$\hat{A}$ の単位の分解を実軸上の区間 $J \subset \mathsf{R}$ に対して $\hat{E}(J)$ と記すとき，種々の区間 J に対する $\hat{E}(J)\phi_0$ の有限個の線形結合の全体が H で稠密なことをいう．すなわち，

$$[\hat{E}(J)\phi_0, J \subset \mathsf{R}]^- = \mathsf{H} \tag{16.6.42}$$

となることである，と定義しよう．ここに，[　]は中に記されたベクトルの勝手な有限個の線形結合の全体を表わし，右肩につけた $^-$ は閉包を示す．このような特質をもつ $\phi_0 \in \mathsf{H}$ を，$\hat{A}$ に関する巡回ベクトルであるとか，$\hat{A}$ に関し巡回的であるとかいうのは，§16.5 の場合と同様である．

この定義のもっともらしさを見るため，上に掲げた例に適用して調べてみよう．

1° 離散スペクトルだけをもつ $\hat{A}$ の場合：もし，$\hat{A}$ のどの固有値 λ_l にも縮退がないなら，$\sum_l |\gamma_l|^2 < \infty$ をみたす勝手な数列 $\{\gamma_l\}$ をとって，規格化された固有ベクトル $\{u_l\}$ の線形結合

$$\phi_0 = \sum_l \gamma_l u_l$$

をつくると，これが巡回ベクトルになるから，この $\hat{A}$ は極大観測量である．事実，そのような $\hat{A}$ の測定は状態の一義的な決定をあたえるのだった．

もし，縮退をもつ固有値 λ_m が1つでもあると，それに属する固有ベクトルを $u_{m\alpha}$ $(\alpha=1, 2, \cdots, d)$ とするとき，$J_\varepsilon = (\lambda_m - \varepsilon, \lambda_m]$ に対する $\hat{E}(J_\varepsilon)$ は $\varepsilon > 0$ をいくら小さくとっても $\sum_\alpha \gamma_{m\alpha} u_{m\alpha}$ の形のベクトルを不変にするし，他の $J' \not\ni \lambda_m$ に対する $\hat{E}(J')$ はこれを0にする．したがって，どんな $\phi_0 \in \mathsf{H}$ も巡回的でなく，このような $\hat{A}$ は極大観測量ではない．この結果は前に見たところと合っている．

2° x 軸にそって運動する質点 m を考え，$\hat{A} = \hat{x}$ とした場合：スピンがなければ $\mathsf{H} = \mathsf{L}^2(\mathsf{R})$ であって，いたるところ0でない連続な $\phi_0(x) \in \mathsf{L}^2(\mathsf{R})$ ならどれでも巡回ベクトルになる．これは階段関数が $\mathsf{L}^2(\mathsf{R})$ で稠密なことを用いて証明される．よって $\hat{x}$ は極大観測量である．スピンがあると $\hat{A} = \hat{x}$ に関し巡回的なベクトルは存在せず，これは極大観測量ではない．

上の定義をいっそう強く支持するのは，**極大観測量の対角化**によって，観測による状態の“一意的”な決定という問題に対し本質的には肯定的といってよい答が得られる事実である．極大観測量が対角化できることを見るため，いま，λ 軸の遠方で0になる複素数値の階段関数† $\psi(\lambda)$ の全体なる線形空間を $\mathcal{D}_s$ とするとき，ϕ_0 が巡回ベクトルであるために，$\psi(\lambda)\in\mathcal{D}_s$ に対する

$$\psi=\int\psi(\lambda)\,d\hat{E}(\lambda)\,\phi_0 \tag{16.6.43}$$

の全体が H で稠密なベクトルとなることに注意しよう．ψ のノルムは

$$\|\psi\|^2=\int|\psi(\lambda)|^2 d\sigma(\lambda), \qquad \sigma(\lambda)=\|\hat{E}(\lambda)\phi_0\|^2 \tag{16.6.44}$$

だから，この右辺で定義される距離により $\mathcal{D}_s$ を完備化して $L_\sigma^2(R:d\sigma)$ とおけば，これは Hilbert 空間であり，公式(*16.6.43*)の拡大が $L_\sigma^2(R:d\sigma)\to H$ のユニタリー変換 $\hat{U}$ をあたえることになる．

一方，(*16.6.43*)から，H における演算子 $\hat{\Lambda}$ は，ベクトル ψ を

$$\hat{\Lambda}\psi=\int\lambda\psi(\lambda)\,d\hat{E}(\lambda)\,\phi_0$$

に変換する．もちろん，ψ は

$$\|\hat{\Lambda}\psi\|^2=\int|\lambda\psi(\lambda)|^2 d\sigma(\lambda)<\infty$$

なるものに限るのである．これを $L_\sigma^2(R:d\sigma)$ の世界でみれば(下の図式を参照)，

$$\hat{U}^*\hat{\Lambda}\hat{U}:\quad \psi(\lambda)\longmapsto\lambda\psi(\lambda) \tag{16.6.45}$$

のように単に λ を掛けるという変換になっている．ユニタリー変換 $\hat{U}^*$ により，$\hat{\Lambda}$ が掛算演算子に変わったのである．これを $\hat{\Lambda}$ の対角化という．

$$\begin{array}{ccc}
\underline{L_\sigma^2} & & \underline{\qquad\qquad H \qquad\qquad} \\
\psi(\lambda) & \xrightarrow{\hat{U}} & \psi=\int\psi(\lambda)\,d\hat{E}(\lambda)\,\phi_0 \\
\hat{U}^*\hat{\Lambda}\hat{U}\downarrow & & \downarrow\hat{\Lambda} \\
\lambda\psi(\lambda) & \xleftarrow[\hat{U}^*]{} & \hat{\Lambda}\psi=\int\lambda\psi(\lambda)\,d\hat{E}(\lambda)\,\phi_0
\end{array}$$

† $f_1(\lambda)$，$f_2(\lambda)$ を実数値の階段関数とするとき，$f_1(\lambda)+if_2(\lambda)$ なる形の関数．

なお，上の $d\sigma(\lambda)$ は，λ 軸上のある区間 J_0 で 0 になるということがあり得る．そのときには，J_0 上に限って値の異なる $\psi(\lambda)$, $\psi_1(\lambda)$ は H の元としては同一視されることになる．いっそ J_0 上では $\psi(\lambda)\equiv 0$ と約束しておくのがよい．

この関数 $\psi(\lambda)$ こそ極大観測量 $\hat{\Lambda}$ の測定によって得られる情報の荷ない手にほかならない．測定により $\hat{\Lambda}$ の値が $\lambda_0 \pm \Delta\lambda$ の範囲にあることが知れると，

$$\psi(\lambda) = 0, \qquad |\lambda-\lambda_0| \gtrsim \Delta\lambda$$

が知れる．そして(16.6.43)なる状態ベクトルは，$\Delta\lambda \to 0$ なる理想の場合に"一意的の決定に達する"．これが，観測によって対象の状態がどこまで定められるかという問に対する最終の答である．

ところで，$\hat{\Lambda}$ が極大観測量であるということを，もとにもどって集合 $\mathfrak{M}=\{\hat{A}^{(\alpha)}, \hat{B}^{(\beta)}, \cdots\}$ の特徴として言い表わしたらどうなるだろうか？ 次の定義をしよう——

可換な観測量の完全な組(complete set of commuting observables)とは，相互に可換な観測量の集合 $\mathfrak{M}$ で，その生成する von Neumann 代数 $\mathfrak{R}(\mathfrak{M})=\mathfrak{M}''$ が

$$\mathfrak{R} = \mathfrak{R}' \tag{16.6.46}$$

となるものをいう．$'$ は例によって可換子代数を表わす．

ついでながら，有界演算子の集合 $\mathfrak{A}$ は $\mathfrak{A}'=\mathfrak{A}''$ をみたすとき**極大 Abel 集合**とよばれる．以前に(d)項で見たとおり $\mathfrak{A}''\supset\mathfrak{A}$ は $\mathfrak{A}$ の元の関数の全体になるから，極大 Abel 集合 $\mathfrak{A}$ とは，自身が Abel 集合であることはもちろん，"その元と可換な演算子はすべてその元の関数でつきる"という特質を備えた集合にほかならない．

われわれの $\mathfrak{R}$ は von Neumann 代数だから $\mathfrak{R}=\mathfrak{R}''$ なる特質をもつので，(16.6.46)はまた"$\mathfrak{R}$ が極大 Abel 集合をなすこと"だと理解してもよい．$\mathfrak{R}$ に新しい元を付け加えてより大きい Abel 集合にすることはできないというのである．この形にしたほうが，定義の心がはっきりつかめるだろう．

上に掲げた問題の答は，こうなる：

$$\hat{\Lambda}: \text{極大観測量} \Longleftrightarrow \mathfrak{M}: \text{可換な観測量の完全な組} \tag{16.6.47}$$

証明をするには，これと等価な

$$\hat{\Lambda}: \text{極大観測量} \Longleftrightarrow \mathfrak{R}(\hat{\Lambda}) = \mathfrak{R}(\hat{\Lambda})' \tag{16.6.48}$$

を示せばよい．$\mathfrak{R}(\hat{\Lambda})=\mathfrak{R}(\mathfrak{M})$ だからである．以下，これを単に $\mathfrak{R}$ と記す．

(16. 6. 48)につき，まず $\Longrightarrow$ を示そう．$\mathfrak{R}\subseteqq\mathfrak{R}'$ は当然だから，$\mathfrak{R}\supseteqq\mathfrak{R}'$ を示す．それには，任意の有界演算子 $\hat{T}\in\mathfrak{R}'$ が $\hat{\Lambda}$ の関数として書けることをいえばよい．そのために $\hat{\Lambda}$ の対角化を利用しよう．(16. 6. 44)の $\sigma(\lambda)$ につき，

$$\sum(\hat{\Lambda}) = \{\lambda:\ \lambda\in \mathsf{R},\ d\sigma(\lambda)\neq 0\}$$

とおいて，

$$\eta(\lambda) > 0, \qquad \forall\lambda\in\sum(\hat{\Lambda})$$

となる $\mathsf{L}_\sigma{}^2(\mathsf{R})$ の関数を1つ固定する．任意の $\psi\in\mathsf{H}$ は，

$$\begin{aligned}\psi &= \int g(\lambda)\eta(\lambda)\,d\hat{E}(\lambda)\phi_0 \qquad \left(g(\lambda)\equiv\frac{\psi(\lambda)}{\eta(\lambda)}\right)\\ &= g(\hat{\Lambda})\eta \qquad\qquad\qquad \left(\eta\equiv\int\eta(\lambda)\,d\hat{E}(\lambda)\phi_0\right)\end{aligned}$$

と書けるが，$\hat{T}\in\mathfrak{R}'$ だから，

$$\hat{T}\psi = \hat{T}g(\hat{\Lambda})\eta = g(\hat{\Lambda})\hat{T}\eta$$

したがって，ベクトル $\hat{T}\eta\in\mathsf{H}$ に対応する $\mathsf{L}_\sigma{}^2(\mathsf{R})$ の関数を $(\hat{T}\eta)(\lambda)$ と記すならば，

$$\begin{aligned}\hat{T}\psi &= \int g(\lambda)(\hat{T}\eta)(\lambda)\,d\hat{E}(\lambda)\phi_0\\ &= \int f(\lambda)g(\lambda)\eta(\lambda)\,d\hat{E}(\lambda)\phi_0 \qquad \left(f(\lambda)\equiv\frac{(\hat{T}\eta)(\lambda)}{\eta(\lambda)}\right)\end{aligned}$$

最初の ψ の形を思いだすと，これは

$$\hat{T}\psi = f(\hat{\Lambda})\psi, \qquad \forall\psi\in\mathsf{H}$$

と書けるので，望みどおり $\hat{T}$ が $\hat{\Lambda}$ の関数として表わせることが証明された．

(16. 6. 48)の $\Longleftarrow$ を証明するには，$\mathfrak{R}$ のなにか1つの生成元に関して巡回的な $\phi_0\in\mathsf{H}$ を実際に構成してみせればよい．

いま，勝手に1つ $\phi^{(1)}\in\mathsf{H}$, $\|\phi^{(1)}\|=1$ をとってみる．

$$\mathsf{M}_1 = [\mathfrak{R}\phi^{(1)}]^- \qquad (16.\ 6.\ 49)$$

がもし H に一致してしまえば，$\phi^{(1)}$ が $\hat{\Lambda}$ に関する巡回ベクトルになっていることで，証明は終う．

それゆえ，問題は M_1 が H の真部分空間になっている場合である．M_1 は閉部分空間であり，$1\in\mathfrak{R}$ なので空でもないから，$\hat{P}_1\mathsf{H}=\mathsf{M}_1$ により射影演算子 $\hat{P}_1$ が

定義できる．ついては $\hat{P}_1 \in \mathfrak{R}$ を示したいのだが，仮定 $\mathfrak{R}=\mathfrak{R}'$ を思い出し

$$\hat{P}_1 \in \mathfrak{R}'$$

をいうことにしよう．それには，M_1 の直交補空間を $\mathsf{M}_1{}^{\perp}$ として，任意の $\hat{T} \in \mathfrak{R}$ に対し

$$\hat{T}\mathsf{M}_1 \subset \mathsf{M}_1, \qquad \hat{T}\mathsf{M}_1{}^{\perp} \subset \mathsf{M}_1{}^{\perp} \tag{16.6.50}$$

を示せばよい．実際，それぞれを書き直せば

$$\hat{T}\hat{P}_1 = \hat{P}_1\hat{T}\hat{P}_1, \qquad \hat{T}(1-\hat{P}_1) = (1-\hat{P}_1)\,\hat{T}(1-\hat{P}_1)$$

となり，この2式を比べると

$$\hat{T}\hat{P}_1 = \hat{P}_1\hat{T}\hat{P}_1 = \hat{P}_1\hat{T}$$

が知れる．

ところが(*16.6.50*)の第1式は M_1 の定義から明らかである．第2式を証明するには，$\psi^{\perp} \in \mathsf{M}_1{}^{\perp}$ をとり，$\hat{T}\psi^{\perp}$ と勝手な $\varphi_1 \in \mathsf{M}_1$ との直交を示せばよい．$\varphi_1 \in \mathsf{M}_1$ は適当な $\hat{S} \in \mathfrak{R}$ を用いて $\varphi_1=\hat{S}\phi^{(1)}$ と書けるから，

$$\langle\varphi_1,\,\hat{T}\psi^{\perp}\rangle = \langle\hat{T}^*\hat{S}\phi^{(1)},\,\psi^{\perp}\rangle = 0$$

なぜなら $\mathfrak{R}$ は $*$ 代数であって $\hat{T}^*\hat{S} \in \mathfrak{R}$，したがって $\hat{T}^*\hat{S}\phi^{(1)} \in \mathsf{M}_1$ となるからである．

次に $\phi^{(2)} \in \mathsf{M}_1{}^{\perp}$ をとり $\mathsf{M}_2=[\mathfrak{R}\phi^{(2)}]^-$ をつくると(*16.6.50*)より $\mathsf{M}_2 \subset \mathsf{M}_1{}^{\perp}$ で，上と同様に $\hat{P}_2 \in \mathfrak{R}$ が定義される．そこで，$[\mathfrak{R}(\phi^{(1)}+\phi^{(2)})]^-$ が H に一致するか否かを見よう．$\hat{A}_1\hat{P}_1+\hat{A}_2\hat{P}_2 \in \mathfrak{R}$ を用いると $[\mathfrak{R}(\phi^{(1)}+\phi^{(2)})]^-$ は M_1 のベクトルと M_2 のベクトルとの線形結合の全体の閉包である．もし，それが $=\mathsf{H}$ なら証明は終り．

もしそうでなかったら，同様に続けて $\mathsf{M}_r=[\mathfrak{R}\phi^{(r)}]^-$ $(r=1, 2, \cdots)$ が互いに直交する閉部分空間になるような極大な列 $\{\phi^{(r)}\}$ をとる．それぞれに射影演算子 $\hat{P}_r$ が定まり，互いに直交するので，任意の和 $\sum_{r \in J} \hat{P}_r$ もまた射影演算子になる．その上限 $\hat{P}$ は $\{\phi^{(r)}\}$ の極大性により $=1$ となるはずである．

その $\{\phi^{(r)}\}$ が有限集合ならば $\sum_r \phi^{(r)}$ が巡回ベクトルである．$\hat{P}_r \in \mathfrak{R}$ により，$\mathfrak{R}\sum_r \phi^{(r)}$ が各 M_r から勝手にとったベクトルの線形結合の全体になるからである．

もし $\{\phi^{(r)}\}$ が無限集合だとしても，H は可分なので，これも可付番集合である．そこで，$\gamma_r>0$, $\sum_r \gamma_r{}^2\|\phi^{(r)}\|^2<\infty$ なる列 $\{\gamma_r\}$ をとって，

$$\phi_0 = \sum \gamma_r\phi^{(r)}$$

が巡回ベクトルになることを証明しよう．つまり，任意の $\varepsilon>0$, $\psi\in \mathsf{H}$ に対して $\hat{T}\in\mathfrak{R}$ が存在し，

$$\|\psi-\hat{T}\phi_0\|^2<\varepsilon$$

となることが言いたい．いま，$\psi=\sum_r \psi_r$ $(\psi_r=\hat{P}_r\psi)$ なる分解を利用して，

$$\sum_{r=N+1}^{\infty}\|\psi_r\|^2<\frac{\varepsilon}{2}$$

とする N を1つ固定しよう．他方で，$\psi_r\in \mathsf{M}_r$ としたから，必ず

$$\|\psi_r-\hat{T}_r\phi_0\|^2<\frac{\varepsilon}{2N} \qquad (r\leqq N)$$

とできる $\hat{T}_r\in\mathfrak{R}$ が存在する．そうすると，

$$\hat{T}^{(N)}=\sum_{r=1}^{N}\hat{T}_r\in\mathfrak{R}$$

に対し，(*16. 6. 50*) も考慮して

$$\|\psi-\hat{T}^{(N)}\phi_0\|^2=\sum_{r=1}^{N}\|\psi_r-\hat{T}_r\phi_0\|^2+\sum_{r=N+1}^{\infty}\|\psi_r\|^2<\varepsilon$$

がいえるから，ϕ_0 は巡回ベクトルである．実は，$\varepsilon>0$ は任意だったので，

$$\psi=\lim_{N\to\infty}\hat{T}^{(N)}\phi_0$$

この収束は強収束であって，演算子の強収束の意味の

$$\hat{T}\equiv\lim_{N\to\infty}\hat{T}^{(N)}$$

も $\mathfrak{R}$ に属し，

$$\psi=\hat{T}\phi_0$$

となっている．

§16. A von Neumann の稠密性定理

§16. 6(c) で用いた稠密性定理の証明をしよう．定理は，“可分な Hilbert 空間 H の全体で定義され与えられた限界 b をもつ有界演算子の任意の無限集合 $\mathfrak{M}_b$ は，次の意味で稠密な可付番の部分集合 $\{\hat{A}_l\}_{l=1,2,\cdots}$ を含む．すなわち，任意の $\hat{A}\in\mathfrak{M}_b$ に対して適当な部分列 $\{\hat{A}_{l(\kappa)}\}_{\kappa=1,2,\cdots}$ があって，各 $\psi\in\mathsf{H}$ において，

$$\lim_{\kappa\to\infty}\|(\hat{A}_{l(\kappa)}-\hat{A})\psi\| = \lim_{\kappa\to\infty}\|(\hat{A}_{l(\kappa)}{}^*-\hat{A}^*)\psi\| = 0 \qquad (16.\ A.\ 1)$$

となる”というのであった．

有界演算子の全体という集合についてイメージを作ることから始めよう．ここでは考える Hilbert 空間 H が可分だという前提が重要である．

可分な H には完全正規直交系 $\{u_n\}_{n=1,2,\cdots}$ がとれる．これを用いて，有界な演算子 $\hat{A}$ は行列 $A_{nm}=\langle u_n, \hat{A}u_m\rangle$ で表わされる([加藤], p. 227)．特に，演算子 $\hat{R}$ の行列表示が

$$\langle u_n, \hat{R}u_m\rangle = \begin{cases} \rho_{nm}+i\sigma_{nm} \quad (\text{有理数}), & n, m \leqq K(\hat{R}) \qquad (16.\ A.\ 2) \\ 0, & \max(n, m) > K(\hat{R}) \qquad (16.\ A.\ 3) \end{cases}$$

であるとき，$\hat{R}$ をいま仮に**有理的**であるとよぶことにしたい．上の式のなかに(有理数)と書き添えたのは ρ_{nm} も σ_{nm} も有理数というつもりであり，$K(\hat{R})$ は整数だが，演算子ごとに異なってよいことを明示するため $\hat{R}$ を添えて書いたのである．(16. A. 3)をなりたたせる最小の $K(\hat{R})$ を $\hat{R}$ の行列の大きさとよぼう．

有理的な演算子の仲間は，有理数に似て，可付番の濃度 $\aleph_0$ しかない．まず，その仲間のうち特に大きさが K のもの全体が $\aleph_0$ しかないことは明らかである．実際，有理数の濃度は $\aleph_0$ だから行列の (n, m) 要素には $\aleph_0\times\aleph_0=\aleph_0$ しか異なるものがなく，したがって大きさ K の行列の濃度は $\aleph_0{}^M=\aleph_0$ と知れる．ここに $K^2=M$ とおいた．そこで，大きさ K の行列に番号をつけて横隊に並べ，その横隊を K の順に縦に並べると，有理的な行列の全体が図 16.16 のように配列できてしまう．ただしゼロ行列を $K=0$ にあてた．こうしてから図の矢印を追って番号をつけ直すと所要の結果に到達する．この番号づけに従って有理的な演算子の全体を $\{\hat{R}_l\}_{l=1,2,\cdots}$ と記すことにしよう．

われわれが考えたいのは有界な演算子の全体であるが，そのなかで有理的なも

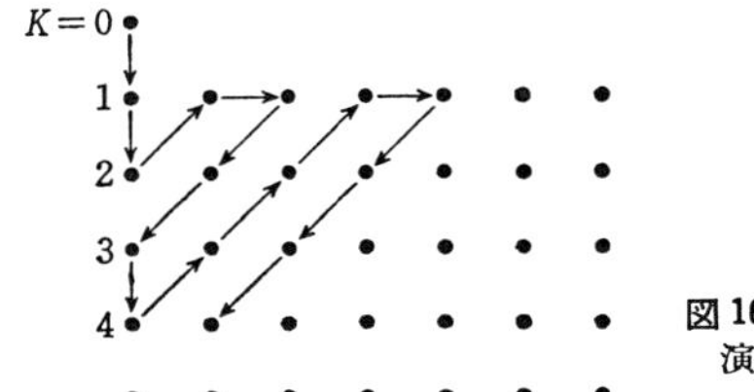

図 16.16　有理的な演算子の番号づけ

のがかなり稠密に分布している．詳しくいうと，H 全体で定義された有界な演算子のどの１つ $\hat{A}$ も，$\{\hat{R}_l\}$ の部分列 $\{\hat{R}_{l_\kappa}\}_{\kappa=1,2,\cdots}$ により次の意味で限りなく近似できる：

$$\lim_{\kappa\to\infty}\|\hat{R}_{l_\kappa}u_n-\hat{A}u_n\|=\lim_{\kappa\to\infty}\|\hat{R}_{l_\kappa}{}^*u_n-\hat{A}^*u_n\|=0 \qquad (n=1,2,\cdots) \tag{16. A. 4}$$

証明はやさしい．$\hat{R}_{l_\kappa}$ の行列要素を $(R_{l_\kappa})_{nm}$ と書こう．あたえられた A_{nm} に対し適当に l_κ を選んで，

$$\left.\begin{aligned} &|(R_{l_\kappa})_{nm}-A_{nm}|<\frac{1}{\kappa} \qquad && (n,m=1,2,\cdots,\kappa) \\ &(R_{l_\kappa})_{nm}=0, && \max(n,m)>\kappa \end{aligned}\right\} \tag{16. A. 5}$$

とすることができる．そうすると，$n<\kappa$ のとき，

$$\begin{aligned}\|\hat{R}_{l_\kappa}u_n-\hat{A}u_n\|^2&=\left\|\sum_{m=1}^{\kappa}(R_{l_\kappa})_{nm}u_m-\sum_{m=1}^{\infty}A_{nm}u_m\right\|^2\\ &=\sum_{m=1}^{\kappa}|(R_{l_\kappa})_{nm}-A_{nm}|^2+\sum_{m=\kappa+1}^{\infty}|A_{nm}|^2\end{aligned}$$

右辺の第１項は $1/\kappa$ より小さく，第２項も $\hat{A}$ の有界性からでる $\sum_{n=1}^{\infty}|A_{nm}|^2$ の収束という事実により $\kappa\to\infty$ で 0 にゆく．こうして(*16. A. 4*)の前半が証明された．後半も(*16. A. 5*)から出発して同様に証明される．

上の命題で“かなり稠密に”という控えめな言葉を用いたのは，さしあたり(*16. A. 4*)が個々の基底における近似にすぎないからであったことを注意しておく．

以上を準備として，問題の稠密性定理の証明に進もう．

有理的な演算子が $\mathfrak{M}_b$ に属するとは限らないので，証明は，いわば迂回的となる．はじめに，自然数 λ, κ を固定したとき有理的な演算子 $\hat{R}_\lambda$ を

$$\|\hat{R}_\lambda u_n-\hat{B}u_n\|\leqq\frac{1}{\kappa}, \qquad \|\hat{R}_\lambda{}^*u_n-\hat{B}^*u_n\|\leqq\frac{1}{\kappa} \qquad (n=1,2,\cdots,\kappa) \tag{16. A. 6}$$

のように近似する $\hat{B}$ が $\mathfrak{M}_b$ のなかにあるなら，その (λ,κ) を“許容的”であるということに約束しよう．(λ,κ) が許容的なとき(*16. A. 6*)をみたす $\hat{B}\in\mathfrak{M}_b$ の勝手な１つを選んで $\hat{B}_{\lambda\kappa}$ と記す．有理的な演算子を $\mathfrak{M}_b$ の元で近似しようというのだ

から，これは考えの逆転であるが，近似とは相互的なものだ．つまり上に証明した近似定理がここでも使えて，κ を固定したとき (λ,κ) を許容的にする λ が無数にあることを教える．言いかえれば $\{\hat{B}_{\lambda\kappa}\}$ は無限集合である．これが可付番集合なことは明らかだが，いま，これをそのまま上記の稠密性定理にいう列 $\{\hat{A}_l\}$ として用い，条件(*16. A. 1*)が確かにみたされることを示そう――

勝手に $\hat{A}\in\mathfrak{M}_b$, $\notin\{\hat{A}_l\}$ をとると，上述の近似定理により有理的な演算子の列 $\{\hat{R}_{l_\kappa}\}$ が存在して，特に κ に伴い十分に速く増大するように l_κ をきめれば，

$$\|\hat{R}_{l_\kappa}u_n-\hat{A}u_n\|\leqq\frac{1}{\kappa},\qquad\|\hat{R}_{l_\kappa}{}^*u_n-\hat{A}^*u_n\|\leqq\frac{1}{\kappa}\qquad(n=1,2,\cdots,\kappa)$$

がなりたつ．これは (l_κ,κ) が許容的なことを意味するから，さきに選んでおいた $\hat{B}_{l_\kappa}\equiv\hat{A}_{l(\kappa)}$ を用いれば $\hat{R}_{l_\kappa}$ が近似され，

$$\|\hat{R}_{l_\kappa}u_n-\hat{A}_{l(\kappa)}u_n\|\leqq\frac{1}{\kappa},\qquad\|\hat{R}_{l_\kappa}{}^*u_n-\hat{A}_{l(\kappa)}{}^*u_n\|\leqq\frac{1}{\kappa}$$

よって，$\kappa=1,2,\cdots$, $n\leqq\kappa$ に対し，

$$\|\hat{A}u_n-\hat{A}_{l(\kappa)}u_n\|\leqq\frac{2}{\kappa},\qquad\|\hat{A}^*u_n-\hat{A}_{l(\kappa)}{}^*u_n\|\leqq\frac{2}{\kappa}$$

これで個々の基底における近似は達成されたことになる．

そこで H の勝手なベクトル

$$\psi=\sum_{n=1}^{\infty}\gamma_n u_n$$

が，任意の $\varepsilon>0$ に対し適当な $N(\varepsilon)$ をとって

$$\psi=\sum_{n=1}^{N(\varepsilon)}\gamma_n u_n+\psi',\qquad\|\psi'\|<\varepsilon$$

と書けることに注意しよう．$\hat{A},\hat{A}_{l(\kappa)}\in\mathfrak{M}_b$ のノルムは $\leqq b$ なのだから，$\kappa>N(\varepsilon)$ に対しては3角不等式から，

$$\|\hat{A}\psi-\hat{A}_{l(\kappa)}\psi\|\leqq\frac{2}{\kappa}\sum_{n=1}^{N(\varepsilon)}|\gamma_n|+2\varepsilon b$$

右辺の第1項の和を $\sum 1\cdot|\gamma_n|$ と見て Schwarz の不等式で書き直すと，

$$\|\hat{A}\psi-\hat{A}_{l(\kappa)}\psi\|\leqq\frac{2\sqrt{N(\varepsilon)}}{\kappa}\|\psi\|+2\varepsilon b$$

となるから，κ を大きくとることにより，右辺が任意の $\varepsilon'>0$ より小さくできるという証明をしよう．これで(*16. A. 1*)の前半が示される．それには，まず第2項を $\varepsilon'/2$ に抑えるため $\varepsilon<\varepsilon'/(4b)$ にとり，そうすると $N(\varepsilon)$ が大きな数になるだろうが，大きい κ で第1項を $\varepsilon'/2$ に抑えこむことにすればよい．

(*16. A. 1*)の後半もまったく同様に証明される．

§16.7 変換理論

運動量と座標を表現する演算子の選び方は，正準交換関係の要求だけからは一意的には定まらない．ユニタリー変換だけの任意性が残ることは§16.5で見たとおりである．この事実は量子力学を書き表わす仕方が種々あることを意味している．では，そうした多様性の背後に表現に無関係に存在しているはずの量子力学の本質を浮き出させる方法はないか．これに答えるのが Dirac の**変換理論** (transformation theory)である．そのあらましはすでに『量子力学 I』第II部第4章に述べられているから，ここでは問題になる点だけを拾いあげて Gelfand の3つ組とよばれる構造を用いてする1つの考え方を説明することにしたい．

a) ブラの空間，ケットの空間

第4章に述べられている Dirac 流の算法は形式的だというので数学者のいれるところとならない．第1に，状態ベクトル ψ といっても定義がない．演算子には定義域を厳格に定めてかかる必要があったことから見て，ここでも，それに相当する限定がいるはずだろう．観測量の積や和の定義にも同じ問題がある．第2に，座標や運動量の"固有ケット" $|x\rangle$, $|k\rangle$ は，δ 関数に規格化されているから Hilbert 空間のベクトルではない．一般にいって観測量のその種の"固有ケット"が完全系をなすことは何によって保障されるのか．第3に，δ 関数が超関数の理論の枠におさまったことは事実であるが，それは $\mathcal{S}$ や $\mathcal{D}$ といった特別な関数空間の上の連続な線形汎関数として理解されたのであって，Dirac 流の運算がすっかり正当化されたわけでは決してない．実際，波動関数 $\psi(x)$ の上で形式的に $\delta(x-a)$ を用いた場合，写像は，$\psi\in\mathsf{H}$ の側の距離を Hilbert 空間のノルムで測ったのでは連続にならない．連続にするには，どうしても波動関数の空間にもっと細かい位相を入れてかかることが必要である．

しかし，こうした数々の問題にもかかわらず，変換理論の Dirac の形式が有用であり続けてきたことも否定できない事実なのである.

そこで最近, Gelfand の3つ組とよばれる3層の構造

$$\Phi \subset \mathsf{H} \subset \Phi' \tag{16.7.1}$$

を用いて量子力学の理論形式を整えようという試みが始められている. ここに, H は Hilbert 空間, Φ は核型空間とよばれ性質がかなり有限次元的な線形空間, Φ' は Φ 上の連続・反線形汎関数の全体なる線形空間である([Bogoliubov], 第2章§1を参照).

3つ組空間を量子力学に用いる際には, Φ をブラ・ベクトルの空間に, Φ' をケット・ベクトルの空間にあてる. そこで汎関数 $F \in \Phi'$ が関数 $\eta \in \Phi$ においてとる値を $\langle\eta|F\rangle$ と記すことになる†. もし, 従来の形式のようにブラの空間 Φ を Hilbert 空間にしていたら, その上の連続・反線形汎関数の全体 Φ' は Riesz の定理([加藤], §27)によって同じ Hilbert 空間に一致するところであった. すぐ後の例にも見られるとおり, Gelfand の3つ組では Φ を H より小さく選び, その結果として Φ' は H よりも大きくなっている.

一般的の説明をする紙数の余裕はないから, ここでは1つの例によって新しい形式の概要を示そう.

自由度 s の力学系を考え, ブラの空間 Φ としては(16.4.10)の $\mathscr{S}(\mathsf{R}^s)$ をとろう. それに共役なケットの空間 Φ' は一般関数([Gelfand, 1] や [吉田] を参照)(または緩増加な超関数)とよばれるものの空間 $\mathscr{S}'(\mathsf{R}^s)$ となる.

話をはっきりさせるために, 上の R^s は座標 x の空間と解釈しよう. ブラ, ケットといいながら, 初めからその x 表現を考えるのは変換理論の思想に反するようだけれども, ブラ, ケットとよぶべき対象に限定をあたえるには, こうするほかない.

さて, 上に述べた対応に従い, 一般関数 $F \in \mathscr{S}'(\mathsf{R}^s)$ が $\eta \in \mathscr{S}(\mathsf{R}^s)$ においてとる値をブラ, ケットの記号法に従い $\langle\eta|F\rangle$ と記す. 超関数の理論においては, これを積分記号により

$$\langle\eta|F\rangle = \int \eta^*(x) F(x) d^s x \tag{16.7.2}$$

---

† Dirac 流に括弧をそえて示せば, ブラとはいってもここでいう Φ の元は $|\eta\rangle$ となる. Φ' の元も $|F\rangle$ となる. η が関数のとき $\langle\eta|$ は η^* である.

と表わすが，F は関数とは限らないので，積分といっても象徴的な意味しかない．$F(x)$ が $\delta(x-a)$ の場合などは先刻おなじみであろう．

上の式は，F が特に $\mathscr{S}'(\mathrm{R}^s)$ の部分空間なる $\mathscr{S}(\mathrm{R}^s)$ の元である場合には，文字どおりの積分になり，§16.2(a)に示した内積の公理 (P) を満足する．そこで，ノルム $\|\eta\|=\sqrt{\langle\eta|\eta\rangle}$ でもって $\Phi=\mathscr{S}(\mathrm{R}^s)$ を完備化すると，1つの Hilbert 空間 H ができる．それは $\mathrm{L}^2(\mathrm{R}^s)$ である．

$\mathrm{L}^2(\mathrm{R}^s)$ の元は $\mathscr{S}(\mathrm{R}^s)$ の元とちがって関数ではなく関数の同値類であるが，以前に p. 46 の脚注で定めた同一視の約束に従えば，$\mathscr{S}(\mathrm{R}^s)$ を $\mathrm{L}^2(\mathrm{R}^s)$ の部分空間とみなすことができる：

$$\mathscr{S}(\mathrm{R}^s) \subset \mathrm{L}^2(\mathrm{R}^s)$$

次に $\xi, \eta \in \mathscr{S}(\mathrm{R}^s)$ の内積 $\langle\eta|\xi\rangle$ は，これを $\mathrm{L}^2(\mathrm{R}^s)$ の内積とみたときの $\xi \in \mathrm{L}^2(\mathrm{R}^s)$ に関する†連続性により $\mathrm{L}^2(\mathrm{R}^s)$ 全体に拡大することができ，こうして $\langle\eta|\psi\rangle$，$\psi \in \mathrm{L}^2(\mathrm{R}^s)$，$\eta \in \mathscr{S}(\mathrm{R}^s)$ が定義される．このとき $\eta \in \mathscr{S}(\mathrm{R}^s)$ に関する連続性（一般関数の理論については [Gelfand, 1] を参照）は保存されるから，これは $\mathrm{L}^2(\mathrm{R}^s)$ の元が $\mathscr{S}(\mathrm{R}^s)$ 上の連続・反線形汎関数ともみられることを意味している：

$$\mathrm{L}^2(\mathrm{R}^s) \subset \mathscr{S}'(\mathrm{R}^s)$$

こうして Gelfand の3つ組の一例ができた：

$$\mathscr{S}(\mathrm{R}^s) \subset \mathrm{L}^2(\mathrm{R}^s) \subset \mathscr{S}'(\mathrm{R}^s) \qquad (16.7.3)$$

以下，特に必要のない限り，関数空間の記号から R^s を省くことにしよう．

さて，この3つ組 (*16.7.3*) の上では

$$\left.\begin{array}{ll} \text{運動量演算子：} & \check{p}_j = -i\hbar\dfrac{\partial}{\partial x_j} \\ \text{座標演算子：} & \check{x}_j = x_j\cdot \end{array}\right\} \quad (j=1, 2, \cdots, s) \qquad (16.7.4)$$

が定義域の心配なしに積でも和でも自由に演算できる！ いや，驚くことはない．これらの演算を超関数論の意味で理解するとしての話である．

それを説明するために，初め演算子 $-i\hbar\partial/\partial x_j$，$x_j\cdot$ を $\mathscr{S}$ に制限して，それぞれ $\mathring{p}_j$，$\mathring{x}_j$ と記そう．これらの多項式を $\mathring{A}$ とする．このとき，

1° 空間 $\mathscr{S}$ の元に $\mathring{A}$ を演算した結果はまた $\mathscr{S}$ に入る．すなわち，$\mathscr{S}$ は任意

---

† ξ の収束を $\mathrm{L}^2(\mathrm{R}^s)$ の位相で定めたとき，という意味．以下同様．

の $\mathring{A}$ の不変部分空間である：

$$\mathring{A}\mathcal{S} \subset \mathcal{S} \tag{16. 7. 5}$$

2°　$\mathring{A}\eta$ は $\eta \in \mathcal{S}$ に関して連続(空間 $\mathcal{S}$ の位相については[吉田]を見よ).

そうすると，勝手な $F \in \mathcal{S}'$ に対し1°により $\langle \mathring{A}\eta | F \rangle$ が意味をもつが，この量は2°により η に関して連続に変わる．つまり，$\langle \mathring{A}\eta | F \rangle$ は η を $\mathcal{S}$ 上に動かすとしたとき連続な反線形汎関数になっているわけであって，その汎関数を G と書けば $G \in \mathcal{S}'$. すなわち，

$$\langle \mathring{A}\eta | F \rangle = \langle \eta | G \rangle \tag{16. 7. 6}$$

η は $\mathcal{S}$ 全体を動くので，この G は一意に定まるのである．そこで，

$$\check{A}F = G \tag{16. 7. 7}$$

とおいて $\mathring{A}$ の共役演算子 $\check{A}$ を定義しよう．もちろん，$\check{A} = (\mathring{A})^*$ と書いてもよい．F は勝手だったから $\check{A}$ は $\mathcal{S}'$ 全体で定義されたことになる．

例として $\mathring{A} = \mathring{p}_j$ をとり(16. 7. 6)を書き下してみよう．(16. 7. 2)の流儀で書くと，

$$\int \left[-i\hbar \frac{\partial \eta(x)}{\partial x_j} \right]^* F(x)\, d^s x = \int \eta^*(x) G(x)\, d^s x \tag{16. 7. 8}$$

この式をみたす一般関数 $G(x)$ を $\check{A}F(x)$ と定めるというのが(16. 7. 7)の心である．左辺を右辺の形に直すには“部分積分”を行なう．その結果，

$$\check{p}_j F(x) = G(x) = -i\hbar \frac{\partial}{\partial x_j} F(x)$$

が得られる．$F(x)$ は関数とは限らないから“部分積分”といっても象徴的な意味しかない．上の式の最右辺についても同様であって，この式の意味は——特に $F(x)$ が $\mathcal{S}$ の中から取られている場合は別として——要するに(16. 7. 6)であたえられているわけである．

同様の計算をすると，

$$\check{x}_j F(x) = x_j \cdot F(x)$$

も得られるが，これも象徴的な式である．これで(16. 7. 4)の意味が明らかになった．

なお，$\mathring{p}, \mathring{x}$ の多項式 $\mathring{A}$ の共役 $\check{A} = (\mathring{A})^*$ を求めるには，$\mathring{A}_1, \mathring{A}_2$ を同様の多項式として，記号的に

$$(\mathring{A}_1\mathring{A}_2)^* = (\mathring{A}_2)^*(\mathring{A}_1)^*$$

$$(\lambda\mathring{A}_1+\mu\mathring{A}_2)^* = \lambda^*(\mathring{A}_1)^*+\mu^*(\mathring{A}_2)^* \qquad (\lambda, \mu \text{ は複素数})$$

という規則を $(\mathring{p})^*=\check{p}$, $(\mathring{x})^*=\check{x}$ が使えるところまで繰り返し適用すればよい.

こうして，演算子の代数演算が3つ組空間(*16. 7. 1*)の上では自由に行なえることになった. $\mathcal{S}$ の関数が無限回微分可能かつ急減少なことの反映として $\mathcal{S}'$ の一般関数にも $\check{p}_j, \check{x}_j$ が何回でも自由に演算できることになるわけであって，このことは既に(*16. 7. 5*)に表明されている.

しかし，$\mathring{x}_j$ などの逆べキまで $\mathring{A}$ に含めると，大事な特性であった(*16. 7. 5*)が崩れてしまう．そして，その種の逆べキをハミルトニアンはポテンシャル項としてもち得るのである．また，ポテンシャルが不連続関数であっても(井戸型ポテンシャル！)やはり困る．では，そうしたハミルトニアンまでも $\mathring{A}$ に含めて自由な演算が許されるような3つ組空間は作れないものであろうか？

その答は，こうである．ポテンシャル $V(x)$ が R^s における開集合 Ω で無限回微分可能とするとき，

$$\text{その補集合 } \Omega^c \text{ の Lebesgue 測度が } 0 \qquad (16. 7. 9)$$

なること(そのような Ω が選べること)が $\mathrm{L}^2(\mathrm{R}^s)$ を Hilbert 空間とする望みの3つ組空間が作れるための必要十分条件である.

まず，十分なことを説明しよう．そのような Ω があれば，

$$\mathrm{D}(\Omega) = \{\eta(x) : \text{無限回微分可能，台は有界で } \Omega \text{ に含まれる}\}$$

がハミルトニアンと $\mathring{p}, \mathring{x}$ から作った勝手な多項式 $\mathring{A}$ の不変部分空間になる．ところが Ω^c の Lebesgue 測度が0だから $\mathrm{D}(\Omega)$ は $\mathrm{L}^2(\mathrm{R}^s)$ で稠密であって，$\mathrm{D}(\Omega)$ の完備化は，やはり，Hilbert 空間 $\mathrm{L}^2(\mathrm{R}^s)$ になるのである．$\mathrm{D}(\Omega)$ の共役空間は超関数の空間 $\mathrm{D}'(\Omega)$ だから，この場合の3つ組は

$$\mathrm{D}(\Omega) \subset \mathrm{L}^2(\mathrm{R}^s) \subset \mathrm{D}'(\Omega) \qquad (16. 7. 10)$$

となる.

次に，条件の必要なことは，Ω^c の Lebesgue 測度が0でなければ $\mathrm{D}(\Omega)$ が $\mathrm{L}^2(\mathrm{R}^s)$ で稠密にならないことから明らかである.

上の条件(*16. 7. 9*)は，物理で出会う類のポテンシャルはどれも皆みたしているとしてよいであろう．なお，ここの議論では，最初にいくつかの演算子の組を選びだして，それに合わせて Gelfand の3つ組をつくり，以後はその組の演算

子の多項式を(可能な場合には，その極限も)考えるという構造になっている．そのため，扱える演算子の種類は大幅に制限されるが，このことも，自己共役演算子の全体を観測量と考えるのに比べて，むしろ，より物理の現実に即しているといえるかもしれない．

こうして観測量の演算が自由に行なえる定式化が見出され，Dirac の形式にまつわる問題の1つが除かれた．

次に問題になるのは，観測量が常に固有ベクトルの完全系をもつと考えられるかどうか，である．

b) 一般化された固有ベクトル

Gelfand の3つ組における演算子 $\check{A}$ が，ある数 λ において

$$\check{A}F_\lambda = \lambda F_\lambda, \qquad F_\lambda \in \Phi' \tag{16.7.11}$$

をみたすケット F_λ をもつとき，この F_λ を $\check{A}$ の**一般化された固有ベクトル**(ここでは簡略に固有ケット)といい，その数 λ を固有値という．固有値 λ の全体を $\sum(\check{A})$ と書いて $\check{A}$ のスペクトルとよぶ．

固有値方程式(*16.7.11*)の意味を $\check{A}$ の定義にもどって書き下せば，

$$\langle \mathring{A}\eta | F_\lambda \rangle = \lambda \langle \eta | F_\lambda \rangle, \qquad \forall \eta \in \Phi \tag{16.7.12}$$

となる．

例として，3つ組(*16.7.3*)における運動量演算子 $\check{p} = -i\hbar d/dx$ を考えてみよう．ただし，簡単のために $s=1$ とする．固有値を $\hbar k$，固有ケットを F_k と記せば，方程式(*16.7.11*)は

$$-i\hbar\frac{d}{dx}F_k(x) = \hbar k F_k(x), \qquad F_k \in \mathscr{S}'(\mathrm{R}) \tag{16.7.13}$$

となる．問題は，この方程式が $\hbar k$ のどんな値に対して一般関数の解 F_k をもつか，そして，その解は何かということである．

いま，

$$F_k(x) = e^{ikx} G_k(x) \tag{16.7.14}$$

とおいてみよう．方程式(*16.7.13*)は，

$$\frac{d}{dx}G_k(x) = 0 \tag{16.7.15}$$

となる．実は，k が実数かどうか，まだ分っていないので，$F_k \in \mathscr{S}'(\mathrm{R})$ でも(*16.*

7.14)の G_k が $\mathscr{S}'(\mathsf{R})$ の元になるとはいえない．しかし超関数の空間 $\mathscr{D}'(\mathsf{R})$ の元になることは確かだから，ひとまず $\mathscr{D}'(\mathsf{R})$ の範囲で(16.7.15)の解をさがそう．その解の中から(16.7.14)の F_k が $\mathscr{S}'(\mathsf{R})$ に入るものをさがせば，それが求めるものである．

方程式(16.7.15)の意味は，定義にもどって(16.7.12)の流儀で書くなら

$$\left\langle \frac{d\eta}{dx}\middle| G_k \right\rangle = 0, \qquad \forall\eta \in \mathscr{D}(\mathsf{R})$$

つまり，超関数 G_k は

$$\eta_1(x) = (\mathscr{D}(\mathsf{R})\ \text{の関数の導関数}) \tag{16.7.16}$$

なる形の関数において値0をとるということである．ところが，$\eta_1(x) \in \mathscr{D}(\mathsf{R})$ がそのような形をもつための必要十分条件は

$$\int_{-\infty}^{\infty} \eta_1(x)\,dx = 0 \tag{16.7.17}$$

である．必要なことは(16.7.16)を積分してみれば明らかだし，十分なことは

$$\eta_1(x) = \frac{d}{dx}\int_{-\infty}^{x} \eta_1(y)\,dy$$

からわかる．

そこで，議論の便宜上，

$$\int_{-\infty}^{\infty} \eta_0(x)\,dx = 1$$

なる関数 $\eta_0 \in \mathscr{D}(\mathsf{R})$ を1つ選んで固定し，$\langle\eta_0|G_k\rangle = C$ とおく．η_0 を固定するから C は定数である．この関数 $\eta_0(x)$ を用いて勝手な $\eta \in \mathscr{D}(\mathsf{R})$ を

$$\eta(x) = \eta_0(x)\int_{-\infty}^{\infty} \eta(x)\,dx + \eta_1(x)$$

と分解すれば，この $\eta_1(x)$ は(16.7.17)をみたすから $\langle\eta_1|G_k\rangle = 0$．よって，

$$\langle\eta|G_k\rangle = C\int_{-\infty}^{\infty} \eta(x)\,dx$$

こうして任意の $\eta \in \mathscr{D}(\mathsf{R})$ において G_k のとる値がわかった．これは，

$$G_k(x) = C$$

を意味している．したがって，(16.7.14)から

$$F_k(x) = Ce^{ikx} \tag{16.7.18}$$

でなければならない．これが $\mathcal{S}'(\mathsf{R})$ に属するためには，$\mathcal{S}'(\mathsf{R})$ の元は定義により $x\to\pm\infty$ でたかだか x のベキでしか増さないのだから，

$$k\ \text{は実数},\qquad -\infty < k < \infty \tag{16.7.19}$$

でなければならない．

逆に，(16.7.18)，(16.7.19)で定まる F_k が，C を任意の定数としたままで，最初の方程式(16.7.13)を超関数論の意味で満足する．これは，(16.7.12)にあたる方程式

$$\int_{-\infty}^{\infty}\left[-i\hbar\frac{d}{dx}\eta(x)\right]^* F_k(x)\,dx = \hbar k\int_{-\infty}^{\infty}\eta^*(x)F_k(x)\,dx, \qquad \forall\eta\in\mathcal{S}(\mathsf{R})$$

に代入して部分積分を行なうことにより確かめられる．

こうして，一般化された固有値問題(16.7.13)が解けた．結果において解(16.7.18)，(16.7.19)に何の変哲もないが，これで"平面波"が固有ケットとして市民権を得たのである．

では，固有ケットの全体は完全系を作るだろうか？ 次の定理が知られている：

一般展開定理　"Gelfand の3つ組 $\Phi\subset\mathsf{H}\subset\Phi'$ において，Φ での演算子 $\mathring{A}$ の H における閉包 $\hat{A}$ が自己共役となる場合には，対応する Φ' での演算子 $\check{A}$ は，実数固有値の一般化された固有ベクトルの完全系をもつ．"

なお，この定理は"自己共役をユニタリーに代えてもなりたつ．ただし，固有値は絶対値1の複素数になる"．

ここに一般化された固有ベクトル――つまり固有ケット――の全体 $\{F_\lambda\}$ が**完全系**をなすというのは，$\eta\in\Phi$ にたいして，"固有ケット F_λ のすべてについて $\langle\eta|F_\lambda\rangle=0$ ならば $\eta=0$" なる命題のなりたつことと定義する．

この定理を上の例によって検証するのは容易である：

まず $\Phi=\mathcal{S}(\mathsf{R})$ における演算子 $\mathring{p}=-i\hbar d/dx$ の $\mathsf{H}=\mathsf{L}^2(\mathsf{R})$ における閉包が自己共役になっていることは，§16.3(f)の議論から知れる．つまり，この場合，定理の前提は大丈夫なりたっている．いま，(16.7.18)において $C=(2\pi)^{-1/2}$ に選んでおくと，

$$\langle\eta|F_k\rangle = \frac{1}{(2\pi)^{1/2}}\int_{-\infty}^{\infty}\eta^*(x)\,e^{ikx}dx$$

は関数 $\eta^*(x)\in\mathscr{S}(\mathsf{R})$ の Fourier 係数にほかならないから，Plancherel の定理

$$\int_{-\infty}^{\infty}|\langle\eta|F_k\rangle|^2dk=\int_{-\infty}^{\infty}|\eta(x)|^2dx$$

により確かに

$$\langle\eta|F_k\rangle=0,\ \ \forall k\in\mathsf{R}\ \ \Longrightarrow\ \ \eta(x)=0$$

がいえる．よって $\{F_k:\ -\infty<k<\infty\}$ は完全である——

この場合からの類推により一般に $\langle\eta|F_\lambda\rangle^*$ を η の Fourier 係数とよぶ．

さて，展開定理の一般的な証明には空間 Φ の核型性が本質的の役割を果たす．いま Hilbert 空間 H での閉包がユニタリーな $\hat{U}$ になる演算子の場合について，状況を大雑把に説明しよう．

初めに $\{\hat{U}^\alpha:-\infty<\alpha<\infty\}$ が巡回的であるとする．この場合には，§16.5 で見たように H は関数空間 $\mathsf{L}_\mu{}^2(\mathsf{R})$ と何らかのユニタリー変換 $\hat{S}$ で結ばれているとしてよく，しかも，その $\mathsf{L}_\mu{}^2(\mathsf{R})$ において $\hat{U}$ は掛算演算子になる：

$$\hat{S}\hat{U}\hat{S}^*=e^{iz},\qquad z\in\mathsf{R}$$

では，このとき空間 Φ について何がいえるか？ Φ を H の部分空間とみれば Φ の元 η も何かの関数 $\eta(z)\in\mathsf{L}_\mu{}^2(\mathsf{R})$ で $\hat{S}\eta=\eta(z)$ のように表現されているはずだが，Φ の核型性により η と $\eta^*(z)$ を結ぶ連続・反線形な汎関数 $K_z\in\Phi'$ の存在が示されるのである：

$$\eta^*(z)=\langle\eta|K_z\rangle \tag{16.7.20}$$

そして，この K_z が $\hat{U}$ に対応する Φ' 上の演算子 $\check{U}$ の固有ケットになっている．これは次のようにして分かる．まず，

$$\hat{U}\eta=\hat{S}^*(\hat{S}\hat{U}\hat{S}^*)\hat{S}\eta=\hat{S}^*[e^{iz}\eta(z)]$$

だから，

$$\langle\hat{U}\eta|K_z\rangle=\langle\hat{S}^*[e^{iz}\eta(z)]|K_z\rangle=e^{-iz}\eta^*(z)$$

これを(16.7.20)と比べれば，

$$\langle\hat{U}\eta|K_z\rangle=e^{-iz}\langle\eta|K_z\rangle$$

となり，確かに K_z は固有値 e^{-iz} の固有ケットである．

問題の核心は固有ケットの完全性であった．それは次の計算から明らかである：

$$\|\eta\|^2 = \|\hat{S}^*\eta\|_\mu{}^2 = \int |\eta(z)|^2 d\mu(z)$$

つまり，η の H におけるノルム $\|\eta\|$ は $\hat{S}^*$ のユニタリー性により $L_\mu{}^2(R)$ でのノルム $\|\eta(z)\|_\mu$ に等しいが，それは最右辺の平方根によってあたえられる．(*16. 7. 20*) により $\eta(z)$ が η の Fourier 係数にほかならないので，この場合にも Plancherel の公式に相当する関係

$$\|\eta\|^2 = \int |\langle\eta|K_z\rangle|^2 d\mu(z)$$

のなりたつことがわかる．これで望みの完全性が証明された．

なお，この場合 $\check{U}$ のスペクトルに関する情報は，測度 $\mu(z)$ の中に凝縮されているのである．このことを注意しておく．

$\hat{U}$ が巡回的でない場合の証明は，§16. 5(c) で触れた CCR の表現が可約になる場合と同じ問題になる．

H での閉包が自己共役になる場合も同様に扱える．ただ，ここで，完全系に含まれない余分の固有ケットが現われる場合もあることを注意しておこう．その一例は Gelfand の 3 つ組として $\mathcal{D}(R) \subset L^2(R) \subset \mathcal{D}'(R)$ をとって調和振動子のハミルトニアンを考えてみると得られる．周知のとおり，調和振動子の基底状態の波動関数は $u_0(x) = \alpha^{1/2}\pi^{-1/4}\exp\left[-\frac{1}{2}\alpha^2x^2\right]$ といった形をしているが，$\mathcal{D}(R)$ の関数がどれも有限区間の外で 0 であるために，$\exp\left[+\frac{1}{2}\alpha^2x^2\right]$ などが固有ケットの仲間に入ってきてしまうのである．

この定理から一歩を進めて，§16. 6 で行なったのと平行に互いに交換する自己共役演算子の組の同時固有ケットによる展開を論ずることもできるが，ここでは立ち入らない．

ここに述べた形式では，固有ケットによって展開されるのがケットの空間 Φ' の任意の元ではなく，その一部である Φ の元に限られる．したがって，確率解釈のためには，物理的に実現される状態ベクトルは常に Φ に属すると仮定しておかなければならない．座標空間での波動関数 $\psi(x)$ について $\Phi = \mathcal{S}(R^s)$ にとる場合でいうと，これは波束が，$L^2(R^s)$ の関数に比べて遠方でより急激に小さくなり，また，より滑らかであると仮定することである．おそらく現実の波束は，そのように性質のよいものであるだろう．

第17章　運動の法則

量子力学における運動方程式は，形の上で古典力学のそれと異ならない(本講座第3巻『量子力学 I』第3章)．両者の代数的構造の類似は，量子力学における交換関係 $(i\hbar)^{-1}[\hat{A}, \hat{B}]$ と古典力学における Poisson 括弧

$$\{A, B\} = \sum_{k=1}^{s}\left(\frac{\partial A}{\partial x_k}\frac{\partial B}{\partial p_k}-\frac{\partial B}{\partial x_k}\frac{\partial A}{\partial p_k}\right)$$

との対応にまでさかのぼる([Dirac], 第IV章，特に§21)．ここに A, B は量子力学の観測量 $\hat{A}, \hat{B}$ にそれぞれ対応する古典的な量であって，運動量 p_k，座標 x_k $(k=1, 2, \cdots, s)$ の関数としている．最も基本的な正準交換関係において，対応は完全である：

量子力学	古典力学
$[\hat{p}_k, \hat{x}_l] = -i\hbar\delta_{kl}$	$\{p_k, x_l\} = -\delta_{kl}$
$[\hat{p}_k, \hat{p}_l] = [\hat{x}_k, \hat{x}_l] = 0$	$\{p_k, p_l\} = \{x_k, x_l\} = 0$

そして，両者ともに次の形の恒等式をみたす(演算子の定義域の問題は別として)：

$$[\hat{A}, \hat{B}] = -[\hat{B}, \hat{A}]$$

$$[\hat{A}, \hat{B}_1+\hat{B}_2] = [\hat{A}, \hat{B}_1]+[\hat{A}, \hat{B}_2]$$

$$[\hat{A}, \hat{B}_1\hat{B}_2] = [\hat{A}, \hat{B}_1]\hat{B}_2+\hat{B}_1[\hat{A}, \hat{B}_2]$$

したがって $(i\hbar)^{-1}[\quad,\quad]$ と $\{\quad,\quad\}$ で積を定めれば量子力学と古典力学の観測量の代数は同形に見えるが，量子力学的な量が一般に非可換であるのに対して，古典力学的な量は互いに可換であるから，

$\dfrac{1}{i\hbar}[\hat{p}^2, \hat{x}^2] = -2(\hat{p}\cdot\hat{x}+\hat{x}\cdot\hat{p})$	$\{p^2, x^2\} = -2(p\cdot x+x\cdot p) = -4p\cdot x$

といった程度の差違が生ずるのは止むを得ない．ここに $p^2=p\cdot p=\sum_{k=1}^{s} p_kp_k$．

この対応は運動方程式にまで及ぶ：

$$\frac{d}{dt}\hat{A}(t) = \frac{1}{i\hbar}[\hat{A}(t), \hat{\mathscr{H}}]$$ (Heisenberg の運動方程式)	$$\frac{d}{dt}A(t) = \{A(t), \mathscr{H}\}$$

ここに $\hat{\mathscr{H}}$ (または $\mathscr{H}$) は対象とする力学系のハミルトニアンである．読者は，いくつか典型的な力学系を選び，$\hat{A}=\hat{p}, \hat{x}, \cdots$ として 2 つの運動方程式を書き下してみよ．

しかし，Heisenberg の運動方程式の意味を Hilbert 空間における演算子論の枠内で規定しようとすると，たちまち定義域の問題にぶつかる．その問題をしばらくおいて，形式的に解を書き下せば次のようになる：

$$\hat{A}(t) = e^{i\hat{\mathscr{H}}t/\hbar}\hat{A}(0)e^{-i\hat{\mathscr{H}}t/\hbar} \qquad (17.0.1)$$

自己共役演算子の指数関数は §16.3(h) の方法で定義できる．しかし，この $\hat{A}(t)$ が運動方程式をみたすことをいうには，演算子を値とする関数の微分とはどういう意味か，これを，まずはっきりさせなければならない．また，運動方程式の解がこれ以外にないかどうか(解の一意性)も問題になる．

いま仮に，そうした問題が解決したものとしよう．そうすると，量子力学の世界の運動を上とは別の仕方でも表現することができるのに気がつく．

簡単のために，対象たる力学系が純粋状態 ψ にあるという場合を考えよう．その状態で時刻 t に $\hat{A}(t)$ の観測を行なって得る測定値の期待値は

$$\langle A\rangle_t = \langle\psi, \hat{A}(t)\psi\rangle$$

によってあたえられる．この種の期待値が対象のもつ観測量のすべてにわたって定まれば(期待値汎関数†)，それを状態の記述としてよいのだった．その期待値は，また

$$\langle A\rangle_t = \langle\psi(t), \hat{A}(0)\psi(t)\rangle$$

とも書ける．(*17.0.1*) を参照して時間変化を観測量から状態ベクトルに肩代りさせ，

$$\psi(t) = e^{-i\hat{\mathscr{H}}t/\hbar}\psi(0) \qquad (\psi(0) \equiv \psi) \qquad (17.0.2)$$

とおいたわけである．状態ベクトル $\psi(t)$ の時間発展として捉えた運動のこの姿を **Schrödinger の描像** (Schrödinger picture) とよぶ．はじめに述べたように，

† §16.1 を参照．

観測量の時間発展として捉えたとき **Heisenberg の描像**とよぶ.

さて, Schrödinger の描像における状態ベクトルの運動方程式は, *(17.0.2)* から見て

$$i\hbar\frac{d}{dt}\psi = \hat{\mathscr{H}}\psi \qquad \text{(Schrödinger の方程式)}$$

となるはずだろう. そう言いきるためには, しかし, Hilbert 空間のベクトルを値とする関数の微分の定義を明らかにしなければならない. 逆に, これを方程式として $\psi(t)$ を求めたとき解が一意的だろうかという問題が生ずるのも Heisenberg の描像の場合と異ならない.

この章の前半は以上の諸問題の検討にあてられる.

状態ベクトルを配位空間 R^s 上の関数にとれば, Schrödinger の描像では量子力学的な運動とは波動の伝播にほかならない. 点 $x\in\mathsf{R}^s$ を出発した粒子が時間 t の後に $x'\in\mathsf{R}^s$ にくる確率 $\mathrm{Pr}(x, x' : t)$ は, x から出た波のうち時間 t がたったとき x' にくる部分の強度で定まる.

これに対して, x と x' を結ぶさまざまな経路を仮想し, それぞれに確率振幅をあたえて, その総和の絶対値2乗として $\mathrm{Pr}(x, x' : t)$ を求めるといった考え方もできる. これが経路積分の方法である. その基礎づけはまだ十分にはできていないが, 試みの一端をこの章の後半で述べよう. そのためには, 粒子の運動の代りに, 統計力学における正準集団の密度行列をまず考えるという廻り道をすることになる.

経路が主役になるので, 古典力学へのつながりが上に述べたのとはまた異なった意味で自然に考えられる. その示唆をうけて, 最後に Schrödinger の波動関数から $\hbar\to 0$ における確率収束といった意味で粒子軌道がとりだせることを示そう.

§17.1 時間推進の演算子

a) 運動方程式とその解

初期条件として $t=0$ での状態ベクトル $\psi(0)$ をあたえられて, **Schrödinger 方程式**

$$i\hbar\frac{d}{dt}\psi(t) = \hat{\mathscr{H}}\psi(t) \tag{17.1.1}$$

を解け．この型の問題は初期値問題，または Cauchy 問題とよばれ，初期条件は，しばしば **Cauchy データ**とよばれる．

Schrödinger 方程式の初期値問題の解は，もしあれば，一意的である．それは，$\hat{\mathscr{H}}$ の自己共役性から任意の解 $\psi(t)$ に対して

$$\frac{d}{dt}\|\psi(t)\|^2=\frac{1}{i\hbar}[\langle\psi(t),\hat{\mathscr{H}}\psi(t)\rangle-\langle\hat{\mathscr{H}}\psi(t),\psi(t)\rangle]=0$$

つまり**確率の保存**(conservation of probability)[†]といいあらわされる恒等式

$$\|\psi(t)\|^2=\text{const} \tag{17.1.2}$$

がなりたつことによる．実際，同じ Cauchy データに応ずる 2 つの解 $\psi_1(t)$, $\psi_2(t)$ があったとすると Schrödinger 方程式の線形性から $\delta\psi(t)=\psi_1(t)-\psi_2(t)$ も解であって，これは Cauchy データ $\delta\psi(0)=0$ をもつので，(*17. 1. 2*) により

$$\|\delta\psi(t)\|^2=\|\delta\psi(0)\|^2=0$$

がすべての t においてなりたつことになる．

では，Schrödinger 方程式 (*17. 1. 1*) は任意の Cauchy データ $\psi(0)$ に対して解をもつであろうか．そんなはずはない．少なくとも

$$\psi(0)\in \mathrm{D}(\hat{\mathscr{H}}) \tag{17.1.3}$$

でなければ方程式が意味をなさない．この条件をみたす Cauchy データに限って考えるものとすると，次に起こってくる問題は，以後(前)の時刻でも常に $\psi(t)\in \mathrm{D}(\hat{\mathscr{H}})$ となるだろうか，ということである．

これから，(*17. 1. 3*) をみたす Cauchy データに対しては

$$\psi(t)=\hat{U}(t)\psi(0),\qquad \hat{U}(t)=e^{-i\hat{\mathscr{H}}t/\hbar} \tag{17.1.4}$$

がすべての t にわたって Schrödinger 方程式の解になっていることを証明しよう．解の一意性は上に証明してあるから，とにかく解を 1 つ作れば方程式を完全に解いたことになるのである．(*17. 1. 4*) の $\hat{U}(t)$ は，$\hat{\mathscr{H}}$ のスペクトル射影 $\hat{P}(E)$ を用い，§16. 3(h) に従って

$$\hat{U}(t)=e^{-i\hat{\mathscr{H}}t/\hbar}=\int_{-\infty}^{\infty}e^{-iEt/\hbar}d\hat{P}(E),\qquad \mathrm{D}(\hat{U}(t))=\mathrm{H} \tag{17.1.5}$$

と定義されるユニタリー演算子で，時刻 0 の状態を時刻 t の状態にうつすから，

---

† 正しくは全確率の保存というべきである．

時間推進の演算子(time translation operator)とよばれる.

証明の第1段として, (*17. 1. 4*)の $\psi(t)$ が時刻0では方程式(*17. 1. 1*)をみたすことを示そう. ただし, 方程式をみたすという意味は, いま $\psi(0)\equiv\varphi$ とおくが,

$$i\hbar\frac{\hat{U}(\varDelta t)-1}{\varDelta t}\varphi$$

が Hilbert 空間のベクトルとして $\varDelta t\to 0$ のとき $\hat{\mathscr{H}}\varphi$ に強収束することであるとする. Hilbert 空間のベクトル $\psi(t)=\hat{U}(t)\varphi$ の微分を強収束の意味で定義しているわけである. 証明すべきことは,

$$\chi(\varDelta t)\equiv i\hbar\frac{\hat{U}(\varDelta t)-1}{\varDelta t}\varphi-\hat{\mathscr{H}}\varphi \tag{17. 1. 6}$$

が $\varDelta t\to 0$ で $\|\chi(\varDelta t)\|\to 0$ となることである. スペクトル表示

$$\chi(\varDelta t)=\int_{-\infty}^{\infty}\left(i\hbar\frac{e^{-iE\varDelta t/\hbar}-1}{\varDelta t}-E\right)d\hat{P}(E)\varphi$$

において, 右辺の $(\cdots)$ を $f(E:\varDelta t)$ と書けば

$$\|\chi(\varDelta t)\|^2=\int_{-\infty}^{\infty}|f(E:\varDelta t)|^2d\|\hat{P}(E)\varphi\|^2 \tag{17. 1. 7}$$

ところが, この積分は, 一方において不等式

$$|f(E:\varDelta t)|\leqq\left|i\hbar\frac{e^{-iE\varDelta t/\hbar}-1}{\varDelta t}\right|+|E|\leqq 2|E|$$

のおかげで

$$\int_{-\infty}^{\infty}|f(E:\varDelta t)|^2d\|\hat{P}(E)\varphi\|^2\leqq 4\int_{-\infty}^{\infty}E^2d\|\hat{P}(E)\varphi\|^2$$

のように t に無関係な定数 $4\|\hat{\mathscr{H}}\varphi\|^2$ でおさえられる. 他方, 積分範囲の各点 E において, 明らかに

$$\lim_{\varDelta t\to 0}f(E:\varDelta t)=0$$

となる. この2つの事実から Lebesgue の収束定理([伊藤], p. 90)により

$$\lim_{\varDelta t\to 0}\int_{-\infty}^{\infty}|f(E:\varDelta t)|^2d\|\hat{P}(E)\varphi\|^2=0$$

がいえて, (*17. 1. 7*)により, 証明の目標であった

$$\|\chi(\Delta t)\|^2 \xrightarrow[\Delta t\to 0]{} 0 \tag{17.1.8}$$

が得られる．これは，(17.1.4)の $\psi(t)$ が時刻0で Schrödinger 方程式をみたすことを示す．

証明の第2段は上の結果を任意の時刻 t に拡張することであって，すぐ後で確かめる2つの事実を用いる：

1°　任意の t につき

$$\hat{U}(t)\mathsf{D}(\hat{\mathscr{H}}) \subset \mathsf{D}(\hat{\mathscr{H}}) \tag{17.1.9}$$

2°　任意の t_1, t_2 につき

$$\hat{U}(t_2)\hat{U}(t_1) = \hat{U}(t_2+t_1) \tag{17.1.10}$$

$\varphi \equiv \hat{U}(t)\psi(0)$ とおくと(17.1.3)から1°により $\varphi \in \mathsf{D}(\hat{\mathscr{H}})$ となるので，2°による

$$i\hbar\frac{\hat{U}(t+\Delta t)-\hat{U}(t)}{\Delta t}\psi(0) = i\hbar\frac{\hat{U}(\Delta t)-1}{\Delta t}\varphi \tag{17.1.11}$$

の右辺に(17.1.8)が適用できることになるのである．これは，(17.1.4)の $\psi(t)$ が任意の時刻 t に Schrödinger 方程式をみたすことを示す．

上記の1°を，$\hat{U}(t)$ が $\mathsf{D}(\hat{\mathscr{H}})$ を不変にすると言い表わす．証明はやさしい．実際，任意の $\psi \in \mathsf{D}(\hat{\mathscr{H}})$ に対して

$$\hat{\mathscr{H}}\hat{U}(t)\psi = \int_{-\infty}^{\infty} Ee^{-iEt/\hbar}d\hat{P}(E)\psi = \hat{U}(t)\hat{\mathscr{H}}\psi \tag{17.1.12}$$

がなりたつから，確かに $\hat{U}(t)\psi$ に $\hat{\mathscr{H}}$ が演算できる．次に2°は(17.1.5)から証明できる．すなわち，スペクトル射影の非減少性(16.3.34)を用いて

$$\begin{aligned}\hat{U}(t_2)\hat{U}(t_1) &= \int_{-\infty}^{\infty} e^{-iEt_2/\hbar}d_E\left\{\int_{-\infty}^{\infty} e^{-iE't_1/\hbar}d_{E'}[\hat{P}(E)\hat{P}(E')]\right\}\\ &= \int_{-\infty}^{\infty} e^{-iEt_2/\hbar}d_E\left\{\int_{-\infty}^{E} e^{-iE't_1/\hbar}d_{E'}\hat{P}(E')\right\}\end{aligned}$$

のように計算を進めればよいのである．

こうして，Cauchy データ $\psi(0)$ に応じて Schrödinger 方程式(17.1.1)の解が一意的に(17.1.4)で与えられることがわかった．これは現在が未来を決定†す

† ちょっと考えると，$t<0$ にとれば過去も決定されるように思われるだろうが，実際はそうならない．観測の問題がからんでくるからである．第20章を見よ．

るという**原始因果性**(primitive causality)の理想に適っている.

かつて§16.1で状態の概念を検討したとき，最も精細に決定された状態は原子的であるということにした．そして，量子力学の世界における原子的な状態は，古典力学におけるそれとは異なって，測定に際し確率的・偶然的に現象する面をもつことを注意したが，それにもかかわらず，現在の原子的状態が未来を原子的に決定するという意味において，ここでも原始因果性がなりたっているのである.これは，やはり強調するに値することであろう.

1パラメーター群(1-parameter group)についての注意を，ここにはさむ．それは，一般に，Hilbert 空間 H 全体で定義されて

$$\left.\begin{aligned}\hat{U}(0) &= 1\\ \hat{U}(t_2)\hat{U}(t_1) &= \hat{U}(t_2+t_1)\end{aligned}\right\} \tag{17.1.13}$$

をみたす演算子の集合 $\{\hat{U}(t): -\infty<t<\infty\}$ のことである.

われわれの時間推進の演算子も1パラメーター群をなしている．この群は，さらに，(i) ユニタリーで，(ii) **強連続**(strongly continuous)でもある．(i)は各 $\hat{U}(t)$ がユニタリー演算子だということ，(ii)は任意の t において

$$\|\hat{U}(t+\Delta t)\psi-\hat{U}(t)\psi\| \xrightarrow[\Delta t\to 0]{} 0, \qquad \forall\psi\in \mathsf{H} \tag{17.1.14}$$

のなりたつことであるが，$\hat{U}(t)$ が群をなすこととユニタリーなこととにより，これは

$$\|(\hat{U}(\Delta t)-1)\psi\| \xrightarrow[\Delta t\to 0]{} 0$$

としてもよく，(17.1.6)の極限の存在と $\hat{U}(\Delta t)$ の有界性とから明らかである.

以上に述べてきたことの逆がなりたつので，ここに注意しておこう．証明([吉田, a], pp. 184-185)はしない——

“強連続†な1パラメーター・ユニタリー群は(17.1.5)の形にスペクトル分解される(Stone の定理).”

スペクトル分解されれば(17.1.11)にいたる議論がそのまま生かされて，この

---

† 実は(17.1.14)を

$$\hat{U}(t+\Delta t) \xrightarrow{\mathrm{w}} \hat{U}(t)$$

でおきかえた弱連続性で十分である．すぐ後に説明する演算子の極限の定義を参照.

群の微分可能性がでる[†]. この事実は以前に§16.5で利用したことがある. $\hat{U}(t)^{-1}\cdot id\hat{U}(t)/dt$ を1パラメーター群の**生成演算子**(generator)という. それは, いまの場合 $\hat{\mathcal{H}}/\hbar$ である. 量子力学においてハミルトニアン $\hat{\mathcal{H}}$ は力学系のエネルギーの表現であると同時に, 時間推進の生成演算子(の $\hbar$ 倍)でもあるという2重の役目を負わされている. いや, ハミルトニアンに限ったことではない. 運動量や角運動量など多くの観測量に同様の2重性があることは既に第8章で述べた.

さて, 次に Heisenberg の運動方程式の意味づけを試みよう. それは, この章のはじめに書いた(*17.0.1*)の式($\hat{A}$ を $\hat{B}$ にかえた心は間もなく明らかになる)

$$\hat{B}(t) = \hat{U}^*(t)\hat{B}\hat{U}(t) \tag{17.1.15}$$

と, 標題の運動方程式の内容となるべき

$$\hat{R}(\varDelta t) \equiv -i\hbar\frac{\hat{B}(t+\varDelta t)-\hat{B}(t)}{\varDelta t}-[\hat{\mathcal{H}}, \hat{B}(t)] \xrightarrow[\varDelta t\to 0]{} 0 \tag{17.1.16}$$

の収束とが一体どんな意味で捉えられるかを問うことである. 上に調べた Schrödinger 方程式の場合には Hilbert 空間のベクトル $\psi(t)$ の微分が問題であったのに対して, こんどの(*17.1.16*)では演算子の微分の意味づけが求められている.

演算子の列の極限はこれまでにも何度か扱った. ここで総括をしておこう. 一般に開区間 I を動く実パラメーター t に依存した演算子の集合 $\{\hat{A}(t) : t\in I\}$ がトリヴィアルでない[††]共通の定義域 $\mathsf{D}_I(\hat{A}) = \bigcap_t \mathsf{D}[\hat{A}(t)]$ をもつとき, $t\to t_0\in I$ における $\hat{A}(t)$ の $\hat{A}_0$ への収束の捉え方には3つの型がある——

一様収束: $\|\hat{A}(t)-\hat{A}_0\| \longrightarrow 0$

強 収 束: $\|(\hat{A}(t)-\hat{A}_0)\psi\| \longrightarrow 0, \quad \forall\psi\in\mathsf{D}_I(\hat{A})$

弱 収 束: $\langle\varphi, (\hat{A}(t)-\hat{A}_0)\psi\rangle \longrightarrow 0, \quad \forall(\psi\in\mathsf{D}_I(\hat{A}), \varphi\in\mathsf{H})$

ただし, 一様収束をいうためのノルムは $\hat{A}(t)$ の定義域として $\mathsf{D}_I(\hat{A})$ をとって(*16.4.3*)により定めるものとする. これらの収束を順に u, s, w の文字で表わし, たとえば強収束なら $\xrightarrow{s}$ と書く.

数学の教科書では, 演算子の収束を Hilbert 空間全体で定義された有界演算子の列 $\{\hat{B}(t) : t\in I\}$ に対してだけ定義していることが多い. さきに $\hat{U}(t)$ の強連続性とよんだ(*17.1.14*)は, その範疇での $\hat{U}(t+\varDelta t) \xrightarrow[\varDelta t\to 0]{s} \hat{U}(t)$ を意味している.

---

† この場合, 演算子の微分は次に説明する強収束の意味とする.

†† ゼロ・ベクトルだけではない, の意.

しかし，(17.1.11)を演算子 $i\hbar[\hat{U}(t+\Delta t)-\hat{U}(t)]/\Delta t$ の $\Delta t\to 0$ での強収束と見るには，話を $\mathsf{D}(\hat{\mathscr{H}})$ 上に制限しておかなければならない．

Heisenberg の運動方程式に導くはずの(17.1.16)も，$\hat{B}$ を Hilbert 空間 H 全体で定義された有界演算子とすれば

$$\mathsf{D}_I=\{\psi:\ \psi\in\mathsf{D}(\hat{\mathscr{H}}),\ \hat{B}\hat{U}(t)\psi\in\mathsf{D}(\hat{\mathscr{H}}),\ t\in I\} \qquad (17.1.17)$$

の上での強収束

$$\|\hat{R}(\Delta t)\psi\|\xrightarrow[\Delta t\to 0]{}0, \qquad \forall\psi\in\mathsf{D}_I \qquad (17.1.18)$$

として捉えられる．この際，(17.1.15)の $\hat{B}(t)$ が H 全体を定義域とする有界演算子となることは断わるまでもあるまい．$\hat{B}$ が自己共役なら $\hat{B}(t)$ も自己共役になる．その他にもスペクトルの様相など $\hat{B}$ の種々の性質が $\hat{B}(t)$ に遺伝する．

(17.1.18)を証明するには，(17.1.16)を

$$\begin{aligned}\hat{R}(\Delta t)\psi=&-\hat{U}^*(t+\Delta t)\hat{B}\chi(\Delta t)+\hat{U}^*(t)\chi_B(\Delta t)\\&-[\hat{U}^*(t+\Delta t)-\hat{U}^*(t)]\hat{B}\hat{\mathscr{H}}\hat{U}(t)\psi\end{aligned} \qquad (17.1.19)$$

と書きかえればよい．ここに $\chi(\Delta t)$ は $\varphi=\hat{U}(t)\psi$ を用いて(17.1.6)によって定義されるベクトルであり，また

$$\chi_B(\Delta t)=\left(i\hbar\frac{\hat{U}(-\Delta t)-1}{-\Delta t}-\hat{\mathscr{H}}\right)\hat{B}\hat{U}(t)\psi$$

であるが，$\psi\in\mathsf{D}_I$ により $\hat{U}(t)\psi,\hat{B}\hat{U}(t)\psi\in\mathsf{D}(\hat{\mathscr{H}})$ だから，(17.1.8)により $\Delta t\to 0$ で $\|\chi(\Delta t)\|,\|\chi_B(\Delta t)\|\to 0$．おのおのにかかっている演算子 $\hat{U}^*(t+\Delta t)\hat{B},\hat{U}^*(t)$ は共に有界だから(17.1.19)の第1，第2項は $\to 0$．さらに第3項は $\hat{U}(t)$ の強連続性によって $\Delta t\to 0$ で消える．これで(17.1.18)が証明され，$\hat{B}(t)=\hat{U}^*(t)\hat{B}\hat{U}(t)$ が，(17.1.17)の D_I 上において，時間微分を演算子の強収束の意味として，Heisenberg の運動方程式

$$\frac{d}{dt}\hat{B}(t)=\frac{i}{\hbar}[\hat{\mathscr{H}},\hat{B}(t)] \qquad (17.1.20)$$

をみたすことがわかった．

この証明から，われわれが議論を H 全体で定義された有界演算子 $\hat{B}$ に限った理由も，すでに明らかであろう．

非有界な演算子 $\hat{A}$ の場合には，もしそれが自己共役なら，そのスペクトル射

影 $\hat{P}_A(\lambda)$ に対する方程式として Heisenberg の運動方程式を捉えるのが1つの道である．すなわち，

$$\hat{P}_A(\lambda:t) = \hat{U}^*(t)\hat{P}_A(\lambda)\hat{U}(t) \qquad (17.1.21)$$

とするとき(17. 1. 20)と同様の運動方程式がなりたつ．ただし(17. 1. 17)に相当する領域 D_I を定めるのに，条件 $\hat{P}_A(\lambda)\hat{U}(t)\psi\in\mathrm{D}(\hat{\mathscr{H}})$ を $\hat{A}$ のスペクトルに属する λ の全体にわたって同時に要求する．さもないと，その条件がなりたつ λ においてしか運動方程式が書けない．

(17. 1. 21)によれば $\hat{P}_A(\lambda:t)$ のベキ等性・自己共役性が容易に確かめられるので，これはまた射影演算子であることがわかる．したがって

$$\hat{A}(t) \equiv \int_{-\infty}^{\infty}\lambda d\hat{P}_A(\lambda:t) \qquad (17.1.22)$$

は自己共役な演算子となるが，その定義域

$$\mathrm{D}[\hat{A}(t)] = \{\psi : \int_{-\infty}^{\infty}\lambda^2 d\|\hat{P}_A(\lambda:t)\psi\|^2<\infty\} = \hat{U}^{-1}(t)\mathrm{D}(\hat{A})$$

が一般には時間と共に動いてしまうことに留意しておかなければならない．

Heisenberg の運動方程式の解の一意性は，ハミルトニアンが離散的なスペクトルのみをもつ場合ならば容易に証明できる．この場合，固有値問題 $\hat{\mathscr{H}}u_\nu=E_\nu u_\nu$ の解 $\{u_\nu\}_{\nu=0,1,2,\cdots}$ が完全系をなす．仮に，同一の初期条件 $\hat{B}(0)$ に応ずる(17. 1. 20)の解が2つあったとして，その差を $\delta\hat{B}(t)$ とおくと，これがやはり(17. 1. 20)の形の方程式をみたし，初期条件は $\delta\hat{B}(0)=0$. したがって(17. 1. 17)の $\hat{B}\hat{U}(t)\psi\in\mathrm{D}(\hat{\mathscr{H}})$ に相当する条件 $\delta\hat{B}(0)\hat{U}(t)\psi\in\mathrm{D}(\hat{\mathscr{H}})$ は任意の $\psi\in\mathrm{H}$ がみたす．このことに注意して簡単な計算を行なうと，

$$\frac{d}{dt}\delta\hat{B}^*(t)\delta\hat{B}(t) = \frac{i}{\hbar}[\hat{\mathscr{H}}, \delta\hat{B}^*(t)\delta\hat{B}(t)] \qquad (17.1.23)$$

が $\mathrm{D}(\hat{\mathscr{H}})$ 上でなりたつことがわかる．u_ν ではさめば右辺で相殺がおこり，

$$\frac{d}{dt}\langle u_\nu, \delta\hat{B}^*(t)\delta\hat{B}(t)u_\nu\rangle = 0$$

これは

$$\|\delta\hat{B}(t)u_\nu\|^2 = \|\delta\hat{B}(0)u_\nu\|^2 = 0 \qquad (\nu = 0, 1, 2, \cdots)$$

を示すが，$\{u_\nu\}$ は完全系であったから $\delta\hat{B}(t)$ が有界演算子であることを考慮して，

$$\delta\hat{B}(t)=0 \tag{17.1.24}$$

を得る．これは解の一意性を示すものである．

ハミルトニアンのスペクトルが連続な部分をもつ場合にも，エネルギーに関する幅の狭い波束を考える極限で同様の論法がなりたつであろう．

b) 解析ベクトル

演算子の指数関数を定義するのに別の仕方がある．物理への応用も広いので，ここに説明をしておきたい．

一般に，演算子 $\hat{\mathcal{H}}$ に対してベクトル $\psi\in\mathsf{H}$ が

$$\left.\begin{array}{lll} 1^\circ & & \psi\in\bigcap_{n=1}^{\infty}\mathsf{D}(\hat{\mathcal{H}}^n)\equiv\mathsf{D}_\infty \\ 2^\circ & \text{正数 } s \text{ が存在して} & \sum_{n=1}^{\infty}s^n\dfrac{\|\hat{\mathcal{H}}^n\psi\|}{n!}<\infty \end{array}\right\} \tag{17.1.25}$$

の2条件をみたすとき，この ψ を $\hat{\mathcal{H}}$ の**解析ベクトル**という．演算子 $\hat{\mathcal{H}}$ に対して固定した $s>0$ をもつ解析ベクトルの全体を K_s と記せば，これは線形空間であり，$s>s'$ なら $\mathsf{K}_s\subset\mathsf{K}_{s'}$ となる．解析ベクトルの空間の例として，運動量演算子につき§16.5(b)に述べた Ω_l を思いだしておこう．

まず，$|t|<s$ なる実数 t ごとに次のような線形演算子 $\hat{U}_s(t)$ が定義できることは確かである．

$$\left.\begin{array}{ll} \text{作　用:} & \hat{U}_s(t)\psi=\sum_{n=0}^{\infty}t^n\dfrac{(i\hat{\mathcal{H}})^n}{n!}\psi \\ \text{定義域:} & \mathsf{D}[\hat{U}_s(t)]=\mathsf{K}_s \end{array}\right\} \tag{17.1.26}$$

演算子のこの無限級数は(17.1.25)により K_s 上で強収束する．また，$s>s'$ のとき K_s 上では $\hat{U}_s(t)=\hat{U}_{s'}(t)$ であることに注意しておこう．

これらの演算子 $\hat{U}_s(t)$ を指数関数らしく仕立て上げてゆくためには，何段かの手続が必要であるが，それには第1に $\hat{\mathcal{H}}$ が“閉じている”としておかなければならない．以下これを仮定しよう．はじめに，

(i) $|t_1|+|t_2|<s$ ならば，$\psi\in\mathsf{K}_s$ に対して

$$\hat{U}_s(t_1)\psi\in\mathsf{K}_{s-|t_1|}$$

$$\hat{U}_{s-|t_1|}(t_2)\,\hat{U}_s(t_1)\psi=\hat{U}_s(t_1+t_2)\psi$$

証明はやさしい．(17.1.25)の無限級数が s で微分してもなお収束することか

ら知れるように，$\psi \in \mathsf{K}_s$ には $\hat{\mathscr{H}}$ が次々に掛けられて，しかも $\hat{\mathscr{H}}^n\psi \in \mathsf{K}_s$ となる．そのおかげで，$|t_1|<s$ に対する

$$\chi_N \equiv \hat{U}^{(N)}(t_1)\psi \qquad \left(\hat{U}^{(N)}(t_1) \equiv \sum_{n=0}^{N} t_1{}^n \frac{(i\hat{\mathscr{H}})^n}{n!}\right)$$

にも $\hat{\mathscr{H}}$ が掛けられるが，

$$\hat{\mathscr{H}}\chi_N = \hat{\mathscr{H}}\hat{U}^{(N)}(t_1)\psi = \hat{U}^{(N)}(t_1)\hat{\mathscr{H}}\psi \qquad (N=0,1,2,\cdots) \qquad (17.1.27)$$

は Cauchy 列をなすことがわかるので，H の完備性により $\varphi \in \mathsf{H}$ が存在して，

$$\hat{\mathscr{H}}\chi_N \xrightarrow[N\to\infty]{} \varphi$$

となる．他方で，

$$\chi_N \xrightarrow[N\to\infty]{} \hat{U}_s(t_1)\psi$$

がなりたっている．これら2つのことから $\hat{\mathscr{H}}$ が閉じているという仮定により，

$$\hat{U}_s(t_1)\psi \in \mathsf{D}(\hat{\mathscr{H}}) \quad \text{かつ} \quad \hat{\mathscr{H}}\hat{U}_s(t_1)\psi = \varphi$$

が結論される．ところが(17.1.27)により $\hat{\mathscr{H}}\chi_N$ の収束は $U^{(N)}(t_1)$ の $\hat{\mathscr{H}}\psi$ における強収束ともみなすことができ，結局，

$$\hat{\mathscr{H}}\hat{U}_s(t_1)\psi = \hat{U}_s(t_1)\hat{\mathscr{H}}\psi, \qquad \psi \in \mathsf{K}_s$$

がいえることになる．$\hat{\mathscr{H}}^n\psi \in \mathsf{K}_s$ だったから，この結果の ψ を $[\hat{\mathscr{H}}^{n-1}\psi]$ と読みかえることを繰り返せば，

$$\hat{U}_s(t_1)[\hat{\mathscr{H}}^n\psi] = \hat{\mathscr{H}}\hat{U}_s(t_1)[\hat{\mathscr{H}}^{n-1}\psi] = \cdots = \hat{\mathscr{H}}^n\hat{U}_s(t_1)\psi \qquad (17.1.28)$$

が得られる．$\hat{\mathscr{H}}^n\psi \in \mathsf{K}_s$ に $\hat{U}_s(t_1)$ が掛けられるのは当然であるが，これで $\hat{U}_s(t_1)\psi$ に $\hat{\mathscr{H}}$ の任意の整数ベキが掛けられることがわかったのである．すなわち

$$\hat{U}_s(t_1)\psi \in \mathsf{D}(\hat{\mathscr{H}}^n) \qquad (n=1,2,\cdots)$$

そこで，

$$\eta_L \equiv \sum_{l=0}^{L}\left[t_2{}^l\frac{(i\hat{\mathscr{H}})^l}{l!}\hat{U}_s(t_1)\psi\right]$$

を考えよう．$L\to\infty$ でこれが収束すれば極限は $\hat{U}_{s'}(t_2)\hat{U}_s(t_1)\psi$ であるが，この s' の値を見定めなければならない．同時に，その極限は $\hat{U}_s(t_1+t_2)\psi$ でもあるだろうと期待されよう．$|t_1+t_2| \leqq |t_1|+|t_2|<s$ だから，この $\hat{U}_s(t_1+t_2)\psi$ はよく定義されているわけである．そのため，

$$\hat{U}_s(t_1+t_2)\psi = \hat{U}^{(N)}(t_1+t_2)\psi + R^{(N)}$$

と書くと，$N\to\infty$ で $\|R^{(N)}\|\to 0$ となる．一方 $L\geqq N$ として考えると，上の η_L は

$$\eta_L = \left(\sum\nolimits_{\mathrm{I}}+\sum\nolimits_{\mathrm{II}}\right) t_2{}^l \frac{(i\hat{\mathscr{H}})^l}{l!} t_1{}^k \frac{(i\hat{\mathscr{H}})^k}{k!}\psi$$

と書ける．$\sum_{\mathrm{I}}$, $\sum_{\mathrm{II}}$ は図 17.1 に示した (k, l) 格子上の範囲 I, II にわたる 2 重和であって，特に $\sum_{\mathrm{I}}$ の結果は $\hat{U}^{(N)}(t_1+t_2)\psi$ に等しい．さらに，

$$\left\|\sum\nolimits_{\mathrm{II}} t_2{}^l \frac{(i\hat{\mathscr{H}})^l}{l!} t_1{}^k \frac{(i\hat{\mathscr{H}})^k}{k!}\psi\right\| \leqq \sum\nolimits_{\mathrm{II}} |t_2|^l |t_1|^k \frac{\|(i\hat{\mathscr{H}})^{l+k}\psi\|}{l!k!}$$
$$< \sum_{n=N+1}^{\infty} (|t_1|+|t_2|)^n \frac{\|(i\hat{\mathscr{H}})^n\psi\|}{n!}$$

は，$|t_1|+|t_2|<s$ により $N\to\infty$ で 0 にいく．以上をまとめて

$$\|\eta_L - \hat{U}_s(t_1+t_2)\psi\| \xrightarrow[L\to\infty]{} 0$$

がわかり，$\hat{U}_s(t\_)\psi \in \mathsf{K}_{s-|t_1|}$ と $\operatorname*{s-lim}_{L\to\infty}\eta_L = \hat{U}_s(t_1+t_2)\psi$ とが一気に確かめられた．これは $|t_2|<s-|t_1|$ でいえたことだから，上の s' は最大 $s-|t_1|$ である．これで $\hat{U}_s(t)$ の性質 (i) の証明が終わった．

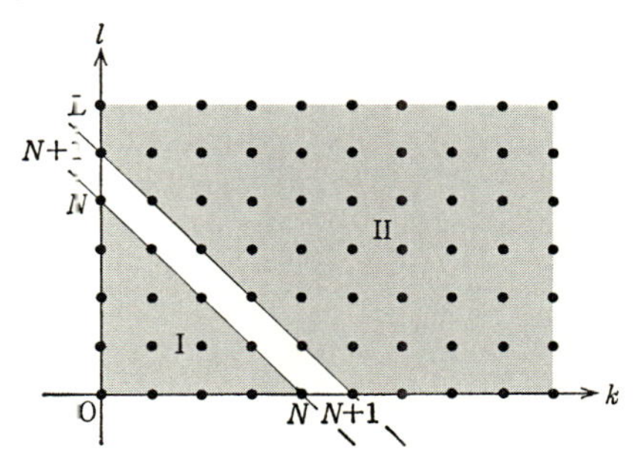

図 17.1　2 重和 $\sum_{\mathrm{I}}$, $\sum_{\mathrm{II}}$ は，それぞれ I, II の範囲にわたる

(ii)　$|t|<s$ なる任意の t において，

$$\left.\begin{aligned} &\hat{U}_s(t+\Delta t) \xrightarrow[\Delta t\to 0]{} \hat{U}_s(t) \\ &\frac{\hat{U}_s(t+\Delta t)-\hat{U}_s(t)}{\Delta t} \xrightarrow[\Delta t\to 0]{} i\hat{\mathscr{H}}\hat{U}_s(t) \end{aligned}\right\} \quad (\mathsf{K}_s \text{ 上の強収束})$$

$\hat{U}_s(t)$ について第 1 式は強連続性を，第 2 式は強微分 $d\hat{U}_s(t)/dt$ の存在を意味している．$|t|<s$ だから，$|\Delta t|$ が十分に小なら $|t+\Delta t|<s$ であって，それぞれの

左辺が意味をもつのである．

証明は，性質(i)を用いれば直ちにできる．実際，

$$\hat{U}_s(t+\Delta t) = \hat{U}_{s-|t|}(\Delta t)\,\hat{U}_s(t)$$

だから，任意の $\psi\in \mathrm{K}_s$ に対し $\hat{U}_s(t)\psi=\varphi$ とおくと

$$\|\{\hat{U}_s(t+\Delta t)-\hat{U}_s(t)\}\psi\| = \|\{\hat{U}_{s-|t|}(\Delta t)-1\}\varphi\|$$

であるが，この右辺は，$\hat{\mathcal{H}}\varphi\in\mathrm{K}_s$ となることによって

$$(\text{右辺}) = \left\|\sum_{n=1}^{\infty}(\Delta t)^n\frac{(i\hat{\mathcal{H}})^n}{n!}\varphi\right\| \leqq |\Delta t|\cdot\sum_{n=0}^{\infty}s^n\frac{\|(\hat{\mathcal{H}})^n[\hat{\mathcal{H}}\varphi]\|}{n!}\xrightarrow[\Delta t\to 0]{} 0$$

これで強連続性が証明された．強微分の存在は同様にしても確かめられるが，すでに(i)の証明の際にもいえている．

(iii)　任意の $\psi\in\mathrm{K}_s$ に対し，

(a)　$\hat{\mathcal{H}}$ が“対称演算子”ならば，$|t|<s$ なる t において，

$$\|\hat{U}_s(t)\psi\| = \|\hat{U}_s(0)\psi\| = \|\psi\| \qquad (\text{等距離性})$$

(b)　$-i\hat{\mathcal{H}}$ が“対称†かつ非負”ならば，$0\leqq t<s$ なる t において，

$$\|\hat{U}_s(t)\psi\| \leqq \|\hat{U}_s(0)\psi\| = \|\psi\| \qquad (\text{縮小性})$$

証明は，性質(ii)を用いれば直ちにできる．実際，$\hat{U}_s(t)\psi=\varphi$ とおけば，

$$\frac{d}{dt}\|\hat{U}_s(t)\psi\|^2 = \langle\varphi, i\hat{\mathcal{H}}\varphi\rangle+\langle i\hat{\mathcal{H}}\varphi, \varphi\rangle$$

となるが，右辺は $\hat{\mathcal{H}}$ が対称なら 0 であり，$-i\hat{\mathcal{H}}$ が対称かつ非負なら $\leqq 0$ である．

以下，この2つの場合だけを考えることにし，これをいちいち断わらない．

(iv)　$|t|<s$ のとき，

$$\psi\in\mathrm{K}_s \quad \text{なら} \quad \hat{U}_s(t)\psi\in\mathrm{K}_s$$

これは(i)の $\hat{U}_{s'}(t_2)\,\hat{U}_s(t_1)\psi=\hat{U}_s(t_1+t_2)\psi$ における s' を大きくする可能性をひらく点で重要である．

証明をするには，(17. 1. 28)を用いて得られる等式

$$\sum_{n=1}^{N}s^n\frac{\|(i\hat{\mathcal{H}})^n\hat{U}_s(t)\psi\|}{n!} = \sum_{n=1}^{N}s^n\frac{\|\hat{U}_s(t)(i\hat{\mathcal{H}})^n\psi\|}{n!}$$

の右辺に性質(iii)を用いればよい．

---

† $\hat{\mathcal{H}}^*\supset-\hat{\mathcal{H}}$ となるので，このような $\hat{\mathcal{H}}$ は歪対称(skew symmetric)であるといわれる．

(v)　$|t|<s$ のとき，整数 p によらず，K_s 上で

$$\hat{U}_s(t) = \left[\hat{U}_s\!\left(\frac{t}{p}\right)\right]^p$$

なぜなら，(i)から $\psi\in\mathrm{K}_s$ に対して

$$\hat{U}_s(t)\psi = \hat{U}_{s-\left|\frac{t}{p}\right|}\!\left(\frac{t}{p}\right)\hat{U}_s\!\left(\frac{p-1}{p}t\right)\psi$$

であるが，(iv)により

$$\hat{U}_s\!\left(\frac{p-1}{p}t\right)\psi\in\mathrm{K}_s$$

となるので，K_s 上では

$$\hat{U}_{s-\left|\frac{t}{p}\right|}\!\left(\frac{t}{p}\right) = \hat{U}_s\!\left(\frac{t}{p}\right)$$

という最初に注意した特質が用いられることになるからである．

さて，これまで $\hat{U}_s(t)$ は (s,t) 平面上の扇状の領域 AOB の内部でだけ定義されていたのだった(図 17.2)．いま s を任意の値 s_1 に固定し，その定義範囲を $-\infty<t<\infty$ の t 全体に拡張しよう．そのために，整数 p を用いて $|t/p|<s$ となるとき，定義域を K_s として，新しく

$$\hat{U}_{(s)}(t) = \left[\hat{U}_s\!\left(\frac{t}{p}\right)\right]^p \tag{17.1.29}$$

を定義する．もし $|t|<s$ なら，上の性質(v)から $\hat{U}_{(s)}(t)$ は p のとりかたによらない．$|t|>s$ でもそうであることは，異なる整数 p_1 と p_2 を用いて作った $\hat{U}_{(s)}(t)$ を p_1 と p_2 の公倍数を用いて作ったものと比べてみればわかる．

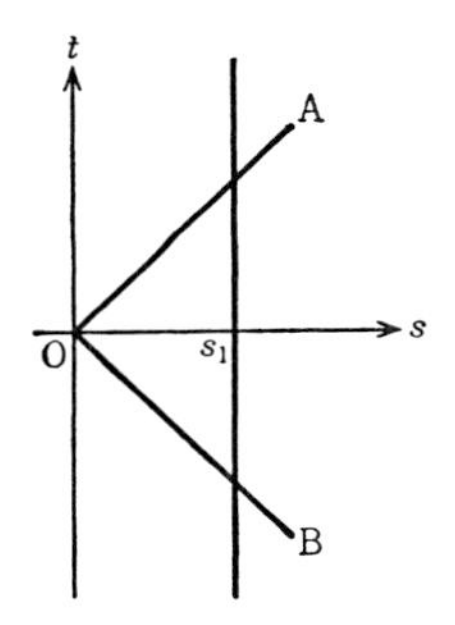

図 17.2　$\hat{U}_s(t)$ の定義されている範囲

さらに s 依存性をも除くために，演算子 $\hat{U}(t)$ を次のように定義する——

定義域: $$\mathsf{K} \equiv \bigcup_{s>0} \mathsf{K}_s \qquad (= \hat{\mathscr{H}} \text{ の解析ベクトルの全体})$$

そして，$\psi \in \mathsf{K}$ なら，どれかの $s>0$ につき $\psi \in \mathsf{K}_s$ のはずだから，その s をとって

作　用: $$\hat{U}(t)\psi = \hat{U}_{(s)}(t)\psi \tag{17.1.30}$$

とする.

しかし，$\psi \in \mathsf{K}_s$ なら $0<s'<s$ なるすべての s' につき $\psi \in \mathsf{K}_{s'}$ でもあるから，作用のこの定義がそうした s の任意性に左右されないことを確かめておく必要がある．それは，やさしい．実際，$s'<s$ なら本来 $|t/p|<s'$ なる整数 p を選んで，$\psi \in \mathsf{K}_{s'}$ に対して，

$$\hat{U}(t)\psi \equiv \hat{U}_{(s')}(t)\psi = \left[\hat{U}_{s'}\left(\frac{t}{p}\right)\right]^p \psi$$

とするところであるが，特に $\psi \in \mathsf{K}_s \subset \mathsf{K}_{s'}$ に対しては $\hat{U}_{s'}\left(\frac{t}{p}\right) = \hat{U}_s\left(\frac{t}{p}\right)$ だから，

$$\left[\hat{U}_{s'}\left(\frac{t}{p}\right)\right]^p \psi = \left[\hat{U}_s\left(\frac{t}{p}\right)\right]^p \psi = \hat{U}_{(s)}(t)\psi$$

となって，K_s 上で $\hat{U}_{(s')}(t) = \hat{U}_{(s)}(t)$ であることがわかる.

こうして定めた演算子 $\hat{U}(t)$ は，その原型たる $\hat{U}_s(t)$ からの遺伝をうけて，

$$\left.\begin{aligned} &\hat{U}(0) = 1 \\ &\hat{U}(t_1)\hat{U}(t_2) = \hat{U}(t_1+t_2) \end{aligned}\right\} \tag{17.1.31}$$

なる1パラメーター群をなし，任意の t において強連続・強微分可能で，生成演算子 $\hat{\mathscr{H}}$ をもつ:

$$\frac{d}{dt}\hat{U}(t) = i\hat{\mathscr{H}}\hat{U}(t) \tag{17.1.32}$$

これらの性質を考慮して，象徴的に

$$\hat{U}(t) = \exp[i\hat{\mathscr{H}}t], \qquad \mathsf{D}(\hat{U}(t)) \equiv \mathsf{K} \tag{17.1.33}$$

と記し，ひとまず，これで対称または歪対称な閉演算子 $\hat{\mathscr{H}}$ の指数関数を定義する.

以下，$\hat{\mathscr{H}}$ の対称性により場合を分けて考えよう.

(a) <u>$\hat{\mathscr{H}}$ が対称な場合</u>　もしも $\hat{\mathscr{H}}$ の解析ベクトルの集合 K が Hilbert 空間 H において稠密なら，さきに得た等距離性 $\|\hat{U}(t)\psi\| = \|\psi\|$ により (17.1.33) は全空間 H に拡大され，ユニタリー演算子になる．こうして，“閉・対称演算子 $\hat{\mathscr{H}}$ が解

析ベクトルの稠密な集合をもつなら，$\hat{\mathscr{H}}$ を生成演算子とする強連続な1パラメーター群

$$\{\hat{U}(t)=\exp[i\hat{\mathscr{H}}t],\quad -\infty<t<\infty\} \tag{17.1.34}$$

を構成できる”ことがわかった．

このとき，Stone の定理により $\hat{\mathscr{H}}$ は自己共役である．したがって，指数関数 $\exp[i\hat{\mathscr{H}}t]$ は $\hat{\mathscr{H}}$ のスペクトル分解を用い，§16.3(h)の方法でも構成される．これが上に構成したものと K 上で一致することは明らかであるが，ユニタリー性により一致は全空間 H に拡大される．

逆に，自己共役な $\hat{\mathscr{H}}$ が稠密な解析ベクトルの集合 K をもつことは言うまでもない．実際に $\hat{\mathscr{H}}$ のスペクトル射影 $\hat{P}(E)$ を用いて作った $\mathrm{K}=\left\{\int_{|E|\leq n} d\hat{P}(E)\psi : \psi\in\mathrm{H},\ n=1,2,\cdots\right\}$ がそれである．よって，“閉・対称演算子が自己共役であるための必要十分条件は，解析ベクトルの稠密な集合をもつことである(Nelson の定理)”.

これは当初の目的から見れば副産物だが，たいへん有用な定理である．たとえば，運動量演算子の自己共役性は——それが閉演算子で対称なことを確かめたとすれば——§16.5(b)に示した簡単な計算で証明されてしまう．

もし，ある演算子 $\hat{\mathscr{H}}'$ が対称だが閉じていることの証明がないという場合には——対称演算子は適当な拡大によって閉じさせることができるので，閉じたとして上の定理を適用して考えれば——$\hat{\mathscr{H}}'$ は本質的自己共役なことがいえる．

(b) <u>$\hat{\mathscr{H}}$ が歪対称で $-i\hat{\mathscr{H}}\equiv\hat{A}$ が正値の場合</u>　縮小性 $\|\hat{U}(t)\psi\|\leqq\|\psi\|$ ($\psi\in\mathrm{K},\ t\geqq 0$)がなりたつので，解析ベクトルの集合 K が稠密なら $\hat{U}(t)$ ($t\geqq 0$)は今度も H 全体に拡大される．集合

$$\{\hat{U}(t)=\exp[-\hat{A}t],\quad t\geqq 0\} \tag{17.1.35}$$

は，(*17.1.31*)が示すとおり群の公理を逆元の存在のほか全部みたすので，半群とよばれる．いまは，$\|\hat{U}(t)\psi\|\leqq\|\psi\|$ ($\psi\in\mathrm{H},\ t\geqq 0$)，すなわち

縮小性:
$$\|\hat{U}(t)\|\leqq 1 \qquad (t>0) \tag{17.1.36}$$

もなりたつので，**縮小型の半群**(contractive semi-group)とよばれる．これは，後に密度行列の経路積分表示というものを構成する際に利用することになろう．

§17.2 Green 関数

Schrödinger 流の描像における状態ベクトルを配位空間上の波動関数で表現すると，力学系の時間変化が波動の伝播として具象的に捉えられる．

問題は次のようになる——

Schrödinger 方程式(*17. 1. 1*)の座標表示

$$i\hbar\frac{\partial}{\partial t}\psi(x,t)=\left\{\sum_{j=1}^{s}\frac{-\hbar^2}{2m}\frac{\partial^2}{\partial x_j{}^2}+V(x)\right\}\psi(x,t) \qquad (17.2.1)$$

の解で，あたえられた Cauchy データ

$$\psi(x,t)|_{t=0}=f(x) \qquad (17.2.2)$$

を初期条件とするものを求めよ．ここに，$x=(x_1,\cdots,x_s)$ は s 次元の配位空間 R^s における位置ベクトル，$V(x)$ は粒子たちに働く力のポテンシャルである．$V(x), f(x)$ に対する制限条件はその都度しるす．簡単のため，粒子の質量はすべて等しいとして m と記した．

前節で扱ったのは抽象空間における Cauchy 問題であった．今度それが偏微分方程式の問題として具象化するところであるが，その理論に深入りすることは避けて，目標を次節に述べる経路積分の定義にしぼりたいと思う．経路積分というのは，粒子の経路の確率振幅の集積として Green 関数を構成しようとする物理的イメージ豊かな算法である．では，Green 関数とはなにか？

a) 時間推進の積分核

Schrödinger 方程式(*17. 2. 1*)の解 $\psi(x,t)=U(x,y:t)$ で初期条件

$$U(x,y:t)|_{t=0}=\delta(x-y) \qquad (17.2.3)$$

を満足するもの† を Green 関数という．これは(いま直ちにわかるところでは少なくとも $t=0$ において)普通の関数ではない．Schrödinger 方程式は，このとき y をパラメーターとする超関数 $U(x,y:t)$ に対する微分方程式とみることになる．超関数 $U(x,y:t)$ は積分核としてだけ意味をもつわけで，そのことを明示するためには **Green 核**の名が用いられる．Green 核は $\delta(x-y)$ を Cauchy データとする Schrödinger 方程式の解である．(*17. 2. 2*)は δ 関数型データの重ね合せ

---

† これを後には $\langle x|\hat{U}(t)|y\rangle$ と記す．

$$f(x)=\int\delta(x-y)f(y)\,dy \qquad (17.2.4)$$

とみられるので，これを Cauchy データとする解は，方程式(*17. 2. 1*)の線形性により，対応する重ね合せ

$$\psi(x,t)=\int U(x,y:t)f(y)\,dy \qquad (17.2.5)$$

として得られるだろうと期待される．

実際，前節の公式(*17. 1. 4*)，(*17. 1. 5*)は，$s=1$ の**調和振動子**(質量 m，角振動数 ω)の場合についてなら波動関数の時間的発展を

$$\psi(x,t)=\sum_{\nu=0}^{\infty}e^{-iE_\nu t/\hbar}u_\nu(x)\int_{-\infty}^{\infty}u_\nu{}^*(y)f(y)\,dy \qquad (17.2.6)$$

の形にあたえる．ここに u_ν, E_ν は調和振動子のハミルトニアンの固有関数と固有値である．もし(*17. 2. 6*)において和と積分の順序が交換できるならば，

$$U(x,y:t)=\sum_{\nu=0}^{\infty}e^{-iE_\nu t/\hbar}u_\nu(x)u_\nu{}^*(y) \qquad (17.2.7)$$

が Green 関数となり(*17. 2. 5*)を裏書することになる．この形から既に力学系について Green 関数がいかに多くの情報を含むかが想像されるだろう．この意味でも Green 関数は大切な量である．

和と積分の順序の交換は，Cauchy データ $f(x)$ を

$$S_0=\{u_n(x)\ \text{の有限個の線形結合の全体}\}$$

なる線形空間に属するものに限れば許される．事実，$f\in S_0$ に対しては整数 $N(f)$ があって，

$$f(x)=\sum_{n=0}^{N(f)}\gamma_n u_n(x) \qquad (\gamma_n\ \text{は複素数})$$

となるのだから，固有関数系の直交性により(*17. 2. 6*)の和は有限項で切れることになり，

$$\psi(x,t)=\int_{-\infty}^{\infty}dy\left[\sum_{\nu=0}^{N}e^{-iE_\nu t/\hbar}u_\nu(x)u_\nu{}^*(y)\right]f(y)$$

としてよい．ここで，和の上限 N は $N(f)$ より大きければ何にとっても結果に違いを生じないことに注意しよう．いっそ $N\to\infty$ にとる，ということが $t\neq 0$

(mod $2\pi/\omega$)† なら実行できて，(17.2.7)で定義される U が

$$U(x,y:t)=e^{-(\pi/4)i}\sqrt{\frac{m\omega}{2\pi\hbar\sin\omega t}}\exp\left[i\frac{m\omega}{2\hbar}\{(x^2+y^2)\cot\omega t-2xy\operatorname{cosec}\omega t\}\right] \tag{17.2.8}$$

となる．(17.2.7)の各項に λ^ν ($|\lambda|<1$)を補って得る無限級数を Hermite 多項式の母関数の力をかりて総和し，その結果が S_0 上の積分核として λ に関し $t\neq0$ で連続なことから $\lambda\to1$ としたわけである．この母関数は Hermite 多項式 $H_n(\xi)$ に対する Rodrigues の公式に $\exp[-\xi^2]$ の Fourier 積分表示を代入した

$$e^{-\xi^2}H_n(\xi)=\frac{1}{\sqrt{2\pi}}\int_{-\infty}^{\infty}(-2iu)^n e^{-u^2+2iu\xi}du$$

を用いて $\sum\lambda^n H_n(\xi)H_n(\eta)/n!$ を計算すれば得られる([小谷], p. 385 を見よ)．

こうして S_0 上では $t\neq0$ なる限り Green “核” の使用(17.2.5)が正当化された．

では $t\to0$ ではどうか？ t が0に正の側から近づくにせよ負の側から近づくにせよ，超関数の収束の意味で

$$U(x,y:t)\xrightarrow[t\to0]{}\delta(x-y) \tag{17.2.9}$$

となるのである．それは(17.2.8)が次の δ 収束列の条件([Gelfand, 1], p. 34)をみたしていることからわかる：

1° どんな正数 M をとっても $|a|, |b|<M$ なる限り

$$\left|\int_a^b U(x,y:t)dy\right|$$

が実数 a, b および t には無関係に(M にだけ関係する)ある定数で抑えられている．

2° x に等しくない任意の実数 $a<b$ に対して

$$\lim_{t\to0}\int_a^b U(x,y:t)dy=\begin{cases}0, & (a,b)\not\ni x \text{ のとき}\\ 1, & (a,b)\ni x \text{ のとき}\end{cases}$$

ただし，$(a,b)\ni x$ は開区間 (a,b) が x を含むことを意味する．

これで(17.2.8)の $U(x,y:t)$ を用いて書いた(17.2.5)の右辺は $t\to0$ で $f(x)$

---

† $2\pi/\omega$ の整数倍だけちがう t は同一視すること．(17.2.7)の時間変化がこれを周期として周期的だからそうするのである．以下，このことをいちいち断わらない．

に収束することがわかった．これは(17.2.6)の $t\to 0$ の極限と一致するから，結局(17.2.6)と(17.2.5)とが $t=0$ を含めて S_0 上で一致することがいえた！

次に積分核 U の定義域(Cauchy データの許容範囲)を S_0 から拡大することを考えよう．それには，例によって(17.2.5)なる変換 U: $f\longmapsto\psi$ が S_0 上で $L^2(R)$ のノルム $\|\ \ \|$ に関して等距離性

$$\|\psi(\cdot,t)\|=\|f(\cdot)\|$$

をもつことを利用する．この等式の検証には，どうせ同等性が知れているのだから，(17.2.6)の形を用いるのがよい．S_0 は $L^2(R)$ 上で稠密だから，この等距離性によって変換 U が $L^2(R)$ 全体に拡大されてユニタリー変換になる．ただし，拡大の後には(17.2.5)の積分が

$$\underset{n\to\infty}{\mathrm{l.i.m.}}\int_{-n}^{n}dy$$

の意味に変わることに注意しておかなければならない．

以上，調和振動子の場合を例として Green "核" の構成の筋道を述べた．一般論として(17.2.6)に相当した表式を書き下すことは，§16.7 で知った一般化された固有ベクトルに関する展開定理を利用すれば可能であろう．しかし "積分順序の交換" を行なって(17.2.5)の形に直すのは簡単ではない．

上の例で Green 関数による積分変換(17.2.5)がユニタリーになったのは，いうまでもなく，時間推進の演算子 $\hat{U}(t)$ のユニタリー性の反映である．形式的の計算としてなら，**Green 関数の一般的性質**を演算子 $\hat{U}(t)=\exp[-i\mathcal{H}t/\hbar]$ との関連において導くことも難しくない．Dirac の記号法[†]によれば，

$$U(x,y:t)=\langle x|\hat{U}(t)|y\rangle \tag{17.2.10}$$

となるのである．これは，(17.1.4)のベクトル $\psi(t)=\hat{U}(t)\psi(0)$ の座標表示をとってみればわかる．以下，この記号法を用いよう．$\hat{U}(t)$ が1パラメーター群をなすことは，この表示では，

$$\begin{aligned}\langle z|\hat{U}(t_1+t_2)|y\rangle&=\langle z|\hat{U}(t_1)\hat{U}(t_2)|y\rangle\\&=\int\langle z|\hat{U}(t_2)|x\rangle d^s x\langle x|\hat{U}(t_1)|y\rangle\end{aligned} \tag{17.2.11}$$

† 『量子力学 I』第4章を参照．

という形に表わされる[†]. もちろん, $\hat{U}(0)=1$ は,

$$\langle x|\hat{U}(0)|y\rangle = \langle x|y\rangle = \delta(x-y) \qquad (17.2.12)$$

ユニタリー性 $\hat{U}^*(t)=\hat{U}(-t)$ は

$$\langle x|\hat{U}(-t)|y\rangle = \langle y|\hat{U}(t)|x\rangle^* \qquad (17.2.13)$$

$\hat{U}(t)$ の生成演算子が $\hat{\mathscr{H}}$ であることを書き表わせば,

$$i\hbar\frac{d}{dt}\langle x|\hat{U}(t)|y\rangle = \int\langle x|\hat{\mathscr{H}}|z\rangle dz\langle z|\hat{U}(t)|y\rangle$$

となるが, これは Schrödinger 方程式

$$i\hbar\frac{\partial}{\partial t}\langle x|\hat{U}(t)|y\rangle = \left\{\sum_{j=1}^{s}\frac{-\hbar^2}{2m}\frac{\partial^2}{\partial {x_j}^2}+V(x)\right\}\langle x|\hat{U}(t)|y\rangle \qquad (17.2.14)$$

にほかならない.

なお, $V(x)$ を実数値関数とする今の場合には, (17.2.13) のほかに,

$$\langle x|\hat{U}(-t)|y\rangle = \langle x|\hat{U}(t)|y\rangle^* \qquad (17.2.15)$$

もなりたつ. 実際, Schrödinger 方程式と初期条件をみたす解の一意的なことは上に注意したが, 両者ともに $\langle x|\hat{U}(-t)|y\rangle^*$ が満足することは代入をして全体の複素共役をとってみればわかる. (17.2.13) と比べて,

$$\langle x|\hat{U}(t)|y\rangle = \langle y|\hat{U}(t)|x\rangle \qquad (17.2.16)$$

が得られる. これは, 点 y の Cauchy データの点 x への伝播(左辺)が, 点 x から y への伝播(右辺)と相等しいことを意味しており, 伝播の(あるいは Green 関数の)**相反性**[††] (reciprocity) とよばれる.

b) 正準集団の密度行列と時間推進

時間推進を表わす $\langle z|\exp[-i\hat{\mathscr{H}}t/\hbar]|y\rangle$ の時間 t を虚数 $-i\hbar\beta$ でおきかえた積分核 $\langle z|\hat{\rho}|y\rangle$ ($\hat{\rho}\equiv\exp[-\beta\hat{\mathscr{H}}]$) が統計力学において正準型の統計集団の記述に用いられる. ここに $\beta=(k_{\mathrm{B}}T)^{-1}>0$ で, T は絶対温度, $k_{\mathrm{B}}=8.6171\times10^{-5}\,\mathrm{eV/K}$ は Boltzmann 定数である. この $\hat{\rho}$ を正準集団の**密度行列** (density matrix) とよぶ.

密度行列 $\hat{\rho}=\exp[-\beta\hat{\mathscr{H}}]$ は $\beta>0$ をパラメーターとして縮小型の半群を定める.

---

† この形の関係は確率過程の理論にも現われ, Chapman-Kolmogorov の方程式とか Smolukowski の方程式とかよばれる. $\langle x|\hat{U}(t)|y\rangle$ に相当するものは, このとき粒子の位置が時間 t の後に y から x に遷移している確率である(いまの場合は確率振幅であるが). 本講座第5巻『統計物理学』を参照.

†† むしろ "相互性" と訳したいところだ.

その積分核の計算に必要な積分順序の交換は，上に試みたユニタリー群 $e^{-i\hat{\mathcal{H}}t/\hbar}$ の場合に比べて格段にやさしいだろう．積分への大きいエネルギー E からの寄与を Boltzmann 因子 $e^{-\beta E}$ が抑圧してくれるからである．

いっそ，複素 τ 平面の右半分の上で

$$\hat{\rho}(\tau)=\exp\left[-\frac{\hat{\mathcal{H}}\tau}{\hbar}\right],\qquad \mathrm{Re}\,\tau>0 \tag{17.2.17}$$

を考えてみよう．今後，この $\hat{\rho}(\tau)$ を“時間”推進の演算子とよぶ．時間に当たる $\tau=\hbar\beta+it$ が複素数になっているという留保を“　”で表わすのである．

調和振動子の例なら特別に簡単で，(17.2.8)に相当する式から

$$\langle x|\hat{\rho}(\tau)|y\rangle=\sqrt{\frac{m\omega}{\pi\hbar}}\left(\frac{\zeta}{1-\zeta^2}\right)^{1/2}\exp\left[-\frac{m\omega}{2\hbar}\frac{(1+\zeta^2)(x^2+y^2)-4\zeta xy}{1-\zeta^2}\right] \tag{17.2.18}$$

が得られる．ここに $\zeta=e^{-\tau\omega}$ である†.

こうして，時間推進の Green 関数と統計力学の密度行列とは同一の解析関数の異なる境界値として得られることになった：

$$\langle x|\hat{\rho}(\hbar\beta+it)|y\rangle \begin{cases} \xrightarrow{\beta\downarrow 0} \langle x|\hat{U}(t)|y\rangle \\ \xrightarrow{t\to 0} \langle x|\hat{\rho}(\hbar\beta)|y\rangle \end{cases} \tag{17.2.19}$$

なお，(17.2.18)の関数は $(-\infty,-1]$, $[1,+\infty)$ なる切断線(cut)をもつ ζ 平面上に解析接続される．読者は，それが τ 平面では何を意味するか調べよ．

自由粒子(質量 m)の場合，運動エネルギー演算子の定義(16.4.17)に立ちもどってみれば，

$$[\hat{\rho}(\tau)f](x)=\frac{1}{(2\pi)^s}\int d^s k e^{-\tau(\hbar/2m)k^2+ikx}\int d^s y e^{-iky}f(y)$$

となるので，$\mathrm{Re}\,\tau>0$, $f\in\mathcal{S}(\mathrm{R}^s)$ なら積分順序の交換に問題はない．取り出される積分核は，

$$\langle x|\hat{\rho}(\tau)|y\rangle=\left(\frac{2\pi\hbar}{m}\tau\right)^{-1/2}\exp\left[-\frac{m}{2\hbar}\frac{(x-y)^2}{\tau}\right] \tag{17.2.20}$$

---

† $xy=\sum_{l=1}^{s}x_l y_l$ など．こう読めば(17.2.8)は $s>1$ でもそのままなりたつ．

である．これは(*17. 2. 18*)で $\omega\downarrow 0$ としても得られる．この関数は $(-\infty, 0]$ なる切断線を除いて全 τ 平面上に解析接続される．

$\mathrm{Re}\,\tau=0$ のときにも，$f\in\mathcal{S}(\mathsf{R}^s)$ を利用すれば積分順序は $\lim_{K\to\infty}\int d^sy\int_{|k|<K}d^sk$ を経て $\int d^sy\cdot\lim_{K\to\infty}\int_{|k|<K}d^sk$ に直すことができ，この操作は(*17. 2. 20*)の $\tau=\hbar\beta+it$ で $\beta\downarrow 0$ とするのと本質的には異ならない．よって，この場合にも(*17. 2. 19*)がなりたつ．$\mathrm{Re}\,\tau=0$ のときユニタリー性によって積分核の定義域を $\mathsf{L}^2(\mathsf{R}^s)$ まで拡大すると y についての積分が $\mathrm{l.i.m.}_{n\to\infty}\int_{|y|\leq n}d^sy$ の意味に変わることも，前項で見た調和振動子の場合と同じである．

§17.3　経路積分

量子力学において波動として伝播するのは確率振幅である．$|\psi(z, t)|^2$ が粒子を配位空間の点 z に見出す確率密度をあたえるのだ．

それでも，いま仮に波動関数 $\psi(z, t)$ そのものが“確率密度”をあたえると想像して(*17. 2. 11*)を見ると，これは確率の合成法則に見えるだろう．実際，時刻 $t=0$ の Cauchy データが点 y に集中した δ 関数的のものであったとすれば，(*17. 2. 11*)はそのまま時刻 t_1+t_2 の“確率密度”をあたえる．その右辺の形は，粒子がまず時間 t_1 を使って点 x に行き，そこから今度は t_2 を使って z まで行く“確率” $\langle z|\hat{U}(t_2)|x\rangle d^sx\langle x|\hat{U}(t_1)|y\rangle$ を作り，経由点 x のあらゆる可能性にわたって――背反事象の確率法則に従い――それを総和しているのだと読めるではないか(図 17.3)．

それゆえ，波動関数がもし確率密度だったら，その伝播の背後に粒子の軌道運動が想定できたわけであろう．軌道運動は実在するが，その詳細が制御できないばかりに確率論的な扱いで満足しておくという立場が可能になっただろう．

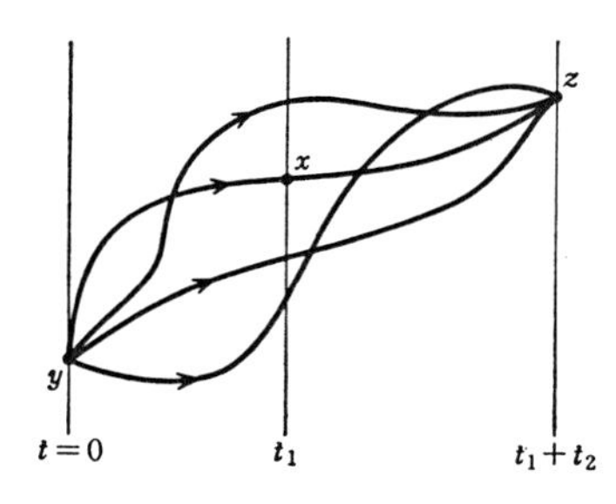

図 17.3　点 y から z に行くのに，途中の経由点 x の異なる経路は古典力学的には互いに背反事象をなすのだった

実際には，しかし，波動関数は**確率振幅**(probability amplitude)なのだ．それでも，(*17. 2. 11*)を確率の“量子力学的な合成法則”とよぶのはよい．まず“背反事象”について振幅で合成をしてから，絶対値の2乗をとると“和事象”の確率になるというのがその内容になる．そのため，図17.4のように孔を2つあけた衝立の背後には飛来確率の干渉縞ができる．“背反事象”とはいっても，その“和事象”の確率は孔を片方ずつ開いた場合の確率の和にはならないのである．量子力学の世界における“背反事象”はLaplaceの確率算における背反事象とはちがう．

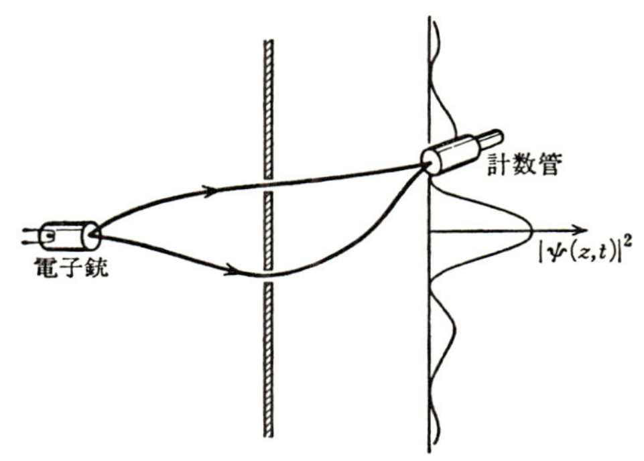

図17.4 衝立にあけた孔を通して電子ビームを送り，後側で計数管により電子の飛来の確率密度を測定する

このように考えを進めてくると，粒子の経路に確率振幅を付随させて考えたくなるであろう．この経路の確率振幅，あの経路の確率振幅，……，そして，それらの和としての合成確率振幅．

その確率振幅が古典力学におけるラグランジアンによって書き表わされるという発見は驚きである．

議論のためには，しばらく複素“時間”$\tau=\hbar\beta+it$を用いるのがよい．これはまた時間推進と統計力学の正準型密度行列を同時に考えてゆくことでもある．実は，経路積分の理論は時間推進に対してはまだ十分に整備されていない．τが実数の密度行列の場合$\langle z|\hat{\rho}(\hbar\beta)|y\rangle$は文字どおりの確率と解釈でき，このほうがやさしいので，これを踏台にして，ある種の解析接続により時間推進を求めることになる．

a) 着　　想†

経路の確率振幅(密度行列の場合は確率)という上述のアイデアを前節で扱った簡単な例について試してみよう.

調和振動子に対する"時間"推進(17.2.18)が(17.2.11)の関係

$$\langle z|\hat{\rho}(\tau+\tau')|y\rangle=\int\langle z|\hat{\rho}(\tau)|x\rangle d^s x\langle x|\hat{\rho}(\tau')|y\rangle \qquad (17.3.1)$$

をみたすことは容易に確かめられる. いま, 複素平面上の線分 $[0,\tau]$ を分点 $\tau_0=0, \tau_1, \tau_2, \cdots, \tau_N=\tau$ で分けて(17.3.1)を繰り返し用い,

$$\langle z|\hat{\rho}(\tau)|y\rangle=\int\langle z|\hat{\rho}(\tau_N-\tau_{N-1})|x_{N-1}\rangle d^s x_{N-1}\langle x_{N-1}|\hat{\rho}(\tau_{N-1}-\tau_{N-2})|x_{N-2}\rangle\cdots$$
$$\cdot d^s x_1\langle x_1|\hat{\rho}(\tau_1-\tau_0)|y\rangle \qquad (17.3.2)$$

とした上で(17.2.18)を振り返ってみると, "時間" $[0,\tau]$ の分割が $|\tau_{j+1}-\tau_j|\ll\omega^{-1}$ ほどに細かいなら

$$\langle x_{j+1}|\hat{\rho}(\tau_{j+1}-\tau_j)|x_j\rangle\cong\frac{1}{\Lambda_j}\exp\left[-\frac{1}{\hbar}\int_{\tau_j}^{\tau_{j+1}}\tilde{\mathscr{L}}[x(\tau')]d\tau'\right] \qquad (17.3.3)$$

となっていることがわかる. ここに, $\Lambda_j=\left[\frac{2\pi\hbar}{m}(\tau_{j+1}-\tau_j)\right]^{1/2}$ であり,

$$\int_{\tau_j}^{\tau_{j+1}}\tilde{\mathscr{L}}[x(\tau')]d\tau'=\left\{\frac{m}{2}\left(\frac{x_{j+1}-x_j}{\tau_{j+1}-\tau_j}\right)^2+\frac{m\omega^2}{6}(x_{j+1}{}^2+x_{j+1}x_j+x_j{}^2)\right\}(\tau_{j+1}-\tau_j)$$
$$(17.3.4)$$

は, 調和振動子の"ラグランジアン"

$$\tilde{\mathscr{L}}[x(\tau')]=\frac{m}{2}\left(\frac{dx(\tau')}{d\tau'}\right)^2+\frac{m\omega^2}{2}x(\tau')^2$$

に折れ線型の経路

$$x(\tau')=x_j+\frac{x_{j+1}-x_j}{\tau_{j+1}-\tau_j}(\tau'-\tau_j) \qquad (\tau_j\leqq\tau'\leqq\tau_{j+1},\ j=0,1,\cdots,N-1)$$

を代入して作った"作用積分"になっている. なお, $\tau=\hbar\beta+it$ を時間の項だけにしてみると, 力学でおなじみのラグランジアン $\mathscr{L}$ との関係

$$\tilde{\mathscr{L}}[x(\tau)]|_{\tau=it}=-\mathscr{L}[x(t)] \qquad (17.3.5)$$

---

† 発見者 R. P. Feynman の着想の経路は, 彼の Nobel 講演 "The Development of the Space-Time View of Quantum Electrodynamics" ([Feynman] にのっている)に詳しく語られている.

が知れる．反対に $\tau=\hbar\beta$ とすると，“ラグランジアン”は，むしろハミルトニアンである．

(17.3.3)の形の因子を(17.3.2)にしたがって掛け合わせると，指数関数の肩に(17.3.4)の形の項が集まる．“時間” $[0,\tau]$ の分割を細かくした極限で$(N\to\infty)$，それは

$$\exp\left[-\frac{1}{\hbar}\int_0^{\tau}\tilde{\mathscr{L}}[x(\tau')]d\tau'\right]$$

になる．指数関数の肩は粒子の経路(path) $x(\tau')$ によって定まる“作用積分”にほかならない．そして(17.3.2)は，いわば

$$\langle z|\hat{\rho}(\tau)|y\rangle=\int\exp\left[-\frac{1}{\hbar}\int_0^{\tau}\tilde{\mathscr{L}}(\text{path})d\tau'\right]d(\text{paths}) \qquad (17.3.6)$$

といった形をしている．(17.3.2)の積分変数 $x_1, x_2, \cdots, x_{N-1}$ を粒子が時刻 $\tau_0=0$ に点 y を出発して $\tau_N=\tau$ に点 z に到達するまでの途中の経由点とみれば，これらについての積分は，見方を変えると，経由点の様々の組合せ――すなわち様々の経路 $x(\tau')$ にわたる和と見られるからである(図17.5)．

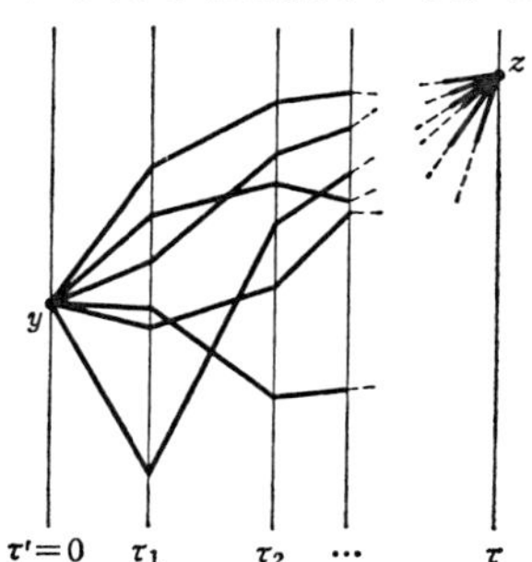

図17.5 折れ線型の経路 $x(\tau')$

もちろん積分(17.3.6)の意味はまだ定まっていない．d(paths) と記したのは経路の束にあたえる重みのつもりであって，上に考えた折れ線近似の範囲でなら

$$d(\text{paths})=\frac{1}{\Lambda_0}\prod_{j=1}^{N-1}\frac{d^s x_j}{\Lambda_j}$$

でよいが，この形のまま $N\to\infty$ の極限を考えることはできないのである．

それにしても，作用積分というものは古典力学では最小原理に登場して基本的な役割を果たしたのだったし，量子力学発見の前夜にも量子条件がこれで表わさ

れた．その作用積分が，ここに再び見出されたことは，この新しい見方の普遍性を予想させるものといえるだろう．実際，前節で扱った自由粒子の場合にも(*17. 3. 3*)に当たる表式のなりたつことは容易に確かめられる．

(*17. 3. 6*)の型の積分を**経路積分**(path integral)†とよぶとして，その厳格な意味づけができるか否かは経路の重み d(paths) の捕捉にかかっている．

それを考える前に，折れ線近似の範囲で経路積分による $\langle z|\hat{\rho}(\tau)|y\rangle$ の表式を一般のポテンシャルの場合について導いておこう．それには，1つの公式が必要だ．

b)　Trotter の公式

Hilbert 空間 H 上の演算子 $\hat{A}, \hat{B}, \hat{A}+\hat{B}$ がそれぞれ縮小型の半群 $\hat{\alpha}(\tau), \hat{\beta}(\tau), \hat{\rho}(\tau)$ を生成するとしよう．τ は複素平面上で原点に発し，第1象限または第4象限に延びる半直線にそって動くものとする．その上に1点 τ_1 を固定し，$\tau=s\tau_1$ とすれば，実数 $s\geqq 0$ を半群のパラメーターとしてよい．

そうすると，任意の $\psi\in$ H について，

$$\hat{\rho}(\tau)\psi = \lim_{N\to\infty}\left[\hat{\alpha}\left(\frac{\tau}{N}\right)\hat{\beta}\left(\frac{\tau}{N}\right)\right]^N\psi \qquad (17.3.7)$$

がなりたつ．これが標題の公式である．

証明は，$\hat{\alpha}, \hat{\beta}, \hat{\rho}$ の縮小性のおかげで H の稠密な部分空間の上で行なえば十分である．半群については生成演算子の定義域の稠密なことが知れているので([吉田], p. 211)，以下 $\mathrm{D}(\hat{A}+\hat{B})=\mathrm{D}(\hat{A})\cap\mathrm{D}(\hat{B})$ の上で考える．

半群についても(*17. 1. 6*)のところに掲げた性質はなりたつので，近似式

$$[\hat{\alpha}(h)-1]\varphi = h\cdot\hat{A}\varphi+o(h), \qquad \varphi\in\mathrm{D}(\hat{A})$$
$$[\hat{\beta}(h)-1]\varphi = h\cdot\hat{B}\varphi+o(h), \qquad \varphi\in\mathrm{D}(\hat{B})$$

が書ける．ただし，$o(h)$ は $\arg h$ を固定して $|h|\to 0$ としたとき

$$\lim_{|h|\to 0}\frac{1}{|h|}\|o(h)\| = 0$$

となるようなベクトルを表わすものとする．$\hat{\rho}(h)$ に対しても，生成演算子を $\hat{A}+\hat{B}$ として $\mathrm{D}(\hat{A}+\hat{B})$ 上で同様の近似式が書ける．

---

† 経路積分の物理的意味および初期における定義の試み，計算例などについて，[小谷]，第4章の本文ならびに演習問題を参照．

そこで，任意の $\varphi\in \mathrm{D}(\hat{A})\cap\mathrm{D}(\hat{B})$ をとり，

$$[\hat{\alpha}(h)\hat{\beta}(h)-1]\varphi=[\hat{\alpha}(h)-1]\varphi+[\hat{\beta}(h)-1]\varphi+[\hat{\alpha}(h)-1][\hat{\beta}(h)-1]\varphi$$

に上記の近似式と半群 $\hat{\alpha}(h)$ の強連続性とを用いると，

$$[\hat{\alpha}(h)\hat{\beta}(h)-1]\varphi=h\cdot[\hat{A}+\hat{B}]\varphi+o(h)$$

が得られる．他方，$\mathrm{D}(\hat{A})\cap\mathrm{D}(\hat{B})=\mathrm{D}(\hat{A}+\hat{B})$ なので $\hat{\rho}(h)$ に対する近似式をこの φ に適用することができ，合わせて

$$[\hat{\alpha}(h)\hat{\beta}(h)-\hat{\rho}(h)]\varphi=o(h) \tag{17.3.8}$$

が各点 $\varphi\in\mathrm{D}(\hat{A}+\hat{B})$ でなりたつことが知れる．

この結果によって次式につき $N\to\infty$ で (右辺)$\to 0$ がいえるならば，(17.3.7) の証明は終りである：

$$\begin{aligned}\{[\hat{\alpha}(h)\hat{\beta}(h)]^N-\hat{\rho}(h)^N\}\varphi=&[\hat{\alpha}(h)\hat{\beta}(h)-\hat{\rho}(h)]\hat{\rho}(h)^{N-1}\varphi\\&+\hat{\alpha}(h)\hat{\beta}(h)[\hat{\alpha}(h)\hat{\beta}(h)-\hat{\rho}(h)]\hat{\rho}(h)^{N-2}\varphi\\&+\cdots\cdots\\&+[\hat{\alpha}(h)\hat{\beta}(h)]^{N-1}[\hat{\alpha}(h)\hat{\beta}(h)-\hat{\rho}(h)]\varphi\end{aligned} \tag{17.3.9}$$

ここに，$\varphi\in\mathrm{D}(\hat{A}+\hat{B})$，また $h=\tau/N$ とするから，$\hat{\rho}(h)^N=\hat{\rho}(\tau)$ になっている．$\hat{\alpha}(h)$ などが縮小型であることを考えると，この式の右辺には(17.3.8)の $o(h)$ が N 個あるとしてよさそうだ．そして $N\to\infty$ で $N\|o(h)\|\to 0$ である．しかし，直ちにそうはいわれない．(17.3.8)が各点収束の式であるのに対して，(17.3.9)の $\hat{\rho}(h)^{N-k}\varphi$ $(k=1,2,\cdots,N)$ は N と一緒に動いてしまうからである．

だが，次の事実がある：$\hat{A}+\hat{B}$ は縮小型半群の生成演算子だから閉演算子であり，そのため $\mathrm{D}(\hat{A}+\hat{B})$ は，新しいノルム

$$\|\chi\|_{A+B}=\|\chi\|+\|(\hat{A}+\hat{B})\chi\|$$

により完備なノルム空間(Banach 空間)になる．それを H_{A+B} と記せば，

1° $\varphi\in\mathrm{H}_{A+B}$ を固定したとき，$\{\hat{\rho}(s\tau_1)\varphi:\ 0\leqq s\leqq 1\}\equiv\mathrm{K}_\varphi$ は H_{A+B} のコンパクト部分集合†になる．

2° $\hat{\alpha}\hat{\beta},\hat{\rho}$ を H_{A+B} から H の中への写像とみたとき，H_{A+B} の任意のコンパクト集合 K の上での一様収束として

† 集合 K がコンパクトであるとは，K 内の任意の点列が必ず K の点に収束する部分列を含むことをいう．

$$\|\hat{R}(h)\chi\| \xrightarrow[|h|\to 0]{} 0, \qquad \hat{R}(h) \equiv h^{-1}[\hat{\alpha}(h)\hat{\beta}(h) - \hat{\rho}(h)]$$

これら2つの事実から(17.3.9)の右辺が確かに $N\to\infty$ で消えることがわかり，(17.3.7)が $\mathsf{D}(\hat{A}+\hat{B})$ 上で証明される．この結果が直ちに H 全体に拡大されることは最初に注意したとおりである．

上記の $1°$ を確かめるのは，やさしい．実際，K_φ 内に無限列 $\hat{\rho}(s_l\tau)\varphi$ $(l=1, 2, \cdots)$ をとると，$0\leqq s_l\leqq 1$ だから，数列 $\{s_l\}$ は収束する部分列をもつ．その収束が $\hat{\rho}(s_l\tau)\varphi$ の収束を意味するというのが縮小型半群の連続性であった．

一様収束をいう $2°$ の証明には，次の仮説から矛盾を出すとよい：

(i)　ある $\varepsilon>0$ が存在して，$|h_0|$ をいかに小さく選んでも，$|h|<|h_0|$ なるある h と $\psi\in\mathsf{K}$ を見出して $\|\hat{R}(h)\psi\|>\varepsilon$ にできる．

いま，絶対値の減少する h_0 の列を考えるために順次 $h_0=\dfrac{\tau}{n}$ $(n=1, 2, \cdots)$ とおく．そして，各 h_0 に対して仮説(i)が存在を主張する h と ψ を，それぞれ h_n, ψ_n と記そう：

$$\text{(ii)} \qquad \|\hat{R}(h_n)\psi_n\| > \varepsilon$$

さて，どの ψ_n もコンパクト集合 K に属するので，無限列 $\{\psi_n\}_{n=1,2,\cdots}$ は収束する部分列を含む．その1つをとって $\{\psi_{n_k}\}_{k=1,2,\cdots}$ とし，極限を φ と記そう．つまり，$k\to\infty$ のとき $\|\psi_{n_k}-\varphi\|_{A+B}\to 0$.

以下，添字の経済のために $\psi_{n_k}\equiv\varphi_k$, $\hat{R}(h_{n_k})\equiv\tilde{R}_k$ とおく．そうすると，

$$\|\tilde{R}_k\varphi_k\| \leqq \|\tilde{R}_k\varphi\| + \|\tilde{R}_k(\varphi_k-\varphi)\|$$

右辺の第1項は，十分に大きな k をとれば(17.3.8)により $<\varepsilon/2$ にできる．だから，(第2項)$<\varepsilon/2$ がいえれば(ii)との矛盾が出る．それには $k\to\infty$ における上記の $\|\varphi_k-\varphi\|_{A+B}\to 0$ が手がかりになるはずだろう．実際，次の事実がある：

$2°$a　$\tilde{R}_k$ は $\mathsf{H}_{A+B}\to\mathsf{H}$ の演算子として有界であって，そのノルムは k によらない定数 M で抑えられる．すなわち，任意の $\chi\in\mathsf{H}_{A+B}$ に対して

$$\|\tilde{R}_k\chi\| \leqq M\cdot\|\chi\|_{A+B}$$

ここで $\chi=\varphi-\varphi_k$ とし，k を十分に大きくとって $\|\varphi-\varphi_k\|_{A+B}<\varepsilon/(2M)$ にすれば，問題の(第2項)$<\varepsilon/2$ がいえることになる！

この有用な $2°$a の検証に用いるのは§16.6(b)に述べた一様有界性の原理である：$\mathsf{H}_{A+B}\to\mathsf{H}$ の演算子の列 $\{\tilde{R}_k\}$ につき，H_{A+B} の各点 χ で $\{\|\tilde{R}_k\chi\|\}_{k=1,2,\cdots}$ が有

界数列であるならば，一様に $\{\|\tilde{R}_k\|\}_{k=1,2,\cdots}$ が有界数列になる．

いま(*17. 3. 8*)により H_{A+B} の各点 χ で $\|\tilde{R}_k\chi\|\to 0$ $(k\to\infty)$ なのだから，定理の前提は確かに満足されているのである．

こうして Trotter の公式(*17. 3. 7*)の証明が完結した．

c) 経路の測度の構成 —— 密度行列の場合

Trotter の公式を $\mathsf{H}=\mathsf{L}^2(\mathsf{R}^s)$ 上で考え，

$$\hat{A}=-\frac{\hat{T}}{\hbar},\qquad \hat{B}=-\frac{\hat{V}}{\hbar}\qquad\left(\hat{T}=\sum_{j=1}^{s}\frac{-\hbar^2}{2m}\frac{\partial^2}{\partial x_j{}^2}\right)$$

としよう．$\hat{T}$ は運動エネルギーの演算子であって，$\hat{T}+\hat{V}$ は(*17. 2. 1*)のハミルトニアンになる．$\hat{\alpha}(\tau)=\exp\left[-\frac{1}{\hbar}\hat{T}\tau\right]$ に対しては積分核表示(*17. 2. 20*)が得られており，一方，$\hat{V}$ は掛算演算子なので，Trotter の公式から，任意の $\psi\in\mathsf{L}^2(\mathsf{R}^s)$ に対して

$$[\hat{\rho}(\tau)\psi](z)=\lim_{N\to\infty}[\hat{\rho}_{N+1}(\tau)\psi](z)$$

ただし†，$\tau/(N+1)=\Delta\tau$，$\Lambda^{-1}=(2\pi\hbar\Delta\tau/m)^{-1/2}$ とおくことにして，

$$\begin{aligned}[\hat{\rho}_{N+1}(\tau)\psi](z)=\int&\frac{d^sx_N}{\Lambda}\cdots\frac{d^sx_1}{\Lambda}\frac{d^sy}{\Lambda}\\
&\cdot\exp\left[-\frac{m}{2\hbar}\left(\frac{z-x_N}{\Delta\tau}\right)^2\Delta\tau\right]\exp\left[-\frac{1}{\hbar}V(x_N)\Delta\tau\right]\cdots\\
&\cdot\exp\left[-\frac{m}{2\hbar}\left(\frac{x_2-x_1}{\Delta\tau}\right)^2\Delta\tau\right]\exp\left[-\frac{1}{\hbar}V(x_1)\Delta\tau\right]\\
&\cdot\exp\left[-\frac{m}{2\hbar}\left(\frac{x_1-y}{\Delta\tau}\right)^2\Delta\tau\right]\exp\left[-\frac{1}{\hbar}V(y)\Delta\tau\right]\psi(y)
\end{aligned}\tag{17. 3. 10}$$

である．ところが，指数関数の肩をひとまとめに見れば，これは折れ線近似(運動エネルギーを図 17. 5 のような折れ線で計算し，折れ線の各区間でポテンシャルは一定とみなす)における経路積分になっている！ そして，その $N\to\infty$ の極限が $\mathsf{L}^2(\mathsf{R}^s)$ における収束の意味で存在するということも Trotter の公式に含意されているわけであった．

† 記号の経済のために，これまでの $N-1$ を以下 N とする．

この結果は，経路積分に対して1つの解釈をあたえるものといえるだろう．

しかし，できれば積分と $N\to\infty$ の極限の順序を交換したい．(*17.3.10*)の $N\to\infty$ の極限を一気に積分として捉えさせるような“経路の測度”を構成したい．

たとえていえば，(*17.3.10*)は，物体の重心を求めるのに，最初それを N 個の小細胞に分割し，各小細胞のなかでは密度が一定と近似して算術平均により近似的の重心を求め，次に $N\to\infty$ の極限を見るというようなものである．重心ならば，そうしないでも密度分布 $\rho(\boldsymbol{r})$——規格化 $\int\rho(\boldsymbol{r})d\boldsymbol{r}=1$ をしてあるものとする——を用い，積分によって $\int\boldsymbol{r}\rho(\boldsymbol{r})d\boldsymbol{r}$ のように一気に求めることができる．この場合 $\rho(\boldsymbol{r})d\boldsymbol{r}$ が体積素片 $d\boldsymbol{r}$ の重みであるが，いまから構成したい経路の測度も，つまりは積分のための経路の束の重みといったものにほかならない．

以下しばらく，“時間” $\tau=\hbar\beta+it$ を実数に限定する：

$$\tau=\hbar\beta=(\text{実数}) \tag{17.3.11}$$

そうすると $\hat{\rho}(\tau)$ は正準型の密度行列である．まず，**有限拘束の経路の束**というものを考えることから始めよう．それは，“時刻” $\tau=0$ に配位空間 R^s の点 y を出発し，途中 τ_j には区間† $\varDelta_j\subset\mathrm{R}^s$ $(j=1,2,\cdots,N)$ を通過して——これが拘束だ——“時刻” τ に点 $z\in\mathrm{R}^s$ に到る経路 $x(\cdot)$ の全体のことである．これを $\varPhi_\theta(\boldsymbol{\varDelta})$ と記す．“時刻”の列 $0<\tau_1<\cdots<\tau_N<\tau$ を θ と略記し，$(\varDelta_1,\cdots,\varDelta_N)\equiv\boldsymbol{\varDelta}$ としたわけである．θ が固定されているとき，$\varPhi_\theta(\boldsymbol{\varDelta})$ を経路の束 $\boldsymbol{\varDelta}$ ともよぶ．

なお，経路を表わす $x(\cdot)$ は連続関数に限定せず，勝手な(1価の)関数としておく．結果をさきにいうと，測度は，かなり滑らかな連続関数に集中していることになるのだが．

その経路の束の“測度”を

$$\mu[\varPhi_\theta(\boldsymbol{\varDelta})]=[w_\tau(z-y)]^{-1}\int_{\varDelta_N}d^sx_N\cdots\int_{\varDelta_2}d^sx_2\int_{\varDelta_1}d^sx_1 \cdot w_{\tau-\tau_N}(z-x_N)\cdots w_{\tau_2-\tau_1}(x_2-x_1)\,w_{\tau_1}(x_1-y) \tag{17.3.12}$$

と定めよう．ここに

---

† 区間といっても，$\varDelta_j$ は実は R^s における“立体的な”領域である．正確には［伊藤］，§3の

$$(a_1,b_1]\times\cdots\times(a_s,b_s]$$

の意味としたほうがよい．用語は，それに従う．

$$w_\tau(x) = \left(\frac{2\pi\hbar}{m}\tau\right)^{-1/2} \exp\left[-\frac{m}{2\hbar}\frac{x^2}{\tau}\right] \tag{17.3.13}$$

は自由粒子の "Green 関数" (17.2.20) にほかならない：

$$w_\tau(z-y) = \langle z|\hat{\rho}_{自由}(\tau)|y\rangle$$

被積分関数に登場するどの $w_{\tau'}$ についても $\tau'>0$ であることに注意しておこう．なお，この関数 w_τ は，$\hat{\rho}_{自由}(\tau)$ が半群をなすことの反映として

$$\int d^s x' w_{\tau-\tau'}(x-x') w_{\tau'-\tau''}(x'-x'') = w_{\tau-\tau''}(x-x'') \tag{17.3.14}$$

という著しい性質をもつ．この性質を用いると，(17.3.12) の積分の前につけた因子が測度の規格化

$$\mu[\Phi_\theta(\mathsf{R}^{sN})] = 1 \tag{17.3.15}$$

を果たしていることがわかるだろう．ただし $\mathsf{R}^{sN}=(\mathsf{R}^s, \cdots, \mathsf{R}^s)$ で，これはつまり $\varDelta_j=\mathsf{R}^s$ $(j=1, 2, \cdots, N)$ としたときの $\varDelta$ を表わす．

定義 (17.3.12) の心は，さきの近似的な経路積分 (17.3.10) と見比べれば明白であろう．Trotter の公式でいって自由ハミルトニアン (運動エネルギー) による伝播 $\hat{\rho}_{自由}$ に相当する因子 $w_{\tau_{j+1}-\tau_j}(x_{j+1}-x_j)$ の分を測度としたのだ．標語的にいえば，(17.3.10) の $N\to\infty$ の極限を

$$\frac{\langle z|\hat{\rho}(\tau)|y\rangle}{\langle z|\hat{\rho}_{自由}(\tau)|y\rangle} = \int \exp\left\{-\frac{1}{\hbar}\int_0^\tau V[x(\tau')]d\tau'\right\}\mu[d\Phi_{zy}{}^\tau] \tag{17.3.16}$$

といった形にしようというのである．指数関数の肩は作用でこそないが，(17.3.16) が全体として経路のいろいろにわたる平均という形であることは間違いない．y を出発して "時間" τ の後に z に到る経路の束 $d\Phi_{zy}{}^\tau$ の測度 μ というのが，さきの重心の例の $\rho(\boldsymbol{r})d\boldsymbol{r}$ にあたるもので，この場合 $d\mu$(paths) と書いてもよいであろう．

積分 (17.3.16) の意味をはっきりさせることを試みよう．それには確率論の助けをかりるのがよい．実際，(17.3.12) の $\mu[\Phi_\theta(\varDelta)]$ は，$\Phi_\theta(\varDelta)$ を "経路が拘束 $\varDelta$ に従う" という事象とみると，確率らしさを多分に備えている：

1°　$\mu[\Phi_\theta(\varDelta)]$ は実数値をとり，しかも非負である．

2°　規格化 (17.3.15) は，出発点 y と終点 z は固定するが途中では全空間 R^s のどこを通ってもよいという事象の確率，つまり経路の全確率が 1 になって

いることと読める.

次に，μ に対して排反事象の確率に相当する加法性をあたえるために，**経路の集合算**(θ 固定)をつくろう([伊藤], pp. 12-15). それには，経由区間の列 $(\varDelta_1, \cdots, \varDelta_N) \equiv \boldsymbol{\varDelta}$ を超配位空間 R^{sN} の1つの超区間として捉えるのが便利だ(図17.6). たとえば，経由区間の和集合に対する経路の束を次式の右辺で定義する:

$$\Phi_\theta(\boldsymbol{\varDelta}^{(1)} \cup \boldsymbol{\varDelta}^{(2)} \cup \cdots \cup \boldsymbol{\varDelta}^{(L)}) \equiv \Phi_\theta(\boldsymbol{\varDelta}^{(1)}) \cup \Phi_\theta(\boldsymbol{\varDelta}^{(2)}) \cup \cdots \cup \Phi_\theta(\boldsymbol{\varDelta}^{(L)}) \tag{17.3.17}$$

特に，互いに重なりをもたない超区間 $\boldsymbol{\varDelta}^{(i)}$ の有限個の和集合を区間塊(figure)とよび，I と記す(図17.7). そうすると(17.3.17)により区間塊 I (のどこか)を経由する経路の束 $\Phi_\theta[I]$ が定義される. I が区間塊ならば $I^c = \mathrm{R}^{sN} - I$ も区間塊になるから，$\Phi_\theta(I)^c = \Phi_\theta(I^c)$ と定義しよう. これは区間塊 I を経由することのない経路の全体である. 特に，I が R^{sN} の空集合 ϕ なら $\Phi_\theta[\phi]$ も空集合となる. “時間”間隔 $[0, \tau]$ の分点 θ はあたえられたものとして，このように区間塊に対して定義された経路の束の全体 $\{\Phi_\theta[I]\}_{I=\text{区間塊}}$ を $\mathring{\mathfrak{F}}_\theta$ と記そう.

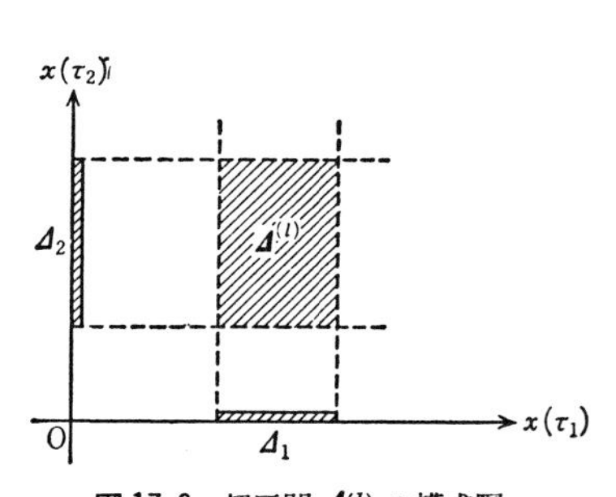

図17.6　超区間 $\boldsymbol{\varDelta}^{(l)}$ の模式図

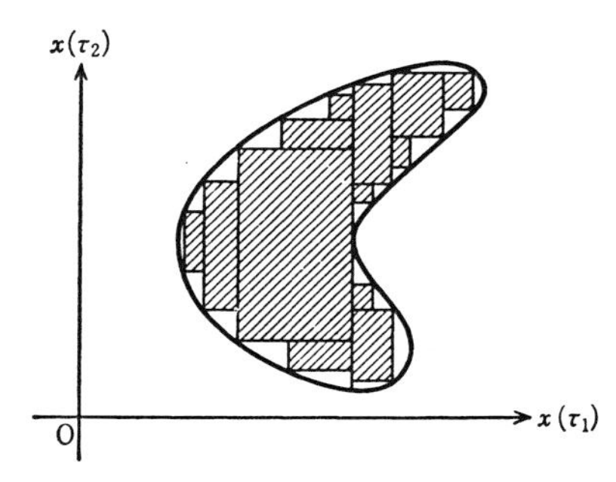

図17.7　区　間　塊

以前の(17.3.12)の拡張として，経路の束 $\Phi_\theta[I]$ の確率を定義することはやさしい. 区間塊 I に限らず，R^{sN} のもっと一般の図形 $\boldsymbol{S}$ に対しても，積分

$$\mu[\Phi_\theta(\boldsymbol{S})] = [w_\tau(z-y)]^{-1} \int \underset{\boldsymbol{S}}{\cdots} \int d^s x_N \cdots d^s x_1 w_{\tau-\tau_N}(z-x_N) \cdots w_{\tau_1}(x_1 - y) \tag{17.3.18}$$

が意味をもつこともあるだろう. そのような経路の束 $\Phi_\theta(\boldsymbol{S})$ は**可測**(measurable)であるといわれる．可測な経路の束の全体 $\{\boldsymbol{\Phi}_\theta(\boldsymbol{S}):$ 可測$\}$ を $\mathfrak{F}_\theta$ と記そう．積分 $\mu[\boldsymbol{\Phi}_\theta(\boldsymbol{S})]$ が経路の束 $\boldsymbol{\Phi}_\theta(\boldsymbol{S})\in\mathfrak{F}_\theta$ の確率である．

いま，"時刻" 0 に y を出発して τ には z に到着する経路 $x(\cdot)$ の全体を X と記す．$\mathfrak{F}_\theta$ は X の部分集合 $\boldsymbol{\Phi}_\theta(\boldsymbol{S})$ の集合，つまり族であるが，次の著しい性質をもつので**完全加法族**(completely additive class)といわれる．すなわち，$\mathfrak{F}_\theta$ の元 $\boldsymbol{\Phi}_\theta(\boldsymbol{S})$ を仮に簡略に A などと書けば

(a) $\phi\in\mathfrak{F}_\theta$

(b) 補集合の存在: $A\in\mathfrak{F}_\theta \Longrightarrow A^c\in\mathfrak{F}_\theta$

(c) 無限和の存在: $A_k\in\mathfrak{F}_\theta\ \ (k=1,2,\cdots) \Longrightarrow \bigcup_{k=1}^{\infty}A_k\in\mathfrak{F}_\theta$

de Morgan の法則により(b), (c)の組合せから

$$A_k\in\mathfrak{F}_\theta\ \ (k=1,2,\cdots) \Longrightarrow \bigcap_{k=1}^{\infty}A_k\in\mathfrak{F}_\theta$$

がでる．これらは $\{\boldsymbol{S}\}$ が完全加法族をなすことの反映であって，具体的には

$$\boldsymbol{\Phi}_\theta(\boldsymbol{S})^c=\boldsymbol{\Phi}_\theta(\boldsymbol{S}^c),\qquad \bigcup_{k=1}^{\infty}\boldsymbol{\Phi}_\theta(\boldsymbol{S}_k)=\boldsymbol{\Phi}_\theta\left(\bigcup_{k=1}^{\infty}\boldsymbol{S}_k\right)$$

であることは言うまでもない．集合 $\boldsymbol{\Phi}_\theta(\boldsymbol{S})$ の算法に応じて，積分(*17.3.18*)の性質から互いに共通部分をもたない $A_k\in\mathfrak{F}_\theta$ の無限列に対し

$$\mu\left[\bigcup_{k=1}^{\infty}A_k\right]=\sum_{k=1}^{\infty}\mu[A_k] \tag{17.3.19}$$

がなりたつ．これを**完全加法性**(complete additivity)とよぶ．むしろ Lebesgue 積分そのものが完全加法性を目標に構成されたものであった．

一般に(いまの記号を流用していうが)，集合 X の部分集合 $A\in\mathfrak{F}_\theta$ の関数 $\mu[A]$ ——集合関数という——が

1° 非負性: $0\leqq\mu[A]\leqq\infty$ および $\mu[\phi]=0$

2° 完全加法性

をもつとき空間 X の部分集合の完全加法族 $\mathfrak{F}_\theta$ の上で定義された**測度**(measure)といい，まとめて $(\mathrm{X},\mathfrak{F}_\theta,\mu)$ と記す．さらに，これが

3° 規格化: $\mu[\mathrm{X}]=1$

の条件をみたすなら，これを $(\mathrm{X},\mathfrak{F}_\theta)$ 上の**確率測度**(probability measure)または単に確率とよぶ．$A\in\mathfrak{F}_\theta$ が事象にあたる．

われわれの $\mu[\Phi_\theta(S)]$ は確かに確率測度になっている．以前に(*17.3.12*)を“　”つきで“測度”とよんだのは，まだその資格が十分でなかったからであった．

これまでの議論は経路に拘束 Δ_j を加える“時刻”τ_j の組 θ を1つに固定して行なわれてきた．これでは，経路の確率の構成という所期の目的には事象の規定として不十分である．どうしても“時間”間隔 $[0,\tau]$ 上の無限個の拘束が扱えるように確率測度の定義を拡張しなければならない．経路積分の定義の真の問題はここから始まるのである．

経路の束 $\Phi_\theta(S)$ を全空間 X においてみたとき，分点 $\theta=\{0,\tau_1,\cdots,\tau_N,\tau\}$ 上に立てた(経路の)**柱状集合**(cylinder set)とよぶ(図17.8)．$\mathfrak{F}_\theta$ は柱状集合の族である．分点 θ のとりかたに応じて種々の $\mathfrak{F}_\theta$ が得られることになるから，こんどは，その全体

$$\mathfrak{F}=\{\mathfrak{F}_\theta:\ \theta=\{0,\tau_1,\cdots,\tau_N,\tau\}\subset[0,\tau],\quad N=1,2,\cdots\}$$

をとって，この上で**経路の集合算**(θ 浮動)をつくることを考えよう．2つの経路の束 $\Phi_\theta(S),\Phi_{\theta'}(S')\in\mathfrak{F}$ があたえられたとき，もし $\theta=\theta'$ だったら，それらの和集合，共通部分はすでに定義されている．もし $\theta\neq\theta'$ だったら，θ に属する分点 $\{\tau_j\}_{j=0,1,\cdots,N+1}$，$\theta'$ に属する分点 $\{\tau_k'\}_{k=0,1,\cdots,N'+1}$ を一緒にして順序に並べた θ'' をとり(これを $\theta\cup\theta'$ と記す)，$\Phi_\theta(S),\Phi_{\theta'}(S')$ をともに $\mathfrak{F}_{\theta''}$ に埋めこんでから同様にすればよい．たとえば $\Phi_\theta(S)$ なら，θ'' にあって θ にない分点には区間として R^s をあてておくのである．その結果を仮に $\Phi_{\theta''}(S\times(\mathsf{R}^s)^{\theta''-\theta})$ と記すことにしよう．その際，(*17.3.14*)のおかげで経路の束の測度は変わらない：

$$\mu[\Phi_{\theta''}(S\times(\mathsf{R}^s)^{\theta''-\theta})]=\mu[\Phi_\theta(S)] \qquad (17.3.20)$$

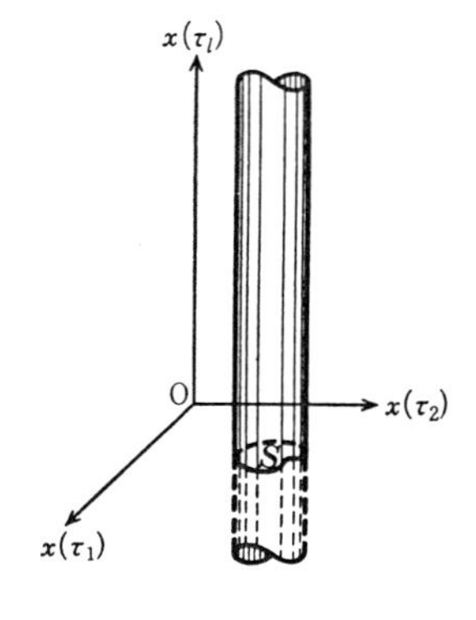

図17.8　$\theta=\{\tau_1,\tau_2\}$ に対する柱状集合．“時刻”τ_1,τ_2 ではあたえられた範囲 S を通過し，他の“時刻”τ_l にはどこを通ってもよいとした経路の全体を表わす

これを，確率測度の集合 $\{(\mathrm{X}, \mathfrak{F}_\theta, \mu) : \theta \subset [0, \tau]\}$ の**整合性**(consistency)の条件とよぶ．

このようにして $\mathfrak{F}$ 上に集合算を定義しても，$\mathfrak{F}$ は完全加法族にはならない．それは，分点の数が限りなく増大してゆくような θ の列の場合を考えてみればわかる．$\mathfrak{F}$ は，まえに掲げた完全加法性の条件のうち(c)を

(c′) 有限和の存在:　　　　$A, B \in \mathfrak{F} \Longrightarrow A \cup B \in \mathfrak{F}$

に弱めた，いわゆる**有限加法族**(finitely additive class)でしかないのである．

そこで，$\mathfrak{F}$ の元に和集合と補集合の算法を限りなく繰り返し施して得る経路の束を $\mathfrak{F}$ に加えた全体というものを考えよう．これを $\mathfrak{B}[\mathfrak{F}]$ と記す．構成の仕方から $\mathfrak{B}[\mathfrak{F}]$ は完全加法族になっているが，$\mathfrak{F}$ を含む X の完全加法族のうち最小のもの([伊藤]，定理 6.3 を参照)として特徴づけることもできる．$\mathfrak{B}[\mathfrak{F}]$ を $\mathfrak{F}$ により生成される完全加法族とよぶこともある．

この $\mathfrak{B}[\mathfrak{F}]$ が $\mathfrak{F}$ の元の共通部分をとることを限りなく繰り返して得る経路の束をも含んでいることに注意しよう．

経路の測度の構成が以上を準備として可能になる．(*17. 3. 12*)で $N \to \infty$ とすることは，経路積分の積分範囲を拘束の数 N の増加する経路の束の列の共通部分にしぼってゆくことと見られるので，その極限における測度を捉えるという課題は $\mathfrak{B}[\mathfrak{F}]$ 上の測度が構成できれば果たされることになる．

確率過程の理論に次の定理がある:

“区間 $[0, \tau]$ の任意の有限部分集合 $\theta = \{0, \tau_1, \cdots, \tau_N, \tau\}$ ごとに X の完全加法族 $\mathfrak{F}_\theta$ 上の確率測度 μ が定まっていて，それらが互いに整合性をもつならば，これを拡張して $\mathfrak{B}[\mathfrak{F}]$ 上の確率測度 $\bar{\mu}$ にすることができる(Kolmogorov の拡張定理)．”

いまの場合，各 $\mathfrak{F}_\theta$ 上の確率測度は(*17. 3. 18*)によって与えられている．それらの整合性は(*17. 3. 20*)で見たとおりである．$\mathfrak{B}[\mathfrak{F}]$ 上に得られる確率測度 $\bar{\mu}$ が $\mathfrak{F}_\theta$ 上の μ の拡張であるというのは，$\mathfrak{F}_\theta$ に属する有限拘束の経路の確率を $\bar{\mu}$ で測ると初めの μ で測ったのと結果が一致することを含意している．

定理の証明は§17. A にゆずろう．

経路の束を，始点，終点，所要“時間”を添えて $\Phi_{zy}{}^{\tau} \in \mathfrak{B}[\mathfrak{F}]$ と記せば，これに対して上記の定理が存在を保証するところの確率測度 $\bar{\mu}[\Phi_{zy}{}^{\tau}]$ は，そのまま

$\Phi_{zy}{}^{\tau}$ の測度として経路積分の定義に用いられる．こうして，われわれの目標であった(*17. 3. 16*)の意味づけができた．

その(*17. 3. 16*)の $\langle z|\hat{\rho}(\tau)|y\rangle$ が虚数時間の "Schrödinger 方程式"

$$-\hbar\frac{\partial}{\partial\tau}\langle z|\hat{\rho}(\tau)|y\rangle = \left\{\sum_{j=1}^{s}\frac{-\hbar^2}{2m}\frac{\partial^2}{\partial {z_j}^2}+V(z)\right\}\langle z|\hat{\rho}(\tau)|y\rangle$$

をみたす†ことの直接的な検証もできる．読者は試みよ．

また，上の測度 $\bar{\mu}$ で測ったとき，区間 $[0,\tau]$ 上の関数で $x(0)=y$, $x(\tau)=z$ となるもののうち，

1° 微分可能な関数の全体は測度 0

2° 指数 $\alpha\geqq 1/2$ の Hölder 連続性

$$|x(\tau_1)-x(\tau_2)|\leqq \text{const}\cdot|\tau_1-\tau_2|^{\alpha} \qquad (\tau_1, \tau_2\in[0,\tau])$$

をもつ関数の全体としても，なお測度は 0

3° 指数 $\alpha<1/2$ で Hölder 連続な関数の全体は測度 1

となる．証明は省略([飛田], §2. 2, [Paley-Wiener], §38).

測度 $\bar{\mu}$ が(*17. 3. 13*)の $w_\tau(x)$ から出発して構成されたことを考えれば，2°, 3° は想像できない結果ではなかろう．

実は，上の測度 $\bar{\mu}$ は，τ を実際の(したがって実数の)時間と解釈し直すならば，Brown 運動をする粒子の経路に対して N. Wiener が構成した確率(Wiener 測度)††と同じ形をしている．Brown 運動は錯雑したものであって，"1 つの軌道上の 1 点に接線を考えることがいかに無意味かは十分に明白である(Perrin J.: *Les Atomes*, Galimard (1948; 初版は 1912))". Brown 運動とのつながりは，Schrödinger 方程式が時間を虚数にしたとき拡散の方程式になるという事実に根差している．経路の "時間" 微分がほとんど確実に存在しないという 1° の結果も，この意味からは，もっともだとしなければならない．

d) WKB 近似

密度行列の経路積分による計算法は，本講座第 7 巻『物性II——素励起の物理』において応用が示される．ここではエネルギー固有値の漸近分布を調べるために使ってみよう．以下，議論の大筋だけを記す．

† $\beta=\tau/\hbar$ で書けば，これは Bloch の方程式である．本講座第 5 巻『統計物理学』を参照．

†† [Paley, Wiener], 第IX章を見よ．測度の構成が具体的になされていて興味ふかい．

1粒子(質量 m)の x 軸に沿う1次元運動を考え，ポテンシャル $V(x)$ は非負かつ滑らかで $|x|\to\infty$ において $+\infty$ になるものとする．そうするとエネルギー・スペクトルは離散固有値に限られるから，密度行列 $\langle z|\hat{\rho}(\tau)|y\rangle$ に対して(17.2.7)に相当する表式 $\sum \exp[-\tau E_n/\hbar]u_n(z)u_n{}^*(y)$ が使える．これを経路積分(17.3.16)によるものと等置し，両辺で $y=z\equiv x$ とおいて x 軸上で積分すると，

$$\sum_{n=0}^{\infty} e^{-\tau E_n/\hbar} = \sqrt{\frac{m}{2\pi\hbar\tau}}\int_{-\infty}^{\infty}dx\int \exp\left[-\frac{1}{\hbar}\int_0^{\tau} V[x+\xi(\tau')]d\tau'\right]\bar{\mu}[d\Phi_{xx}{}^{\tau}] \tag{17.3.21}$$

を得る．点 x に発して x に終る経路を考えることになるので，それを $x+\xi(\tau)$ と書いた．したがって $\xi(0)=\xi(\tau)=0$ である．

そこで，両辺の $\tau\downarrow 0$ における漸近的振舞を見よう．右辺では，測度をもつ経路の Hölder 連続性により $\xi(\tau')\sim 0$ と近似してよかろう．そうすると経路積分は $\bar{\mu}$ の規格化積分ですんでしまう．その結果は，

$$(\text{右辺}) = \frac{1}{2\pi\hbar}\int_{-\infty}^{\infty}dx\int_{-\infty}^{\infty}dp\exp\left[-\frac{\tau}{\hbar}\left(\frac{p^2}{2m}+V(x)\right)\right]$$

と書くことができる．読者は p の積分を実行してみるがよい．

指数関数の肩にあるのはエネルギー E だ．$|x|\to\infty$ で $V(x)\to+\infty$ としたので，エネルギー E の古典力学的な粒子は相空間に閉じたトラジェクトリーを描く(図17.9)．それが囲む面積を $\sigma(E)$ と記せば，上の積分はこれで書ける．

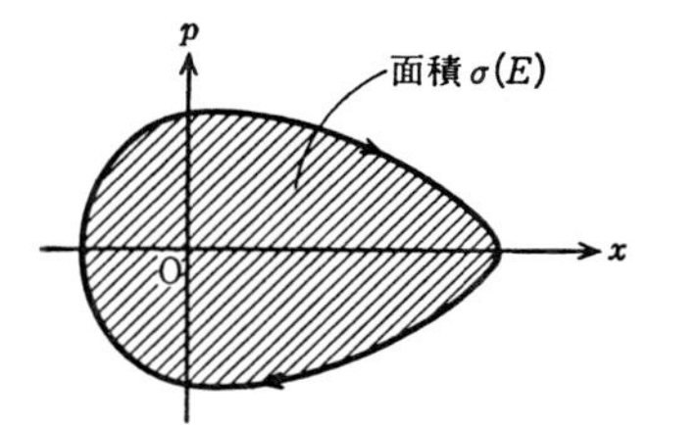

図17.9 ポテンシャル $V(x)$ のもとで運動するエネルギー E の古典力学的な粒子が相空間に描くトラジェクトリー

他方，エネルギーが E 以下の固有状態の数を $N(E)$ とすれば，これも非減少関数であって(17.3.21)の左辺はこれで書ける．こうして，漸近式

$$\int_0^{\infty} e^{-\beta E}dN(E) \cong \frac{1}{2\pi\hbar}\int_0^{\infty} e^{-\beta E}d\sigma(E) \qquad \left(\beta=\frac{\tau}{\hbar}\downarrow 0\right)$$

が得られた．これから，漸近評価

$$N(E) \cong \frac{\sigma(E)}{2\pi\hbar} \qquad (E \longrightarrow \infty) \tag{17.3.22}$$

がでるのである．それは，Laplace 変換の世界における $\beta\downarrow 0$ の振舞がもとの関数の $E\to\infty$ の振舞を反映することから想像されるだろう．厳密な議論には，Laplace 変換に関する Tauber 型の定理の1つ([Doetsch], §11.5 を参照)を利用する．

上の結果(17.3.22)は，古典力学に従うトラジェクトリーの囲む面積が $2\pi\hbar$ 増すごとにエネルギー準位が1つ現われるということにほかならず，古典量子論における量子化条件が $E\to\infty$ で漸近的に回復することを示している．これは通常は WKB 近似により導かれる結果である．

e)　時間推進の経路積分表示

経路の測度を(c)項で構成した際には，確率過程論を援用する必要から $t=0$ として $\tau=\hbar\beta+it$ を実数にした．そのために，得られた経路積分表示(17.3.16)は正準型統計集団の密度行列 $\langle z|\exp[-\beta(\hat{T}+\hat{V})]|y\rangle$ に対するものとなった．

もちろん，時間推進に興味があって，τ を時間の項 it だけとする場合にも，Trotter の公式が使える限り($\hat{T}$, $\hat{V}$, $\hat{T}+\hat{V}$ が自己共役ならよい)

$$[\hat{U}(t)\psi](z) = \lim_{N\to\infty}[\hat{U}_{N+1}(t)\psi](z) \tag{17.3.23}$$

とするのは差支えない．ここに $\hat{U}_{N+1}(t)=\hat{\rho}_{N+1}(it)$ は(17.3.10)に見るとおりの

$$[\hat{U}_{N+1}(t)\psi](z) = \int\left(\int\exp\left[\frac{i}{\hbar}S(z, x_{N+1}, \cdots, x_1, y)\right]\prod_{k=1}^{N}\frac{dx_k}{\Lambda}\right)\psi(y)\frac{dy}{\Lambda} \tag{17.3.24}$$

であって，

$$S(x_{N+1}, x_N, \cdots, x_1, x_0) = \sum_{k=0}^{N}\left\{\frac{m}{2}\left(\frac{x_{k+1}-x_k}{\Delta t}\right)^2 - V(x_k)\right\}\Delta t$$

は，系のラグランジアンを $\mathcal{L}(\dot{x}, x)$ とするとき，作用積分

$$S_{zy}{}^t[x(\cdot)] = \int_0^t \mathcal{L}(\dot{x}(t'), x(t'))\,dt'$$

に対する Riemann 和近似と読むことができる．ただし，$t/(N+1)=\Delta t$, $z=x_{N+1}$, $y=x_0$ とおき，経路 $x(t')$ は $t'=k\Delta t$ に点 x_k を通るものとした($k=0, \cdots, N+1$).

なお，$S_{zy}{}^t[x(\cdot)]$ と書いたのは，所要時間 t で点 y と z を結ぶ経路 $x(\cdot)$ によって値の定まる汎関数というつもりである.

以上が Feynman の経路積分にあたえ得る1つの解釈である．しかし，もし経路にわたる積分ということを物理の一人前の概念として定立したいと願うならば，(*17. 3. 23*) の極限と (*17. 3. 24*) の積分との順序の交換を考えなければならない.

それには誰もまだ成功していないようである.

$\tau=\hbar\beta+it$ が実数の場合には(c)項で見たとおり順序の交換ができたのだから，τ 平面の実軸(温度の逆数という軸)上で経路積分を行ない解析接続によって虚軸(すなわち時間軸)にうつろうという提案がある．こうすれば経路の測度は導入できるが，それによる積分が τ の虚軸上で意味をもつわけではない．積分は $\mathrm{Re}\,\tau>0$ では定義できて τ に関する解析性も出るけれども，虚軸には極限としてゆくほかないのである．なお，この流儀の計算では，τ の実軸上で Trotter の公式を用いて経路積分を書き下すときポテンシャルが下に有界なことを仮定する必要があった．ところが，実際には，全ハミルトニアンこそ下に有界でも，ポテンシャル関数はそうでない場合が多いので困る.

E. Nelson は1964年に，質量 m に関する解析接続を提唱した([Nelson] を見よ)．ポテンシャルが下に有界という仮定はこれで除けるというのである．事実，(c)項の展開の鍵は $\hat{\rho}_0(\tau)=\exp[-(-\tau\hbar/2m)\sum\partial^2/\partial x_j{}^2]$ の積分核表示(*17. 3. 13*)が確率という解釈を許すところにあったのだから，τ を虚数の it $(t>0)$ に変えても，同時に質量 m を虚数 im_1 $(m_1>0)$ に直せば同じことになる．また，ポテンシャルに関わる $\exp[-iVt/\hbar]$ はユニタリー群となり，$V(x)$ の正負は問題にならない．それればかりか，配位空間において，$s\geqq 2$ なら，たとえば1点で正または負の ∞ になってもよい．一般に，R^s において Newton 容量† 0 の閉集合 F を除い

---

† R^s 内の単連結領域 D に含まれる点集合 Δ の (D に相対的な) Newton 容量 $C_{\mathrm{D}}(\Delta)$ とは，D の境界を完全導体としてこれを接地したとき，Δ 内の電荷分布 $dM(y)$, $y\in\Delta$ により D 内の各点につくられる静電ポテンシャルが(適当な単位で測って) 1 を越えない範囲での全電荷

$$\int_{\Delta} dM(y)$$

の上限をいう．D内の点 x を出発して Brown 運動する粒子が，D の境界に衝突するまでの間に(その時間を m_{D} とかく)，Δ を訪れて過ごす延時間の平均は Δ の(D に相対的な) Newton 容量に比例する．$s\geqq 3$ では $\mathrm{D}=\mathrm{R}^s$ にとることもでき，そうすると $m_{\mathrm{D}}=\infty$ になる.

て連続ならよいことになるのである.

いま，その議論を詳しく紹介することはしない．複素 m 平面上の虚軸 im_1 ($m_1>0$) から出発して第1象限に解析接続し実軸への境界値をとるわけであるが，このとき極限のない場所がある(ただし，その Lebesgue 測度は0)．この点と極限がもはや経路積分ではないという事実とを別にすれば，結果はほぼ満足である.

1°　境界値として得る積分核 $\langle z|\hat{U}(t)|y\rangle$ は，$t>0$ において半群の性質(*17. 2. 11*)をもち，t につき強連続.

2°　$\psi(z:t)=[\hat{U}(t)\psi](z)$，$\forall\psi\in \mathsf{L}^2(\mathsf{R}^s)$ は F 以外の点で Schrödinger 方程式を超関数論の意味でみたす.

虚軸の負側 im_1 ($m_1<0$) から第4象限に解析接続すれば，$t<0$ に対して同様の結果が得られる.

§17. A　Kolmogorov の拡張定理

次の事実から出発しよう．$\mathfrak{F}$ をある空間 X の部分集合の有限加法族とし，$\mathfrak{B}[\mathfrak{F}]$ を X の部分集合の完全加法族で $\mathfrak{F}$ を含む最小のものとする．このとき†,

1°　$\mathfrak{F}$ 上の有限加法的測度†† μ が $\mathfrak{B}[\mathfrak{F}]$ 上の測度 $\bar{\mu}$ に拡張されるための必要十分条件は，μ が $\mathfrak{F}$ の上で完全加法的なことである(E. Hopf の拡張定理).

2°　$\mu[\mathsf{X}]<\infty$ のとき，μ が $\mathfrak{F}$ 上で完全加法的なための必要十分条件は，

$$\left.\begin{array}{c}\Phi^{(k)}\in\mathfrak{F}\ (k=1,2,\cdots)\quad \text{が}\quad \Phi^{(1)}\supset\cdots\supset\Phi^{(k)}\supset\cdots\quad\text{で}\quad \bigcap_{k=1}^{\infty}\Phi^{(k)}=\phi\\ \text{ならば}\\ \lim_{k\to\infty}\mu[\Phi^{(k)}]=0\end{array}\right\}$$

のなりたつことである.

当面の問題では，測度の整合性の条件により，異なる θ と θ' に対する $\mathfrak{F}_\theta, \mathfrak{F}_{\theta'}$ の元の間にも測度の有限加法性を保存しながら集合算が円滑に行なわれるので $\{\mathfrak{F}_\theta:\ \theta\subset[0,\tau]\}=\mathfrak{F}$ を上記にいう有限加法族にとることができる．なお，空間 X

---

† [伊藤]，定理 9.1 および 9.2．なお，それらに続いて p. 55 にあたえられている注意2を参照.

†† $\mathfrak{F}$ 上の集合関数で次の2条件をみたすもの，1° 非負性：$0\leqq\mu[A]\leqq\infty$，$\mu[\phi]=0$，2° 有限加法性：$A, A'\in\mathfrak{F}$，が共通部分をもたないとき，$\mu[A\cup A']=\mu[A]+\mu[A']$.

なお，有限加法族 $\mathfrak{F}$ 上で測度 μ が完全加法的であるとは，(*17. 3. 19*) が "もし $\bigcup_{k=1}^{\infty}A_k\in\mathfrak{F}$ なら" なりたつことである．これを絶対加法性とよんで区別する人もある.

は区間 $[0, \tau]$ から R^s への写像 $x(\cdot)$ のうち $x(0)=y$, $x(\tau)=z$ なる境界条件に従うものの全体である．つまり，任意の θ に対し $\Phi_\theta(\mathrm{R}^s, \cdots, \mathrm{R}^s)=\mathrm{X}$.

測度 μ は $\mathfrak{F}$ 上で有限加法的なので，1° により，その $\mathfrak{F}$ 上での完全加法性さえ確かめれば望みの Kolmogorov の拡張定理が証明される．ところが，いま μ は確率分布で，$\mathrm{X}=\Phi_\theta(\mathrm{R}^s, \cdots, \mathrm{R}^s)$ の測度 $\mu[\mathrm{X}]$ は 1 なのだから，証明は 2° の条件の検証に帰着する．

それには，

$$\left.\begin{array}{c}\Phi^{(k)} \in \mathfrak{F}_{\theta_k}\ (k=1,2,\cdots)\quad \text{が}\quad \Phi^{(1)} \supset \cdots \supset \Phi^{(k)} \supset \cdots \quad \text{かつ}\quad \mu[\Phi^{(k)}] > \varepsilon > 0 \\ \text{ならば} \\ \bigcap_{k=1}^{\infty} \Phi^{(k)} \neq \phi \end{array}\right\} \tag{17. A. 1}$$

をいえばよい．ここに $\theta_k=\{\tau_1^{(k)}, \cdots, \tau_k^{(k)}\}$ で，$l>k$ なら $\theta_l \supset \theta_k$ であるとする．こうしても一般性を失なわないことは，たとえば θ_1 が $\{\tau_1, \tau_2\}$ だったら $\Phi_{\tau_1}{}^{(1)}=(\mathrm{X})$ を直前に挿入して $\{\tau_1, \tau_2\}$ を θ_2 と呼びかえようなどと考えてみればわかるだろう．もちろん $\Phi^{(k)}$ がすべて共通に 1 つの $\mathfrak{F}_\theta$ に属する場合には (17. A. 1) は初めから明らかなのだ．μ が確率分布だからである．

さて，μ は $\mathfrak{F}_{\theta_k}$ 上では完全加法的かつ有限なのだから，次の条件をみたす経路の集合 $V_k \subset \Phi^{(k)}$ を見出すことができる (図 17. 10)：

(a)　V_k の時刻 $\tau_1^{(k)}, \cdots, \tau_k^{(k)}$ における断面† を $\Delta_1^{(k)}, \cdots, \Delta_k^{(k)}$ とするとき直積

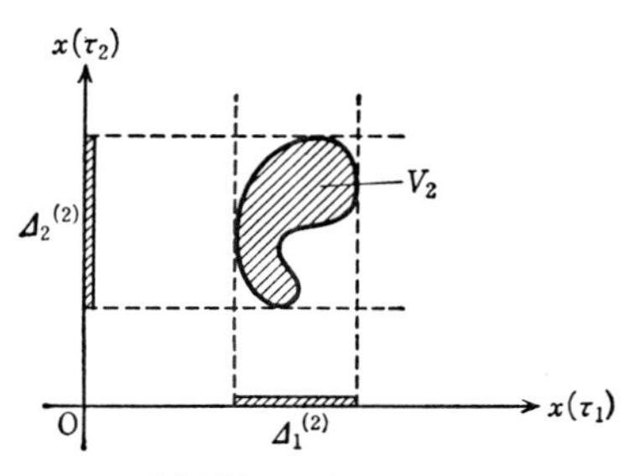

図 17. 10　経路の束の近似

† Δ_j は区間の形 $(a_1, b_1] \times \cdots \times (a_s, b_s]$ をしているとは限らない．

集合 $\boldsymbol{\Delta}^{(k)}=\Delta_1{}^{(k)}\times\cdots\times\Delta_k{}^{(k)}$ は R^{sk} の有界な閉集合をなす.

(b)
$$\mu[\Phi^{(k)}-V_k]<\frac{\varepsilon}{2\cdot 2^k}$$

このように経路の束 $\Phi^{(k)}$ を“有界閉集合”で近似しておくことが以下の議論の鍵になる. $\Phi^{(k)}$ 自身は, θ_k の番号づけについて行なった上の便宜的な処置のために, 断面に R^s を含む可能性があって(a)の意味で有界とは限らない.

次に, これも $\mathfrak{F}_{\theta_n}$ の経路の集合になるが,

$$W_n = V_1\cap V_2\cap\cdots\cap V_n \tag{17. A. 2}$$

とおこう. この演算は $\mathfrak{F}=\{\mathfrak{F}_\theta\}$ の有限加法性による. $\Phi^{(n)}$ のなかで考えた補集合を ′ で表わすと, $V_k'=\Phi^{(n)}-[\Phi^{(n)}\cap V_k]$ であって,

$$\Phi^{(n)}-W_n = W_n' = \bigcup_{k=1}^{n} V_k'$$

だから,

$$\mu[\Phi^{(n)}-W_n]=\mu\left[\bigcup_{k=1}^{n}(\Phi^{(n)}-[\Phi^{(n)}\cap V_k])\right]$$

ところが, 右辺で $\Phi^{(n)}$ を $\Phi^{(k)}$ でおきかえると和の各項の集合は大きくなるので(図 17. 11), (b) も用いて,

$$\mu[\Phi^{(n)}-W_n]\leqq\mu\left[\bigcup_{k=1}^{n}(\Phi^{(k)}-V_k)\right]<\sum_{k=1}^{n}\frac{\varepsilon}{2\cdot 2^k}<\frac{\varepsilon}{2}$$

よって, $W_n\subset V_n\subset\Phi^{(n)}$ から

$$\mu[W_n]=\mu[\Phi^{(n)}]-\mu[\Phi^{(n)}-W_n]>\frac{\varepsilon}{2}$$

最右辺を得るのに, (17. A. 1)の仮定を用いた. この結果は, どの W_n も空集合ではないことを示す. そこで, 各 W_n から経路を1本ずつ取り出し $x^{(n)}(\tau)$ とし

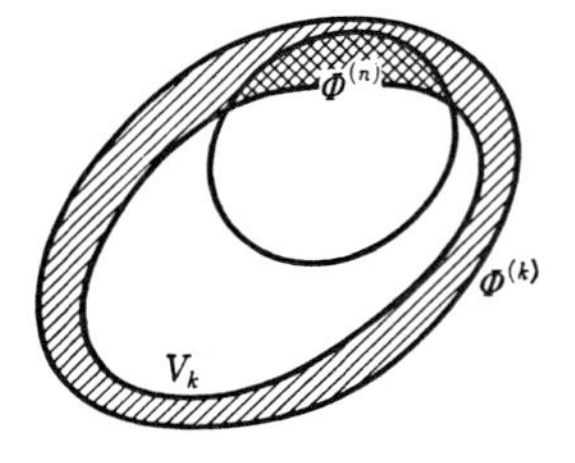

図 17. 11 2重斜線の部分が $\Phi^{(n)}-(\Phi^{(n)}\cap V_k)$ であって, 1重斜線の部分が $\Phi^{(k)}-(\Phi^{(k)}\cap V_k)=\Phi^{(k)}-V_k$ を示す

よう．

さて，ここであらためて分点 θ_l の合併を

$$\bigcup_{l=1}^{\infty}\theta_l=\{\tau_1, \tau_2, \cdots\}$$

と書けば，任意の τ_j に対し適当な m があって $\tau_j\in\theta_m$ となる．すると $n\geqq m$ について W_n から取った経路 $x^{(n)}(\tau)$ は $W_n\subset W_m$ のために V_m を通ることになるので $x^{(n)}(\tau_j)\in\varDelta_j{}^{(m)}$ となるが，これは無限数列 $\{x^{(n)}(\tau_j)\}_{n=1,2,\cdots}$ の第 m 項より先が有界なことを示す．この数列は，したがって，収束する部分列を含む．

いま $k=1$ にとり，その部分列を $x^{(11)}(\tau_1), x^{(12)}(\tau_1), \cdots$ としよう．これは

$$\mathrm{P}_1:\ x^{(11)}(\tau), x^{(12)}(\tau), \cdots$$

なる経路の列に $\tau=\tau_1$ を代入したものである．どんな番号 k をとっても，この列の十分に先では経路がどれも $\boldsymbol{\varDelta}^{(k)}$ を通ることに注意しておこう．

列 P_1 の経路に τ_1 の代りに τ_2 を代入したら $x^{(11)}(\tau_2), x^{(12)}(\tau_2), \cdots$ なる数列になるが，上と同様の理由から，この無限数列は収束する部分列を含む．その1つを選んで経路の列

$$\mathrm{P}_2:\ x^{(21)}(\tau), x^{(22)}(\tau), \cdots$$

を得る．これは P_1 の部分列だから $\tau=\tau_1$ を代入しても収束する数列をあたえるのである．

同様な選び出しを続けると，

$$\begin{array}{lll}
x^{(11)}(\tau), & x^{(12)}(\tau), & \cdots\cdots \\
x^{(21)}(\tau), & x^{(22)}(\tau), & \cdots\cdots \\
x^{(31)}(\tau), & x^{(32)}(\tau), & \cdots\cdots \\
\vdots & \vdots & \ddots
\end{array}$$

という経路の行列が得られる．既にお気づきのように，これは対角線論法である．行列の対角線上に並んだ経路

$$x^{(11)}(\tau), x^{(22)}(\tau), x^{(33)}(\tau), \cdots$$

を取り出すと，これは τ に τ_j $(j=1, 2, \cdots)$ のどれを代入しても常に収束する数列をあたえる！　これから，

$$x^{(\infty)}(\tau) = \begin{cases} \lim_{n\to\infty} x^{(nn)}(\tau_k) & (\tau=\tau_k,\ \ k=1, 2, \cdots \text{のとき}) \\ 0 & (\tau\neq\tau_1, \tau_2, \cdots \text{のとき}) \end{cases}$$

として定義した経路 $x^{(\infty)}(\tau)$ は，任意の k について $\boldsymbol{\Delta}^{(k)}$ を通る：

$$(x^{(\infty)}(\tau_1), \cdots, x^{(\infty)}(\tau_k)) \in \boldsymbol{\Delta}^{(k)} \qquad (17.\ A.\ 3)$$

なぜなら，前に列 P_1 のところで注意した事実により，適当な $N(k)$ より先の経路 $\boldsymbol{x}^{(nn)}(\tau)$, $n>N(k)$ はどれも $\boldsymbol{\Delta}^{(k)}$ を通るが，その $\boldsymbol{\Delta}^{(k)}$ は(a)によって閉集合なので極限もそのなかに含むことになるのである．この結果(17. A. 3)は $x^{(\infty)}(\tau)\in V_k \subset W_k$ を意味するが，k は任意だったのだから，

$$x^{(\infty)}(\tau) \in \bigcap_{k=1}^{\infty} \Phi^{(k)} \qquad (17.\ A.\ 4)$$

つまり，$\bigcap_{k=1}^{\infty} \Phi^{(k)}$ は空集合ではない．これで，Kolmogorov の定理の証明はおしまい．

§17. 4 古典近似

時間推進の経路積分表示ないしはその原型(17. 3. 24)で作用積分 S の値が $\hbar$ に比べて格段に大きい場合を考えてみよう．作用を巨視的な単位で測って $\hbar\to 0$ の極限の場合といってもよい．このほうが数式の扱いには便利であるから，以下この見方に従う．量子力学的な量を $\hbar\sim 0$ に関する漸近展開の形に求めることは古典近似といわれる．

経路積分もどきの(17. 3. 24)を見ると，$S/\hbar$ が被積分関数の位相をきめているので，$\hbar\to 0$ では経路が動いて作用積分 S の値が少し変動しても被積分関数は激しく振動し，異なる経路からくる積分への寄与は互いに相殺してしまうだろう．

しかし，経路のなかには多少のずれが起こっても作用積分の値が変わらないとの条件

$$\delta\int_{t_1}^{t_2} \mathcal{L}(\dot{x}(t), x(t))\,dt = 0 \qquad (17.\ 4.\ 1)$$

をみたすものがある．変分は，もちろん，経路の両端を固定してとるのであって，すなわち

$$x(t_1) = y, \qquad x(t_2) = z \qquad (17.\ 4.\ 2)$$

とするから，これは古典力学における変分原理である．いま考えている特別な経路は，だから古典力学的な経路にほかならない．それを $x^{c}(t)$ と記そう．

経路積分もどき(*17.3.24*)への寄与は，そうすると，$\hbar\to 0$ の極限では古典力学的の経路 $x^{c}(t)$ の近傍だけから集中的になされることになろう．これは，粒子がほとんど確実に古典的な経路をとって運動することだと解釈できる．

こう考えれば，量子力学が $\hbar\to 0$ の極限で古典力学に移行する状況が眼に見えて明らかになる．

そうはいっても，時間推進に対する経路積分の把握が現在まだ十分にできていないことは繰り返し述べたとおりであって，上の説明も，その意味では，かくありたいという願望にすぎない．

次のような計算はできる．すなわち，$x(t)=x^{c}(t)+\xi(t)$ とおいて，古典的の経路のまわりのラグランジアンの展開

$$\mathscr{L}(\dot{x},x)=\mathscr{L}(\dot{x}^{c},x^{c})+\left(\xi\cdot\frac{\partial}{\partial x^{c}}+\dot{\xi}\cdot\frac{\partial}{\partial\dot{x}^{c}}\right)\mathscr{L}(\dot{x}^{c},x^{c})$$
$$+\frac{1}{2}\left(\xi\cdot\frac{\partial}{\partial x^{c}}+\dot{\xi}\cdot\frac{\partial}{\partial\dot{x}^{c}}\right)^{2}\mathscr{L}(\dot{x}^{c},x^{c})+\cdots$$

を(*17.3.24*)に代入するのである(・はスカラー積を表わす)．展開の1次の項は，時間積分を行なうと古典力学の作用原理(*17.4.1*)によって消える．残る2次の項までとって以下を捨てる近似をとるなら，(*17.3.24*)型の積分を行なって $N\to\infty$ の極限をみることは難しくない．そして実際，$\hbar\to 0$ のときには展開の3次以降を捨てる近似は上に想定した状況によって正当化されるわけであろう．

このようにして位置の遷移確率振幅の古典近似が

$$\langle z,t_2|y,t_1\rangle=D\exp\left[\frac{i}{\hbar}\int_{t_1}^{t_2}\mathscr{L}(\dot{x}^{c},x^{c})\,dt\right] \qquad (17.4.3)$$

の形に得られる†．係数 D の計算法は割愛する．

自由粒子および調和振動子の場合には，この方法をとっても厳密な計算と内容の相違がなく，結果も異ならない．読者は，調和振動子に対する(*17.2.18*)，自由粒子に対する(*17.2.20*)は，この(*17.4.3*)の形をしていることを確かめよ．

---

† 点 y を z に時間 t で結ぶ古典力学的経路が2本以上あるときは，右辺は各経路に対するものの和になる．

これまで考えてきた位置の遷移確率振幅というのは，つまり Green 関数である．それに対して**波動関数の Cauchy 問題**の古典近似を直接に調べることも興味ふかい．こちらの計算は Schrödinger 方程式に依拠して行なわれるので，経路積分の場合のような不安心はないのである．

いま $S_0(a)$ をあたえられた実数値関数として，古典力学的な粒子の，初期条件

$$t_1 = 0 \quad \text{で} \qquad x^c(0) = a,\ \ m\dot{x}^c(0) = \frac{\partial S_0(a)}{\partial a} \tag{17.4.4}$$

に従う運動 $x^c(t:a)$ が知れているとしよう．もちろん，粒子に働く力はポテンシャル $V(x)$ から導かれるものとしておくのである．この $V(x)$ は2回まで微分できるものとする．

このとき，$\hbar$ によらない φ_0, S_0 によって書かれた Cauchy データ

$$t_1 = 0 \quad \text{で} \qquad \psi(x, 0) = \varphi_0(x) \exp\left[\frac{i}{\hbar}S_0(x)\right] \in \mathsf{L}^2(\mathsf{R}^s) \tag{17.4.5}$$

に応ずる Schrödinger 方程式の解は，後に p. 423 で説明するように，古典力学的な経路 $x=x^c(t:a)$ を逆に解いた $a=a(x,t)$ を用いて，

$$\psi(x, t) = \varphi_0(a(x, t))\sqrt{Y} \exp\left[\frac{i}{\hbar}S(x, t)\right] + \eta_\hbar(x, t) \tag{17.4.6}$$

と書かれ，“古典近似にふさわしく”——という意味はすぐ後に説明する——$\eta_\hbar$ は $\mathsf{L}^2(\mathsf{R}^s)$ のノルム $\|\ \ \|$ において

$$\|\eta_\hbar(\cdot, t)\| \xrightarrow[\hbar\to 0]{} 0 \tag{17.4.7}$$

となる (Maslov の定理)．(17.4.6) の第1項は，だから $\underset{\hbar\to 0}{\text{l.i.m.}}\ \psi(x, t)$ と書いてよい．これを主要項とよぶ．なお，$x=x^c(t:a)$ が逆に解けるように，

$$Y = Y(x, t) = \det\left(\frac{\partial a_k}{\partial x_l}\right) \tag{17.4.8}$$

の 0 でないことが仮定される．また，

$$S(x, t) = \tilde{S}(a(x, t), t) \tag{17.4.9}$$

であって，$\tilde{S}$ は系のラグランジアン $\mathcal{L}(\dot{x}, x)$ を用いて

$$\tilde{S}(a, t) = S_0(a) + \int_0^t \mathcal{L}(\dot{x}^c(t:a), x^c(t:a))\,dt$$

と表わされる作用積分である．種を明かせば，この $S(x,t)$ は Hamilton-Jacobi の方程式

$$\frac{\partial S}{\partial t}+\mathcal{H}\left(\frac{\partial S}{\partial x},\ x\right)=0 \tag{17.4.10}$$

の初期条件 $S(x,0)=S_0(x)$ に応ずる解にほかならない．$\mathcal{H}(p,x)$ は，いうまでもなく，この力学系のハミルトニアンである．

(17.4.6)の主要項の物理的な意味を見ておこう．それは，

$$|\underset{\hbar\to 0}{\mathrm{l.i.m.}}\ \psi(x,t)|^2 d^s x=|\varphi_0(a)|^2 d^s a \tag{17.4.11}$$

を書けば明瞭であろう．Y は(17.4.8)に見るとおり x から a への変数変換のヤコビアンだから，$Yd^s x=d^s a$ となるのである．その x と a の関係は古典力学的な経路 $x=x^c(t:a)$ であった．そこで，(17.4.11)は $\hbar\to 0$ の極限で古典力学の経路概念が復活することを意味しているといってよい．実際，この式は，配位空間 R^s における $t=0$ の存在確率 $|\varphi_0(a)|^2 d^s a$ を古典的の経路 $x^c(t:a)$ により a と結ばれる点 x にそのまま移した $|\varphi_0(a(x,t))|^2 d^s a$ が(図17.12)，量子力学からの $|\psi(x,t)|^2 d^s x$ に $\hbar\to 0$ で一致することを示している．

同様のことを前には経路積分の表式から推測したのだったが，そのときには Green 関数を考えていたから，あたえられた始点 y と終点 z をあたえられた時

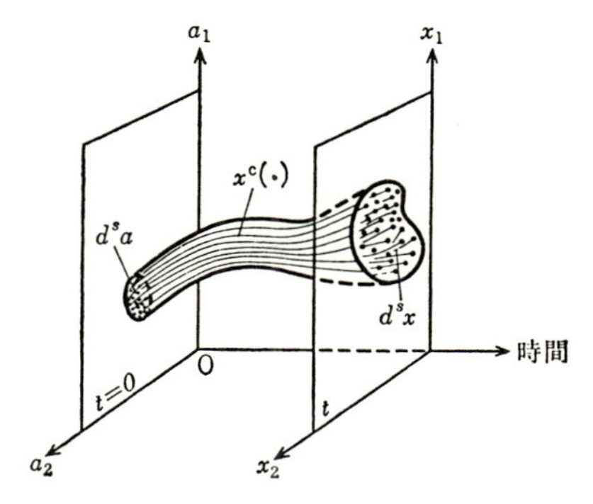

図17.12　古典近似：時刻 t における粒子の存在確率 $|\psi(x,t)|^2 d^s x$ は，時刻0の $|\varphi_0(a)|^2 d^s a$ を粒子の軌道に沿って移したものになる

間 t で結ぶ経路を問題にした．それに対して，いまは初期条件(17. 4. 5)があたえられたとしている．$\hbar\to 0$ で，それが初期条件(17. 4. 4)の確率的な混合に移行するというわけである．

これに関連して，解(17. 4. 6)の物理的な内容につき，もう1つ言うべきことがある．(17. 4. 6)で $\hat{p}=-i\hbar\partial/\partial x$ をはさんで，$\hbar\to 0$ の極限を見ると，

$$\psi^*(x,t)\hat{p}\psi(x,t) \xrightarrow[\hbar\to 0]{} \frac{\partial S(x,t)}{\partial x}|\psi(x,t)|^2 \qquad (17.\,4.\,12)$$

となっている．これを運動量の配位空間 R^s における密度と解釈してもよいであろう．ところが，すぐ後で証明を復習するけれども，古典力学では Hamilton-Jacobi の関数の勾配は運動量 $p^c(t:a)$ そのものである：

$$p^c(t:a) = \frac{\partial S(x,t)}{\partial x} \qquad (17.\,4.\,13)$$

特に $t=0$ では $S(x,t)=S_0(x)$ なので，(17. 4. 12)は Schrödinger 方程式に付加した初期条件(17. 4. 5)が粒子の位置の確率分布 $|\varphi_0(a)|^2$ をあたえているだけでなく，$\hbar\to 0$ では位置 a の粒子が運動量 $\partial S_0(a)/\partial a$ をもつことをも意味していたことがわかる．古典力学的の初期条件(17. 4. 4)と比べよ．なにも $t=0$ に限ったことではない．(17. 4. 12)は一般に，量子力学的な運動量の密度が $\hbar\to 0$ で（各点に定まっている運動量）×（粒子の存在確率密度）として古典物理的な確率算の結果に移行することを示す．

こうして量子力学は，$\hbar\to 0$ における確率の集中化という意味で，粒子の経路についても運動量についても古典力学に回帰することがわかった．これは，当然に期待されることと直ちにいえるようなものではないだろう．極微の世界の粒子が Dirac 電子のチッターベベーグンク(Zitterbewegung)のようなものを行なっているとしたらどうか．また，以前に§17. 3で虚数の時間 $\tau=it$（または Nelson 流に虚数の質量）の場合に経路の確率を構成したとき，速度の定義できる(微分可能な)経路の確率が0になってしまったことも思い出される．あの確率は Brown 運動をする粒子の経路の確率と同じ形をしていたのだった．

ここで(17. 4. 13)の証明をしておこう．(17. 4. 9)を思い出すと，

$$\frac{\partial S(x,t)}{\partial x} = \frac{\partial \tilde{S}(a,t)}{\partial a}\cdot\frac{\partial a(x,t)}{\partial x} \qquad (17.\,4.\,14)$$

が書ける．ところが，$\tilde{S}$ の定義により，

$$\frac{\partial\tilde{S}(a,t)}{\partial a}=\frac{\partial S_0(a)}{\partial a}+\int_0^t\left\{\frac{\partial\mathcal{L}}{\partial\dot{x}^{c}}\cdot\frac{\partial\dot{x}^{c}(t:a)}{\partial a}+\frac{\partial\mathcal{L}}{\partial x^{c}}\cdot\frac{\partial x^{c}(t:a)}{\partial a}\right\}dt$$

右辺の積分において，$x^{c}(t:a)$ が運動方程式

$$\frac{\partial\mathcal{L}}{\partial x^{c}}=\frac{d}{dt}\frac{\partial\mathcal{L}(\dot{x}^{c}(t:a),\,x^{c}(t:a))}{\partial\dot{x}^{c}}$$

をみたすことと（初期条件を固定して量を時間のみの関数とみて微分することは d/dt で表わす習慣である），

$$\frac{\partial\dot{x}^{c}(t:a)}{\partial a}=\frac{d}{dt}\frac{\partial x^{c}(t:a)}{\partial a}$$

とに注意すれば，

$$\frac{\partial\tilde{S}(a,t)}{\partial a}=\frac{\partial S_0(a)}{\partial a}+\int_0^t\frac{d}{dt}\left(\frac{\partial\mathcal{L}}{\partial\dot{x}^{c}}\cdot\frac{\partial x^{c}(t:a)}{\partial a}\right)dt=p^{c}(t:a)\cdot\frac{\partial x^{c}(t:a)}{\partial a}$$

ただし $x^{c}(0:a)=a$ と $p^{c}(0:a)=\partial S_0(a)/\partial a$ を用いた．この結果を(17.4.14)に代入するのだが，そのとき，$x_j=x_j{}^{c}(t:a(x,t))$ を x_k で偏微分して得る関係

$$\sum_{l=1}^{s}\frac{\partial x_j{}^{c}(t:a)}{\partial a_l}\frac{\partial a_l(x,t)}{\partial x_k}=\delta_{jk}$$

を用いると，望みの(17.4.13)に到達する．

次に，(17.4.6)の証明の筋道を説明しよう．それは $Y(x,t)=\tilde{Y}(a,t)$ が配位空間 R^s の各点 x で連続の方程式をみたすという事実に依拠する物理的なものである．その事実を確かめるために，

$$\tilde{Y}^{-1}(a,t)=\det\left(\frac{\partial x_l}{\partial a_k}\right)=\begin{vmatrix}\dfrac{\partial x_1{}^{c}(t:a)}{\partial a_1} & \cdots & \dfrac{\partial x_1{}^{c}(t:a)}{\partial a_k} & \cdots & \dfrac{\partial x_1{}^{c}(t:a)}{\partial a_s}\\ \vdots & & \vdots & & \vdots\\ \dfrac{\partial x_l{}^{c}(t:a)}{\partial a_1} & \cdots & \dfrac{\partial x_l{}^{c}(t:a)}{\partial a_k} & \cdots & \dfrac{\partial x_l{}^{c}(t:a)}{\partial a_s}\\ \vdots & & \vdots & & \vdots\\ \dfrac{\partial x_s{}^{c}(t:a)}{\partial a_1} & \cdots & \dfrac{\partial x_s{}^{c}(t:a)}{\partial a_k} & \cdots & \dfrac{\partial a_s{}^{c}(t:a)}{\partial x_s}\end{vmatrix}$$

を時間で微分しよう．初期条件の a を固定して微分を行なうので，前と同様に

d/dt で書く．行列式の微分の定石により，

$$\frac{d}{dt}\tilde{Y}^{-1}(a,t)=\sum_{l=1}^{s}\begin{vmatrix} \dfrac{\partial x_1{}^c(t:a)}{\partial a_1} & \cdots & \dfrac{\partial x_1{}^c(t:a)}{\partial a_k} & \cdots & \dfrac{\partial x_1{}^c(t:a)}{\partial a_s} \\ \vdots & & \vdots & & \vdots \\ \dfrac{d}{dt}\dfrac{\partial x_l{}^c(t:a)}{\partial a_1} & \cdots & \dfrac{d}{dt}\dfrac{\partial x_l{}^c(t:a)}{\partial a_k} & \cdots & \dfrac{d}{dt}\dfrac{\partial x_l{}^c(t:a)}{\partial a_s} \\ \vdots & & \vdots & & \vdots \\ \dfrac{\partial x_s{}^c(t:a)}{\partial a_1} & \cdots & \dfrac{\partial x_s{}^c(t:a)}{\partial a_k} & \cdots & \dfrac{\partial x_s{}^c(t:a)}{\partial a_s} \end{vmatrix}$$

右辺の行列で時間微分のある行を計算するのに，(17. 4. 13) の $dx_l{}^c(t:a)/dt=m^{-1}\cdot\partial S(x,t)/\partial x_l$ を思い出して

$$\frac{d}{dt}\frac{\partial x_l{}^c(t:a)}{\partial a_k}=\frac{1}{m}\sum_{j=1}^{s}\frac{\partial^2 S(x,t)}{\partial x_j\partial x_l}\frac{\partial x_j{}^c(t:a)}{\partial a_k}$$

とすると，その行は (自身)$\times\partial^2 S/\partial x_l{}^2+$(他の行の線形結合) の形になる．後者を捨てても行列式の値は変わらないので，結局，

$$\frac{d}{dt}\tilde{Y}^{-1}(a,t)=\tilde{Y}^{-1}\frac{\Delta S}{m}\qquad\left(\Delta S=\sum_{l=1}^{s}\frac{\partial^2}{\partial x_l{}^2}S(x,t)\right)$$

という簡明な結果が得られる．あるいは，

$$\frac{d}{dt}\tilde{Y}(a,t)+\tilde{Y}\frac{\Delta S}{m}=0 \qquad (17.\ 4.\ 15)$$

ところが，$\tilde{Y}(a(x,t),t)=Y(x,t)$ を配位空間 R^s にある密度分布とみて x と t との関数として扱うなら，

$$\frac{d}{dt}\tilde{Y}(a,t)=\frac{\partial Y(x,t)}{\partial x}\cdot\frac{dx^c(t:a)}{dt}+\frac{\partial Y(x,t)}{\partial t}$$

であって，前にも用いた $dx^c(t:a)/dt=m^{-1}\cdot\mathrm{grad}\,S(x,t)$ の関係があるので，(17. 4. 15) は，連続の方程式の形

$$\frac{\partial Y}{\partial t}+\mathrm{div}\left(Y\frac{\mathrm{grad}\,S}{m}\right)=0 \qquad (17.\ 4.\ 16)$$

をとる．ただし，Y も S も x と t の関数とし，div, grad は x に関する微分演算とする．後の計算のために，この結果を

$$\frac{\partial\sqrt{Y}}{\partial t}+\frac{1}{2}[\operatorname{div}(\sqrt{Y}\operatorname{grad}S)+(\operatorname{grad}\sqrt{Y})\cdot(\operatorname{grad}S)]=0 \qquad (17.4.17)$$

と書き直しておく.

以上の準備のもとで,

$$\psi(x,t)\equiv\varphi(x,t)\sqrt{Y(x,t)}\exp\left[\frac{i}{\hbar}S(x,t)\right]$$

を Schrödinger 方程式に代入し, 未知関数 φ の従うべき方程式をだしてみよう.

$$\operatorname{grad}\psi=[\operatorname{grad}(\varphi\sqrt{Y})+\frac{i}{\hbar}\varphi\sqrt{Y}\operatorname{grad}S]e^{(i/\hbar)S}$$

だから,

$$\begin{aligned}\Delta\psi&=\operatorname{div}\operatorname{grad}\psi\\&=\{\Delta(\varphi\sqrt{Y})+\frac{i}{\hbar}\operatorname{div}(\varphi\sqrt{Y}\operatorname{grad}S)\\&\quad+\frac{i}{\hbar}[\operatorname{grad}(\varphi\sqrt{Y})+\frac{i}{\hbar}\varphi\sqrt{Y}\operatorname{grad}S]\cdot\operatorname{grad}S\}e^{(i/\hbar)S}\end{aligned}$$

そこで Schrödinger 方程式

$$i\hbar\frac{\partial}{\partial t}(\varphi\sqrt{Y}e^{(i/\hbar)S})=-\frac{\hbar^2}{2m}\Delta\psi+V\varphi\sqrt{Y}e^{(i/\hbar)S}$$

にこれを用いると, 上に準備しておいた(17.4.17)と, S が Hamilton-Jacobi の方程式(17.4.10)をみたすという事実とにより, 大きな相殺が起こって,

$$i\hbar\sqrt{Y}\left[\frac{\partial\varphi}{\partial t}+\operatorname{grad}\varphi\cdot\frac{\operatorname{grad}S}{m}\right]=-\frac{\hbar^2}{2m}\Delta(\varphi\sqrt{Y})$$

となる.

この結果を見ると, 左辺と右辺で $\hbar$ のベキがちがう! その上, 左辺の[ ]は,

$$\varphi(x,t)=\varphi(x(t:a),t)\equiv\tilde{\varphi}(a,t)$$

で書けば簡単になる. こうして,

$$\frac{\partial\tilde{\varphi}(a,t)}{\partial t}=\hbar\cdot\frac{i}{2m\sqrt{Y}}\Delta(\varphi\sqrt{Y}) \qquad (17.4.18)$$

これが φ を決定するための方程式である. 実際に解くには右辺を a,t の関数に書き直すわけだが, その操作は $\hbar$ を含まない. したがって

$$\frac{\partial\tilde{\varphi}(a,t)}{\partial t}\xrightarrow[\hbar\to 0]{} 0$$

という推測がなりたち，あたえられた Cauchy データ(17. 4. 5)に従い

$$\tilde{\varphi}(a,t)\xrightarrow[\hbar\to 0]{}\varphi_0(a) \qquad (\text{すべての } t \text{ で})$$

とおくことになる．$t=0$ では $Y=1$, $S(x,t)=S_0(x)$, $x(t:a)=a$ だからである．こうして，われわれは，

$$\psi(x,t)\xrightarrow[\hbar\to 0]{}\varphi_0(a(x,t))\sqrt{Y(x,t)}\exp\left[\frac{i}{\hbar}S(x,t)\right] \qquad (17.\ 4.\ 19)$$

に導かれた．

しかし，証明が終わったわけではない．はじめに述べた命題を証明するには，(17. 4. 19)の収束を(17. 4. 7)の意味としてよいことを示す必要がある．それには方程式(17. 4. 18)を $\hbar$ を展開パラメーターとする摂動論によって調べればよいが，ここでは省略したい([Maslov] を見よ)．

第18章　無限自由度の問題

これまでは，有限自由度 s をもつ力学系に考察を限ってきた．その系の状態関数としては自由度の数だけの変数をもつ $\psi(x_1, \cdots, x_s) \in \mathrm{L}^2(\mathrm{R}^s)$ をとればよく，この意味では1自由度の系でも多自由度の系でも量子力学の形式に本質的な差はなかったのである．

この章では自由度が(可付番)無限大の系にまで量子力学を拡張することを考えたい．そこには，多くの問題が待ち受けている．これまでの量子力学の形式をそのまま用いて単に $s \to \infty$ とすればよいというような具合にはいかないのである．$s \to \infty$ につながりやすいような，それでいて $s < \infty$ の系については在来の形式と等価であるような新しい定式化をさがさなければならない．

まずは状態関数が Hilbert 空間をつくるという側面の検討から始めよう．問題は内積である．$s < \infty$ のとき $\mathrm{L}^2(\mathrm{R}^s)$ における内積は s 重の積分で表わされた．それをそのまま $s \to \infty$ の場合に用いようとすると無限重の積分が入用になるが，その定義に柱状集合を媒介としてどれだけの手続が必要かは，以前に経路積分の節で見たとおりである．

ここでは，別の行き方を試みよう．

§18.1　Hilbert 空間のテンソル積

無限自由度の問題を摘出するには，自由度が有限の範囲でもできる算法の準備はあらかじめしておいたほうがよい．

a)　自由度が有限の場合

考えやすいようにスピン系を例にとって話を始め，描像ができる頃合をみて一般化をすることにしたい．

大きさが $\hbar$ を単位に 1/2 のスピンの状態は，2成分の列ベクトル

$$\psi \equiv \begin{bmatrix} \xi \\ \eta \end{bmatrix} \qquad (\xi, \eta \text{ は複素数}) \tag{18.1.1}$$

によって記述される．その全体は，

$$\|\psi\| = \sqrt{|\xi|^2+|\eta|^2} \tag{18.1.2}$$

をノルムとして Hilbert 空間 H をつくる．

いま，そのようなスピンが格子状に配列されているものとしよう．格子を具象的に思い描きたいなら立方格子としておいてもよい(図18.1)．さしあたり格子点の数は有限とし，どんな順にでもよいから，番号 $1, 2, \cdots, N$ をつけておく．

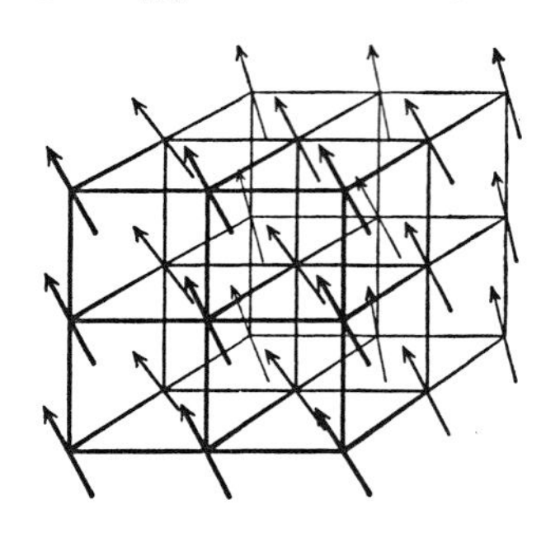

図18.1　スピンの立方格子

このスピン系の状態を表わすには，どうしたらよいだろうか？

1つの方法は，各スピンの状態ベクトルを並べた順序つきの目録†

$$\left\{\begin{bmatrix} \xi_1 \\ \eta_1 \end{bmatrix}, \begin{bmatrix} \xi_2 \\ \eta_2 \end{bmatrix}, \cdots, \begin{bmatrix} \xi_N \\ \eta_N \end{bmatrix}\right\} \qquad (\xi_k, \eta_k \in \mathsf{C})$$

を示すことであろう．このような目録を以後は手短に

$$\bigotimes_{k=1}^{N} \psi_k \tag{18.1.3}$$

と記そう．いうまでもなく $\psi_k = \begin{bmatrix} \xi_k \\ \eta_k \end{bmatrix} \in \mathsf{H}_k$：この H_k は k 番目のスピンの Hilbert 空間で，いまの場合は最初に考えた H と同じ構造をもつ．スピン系の量子力学をつくるには，重ね合せの原理に従って状態ベクトルの線形結合がまた状態ベクトルの仲間に入るようにしておかなければならない．そこで，まずは目録の有限個の線形結合を考えることにして，複素係数 α の添字には目録それ自身を用い，

† 数学の用語法に従えば列(sequence)．

一般に，

$$\Psi = \sum_{\text{有限和}} \alpha_{\otimes\psi}\cdot \bigotimes_{k=1}^{N} \psi_k \tag{18.1.4}$$

の形の式の全体を M とよぶ†．そして線形算法を次のように定義することにしてみよう——

$$\left.\begin{aligned} &\text{定数倍:}\quad \lambda \sum \alpha_{\otimes\psi}\cdot\otimes \psi_k = \sum (\lambda\alpha_{\otimes\psi})\cdot\otimes \psi_k \\ &\text{加　法:}\quad \sum \alpha_{\otimes\psi}\cdot\otimes \psi_k + \sum \beta_{\otimes\phi}\cdot\otimes \phi_k = \sum (\alpha_{\otimes\chi}+\beta_{\otimes\chi})\cdot\otimes \chi_k \end{aligned}\right\} \tag{18.1.5}$$

ただし $\bigotimes_{k=1}^{N}$ を簡略に $\otimes$ とした．以下，特に必要のない限り，この略記法を用いる．この加法は，左辺の 2 つの和につき目録 $\otimes\chi_k$ が共通な項の係数を加え合わせることである．したがって，この加法におけるゼロ元は係数が 0 ばかりの $\sum 0\cdot\otimes\chi_k$ となる．これを 0 と記すことにしよう．

状態ベクトルの全体は集まって 1 つの Hilbert 空間††をなすのでなければならない．それには第 1 に内積の定義がいる．まず，(18.1.3) の形の単項式の間の内積を

$$\left\langle \bigotimes_{l=1}^{N} \phi_l,\ \bigotimes_{k=1}^{N} \psi_k \right\rangle = \prod_{k=1}^{N} \langle \phi_k, \psi_k\rangle \tag{18.1.6}$$

と定めよう．$\langle\phi_k, \psi_k\rangle$ は H_k における内積である．そうすると，(18.1.4) の形の線形結合 Ψ, Φ の内積 $\langle\Phi, \Psi\rangle$ は半双線形性という一般的な要請により自ずと定まってしまう：

$$\left\langle \sum \beta_{\otimes\phi}\cdot \bigotimes_{l=1}^{N} \phi_l, \sum \alpha_{\otimes\psi}\cdot \bigotimes_{k=1}^{N} \psi_k \right\rangle = \sum \beta_{\otimes\phi}{}^{*}\alpha_{\otimes\psi} \left\langle \bigotimes_{l=1}^{N} \phi_l,\ \bigotimes_{k=1}^{N} \psi_k \right\rangle \tag{18.1.7}$$

この内積が正の半定符号なこと

$$\langle \Psi, \Psi\rangle \geqq 0 \tag{18.1.8}$$

は確かである．しかし，正定値ではない．$\langle\Psi, \Psi\rangle = 0 \Leftrightarrow \Psi = 0$ とはいかないのである．$\Psi = 0$ の意味は上の加法の定義のところで定めた．

$N=2$ の場合の例でみよう．たとえば，

---

† 数学の用語に従えば，M は目録の全体を基底とする自由加群である．

†† その公理系は §16.2(a) に掲げてある．

$$\chi = \begin{bmatrix} 1 \\ -1 \end{bmatrix} \otimes \begin{bmatrix} -1 \\ 1 \end{bmatrix} + \begin{bmatrix} 1 \\ -1 \end{bmatrix} \otimes \begin{bmatrix} 1 \\ -1 \end{bmatrix}$$

について $\langle \chi, \chi \rangle = 0$ となる．χ の2項を見比べると第1因子 $\begin{bmatrix} 1 \\ -1 \end{bmatrix}$ でくくって，

$$\begin{bmatrix} 1 \\ -1 \end{bmatrix} \otimes \left(\begin{bmatrix} -1 \\ 1 \end{bmatrix} + \begin{bmatrix} 1 \\ -1 \end{bmatrix} \right) = \begin{bmatrix} 1 \\ -1 \end{bmatrix} \otimes 0 = 0$$

のような計算をしたくもなるだろうが，上の加法の定義は，そこまで及んでいない．いまのところ目録 $\begin{bmatrix} 1 \\ -1 \end{bmatrix} \otimes \begin{bmatrix} -1 \\ 1 \end{bmatrix}$ と $\begin{bmatrix} 1 \\ -1 \end{bmatrix} \otimes \begin{bmatrix} 1 \\ -1 \end{bmatrix}$ とは何の関係もない別物であって，加え合せ方は，まだ定められていないのであった．

多粒子系の状態空間を個々の粒子の状態空間から合成するのが **Hilbert 空間のテンソル積**である．上の内積を正定値に直す仕方も，その処方のなかに含まれている．

議論が複雑になるおそれはないから，この辺で話を一般化しよう．

N 粒子系を考えて，個々の粒子の状態空間(Hilbert 空間)を H_k $(k=1, 2, \cdots, N)$ とする．H_k の構造は粒子ごとに異なってもよいし，いっそ各粒子の自由度ごとに別々の Hilbert 空間を考えるというのでもよい．問題は状態の合成である．

各 H_k からとったベクトル ψ_k を並べて目録 $\{\psi_1, \psi_2, \cdots, \psi_N\}$ をつくり，これを(*18. 1. 3*)のように表わす．以下，線形集合 M を定義し，正の半定符号の内積を定義する経過はスピン系の場合と同じだから，くりかえさない．H_k の構造が k ごとに異なる場合には，(*18. 1. 6*)の右辺の各因子は H_k に固有の内積であることを明示するため，$\langle \phi_k, \psi_k \rangle_k$ と書くこともある．

問題は，内積(*18. 1. 6*)を正定値に直し M を Hilbert 空間に仕立てることであった．それには次のようにする——

(*18. 1. 4*)なる線形結合の全体 M の元で，特に $\langle \chi, \chi \rangle = 0$ となるものの全体を $\mathsf{0}$ と名づける．すなわち，

$$\mathsf{0} = \{\chi : \chi \in \mathsf{M}, \ \langle \chi, \chi \rangle = 0\} \qquad (18.1.9)$$

この集合 $\mathsf{0}$ は，

1° 線形空間をなす:

$$\chi_1, \chi_2 \in \mathsf{0} \implies \alpha\chi_1 + \beta\chi_2 \in \mathsf{0}$$

ただし α, β は任意の複素数とする．

実際，

$$\langle(\alpha\chi_1+\beta\chi_2),\,(\alpha\chi_1+\beta\chi_2)\rangle = |\alpha|^2\langle\chi_1,\chi_1\rangle+|\beta|^2\langle\chi_2,\chi_2\rangle+2\,\mathrm{Re}\,\alpha^*\beta\langle\chi_1,\chi_2\rangle$$

において，右辺の第1，第2項は $\mathsf{0}$ の定義により0．さらに第3項も0ということが，内積の正半定符号性から Schwarz の不等式

$$|\langle\Phi,\Psi\rangle| \leqq \langle\Phi,\Phi\rangle^{1/2}\cdot\langle\Psi,\Psi\rangle^{1/2},\qquad \Phi,\Psi\in\mathsf{M} \qquad (18.1.10)$$

がでることによってわかる．

2°　$\Psi,\Psi'\in\mathsf{M}$ につき，

$$\Psi-\Psi'\in\mathsf{0} \Longrightarrow \langle\Psi,\Psi\rangle=\langle\Psi',\Psi'\rangle$$

これも Schwarz の不等式(*18.1.10*)を用いて検証される．

以上の $\mathsf{0}$ の2性質を用いると，M を類別と完備化の手続により1つの Hilbert 空間に仕立て上げることができる．それがわれわれの多体系の量子力学的記述のための舞台になる．まず，**類別**(classification)である．$\Psi-\Psi'\in\mathsf{0}$ のとき $\Psi\sim\Psi'$ ($\mathsf{0}$ を法として同値)ということにすると†，この関係 ～ は，同値関係の3公理(反射：$\Psi\sim\Psi$，対称：$\Psi\sim\Psi'\Longrightarrow\Psi'\sim\Psi$，推移：$\Psi\sim\Psi',\,\Psi'\sim\Psi''\Longrightarrow\Psi\sim\Psi''$)をみたすから，これにより，$\mathsf{M}$ の元が同値類にわけられる．$\Psi_1\in\mathsf{M}$ を含む同値類(equivalence class)を $[\Psi_1]$ と記すが，それは

$$[\Psi_1]=\{\Psi':\Psi'\in\mathsf{M},\ \Psi'\sim\Psi_1\}$$

すなわち，M の元で Ψ_1 に同値なものの全体である．そこに入らずに取り残された元の1つ Ψ_2 に同値な元の全体を $[\Psi_2]$ とする，……，という操作を続けてゆくと，いずれは M の元が類別しつくされる．

特に，1°により $\mathsf{0}$ 自身が1つの同値類であって，これは $0=\sum 0\cdot\otimes\psi_k$ なる元を含むから $[0]$ と書いてよい．

なお，一般に同値類 $[\Psi]$ が元 Ψ' を含むならば，これを $[\Psi']$ と書いてもよい(同値関係の推移性による)．すなわち

$$[\Psi]=[\Psi']$$

である．Ψ も Ψ' も同一の同値類を代表しているわけで**代表元**とよばれる．

$\mathsf{0}$ を法とする同値関係によって M を類別して得る同値類の全体を $\mathsf{M}/\mathsf{0}$ と記し，

---

† 再び $N=2$ のスピン系についていうと，

$$\begin{bmatrix}1\\0\end{bmatrix}\otimes\begin{bmatrix}1\\0\end{bmatrix}+\begin{bmatrix}0\\1\end{bmatrix}\otimes\begin{bmatrix}0\\1\end{bmatrix}\sim\begin{bmatrix}1/\sqrt{2}\\1/\sqrt{2}\end{bmatrix}\otimes\begin{bmatrix}1/\sqrt{2}\\1/\sqrt{2}\end{bmatrix}+\begin{bmatrix}1/\sqrt{2}\\-1/\sqrt{2}\end{bmatrix}\otimes\begin{bmatrix}1/\sqrt{2}\\-1/\sqrt{2}\end{bmatrix}$$

これは以前のような“くくりだし”によっては得られない同値関係の例である．

M の 0 による商空間(quotient space)とよぶ．同値類の各々を集合 M/0 の1点とみるのである．

M/0 の点の間の算法を考えよう——

(I)　集合 M/0 は，線形算法

$$\lambda[\Psi] = [\lambda\Psi], \qquad [\Psi]+[\Phi] = [\Psi+\Phi]$$

により線形空間になる．ただし，右辺の $\lambda\Psi$, $\Psi+\Phi$ は(*18.1.5*)で定めた M の算法による．

これが M/0 での算法の定義になるためには，$[\lambda\Psi]$ や $[\Psi+\Phi]$ が $[\Psi], [\Phi]$, $[\Psi+\Phi]$ の代表元の選び方によらずに確定するという保証がなくてはならない．λ 倍の算法のほうでいうと $[\Psi]=[\Psi']$ なら $[\lambda\Psi]=[\lambda\Psi']$ となることの確認である：$[\Psi]=[\Psi']$ なら $\Psi-\Psi'\equiv\chi\in 0$ であり，上の1°により $\lambda\chi\in 0$ だから $\lambda\Psi-\lambda\Psi'\in 0$．すなわち $[\lambda\Psi]=[\lambda\Psi']$．加法についても同様の確認ができる．

(II)　M/0 の点 $[\Psi]$ に対して，M の内積を用いて

$$\|[\Psi]\| = \langle\Psi, \Psi\rangle^{1/2} \tag{18.1.11}$$

を定義すると，これは線形空間 M/0 のノルムになる．

実際，$\|[\Psi]\|$ が代表元の選び方によらず確定すること(このことを $\|\cdot\|$ が類関数であると言い表わす)は上の2°で検証ずみであり，$\|[\Psi]\|=0 \Longrightarrow [\Psi]=[0]$ は 0 の定義にほかならない．

(III)　ベクトル $[\Psi], [\Phi]$ に対し，

$$\langle[\Phi], [\Psi]\rangle = \langle\Phi, \Psi\rangle \tag{18.1.12}$$

が線形空間 M/0 において内積の役をはたす．これが上のノルムを $\|[\Psi]\|^2=\langle[\Psi], [\Psi]\rangle$ の関係によって導くことは，いうまでもない．

この内積の定義が代表元の選び方によらないことや，そもそもの問題であった正定値性も含めて内積の性質を検証する仕事は，読者にゆずる．

こうして M/0 は内積(および，それから導かれるノルム)をもつベクトル空間になった．次は，**完備化**である．その目標は，極限にあたる元を必要ならば理想要素として新しく M/0 に付加して大きい集合 $\overline{\mathrm{M}/0}$ をつくり，M/0 の Cauchy 列

$$\{[\Phi_\nu]\}_{\nu=1,2,\cdots} \qquad \left(\|[\Phi_\nu]-[\Phi_\mu]\| \xrightarrow[\nu,\mu\to\infty]{} 0\right) \tag{18.1.13}$$

がどれも $\overline{\mathrm{M}/0}$ に極限をもつようにすることであった．

その完備化の手続は，見かけの異なる Cauchy 列 $\{[\Phi_\nu]\}$, $\{[\Phi_\nu']\}$ でも

$$\|[\Phi_\nu]-[\Phi_\nu']\| \xrightarrow[\nu\to\infty]{} 0$$

なら同一と約束することから始まる．これを同値関係として Cauchy 列を類別するわけである．

そうして得られた Cauchy 列の同値類のそれぞれを 1 つの理想要素と定め，その全体を集合 M/0 に付加して得る大きな集合が $\overline{\mathrm{M/0}}$ である．その理想要素を対応する Cauchy 列(複数)の極限とよびたいのだが，それを正当に行なうには大きな集合 $\overline{\mathrm{M/0}}$ に距離(ノルム)を入れなければならない．

それを考えていくのに，いっそ，もとの M/0 にあった元 $[\Psi]$ にも $\Psi_1=\Psi_2=\cdots$ $(\equiv\Psi)$ からできる自明の Cauchy 列(複数) $\{[\Psi_\mu]\}$ を対応させておけば，$\overline{\mathrm{M/0}}$ のどの元も M/0 の Cauchy 列の同値類ということができて明快であろう．$\overline{\mathrm{M/0}}$ の元を表わすには，それぞれに対応する Cauchy 列の記号を流用して，$\{[\Psi_\nu]\}$ とすることができる(Cauchy 列の同値類を考えるのだから $[\{[\Psi_\nu]\}]$ とすべきところ略儀にて失礼！)．

古い M/0 の上記の算法(I)，(II)，(III)は，そうした Cauchy 列を媒介として連続性を目標に新しい $\overline{\mathrm{M/0}}$ 全体に拡大される——

$(\overline{\mathrm{I}})$ 線形算法：
$$\left.\begin{aligned}\lambda\{[\Psi_\nu]\}&=\{\lambda[\Psi_\nu]\}\\ \{[\Psi_\nu]\}+\{[\Phi_\nu]\}&=\{[\Psi_\nu]+[\Phi_\nu]\}\end{aligned}\right\}\qquad(18.1.14)$$

$(\overline{\mathrm{II}})$ ノルム：
$$\|\{[\Psi_\nu]\}\|=\lim_{\nu\to\infty}\|[\Psi_\nu]\|\qquad(18.1.15)$$

$(\overline{\mathrm{III}})$ 内　積：
$$\langle\{[\Phi_\nu]\},\{[\Psi_\nu]\}\rangle=\lim_{\nu\to\infty}\langle[\Phi_\nu],[\Psi_\nu]\rangle\qquad(18.1.16)$$

上に定めた Cauchy 列の同値性が，$(\overline{\mathrm{II}})$ のノルムによって $\|\{[\Psi_\nu]\}-\{[\Psi_\nu']\}\|=0$ とぴったり言い表わされることに注意しよう．つまり同値な Cauchy 列は正しくノルム空間 $\overline{\mathrm{M/0}}$ の 1 点になっているのである．新しく付加した理想要素が M/0 の Cauchy 列の極限になっているという意味も，このノルムによって明瞭になった．線形空間 $\overline{\mathrm{M/0}}$ は確かに完備であって，そのなかに古い M/0 の点が稠密に分布している．また，$(\overline{\mathrm{III}})$ の内積も $(\overline{\mathrm{I}})$ の線形算法も，このノルムに関して確かに連続になっている．

容易に検証されるとおり，算法$(\overline{\mathrm{I}})$, $(\overline{\mathrm{II}})$, $(\overline{\mathrm{III}})$は，それぞれ，その名前が要求する特質を備えており，そのことによって $\overline{\mathsf{M}/\mathsf{O}}$ を Hilbert 空間にする．これが Hilbert 空間 H_k $(k=1, 2, \cdots, N)$ の**テンソル積** $\bigotimes_{k=1}^{N}\mathsf{H}_k$ とよばれるものにほかならない．その元 $\{[\Psi_\nu]\}$ を，以下，ベクトルという．これが多体系の状態ベクトルになるのである．

混乱のおそれがない場合には，Cauchy 列を意味する $\{\ \ \}$ と，同値類を示す $[\ \ ]$ をともに省き，$\bigotimes_{k=1}^{N}\mathsf{H}_k$ のベクトルを単に Ψ と記す．以前に $\mathsf{L}^2(\mathsf{R}^s)$ の関数を扱っていたときも，記号 ψ は同値類(またはその代表元)の意味であった．

b)　2, 3 の 注 意

テンソル積 Hilbert 空間の基底　各 H_k $(k=1, 2, \cdots, N)$ が直交基底(完全な正規直交系) $\{u_\nu^{(k)}\}_{\nu=0,1,2,\cdots}$ をもつなら，

$$\{u_{\nu_1}{}^{(1)}\otimes u_{\nu_2}{}^{(2)}\otimes\cdots\otimes u_{\nu_N}{}^{(N)}\}_{\nu_1,\nu_2,\cdots,\nu_N=0,1,2,\cdots} \qquad (18.1.17)$$

が†テンソル積 Hilbert 空間 $\bigotimes_{k=1}^{N}\mathsf{H}_k$ の基底をあたえる．その証明は読者にまかせよう．

変数分離とテンソル積　$\{\bigotimes_{k=1}^{N}u_{\nu_k}{}^{(k)}(x_k)\}$ の形をした基底は物理では変数分離のきく固有値問題を通じて自然に現われることが多い．中心力場における一体問題で現われる基底 $\{R_{nl}(r)Y_{lm}(\theta, \varphi)\}$ は $\mathsf{L}^2(\mathsf{R}_+ : r^2dr)\otimes\mathsf{L}^2(\Omega : \sin\theta d\theta d\varphi)$ といった構造の異なる Hilbert 空間のテンソル積に対応する例である．ここに R_+ は実軸の半分 $[0, \infty)$ を，Ω は単位球の表面をあらわす．$r^2dr, \sin\theta d\theta d\varphi$ はそれぞれの空間の測度を示す．

同種粒子からなる多体系では，各粒子の状態空間 H_k は互いに同じ構造をもち $(\mathsf{H}_k=\mathsf{H})$，全体系の状態関数は Pauli の原理により大幅に制限される．

いま N 粒子系を考え，置換 $\begin{pmatrix}1, \cdots, N\\ i_1, \cdots, i_N\end{pmatrix}=P$ ごとに

$$\hat{P}\psi_1(1)\otimes\cdots\otimes\psi_N(N) = \psi_1(i_1)\otimes\cdots\otimes\psi_N(i_N) \qquad (18.1.18)$$

なる演算子 $\hat{P}$ を定義しよう．$\psi_r(k)$ と記したのは k 番目の粒子の座標(空間座標，スピン座標などすべてをこめて)を変数にもつ関数 ψ_r という意味である．そうすると，N 粒子系の状態空間は，次の形の目録を(*18.1.3*)の代りに用いて構成

---

† 前項の末尾の約束に従い Cauchy 列を意味する $\{\ \ \}$ を省いた．さらにベクトルの同値類を示す $[\ \ ]$ も省いたが，基底ベクトルの仲間うちで考える限り，お互いは直交していて同値でないから，こうしても誤解を生ずることはない．

したテンソル積になる——

$$
\left.\begin{aligned}
&\text{Fermi 粒子系の場合：}\\
&\qquad \otimes_{\mathrm{A}}\psi_r \equiv \frac{1}{\sqrt{N!}}\sum_P (-)^P\hat{P}\psi_1(1)\otimes\cdots\otimes\psi_N(N)\\
&\text{Bose 粒子系の場合：}\\
&\qquad \otimes_{\mathrm{S}}\psi_r \equiv \frac{1}{\sqrt{N!}}\sum_P \hat{P}\psi_1(1)\otimes\cdots\otimes\psi_N(N)
\end{aligned}\right\} \qquad (18.1.19)
$$

ここに $(-)^P$ は P が偶置換なら $+1$，奇置換なら -1 とし，$\sum_P$ は可能なあらゆる置換($N!$ 個)にわたるものとする．

それぞれの場合の Hilbert 空間のテンソル積を $\otimes_{\mathrm{A}}\mathsf{H}_k$, $\otimes_{\mathrm{S}}\mathsf{H}_k$ のように記し，**反対称テンソル積**および**対称テンソル積**とよぶ．Fermi 統計でも Bose 統計でもない中間的なパラ(para-)統計が考えられたこともあるが，ここでは立ち入らない．

占拠数表示　$\mathsf{H}_k=\mathsf{H}$ の正規直交基底を $\{u_\nu\}_{\nu=0,1,\cdots}$ とすると，対称テンソル積の基底 $\otimes_{\mathrm{S}}u_{\nu_k}$ は各 u_ν の現われる回数 n_ν のリスト $(n_0, n_1, \cdots)$ を与えれば一意に定まる．n_ν は状態 u_ν を占める粒子の数を表わし，**占拠数**(occupation number)とよばれる．占拠数のリスト $(n_0, n_1, \cdots)$ に応ずる基底は，リストそのもので表わしてもよいが，

$$
\frac{1}{\sqrt{n_0!n_1!\cdots}}\otimes_{\mathrm{S}}[u_\nu]^{n_\nu} \qquad \left(\sum_\nu n_\nu = N\right)
$$

のように書き表わすのが便利だろう．頭につけたのは規格化定数，$\otimes_{\mathrm{S}}$ の意味は(18.1.19)と異ならない．この種の基底を用いて多粒子系の状態を表わすのが**占拠数表示**である．

反対称テンソル積の場合にも同様の表示ができるが，占拠数 n_ν は 0 か 1 に限られることになる．対称テンソル積では n_ν は $\sum_\nu n_\nu=$(全粒子数 N) をみたす限りどんな非負の整数でもよかった．

c) 無限自由度の場合：完全テンソル積

自由度 s が無限大の場合にゆくと，もはや $\prod_{k=1}^{s}\psi_k(x_k)$ といった関数値の積は意味をなさない．目録 $\bigotimes_{k=1}^{s}\psi_k(x_k)$ などという代物を考えてきたのも，このことを予期したからであった．今後は添字の集合 $\{1, 2, \cdots\}=\mathrm{I}$ を考えて $\bigotimes_{k=1}^{\infty}$ を $\bigotimes_{k\in\mathrm{I}}$ と記

す．$k\in\mathrm{I}$ を省略することも多い．

しかし，その目録 $\bigotimes_{k\in\mathrm{I}}\psi_k(x_k)$ から出発して前項の筋書により Hilbert 空間を構成しようとすると，内積(*18. 1. 6*)の定義でたちまち困ってしまう．それは無限積 $\prod_{k\in\mathrm{I}}\langle\varphi_k,\psi_k\rangle$ が極めて例外的にしか収束してくれないからである．

そこで，目録の仲間から理論にのるものを拾い出す．この項と次の項で説明するのは von Neumann の無限テンソル積の理論(1938)である．

目録 $\bigotimes_{k\in\mathrm{I}}\psi_k$ は無限積 $\prod_{k\in\mathrm{I}}\|\psi_k\|$ が収束するとき **C 目録**(C-sequence)とよぶ．C 目録の全体を C とする．

この収束には3種が区別される——

第1種：目録のなかに $\|\psi_l\|=0$ のものが混じっている場合で，無限積は0になる．第2種：どの $\|\psi_k\|$ も 0 でないが，無限積は0に収束する．そして最後に，第3種：k の増大につれて $\|\psi_k\|$ が十分に速く1に近づき，そのおかげで無限積が0でないある数に収束する．“十分に速く”の条件は，無限和 $\sum_{k\in\mathrm{I}}|\|\psi_k\|-1|$ の収束と言い表わしてもよい．

目録 $\bigotimes_{k\in\mathrm{I}}\psi_k$ は，無限和 $\sum_{k\in\mathrm{I}}|\|\psi_k\|-1|$ が収束するとき **C_0 目録**(C_0-sequence)とよぶ．この仲間には上の第3種 C 目録はもちろん，第1種の一部も入る．C_0 目録の全体を C_0 と記す．

さて，C 目録に対してはノルムを $\|\bigotimes\psi_k\|=\prod\|\psi_k\|$ によって定義することができる．C 目録の全体をテンソル積の空間に取り込みたいところだが，それでは，内積

$$\langle\bigotimes_{k\in\mathrm{I}}\varphi_k,\bigotimes_{k\in\mathrm{I}}\psi_k\rangle=\prod_{k\in\mathrm{I}}\langle\varphi_k,\psi_k\rangle \tag{18.1.20}$$

が常には存在しないという困難が相変らずに残る．たとえば $\|\psi_k\|=1,\ k\in\mathrm{I}$ とし，$\bigotimes_{k\in\mathrm{I}}\psi_k$ と $\bigotimes_{k\in\mathrm{I}}(\psi_k\exp(i\alpha_k))$ との内積が定まるために実数列 $\{\alpha_k\}$ がみたすべき条件を調べてみよ．そこで，**準収束**(quasi-convergence)の概念が導入される．複素数 $\{z_k\}$ の無限積 $\prod_{k\in\mathrm{I}}z_k$ は $\prod_{k\in\mathrm{I}}|z_k|$ が収束するとき準収束するといい，その値を，

$$\prod_{k\in\mathrm{I}}z_k\ \text{が}\begin{cases}\text{収束なら，そのまま}\\ \text{収束しないなら，}0\end{cases} \tag{18.1.21}$$

と定める．

この定義はやや恣意的であるが，これに従えば C 目録同士には(*18. 1. 20*)で内

積が確定する．実際，複素数 $\{z_k\}$ の無限積について，もし $z_l=0$ が混じっていたら収束に問題はないから，すべて $z_k\neq 0$ とすると，$\prod|z_k|$ と $\sum\max(|z_k|-1,0)$ の収束の相伴うことが証明される．ところが，いま問題の内積については，

$$\max(|\langle\varphi_k,\psi_k\rangle|-1,0)\leqq\frac{1}{2}\max(\|\varphi_k\|^2-1,0)+\frac{1}{2}\max(\|\psi_k\|^2-1,0)$$

であって，右辺を k につき加え合わせた級数の収束は $\prod\|\varphi_k\|^2$, $\prod\|\psi_k\|^2$ の収束に相伴う．そして，これら無限積の収束は $\otimes\varphi_k$, $\otimes\psi_k\in\mathrm{C}$ が収束する $\prod\|\varphi_k\|$, $\prod\|\psi_k\|$ をもつことにより保証されるのである．

例を見ておこう．z 軸に沿って並んだ**スピンの無限列**を考える((各スピンの大きさ)$=\hbar/2$, 図 18.2)．すべてのスピンが x 軸の正の向きをむいている状態 Ψ_0 と，それぞれが (x,y) 面内で x 軸と角 γ_k をなしている Ψ_γ とは，

$$\Psi_0=\otimes\begin{bmatrix}\dfrac{1}{\sqrt{2}}\\[2mm] \dfrac{1}{\sqrt{2}}\end{bmatrix},\qquad \Psi_\gamma=\otimes\begin{bmatrix}\dfrac{1}{\sqrt{2}}e^{-i\gamma_k/2}\\[2mm] \dfrac{1}{\sqrt{2}}e^{+i\gamma_k/2}\end{bmatrix}$$

であって，それらの内積は

$$\langle\Psi_\gamma,\Psi_0\rangle=\prod_{k\in\mathrm{I}}\cos\frac{\gamma_k}{2} \qquad (18.1.22)$$

となる．次の事実が注目される——

1° $\gamma_1=\gamma_2=\cdots=\gamma$ $(0<\gamma<2\pi)$ のとき $\langle\Psi_\gamma,\Psi_0\rangle=0$. スピン全体を角 γ だけ回転させると，その角がどんなに小さくても直交する状態に移ってしまう．

2° $\gamma_k\neq 0$ が有限個か，または $k\to\infty$ のとき $\gamma_k=o(k^{-1/2})$ ならば内積は収束して $\langle\Psi_\gamma,\Psi_0\rangle\neq 0$.

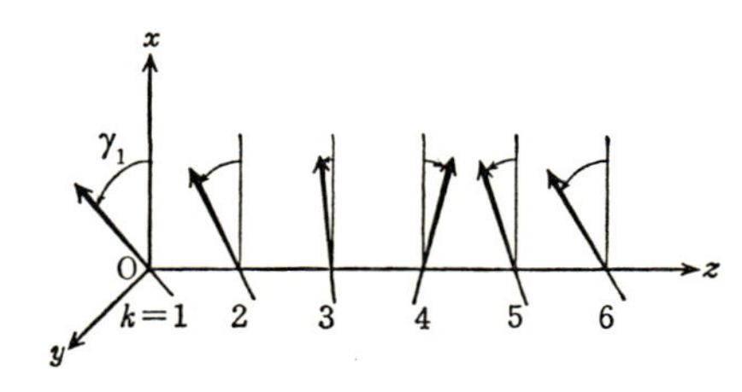

図 18.2 スピンの無限列

各スピンを x 軸のまわりに角 α_k ずつまわすとしても事情は変わらない．まわした結果の状態は，

$$\Psi_\alpha = \otimes \begin{bmatrix} \dfrac{1}{\sqrt{2}} e^{-i\alpha_k/2} \\ \dfrac{1}{\sqrt{2}} e^{-i\alpha_k/2} \end{bmatrix}$$

であって，Ψ_0 との内積

$$\langle \Psi_\alpha, \Psi_0 \rangle = \prod_{k \in I} \exp\left[-i\frac{\alpha_k}{2} \right]$$

は，$\alpha_1 = \alpha_2 = \cdots = \alpha$ $(0 < \alpha < 2\pi)$ のとき準収束の約束(*18. 1. 21*)により 0 となる．この結果が上の 1° と照応している事実は，恣意的にみえた準収束の概念が物理の側から見てある妥当性をもつことを示すものといえよう†．

さて，C 目録の有限個の線形結合の全体を空間 M とよび，線形算法を(*18. 1. 5*)により定義する．そして M の内積を(*18. 1. 20*)を用い(*18. 1. 7*)により定義することにしよう．この内積が正の半定符号になることは，いうまでもない．

M の元を Ψ, Φ などの文字で表わし，内積を $\langle \Phi, \Psi \rangle$ のように記す．(*18. 1. 9*)で定義される M の部分集合 0 は，今度も，そこに掲げた性質 1°, 2° をもつので，これを法として M を類別し(0 と異なる同値類では必ず C_0 目録の線形結合が代表元にとれる)，次いで完備化することによって 1 つの Hilbert 空間 $\mathfrak{H} = \overline{\mathrm{M}/0}$ が得られる．その筋書は(a)項のものと異ならない．この空間 $\overline{\mathrm{M}/0}$ を無限個の Hilbert 空間 H_k, $k \in \mathrm{I}_k$ の**完全テンソル積**(complete tensor product)とよび，$\bigotimes_{k \in \mathrm{I}} \mathrm{H}_k$ と記す．

この空間 $\bigotimes_{k \in \mathrm{I}} \mathrm{H}_k$ には 1 次独立なベクトルがどれだけあるだろうか——その数がこの空間の次元である．一般に Hilbert 空間 $\mathfrak{H}$ は次元が(有限または)可付番無限なら**可分**(separable)，そうでなければ**非可分**(non-separable)であるという††．

† x 軸の方向をむいたスピンを同じ x 軸のまわりに回しても物理的には状態が変わらないはずだという反論があるかもしれない．量子力学においては，状態ベクトルの over all に一定な位相には意味がないといわれる．しかし，無限個の粒子の系では，状態が積の形をしていても，このことを個々の粒子に適用するわけにはいかなくなった．

†† これまでとちがって Hilbert 空間をドイツ文字 $\mathfrak{H}$ で表わすのは，非可分の場合も含めることを明示するためである．

完全テンソル積 $\bigotimes_{k\in I} \mathsf{H}_k$ は非可分な Hilbert 空間である．実際，1次独立なベクトルの数は連続無限を下らないということが次のようにして知れる——

いま，仮に各 H_k は可付番無限の次元をもつとしよう．各 H_k には正規直交基底 $\{u_\nu^{(k)}\}_{\nu=0,1,\cdots}$ がとれる．それらから1個ずつを選んで並べた目録 $u_{\nu_1}^{(1)}\otimes u_{\nu_2}^{(2)}\otimes\cdots$ は明らかに C 型であり，(それの定める同値類が)数列 $\{\nu_1, \nu_2, \cdots\}$ の異なるごとに直交する(同値でない)ことも見やすい．この数列が，すでに連続無限個ある．なぜなら，それぞれの数列に2進法の小数

$$0.\underbrace{1\cdots1}_{\nu_1\text{個}}0\underbrace{1\cdots1}_{\nu_2\text{個}}0\cdots$$

を対応させると，その全体が区間 $[0, 1)$ を埋めつくすから．

各 H_k の次元を有限としても事情は変わらない．たとえば，それぞれが(スピン 1/2 の Hilbert 空間のように) 2次元だったとすると，$\nu_k=0$ または 1 となるが，こんどは2進法の小数 $0.\nu_1\nu_2\cdots$ の全体が区間 $[0, 1)$ を埋めつくす．

d) 不完全テンソル積

無限自由度の系といっても，その物理に現われる観測量は個々の自由度に対する演算子から構成するものである．

さきの例でいうと，k 番目のスピンの Hilbert 空間 H_k の演算子で，そのスピンを z 軸のまわりに角 γ_k だけまわすものは $\hat{U}_k(\gamma_k)=\exp[-i\gamma_k\sigma_z^{(k)}/2]$ である．ただし，$\boldsymbol{\sigma}^{(k)}\equiv\boldsymbol{\sigma}$ は Pauli のスピン行列．いま，この $\hat{U}_k$ の“掛け合せ”により $\bigotimes_{k\in I}\mathsf{H}_k$ における演算子 $\hat{U}_J$ を次式のように定義しよう：

$$\hat{U}_J\Big(\bigotimes_{k\in I}\psi_k\Big) \equiv \Big[\bigotimes_{k\in J}(\hat{U}_k\psi_k)\Big]\otimes\Big[\bigotimes_{l\in I-J}\psi_l\Big]$$

ここに $J=\{1, 2, \cdots, J\}\subset I$ であり，右辺の意味は $(\hat{U}_1\psi_1)\otimes\cdots\otimes(\hat{U}_J\psi_J)\otimes\psi_{J+1}\otimes\psi_{J+2}\otimes\cdots$ とする．演算子 $\hat{U}_J$ の作用は，目録に対するこのような定義から線形性により全空間 $\bigotimes_{k=1}^{\infty}\mathsf{H}_k$ に拡大されるのである．

では，この演算子 $\hat{U}_J$ の $J\to\infty$ の極限は存在するであろうか？ 特に $\gamma_1=\gamma_2=\cdots=\gamma$ $(0<\gamma<2\pi)$ として極限が存在すれば，それが，すべてのスピンを一斉に γ だけまわす演算子になるはずであろう．

まず，簡単のために前項で用いた状態 Ψ_0 をとり，$\{\hat{U}_J\Psi_0\}_{J=1,2,\cdots}$ が Cauchy 列をなすか否かを調べてみよう．$J'>J$ として，

$$\|\hat{U}_{J'}\Psi_0-\hat{U}_J\Psi_0\| = 2\|\Psi_0\|^2-2\,\mathrm{Re}\langle\Psi_0,\,\hat{U}_{J'}{}^*\hat{U}_J\Psi_0\rangle$$
$$= 2\left\{1-\prod_{k=J+1}^{J'}\cos\frac{\gamma_k}{2}\right\}$$

となるから，Cauchy 列をなすのは $\{\gamma_k\}$ が前項の場合 2° に属するときに限ることがわかる．

無限個のスピンすべてを一斉にまわすといった演算子を個々のスピンの演算子から構成することはできない．ここでは構成を演算子の強収束の意味で試みたのである．

以上の結果は，一般に完全テンソル積の空間 $\bigotimes_{k\in\mathrm{I}}\mathsf{H}_k$ が観測量の演算によっては互いに移りかわることのない何個もの部分空間に分れることを示唆している．特に，$\{\hat{U}_J\Psi_0\}$ が収束するための $k\to\infty$ における $\gamma_k\to 0$ の速さに関する条件が，内積 $\langle\hat{U}_J\Psi_0,\,\Psi_0\rangle$ が収束して (極限) $\neq 0$ となる条件(前項 2°)に一致したことに注目しておきたい．

これから当分 C_0 目録だけを考える．C_0 目録でない C 目録は，$\bigotimes_{k\in\mathrm{I}}\mathsf{H}_k$ の元として見るとゼロ・ベクトルにすぎない．

2つの C_0 目録 $\bigotimes_{k\in\mathrm{I}}\psi_k$, $\bigotimes_{k\in\mathrm{I}}\varphi_k$ は，

$$\sum_{k\in\mathrm{I}}|\langle\varphi_k,\,\psi_k\rangle-1|:\ \text{収束} \tag{18.1.23}$$

のとき，そして，そのときに限って同値であるといい，$\bigotimes_{k\in\mathrm{I}}\psi_k\approx\bigotimes_{k\in\mathrm{I}}\varphi_k$ と記す．

この定義が同値関係の3公理をみたすことの検証には，推移律について若干の計算が必要である．大雑把にいえば，$\otimes\,\psi_k\approx\otimes\,\varphi_k$, $\otimes\,\varphi_k\approx\otimes\,\chi_k$ なら $k\to\infty$ のとき $\langle\varphi_k,\psi_k\rangle$, $\langle\chi_k,\varphi_k\rangle$ と 1 との差は $o(1/k)$，他方，どれもが C_0 目録なので $\|\psi_k\|$, $\|\varphi_k\|$, $\|\chi_k\|$ と 1 との差も $o(1/k)$ のはずだから，ψ_k,φ_k,χ_k の3者は H_k のベクトルとして漸近的に相等しくなるのでなければならない．実際，$\chi_k=\psi_k+\varDelta_k$ とおいてみると

$$\|\varDelta_k\| = \|\chi_k-\psi_k\| \leqq \|\chi_k\|+\|\psi_k\| \leqq 2+o(1/k)$$

となり，一方 $\langle\chi_k,\varphi_k\rangle$ を計算すると $\langle\varDelta_k,\varphi_k\rangle=o(1/k)$ が知れるので，

$$\langle\chi_k,\,\psi_k\rangle = \|\psi_k\|^2+\langle\varDelta_k,\,\varphi_k\rangle+\langle\varDelta_k,\,\psi_k-\varphi_k\rangle$$

の右辺の各項が評価できて $\langle\chi_k,\psi_k\rangle=1+o(1/k)$ を知る．こうして $\otimes\,\psi_k\approx\otimes\,\chi_k$

がわかり，推移律の検証が終わった.

同値性が目に見えて明らかなのは，目録 $\otimes \psi_k$, $\otimes \varphi_k$ の内容が有限個の $\psi_k \neq \varphi_k$ を除いて一致している場合である．しかし，同値がそれに限らないことは前項の例の 2° から知れる.

すべての k で $\langle \varphi_k, \psi_k \rangle \neq 0$ のときには，同値 $\approx$ の条件(*18.1.23*)はスカラー積 $\langle \otimes \varphi_k, \otimes \psi_k \rangle$ が収束して (極限) $\neq 0$ となる条件と等価である．言いかえれば，直交性 $\langle \otimes \varphi_k, \otimes \psi_k \rangle = 0$ は，(i) 2つの目録が同値でない場合と，(ii) 同値だが $\langle \varphi_l, \psi_l \rangle = 0$ なる φ_l, ψ_l を含む場合におこり，かつ，そうした場合に限る.

上の同値関係によって C_0 目録を類別したものとしよう．その類の1つを $\mathfrak{C}$ とよび，代表元 $\otimes \psi_k{}^0 \in \mathfrak{C}$ を基準として固定する．類別といっても，今度は同値類を点とみなすのではない．同値類を異にする目録の上述の直交性に着目し，テンソル積 $\bigotimes_{k \in \mathrm{I}} \mathrm{H}_k$ を各 $\mathfrak{C}$ ごとの互いに直交する部分空間に分けようというのである.

前項に述べたテンソル積の構成を，C_0 目録 $\otimes \psi_k$ の全体を用いるのではなく，1つの同値類 $\mathfrak{C}$ に属するかぎりの目録の全体をとって行ない，得られる結果を $\bigotimes_{k \in \mathrm{I}}^{\mathfrak{C}} \mathrm{H}_k$ と記して(同値類 $\mathfrak{C}$ に応ずる)**不完全テンソル積**(incomplete tensor product)とよぶ．出発点において固定した代表元 $\otimes \psi_k{}^0 \in \mathfrak{C}$ に相当するベクトル $\Omega \in \bigotimes_{k \in \mathrm{I}}^{\mathfrak{C}} \mathrm{H}_k$ を**基準ベクトル**(reference vector)という.

この $\bigotimes_{k \in \mathrm{I}}^{\mathfrak{C}} \mathrm{H}_k$ が線形空間になっていることは説明するまでもない．つまり，完全テンソル積 $\bigotimes_{k \in \mathrm{I}} \mathrm{H}_k$ の部分空間というわけである.

$\bigotimes_{k \in \mathrm{I}}^{\mathfrak{C}} \mathrm{H}_k$ には親の完全テンソル積 $\bigotimes_{k \in \mathrm{I}} \mathrm{H}_k$ からの遺伝としてノルムも内積も入っており，構成法からいって完備でもあるから，これは1つの Hilbert 空間である.

この種の不完全テンソル積を同値類 $\mathfrak{C}, \mathfrak{C}', \cdots$ のすべてにわたって直和すると，完全テンソル積の空間に一致する.

直観的な描像を次の事実があたえてくれる——

不完全テンソル積 $\bigotimes_{k \in \mathrm{I}}^{\mathfrak{C}} \mathrm{H}_k$ は，その基準ベクトル $\Omega = \bigotimes_{k \in \mathrm{I}} \psi_k{}^0$ と有限箇所でしか相違しない C_0 目録ばかりの線形結合の全体の閉包に一致する.

証明は難しくない．任意の $\bigotimes_{k \in \mathrm{I}} \psi_k \in \mathfrak{C}$ が，添字の有限集合 $\mathrm{J} = \{1, 2, \cdots, J\}$ をとり

$$\varphi_k = \begin{cases} \psi_k, & k \in \mathrm{J} \\ \psi_k{}^0, & k \in \mathrm{I} - \mathrm{J} \end{cases}$$

とおいて作った目録 $\bigotimes_{k\in I}\varphi_k$ の $J\to\infty$ の極限として表わせることさえ示せば十分である．そうした極限は，この項の初めにスピンの例について調べた．

$\Omega=\bigotimes\psi_k{}^0$ も $\bigotimes\psi_k$ も C_0 目録なので，$\prod\|\psi_k{}^0\|$, $\prod\|\psi_k\|$ がそれぞれ収束し，したがって $\prod\|\psi_k{}^0\|^{-1}$, $\prod\|\psi_k\|^{-1}$ も収束するから，

$$\bigotimes\left(\frac{\psi_k{}^0}{\|\psi_k{}^0\|}\right),\ \bigotimes\left(\frac{\psi_k}{\|\psi_k\|}\right)\in\mathfrak{C}$$

がいえる．それゆえ，$\psi_k{}^0, \psi_k$ は初めから規格化されているとして考えてよい．そうすると，簡単な計算から，

$$\|\bigotimes_{k\in I}\psi_k-\bigotimes_{k\in I}\varphi_k\|^2=2[1-\mathrm{Re}\prod_{k\in I-J}\langle\psi_k, \psi_k{}^0\rangle]$$

他方，$\bigotimes\psi_k\approx\bigotimes\psi_k{}^0$ なのだから，J を十分に大きくとれば任意に小さい $\delta>0$ に対し $\sum_{k\in I-J}|\langle\psi_k, \psi_k{}^0\rangle-1|<\delta$ にできる．ところが，任意の複素数の列 $\{z_1, z_2, \cdots\}$ に対して，よく知られた不等式

$$|z_1-1|+1\leqq e^{|z_1-1|}$$

と，z_2 に対する同様の式を辺々乗ずる†といった操作をくりかえせば，不等式

$$|z_1z_2\cdots z_m-1|\leqq\exp(|z_1-1|+|z_2-1|+\cdots+|z_m-1|)-1$$

が得られるので，上の2つの事実から，

$$\|\bigotimes_{k\in I}\psi_k-\bigotimes_{k\in I}\varphi_k\|^2\leqq2(e^\delta-1)\xrightarrow[J\to\infty]{}0$$

が知れる．

読者は，さきに例として掲げたスピンの無限列について，不完全テンソル積のあれこれの例を容易に思い浮かべることができるだろう．特に，すべてのスピンが1つの向きにそろった状態を基準ベクトルにもつ不完全テンソル積は，**強磁性型**といわれる．

基底を不完全テンソル積の空間 $\bigotimes_{k\in I}^{\mathfrak{C}}\mathsf{H}_k$ に入れるためには，基準ベクトル $\Omega=\bigotimes_{k\in I}\psi_k{}^0$ に従い各 H_k に $\psi_k{}^0$ をメンバーの1つ $u_0{}^{(k)}=\psi_k{}^0$ に含むような基底 $\{u_\nu{}^{(k)}\}_{\nu=0,1,\cdots}$ をとる．これは正規直交系であるとしよう．そうすると，

---

† そのあとで3角不等式を

$$|z_1z_2-z_1-z_2+1|\geqq|z_1z_2-1|-|z_1-1|-|z_2-1|$$

の形で用いる．

$$\{\bigotimes_{k\in \mathrm{I}} u_{\nu_k}{}^{(k)}：有限個の\ k\ でのみ\ \nu_k\neq 0\} \qquad (18.1.24)$$

という集合が正規直交な基底をあたえる．証明は読者にまかせよう．この結果によれば，$\bigotimes_{k\in \mathrm{I}}^{\mathfrak{C}} \mathsf{H}_k$ は可分，つまり次元が可付番無限である．ただし，各 H_k の次元はたかだか可付番無限とする．有限次元のものが混じっていてもよし，全体がそうであってもよい．実際，このとき，(18.1.24)なる直交基底には次のようにして番号づけができるのである：各基底につき数列 $\nu_1, \nu_2, \cdots$ が $\nu_l=0,\ l>J$ となる最小の J をとり，基底を $A\equiv J\cdot\sum \nu_k$ の値により組分けせよ．各組ごとの(つまり，等しい A をもつ)基底の数は明らかに有限だから1列に並べることができる．次に，それらの組を A の小さい順に並べよう．これで，すべての基底が1列に並べられたことになるから，端から $1, 2, \cdots$ と番号をつければよい．

§18.2 第2量子化

前節で構成したHilbert空間が物理に用いられる状況の一端なりと説明するために，簡単な例を示そう．有限自由度の系から始めて後に無限自由度におよぶ．

a) 体積有限のBose気体，Fock空間

図18.3に示す体積 V の立方体の箱のなかに，同一種のBose質点が単位体積あたり ρ 個の割合でつめてある．この系を量子力学的に扱うには，どうするか？

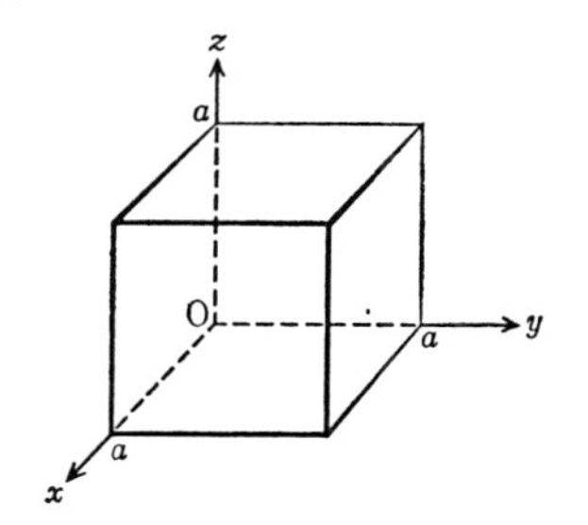

図18.3 立方体の内部を領域 V とよぶ．記号 V は体積 a^3 を表わすのにも用いる

これだけなら何の変哲もない．全粒子数は $N=\rho V<\infty$ なのだから，状態空間として $\mathsf{L}^2([0,a]^{3N})$ を用いて前章までの方式に従えばよい．波動関数は，領域 $V=[0,a]^3$ を変域とするベクトル $\boldsymbol{r}_l\ (l=1,2,\cdots,N)$ の対称関数 $\Psi(\boldsymbol{r}_1, \boldsymbol{r}_2, \cdots, \boldsymbol{r}_N)$ となる．もちろん，前節(b)項で得た対称テンソル積 $\bigotimes_{l=1}^{N}{}_{\mathrm{S}}\, \psi_l(\boldsymbol{r}_l)$ を用いても同じことである．

では，$N\to\infty$ の系を扱いたいとしたらどうか？ たとえば，密度 ρ を一定に

保ちながら $V\to\infty$ とする場合である．そうすると，$\Psi(\boldsymbol{r}_1, \boldsymbol{r}_2, \cdots, \boldsymbol{r}_N)$ にせよ，$\bigotimes_{l=1}^{N}{}_{\mathrm{S}}\,\psi_l(\boldsymbol{r}_l)$ にせよ，意味づけが難しくなるだろう．この章の目標は，自由度 $s\to\infty$ の場合につながりやすいような，それでいて $s<\infty$ の系については在来の形式と等価であるような量子力学の形式を探すことにあるのだった．

そこで，前節(b)項にのべた占拠数表示である．いま，議論を具体的にするため，$\mathsf{H}_{\boldsymbol{r}}=\mathsf{L}^2([0, a]^3)$ の正規直交基底 $\{u_\nu(\boldsymbol{r})\}$ として，立方体の相対する壁面で周期性の境界条件をみたす平面波の全体

$$\left.\begin{aligned} u_{\boldsymbol{k}}(\boldsymbol{r}) &= \frac{1}{\sqrt{V}}\exp[i\boldsymbol{k}\cdot\boldsymbol{r}], \qquad \boldsymbol{k} = \frac{2\pi}{a}(\nu_x, \nu_y, \nu_z) \\ \nu_i &= 0, \pm1, \pm2, \cdots \qquad\qquad (i = x, y, z) \end{aligned}\right\} \tag{18.2.1}$$

を用いよう．各基底ベクトル $u_{\boldsymbol{k}}(\boldsymbol{r})$ は運動量の固有値 $\hbar\boldsymbol{k}$ の固有ベクトルだから，そのラベルとしても $\boldsymbol{k}$ を流用するのが物理的である．

運動量	$\boldsymbol{k}_1$	$\boldsymbol{k}_2$	$\boldsymbol{k}_3$	$\cdots$
占拠数	n_1	n_2	n_3	$\cdots$

対称テンソル積 $\bigotimes_{r=1}^{N}{}_{\mathrm{S}}\,\mathsf{H}_r$ の基底 $\bigotimes_{r=1}^{N}{}_{\mathrm{S}}\,u_{\boldsymbol{k}_r}$ は，各運動量 $\hbar\boldsymbol{k}$ が現われる回数の上の表のようなリスト $\{n_\nu\}$ により指定できる．こうしたリストを作るためには，(18.2.1)により定まる運動量の格子(図18.4)の格子点に $1, 2, \cdots$ のような番号づけをすることが必要である．それが実際に可能なことは，まず原点を中心とし有限半径の球内に入る格子点に番号をつけ(有限個の対象の番号づけは常に可能！)，次に半径を少し増して新しい球内にとりこまれた格子点に番号を続けてゆく，……，と考えてみればわかる．

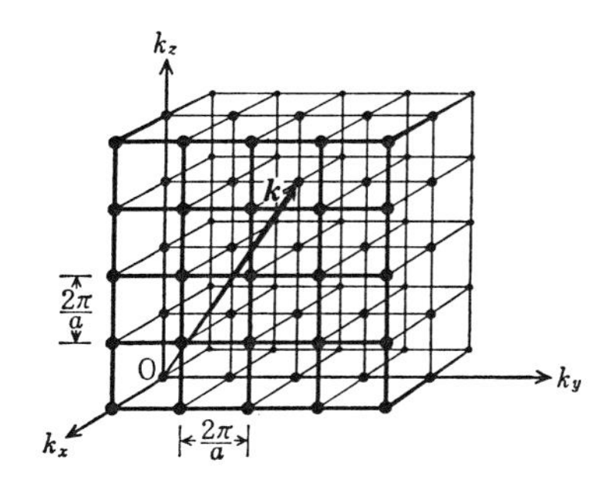

図18.4　運動量の格子 G

以下では，この番号づけを記憶に留めて $\boldsymbol{k}$ を番号と同一視しよう．運動量 $\boldsymbol{k}_\nu$ の状態の占拠数 $n_{\boldsymbol{k}_\nu}$ という代りに，$\boldsymbol{k}_\nu=\boldsymbol{k}$ の占拠数 $n_{\boldsymbol{k}}$ というようにして添字の洪水を避けるのである．格子点の全体を G と記す．さて，ここで，**状態の個数表示**にうつろう．以下は，その手続——新しい空間を用意するため，まず運動量 $\hbar\boldsymbol{k}$ のそれぞれに §16.2(a) の例 1 に掲げた数列空間† を対応させよう：

$$\mathsf{H}_{\boldsymbol{k}} = l_\infty{}^2 \equiv \left\{ \{c_n{}^{(\boldsymbol{k})}\}_{n=0,1,2,\cdots} : \sum_{n=0}^{\infty} |c_n{}^{(\boldsymbol{k})}|^2 < \infty \right\} \qquad (18.2.2)$$

そして，すべての $\boldsymbol{k}\in \mathrm{G}$ にわたる $\mathsf{H}_{\boldsymbol{k}}$ のテンソル積 $\bigotimes_{\boldsymbol{k}\in\mathrm{G}} \mathsf{H}_{\boldsymbol{k}}$ をつくる．空間 $l_\infty{}^2$ の基底は Dirac 流に表わそう：

$$|n\rangle \equiv \{0, \cdots, 0, \underset{\substack{\uparrow \\ (n+1)\text{番め}}}{1}, 0, \cdots\} \qquad (n = 0, 1, 2, \cdots)$$

特に $\mathsf{H}_{\boldsymbol{k}}$ の基底として考えることを明示するためには，$|n\rangle_{\boldsymbol{k}}$ のように添字として $\boldsymbol{k}$ を記す．これは運動量 $\hbar\boldsymbol{k}$ の粒子が n 個という意味になる．

次に，先刻まで用いてきた空間 $\bigotimes_{r=1}^{N}{}_{\mathrm{S}} \mathsf{H}_r$ から新しい $\bigotimes_{\boldsymbol{k}\in\mathrm{G}} \mathsf{H}_{\boldsymbol{k}}$ のなかへの写像 $\hat{F}_N$ を，基底の対応

$$\hat{F}_N: \quad \sqrt{\frac{1}{\prod_{\boldsymbol{k}} n_{\boldsymbol{k}}!}} \bigotimes_{\boldsymbol{k}\in\mathrm{G}}{}_{\mathrm{S}} [u_{\boldsymbol{k}}]^{n_{\boldsymbol{k}}} \longmapsto \bigotimes_{\boldsymbol{k}\in\mathrm{G}} |n_{\boldsymbol{k}}\rangle_{\boldsymbol{k}} \qquad (18.2.3)$$

により，その線形な拡大として定める．$\bigotimes_{\boldsymbol{k}\in\mathrm{G}}{}_{\mathrm{S}}$ の意味が (18.1.19) に定めてあることを思い出しておこう．

こうして Bose の多体系の状態は $\bigotimes_{\boldsymbol{k}\in\mathrm{G}} \mathsf{H}_{\boldsymbol{k}}$ なる無限テンソル積空間のベクトルとして表現される．テンソル積の各因子をなす $\mathsf{H}_{\boldsymbol{k}}$ が，粒子のあれこれにではなくて箱 V のなかの“波動”のモードにそれぞれ属することになった点に注意しよう．

写像 $\hat{F}_N$ の性質を調べよう．いま $N=\sum_{\boldsymbol{k}\in\mathrm{G}} n_{\boldsymbol{k}}<\infty$ だから，

$$\text{有限個の } \boldsymbol{k} \text{ を除いて} \qquad n_{\boldsymbol{k}} = 0 \qquad (18.2.4)$$

$\hat{F}_N$ は，したがって，$n_{\boldsymbol{k}}=0,\ \forall \boldsymbol{k}\in\mathrm{G}$ の $\bigotimes_{\boldsymbol{k}\in\mathrm{G}} |0\rangle_{\boldsymbol{k}} \equiv \Omega_{\mathrm{F}}$ を基準ベクトルとする不完全テンソル積 $\bigotimes_{\boldsymbol{k}\in\mathrm{G}}^{\mathfrak{C}} \mathsf{H}_{\boldsymbol{k}} \equiv \mathsf{H}_{\mathrm{F}}{}^{(V)}$ のなかへの写像ということになる．

詳しく見れば，それは $\hat{F}_N: \bigotimes_{r=1}^{N} \mathsf{H}_r \to \mathsf{H}_{\mathrm{F}}{}^{(V)}(N)$ なるユニタリー変換である．ここに $\sum n_{\boldsymbol{k}}=N$ なるベクトル $\otimes|n_{\boldsymbol{k}}\rangle$ の全体が張る $\mathsf{H}_{\mathrm{F}}{}^{(V)}$ の部分空間を $\mathsf{H}_{\mathrm{F}}{}^{(V)}(N)$

† 今度は無限次元なので，空間 $l_\infty{}^2$ の定義に $\sum_j |c_j{}^2| < \infty$ を加える．線形算法や内積については，§16.2(a) にあたえた定義において単に $N\to\infty$ とすればよい．

と記した.

$\mathsf{H}_{\mathrm{F}}^{(V)}$ を **Fock 空間**とよび，Ω_{F} を**無粒子状態**(no-particle state)とよぶ. これらの呼び名は，H_r の基底として(*18. 2. 1*)以外のものをとった場合にも，一般に用いられる. §18.1 の終りに述べたことから $\mathsf{H}_{\mathrm{F}}^{(V)}$ は可分である.

なお，基底に対して簡略記法

$$\bigotimes_{\boldsymbol{k}\in\mathrm{G}}|n_{\boldsymbol{k}}\rangle_{\boldsymbol{k}} = |n_{\boldsymbol{k}_1}, n_{\boldsymbol{k}_2}, \cdots\rangle$$

を導入しよう. 右辺の記法では0でない $n_{\boldsymbol{k}}$ のみを並べるのでもよいことにする.

生成・消滅演算子は，基底に対する

作　用：

$$\left.\begin{aligned} \hat{a}_{\boldsymbol{k}}^*|\cdots, n_{\boldsymbol{k}}, \cdots\rangle &= \sqrt{n_{\boldsymbol{k}}+1}\,|\cdots, n_{\boldsymbol{k}}+1, \cdots\rangle \\ \hat{a}_{\boldsymbol{k}}|\cdots, n_{\boldsymbol{k}}, \cdots\rangle &= \sqrt{n_{\boldsymbol{k}}}\,|\cdots, n_{\boldsymbol{k}}-1, \cdots\rangle \end{aligned}\right\} \tag{18.2.5}$$

に依拠し，その線形な拡大を

定義域：

$$\begin{aligned} \mathsf{D}(\hat{a}_{\boldsymbol{k}}^*) &= \mathsf{D}(\hat{a}_{\boldsymbol{k}}) \\ &= [\bigotimes_{\boldsymbol{k}'\in\mathrm{G}}\{c_n^{(\boldsymbol{k}')}\} : \sum_{n=0}^{\infty} n|c_n^{(\boldsymbol{k})}|^2<\infty,\ \sum_{m=0}^{\infty}|c_m^{(\boldsymbol{k}')}|^2<\infty,\ \boldsymbol{k}'\neq\boldsymbol{k}] \end{aligned}$$

にまで及ぼす. $[X:A]$ は例によって条件 A をみたす X の有限個を線形結合した全体を表わす. $\hat{a}_{\boldsymbol{k}}^*$ が Bose 粒子の生成演算子(creation operator)，$\hat{a}_{\boldsymbol{k}}$ が消滅演算子(annihilation operator)である.

これら2つの演算子が $\mathsf{H}_{\mathrm{F}}^{(V)}$ のベクトルを $\mathsf{H}_{\mathrm{F}}^{(V)}$ に写すことは明らかだが，記号がすでに示唆しているとおり，互いに共役になっている. どちらも有界でないことは(*18. 2. 5*)から明らかである.

特に，

$$\hat{a}_{\boldsymbol{k}}^*\hat{a}_{\boldsymbol{k}}|\cdots, n_{\boldsymbol{k}}, \cdots\rangle = n_{\boldsymbol{k}}|\cdots, n_{\boldsymbol{k}}, \cdots\rangle \tag{18.2.6}$$

となるので $\hat{a}_{\boldsymbol{k}}^*\hat{a}_{\boldsymbol{k}}\equiv\hat{n}_{\boldsymbol{k}}$ を**個数演算子**(number operator)とよぶ. また，

$$\left.\begin{aligned} [\hat{a}_{\boldsymbol{k}}, \hat{a}_{\boldsymbol{k}'}^*] &= \delta_{\boldsymbol{k}\boldsymbol{k}'} \\ [\hat{a}_{\boldsymbol{k}}, \hat{a}_{\boldsymbol{k}'}] &= [\hat{a}_{\boldsymbol{k}}^*, \hat{a}_{\boldsymbol{k}'}^*] = 0 \end{aligned}\right\} \tag{18.2.7}$$

が $\hat{n}_{\boldsymbol{k}}$ の定義域 $\mathsf{D}(\hat{n}_{\boldsymbol{k}})$ の上でなりたつ. $\delta_{\boldsymbol{k}\boldsymbol{k}'}$ は $\boldsymbol{k}=\boldsymbol{k}'$ のとき1，それ以外では0という Kronecker の δ 記号である. (*18. 2. 7*)を生成・消滅演算子の **Bose 型の交換関係**とよぶ.

生成・消滅演算子の作用を写像(*18. 2. 3*)の逆写像により配位空間の側に移してみよう.

まず，生成演算子について基底の動きを見ると，次のような図式が得られる．ただし，運動量 $\hbar \boldsymbol{k}_\nu$ なる添字を単に ν と書く:

配位空間　　　　Fock 空間 $\mathsf{H}_{\mathrm{F}}{}^{(V)}$

$$\bigotimes_{r=1}^{N}{}_{\mathrm{S}}\,\mathsf{H}_r \ni \sqrt{\frac{1}{n_1!\cdots n_\nu!\cdots}}\otimes_{\mathrm{S}}[u_1]^{n_1}\cdots[u_\nu]^{n_\nu}\cdots$$

$$=\sqrt{\frac{1}{N!}}\sqrt{\frac{1}{n_1!\cdots n_\nu!\cdots}}\cdot\sum_P P[u_1]^{n_1}\cdots[u_\nu]^{n_\nu}\cdots(\boldsymbol{r}_1,\cdots,\boldsymbol{r}_N)\quad\xmapsto{\hat{F}_N}\quad|n_1,\cdots,n_\nu,\cdots\rangle\in\mathsf{H}_{\mathrm{F}}{}^{(V)}(N)$$

$$\hat{F}_{N+1}{}^{-1}\hat{a}_\nu{}^*\hat{F}_N\downarrow\qquad\qquad\downarrow\hat{a}_\nu{}^*$$

$$\bigotimes_{r=1}^{N+1}{}_{\mathrm{S}}\,\mathsf{H}_r \ni \sqrt{n_\nu-1}\sqrt{\frac{1}{n_1!\cdots(n_\nu+1)!\cdots}}\otimes_{\mathrm{S}}[u_1]^{n_1}\cdots[u_\nu]^{n_\nu+1}\cdots$$

$$=\frac{1}{\sqrt{N+1}}\sum_{i=1}^{N+1}u_\nu(\boldsymbol{r}_i)\sqrt{\frac{1}{N!}}\sqrt{\frac{1}{n_1!\cdots n_\nu!\cdots}}\cdot\sum_P P[u_1]^{n_1}\cdots[u_\nu]^{n_\nu}\cdots(\boldsymbol{r}_1,\cdots,\check{\boldsymbol{r}}_i,\cdots,\boldsymbol{r}_{N+1})$$

$$\xleftarrow[\hat{F}_{N+1}{}^{-1}]{}\quad\sqrt{n_\nu+1}\,|n_1,\cdots,n_\nu+1,\cdots\rangle\in\mathsf{H}_{\mathrm{F}}{}^{(V)}(N+1)$$

ここに $\check{\boldsymbol{r}}_i$ は変数の仲間からこれを除く意味である.

一般のベクトルに対する作用を知るには，それを基底で展開し，個々の基底に対する作用を見てから結果を再合成すればよいので，図式は次のようになる．さきの図式の配位空間の側にベクトルを 2 通りの形に書いておいたのは，今後の計算への見通しをよくするためであった.

まず，生成演算子について:

配位空間　　　　Fock 空間 $\mathsf{H}_{\mathrm{F}}{}^{(V)}$

$$\bigotimes_{r=1}^{N}{}_{\mathrm{S}}\,\mathsf{H}_r\ni\Psi(\boldsymbol{r}_1,\cdots,\boldsymbol{r}_N)\quad\xmapsto{\hat{F}_N}\quad|\Psi\rangle_{\mathrm{F}}\in\mathsf{H}_{\mathrm{F}}{}^{(V)}(N)$$

$$\hat{F}_{N+1}{}^{-1}\hat{a}_\nu{}^*\hat{F}_N\downarrow\qquad\qquad\downarrow\hat{a}_\nu{}^*$$

$$\bigotimes_{r=1}^{N+1}{}_{\mathrm{S}}\,\mathsf{H}_r\ni\frac{1}{\sqrt{N+1}}\sum_{i=1}^{N+1}u_\nu(\boldsymbol{r}_i)\,\Psi(\boldsymbol{r}_1,\cdots,\check{\boldsymbol{r}}_i,\cdots,\boldsymbol{r}_{N+1})\quad\xleftarrow[\hat{F}_{N+1}{}^{-1}]{}\quad\hat{a}_\nu{}^*|\Psi\rangle_{\mathrm{F}}\in\mathsf{H}_{\mathrm{F}}{}^{(V)}(N+1)$$

ここに，配位空間の状態関数 Ψ がまずあたえられたとして，それに対応する Fock の状態ベクトルを $|\Psi\rangle_{\mathrm{F}}$ で表わした.

消滅演算子についても，同様にして：

配位空間		Fock 空間 $\mathsf{H}_{\mathrm{F}}{}^{(V)}$
$\bigotimes_{r=1}^{N}{}_{\mathrm{S}}\,\mathsf{H}_{\boldsymbol{r}} \ni \Psi(\boldsymbol{r}_1, \cdots, \boldsymbol{r}_N)$	$\overset{\hat{F}_N}{\longmapsto}$	$\lvert\Psi\rangle_{\mathrm{F}} \in \mathsf{H}_{\mathrm{F}}{}^{(V)}(N)$
$\hat{F}_{N-1}{}^{-1}\hat{a}_\nu\hat{F}_N \downarrow$		$\downarrow \hat{a}_\nu$
$\bigotimes_{r=1}^{N-1}{}_{\mathrm{S}}\,\mathsf{H}_{\boldsymbol{r}} \ni \sqrt{N}\int d\boldsymbol{r}_N u_\nu{}^*(\boldsymbol{r}_N)\,\Psi(\boldsymbol{r}_1, \cdots, \boldsymbol{r}_N)$	$\underset{\hat{F}_{N-1}{}^{-1}}{\longleftarrow}$	$\hat{a}_\nu\lvert\Psi\rangle_{\mathrm{F}} \in \mathsf{H}_{\mathrm{F}}{}^{(V)}(N-1)$

Bose 多体系の配位空間におけるハミルトニアン

$$\mathscr{H}^{\mathrm{conf}} = \sum_{i=1}^{N}\frac{-\hbar^2}{2m}\left(\frac{\partial}{\partial \boldsymbol{r}_i}\right)^2 + \frac{1}{2}\sum_{i\neq j} v(\boldsymbol{r}_i - \boldsymbol{r}_j) \qquad (18.2.8)$$

を Fock 空間に移そう．上の図式を利用して，

$$\mathscr{H}^{\mathrm{F}} = \hat{F}_N \mathscr{H}^{\mathrm{conf}} \hat{F}_N{}^{-1} \qquad (18.2.9)$$

$$\mathscr{H}^{\mathrm{F}} = \sum_{\boldsymbol{k}} \varepsilon_{\boldsymbol{k}} \hat{a}_{\boldsymbol{k}}{}^* \hat{a}_{\boldsymbol{k}} + \frac{1}{2V}\sum_{\boldsymbol{k},\boldsymbol{k}',\boldsymbol{q}} \tilde{v}(\boldsymbol{q})\, \hat{a}_{\boldsymbol{k}+\boldsymbol{q}}{}^* \hat{a}_{\boldsymbol{k}'-\boldsymbol{q}}{}^* \hat{a}_{\boldsymbol{k}} \hat{a}_{\boldsymbol{k}'} \qquad (18.2.10)$$

を得る．ただし，これは $\boldsymbol{k}$ につき無限和の形なので，意味を明らかにすることが必要である．それは，すぐ後に行なう．

第1項($\equiv \mathscr{H}_0{}^{\mathrm{F}}$)の $\varepsilon_{\boldsymbol{k}} = \hbar^2 \boldsymbol{k}^2/(2m)$ は運動量 $\hbar\boldsymbol{k}$ の粒子の運動エネルギー，それに個数演算子 $\hat{a}_{\boldsymbol{k}}{}^*\hat{a}_{\boldsymbol{k}}$ をかけて総和した形は直観的である．変換の図式をたどるまでもなく正当さが認められるだろう．

第2項($\equiv \mathscr{H}_{\mathrm{int}}{}^{\mathrm{F}}$)も，物理的なイメージははっきりしている(図18.5)．ただし，

$$\tilde{v}(\boldsymbol{q}) = \int_V v(\boldsymbol{\xi})\, e^{i\boldsymbol{q}\cdot\boldsymbol{\xi}} d\boldsymbol{\xi} \qquad (18.2.11)$$

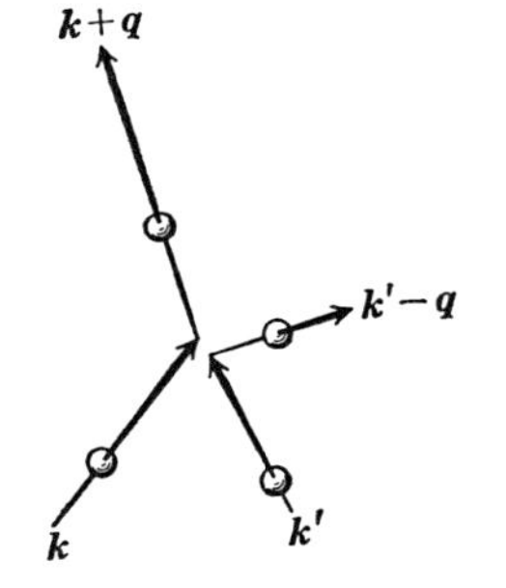

図18.5 相互作用ハミルトニアンのイメージ．運動量 $\hbar\boldsymbol{k}, \hbar\boldsymbol{k}'$ の粒子が相互作用によって“消滅”し，$\hbar(\boldsymbol{k}+\boldsymbol{q}), \hbar(\boldsymbol{k}'-\boldsymbol{q})$ の状態に生まれかわる

とおいてある．相互作用ポテンシャル $v(\boldsymbol{\xi})$ は作用・反作用の法則により偶関数なので $\tilde{v}(\boldsymbol{q})$ は実数値となることに注意しておこう．

さて(18.2.9)は本来，全粒子数の定まった $\mathsf{H}_{\mathrm{F}}{}^{(V)}(N)$ の上の演算子として書いたものだが，(18.2.10)の形にすると，もはやこれは N によらない．$\mathsf{H}_{\mathrm{F}}{}^{(V)}(N)$ に限らず Fock 空間 $\mathsf{H}_{\mathrm{F}}{}^{(V)}$ で広く定義された演算子とみなすこともできるだろう．もちろん，その構成から期待されるとおり，$\mathsf{H}_{\mathrm{F}}{}^{(V)}$ のベクトルの稠密な集合の上で

$$[\hat{\mathscr{H}}^{\mathrm{F}}, \hat{N}] = 0 \tag{18.2.12}$$

となっている．ただし，全粒子数を表わす演算子

$$\hat{N} = \sum_{\boldsymbol{k}\in\mathrm{G}} \hat{a}_{\boldsymbol{k}}{}^{*}\hat{a}_{\boldsymbol{k}} \tag{18.2.13}$$

を導入した．(18.2.12)は粒子数の保存を表わす．

ここで(18.2.10)における運動量に関する無限和の吟味をしよう．問題は，その無限和が意味をもつような $\hat{\mathscr{H}}^{\mathrm{F}}$ の定義域 $\mathsf{D}(\hat{\mathscr{H}}^{\mathrm{F}})\subset\mathsf{H}_{\mathrm{F}}{}^{(V)}$ を見出すことである．

はじめに $\mathsf{H}_{\mathrm{F}}{}^{(V)}(N)$ の上で考えよう．配位空間におけるハミルトニアンは定義域 $\mathsf{D}_N(\hat{\mathscr{H}}^{\mathrm{conf}})\subset\bigotimes_{r=1}^{N}{}_{\mathrm{S}}\,\mathsf{H}_r$ をもち，自己共役とする．そうすると，$\hat{F}_N$ はユニタリー変換だから，$\hat{\mathscr{H}}^{\mathrm{F}}$ は $\mathsf{H}_{\mathrm{F}}{}^{(V)}(N)$ の部分空間 $\mathsf{D}_N(\hat{\mathscr{H}}^{\mathrm{F}})\equiv\hat{F}_N\mathsf{D}_N(\hat{\mathscr{H}}^{\mathrm{conf}})$ を定義域として自己共役となる．この定義域の上では，(18.2.10)の運動量に関する和には自然に意味がつくはずである．次に一般の $\Psi\in\mathsf{H}_{\mathrm{F}}{}^{(V)}$ に対しては，これを

$$\Psi = \sum_{N=0}^{\infty}\Psi_N, \qquad \Psi_N\in\mathsf{H}_{\mathrm{F}}{}^{(V)}(N) \tag{18.2.14}$$

という形に分解して考えよう．$N\neq N'$ なら $\langle\Psi_N, \Psi_{N'}\rangle=0$ だが，さらに $\hat{\mathscr{H}}^{\mathrm{F}}$ が全粒子数を保存することから，$\Psi_N, \Psi_{N'}$ に $\hat{\mathscr{H}}^{\mathrm{F}}$ が掛けられるとき

$$\langle\hat{\mathscr{H}}^{\mathrm{F}}\Psi_N, \hat{\mathscr{H}}^{\mathrm{F}}\Psi_{N'}\rangle = 0, \qquad N\neq N' \tag{18.2.15}$$

となる．よって $\hat{\mathscr{H}}^{\mathrm{F}}$ の自然な定義域として

$$\mathsf{D}(\hat{\mathscr{H}}^{\mathrm{F}}) = \left\{\sum_{N=0}^{\infty}\Psi_N : \Psi_N\in\mathsf{D}_N(\hat{\mathscr{H}}^{\mathrm{F}}),\ \sum_{N=0}^{\infty}\|\hat{\mathscr{H}}^{\mathrm{F}}\Psi_N\|^2<\infty\right\} \tag{18.2.16}$$

が考えられるが，事実 $\hat{\mathscr{H}}^{\mathrm{F}}$ はこの定義域の上で自己共役になる．その検証は読者におまかせしよう．

Fock 空間が導入されたのは計算技術上の動機によるのではなかった．量子力

学においては物質が波動性をもつという．しかし，多体問題では波動関数は次元の高い配位空間 R^{3N} で波うつ $\Psi(\boldsymbol{r}_1, \boldsymbol{r}_2, \cdots, \boldsymbol{r}_N)$ であって，われわれの住む3次元空間の波動なのではない．この点に量子力学の先駆者たちは強い違和感をおぼえたようである†．Fock は状態の新しい表現を発明して波動を3次元の物理的な空間につれもどしたのだった．それを説明するために，**場の演算子**を定義しよう．粒子ごとの Hilbert 空間 H_r の基底(*18. 2. 1*)を用いて

$$\hat{\phi}_{\mathrm{F}}{}^{(V)}(\boldsymbol{r}) = \sum_{\boldsymbol{k}\in\mathrm{G}} u_{\boldsymbol{k}}(\boldsymbol{r})\hat{a}_{\boldsymbol{k}} \qquad (18.\ 2.\ 17)$$

とおく．計算は以後しばらく形式的に行なう($\hat{\phi}$ の添字 F, (V) も省く)．その限りにおいては，基底の性質から，多粒子系のハミルトニアン(*18. 2. 10*)を

$$\begin{aligned}\mathscr{H}^{\mathrm{F}} &= \int_V d\boldsymbol{r}\hat{\phi}^*(\boldsymbol{r})\frac{-\hbar^2}{2m}\left(\frac{\partial}{\partial\boldsymbol{r}}\right)^2\hat{\phi}(\boldsymbol{r}) \\ &\quad + \frac{1}{2}\int_V d\boldsymbol{r}d\boldsymbol{r}'\hat{\phi}^*(\boldsymbol{r})\hat{\phi}^*(\boldsymbol{r}')v(\boldsymbol{r}-\boldsymbol{r}')\hat{\phi}(\boldsymbol{r})\hat{\phi}(\boldsymbol{r}') \qquad (18.\ 2.\ 18)\end{aligned}$$

のように，場 $\hat{\phi}(\boldsymbol{r})$ によって表わしきることが可能である．これは3次元空間 V における波動場†† $\hat{\phi}(\boldsymbol{r})$ に対するハミルトニアンと読めるではないか！

さらに，全粒子数の演算子が

$$\hat{N} = \sum_{\boldsymbol{k}} \hat{a}_{\boldsymbol{k}}{}^*\hat{a}_{\boldsymbol{k}} = \int_V d\boldsymbol{r}\hat{\phi}^*(\boldsymbol{r})\hat{\phi}(\boldsymbol{r}) \qquad (18.\ 2.\ 19)$$

と書けることに注意しよう．このことから $\hat{\phi}^*(\boldsymbol{r})\hat{\phi}(\boldsymbol{r})$ には点 $\boldsymbol{r}$ 付近の粒子密度という解釈が生まれ，ハミルトニアン(*18. 2. 18*)の形は極めて自然なものに見えてくる．相互作用項は，そうした粒子分布のもつポテンシャル・エネルギーの総和とみられる．因子1/2は，分布の2点 A, B を，積分の際に1回は座標がそれぞれ $\boldsymbol{r}, \boldsymbol{r}'$ のものとして，また1回は $\boldsymbol{r}', \boldsymbol{r}$ のものとして2重に数えこむことの補償として理解される．

---

† 田村松平ほか：「日本における素粒子論の黎明」(座談会，雑誌『科学』，1967年7月号，岩波書店)，朝永振一郎ほか：「量子力学の衝撃と体験」(座談会，雑誌『数理科学』，1969年12月号，ダイヤモンド社)を参照．

†† Heisenberg 流の描像に移って $\hat{\phi}_{\mathrm{F}}(\boldsymbol{r}, t)$ と書き，さらに運動方程式

$$\frac{\partial\hat{\phi}_{\mathrm{F}}(\boldsymbol{r}, t)}{\partial t} = \frac{i}{\hbar}[\mathscr{H}^{\mathrm{F}}, \hat{\phi}_{\mathrm{F}}(\boldsymbol{r}, t)]$$

を作ってみれば波動らしさがわかるだろう．

この $\hat{\phi}(\boldsymbol{r})$ は，これまでの波動関数とはちがう．交換関係

$$\left.\begin{array}{l}[\hat{\phi}(\boldsymbol{r}),\hat{\phi}^*(\boldsymbol{r}')]=\delta(\boldsymbol{r}-\boldsymbol{r}')\\ [\hat{\phi}(\boldsymbol{r}),\hat{\phi}(\boldsymbol{r}')]=[\hat{\phi}^*(\boldsymbol{r}),\hat{\phi}^*(\boldsymbol{r}')]=0\end{array}\right\} \qquad (18.2.20)$$

をみたす"演算子"である．そのため，この項で述べてきた表現の転換を**第2量子化**とよぶことがある．ほかでもない，古典力学における粒子の運動量と座標を正準交換関係をみたす演算子と読みかえて量子力学に移ったステップを，第1の量子化とみてのことだ．第2量子化は，しかし，有限自由度の系については量子力学の記述形式の転回にすぎないのだから，力学の革命であった第1の量子化と同列におくのは正しくない．

b) Fock の表現と粒子数無限大の極限

前項の結論は，場の交換関係(*18.2.20*)とハミルトニアン(*18.2.10*)に要約される．そこで，Bose の多体問題を次のように言い直そう——

1° 適当な Hilbert 空間をとって，交換関係(*18.2.20*)——正確には後の(*18.2.29*)の Weyl 型——をみたす場の演算子 $\hat{\phi}(\boldsymbol{r})$ を構成し，

2° それを用いた(*18.2.10*)をハミルトニアンとして力学を論ずること．

なお，1° にかなう演算子と Hilbert 空間の組を**正準交換関係の表現**という．前項でつくったものは，多体系の体積が有限な場合の Fock 表現とよばれる．

多体問題を 1°, 2° によって規定するのは，体系の大きさが有限な場合には，前項で見たように，観点の転換といえる．

注目すべきことは，交換関係もハミルトニアンも粒子数をあらわには含んでいないので，新しい観点が粒子数無限大の系にまで量子力学を拡張するのに適しているだろうという点である．

粒子数について語るには，もちろん(*18.2.19*)もいる．これは粒子数の密度の演算子

$$\hat{\rho}=\frac{\hat{N}_V}{V}=\frac{1}{V}\int_V d\boldsymbol{r}\hat{\phi}^*(\boldsymbol{r})\hat{\phi}(\boldsymbol{r}) \qquad (18.2.21)$$

に焼き直して用いることができるだろう．われわれは，あたえられた密度 ρ をもち，体積 $V\to\infty$ に拡がった多粒子系を扱いたい：

$$\rho=\text{有限}\ (\neq 0), \qquad N=\rho V\longrightarrow\infty \qquad (18.2.22)$$

このように無限個の粒子を含む系については，配位空間 R^{3N} での波動関数を用

いる方法は無力である.

これは，前項に述べた第2量子化の手続を最初から $N\to\infty$ の力学系をとって行なうのは不可能だということを意味している．多体系の量子力学を第2量子化の形式にうつすまでは $N<\infty$ にしておき，後で $N\to\infty$ にゆくのでなければならない．そこで，ひとまず“$V\to\infty$，しかし $N<\infty$”の力学系を考えよう．この場合なら，前項の第2量子化の手続をなぞってみることは難しくない.

唯一のちがいは，1粒子状態の Hilbert 空間 $\mathsf{H}_k=\mathsf{L}^2(\mathsf{R}^3)$ の基底に平面波(*18. 2. 1*)が使えなくなることである．代りに何か R^3 で2乗可積分な波束 $\boldsymbol{u}_\nu(\boldsymbol{r})$ の完全正規直交系を用いる．たとえば，§16. 3(f)で Hermite 関数系となづけて用いた調和振動子のエネルギー固有関数系

$$\left.\begin{array}{c} h_{\nu_x\nu_y\nu_z}(\boldsymbol{r})=\displaystyle\prod_{i=x,y,z}\left(\sqrt{\frac{\omega}{\pi}}\frac{1}{2^{\nu_i}\nu_i!}\right)^{1/2}H_{\nu_i}(\sqrt{\omega}\,x_i)\,\exp\left[-\frac{1}{2}\omega x_i{}^2\right] \\ (\nu_i=0,1,2,\cdots) \end{array}\right\}$$

(*18. 2. 23*)

などは，無限回微分可能，遠方では急減少である(つまり $\mathcal{S}(\mathsf{R}^3)$ に属する)から使いやすい．ただし，$\boldsymbol{r}=(x,y,z)$ である．いま (ν_x,ν_y,ν_z) を1列に番号づけたものを ν として，(*18. 2. 23*)を $h_\nu(\boldsymbol{r})$ と記すことにしたい($\nu=0,1,2,\cdots$).

以後の手続は前節とまったく同様であって，Fock 空間 H_F が構成され，生成・消滅演算子 $\hat{a}_\nu{}^*, \hat{a}_\nu$ が定義される．場の演算子は

$$\hat{\phi}_\mathrm{F}(\boldsymbol{r})=\sum_\nu u_\nu(\boldsymbol{r})\hat{a}_\nu \qquad (18.\,2.\,24)$$

によって定義されて，交換関係(*18. 2. 20*)をみたす．ただし，添字 F は以下の計算では省くことが多い.

H_F のベクトルのうち，特に

$$\Psi'=\sum_{\text{有限和}}c(n_1,n_2,\cdots)\,|n_1,n_2,\cdots\rangle \qquad (18.\,2.\,25)$$

なる複素係数の有限和の形をしたものを**有限的ベクトル**(finite vector)とよぶことがある．これに $\hat{\phi}_\mathrm{F}(\boldsymbol{r})$ を作用させてみよう．添字 F は省くとして，このとき，

$$\|\hat{\phi}(\boldsymbol{r})\,\Psi'\|^2=\sum_\nu|u_\nu(\boldsymbol{r})|^2\sum_{n_1,n_2,\cdots}n_\nu|c(n_1,n_2,\cdots)|^2$$

有限的ベクトルにおいては，登場する n_ν に最大値 $n_{\max}$ があり，H_F の基準ベクトルは $|0, 0, \cdots\rangle$ だから $n_\nu \neq 0$ なる ν にも最大値 $\nu_{\max}$ がある．よって

$$\|\hat{\phi}(\boldsymbol{r})\Psi'\|^2 \leqq \sum_{\nu=0}^{\nu_{\max}} |u_\nu(\boldsymbol{r})|^2 \cdot n_{\max} \sum_{n_1, n_2, \cdots} |c(n_1, n_2, \cdots)|^2$$
$$= \left(n_{\max} \sum_{\nu=0}^{\nu_{\max}} |u_\nu(\boldsymbol{r})|^2\right) \cdot \|\Psi'\|^2$$

有限的ベクトルは H_F で稠密だから，この結果は $\hat{\phi}(\boldsymbol{r})$ が H_F で稠密に定義されうる演算子であることを示す．もし，H_F でなく，基準ベクトルが無限個の $n_\nu \neq 0$ をもつような空間であったら，こうはいかなかったことに注意しよう．

上の結果から見て，H_F では，交換関係(*18. 2. 20*)に δ 関数をもたらす元凶は $\hat{\phi}^*(\boldsymbol{r})$ であるにちがいない．事実，(*18. 2. 25*)に作用させてみると，今度は ν について無限和がでる．もっと簡明に，

$$\|\hat{\phi}^*(\boldsymbol{r})|0, 0, \cdots\rangle\|^2 = \sum_{\nu=1}^{\infty} |u_\nu(\boldsymbol{r})|^2 \qquad (18.2.26)$$

がすでに発散をする！ $\hat{\phi}^*(\boldsymbol{r})$ は H_F に定義域をもたないのだ．その暗示的な記号にもかかわらず，$\hat{\phi}(\boldsymbol{r})$ の共役演算子にはなっていないのである．

そこで，$g \in \mathcal{S}(\mathrm{R}^3)$ をとって，

$$\hat{\phi}^*(g) \equiv \sum_\nu \langle u_\nu, g\rangle \hat{a}_\nu^* \qquad (18.2.27)$$

とすれば，これは H_F で稠密に定義される演算子になる．このことを記号的に，

$$\hat{\phi}^*(g) = \int g(\boldsymbol{r})\hat{\phi}^*(\boldsymbol{r})\,d\boldsymbol{r} \qquad (18.2.28)$$

と書き，$\hat{\phi}^*(\boldsymbol{r})$ を $g(\boldsymbol{r})$ を重みとしてならすという．$\hat{\phi}^*(\boldsymbol{r})$ を演算子を値とする超関数とみなすわけで，交換関係(*18. 2. 20*)は，$[\hat{\phi}(\boldsymbol{r}), \hat{\phi}^*(g)] = g(\boldsymbol{r})$ などとなる．いっそ，**場のならし**を $\hat{\phi}(\boldsymbol{r})$ にも及ぼして $\hat{\phi}(f) = \int f^*(\boldsymbol{r})\hat{\phi}(\boldsymbol{r})\,d\boldsymbol{r}$ とすれば，交換関係は，

$$\left.\begin{aligned} [\hat{\phi}(f), \hat{\phi}^*(g)] &= \int f^*(\boldsymbol{r})g(\boldsymbol{r})\,d\boldsymbol{r} \\ [\hat{\phi}(f), \hat{\phi}(g)] &= [\hat{\phi}^*(f), \hat{\phi}^*(g)] = 0 \end{aligned}\right\} \qquad (18.2.29)$$

となり，重みの関数を $f, g \in \mathrm{L}^2(\mathrm{R}^3)$ まで拡大できる．これを **Bose 場の正準交換**

関係とよぶ. Fock 空間で考えた上記の演算子を

$$\hat{\phi}_{\mathrm{F}}(f),\ \hat{\phi}_{\mathrm{F}}^*(g)$$

と書き表わし, 正準交換関係(18. 2. 29)の **Fock 表現**ということがある.

次のことがなりたつ――

1°　$\hat{\phi}(f), \hat{\phi}^*(g)$ は共に $\{\Psi \in \mathsf{H}_{\mathrm{F}} : \langle \Psi, \hat{N}\Psi \rangle < \infty\}$ を定義域のなかに含む.

2°　$\hat{\phi}(f)\Psi = 0$, $\forall f \in \mathsf{L}^2(\mathsf{R}^3)$ なる $\Psi \in \mathsf{H}_{\mathrm{F}}$ は, 無粒子状態 Ω_{F} の c 数倍に限る.

3°　H_{F} における有界演算子 $\hat{B}$ で $\{\hat{\phi}(f), \hat{\phi}^*(f) : f \in \mathsf{L}^2(\mathsf{R}^3)\}$ のすべてと交換するものは, 恒等演算子 $\hat{I}$ の c 数倍にかぎる(Fock 場の既約性). ただし, ここにいう可換性は, p. 27 に述べた記号法で

$$\hat{\phi}(f)\hat{B} \supset \hat{B}\hat{\phi}(f), \qquad \hat{\phi}^*(f)\hat{B} \supset \hat{B}\hat{\phi}^*(f)$$

を意味している.

4°　実数値の $f, g \in \mathsf{L}^2(\mathsf{R}^3)$ に対する演算子

$$\hat{\varphi}(f) = \frac{\hat{\phi}(f) + \hat{\phi}^*(f)}{\sqrt{2}}, \qquad \hat{\pi}(g) = \frac{\hat{\phi}(g) - \hat{\phi}^*(g)}{i\sqrt{2}} \tag{18. 2. 30}$$

は自己共役な拡大をもち, H_{F} のベクトルのある稠密な集合 $\mathring{\mathsf{H}}_{\mathrm{F}}$ の上で正準交換関係をみたす:

$$\left.\begin{aligned} &[\hat{\pi}(g), \hat{\varphi}(f)] = -i\langle f, g \rangle \\ &[\hat{\pi}(f), \hat{\pi}(g)] = [\hat{\varphi}(f), \hat{\varphi}(g)] = 0 \end{aligned}\right\} \tag{18. 2. 31}$$

ここに, P を多項式として $\mathring{\mathsf{H}}_{\mathrm{F}} = \{P[\hat{\phi}^*(f), \hat{\phi}^*(f'), \cdots]\Omega_{\mathrm{F}}\}$. 交換関係 $[\ ,\ ]$ を閉包 $[\ ,\ ]^-$ でおきかえれば, (18. 2. 31) は H_{F} 全体でなりたつ.

なお, Fock 空間の演算子であることを明示するため, 添字 F をつけて $\hat{\varphi}_{\mathrm{F}}(f), \hat{\pi}_{\mathrm{F}}(g)$ の記号を用いる場合もある.

上の命題を証明しよう. 1°, 2° は簡単な計算の問題である. 3° を証明するには, まず $\hat{\phi}(f)\Omega_{\mathrm{F}} = 0$ から $\hat{B}\hat{\phi}(f) \subset \hat{\phi}(f)\hat{B}$ により $\Omega_{\mathrm{F}} \in \mathsf{D}(\hat{\phi}(f)\hat{B})$ で $\hat{\phi}(f)\hat{B}\Omega_{\mathrm{F}} = 0$, $\forall f \in \mathsf{L}^2(\mathsf{R}^3)$ なることをだす. すると, 2° から $\hat{B}\Omega_{\mathrm{F}}$ は Ω_{F} の c 数$(\equiv \alpha)$倍でなければならない. 次に, $\hat{B}$ は有界だとしたので $\mathsf{D}(\hat{B}\hat{\phi}^*(f)) \ni \Omega_{\mathrm{F}}$ だから, 可換性 $\hat{B}\hat{\phi}^*(f) \subset \hat{\phi}^*(f)\hat{B}$ を用いて

$$\hat{B}\hat{\phi}^*(f)\Omega_{\mathrm{F}} = \hat{\phi}^*(f)\hat{B}\Omega_{\mathrm{F}} = \alpha\hat{\phi}^*(f)\Omega_{\mathrm{F}}$$

という計算ができる. 以下同様につづけて, 結局, 上の 4° に記したベクトルの集合 $\mathring{\mathsf{H}}_{\mathrm{F}}$ の上で $\hat{B} = \alpha\hat{I}$ なることがいえる. $\mathring{\mathsf{H}}_{\mathrm{F}}$ は H_{F} において稠密だから, $\hat{B}$ の

有界性により関係 $\hat{B}=\alpha\hat{I}$ は H_F 全体に拡大される．最後に，4° の証明には，§17.1(b)に述べた Nelson の定理が利用できる．$\mathsf{L}^2(\mathsf{R}^3)$ から1つの関数 $f(\boldsymbol{r})$ を選び，空間 $\mathsf{L}^2(\mathsf{R}^3)$ を $f(\boldsymbol{r})$ の定数倍なる1次元の部分空間 $[f]$ と，その直交補空間 $[f]^\perp$ に分け，$h_\nu(\hat{\varphi}(f))P[\hat{\varphi}(f'),\hat{\varphi}(f''),\cdots]\Omega_\mathrm{F}$ が $\hat{\varphi}(f),\hat{\pi}(f)$ の解析ベクトルで，ν と P と $f',f'',\cdots\in[f]^\perp$ とを変えたその全体が H_F で稠密なことを示すとよい．ただし，h_ν は調和振動子の固有関数，P は多項式を示す．

c) 無限 Bose 気体，Bogoliubov の処方

あたえられた密度 ρ をもち体積 V が無限大，したがって全粒子数 N も無限大という Bose 粒子系を扱うためには，場の演算子 $\hat{\phi}(\boldsymbol{r})$ を

$$\hat{\phi}(\boldsymbol{r})=\hat{\phi}'(\boldsymbol{r})+\sqrt{\rho_0} \tag{18.2.32}$$

とおいて $\hat{\phi}'(\boldsymbol{r})$ に“変数変換”してみることが考えられる(Bogoliubov)．

その根拠は物理的なものだ．十分に低温では Bose 粒子の多体系は **Bose-Einstein 凝縮**をおこす．それは全粒子数 N が無限大にゆく極限を考えたとき，それに比例した数 αN の粒子が運動量0の状態に集中してしまうことである．運動量空間における凝縮！ 上の ρ_0 はその凝縮粒子の空間密度 $\alpha N/V$ である．

議論の便宜上，粒子たちは箱 V におさまっているという本節(a)項の描像で考えよう．生成・消滅演算子 $\hat{a}_{\boldsymbol{k}}{}^\#$ は†，運動量 $\hbar\boldsymbol{k}$ の状態にある粒子数を1だけ増減する．特に $\boldsymbol{k}=0$ については，

$$\hat{a}_0|n_0,\cdots\rangle=\sqrt{n_0}\,|n_0-1,\cdots\rangle$$
$$\hat{a}_0{}^*|n_0,\cdots\rangle=\sqrt{n_0+1}\,|n_0+1,\cdots\rangle$$

だが，そもそも $n_0=\alpha N\gg1$ (大きな箱，$N\gg1$!)なら n_0 の1だけの増減は物理的な効果をもたないにちがいない．そうだとしたら，といって Bogoliubov は，

$$\hat{a}_0,\hat{a}_0{}^*\longrightarrow\sqrt{n_0}=\sqrt{\rho_0V} \tag{18.2.33}$$

なるおきかえを提案した(1947)．交換関係 $[\hat{a}_0,\hat{a}_0{}^*]=1$ を保持するために $\hat{a}_0{}^\#\to\sqrt{\rho_0V}+\hat{a}_0{}^\#$ としてもよいであろう．(18.2.17)で $u_0(\boldsymbol{r})=1/\sqrt{V}$ だったことを考えると，これは，まさに(18.2.32)に相当する．

処方(18.2.32)は，^{4}He のフォノン・スペクトルの導出をはじめとして多くの成功をおさめている．その状況は，本講座第7巻『物性II』でくわしく説明され

† $\hat{a}_{\boldsymbol{k}}$ と $\hat{a}_{\boldsymbol{k}}{}^*$ のどちらでもよいというとき $\hat{a}_{\boldsymbol{k}}{}^\#$ と書く．

るだろう．

Fockでない表現の必要性　ここで話を体積無限大の場合にうつす．演算子 $\hat{\phi}'(\boldsymbol{r})$ は前項で構成した Fock 場 $\hat{\phi}_{\mathrm{F}}(\boldsymbol{r})$ としてよいだろうか？ 仮に，

$$\hat{\phi}(\boldsymbol{r}) = \hat{\phi}_{\mathrm{F}}(\boldsymbol{r}) + \sqrt{\rho_0} \tag{18. 2. 34}$$

とおいてみよう．これを(18. 2. 21)に用いて密度の演算子 $\hat{\rho}$ をつくると，$V\to\infty$ にいったとき，$\lim_{V\to\infty} \hat{N}_V/V = \rho_0$ になってしまう．これは，$\rho_0 \neq \rho$ のとき(18. 2. 34)のように Fock 場を用いるのは許されないことを意味している．

もっとも，$\hat{N}$ を(18. 2. 21)によって作るのに使う $\hat{\phi}_{\mathrm{F}}^*(\boldsymbol{r})$ は，ならしをしないと演算子にならない代物だし，$V\to\infty$ の極限の意味を明らかにすることも必要である．これらの点を検討しよう．

いま，全空間 R^3 の部分系としての体積 V 内に注目するから，$\mathrm{L}^2(V)$ の基底として(18. 2. 1)をとり，

$$u_{\boldsymbol{k}}{}^{(V)}(\boldsymbol{r}) = \begin{cases} u_{\boldsymbol{k}}(\boldsymbol{r}), & \boldsymbol{r} \in V \\ 0, & \boldsymbol{r} \notin V \end{cases} \tag{18. 2. 35}$$

とおこう．完全性からくる $\sum_{\boldsymbol{k}} u_{\boldsymbol{k}}{}^{(V)}(\boldsymbol{r}) u_{\boldsymbol{k}}{}^{(V)*}(\boldsymbol{r}') = \delta(\boldsymbol{r}-\boldsymbol{r}')$, $\boldsymbol{r}, \boldsymbol{r}' \in V$ を考慮すれば，

$$\hat{N}_V = \sum_{\boldsymbol{k}} \hat{\phi}^*(u_{\boldsymbol{k}}{}^{(V)}) \hat{\phi}(u_{\boldsymbol{k}}{}^{(V)}) \tag{18. 2. 36}$$

を $\hat{\phi}^*(\boldsymbol{r})\hat{\phi}(\boldsymbol{r})$ の V 上の体積積分，つまり V 内の粒子数の意味に用いてよかろう．(18. 2. 34)により，

$$\hat{\phi}(u_{\boldsymbol{k}}{}^{(V)}) = \hat{\phi}_{\mathrm{F}}(u_{\boldsymbol{k}}{}^{(V)}) + \sqrt{\rho_0 V}\,\delta_{\boldsymbol{k}0} \tag{18. 2. 37}$$

だから，

$$\frac{\hat{N}_V}{V} = \rho_0 + \frac{1}{V}\sum_{\boldsymbol{k}} \hat{\phi}_{\mathrm{F}}^*(u_{\boldsymbol{k}}{}^{(V)}) \hat{\phi}_{\mathrm{F}}(u_{\boldsymbol{k}}{}^{(V)}) + \sqrt{\frac{\rho_0}{V}}[\hat{\phi}_{\mathrm{F}}^*(u_0{}^{(V)}) + \hat{\phi}_{\mathrm{F}}(u_0{}^{(V)})] \tag{18. 2. 38}$$

これを密度の演算子 $\hat{\rho}$ の定義としよう．

この演算子 $\hat{N}_V/V$ は非有界なので，$V\to\infty$ における収束を論ずるのに特別の定義がいる．ここでは $\hat{N}_V/V$ を**ユニタリー化**[†]した演算子，すなわち，

---

† $\hat{N}_V$ が本質的自己共役なことを，たとえば§17. 1(b)に述べた Nelson の定理によって確かめる．

$$\hat{R}_V(s) = \exp\left[is\frac{\hat{N}_V}{V}\right] \qquad (s\text{: 実数})$$

に依拠して，それを次のように行なう．まず，後に掲げる公式(*18. 2. 41*)を用いた簡単な計算から，

$$\hat{R}_V(s) = \exp[\alpha_V(s)]\exp[\beta_V(s)\hat{\phi}_F{}^*(u_0{}^{(V)})]$$
$$\cdot\exp\left[i\frac{s}{V}\sum_k \hat{\phi}_F{}^*(u_k{}^{(V)})\hat{\phi}_F(u_k{}^{(V)})\right]\exp[\beta_V(s)\hat{\phi}_F(u_0{}^{(V)})]$$

ここに，

$$\alpha_V(s) = \rho_0 V\left(\exp\left[i\frac{s}{V}\right]-1\right), \qquad \beta_V(s) = \frac{\alpha_V(s)}{\sqrt{\rho_0 V}}$$

この形で $\hat{R}_V(s)$ を Fock の無粒子状態 Ω_F にかけてみると，$\hat{\phi}_F(u_k{}^{(V)})\Omega_F=0$ なのだから，ベクトルの強収束の意味で

$$\exp\left[is\frac{\hat{N}_V}{V}\right]\Omega_F = \exp[\alpha_V(s)]\Omega_F \xrightarrow[V\to\infty]{} \exp[is\rho_0]\Omega_F$$

が知れる．そればかりか，後に示す公式(*18. 2. 42*)を用いると，一般の有限的ベクトル Ψ' に対して，同じく強収束の意味で

$$\exp\left[is\frac{\hat{N}_V}{V}\right]\Psi' \xrightarrow[V\to\infty]{} \exp[is\rho_0]\Psi' \tag{18. 2. 39}$$

となることが見出されるのである．

有限的ベクトルは H_F に稠密にあり，他方 $\exp[is\hat{N}_V/V]$ は V につき一様に有界だから，

1° 収束(*18. 2. 39*)は H_F の勝手なベクトルに対していえる．

また，$\exp[is\hat{N}_V/V]$ は実数 $-\infty<s<\infty$ をパラメーターとして1パラメーター群をなし，その生成演算子が $\hat{\rho}=\hat{N}_V/V$ なのだが，

2° 極限の $\exp[is\rho_0]$ も同じく連続な1パラメーター群になったので，Stone の定理により†，ある稠密な定義域の上で生成演算子が

$$-i\frac{d}{ds}\exp[is\rho_0]\bigg|_{s=0} = \rho_0$$

† そんな大仰なことは，いまの問題では必要ないが．

と定められる.

以上の 1°, 2° がなりたつとき,

$$\lim_{V\to\infty}\frac{\hat{N}_V}{V}=\rho_0 \qquad (18.2.40)$$

という. いまの問題では ρ_0 の定義域は明らかに H_F 全体である.

これは, 前にも述べた通り, 密度一定, (体積)→∞ の場合, $\rho=\rho_0$ でない限り (18. 2. 32) の $\hat{\varphi}'(\boldsymbol{r})$ は Fock 場ではありえないことを示す. ρ_0 は Bose-Einstein 凝縮をした粒子の密度, ρ は全粒子の密度であった. 力学系が表現を選ぶのだ！

公式　上の計算に用いた形で記す. 演算子 $\hat{A}, \hat{B}$ があって, $[\hat{A}, \hat{B}]\equiv\hat{C}$ がそのどちらとも交換するならば,

$$\exp(is\hat{A})\exp(is\hat{B})=\exp\left(-\frac{1}{2}s^2[\hat{A},\hat{B}]\right)\exp(is(\hat{A}+\hat{B})) \qquad (18.2.41)$$

演算子 $\hat{a}$ が $[\hat{a},\hat{a}^*]=1$ をみたすならば,

$$\exp[it\hat{a}^*\hat{a}]\hat{a}\exp[-it\hat{a}^*\hat{a}]=\hat{a}\exp[-it] \qquad (18.2.42)$$

対称性の自滅　処方 (18. 2. 32) は初め物理学者たちに奇異な感じをいだかせた. そもそもの (18. 2. 10), (18. 2. 18) というハミルトニアン $\hat{\mathscr{H}}^\mathrm{F}$ が (18. 2. 12) で見たとおり全粒子数 $\hat{N}$ を保存したのに対して, 新しい変数で書いたハミルトニアン $\hat{\mathscr{H}}$ には, その対称性が明らかでない.

有限自由度の力学系でならば, ハミルトニアン $\hat{\mathscr{H}}$ が何らかの1パラメーターユニタリー変換群 $\hat{T}_\theta$ で不変なとき, $\hat{T}_\theta$ (あるいは, その生成演算子 $-id\hat{T}_\theta/d\theta$) と $\hat{\mathscr{H}}$ の同時固有状態ばかりで完全系がつくり上げられた. いいかえると, 初めから $\hat{T}_\theta$ の固有状態であるという前提のもとで $\hat{\mathscr{H}}$ の固有状態を探しても, とりこぼしの心配がなかった.

体積 V が有限な Bose 粒子系においては, ハミルトニアン $\hat{\mathscr{H}}^\mathrm{F}$ はゲージ変換 $\hat{T}_\theta$: $\hat{\varphi}(\boldsymbol{r})\longmapsto\exp[i\theta]\hat{\varphi}(\boldsymbol{r})$ で不変であって, 事実 $\hat{\mathscr{H}}$ の固有状態を $\hat{T}_\theta$ の固有状態に制限して探してもよい.

$V\to\infty$ のときには, しかし, Bogoliubov のおきかえ (18. 2. 32) によってハミルトニアン (18. 2. 18) のゲージ不変性をわざわざ壊してから計算することが必要になった. $\hat{\mathscr{H}}$ の固有状態は, もはやゲージ変換で不変ではない. この現象は**対称性の自滅** (spontaneous breakdown of symmetry) の一例である.

V の有限，無限を分けるこの相違は全粒子数の演算子なる $\hat{N}$ の存否にかかわっている.

体積 V が有限なあいだは，$\hat{T}_\theta$ の生成演算子は，全粒子数の演算子 $\hat{N}$ である——ゲージ変換 $\hat{T}_\theta$: $\hat{\phi}(\boldsymbol{r}) \longmapsto \hat{\phi}(\boldsymbol{r}) \exp[i\theta]$ は，生成・消滅演算子でいうと $\hat{a}_{\boldsymbol{k}}{}^* \longmapsto \hat{a}_{\boldsymbol{k}}{}^* \exp[-i\theta]$, $\hat{a}_{\boldsymbol{k}} \longmapsto \hat{a}_{\boldsymbol{k}} \exp[i\theta]$ にあたる．状態ベクトルの対応する変化を見るのに $\hat{T}_\theta$ はユニタリーなのだから，$\hat{a}_{\boldsymbol{k}}\Psi=0$ なる任意の $\Psi \in \mathsf{H}_{\mathrm{F}}{}^{(V)}$ に対しては,

$$0 = \hat{T}_\theta \hat{a}_{\boldsymbol{k}} \Psi = (\hat{T}_\theta \hat{a}_{\boldsymbol{k}} \hat{T}_\theta{}^{-1})(\hat{T}_\theta \Psi) = \exp[i\theta] \hat{a}_{\boldsymbol{k}} (\hat{T}_\theta \Psi)$$

しかるに，どの $\hat{a}_{\boldsymbol{k}}$ によっても消されるというベクトルは Fock 空間には Ω_{F} の定数倍しかない．よって，たかだか

$$\hat{T}_\theta \Omega_{\mathrm{F}} = \exp[i\alpha\theta] \Omega_{\mathrm{F}} \qquad (\alpha: \text{実数})$$

となるにすぎない．したがって,

$$\left[\prod_i (\hat{a}_{\boldsymbol{k}_i}{}^*)^{n_i}\right]\Omega_{\mathrm{F}} \longmapsto \exp[-i(N-\alpha)\theta]\left[\prod_i (\hat{a}_{\boldsymbol{k}_i}{}^*)^{n_i}\right]\Omega_{\mathrm{F}} \qquad \left(N = \sum_i n_i\right)$$

が $\hat{T}_\theta$ による基底の変換をあたえる．これは $\hat{T}_\theta$ が全粒子数の演算子 $\hat{N}$ を用いて,

$$\hat{T}_\theta = \exp[-i(\hat{N}-\alpha)\theta]$$

と書けることを示す.

体積 $V \to \infty$, 密度 $\rho \neq 0$ が一定という粒子系に対して，全粒子数の演算子 $\hat{N}$ が存在しないことは明瞭である．これが対称性の自滅の原因であった.

対称性の自滅の例は多い．超電導の BCS 模型もその1つであるが，自滅が眼に見える例といえば，この章の初めに述べたスピンの無限系がある．スピン間の相互作用は，お互いの相対的な向きにだけ依るのが普通だから，スピン全体を一斉に回転しても体系の全エネルギーは変わらない．ただし，磁場などはないとする．このようなハミルトニアンの回転対称性にもかかわらず，たとえば強磁性体の基底状態では，すべてのスピンの向きが一方向にそろっており，回転対称性を示さない．それを一斉にまわせば，スピンの総数が無限大のとき，回転角がどんなに小さくても，たちまち“直交”する状態に移ってしまうのであった．§18.1 (c)を見よ. このような変換は連続ではなく，したがって，この場合にも回転の生成演算子は存在しない.

こうした無限自由度の系の特異性は，有限自由度の系からのある意味での極限移行を考えると具象的にとらえることができる．以下の2節で，交換関係の表現

の分析をとおして，その説明を試みよう．

§18.3　正準変数の表現，非同値性

第2量子化によって多体問題を場の運動の問題として見る観点に移ると，系の粒子数(したがって自由度の多さ)に無関係な定式化ができて，無限自由度の系の量子力学への道がひらけるというのが前節の内容であった．その際，場の演算子を規定するものとして正準交換関係(*18.2.31*)がでてきたのだった．それを以下CCRと略称する．

そこで，問題：CCRによって場の演算子は一意に定まってしまうものだろうか？

1つのHilbert空間と，そこでの演算子 $\hat{\varphi}(\boldsymbol{r}), \hat{\pi}(\boldsymbol{r})$ の組でCCRをみたすものとを合わせて**CCRの表現**とよぶ．前節では，Fock表現とよばれるものを構成したのだった．

CCRの表現が一意的であるはずはない．ユニタリー変換の任意性は残るからである．以前に§16.6で調べた有限自由度の場合には，ユニタリー変換だけの任意性を別にするとCCRの既約表現は一意的になった(von Neumannの定理)．

場のCCRにくると，たとえば“世界”の体積 V を無限大とした場合には，そのような一意性はなりたたない．既約表現でも互いにユニタリー非同値なものが無数に立ち現われるのである．

前節で考えた変数変換(*18.2.32*)において $\hat{\phi}_{\mathrm{F}}(\boldsymbol{r})$ をFock場として，

$$\hat{\phi}_{\mathrm{B}}(\boldsymbol{r}) = \hat{\phi}_{\mathrm{F}}(\boldsymbol{r}) + \sqrt{\rho_0} \qquad (\rho_0 \neq 0) \tag{18.3.1}$$

とおくと，V を無限大とした場合，これがすでにユニタリー変換でない．それは次のようにして知られる——

$\mathsf{L}^2(\mathsf{R}^3) \cap \mathsf{L}^1(\mathsf{R}^3)$ に属する波束の完全・正規直交系 $\{u_\nu\}_{\nu=1,2,\cdots}$ をとって†，

$$\hat{a}_\nu{}^{\mathrm{F}} = \hat{\phi}_{\mathrm{F}}(u_\nu), \qquad \hat{a}_\nu{}^{\mathrm{B}} = \hat{\phi}_{\mathrm{B}}(u_\nu), \qquad \gamma_\nu = \langle u_\nu, \sqrt{\rho_0} \rangle$$

とおこう．Fock空間は§18.1(d)に述べたとおりの不完全テンソル積 $\mathsf{H}_{\mathrm{F}} = \bigotimes_{\nu=1}^{\infty}{}^{\mathfrak{C}}\mathsf{H}_\nu$ である($\mathfrak{C}$ は無粒子状態 Ω_{F} の同値類，p. 441を見よ)．変換(*18.3.1*)は

$$\hat{a}_\nu{}^{\mathrm{B}} = \hat{a}_\nu{}^{\mathrm{F}} + \gamma_\nu \qquad (\nu = 0, 1, 2, \cdots) \tag{18.3.2}$$

† たとえば3次元調和振動子のエネルギー固有関数を直交化した全体をとる．

をあたえる．これを，すべての ν にわたり

$$\hat{a}_\nu{}^{\mathrm{B}} = \hat{U}\hat{a}_\nu{}^{\mathrm{F}}\hat{U}^*$$

として実現するユニタリー変換 $\hat{U}$: $\mathrm{H_F}\to\mathrm{H_F}$ が存在しないことを証明しよう．

いま仮に，そのような変換があったとすると

$$\hat{a}_\nu{}^{\mathrm{B}}\Omega_{\mathrm{B}} = 0 \tag{18.3.3}$$

という性質をもつベクトル $\Omega_{\mathrm{B}}\in\mathrm{H_F}$ が存在するはずである．実際，$\hat{U}\Omega_{\mathrm{F}}$ に対して $\hat{a}_\nu{}^{\mathrm{B}}(\hat{U}\Omega_{\mathrm{F}})=\hat{U}\hat{a}_\nu{}^{\mathrm{F}}\Omega_{\mathrm{F}}=0$ となる．

その Ω_{B} を求めてみよう．$\mathrm{H_F}$ のどのベクトルもそうであるように，Ω_{B} も $c_{n_0,n_1,\cdots}$ を複素係数として

$$\Omega_{\mathrm{B}} = \sum_{M=0}^{\infty}\sum_{n_0,n_1,\cdots,n_M=0}^{\infty} c_{n_0,n_1,\cdots,n_M}(\hat{a}_0{}^{\mathrm{F}*})^{n_0}(\hat{a}_1{}^{\mathrm{F}*})^{n_1}\cdots(\hat{a}_M{}^{\mathrm{F}*})^{n_M}\Omega_{\mathrm{F}} \tag{18.3.4}$$

の形に書けるはずだ．特に $\hat{a}_\nu{}^{\mathrm{F}*}$ に注目して，これを

$$\Omega_{\mathrm{B}} = \sum_{n_\nu=0}^{\infty}\hat{c}_{n_\nu}{}^{(\nu)}(\hat{a}_\nu{}^{\mathrm{F}*})^{n_\nu}\Omega_{\mathrm{F}}$$

と書けば $\hat{c}_{n_\nu}{}^{(\nu)}$ は $\{\hat{a}_\mu{}^{\mathrm{F}*}\}_{\mu\neq\nu}$ の多項式である．(*18.3.3*)は

$$\hat{a}_\nu{}^{\mathrm{F}}\Omega_{\mathrm{B}} = -\gamma_\nu\Omega_{\mathrm{B}}$$

を意味し，$\hat{c}_{n_\nu}{}^{(\nu)}$ に対する漸化式 $n_\nu\hat{c}_{n_\nu}{}^{(\nu)}=-\gamma_\nu\hat{c}_{n_\nu-1}{}^{(\nu)}$ をあたえる．よって，

$$\hat{c}_{n_\nu}{}^{(\nu)} = \frac{-\gamma_\nu}{n_\nu}\hat{c}_{n_\nu-1}{}^{(\nu)} = \cdots = \frac{(-\gamma_\nu)^{n_\nu}}{n_\nu!}\hat{c}_0{}^{(\nu)}$$

すなわち，

$$c_{n_0,\cdots,n_\nu,\cdots,n_M} = \frac{(-\gamma_\nu)^{n_\nu}}{n_\nu!}c_{n_0,\cdots,0,\cdots,n_M}$$

でなければならない．したがって，$c_{0,0,\cdots,0}\equiv c$ とおいて

$$c_{n_0,n_1,\cdots,n_M} = \frac{(-\gamma_0)^{n_0}}{n_0!}\cdot\frac{(-\gamma_1)^{n_1}}{n_1!}\cdots\frac{(-\gamma_M)^{n_M}}{n_M!}\cdot c$$

こうして，ベクトル(*18.3.4*)は指数関数を形式的なベキ級数の意味として，

$$\Omega_{\mathrm{B}} = c\left(\prod_{\nu=0}^{\infty}\exp\left[-\gamma_\nu\hat{a}_\nu{}^{\mathrm{F}*}\right]\right)\Omega_{\mathrm{F}}$$

の形をもたねばならないことがわかった．

形式的には，簡単な計算から

$$\|\Omega_{\mathrm{B}}\|^2 = |c|^2 \exp\left[\sum_{\nu=0}^{\infty} |\gamma_\nu|^2\right] \tag{18.3.5}$$

ところが $\sum_{\nu=0}^{\infty} |\gamma_\nu|^2$ は ∞ に発散するのである．それは，有限体積 V に対し

$$f_V(\boldsymbol{r}) = \begin{cases} \sqrt{\rho_0}, & \boldsymbol{r} \in V \\ 0, & \boldsymbol{r} \notin V \end{cases}$$

を考えて $\gamma_\nu{}^{(V)} = \langle u_\nu, f_V \rangle$ とおくとき，Parseval の等式から得られる

$$\sum_{\nu=0}^{\infty} |\gamma_\nu{}^{(V)}|^2 = \int |f_V(\boldsymbol{r})|^2 d\boldsymbol{r} = \rho_0 V$$

が $V \to \infty$ で発散することから知れる．こうして(18.3.5)は，$c=0$ でなければ $\|\Omega_{\mathrm{B}}\|^2 \to \infty$ になることを意味し，いずれにしても $\Omega_{\mathrm{B}} \in \mathsf{H}_{\mathrm{F}}$ が存在しないことを示す！

こうして変数変換(18.3.1)が CCR のユニタリー非同値な表現に導くことがわかった†.

その変数変換が前節に述べたとおりの物理的な要求から出たものであることに注目したい.

無限自由度の量子力学の難しさは，あたえられた力学系を記述するための変数 $\hat{\varphi}(\boldsymbol{r}), \hat{\pi}(\boldsymbol{r})$ の選定がその力学系に左右されるというところにある．CCR のユニタリー非同値な無数の表現のなかから考える力学系に適する1つを選び出さなければならない.

有限自由度の系では，von Neumann の定理のおかげで，その気遣いがまったく不要であった.

無限自由度の系の量子力学をつくっていく上に，まず，CCR の表現にはどんな種類があるのか，それらのユニタリー同値の判定条件はなにかの問題が解けていれば大きな助けになるだろう.

これから，その問題をやや詳しく考えていこう．はじめに CCR の表現を，有限自由度の場合と同じ理由から，Weyl の形で一般的に定義しよう．$\hat{\mathcal{U}}(f)$ とか $\hat{\mathcal{V}}(g)$ とかいうのは，正準変数 $\hat{\varphi}(f), \hat{\pi}(g)$ に対して以前の(16.5.6)に当たる指数型ユニタリー演算子を想定してのことである．続いて，無限テンソル積として

† §18.1(d)の例の議論との関係を考えよ.

つくった Hilbert 空間の上の CCR の表現——直積表現——を例として表現の非同値性の問題を検討するが，これで表現がすべてつくされるというわけではない．

a) CCR の表現

$\mathsf{D}_\varphi, \mathsf{D}_\pi$ を R^3 上の実数値関数がつくるある線形空間とし，$f \in \mathsf{D}_\varphi$, $g \in \mathsf{D}_\pi$ に対し正則な†実数値の双1次形式

$$\langle f, g\rangle = \int f(\boldsymbol{r})\, g(\boldsymbol{r})\, d\boldsymbol{r}$$

が定まっているものとする．Hilbert 空間 $\mathfrak{H}$ と，その上のユニタリー演算子を値とする $f \in \mathsf{D}_\varphi$, $g \in \mathsf{D}_\pi$ の汎関数 $\hat{\mathcal{U}}(f), \hat{\mathcal{V}}(g)$ で次の条件をみたすものとの組を，**正準交換関係**(CCR)**の表現**という——

1° Weyl 型の交換関係にしたがう：

$$\left.\begin{aligned} \hat{\mathcal{U}}(f)\hat{\mathcal{V}}(g) &= \hat{\mathcal{V}}(g)\hat{\mathcal{U}}(f)\exp[-i\langle f, g\rangle] \\ \hat{\mathcal{U}}(f)\hat{\mathcal{U}}(g) = \hat{\mathcal{U}}(f+g), &\quad \hat{\mathcal{V}}(f)\hat{\mathcal{V}}(g) = \hat{\mathcal{V}}(f+g) \end{aligned}\right\} \tag{18.3.6}$$

2° 実数パラメーター t につき $\hat{\mathcal{U}}(tf), \hat{\mathcal{V}}(tg)$, $f \in \mathsf{D}_\varphi$, $g \in \mathsf{D}_\pi$ が強連続である(弱連続としても同じ．1パラメーターのユニタリー群では両者は一致する)．

質点系の場合について§16.5(c)に述べたのと同様にして，上の条件 1°, 2° から次のことが導かれる——

(i) 各 $f \in \mathsf{D}_\varphi$, $g \in \mathsf{D}_\pi$ に応ずる1パラメーター群 $\{\hat{\mathcal{U}}(tf)\}$, $\{\hat{\mathcal{V}}(tg)\}$ に対して自己共役な生成演算子 $\hat{\varphi}(f), \hat{\pi}(g)$ が存在して，

$$\hat{\mathcal{U}}(tf) = \exp[it\hat{\varphi}(f)], \qquad \hat{\mathcal{V}}(tg) = \exp[it\hat{\pi}(g)] \tag{18.3.7}$$

と書ける．

(ii) $\hat{\varphi}, \hat{\pi}$ は $\mathsf{D}_\varphi, \mathsf{D}_\pi$ 上の線形汎関数である．すなわち，$\mathfrak{H}$ のある稠密な領域の上で

$$\hat{\varphi}(\lambda f + \mu g) = \lambda\hat{\varphi}(f) + \mu\hat{\varphi}(g), \qquad \hat{\pi} \text{ についても同様}$$

ただし，λ, μ は実数である．

(iii) $\mathfrak{H}$ における Gårding 領域の上で正準交換関係(*18.2.31*)がなりたつ．

この場合の Gårding 領域についての詳しい説明は省く．

---

† non-degenerate. "$(f, g)=0, \forall g \in \mathsf{D}_\pi \Longrightarrow f=0$" という命題と f, g の役割をいれかえた命題がともになりたつこと．これは，空間 $\mathsf{D}_\varphi, \mathsf{D}_\pi$ が十分に大きいことを要求している．

b）テンソル積表現の構成

ここでは，試験関数の空間として仮に $\mathsf{D}_\varphi=\mathsf{D}_\pi=\mathcal{S}(\mathsf{R}^3)$ をとり，$\mathsf{H}_\nu=\mathsf{L}^2(\mathsf{R}^1)$ として不完全テンソル積 $\mathsf{H}_\mathfrak{C}=\bigotimes_{\nu=1}^{\infty}{}^{\mathfrak{C}}\,\mathsf{H}_\nu$ なる Hilbert 空間をとって，その上でCCRの表現の構成を考える．$\mathfrak{C}$ を定める基準ベクトルを

$$\chi=\bigotimes_{\nu=1}^{\infty}\chi_\nu(x_\nu) \tag{18.3.8}$$

と書いておこう．その詳しい規定はすぐ後にあたえる．

いま，$\mathsf{L}^2(\mathsf{R}^3)$ の実数値関数の完全正規直交系 $\{\boldsymbol{u}_\nu(\boldsymbol{r})\}$ によって任意の $f\in\mathsf{D}_\varphi$, $g\in\mathsf{D}_\pi$ を展開したものとして，展開係数をそれぞれ $\{\alpha_\nu\}$, $\{\beta_\nu\}$ と記す．これらは実数である．有限自由度の場合に§16.5で得たSchrödingerの表現 $\hat{p}^{\mathrm{S}}=-id/dx$, $\hat{x}^{\mathrm{S}}=x\cdot$ をとり，p. 439に示した記号法で

$$\hat{\mathcal{U}}(f)=\bigotimes_{\nu=1}^{\infty}\exp[i\alpha_\nu\hat{x}^{\mathrm{S}}],\qquad \hat{\mathcal{V}}(g)=\bigotimes_{\nu=1}^{\infty}\exp[i\beta_\nu\hat{p}^{\mathrm{S}}] \tag{18.3.9}$$

とおこう．不完全テンソル積の基準ベクトル(18.3.8)を，規定

(1)　$\|\chi_\nu\|=1$　　（$\|\ \ \|$ は $\mathsf{L}^2(\mathsf{R}^1)$ のノルム）

(2)　$\chi_\nu\in\mathsf{D}(\hat{p}^{\mathrm{S}})\cap\mathsf{D}(\hat{x}^{\mathrm{S}})$

(3)　$\|\hat{p}^{\mathrm{S}}\chi_\nu\|+\|\hat{x}^{\mathrm{S}}\chi_\nu\|=A(\nu)$　　（ただし $A(\nu)$ は ν の多項式）

にしたがうものに限れば，任意の $f,g\in\mathcal{S}(\mathsf{R}^3)$ に対し(18.3.9)が確かに $\mathsf{H}_\mathfrak{C}$ のユニタリー演算子になり，前掲の表現の条件1°, 2°をみたすことが検証される．実際，まず(18.3.9)が $\mathsf{H}_\mathfrak{C}$ のベクトルを同じ不完全テンソル積 $\mathsf{H}_\mathfrak{C}$ の中に写すことは，$f\in\mathsf{D}_\phi=\mathcal{S}(\mathsf{R}^3)$ であることから，勝手な整数 r につき

$$\lim_{\nu\to\infty}\nu^r\alpha_\nu=0$$

となり，g についても同様，という事実に注目して基準ベクトルの規定(3)を用いれば，判定条件(18.1.23)に照らして確かめることができる．他の表現条件の検証はやさしい．

以上を要約すれば，CCRの直積表現は基準ベクトルによって定まるといえる．

上の表現は既約であるが，その証明は，不完全テンソル積の立ち入った理論を必要とするので，割愛する．

Fock 表現など　いま $\mathsf{H}_\nu=\mathsf{L}^2(\mathsf{R}^1)$ に，調和振動子

$$\hat{\mathscr{H}} = \omega \hat{a}^* \hat{a} \qquad \left(\hat{a} = \frac{1}{\sqrt{2\omega}}(\hat{p}^{\mathrm{S}} - i\omega \hat{x}^{\mathrm{S}})\right)$$

の固有状態の完全系 $\{h_n(x)\}$ なる基底を入れ，特に基準ベクトル(18.3.8)として基底状態の直積をとったとしよう：

$$\chi_{\mathrm{F}} = \bigotimes_{\nu=1}^{\infty} h_0(x_\nu) \tag{18.3.10}$$

これを含むテンソル積の同値類 $\mathfrak{C}$ を $\mathfrak{C}_{\mathrm{F}}$ と記す．あるいは記号の簡単のため，それを F と略記して不完全テンソル積を $\bigotimes_{\nu=1}^{\infty}{}^{\mathrm{F}}\, \mathsf{H}_\nu$ と記すことにしよう．その基底は $\{\bigotimes_{\nu=1}^{\infty} h_{n_\nu}(x_\nu)\}_{n_\nu=0,1,2,\cdots}$ となるが，基準ベクトルがいま(18.3.10)だから，どの基底ベクトルについても有限個の ν を除き $n_\nu=0$ である．したがって，$\bigotimes_{\nu=1}^{\infty}{}^{\mathrm{F}}\, \mathsf{H}_\nu$ から，§18.2(b)の Fock 空間 H_{F} への変換を，基底の対応

$$\hat{F}_0: \quad \bigotimes_{\nu=1}^{\infty} h_{n_\nu}(x_\nu) \longmapsto \bigotimes_{\nu=1}^{\infty} |n_\nu\rangle \tag{18.3.11}$$

に依拠して定めることができ，この変換はユニタリーになる．むしろ，$\hat{F}_0$ により対応する $\bigotimes_{\nu=1}^{\infty}{}^{\mathrm{F}}\, \mathsf{H}_\nu$ の元と H_{F} の元とを同一視すると定めるのが，より適切であろう．

上に $\bigotimes_{\nu=1}^{\infty}{}^{\mathrm{F}}\, \mathsf{H}_\nu$ に構成した CCR の表現が Fock 表現とよばれるのも，上の同一視の定めに従って H_{F} 上に移せば，以前に§18.2(b)に述べた Fock 表現に一致するからにほかならない．

基準ベクトルをきめるのに，(18.3.10)でなく，勝手な非負の整数の列 $\{n_\nu^0\}$ をとって，

$$\chi_{\{n_\nu^0\}} = \bigotimes_{\nu=1}^{\infty} h_{n_\nu^0}(x_\nu) \tag{18.3.12}$$

としても CCR の表現ができることには変りがない．

2つの数列 $\{n_\nu^0\}$ と $\{m_\nu^0\}$ は $n_\nu^0 \neq m_\nu^0$ が有限箇所しかないとき同値といわれる．この定義が同値関係の3公理をみたすことは，いうまでもない．

同値な数列に応ずるベクトル(18.3.12)は，(18.1.23)の意味で同値である†．そして，同値な基準ベクトルをもつ2つの表現は実は同じものであることがいえる．その話から始めて，**表現の同値性の判定条件**を説明することにしよう．

---

† この関係は，(18.3.12)の各因子に位相 $\exp(i\alpha_\nu)$ がついてもよいとするときには，一般には弱同値としなければならない．弱同値の定義はすぐ下にあたえる．

C_0 目録としての2つのベクトルの同値性 $\bigotimes_{\nu=1}^{\infty}\psi_\nu\approx\bigotimes_{\nu=1}^{\infty}\varphi_\nu$ を定義する(*18. 1. 23*)の条件は,

$$\sum_{\nu=1}^{\infty}|\langle\varphi_\nu,\psi_\nu\rangle-1|:\ \text{収束} \tag{18. 3. 13}$$

であった. 不完全テンソル積なる Hilbert 空間は, 1つの基準ベクトルに同値な C_0 目録の全体をとり, その線形結合の全体の閉包と定義されるのだったから, 2つの同値な基準ベクトルからは同一の不完全テンソル積 Hilbert 空間が生まれる. そこでの(*18. 3. 9*)の作用が同一になることは明らかであって, 結局, 上に予告したとおり, 2つの同値な C_0 目録をそれぞれ基準ベクトルにもつ CCR の2つの表現は同一なことがわかる.

次に, 上の条件(*18. 3. 13*)を少し弱めて, **弱同値**の概念を定義しよう. 2つの C_0 目録が弱同値 $\bigotimes_{\nu=1}^{\infty}\psi_\nu\overset{\mathrm{w}}{\approx}\bigotimes_{\nu=1}^{\infty}\varphi_\nu$ であるとは,

$$\sum_{\nu=1}^{\infty}||\langle\varphi_\nu,\psi_\nu\rangle|-1|:\ \text{収束} \tag{18. 3. 14}$$

となることをいう. 言葉をかえて, 適当な実の位相角 θ_ν があって, 各 φ_ν の位相をそれだけ変えて調整すれば, (*18. 3. 13*)の意味で同値 $\bigotimes_{\nu=1}^{\infty}\psi_\nu\approx\bigotimes_{\nu=1}^{\infty}(\varphi_\nu\exp[i\theta_\nu])$ にできることであるといってもよい. 同様のことは, 前に§18. 1(c)で準収束を定義したときにも行なった.

同値な2つの C_0 目録は弱同値 $\overset{\mathrm{w}}{\approx}$ である. その逆のなりたたない例をつくることは, たやすい.

弱同値な2つの基準ベクトル $\chi\overset{\mathrm{w}}{\approx}\Lambda$ から構成した不完全テンソル積 Hilbert 空間 $\mathsf{H}_\chi,\mathsf{H}_\Lambda$ は, ユニタリー変換

$$\left.\begin{array}{c}\hat{T}=\bigotimes_{\nu=1}^{\infty}\exp[i\theta_\nu],\qquad \mathsf{H}_\chi\longrightarrow\mathsf{H}_\Lambda\\ \text{すなわち}\\ \bigotimes_{\nu=1}^{\infty}\varphi_\nu\longmapsto\bigotimes_{\nu=1}^{\infty}(\varphi_\nu\exp[i\theta_\nu])\end{array}\right\} \tag{18. 3. 15}$$

によって結ばれる. ただし, $\{\theta_\nu\}$ は2つの基準ベクトルを同値にするため調整すべき位相角である:

$$\hat{T}\chi\approx\Lambda$$

このことを，$\hat{T}$ がユニタリーなことも含めて，丹念に検証してみるのに困難はない．

さて，2つの基準ベクトルが同値な場合，それらから構成したCCRの直積表現が同一なことは上に述べたとおりなので，弱同値の場合には明らかに表現は互いに $\hat{T}$ で結ばれることになり，つまりユニタリー同値である．

逆に，ユニタリー同値な直積表現は必ず互いに弱同値な基準ベクトルをもつことが証明される([Klauder], [Streit])．しかし，その証明には若干の計算を必要とするので，ここでは割愛しなければならない．

要約すると，"CCRの直積表現がユニタリー同値なための必要十分条件は，基準ベクトルが弱同値なことである"．

この結果から，CCRのユニタリー非同値な表現が連続無限にあることがわかる．以前に掲げた基準ベクトル(*18.3.12*)は，非同値な数列 $\{n_\nu^0\}$ に応ずるもの同士が弱同値でなく，したがってCCRのユニタリー非同値な表現に導くが，非同値な数列 $\{n_\nu^0\}$ は連続無限個あるからである．

§18.4 GNS 構成法

無限自由度の力学系に対しては，正準交換関係(CCR)の表現にユニタリー非同値なものが無数にあることがわかったので，量子力学の問題の解法も，その出発点から考え直さねばならない．

表現がどれもユニタリー同値であった有限自由度の場合には，勝手な表現を1つ選んで計算を進めてよかった．観測量のスペクトルも，期待値などの物理的な予言も，すべて表現の選び方に依存しないということがユニタリー同値の事実によって保証されていたのである．

無限自由度の系については，その保証がない．そればかりか，§18.2(c)の例で見たとおり，力学系が表現を選ぶという事態がおこる．

では，力学系があたえられたときに，それを量子力学的に記述しうるような正準変数，つまりCCRの表現はどうしたら見出せるだろうか？ 1つの処方を以下に示すが，それには多少の数学的準備が必要である．

a) ＊代数と正値線形汎関数

集合 $\mathsf{A}=\{x, y, \cdots\}$ が次の条件をみたすとき，**＊代数**(*-algebra)という——

(L)　複素数体 C 上の線形空間をなしている．その意味は§16.2(a)において公理(L)として述べた．

(R)　環をなす．すなわち，$x, y, z \in \mathrm{A}$ に対し(L)に従う加法が定まっているだけでなく，積 xy (必ずしも可換ではない)も定義されていて，

結合則：　$(xy)z = x(yz)$

分配則：　$(x+y)z = xz+yz, \quad x(y+z) = xy+xz$

がなりたち，また $\alpha \in \mathrm{C}$ との乗法に関して

$$\alpha(xy) = (\alpha x)y = x(\alpha y)$$

がなりたつ．

(I)　各 $x \in \mathrm{A}$ に対し**対合**(involution)とよばれる操作 $x \longmapsto x^* \in \mathrm{A}$ が定まっていて，これが

対合性：　$(x^*)^* = x$

をもち，さらに，$x, y \in \mathrm{A}$, $\lambda \in \mathrm{C}$ のとき，

$$(\lambda x)^* = \lambda^* x^*, \qquad (x+y)^* = x^*+y^*, \qquad (xy)^* = y^* x^*$$

となる．ただし，数 $\lambda \in \mathrm{C}$ につけた * は複素共役を意味する．

*代数の例はいろいろあるが，当面われわれに最も関係が深いのは，1つの Hilbert 空間 $\mathfrak{H}$ における有界演算子の全体 $\mathrm{B}(\mathfrak{H})$ である．これについては以前§16.4(b)で触れた．この場合，対合は演算子の共役の意味とする．

この例の代数 $\mathrm{B}(\mathfrak{H})$ は掛算の単位元1を含んでいる．単位元を含まない*代数の例もあるが，以下われわれは，

(U)　A は掛算の単位元1を含む：

$$x \cdot 1 = 1 \cdot x = x, \qquad \forall x \in \mathrm{A}$$

という仮定をおいて話を進めることにしよう．

いま，1つの*代数 A の上に複素数値の汎関数 $\omega(\cdot)$ が定義されていて，任意の $x, y \in \mathrm{A}$, $\lambda, \mu \in \mathrm{C}$ に対し，

線形性：　$\omega(\lambda x+\mu y) = \lambda\omega(x)+\mu\omega(y)$

正値性：　$\omega(x^* x) \geqq 0$

規格化：　$\omega(1) = 1$

の3条件をみたすものとする．後の議論の準備として，このような汎関数の性質を2,3しらべておこう．x, y, λ, μ などの記号は上と同じ意味とする．まず，

$$\omega(x^*y) = \omega(y^*x)^* \tag{18.4.1}$$

なぜなら，任意の $\lambda \in \mathrm{C}$ に対する恒等式

$$\omega((x+\lambda y)^*(x+\lambda y)) = \omega(x^*x) + |\lambda|^2\omega(y^*y) + \lambda^*\omega(y^*x) + \lambda\omega(x^*y) \tag{18.4.2}$$

において，右辺の最初の2項と左辺とは(≧0だという以上)実数であり，したがって右辺の最後の2項の和も実数であるが，特に $\lambda=$(実数)とおくと $\mathrm{Im}\,\omega(y^*x) = -\mathrm{Im}\,\omega(x^*y)$ が知れ，$\lambda=$(純虚数) とおくと $\mathrm{Re}\,\omega(y^*x) = \mathrm{Re}\,\omega(x^*y)$．よって(*18.4.1*)がなりたつ．

(*18.4.1*)で特に $y=1$ とおくと，汎関数の

$$\text{Hermite 性:} \qquad \omega(x^*) = \omega(x)^* \tag{18.4.3}$$

が得られることに注意しておこう．

(*18.4.2*)において $\lambda=\alpha e^{i\phi}$, $\alpha=$(実数), $\phi=\arg\omega(y^*x)$ と書き直すと，これは α に対する実係数の2次式 $\geqq 0$ になるから，その判別式 $\leqq 0$ より Schwarz の不等式

$$|\omega(x^*y)|^2 \leqq \omega(x^*x)\,\omega(y^*y) \tag{18.4.4}$$

を得る．これだけの準備があると，重要な **GNS 構成法**(＊代数の場合)の説明もやさしい．GNS というのは Gelfand, Naimark, Segal の3人の名前の頭文字をとったものである．これは，1つの＊代数 A と，その上の1つの正値†・線形な汎関数 $\omega(\cdot)$ をあたえると，それに応じて Hilbert 空間 $\mathfrak{H}_\omega$ と，その上の演算子の代数による A の表現が必ず構成できることを主張する．ただし，恒等的に $\omega(x)=0$, $\forall x \in \mathrm{A}$ というトリヴィアルな場合は，規格化の条件 $\omega(1)=1$ を加えて排除しておくのである．

詳しく説明しよう．何か1つの Hilbert 空間 $\mathfrak{H}$ 上に共通かつ不変な定義域 $\mathfrak{D}$ をもつ演算子の集合 $\mathrm{S}(\mathfrak{D})$ があって，A から $\mathrm{S}(\mathfrak{D})$ の中への＊準同型写像 $\hat{R}(\cdot)$ があたえられたとき，$(\hat{R}, \mathfrak{H})$ なる組††を A の表現とよび，π と記す．$\hat{R}(\cdot)$ を $\pi(\cdot)$ と書くこともある．ここに A から $\mathrm{S}(\mathfrak{D})$ への写像 $\hat{R}$ が＊準同型であると

† 非負 $\omega(x) \geqq 0$, $\forall x \in \mathrm{A}$ の意味．特に $\omega(x)=0 \Longrightarrow x=0$ となる場合を区別してよぶには正定値という言葉をつかう．

†† $(\hat{R}, \mathrm{S}(\mathfrak{D}), \mathfrak{H})$ と書かないのは，$\mathrm{S}(\mathfrak{D})$ を $\hat{R}$ にこめて考えるからである．演算子というときに定義域をこめて考えることは，以前からずっと行なってきた．

は，それが次の2つの性質をもつことをいう——

$a, b \in \mathsf{A}$, $\lambda, \mu \in \mathsf{C}$ として，

1°　準同型性:　　$\hat{R}(\lambda a+\mu b) = \lambda\hat{R}(a)+\mu\hat{R}(b)$,　　$\hat{R}(ab) = \hat{R}(a)\hat{R}(b)$

2°　*の保存:　　$\hat{R}(a^*) = \hat{R}(a)^*$

ここに，右辺の*は演算子の共役を表わす.

GNS 構成法とは，*代数 A と，その上の1つの正値・線形な汎関数 $\omega(\cdot)$ とがあたえられたとき，A の表現 $(\hat{R}_\omega, \mathfrak{H}_\omega)$ が構成できることを主張し，その構成の仕方を示すものである.

構成だけならば2段の手続ですむ. 以下，A の元を a, b と書いたり x, y と書いたりするが，その使い分けは難なく読みとれるだろう——

第1段，Hilbert 空間の構成：その鍵は，

$$\mathsf{O}_\omega = \{x \in \mathsf{A} : \omega(x^*x) = 0\} \tag{18.4.5}$$

なる A の部分集合がもつ特性にある. それは，Schwarz の不等式(19.4.4)から知られるところの

$$x \in \mathsf{O}_\omega \Longrightarrow \omega(yx) = 0, \qquad \forall y \in \mathsf{A} \tag{18.4.6}$$

であるが，象徴的に $\omega(y\mathsf{O}_\omega)=0$, $\forall y \in \mathsf{A}$ と書いてもよいであろう†. さらに，O_ω の元の共役の全体を $\mathsf{O}_\omega{}^*$ と書くなら，(18.4.1)より $\omega(\mathsf{O}_\omega{}^* y)=0$, $\forall y \in \mathsf{A}$ も知れる.

この O_ω を法として A の元を類別し，内積の定義された線形空間 $\mathsf{A}/\mathsf{O}_\omega$ をつくろう. その手続は以前に§18.1(a)に説明したものと異ならない. $x \in \mathsf{A}$ を含む同値類を $\eta_\omega(x)$ と記すなどすれば，それらが $\mathsf{A}/\mathsf{O}_\omega$ の元というわけだが，内積は

$$\langle \eta_\omega(x), \eta_\omega(y) \rangle \equiv \omega(x^*y) \tag{18.4.7}$$

により定義するから，ノルムは

$$\|\eta_\omega(x)\|^2 = \omega(x^*x) \tag{18.4.8}$$

となる.

これらが代表元の選び方によらず，また§16.2(a)に掲げた内積の公理(P)を確かに満足することは，§18.1(a)によると2つの前提条件により保証される. すなわち，

---

† $x \in \mathsf{O}_\omega \Longrightarrow yx \in \mathsf{O}_\omega$, $\forall y \in \mathsf{A}$ といっても同じことである. この事実を O_ω が左イデアルをなすと言い表わす.

(i) 0_ω が線形空間をなすこと

(ii) $$x'-x \in 0_\omega \Longrightarrow \omega(x'^*x') = \omega(x^*x)$$

どちらも上に述べた 0_ω の特性を用いて容易に検証される．まず，後者からいえば，象徴的な記法で $x'=x+0_\omega$ と書くと

$$\omega(x'^*x') = \omega(x^*x) + \omega(x^*0_\omega) + \omega(0_\omega{}^*x) + \omega(0_\omega{}^*0_\omega)$$

から明らか．ここで $x \in 0_\omega$ とおくと前者の検証もすむ．

同値類の集合がつくる線形空間 $\mathsf{A}/0_\omega = \{\eta_\omega(x) : x \in \mathsf{A}\}$ のノルム (*18. 4. 8*) による完備化

$$\overline{\mathsf{A}/0_\omega} = \mathfrak{H}_\omega \tag{18. 4. 9}$$

が，われわれの Hilbert 空間である！ 完備化の手続も §18. 1(a)で説明したものと異ならない．ベクトル $\eta_\omega(x)$ がいっこうに眼に見えない奇妙な抽象的な空間だが，これでも §16. 2(a)に掲げた Hilbert 空間の公理をすべてみたしているのである．その検証は読者におまかせしよう．

ここの議論の抽象性が，かえって力になることを，われわれは間もなく発見するだろう．

第 2 段，表現演算子の構成：A の各元 a に対応させる $\mathfrak{H}_\omega$ の演算子を，

$$\left.\begin{array}{lll} \text{定義域:} & \text{共通に } \mathsf{A}/0_\omega & (\mathfrak{H}_\omega \text{ で稠密}) \\ \text{作　用:} & \hat{R}_\omega(a)\eta_\omega(x) = \eta_\omega(ax) & \end{array}\right\} \tag{18. 4. 10}$$

のように定める．

この定義が代表元の選び方によらないことは，$\eta_\omega(x) = \eta_\omega(x')$，すなわち $x' = x+0_\omega$ とするとき，

$$\eta_\omega(ax') - \eta_\omega(ax) = \eta_\omega(a0_\omega)$$

のノルムが Schwarz の不等式 (*18. 4. 4*) によって消えること

$$\|\eta_\omega(a0_\omega)\|^2 = \omega(0_\omega{}^*a^*a0_\omega) = 0$$

で確かめられる．

ここに定めた定義域は，$\mathfrak{H}_\omega$ で稠密であるだけでなく，すべての $\hat{R}_\omega(a)$，$a \in \mathsf{A}$ に共通であるが，さらに，どの $\hat{R}_\omega(a)$ を掛けても不変，すなわち

$$\hat{R}_\omega(a)[\mathsf{A}/0_\omega] \subset \mathsf{A}/0_\omega$$

であるということも明らかであろう．したがって，この定義域の上では $\{\hat{R}(a) : a \in \mathsf{A}\}$ の代数演算が自由にできる．しかし，これらの演算子が有界であるという

保証はない.

こうして構成された $\hat{R}$ は前記の準同型性と * の保存という2条件を確かにみたし，＊代数 A の1つの表現 $(\hat{R}, \mathfrak{H}_\omega)$ をあたえる．その検証は読者におまかせしよう.

われわれは，この表現の性状を明らかにするため，もうすこし議論を続けてみたい——

第3段，この表現は巡回表現である．その意味は，§16.5(c)に説明したとおり，巡回ベクトル $\Omega_\omega \in \mathfrak{H}_\omega$ が存在すること，すなわち†,

$$\mathfrak{H}_\omega = \{\hat{R}_\omega(a)\,\Omega_\omega : a \in \mathsf{A}\}^-$$

となることである．実際，$1 \in \mathsf{A}$ をとって

$$\Omega_\omega \equiv \eta_\omega(1) \tag{18.4.11}$$

とおけば，(18.4.10)により

$$\mathsf{A}/\mathsf{O}_\omega = \{\eta_\omega(a) : a \in \mathsf{A}\} = \{\hat{R}_\omega(a)\,\eta_\omega(1) : a \in \mathsf{A}\}$$

となる．この閉包が $\mathfrak{H}_\omega$ なのだから(18.4.11)は巡回ベクトルである.

第4段，

$$\langle \Omega_\omega, \hat{R}(a)\,\Omega_\omega \rangle = \omega(a), \qquad \forall a \in \mathsf{A} \tag{18.4.12}$$

これは簡単な計算により証明される．この関係を，所与の代数 A から表現 $(\hat{R}_\omega, \mathfrak{H}_\omega)$ に移るときの“期待値”の保存として言い表わすことも多い．いま，最初にあたえられた汎関数は $\omega(1)=1$ に規格化されているので，巡回ベクトルも同じく $\|\Omega_\omega\|=1$ となるから，期待値という用語も一応は正当化される††のである.

ところで，われわれは，1つの＊代数 A と，その上の正値・線形な汎関数 $\omega(\cdot)$ があたえられたとして出発したのだった．こんな問題は，どうか？

まず，1つの Hilbert 空間 $\mathfrak{H}$ 上の有界・線形演算子の全体 $\mathsf{B}(\mathfrak{H})$ ありきとせよ．$\mathsf{B}(\mathfrak{H})$ は＊代数をなす．さらに1つのベクトル $\Omega \in \mathfrak{H}$ をとり，各演算子 $\hat{a} \in \mathsf{B}(\mathfrak{H})$ に対して

$$\omega(\hat{a}) = \langle \Omega, \hat{a}\Omega \rangle \tag{18.4.13}$$

とおけば，これは，その＊代数上の正値・線形な汎関数になる.

---

† $\{\cdots\}^-$ は，閉包 $\overline{\{\cdots\}}$ を意味する.

†† 一応という保留をつけたのは，表現 $(\hat{R}_\omega, \mathfrak{H}_\omega)$ の可約性に関わる問題があって $\langle \Omega_\omega, \hat{R}(a)\,\Omega_\omega \rangle$ が必ずしも量子力学的な(一般には混合状態での)期待値と解釈できないためである．§18.5を参照.

では，$\mathsf{B}(\mathfrak{H})$ なる＊代数と(*19. 4. 13*)なる汎関数とを所与として GNS 構成法を行なったら，結果として得られる Hilbert 空間 $\mathfrak{H}_\omega$ と演算子の代数とは初めの $\mathfrak{H}, \mathsf{B}(\mathfrak{H})$ に一致するだろうか？

次の定理がある——

第5段，＊代数 A と，その正値・線形汎関数 ω とがあたえられたとき，A の表現 $(\hat{R}_\omega, \mathfrak{H})$ で，(i) 巡回表現，(ii) 期待値の保存(*18. 4. 12*)という2条件をみたすものは，ユニタリー変換を除いて一意的である．

証明に入る前に，上の問題に則して内容を説明しておこう．GNS 構成法による $\mathsf{B}(\mathfrak{H})$ の表現 $(\hat{R}_\omega, \mathfrak{H}_\omega)$ が定理の2条件をみたしていることは上に見てきたとおりであるし，一方，Ω が巡回的なとき $\mathfrak{H}$ 上の $\mathsf{B}(\mathfrak{H})$ を自身の表現とみれば，これも定理の2条件をみたす．つまり，＊代数 $\mathsf{B}(\mathfrak{H})$ の表現が2つできているわけであって，定理から，何かユニタリー変換 $\hat{U}_\omega : \mathfrak{H} \to \mathfrak{H}_\omega$ があって

$$\left.\begin{aligned} \Omega_\omega &= \hat{U}_\omega \Omega \\ \hat{R}_\omega(\hat{a}) &= \hat{U}_\omega \hat{a} \hat{U}_\omega^* \end{aligned}\right\} \qquad (18.\ 4.\ 14)$$

となることがいえる．定理の味噌は表現の任意性をユニタリー変換に絞ったところにある．その程度のずれを許せば，出発点の代数が再構成される．この意味で GNS 構成法の主張を**再構成定理**(reconstruction theorem)とよぶこともある．

しかし，無限自由度の系に対する量子力学を模索しているわれわれにとって，GNS 構成法が有用なのは，代数 A が抽象的にしかあたえられず，どんな Hilbert 空間の演算子と見たらよいかを知りたいと思っている場合である．そういった場合の例を，後の(c)項で説明する．

定理の証明は簡単だ．上に掲げた2条件(i), (ii)をみたす別の表現 $(\hat{R}_\omega', \mathfrak{H}_\omega')$ があったとし，その巡回ベクトルを Ω_ω' としてみよう．$\mathfrak{H}_\omega'$ から $\mathfrak{H}_\omega$ への写像 $\hat{U}$ を，$x \in \mathsf{A}$ を媒介として巡回性に依拠した対応により，

$$\hat{U}: \quad \hat{R}_\omega'(x)\Omega_\omega' \longmapsto \hat{R}_\omega(x)\Omega_\omega$$

と定めると，これは

ノルムを保存する：　$\|\hat{R}_\omega'(x)\Omega_\omega'\|^2 = \omega(x^* x) = \|\hat{R}_\omega(x)\Omega_\omega\|^2$

$\mathfrak{H}_\omega$ の“上へ”の写像：　$\hat{U}\mathfrak{H}_\omega' = \{\hat{R}_\omega(x)\Omega_\omega\}^- = \mathfrak{H}_\omega$

に拡張され，したがってユニタリー変換となる．それに伴う演算子の変換は，図式

$$\begin{array}{ccc} \hat{R}_{\omega'}(x)\,\Omega_{\omega'} & \xrightarrow{\hat{U}} & \hat{R}_{\omega}(x)\,\Omega_{\omega} \\ {\scriptstyle \hat{R}_{\omega'}(a)}\downarrow & & \downarrow{\scriptstyle \hat{R}_{\omega}(a)} \\ \hat{R}_{\omega'}(ax)\,\Omega_{\omega'} & \xrightarrow[\hat{U}]{} & \hat{R}_{\omega}(ax)\,\Omega_{\omega} \end{array}$$

から明らかに

$$\hat{R}_{\omega}(a) = \hat{U}\hat{R}_{\omega'}(a)\,\hat{U}^*$$

となる.

以上5段の議論は次のようにまとめられる:

“＊代数 A と，その上の正値・線形汎関数 ω があたえられると，A の巡回表現 $(\hat{R}_{\omega}, \mathfrak{H}_{\omega})$ で期待値を保存するものがユニタリー変換を除いて一意に定まり，その1つが GNS 構成法によってあたえられる.”

なお，応用上は＊代数を C^* 代数といわれるものに特殊化した場合も重要であり，事実，特殊化により演算子 $\hat{R}_{\omega}(a)$ がすべて有界となり $\mathfrak{H}_{\omega}$ 全体で定義されるなど便利な結果も得られるのだけれども，その説明は，いま，割愛する.

b) CCR の表現の GNS 構成

前項の結果が無限自由度の系の量子力学に役立つのは，あたえられた力学系の正準変数として CCR のどんな表現を用いるべきかを決定したい場合である.

第2量子化の形式で考えるとして,

$$\mathsf{A} = \{ \sum_{\text{有限和}} c_{ij} u(f_i) v(g_j) : f_i \in \mathsf{D}_{\varphi},\ g_j \in \mathsf{D}_{\pi},\ c_{ij} \in \mathsf{C}\} \tag{18. 4. 15}$$

なる集合をつくると，これは＊代数をなす．ただし，正準交換関係に呼応して

$$\left.\begin{array}{l} u(f)v(g) - v(g)u(f)\ \exp\left[-i\langle f, g\rangle\right] = 0 \\ u(f)u(g) - u(g)u(f) = 0, \qquad v(f)v(g) - v(g)v(f) = 0 \end{array}\right\} \tag{18. 4. 16}$$

の各式の左辺は右辺なる0と同一視し，また

$$u(f)^* = u(-f), \qquad v(g)^* = v(-g)$$

と定めるものとする．A の単位元は $u(0) = v(0) = 1$ である．記号については§18.3(a)を見よ．そこの $\hat{\mathcal{U}}, \hat{\mathcal{V}}$ を，いま u, v と書いた心は，CCR のどんな表現を採用すべきか分からない段階だから，ひとまず $\hat{\mathcal{U}}, \hat{\mathcal{V}}$ の演算子としての側面を捨象して代数的な関係に注目しようというところにある．この関係を CCR に関する運動学的な情報とよんでもよいであろう.

GNS 構成法を適用して Hilbert 空間と演算子

$$\hat{R}_\omega(u(f)) \equiv \hat{\mathscr{U}}(f), \qquad \hat{R}_\omega(v(g)) \equiv \hat{\mathscr{V}}(g) \tag{18.4.17}$$

を決定するためには，A 上の正値・線形な汎関数 ω がいる．CCR のどの表現を採用すべきかが力学系によって異なるとしたら，その力学系を規定する情報は，この汎関数が背負っているはずであろう．これがあたえられると，前項第5段の定理から，A の表現がユニタリー同値を除いて一意に定まってしまうのだからである．ユニタリー同値な CCR の表現は，われわれは同じとみなす．

その汎関数 ω を，

$$\omega(u(f)v(g)) \equiv E(f,g), \qquad (f,g) \in \mathrm{D}_\varphi \times \mathrm{D}_\pi \tag{18.4.18}$$

と記すことにしよう．A の勝手な元における ω の値が E の線形結合で表わしきれることは容易に確かめられる．

力学系の規定として $E(f,g)$ をあたえるといっても，これは正値・線形ということのほかに代数 A のもつ運動学的な情報を反映すべきだから，勝手なものではいけない．次の定理がある——

“$\mathrm{D}_\varphi \times \mathrm{D}_\pi$ の上に定義された汎関数 $E(f,g)$ に対し，Weyl 型の CCR の巡回表現 $(\hat{\mathscr{U}}(f), \hat{\mathscr{V}}(g), \mathfrak{H})$ が存在して，巡回ベクトル $\Omega \in \mathfrak{H}$ $(\|\Omega\|=1)$ を通して

$$E(f,g) = \langle \Omega, \hat{\mathscr{U}}(f)\hat{\mathscr{V}}(g)\Omega \rangle \tag{18.4.19}$$

なる対応をするための必要十分条件は以下の3つであり，このような表現はユニタリー変換の任意性を除いて一意的である．

1° 交換関係：　$E(f,g)^* = E(-f,-g)\exp[i\langle f,g\rangle]$

2° 規 格 化：　$E(0,0) = 1$

3° 正 値 性：

$$\sum_{k,l=1}^{n} c_l^* c_k E(f_k - f_l, g_k - g_l) \cdot \exp[i(\langle f_l, g_l\rangle - \langle f_l, g_k\rangle)] \geqq 0$$

条件 3° は，正整数 n，複素数と試験関数の列 $\{c_k \in \mathrm{C},\ f_k \in \mathrm{D}_\varphi,\ g_k \in \mathrm{D}_\pi\}_{k=1,2,\cdots,n}$ の任意の組に対して常になりたつものとする (CCR の表現の GNS 構成定理)”．

定理の“必要”の部分の証明は，単なる計算の問題にすぎない．条件 1° はもちろん，2° も 3° も運動学的なものといってよかろう．条件 3° の心は，

$$\left\| \sum_{k=1}^{n} c_k \hat{\mathscr{U}}(f_k)\hat{\mathscr{V}}(g_k)\Omega \right\|^2 \geqq 0$$

にある.

“十分”のほうの証明には，CCR に従う代数(*18. 4. 15*)に対し，前項の GNS 構成法を適用すればよい．汎関数 ω を(*18. 4. 18*)の線形性に依拠した拡大として定めれば，線形性は当然のこととなり，正値性は条件 3° により，規格化は 2° によって保証される．そして 1° は ω が交換関係と矛盾しないことをいっており，これで汎関数 ω が A 上でよく定義されることになる．よって GNS 構成法が適用できて，A の巡回表現 $(\hat{R}, \mathfrak{H})$ がつくれる.

表現は，第1に＊準同型だから，たとえば，図式

$$\begin{array}{ccc} u(f)^* & \xrightarrow{\hat{R}} & \hat{\mathcal{U}}(f)^* \\ \| & & \\ u(-f) & \xrightarrow[\hat{R}]{} & \hat{\mathcal{U}}(-f) \end{array}$$

から(*18. 4. 17*)の $\hat{\mathcal{U}}(f)$ に対して,

$$\hat{\mathcal{U}}(f)^* = \hat{\mathcal{U}}(-f)$$

が知られる．この＊は演算子の共役の意味である．同様のことが $\hat{\mathcal{V}}(g)$ についてもいえ，また交換関係(*18. 4. 16*)も $\hat{\mathcal{U}}(f), \hat{\mathcal{V}}(g)$ の世界に移される.

前項の一般論による限り，$\hat{\mathcal{U}}(f), \hat{\mathcal{V}}(g)$ は $\mathfrak{H}_\omega$ に共通の不変な稠密な定義域 $\mathfrak{D}_\omega$ をもつにすぎず，非有界となる可能性が残っているわけだけれども，上の結果から，稠密な $\mathfrak{D}_\omega$ 上で

$$\hat{\mathcal{U}}(f)^*\hat{\mathcal{U}}(f) = \hat{\mathcal{U}}(f)\hat{\mathcal{U}}(f)^* = \hat{\mathcal{U}}(0) = 1$$

が知られ，$\hat{\mathcal{V}}(g)$ についても同様なので，$\hat{\mathcal{U}}(f)$ も $\hat{\mathcal{V}}(g)$ も実はユニタリーなことがわかる.

第2に，GNS 表現は期待値を保存するのだから(*18. 4. 19*)がなりたつ．そこの Ω を，いまの巡回ベクトル Ω_ω におきかえての話であることは言うまでもない.

最後に 2, 3 の注意を記す——

(i)　$E(f, g)$ が定理の条件 1°～3° をみたすというだけでは $\hat{\mathcal{U}}(tf), \hat{\mathcal{V}}(tg)$ が $t \in \mathsf{R}$ につき連続になるとの保証がなく，したがって $\hat{\mathcal{U}}(tf), \hat{\mathcal{V}}(tg)$ から生成演算子として場の演算子 $\hat{\varphi}(f), \hat{\pi}(g)$ が得られるとは限らない.

この点は，上記の条件 1°～3° に，さらに

4° $E(tf+f', sg+g')$ は，任意の $f, f' \in \mathrm{D}_\varphi$, $g, g' \in \mathrm{D}_\pi$ において $t, s \in \mathrm{R}$ につき別々に連続である

といった条件を加えることにすれば解決されるだろう．表現の巡回性と(18.4.19)を用いて $\hat{\mathcal{U}}(tf), \hat{\mathcal{V}}(sg)$, $f \in \mathrm{D}_\varphi$, $g \in \mathrm{D}_\pi$ の(強)連続性が導かれるからである．

(ii) 構成された CCR の表現は既約とは限らない．

一般には表現 $\{\hat{R}_\omega, \mathfrak{H}_\omega\}$ は(既約とは限らない)巡回表現の直和(直積分の可能性も含めて)に分解できることが証明されるだけである．その証明は省略しよう．巡回表現の直和というのは，$\{\{\hat{R}_\alpha, \mathfrak{H}_\alpha\}\}_{\alpha \in \mathrm{I}}$ を巡回表現の族とするとき，$\mathfrak{H} = \bigoplus_{\alpha \in \mathrm{I}} \mathfrak{H}_\alpha$ の元 $\Psi = \bigoplus_{\alpha \in \mathrm{I}} \psi_\alpha$, $\psi_\alpha \in \mathfrak{H}_\alpha$ に対して

$$\hat{R}(a)\Psi = \bigoplus_{\alpha \in \mathrm{I}} \hat{R}_\alpha(a)\psi_\alpha$$

と定義して得る表現 $\{\hat{R}, \mathfrak{H}\}$ のことである．対応する汎関数 $E(f, g)$ は，各 $\{\hat{R}_\alpha, \mathfrak{H}_\alpha\}$ に対するものの和になる：

$$E(f, g) = \sum_{\alpha \in \mathrm{I}} E_\alpha(f, g) \tag{18.4.20}$$

この種の分解の状況は次項の例によって明瞭になるであろう．

(iii) 1つの汎関数 $E(f, g)$ から導かれる2つの表現がユニタリー同値なことは前に述べたとおりだが，汎関数はちがっていても表現がユニタリー同値になる場合もある．

Fock の表現を例にとろう．汎関数(18.4.19)は，(18.2.30)で作った指数関数 $\hat{\mathcal{U}}_\mathrm{F}(f)\hat{\mathcal{V}}_\mathrm{F}(g)$ の期待値であって，公式(18.2.41)を用いて計算できる．そこの巡回ベクトル Ω として Fock の無粒子状態 Ω_F を選んだ場合には，

$$\begin{aligned} E_\mathrm{F}(f, g) &\equiv \langle \Omega_\mathrm{F}, \hat{\mathcal{U}}_\mathrm{F}(f)\hat{\mathcal{V}}_\mathrm{F}(g)\Omega_\mathrm{F} \rangle \\ &= \exp\left[-\frac{1}{4}\|f\|^2 - \frac{1}{4}\|g\|^2 - \frac{i}{2}\langle f, g \rangle\right] \end{aligned} \tag{18.4.21}$$

となるが，別の巡回ベクトルを選ぶと汎関数の形がちがってくる．なお，(18.4.21)では，試験関数 f, g の範囲は $\mathrm{D}_\varphi = \mathrm{D}_\pi =$ (実数値の $\mathrm{L}^2(\mathrm{R}^3)$) とすることができ，その意味の内積やノルムの記号が使ってある．

c) 再び無限 Bose 気体について

あたえられた無限自由度の力学系に適合した CCR の表現を GNS 構成法によ

って求めようとする場合，力学系の特性は汎関数 $E(f,g)$ にこめられるはずであることを前項に述べた．しかし，そのような $E(f,g)$ は，どうしたら発見できるだろうか？

今日までに行なわれてきた方法は，まず自由度を適当に切り捨てて有限の N とした近似的な力学系に対し汎関数 $E^{(N)}(f,g)$ を計算し，その後に $N\to\infty$ の極限にいって $E(f,g)$ を得る方法である．

有限自由度の系に対し $E^{(N)}(f,g)$ を計算するときには表現の問題はない．計算結果は巡回ベクトルの選び方によって異なるが，物理的な考察により $\Omega^{(N)}$ を適当に選んでおけば $\lim_{N\to\infty} E^{(N)}(f,g)$ が無限自由度の系に適合した CCR の表現をあたえるだろうと期待される．その状況は以下の例について見よ．

$\lim_{N\to\infty} E^{(N)}(f,g)$ の存在は一般的な条件のもとで証明できるが，いま，それに立ち入る余裕はない．

$E^{(N)}(f,g)$ は，その作り方からいって前項の定理の条件 1°～3° をみたすが，それらは $N\to\infty$ の極限にそのまま遺伝する形をしている．後で加えた条件 4° については遺伝の保証がなく，そのつど検証しなければならない．

例として，密度 $\rho\neq 0$ のあたえられた無限 Bose 気体を再び取り上げよう．計算があからさまに遂行できるように，相互作用はないとする．

はじめ体積 V の有限な箱に入った気体を考えると，総粒子数 $N=\rho V$ も有限である．ここでは Fock 表現が使えるが，気体の基底状態(温度 0)では前にも述べた Bose-Einstein 凝縮がおこっており，粒子たちは ρV 個ぜんぶが運動量 $\hbar\boldsymbol{k}=0$ の準位にいる．§18.2(a)の記号で書くと，この状態の状態ベクトル $\Psi_0{}^{(V)}$ は，

$$\Psi_0{}^{(V)}=\frac{1}{\sqrt{N!}}(\hat{a}_0{}^*)^N\Omega_{\mathrm{F}}{}^{(V)}\in \mathsf{H}_{\mathrm{F}}{}^{(V)}$$

右辺の最初の数因子は規格化定数である．この状態は，$V\to\infty$ の極限で Bose-Einstein 凝縮をした無限・自由 Bose 気体に適合した CCR 表現に導くだろうと期待される．この期待は，ただし，物理的なものである．

そこで，

$$E^{(N)}(f,g)=\langle\Psi_0{}^{(V)},\hat{\mathcal{U}}_{\mathrm{F}}{}^{(V)}(f)\hat{\mathcal{V}}_{\mathrm{F}}{}^{(V)}(g)\Psi_0{}^{(V)}\rangle \tag{18.4.22}$$

を計算しよう．ここに $\hat{\mathcal{U}}_{\mathrm{F}}{}^{(V)}(f),\hat{\mathcal{V}}_{\mathrm{F}}{}^{(V)}(g)$ は，それぞれ(18.2.30)の定義に(18.2.17)の $\hat{\phi}_{\mathrm{F}}{}^{(V)}$ を代入して得る $\hat{\varphi}_{\mathrm{F}}{}^{(V)}(f),\hat{\pi}_{\mathrm{F}}{}^{(V)}(g)$ の指数関数である．公式(18.

2. 41) を用いると，

$$E^{(N)}(f,g)=E_{\mathrm{F}}(f,g)\cdot\sum_{r=0}^{N}\frac{N!}{(r!)^2(N-r)!}\left(-\frac{1}{2}|\langle g,u_0\rangle+i\langle f,u_0\rangle|^2\right)^r$$

を得る．ただし $u_0=1/\sqrt{V}$ は *(18. 2. 1)* の関数であり，さしあたりは便宜のため f, g の範囲 D_φ, D_π を Schwartz の $\mathscr{D}(\mathsf{R}^3)$ として，f, g を定めたとき V を十分に大きくとって V の外で $f(\boldsymbol{r})=g(\boldsymbol{r})=0$ となるようにする．$E_{\mathrm{F}}(f,g)$ は *(18. 4. 21)* に計算しておいた Fock の汎関数である．

さて，$N=\rho V\to\infty$ の極限を見よう．それには上の結果が N 次の Laguerre 多項式 $L_N(\cdot)$ を用いて

$$E^{(N)}(f,g)=E_{\mathrm{F}}(f,g)\cdot L_N\!\left(\frac{\rho}{2N}[\tilde{f}(0)^2+\tilde{g}(0)^2]\right)$$

と書けることに注目する．ここで，

$$\langle f,u_0\rangle=\frac{1}{\sqrt{V}}\int f(\boldsymbol{r})\,d\boldsymbol{r}=\sqrt{\frac{\rho}{N}}\tilde{f}(0)$$

と g についての同様の式を用いた．$\tilde{f}(0)$, $\tilde{g}(0)$ は運動量 $\hbar\boldsymbol{k}=0$ に当たる Fourier 成分にほかならず，ともに実数である．J_0 を 0 次の Bessel 関数として公式†

$$\lim_{N\to\infty}L_N\!\left(\frac{z}{N}\right)=J_0(2z^{1/2})$$

を用いると，

$$\lim_{N\to\infty}E^{(N)}(f,g)=E_{\mathrm{F}}(f,g)\,J_0(\sqrt{2\rho[\tilde{f}(0)^2+\tilde{g}(0)^2]})\qquad(18.4.23)$$

を得る．ここまでくれば試験関数の範囲 D_φ, D_π は $\mathsf{L}^2(\mathsf{R}^3)\cap\mathsf{L}^1(\mathsf{R}^3)$ まで拡大できる．この範囲が考える力学系により規定されることを，ここで読みとってほしい．いまの場合，$E_{\mathrm{F}}(f,g)$ が意味をもつために $\mathsf{L}^2(\mathsf{R}^3)$ への制限が必要で，また $\tilde{f}(0)$, $\tilde{g}(0)$ が現われるので $\mathsf{L}^1(\mathsf{R}^3)$ への制限がいる．

(18. 4. 23) の汎関数を $E(f,g)$ と記すことにしよう．これから GNS 構成法によって得られるのは，CCR のどんな表現であろうか？

表現は $E(f,g)$ によりユニタリー同値を除いて一意に定まることがわかって

† 両辺のベキ級数展開を比較しても証明できる．

いるのだから，この汎関数をあたえる表現が，どんな方法によるにせよ1つ構成されればおしまいである．

天降りめくけれども，(18. 2. 30)の Fock 表現の演算子 $\hat{\varphi}_F, \hat{\pi}_F$ と，対応する無粒子状態 Ω_F をとり，$0 \leqq \theta < 2\pi$ をパラメーターとして，

$$\left.\begin{aligned} \hat{\varphi}_\theta(\boldsymbol{r}) &= \hat{\varphi}_F(\boldsymbol{r}) + \sqrt{2\rho}\cos\theta \\ \hat{\pi}_\theta(\boldsymbol{r}) &= \hat{\pi}_F(\boldsymbol{r}) + \sqrt{2\rho}\sin\theta \end{aligned}\right\} \qquad (18.\ 4.\ 24)$$

とおいてみよう．これから作った $\hat{\mathcal{U}}_\theta, \hat{\mathcal{V}}_\theta$ の積を例によって Ω_F ではさむと，

$$E_\theta(f, g) = E_F(f, g) \cdot \exp\left[i\sqrt{2\rho}\,\{\tilde{f}(0)\cos\theta + \tilde{g}(0)\sin\theta\}\right]$$

を得るが，これは，まだ(18. 4. 23)とはちがう．しかし，作り方からいって(b)項に述べた CCR の表現の GNS 構成定理の条件1°～3°，とりわけ正値性をみたしていることは確実である．その上，Bessel 関数の積分表示(森田・宇田川・一松：『数学公式 III』，岩波全書(1960)，p. 178)

$$J_0(z) = \frac{1}{2\pi}\int_\alpha^{2\pi+\alpha} e^{-iz\sin\theta}\,d\theta \qquad (\alpha：実数)$$

を思い出すと，(18. 4. 23)は

$$E(f, g) = \int_0^{2\pi} E_\theta(f, g)\frac{d\theta}{2\pi} \qquad (18.\ 4.\ 25)$$

と書ける！ 正値性をもつ成分に分けたのだから，これは勝手な分解をしたのではない．

$E_\theta(f, g)$ は H_F 上の演算子(18. 4. 24)による CCR の表現に対応している．この表現は明らかに既約である．つまり，一定の密度 $\rho \neq 0$ で分布する自由 Bose 気体に対し，(18. 4. 22)の $E^{(N)}(f, g)$ から構成した CCR の表現が $N = \rho V \to \infty$ の極限で可約と化し，(18. 4. 25)のように既約成分の直和(直積分！)に分解されたわけである(前項の末尾の注意(ii)を参照)．

その既約成分(18. 4. 24)で特に $\theta = 0$ とおくと，これは Bogoliubov の処方(18. 2. 34)に一致している．これが密度一定の完全に Bose-Einstein 凝縮をした Bose 気体の記述に適合していることは，そこに説明したとおりである．同じことが他の $\theta \neq 0$ の既約成分についてもいえるのであって，物理的考察に支えられた有限自由度の系からの極限操作により無限自由度の系に適合する CCR の表現が得られるであろうとの予想は，いまの例では，完全に裏書されたことになる．

副産物として得られた表現の可約性は§18.2(c)に述べた対称性の自滅の理解のために重要である．この可約性は，直観的な表象としてなら，無限自由度のBose系がθでラベルされた無限の縮退をもつことだといってよいであろう．縮退というだけならば有限自由度の系でも決して珍しくないが，無限自由度といういまの場合，それがCCRの表現の可約性という形で現われた点が特徴的なのである．可約だというのだから，縮退した諸状態を相互に移行させる演算子を正準変数から構成することはできない．これは，まさしく§18.2のおわりに述べたことである．

§18.5　表現の物理的同値

前節までに見てきたことは次のように要約できる――無限自由度の系を量子力学的に記述するために，その系の力学変数をなにかある Hilbert 空間の演算子として表現しようとするとき，基本となるCCRの表現にユニタリー非同値なものが無数にあって，そのどれを採用してもよいというわけにはいかない．採用すべき表現の選択には，ユニタリー同値を除いて＊代数の表現を一意に定めるGNS構成法が有用である．

そうした表現の構成の例として，前節では一定の密度をもって無限遠まで拡がっている自由Bose気体の場合を調べた．

しかし，こういう考えはどうだろう？ 表現の非同値性が問題になったのは，気体が無限遠まで空間に充満しているとしたからである．仮にそのような気体があったとしても(相対論的な場の理論では実際に類似の状況が起こり，それを回避することは難しい！)，われわれが実験の対象としうるのは有限の範囲でしかない．遠方からの影響も多少は及んでくるかもしれないが，測定には誤差がつきものだから，無限遠が気体で充満していても真空であっても区別できないだろう．むしろ，無限遠の状況に左右されない部分を理論から抜きだすべきではないか．そのなかにこそ物理の本質はすっかり含まれているはずではないだろうか．

ここから表現の物理的同値という考えが生まれた．R. Haag と D. Kastler により1964年に提唱されたものである．

この理論では，観測量はあるC^*代数$\mathfrak{A}$の自己共役元であるとする．**C^*代数** $\mathfrak{A}=\{A, B, \cdots\}$とは，＊代数であって，各元が$\|A^*A\|=\|A\|^2$をみたすノルム$\|A\|$

をもち，そのノルムに関して完備なものをいう．その1つの例として，Hilbert 空間の有界演算子の＊代数で演算子のノルム収束に関して閉じているものがあげられる．C^* 代数としてのノルムに演算子のノルムをあてることはいうまでもない．以前に定義した von Neumann 代数は，Hilbert 空間の有界演算子の＊代数で弱収束に関して閉じているものというのであった．弱収束に関して閉じていれば当然ノルム収束に関しても閉じているから，von Neumann 代数はまた C^* 代数の特殊な場合でもある．

ここでは，単位元1を含む C^* 代数 $\mathfrak{A}$ を考える†．C^* 代数の理論において $\mathfrak{A}$ の上の(数学的)**状態**(state)とは，$\mathfrak{A}$ 上の線形汎関数で，正値性 $\omega(A^*A)\geqq 0$, $\forall A\in\mathfrak{A}$，および規格化 $\omega(1)=1$ の2条件をみたすものをいう．

状態 ω を用いて $\mathfrak{A}$ に対し GNS 構成法を行なえば，Hilbert 空間 $\mathfrak{H}_\omega$，その上の演算子による $\mathfrak{A}$ の表現 π_ω，巡回ベクトル Ω_ω が得られ，ω は

$$\omega(A)=\langle\Omega_\omega,\pi_\omega(A)\Omega_\omega\rangle \tag{18.5.1}$$

と表わされる††．しかし，この表現は既約とは限らないから，これを直ちに量子力学的な純粋(ベクトル)状態による期待値とみなすわけにはいかない．

$\mathfrak{A}$ の表現 π があたえられたとき，その表現空間 $\mathfrak{H}$ における演算子 $\hat{\rho}$ で，非負，かつ $\mathrm{tr}\,\hat{\rho}=1$ のものを用いて

$$\omega(A)=\mathrm{tr}\,\hat{\rho}\hat{A} \qquad (\hat{A}\equiv\pi(A)) \tag{18.5.2}$$

のように表わされる(数学的)状態を，**正規状態**(normal state)とよぶ．一般に，$\hat{\rho}-\hat{\rho}^2$ は非負である．このような状態は，量子力学に移して，密度行列 $\hat{\rho}$ をもつ混合状態における期待値汎関数と解釈することができる．特に $\hat{\rho}=\hat{\rho}^2$ のとき，これは1つのベクトルによる期待値の形に書けて，純粋状態に対応することになる．

さて，考える力学系を1つきめて，その力学変数をすべて含む1つの C^* 代数 $\mathfrak{A}$ を選んだとしよう．$\mathfrak{A}$ 上の(数学的)状態の全体を $\mathrm{S}(\mathfrak{A})$ とする．$\mathfrak{A}$ の表現として π_1 を採用し，その正規状態の全体を $\Gamma(\pi_1)$ とすれば $\Gamma(\pi_1)\subset\mathrm{S}(\mathfrak{A})$ である．

物理の実際の実験では，有限個の観測量を有限の誤差範囲で定めることしかで

† 単位元が含まれていない場合にも，それを付加することが常に可能である．

†† 以前の記法では $\pi_\omega(A)=\hat{R}_\omega(A)$．この節では表現の写像としての側面を強調する必要から π_ω を用いる．

きない．いま，観測量 A_j $(j=1,2,\cdots,N)$ を測定して平均値 a_j を誤差 ε_j で得たとしよう．この測定によって，対象たる力学系の状態 ω は，$\mathrm{S}(\mathfrak{A})$ において

$$|\omega(A_j)-a_j|<\varepsilon_j \qquad (j=1,2,\cdots,N) \tag{18.5.3}$$

の範囲で定まるにすぎない．しかし，この不等式をみたす $\omega\in\mathrm{S}(\mathfrak{A})$ が，いま採用している表現の $\Gamma(\pi_1)$ のなかに存在するだろうか？ 存在すれば，この実験は表現 π_1 によって記述できることになる．もし，別の表現 π_2 の $\Gamma(\pi_2)$ のなかにも存在するなら，その π_2 によっても記述ができる．

ここでは，いろいろの実験を行なうことを考えて条件をやや厳しくしよう．

C^* 代数 $\mathfrak{A}$ の2つの表現 π_1,π_2 が与えられたとする．任意に選んだ $\omega_1\in\Gamma(\pi_1)$ に対して，

$$|\omega_2(A_{j_\alpha})-\omega_1(A_{j_\alpha})|<\varepsilon_{j_\alpha} \qquad (\alpha=1,2,\cdots,N)$$

を $\mathfrak{A}$ に属する観測量 A_{j_α} と任意の正数 ε_{j_α} との種々の有限集合 $\{A_{j_\alpha},\varepsilon_{j_\alpha}\}_{\alpha=1,2,\cdots,N}$ $(N=1,2,\cdots)$ のすべてについて成り立たせるような $\omega_2\in\Gamma(\pi_2)$ が存在するとき $\pi_2\succ\pi_1$ と記し，表現 π_2 は π_1 を**物理的に含む**という．このとき，π_1 で記述できる実験はすべて π_2 でも記述できるからである．

特に $\pi_2\succ\pi_1$ かつ $\pi_2\prec\pi_1$ のとき，2つの表現は**物理的に同値**であるという．この定義が同値関係の3公理をみたすことは明らかである．

1つの力学系があたえられたとき，それを記述する $\mathfrak{A}$ の表現には，数学的に互いにユニタリー非同値でも物理的には同値なものがあるという場合が実際におこる．上に述べた無限体積の気体がその例をあたえている．

これは，互いにユニタリー非同値な表現でも実験では区別できない場合があるということであって，力学系には，個々の表現ではなくて，物理的同値性で分けた表現の同値類が対応することを意味している．

ここに，Fell の定理といわれる次の事実がある：

$$\pi_2\succ\pi_1 \iff \mathrm{Ker}(\pi_2)\supset\mathrm{Ker}(\pi_1)$$

(証明は［Fell］を見よ.) $\mathrm{Ker}(\pi)$ とは，表現 π の核とよばれるもので，$\pi(A)$ がゼロ演算子になる $A\in\mathfrak{A}$ の全体のことである．

この定理によると，C^* 代数 $\mathfrak{A}$ の表現 π_1,π_2 が物理的に同値であるための必要十分条件は

“$\pi_1(A)\longmapsto\pi_2(A)$ が $\pi_1(\mathfrak{A})$ から $\pi_2(\mathfrak{A})$ への同型写像をあたえること”

という言い表わしができる†. “十分”のほうは明らかだから，“必要”の検証をしよう. いま $\pi_2(A)=\pi_2(A')$ とすると，$\pi_2(A-A')=0$ ゆえ $A-A'\in \mathrm{Ker}(\pi_2)$ となり，π_2 と π_1 が物理的に同値ならば Fell の定理から $A-A'\in \mathrm{Ker}(\pi_1)$ ともなって $\pi_1(A)=\pi_1(A')$ がでる. 特に，$\pi_1, \pi_2, \cdots$ が忠実な表現(演算子の代数の中への“1対1”の写像)なら，どれについても $\mathrm{Ker}(\pi_l)=\{0\}$ $(l=1, 2, \cdots)$ だから，すべて互いに物理的同値である (Haag-Kastler の定理).

物理的同値をこのように言い表わしてみると，これは，とりもなおさず力学系に対応するのが C^* 代数にほかならず，個々の表現ではないことを意味している. こうして，Hilbert 空間を離れて抽象的な代数の言葉で物理を定式化する道が開かれたことになる([荒木], [Roberts] を参照).

† C^* 代数の理論では，この“……”を“表現 π_1, π_2 は弱同値である”と言い表わす. あらかじめ数学で用意されていたこの概念に物理的同値性の概念が一致したわけである.

第Ⅶ部　量子力学と情報の物理学

第19章　微視的世界の情報とその論理

われわれは，自然界から観測によって多くの情報を獲得し，それらの間に存在する論理的構造を探し求める．そのさい，情報を出来るだけ誤解少なく伝達するための表現の仕方を工夫することは，その論理構造の定式化にも役立つ．そうしてえられる論理の定式化は当然，対象とする自然界の実質的内容に即したものでなくてはならない．本章では，われわれが微視的世界から観測という手段によって巨視的世界に記録されるデータとしてひき出したいくつかの情報相互の間に存在する新しい論理的構造――それは古典的論理の枠組には入りきらない――に光をあて，その表現として量子力学という1つの理論体系が定式化されるに到った論理的道すじを概観する．それは一般の情報を体系的に扱う場合にも有効な示唆を与えるであろう．§19.1では，まずわれわれの考察の対象をできるだけ明確に規定する．すなわち，本章で用いられる，物理系，観測，命題等の定義とそれらの記号的取扱いを説明する．§19.2では，古典物理学，すなわち巨視的世界の情報の定式化が，その論理的構造から見た場合，分配律をつねに満足するBoole束になっていることを明らかにする．そして次の節への接続を考え，古典力学における微小振動系が相空間を用いるよりもHilbert空間によってより実際的に表現されること，およびその限界に触れる．§19.3は，本章の中心部である．そこでは，微視的世界の物理系についてその自由度が有限の場合と無限の場合とにわけて論ぜられる．有限自由度の系も，その性質によって，有限次元の命題束として扱えるときにはBoole束をゆるめた直相補モジュラー束になること，無限次元の場合はさらに制限をゆるめた弱直相補モジュラー束になることが説明される．そして，表現空間として複素Hilbert空間がなぜ必要になるかが明らかにされる．Hilbert空間の幾何学に不可欠なノルムの導入は，§19.4で命題とそれに付随する確率概念として天降り式でない形で行なわれる．そのさい決定的な役割を果たす確率汎関数の一意性が Gleason の定理としてやや詳しく紹介される．しかし無限自由度の系になるとテンソル積空間として合成した Hilbert 空間は可分ではなくなるから，可分性を前提とした Gleason の定理は成り立たなくなる．そこで，この難点を避けるための1つの方法として，たとえば C^* 代数系による表現の問題に触れられる．ついで，テンソル積空間を用いて微視的世界と巨視的世界の接点としての観測それ自体の定式化が行なわれる．そして，本章の最後に量子力学的測定過程の物理的内容が論ぜられる．

§19.1　物理系とその情報

a)　物理系の定義

観測の定式化についての立ち入った議論は§19.4で行なわれるが，これからの議論を始めるに当たって，一応，自然界の中に観測者と被観測系の区別を設けておかねばならない．これを**主体**(subject)と**客体**(object)と呼んでもよいが，概念を不当に拡大する危険を避けるために，ここでは**観測者**(observer)と**物理系**(physical system)という言葉を用いる．観測者は物理的な装置を使って，物理系から情報をひきだし，それを整理して物理の理論を構想する人間という意味で，**物理学者**(physicist)であるから，むしろ物理学者と物理系といった方が誤解が少ないかもしれない．

ふつう，理論体系を論理的に展開するには，できるだけ曖昧さのない定義から出発するものとされている．しかし物理学の理論では，そういう行き方は大抵の場合，非常に困難か，あるいは余り神経質に曖昧さの除去に努力しても大して役に立たないことが多い．そうかといって，初めからそういう努力を断念したのでは理論にならない．そこで，出発点としてつぎのように定義しよう．

“物理系とは**物理的**自然界の一部分として観測者から**物理的**に十分孤立している系であり，その観測者とは観測という**物理的**手段によって初めて関係する.”

この定義に物理的という形容詞を3度も使ったのは，少しでも定義の内容を明確にするためである．実はこの定義のもつ深い含意は§19.4(d)になって初めてよく理解されることになろう．ここで，論理的明晰さの典型とされている数学の論理構成の中で該当する箇所を見ておくのは無駄ではあるまい．よく知られているように現代の数学は，数学の対象として集合から出発する．集合の代表的な定義はつぎのようなものである.

“**数学的**にはっきりした対象の，**数学的**にはっきりした範囲のものをとりまとめて，1つの集合と呼ぶ([彌永・小平], p. 1).”

上の定義ではやはり数学的という形容詞が2度も使われており，それには重要な意味がこめられている.

物理系を，以後特に断わらない限り文字Sであらわす．このSに制御可能な，あるいは現在のところは制御不可能な，何かある実験装置によって，条件 $\alpha, \beta, \cdots$ が与えられたとき，あるいは用意されたとき，結果 $x, y, \cdots$ を生ずることを認知するというのが観測の一般的な形式である．この場合，条件と結果との対応は，必ずしも1対1である必要はない．条件と結果の関係が何らかの形で(たとえば確率的に)つけられていれば，われわれはこれによって，Sはある物理的性質，以後略して性質という，をもっているということができる．われわれがSから観測によって1つの情報をひき出すとは，上のようなSの性質を知ることである.

ところで物理的な観測は，一般に具体的ないくつかの基本的測定操作に分解される．それは最終的には，メーターの針がどの目盛区間にあるかという形に帰着することができるといっても一般性を失わない．ここまで観測を**細分化**(refinement)しなくとも，観測とは一般にSが性質 $A, B, \cdots$ をもっているかどうかの問いかけであるといってさしつかえない．こうすれば，観測の結果として，A に対して与えられる答は，A なる問いかけが行なえる限り yes か no のどちらかである．ここでわざわざ“A が行なえる限り”と断わったのは重要な意味がある．すなわち，物理系Sの A の性質を問う実験が，場合によっては，予期した状態では行なえないことがあるからである．ただし，古典物理では，対象が巨視的であることのため，そういう事態についての考慮はしなくてもよい.

b) 測定による情報の取得

つぎに対象を物理系Sに限定して，Sに“A なる性質があるか?”という問いかけを行なういくつかの具体的な実験を考え，それらを $a, b, c, \cdots$ 等であらわす．たとえば同じ長さを測る実験でもフィルター(篩)，ノギス，光学的装置等といろいろある．そこで，個々の具体的な測定実験から“Sに A なる性質があるか?”という命題を抽き出すために，**類**(class)の概念を導入する．類の概念には同値という関係が明確に定義されなければならない．そこで個々の実験，すなわち問いかけについて“大小関係”，“順序関係”または“包含関係”とよばれるつぎの関係を定義することから始める．

Sについて2つの問いかけ a, b があり，“a の答が yes ならば，つねに b の答も yes である”ならば，これを記号的に

$$a \leqq b \tag{19.1.1}$$

とあらわす．たとえば，大きな Geiger 計数管 GM_b の内部におかれた小さな Geiger 計数管 GM_a によって宇宙線粒子の飛来を測定する場合，GM_a によりその体積内に粒子が存在するか否かという問いかけを a，GM_b による同様な問いかけを b とすれば，明らかに(*19.1.1*)の関係が成立する．$\leqq$ の関係については，

(1)　　$a \leqq a$

(2)　　$a \leqq b$　かつ　$b \leqq c$　ならば　$a \leqq c$

はつねに成り立つことはいうまでもない．そこで，$a \leqq b$ かつ $b \leqq a$ なる場合を $a = b$ と書き，a と b は同値であるということにしよう．

さて，a に同値な問いかけ(＝実験) a_i の全体を A と書き，A を**観測命題**(observational proposition)，あるいは略して単に**命題**と呼ぶことにする．集合の記号を用いると $A = \{a_i : a_i = a\}$ である．いきなり命題 $A, B, \cdots$ およびその“真”，“偽”等から議論を始める代りに，たどたどしいとも思われるような道すじを通って命題の定義を行なったのには，やはりそれなりの理由がある．それは通常の論理学教科書がいきなり言葉だけの世界にわれわれを引き込み，自然との接点を見失わせる傾向があることに対する，われわれの自戒のためである．いいかえると，われわれは具体的かつ個別的な観測手段を大切にする立場をとるからである．事実，後で明らかにするように，微視的世界の論理では A の単なる補元としての非真(not true)は必ずしも偽(false)ではない(p. 493)．抽象的普遍的公理体系は見出さるべきものであって恣意的につくられるものではない，というのが本章を一貫するわれわれの立場である．

こうして定義された命題 $A, B, \cdots$ は，与えられた物理系Sの**性質**をあらわす．より正確にいえば，**観測可能な性質**をあらわす．したがって，われわれの目的は $A, B, \cdots$ の間にひそむ関係を探り，それを適切な形で表現することにある．いうまでもなく，これは自然界に実在する物理系Sの客観的構造の観測によって初めて可能になることであって，アプリオリにその論理的枠組が作られるのではない．

c)　命題とその構造

微視的世界に関する命題相互間に存在する論理的枠組を見出すために，2つの実験 a, b の関係(*19. 1. 1*)を手がかりとして，まず命題 A, B に“順序”という**関係**をつける．すなわち任意の $a_i \in A$, $b_j \in B$ についてつねに $a_i \leqq b_j$ なるとき，“命題 A が真なるときはつねに命題 B も真である”といい，記号的に

$$A \subseqq B \qquad (19.1.2)$$

と書く．これを $A \rightarrow B$ あるいは $A \subset B$ とあらわす著者もあるが，後にのべるような“命題のスペクトル分解”を行なうさいの便宜のため(*19. 1. 2*)の記号を採用することにしたい．この命題間の関係 $\subseqq$ がつぎの性質をもっていることは(*19. 1. 1*)から証明できる：

(1)′　$A \subseqq A$

(2)′　もし　$A \subseqq B$　かつ　$B \subseqq C$　ならば　$A \subseqq C$

なお，$A \subseqq B$ かつ $B \subseqq A$ ならば，$A = B$ と書くことにする．そして $A \subseqq B$ かつ $A \neq B$ なるとき $A \subset B$ と書く．

すでに命題のスペクトル分解という言葉を説明なしに使ったが，命題の分解を行なう前に，いくつかの命題から1つの命題を合成する方法を調べておこう．ここで合成を定義するといわず，調べるという表現をとったのにはそれなりの理由がある．いわゆる形式論理と異なって，われわれは具体的な測定実験をもとにして命題を定義したのであるから，たとえば2つの命題の合成にあたっても，まずそれらのもとになる2つの具体的な測定実験の組合せの可能性から吟味してかかる必要がある．命題の定義により

$$A = \{a_i : a_i = a\}, \qquad B = \{b_j : b_j = b\}$$

であるが，ここで，物理系Sに a_i なる測定(=質問)を行なった後で，その系に b_j なる測定を行なうことを $b_j \cdot a_i$ とあらわそう．一般に $b_j \cdot a_i \neq a_i \cdot b_j$ である．それはSの状態が測定によって多少とも撹乱されるからである．とくに，$b_j \cdot a_i = a_i \cdot b_j$ としてよい場合，$c_{ji} \equiv b_j \cdot a_i$ と書き

$$C = \{c_{ji} : c_{ji} = b_j \cdot a_i,\ \ a_i \in A,\ b_j \in B\}$$

を一意的に定義することができる．この C を命題 A と B の**積**(product)あるいは**交わり**(meet)といい

$$C \equiv A \cap B \qquad (19.1.3)$$

とあらわす．$a_i \cdot b_j \neq b_j \cdot a_i$ なる場合については，後で説明する命題 ◎ を用いて

$$A \cap B = ◎ \qquad (19.1.4)$$

とすれば，われわれの目的には十分であるが，もしA, B の元 $a_i \in A$, $b_j \in B$ を用いて定義しようと思えば

$$c_{ji} \equiv b_j \cdot a_i \cdot b_j \cdot a_i \cdots$$

なる無限積をとればよい．(この問題に関心のある読者は [Jauch], pp. 74-75 あるいは [Watanabe], pp. 494-495 を参照されたい.)

われわれの定義から，(19.1.4)の場合を除き

$$A \cap B \subseteqq A \quad かつ \quad A \cap B \subseteqq B \qquad (19.1.5)$$

なることが証明される．実は ◎ の定義から上の関係は(19.1.4)の場合にも成立する．一般に $X \subseteqq A$ かつ $X \subseteqq B$ なる X を A と B の下界(lower bound)というが，$A \cap B$ は A と B の下界のうち最大なもの(大小は $\subseteqq$ で定義する)になっていることを証明するのは容易である．ここでつぎの命題を導入する．これは具体的な測定あるいは実験として捉えられるものではないが，論理的な演算を円滑に行なうために有用である．そのことを意識して，われわれはこれをアルファベットの代りに純然たる象徴的記号 □ であらわすことにする(I と書く著者もあるが，[Birkhoff, von Neumann], [Watanabe] 等は □ を用いている)．それは物理系 S に関するすべての命題に対して

$$A \cap □ = A \qquad (19.1.6)$$

が成り立つような命題 □ のことである．(19.1.5)と上式から，すべての命題 A に対し

$$A \subseteqq □ \qquad (19.1.7)$$

であることが導かれる．

つぎに命題 $A=\{a_i : a_i=a\}$ および $B=\{b_j : b_j=b\}$ について，$a_i \leqq c$ かつ $b_j \leqq c$ なる c のうち最小なもの(大小は $\leqq$ で定義する)を

$$c_{ij} = a_i + b_j \qquad (19.1.8)$$

と書き，

$$C = \{c_{ij} : c_{ij}=a_i+b_j, \ a_i \in A, \ b_j \in B\} \qquad (19.1.9)$$

を命題 A と B の**和**(sum)あるいは**結び**(join)といい

$$C \equiv A \cup B \qquad (19.1.10)$$

とあらわす.

$$A \subseteqq A \cup B \quad かつ \quad B \subseteqq A \cup B \qquad (19.1.11)$$

なることも前と同様に証明することができる†. この場合も, すべての(S に関する)命題に対し

$$A \cup ◎ = A \qquad (19.1.12)$$

となるような命題 ◎ を導入しておくと, 著しく便利である. (*19.1.11*), (*19.1.12*)から直ちに, すべての命題に対して

$$◎ \subseteqq A \qquad (19.1.13)$$

なる関係があることがわかる.

□ と ◎ を導入したついでに**完備束**(complete lattice)を定義しておこう. 一般に集合 $\{A, B, \cdots\}$ の元 $A, B, \cdots$ の間に部分的にしろ $\subseteqq$ なる関係による順序がつけられるとき, その集合を数学では**束**(lattice)というが, この集合の任意の部分集合に対しても, その最小上界および最大下界が存在するとき, その集合を完備束と名づける. われわれは命題の集合が完備束になっていると“仮定”しよう. 完備性は命題の数が有限ならば明らかに満たされているが, 一般にはあらかじめ仮定しておかねばならない. 論理の体系はいかなる場合でもその内部で閉じていなくてはならないからである.

つぎに, 完備束の任意の元である命題 A に対し, つぎの関係を満たす命題 A' が必ず存在すると仮定する.

$$A \cap A' = ◎, \ A \cup A' = □ \quad かつ \quad A \subseteqq B \quad ならば \quad A' \supseteqq B' \qquad (19.1.14)$$

最後の条件は de Morgan の法則とよばれる. この条件がない場合 A' のことを A の**補元**(complement), de Morgan の法則が条件として加えられているときは A' を A の**直補元**(orthocomplement)という. 一般の束では A の補元は一意的には定まらないが, 直補元は一意的である. 後でのべるようにわれわれは分配律を必ずしも満たさない束を扱わねばならず, そのさい補元の存在の一意性を保証するため, 直補元を導入したのである([Birkhoff, von Neumann], p. 830.

† 数学書では $A \cap B, A \cup B$ をそれぞれ A と B の最大下界(g.l.b. または inf と書く), 最小上界(l.u.b. または sup)として定義するのがふつうであるが, われわれはそういう性質を, これまでの議論にもとづいて証明できるのである. 証明は読者にまかせる.

ただしそこでは orthocomplement の代りに complement といった)．分配律を満たす古典論理の命題束は，自動的に de Morgan の法則を満たしている([彌永・小平], p. 224, [Watanabe], p. 316)．すべての元の直補元がもとの完備束に含まれている束を**直相補束**(orthocomplemented lattice)という．これからわれわれが扱おうとしている命題束は，古典物理的であると量子力学的であるとを問わず，すべて直相補束である．

d) 情報の細分化

物理系 S のもっている性質は観測によって命題 $A, B, \cdots$ という形の情報として整理される．われわれの目的は個々の命題の具体的内容を論ずることではなくて，それらの命題の間に存在する関係，すなわち理論の枠組を明らかにすることである．すでにわれわれが考える枠組は第1に直相補束でなければならないことをのべ，また命題の合成を $\cap$ や $\cup$ という演算で定義した．2つの命題を合成して1つの命題にすることができるということは，逆に1つの命題をいくつかの命題に"分解"することの可能性を示唆する．命題は物理系の性質に他ならないから，命題の分解はある性質をいくつかの性質に分解することに対応する．いいかえれば，これはわれわれが S からえる情報を**精細化**(refinement)することである．具体的な例はつぎの節にまわす．

命題をもうこれ以上小さく分解できないとき，その命題 A_1 は**原子的**(atomic)であるという．すなわち

$$◎ \subset A_1 \quad \text{であって，もし} \quad X \subset A_1 \quad \text{ならば} \quad X = ◎ \qquad (19.1.15)$$

になっている場合，A_1 を原子的命題と呼ぶ．同一の物理系 S について原子的命題はいくつかありうる．後で具体的な例を示すように，実際，連続無限個あってもよい．原子的と離散的とを混同しないようにしてほしい．さて，原子的命題の組は S に関する情報を最も精細化したものと見做すことができる．そこで原子的命題と □ を関係づける命題の連鎖を考えておこう．これは

$$◎ \subset A_1 \subset A_2 \subset \cdots \subset A_k \subset A_{k+1} \subset \cdots \subset A_n \subset □$$

とあらわされる．ここで

$$A_k \subset Y \subset A_{k+1}$$

なる Y が存在しないとき，A_k と A_{k+1} は互いに**素**であるといい，$A_k \lessdot A_{k+1}$ なる記号であらわす．もし

$$◎ \lessdot A_1 \lessdot A_2 \lessdot \cdots \lessdot A_n \lessdot □ \qquad (19.1.16)$$

になっておれば，この連鎖を**組成列**(composition series)という．

1つの組成列について，◎から A_k までに含まれる元の数 $k-1$ に1を加えたものを A_k の**長さ**あるいは A_k の**次元**といい，$d(A_k)=k$ とあらわす．そして，$d(A_k)$ を**次元関数**と呼ぶ．ただしこういう関数が定義できるためには，◎から A_k にいたるどの組成列をとっても，その間に含まれる元の数がいつも一定でなくてはならない．これは Jordan-Dedekind の条件と呼ばれ，一般の束については必ずしも成立しないが，後でわれわれが必要とするモジュラー束については，つねに成り立っていることが証明できる([彌永・小平], p. 240)．なお $d(◎)=0$，$d(□)=n+1$ であることは明らかであろう．われわれが問題とする命題束の組成列は必ずしも有限個の元の連鎖とは限らない．このことを心にとめて先へ進もう．

$d(□)=n+1$ なる束の組成列(*19.1.16*)は，お互いに交わらない，すなわち，$\alpha_i \cap \alpha_j = ◎$ $(i \neq j,\ i, j=1, 2, \cdots, n+1)$ なる $(n+1)$ 個の α_i を用いて，$A_1=\alpha_1$，$A_2=\alpha_1 \cup \alpha_2$，…，$□=\alpha_1 \cup \alpha_2 \cup \cdots \cup \alpha_{n+1}$ と表わすこともできる．これを命題のスペクトル分解という．これが Hilbert 空間における単位のスペクトル分解に対応していることは，やがて明らかにされるであろう．しかしこの辺で節をあらためて，まず古典物理学の理論構造を命題の直相補束という面から調べることにしよう．

§19.2　古典物理学の論理構造

a)　古典物理学における測定の例

物理系Sに関する最も簡単な測定は，それについてある性質があるかないかを検証することである．たとえばSが1つの球状物体であるとして，その直径が a より小さいか否かという質問の答を求めることを考える．具体的方法としては，ノギスを使って測ってもよいし，穴をあけた板を通してもよい．それら個々の測定を $a_1, a_2, \cdots$ とすれば，a_i はすべてお互いに同値のはずである．そこで，それらの類として命題 A が定義できる．すなわち $A=\{a_i : a_i=a\}$．この場合，同一の球の直径が a より小さいかという問 A に yes と答え，かつ a より小さくないかという問に yes と答えるというようなことは起こりえないことを，われわれは日常手にする物体について，経験的に知っている．また球の直径は a より小さいか，小さくないか，そのどちらかであることも明らかである．これを前節でのべた記号であらわすと $A\cap A'=$◎, $A\cup A'=$□ となる．これは余りにも簡単な例ではあるが，つぎにのべる例の基礎になるので，その論理構造を見やすい形にあらわしておこう．それには **Hasse の図式**が便利である．これは束の元——われわれの場合，個々の命題——を小丸，命題と命題の関係 $\subset$ を下から上にむけての線分であらわしたものである．上にのべた例は図 20.1 のようになる．この場合の組成列は ◎$\lessdot A \lessdot$□ であり，A から作られる命題の総数は $(1+1)^2=4$ 個である．

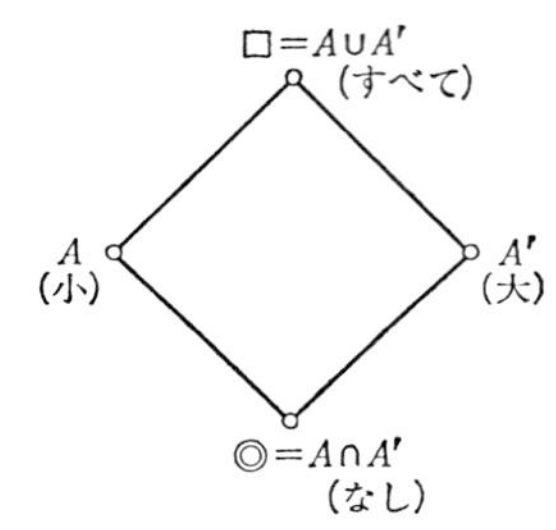

図 19.1　A から作られる相補束の Hasse の図式

大きさに関するこの性質をさらに精細に調べるために，直径が a より小さいか，a より大で b より小さいか，b より大であるか，という 3 つの質問を 2 つの命題から構成することを考えてみる．それには A の他に $B=\{b_j: b_j=b\}$ を用意することが必要かつ十分である．まず，$a<b$ であるから $A\subset B$ なることは明らかである．これから $A\cap B=A$, $A\cup B=B$ が $\cap$ と $\cup$ の定義に従って導かれる．この場合 A と B から作られる命題の総数は，基本になる性質が 3 通りであること

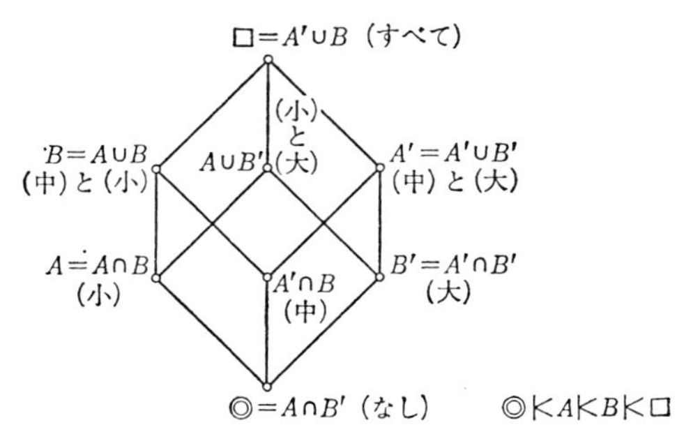

図 19.2　球の大，中，小の性質を知る測定命題の相互関係を示す Hasse の図式

を考慮すれば，$(1+1)^3=8$ 個である．図 19.2 はその Hasse の図式を示す．小丸のわきに (大)，(中)，(小) 等と書いて，球の大きさに関するそれぞれの測定の内容を理解しやすいようにしてある．

大きさという簡単な性質でも，yes-no 実験で知ろうとすると，大きさについての情報を精細化しようとするにつれて命題の相互関係をあらわす構造は急速に複雑化する．たとえば，前にえた情報をもう一段詳しくするため，直径が c $(>b)$ より小さいかどうかを問う実験から抽き出される命題 $C=\{c_k: c_k=c\}$ を用意し，球の直径が，(I) a より小，(II) a と b の間，(III) b と c の間，(IV) c より大，のどれであるかを調べてみると，命題の総数は $\binom{4}{0}+\binom{4}{1}+\binom{4}{2}+\binom{4}{3}+\binom{4}{4}$ $=(1+1)^4=16$ 個になる．その Hasse 図式は図 19.3 のように複雑なものになる．

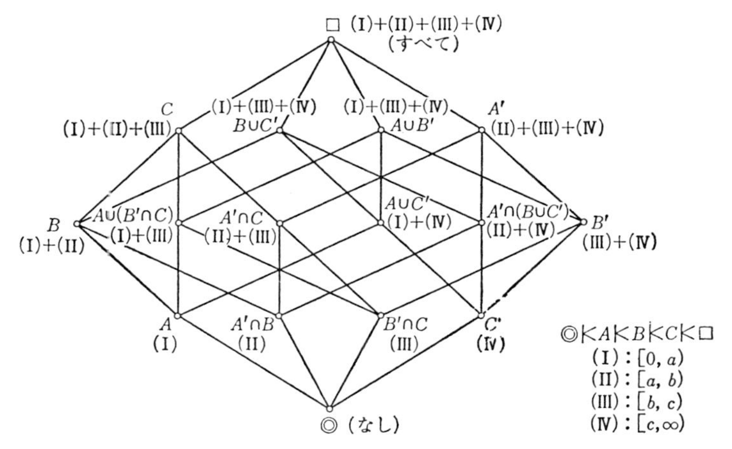

図 19.3　フィルターを用いて I, II, III, IV の大きさのどれに入るかを調べる命題の集りの相互関係

上にのべたのは A, B, C という 3 個の命題から生成される相補束の構造であるが，この場合には，もとの命題の間に順序関係 $\subseteq$ が存在した：$A\subset B\subset C$．もし A と B の間に $\subseteq$ による関係が存在しないときはどうなるか？ たとえば A を長さに関する大小の性質をあらわす命題，B を質量に関する大小の性質をあらわす命題とすれば，A と B とはお互いに関係づけられない．この場合も物理系 S を 1 個の球状物体として，それから長さについては a cm より大きいか小さいか，質量については b g より重いか軽いか，という情報を測定によってうることがで

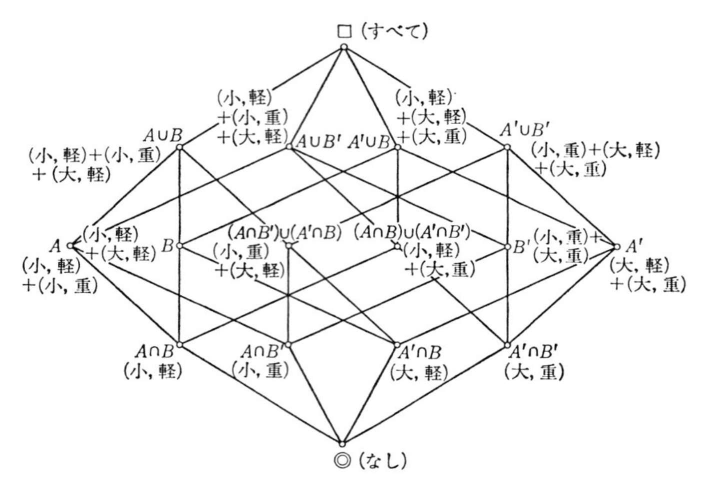

図 19.4　A と B が順序づけられない場合の相補束の古典的測定の命題例

きる．命題 A については前の例と全く同じ，命題 B はこの場合，たとえば天秤の一方の皿にのせて針が軽い方にふれるとき yes という答がえられるような測定 b_i の類として定義すればよい．面白いことに，この場合の Hasse の図式は前と全く同様である．異なるのは各命題の内容と記号だけである(図 19.4)．それにもかかわらず，わざわざこの例をとりあげたのはつぎの理由による．

図 19.4 の Hasse の図式を描くさい，われわれは命題 A, B の具体的内容，すなわち測定 $a_i \in A$, $b_j \in B$ を念頭において，いくつかの命題の合成を行なった．そして考えられるすべての命題の間の関係を $\subseteqq$ によって整理した．すなわち A, B から A', B' を導き，それらを $\cap$ や $\cup$ によって合成したのである．そのさい

$$A\cap B \subseteqq A, \qquad A\cap B \subseteqq B, \qquad A\cup B \supseteqq A, \qquad A\cup B \supseteqq B$$

等の関係は，われわれがこれまで行なった定義あるいは公理系だけから導かれるが，図 19.4 の一部，たとえば

$$A = (A\cap B)\cup(A\cap B') \qquad (19.2.1)$$

はこれまでのべた束の公理系だけから証明することはできないのである．この場合，もし

$$(A\cap B)\cup(A\cap B') = A\cap(B\cup B') \qquad (19.2.2)$$

という式の変形が許されれば，$A\cap(B\cup B') = A\cap\square = A$ となり，(19.2.1) はた

しかに証明されたといってよい．同様なことは，図19.4のいくつかの部分にも起こっている．それゆえ(*19.2.2*)を一般化して，3個の命題 A, B, C について，つねに

$$A\cap(B\cup C) = (A\cap B)\cup(A\cap C) \qquad (19.2.3)$$

および

$$A\cup(B\cap C) = (A\cup B)\cap(A\cup C) \qquad (19.2.4)$$

が成立することを新たに公理として要請しなければ，図19.4のみならず，これまでにあげたいくつかの例の Hasse の図式を証明することはできない．(*19.2.3*)，(*19.2.4*)は加法と乗法に関する周知の分配法則と本質的に同じであるから，これを命題算における**分配律**(distributive law)と呼ぶ．われわれは分配律が上の例では経験的に成り立つことを知っている．しかし，これがわれわれの論理的思考の枠組として先験的に要請されるものでないことは，つぎの節で具体的に例示されるであろう．分配律を満たす相補束は，古典論理の数学的分析を初めて行なった G. Boole (1815-1864) の名に因んで **Boole 束**と呼ばれる．ただし束という概念は，後でのべるモジュラー束の発見者 J. W. R. Dedekind (1831-1916) によるといわれている．

b)　古典力学系の情報とその表現

古典物理学では，可能な限り物理系 S を Newton 力学に従う力学系に帰着させてその性質を論ずる．そこで S として自由度 f の力学系を考える．その一般化座標を $q_1, q_2, \cdots, q_f$，それらに正準共役な運動量座標を $p_1, p_2, \cdots, p_f$ とする．これらはすべて実数である時間 t の実数値関数 $q_i(t), p_i(t)$ $(i=1, 2, \cdots, f)$ になっている．力学系の時間的変化の描像をえるためには，q_i, p_i が張る $2f$ 次元の実数空間における点 P の軌道を考えるのが便利である．この空間を，**相空間**(phase space)と呼ぶ．

S についてわれわれが知ろうとする情報は q_i や p_i それ自身だけではなく，一般にそれらの関数 $F(q_1, \cdots, q_f, p_1, \cdots, p_f)$ になっている．たとえば S が全体として持っているエネルギーや角運動量などがそうである．まず，もっとも基本的な情報として q_1 と p_1 の値の測定を考える．以後，記法の簡単化のため，とくに断わらない限り $q_1=q$, $p_1=p$ と書くことにする．そして，話をより具体的にするため，S として x 軸方向に走っている1個の粒子をとり $q=x$, $p=p_x$ としよう．

原子核実験とくに中性子の実験等でよく使われる**飛行時間法**(time of flight)の装置を使えば，p の値が $[p_0, p_0+\Delta p)$ の中にあればその粒子を通過させ，そうでなければストップさせることは，Δp がいかに小さくとも可能である．このような測定実験の類として命題 A を定義する．また光学的な装置を使って，q の値が $[q_0, q_0+\Delta q)$ の間にあるときに限り yes の応答があるようにすることは，Δq がいかに小さくとも可能である．この測定実験の類によって命題 B を定義する．同様にして，q の値が $[q_0+\Delta q, q_0+2\Delta q)$ の間にあれば yes という命題を C とする．これから直ちに $B\cup C$ なる命題は，q の値が $[q_0, q_0+2\Delta q)$ の間にあれば yes であるという命題になっていることがわかる．

さて $A\cap B$ あるいは $A\cap C$ なる命題は，相空間で表現するとどのようになるか？ そのため図 19.5 を描いてみる．相空間は局所的には Euclid 空間になっているとしてよい．この図において，点 P が領域 I 内に存在すれば yes という答がえられるものとして $A\cap B$，II 内に存在すれば yes というものとして $A\cap C$，がそれぞれあらわされる．図から $A\cap(B\cup C)$ は，点 P が I＋II の領域内に存在すれば yes となる命題であることがわかる．ここで，“点 P が I＋II 内に存在すれば yes” という命題と “点 P が I または II 内に存在すれば yes” という命題の関係を調べてみよう．図 19.5 を見ると，それら 2 つの命題は全く同等であるように思われるが，果してそうであろうか？ われわれが用いている命題という言葉であらわされる自然の性質は物理系 S について実験によって確かめられる性格のものであったから，いわゆる先験的な論理の枠組をここで押しつけることはできない．しかし，**巨視的な力学系**については，そのさいの測定範囲 $\Delta q, \Delta p$ をどのようにとっても，上の 2 つの命題の同等性，すなわち

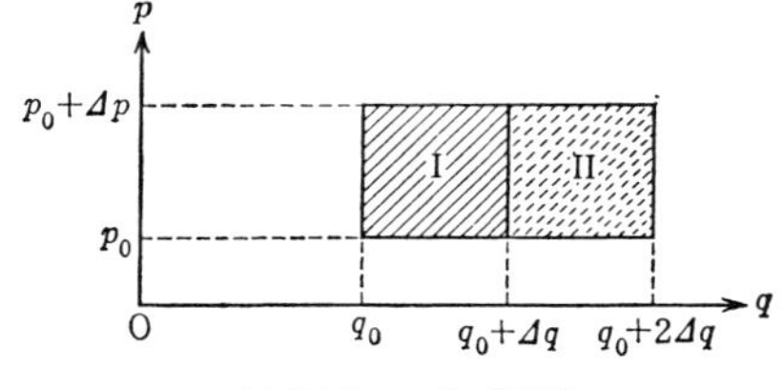

$A\cap B$：I，　$A\cap C$：II
$A\cap(B\cup C)$：I＋II

図 19.5　相空間における分配律の成立

$$A \cap (B \cup C) = (A \cap B) \cup (A \cap C)$$

が成立していることを，われわれは経験的に知っている．分配律とよばれるこの関係は，物理的には当然 $\varDelta q, \varDelta p$ の大きさについての慎重な吟味を必要とするはずであるが，巨視的世界の体系的理解に支障を生じないという理由で，古典力学では上の関係が $\varDelta q \to 0$, $\varDelta p \to 0$ の極限でも成立するとした．したがって相空間の各点は力学系に関する命題の表現になっているだけでなく，それら命題の集りとしての相空間の集合は Boole 束をつくっているということができた．

c)　微小振動系と Hilbert 空間

古典力学系の情報は(b)項でのべた相空間を用いて表現されるが，微視的世界の情報を理論化するには複素 Hilbert 空間が必要であることを説明するのが本章の目的の1つである．しかし，それを行なう前に古典力学系の1つの例について，それがもつ情報を形式的に複素 Hilbert 空間で記述したらどうなるかを調べてみよう．そうすることによって，もとの古典力学系に関する情報のかなりの量が捨てられることになるのを見ておくのは無駄ではない([Mackey], pp. 29-47)．

S として自由度 $f<\infty$ の微小振動系をとり，そのハミルトニアン $\mathscr{H}$ を**基準座標**(normal coordinates) $\{q_k, p_k\}$ を用いて

$$\mathscr{H} = \frac{1}{2}\sum_{k=1}^{f}(p_k{}^2 + 2\omega_k{}^2 q_k{}^2) \tag{19.2.5}$$

とあらわせば，

$$\dot{p}_k = -\frac{\partial \mathscr{H}}{\partial q_k} = -2\omega_k{}^2 q_k, \qquad \dot{q}_k = \frac{\partial \mathscr{H}}{\partial p_k} = p_k$$

であるから，

$$q_k = a_k \sin(\sqrt{2}\,\omega_k t - \theta_k) \qquad (k = 1, 2, \cdots, f) \tag{19.2.6}$$

$$p_k = \sqrt{2}\,\omega_k a_k \cos(\sqrt{2}\,\omega_k t - \theta_k) \qquad (k = 1, 2, \cdots, f) \tag{19.2.7}$$

によって S の状態はきまる．ここに a_k, ω_k, θ_k はすべて実数である．(19.2.6)と(19.2.7)を(19.2.5)に代入すると

$$\mathscr{H} = \sum_{k=1}^{f} \omega_k{}^2 a_k{}^2 \tag{19.2.8}$$

がえられる．

ところで，微小振動系においてわれわれが測定という立場から関心をもつのは

q_k や p_k の値そのものではなくて，**基準振動数** ω_k および**振幅の2乗** $|a_k|^2$ である．それゆえ，取扱い上の便利さを考えて，(*19.2.6*)を下のように複素数であらわすことは，それほど不自然ではないだろう．

$$q_k = a_k\omega_k \exp[i\omega_k t] \qquad (k = 1, 2, \cdots, f) \tag{19.2.9}$$

ここに ω_k は実数，a_k は複素数であるから

$$q \equiv (q_1, q_2, \cdots, q_f) \tag{19.2.10}$$

は f 次元の複素ベクトルである．このベクトルのノルムを

$$\|q\| = \sqrt{\sum_{k=1}^{f} q_k{}^* q_k} \tag{19.2.11}$$

で定義すると

$$\|q\|^2 = \sum_{k=1}^{f} \omega_k{}^2 |a_k|^2 = \mathcal{H} \tag{19.2.12}$$

がえられる．q の集りが複素 Hilbert 空間を作ることは容易に確かめられる．また，この空間で1パラメーターのユニタリー変換 $\hat{U}(t) = \exp[it\hat{A}]$ を考えると，自己共役な演算子 $\hat{A}$ の固有値がこの系の基準振動数に対応することもすぐわかる．

それゆえ，微小振動系は形式的には量子力学に酷似した取扱いが可能である．しかし，ノルムの2乗が(*19.2.12*)で与えられることは，エネルギーの値が連続的に変わることと必然的に結びついているし，後でのべるような(§19.4)状態の確率的解釈でも量子力学と本質的に異なる．この点を心にとめて先に進もう．

§19.3　微視的世界の情報

a)　スピン成分の観測

微視的な物理系として銀の原子をとる．これからスピンに関する情報をえるには Stern-Gerlach の実験†が直接的である．Stern-Gerlach の装置で入射ビームの方向をきめるスリットとビームを分離させる磁石の部分をあわせた部分を記号的に SG と書き，x 軸方向にビームが分離するようにおかれた SG を SG-1, 入射方向および x 軸に垂直な y 軸方向に分離するようにおかれた SG を SG-2 であらわす．

---

† たとえば朝永振一郎:『量子力学 I』(第2版)§22参照．

われわれは入射するビームの中に含まれる1個の原子について，それがSG-1を通過した後，どちらのビームに含まれているかによって，そのスピンの x 成分の値が

$$\sigma_x = \frac{\hbar}{2} \quad \text{であるか} \quad \sigma_x = -\frac{\hbar}{2} \quad \text{であるか}$$

を知ることができる．同様にSG-2によって

$$\sigma_y = \frac{\hbar}{2} \quad \text{であるか} \quad \sigma_y = -\frac{\hbar}{2} \quad \text{であるか}$$

を知ることができる．ところで銀の原子のスピンは $\hbar/2$ であるから，σ_x のとりうる値は $+\hbar/2$ と $-\hbar/2$ の2通りしかない．σ_y のとりうる値についても同様である．このことは実はStern-Gerlachの実験によって確認されたというべきであるが，ここではその結果を用いてそれらの命題の間の論理構造を調べる．

"その銀の原子のスピンの x 成分は $\hbar/2$ であるか" という質問としてあらわされる命題を A とすれば，"その銀の原子のスピンの x 成分は $-\hbar/2$ であるか" という命題は A' であらわされる．この場合

$$A \cap A' = ◎, \qquad A \cup A' = □$$

は明らかであろう．つぎに "その銀の原子のスピンの y 成分は $\hbar/2$ であるか" という命題を B，したがって "その銀の原子のスピンの y 成分は $-\hbar/2$ であるか" という命題を B' であらわそう．もちろん，

$$B \cap B' = ◎, \qquad B \cup B' = □$$

である．ここまでは問題ない．

さて A と B の間には $\subseteq$ による関係は存在しない．いいかえれば，A に対する答がyesなら B に対する答がつねにyesであるとか，その逆も起こりえない．しかし，A, A', B, B' を組み合わせて命題を作ることは一般に可能である．それを行なうためには，たとえばSG-1で $\sigma_x=\hbar/2$ のビームをとり出し，それをSG-2の入射スリットに入れるという実験を考えればよい．そうすれば，"$\sigma_x=\hbar/2$" かつ "$\sigma_y=\hbar/2$ あるいは $\sigma_y=-\hbar/2$" という命題がつくられる．記号的には

$$A \cap (B \cup B') = A \cap □ = A$$

となる．ところが，この場合に分配律は成り立たない．なぜなら，$(A \cap B) \cup (A \cap B')$ は，"$\sigma_x=\hbar/2$ かつ $\sigma_y=\hbar/2$" あるいは "$\sigma_x=\hbar/2$ かつ $\sigma_y=-\hbar/2$" を意味

するが，“$\sigma_x=\hbar/2$ かつ $\sigma_y=\hbar/2$” なる命題 $A\cap B$ も，“$\sigma_x=\hbar/2$ かつ $\sigma_y=-\hbar/2$” なる命題 $A\cap B'$ も，共に観測可能な命題としては存在しえないからである．われわれは命題間の関係を定式化するさいの便宜上，そのような場合の命題として◎を導入しておいた．この記号を用いると，$A\cap B=$◎，$A\cap B'=$◎ となる．したがって

$$(A\cap B)\cup(A\cap B')=◎\cup◎=◎$$

以上の議論を Hasse の図式にあらわすと図 19.6 のようになる．読者はここで，A と B から生成される Boole 束の構造を示す図 19.4 の Hasse の図式と下図とを比較されたい．

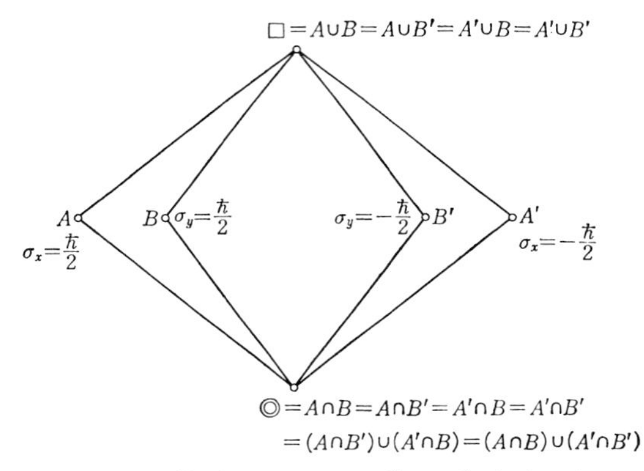

図 19.6　非 Boole 束の簡単な例(Stern–Gerlach の実験)

b)　Heisenberg の不確定性関係

前節(b)項で，古典力学系に関する最も精細な情報を命題として表現するのに，相空間内の点が用いられることをのべた．それは，相空間を $\Delta q, \Delta p$ の小区間に分割し，それら小区間でつくられる小面積あるいは小体積の内に力学系の状態をあらわす点が存在するかしないか，という形の命題に力学系の性質を定式化し，$\Delta q, \Delta p$ の大きさにかかわらず，それらの間に分配律が成立することを仮定することによってえられた．しかし，Heisenberg が思考実験によって導いた**不確定性関係**

$$\Delta x\Delta p_x \gtrsim \frac{\hbar}{2} \tag{19.3.1}$$

は分配律の成立にある制限を課することになる．いまそれを見るために，$x=q$, $p_x=p$ とおき，Δp を固定して考える．その Δp に応じて，たとえば $\Delta q=\hbar/10\Delta p$ として，図19.7のように I, II, …, X という10個の領域を相空間内に設定する．そこでつぎのような命題を考える．

A: p の値が $[p_0, p_0+\Delta p)$ の間にあれば yes

B_1: q の値が $[q_0, q_0+\Delta q)$ の間にあれば yes

…………

B_{10}: q の値が $[q_0+9\Delta q, q_0+10\Delta q)$ の間にあれば yes

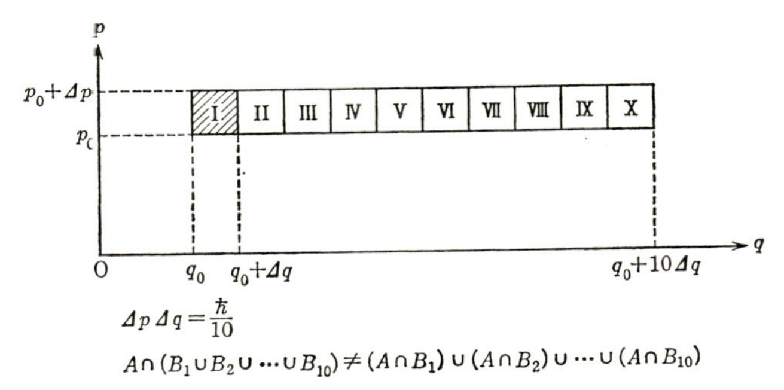

図19.7

そうすれば，$B_1\cup B_2\cup\cdots\cup B_{10}$ は q の値が $[q_0, q_0+10\Delta q)$ にあれば yes という命題となる．この場合

$$A\cap(B_1\cup B_2\cup\cdots\cup B_{10})$$

は点 (q, p) が領域 $(\mathrm{I}+\mathrm{II}+\cdots+\mathrm{X})$ 内にあれば yes という命題となるが，この領域の面積は $\Delta p\cdot 10\Delta q=\hbar\gtrsim\hbar/2$ であるから，Heisenberg の不確定性関係を満たしており，答が yes の場合が可能である．これに反し，領域 I, …, X のどれをとってもそれぞれの面積は $\Delta p\cdot\Delta q=\hbar/10<\hbar/2$ であるから，そのいずれの内部にも点 (q, p) の存在を実験的に確定することはできない．それゆえ，つねに $A\cap B_i=◎$ $(i=1, \cdots, 10)$ である．したがって，この場合も(a)項と同様に分配律は破れている．

c) 古典論理の枠組の拡大

前の2つの例は，微視的世界の情報を命題の束として整理した場合，分配律が必ずしも成立していないことを示す．分配律をつねに満たしている束を分配束と呼ぶが，われわれは微視的世界と巨視的世界を統一的に把握するために，分配束をつぎのような意味で拡大する必要がある．すなわち，分配束ならば求める束の性質を満たしているが，逆に，その束は必ずしも分配律を満たしていない，そういう束のうちでなるべく分配束に近いものを探し出し，その性質を調べるのである．そのためには，一般的な束——必ずしも相補的でなくてもよい——について成り立つ**モジュラー包含式**と呼ばれるつぎの基本的関係を確認しておいたがよい．

［定理］　一般の束において

$$A \subseteq C \quad \text{ならば} \quad A \cup (B \cap C) \subseteq (A \cup B) \cap C \qquad (19.3.2)$$

［証明］　この定理の証明には $\cap$ や $\cup$ の定義から導かれるつぎの4つの公式だけで十分である．すなわち X, Y, Z をある束の元としたとき

$$\text{L1:} \quad X \cap Y \subseteq X, \quad X \cap Y \subseteq Y$$

$$\text{L2:} \quad X \subseteq X \cup Y, \quad Y \subseteq X \cup Y$$

$$\text{L3:} \quad X \subseteq Z, \ Y \subseteq Z \quad \text{ならば} \quad X \cup Y \subseteq Z$$

$$\text{L4:} \quad Z \subseteq X, \ Z \subseteq Y \quad \text{ならば} \quad Z \subseteq X \cap Y$$

なる公式を順々に用いる．

まず，L1とL2から $A \subseteq A \cup B$, $B \cap C \subseteq B \subseteq A \cup B$ だから，L3より

$$A \cup (B \cap C) \subseteq A \cup B \qquad (19.3.3)$$

がえられる．つぎに，仮定とL1とから $A \subseteq C$, $B \cap C \subseteq C$ だから，再びL3より

$$A \cup (B \cap C) \subseteq C \qquad (19.3.4)$$

がえられる．(19.3.3)と(19.3.4)にL4を適用すると，

$$A \cup (B \cap C) \subseteq (A \cup B) \cap C$$

さてわれわれは分配束よりゆるやかな論理の枠組を探しているのであるが，とりあえず，上の証明で明らかになった一般の束について成り立つモジュラー包含式(19.3.2)に，つぎのような制限をおいてその性質を調べる．それは(19.3.2)の代りに

$$A \subseteq C \quad \text{ならばつねに} \quad A \cup (B \cap C) = (A \cup B) \cap C \qquad (19.3.5)$$

が成立するという条件を満たす束のことである．この束はDedekindにより**モジュラー束**(modular lattice)と名づけられ，彼自身によって詳しくその性質が調べられた．(19.3.5)の関係は**モジュラー律**と呼ばれる．分配束は必ずモジュラ

ー律を満たしているが，モジュラー束は必ずしも分配律を満足しない．

後で明らかにするように，微視的世界の論理構造としては直相補的なモジュラー束では条件が強すぎて，不自由を感ずる場合が起こる．それゆえ，われわれは直相補的なモジュラー束を導くための必要十分条件の数学的な説明には余り力を入れない．その条件が次元関数の等式

$$d(A)+d(B)=d(A\cup B)+d(A\cap B) \qquad (19.3.6)$$

であるというだけに止めて，その証明は[彌永・小平], p. 245 に譲る．ただし上式における $d(A)$ の定義は§19.1でのべた．われわれはここで，モジュラー束の典型あるいは原型ともいうべき**加群**(module)を簡単に説明しておこう．

加群とは空でない集合 M において，つぎにのべるようにして加法が定義された可換群のことである．

(i) $\forall x, \forall y\in M$ に対して $x+y=z$ が一意にきまり，$z\in M$

(ii) $\forall x, \forall y\in M$ に対して $x+y=y+x$

(iii) $\forall x, \forall y, \forall z\in M$ に対して $(x+y)+z=x+(y+z)$

(iv) $\forall x, \forall y\in M$ に対して $x=y+z$ なる z が1つ，そしてただ1つ存在し，$z\in M$

集合 M とその上での加群とは異なる概念であるから記号も区別すべきであろうが，慣例に従って上の加群を M であらわす．加群 M の部分加群 X とは，集合 X が集合 M の部分集合で，かつその上で(i)～(iv)の算法が可能なものをいう．加群の部分加群の全体がモジュラー束になっていることを見るのはたやすい．だが，それには $\subseteq$ の関係を定義してかからねばならない．X, Y を部分加群としたとき，$\forall x\in X$ ならば $x\in Y$ なるとき $X\subseteq Y$ であると定義する．また，$X\cap Y$, $X\cup Y$ はそれぞれ，つぎのように定義する．

$$X\cap Y=\{x:\ x\in X,\ x\in Y\}$$
$$X\cup Y=\{x+y:\ x\in X,\ y\in Y\}$$

これらが $\subseteq$ のいみでそれぞれ $\{X, Y\}$ の最大下界，最小上界になっていることは簡単に証明できる．

さて，われわれはすでに一般の束についてモジュラー包含式(19.3.2)を知っている．すなわち

$$X\subseteq Z \quad \text{ならば} \quad X\cup(Y\cap Z)\subseteq(X\cup Y)\cap Z$$

である．それゆえ，同じ条件 $X \subseteqq Z$ のもとで

$$(X \cup Y) \cap Z \subseteqq X \cup (Y \cap Z) \qquad (19.3.7)$$

がいえればモジュラー律が証明できたことになる．これも難しくはないが，後の議論で重要になる箇所があらわれるから，推論の各段階を省略せずに書いておこう．

$(X \cup Y) \cap Z$ の任意の元を z とすれば，

$$z \in X \cup Y = \{x+y : x \in X,\ y \in Y\} \qquad (19.3.8)$$

かつ $z \in Z$ であるが，(19.3.8)から

$$z = x+y, \qquad x \in X,\ y \in Y \qquad (19.3.9)$$

とあらわすことは可能**であろう**．そうすれば

$$z - x = y$$

となるが，仮定により $x \in X \subseteqq Z$ であるから

$$y \in Z$$

したがって

$$y \in Y \cap Z$$

となり

$$z = x+y \in X \cup (Y \cap Z)$$

がいえる．これで(19.3.7)の証明は終わったことになる．

すでに気付かれたように，上の証明の核心は(19.3.8)から(19.3.9)を導く箇所である．本来，数学的証明では使うべきでない“であろう”なる表現をわざわざ用いたのは，読者の注意を喚起するためである．考えている部分加群の元の数がすべて有限なら問題はない．しかし元の数が無限個の場合は，極限操作を行なうとき極限値について後で具体的に例示するように，(19.3.9)は必ずしも成立しない！　したがって，加群の部分加群は一般的にはモジュラー束より弱い条件を満たしているというべきである．このことについては間もなく詳しく説明する．

d）有限次元直相補モジュラー束の表現

前項で，モジュラー束と加群の部分加群の全体の対応関係をやや抽象的に論じた．そして，そこで1つの問題点を指摘しておいた．微視的世界に限らず，一般に，物理系Sからえられる情報の命題は有限個とは限らない．しかし有限個の場合は考えやすいから，まずこの場合の直相補モジュラー束の具体的表現を作っ

てみよう([前田], pp. 213-215). 命題の数が有限といったが，正確にいえば

$$d(\square) = n+1, \qquad ◎ \ltimes A_1 \ltimes A_2 \ltimes \cdots \ltimes A_n \ltimes \square$$

$$A_1 = \alpha_1, \qquad A_i = \alpha_1 \cup \alpha_2 \cup \cdots \cup \alpha_i, \qquad \square = \alpha_1 \cup \alpha_2 \cup \cdots \cup \alpha_n \cup \alpha_{n+1}$$

なる性質をもつ◎, $A_1, \cdots, \square$, あるいは $\alpha_1, \alpha_2, \cdots, \alpha_{n+1}$ を表現することである．これは $n+1$ 次元のベクトル空間 V_{n+1} を考え，その線形部分空間 $V_n, V_{n-1}, \cdots, V_1$ を順々に作り，それぞれに $\square, A_n, A_{n-1}, \cdots, A_1$ を対応させることによって可能である．◎には $n+1$ 次元のゼロ・ベクトル $(0, 0, \cdots, 0)$ を対応させればよい．

表現をさらに見やすくするために，線形空間 V_{n+1} の基底ベクトルを

$$e_1 \equiv (1, 0, 0, \cdots, 0)$$
$$e_2 \equiv (0, 1, 0, \cdots, 0)$$
$$\cdots\cdots\cdots$$
$$e_{n+1} \equiv (0, 0, 0, \cdots, 1)$$

と書き，命題 $\alpha_i, \alpha_i \cup \alpha_j$ の表現を具体的に構成しておこう．それは

α_i に対しては　$$\psi_i = \{c_i e_i : c_i \in \mathrm{K}\} \qquad (19.3.10)$$

$\alpha_i \cup \alpha_j$ に対しては　$$\psi_{ij} = \{c_i e_i + c_j e_j : c_i, c_j \in \mathrm{K}\} \qquad (19.3.11)$$

と書かれる．ここにKは適当な**体**(field)である．“適当な”と断わったのは，束の構造によって，**有限体**(finite field)，**有理数体**(rational number field)，**実数体**(real number field)，**複素数体**(complex number field)，**4元数体**(quaternion field)などになりうるからである．たとえば図19.1で与えられる簡単な束の場合はKとして{0, 1 (mod 2)}なる有限体をとればよい．(*19.3.10*)は V_{n+1} における射線(ray)をあらわす．これはベクトルではない，という点に特に留意されたい．原子的命題 α_i $(i=1, 2, \cdots, n+1)$ は量子力学では“純粋状態”と呼ばれるものの1つに相当する．一般の純粋状態は α_i の1次結合である．

さてわれわれの束は直相補的であるから，各命題 A_i の直補元 A_i' の表現も作っておかねばならない．直補元の定義から，A_i' の一意的な表現としては A_i の表現空間 V_i に直交する空間 $V_i^{\perp}$ をとればよいことがわかる．直交の意味は，一般に，数体をきめてその上でノルムの定義をしなければならないが，この場合は

$$V_i = \{c_1 e_1 + \cdots + c_i e_i : c_1, \cdots, c_i \in \mathrm{K}\}$$
$$V_i^{\perp} = \{c_{i+1} e_{i+1} + \cdots + c_{n+1} e_{n+1} : c_{i+1}, \cdots, c_{n+1} \in \mathrm{K}\}$$

から明らかであろう．

上のようにして，有限次元直相補モジュラー束の組成列のそれぞれの元 {◎, $A_1, \cdots, A_n$, □} およびそれらの直補元 {◎′=□, $A_1', \cdots, A_n'$, □′=◎} に，$n+1$ 次元のベクトル空間の線形部分空間 $\{V_0, V_1, \cdots, V_n, V_{n+1}\}$ および $\{V_0{}^{\perp}, V_1{}^{\perp}, \cdots, V_n{}^{\perp}, V_{n+1}{}^{\perp}\}$ が1対1に対応づけられるだけでなく，束の構造もそのまま表現されることがわかった．そこでわれわれの命題 A_k の意味を思い出し，物理系Sから情報 A_k をとり出す操作(operation)を表現することを考えてみよう．これは命題の記号を用いれば□から A_k を選び出すことである．あるいは，われわれの情報内容を□の段階から A_k の段階まで精細化することであるといってもよい．ところで□から A_k をとり出す操作は，それらの表現である V_{n+1} から V_k をとり出す演算に他ならないから，それを $\hat{P}_k$ とあらわせば

$$\hat{P}_k V_{n+1} = V_k$$

となる．上式を V_{n+1}, V_k の元を用いて書きかえると，

$$\hat{P}_k(c_1e_1+\cdots+c_ke_k+c_{k+1}e_{k+1}+\cdots+c_{n+1}e_{n+1}) = (c_1e_1+\cdots+c_ke_k)$$

である．明らかに $\hat{P}_k$ はベキ等律 $\hat{P}_k\hat{P}_k=\hat{P}_k$ を満たす．

物理系Sに関する情報を最も精細化した段階は，命題□を原子的命題 $\alpha_1, \alpha_2, \cdots, \alpha_{n+1}$ にスペクトル分解した段階である．ところで $\alpha_1, \alpha_2, \cdots, \alpha_{n+1}$ を表現するそれぞれの1次元空間は，射線 $\boldsymbol{\psi}_1, \boldsymbol{\psi}_2, \cdots, \boldsymbol{\psi}_{n+1}$ であった．この空間をとり出す演算を，慣例に従ってとくに $\hat{E}_\alpha(1), \hat{E}_\alpha(2), \cdots, \hat{E}_\alpha(n+1)$ とあらわそう．そうすれば，$\hat{E}_\alpha(i)\hat{E}_\alpha(j)=\delta_{ij}\hat{E}_\alpha(i)$ は明らかだから，

$$\square = \alpha_1 \cup \alpha_2 \cup \cdots \cup \alpha_{n+1}$$

の演算子による表現として，$\hat{I}=\hat{E}_\alpha(1)+\hat{E}_\alpha(2)+\cdots+\hat{E}_\alpha(n+1)$ がえられる．ここに $\hat{I}$ は恒等演算子である．

物理系Sから情報をとり出し，それを命題 A_k として定式化するということは，具体的には物理系Sについて，ある物理量を，用意されたある状態で測定することである．それゆえ，上にのべた $\hat{E}_\alpha(i)$ によって物理量を表現するという考え方が可能である．すなわち物理系Sがもっている**物理量**を

$$\hat{A} = \sum_{i=1}^{n+1} \lambda_i \hat{E}_\alpha(i)$$

によってあらわすことは上の議論の自然な結論といってよいだろう．ここに $\{\lambda_i\}$ は実数の組で，物理系Sからその物理量の測定を通じてえられる最も精密な情

報である．これをわれわれはその物理量の**測定値**と名付ける．最も精密なという意味は，次の§19.4で明らかになろう．

つぎに，微視的世界の情報に関する命題束の表現空間はどのような体の上に張られるか，という問題を調べることにする．結論を先にいえば，そのような体としては，実数体だけでは不十分で，少なくとも2元数としての複素数体が必要である．それを示すには，微視的世界の情報に関する命題束の1つをとり，それが直相補モジュラー束であることを確認した上で，その束の表現空間を実数体の上で構成できないこと，複素数体の上なら可能であることがいえればよい．

そこで，z軸方向に進む1個の光子をSとし，適当な偏光板を用いて，つぎのような測定を考え，それぞれにA, B, C, Dという命題記号を与える．

A：x軸から角θだけ傾いた直線偏光を通す

B：x軸から角$\theta+\pi/2$だけ傾いた直線偏光を通す

C：右まわりの円偏光を通す

D：左まわりの円偏光を通す

われわれは実験から

$$A\cap B=◎,\quad A\cup B=□,\quad C\cap D=◎,\quad C\cup D=□$$
$$A\cap C=◎,\quad A\cup C=□,\quad A\cap D=◎,\quad A\cup D=□$$
$$B\cap C=◎,\quad B\cup C=□,\quad B\cap D=◎,\quad B\cup D=□$$

なることを知っている．さらにB, DはそれぞれA, Cの直補元になっていることから，図19.8より明らかなように$\mathcal{L}=\{◎, A, B=A', C, D=C', □\}$は直相補モジュラー束であることがわかる．ところで，この束の組成列は

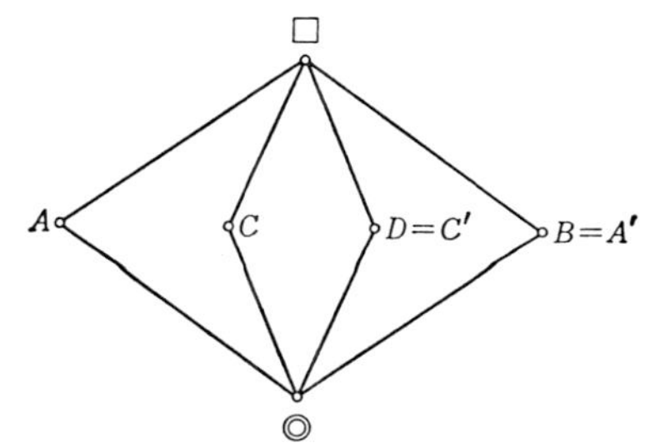

図19.8　2次元直相補モジュラー束
$\mathcal{L}=\{◎, A, B=A', C, D=C', □\}$
のHasseの図式

$$◎ \lessdot A \lessdot □ \quad あるいは \quad ◎ \lessdot C \lessdot □$$

であるから，前にのべた議論により，2次元の線形空間とその線形部分空間で $\mathscr{L}$ を表現することができる.

さて，いよいよそのような線形空間の係数をつくる体の吟味であるが，実際の命題 A には角度を標識するための実数パラメーター $\theta\ (\mathrm{mod}\ \pi)$ が必要である．そこで A の代りに A_θ と書き，さらに C, D の代りに右まわり，左まわりを示すために A_r, A_l を用いることにしよう．そうすれば，A_θ, A_r の直補元はそれぞれ $A_{\theta}'=A_{\theta+\pi/2}$, $A_r'=A_l$ となる．われわれが実際に行なう測定の命題束は θ の値を連続的に変えてえられるすべての命題を含むから，記号であらわすと

$$\bar{\mathscr{L}} = \{◎, □\} \cup \{A_r, A_l\} \cup \{A_\theta:\ 0 \leqq \theta \leqq \pi\}$$

となる．この束の Hasse 図式を描くのは困難であるが，無理にあらわせば図19.9のようになろう．点線であらわした実直線上 PQ $(0 \leqq \theta \leqq \pi)$ の**すべての点**が A_θ, A_{θ}' をあらわす．したがって A_r と $A_r'=A_l$ はこの実直線上に存在することはできない．この困難を克服するためには元の標識としても実数では不十分である．実際，i と $-i$ を用いれば $A_i=A_r$, $A_{-i}=A_r'=A_l$ とあらわすことができる.

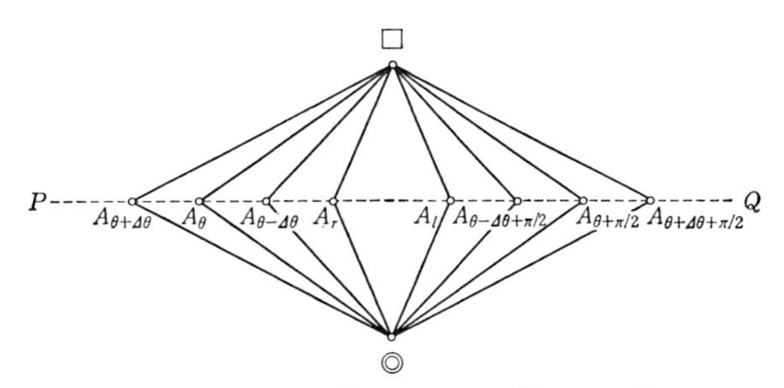

図 19.9　2次元直相補モジュラー束 $\bar{\mathscr{L}}=\{◎, □\} \cup \{A_r, A_l\} \cup \{A_\theta:\ 0 \leqq \theta \leqq \pi\}$ の Hasse の図式

すなわち2次元の線形空間の単位ベクトルを $\boldsymbol{e}_1 \equiv (1, 0)$, $\boldsymbol{e}_2 \equiv (0, 1)$ として，A_θ, $A_{\theta}'=A_{\theta+\pi/2}$, A_r, $A_r'=A_r$ にそれぞれつぎの1次元線形空間(射線)を対応させる.

$$A_\theta \longleftrightarrow \psi(\theta) = \{z(\cos\theta \boldsymbol{e}_1 + \sin\theta \boldsymbol{e}_2):\ z \in \mathrm{C}\}$$

$$A_{\theta}' \longleftrightarrow \psi^{\perp}(\theta) = \{z(-\sin\theta \boldsymbol{e}_1 + \cos\theta \boldsymbol{e}_2):\ z \in \mathrm{C}\}$$

$$A_r \longleftrightarrow \psi(i) = \{z(\boldsymbol{e}_1 + i\boldsymbol{e}_2):\ z \in \mathrm{C}\}$$

$$A_r' \longleftrightarrow \psi^{\perp}(i) = \{z(\boldsymbol{e}_1 - i\boldsymbol{e}_2):\ z \in \mathrm{C}\}$$

さらに ◎$\longleftrightarrow \phi=\{o\boldsymbol{e}_1+o\boldsymbol{e}_2\}$，□$\longleftrightarrow V^2=\{z_1\boldsymbol{e}_1+z_2\boldsymbol{e}_2:\ z_1, z_2 \in \mathrm{C}\}$，かつ V^2 内の2つの射線が直相補(orthocomplemented)になっていることを，それぞれの射線に含まれるベクトル

$$\psi = z_1\boldsymbol{e}_1+z_2\boldsymbol{e}_2, \qquad \psi' = z_1'\boldsymbol{e}_1+z_2'\boldsymbol{e}_2$$

についての内積が0になっていること，すなわち

$$(\psi', \psi) = (z_1')^* z_1+(z_2')^* z_2 = 0 \qquad (z^* \text{ は } z \text{ の複素共役})$$

であらわせば，$\mathcal{L}$ を正確に表現することができる．実際，このようにすれば，

$$\begin{aligned} V^2 &= \psi(\theta) \cup \psi^{\perp}(\theta) = \psi(\theta) \cup \psi(i) = \psi(\theta) \cup \psi^{\perp}(i) = \psi^{\perp}(\theta) \cup \psi(i) \\ &= \psi^{\perp}(\theta) \cup \psi^{\perp}(i) = \psi(i) \cup \psi^{\perp}(i) \\ \phi &= \psi(\theta) \cap \psi^{\perp}(\theta) = \psi(\theta) \cap \psi(i) = \psi(\theta) \cap \psi^{\perp}(i) = \psi^{\perp}(\theta) \cap \psi(i) \\ &= \psi^{\perp}(\theta) \cap \psi^{\perp}(i) = \psi(i) \cap \psi^{\perp}(i) \end{aligned}$$

であることが確かめられる．これで図19.9で示されるような直相補モジュラー束の表現には2次元の複素線形空間が必要かつ十分であることが証明できた．

量子力学を直相補モジュラー束の構造をもつ命題の集りから構成しようという立場では，線形空間の**係数体**(coefficient field)あるいは**基礎体**(ground field)が何であるかをきめることは最重要な問題の1つである．ここに掲げたのは筆者自身による1つの解答であるが，この問題に関心のある読者は[Watanabe], pp. 496-497, [Jauch], pp. 129-131 を参照されたい．

§19.4　命題とその確率

a)　有限次元の場合

物理系Sに関する情報をえるための測定を定式化するさい，われわれはそれを質問形式の命題としてとらえ，それらの間に存在する論理的関係とその表現を調べてきた．しかし物理系Sに関する情報としては，それらの命題の答のyes, noだけではなく，yesの起こる確率はどの位であるかということを知りたい場合が多い．それゆえ，各命題にそれが起こる確率を対応させる方法を考える必要が生ずる．

すでに前節(d)項でわれわれは，命題の集りが有限次元の直相補モジュラー束になっている場合，それぞれの命題に有限次元のベクトル空間およびその線形部分空間を対応させることによって1つの表現がえられることを知った．それゆえ，

命題 A に確率を対応させることは，命題 A に対応する線形部分空間 V_A に対して確率関数 $p(A)$ を定義することであるということができる．これを図式的にあらわすと，

$$\begin{array}{ll} A \in \mathscr{L} & : \mathscr{L} \text{ は命題の } n+1 \text{ 次元直相補モジュラー束} \\ \downarrow & \\ V_A \subset V^{n+1} & : V^{n+1} \text{ は } n+1 \text{ 次元のベクトル空間} \\ \downarrow & \\ p(A) \in [0,1] & : [0,1] \text{ は実数の区間} \end{array} \tag{19.4.1}$$

となる．

以上の対応のさせ方は一見単純明快なようであるが，気をつけないと，そもそも命題の確率とは実際の観測においてどのように定義されるべきか，という物理的には最も重要な問題を見落すおそれがある．われわれが具体的に命題 A の確率を云々できるのは，物理系 S に何等かの**測定準備**(preparation)が行なわれた場合に限る．いいかえると，“S を命題 B が yes である状態において A を観測(≡質問)したらその答が yes である確率はどれだけであるか？”と問う形式にして，初めて実際的な意味をもちうるのである．それゆえ，記号的にも $p(A)$ よりも $p_B(A)$ のように，測定が行なわれる状態 B を明示的に書いた方がよい．われわれが測定によって検証される命題について確率を論ずるときは，上の意味で，それは**条件づき確率**(conditional probability)になっているのである．ここで命題間の関係 ⊆ の定義(*19. 1. 1*)および(*19. 1. 2*)を思い出せば

$$B \subseteq A \quad \text{のとき} \quad p_B(A) = 1 \tag{19.4.2}$$

また A と A' の関係から

$$p_B(A) + p_B(A') = 1 \tag{19.4.3}$$

なることも明らかであろう．

われわれの目的は，このような条件を満たす関数 $p_B(A)$ を線形部分空間 V_B と V_A に関する量から構成し，その形の**一意性**を吟味することである．この問題は1957年，A. M. Gleason によって，連続無限次元の場合も含めて成り立つつぎの定理として完全に解かれた([Gleason], pp. 885-894)．

［定理］　少なくとも3次元以上の可分な(実または複素)Hilbert 空間 H の閉部分空間の上の測度を μ とすると，H のすべての閉部分空間 H_A に対してつぎ

のようなトレースの類に属する1つの正の半定符号(positive semi-definite)自己共役演算子 $\hat{T}$ が存在する：

$$\mu(\mathsf{H}_A) = \mathrm{tr}(\hat{T}\hat{P}_A) = \sum_i (\hat{T}\hat{P}_A x_i, x_i) \qquad (19.4.4)$$

ここに $\hat{P}_A$ に H_A への射影演算子，$\{x_i\}$ は H の規格直交ベクトルである．

ここでは原論文とできるだけ同じ記号を使ったが，もちろん $\mu(\mathsf{H}_A)$ は命題 A の確率で $p_B(A)$ に相当する．事実，あとで明らかにするように $\hat{T}$ は命題 B に関係する演算子であり，(*19.4.4*)は実質的に $p_B(A)$ を表わしている．われわれは本章でこれまでのところ有限次元の場合だけを扱ってきたから，上の定理における“可分な”という形容詞は不用であるが，なぜ3次元の実 Hilbert 空間から出発するかについては一筆しておいた方がよいだろう．

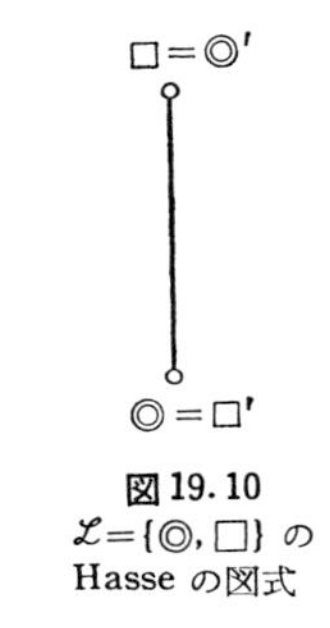

図 19.10
$\mathscr{L}$={◎,□} の Hasse の図式

命題が作る相補束で次元が最低なのは，図19.10で示される $\mathscr{L}$={◎,□} であり，線形空間であらわせば1次元ベクトル空間とその部分空間である原点(ゼロ・ベクトル)となる．しかし，これは最も簡単な Boole 束であり，われわれが問題にしているのは非 Boole 束である．それゆえ1次元の実 Hilbert 空間については考える必要はない．つぎの2次元の場合は実 Hilbert 空間と複素 Hilbert 空間とを区別して考えねばならない．前者は図19.1で示されるような Boole 束，後者はたとえば図19.9に示されるような非 Boole 束で，その部分束として Boole 束を含む．もちろん，両者とも直相補モジュラー束になっている．

命題のすべての集りが Boole 束を作る場合に各命題に確率を与えることは，古典物理学でわれわれがこれまで実際行なってきたから(本講座第2巻『古典物理学 II』を参照)本章ではとり上げない．微視的世界からの情報に関する命題の特徴は，その集りが窮屈な Boole 束の束縛から開放されている点である．それゆえ，われわれが最初にとり上げるべき Hilbert 空間は2次元の複素ベクトル空間となる．ところで§8.5で論じたように，2次元の複素ベクトル空間の任意のベクトルには3次元の実 Euclid 空間 R^3 の位置ベクトルを対応させることができる．この対応は1対1ではないが，後の議論に差支えは起こらない．本質的なことは，2次元の複素ベクトル空間はその線形部分空間として2次元の実 Euclid 空間 R^2 を含むという点である．これは前にのべた図19.9が図19.1を含んでいることに対応している．以上がなぜ3次元の実 Hilbert 空間すなわち R^3 から出発するかという理由である．

さて上に掲げた Gleason の定理の証明としては Gleason 自身が与えたものを幾何学化した C. Piron による証明([Piron, a])があるが，ここでは Gleason の原論文([Gleason])にできるだけ沿って，紙幅の制限を考慮に入れた上での簡略化を行ないつつ，その証明を試みることにしよう．

A を原子的命題とすれば，その R^3 における表現は原点を通る直線

$$\boldsymbol{\psi}(A)=\{\lambda(x_1e_1+x_2e_2+x_3e_3) : \lambda\in\mathsf{R}\} \qquad (19.4.5)$$

で与えられる．ここに $\{e_i\}$ は規格直交ベクトル，$\boldsymbol{x}\equiv(x_1, x_2, x_3)$ は単位ベクトル，すなわち

$$x_1{}^2+x_2{}^2+x_3{}^2=1 \qquad (19.4.6)$$

である．$\boldsymbol{\psi}(A)$ は(*19.4.5*)で与えられる連続無限個の点集合であるから，$p(A)$ を定義するには $\boldsymbol{\psi}(A)$ を1点で代表することが望ましい．そのため図19.11のように，原点を通る直線 $\boldsymbol{\psi}(A)$ と単位球の交わりを考えてみよう．残念ながら交点は必ず2個あり，それらは同じ命題 A を代表しているから，その確率もお互いに一致しなければならない．それらの2点を P, P* とし，P の座標を (x_1, x_2, x_3) とすれば，P* のそれは $(-x_1, -x_2, -x_3)$ となる．直線と球面上の点を1対1に

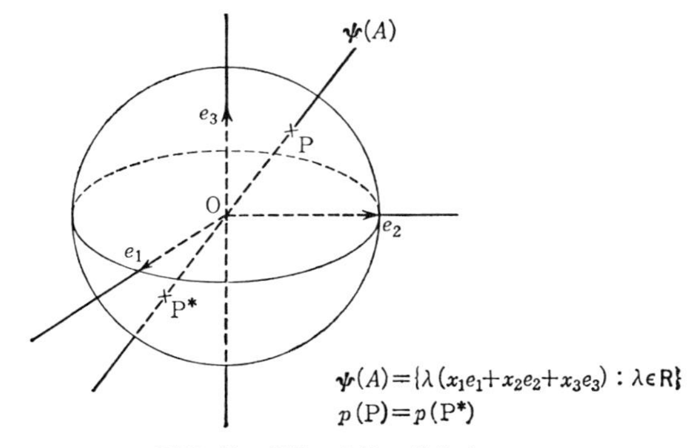

図19.11　射線 $\boldsymbol{\psi}(A)$ と単位球面との交点 P, P* で確率関数は一致する

するために，たとえば北半球だけをとることも考えられよう．しかしこの場合も，赤道上の点はどうするか，という問題が残る．結局 $p(A)$ として

$$p(A) = p(x_1, x_2, x_3) = p(-x_1, -x_2, -x_3) \tag{19.4.7}$$

の性質をもつ関数を選ぶより仕方がない．ここで読者は R^3 における回転群のベクトル表現のさい似たようなことが起こることに気づかれるだろう(『量子力学I』第8章の参考書[山内]参照)．証明は大別してつぎの2段階で行なわれる：

(i) $p(\boldsymbol{x})$ は単位球面上いたるところで連続である．

(ii) 単位球面上で連続な関数は，自己共役な演算子 $\hat{T}$ を用いて $p(\boldsymbol{x})=(\hat{T}\boldsymbol{x}, \boldsymbol{x})$ とあらわされる．

射線はあらゆる方向に引けるから，$p(\boldsymbol{x})$ が $\boldsymbol{x}$ の関数として単位球面上いたるところで連続であるというのは自明なようであるが，実はこの部分が Gleason の定理の証明のやまである．これを証明するためには，単位球面上の点 P の近傍 U，およびその近傍内における実数値関数 $f(\boldsymbol{x})$ の最大振幅 $\mathrm{osc}(f, U)=\sup\{f(\boldsymbol{x}) : \boldsymbol{x}\in U\}-\inf\{f(\boldsymbol{x}) : \boldsymbol{x}\in U\}$ 等の定義から始めねばならない．しかし，ここではその説明は割愛し，$p(\boldsymbol{x})$ の性質として(19.4.3)に相当するつぎの関係が使われることを指摘しておくにとどめる．A が原子的命題で $\boldsymbol{x}$ であらわされるならば，A' は $\boldsymbol{x}$ に垂直な平面であらわされる．この平面に含まれる単位ベクトルを $\boldsymbol{x}'$ とする．同様に $\boldsymbol{y}, \boldsymbol{y}'$ をとれば，(19.4.3)から

$$p(\boldsymbol{x})+p(\boldsymbol{x}') = p(\boldsymbol{y})+p(\boldsymbol{y}') \tag{19.4.8}$$

がえられる．この関係を使うことによって，$p(\boldsymbol{x})$ が単位球面上いたるところで連続であることが証明できるのである．

単位球面上で連続な関数は，球面調和関数 $\{Y_l^m(\theta, \varphi) : m=l, l-1, \cdots, -l, l=0, 1, 2, \cdots\}$ で展開できるが，$p(\boldsymbol{x})$ は座標軸のえらび方にはよらないはずである．座標軸は直交系にしておくから，このことは $p(\boldsymbol{x})$ は座標軸の回転に対して不変な形になっていることを意味する．回転群の既約表現は，単位球面上で連続なすべての関数の集合 $\mathfrak{C}$ の部分空間

$Q_0 = \{Y_0^0\}$ で張られる空間

$Q_1 = \{Y_1^1, Y_1^0, Y_1^{-1}\}$ で張られる空間

$Q_2 = \{Y_2^2, Y_2^1, Y_2^0, Y_2^{-1}, Y_2^{-2}\}$ で張られる空間

…………

であらわされる．この中のどれか，あるいはどのような組合せを $\boldsymbol{p(x)}$ として選ぶべきかをきめるには，つぎの補題を用いる．

［補題］ n を整数，θ を実数としたとき，n のすべての値に対し

$$\cos n\theta + \cos n\left(\theta + \frac{\pi}{2}\right) = W \qquad (19.4.9)$$

が θ によらないための必要十分条件は，$n=0$ あるいは $n\equiv 2 \pmod 4$．

この証明は簡単だから読者にまかせる．Gleason は前掲の論文の中で枠関数 (frame function) なるものを導入し，いくつかの補題の証明をつみ重ね，前出の“定理”に到達するのであるが，この補題は 2 次元の実 Hilbert 空間における枠関数 $f(\cos\theta, \sin\theta)$ が $\cos n\theta$ になっており，しかも，整数 n に条件がつくことを示している．枠関数の定義は省略するが，その内容はわれわれの確率汎関数そのものである．$\boldsymbol{x}$ と $\boldsymbol{x}'$ が共に赤道面にある場合について，(19.4.8) と上の補題を考慮して $p(\boldsymbol{x})$ の表現に適当なものを $Q_0, Q_1, Q_2, Q_3, \cdots$ の中から選ぶと Q_0+Q_2 がえられる．Q_0 は定数，Q_2 は $\boldsymbol{x}$ の 3 成分の 2 次形式であるが，$1=x_1{}^2+x_2{}^2+x_3{}^2$ なることを利用すれば Q_0+Q_2 全体も $\boldsymbol{x}$ の 3 成分の正の半定符号 2 次形式にすることができる．結局 $p(\boldsymbol{x})$ は正の半定符号な自己共役演算子 $\hat{T}$ を用いて

$$p(\boldsymbol{x}) = (\hat{T}\boldsymbol{x}, \boldsymbol{x}) \qquad (19.4.10)$$

とあらわされることになる．そして，これ以外のあらわし方は存在しないことが証明できる．

(19.4.10) は $\boldsymbol{x}$ を含めた規格直交系 $\{\boldsymbol{x}, \boldsymbol{y}, \boldsymbol{z}\}$ と射影演算子 $\hat{P}_{\boldsymbol{x}}$ を用いると［定理］の 1 つの場合がえられる．すなわち

$$\hat{P}_x\boldsymbol{x} = \boldsymbol{x}, \qquad \hat{P}_x\boldsymbol{y} = 0, \qquad \hat{P}_x\boldsymbol{z} = 0, \qquad \hat{P}_x\hat{P}_x = \hat{P}_x$$

なる $\hat{P}_{\boldsymbol{x}}$ を用いて，(19.4.10) をつぎのように書き直す．

$$p(\boldsymbol{x}) = (\hat{T}\hat{P}_x\boldsymbol{x}, \boldsymbol{x}) + (\hat{T}\hat{P}_x\boldsymbol{y}, \boldsymbol{y}) + (\hat{T}\hat{P}_x\boldsymbol{z}, \boldsymbol{z}) \equiv \mathrm{tr}\ \hat{T}\hat{P}_x \qquad (19.4.11)$$

もし命題 A が原子的でない場合，たとえば xy 平面全体として表現される場合は，$\boldsymbol{\psi}_x, \boldsymbol{\psi}_y$ をそれぞれ x 方向，y 方向の射線として

$$\boldsymbol{\psi}_A = \boldsymbol{\psi}_x \cup \boldsymbol{\psi}_y$$

$$p(A) = p(\boldsymbol{\psi}_A) = p(\boldsymbol{\psi}_x) + p(\boldsymbol{\psi}_y) = (\hat{T}\boldsymbol{x}, \boldsymbol{x}) + (\hat{T}\boldsymbol{y}, \boldsymbol{y}) \qquad (19.4.12)$$

であるから，$\hat{P}_A\boldsymbol{x}=\boldsymbol{x}$，$\hat{P}_A\boldsymbol{y}=\boldsymbol{y}$，$\hat{P}_A\boldsymbol{z}=0$ なる射影演算子 $\hat{P}_A$ を用いて，やはり

$$p(A) = \mathrm{tr}\ \hat{T}\hat{P}_A \qquad (19.4.13)$$

の形にあらわされる.

以上の議論を4次元の実 Hilbert 空間, あるいは3次元の複素 Hilbert 空間へ拡張するのは容易である. Gleason は一挙に可分な無限次元空間へ証明の場を拡げているが, われわれの場合は無限次元の取扱いを後にまわすから, 話はことに簡単である. それには(*19. 4. 10*)の関係が4次元以上のベクトル $\boldsymbol{x}$ についても成り立つことをいえばよい. 3次元以上の Hilbert 空間は3次元の実 Hilbert 空間を必ず部分空間として含み, したがって3次元の単位球面である2次元空間 S_3 を含む. そこで $\boldsymbol{x}\in S_3$ ならば

$$F(\boldsymbol{x}) = (\hat{T}\boldsymbol{x}, \boldsymbol{x}) = A_s(\boldsymbol{x}, \boldsymbol{x})$$

であるから, $\boldsymbol{x}\in S_3$, $\boldsymbol{y}\in S_3$ ならば

$$A(\boldsymbol{x}, \boldsymbol{y}) = A_s(\boldsymbol{x}, \boldsymbol{y})$$

になるような $A(\boldsymbol{x}, \boldsymbol{y})$ を定義する. これから有界な自己共役演算子 $\hat{T}$ の存在が

$$p(\boldsymbol{x}) = A(\boldsymbol{x}, \boldsymbol{x}) = (\hat{T}\boldsymbol{x}, \boldsymbol{x})$$

としてあらためて確認される.

われわれは, Gleason の定理の数学的証明のすじみちは, 以上でほぼ理解したが, そこにあらわれた自己共役な正の半定符号演算子 $\hat{T}$ とは, 物理的にどのような意味をもつものであろうか? ここであらためて命題 A が yes である確率の具体的内容を検討しなくてはならない. それは前に触れたように, 対象としている物理系 S に, 測定のための条件が準備され, S は B という命題が yes である“状態”におかれ, その状態で命題 A が yes としてあらわれる確率 $p_B(A)$ として, 初めて明確な意味をもつものである. では上の議論で命題 B に関する情報はどのような形で表現されていたか. それをこれから調べる. 結論を先にいえば, 命題 B, すなわち物理系 S の測定前の状態は, これまで用いた正の半定符号自己共役演算子 $\hat{T}$ によってあらわされる. それゆえ(*19. 4. 13*)の代りに

$$p_B(A) = \mathrm{tr}\ \hat{T}_B\hat{P}_A \tag{19. 4. 14}$$

と書いた方がはっきりする.

演算子 $\hat{T}_B$ の性質を明らかにするために, 命題 A および B が離散的なスペクトル $\{\alpha_1, \alpha_2, \cdots, \alpha_{n+1}\}$ であらわされる場合について考えてみよう. ここに α_i ($i=1, 2, \cdots, n+1$) は原子的命題である. そして, これら $n+1$ 個の命題は $n+1$ 次元の線形空間の独立な射線であらわされるとする. われわれは測定の目的から考え

て A は原子的であるとするが，B は必ずしも原子的ではない．この逆に B が原子的で A が原子的でないような場合は，$A\supset B$ であるから $p_B(A)=1$ は自動的に成り立つ．これは測定を行なう必要のないつまらない場合であるから，考えなくてよい．

さて，一般に命題 α_i をあらわす単位ベクトルを $\boldsymbol{x}[\alpha_i]$ と書くことにすれば，B が何であれ(といっても $\{\alpha_i\}$ から構成されるものに限るが)，前にのべた Gleason の定理により

$$p_B[\alpha_i]=(\hat{T}_B\boldsymbol{x}[\alpha_i],\boldsymbol{x}[\alpha_i]) \qquad (19.4.15)$$

である．ここで $\alpha_1'=\alpha_2\cup\alpha_3\cup\cdots\cup\alpha_{n+1}$ を考慮して(19.4.3)を書き下すと，

$$p_B[\alpha_1]+p_B[\alpha_2\cup\alpha_3\cup\cdots\cup\alpha_{n+1}]=1 \qquad (19.4.16)$$

がえられる．$\alpha_i\cap\alpha_j=0$ $(i\neq j)$ なるとき，p_B は確率関数としての基本的関係

$$p_B[\alpha_2\cup\alpha_3\cup\cdots\cup\alpha_{n+1}]=p_B[\alpha_2]+p_B[\alpha_3]+\cdots+p_B[\alpha_{n+1}]$$

を満たさなくてはならないから，(19.4.16)より

$$\sum_{i=1}^{n+1}p_B[\alpha_i]=\sum_{i=1}^{n+1}(\hat{T}_B\boldsymbol{x}[\alpha_i],\boldsymbol{x}[\alpha_i])=\mathrm{tr}\ \hat{T}_B=1 \qquad (19.4.17)$$

がえられる．ただし，ここで $\{\boldsymbol{x}[\alpha_i]\}$ は規格直交系である．

さて $\hat{T}_B$ は正の半定符号自己共役演算子であるから，適当な座標変換(複素 Hilbert 空間ならユニタリー変換)によって対角化される．それを

$$\hat{T}_B=\begin{bmatrix}\omega_1 & & & \\ & \omega_2 & & \\ & & \ddots & \\ & & & \omega_{n+1}\end{bmatrix}=\sum_{i=1}^{n+1}\omega_i\hat{P}_i \qquad (19.4.18)$$

と書くことにすれば

$$\omega_i\geqq 0,\qquad \sum_{i=1}^{n+1}\omega_i=1$$

$$\hat{P}_1=\begin{bmatrix}1 & & & \\ & 0 & & \\ & & \ddots & \\ & & & 0\end{bmatrix},\qquad \hat{P}_2=\begin{bmatrix}0 & & & & \\ & 1 & & & \\ & & 0 & & \\ & & & \ddots & \\ & & & & 0\end{bmatrix}$$

$$\cdots\cdots\cdots\cdots, \qquad \hat{P}_{n+1} = \begin{bmatrix} 0 & & & \\ & 0 & & \\ & & \ddots & \\ & & & 1 \end{bmatrix}$$

なることは明らかであろう．ここで

$$\hat{P}_i\hat{P}_j = \delta_{ij}\hat{P}_i \qquad (i, j = 1, 2, \cdots, n+1)$$

なることを考慮すれば

$$\hat{T}_B{}^2 = \sum_{i=1}^{n+1} \omega_i{}^2 \hat{P}_i \tag{19. 4. 19}$$

となり，$\hat{T}_B{}^2$ は一般に $\hat{T}_B$ とは等しくない．しかし $\omega_k=1$, $\omega_i=0$ $(i \neq k)$ の場合は，そしてその時に限り，例外的に等しくなる．その場合は

$$\hat{T}_B = \hat{P}_k \tag{19. 4. 20}$$

となり，測定前の状態は**純粋**(pure)であるという．(*19. 4. 18*)であらわされる一般の場合，測定前の状態は**混合**(mixture)であるという．

ω_i の具体的な意味を知るために，B が原子的でない場合，たとえば $\alpha_1 \cup \alpha_2$ の場合を考えてみよう．このとき B は $\boldsymbol{x}[\alpha_1]$ と $\boldsymbol{x}[\alpha_2]$ で張られる 2 次元部分空間，すなわち平面，であらわされる．ここで A が原子的で $c_1\boldsymbol{x}[\alpha_1]+c_2\boldsymbol{x}[\alpha_2]$ なる直線であらわされるとしよう．そうすれば $p_B[A]$ はその直線と平面の相対的な関係によってきまる．その関係は平面の法線ベクトルと直線の方向ベクトルによって一意的にきまるが，それは平面上の任意の異なる 2 本の直線と A をあらわす直線の関係としてあらわされる．したがって B が原子的でなければ $\hat{T}_B$ は純粋状態ではないことがわかる．

われわれは物理系Sのある物理量を測定し，それに関する原子的命題 A が $\{\alpha_1, \alpha_2, \cdots, \alpha_{n+1}\}$ の 1 つであるとし，それらをあらわす $n+1$ 次元線形空間の基底ベクトルを $\{\boldsymbol{x}[\alpha_i]: i=1, 2, \cdots, n+1\}$ と書き，適当な座標変換(直交またはユニタリー変換)によって，物理系 S の測定前の状態をあらわす正の半定符号自己共役演算子 $\hat{T}_B$ を対角化した．ここで記号の繁雑化を避けるため，$\hat{T}_B$ を対角化した後の基底ベクトルをあらためて $\{\boldsymbol{x}[\alpha_i]\}$ と書くことにすれば，もとの命題 A をあらわす単位ベクトルは

$$\boldsymbol{x} = \sum_{i=1}^{n+1} c_i \boldsymbol{x}[\alpha_i] \tag{19.4.21}$$

となる．$\{c_i\}$ が

$$\sum_{i=1}^{n+1} {c_i}^2 = 1 \tag{19.4.22}$$

なる条件を満たさなくてはならないことはいうまでもないが，その物理的意味は純粋状態の B で測定を行ない，(19.4.21)で与えられる命題 A が yes である確率を計算すれば直ちに判明する．たとえば $\hat{T}_B$ が(19.4.20)で与えられる純粋状態であれば

$$p_B(A) = (\hat{T}_B\boldsymbol{x}, \boldsymbol{x}) = {c_k}^2 \tag{19.4.23}$$

となる．

ところで，われわれがある物理量の測定によって命題 A が yes か no かを問うということは，その物理量のとりうる測定値 $\{\lambda_i\}$ のどれかをえらび出すことに他ならない．いいかえると原子的命題 α_i をあらわす射線には実数の標識 λ_i がつけられていると見ることができる．α_i をあらわす単位ベクトルを $\boldsymbol{x}[\alpha_i]$，それへの射影演算子を $\hat{P}_i$ とすると，物理量は§19.3(d)でのべたように

$$\hat{A} = \sum_{i=1}^{n+1} \lambda_i \hat{P}_i \tag{19.4.24}$$

であらわされる．ただし，そこでは $\hat{P}_i$ の代りに $\hat{E}_\alpha(i)$ の記号を用いた．物理系 S が $\hat{T}_B$ で与えられる状態にあるとき $\hat{A}$ を測定し，λ_i なる測定値がえられる確率は

$$p_B[\alpha_i] = \mathrm{tr}\ \hat{T}_B\hat{P}_i \tag{19.4.25}$$

であるから，$\hat{A}$ の測定値の期待される平均値は

$$\langle\hat{A}\rangle_{\mathrm{av}} = \sum_{i=1}^{n+1} \lambda_i p_B[\alpha_i] = \sum_{i=1}^{n+1} \lambda_i\, \mathrm{tr}\ \hat{T}_B\hat{P}_i = \mathrm{tr}\ \hat{T}_B \sum_{i=1}^{n+1} \lambda_i \hat{P}_i = \mathrm{tr}\ \hat{T}_B\hat{A} \tag{19.4.26}$$

となる．これを $\hat{A}$ の**期待値**(expectation value)という．

さて測定前の状態をあらわす演算子 $\hat{T}_B$ については，つぎにのべるような重要な性質がある．すでに，純粋，混合を問わず，$\mathrm{tr}\ \hat{T}_B=1$ はつねに成り立っていることを知った．そして，混合状態の場合は(19.4.19)から

$$\mathrm{tr}\ \hat{T}_B{}^2 = \sum_{i=1}^{n+1} \omega_i{}^2 < 1 \qquad (19.4.27)$$

がえられる．純粋状態の場合は

$$\mathrm{tr}\ \hat{T}_B{}^2 = 1 \qquad (19.4.28)$$

である．そこで物理系Sの測定前の状態が $\hat{T}_B = \hat{P}_1$ で与えられる純粋状態であるとしてみる．そういう状態でわれわれが $\hat{A}$ の測定によって，$\boldsymbol{x}[\alpha_1]$ であらわされる命題 A を問うならば，その答は必ず yes，すなわち

$$p_B(A) = 1 \qquad (19.4.29)$$

である．しかし(*19.4.21*)で与えられるような一般の場合には，A が原子的であっても

$$p_B(A) = c_1{}^2 < 1 \qquad (19.4.30)$$

である．これは

$$p_B(A') = 1 - c_1{}^2 > 0 \qquad (19.4.31)$$

すなわち，A でない状態が出現する確率が0でないことを物語っている．この事実から2度目の測定に移る前の状態はもはや純粋状態ではないことが予想される．この予想を証明することは容易である．

測定前の状態を純粋状態，混合を含めて一般的に

$$\hat{T}_B = \begin{bmatrix} \omega_1 & & & \\ & \omega_2 & & \\ & & \ddots & \\ & & & \omega_{n+1} \end{bmatrix} = \sum_{i=1}^{n+1} \omega_i \hat{P}_i$$

とし，この状態で物理量

$$\hat{A} = \sum_{i=1}^{n+1} \lambda_i \hat{P}_i$$

を測定した場合，測定値 λ_i に相当する状態があらわれる確率は，これまでの議論から明らかに

$$p_B(\hat{P}_i) = \mathrm{tr}\,(\hat{T}_B \hat{P}_i) \qquad (19.4.32)$$

である．$\hat{A}$ を測定すれば，一般に $\{\lambda_1, \lambda_2, \cdots, \lambda_{n+1}\}$ のそれぞれの測定値に応じた状態が上に与えられた確率であらわれるから，その状態を第2の測定の前の状態と考えて $\hat{T}_B{}'$ と書くことにすれば，簡単な計算によって

$$\hat{T}_B{}' = \sum_{i=1}^{n+1} p_B(\hat{P}_i)\hat{P}_i = \sum_{i=1}^{n+1} \mathrm{tr}\,(\hat{T}_B\hat{P}_i)\hat{P}_i = \sum_{i=1}^{n+1} \hat{P}_i\hat{T}_B\hat{P}_i \qquad (19.\,4.\,33)$$

がえられる．念のため最後の式の導き方を説明しておこう．それには，射影演算子を

$$\hat{P}_i\psi = (\psi_i, \psi)\psi_i, \qquad \hat{P}_i\psi_j = \delta_{ji}\psi_i$$

と具体的にあらわして，つぎのような計算を行なえばよい．

$$\hat{P}_i\hat{T}_B\hat{P}_i\psi = \hat{P}_i(\hat{T}_B(\hat{P}_i\psi)) = (\psi_i, \hat{T}_B\psi_i)\hat{P}_i\psi = \sum_j (\psi_j, \hat{T}_B\hat{P}_i\psi_j)\hat{P}_i\psi \qquad (19.\,4.\,34)$$

さて $\hat{T}_B{}'$ および $(\hat{T}_B{}')^2$ のトレースはどうなっているだろうか？ それは(*19.4.33*)から直ちに求められる．

$$\mathrm{tr}\,\hat{T}_B{}' = \sum_{i=1}^{n+1} \mathrm{tr}\,(\hat{P}_i\hat{T}_B\hat{P}_i) = \sum_{i=1}^{n+1} \mathrm{tr}\,(\hat{T}_B\hat{P}_i{}^2) = \sum_{i=1}^{n+1} \mathrm{tr}\,(\hat{T}_B\hat{P}_i) = \sum_{i=1}^{n+1} p_B(\hat{P}_i) = 1 \qquad (19.\,4.\,35)$$

$$(\hat{T}_B{}')^2 = \left(\sum_{i=1}^{n+1} p_B(\hat{P}_i)\hat{P}_i\right)^2 = \sum_{i=1}^{n+1} p_B{}^2(\hat{P}_i)\hat{P}_i$$

$$\therefore \quad \mathrm{tr}\,(\hat{T}_B{}')^2 = \sum_{i=1}^{n+1} p_B{}^2(\hat{P}_i)\,\mathrm{tr}\,\hat{P}_i = \sum_{i=1}^{n+1} p_B{}^2(\hat{P}_i) \leqq \left(\sum_{i=1}^{n+1} p_B(\hat{P}_i)\right)^2 = 1 \qquad (19.\,4.\,36)$$

それゆえ，$\hat{T}_B$ が純粋状態であっても $\hat{T}_B{}'$ は一般にはもはや純粋状態ではない．

われわれは Gleason の定理によって $\hat{T}_B$ が正の半定符号自己共役演算子であることを知った．それゆえ，これをある“物理量”と解釈することが可能である．その場合，その“観測値”は負にはならないから，さらに $\ln \hat{T}_B$ なる“物理量”を定義することができる．実際，$\hat{T}_B$ を(*19.4.18*)のように対角化しておけば，$\omega_i \geqq 0$ だから

$$\ln \hat{T}_B = \begin{bmatrix} \ln \omega_1 & & & \\ & \ln \omega_2 & & \\ & & \ddots & \\ & & & \ln \omega_{n+1} \end{bmatrix} \qquad (19.\,4.\,37)$$

として定義することができる．そこで(*19.4.26*)に従って $\ln \hat{T}_B$ の期待値を求めてみる．

$$\langle \ln \hat{T}_B \rangle_{\mathrm{av}} = \mathrm{tr}\,(\hat{T}_B \ln \hat{T}_B) \qquad (19.\,4.\,38)$$

(*19. 4. 37*)のように $\hat{T}_B$ を対角化した基底で上式を書き直すと，

$$\langle \ln \hat{T}_B \rangle_{\mathrm{av}} = \sum_{i=1}^{n+1} \omega_i \ln \omega_i \qquad (19.4.39)$$

となるが，$0 \leqq \omega_i \leqq 1$ $(i=1, 2, \cdots, n+1)$ だから，上式の右辺は 0 または負の物理的には無次元の (dimensionless) "量" である．そこで，正の物理定数 k を用いて

$$S = -k \langle \ln \hat{T}_B \rangle_{\mathrm{av}} \qquad (19.4.40)$$

なる物理量を定義する．そうすれば S は非負の物理的な次元をもった量となる．$S=0$ は上の議論から明らかなように $\hat{T}_B$ が純粋状態のときに限る．ところで S の値に上限は存在するか？ それを調べるには(*19. 4. 39*)の表式を用いて

$$S = -k \sum_{i=1}^{n+1} \omega_i \ln \omega_i \qquad (19.4.41)$$

の最大値を $\sum_{i=1}^{n+1} \omega_i = 1$, $\omega_i \geqq 0$ の条件のもとで求めればよい，そしてそれ以外に解はない，と思われるかもしれないが，実はこの議論は必ずしも妥当ではない．われわれは物理系の状態を問題にしているのであって，形式的な論理的ゲームを楽しんでいるのではない．現実の物理系にはそれが観測の対象となるために，必ず何らかの物理的条件が課せられている．たとえば，その物理系の内部エネルギーの期待値がつねに一定になるように——すぐ後でのべるように，熱平衡の状態に——なっている．そこで，このような物理的条件のもとで S の上限を求めてみよう．その物理系の内部エネルギーを自己共役な演算子 $\hat{H}$ であらわす．そうすると，われわれの問題は

$$\langle \hat{H} \rangle_{\mathrm{av}} = \mathrm{tr}\,(\hat{T}_B \hat{H}) = \mathrm{const} \qquad (19.4.42)$$

なる条件のもとで

$$S = -k\,\mathrm{tr}\,(\hat{T}_B \ln \hat{T}_B) \qquad (19.4.43)$$

が最大になるような $\hat{T}_B$ を求めることであるということができる．Lagrange の未定係数法を用いれば，この問題の解は直ちにえられる．すなわち，変分

$$\delta\,(S - \beta \langle \hat{H} \rangle_{\mathrm{av}}) = 0 \qquad (19.4.44)$$

から

$$\delta \left\{ \mathrm{tr}\ \hat{T}_B \left(\ln\ \hat{T}_B + \frac{\beta}{k} \hat{H} \right) \right\} = 0 \qquad (19.4.45)$$

が導かれ，この解として

$$\hat{T}_B = \frac{1}{\hat{Z}} \exp\left[-\frac{\beta}{k}\hat{H}\right] \tag{19. 4. 46}$$

$$\hat{Z} = \mathrm{tr}\left(\exp\left[-\frac{\beta}{k}\hat{H}\right]\right) \tag{19. 4. 47}$$

がえられる．$\hat{Z}$ は $\mathrm{tr}\,\hat{T}_B=1$ にするためである．ここで $\beta=1/T$ と書きかえ，T を絶対温度とすると，$\hat{Z}$ は統計力学で使われる状態和そのものになっている．またこれから k の次元が［エネルギー］［温度］$^{-1}$ でなくてはならないこともわかる．k が Boltzmann 定数であることはもはやいうまでもあるまい．そして S は古典的な気体運動論で導入されたエントロピーと同じ性質をもっていることがわかる．そこで(*19. 4. 40*)を量子力学的なエントロピーと呼ぶことにする．われわれは第VII部では，これまで統計力学的な集団としての**アンサンブル**(ensemble)という考えを表面に出したことはないけれども，実は量子力学的命題に確率概念を賦与する際，原子的でない命題の表現形式(2次元，3次元等の線形部分空間)の中にアンサンブルの概念がすでに内包されていたのである．$\hat{T}_B$ は**密度行列**(density matrix)あるいは**統計演算子**(statistical operator)と呼ばれてきたものに他ならない．

b)　無限次元の場合

微視的世界の命題の表現および確率に関する議論の本質は，前項でのべた有限次元の場合でほとんど尽きているといってよいが，命題束の次元が無限，さらに連続無限になると，多少の修正が必要になる．そもそも無限という考えは物理的直観とはなじまない形式論理の産物であるが，たとえば3次元 Euclid 空間における粒子の位置座標とか運動量という連続的な量を扱う場合に，われわれは無限数列とその極限という概念が論理操作の上で極めて有効に使われることを知っている．

われわれは§19. 3(d)において，有限次元直相補モジュラー束の表現として有限次元の Hilbert 空間とその線形部分空間が用いられることを知った．それゆえ命題の束が無限次元になると，Hilbert 空間の次元も無限となることが当然予想される．しかし，つぎに示すように無限次元の Hilbert 空間の線形部分空間が作る束は必ずしもモジュラー律を満たしていない！

無限次元の線形空間で無限個の基底ベクトル $\{e_1, e_2, \cdots\}$ を用いてつぎのようにあらわされるものを考える：

$$\left.\begin{aligned} V &= \left\{\sum_{i=1}^{\infty} \lambda_i e_i :\ \lambda_i \in \mathsf{K}\right\} \\ e_1 &= (1, 0, 0, \cdots) \\ e_2 &= (0, 1, 0, \cdots) \\ &\cdots\cdots\cdots \\ e_n &= (0, 0, 0, \cdots, \underset{n\text{ 番目}}{1}, 0, \cdots) \\ &\cdots\cdots\cdots \end{aligned}\right\} \qquad (19.4.48)$$

K は実数体でも複素数体でもよいが，簡単のため前者をとることにしよう．われわれはこの空間の 1 つの線形部分空間によって 1 つの命題を表現し，その命題に確率を賦与しなくてはならないから，単位球を定義するため，V に属する任意のベクトルの“長さ”は有限な量として定義される必要がある．すなわち

$$\sum_{i=1}^{\infty} |\lambda_i|^2 < \infty \qquad (19.4.49)$$

なる条件が無限次元の線形空間を考える場合には必要になる．V がこの条件を満たすことを明示するため

$$V = \left\{\sum_{i=1}^{\infty} \lambda_i e_i :\ \sum_{i=1}^{\infty} |\lambda_i|^2 < \infty,\ \lambda_i \in \mathsf{R}\right\} \qquad (19.4.50)$$

あるいは V の代りに l^2 と書くことがあるが，これからは特に断わらない限り，V は(19.4.49)を満たしているものとする．そこで V の線形部分空間でお互いに共通部分を持たないものの例として，それぞれ $\{\varphi_n\}_{n=1}^{\infty}$, $\{\psi_n\}_{n=1}^{\infty}$ で張られる閉部分空間 V_a, V_b を考える．ここに

$$\varphi_n = (2^{-n}, 0, \cdots, 0, \underset{2n\text{番目}}{1}, 2^{-2n}, 0, \cdots) \qquad (19.4.51)$$

$$\psi_n = (0, 0, \cdots, 0, \underset{2n\text{番目}}{1}, 0, 0, \cdots) \qquad (19.4.52)$$

まず

$$V_a \cap V_b = \phi \qquad (19.4.53)$$

なることは，つぎのようにして確かめられる．すなわち

$$x \in V_a \cap V_b \qquad (19.4.54)$$

とすると

$$x = \sum_{n=1}^{\infty} \alpha_n \psi_n = (0, \alpha_1, 0, \alpha_2, 0, \cdots, \underset{2n\text{番目}}{\alpha_n}, 0, \cdots)$$

$$= \sum_{n=1}^{\infty} \beta_n \varphi_n = \left(\sum_{n=1}^{\infty} 2^{-n}\beta_n, \beta_1, 2^{-2}\beta_1, \beta_2, 2^{-4}\beta_2, \cdots, \underset{2n\text{番目}}{\beta_n}, 2^{-2n}\beta_n, \cdots \right)$$

であるから $2^{-2n}\beta_n=0$, それゆえ

$$\beta_n = 0 \qquad (n = 1, 2, \cdots) \tag{19.4.55}$$

また

$$V_a \cup V_b = V \tag{19.4.56}$$

であることは, (19.4.48)で与えられている e_n $(n=1,2,\cdots)$ が V_a+V_b の元で近似できることを示せばよい. まず

$$\lim_{n\to\infty} 2^n(\varphi_n - \psi_n) = \lim_{n\to\infty}(1, 0, \cdots, 0, \underset{2n+1\text{番目}}{2^{-n}}, 0, \cdots)$$
$$= (1, 0, 0, \cdots) \equiv e_1 \tag{19.4.57}$$

とすることは閉部分空間をとっているから差支えない. また $e_{2m}=\psi_m$ $(m=1,2,\cdots)$は明らか. そこで

$$e_{2m+1} = 2^{2m}(\varphi_m - \psi_m) - 2^m e_1 \tag{19.4.58}$$

とすれば, たしかにつぎのようになっている.

$$e_{2m+1} = (0, \cdots, 0, \underset{2m+1\text{番目}}{1}, 0, \cdots)$$

こうして V_a, V_b の性質(19.4.53), (19.4.56)がわかり, (19.3.5)の関係は

$$(V_a \cap V_b) \cup V = V \tag{19.4.59}$$

$$V_a \cap (V_b \cup V) = V_a \tag{19.4.60}$$

であるから, モジュラー律が破れていることがわかる.

われわれは微視的世界の情報の論理構造が古典的な Boole 束では律しきれなくて, それをゆるめた直相補モジュラー束を考え, その表現として有限次元の Hilbert 空間をまず導入した. ところが Hilbert 空間の次元が無限になると, その部分空間は包含関係についてモジュラー律を満たしていないことが, 上の議論によって判明した. ここでモジュラー律を導いた経緯をふり返ってみると, 微視的世界からの情報は, 確かに, われわれに Boole 束を捨てることを強制したが, モジュラー律を選ぶ必然性はなかった. モジュラー律では, 束 $\mathcal{L}=\{A, B, C, \cdots\}$ において $A \subseteq C$ ならばいかなる B に対しても

$$A \cup (B \cap C) = (A \cup B) \cap C \tag{19.4.61}$$

が成り立つことを要求するが, これは, いささかわれわれの経験を越えた強すぎる要請といわなくてはならない. むしろ, B として C と補完関係にある C' を用

いて

$$A \subseqq C \quad \text{ならば} \quad A\cup(C'\cap C) = (A\cup C')\cap C \qquad (19.4.62)$$

とした方が実際的である．ただし $C'\cap C=◎$ であるから，(19.4.62)は

$$A \subseqq C \quad \text{ならば} \quad (A\cup C')\cap C = A \qquad (19.4.63)$$

と書きかえておいた方がよいだろう．(19.4.63)を**弱モジュラー律**という．弱という形容詞がついているのは，モジュラー束ならば必ず(20.4.63)を満足するが，逆に(19.4.63)を満たす束は必ずしもモジュラー律を満たしていないからである．

さて，(19.4.63)は束の一般的な公式には含まれていない．一見これとよく似た束の吸収律は，A, C がどのような関係にあっても $(A\cup C)\cap C=C$，および $(A\cap C)\cup C=C$ であった．それゆえ，(19.4.63)は束に1つの条件を与えるものであるということができる．こうしてわれわれはモジュラー律を弱めて(19.4.63)の条件をえたが，これと Hilbert 空間の線形部分空間との関係はどうなっているのだろうか？ 命題 A, C, C' に対応する部分空間をそれぞれ $V_A, V_C, V_{C'}$ とすれば，$A\subseqq C$, $C\cap C'=◎$, $C\cup C'=□$ だから

$$V_A \subseqq V_C, \qquad V_C\cap V_{C'} = \phi \qquad (19.4.64)$$

となる．そこで $V_A, V_C, V_{C'}$ を値域(range)とする射影演算子をそれぞれ $\hat{P}_A, \hat{P}_C, \hat{P}_{C'}$ とすれば，(19.4.64)は

$$\hat{P}_A\hat{P}_C = \hat{P}_A, \qquad \hat{P}_{C'}\hat{P}_C = 0 \qquad (19.4.65)$$

となる．そうすれば(19.4.63)の左辺は

$$(\hat{P}_A+\hat{P}_{C'})\hat{P}_C = \hat{P}_A\hat{P}_C+\hat{P}_{C'}\hat{P}_C = \hat{P}_A \qquad (19.4.66)$$

となるから，弱モジュラー律は，Hilbert 空間の次元が有限であっても無限であっても，つねに満たされていることがわかる．

それゆえ，微視的世界の情報の論理としては，弱直相補モジュラー束的構造がより包括的であるといえる．幸い，このような論理条件の緩和は確率解釈には全く影響しない．事実，Gleason の定理は無限次元の Hilbert 空間についても成立する．そこでは空間の可分性が本質的であって，次元の有限，無限は問題ではない．したがって残された問題は，可分でない Hilbert 空間を必要とするような力学系をいかに取り扱うかである．それは§18.4および§18.5で，すでに詳しく調べられた無限自由度の力学系の取扱いに他ならないが，次項で同じ問題をやや異なった角度から論ずることにしよう．

c) 無限自由度の力学系

われわれは物理系Sからえる情報の論理構造を探り，それを表現することを試みて来た．物理系が有限自由度の力学系の場合は，本章でこれまでのべたように，可分な複素 Hilbert 空間およびそこで作用する自己共役な演算子を用いて微視的世界の論理を見事に表現することができた．しかし力学系の自由度が無限大になれば，それをあらわす Hilbert 空間はもはや可分ではない．たとえば1次元格子の各点にスピン $\hbar/2$ の粒子が1個ずつ並んでそれらが何等かの相互作用を行なっている力学系は，§18.1で詳しく論ぜられているように，k 番目の粒子のスピン空間(2次元複素 Hilbert 空間)を H_k としたとき，無限個のテンソル積空間 $\bigotimes_{k=1}^{\infty}\mathsf{H}_k$ であらわされるが，この空間は可分な Hilbert 空間ではない．直観的にいえば，k 番目の粒子のスピンの z 成分が $+\hbar/2$, $-\hbar/2$ の状態に対応して，小数点以下 k 番目の数字をそれぞれ1あるいは0とすれば，テンソル積空間の基底ベクトルの数は $[0,1]$ のすべての実数に1対1の対応を2進法表示で行なうことができる．

Hilbert 空間の可分性が失われて一番困るのは，確率汎関数，あるいは期待値汎関数の基礎づけである．しかもこの汎関数こそは微視的世界と巨視的世界を結ぶ最も重要な役割を果たすものである．一方，可分性が保証されている力学系についてのこれまでの定式化はそのまま残しておくことが望ましい．それゆえ，われわれは可分な場合の結果を包括するような，より一般的な定式化を求める方向に進むべきであろう．興味深いことは，Gleason による可分な場合の確率汎関数存在の一意性の証明(1957年)が発表されるより前すでに，Segal は確率を＊代数 A とその上での正値・線形な汎関数 $\omega(A)$，$A\in\mathsf{A}$ で記述する考えを提案していた([Segal])．そして1962年にはその特別な場合として C^* 代数の応用も考察された([Varadarajan])．

＊代数およびその特別な場合としての C^* 代数の意味とその物理的な応用については，それぞれ§18.4および§18.5でかなり詳しく説明されているので，ここでは繰り返さない．ただ本章でこれまで論じて来た方向との関連において，2, 3の注意をのべておきたい．

われわれは微視的世界の観測可能な命題の集りが弱直相補モジュラー束をつくることから，その表現として線形空間とその線形部分空間の集りをとり，さらに命題に確率概念を賦与するものとして線形部分空間の汎関数として確率汎関数を導入した．その結果，観測可能な物理量は Hilbert 空間の上の自己共役な演算子として定式化された．無限自由度の力学系を取り扱うには，一応，系の自由度を有限に止めておいて，これまで通りの定式化を行ない，後で自由度を無限大に移行する方法が考えられよう．というより，おそらくそれが最も自然な行き方であろう．ところがよく知られているように，その極限移行のさい深刻な数学的困難にしばしば遭遇するのである．

しかし，有限自由度の系についてのこれまでの定式化をふり返ってみると，理論の中で観測と直接的な関係をもつのは，物理量をあらわす演算子の代数的な関係と，その演算子の上で定義された確率汎関数あるいは期待値汎関数であり，Hilbert 空間の射線あるいはベクトルは途中の計算でこそ有用な働きをするが，最後にはその姿をあらわさない．それゆえ，論理的には Hilbert 空間を離れ，全く代数的にこれまでの議論を定式化することも可能のはずである．もちろん，そうしてえられたより抽象化された定式化が，単にこれまでの結果を再現するだけならば，あえてそのような代数化を試みるまでもあるまい．だとすると，そのような抽象化は従来のものの本質だけを抽きだし，Hilbert 空間の可分性などに関する制限をとり去ったものでなくてはならない．§18.5 では，このことに関連してユニタリー非同値な表現を物理的同値な類に移す定式化が説明されている．

ところで，そのような抽象的方法では，期待値汎関数はどのようにして導かれるだろうか？ §18.4 にのべられているように，実は＊代数である $\mathsf{A}=\{A, B, \cdots\}$ と，その上での正値・線形な汎関数 $\omega(A)$ がまず与えられたとし，それから表現空間として Hilbert 空間，その中で働く演算子を構成するのである．それゆえ汎関数 $\omega(A)$ の存在は初めから仮定されていて，問題はむしろ，上のような表現空間としての Hilbert 空間や演算子が，与えられた＊代数 A や汎関数 $\omega(\cdot)$ に応じていつも必ず構成できるか否かという点にある．その可能性を明示したのが §18.4 で説明されている GNS 構成法である．

d）測定の定式化

われわれは本章の議論を展開する出発点においてすでに，当然のことながら，一応観測の対象となる物理系 S を定義し，それからわれわれが情報をひきだすための測定を命題として定式化しておいた．すなわち，対象 S に答が yes か no である質問形式 a_i が個々の具体的な実験であり，a_i の同値類 A として定義された命題がSの1つの性質になっているとしたのであった．いろいろな準備が整ったので，いよいよ実験あるいは測定そのものを，これまで導いた理論の枠内であらためて定式化しなおしておこう．測定の定式化は，微視的世界と巨視的世界の接点を明らかにすることに他ならず，本章の議論の基礎になっているからである．

巨視的世界に在るわれわれ観測者は，微視的世界に属する物理系Sに直接問いかけることはできない．そういう場合は，どうしても2つの世界の接点となる測定装置が必要となる．したがって前にのべた質問形式 a_i は，実は2つの部分に分れる．それを図式化したものが図19.12である．Oは観測者，Sは測定の対象である物理系，Mは測定装置を示す．Mは機能的に考えると，**エフェクター**(effector)と呼ばれる部分Eと**リセプター**(receptor)と呼ばれる部分Rにわかれる．E, Rの典型的な例としてそれぞれ加速器，検出器がある．一般の場合でもよく考えると上の2つの部分にわけられる．Oはボタンを押すなどの巨視的操作によってEに指示 a_i^* を与えることができる．Eはそれをうけて Sに対し問いかけ a_i を行なう．Sは a_i なる問いかけによって一般に攪乱をうけるが，とにかくそれに対する応答 $\bar{a}_i$ を行なう．それをRが受けとり，巨視的なデータ $\bar{a}_i^*$ として観測者Oに送り返す．

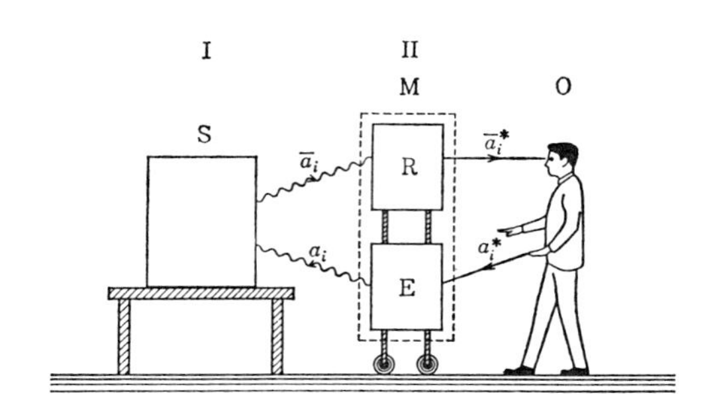

S：観測対象，O：観測者
E：エフェクター，M=E+R：測定装置
R：リセプター

図19.12　測定の図式

われわれはこれまで観測対象Sだけを物理系として扱い，その性質をHilbert空間およびそれに働く自己共役な演算子によって表現してきた．しかし，微視的世界と巨視的世界の接点を解明するためには，測定装置Mも考察の対象に入れなければならない．M 自身も1つの物理系であることは疑う余地がないから，その性質はやはり Hilbert 空間を使って表現できるはずである．以後簡単のため，S を物理系 I，M を物理系 II と呼ぶことにする．当然のことながら，S と M を合わせて考えれば，それも1つの物理系になっている．これを I＋II と書くことにしよう．

さて，測定が行なわれる以上，I と II は必ず相互作用を及ぼしあう．いいかえると I も II も孤立系ではありえない．しかし反面，測定という操作が実質的な意味をもつためには，2つの系 I, II それぞれの独立な記述と I＋II の系の記述との関連を定式化することが可能でなくてはならない．それを考えるために系 I, II に付随する表現空間としてそれぞれ Hilbert 空間 $\mathsf{H}_{\mathrm{I}}, \mathsf{H}_{\mathrm{II}}$ をとり，これから系 I＋II に付随する Hilbert 空間 H をいかにして構成するかという問題を立ててみる．幸い，これには§18.1で詳しく説明してある2つの Hilbert 空間から双線形写像によるテンソル積空間を作れば

$$\mathsf{H}=\mathsf{H}_{\mathrm{I}}\otimes\mathsf{H}_{\mathrm{II}} \tag{19.4.67}$$

これが唯一の答を与える．唯一というのはユニタリー同値なものの集りは1つと数えるからである．いうまでもないが H は H_{I} と H_{II} の直積空間 $\mathsf{H}_{\mathrm{I}}\times\mathsf{H}_{\mathrm{II}}$ とは異なる．Hilbert 空間のテンソル積についての立ち入った議論は§18.1を参照して戴くことにし，ここでは測定の定式化に必要なテンソル積の性質だけを抜き出しておこう．

まず，$\varphi_1, \varphi_2\in\mathsf{H}_{\mathrm{I}}$，$\psi_1, \psi_2\in\mathsf{H}_{\mathrm{II}}$ としたとき，H に属するベクトルは

$$\boldsymbol{\psi}_1=\varphi_1\otimes\psi_1, \qquad \boldsymbol{\psi}_2=\varphi_2\otimes\psi_2 \tag{19.4.68}$$

と書かれるが，その具体的な意味はつぎの通りである．

(i)　内　積:
$$(\boldsymbol{\psi}_1, \boldsymbol{\psi}_2)=(\varphi_1, \varphi_2)(\psi_1, \psi_2) \tag{19.4.69}$$

(ii)　ノルム:
$$\|\boldsymbol{\psi}_1\|=\|\varphi_1\|\|\psi_1\| \tag{19.4.70}$$

これはごく自然に納得されるだろうが，実はテンソル積をつくるのに双線形写像を用いたことから，$\boldsymbol{\psi}_1, \boldsymbol{\psi}_2$ は

(iii)
$$\left.\begin{aligned}\boldsymbol{\psi}_1\psi_1&=(\psi_1, \psi_1)\varphi_1, & \boldsymbol{\psi}_1\psi_2&=(\psi_2, \psi_1)\varphi_1\\ \boldsymbol{\psi}_2\psi_1&=(\psi_1, \psi_2)\varphi_2, & \boldsymbol{\psi}_2\psi_2&=(\psi_2, \psi_2)\varphi_2\end{aligned}\right\} \tag{19.4.71}$$

で示されるような演算子としての性質をもっているのである．それゆえ H_{II} の完全規格直交系 $\{\psi_r\}$ を用いて

$$\|\boldsymbol{\psi}_1\|^2 \equiv \sum_r \|\boldsymbol{\psi}_1\psi_r\|^2 \tag{19.4.72}$$

$$(\boldsymbol{\psi}_1, \boldsymbol{\psi}_2) \equiv \sum_r (\boldsymbol{\psi}_1\psi_r, \boldsymbol{\psi}_2\psi_r) \tag{19.4.73}$$

として $\boldsymbol{\psi}$ のノルムや内積を定義すれば，(19.4.69)や(19.4.70)は(19.4.71)から導かれることになる．$\boldsymbol{\psi}$ に共役なベクトル $\boldsymbol{\psi}^*$ は，つぎのようにして定義される：

$$(\varphi, \boldsymbol{\psi}\psi) = (\psi, \boldsymbol{\psi}^*\varphi), \qquad \varphi \in \mathsf{H}_{\mathrm{I}}, \ \psi \in \mathsf{H}_{\mathrm{II}} \tag{19.4.74}$$

このような定義が可能であるかどうかはもちろん吟味を要することであるが，ここではその証明は省いて，

$$\boldsymbol{\psi} = \varphi \otimes \psi \quad \text{ならば} \qquad \boldsymbol{\psi}^* = \psi \otimes \varphi \tag{19.4.75}$$

となり，(19.4.74)は

$$\boldsymbol{\psi}^*\varphi = (\psi \otimes \varphi)\varphi = (\varphi, \varphi)\psi \tag{19.4.76}$$

なることに注意すれば，確かに満たされていることを示すにとどめたい．

つぎに，H の上で作用する演算子を H_{I} の上での $\hat{A}_{\mathrm{I}}$ や H_{II} の上での $\hat{A}_{\mathrm{II}}$ から構成してみよう．$\mathsf{H}_{\mathrm{I}}, \mathsf{H}_{\mathrm{II}}$ の上での恒等演算子を $\hat{E}_{\mathrm{I}}, \hat{E}_{\mathrm{II}}$ と書き，

$$\hat{\boldsymbol{A}}_{\mathrm{I}} \equiv \hat{A}_{\mathrm{I}} \otimes \hat{E}_{\mathrm{II}}, \qquad \hat{\boldsymbol{A}}_{\mathrm{II}} \equiv \hat{E}_{\mathrm{I}} \otimes \hat{A}_{\mathrm{II}} \tag{19.4.77}$$

によって $\hat{\boldsymbol{A}}_{\mathrm{I}}, \hat{\boldsymbol{A}}_{\mathrm{II}}$ を定義する．ただし

$$(\hat{A}_{\mathrm{I}} \otimes \hat{A}_{\mathrm{II}})(\varphi \otimes \psi) \equiv \hat{A}_{\mathrm{I}}\varphi \otimes \hat{A}_{\mathrm{II}}\psi \tag{19.4.78}$$

であるとする．これで2つの Hilbert 空間 $\mathsf{H}_{\mathrm{I}}, \mathsf{H}_{\mathrm{II}}$ のテンソル積 H についてのわれわれに必要な道具は揃った．

測定装置 II と観測対象 I は，前にのべたように相互作用を及ぼし合うが，測定操作が現実的意味をもつためには，測定にとりかかる前には相互作用が存在せず，一応 I と II は独立と見てよく，測定のためにある時間，相互作用が入れられ，最後にデータを読みとる時あるいは所では，その相互作用はとり除けられていなければならない．われわれが問題にしているのはこのデータの期待値である．それは当然，I＋II の系，すなわち H の上で計算されるものである．したがって I, II の系にそれぞれ属する物理量 $\hat{A}_{\mathrm{I}}, \hat{A}_{\mathrm{II}}$ の期待値は，H の"状態"すなわち H 内での統計演算子 $\hat{\boldsymbol{T}}$ を用いて，Gleason の定理により

$$\langle \hat{A}_{\mathrm{I}} \rangle = \mathrm{tr}\, \hat{\boldsymbol{T}}\hat{\boldsymbol{A}}_{\mathrm{I}} = \sum_n (\boldsymbol{\psi}_n, \hat{\boldsymbol{T}}\hat{\boldsymbol{A}}_{\mathrm{I}}\boldsymbol{\psi}_n) \tag{19.4.79}$$

$$\langle \hat{A}_{\mathrm{II}} \rangle = \mathrm{tr}\, \hat{\boldsymbol{T}}\hat{\boldsymbol{A}}_{\mathrm{II}} = \sum_n (\boldsymbol{\psi}_n, \hat{\boldsymbol{T}}\hat{\boldsymbol{A}}_{\mathrm{II}}\boldsymbol{\psi}_n) \qquad (19.4.80)$$

と一意的にあらわされる．ただし $\{\boldsymbol{\psi}_n\}$ は H の完全規格直交系である．

いよいよわれわれの問題の核心に近づいた．期待値を計算する段階では，すでに I と II の相互作用はとり除けられているから，I, II の系が別々でも物理量 $\hat{A}_{\mathrm{I}}$ および $\hat{A}_{\mathrm{II}}$ の期待値は計算できるはずである．もちろん，その時点での I, II の系の“状態”をあらわす統計演算子 $\hat{T}_{\mathrm{I}}, \hat{T}_{\mathrm{II}}$ を用いなければならない．$\mathrm{H_I}, \mathrm{H_{II}}$ でのトレースをそれぞれ $\mathrm{tr_I}, \mathrm{tr_{II}}$ と書くことにすると，明らかに

$$\langle \hat{A}_{\mathrm{I}} \rangle = \mathrm{tr_I}\, \hat{T}_{\mathrm{I}}\hat{A}_{\mathrm{I}}, \qquad \langle \hat{A}_{\mathrm{II}} \rangle = \mathrm{tr_{II}}\, \hat{T}_{\mathrm{II}}\hat{A}_{\mathrm{II}} \qquad (19.4.81)$$

である．したがって (*19.4.79*), (*19.4.80*) とあわせて

$$\mathrm{tr}\, \hat{\boldsymbol{T}}\hat{\boldsymbol{A}}_{\mathrm{I}} = \mathrm{tr_I}\, \hat{T}_{\mathrm{I}}\hat{A}_{\mathrm{I}}, \qquad \mathrm{tr}\, \hat{\boldsymbol{T}}\hat{\boldsymbol{A}}_{\mathrm{II}} = \mathrm{tr_{II}}\, \hat{T}_{\mathrm{II}}\hat{A}_{\mathrm{II}} \qquad (19.4.82)$$

がえられる．この関係は $\hat{\boldsymbol{T}}$ が混合状態であっても一般的に成り立つが，$\hat{\boldsymbol{T}}$ と $\hat{T}_{\mathrm{I}}$ あるいは $\hat{T}_{\mathrm{II}}$ の関係をみるために $\hat{\boldsymbol{T}}$ は純粋状態であるとしてみよう．われわれ巨視的世界に在る観測者にとって直接関係があるのは，いうまでもなく II の系であるから，ここでは $\hat{\boldsymbol{T}}$ と $\hat{T}_{\mathrm{II}}$ の関係に論点を絞ろう．

$\hat{\boldsymbol{T}}$ が純粋状態であるとしたから，それを $\boldsymbol{\psi}_1 = \boldsymbol{\psi}$ への射影演算子 $\hat{P}[\boldsymbol{\psi}]$ であらわしても一般性を失わない．そうすれば

$$\begin{aligned}\mathrm{tr}\, \hat{\boldsymbol{T}}\hat{\boldsymbol{A}}_{\mathrm{II}} = \mathrm{tr}\, \hat{\boldsymbol{A}}_{\mathrm{II}}\hat{\boldsymbol{T}} &= \sum_n (\boldsymbol{\psi}_n, \hat{\boldsymbol{A}}_{\mathrm{II}}\hat{P}[\boldsymbol{\psi}]\boldsymbol{\psi}_n) \\ &= (\boldsymbol{\psi}, \hat{\boldsymbol{A}}_{\mathrm{II}}\boldsymbol{\psi}) = (\boldsymbol{\psi}, \hat{E}_{\mathrm{I}} \otimes \hat{A}_{\mathrm{II}}\boldsymbol{\psi}) \\ &= \sum_r (\boldsymbol{\psi}\psi_r, \hat{E}_{\mathrm{I}} \otimes \hat{A}_{\mathrm{II}}\boldsymbol{\psi}\psi_r) \end{aligned} \qquad (19.4.83)$$

と書きかえられる．最後の式は内積の定義 (*19.4.73*) に従ってあらわした．ところで (*19.4.78*) の定義および (*19.4.72*) を用いると

$$\begin{aligned}(\hat{A}_{\mathrm{I}} \otimes \hat{A}_{\mathrm{II}})(\varphi \otimes \psi)\, \psi_r &= (\hat{A}_{\mathrm{I}}\varphi \otimes \hat{A}_{\mathrm{II}}\psi)\, \psi_r \\ &= (\psi_r, \hat{A}_{\mathrm{II}}\psi)\, \hat{A}_{\mathrm{I}}\varphi \\ &= \hat{A}_{\mathrm{I}}\, (\hat{A}_{\mathrm{II}}{}^{\dagger}\psi_r, \psi)\, \varphi \\ &= \hat{A}_{\mathrm{I}}\, (\varphi \otimes \psi)\, \hat{A}_{\mathrm{II}}{}^{\dagger}\psi_r \end{aligned} \qquad (19.4.84)$$

のように変形できるから，$\varphi \otimes \psi$ の線形結合である一般の $\boldsymbol{\psi}$ について

$$(\hat{A}_{\mathrm{I}} \otimes \hat{A}_{\mathrm{II}})\, \boldsymbol{\psi} = \hat{A}_{\mathrm{I}}\boldsymbol{\psi}\hat{A}_{\mathrm{II}}{}^{\dagger} \qquad (19.4.85)$$

なる関係が成り立つ．ここに $\hat{A}_{\mathrm{II}}{}^{\dagger}$ は $\hat{A}_{\mathrm{II}}$ の Hermite 共役である．(*19.4.85*) を

用いると，(*19. 4. 83*)は $\hat{A}_{\rm II}{}^{\dagger}=\hat{A}_{\rm II}$ なることを考慮に入れて

$$\begin{aligned}\mathrm{tr}\, \hat{\boldsymbol{T}}\hat{\boldsymbol{A}}_{\rm II} &= \sum_r (\psi_r, \boldsymbol{\psi}^*\boldsymbol{\psi}\hat{A}_{\rm II}\psi_r) \\ &= \mathrm{tr}_{\rm II}\, \boldsymbol{\psi}^*\boldsymbol{\psi}\hat{A}_{\rm II}\end{aligned} \qquad (19.4.86)$$

の形にまとめられる．これと(*19. 4. 82*)の第2式とをくらべると

$$\hat{T}_{\rm II} = \boldsymbol{\psi}^*\boldsymbol{\psi} \qquad (19.4.87)$$

がえられる．全く同様にして

$$\hat{T}_{\rm I} = \boldsymbol{\psi}\boldsymbol{\psi}^* \qquad (19.4.88)$$

がえられる．(*19. 4. 87*), (*19. 4. 88*)は**還元公式**(reduction formulas)と呼ばれ，つぎの例で示されるように，測定の定式化で最も重要な関係の1つということができる．

$\hat{\boldsymbol{T}}$ が混合状態の場合の還元公式を導くのもいまや簡単である．すなわち

$$\hat{\boldsymbol{T}} = \sum_i \omega_i \hat{P}[\boldsymbol{\psi}_i] \qquad (19.4.89)$$

として $\hat{T}_{\rm I}$, $\hat{T}_{\rm II}$ をこれまでと同様に計算すればよい．その結果は

$$\hat{T}_{\rm I} = \sum_i \omega_i \boldsymbol{\psi}_i{}^*\boldsymbol{\psi}_i, \qquad \hat{T}_{\rm II} = \sum_i \omega_i \boldsymbol{\psi}_i\boldsymbol{\psi}_i{}^* \qquad (19.4.90)$$

となる．しかし還元公式の物理的な含意を探るためには $\hat{\boldsymbol{T}}$ を純粋状態として，その場合，$\hat{T}_{\rm I}$ および $\hat{T}_{\rm II}$ が必ずしも純粋状態ではないことを見るのがよい．

ここで，本章の初めに取り上げた Stern-Gerlach の実験にあらためて光をあてるのは有意義と思われる．この場合，$\mathsf{H}_{\rm I}$ は銀の原子の内部状態をあらわすスピン空間で，$\sigma_z=\hbar/2$, $\sigma_z=-\hbar/2$ の状態ベクトル φ_+, φ_- で張られているとする．そして $\mathsf{H}_{\rm II}$ は，ちょっと意外なようだが，銀原子の重心座標の位置をあらわす Hilbert 空間とすべきである．ただし議論を簡単化するため，それは規格直交化されたベクトル ψ_+, ψ_0, ψ_- で張られているとする．ψ_+ は z 軸の上方，ψ_0 は z 軸の原点，ψ_- は z 軸の下方に重心がある状態をあらわす．1個の銀粒子が磁石に入る前は I と II は相互作用を及ぼしあっていない．その時の $\mathsf{H}=\mathsf{H}_{\rm I}\otimes\mathsf{H}_{\rm II}$ における状態を純粋であると仮定しよう．そうすれば I＋II の状態は1つの状態ベクトル $\boldsymbol{\psi}_0$ であらわされる．

$$\boldsymbol{\psi}_0 = \alpha\varphi_+\otimes\psi_0+\beta\varphi_-\otimes\psi_0, \qquad |\alpha|^2+|\beta|^2 = 1 \qquad (19.4.91)$$

さて図19.13で示されるように，粒子が磁極の間に突入するとⅠとⅡの間に磁場を媒介とした相互作用が働き，

$$\boldsymbol{\psi}_0 \longrightarrow \boldsymbol{\psi} = \alpha\varphi_+\otimes\psi_+ + \beta\varphi_-\otimes\psi_- \qquad (19.4.92)$$

と状態ベクトルは変化する．しかし純粋状態であることに変りはない．粒子が磁極間を通り抜けると，もはやⅠとⅡの間に相互作用は存在せず，Ⅰ,Ⅱでの期待値を独立に求めることができる．(19.4.71),(19.4.76)を用いて計算すれば

$$\hat{T}_{\mathrm{I}} = \boldsymbol{\psi}^*\boldsymbol{\psi} = \alpha^2\hat{P}[\varphi_+] + \beta^2\hat{P}[\varphi_-] \qquad (19.4.93)$$

$$\hat{T}_{\mathrm{II}} = \boldsymbol{\psi}\boldsymbol{\psi}^* = \alpha^2\hat{P}[\psi_+] + \beta^2\hat{P}[\psi_-] \qquad (19.4.94)$$

がえられる．ここに $\hat{P}[\varphi_\pm]$, $\hat{P}[\psi_\pm]$ はそれぞれ H_{I}, H_{II} におけるベクトル $\varphi_\pm$, $\psi_\pm$ への射影演算子である．上の計算ではたとえば

$$(\alpha\varphi_+\otimes\psi_+)^*(\alpha\varphi_+\otimes\psi_+) = \alpha^2(\psi_+\otimes\varphi_+)(\varphi_+\otimes\psi_+) = \alpha^2\hat{P}[\psi_+]$$

$$(\alpha\varphi_+\otimes\psi_+)^*(\beta\varphi_-\otimes\psi_-) = \alpha\beta(\psi_+\otimes\varphi_+)(\varphi_-\otimes\psi_-) = 0$$

なる関係が使われているが，これらは新しい仮定を設けることなしに導かれる点をとくに注意しておきたい．なお，(19.4.93)や(19.4.94)の α^2 および β^2 は(19.4.91)であらわれる α や β の位相因子を φ や ψ に繰り込んでおくことにより，つねに $|\alpha|^2$, $|\beta|^2$ の形に書くことができる．それゆえ，(19.4.93)や(19.4.94)は混合状態になっているということができる．

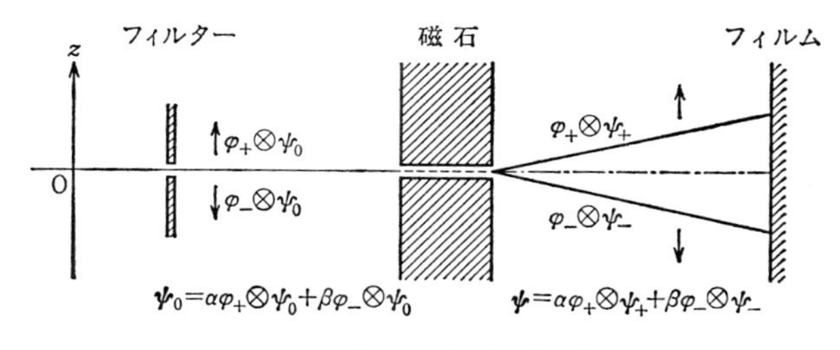

図19.13 Stern-Gerlach の実験の定式化

§19.5 測定過程の内容

これまでは，量子力学が支配する微視的世界の情報の論理構造と測定過程を数学的表現の面から考えてきた．ここでは量子力学的測定過程の物理的内容を議論

しよう.

量子力学は，日常経験する出来事とはかなり異質の性格をもつ微視的世界の力学法則を与える学問である．したがって，微視的世界の情報をどのようにして取り出し，伝達し，我々の知識としてまとめるかという問題は，自然認識という哲学的観点からも，また現実の測定手段の実行という技術的観点からも，十分研究すべき重要な問題であるといえよう．すでに von Neumann その他の人達の努力によって，量子力学における観測と測定の理論はある程度整備されてきた．ただ，量子力学の観測理論として喧伝されてきた研究の中には，強いていえば，哲学的興味と数学的形式論——それ自体はもちろん興味のあるものだが——の方向に傾きすぎた話が多かったことも事実である．微視的世界の情報の抽出と伝達の機構，測定操作の技術的内容およびそれらを支配する法則を詳細に議論するという意味での観測理論があってもよいと思う．このような観点から想起されるものに，情報理論または通信理論がある．情報理論および通信理論は，広い範囲の情報系における情報の構成と伝達の仕組を取り扱う基礎的な理論体系であるばかりでなく，豊富な技術的内容も持っている．現在の分化発達した情報理論または通信理論の考え方を1つのよりどころにして，量子力学の観測理論を見直す努力が必要となるかもしれない.

量子力学と情報理論は元来全く無縁なものではない．量子力学とくにその測定過程に関する von Neumann の初期の数学的労作の中には，後年の情報理論の発想につながる重要な考え方を見ることができる．むしろ，量子力学における“情報量”の定式化とその数学的取扱いが手本となって，情報理論の基礎がつくられたといっても過言ではない．とはいっても，情報理論の体系が量子力学の上に建設されたわけでは決してない．情報理論自身は個々の物理系よりもはるかに広範囲の情報系を扱うために建設された理論体系であり，量子力学系はその1つの適用対象にすぎない．しかし，現在までの情報理論と通信理論の発展は主として巨視的な情報系を相手に行なわれてきたことにも注意しなければならない．前節までのところでくわしく議論したように，微視的世界の情報は，量子力学の法則を反映して独特の論理構造をもっている．この特徴を考慮して，微視的世界または微視的世界と巨視的世界の結合系の情報通信理論をつくることが，量子力学的測定過程論の仕事なのである．このような議論を通して，逆に，情報理論の内容を豊富にし，新しい発展の方向を示唆することができると思う．

しかしながら，これは極めて大きな問題であると同時に，まだほとんど意図的な研究が行なわれていないところでもある．この節で述べる短い話は，これまでのような出来上がった理論体系ではなく，問題提起でしかない．これからの研究に期待しよう．

a）量子力学における情報量

多くの場合，情報は何らかの事象の生起として捉える．実際，情報理論は各種の情報を適当にえらばれた事象 $A_1, A_2, \cdots$ の生起に対応させ，各事象の起こる確率 $w(A_1), w(A_2), \cdots$ を与え，各情報の**情報量**を $\ln [w(A_1)]^{-1}$, $\ln [w(A_2)]^{-1}, \cdots$ で定義することから出発する．情報量の期待値は，したがって

$$S = \sum_i w(A_i) \ln [w(A_i)]^{-1} = -\sum_i w(A_i) \ln w(A_i) \qquad (19.5.1)$$

となるが，これを**エントロピー**という．この節でくわしく説明している余裕はないが，情報理論†の大半は情報量とエントロピーをめぐる議論である．

ところで，われわれはすでに観測問題における情報を“観測命題”とよび，数学的表現について§19.1以来くわしい議論を展開してきた．とくに量子力学系の観測命題は，量子力学の特徴を反映した特殊な論理構造をもっていることを明らかにしてきたわけである．量子力学系の情報，すなわち，観測命題は複素Hilbert空間を表現空間として書き下すことができた．1つの観測命題 A_i は，このHilbert空間の特定部分空間への射影演算子 $\hat{P}(A_i)$ として表わされる．いま問題としている量子力学系の状態を記述する密度行列または統計演算子を $\hat{\rho}$ とすれば，命題 A_i の確率は

$$w(A_i) = \mathrm{tr}\,(\hat{P}(A_i)\,\hat{\rho}) \qquad (19.5.2)$$

によって与えられることは，すでに学んだ．通常 $\mathrm{tr}\,\hat{\rho}=1$ のように規格化されている．この $w(A_i)$ から情報量 $\ln [w(A_i)]^{-1}$ をつくり，(19.5.1)に代入すれば，量子力学系に対しても“エントロピー”が定義されるので，情報理論の適用が可能となる．情報理論は，前にも述べたとおり，かなり広い理論体系であって，適用されるべき系の性質にそんなにきびしい制限を加えているわけではないから，

† 情報理論についての解説は，本講座第8巻『生命の物理』，または基礎工学講座『情報論』などを見ていただきたい．

これは当然であろう．しかし，この“広さ”の代償として，情報理論の理論体系自身は適用対象の特性を不問に付しているというきらいがある．何を情報事象としてえらぶかという手続，たとえば，“符号化”または“量子化”などの手続は適用段階の問題とされて，情報理論体系の外に追い出されてしまっている——“符号化の定理”という一種の“存在定理”があるにしても．ところが，情報理論を量子力学系に適用しようとする場合，量子力学が規定している“ダイナミックス”を無視することはできない．ここで量子力学の“ダイナミックス”といったのは，射影演算子 $\hat{P}(A_i)$ のスペクトル分解と密度行列 $\hat{\rho}$ の運動方程式である．ここではまずスペクトル分解の“ダイナミックス”を考えよう．

量子力学系の情報または事象 A_i は，通常，“ある力学量をあらわす演算子 $\hat{\alpha}$ (1個の演算子，または数個の互いに可換な演算子の組)の固有値が，ある区間 I_i の値をとること”という形で表わされる．いま，$\hat{\alpha}$ のスペクトル分解を

$$\hat{\alpha}=\int_{-\infty}^{\infty}\lambda d\hat{E}(\lambda) \tag{19.5.3}$$

としよう．(この辺の話については本書§16.3(e)を参照されたい.) $\hat{E}(\lambda)$ は射影演算子と同じ $\hat{E}^2(\lambda)=\hat{E}(\lambda)$ という性質をもち，$\hat{E}(-\infty)=0$ および $\hat{E}(+\infty)=1$ となる単調増大演算子であり，Dirac 記法を用いれば，$\hat{\alpha}$ の固有ベクトルから

$$\hat{E}(\lambda)=\sum_i|\lambda_i\rangle\theta(\lambda-\lambda_i)\langle\lambda_i|+\int|\lambda'\rangle\theta(\lambda-\lambda')\langle\lambda'|d\lambda' \tag{19.5.4}$$

のように構成されるものである．ただし，$|\lambda_i\rangle$ および $|\lambda'\rangle$ は，それぞれ，$\hat{\alpha}$ の離散的および連続的固有値にぞくする固有ベクトルであり，$\theta(x)$ は $x<0$ のとき 0，$x>0$ のとき 1 となる Heaviside の階段関数である．この演算子 $\hat{E}(\lambda)$ を用いれば，射影演算子 $\hat{P}(A_i)$ は

$$\hat{P}(A_i)=\int_{I_i}d\hat{E}(\lambda) \tag{19.5.5}$$

と書くことができる(本書§16.6(b)参照)．一般に区間 I_i の設定を細かくしてゆけば，より詳細な情報が得られるわけである．しかしながら，$\hat{\alpha}$ のスペクトル分解 $\hat{E}(\lambda)$ の構造と全く無関係に区間 I_i を設定しても，十分意味のある情報は得られない．たとえば，隣合う2個の離散的固有値の間をいくら細かく分割して区間 I_i を設定しても，離散的固有状態についての情報の精密化は期待できない．一方，

連続的固有状態については，連続領域における $\hat{E}(\lambda)$ の λ 依存性がわかっていれば，上手な区間設定によって効率のよい情報取得が可能になるであろう．

さらに，情報の設定を系の時間的変化の“ダイナミックス”と全く無関係に行なうことはあまり意味がない．とくに量子力学では，系の状態を記述するのに便利な量は良い量子数であったことを想い出す必要がある．良い量子数とは保存量または近似的な保存量の固有値であり，多くの場合，その値に準拠して系の時間的変化の情報を捉えてきたのである．良い量子数を用いない場合でも，系の時間的発展の特徴を上手に取り出すような変数が望まれる．このような判断は，時間的発展を記述する“ダイナミックス”によって行なわれなければならない．量子力学では，その“ダイナミックス”は密度行列 $\hat{\rho}(t)$ の運動方程式

$$i\hbar\frac{d\hat{\rho}(t)}{dt} = -[\hat{\rho}(t), \hat{\mathscr{H}}] \tag{19.5.6}$$

によって与えられる．$\hat{\mathscr{H}}$ は系の Hamilton 演算子である．(19.5.6)のかわりに，Heisenberg 表示の力学量 $\hat{\alpha}(t)$ または $\hat{P}(A_i, t)$ の運動方程式

$$i\hbar\frac{d\hat{\alpha}(t)}{dt} = [\hat{\alpha}(t), \hat{\mathscr{H}}], \qquad i\hbar\frac{d\hat{P}(A_i, t)}{dt} = [\hat{P}(A_i, t), \hat{\mathscr{H}}] \tag{19.5.7}$$

で与えてもよい．確率 $w(A_i, t)$ は(19.5.2)で計算されるわけであるが，$\hat{P}$ または $\hat{\rho}$ のどちらか一方を(19.5.7)または(19.5.6)にしたがって時間的に変化させなければならない．ゆえに

$$\begin{aligned}\frac{\partial w(A_i, t)}{\partial t} &= \mathrm{tr}\,([\hat{P}(A_i, t), \hat{\mathscr{H}}]\hat{\rho})(i\hbar)^{-1} \\ &= -\mathrm{tr}\,(\hat{P}(A_i), [\hat{\rho}(t), \hat{\mathscr{H}}])(i\hbar)^{-1}\end{aligned} \tag{19.5.8}$$

である．$\sum_i w(A_i, t) = 1$ および $\sum_i \frac{\partial}{\partial t} w(A_i, t) = 0$ であることは明らかであろう．情報量の時間的変化は(19.5.8)を基礎にして議論する必要がある．この結果，情報量，エントロピーおよび統計演算子の行動は，すべて，エネルギー演算子であるハミルトニアンによって支配されることになる．さらに，もっとも確からしい分布としての平衡分布はエネルギーの平均値を指定するという拘束条件によって決定されるが，そのさい“温度”という量が導入される．これは統計力学的熱力学の場合と全く同様であり，すでに§19.4(a)で説明しておいた．温度という量は情報量またはエントロピーの変化をエネルギー変化に結びつける役割を持ち，

系全体の巨視的状態とその変化の方向を示すパラメーターになっている．いいかえれば，“温度”は系が“情報”を“エネルギー”の立場で評価する能力を表わすものであるが，“情報”を受け取った系の行動を支配する“ダイナミックス”の中心がエネルギー演算子である以上，これは当然なのかもしれない．一方，“ダイナミックス”の欠けている一般論としての情報理論には，“エネルギー”のようなものがなく，したがって，“温度”という概念もない．単なる形式的類推は危険だとしても，情報を受け取る側の“ダイナミックス”が全く反映されない理論体系はやはり物足りないのではないか．この点からも，情報理論に欠けている1つの側面が感じられよう．この問題は情報の価値または効用を情報量 $\ln[w(A_i)]^{-1}$ 以外のもの(“エネルギー”に相当するもの)によって行なう方式を示唆しているのかもしれない．情報を評価する“エネルギー”のような量と，情報を授受する系の能力尺度ともいうべき“温度”のような概念を情報理論内に持ち込めないだろうか？

さて，量子力学系における情報構成がスペクトル分解と運動方程式に無縁な形で行なうことができないことを強調したわけであるが，量子力学はその両者を“ダイナミックス”として理論体系自身の中に内蔵しているのである．ところが，一般論としての情報理論は，情報に対応させる事象とその確率を与えたところから出発しているので，見かけ上この“ダイナミックス”を追い出した形になっている．しかし，“ダイナミックス”に無関係なのでは決してない．現場の情報技術者は，情報理論を具体的問題に適用するさい，当然相手系の性質——“ダイナミックス”といってよかろう——を考慮しながら情報構成を行なうのである．ただ，その“ダイナミックス”は量子力学の場合ほど明確な形で定式化されているとはかぎらないので，“ダイナミックス”を内蔵した情報理論という形になっていないのである．このような観点は情報理論の1つの発展方向を示唆しているものと考えてよかろう．

次に，量子力学系と古典力学系を比べて，量子力学的情報の特徴をしらべよう．これはすでに§19.3において論理数学の面から議論しておいたものであるが，ここでは別の面から考える．古典力学系の“ダイナミックス”は量子力学と同等またはそれ以上に明確な形で定式化されている．§19.2でも説明したように，古典力学系の情報 A_i は，正準変数の組 $(q,p)\equiv(q_1,q_2,\cdots,q_n,p_1,p_2,\cdots,p_n)$ でつくられる相空間の特定部分空間 I_i 内に代表点が存在するという事象として記述するのが便利である．相空間分布関数を $f(q,p,t)$ とすれば，A_i の確率 $w(A_i,t)$ は

$$w(A_i,t)=\int_{I_i}f(q,p,t)\,d^nqd^np \qquad (19.5.9)$$

で与えられる．したがって，これから情報量やエントロピーをつくることができ，情報理論の土俵にのせられる．時間的発展は Liouville の方程式

$$\frac{\partial f}{\partial t}=-(f,\mathscr{H}) \qquad (19.5.10)$$

によって記述されるので，確率の時間的変化は

$$\frac{\partial w(A_i,t)}{\partial t}=-\int_{I_i}(f,\mathscr{H})\,d^nqd^np \qquad (19.5.11)$$

で与えられる．$\mathscr{H}$ はハミルトニアン，$(f,\mathscr{H})$ は Poisson の括弧式である．(19.5.9) を (19.5.2) に，(19.5.10) を (19.5.6) に，(19.5.11) を (19.5.8) に対比すれば，古典力学と量子力学の形式的対応は完全に成立するかのように見える．もちろん，この対応は内容的には成立しない．なぜならば，古典力学では A_i は正準変数の組 (q,p) の値を指定することで構成されているが，量子力学では不可能である．量子力学では，(q,p) の値を同時に指定した確率分布関数をつくることはできず，q だけの確率分布関数 $|\psi(q)|^2$ および p だけの確率分布関数 $|\phi(p)|^2$ がつくれるだけである．ただしいうまでもなく，p 表示波動関数 $\phi(p)$ は Fourier 変換によって q 表示波動関数 $\psi(q)$ から求められるし，その逆も可能であった．したがって，q と p 双方にわたるすべての情報は，確率分布関数という形ではなく，複素確率振幅である単一の波動関数によって与えられている．その場合，複素振幅による情報の提示は次のような形をとるのが量子力学の特徴である．たとえば，q 表示波動関数 $\psi(q)$ の絶対値 $|\psi(q)|$ は q についてのすべての知識を提供してくれるが，p についての知識は部分的にしか与えてくれない．p についての知識の主要な部分は，$|\psi(q)|$ ではなく，位相関数 $\arg\psi(q)$ の中に含まれているのである．p と q の役割を取り換えれば，p 表示波動関数の絶対値と位相についても同様のことがいえる†．

---

† §12.4 (a) を参考にしていただきたい．

——一見したところ，$F(q,p)=|\psi(q)|^2|\phi(p)|^2$ という形で確率分布関数がつくれるかのように思える．この関数は $\int F(q,p)\,d^nq=|\phi(p)|^2$, $\int F(q,p)\,d^np=|\psi(q)|^2$ という性質をもち，q だけの関数，または p だけの関数，またはそれらの和であるような力学量については，この F によって正しい平均値をつくることができる．しかし，q と p の積のような力学量に関しては，F による平均値は正しい答を与えてくれない．なお，確率分布関数に似たものがないわけではない．Wigner は

$$f(q,p,t)=\frac{1}{(2\pi\hbar)^n}\int\psi^*\left(q+\frac{\xi}{2}\right)e^{\frac{i}{\hbar}p\cdot\xi}\psi\left(q-\frac{\xi}{2}\right)d^n\xi \qquad (19.5.12)$$

という擬似確率分布関数をつくった．この関数は $\int f(q,p,t)\,d^nq=|\phi(p)|^2$, $\int f(q,p,t)\,d^np=|\psi(q)|^2$ という性質をもち，力学量 $\alpha(q,p)$ の平均値として正しい量子力学的期待値

$$\int\psi^*(q,t)\,\alpha\left(q,\frac{\hbar}{i}\frac{\partial}{\partial q}\right)\psi(q,t)\,d^nq=\int\alpha(q,p)f(q,p,t)\,d^nq\,d^np$$

を与えてくれる．しかし，残念なことにこの f は，実数ではあるが，定符号ではなく，正しい確率分布関数とはいえない．

最後に，系の自由度の問題にふれておこう．多くの場合，情報系はある特定の物理系を媒体として設定される．その物理系は通常非常に多くの微視的粒子を含み，巨大な力学的自由度をもっている．しかし，情報系の情報自由度は極めて少数であり，媒体のもつ巨大な力学的自由度の内ごくわずかな部分によって表現されるにすぎない．たとえば，巨視的物体の重心運動の自由度だけを情報表示に使用するという場合を考えればよい．したがって，情報を表現する物理事象 $A_1, A_2, \cdots, A_n$ を設定しても，その数が少ないため，同一の事象を与える内部状態を数多く考えることができるから，(19.5.2) または (19.5.9) の $\hat{\rho}$ または f は集団平均を与える統計分布を表わすものとしなければならない．このとき $w(A_i,t)$ の時間変化を与える力学的方程式 (19.5.8) または (19.5.11) は不可逆過程的な様相を呈し，確率過程方程式によって近似されることになる．微視的な量子力学系の観測は，少数の力学的自由度しかもたない被観測系と巨大な力学的自由度をもつ測定器系との接触によって行なわれる．被観測系についての精密な情報を得ようとすれば，その力学的自由度に対応して十分多数の情報事象を設定しなければな

らないが，その数は測定器系を含めた全体系の巨大な力学的自由度に比べればやはり極めて少ない．また，微視的量子力学系の情報を巨視的測定器系の情報事象として表わす場合，その情報事象は量子力学的力学量の固有状態ではなく，もっと別の統計力学的状態によって表わされる場合が多い．したがって，この全体系の中では確率関数 $w(A_i, t)$ の時間的変化は不可逆過程的様相を呈するものと見てよろしい．

b)　測定過程 I

いよいよ量子力学的測定過程の内容について考えよう．微視的な量子力学系 Q の測定を模式図に書けば図 19.14 のようになる．この図において，M は測定器であり，N は測定器のメーターを読む人間である．いま，Q における事象 A の測定をしたとしよう．A を表わす射影演算子を $\hat{P}(A)$ とすれば，A が起こらないという事象は射影演算子 $(1-\hat{P}(A))$ で表わされる．測定前の状態を表わす密度行列を $\hat{\rho}$ とすれば，この測定によって

$$\hat{\rho} \longrightarrow \hat{\rho}_A = \hat{P}(A)\hat{\rho}\hat{P}(A) + (1-\hat{P}(A))\hat{\rho}(1-\hat{P}(A)) \qquad (19.5.13)$$

のように変わる．これはすでに§19.4(d)で説明しておいた．(19.5.13)は，$\hat{\rho}$ がたとえ純粋状態であっても，$\hat{\rho}_A$ は混合状態になってしまうことを意味している．$\hat{\rho}$ から $\hat{\rho}_A$ への変化は Schrödinger 方程式にしたがうユニタリー的な時間的発展── $\hat{U}(t) = \exp\left(-\frac{i}{\hbar}\mathscr{H}t\right)$ によって記述することはできない．このような見かけ上非因果的で不可逆的な変化は，測定器との接触によってひき起こされるものであるが，そこで行なわれた操作が本質的にはどのような物理現象であったかを見極めることが測定過程論の重要な課題である．

(19.5.13)の右辺の 2 項は互いに排他的であり，事象 A が起こったとすれば第 1 項だけが，そうでなければ第 2 項だけが残る．いま $\hat{\rho}$ が純粋状態 $|\ \rangle\langle\ |$ で

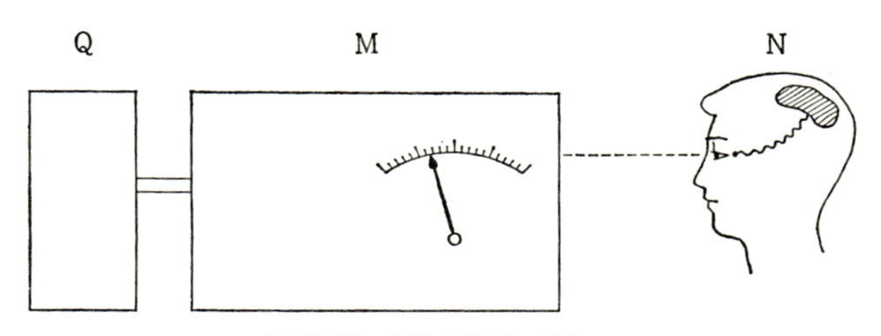

図 19.14　量子力学系の測定

ある場合についていうと，事象 A が起こったという事実を状態ベクトルで書けば，$\hat{\rho}\to\hat{\rho}_A$ という変化は

$$\begin{aligned} |\ \rangle = \hat{P}(A)|\ \rangle + (1-\hat{P}(A))|\ \rangle \\ \longrightarrow |A\rangle = \hat{P}(A)|\ \rangle \end{aligned} \qquad (19.5.14)$$

のように表わされる．測定前は $\hat{P}(A)|\ \rangle$ と $(1-\hat{P}(A))|\ \rangle$ の重ね合せ状態であるが，測定後は $\hat{P}(A)|\ \rangle$ だけになってしまうわけである．

さて，測定は人間が自然認識の目的で行なうものであるから，最終の段階では測定器目盛を眼で読むという操作——またはそれにかわる操作がある．この観察によって計器目盛の指示が変わることはないという意味で，この最終段操作は巨視的である．もっとも，眼で読む操作を最終段階といってはいいすぎかもしれない．眼の感光機構，眼から視神経へ，視神経から脳への信号伝達機構など，さらに幾段階もの機構が考えられる．また，これらの機構がすべて巨視的なものかどうかについても議論の余地があろう．しかし，眼から先のところでどのような現象が起こっていても，眼に見られている測定器目盛の指示が変わらないような観察方法が可能であるということを強調しているのである．この意味で，最終の意識的人間と測定器 M との巨視的な切断が可能であるという事実が重要である．ときには，測定器 M が意識的人間の眼またはその代替物の一部であるという場合もあるが，この議論の本質は変わらない．

計器目盛の指示に影響を与えることなくその指示を読む操作を巨視的操作ということにすれば，一般的にいって，測定器 M 内における情報の測定，伝達，記憶を，さらに幾段階かの巨視的操作の積み重ねに分解することが可能になるであろう．したがって，巨視的な切断を，M の最終段と N の間から Q の方向へ，M の内部を移動させることができる場合がある．しかし，測定は微視的な量子力学系 Q にかかわることであるから，測定器 M はどこかで Q と微視的相互作用をしているはずである．すなわち，巨視的測定操作系列の先端には必ず微視的被測定系 Q との微視的相互作用が存在する．とはいっても，前述のとおり，$\hat{\rho}\to\hat{\rho}_A$ または $|\ \rangle\to|A\rangle$ という測定による微視的系の変化は単純な微視的相互作用だけでは出てこないので，巨視的測定操作系列と微視的相互作用の間には異質の操作段階がはいらなければならない．その操作段階を表わす素子を S としよう．S は，Q との微視的相互作用を入力とし，M の内部への巨視的情報表示を出力として

もつ素子である．いま，M を S と M′ に分ければ，量子力学系の測定は

$$\boxed{\mathrm{Q}}-\boxed{\mathrm{S}}-\boxed{\mathrm{M'}}-\boxed{\mathrm{N}} \qquad (19.5.15)$$

のように系列化して考えることができる．M′ は増幅，伝達，記憶などの巨視的測定操作に対応する情報機械で構成されている．(*19.5.13*)や(*19.5.14*)という効果をもつ量子力学系の測定は，本質的には，S の部分で行なわれるわけであるが，S の位置とその情報表示は後につづく M′ および N の動作に無関係に確定していることが量子力学的測定過程論の最も重要な事柄なのである．S という素子の機能とその物理的内容を議論するのがこの項の目的である．

いま述べた説明によれば，S の情報表示は全く巨視的であって，M′ と N にとっては，S の情報表示に影響を与えることのない読み取り操作が可能であるとした．ところが，これと全く正反対の考え方がある．それは，測定器も人間もせんじつめれば微視的粒子からできているので，すべて量子力学で記述されており，M 内または N 内の測定操作は(*19.5.13*)や(*19.5.14*)のような量子力学的測定操作として考えなければならないとする意見である．これをつきつめてゆけば，測定にさいして(*19.5.13*)または(*19.5.14*)という効果を生ずる最終的責任を担うものとして，人間の“測定意志”とか“自意識”とかいうものを物理的存在物として量子力学の体系内に取り入れてこなければならないことになってしまう．これは何とも奇妙なことである．

巨視的な測定操作を単純に(*19.5.13*)または(*19.5.14*)のような量子力学的測定であるとすると，これまたおかしなことが起こる可能性がある．そこを巧みについたのが Schrödinger による猫のたとえ話であろう．“Schrödinger の猫”という測定装置は，放射性同位元素とカウンターを入れてある部分と，カウンターからの信号で蓋の開く毒物容器と猫が一緒にはいっている部分からできている．猫を入れた部分は窓のついた箱に収められていて，窓を開けなければ内部が見えないようにつくられているものとする．放射性同位元素が崩壊して放射線が出れば――それが Q の現象である――，カウンターがそれを捉えて信号を発生し，それによって毒物が出て猫が死ぬという仕掛である．放射性同位元素の非崩壊・崩壊という Q の微視的事象はそれぞれ，猫の生・死に対応しているので，猫の生死を確かめることによって，放射性同位元素の状態を知ることができる．模式

図 19.12 と対応させれば，人間 N が M の測定器目盛を読む動作が猫の生死を確かめることに相当するわけである．しかし，箱の窓を開けて覗くという操作をしなければ，猫の生死は確かめられない．この測定段階を単純に(*19.5.13*)や(*19.5.14*)のようなものであるとすれば，“測定”前の状態は $|\ \rangle = |生\rangle + |死\rangle$ という生状態と死状態の重ね合せで表わされるべきものであり，窓を開けて覗くという“測定”により波束が収縮して生状態か死状態かのどちらかになるわけである．これはもちろん明らかにおかしい．窓を開けて覗かなくても，猫は生きているか死んでいるかのどちらかであろう．このおかしな話は，人間が窓を開けて猫の生死を確かめることを量子力学的測定と考えているところから出てくる．この場合，猫は単なる記憶素子として巨視的情報機械 M′ の末端におかれているにすぎない．本質的な量子力学的測定は M の最前衛 S ——この場合でいえばカウンター——で行なわれるのである．カウンターは放射性同位元素の崩壊によって生ずる放射線を捉えて巨視的な情報信号を発生し，その後につづく猫を含む情報機械は S の測定結果を乱すことなく信号を増幅したり，伝達したり，記憶したりするようにつくられている．猫の生・死は放射性同位元素の非崩壊・崩壊に対応するメモリーとして使用されているのであるから，人間が窓を開けて猫の生死を確かめるという“測定”は単なる記憶の取出しであって，量子力学的測定とは全く無縁な行為である．したがって，“Schrödinger の猫”という測定器は人間が窓を開けて猫を見るという動作とは無関係に，自動的に量子力学的測定を行ない，その結果を記憶する装置である．

このようにして，本質的な量子力学的測定は S という素子だけで行なわれることがわかった．前にも述べたように，S は微視的相互作用を入力とし，巨視的信号を出力としてもつ一種の情報機械である．“Schrödinger の猫”におけるカウンターは正にそのようなものであった．次に，S という素子の持つべき機能と内容についてもっと立ち入った議論をしよう．

通常，微視的現象の測定器には増幅過程が含まれていることが多い．それは，霧箱，泡箱，カウンターなど微視的粒子の検出器の作動原理をしらべれば容易に理解されよう．増幅過程を必要とする1つの理由は，微視的な力学系および微視的相互作用のエネルギーが通常小さすぎて巨視的測定器を作動させることができず，エネルギー供給を行なわなければならないからである．このため粒子数または自由度の極めて大きい巨視的な系を必要とし，そこでの増幅過程は必然的に不可逆過程となると考えられる．したがって，この不可逆過程が $\hat{\rho}\to\hat{\rho}_A$ という変化を生ずる主役であるという見方が成立するかもしれない．この考えは実は完全に正しいとはいえない．巨視的な情報表示能力——すなわち，読み取りによって乱されない表示能力を持つ素子 S が巨視的な系でなければならないことは当然であり，そのためにこそ巨視的な系を必要とするのである．しかし，エネルギー供給を目的とした増幅過程は，測定過程の本質にとって決して不可欠なものではない．まず，この事実を思考実験で示そう．

例として，巨大空気シャワーを起こすような超高エネルギーを持つ宇宙線陽子の運動量測定を考える．このような陽子には約 10^{19} eV ぐらいのエネルギーを持つものがある．10^{19} eV のエネルギーといえば，おおよそ 1 J である．1 J は 1 N の力を受けながら 1 m 移動するときにする仕事の量であり，1 N の力とは 1 kg の物体を 1 秒間に 1 m/s だけ加速させる力であるから，巨視的に見てもかなり大きなエネルギーであるといえよう．すなわち，微視的粒子が巨視的尺度で見ても大きなエネルギーをもって飛び込んでくるわけである．このように大きな運動エネルギーを持った粒子は，1 回の衝突で巨視的物体全体を巨視的距離だけ動かす可能性を十分持っている．そこで図 19.15 のような測定装置による思考実験を考えてみよう．上から十分大きな質量をもつ物体 A を吊し，それに剛体壁を備えた完全な鏡をつける．右方から上記のような大きなエネルギーに相当する運動量(正確には運動量の水平方向成分) p を持った陽子が飛び込んできて，A の剛体壁と衝突し，運動量が $-p$ に変わって右方へ飛び去る．物体 A は運動量 $2p$ を

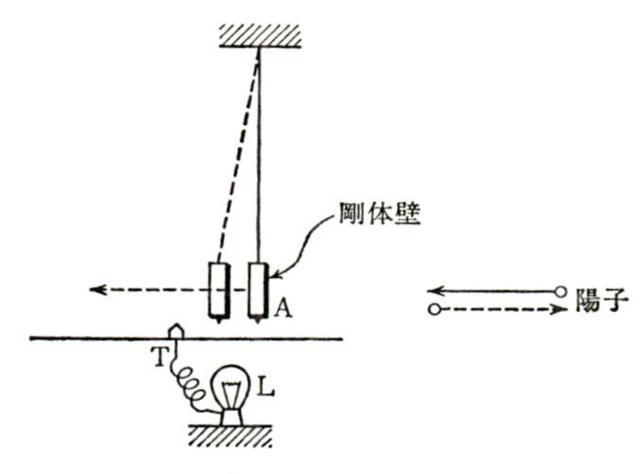

図 19.15　陽子の運動量測定

もらって左方へ移動する．この装置は，$2p$ がある特定の値 $2p_0$ を超えると物体Aが接点Tを通過してランプLを点灯するように作ってある．したがって，事象を $A=(p>p_0)$ とすれば，ランプLの点灯は A が起こったことを示すわけである．この装置の特徴は全く増幅過程が含まれていないところにある．――スイッチの作動や点灯のためのエネルギー供給は，ここで問題としているような増幅過程ではない．もしも必要ならば，物体Aの移動で発電機を動かし，ランプ点灯のためのエネルギーを供給してもよい．T点の位置調整をうまくやれば，これは可能である．

このようにして，増幅過程自身は測定操作にとって本質的に重要なものでないことがわかった．しかし，小さなエネルギーの粒子の運動量測定はどうするかという疑問が起こるであろう．その場合には，測定装置全体を高速度で走らせればよい．すると剛体壁の静止系で見たときの陽子の運動量は大きくなり，上記のような測定が原理的には可能になる．もっとも，高速度で装置を走らせることは，エネルギー供給に相当するということができるかもしれない．それはその通りであるが，不可逆過程と直接結びついた増幅過程でないことを強調しておこう．

一方，この測定装置に剛体壁を使用したことを気にする人もいると思う．事実，10^{19} eV ものエネルギーを持った陽子を完全反射させる壁をつくることは，ほとんど不可能である．しかし，剛体壁は原理的な可能性をはっきり示すために導入されたものでしかない．剛体壁を用いなくても，衝突前後の陽子の運動量の差(＝運動量受渡し量)が物体Aの衝突後の重心運動量になることは間違いないので，それを物体Aの巨視的運動に結びつける装置の実現可能性だけを容認すればよろしいのである．

さて，増幅過程が不可欠のものでないとすれば，Sが持つべき本質的機能は何であろうか．上記の理想的装置で明らかにされた機能は，微視的相互作用を引金として作動するスイッチ機能である．すなわち，陽子との衝突という微視的相互作用によって運動量 $2p$ を与えられた物体Aが巨視的な重心運動を開始するが，その重心運動は，陽子の運動量 p が接点の位置に相当するある特定の値 p_0 を超えるときだけランプを点灯できるような仕掛になっている．$p>p_0$ ならばランプの点灯という一定の応答があるが，$p<p_0$ ならば点灯という応答はない．これはちょうど図19.16に示したようなスイッチ回路の特性である．この図のOが p_0

に対応している．図19.16は射影演算子 $\hat{P}(A)$ の回路論的表現に他ならない．ほとんどすべての測定は，このようなスイッチ回路の特性を利用して行なわれるが，量子力学系の測定にとって本質的に重要な役割を果たす素子Sでは，入力が微視的相互作用であるという点に特徴がある．しかし，何回も強調したように，出力信号は巨視的なものであり，それを観察する動作によって影響を受けてはいけない．このようなスイッチ機能を与えてくれるものは，当然巨視的な系でなければならない．微視的入力で巨視的出力を与えるスイッチ素子という巨視的な系Sの関与によって，(*19.5.13*)の $\hat{\rho}\to\hat{\rho}_A$ という変化が達成されるのである．増幅過程が含まれなくても，巨視的な系Sの関与によって起こる部分系Qの過程が見かけ不可逆で非因果的な $\hat{\rho}\to\hat{\rho}_A$ という変化なのである．

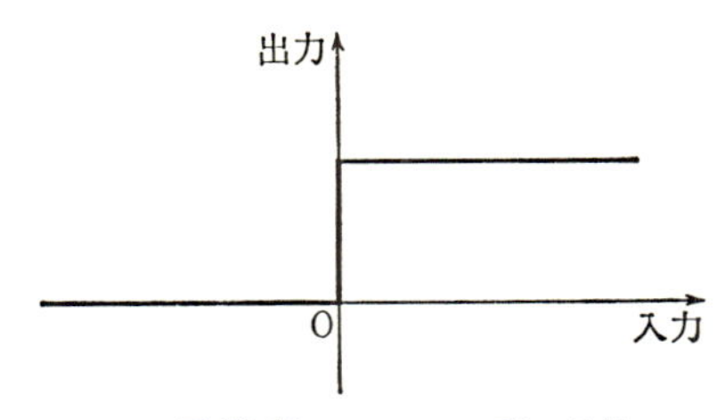

図19.16 スイッチ回路の特性

見かけ不可逆な現象が起こるためには，微視的な時間尺度から巨視的な時間尺度への転換も必要条件である．被測定系Qと測定器系Mが相互作用している全体系を量子力学によって取り扱うことは可能であるが，時間的発展はSchrödinger方程式によって表わされ，それはもちろん不可逆過程的ではない．しかし，そのSchrödinger方程式で表わされる時間的発展はあくまでも微視的時間尺度のものである．ところが私達の測定は決して微視的な時間尺度の上で行なわれるものではない．図19.15の理想実験について考えてみよう．陽子が剛体壁と衝突して帰ってゆく衝突過程は，微視的粒子の散乱過程としてみると，ほとんど無限大の微視的時間を必要とする．しかし，測定器系の巨視的時間尺度で見れば，この時間はほとんど0である．また，物体Aの側から見ると，陽子との衝突によって受け取った運動量を物体の巨視的運動に転換するまでの時間，すなわち，局所平衡に到るまでの緩和時間が問題になる．測定器の性能という点から考えると，この緩和時間は短ければ短いほど良い．図19.15の例では剛体壁を持つと仮定しているので，この緩和時間は0である．このような衝突および緩和過程は微視的に見れば非常に長いが，巨視的に見れば非常に短く，その直後に物体Aの巨視的な運動がはじまり，一定の巨視的時間の後で接点Tを作動させてランプLを点灯することになる．このように，私達人間の測定操作が巨視的時間尺度で行なわれていることに注意しなければならない．微視的時間尺度ではユニタリー的な時間発展が，巨視的時間尺度では不可逆過程的になる例はすでによく知られている．ここには何の神秘的な要素も介在しない．物性理論などでよく見かける動力学的統計力学の手法によって具体的に解明されるはずの物理現象があるだけである．

――ここで一言，通常の統計力学でいう不可逆過程論との相違についてふれておこう．多くの場合，通常の不可逆過程は，系を熱平衡状態 $\hat{\rho}_E$ から少しずらせておいた状態 $\hat{\rho}$ から，熱平衡状態への復帰 $\hat{\rho}\rightarrow\hat{\rho}_E$ を問題にする．しかし，ここで問題とする系Qの測定による変化 $\hat{\rho}\rightarrow\hat{\rho}_A$ は，決して熱平衡状態への復帰としての不可逆過程ではない．もっとも，系Qと接触させられる巨視的な系SまたはMの内部で起こる接触後の変化は $\hat{\rho}\rightarrow\hat{\rho}_E$ であると見てもよろしい．ただし，そのさい情報提示は変化の道程によって行なわれることが多い．図19.15の理想実験では，Aは剛体壁を持っているので，緩和時間0で局所平衡状態に達して巨視的な重心運動を開始する．その運動の道程としてスイッチ機能を果たすわけであるが，全体としての熱平衡状態――すなわち，静止状態に戻ってしまってからは情報提示能力はない．

こうして，測定器Mの本質的測定機能がSのスイッチ回路的特性にあることを見たが，通常微視的粒子の測定に用いられている検出器，たとえば霧箱，泡箱，カウンターなどは必ずこのような特性を持っている．ただ，多くの場合，増幅機能も同時に兼ね備えていたわけである．

この項の最後として，生物の眼を測定器として使用する場合を考えておこう．よく訓練された人は，少数個の光子を感知できるそうであるが，これは眼を直接検出器として用いた微視的な系(光子)の測定ということができる．最近の研究にもとづく推測によれば†，眼の感光作用は，レチナールという折れ曲がった形の分子が光子を吸収して異性体遷移を起こして全トランス型となる完全な微視的相

† 鈴木英雄氏の御教示による．

互作用と，それによって誘発される視細胞外節(レチナールを含む光受容体が規則的に配列されているもの)の相転移現象とに帰着することができる．この相転移はエネルギー・ポンプによって動かされているイオン流に対する抵抗の急激な減少を引き起こし，このイオン流のエネルギーが視神経末端を興奮させるのに利用される仕掛である．これは正に微視的入力に対して図 19.16 のような特性の巨視的出力を持つスイッチ機能に他ならない．ただし，この場合はポンプによるエネルギー供給という増幅機構がスイッチ機構に不可分の形で組み合わされているわけである．

このように見てくると，量子力学系の測定において本質的な測定過程を代表しているものは，微視的入力・巨視的出力というスイッチ機能をもった情報機械であることがわかった．かつて観測問題に関連して，被測定系と測定器と観測人間とからなる全体系のどこで被観測系と観測者の境をつくるかという問題が哲学的色彩を帯びて議論されたことがあったが，いまやこの問題について客観的な解答を与えることができる．測定器と人間とからなる広義観測者は，スイッチ素子，増幅伝達機構，および記憶素子の組合せからなる情報機械の系列である．この系列において，図 19.16 のような微視的入力・巨視的出力特性を持つ最前衛のスイッチ素子から後を広義観測者として考えなければならない．このようにすれば，切断箇所に関する不定性はなくなる．

c) 測定過程 II

前項では，微視的系から巨視的な測定器系への情報伝達の機構について議論した．ここでは，測定器系に接触する以前における微視的量子力学系の情報抽出と伝達について考えてみたい．このような測定過程論を意識的に構成してゆく努力は，これまで，ほとんど行なわれていない．もっとも，いわゆる“散乱の形式論”は，部分的ではあるが，ある程度そのような測定過程論になっていると考えることができる．多くの場合，未知の微視的系の情報は，既知の微視的粒子を衝突させたとき出てくる応答によって得られている．この過程において，入射させる微視的粒子の種別，量子数，運動量などが入力情報であり，衝突後出てきて検出器に捉えられる微視的粒子の種別，量子数，運動量などが出力情報となる．場合によっては，印加された外場を入力情報とすることもあるし，微視的粒子の入射と外場を同時に入力として設定することもありうる．被衝突系が既知のものであり，入射粒子が未知のものであるという場合もある．また，双方とも既知のものであるが，相互作用が未知であるということも起こりうる．いずれにしても，現実の情報抽出と伝達の過程は散乱の形式論の枠内で一応定式化される．このような意味で，散乱の形式論は量子力学系の観測理論の重要な一側面を担当しているといえよう．散乱理論については，すでに本巻の第12章，第13章でくわしく述べているので，ここでは繰り返さない．この項の目的は，散乱の形式論で定式化されている情報抽出・伝達機構を，情報理論——というよりは通信理論の立場から見直すことである．

話を簡単にするために，図19.17のように散乱現象を図式化しよう．入射波は散乱体によって散乱されて散乱波が出てくるわけであるが，その散乱波を入射波との比較で捉えて情報を得るように工夫しなければならない．散乱体が実数の固定ポテンシャルで表わされる場合は，この情報は散乱の“位相のずれ”という形で表現されることが普通である．もしも，この入射波で表わされるチャンネル以外にも反応が起こるならば，すなわち，非弾性散乱が起こるならば，散乱波の振幅が減少し，情報は“位相のずれ”ばかりでなく“振幅減衰定数”にも盛られることになる．また，散乱体が励起して初期状態と異なる状態に落ちたとき出てくるものを散乱波として捉えるならば，エネルギーまたは運動量の大きさにも変化が生じ，これも情報を伝える．通信理論の立場から見れば，これらはある種の“変調機構”であるということができる．通常，通信機械によって情報を輸送するさい，ゼロ情報に相当する基本的搬送波を用意しておき，それを情報によって“変調”している．この“変調”された搬送波が情報伝達の主体である．現在，通常の通信機械で用いられている変調方式としては，振幅変調，周波数変調，位相変調，

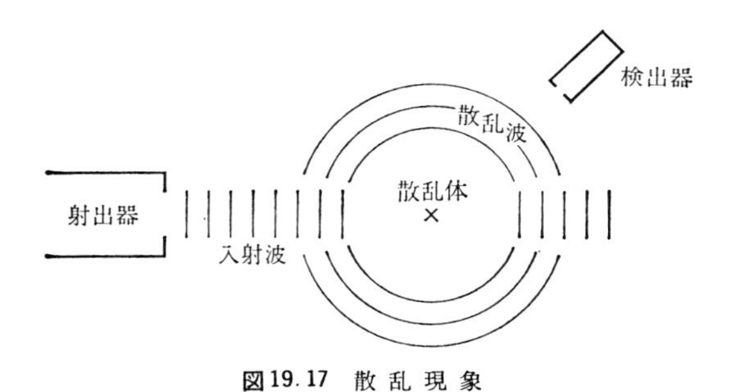

図19.17　散 乱 現 象

時分割変調などが知られている．強いて対応させれば，散乱現象における“位相のずれ”は位相変調，“振幅減衰定数”は振幅変調，“エネルギー変化”は周波数変調の結果であると考えられないこともない．もっとも，すべて静的な変調であって，現行の通信機械におけるような動的な変調に比較すべくもない．しかし，変調機構であることには間違いない．

この立場から，散乱過程による情報の抽出と輸送を図式化すれば，図 19.18 のようなダイヤグラムをつくることができるかもしれない．この図は，搬送波としての入射波を散乱体の情報によって変調し，情報をはこぶ散乱波に変換する機構を図示したものである．通常このような場合，必ず雑音が混入し，変調は情報と雑音とによって行なわれる．情報と雑音の区別をはっきり定式化することはむずかしいが，注目している情報以外の原因による変調はすべて雑音と考えてよい．雑音は散乱体自身またはその環境からくるものもあり，入射ビーム内からくるものもある．雑音もまた，その源についての情報を伝えるものであることはいうまでもない．通信理論は情報信号と雑音について定量的分析を行ない，雑音から情報信号を抽出する方法を与えなければならないが，微視的粒子の衝突散乱過程の場合，その線に沿っての意図的な研究はまだないようである．

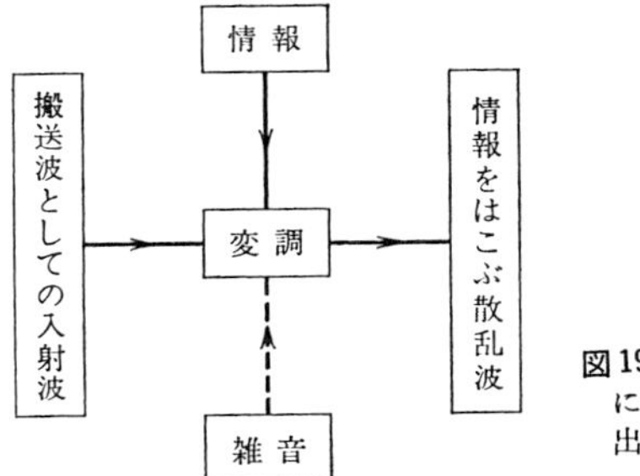

図 19.18　散乱現象における情報の抽出・輸送

このように，衝突散乱過程による情報の抽出・輸送を通信理論の変調過程という形で理解できたわけであるが，量子力学的散乱における“変調”は，現行の通信システムで利用されている変調方式と技術に比べれば，問題にならないほど簡単なものである．したがって，今のところ図 19.18 のような図式理解をしても，何ら現実的な利益は得られないという反論があるかもしれない．たしかに，これだけでは散乱過程を通信理論で解釈したにすぎず，微視的現象としての散乱過程を現行の通信技術のように自由自在に変調する技術の内容を明示するものではない．しかし，通信技術でもはじめから現在のように発達していたわけではない．微視的現象としての散乱過程を実現する技術も，これまで以上に進歩しつづけるものと思う．たとえば，一定の定常流ビームや静的な散乱体のかわりに，規則的な変動をする入射ビームや散乱体をつくることも可能になるかもしれない．また，非常に短い時間パルスの発生や測定ができるようになるかもしれない．最近，レーザーで電子線ビームを変調する実験が報告されて話題になったことがあるが，これはその方向の技術的進歩を示唆しているものと考えられる．そのような技術的進歩が裏付けとなって，衝突散乱実験が現在のような静的なものではなくなり，現行の通信技術に匹敵するほどの形に進展する可能性は十分あると思う．散乱の形式論もそれに応じて発展しなければならない．しかも，その発展は，衝突散乱実験の状況を理論的に記述するという受身の姿勢からではなく，微視的系から情報を抽出し輸送するにはどのような変調方式がよいかという，積極的な設計理論の構成という線に沿って実行する必要がある．そのような発展は，恐らく，意識的にやるか否かにかかっているのではあるまいか．

前項で取り扱った事柄にも関係することであるが，従来の観測理論のように，非相対論的量子力学の枠内での抽象的表現に終始したまま，数学的または哲学的思弁にふけっているだけでは物足りない．微視的系の観測および測定問題は，新しい測定技術の開発や新しい物理現象の発見と無縁なものではない．むしろ，そのようなところに本質的な発展を求めるべきかもしれないのである．

第 VIII 部　量子力学的世界像

第20章　観 測 の 理 論

§20.1　量子力学的測定の基本的性格

本講座第3巻『量子力学I』第I部から本書第VII部までにわたって，量子力学の歴史から始まって，その論理的・数学的構造，物理的な意味づけ，さらには種々の具体的な問題への適用に関して詳細な叙述がなされてきた．それらを通じて，少なくとも相対論の影響を深刻に考えなくてもよいような範囲内では，量子力学が一方では内部矛盾を含まない理論体系であると同時に，他方では非常に数多くの実験的事実との一致が十分満足すべきものであることが示されている．したがって，“観測の理論”というようなものを改めて考察の対象として取りあげる必要は，なさそうに思われるかも知れない．実際，古典物理学においては，観測の理論が特に問題にされることはなかった．もちろん古典物理学の枠の中でも，測定の精度の問題が重要でなかったわけではない．別の言葉でいえば，物理量を測定しようとする実験には，常に多かれ少なかれ誤差を伴うことが認識されていた．したがって理論的に導き出された結果が，実験とどのくらいよく一致するかを判定するためには，前者が実験の誤差の範囲内に収まっているかどうかを問題にしなければならなかった．しかし，それは次に述べるような意味で，“原理的でない”問題だと考えられてきたのである．

すなわち相対論をふくめての古典物理学的な諸理論においては，もしも，それらが正しいならば，導き出される結論のすべてが実験結果と完全に一致するはずだと期待されていた．これを裏から言うならば，理論的に定義された物理量のそれぞれの値を正確に測定するための理想的な実験を想定することが許され，その結果と常に一致するかどうかによって，理論の正否が検証されると考えられたのである．もちろん現実に行なわれる実験は，そのような理想的な実験とは多かれ少なかれ違っていたが，精度を高める努力によって，いくらでも理想実験に近づくことができると信じられていたのである.

ところが，すでに前章までに，いろいろな側面から繰り返し述べられてきたように，量子論の出現以後，電子や光のいずれもが古典物理学の立場からは，たがいに矛盾しているとしか言えないような諸性質を兼ね備えていることがいよいよ明確になり，ついに量子力学という古典物理学とはいろいろな点で異質的な理論体系が樹立されるに到って，初めて上述の矛盾が解消されることになったわけである．しかしそれには同時に，ある物理量を測定するという操作の持つ全く新しい性格を発見し，それを数学的に明確に定義することが必要であった．その要点を最も単純かつ初歩的な形で表現するならば，次のようになるであろう.

量子力学の対象として1個の電子を想定し，そのスピンは無視し，さらに空間の1方向——それを x 軸の方向としよう——に向かっての運動だけを問題にするならば，電子の状態は座標 x および時間 t のある関数 $\psi(x,t)$ で表現される．電子に関する物理量は，一般に x および微分演算子 $\partial/\partial x$ のある関数 $A(x,\partial/\partial x)$ として表わされる．この際もちろん関数 A が——その中に入ってくる x と $\partial/\partial x$ の順序もふくめて——物理量を表わすための諸条件や，また関数 ψ が物理的に意味のある状態を表わすための，その数学的性質に関する制限などが問題になるが，それらは前章までに詳しく述べられているから，ここでは繰り返さない.

さて状態 ψ にあると判断される電子に対して，A で表現される物理量を測定するという手続は，この物理量の持ちうる値，すなわち A の固有値——簡単のため，それは離散的であるとして——$A_1', A_2', \cdots$ の中のどれであるかを決めることである．ところが，測定の結果として，これらの固有値の中のどれが得られるかは一般には予測できない．ただ，どの固有値が得られる確率がどのくらいであるかを，次のような数学的関係から予測できるだけである．すなわち A の固有値 $A_1', A_2', \cdots$ のそれぞれに属する固有関数を $\psi_1(x), \psi_2(x), \cdots$ とすると，状態関数 $\psi(x,t)$ は一般に

$$\psi(x,t)=\sum_i c_i(t)\psi_i(x) \tag{20.1.1}$$

なる形に展開できて——ψ も $\psi_1, \psi_2, \cdots$ もすべて規格化されていたならば——$|c_i(t)|^2$ が t なる時刻に A を測定した場合に，A_i' なる結果の得られる確率をあたえる．そして，もしも実際 A_i' なる結果が得られたなら，その瞬間 t に電子の

状態は ψ から ψ_i へ不連続的に変わってしまったことになる．

量子力学における測定過程を最も荒っぽく表現すれば以上のようなことになる．そこには古典物理学で考察されていた測定過程にはなかった，いくつかの新しい性格が見られる．まず第1には，測定の結果が一般には理論的に予測できないことである．ここに古典物理学にはなかった原理的な不確定性が現われている．第2に，測定過程は一般に，不連続的な状態変化を伴っている．これも新しい性格づけである．これに反して古典物理学では，対象の状態に何の変化も起こさないような理想的な測定が可能である——少なくとも，それにいくらでも近い測定が可能である——と考えられていたのである．

上記の考察は1回の測定過程に関するものであったが，そこから同種または異種の物理量の測定を次々と行なったらどうなるかについても，いくつかの結論を引き出すことができる．まず最初に，同種の物理量を2回引き続き測定する場合を考えて見よう．A なる物理量を時刻 t_0 に測定して，A_1' なる値が得られたとすると，測定の対象は，その瞬間に，A の固有値 A_1' に属する固有状態 $\psi_1(x)$ に移っているはずである．したがって時刻 t_0 以後の任意時刻 t における対象の状態 $\psi(x,t)$ を (20.1.1) の如き形に展開したならば，その係数は $t=t_0$ では

$$\left.\begin{aligned} |c_1(t_0)|^2 &= 1 \\ c_2(t_0) = c_3(t_0) &= \cdots = 0 \end{aligned}\right\} \tag{20.1.2}$$

となっているはずである．それ以後，この対象が放置されている限り，$\psi(x,t)$ は時間 t と共に連続的に変化するであろうから，展開係数 $c_i(t)$ も連続的に変わるであろう．ということは，次に行なわれる A の測定の時刻 t が t_0 に十分近ければ，ほとんど確実に A_1' という同じ結果が得られることを意味する．これを同種の物理量の測定の反復可能性と呼ぶことがあるが，この場合，A なる物理量が瞬間的に測定できることが，前提として認められているわけである．

それとは少し違った場合として，A なる物理量が，いま考えている量子力学的系の保存量となっていたとすると，$t=t_0$ において対象の状態が，A の固有値 A_1' に属する固有状態になれば，その後の任意の時刻 t における状態は

$$\psi(x,t) = c_1(t)\,\psi_1(x) \tag{20.1.3}$$

なる形を保持し続けるはずであるから，t_0 よりずっと後の時刻に，もう一度 A の測定をしても，やはり同じ A_1' なる結果が得られるであろう．こういう意味の

反復可能性は，測定が瞬間的に行なえることを前提としていないと言える．

そんなら，現実に行なわれる測定には，どれだけの時間が必要なのか，そして，その時間は原理的にはいくらでも短くできるのか，というと，そこには，いろいろな疑問がある．これに関しては，次章の第3節で，改めて考察したいと思う．

次に同一の対象に対して，異種の物理量 A, B を引き続き測定する場合を考えると，先立って行なわれた A の測定は，一般に後に行なわれる B の測定結果を予測不可能にする．たとえば『量子力学 I』第II部第3章で論じられているように，2種の物理量のそれぞれを表わす演算子 A および B が交換可能でない場合，すなわち

$$AB-BA \neq 0 \tag{20.1.4}$$

なる場合には，A の測定の精度をよくすればよくするほど，B の測定結果の不確定度は大きくなる．特に A として座標 x，B として x 方向の運動量，すなわち

$$B \equiv p = -i\hbar\frac{\partial}{\partial x} \tag{20.1.5}$$

を選んだとすると

$$AB-BA = i\hbar \tag{20.1.6}$$

となり，A の測定の平均誤差 ΔA と B の測定の平均誤差 ΔB の間には，よく知られた Heisenberg の不確定性関係

$$\Delta A \cdot \Delta B \geqq \frac{\hbar}{2} \tag{20.1.7}$$

が成立することになる．極端な場合として，A の測定の精度を無限に大きく——すなわち平均誤差 ΔA を無限に小さく——できたとすると，ΔB は無限に大きくなり，B の測定結果に対する予測がまったく不可能になる．

しかし，この種の単純な考察に対しては，さまざまな疑問が新たに発生する．第1には，そもそも測定の精度——逆にいえば誤差——とは一体何であるかが問題である．古典物理学では現実の実験装置や測定技術が不完全で，ある物理量の測定に種々の誤差を生じたとしても，装置や技術を改善することによって誤差はいくらでも小さくする余地があると認められていた．量子力学においても，それは可能だと暗黙のうちに認められている．そして実際，ある物理量 A に対する

そういう理想的な測定を行なって固有値 $A_1', A_2', \cdots$ のどれかが得られたとすると，測定後の対象はそれらの固有値のどれかに属する固有状態にあり，したがって，それはいずれにせよ $\Delta A=0$ なる状態である．そうすると，その直後に A と交換可能でない物理量 B を測定した場合に得られるであろう結果のばらつきの程度が，上記の平均誤差 ΔB で表わされることになり，それは(*20.1.7*)ないしはそれと類似の関係により無限大となる．反対にもしも物理量 B を決めるような理想的な実験を先に行なったとすると，その直後には $\Delta B=0$ となり，そのあとすぐ A を測定したならば，平均誤差 ΔA が無限大になってしまうわけである．

そんなら ΔA と ΔB のどちらも0あるいは無限大でなく，その積が(*20.1.7*)のような不確定性関係を満たすのは，現実的にどういう場合に対応しているのであろうか．この点を次節で改めて論じたいと思う．

§20.2　不確定性関係のふたつの解釈

今とりあげた問題点については，従来からふたつの違った解釈がなされてきた．ひとつは，すでに『量子力学 I』第II部第3章で述べられているような統計集団，すなわち同種の量子力学的系のアンサンブル(ensemble)を背景とする不確定性関係の意味づけである．簡単のために，前節と同じく x 方向の運動の自由度だけを持つ系のアンサンブルを考えてみる．ある時刻 t に，このアンサンブルに属する系のそれぞれが $\psi^{(1)}(x,t), \psi^{(2)}(x,t), \cdots$ なる状態にあったとすると，それらの状態は(*20.1.1*)と同様に，物理量 A の固有状態で展開して，

$$\psi^{(r)}(x,t)=\sum_i c_i^{(r)}(t)\,\psi_i(x) \qquad (r=1,2,\cdots,L) \qquad (20.2.1)$$

なる形に書くことができるであろう．ただし L はアンサンブルに属する系の総数で，非常に大きな数である．

さて t なる時刻に物理量 A を測定しようとするが，系が $\psi^{(1)}, \psi^{(2)}, \cdots$ なる状態のどれにあるか，まったく不明で，どれにある確率も等しいと見なさざるをえなかったとしよう．そこで，それらの状態にある系のアンサンブルを想定し，その中から十分多数の，しかしアンサンブルに属する系の総数 L に比して十分小さい数の系をサンプル(sample)として無作為に取りだし，それらに対して物理量 A の測定を——同時に，そして独立に——行なったとしよう．すると，たと

えば A_i' なる測定値の得られる頻度は

$$\frac{1}{L}\sum_{r=1}^{L}|c_i{}^{(r)}(t)|^2 \tag{20. 2. 2}$$

に比例する，と考えてよいであろう．

これとまったく同様にして，この同じアンサンブルに対する，別の物理量 B の測定を行なうことができるはずである．そして，その場合のサンプルは，A の測定のためのサンプルと重複しないように選び出すことも可能である．したがって A の測定と B の測定とは，どちらが先とか後とかいう制約，つまり一方が他方から受ける制約なしに，同時に独立に行なえるはずである．こういう意味で，同種の系のアンサンブルに対して，同時に並行して多数回行なわれた A および B の測定の平均誤差が第II部第3章の $\varDelta F, \varDelta G$ であり，それらの積に関して (20. 1. 7) のような不確定性関係が成立すると考えられる．

これがひとつの解釈である．ところが歴史的には，1927年に Heisenberg が最初に (20. 1. 7) と本質的に同じ

$$\varDelta x\cdot\varDelta p \gtrsim \hbar \tag{20. 2. 3}$$

なる不確定性関係を導き出したのは，あるひとつの粒子，特に電子のような荷電粒子の位置の測定と運動量の測定の間の相互制約という意味を持っていた．彼は有名な γ 線顕微鏡に関する思考実験によってそれを示した．図20.1の如く，顕微鏡の対物レンズの視野の中心にある1個の電子 e が，レンズの半径に対して ε なる角を張ったとすると，光学でよく知られているように，顕微鏡の軸の方向，すなわち，図の z 軸の方向に垂直な x 方向に関する分解能は

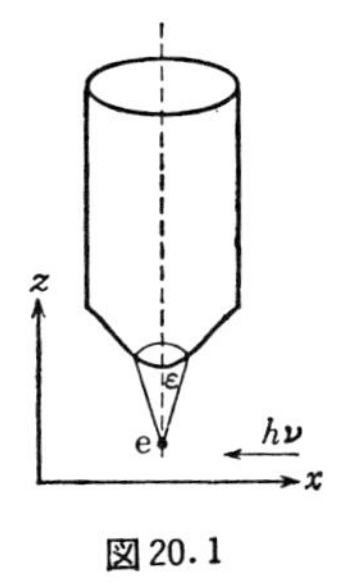

図20.1

$$\varDelta x \approx \frac{\lambda}{\sin\varepsilon} \tag{20. 2. 4}$$

で与えられる．ただし λ は使用される光の波長である．したがって電子の x 座標は，一般に (20. 2. 4) なる精度以上に正確に決めることができないと考えられる．しかし使用する光の波長 λ を短くしてゆけば——すなわち可視光線の代りに

X 線や γ 線を使えば——電子の位置を，少なくとも原理的には，いくらでも正確に測定し得るはずである．もちろん γ 線顕微鏡というようなものを制作することが果して技術的に可能かどうかについては，いろいろ疑問があろうが，ここでは問題にする必要がない．さらにまた γ 線の波長がいくら短くなっても，上のような簡単な光学的法則だけで，位置の不確定的性質を律しうるかどうかも大いに問題であるが，その解明には，非相対論的量子力学の範囲を超えた，素粒子論的考察を必要とするので，ここでは立ち入らないことにする．

さて，この種の実験によって実際に電子が見られるためには——あるいは電子の像が写真撮影されるためには——図 20.1 のように x 軸の方向から入ってきた光のエネルギーの一部が，電子による散乱の結果として，レンズの中に入ってこなければならない．ところが使用された光の振動数が ν ならば，そのエネルギーは $h\nu$ の整数倍に限られている．もっと端的にいえば，それはエネルギーが $h\nu$ で，運動量の大きさが $h\nu/c$ であるような光子の集りであって，その中のひとつが電子によって散乱され，顕微鏡の中に入ってきて写真乾板を感光させるわけである．この散乱に際しての Compton 効果により電子の受ける反動は，散乱前後の電子と光子の，エネルギーと運動量の保存則から決まる．ところが実際は散乱された光子が，ε なる開きをもった対物レンズのどの部分に入って行ったかは不明であるから——γ 線の波長が極端に短くない限り——x 方向の電子の運動量の成分 p の変化には，

$$\Delta p \approx \left(\frac{h\nu}{c}\right)\sin\varepsilon \tag{20.2.5}$$

程度の不確定性を伴わざるをえないことが容易にわかる．したがって (20.2.4)，(20.2.5)，および波長 λ と振動数 ν の間の $\lambda=c/\nu$ なる関係から，直ちに不確定性関係 (20.2.3) を結果することになる．

これが不確定性関係に対するもうひとつの——そして歴史的には，むしろ原初的——解釈である．ここでは同一の電子に対して，位置と運動量の両者に対する不完全な測定が同時に行なわれたとした場合，それぞれの不完全さの程度が，たがいに他の逆数に比例するようになっているが故に，ふたつの測定の両方を同時に完全な，理想的なものにすることができないという主張がなされているのである．ここで問題になっているのは，実は単一の対象に対する 1 回きりの測定であ

り，しかも直接的な測定である．直接的というのは，上の例では測定の手段として使われた光のエネルギーの一部分——すなわち電子によって散乱された光子——を直接，写真乾板上で捕えることを意味している．1回きりというのは，1個の光子を捕えるだけで測定は終わることを意味している．

したがって，このような単純な測定だけに限定せず，間接的な測定，あるいは複数の測定の適当な組合せを考案したならば，上記の不確定性関係を超えて2種あるいはそれ以上の物理量を同時に，より正確に決定できるのではないかという期待が，まだ完全に排除されたとはいえない．たとえば上記のγ線顕微鏡に関する思考実験では，電子と光子だけが問題になっていた．そして顕微鏡自体は，これに固定された写真乾板もふくめて，この測定過程を通じて全然動かない物体であると，暗黙のうちに認められていたのである．そこで改めて顕微鏡自身をも観測の対象と見直したらどうなるか．ここで測定という代りに，観測という言葉を使ったのは，単純・複雑，あるいは直接・間接たるを問わず，物理量を測定しようとする操作一般という意味あいにおいてである．すると，次のような可能性が考えられる．散乱後の光子が顕微鏡の中のどの方向に入ったか不明だったから，電子の運動量pに(*20. 2. 5*)であたえられる不確定性が残った．ところが光子を受け入れた結果として，顕微鏡のx方向の運動量も変化したはずだから，それを測ったらどうか．そうすれば光子の運動量，したがって電子の運動量も正確に決まるではないか．この提案はちょっと考えるともっともらしいが，実はこういうことをやっても，やはり不確定性関係(*20. 2. 3*)は超えられない．ただ問題を電子から顕微鏡の方に移したにすぎない．なぜかといえば，顕微鏡もまた原子や分子の集りである以上，量子力学的な系と見なしてさしつかえない．したがって，その重心の座標と，それに正準共役な全運動量との間には，電子の場合と同様な不確定性関係が成立しているはずである．それ故，顕微鏡全体の運動量を正確に測ろうとすれば，その重心の位置は不明確となる．それは電子の位置をきめる基準自身が不明確になったことである．それ故，電子の位置も同じ程度だけ不明確となり，ふたたび不確定性関係(*20. 2. 3*)へ戻ってしまう．つまるところは，ある対象の位置とか運動量とかいっても，それらが他と独立に絶対的に決まるのではなく，現実には必ず，基準となる座標系に関する対象の位置を問題にしているのである．顕微鏡のように質量の大きな物体を測定器として使う限り，光子が入ってきても，こなくても，顕微鏡は終始，地球に固定していると考えてよいから，位置の測定には好適であった．しかし，もしも，その運動量までも正確に測定しようとするなら，やはり不確定性関係が不可避の制約となり，期待に反して事態は好転せず，単純測定の場合と同じところに止まらざるを得ないのである．

§20.3 観測過程の全体としての記述

§20.1および§20.2において述べたのは，最も単純化された形での測定過程の数学的表現およびその物理的解釈であった．そこでは自由度の小さな量子力学的系，たとえば1個の電子や，さらには，その1方向の運動の自由度だけを問題にしてきた．しかし実際の測定はもっと複雑であって，前節の終りにふれたような意味での観測過程として把握する必要がある．たとえば，非常に簡単に見えるHeisenbergの思考実験においてさえ，観測の対象である電子と，観測の直接の手段である光あるいはγ線の他に，顕微鏡のような装置が必要であった．顕微鏡自身は非常に大きな自由度を持つ系であるが，もしも観測過程を全体として客観的に記述しようとするならば，電子や光のほかに顕微鏡をも含めた全体を量子力学的系として取り扱うのが望ましいことになってくる．しかし，それはまったく現実ばなれした希望にすぎない．なぜかといえば，そういう非常に自由度の大きな系の状態を決定するためには，非常に数多くの物理量の測定を同時に行なわなければならないが，それは実際にはできない相談であるばかりでなく，また当面の目的である電子に関する物理量の測定には不必要だからである．前節の終りにふれたように，顕微鏡自身に関する莫大な数の物理量の中で，もしも測定されるべきものがあったとすれば，それは重心の位置あるいは運動量だけであった．その他の物理量のほとんど全部については知る必要がなかった．ということは，観測の対象も手段も装置もふくめた全系の量子力学的状態を知る必要はなく，当面の観測と直接関係する少数の自由度以外は，統計力学的——正確にいえば量子統計力学的——に取り扱えばよかったのである．前節ですでに不確定性関係のひとつの解釈として簡単な系の集団に関する統計的考察を行なったが，今ここで問題にしようとするのは，自由度の非常に大きな系に対する，文字どおり統計力学的考察である．時刻tにおけるこの系の量子力学的状態を一般に

$$\psi(q_1, q_2, \cdots, q_N, t) \equiv \psi(q, t) \tag{20.3.1}$$

と書くことにしよう．ただし，系の自由度は N で，たがいに独立で交換可能な物理量の完全な組のひとつを $Q_1, Q_2, \cdots, Q_N$ とし，それらの取りうる固有値の任意の1組 $q_1, q_2, \cdots, q_N$ および t の規格化された関数 ψ として，系の状態を表わしたわけである．

ところで，実際に系がどの状態にあるか知らないという事態に対応して，いろいろな状態にある同種の系の集団，すなわちアンサンブルを想定しよう．このアンサンブルに属する同種の系に適当に番号をつけ，r 番目の系は $\psi^{(r)}(q,t)$ なる状態にあったとする．これらの状態のどれでも，この種の系に対する規格化された直交関数の完全系 $\psi_1(q), \psi_2(q), \cdots$ で展開できるはずだから

$$\psi^{(r)}(q,t) = \sum_i c_i^{(r)}(t)\psi_i(q) \tag{20.3.2}$$

と書ける．『量子力学 I』第Ⅱ部第3章で詳しく述べられているように，この系が $\psi^{(r)}$ なる状態にあるとした場合に，この系に関する任意の物理量 A の測定の結果に対する期待値は

$$\langle A\rangle^{(r)} = \int \psi^{(r)*}A\psi^{(r)}dq \tag{20.3.3}$$

で与えられる．ただし $\psi^{(r)*}$ は $\psi^{(r)}$ の複素共役関数で，dq は $q_1, q_2, \cdots, q_N$ の張る N 次元空間の体積要素を表わす．この式の右辺に(20.3.2)を代入すると

$$\langle A\rangle^{(r)} = \sum_{i,j} c_i^{(r)*}c_j^{(r)}A_{ij} \tag{20.3.4}$$

が得られる．ただし

$$A_{ij} = \int \psi_i^* A\psi_j dq \tag{20.3.5}$$

したがって，もしも系が $\psi^{(1)}, \psi^{(2)}, \cdots$ なる諸状態のどれにあるかわからない場合には，期待値 $\langle A\rangle^{(r)}$ をさらにアンサンブルについて平均する必要がある．この場合，アンサンブルを構成する系の総数 L は十分に大きく取り，$\psi^{(1)}, \psi^{(2)}, \cdots, \psi^{(L)}$ の中には同じ状態が何度も現われてもさしつかえないとし，その回数は系がその状態にあると推定される確率に比例するようにできるものとしよう．そういうアンサンブルについての A なる物理量の期待値は

$$\langle A\rangle = \sum_{r=1}^{L} \frac{\langle A\rangle^{(r)}}{L} = \sum_{i,j} \rho_{ji} A_{ij} \tag{20.3.6}$$

となる．ただし

$$\rho_{ji} = \frac{1}{L} \sum_{r=1}^{L} c_i^{(r)}(t)^* c_j^{(r)}(t) \tag{20.3.7}$$

は，このアンサンブルに対する密度行列と呼ばれているところのもので，これを演算子 ρ の行列表示と見なすなら，(22.3.6)は

$$\langle A\rangle = \mathrm{tr}\,\rho A = \mathrm{tr}\,A\rho \tag{20.3.8}$$

とも書ける．ここで tr は行列の対角要素の総和を取る操作を表わす．

このようにして，与えられたアンサンブルに対して ρ はひとつにきまり，それによって系の任意の物理量 A の期待値もきまってしまう．ということは，アンサンブルの統計的性質は，演算子 ρ によって完全に特徴づけられることを意味する．それで，これを統計演算子とも称する．この演算子 ρ は，上述のように特定の直交関数系 $\psi_1, \psi_2, \cdots$ を媒介として，(20.3.7)のような行列として表現されるが，直交関数系の選び方を変えれば行列 ρ_{ji} の形も変わる．特に，それを対角型行列にするような直交関数系を $\varphi_1, \varphi_2, \cdots$ とし，その場合

$$\rho = \begin{bmatrix} w_1 & & & \\ & w_2 & & 0 \\ & & w_3 & \\ & 0 & & \ddots \end{bmatrix} \tag{20.3.9}$$

という形になったとしよう．すると一般に

$$\mathrm{tr}\,\rho = 1 \tag{20.3.10}$$

なることが容易に証明できるから，直ちに

$$\sum_i w_i = 1 \tag{20.3.11}$$

が得られ，w_i はアンサンブルの中の系が，φ_i なる状態にある確率を意味すると考えられる．特に $w_1, w_2, \cdots$ の中のどれかひとつが1，たとえば $w_i=1$ で，他がすべて0になったとすると，系は必ず φ_i なる状態にあることになる．量子統計力学では，こういう場合を純粋状態と称するが，これは量子力学で単に状態と呼

んできたものに他ならない．これに対して，$w_1, w_2, \cdots$ の中のふたつ以上が0でない場合を混合状態と称するが，これは狭い意味の量子力学にはなかった概念である．それは量子力学的系のアンサンブルを特徴づける，統計演算子 ρ の対角要素の組 $(w_1, w_2, \cdots)$ によって定義されると考えてよい．

ところで(20.3.7)の右辺を見れば明らかなように，統計演算子 ρ の行列要素 ρ_{jt} は時間の関数である．いま問題になっている量子力学的系の Hamilton 演算子を H とすると，アンサンブルを構成する任意の系の状態関数 $\psi^{(r)}(q,t)$ に対して

$$i\hbar\frac{\partial\psi^{(r)}}{\partial t} = H\psi^{(r)} \tag{20.3.12}$$

が成立する．これと(20.3.2)および(20.3.7)から——すでに第II部第4章で詳しく述べられているように—— ρ に対する運動方程式

$$i\hbar\frac{\partial\rho}{\partial t} = -[\rho, H] \tag{20.3.13}$$

を容易に導きだすことができる．これは，この量子力学的系に属する任意の物理量 A の Heisenberg 表示に対する運動方程式

$$i\hbar\frac{dA}{dt} = [A, H] \tag{20.3.14}$$

と形がひじょうによく似ているが，右辺の符号だけが違っている．(20.3.13)と同形の方程式は，ρ 自身だけでなく，その任意関数 $f(\rho)$ に対しても成立する．したがって

$$\begin{aligned} i\hbar\frac{\partial}{\partial t}(\mathrm{tr}\, f(\rho)) &= \mathrm{tr}\left(i\hbar\frac{\partial f(\rho)}{\partial t}\right) \\ &= -\mathrm{tr}\,(f(\rho)H) + \mathrm{tr}\,(Hf(\rho)) \\ &= 0 \end{aligned} \tag{20.3.15}$$

が成立する．

このように量子力学的系のアンサンブルの特質は，統計演算子 ρ によってある程度まで決定されてしまうから，エントロピーの如き量も，ρ のある関数として定義できそうに見える．1932年に von Neumann は，種々の理由から，アンサンブルのエントロピー S を

$$S = -k \operatorname{tr}(\rho \log \rho) \tag{20.3.16}$$

と定義した．ただし k は Boltzmann の定数である．しかし，この定義は満足すべきものではない．なぜかといえば，(*20. 3. 15*)の特別の場合として

$$\frac{dS}{dt} = 0 \tag{20.3.17}$$

が得られるが，これはアンサンブルを構成する個々の系の状態が，時間とともに(*20. 3. 12*)で示されるように Schrödinger 方程式に従って変化してゆく限り，エントロピーの増減は決して起こらないことを示している．ところが実際には熱力学的な非可逆現象が存在し，それはエントロピーが時間と共に増大する過程であると解釈されてきた．したがって上記の考察は，熱力学的非可逆過程を包含しえないという意味で不満足なものである．

この点をどう改善すべきかについては，次章の第4節で述べることにするが，本章の主題であった観測過程がまた，次のような意味での非可逆過程であった．すなわち，ある量子力学系のある物理量が測定された瞬間において，系の状態は，その物理量の測定された値に属する固有状態へと不連続的に移ったと認めなければならないことは，本章の第1節で述べた通りである．こういう基本的な不連続性は量子力学系のアンサンブルを媒介とする統計力学的な取扱いにおいても依然として残っている．そして，観測に伴うアンサンブルの密度行列 ρ の不連続的な変化は，運動方程式(*20. 3. 13*)では規定し切れないという意味で，非因果的である．この場合，観測の対象の側では測定前の状態が何であったかは見失われてしまっているが，その代り観測者の側では，ひとつの情報が獲得されたことになる．それは観測者にも一種の非可逆的変化をもたらす．つまり知らぬ昔へは戻れなくなるわけである．しかし，こういう意味の非可逆性は，熱力学的な非可逆性とは異質的なものである．なぜかといえば，後者は一般にミクロの物理量の測定とは関係なしにも起こると考えなければならないからである．

これらの点を明らかにするために，次のような直観的に把握しやすい具体例について，観測過程の特質を浮かびあがらせたいと思う．

ここに極めて微量の放射性物質があり，1時間の間に，その中の放射性原子核のどれかひとつが壊れて α 線を出す確率が，ちょうど 1/2 になっていたとしよう．そのすぐそばに計数管をおき，α 線が出れば，必ず放電が起こるという理想的な

場合を想定してみる．この放電による電流は拡大されて，スピーカーが鳴るか，あるいはメーターの針が動くような仕掛になっていたとすると，1時間の間にスピーカーが鳴るか，あるいはメーターの針の動く確率は1/2である．この結論は，放射性物質や計数管を含む観測装置全体を量子力学的系として取り扱い，最初はどの原子核も壊れていないという初期条件を置いて，全体系に対するSchrödingerの波動方程式を解くことによって原理的には導き出せるはずである．もちろん，この量子力学的系の自由度はひじょうに大きいから，どの量子力学的状態——すなわち純粋状態——にあったか確かめようがないから，上述のように，こういう系の適当なアンサンブルを取り扱うほかない．そこで混合状態に対応する統計演算子ρの時間的変化は(*20.3.13*)で与えられるから，これを適当な条件のもとで解けば，上記の直観的な考察と本質的には同じ答が得られるはずである．なぜかといえば，原子核の崩壊によって出てくるα線と放電管やメーターなどとのつながりは複雑で，系全体のもついろいろな自由度が関与してくるであろうが，それがどうであってもα線の放出がメーターの針を動かすという結果を必ず引き起こすような仕組になっているのだから，系の混合状態が，これに対応するように変化する確率が圧倒的に大きくなっているはずである．ただし実際に，そうなっていることを数学的に明確に示すことは決して容易でない．たとえば1958年にH. S. Greenは測定機構に関する比較的簡単な量子力学的モデルを設定した．このモデルでは装置の一部がマクロ的なスケールでの不安定な状態にあり，観測の対象の引きおこすミクロ的な刺激によって，より安定な状態に落ちるようになっている．このマクロ的状態変化が何人もの人によって事実と認められることによって，観測過程は一応終了する．もちろん，それを写真その他の助けによって記録し，客観性を増大することもできる．しかし，この場合も，やはり不安定なマクロ状態から安定な状態に移る時刻が正確に予知できないという意味での不確定性が残るか，あるいは時刻を予定できても，移りうる安定な状態がいくつもあり，そのどれが実現されるかについては，確率だけしか予測できないという意味での不確定性が残るのを，どうすることもできないのである．

いずれにしても，この種の推論に必要な計算は相当複雑で長たらしくなるから，ここでは実験家の考えだした観測装置が，本質的には理論家の単純化されたイメージに適合してると認めてしまうことにする．上記の例でいえば，観測装置は，

α線が原子核の外へ出たかどうかを表わす自由度とメーターの針の位置の自由度とが，途中の放電管などに関係する少数の自由度を媒介としてつながっていて，その他の無数の自由度に関しては，アンサンブルについての平均を取ればよいようになっているとしよう．そういう前提を認めてしまえば，観測の結果の確率的予測をしようとする段階までは，理論と実験の間に並行関係が成立することになる．問題は，その次の段階である．純理論的な考察からは，1時間の間にメーターの針が動く——もしくは動かない——確率だけが問題にできるのに対して，実験装置の方では動くか動かないかの，どちらか一方だけが起こるわけである．このどちらが起こるかの決め手が，理論の側にはないのである．ここまでくると，量子力学的不確定性なるものは，観測による微視的対象の擾乱の段階の話であるという性格を超えて，対象も観測装置を含めた系全体の客観的な性格でもあると認めざるを得なくなる．

ここで出てくるかも知れないのは，メーターの針が動いたかどうかは誰かが認定しなければならないから，厳密にいえば観測の対象・手段・装置をひっくるめても，まだ完全に閉じた系にはなっていないじゃないか，という反論である．しかし，そういう議論は大して意味がない．なぜかといえば，誰が見ていても，また誰も見ていなくても，メーターの動きには影響はない．誰かが認定しなければならないにしても，それは要するに事後承認にすぎないのである．かくして第II部第4章で触れられている，観測による Schrödinger の波束の非合法則的な収縮という事態は，形を変えつつも，どこまでもつきまとってくるのみならず，それはメーターの針の予測できない動きというような，巨視的な事実の世界における偶然性にまで拡大されてしまったのである．

このように，観測の問題に伴う不確定性を追求していった結果として，観測者と独立した現象の客観的偶然性ともいうべきものを認めざるを得なくなったが，Schrödinger はこれを有名な猫の話で，もっとショッキングな形で示した．彼の思考実験では，メーターの代りに小さなハンマーが使われる．放電電流は拡大されて，このハンマーを動かし，それによって揮発性の毒物を封入した小瓶がこわれるようになっている．この装置全体が鉄の箱の中に入っており，この箱に猫も一緒に入れられている．つまりメーターが動くか動かないかという違いが，猫が死ぬか，まだ生きてるか，という違いで置きかえられているだけのことであるが，それによって，予知不可能な運命を事後承認するほかないという事態が，実に生き生きと表現されているのである．

それればかりではない．猫の生から死への移行はメーターの針の移動と違って，非可逆的な過程である．したがって猫を含む観測装置の全体のエントロピーは増大するはずである．ところで，元にさかのぼってみると，原子核の崩壊自体が，一種の非可逆過程であった．いったん外へ飛び出してしまったα線が，ふたたび元の原子核に吸いこまれる確率は極度に小さい．しかし，もちろんこういう微視的非可逆過程のひとつひとつが，そのまま熱力学的非可逆性と同定さるべきものではなかった．猫の死という巨視的現象へと拡大されて，はじめてエントロピーの増大が問題になるわけである．統計力学で普通に問題となっているのは，これとはひじょうに違う場合である．たとえば閉じられた扉で隔てられた隣同士のふたつの部屋に，それぞれ違った種類のガスを充満させておいて扉を開けば，2種類のガスは，だんだんとまじりあって，長い時間の後には，ふたつの部屋は一様に，同じ混合比の混合ガスで満たされることになるが，この場合，ガス分子間の衝突というような微視的過程のひとつひとつは，どれも全体的な巨視的現象の進行には，取るに足りない影響力しか及ぼさない．莫大な数の分子間の数えきれないほどの回数の衝突の全体の統計的考察が，2種のガスの完全な混合という方向への，事態の非可逆的進行に対する理論的に満足すべき説明をあたえうるのである．そして，それがエントロピーという熱力学的——したがって巨視的——な物理量の増大と対応づけられているのである．これに反して，Schrödinger の猫の例では，ただひとつの放射性原子核の崩壊という微視的な事象が，猫の死という巨視的な非可逆現象の直接の原因になっており，結果的にはエントロピーが増大するわけであるが，微視的事象そのものは直接的には，エントロピーの増大に無視してよいほど微小な寄与しかしていないのである．また，猫の話はやめて，メーターの動きで放射性原子核の崩壊を検証する場合へ戻って考えれば，崩壊の方は非可逆的であるのに，メーターの動きという巨視的現象の方は可逆的である．メーターの針は測定後，元の位置に戻して，また次の崩壊を検証するのに使うことができるのである．しかし，そういう観測結果が記憶あるいは記録されるならば，それは個人あるいは人間の集団にとって，時間の流れの中に位置づけられることになる．そこに物理学の側から見た自然と歴史のかかわりあいがあるとも言えよう．この点は次章の第4節でさらに詳しく論じたいと思う．

§20.4 間接測定のパラドックス

前節では観測される対象，観測手段，装置をふくむ全体を量子力学的系，あるいは量子統計力学の対象と考えた場合，この系に影響を及ぼすことなく，外部から観察できる現象——例えばメーターの針の動き，もしくは猫の死——の生起に不確定性があることを示した．しかし，観測の問題の検討は，このような客観的偶然性ともいうべきものの存在が否定できないことを示しただけでなく，次に述べるような，これとは少し違った性格の新しいパラドックスをも顕にしたのである．

本章の第2節で述べた Heisenberg の思考実験は，その位置あるいは運動量が測定さるべき電子と，観測手段である光子とを——ある短い時間の間だけ——相互作用させた後，電子から遠く離れてしまった光子を顕微鏡で捕え，その結果から逆に電子の位置や運動量についての知識を得ようとする仕組であった．しかし，光子を捕える装置を顕微鏡だけに限る必要はなかった．たとえば顕微鏡の代りに，光の散乱された方向と波長を正確に測る装置を置くことによって，電子の運動量の測定の精度をよくすることもできたのである．

そこまで考えると，本来の観測の対象であった電子の代りに，観測の手段であった光に関する，いろいろな物理量を測定することによって，間接に電子に関する種々の物理量を測定できる，という意味での間接測定になる．これをもっと一般的に表現すると，測定の対象である微視的系 I と一時的に相互作用させられた他の微視的系 II を，ある観測装置 III と相互作用させることによって，間接に系 I の物理量 A を測定することもできるし，あるいは II を別の観測装置 IV と相互作用させることによって，I の物理量 B を測定することもできるであろう．こういう可能性から新しいパラドックスが発生することを，1935年に Einstein と Podolsky と Rosen とは，次のような思考実験によって示した．

問題を極度に単純化して，系 I も系 II も x 方向の運動の自由度だけしか持たないものとする．系 I の物理量 A の固有値を $A_1', A_2', \cdots$ とし，それらに対応する固有関数を $\psi_1(x_1), \psi_2(x_1), \cdots$ とすると，系 I と II の合成系の状態関数は一般に

$$\Psi(x_1, x_2, t) = \sum_i c_i(x_2, t)\psi_i(x_1) \qquad (20.4.1)$$

なる形に展開できるであろう．ただし，x_1, x_2 はそれぞれ系 I, II の x 座標を表わす．ところで系 II が系 I の物理量 A の測定手段として役立つということは，ある時間の間 I と II が相互作用した後，別れ別れになってからの——つまり時刻 t がある値より大きいところでの—— I と II の全体の状態が

$$\Psi(x_1, x_2) = \sum_i c_i u_i(x_2)\psi_i(x_1) \qquad (20.4.2)$$

という形になることを意味する．ただし，今後の議論に不必要な Ψ の中の時間因子は省いてある．ここで，$u_1(x_2), u_2(x_2), \cdots$ は II の物理量 C の固有値 C_1', $C_2', \cdots$ に属する固有関数である．つまり全系の状態が(20.4.2)のような形をしているが故に，II の物理量 C を測定して C_i' なる値が得られたなら，全系の状態も $u_i(x_2)\psi_i(x_1)$ となったと推定され，したがって系 I の状態は $\psi_i(x_1)$ となり，その物理量 A も A_i' なる値を取ったと判定できるわけである．$\psi_1, \psi_2, \cdots ; u_1, u_2, \cdots$ がそれぞれ規格化されているなら，A_i' なる測定結果の得られる確率が $|c_i|^2$ であたえられることになる．

そこで特に I の物理量 A として x 方向の運動量を取ると，その固有値 p は連続であり，もしも全系の状態関数が

$$\Psi(x_1, x_2) = \int_{-\infty}^{+\infty} \exp\left\{\frac{ip(x_1 - x_2 + x_0)}{\hbar}\right\} dp \qquad (20.4.3)$$

なる形をしていたならば，系 II の運動量を測定して $-p$ なる値が得られた場合，系 I の運動量は p であったと推定してよいわけである．ただし x_0 は定数である．なぜかといえば，系 I の運動量 p に属する固有関数は

$$\psi_p(x_1) = \exp\left(\frac{ipx_1}{\hbar}\right) \qquad (20.4.4)$$

であり，系 II の運動量 $-p$ に属する固有関数は

$$u_p(x_2) = \exp\left(\frac{-ipx_2}{\hbar}\right) \qquad (20.4.5)$$

であるから，(20.4.3)は

$$\Psi(x_1, x_2) = \int_{-\infty}^{+\infty} \exp\left(\frac{ipx_0}{\hbar}\right) u_p(x_2)\psi_p(x_1)\,dp \qquad (20.4.6)$$

と書けるからである.

ところが，この同じ関数は

$$\Psi(x_1, x_2) = 2\pi\hbar\delta(x_1 - x_2 + x_0) = 2\pi\hbar\int_{-\infty}^{+\infty} v_x(x_2)\varphi_x(x_1)\,dx \qquad (20.4.7)$$

とも書ける．ただし

$$\left.\begin{aligned} \varphi_x(x_1) &= \delta(x_1 - x) \\ v_x(x_2) &= \delta(x - x_2 + x_0) \end{aligned}\right\} \qquad (20.4.8)$$

は，系I，系IIと名づけられた2個の粒子の x 座標 x_1 および x_2 の固有値が，それぞれ x および $x+x_0$ である場合の固有関数である．したがって系IIの座標を測定して $x+x_0$ であることがわかれば，系Iの座標も x であったことが推定されるわけである.

これは非常に奇妙な事態である．なぜかと言えば，系Iから離れてしまった後に，もしも系IIの運動量を測定して，$-p$ という値が得られたら，その瞬間に系Iの方も運動量 p の状態になったと思わなければならぬ．しかし，もしも系IIの位置を測定して $x+x_0$ という値が得られたら，系Iの位置も x になったと思わなければならぬ．ところが，もともと系Iの運動量と位置を同時に明確に決めることは，不確定性関係によって不可能にされていたのである．したがって，運動量の決まった状態と，位置の決まった状態とは，系Iにとって全く別の状態であった．ところが，そのどちらかが，系IIについての測定によって，系Iに直接ふれることなしに選びだされることになったわけである.

次の章で改めて述べるように，Einstein は，このパラドックスが実在の概念を矛盾に導くことを指摘した．しかし，そういう概念分析を別にしても，分離されてしまったふたつの系の一方についての事後の知識が，前にさかのぼって他方の系の状態までを変えたりするのは，おかしなことに違いない．極端に言えば，原因と結果の順序が時間的に逆転しているようにさえ見えるのである．このようなパラドックスと実在の問題や時間の問題との関係については，次章の第2節および第3節で改めて論じることにしたいと思う.

第21章　実在論と時間論

§21.1　事実と法則の2重構造

量子力学的世界像というようなものを人間がはじめから持っていたわけではない．それは20世紀初頭の30年ほどの間の，多くの物理学者の実験と計算と思索と討論の積み重ねの結果としてようやく得られた新しい世界像である．それは先行する世界像，すなわち広い意味の古典物理学的世界像をいったん，強く否定することによって新たに創り出された世界像である．ここで，広い意味の古典物理学的世界像といったのは，古典力学，古典電気力学および古典統計力学だけでなく，その延長線上に乗る限りでの相対論をも含め，それらを土台として構築された世界像であった．いったんそれを強く否定したけれども，しかし量子力学的世界像なるものは，それと単に矛盾するだけではすまなかった．なぜかといえば，古典物理学的世界像自身がまた，それに先行する世界像を持っており，後者がまたその先行者を持つ．そして，このようにして上流へ上流へとさかのぼって行くならば，結局この河の源は素朴実在論に他ならぬことを発見するであろう．素朴実在論とは，人間がほとんど無意識のうちに獲得したものである．人間は視覚的動物であるといわれる．そのことと素朴実在論とは無関係ではないが，しかし目の見えない人でも視覚以外の感覚を頼りにして，目の見える人たちと似た素朴実在論に到達できるようである．また人間以外の比較的高等な哺乳動物もまた，潜在的な素朴実在論を持っているように思われる．それは動物的信仰(animal faith)というような言葉で表わすことさえできそうに思われる．

ここで素朴実在論とは何かを，詳しく議論するのはさしひかえるが，それは一言にしていえば，形があり，手ごたえのある多くの物体が，ある一定の仕方で配置され，それら相互の位置がある程度まで変わりうるような世界の存在の信仰である．物理学が発達するよりずっと前からこのような信仰は存在していた．古代における中国やインドやヘブライやギリシャのような先進地域に出現した思想家たちのあるものは，この信仰を基礎づける思想体系をつくろうとし，他のあるものは，この信仰に対する疑惑を表明したり，それを否定しようとしたりした．しかし，いずれにしても，素朴実在論が肯定されるか，批判されるか，あるいは否定されるべき相手であり，共通の出発点であった．今日の人間といえどもその学識のいかんにかかわらず，日常生活においては，あたかも素朴実在論を信じているかのごとくふるまうのである．私は今，ペンを手にして紙の上に字を書いている．ペンと紙とが少なくとも数時間，場合によっては何年も，ほとんど姿を変えずに存在し続けるであろうことを無意識に信じながら，この文章を書いているのである．一方では量子力学的世界像が，どんなに遠く素朴実在論から離れているかを明らかにしたいと思いながらも，他方では，あいかわらず後者への無意識的信頼が，私の現在の執筆行為の支えになっているのである．この両者を直接比較しようとすると，しかし，そこにはあまりにも大きなギャップがあることを発見する．このギャップを縮めるものこそ，古典物理学的世界像である．この世界像は17世紀にまず古典力学的世界像という形で具体化された．それは素朴実在論の側からの第1番目の大きな飛び石であった．そして，19世紀に成立した古典統計力学や古典電気力学を第2，第3の飛び石と見てもよい．それらが途中にあったが故に，量子力学的世界像に到達できたわけである．

そういう歴史を経て成立した量子力学的世界像が何であるかを明らかにするためには，直接それ自身について考察すると同時に，比較的近くにある，上記3つの飛び石との関係にも言及しなければならないわけである．ただし，今まで使ってきた“量子力学的”という形容詞は，正確には“非相対論的量子力学的”と表現さるべきであった．なぜかと言えば，本講座第3巻『量子力学Ｉ』，ならびに，第4巻『量子力学Ⅱ』の中では，主として非相対論的量子力学が問題になっており，量子力学と相対論の間の，相互補完的あるいは相互否定的な関係は，第10巻の『素粒子論』の中で本格的に取り上げられるはずだからである．したがって以下の議論では，時間と空間とは異質的なものであるという側面が強調され，両者の同質性は，むしろ意図的に無視されることになるであろう．

さて最も素朴な実在論では，見えるものは実在する，手にさわるものは実在する，ということになっている．しかし，それが素朴すぎることは，人間の歴史においても，個人の成長過程においても，早期にわかってくる．自分には見えたものを他人は見えないという場合，ある人は見えるというが自分には見えないという場合などが時々起こる．そこで何が確かに実在するかを問題にせざるを得なくなる．誰もが存在すると認める物体，あるいは誰もが認める出来事，それらをもっと不確かな物事，客観性のより少ない物事を含んだ全体の中から選び出そうとする．私たちは日常生活の中で始終それをやっている．大多数の人は空飛ぶ円盤の実在を信じないことにしている．歴史家は過去の出来事に関する多くの記録の中から“事実”を探り出そうとする．科学者は観察と実験によって，客観的事実を確立し，さらに新しい事実を発見しようとする．近代の科学においては，意識的に観測を行なうことによって確立される事実が重要視される．

たとえば天文学者が星の写真をとることによって——そして，それが行なわれた時刻を，何かの方法で決定することによって——一定の時刻に，ある星がある方向にあったという客観的事実が定立される．そして，それによって，その星が実在することも確認されるわけであるが，実はその場合，人々は，その星が一定の時刻に地球上の1地点から見て，天空の一定の方向にあるだけでなく，一定の距離の場所にあることまでも信じているのである．そして天空という表現を，3次元の Euclid 空間と言いかえてもよいと思っているのである．1枚の写真からは，この空間の中のその星の位置までは決められないけれども，同じ時に違った位置から——あるいは動いている地球上から時をへだてて——同じ星の写真をとることによって，少なくとも原理的には星の位置を知る可能性がある，と認めているのである．地上の物体については，もっと容易に同じ Euclid 空間の中での，その物体の位置が決められる．したがって古典力学でいうところの唯一の絶対空間としての3次元 Euclid 空間の中に，地上の諸物体も天空の星も配置してよいことになる．そして，この配置は時間がたつにしたがって，だんだんと変わってゆくことも認められているのである．

かくして素朴実在論の延長線上に，その精密化としての古典力学的世界像ができあがる．この世界像はもともと，単に幾何学的なものでなく，時間とともに，空間の中の物体や星の配置が変わってゆくという動的なイメージであったが，さらに時間的な変化が，気まぐれなものでなく，Newton の運動法則によって規定されているのを認めた点において，古典力学的世界像は素朴実在論から大きく隔たることになったのである．本講座第1巻の『古典物理学I』で詳しく述べられるように，Newton 以後，古典力学は抽象化，一般化の歩みを続けてきた．その中で質点という概念と，力の場という概念の2つが，ますます重要な意味をもつようになってきた．そして有限個の質点から成る——もう少し一般的には有限自由度の——古典力学系に量子化の手続が施されることによって，最も狭い意味での量子力学が達成されたのである．力の場の概念は最初，重力場を手がかりとして明確となり，やがて19世紀には Faraday の電磁場の概念へと拡張されていった．そして電磁場の空間的分布および時間的変化は Maxwell の古典電気力学によって正確に表現されること，さらにまた，電磁場は無限の自由度をもつ古典力学系と見なしうることもわかった．そこで量子化の手続をこの場合にも適用することによって，量子電気力学に到達したのである．これらの点については，すでに『量子力学I』第10章で詳しく述べられている．

ただここで一言，注意しておきたいのは，光を含む電磁気現象を完全に理解するためには，特殊相対論的な立場に立つ必要があったことである．すでに古典電気力学の段階において，Lorentz, Poincaré を経て，Einstein がこのことを明確にした．したがって量子電気力学においても，相対論的考察が極めて重要な役割を果たしてきたのである．しかし，先ほど述べたように，ここでは主として非相対論的量子力学を問題にしているので，量子電気力学の相対論的性格を——やや不当なまでに——軽視せざるを得ないのである．そういう意味での不備な点は，第10巻の『素粒子論』の中で補いたいと思う．

古典力学の延長線上における，もうひとつの大きな達成としての古典統計力学は，その原型としての気体分子運動論のように，非常に自由度が大きく——したがって，いろいろな点で自由度が無限大と見なしうる——古典力学系を統計的に取り扱うことによって熱現象のミクロ的理解に成功した．それをさらに熱輻射の場合のように，もともと自由度が無限大な系である電磁場をも古典力学系と見なし，それを含む系の統計的な取扱いにまで拡張しようとして破綻を来たし，それが Planck の量子論を呼び起こすことになったのは，『量子力学I』第I部第1章に述べられている通りである．そこで自由度が有限であるが非常に大きい場合も，自由度が初めから無限大の場合も含めて，古典力学系を量子力学系と見直すことによって量子統計力学へ移行しなければならないことになった．その詳細は，第5巻の『統計物理学』の理論体系の叙述に譲るが，ここで次の点だけは指摘する必要がある．

それは他でもない．量子力学的世界像なるものを構築しようとする場合，個々の電子とか，原子核とか，あるいは，それらの少数の集りとしての原子とか，簡単な分子とかだけを，ばらばらに考えるわけにはいかないということである．なぜかといえば，それが物理学的な世界像であるためには，一方では，たがいに物理的につながった，広い意味での“もの”の全体についてのイメージでなければならないし，また他方では，――それがいかに間接的であろうとも――何らかの方法で感覚的に捕えうるところの“もの”についてのイメージと関係づけられていなければならないからである．もちろん量子力学の数学的理論体系そのものが，すでにミクロの対象――したがって，それらの集りとしてのマクロの対象――に対する，抽象的ではあるが正確なイメージを，私たちに与えている，といってもよい．たとえば，原子核のまわりを電子の雲が取りまいているのが，水素原子の量子力学的イメージだといってもよいであろう．しかし，それは量子力学的世界像の一側面観にすぎないのである．なぜかといえば，私たちに見えている物体，さわって手ごたえのある物体は，非常に多くの原子の集合体であると教えられているが，ひとつひとつの原子，さらには，その中のひとつひとつの電子は，見えているわけでもなく，さわって手ごたえがあるわけでもない．日常経験の世界なるものは，昔も今もマクロ的な物体から組み立てられた世界なのである．それらを量子力学の立場から見ると，自由度の非常に大きな系に他ならぬが，それらのおのおのについて，私たちは現実にどれだけのことを知っているのか，また知りうるのか．第I部から第VII部までに繰りかえし論じられてきたように，量子力学によれば，ひとつの系について最も詳しく知っているという場合，それは，その系がどういう状態にあるかを知っていることを意味する．ところが，自由度の非常に大きい系については，実際にそういう詳しい知識をもつことは不可能である．すなわち，系の自由度をNとすると，ある時刻における系の状態を知るためには，同時にN個の物理量の値を測定する必要がある．ところが1グラムの物体の量子力学的系としての自由度Nは10^{24}ないし10^{25}程度であるから，どんなに努力しても，短い時間の間に測定しうる物理量は全体の中の極小部分にすぎない．ということは，非常に多数の量子力学的状態の中のどれが実現されているか知りえない．つまりマクロ系に関しては，一般に非常に不完全な情報しか持ちえないわけである．

もちろん，これに類する事態は，すでに古典物理学の段階でも生じていた．ひとつの容器の中の気体の状態は，古典力学によれば，気体を構成する無数の分子の位置および速度を知ることによって一義的に決定できるが，現実にそのすべてを測定することは不可能であった．そこで古典統計力学が登場し，種々の状態にある古典力学的系の集団を対象とすることになった．量子力学の段階になっても，この事態は，そのまま持ち越された．前章で詳しく論じたように，量子力学において波動関数 ψ で表現される状態を，"純粋状態"という別名で，特別の場合として含む"混合状態"が，量子統計力学では主として問題となる．そして多数の同種の量子力学的系の集団——アンサンブル——の全体としての状態，すなわち混合状態が，密度行列あるいは統計演算子 ρ で表現され，その時間的変化も，量子力学的運動方程式とよく似た法則で規定されることがわかったわけである．

しかし，その反面において，量子力学の非決定論的性格は当然，量子統計力学にも引きつがれている．その結果として，ふたつの違った確率が2重に入ってくる．この点は前章で詳しく論じたから，繰りかえさないことにするが，ただ，世界像を問題にする場合にどうしても触れざるを得ないのは，量子統計力学には，確率が2重に入ってきたことに伴って，事実の世界と法則の世界の間に，ある種の断絶を生じたことである．つまり，経験的事実の集積という側面から見た世界と，普遍的法則が貫徹しているという観点から見た世界とが，そのまま同定できるようになっていないのである．この間の消息を最もショッキングな形で伝えるものとして，前章で述べたSchrödingerの猫のたとえ話に，もう一度，簡単に触れたい．

この例では放射性原子核のひとつが崩壊して α 粒子を放出したことが，猫の死をひきおこした．原子核がいつ崩壊するかは，量子力学の法則によっては的確に予知できない．法則が教えてくれるのは，あるひとつの原子核が今から t なる時間の後に，まだ崩壊せずにいる確率は $\exp(-t/\tau)$，すなわち生き残る確率が時間とともに指数関数的に，**連続的**に減少してゆくということである．ただし，τ は放射性原子核の平均寿命を意味する定数である．ところが猫の方はある時刻に毒にあたって急に死ぬのである．そして，それはひとつの原子核が，それより少し前に，実際に崩壊したことを示している．猫の運命の変化，したがってまた放射性原子核の状態の変化は，量子力学的法則の規定するような連続的なものではない．突如として猫は生から死へ，そして，その前にまだ崩壊していない放射性原子核の数がひとつだけ減る，という**不連続的変化**が起こっているのである．もちろん猫の死が本当に瞬間的に起こったといってよいかどうかは，大いに問題であり，それに伴って放射性原子核のひとつが崩壊した時刻についても，多少の不確定さが残るであろう．しかし，それは当面の議論においては，本質的なことではない．ここで問題になるのは，量子力学的法則にしたがって予想される生存確率が指数関数的なめらかさを持っているのに対して，現実に起こる事態は生から死への変化，あるいは原子核の数の変化というような，不連続性を持たざるを得ないことである．これを一言で片づけるならば，事実の世界と法則の世界の間には，埋めることのできないギャップがある，ということになる．あるいは，これを現実の世界と可能の世界の2重構造，さらには，感覚的側面と理性的側面とが違った様相を示す立体構造という言葉で表現することもできよう．

§21.2 実在の概念

前節の最後に提起した問題の性格を明確にするために，もう一度，古典物理学の世界に戻ってみよう．大小さまざまな物体から成る世界がそこにある．それらの相互の位置や速度は，時間とともに変わってゆくであろう．各物体の形さえも変わるかも知れない．物体が存在しないように見える空間も，実は空気によって満たされているかも知れない．しかし，それらすべてを細かい部分に分け，各部分の質量と現在の位置と速度，そしてそれらの間に働く力を知ったならば，この世界の今後の変化は，Newton の運動方程式を解くことによって間違いなく予知できるであろう．現に太陽系内の惑星や衛星の運行に関しては，それが実行され，日食や月食が正確に予言できたのであった．20世紀になって，同じ議論が人工衛星にも適用されるようになったが，実は19世紀の初めに，この種の予知が物質世界の全体について少なくとも原理的には可能であるという主張を，Laplace がしていたのである．その場合，彼が想定した，いわゆる“Laplace の魔”なるものは，全く空想的なものでなく，人間の自然認識の能力を連続的に拡大していった極限としての超人と考えてもよかったのである．このような超人にとっては，法則の世界が，そのまま事実の世界でもあったわけである．感覚によって捕えられた事実の世界と，理性によって構築された法則の世界との間に，原理的には溝はない．どちらも同じひとつの実在世界の，完全に同等なふたつの表現と見てよかったのである．

こういう考え方は19世紀の末まで根本的な変更を受けることがなかった．もちろん19世紀には光の波動説が復活し，光を媒介として人間が諸物体の存在を視覚的に認知するという過程が，決して簡単なものではないことがわかってきたが，しかし，それも何か原理的な問題を提起しているとは受け取られなかった．19世紀の後半には光の電磁波説が確立されるとともに，宇宙に遍満する媒質としてのエーテルに与えられるべき諸属性が，ますます奇妙なものになってきたし，また Michelson の否定的な実験結果によって，“エーテルの流れ”の存在に深刻な疑惑が投げかけられたけれども，古典力学の諸法則に従う無数の原子と，奇妙な性質はもつが，それでも古典力学的連続体と見なしうるエーテルとから成る世界，そういう意味の古典物理学的世界像は，まだ放棄されるに到らなかったのである．そこでは物理的実在とその認識という問題にも，次のような明快な解答をあたえることができたのである．

この章の初めに述べたように，私たちはものごころのつく頃から，ほとんど無意識的に素朴実在論の立場に立っていた．それは私たちの感覚——視覚，運動感覚その他の諸感覚——を通しての諸経験と整合的であったが故に，信じられてきたのである．科学一般，特に物理学の発達に伴って，素朴実在論は精密化されるとともに，相当程度まで抽象化された．しかし，それによって感覚を通じての諸経験との整合性は，より一層，満足すべきものとなったばかりでなく，素朴実在論にはなかった高度の合理性をも獲得するに到った．すなわち一方では，感覚器官の能力が種々の観測器械によって補強されるとともに，他方では高度に発達した数学の助けを借りることによって，物理的諸現象の間の法則的関連が明確となってきた．かくして，広い意味における感覚を通しての物理的実在の認識と，論理的整合性を持つ理論体系による物理的実在の記述とが，一応満足すべき一致を示すことになったわけである．

ところが，すでに述べたように，量子力学の支配する世界においては，感覚を通しての対象の認識——たとえば Schrödinger の猫の死を目撃すること——と，対象の合法則的なふるまい——たとえば猫と放射性原子核を含む量子力学的系の状態の Schrödinger 方程式にしたがった連続的変化——を予想することとの間には，明らかな食いちがいが生じたのである．

こういう新しい事態の中におかれた物理学者たちの反応は一様ではなかった．一方の極端には，純粋に実証主義的な態度がありえた．すなわち感覚を通じての対象の認識以外に何も考える必要はない，という立場がありえたのである．実際，『量子力学 I』第 I 部第 1 章で述べられているように，行列力学という形での量子力学を創り出した Heisenberg は，その出発点において，“原理的に直接観測しうる物理量のみを問題にすべきである”と主張した．しかし，実際に創り出された行列力学なるものは，すでに直接観測される量以上のものを含んでいた．すなわち物理量が対角行列として表示されている限りにおいては，その対角要素が，その物理量を観測した時に得られる数値に直接対応しているから，Heisenberg の主張は文字通り成立しているといってもよかった．ところが行列力学にとって本質的な点のひとつは，全ての物理量に対する行列を，同時に対角化できないことであった．そして対角化されていない行列の要素を直接観測と結びつけることはできなかった．したがって，やがて Heisenberg も純粋に実証主義的な主張を固守することをやめざるを得なくなったのである．

これと正反対の極として，波動力学という形で，行列力学と同等な理論体系を創り出した Schrödinger の初期の主張をあげることができる．それは波動一元論というべきものであった．すなわち第 I 部第 1 章で述べられているように，電子に対する古典力学的な粒子というイメージは，“波束”によって置きかえられ，波束が実在する電子そのものと考えられたのである．この主張も，やがて取り下げられることになった．というのは，波束の形の時間的変化は Schrödinger の波動方程式に従うはずであるが，そうだとすると波束は一般に空間全体にいくらでも広がってしまう結果となり，到底それを電子と同定することができなくなるからである．そこで Born は，電子は依然として粒子的存在ではあるが，その位置や運動量は一般に正確に予知ができず，ただ，どの位置にある確率——あるいは運動量の値がいくらである確率——が，Schrödinger の波動関数で表現できるだけである，という統計的解釈を提唱することになったわけである．

ここまでは，第 I 部および前章で詳しく述べられたことのくりかえしにすぎないが，これを19世紀後半の古典物理学的段階における実証主義と原子論の対立と比較してみると，そこに大きな違いが認められる．すなわち19世紀のMachその他の人たちの主張した実証主義とは，原子のように直接観測にかかってこない仮説的存在を排除し，マクロ的存在だけに対する正確な記述で満足しようとする態度であったともいえる．それはしかし，種々の物質の示す多種多様な性質やマクロの世界に生起する複雑な諸現象の，もっと単純なミクロ的素材に関する一般的法則への還元を拒否することであった．これに対してBoltzmannを代表者とする原子論者は，原子を古典力学的な意味での実在と考えたのであった．20世紀になって原子の存在が実証され，原子論者が一方的に勝利するかの如く見えたが，やがて論争の焦点は，原子よりさらに小さい電子とか，あるいは古典力学的粒子とは全く異質的な光子とかの，存在の仕方の非古典的な性格へと移っていった．それらが何らかの意味で存在することは誰も否定できなくなったが，どういう意味で，それらを“実在する”と認めるべきか，あるいは実在とは認めえないかが，問題になってきたわけである．

前章第4節で述べたEinstein, Podolsky, Rosenの思考実験は，Einsteinにとっては実在の概念と次のような意味で矛盾するものであった．すなわち，たとえば電子なるものが実在するなら，それに属するいくつかの物理量の値は，それぞれ適当な観測によって決定できるはずであるが，もしも観測対象としての電子に属するある物理量——たとえばその位置——を対象に影響をあたえることなしに決定できたなら，この物理量は対象の実在性の一部を表現していると考えてよいであろう．さらに，もしも同一の対象に対する他のある物理量——たとえばその運動量——を対象に影響をあたえることなしに決定できたなら，この物理量もまた実在性の一部を表現していることになる．対象の実在性の表現である限り，このふたつの物理量の決定は同時にできるはずである．ところが量子力学によれば，同一の電子に対しては，位置と運動量を同時には決定できないのである．そんなら電子の位置か運動量かのどちらか一方だけが，ある時刻に実在性の表現として決定されていたのだろうか．しかし，そう考えるのもおかしい．なぜかといえば，当の電子に影響をあたえないような仕方で位置を測定することもできるし，あるいはまた運動量を測定することもできることが，前述の思考実験で示されている．この際，当の電子は，自分の位置がきめられたのか，運動量がきめられたのかについて，“われ関せず”なのである．それにもかかわらず，観測者は電子の位置はどこであるかとか，あるいは運動量の値はいくらであるかと一方的に結論するであろう．当の観測対象と観測手段の間の物理的な相互作用が，もはや認められない時点になってから，観測者は観測手段の方をいじくる．そして，それによって観測対象の位置がきまったり，あるいは運動量がきまったりする．そういう選択が一方的にできるというのは実に奇怪なことである．こう奇妙な結論から逃れられないところの量子力学なるものは，まだ完全な理論ではない，と Einstein は主張した．

これに対する Bohr の反論は決して理解しやすくないから，それをそのままの形で表現するのはやめて，次のように言いかえることにしよう．すなわち電子のような微視的対象を観測しようとする場合には，いつでも，それを一部として含むマクロ的な系の存在が暗黙のうちに認められている．つまり，ある環境の中に置かれた対象が問題になっているわけであるが，環境の一部には，もちろん観測装置がある．ある種の観測装置を含む，ある種の環境の中では，電子の位置が比較的精密に決定されるが，もっと違った装置を含む，もっと違った環境の中では，電子の位置は不明となり，その代りに運動量が比較的に高い精度で決定されている．どちらの場合も，観測される対象と，観測装置を含む環境とを，切り離されたものと考えるわけにはいかない．環境が変われば，対象の違った側面が現われるようになっており，しかも，それらの違った側面から同時に見ることができないようになっている．微視的対象の存在の仕方は，そのようなものではないか．

しかし，この種の反論に対して Einstein は納得しなかった．その理由のひとつとして考えられるのは，量子力学における観測の問題と時間の問題の間の関連が明確でない点であろう．上の例で，微視的対象と，それが置かれた環境とを含む全系という場合，もしも，それを全系のある時刻における量子力学的状態という意味に解釈するならば，Einstein らの思考実験では，間接的な観測の行なわれる時点においては，観測の当の対象にとっての環境は，間接的に位置が測定されるか，運動量が測定されるかにかかわらず，同じだと思っていけない理由はなかった．そうなると，ふたたび Einstein らのパラドックスが生きてくる．だから，Bohr をはじめ，大多数の物理学者が考えるような量子力学の解釈が納得できるものであるためには，環境という表現の意味を，相当に長い時間の中での状況変化の全体と解釈する必要がある．つまり当の観測対象と観測手段とが，まだ遠く離れていなかった時にまでさかのぼって，環境の違いを問題にしなければならないわけである．こういうふうに議論すると，話がおかしな方向にそれてしまうように見えるが，実はそうではないのであって，次の節で改めて論じるように，量子力学における時間の問題には，実在の問題に劣らず，明快な解答を与えることが困難で，それが実在論にも影響を及ぼしていると考えられるのである．

§21.3 観測における時間の役割

古典物理学においては，物理量は各時刻において一定の値をもっており，それを観測によって確認することができると考えられてきた．量子力学においては，物理量を単一の数と同定することは，一般にできない．その代りに各時刻における物理量に行列あるいは演算子を対応させなければならなかった．そして，ある物理量に対応する行列を対角行列に変換した場合の対角要素，すなわち行列の固有値のどれかが，その物理量を測定した場合に得られる値になると考えられた．そういう大きな違いはあっても，物理量が各時刻において定義されているという点――言いかえれば，物理量が時間を独立のパラメーターとして含む力学的変数であるという点――において，古典物理学と量子力学とは同質性を保持していたのである．

そういう状況の中で問題となるのは量子力学における時間の性格である．古典物理学では時間は独立変数であるとか，パラメーターであるとかいってよかったと同時に，それ自身を物理量と考えてもよかった．つまり他の物理量を測定するのと同じように，時間を測定することができた．その最も日常的なやり方は，単に時計の針の位置を見ることであった．ある人が朝食を終わって時計を見る．この場合，彼にとっては，会社に出勤するために家を出るべき時刻との関連において，時計の針の指す時刻が意味を持っているでもあろう．しかし時間は，そういう特殊事情を超えて普遍性，客観性を持っていることをも，彼は知っているのである．自分の時計も会社の時計も，それらが正しいなら，いま同じ時刻を指しているはずだと彼は思っている．時刻はそれぞれの時計の針の位置と同定されているのである．後者は時計という古典力学系のひとつの自由度に対応する物理量そのものである．この場合，物理量が時間のある実関数になっていると考えるが故に，その逆関数としての時間が測定されたことになるわけである．彼の持っている時計が正確でなかったとしても，その進み方，あるいは遅れ方に一定の規則性があり，したがって彼の時計の示す時間と正しい時間との間の関数関係が明らかであれば，彼の時計は立派に役目を果たせるわけである．一番困るのは時計がとまってしまった場合である．静止した物体，もう少し正確にいえば，相互に運動するような部分を内蔵していない系は，時間の測定には役立たぬのである．

ここまでは全くわかりきった話のようであるが，実は次に述べるように，量子力学における時間の測定の問題も，この話の延長線上において考察すると，だいぶわかりやすくなるのである．

量子力学では物理量は，一般に時間の実関数ではなく，時間に依存する複素数を要素とする行列として表現される．したがって一般には，物理量の測定から，上記の古典力学的な手法で時刻を決めることはできそうもない．ところが Bohr が強調するように，量子力学的観測なるものにおいては，装置の一部が古典物理学的——もっと狭く限れば古典力学的——性格を持つことが必要とされる．そういう装置がなんらかの意味での時計を内蔵し得るためには，その一部が他の部分に対して運動する古典力学系と見なし得るようになっていることが要求される．こういう側面から見ると，上記の古典物理学における時計の話に，そのままつながるのであるが，量子力学的観測には，もうひとつの側面がある．マクロの現象を観察している限りにおいては，たとえば，その現象の推移と時計の針の動きとを睨みあわせておればよい．ところが，観測の対象が電子のような量子力学的存在であった場合には，これに関するある出来事が起こった時刻を正確に決定しようとする企図そのものが，対象にある種の擾乱をあたえることになり，それが次に述べる Bohr の思考実験で示されるように，時間とエネルギーの間の不確定性関係を結果することになるのである．

観測装置の一部に開け閉めのできるシャッターがあったとする．このシャッターが観測対象であるところの電子の通路にあたっておれば，シャッターが開いている間しか電子は通れないことになり，通過の時刻 t の測定の誤差 Δt と，シャッターの開いた時の幅 Δx, およびシャッターが動く速さ V との間には，明らかに

$$\Delta t = \frac{\Delta x}{V} \tag{21.3.1}$$

なる関係が成立する．ところが一方，このシャッターを通ることによって，電子の位置——詳しく言えば，シャッターが動く方向の電子の座標の成分 x ——は Δx なる不確定性をもって決定されるわけだから，前章で詳しく論じたように，その方向の電子の運動量の成分の不確定性 Δp に対して

$$\Delta p \gtrsim \frac{\hbar}{\Delta x} \tag{21.3.2}$$

なる制限を生ずる．

ところで，観測装置と観測対象であるところの電子の両者の全体のエネルギーや運動量は一定と考えてよい．ただ電子が通る際に，動いているシャッターとの間にエネルギーや運動量のやりとりがあり，両者のエネルギー，あるいは運動量に，それぞれ同じ大きさの不確定性を生じたことを認めなければならない．そこでシャッターの方に着目すると，その運動量は $P=MV$ であり，エネルギーは $W=(1/2)MV^2$ である．ただし M はシャッターの質量で，それは電子の質量にくらべて十分大きいから，速度 V は電子との衝突によって，ほとんど変化せず，したがって運動量 P に(21.3.2)であたえられる不確定性 $\Delta P=\Delta p$ を生じたのに伴って，エネルギー $W=(1/2M)P^2$ も

$$\Delta W = \frac{1}{M}P\Delta P = V\Delta p \tag{21.3.3}$$

だけ不確定となるであろう．この関係式と(21.3.1)および(21.3.2)を組み合わせると

$$\Delta W \Delta t \gtrsim \hbar \tag{21.3.4}$$

すなわち時間とエネルギーの間の不確定性関係が得られるわけである．

ところで電子のエネルギー E とシャッターのエネルギー W の和は，電子がシャッターを通過する前後を通じて一定と考えてよいから，ΔW はシャッターを通過した後の電子のエネルギーの不確定性の大きさ ΔE に等しく，したがって，電子のエネルギー E と通過時刻 t の間の不確定性関係

$$\Delta E \Delta t \gtrsim \hbar \tag{21.3.4'}$$

が得られることになる．

この関係は，形の上では，電子の運動量と位置の間の不確定性関係(*21. 3. 2*)あるいは

$$\Delta p \Delta x \gtrsim \hbar \qquad (21.3.2')$$

と同型であるが，しかし，その意味は大分ちがっている．第1に，時間 t は実数値をとるパラメーターであって，量子力学的物理量のように演算子あるいは行列として表現されるものではない．第2に，形式的には時間 t の正準共役量であるエネルギー E は，実は量子力学的物理量としての Hamilton 演算子 H の固有値でもある．ところが，x や p は共に物理量であって，(*21. 3. 2'*)なる交換関係は，x か p かのいずれか一方を対角行列で表現したならば，他の方は対角型にならないことを意味していた．これと同じことを t と H の間で考えることはできない．なぜかといえば，H を対角行列で表現しても――あるいは対角型でない行列として表現しても―― t は常に実数パラメーターという性格を保持している．それが非相対論的量子力学の一貫した考え方であった．

このことを，もう少し違った言葉で表わすと，次のようになる．Heisenberg の行列力学の形式にしたがって，x や p などを――それぞれ行列で表現される――量子力学的変数と考えると，それらの行列要素は時間 t の関数になる．ということは，x や p などが任意の瞬間に，物理量としての意味をもち，したがって，それらの値の測定は瞬間的に行ないうることが，暗々裡に認められているのである．このことは，x や p などのある特定の関数である Hamilton 演算子 H についてもいえるはずである．そうだとすると，(*21. 3. 4'*)なる不確定性関係は，エネルギーの測定値の不確定性 ΔE と，その測定――それは瞬間的に行ないうるものであって――が行なわれた時刻 t――それがいつであったか，はっきり決められないという意味で――の不確かさ Δt との関係と解釈しなければならないことになる．

ところが，(*21. 3. 4'*)をそう解釈するならば，エネルギーだけでなく，位置 x や運動量 p などの測定の不確定さ $\Delta x, \Delta p$ などと，測定時刻の不確定さ Δt の間にも，一般には，類似の不確定性関係を認めなければならないことになる．たとえば，質量 m なる自由電子の運動量 (p_x, p_y, p_z) を測定しようとする場合，Hamilton 演算子は

$$H=\frac{1}{2m}(p_x{}^2+p_y{}^2+p_z{}^2) \qquad (21.3.5)$$

であるから，

$$\Delta p_x\Delta t=\Delta p_y\Delta t=\Delta p_z\Delta t=0 \qquad (21.3.6)$$

というような関係は成立しえない．なぜかといえば，(21.3.6)は明らかに(21.3.4′)と矛盾するからである．言いかえると，運動量の測定を精密にしようとすれば，どうしても測定の行なわれた時刻が不明確になるのを免かれないのである．これに反して，この自由電子の位置(x, y, z)の測定は，ある一定の時刻に，いくらでも正確に行ないうると考えてよい．なぜかといえば，そう考えても(21.3.4′)との間の矛盾は生じないからである．

このように非相対論的量子力学では，時間の特異性が，非相対論的古典力学とくらべても非常に著しく，それが観測の問題を難解にさせる原因のひとつとなっているのである．たとえば Einstein, Podolsky, Rosen の思考実験においても，運動量の測定は——それが間接的なものであるといっても——果していつ行なわれたのか．その時刻の不確定さΔtが非常に大きければ，直接測定の対象となる粒子——つまり間接測定の手段としての粒子 II——が，運動量を知りたいと思うもともとの粒子 I と完全に離れてしまった後に，II に対する測定が行なわれたかどうかも怪しくなる．さらにさかのぼれば，そもそも位置と運動量の測定を**同時に**正確には行なえないという場合の，**同時**とは果して何を意味するかさえ，ふたたび問題になってくるのである．

この問題に一般的な解答をあたえるのは容易でないが，特に自由粒子の場合には，事情は次のようになっていると考えてよいであろう．すなわちこの場合，Hamilton 演算子は(21.3.5)のような形をしているから，粒子の座標xを一定の時刻tに，ある精度Δxで測定できると考えても矛盾を生じない．これに反してx方向の運動量p_xを測定する場合の精度Δp_xを有限に保とうとすれば，測定時刻の不確定性Δtが有限になるか，しからざればx以外の方向の運動量p_y, p_zのいずれかの不確定性が無限に大きくなってしまう．後者をさけるために，Δtが有限になること，すなわち測定時刻tに幾分かの不確定性が残るのを許したとしても，自由粒子であるからp_xの値は測定される時刻tにかかわりなく，一定の値を保持し続けていたはずである．したがってp_xの測定された時刻はいつであっても同じことであり，これを座標 x が測定された時刻 t と同じと思ってもよさそうである．しかし，同時測定という概念を，そんなふうに拡張解釈すると，ふたつの測定の時間の前後関係を問題にしなければならない場合には，また新しい困難に突きあたる．こういう点のすっきりした解決は，非相対論的量子力学の範囲では得られないのではないかと思われる．

§21.4 時間の流れ

今まで繰りかえし述べたように，量子力学においても，時間だけは依然として古典物理学と同様，実数パラメーターとして取り扱われてきた．ということは，マクロ的な時間とミクロ的な時間との間に断絶はなく，両者はそのまま連続的につながるものと考えられてきたことを意味する．言いかえれば，Newton の運動方程式に出てくる時間 t と，Schrödinger の波動方程式に出てくる時間 t とは同じものだったのである．ただ Newton の運動法則の支配するマクロ的諸現象においては何秒とか何分とか何年とかいう大きな時間の単位が適当であったのに対して，Schrödinger の方程式の支配するミクロの現象では 10^{-10} 秒ないしはそれより小さい単位で時間を測る必要があった．こういう事情に対応して，天体あるいはマクロ的な物体の運動の周期性を利用した時計の代りに，分子時計ないし原子時計が，短い時間の測定のために考案されるようになり，逆に後者の方が時間を決定するための，より信頼できる，より普遍的な基準とされるようになってきた．しかし，そうなっても，マクロ的な時計によって決められる時間の単位と，ミクロ的な時計によって決められる時間の単位の間の関係は，極めて単純である．すなわち，ミクロ的な時計の出す一定の振動数の電波を適当に処理することによって，1回の振動の時間と，マクロ的な時計の周期運動の周期とを比較するだけのことである．

このことは時間の古典物理学的性格が，量子力学に継承されているという事情に適合しているが，これと関連して，古典統計力学の難問題であった時間の非可逆性の解釈の問題も，ほとんどそのまま量子統計力学へ引き継がれたのであった．すなわち古典統計力学では，古典力学の基本法則が時間反転に対して不変であるのに，熱現象に非可逆性が見られる理由として，自由度の大きな古典力学系のアンサンブルが，より大きな確率を持つマクロ状態へ移る傾向が考えられたように，量子統計力学でも Schrödinger の波動方程式が時間反転に対して不変であるにもかかわらず，自由度の大きな量子力学的系のアンサンブルが，古典力学的系のアンサンブルの場合と同様な傾向を持つことが非可逆性を結果すると解釈することができたのである．

この点は，§20.3 の von Neumann の考察より前に，すでに Pauli によって1928年に明確に示されている．その概要を述べると，自由度の非常に大きな量子力学的系を想定する．それがどのひとつの状態——すなわち§20.3で定義した純粋状態——にあるかを決定するには，自由度の数 N だけの物理量の測定が行なわれる必要がある．もしも N が非常に大きければ，それは不可能であるから，実際には少数の物理量を知ることで満足するほかない．そういう場合には，系は非常に数多くの状態の中のどれにあるかわからないわけである．そんなら系は混合状態，すなわち，(*20.3.7*)で定義された密度行列 ρ_{ji} の全部の要素が一義的に決まった混合状態にあるのかというと，そこまでもわかっていないのである．そこで，もっと話を荒っぽくして，マクロ的には区別がつかないくらいよく似た，数多くのミクロ状態をひとまとめにしたものを細胞と呼ぶことにし，それらの細胞に適当な順序で番号をつけておいたとしよう．そして，系について知られていることは，それらの細胞 1, 2, 3, … のそれぞれの中のどれかの状態にある確率の分布が $W_1, W_2, W_3, \cdots$ であるということだけだとしよう．話をわかりやすくするために，大きな箱の中に閉じこめられた気体を想定する．温度が低すぎたり高すぎたりせず，密度が十分小さかったとすると，気体全体を近似的に，自由に動く非常に多数の分子からなる系と見なしてよい．この系の Hamilton 演算子を H_0 とすると，その固有値，すなわち，この無摂動系のエネルギー E は離散的であるが，エネルギー準位の間の間隔は非常に小さく，マクロ的には連続と見なしてよいであろう．しかも，同じエネルギーの値に属する系の固有状態は多数ある．すなわち縮退度も高くなっている．したがって，この系の状態を多数の細胞のどれかの中に入れる場合，各細胞の中の状態のエネルギー E が一定でなく，$\varDelta E$ なる共通の幅を持たせておくことにして，$\varDelta E$ を十分小さくしても，各細胞 1, 2, 3, … のそれぞれに属する状態の数 $G_1, G_2, \cdots$ は十分大きく取れるであろう．

さて，もしも気体分子間の衝突を無視できるなら，細胞への確率分布 $W_1, W_2, W_3, \cdots$ は時間的に変化しないであろうが，実際は分子間の相互作用による衝突が起こり，それに伴って，分布が時間と共に変わる．この変化は，『量子力学 I』第III部第6章で詳しく述べられている摂動論の手法にしたがって，時間的に追跡できる．すなわち，分子間の相互作用を表わす Hamilton 演算子 H' を摂動と見なし

$$H = H_0 + H' \qquad (21.4.1)$$

なる Hamilton 演算子を持つ系の状態を H_0 の固有状態で展開したとすると，展開係数は摂動項 H' のために時間と共に変化するが，たとえば H_0 の固有値 E_n に属する固有状態のひとつ ψ_{nj} にあった系が，時間 t の後に H_0 の固有値 E_m に属する固有状態 ψ_{mi}——正確にいえば，ψ_{mi} およびそれに近い状態で，$|E_m - E_n| \leqq \varDelta E$ を満足するような諸状態のどれか——に移っている確率は，第III部第6章の(6.2.29)からわかるように

$$\frac{2\pi}{\hbar}\rho(E_n)|H_{mi;nj}'|^2 \cdot t \qquad (21.4.2)$$

であたえられる．ただし $H_{mi;nj}'$ は摂動エネルギー H' の行列要素で，$\rho(E_n)$ は遷移後の状態 ψ_{mi} の中で $|E_m - E_n| \leqq \varDelta E$ なる範囲に収まるような状態の数を $\varDelta E$ で割ったもの，つまり単位エネルギー当りの状態密度である．

この結果を拡張すると，各細胞への確率分布 $W_1, W_2, \cdots$ の時間的変化に関して

$$\frac{dW_\alpha}{dt} = -\sum_\beta A_{\beta\alpha} G_\beta W_\alpha + \sum_\beta A_{\alpha\beta} G_\alpha W_\beta \qquad (\alpha, \beta = 1, 2, \cdots) \qquad (21.4.3)$$

なる方程式が成立することになる．ただし

$$A_{\alpha\beta} = \frac{2\pi}{\hbar}\frac{1}{\varDelta E}\overline{|H_{mi;nj}'|^2} \qquad (21.4.4)$$

である．ここで $H_{mi;nj}'$ の行を指定する m, i は α 番目の細胞の中の任意のひとつの状態，列を指定する n, j は β 番目の細胞の中の任意のひとつの状態を意味しており，$\overline{|H_{mi;nj}'|^2}$ は α 番目の細胞，β 番目の細胞についての平均を取ることを意味している．なお(21.4.3)の右辺に G_α, G_β が現われる理由は次の通りである．(21.4.2)の中の $\rho(E_n)$ に $\varDelta E$ を掛けたものは，たとえば細胞 β に属する遷移後の状態の中で n, j なる状態に近い状態の数であった．これを細胞 β の中のすべての状態の数 G_β で置きかえる代りに，(21.4.4)の右辺の n, j を細胞 β の

すべての状態についての平均を取ることにすれば，単位時間の間に細胞 α の中の任意状態から，細胞 β の中のどれかの状態へ遷移する確率として，(21.4.3)の右辺の最初の項 $-A_{\beta\alpha}G_\beta W_\alpha$ が得られる．同様な考察によって，逆に細胞 β の中の任意状態から細胞 α の中のどれかの状態へ移る確率として，(21.4.3)の右辺の後の項 $A_{\alpha\beta}G_\alpha W_\beta$ が得られるわけである．

H' は Hermite 型演算子であり，したがって

$$H_{nj;mi}{}' = H_{mi;nj}{}'^* \tag{21.4.5}$$

が成立する故，(21.4.4)で定義された $A_{\alpha\beta}$ は

$$A_{\beta\alpha} = A_{\alpha\beta} \tag{21.4.6}$$

なる対称性を持つ．

そこで，上述のような不完全な知識しか与えられていない系のエントロピーを

$$S = -k\sum_\alpha W_\alpha \ln\left(\frac{W_\alpha}{G_\alpha}\right) \tag{21.4.7}$$

で定義しよう．すると

$$\frac{dS}{dt} = -k\sum_\alpha \frac{dW_\alpha}{dt}\left\{\ln\left(\frac{W_\alpha}{G_\alpha}\right)+1\right\} \tag{21.4.8}$$

となる．ところが W_α は確率分布を表わすから

$$\sum_\alpha W_\alpha = 1, \qquad \sum_\alpha \frac{dW_\alpha}{dt} = 0 \tag{21.4.9}$$

が成立するから，(21.4.8)の右辺の後の項は落ちてしまう．そこで dW_α/dt に(21.4.3)の右辺を代入し，$A_{\alpha\beta}$ に関する対称性の条件(21.4.6)を使って変形すると

$$\frac{dS}{dt} = \frac{k}{2}\sum_{\alpha,\beta} A_{\alpha\beta}G_\alpha G_\beta\left(\frac{W_\alpha}{G_\alpha}-\frac{W_\beta}{G_\beta}\right)\left(\ln\frac{W_\alpha}{G_\alpha}-\ln\frac{W_\beta}{G_\beta}\right) \tag{21.4.10}$$

が得られる．ところが右辺の各項は W_α/G_α と W_β/G_β の大小関係がどうであっても決してマイナスにはならないから，期待された通り

$$\frac{dS}{dt} \geqq 0 \tag{21.4.11}$$

すなわち，エントロピーの増大の法則が得られる．このへんは古典統計力学における Boltzmann による H 定理の証明をそのまま真似た形になっているが，

Hamilton 演算子 H' の Hermite 性という非常に一般的な性質から，非可逆性が導き出された点において，量子統計力学の場合の方は事情がむしろわかりやすくなっている．

そのほかにもうひとつ量子統計力学に特有な点として，次のようなエネルギーと時間の間の相互制約的関係がある．すなわち上述の(*21. 4. 3*)以下では，時間を無限に小さく分割でき，W_α の連続的変化が微分方程式で規定できるとしてきたが，実は量子力学における摂動論で遷移確率を導き出した過程をふりかえってみると，小さいけれども 0 でないエネルギーの不確定さ ΔE が許されたが故に，時間に比例する遷移確率(*21. 4. 2*)が得られたわけで，この場合の時間 t は $\hbar/\Delta E$ 程度以下に短くはできなかったのである．それにもかかわらず，(*21. 4. 3*)のような微分方程式を近似的に正しいと認めてよかったのは，$\hbar/\Delta E$ 程度の時間内での確率分布 $W_1, W_2, \cdots$ の変化が僅かであるという条件を保証するほどまで摂動エネルギーが小さかったからである．

ところで，前章第3節の終りでちょっと触れたように，現代の物理学の立場から考えうる時間の非可逆性には2種類ある．ひとつは今述べたエントロピーの増大として表わされる熱力学的非可逆性であり，もうひとつは情報の獲得による知識の累積によって特徴づけられる，時間の一方向性である．前者が自然史的時間の流れの方向であるならば，後者はいわば文化史的な時間の流れの方向であるとも言えよう．このふたつの時間の流れの方向が一致しているのは，ちょっと考えると不思議なことである．なぜかと言えば，後者は個人あるいは人間の集団が外界に関する情報を獲得し，それを記憶，記録，複製というような形で蓄積してゆくことによって，物理的な系としての外界，あるいはその一部に関する知識が増大することを意味する．それは系の状態や物理量に関する情報量が大きくなることでもある．ところが，情報理論において，しばしば情報量が負のエントロピーと呼ばれているように，系の状態をよりよく知るということは，むしろエントロピーの減少する方向へ向かうことである．このような矛盾は，実は見かけだけであって，人間の持つ情報量の増大をエントロピーの減少に換算したなら，それはごくわずかなものにしかならないのである．たとえば最近の郵政省の調査によると，日本人1人当り1日の平均の情報——正確にはテレビ，新聞，電話などを通じて入ってくる情報——の消費量は 0.74×10^8 ビットと推定されている．これは白黒テレビに直せば，1日13.5時間視聴するのに対応する由である．ところが，箱の中の1グラム程度の気体のミクロ状態を，ある程度まで明らかにするためには，10^{24} ビット程度の情報が必要である．それよりもずっと少量の情報を得るために，くりかえし観測をやっていると，その度ごとに外界のどこかでエントロピーの増大が起こり，差引きすれば，いつでも外界全体としてのエントロピーは増加していると判断してよいであろう．

量子力学と情報との関係については，第Ⅶ部でいろいろな観点から詳しく論じられているが，ここでは次の点だけを強調しておきたいと思う．上に述べたように，人間あるいはその集団が外界から情報を獲得し続けるのが人間の歴史の正常な進行の方向であることは，別に量子力学を持ち出さなくてもよくわかっている話である．しかし原理的に予知不可能な情報が発生することを示した点で，量子力学は古典物理学の段階では考えられなかった新しい観点を私たちに提供したことは無視できない．つまり客観的偶然性なるものの存在を認めなければならなくなった人間にとって，Laplace の魔となる望みは断たれたのである．それは人間の未来に，原理的な不確定性があることを意味している．量子力学が出現して以後の10年くらいの間は，この点がやや過大評価された感がある．たとえば P. Jordan は1936年ごろ，生物が微小な物理的変化を拡大するメカニズムを持つということと関連して，量子力学的不確定性が生物および人間のあり方に重要な影響をあたえていると主張した．しかし，1940年代以後の分子生物学の発展は，むしろ Delbrück や Schrödinger の決定論的な考え方の方が真実に近いことを明らかにしてきた．つまり，生物や人間はミクロ的な不確定性をできるだけ押えるためのいろいろなメカニズムを持っており，それによって正常な生命活動が維持されているという点が，最も重要視されてきたわけである．こういう問題については，本講座第8巻の『生命の物理』で詳論されるであろう．しかし，上記の Jordan が強調した微小な変化を拡大するメカニズムもまた，外界の変化を鋭敏に知覚し，それに適切に反応するために重要なことも確かである．今後，生物や人間の探究がもっと進めば，Jordan の考えや，あるいは同じ頃の Bohr の相補性の概念の生命現象や心理現象への拡張解釈の試みなどが，また新しい意味を持つようにならないとも限らない．

最後に，量子力学的世界像における時間と空間の関係について簡単に触れておきたい．今まで繰りかえし述べてきたように，非相対論的量子力学においては，時間 t そのものは古典物理学におけると同様な実数パラメーターであった．これに対して粒子の座標 (x, y, z) は，それらと正準共役な運動量 (p_x, p_y, p_z) と交換可能でない演算子と見なす必要があった．こういう事情は，時間と空間の異質性よりも同質性を強調する相対論が量子力学と融合するのを困難にした．しかし，『量子力学 I』第Ⅳ部第9章で示されたように，1個の粒子に関する Schrödinger の波動関数 $\psi(x, y, z, t)$ 自身を演算子と見直す第2量子化の方法が，任意個数の同種粒子の系を統一的に取り扱うのに適当であることがわかった．ここでは x, y, z が t と同様に実数パラメーターと見なされているから，相対論への距離が一挙に縮まったわけである．これと並行——あるいは，これに先行——して，古典物理学の段階で，すでに (x, y, z, t) の関数であった電場 $\boldsymbol{E}(x, y, z, t)$ や磁場 $\boldsymbol{H}(x, y, z, t)$ を，演算子と見直すことによって，量子電気力学がつくりだされていた．

その後，時間・空間の4個のパラメーター (t, x, y, z) に依存する演算子を基本的な物理量とする，という意味の局所場の理論は，量子力学と特殊相対論の両方の要請を最大限に満足させようとする方向に進んでいったが，それが素粒子の統一理論への唯一の道であったとは限らない．確かに，物質やエネルギーのあり方に関する古典物理学的な粒子像と波動像の間の矛盾は，量子化された場という新しいイメージの中に解消された，といってよいであろう．しかし，それが時間，空間や，その中での場についての相対論を含む古典物理学の考え方に——局所場を量子化する以外に——何らの本質的な変更を加えることなく実現できたように見えるのは，むしろ不思議なことである．実際，正統的な素粒子論は，一方では発散の困難を完全に解決することができずにいるし，他方では多種多様な素粒子の存在の理由をつきとめることもできずにいるのである．

そういうことを考え合わすと，素粒子論は今後，思いもよらぬ進展を遂げ，この第Ⅷ部で述べた量子力学的世界像の彼方から，またひとつ新しい世界像が現われてくることを期待してもよさそうに思うのである．そういう可能性については，本講座第10巻の『素粒子論』で，改めて論じられるであろう．

もうひとつ付け加えたいのは，量子力学的世界像と現代物理学における宇宙像との関係である．Newton 力学によって太陽系全体を包みこんだ，ひとつの世界像が確立されたのに対して，Einstein の一般相対論は無数の銀河系を含む宇宙全体の新しいイメージを生み出した．これに反して，量子力学はミクロの世界の解明に努力を集中した結果として，直接には独自の宇宙像を生みださなかった．しかし，1930年代になって，原子核や素粒子の研究が進むにつれて，そこから星や星雲の構造や進化を解明するための重要な鍵がいくつも見つかりだした．そういう意味で量子力学は新しい宇宙像の形成に，間接的には大きく貢献している，と言ってよいであろう．これらの点は，本講座第11巻の『宇宙物理学』で詳しく論じられるであろう．

文献・参考書

第 V 部

散乱の形式論に関する古典的論文としては次のものがある.

(1) Heisenberg, W.: *Z. Physik*, **120**, 513, 673 (1943)

(2) Møller, C.: *Kgl. Danske Videnskab. Selskab, Mat.-fys. Medd.*, **23**, 1 (1945)

(3) Lippmann, B. A. & Schwinger, J.: *Phys. Rev.*, **79**, 469 (1950)

(4) Gell-Mann, M. & Goldberger, M. L.: *Phys. Rev.*, **91**, 398 (1953)

(5) Yang, C. N. & Feldman, D.: *Phys. Rev.*, **79**, 972 (1950)

(6) Lehman, H., Symanzik, K. & Zimmermann, W.: *Nuovo Cimento*, **1**, 205 (1955)

(5), (6) は場の量子論における S 行列およびその行列要素の定式化を扱っている. なお, 次の論文集は便利である.

(7) 『散乱の一般論』(物理学論文選集, 67), 日本物理学会 (1954)

(8) 『核子の散乱』(新編物理学選集, 1), 日本物理学会 (1953)

(9) 『素粒子理論』(新編物理学選集, 32), 日本物理学会 (1969)

(10) 『Faddeev 方程式と少数多体系』(新編物理学選集, 66), 日本物理学会 (1977)

散乱理論についての参考書も数多く出版されているが, ここでは標準的なものを挙げるにとどめよう. まず, 入門書としては次の本がある.

(11) 砂川重信: 『散乱の量子論』(岩波全書), 岩波書店 (1977)

(12) Taylor, J. R.: *Scattering Theory——The Quantum Theory on Non-Relativistic Collisions*, Wiley (1972)

(13) Newton, R. G.: *Scattering Theory of Waves and Particles*, McGraw-Hill (1966)

(11)は日本語で書かれた数少ない散乱理論の教科書である．非相対論的粒子の散乱について丁寧に解説されているが，相対論的および場の量子論的な問題は扱っていない．また，波束を直接取り扱うかわりに，著者独特の極限操作を導入している．

(14) Mott, N. F. & Massey, H. S. W.: *The Theory of Atomic Collisions* (3rd ed.), Oxford Univ. Press (1965) (高柳和夫訳:『衝突の理論，上・下』(物理学叢書, 17, 18)，吉岡書店 (原著第2版，1961, 1962))

この本は原子衝突過程に関する古典的著作であるが，豊富な具体例についてくわしく取り扱っている．

(15) Goldberger, M. L. & Watson, K. M.: *Collision Theory*, Wiley (1964)

この本では，波束を用いて散乱過程の時間的発展を調べ，散乱理論の物理的内容を明らかにするとともに，現代的方法によって散乱の形式論を展開し各種の問題に適用している．後半には分散式についてのくわしい説明がある．900ページを超える大部の本だが，深く勉強したい人，とくに素粒子，原子核理論に進みたい人にすすめる．

Regge極理論の入門書としては

(16) Frautschi, S. C.: *Regge Poles and S-Matrix Theory*, Benjamin (1963)

(17) Squires, E. J.: *Complex Angular Momenta and Particle Physics*, Benjamin (1963)

(18) Newton, R. G.: *The Complex j-Plane*, Benjamin (1964)

(19) de Alfaro, V. & Regge, T.: *Potential Scattering*, North-Holland (1965) (原康夫訳:『ポテンシャル散乱』，講談社 (1971))

などがある．

散乱理論の数学的背景については本文ではほとんど触れなかったが，次の文献が参考になると思う．本巻第16章を勉強した後ならば理解することができよう．

(20) Jauch, J. M.: *Helv. Phys. Acta*, **31**, 127, 661 (1958)

(21) Kato, T.: *Perturbation Theory for Linear Operators*, Springer (1966)

(22) Amrein, W. O., Jauch, J. M. & Sinha, K. B.: *Scattering Theory in Quantum Mechanics*, Benjamin (1977)

なお，S行列を与えてポテンシャルを求める逆問題があるが，それについては次の本が参考になろう.

(23) Agranovich, Z. S. & Marchenko, V. A.: *The Inverse Problem of Scattering Theory*, Gordon and Breach (1963)

(24) 加藤祐輔:『散乱理論における逆問題』(応用数学叢書), 岩波書店(1978)

第 VI 部

量子力学の枠組を作り上げる目的で書かれたものとして,

(25) Dirac, P. A. M.: *The Principles of Quantum Mechanics* (4th ed.), Oxford Univ. Press (1958) (朝永振一郎ほか訳:『量子力学(原書第4版)』, 岩波書店(1968))

(26) Neumann, J. v.: *Mathematische Grundlagen der Quantenmechanik*, Springer-Verlag (1932) (井上健ほか訳:『量子力学の数学的基礎』, みすず書房(1954))

は古典に属し, それぞれ独自のゆきかたを指し示している. 後者は Hilbert 空間を用いる定式化を提唱したもの. 世評に反して記述は意外に物理的である. しかし, 量子力学がその枠に収まることを証明しきっているわけではない. 原子・分子系のハミルトニアンの自己共役性にしてからが, ずっと後に文献(46)により初めて証明されたのだ.

今日でも, 量子力学の数学的構造は活発に研究されている.

(27) 加藤敏夫:"量子力学の関数解析"(江沢洋, 恒藤敏彦編:『量子物理学の展望, 下』, 岩波書店(1978)所収)

はハミルトニアンのスペクトルや散乱問題など重要な問題のいくつかについて, その開拓者が自ら発展のあとをたどり将来への展望を試みたものである. また

(28) Thirring, W. & Urban, P. ed.: *The Schrödinger Equation*, Springer-Verlag (1977)

も同様の問題に関する綜合報告を集めている. これらに比べれば古典解析よりということになるが

(29) Lieb, E. H., Simon, B. & Wightman, A. S. ed.: *Studies in Mathematical Physics* Princeton Univ. Press (1976)

も量子力学の数学的問題に関する論文を集めていて興味ぶかい. 教科書としては

(30)　Prugovečki, E.: *Quantum Mechanics in Hilbert Space*, Academic Press (1971)

がでている．数学的アプローチの1つの方向を示すものとして，

(31)　Davies, E. B.: *Quantum Mechanics of Open Systems*, Academic Press (1976)

にも注目したい．

量子力学の数学的構造に対する現在の関心は，もともと場の量子論がであった困難との取組みのなかから起こったのである．その方面の綜合報告としてまとめられた

(32)　Боголюбов, Н. Н., Логунов, А. А. и Тодоров, И. Т.: *Основы аксиоматического подхода в квантовой теории поля*, Наука (1969) (江沢洋ほか訳:『場の量子論の数学的方法』, 東京図書 (1972))

も非相対論的の量子力学に関わる部分をもっている．

さて，この第VI部は関数解析を主要な方法としている．

入門書としては，関数解析を“応用する立場の人のために”最も基本的な部分を嚙んで含めるように解説した

(33)　加藤敏夫:『位相解析』, 共立出版 (1967)

は定評がある．本書でも，定理などの引用は，できるだけこの本からするように努めた．また

(34)　宮武修, 加藤祐輔:『固有値問題』(数学選書), 槇書店 (1971)

は大部分，有限次元の空間に話をかぎった平易な入門書である．より進んだ部分については次の本を参照していただく:

(35)　吉田耕作, 河田敬義, 岩村聯:『位相解析の基礎』, 岩波書店 (1960)

(36)　吉田耕作:『近代解析』(基礎数学講座, 20), 共立出版 (1956)

[吉田, a] として引用したのは後者である．なお，本書では引用はしなかったが，von Neumann 代数のことなど量子力学への応用上に重要な事柄がよく盛りこまれていて，しかも読みやすい入門書として，

(37)　Ахиезер, Н. И. и Глазман, И. М.: *Теория линейных операторов в гильбертовом пространстве*, Гостехиздат (1965) (独訳: *Theorie der linearen Operatoren im Hilbert-Raum*, Akademie-Verlag (1968); 千葉克祐

訳:『ヒルベルト空間論, 上・下』, 共立出版(1972, 1973))

をあげておきたい. プリンストン大学・大学院の物理数学の講義から生まれた

(38) Reed, M. & Simon, B.: *Methods of Modern Mathematical Physics*, vol. I, II, Academic Press (1972, 1975)

は, 説明が手短かなところがあって読むのに多少の努力がいるけれども, 量子力学に関数解析を応用する上で開発された手法をよくまとめている. 第II巻では場の理論にも触れており, さらに続刊予定の諸巻では散乱問題や統計力学も論じられ, 場の理論の扱いも深められるはずである. この方面の研究者にとって, 演算子論を系統的・包括的に展開した

(39) Kato, T.: *Perturbation Theory for Linear Operators* (2nd ed.), Springer-Verlag (1976)

は,

(40) Yosida, K.: *Functional Analysis* (4th ed.), Springer-Verlag (1974)

とともに最も基本的な拠り所となっている. また

(41) Stone, M. H.: *Linear Transformations in Hilbert Space and their Applications to Analysis*, Am. Math. Soc. Colloq. Publ. (1932)

は, 関数解析が形をなした初期に書かれたもので, それだけに現代数学に慣れていない者には親しみがもてる.

解析学の基盤の1つである測度論については本講座第2巻『古典物理学II』にも解説されているが, 本書では, 必要な結果は(33)または

(42) 伊藤清三:『ルベーグ積分入門』(数学選書, 4), 裳華房(1963)

から引用した. 無限次元の空間に柱状集合を介して測度を入れることや準不変な測度に関する定理のことは

(43) Гельфанд, И. М. и Виленкин, Н. Я.: *Обобщенные функции*, В. 4, *Некоторые применения гармонического анализа—Оснащенные гильбертовы пространства*, Физматгиз (1961) (英訳: *Generalized Functions*, vol. 4, *Applications of Harmonic Analysis*, Academic Press (1964))

を参照するとよい. これは [Gelfand, 4] として引用した.

超関数論については, (43)のシリーズの第1巻で応用のしやすい形に書かれた

(44) Гельфанд, И. М. и Шилов, Г. Е.: *Обобщенные функции*, В. 1, *Обоб-*

щенные функции и действия над ними, Физматгиз(1959)(英訳: *Generalized Functions*, vol. 1, *Properties and Operations*, Academic Press (1964); 功力金二郎ほか訳:『超関数論入門 I, II』, 共立出版(1963, 1964))

をあげよう. [Gelfand, 1] として引用したのは功力訳の I である.

次に, 本文では十分な説明のできなかった個別的な問題について参考書ないし原論文をあげておくことにしよう.

量子力学的な状態の概念に関連して

(45) 湯川秀樹, 井上健編:『現代の科学 II』(世界の名著, 第66巻), 中央公論社(1970)

にのっている E. Schrödinger の "量子力学の現状" を §16.1 で引用した.

ハミルトニアンの自己共役性については, §16.4 に1体問題の簡単な場合の証明を述べたが, 一般に(*16.4.25*)をみたすいわゆる"加藤型"ポテンシャルで相互作用する多粒子系に対してこれを証明したのは

(46) Kato, T.: *Trans. Am. Math. Soc.*, **70**, 196(1951)

である. この種のハミルトニアンでは固有関数が十分に滑らかであって, 運動エネルギーを微分演算子とした素朴な Schrödinger 方程式の解としてすべてが求まることも, この論文に証明されている. このことは本文に述べておくべきであった. 加藤型より特異性の強いある種のポテンシャル場における1体問題の1つの定式化が

(47) Simon, B.: *Quantum Mechanics for Hamiltonians Defined as Quadratic Forms*(*Princeton Series in Physics*), Princeton Univ. Press(1971)

に提示されている.

可換な観測量の同時確定を論じた §16.6(c) で von Neumann の例をあげたとき次を引用した.

(48) 高木貞治:『解析概論』(改訂第3版), 岩波書店(1961)

正準交換関係の表現について種々の定理をまとめた本としては, 次のものがある.

(49) Putnam, C. R.: *Commutation Properties of Hilbert Space Operators and Related Topics*, Springer-Verlag(1967)

可換な観測量の組が同時確定可能であることの証明に用いた(*16.6.22*)は

Hilbert 空間が非可分の場合にはなりたたない．そのことを示す中野秀五郎氏の反例が

(50) Nagy, Béla v. Sz.: *Spektraldarstellung linearer Transformationen des Hilbertschen Raumes*, Springer-Verlag (1942)

の p. 65 に述べられている．

Gelfand の 3 つ組の原語が(43)の表題に見える *Оснащенное гильбертово пространство* (英訳: *Rigged Hilbert Space*) である．これに関しては，まったく不十分な解説しかできなかった．数学的なことは，上の(43)と(52)を，そして量子力学への応用については解説(51)および論文(52), (53)を見ていただきたい．

(51) Böhm, A.: *Rigged Hilbert Space and Mathematical Description of Physical Systems*, *Lectures in Theoret. Phys.*, vol. IX A, *Mathematical Methods of Theoret. Phys., Summer Inst. for Theoret. Phys., Boulder, 1966*, Gordon and Breach (1967)

(52) Roberts, J. E.: *Commun. Math. Phys.*, **3**, 98 (1966)

(53) Antoine, J. P.: *J. Math. Phys.*, **10**, 53, 2276 (1969)

経路積分に Feynman が想い到ったのは量子電磁力学の研究途上においてであったが，その経過を彼自身が Nobel 賞受賞講演の折に興味ふかく語っている．

(54) Feynman, R. P.:『物理法則はいかにして発見されたか』，江沢洋訳，ダイヤモンド社 (1968)

に収録されている．初期の考え方と 2, 3 の計算例が

(55) 小谷正雄，梅沢博臣編:『大学演習・量子力学』，裳華房 (1959)

に見られる．数学的な基礎づけの試みに関しては

(56) Gelfand, I. M. & Yaglom, A. M.: *J. Math. Phys.*, **1**, 48 (1960) (英訳)

(57) Cameron, R. H.: *J. Math. and Phys.*, **39**, 126 (1960)

(58) Itô, K.: *Proc. Fourth Berkeley Symp. on Math. Statistics and Probability*, pp. 227-238, Univ. of California Press (1961)

(59) Nelson, E.: *J. Math. Phys.*, **5**, 332 (1964)

(60) 藤原大輔:『ファインマン経路積分の数学的方法』，シュプリンガー・ジャパン (1999)

Feynman の経路積分は“時間を虚数にかえる”と，Wiener 測度に関する積分

として，よく定義されるようになり，Feynman-Kac 積分とよばれる．これは統計力学における正準集団の密度行列をあたえるが，最近ではハミルトニアンの性質を調べる道具としても便利に使われるようになっている．“時間を虚数にかえた”事始めを語った回想

(61) Kac, M.: *Memoirs of American Math. Soc.*, **72**, 52 (1966)

は，その確率論への応用を例示した論文

(62) Kac, M.: *Proc. Second Berkeley Symp. on Math. Statistics and Probability*, pp. 189–215, Univ. of California Press (1951)

とともに興味ふかい．Feynman-Kac 積分の定義と統計力学への応用の懇切な説明

(63) Ginibre, J.: *Some Applications of Functional Integration in Statistical Mechanics*

が Les Houches Summer School (1970) の講義録 (C. de Witt & R. Stora ed., Gordon and Breach (1971)) に収められている．Wiener 測度とそれが経路の確率をあたえる Brown 運動について，詳しくは

(64) 飛田武幸:『ブラウン運動』, 岩波書店 (1975)

を参照．Wiener 測度の興味ぶかい構成法が

(65) Paley, R. E. A. C. & Wiener, N.: *Fourier Transforms in the Complex Domain*, Am. Math. Soc. Colloq. Publ., No. 19 (1934)

にある．この測度に関する積分を一般に Wiener 積分という．その諸性質は

(66) Koval'chik, I. M.: *Russian Mathematical Surveys*, **18**, 97 (1963) (英訳)

にまとめられている．Feynman-Kac 積分は，Wiener 積分の被積分関数が $\exp\left[-\int_0^\tau V(x(\tau'))d\tau'\right]$ である特別のばあいということになるが，それを

(67) Ezawa, H., Klauder, J. R. & Shepp, L. A.: *Ann. Phys.* (*N. Y.*), **88**, 588 (1974)

は，ポテンシャル V からの力によって歪んだ Brown 運動という描像で微分的にとらえる．実数の時間のばあい，

(68) Nelson, E.: *J. Math. Phys.*, **150**, 1079 (1966)

は，量子力学における存在確率の拡散を歪んだ Brown 運動の結果とみる立場から Schrödinger 方程式を導く 1 つの処方を示す．この処方は確率過程による量

子化とよばれる.

WKB 近似として述べたことは，証明の詳細を省いてあるが，

(69) Ray, D.: *Trans. Am. Math. Soc.*, **77**, 299 (1954)

によった．この項で

(70) Doetsch, G.: *Theorie der Laplace-Transformation*, Dover (1943)

を引用した．古典近似の項についても，証明の詳細は原論文

(71) Маслов, В. П.: *Ж. вычис. мат. и мат. физ.*, **1**, 113, 638 (1961)

を見ていただく．同じ著者が $\hbar \to 0$ の漸近理論をより広い視野において書いた教科書

(72) Маслов, В. П.: *Теория возмущений и асимптотические методы*, Издат. москов. унив. (1965) (大内忠，金子晃，村田実訳:『摂動論と漸近的方法』，岩波書店 (1976))

はモスクワ大学の物理学部数学科の高学年の学生が対象だという.

無限自由度の問題にうつろう．Hilbert 空間の無限テンソル積に関しては，原論文

(73) Neumann, J. v.: *Compositio Math.*, **6**, 1 (1938)

を見ていただくにかぎる．これは Neumann, J. v.: *Collected Works*, vol. III, Pergamon Press (1961) の p. 323 以下に載っている．Fock 空間とそれに関連した諸問題については，

(74) Березин, Ф. А.: *Метод вторичного квантования*, Наука (1965) (英訳: *The Method of Second Quantization*, Academic Press (1966))

を見るとよい．無限自由度の系に対する正準交換関係の表現に関し初期の論文が日本物理学会の論文選集『場の理論 II』に 2, 3 集めてあり，論文リストもついている．ここでは，解説として

(75) Haag, R.: *Canonical Commutation Relations in Field Theory and Functional Integration, Lectures in Theoret. Phys.*, vol. III, *Summer Inst. for Theoret. Phys., Boulder, 1960*, Interscience (1961)

(76) 江沢洋: 日本物理学会誌, **25**, 30 (1970)

をあげておく．テンソル積表現の弱同値性に触れた§18.3 で引用したのは

(77) Klauder, J. R., McKenna, J. & Woods, E. J.: *J. Math. Phys.*, **7**, 822

(1966)

(78) Streit, L.: *Commun. Math. Phys.*, **4**, 22 (1967)

である．無限 Bose 理想気体の理論に興味をもたれた方には原論文

(79) Araki, H. & Woods, E. J.: *J. Math. Phys.*, **4**, 637 (1963)

を読まれることをお勧めしたい．ついでに，Fermi 理想気体の無限系を同様に扱うと自然に空孔理論の形式に導かれることを示した

(80) Araki, H. & Wyss, W.: *Helv. Phys. Acta*, **37**, 136 (1964)

もあげておこう．

von Neumann 代数や C^* 代数，GNS 構成法については，

(81) Наймарк, M. A.: *Нормированные кольца*, Наука (1968) (功力金二郎ほか訳:『関数解析入門 I, II』, 共立出版 (1964, 1965))

を参照されるとよい．ただし，この本では C^* 代数は完備な完全正則(対称)環とよばれている．C^* 代数と無限自由度の力学系との関わりについては，

(82) 荒木不二洋: “無限自由度の量子力学” (江沢洋，恒藤敏彦編:『量子物理学の展望，下』, 岩波書店 (1978) 所収)

が最近の発展まで含めた読みやすい解説である．(32) や

(83) 荒木不二洋: 日本物理学会誌, **25**, 32 (1970)；数学, **19**, 95 (1965)

が理論の形成期へのよい文献案内になる．

量子力学を C^* 代数の言葉で定式化する試みは

(84) Segal, I. E.: *Ann. Math.*, **48**, 930 (1947)

を先駆として，場の量子論に対する

(85) Haag, R. & Kastler, D.: *J. Math. Phys.*, **5**, 848 (1964)

の研究から急に活発化した．ここで

(86) Fell, J. M. G.: *Trans. Am. Math. Soc.*, **94**, 365 (1960)

の定理を用いて C^* 代数の表現の物理的同値の考えが提出されたのである．状態の重ね合せ，遷移確率，力学系の対称性など量子力学の基礎概念のさらに立ち入った検討が

(87) Roberts, J. E. & Roepstorff, G.: *Commun. Math. Phys.*, **11**, 321 (1969)

で行なわれている．観測量の代数から Fermi 場のような観測量でない場を復元する問題は

(88) Doplicher, S., Haag, R. & Roberts, J. E.: *Commun. Math. Phys.*, **13**, 1(1969)

が解決した．この時期の展開は，たとえば

(89) Kastler, D., ed.: *Cargèse Lectures in Physics*, Gordon and Breach (1970)

に見られる．これとは別に構成的場の理論の発展がある．これは

(90) 麦林布道 “場の理論”(江沢洋，恒藤敏彦編:『量子物理学の展望，下』，岩波書店(1978)所収)

に要約されている．

無限系の統計力学に対しては，いわゆる KMS 条件(久保-Martin-Schwinger の条件)を基礎とする定式化を

(91) Haag, R., Hugenholtz, N. M. & Winnink, M.: *Commun. Math. Phys.*, **5**, 215(1967)

があたえた．それを

(92) Takesaki, M.: *Tomita's Theory of Modular Hilbert Algebras and its Applications* (*Lecture Notes in Math.*, No. 128), Springer-Verlag(1970)

が富田理論と結びつけたとき，von Neumann 代数との密接な関係が明らかになり，大きな発展がはじまった．これについては

(93) Kastler, D., ed.: *C*-Algebras and their Applications to Statistical Mechanics and Quantum Field Theory*, North-Holland(1976)

を見よ．

第 VII 部

微視的世界の情報を観測という手段でとり出し，それをいくつかの命題として整理することによって，それらの間に存在する論理構造の表現を量子力学という体系に求める最初の試みは次の論文である．

(94) Birkhoff, G. & Neumann, J. v.: *Ann. Math.*, 2nd Ser., **37**, 823(1936)

これは von Neumann が(26)を書いた後，(26)の前提になっていた Hilbert 空間の必要性を非分配律的な直相補モジュラー束的論理構造に求めようとしたものである．これに引き続いて

(95) Birkhoff, G.: *Lattice Theory*, Am. Math. Soc. (1948)

が出され束論がまとまった形で論ぜられるようになった．

本書で用いた束論の理解には

(96) 彌永昌吉，小平邦彦：『現代数学概説 I』，岩波書店(1961)

の第4章あるいは

(97) 岩村聯：『束論』(共立全書，161)，共立出版(1966)

で十分である．直相補モジュラー束の表現については

(98) 前田文友：『連続幾何学』，岩波書店(1952)

が簡潔でわかり易い．

さて(94)を出発点として，観測可能命題およびそれがつくる束の構造と確率概念を体系的に論じたものとしては時間的順序に従って

(99) Mackey, G.: *The Mathematical Foundation of Quantum Mechanics*, Benjamin (1963)

(100) Jauch, J. M.: *Foundations of Quantum Mechanics*, Addison-Wesley (1968)

(101) Watanabe, S.: *Knowing and Guessing*, John Wiley & Sons (1969) (村上陽一郎ほか訳：『知識と推測——科学的認識論，1-4』，東京図書(1975-76))

(102) Varadarajan, V. S.: *Geometry of Quantum Mechanics* I, Van Nostrand (1968)

をあげておこう．

(99)と(102)は数学者に量子力学の基礎を説明するという形をとっているから論理的で読み易いが，物理的な基礎概念の形成およびそれらの定式化の基礎に横たわる諸問題の取扱いは不十分である．(100)は物理学者向けに書かれた簡潔な教科書であるが，それだけに各章の終りにつけられた問題や文献をとばして読んだのでは著者の意図に反し，よく理解できないだろう．しかし一通り量子力学を学んだ読者にとっては，非相対論的取扱いに限定されているとはいえ，重要な点はほとんど網羅されており，文献もよく整理されているから知識の総括に役立とう．ただし(100)の中核になっている弱直相補モジュラー束とその表現に関する部分は直接

(103) Piron, C.: *Helv. Phys. Acta*, **37**, 439 (1964)

を読むことをすすめる．叙述が懇切でわかり易い．

同様のことは(102)についてもいえる．これは確率論の専門家として，非 Boole 束に確率を導入する際の Gleason の定理を恐らく成書として始めて正面からとり上げたものであろうが，やはりその部分は直接原論文

(104) Gleason, A. M.: *J. Rat. Mech. Analysis*, **6**, 885(1957)

にあたった方がよいと思う．

(101)は *A Quantitative Study of Inference and Information* の副題が示すように新しい情報理論の創出を試みたものである．著者の最も得意とする H 定理の徹底的な解明の上に，一応(94)の方向に沿って明快な論理が展開され，最終的に量子力学の足場が構築される．言語，記号，文章，推論，観測，情報，確率といった重要なことがらが独創的な学問体系の中に注意深く組み込まれているから始めからていねいに読み進む必要があろう．

なお本文では次の原論文を引用した．

(105) Segal, I. E.: *Am. J. Math.*, **76**, 721(1954)

(106) Varadarajan, V. S.: *Comm. of Pure and Appl. Math.*, **XV**, 189(1962)

(107) Piron, C.: *Foundations of Physics*, **2**, 287(1972)

(107)は [Piron, a] として引用した．

量子力学における観測問題に関しては(26)がその後の研究の出発点になっている．(100)に 1968 年頃までの論文やそれらのうちの代表的議論はまとめられている．さらに次の本はこの問題について関心をもつ読者の参考になろう．

(108) D'Espagnat, B. ed.: *Foundation of Quantum Mechanics* (*Proc. of International School of Phys. "E. Fermi" Course* 49), Acadamic Press(1971)

(109) D'Espagnat, B.: *Conceptual Foundations of Quantum Mechanics* (2nd ed.), Benjamin(1976)

また，次の論文は観測問題の概観を見るのに便利である．

(110) 柳瀬睦男：日本物理学会誌，**26**, 832(1971)

(111) 高林武彦："観測の問題"(江沢洋，恒藤敏彦編：『量子物理学の展望，下』，岩波書店(1978)所収)

なお，次の論文集が近く刊行される予定である．

(112) 『量子力学における観測の理論』(新編物理学選集)，日本物理学会(1978)

第 VIII 部

§20.2 の Heisenberg の思考実験については

(113) Heisenberg, W.: *Z. Physik*, **43**, 172(1927)(邦訳: 湯川秀樹, 井上健編: 『現代の科学 II』(世界の名著, 第66巻), 中央公論社(1970), pp. 325-355)

§20.3 の Green の測定機構のモデルは

(114) Green, H. S.: *Nuovo Cimento*, **9**, 880(1958)

Schrödinger の猫の話は

(115) Schrödinger, E.: *Naturwissenschaften*, **23**, 807, 823, 844(1935)(邦訳: 湯川秀樹, 井上健編: 『現代の科学 II』(世界の名著, 第66巻), 中央公論社(1970), pp. 357-408)

§20.4 の Einstein のパラドックスについては

(116) Einstein, A., Podolsky, B. & Rosen, N.: *Phys. Rev.*, **47**, 777(1935)

これに対する Bohr の反論は

(117) Bohr, N.: *Phys. Rev.*, **48**, 696(1935)

§21.1 の事実と法則の2重構造については

(118) 湯川秀樹: "事実と法則について"(『世界』, 8月号(1947); 自選集第1巻, 朝日新聞社(1971)に再録)

§21.4 の Pauli による量子統計力学的 H 定理の証明については

(119) Pauli, W.: *Probleme der modernen Physik*, p. 30, Leibzig(1928)(ed., P. Debye)

第 VIII 部全体を通じての筆者の論旨は, 前著

(120) 湯川秀樹: 『量子力学序説』, 弘文堂(1947)

および

(121) 湯川秀樹: "観測の理論"(『自然』(1947, 1948); 自選集第1巻, 朝日新聞社(1971)に再録)

と似た点も多いが, 第21章の後半の時間論に関する部分は相当ちがっている. 今回は時間の特異性が量子力学の盲点ともいうべきものであり, その再検討により, 量子力学の彼方にある未来の理論のあり方を探ろうとした, その点に新らしさを出したつもりである.

そればかりでなく, この第 VIII 部は, 量子力学をある程度まで知っている人が一

致して認めるに違いない部分と，筆者以外の大多数の人が納得するとは限らないところの考えを述べた部分との，複雑な混合物になっている点でも，第VII部までとは，やや異質的であることを注意しておきたい．

なお最後に付言しておきたいのは，本文では触れる機会がでなかったが，量子力学の解釈や観測の理論や，あるいは時間の問題に関しては，日本の物理学者の間でも，しばしば議論が行なわれてきただけでなく，その中には注目すべき考察が，いくつかあったことである．たとえば武谷三男氏は早くから von Neumann 流の観測の対象と観測主体との切れ目を無制限に動かしてよいという主張とは違った立場に立ち，観測と非可逆性の密接な関連を問題にしていた．また渡辺慧氏は時間の問題をいろいろな角度から詳しく論じてきたし，柳瀬睦男氏も長年にわたって観測の理論と取り組んでいる．

索　　引

F

G

H

I

J

K

L

M

N

O

P

R

S

T

U

V

W

Y

Z

■岩波オンデマンドブックス■

現代物理学の基礎 4
量子力学 II

1978 年 5 月25日 ［第 2 版］第 1 刷発行
2011 年 10月26日 新装版発行
2016 年 5 月10日 オンデマンド版発行

著 者 並木美喜雄（なみきみきお） 位田正邦（いだまさくに） 豊田利幸（とよだとしゆき）
江沢 洋（えざわひろし） 湯川秀樹（ゆかわひでき）

発行者 岡本 厚

発行所 株式会社 岩波書店
〒 101-8002 東京都千代田区一ツ橋 2-5-5
電話案内 03-5210-4000
http://www.iwanami.co.jp/

印刷／製本・法令印刷

ISBN 978-4-00-730414-9 Printed in Japan